国家规划重点图书

水工设计手册

（第2版）

主　编　索丽生　刘　宁

副主编　高安泽　王柏乐　刘志明　周建平

第4卷　材料、结构

主编单位　水电水利规划设计总院

主　　编　白俊光　张宗亮

主　　审　张楚汉　石瑞芳　王亦锥

中国水利水电出版社

www.waterpub.com.cn

内容提要

《水工设计手册》（第 2 版）共 11 卷。本卷为第 4 卷——《材料、结构》，共分 7 章，其内容分别为：建筑材料、水工结构可靠度、水工建筑物安全标准及荷载、水工混凝土结构、砌体结构、水工钢结构、水工结构抗震。

本手册可作为水利水电工程规划、勘测、设计、施工、管理等专业的工程技术人员和科研人员的常备工具书，同时也可作为大专院校相关专业师生的重要参考书。

图书在版编目（CIP）数据

水工设计手册．第 4 卷，材料、结构/白俊光，张宗亮主编．—2 版．—北京：中国水利水电出版社，2013.1（2014.11 重印）
ISBN 978-7-5170-0463-9

Ⅰ.①水…　Ⅱ.①白…②张…　Ⅲ.①水利水电工程-工程设计-技术手册②水工材料-技术手册③水工结构-技术手册　Ⅳ.①TV222-62

中国版本图书馆 CIP 数据核字（2012）第 304267 号

书　名	水工设计手册（第 2 版） 第 4 卷　材料、结构
主编单位	水电水利规划设计总院
主　编	白俊光　张宗亮
出版发行	中国水利水电出版社 （北京市海淀区玉渊潭南路 1 号 D 座　100038） 网址：www.waterpub.com.cn E-mail：sales@waterpub.com.cn 电话：（010）68367658（发行部）
经　售	北京科水图书销售中心（零售） 电话：（010）88383994、63202643、68545874 全国各地新华书店和相关出版物销售网点
排　版	中国水利水电出版社微机排版中心
印　刷	涿州市星河印刷有限公司
规　格	184mm×260mm　16 开本　32.5 印张　1100 千字
版　次	1984 年 8 月第 1 版第 1 次印刷 2013 年 1 月第 2 版　2014 年 11 月第 2 次印刷
印　数	2001—5000 册
定　价	**260.00** 元

《水工设计手册》（第2版）

技术委员会

主　　任　潘家铮

副 主 任　胡四一　郑守仁　朱尔明

委　　员　（以姓氏笔画为序）

马洪琪　王文修　左东启　石瑞芳　刘克远
朱尔明　朱伯芳　吴中如　张超然　张楚汉
杨志雄　汪易森　陈明致　陈祖煜　陈德基
林可冀　林　昭　茆　智　郑守仁　胡四一
徐瑞春　徐麟祥　曹克明　曹楚生　富曾慈
曾肇京　董哲仁　蒋国澄　韩其为　雷志栋
潘家铮

组织单位

水利部水利水电规划设计总院
水电水利规划设计总院
中国水利水电出版社

《水工设计手册》(第2版)

各卷卷目、主编单位、主编、主审人员

卷目		主编单位	主编	主审
第1卷	基础理论	水利部水利水电规划设计总院 河海大学	刘志明 王德信 汪德爟	张楚汉　陈祖煜 陈德基
第2卷	规划、水文、地质	水利部水利水电规划设计总院	梅锦山 侯传河 司富安	陈德基　富曾慈 曾肇京　韩其为 雷志栋
第3卷	征地移民、环境保护与水土保持	水利部水利水电规划设计总院	陈　伟 朱党生	朱尔明　董哲仁
第4卷	材料、结构	水电水利规划设计总院	白俊光 张宗亮	张楚汉　石瑞芳 王亦锥
第5卷	混凝土坝	水电水利规划设计总院	周建平 党林才	石瑞芳　朱伯芳 蒋效忠
第6卷	土石坝	水利部水利水电规划设计总院	关志诚	林　昭　曹克明 蒋国澄
第7卷	泄水与过坝建筑物	水利部水利水电规划设计总院	刘志明 温续余	郑守仁　徐麟祥 林可冀
第8卷	水电站建筑物	水电水利规划设计总院	王仁坤 张春生	曹楚生　李佛炎
第9卷	灌排、供水	水利部水利水电规划设计总院	董安建 李现社	茆　智　汪易森
第10卷	边坡工程与地质灾害防治	水电水利规划设计总院	冯树荣 彭土标	朱建业　万宗礼
第11卷	水工安全监测	水电水利规划设计总院	张秀丽 杨泽艳	吴中如　徐麟祥

《水工设计手册》
第1版组织和主编单位及有关人员

组织单位　水利电力部水利水电规划设计院

主 持 人　张昌龄　奚景岳　潘家铮

（工作人员有李浩钧、郑顺炜、沈义生）

主编单位　华东水利学院

主 编 人　左东启　顾兆勋　王文修

（工作人员有商学政、高渭文、刘曙光）

《水工设计手册》

第1版各卷（章）目、编写、审订人员

卷　目	章　　目		编 写 人	审 订 人
第1卷 基础理论	第1章	数学	张敦穆	潘家铮
	第2章	工程力学	李咏偕　张宗尧 王润富	徐芝纶　谭天锡
	第3章	水力学	陈肇和	张昌龄
	第4章	土力学	王正宏	钱家欢
	第5章	岩石力学	陶振宇	葛修润
第2卷 地质　水文 建筑材料	第6章	工程地质	冯崇安　王惊谷	朱建业
	第7章	水文计算	陈家琦　朱元甡	叶永毅　刘一辛
	第8章	泥沙	严镜海　李昌华	范家骅
	第9章	水利计算	方子云　蒋光明	叶秉如　周之豪
	第10章	建筑材料	吴仲瑾	吕宏基
第3卷 结构计算	第11章	钢筋混凝土结构	徐积善　吴宗盛	周　氏
	第12章	砖石结构	周　氏	顾兆勋
	第13章	钢木结构	孙良伟　周定荪	俞良正　王国周 许政谐
	第14章	沉降计算	王正宏	蒋彭年
	第15章	渗流计算	毛昶熙　周保中	张蔚榛
	第16章	抗震设计	陈厚群　汪闻韶	刘恢先
第4卷 土石坝	第17章	主要设计标准和荷载计算	郑顺炜　沈义生	李浩钧
	第18章	土坝	顾淦臣	蒋彭年
	第19章	堆石坝	陈明致	柳长祚
	第20章	砌石坝	黎展眉	李津身　上官能

卷　目	章　　目		编写人	审订人
第5卷 混凝土坝	第21章	重力坝	苗琴生	邹思远
	第22章	拱坝	吴凤池　周允明	潘家铮　裘允执
	第23章	支墩坝	朱允中	戴耀本
	第24章	温度应力与温度控制	朱伯芳	赵佩钰
第6卷 泄水与过坝建筑物	第25章	水闸	张世儒　潘贤德 沈潜民　孙尔超 屠　本	方福均　孔庆义 胡文昆
	第26章	门、阀与启闭设备	夏念凌	傅南山　俞良正
	第27章	泄水建筑物	陈肇和　韩　立	陈椿庭
	第28章	消能与防冲	陈椿庭	顾兆勋
	第29章	过坝建筑物	宋维邦　刘党一 王俊生　陈文洪 张尚信　王亚平	王文修　呼延如琳 王麟璠　涂德威
	第30章	观测设备与观测设计	储海宁　朱思哲	经萱禄
第7卷 水电站建筑物	第31章	深式进水口	林可冀　潘玉华 袁培义	陈道周
	第32章	隧洞	姚慰城	翁义孟
	第33章	调压设施	刘启钊　刘蕴琪 陆文祺	王世泽
	第34章	压力管道	刘启钊　赵震英 陈霞龄	潘家铮
	第35章	水电站厂房	顾鹏飞	赵人龙
	第36章	挡土墙	甘维义　干　城	李士功　杨松柏
第8卷 灌区建筑物	第37章	灌溉	郑遵民　岳修恒	许志方　许永嘉
	第38章	引水枢纽	张景深　种秀贤 赵伸义	左东启
	第39章	渠道	龙九范	何家濂
	第40章	渠系建筑物	陈济群	何家濂
	第41章	排水	韩锦文　张法思	瞿兴业　胡家博
	第42章	排灌站	申怀珍　田家山	沈日迈　余春和

水利水电建设的宝典

——《水工设计手册》（第2版）序

《水工设计手册》（第2版）在广大水利工作者的热切期盼中问世了，这是我国水利水电建设领域中的一件大事，也是我国水利发展史上的一件喜事。3年多来，参与手册编审工作的专家、学者、工程技术人员和出版工作者，花费了大量心血，付出了艰辛努力。在此，我向他们表示衷心的感谢，致以崇高的敬意！

为政之要，其枢在水。兴水利、除水害，历来是治国安邦的大事。在我国悠久的治水历史中，积累了水利工程建设的丰富经验。特别是新中国成立后，揭开了我国水利水电事业发展的新篇章，建设了大量关系国计民生的水利水电工程，极大地促进了水工技术的发展。1983年，第1版《水工设计手册》应运而生，成为我国第一部大型综合性水工设计工具书，在指导水利水电工程设计、培养水工技术和管理人才、提高水利水电工程建设水平等方面发挥了十分重要的作用。

第1版《水工设计手册》面世28年来，我国水利水电事业发展迈上了一个新的台阶，取得了举世瞩目的伟大成就。一大批技术复杂、规模宏大的水利水电工程建成运行，新技术、新材料、新方法和新工艺广泛应用，水利水电建设信息化和现代化水平显著提升，我国水工设计技术、设计水平已跻身世界先进行列。特别是近年来，随着科学发展观的深入贯彻落实，我国治水思路正在发生着深刻变化，推动着水工设计需求、设计理念、设计理论、设计方法、设计手段和设计标准规范不断发展与完善。因此，迫切需要对《水工设计手册》进行修订完善。2008年2月水利部成立了《水工设计手册》（第2版）编委会，正式启动了修编工作。在编委会的组织领导下，水利水电规划设计总院、水电水利规划设计总院和中国水利水电出版社3家单位，联合邀请全国4家水利水电科学研究院、3所重点高等学校、15个资质优秀的水利水电勘测设计研究院（公司）等单位的数百位专家、学者和技术骨干参与，经过3年多的艰苦努力，《水工设计手册》（第2版）现已付梓。

《水工设计手册》（第2版）以科学发展观为统领，按照可持续发展治水思路要求，在继承前版成果中开拓创新，全面总结了现代水工设计的理论和实践经验，系统介绍了现代水工设计的新理念、新材料、新方法，有效协调了水利工程和水电工程设计标准，充分反映了当前国内外水工设计领域的重要科研成果。特别是增加了计算机技术在现代水工设计方法中应用等卷章，充实了在现代水工设计中必须关注的生态、环保、移民、安全监测等内容，使手册结构更趋合理，内容更加完整，更切合实际需要，充分体现了科学性、时代性、针对性和实用性。《水工设计手册》（第2版）的出版必将对进一步提升我国水利水电工程建设软实力，推动水工设计理念更新，全面提高水工设计质量和水平产生重大而深远的影响。

当前和今后一个时期，是加强水利重点薄弱环节建设、加快发展民生水利的关键时期，是深化水利改革、加强水利管理的攻坚时期，也是推进传统水利向现代水利、可持续发展水利转变的重要时期。2011年中央1号文件《关于加快水利改革发展的决定》和不久前召开的中央水利工作会议，进一步明确了新形势下水利的战略地位，以及水利改革发展的指导思想、目标任务、基本原则、工作重点和政策举措。《国家可再生能源中长期发展规划》、《中国应对气候变化国家方案》对水电开发建设也提出了具体要求。水利水电事业发展面临着重要的战略机遇，迎来了新的春天。

《水工设计手册》（第2版）集中体现了近30年来我国水利水电工程设计与建设的优秀成果，必将成为广大水利水电工作者的良师益友，成为水利水电建设的盛世宝典。广大水利水电工作者，要紧紧抓住战略机遇，深入贯彻落实科学发展观，坚持走中国特色水利现代化道路，积极践行可持续发展治水思路，充分利用好这本工具书，不断汲取学识和真知，不断提高设计能力和水平，以高度负责的精神、科学严谨的态度、扎实细致的作风，奋力拼搏，开拓进取，为推动我国水利水电事业发展新跨越、加快社会主义现代化建设作出新的更大贡献。

是为序。

水利部部长 陈雷

2011年8月8日

序

经过500多位专家学者历时3年多的艰苦努力，《水工设计手册》（第2版）即将问世。这是一件期待已久和值得庆贺的事。借此机会，我谨向参与《水工设计手册》修编的专家学者，向支持修编工作的领导同志们表示敬意。

30年前，为了提高设计水平，促进水利水电事业的发展，在许多专家、教授和工程技术人员的共同努力下，一部反映当时我国水利水电建设经验和科研成果的《水工设计手册》应运而生。《水工设计手册》深受广大水利水电工程技术工作者的欢迎，成为他们不可或缺的工具书和一位无言的导师，在指导设计、提高建设水平和保证安全等方面发挥了重要作用。

30年来，我国水利水电工程设计和建设成绩卓著，工程规模之大、建设速度之快、技术创新之多居世界前列。当然，在建设中我们面临一系列问题，其难度之大世界罕见。通过长期的艰苦努力，我们成功地建成了一大批世界规模的水利水电工程，如长江三峡水利枢纽、黄河小浪底水利枢纽、二滩、水布垭、龙滩等大型水电站，以及正在建设的锦屏一级、小湾和溪洛渡等具有300米级高拱坝的巨型水电站和南水北调东中线大型调水工程，解决了无数关键技术难题，积累了大量成功的设计经验。这些关系国计民生和具有世界影响力的大型水利水电工程在国民经济和社会发展中发挥了巨大的防洪、发电、灌溉、除涝、供水、航运、渔业、改善生态环境等综合作用。《水工设计手册》（第2版）正是对我国改革开放30多年来水利水电工程建设经验和创新成果的总结与提炼。特别是在当前全国贯彻落实中央水利工作会议精神、掀起新一轮水利水电工程建设高潮之际，出版发行《水工设计手册》（第2版）意义尤其重大。

在陈雷部长的高度重视和索丽生、刘宁同志的具体领导下，各主编单位和编写的同志以第1版《水工设计手册》为基础，全面搜集资料，做了大量归纳总结和精选提炼工作，剔除陈旧内容，补充新的知识。《水工设计手册》（第2版）体现了科学性、实用性、一致性和延续性，强调落实科学发展观和人与自然和谐的设计理念，浓墨重彩地突出了生态环境保护和征地移民的要求，彰显了与时俱进精神和可持续发展的理念。手册质量总体良好，技术水平高，是一部权威的、综合性和实用性强的一流设计手册，一部里程碑式的出版物。相信它将为21世纪的中国书写治水强国、兴水富民的不朽篇章，为描绘辉煌灿烂的画卷作出贡献。

我认为《水工设计手册》（第2版）另一明显的特色在于：它除了提供各种先进适用的理论、方法、公式、图表和经验之外，还突出了工程技术人员的设计任务、关键和难点，指出设计因素中哪些是确定性的，哪些是不确定的，从而使工程技术人员能够更好地掌握全局，有所抉择，不致于陷入公式和数据中去不能自拔；它还指出了设计技术发展的趋势与方向，有利于启发工程技术人员的思考和创新精神，这对工程技术创新是很有益处的。

工程是技术的体现和延续，它推动着人类文明的发展。从古至今，不同时期留下的不朽经典工程，就是那段璀璨文明的历史见证。2000多年前的都江堰和现代的三峡水利枢纽就是代表。在人类文明的发展过程中，从工程建设中积累的经验、技术和智慧被一代一代地传承下来。但是，我们必须在继承中发展，在发展中创新，在创新中跨越，才能大大地提高现代水利水电工程建设的技术水平。现在的年轻工程师们一如他们的先辈，正在不断克服各种困难，探索新的技术高度，创造前人无法想象的奇迹，为水利水电工程的经济效益、社会效益和环境效益的协调统一，为造福人类、推动人类文明的发展锲而不舍地奉献着自己的聪明才智。《水工设计手册》（第2版）的出版正值我国水利水电建设事业新高潮到来之际，我衷心希望广大水利水电工程技术人员精心规划，精心设计，精心管理，以一流设计促一流工程，为我国的经济社会可持续发展作出划时代的贡献。

中国科学院院士
中国工程院院士 潘家铮

2011年8月18日

第2版前言

《水工设计手册》是一部大型水利工具书。自20世纪80年代初问世以来，在我国水利水电建设中起到了不可估量的作用，深受广大水利水电工程技术人员的欢迎，已成为勘测设计人员必备的案头工具书。近30年来，我国水利水电工程建设有了突飞猛进的发展，取得了巨大的成就，技术水平总体处于世界领先地位。为适应我国水利水电事业的发展，迫切需要对《水工设计手册》进行修订。现在，《水工设计手册》（第2版）经10年孕育，即将问世。

一

《水工设计手册》修订的必要性，主要体现在以下五个方面：

第一是满足工程建设的需要。为满足西部大开发、中部崛起、振兴东北老工业基地和东部地区率先发展的国家发展战略的要求，尤其是2011年中共中央国务院作出了《关于加快水利改革发展的决定》，我国水利水电事业又迎来了新的发展机遇，即将掀起大规模水利水电工程建设的新高潮，迫切需要对已往水利水电工程建设的经验加以总结，更好地将水工设计中的新观念、新理论、新方法、新技术、新工艺在水利水电工程建设中广泛推广和应用，以提高设计水平，保障工程质量，确保工程安全。

第二是创新设计理念的需要。30年前，我国水利水电工程设计的理念是以开发利用为主，强调“多快好省”，而现在的要求是开发与保护并重，做到“又好又快”。当前，随着我国经济社会的发展和生产生活水平的不断提高，不仅要注重水利水电工程的安全性和经济性，也更要注重生态环境保护和移民安置，做到统筹兼顾，处理好开发与保护的关系，以实现人与自然和谐相处，保障水资源可持续利用。

第三是更新设计手段的需要。计算机技术、网络技术和信息技术已在水利水电工程建设和管理中取得了突飞猛进的发展。计算机辅助工程

(CAE)技术已经广泛应用于工程设计和运行管理的各个方面，为广大工程技术人员在工程计算分析、模拟仿真、优化设计、施工建设等方面提供了先进的手段和工具，使许多原来难以处理的复杂的技术问题迎刃而解。现代遥感（RS）技术、地理信息系统（GIS）及全球定位系统(GPS)技术（即“3S”技术）的应用，突破了许多传统的地球物理方法及技术，使工程勘探深度不断加大、勘探分辨率（精度）不断提高，使人们对自然现象和规律的认识得以提高。这些先进技术的应用提高了工程勘测水平、设计质量和工作效率。

第四是总结建设经验的需要。自20世纪90年代以来，我国建设了一大批具有防洪、发电、航运、灌溉、调水等综合利用效益的水利水电工程。在大量科学研究和工程实践的基础上，成功破解了工程建设过程中遇到的许多关键性技术难题，建成了举世瞩目的三峡水利枢纽工程，建成了世界上最高的面板堆石坝（水布垭）、碾压混凝土坝（龙滩）和拱坝（小湾）等。这些规模宏大、技术复杂的工程的建设，在设计理论、技术、材料和方法等方面都有了很大的提高和改进，所积累的成功设计和建设经验需要总结。

第五是满足读者渴求的需要。我国水利水电工程技术人员对《水工设计手册》十分偏爱，第1版《水工设计手册》中有些内容已经过时，需要删减，亟待补充新的技术和基础资料，以进一步提高《水工设计手册》的质量和应用价值，满足水利水电工程设计人员的渴求。

二

修订《水工设计手册》遵循的原则：一是科学性原则，即系统、科学地总结国内外水工设计的新观念、新理论、新方法、新技术、新工艺，体现我国当前水利水电工程科学研究和工程技术的水平；二是实用性原则，即全面分析总结水利水电工程设计经验，发挥各编写单位技术优势，适应水利水电工程设计新的需要；三是一致性原则，即协调水利、水电行业的设计标准，对水利与水电技术标准体系存在的差异，必要时作并行介绍；四是延续性原则，即以第1版《水工设计手册》框架为基础，修订、补充有关章节内容，保持《水工设计手册》的延续性和先进性。

三

为切实做好修订工作，水利部成立了《水工设计手册》（第2版）编委会和技术委员会，水利部部长陈雷担任编委会主任，中国科学院院士、中国工程院院士潘家铮担任技术委员会主任，索丽生、刘宁任主编，高安泽、王柏乐、刘志明、周建平任副主编，对各卷、章的修编工作实行各卷、章主编负责制。在修编过程中，为了充分发挥水利水电工程设计、科研和教学等单位的技术优势，在各单位申报承担修编任务的基础上，由水利部水利水电规划设计总院和水电水利规划设计总院讨论确定各卷、章的主编和参编单位以及各卷、章的主要编写人员。主要参与修编的单位有25家，参加人员约500人。全书及各卷的审稿人员由技术委员会的专家担任。

第1版《水工设计手册》共8卷42章，656万字。修编后的《水工设计手册》（第2版）共分为11卷65章，字数约1400万字。增加了第3卷征地移民、环境保护与水土保持，第10卷边坡工程与地质灾害防治和第11卷水工安全监测等3卷，主要增加的内容包括流域综合规划、征地移民、环境保护、水土保持、水工结构可靠度、碾压混凝土坝、沥青混凝土防渗体土石坝、河道整治与堤防工程、抽水蓄能电站、潮汐电站、鱼道工程、边坡工程、地质灾害防治、水工安全监测和计算机应用等。

第1、2、3、6、7、9卷和第4、5、8、10、11卷分别由水利部水利水电规划设计总院和水电水利规划设计总院负责组织协调修编、咨询和审查工作。全书经编委会与技术委员会逐卷审查定稿后，由中国水利水电出版社负责编辑、出版和发行。

四

修订和编辑出版《水工设计手册》（第2版）是一项组织策划复杂、技术含量高、作者众多、历时较长的工作。

1999年3月，中国水利水电出版社致函原主编单位华东水利学院（现河海大学），表达了修订《水工设计手册》的愿望，河海大学及原主编左东启表示赞同。有关单位随即开展了一些前期工作。

2002年7月，中国水利水电出版社向时任水利部副部长的索丽生提出了“关于组织编纂《水工设计手册》（第2版）的请示”。水利部给予了高度重视，但因工作机制及资金不落实等原因而搁置。

2004年8月，水利部水利水电规划设计总院、水电水利规划设计总院和中国水利水电出版社三家单位，在北京召开了三方有关人员会议，讨论修订《水工设计手册》事宜，就修编经费、组织形式和工作机制等达成一致意见：即三方共同投资、共担风险、共同拥有著作权，共同组织修编工作。

2006年6月，水利部水利水电规划设计总院、水电水利规划设计总院和中国水利水电出版社的有关人员再次召开会议，研究推动《水工设计手册》的修编工作，并成立了筹备工作组。在此之后，工作组积极开展工作，经反复讨论和修改，草拟了《水工设计手册》修编工作大纲，分送有关领导和专家审阅。水利部水利水电规划设计总院和水电水利规划设计总院分别于2006年8月、2006年12月和2007年9月联合向有关单位下发文件，就修编《水工设计手册》有关事宜进行部署，并广泛征求意见，得到了有关设计单位、科研机构和大学院校的大力支持。经过充分酝酿和讨论，并经全书主编索丽生两次主持审查，提出了《水工设计手册》修编工作大纲。

2008年2月，《水工设计手册》（第2版）编委会扩大会议在北京召开，标志着修编工作全面启动。水利部部长陈雷亲自到会并作重要讲话，要求各有关方面通力合作，共同努力，把《水工设计手册》修编工作抓紧、抓实、抓好，使《水工设计手册》（第2版）“真正成为广大水利工作者的良师益友，水利水电工程建设的盛世宝典，传承水文明的时代精品”。

修订和编纂《水工设计手册》（第2版）工作得到了有关设计、科研、教学等单位的热情支持和大力帮助。全国包括13位中国科学院、中国工程院院士在内的500多位专家、学者和专业编辑直接参与组织、策划、撰稿、审稿和编辑工作，他们殚精竭虑，字斟句酌，付出了极大的心血，克服了许多困难，他们将修编工作视为时代赋予的神圣责任，3年多来，一直是苦并快乐地工作着。

鉴于各卷修编工作内容和进度不一，按成熟一卷出版一卷的原则，逐步完成全手册的修编出版工作。随着2011年中共中央1号文件的出台和新中国成立以来的首次中央水利工作会议的召开，全国即将掀起水利水电工程建设的新高潮，修编出版后的《水工设计手册》，必将在水利水电工程建设中发挥作用，为我国经济社会可持续发展作出新的贡献。

本套手册可供从事水利水电工程规划、设计、施工、管理的工程技术人员和相关专业的大专院校师生使用和参考。

在《水工设计手册》（第2版）即将陆续出版之际，谨向所有关怀、支持和参与修订和编纂出版工作的领导、专家和同志们，表示诚挚的感谢，并祈望广大读者批评指正。

《水工设计手册》（第2版）编委会

2011年8月

第1版前言

我国幅员辽阔，河流众多，流域面积在1000km^{2}以上的河流就有1500多条。全国多年平均径流量达27000多亿m^3，水能蕴藏量约6.8亿kW，水利水电资源十分丰富。

众多的江河，使中华民族得以生息繁衍。至少在2000多年前，我们的祖先就在江河上修建水利工程。著名的四川灌县都江堰水利工程，建于公元前256年，至今仍在沿用。由此可见，我国人民建设水利工程有悠久的历史和丰富的知识。

中华人民共和国成立，揭开了我国水利水电建设的新篇章。30余年来，在党和人民政府的领导下，兴修水利，发展水电，取得了伟大成就。根据1981年统计（台湾省暂未包括在内），我国已有各类水库86000余座（其中库容大于1亿m^{3}的大型水库有329座），总库容4000余亿m^3，30万亩以上的大灌区137处，水电站总装机容量已超过2000万kW（其中25万kW以上的大型水电站有17座）。此外，还修建了许多堤防、闸坝等。这些工程不仅使大江大河的洪涝灾害受到控制，而且提供的水源、电力，在工农业生产和人民生活中发挥了十分重要的作用。

随着我国水利水电资源的开发利用，工程建设实践大大促进了水工技术的发展。为了提高设计水平和加快设计速度，促进水利水电事业的发展，编写一部反映我国建设经验和科研成果的水工设计手册，作为水利水电工程技术人员的工具书，是大家长期以来的迫切愿望。

早在60年代初期，汪胡桢同志就倡导并着手编写我国自己的水工设计手册，后因十年动乱，被迫中断。粉碎“四人帮”以后不久，为适应我国四化建设的需要，由水利电力部规划设计管理局和水利电力出版社共同发起，重新组织编写水工设计手册。1977年11月在青岛召开了手册的编写工作会议，到会的有水利水电系统设计、施工、科研和高等学校共26个单位、53名代表，手册编写工作得到与会单位和代表的热情支持。这次会议讨论了手册编写的指导思想和原则，全书的内容体系，任务分工，计划进度和要求，以及编写体例等方面的问题，并作出了相应的决定。会后，又委托华东水利学院为主编单位，具体担负手册的编审任务。随着编写单位和编写人员的逐步落实，各章的初稿也陆续写出。1980年4月，由组织、主编和出版三个单位在南京召开了第1卷审稿会。同年8月，三个单位又在北京召开了与坝工有关各章内容协调会。根据议定的程序，手册各章写出以后，一般均打印分发有关单位，采用多种形式广泛征求意见，有的编写单位还召开了范围较广的审稿会。初稿经编写单位自审修改后，又经专门聘请的审订人详细审阅修订，最后由主编单位定稿。在各协作单位大力支持下，经过编写、审订和主编同志们的辛勤劳动，现在，《水工设计手册》终于与读者见面了，这是一件值得庆贺的事。

本手册共有42章，拟分8卷陆续出版，预计到1985年全书出齐，还将出版合订本。

本手册主要供从事大中型水利水电工程设计的技术人员使用，同时也可供地县农田水利工程技术人员和从事水利水电工程施工、管理、科研的人员，以及有关高校、中专师生参考使用。本手册立足于我国的水工设计经验和科研成果，内容以水工设计中经常使用的具体设计计算方法、公式、图表、数据为主，对于不常遇的某些专门问题，比较笼统的设计原则，尽量从简；力求与我国颁布的现行规范相一致，同时还收入了可供参考的有关规程、规范。

这是我国第一部大型综合性水工设计工具书，它具有如下特色：

(1) 内容比较完整。本手册不仅包括了水利水电工程中所有常见的水工建筑物，而且还包括了基础理论知识和与水工专业有关的各专业知识。

(2) 内容比较实用。各章中除给出常用的基本计算方法、公式和设计步骤外，还有较多的工程实例。

(3) 选编的资料较新。对一些较成熟的科研成果和技术革新成果尽量吸收，对国外先进的技术经验和有关规定，凡认为可资参考或应用的，也多作了扼要介绍。

(4) 叙述简明扼要。在表达方式上多采用公式、图表，文字叙述也力求精练，查阅方便。

我们相信，这部手册的问世将对我国从事水利水电工作的同志有一定的帮助。

本手册编成之后，我们感到仍有许多不足之处，例如：个别章的设置和顺序安排不尽恰当；有的章字数偏多，内容上难免存在某些重复；对现代化的设计方法如系统工程、优化设计等，介绍得不够；在文字、体例、繁简程度等方面也不尽一致。所有这些，都有待于再版时加以改进。

本手册自筹备编写至今，历时已近 5 年，前后参加编写、审订工作的有 30 多个单位 100 多位同志。接受编写任务的单位和执笔同志都肩负繁重的设计、科研、教学等工作，他们克服种种困难，完成了手册编写任务，为手册的顺利出版作出了贡献。在此，我们向所有参加手册工作的单位、编写人、审订人表示衷心的感谢，并致以诚挚的慰问。已故水力发电建设总局副总工程师奚景岳同志和水利出版社社长林晓同志，他们生前参加手册发起并做了大量工作，谨在此表示深切的怀念。

最后，我们诚恳地欢迎读者对手册中的疏漏和错误给予批评指正。

水利电力部水利水电规划设计院

华东水利学院

1982 年 5 月

目　　录

第2章 水工结构可靠度

第3章 水工建筑物安全标准及荷载

第4章 水工混凝土结构

第5章 砌体结构

第6章 水工钢结构

第7章 水工结构抗震

第1章

建 筑 材 料

本章以第1版《水工设计手册》第2卷第10章框架为基础，内容修编主要包括以下几个方面：①将水泥、掺合材料、水工混凝土骨料、水工混凝土外加剂分别编写单列成节；②增加了“土石坝筑坝材料”、“混凝土表面保温材料”等内容；③从节能减排、保护环境的角度，删除了关于木材的内容；④随着科学技术的进步和我国水利水电建设的发展，对各节内容做了适当归并，并介绍了一些国内外最新科研成果。

章主编　唐　芸　陆采荣

章主审　王亦锥

本章各节编写及审稿人员

节次	编　写　人	审　稿　人
1.1	储洪强　徐　怡	蒋林华　陆采荣　王亦锥
1.2	储洪强　蒋林华	徐　怡　唐　芸　王亦锥
1.3	殷　洁　陈利刚 徐　怡　蒋林华	储洪强　解　敏　王亦锥
1.4	李　跃　苏军安	胡大可　杜柏辉　王亦锥
1.5	林星平　孙红尧 张燕迟　梅国兴	唐　芸　陆采荣　王亦锥
1.6	唐　芸　方坤河　程智清	林星平　陆采荣　王亦锥
1.7	陆采荣　梅国兴　戈雪良 刘伟宝　曾　力　钱耀丽	方坤河　唐　芸　王亦锥
1.8	梅国兴　王　珩　吴定燕	陆采荣　方坤河　王亦锥
1.9	孙红尧　单国良 朱雅仙　阮　燕	陆采荣　方坤河　王亦锥
1.10	刘数华	方坤河　陆采荣　王亦锥
1.11	沈　蓉　陈　江	张永全　王亦锥
1.12	陈迅捷　胡智农	陆采荣　梅国兴　王亦锥
1.13	杨世源　展晨辉	王亦锥　唐　芸
1.14	向　弘　吕大勇	解　敏　唐　芸　王亦锥
1.15	杨明昌　郑澄锋	陆采荣　戈雪良　王亦锥

第1章 建 筑 材 料

1.1 建筑材料的基本性质

1.1.1 建筑材料基本性质的计算公式和代表符号

建筑材料基本性质的计算公式和代表符号见表1.1-1。

1.1.2 主要建筑材料的基本性质

常用建筑材料的密度、表观密度及孔隙率见表1.1-2。

常用建筑材料的强度见表1.1-3。

常用建筑材料的导热系数和比热系数见表1.1-4。

表1.1-1 建筑材料基本性质的计算公式和代表符号

名称	符号	计算公式	单位	说明
密度	ρ	$\rho=\frac{m}{V}$	kg/m³	式中，m为材料在干燥状态下的质量，kg；V为干燥材料在绝对密实状态下的体积，或称为绝对体积，m³
表观密度	γ	$\gamma=\frac{m}{V_0}$	kg/m³	式中，m为材料的质量，kg；V_0为材料在自然状态下的体积，m³
孔隙率	P	$P=\frac{V_0-V}{V_0}\times 100$	%	反映材料的致密程度
视密度	ρ'	$\rho'=\frac{m}{V'}=\frac{m}{V+V_C}$	kg/m³	式中，m为散粒材料在干燥状态下的质量，kg；V为干燥散粒材料在绝对密实状态下的体积，或称为绝对体积，m³；V_C为散粒材料内封闭孔隙体积，m³
堆积密度	γ'	$\gamma'=\frac{m}{V'_0}$	kg/m³	式中，m为散粒材料的质量，kg；V'_0为散粒材料在自堆积状态下的体积，m³
空隙率	P'	$P'=\frac{V'_0-V_0}{V'_0}\times 100$	%	反映散粒材料颗粒之间相互填充的致密程度，可作为控制混凝土骨料级配与计算砂率的依据
泊松系数（泊松比）	μ	$\mu=\left\|\frac{\varepsilon_1}{\varepsilon}\right\|$		式中，ε_1为材料的横向应变；ε为材料的轴向应变
体积应变	θ	$\theta=\frac{V_B-V_0}{V_0}=\varepsilon(1-2\mu)$		式中，V_B为材料变形后的体积；V_0为材料变形前的体积
抗压、抗拉、抗剪强度	f	$f=\frac{F}{A}$	MPa	式中，F为破坏荷载，N；A为试件受拉、压或剪力的断面面积，mm²
抗弯强度	f_m	$f_m=\frac{3FL}{2bh^2}$	MPa	式中，F为破坏荷载，N；L为梁的跨度，mm；b、h为梁截面的宽、高，mm
质量吸水率	W_m	$W_m=\frac{m_1-m}{m}\times 100$	%	式中，m为材料在干燥状态下的质量；m_1为材料在吸水饱和状态下的质量
体积吸水率	w_v	$w_v=\frac{\frac{m_1-m}{\rho_水}}{V_0}\times 100$	%	式中，m为材料在干燥状态下的质量；m_1为材料在吸水饱和状态下的质量；V_0为材料在自然状态下的体积；$\rho_水$为水的密度

续表

名称	符号	计算公式	单位	说明
含水量	$w_{含}$	$w_{含}=\frac{m_{含}-m}{m}\times 100$	%	式中，m为材料在干燥状态下的质量；$m_{含}$为材料在含水状态下的质量
软化系数	$K_{软}$	$K_{软}=\frac{f_{饱}}{f_{干}}$		式中，$f_{饱}$为材料在水饱和状态下的抗压强度，MPa；$f_{干}$为材料在干燥状态下的抗压强度，MPa
渗透系数	K	$K=\frac{Q}{At}\frac{d}{H}$	m/d	式中，Q为透水量，m^3/d；A为透水面积，m^2；d为材料厚度，m；H为水头差，m；t为透水时间，d
导热系数	λ	$\lambda=\frac{Qd}{Az\Delta t}$	kJ/(m·h·℃)	式中，Q为通过材料的热量，kJ；d为材料厚度或传导的距离，m；A为材料传热面积，m^2；z为导热时间，h
比热	C	$C=\frac{Q}{G(t_2-t_1)}$	kJ/(kg·℃)	式中，Q为材料吸收或放出的热量，kJ；G为材料的质量，kg；t_2-t_1为材料受热（或冷却）前后的温度差，℃
弹性模量	E	$E=\frac{\sigma}{\varepsilon}$	MPa	式中，σ为材料的应力，MPa；ε为材料的应变

表 1.1-2　常用建筑材料的密度、表观密度及孔隙率

材料种类	密度ρ (kg/m^3)	表观密度γ (kg/m^3)	堆积密度γ' (kg/m^3)	孔隙率P (%)
建筑钢	7850	7850		0
铝合金	2710～2900	2700～2900		0
花岗岩	2600～2900	2500～2800		0.5～1.0
石灰岩	2450～2750	2200～2600		0.5～5.0
碎石	2600		1400～1700	
砂	2600		1450～1650	
水泥	3100～3200		1200～1300	
普通黏土砖	2500～2800	1500～1800		20～40
普通玻璃	2500～2600	2500～2600		0
松木	1550	380～700		55～75
普通混凝土		2300～2500		3～20
石油沥青	950～1100			
沥青混凝土		2200～2400		2～6
天然橡胶	910～930	910～930		0
聚氯乙烯树脂	1330～1450	1330～1450		0

表 1.1-3　常用建筑材料的强度　　单位：MPa

材料种类	抗压强度	抗拉（拉伸）强度	抗弯强度	材料种类	抗压强度	抗拉（拉伸）强度	抗弯强度
花岗岩	120～150	5～8	10～14	松木（顺纹）	30～50	80～120	60～100
普通混凝土	7.5～60	1～4	1.5～6.0	建筑钢	230～600	230～600	
普通黏土砖	7.5～15		1.8～2.8				

表 1.1-4　　常用建筑材料的导热系数和比热系数

材料种类		导热系数 λ [kJ/(m·h·℃)]	比热 C [kJ/(kg·℃)]
钢		208.800	0.460
花岗岩		10.080～12.564	0.850
普通混凝土		5.600～11.750	0.960
泡沫混凝土		0.432～0.720	1.100
普通黏土砖		1.512～2.268	0.840
普通玻璃		2.520～2.880	0.840
水		1.980	0.420
松木	顺纹	1.260	2.500
	横纹	0.612	

1.2 水　　泥

1.2.1 水泥的分类

水泥是一种粉状水硬性无机胶凝材料，主要用来制备混凝土、砂浆及水泥制品。

水泥的分类见表 1.2-1。

表 1.2-1　　水泥的分类

分类依据	种　　类
矿物成分	硅酸盐水泥、铝酸盐水泥、硫铝酸盐水泥、铁铝酸盐水泥、氟铝酸盐水泥及少熟料或无熟料水泥等
用途和性能	通用水泥、专用水泥和特性水泥三大类。通用水泥包括硅酸盐水泥、普通硅酸盐水泥、矿渣硅酸盐水泥、火山灰硅酸盐水泥、粉煤灰硅酸盐水泥和复合硅酸盐水泥等。专用水泥包括道路水泥、油井水泥等。特性水泥包括快硬水泥、抗硫酸盐水泥等
技术特性	中热硅酸盐水泥、低热硅酸盐水泥、低热矿渣硅酸盐水泥、抗硫酸盐硅酸盐水泥、快硬硅酸盐水泥、快硬硫铝酸盐水泥、低热微膨胀水泥等

1.2.2 通用水泥

1.2.2.1 分类

通用水泥按混合材料的品种和掺量分为硅酸盐水泥、普通硅酸盐水泥、矿渣硅酸盐水泥、火山灰硅酸盐水泥、粉煤灰硅酸盐水泥和复合硅酸盐水泥等。

1.2.2.2 组分与材料

1. 组分

通用水泥的组分应符合表 1.2-2 的规定。

2. 材料

(1) 硅酸盐水泥熟料。其主要化学成分是 CaO、SiO_2、Al_2O_3 和 Fe_2O_3，还含有一些微量成分，诸如 MgO、K_2O、Na_2O、TiO_2、Mn_2O_3 和 SO_3 等。硅酸盐水泥熟料化学成分的大致范围见表 1.2-3。

在硅酸盐水泥熟料中，CaO、SiO_2、Al_2O_3 和 Fe_2O_3 不是以单独的氧化物存在，它们经高温煅烧，以两种或两种以上的氧化物反应生成多种矿物。硅酸盐水泥熟料的主要矿物有四种，其名称、矿物组成和含量范围见表 1.2-4，主要特性见表 1.2-5。硅酸盐水泥熟料的矿物中，硅酸三钙（阿利特）和硅酸二钙（贝利特）称为硅酸盐矿物，要求不小于 66%，一般占总量的 75%～82%；铝酸三钙（铝酸盐）和铁铝酸四钙（才利特）称为熔剂矿物，一般占总量的 18%～25%；氧化钙和氧化硅的质量比不小于 2.0。

表 1.2-2　　通用水泥的组分

品　种	代号	组分（质量分数）(%)				
		熟料+石膏	粒化高炉矿渣	火山灰混合材料	粉煤灰	石灰石
硅酸盐水泥	P·I	100				
	P·Ⅱ	≥95	≤5			
		≥95				≤5
普通硅酸盐水泥	P·O	80～95	5～20			
矿渣硅酸盐水泥	P·S·A	50～80	20～50			
	P·S·B	30～50	50～70			
火山灰硅酸盐水泥	P·P	60～80		20～40		
粉煤灰硅酸盐水泥	P·F	60～80			20～40	
复合硅酸盐水泥	P·C	50～80	20～50			

表 1.2-3 硅酸盐水泥熟料的化学成分

化学成分	CaO	SiO_2	Al_2O_3	Fe_2O_3	MgO
含量（%）	60～70	18～24	4～7	2～7	<5

表 1.2-4 硅酸盐水泥熟料的矿物组成

矿物名称	矿物组成	简写	含量（%）
硅酸三钙	$3CaO \cdot SiO_2$	C_3S	37～60
硅酸二钙	$2CaO \cdot SiO_2$	C_2S	15～37
铝酸三钙	$3CaO \cdot Al_2O_3$	C_3A	7～15
铁铝酸四钙	$4CaO \cdot Al_2O_3 \cdot Fe_2O_3$	C_4AF	10～18

表 1.2-5 硅酸盐水泥熟料矿物的主要特性

矿物名称	水化速度	水化热	早期强度	后期强度
C_3S	快	大	高	高
C_2S	慢	小	低	高
C_3A	最快	最大	低	低
C_4AF	较快	中	低	低

（2）石膏。水泥中掺入石膏，可调节水泥的凝结硬化速度。在磨细水泥熟料时，若不掺入石膏或石膏掺量不足，水泥会发生瞬凝（急凝）现象；但石膏掺量也不能过多，过多的石膏不仅缓凝作用不大，还会引起水泥的安定性不良。合理的石膏掺量，主要取决于水泥中铝酸三钙的含量及石膏中三氧化硫的含量。硅酸盐水泥中的石膏掺量一般为水泥质量的2%～5%，具体掺量需通过试验确定。

石膏分为天然石膏和工业副产石膏两大类。

天然石膏：应符合GB/T 5483中规定的G类或M类二级（含）以上的石膏或混合石膏。

工业副产石膏：以硫酸钙为主要成分的工业副产物，采用前应经过试验证明对水泥性能无害。

（3）混合材料。按其性能分为活性混合材料和非活性混合材料。

活性混合材料主要包括符合GB/T 203、GB/T 18046、GB/T 1596、GB/T 2847标准要求的粒化高炉矿渣、粒化高炉矿渣粉、粉煤灰、火山灰混合材料。

非活性混合材料中，质地较坚实的有石英岩、石灰岩、砂岩等磨成的细粉；质地较松软的有黏土、黄土等；另外，还有活性指标分别低于GB/T 203、GB/T 18046、GB/T 1596、GB/T 2847标准要求的粒化高炉矿渣、粒化高炉矿渣粉、粉煤灰、火山灰混合材料。

（4）窑灰。窑灰应符合JC/T 742的规定。

（5）助磨剂。水泥粉磨时允许加入助磨剂，其加入量应不大于水泥质量的0.5%，助磨剂应符合JC/T 667的规定。

1.2.2.3 技术要求

1. 化学指标

水泥的化学指标主要是指控制水泥中有害的化学成分，要求其不超过一定的限量，否则对水泥的性能和质量可能产生有害或潜在的影响。具体指标及影响见表1.2-6。通用水泥的化学指标应符合表1.2-7的规定。

表 1.2-6 水泥的化学指标及影响

化学指标	影 响 作 用
不溶物	水泥在浓酸盐中溶解后保留下来的不溶性残留物。过多的不溶物（惰性）将影响水泥的活性
烧失量	水泥在一定温度、一定时间内加热后烧失的数量。水泥煅烧不佳或受潮后，均会导致烧失量增加
三氧化硫	粉磨熟料时掺入石膏带入的有害成分，或煅烧熟料时加入石膏矿化剂而带入熟料中的有害物质。过多的三氧化硫会在已硬化的水泥浆体中继续与固态的水化铝酸钙反应生成水化硫铝酸钙，体积膨胀导致结构物破坏
氧化镁	方镁石系游离状态的氧化镁晶体，水化硬化缓慢，且产生体积膨胀，会导致水泥石结构产生裂缝甚至破坏
碱	水泥中的碱（Na_2O和K_2O）与某些碱活性集料发生化学反应引起混凝土膨胀、开裂甚至破坏

碱含量（选择性指标）：水泥中碱含量按$Na_2O+0.658K_2O$计算值表示。若使用活性骨料，用户要求提供低碱水泥时，水泥中的碱含量应不超过0.60%或由供需双方协商确定。

2. 物理指标

水泥的物理指标包括细度、凝结时间、安定性、强度和水化热。指标项目及影响见表1.2-8。

（1）细度。水泥的细度可用筛余量或比表面积来表示。比表面积是单位质量水泥颗粒的总表面积（m^2/kg），比表面积越大，表明水泥颗粒越细。硅酸盐水泥和普通硅酸盐水泥常以比表面积表示，不小于$300m^2/kg$；矿渣硅酸盐水泥、火山灰硅酸盐水泥、粉煤灰硅酸盐水泥和复合硅酸盐水泥以筛余量表示，0.080mm方孔筛筛余量不大于10%，或0.045mm方孔筛筛余量不大于30%。

表 1.2-7 **通用水泥的化学指标**

<table>
<tr><th rowspan="2">品 种</th><th rowspan="2">代号</th><th colspan="5">化学指标（质量分数）(%)</th></tr>
<tr><th>不溶物</th><th>烧失量</th><th>三氧化硫</th><th>氧化镁</th><th>氯离子</th></tr>
<tr><td rowspan="2">硅酸盐水泥</td><td>P·Ⅰ</td><td>≤0.75</td><td>≤3.0</td><td rowspan="3">≤3.5</td><td rowspan="3">≤5.0①</td><td rowspan="8">≤0.06③</td></tr>
<tr><td>P·Ⅱ</td><td>≤1.50</td><td>≤3.5</td></tr>
<tr><td>普通硅酸盐水泥</td><td>P·O</td><td></td><td>≤5.0</td></tr>
<tr><td rowspan="2">矿渣硅酸盐水泥</td><td>P·S·A</td><td></td><td></td><td rowspan="2">≤4.0</td><td>≤6.0②</td></tr>
<tr><td>P·S·B</td><td></td><td></td><td></td></tr>
<tr><td>火山灰硅酸盐水泥</td><td>P·P</td><td></td><td></td><td rowspan="3">≤3.5</td><td rowspan="3">≤6.0②</td></tr>
<tr><td>粉煤灰硅酸盐水泥</td><td>P·F</td><td></td><td></td></tr>
<tr><td>复合硅酸盐水泥</td><td>P·C</td><td></td><td></td></tr>
</table>

① 如果水泥压蒸安定性试验合格，则水泥中氧化镁的含量（质量分数）允许放宽至6.0%。
② 如果水泥中氧化镁的含量（质量分数）大于6.0%时，需进行水泥压蒸安定性试验并合格。
③ 当有更低要求时，该指标由供求双方协商确定。

表 1.2-8 **水泥的物理指标及其影响**

物理指标	影 响 作 用
细度	水泥颗粒愈细，水泥的表面积就愈大，水化作用的发展就愈迅速而充分，凝结硬化的速度加快，水泥的早期强度就愈高。但磨细水泥需消耗粉磨能量，水泥磨得愈细，成本就愈高，在空气中硬化时收缩也较大，保存也困难
凝结时间	水泥的凝结时间分初凝时间和终凝时间。初凝时间不宜过快，以便有足够的时间对混凝土进行搅拌、运输和浇筑；终凝时间不宜过迟，以利下一步施工工作的进行
安定性	如果水泥硬化后产生不均匀的体积变化，即为体积安定性不良。使用安定性不良的水泥，会使构件产生膨胀性裂缝，降低工程质量，甚至引起严重事故
强度	强度是评价水泥质量的重要指标。硅酸盐水泥的强度取决于熟料的矿物成分和细度。由于水泥在硬化过程中强度是逐渐增长的，因此常以不同龄期强度表明水泥强度的增长速率
水化热	水泥大部分的水化热是在水化初期（7d内）放出的，以后则逐步减少。通常情况下，水泥的强度等级愈高，水化热愈大。早强剂等促凝措施会提高早期水化热，而缓凝剂等减慢水化反应的因素会降低早期水化热。冬季施工时，水化热有利于水泥的正常凝结硬化。对大型基础、大坝、桥墩等大体积混凝土工程，水化热是不利的，容易产生温度裂缝。因此，大体积混凝土工程应采用水化热较低的水泥

(2) 凝结时间。硅酸盐水泥，初凝时间不小于45min、终凝时间不大于6.5h，实际初凝时间为60～180min、终凝时间为5～8h；普通硅酸盐水泥、矿渣硅酸盐水泥、火山灰硅酸盐水泥、粉煤灰硅酸盐水泥和复合硅酸盐水泥，初凝时间不小于45min、终凝时间不大于10h。

(3) 安定性。水泥安定性的测定方法有试饼法和雷氏法两种。试饼法是通过观察水泥净浆试饼沸煮后的外形变化来检验水泥的安定性，雷氏法是测定水泥净浆在雷氏夹中沸煮后的膨胀值。当有争议时则以雷氏法为准。

(4) 强度。水泥的强度等级按3d、28d的抗压强度和抗折强度来划分。目前我国测定水泥强度按照国家标准《水泥胶砂强度检验方法（ISO法）》(GB/T 17671—1999) 进行。该方法是将水泥、标准砂及水按规定比例拌制成塑性水泥胶砂，并按规定方法制成4cm×4cm×16cm的试件，在标准温度（20℃±1℃）的水中养护，测定其3d、28d抗压及抗折强度。不同品种不同强度等级的通用水泥，各龄期的强度应符合表1.2-9的规定。

(5) 水化热。目前测定水泥水化热的方法有直接法和溶解热法两种。直接法也称为蓄热法；溶解热法通过测定未水化水泥与水化一定龄期的水泥在标准酸中的溶解热之差，来计算水泥在该龄期内所放出的热量。

1.2.2.4 通用水泥的腐蚀与防止

通用水泥当凝结硬化后，在通常的使用条件下有较高的耐久性。但在某些侵蚀性介质中，硬化水泥浆体中的各种水化产物会与介质发生各种物理化学作用，导致混凝土强度降低，甚至使硬化水泥浆体遭到破坏。

表 1.2-9　水泥的强度指标

品种	强度等级	抗压强度（MPa）		抗折强度（MPa）	
		3d	28d	3d	28d
硅酸盐水泥	42.5	≥17.0	≥42.5	≥3.0	≥6.5
	42.5R	≥22.0		≥4.0	
	52.5	≥23.0	≥52.5	≥4.0	≥7.0
	52.5R	≥27.0		≥5.0	
	62.5	≥28.0	≥62.5	≥5.0	≥8.0
	62.5R	≥32.0		≥5.5	
普通硅酸盐水泥	42.5	≥17.0	≥42.5	≥3.5	≥6.5
	42.5R	≥22.0		≥4.0	
	52.5	≥23.0	≥52.5	≥4.0	≥7.0
	52.5R	≥27.0		≥5.0	
矿渣硅酸盐水泥 火山灰硅酸盐水泥 粉煤灰硅酸盐水泥 复合硅酸盐水泥	32.5	≥10.0	≥32.5	≥2.5	≥5.5
	32.5R	≥15.0		≥3.5	
	42.5	≥15.0	≥42.5	≥3.5	≥6.5
	42.5R	≥19.0		≥4.0	
	52.5	≥21.0	≥52.5	≥4.0	≥7.0
	52.5R	≥23.0		≥5.0	

注　R表示早强型水泥。

硬化水泥浆体产生腐蚀的原因可概括为：①氢氧化钙及其他成分，能一定程度地溶于水，特别是软水；②氢氧化钙、水化铝酸钙等碱性物质，与环境水中的酸类或某些盐类发生化学反应，生成或易溶于水、或无胶结能力、或结晶膨胀的化合物，导致硬化水泥浆体结构破坏。

1. 通用硅酸盐水泥的腐蚀

典型的腐蚀破坏作用有溶出性侵蚀、酸类腐蚀和盐类腐蚀。

（1）溶出性侵蚀。

水泥的水化产物都必须在一定浓度的石灰溶液中才能稳定地存在。如果溶液中的石灰浓度低于该水化产物能稳定存在的极限石灰浓度，则该水化产物就会被溶解或分解。水化产物中，氢氧化钙首先被溶解，随氢氧化钙浓度的降低，其他水化产物，如水化硅酸钙、水化铝酸钙等，亦将发生分解，使硬化水泥浆体结构遭到破坏，强度不断降低，最后引起整个建筑物的毁坏。研究表明，当氢氧化钙溶出5%时，强度下降7%左右；溶出24%时，强度下降约29%。

（2）酸类腐蚀。

1）碳酸性腐蚀。一些雨水、地下水、泉水中常含有游离的CO_2，含量多时会对硬化水泥浆体产生破坏作用。氢氧化钙不断地反应转变为易溶的重碳酸钙而溶失，硬化水泥浆体中的石灰浓度降低，硬化水泥浆体结构发生破坏。

2）一般酸性腐蚀。工业废水、地下水中常含有酸类物质，这些酸类能与硬化水泥浆体中的氢氧化钙起作用生成化合物。所生成的化合物或易溶于水、或体积膨胀，导致硬化水泥浆体结构的破坏。

（3）盐类腐蚀。

1）硫酸盐腐蚀。在海水、地下水、盐沼水及一些工业废水中常含有大量硫酸盐类，如硫酸钠、硫酸钾、硫酸镁等，它们能与硬化水泥浆体中的氢氧化钙作用，体积膨胀，从而导致硬化水泥浆体的破坏。

2）镁盐腐蚀。在海水、地下水及一些矿物水中常含有大量镁盐，主要是硫酸镁和氯化镁。镁盐能与硬化水泥浆体中的氢氧化钙反应生成氢氧化镁，出现松软无胶结能力；氯化钙易溶于水，二水石膏则会引起硫酸盐破坏作用；硫酸镁对硬化水泥浆体起镁盐和硫酸盐的双重腐蚀作用。

除上述几种腐蚀作用外，糖、强碱（如NaOH）及含大量环烷酸的石油产品等对硬化水泥浆体也有一定的腐蚀作用。

2. 通用硅酸盐水泥腐蚀的防止

根据以上腐蚀原因的分析，可采取下列防止措施：

(1) 根据侵蚀环境的特点，选择合适的水泥品种。当硬化水泥浆体遭受软水等侵蚀时，选用水化产物中氢氧化钙含量较少的掺活性混合材料的硅酸盐水泥；硬化水泥浆体如遭到硫酸盐腐蚀时，可采用铝酸三钙含量较低的抗硫酸盐水泥。

(2) 提高硬化水泥浆体的密实程度。提高硬化水泥浆体的密实度对抵抗软水侵蚀的效果更为明显。

(3) 设置防护层。当侵蚀作用较强时，采用上述措施难以防止腐蚀，可在水泥制品的表面设置耐腐蚀性高且不透水的防护层，如沥青、塑料、环氧树脂、耐酸陶瓷等。

1.2.2.5 通用水泥的特性与应用

复合水泥中同时掺入两种或两种以上的混合材料，它们在水泥中的作用不是简单叠加，而是相互补充，可更好地发挥混合材料的各自优良特性，使水泥的性能得以全面提高。复合水泥的性能主要与掺入的混合材料品种和掺量有关，如以火山灰材料为主要混合材料时，其性质与火山灰水泥相近；同理，若以矿渣为主要混合材料，则其性质与矿渣水泥接近。因此，在使用复合水泥时，应掌握水泥中的主要混合材料的品种。国家标准规定，包装袋上要标明主要混合材料的名称。

硅酸盐水泥、普通硅酸盐水泥、矿渣硅酸盐水泥、火山灰硅酸盐水泥、粉煤灰硅酸盐水泥，这五种水泥是目前水利水电工程中应用范围最广的品种，其主要特性见表 1.2-10，适用范围见表 1.2-11。

1.2.3 其他品种水泥

1.2.3.1 中、低热硅酸盐水泥

1. 分类和用途

中、低热硅酸盐水泥主要分为中热硅酸盐水泥（简称中热水泥，P·MH）、低热硅酸盐水泥（简称低热水泥，P·LH）和低热矿渣硅酸盐水泥（P·SLH）。中热水泥主要用于大坝溢流面或大体积建筑物的表面和水位变化区等部位，要求较低水化热和较高耐磨性、抗冻性的工程；低热水泥适用于大坝或大体积建筑物的内部及水下等要求低水化热的工程。

表 1.2-10 通用水泥的主要特性

名称		硅酸盐水泥	普通硅酸盐水泥	矿渣硅酸盐水泥	火山灰硅酸盐水泥	粉煤灰硅酸盐水泥
密度（kg/m³）		3100～3200		2800～3000	2700～3100	
堆积密度（kg/m³）		1000～1600	1000～1600	1000～1200	900～1000	900～1000
标准稠度（%）		24～30			最大	
强度	早期	高	较高	低	低	低
	后期	高	高	高	高	高
水化热		高	较高	低	低	低
水化速度（凝结时间快慢）		快	较快	较慢	较慢	较慢
抗侵蚀性		差	差	较好	SiO_2 多较好，Al_2O_3 多	较好
抗冻性 耐磨性		好	较好	较差	差	较差
抗渗性					较好	
干缩		小	小	较大	大	更小
保水性（泌水性）		较好	较好	较差	好	混凝土和易性较好
耐热性		较差	较差	较好	差	较差
抗碳化		较好	较好	较差	较差	较差
温、湿度影响				较大	较大	较大

表 1.2-11　　通用水泥的适用范围

混凝土所处环境条件或工程特点		优先选用	可以选用	不得或不宜使用
环境条件	普通气候环境中的混凝土	普通水泥	矿渣水泥 火山灰水泥 粉煤灰水泥 复合水泥	环境条件
	干燥环境中的混凝土	普通水泥	矿渣水泥	
	高湿度环境中的或水下混凝土	矿渣水泥	普通水泥 火山灰水泥 粉煤灰水泥 复合水泥	
	严寒地区的露天混凝土、寒冷地区的水位变化区混凝土	普通水泥	矿渣水泥	
	严寒地区的水位变化区混凝土	普通水泥		
	受侵蚀性环境作用的混凝土	根据侵蚀介质种类、浓度等具体条件按专门规定选用		
工程特点	大体积混凝土	粉煤灰水泥 矿渣水泥	普通水泥 火山灰水泥 复合水泥	工程特点
	要求快硬的混凝土	硅酸盐水泥	普通水泥	
	高强混凝土	硅酸盐水泥	普通水泥 矿渣水泥	
	有抗渗要求的混凝土	普通水泥 火山灰水泥		
	有耐磨要求的混凝土	硅酸盐水泥 普通水泥	矿渣水泥	

2. 技术要求

(1) 氧化镁含量：不宜大于5.0%；如果水泥经过压蒸安定性试验合格，则中热水泥和低热水泥中氧化镁的含量允许放宽至6.0%。

(2) 碱含量：按 $Na_2O+0.658K_2O$ 计算值表示。当水泥在混凝土中与骨料可能发生有害反应并经用户提出低碱要求时，中热水泥和低热水泥中的碱含量应不超过0.6%，低热矿渣水泥中的碱含量应不超过1.0%；碱含量由供需双方商定。

(3) 三氧化硫含量：应不大于3.5%。

(4) 烧失量：应不大于3.0%。

(5) 比表面积：应不低于 $250m^2/kg$。

(6) 凝结时间：初凝应不早于60min，终凝应不迟于12h。

(7) 安定性：用沸煮法检验应合格。

(8) 强度：水泥的强度等级按规定龄期的抗压强度和抗折强度划分，各龄期的抗压强度和抗折强度应不低于表1.2-12的数值。

(9) 水化热：水泥的水化热允许采用直接法或溶解热法进行检验，各龄期的水化热应不大于表1.2-13数值。

(10) 低热水泥28d水化热：应不大于310kJ/kg。

表 1.2-12　　中、低热硅酸盐水泥强度等级和各龄期强度

品　种	强度等级	抗压强度（MPa）			抗折强度（MPa）		
		3d	7d	28d	3d	7d	28d
中热水泥	42.5	12.0	22.0	42.5	3.0	4.5	6.5
低热水泥	42.5		13.0	42.5		3.5	6.5
低热矿渣水泥	32.5		12.0	32.5		3.0	5.5

表 1.2-13 中、低热硅酸盐水泥强度等级和各龄期水化热

品 种	强度等级	水化热（kJ/kg）	
		3d	7d
中热水泥	42.5	251	293
低热水泥	42.5	230	260
低热矿渣水泥	32.5	197	230

1.2.3.2 抗硫酸盐硅酸盐水泥

1. 分类和用途

抗硫酸盐硅酸盐水泥分为中抗硫酸盐硅酸盐水泥（P·MSR）和高抗硫酸盐硅酸盐水泥（P·HSR）两种，适用于受硫酸盐侵蚀、冻融和干湿作用的海港工程、水利工程及地下工程。

2. 技术要求

（1）硅酸三钙和铝酸三钙含量：应符合表 1.2-14 的规定。

表 1.2-14 抗硫酸盐硅酸盐水泥中硅酸三钙和铝酸三钙的含量 %

品 种	硅酸三钙含量	铝酸三钙含量
中抗硫酸盐硅酸盐水泥	≤55	≤5
高抗硫酸盐硅酸盐水泥	≤50	≤3

（2）烧失量：应不大于 3.0%。

（3）氧化镁含量：应不大于 5.0%；如果水泥经过压蒸安定性试验合格，则氧化镁的含量允许放宽到 6.0%。

（4）三氧化硫含量：应不大于 2.5%。

（5）不溶物含量：应不大于 1.5%。

（6）比表面积：应不小于 $280m^2/kg$。

（7）凝结时间：初凝应不早于 45min，终凝应不迟于 10h。

（8）安定性：用沸煮法检验应合格。

（9）强度：水泥的强度等级按规定龄期的抗压强度和抗折强度划分，各龄期的抗压强度和抗折强度应不低于表 1.2-15 的数值。

表 1.2-15 抗硫酸盐硅酸盐水泥强度等级和各龄期强度

品 种	强度等级	抗压强度(MPa)		抗折强度(MPa)	
		3d	28d	3d	28d
中抗硫酸盐硅酸盐水泥	32.5	10.0	32.5	2.5	6.0
高抗硫酸盐硅酸盐水泥	42.5	15.0	42.5	3.0	6.5

（10）碱含量：按 $Na_2O+0.658K_2O$ 计算值表示。若使用活性骨料，用户要求提供低碱水泥时，水泥中的碱含量应不大于 0.60%。

（11）抗硫酸盐性：中抗硫酸盐水泥 14d 线膨胀率应不大于 0.060%；高抗硫酸盐水泥 14d 线膨胀率应不大于 0.040%。

1.2.3.3 快硬硅酸盐水泥

1. 主要用途

快硬硅酸盐水泥（简称快硬水泥）适用于早期强度要求高的混凝土，低温条件下高强度混凝土预制构件以及紧急抢修工程。

2. 技术要求

（1）氧化镁含量：应不大于 5.0%；如果水泥经过压蒸安定性试验合格，则水泥中氧化镁的含量允许放宽到 6.0%。

（2）三氧化硫含量：应不超过 4.0%，0.080mm 方孔筛筛余量应不超过 10%。

（3）初凝时间：初凝应不早于 45min，终凝应不迟于 10h。

（4）安定性：采用沸煮法检验须合格。

（5）强度：各龄期强度均应不低于表 1.2-16 的数值。

表 1.2-16 快硬硅酸盐水泥标号和各龄期强度

强度等级	抗压强度（MPa）			抗折强度（MPa）		
	1d	3d	28d	1d	3d	28d
32.5	15.0	32.5	52.5	3.5	5.0	7.2
37.5	17.0	37.5	57.5	4.0	6.0	7.6
42.5	19.0	42.5	62.5	4.5	6.4	8.0

1.2.3.4 低热微膨胀水泥

1. 主要用途

低热微膨胀水泥（LHEC）适用于要求较低水化热的混凝土、补偿收缩混凝土和大体积混凝土，也适用于要求抗渗和抗硫酸盐侵蚀的混凝土。

2. 技术要求

（1）三氧化硫含量：应为 4.0%～7.0%。

（2）比表面积：应不小于 $300m^2/kg$。

（3）凝结时间：初凝应不早于 45min，终凝应不迟于 12h。

（4）安定性：沸煮法检验应合格。

（5）强度：水泥各龄期的抗压强度和抗折强度应不低于表 1.2-17 的数值。

（6）水化热：水泥各龄期水化热应不大于表 1.2-18 的数值。

表 1.2-17　低热膨胀水泥强度等级和各龄期强度

强度等级	抗压强度（MPa）		抗折强度（MPa）	
	7d	28d	7d	28d
32.5	5.0	7.0	18.0	32.5

表 1.2-18　低热膨胀水泥各龄期水化热

强度等级	水化热（kJ/kg）	
	3d	7d
32.5	185	220

（7）线膨胀率：1d应不小于0.05%，7d应不小于0.10%，28d应不小于0.60%。

（8）氯离子含量：应不大于0.06%。

（9）碱含量：按 $Na_2O+0.658K_2O$ 计算值表示，由供需双方商定。

1.2.3.5　明矾石膨胀水泥

1. 主要用途

明矾石膨胀水泥（A·EC）主要用于补偿混凝土收缩结构工程，防渗抗裂混凝土工程，补强和防渗抹面工程，大孔径混凝土排水管以及接缝、梁柱和管道接头，固接机器底座和地脚螺栓等。

2. 技术要求

（1）三氧化硫含量：应不大于8.0%。

（2）比表面积：应不小于400m^2/kg。

（3）凝结时间：初凝应不早于45min，终凝应不迟于6h。

（4）强度：不同强度等级水泥的各龄期强度应不低于表1.2-19的数值。

表 1.2-19　明矾石膨胀水泥水泥强度等级和各龄期强度

强度等级	抗压强度（MPa）			抗折强度（MPa）		
	3d	7d	28d	3d	7d	28d
32.5	13.0	21.0	32.5	3.0	4.0	6.0
42.5	17.0	27.0	42.5	3.5	5.0	7.5
52.5	23.0	33.0	52.5	4.0	5.5	8.5

（5）限制膨胀率：3d应不小于0.015%，28d应不大于0.10%。

（6）不透水性：3d不透水性应合格。

（7）碱含量：按 $Na_2O+0.658K_2O$ 计算值表示。当水泥在混凝土中与骨料可能发生有害反应并经用户提出低碱要求时，明矾石膨胀水泥中碱含量应不大于0.60%。

1.2.3.6　铝酸盐水泥

1. 分类和用途

铝酸盐水泥按 Al_2O_3 含量百分数分为以下四类：

CA-50：50%≤Al_2O_3<60%

CA-60：60%≤Al_2O_3<68%

CA-70：68%≤Al_2O_3<77%

CA-80：77%≤Al_2O_3

铝酸盐水泥（CA）主要适用于抢建、抢修工程，以及抗硫酸盐侵蚀和冬季施工等有特殊要求的工程，还可配制耐火材料以及石膏矾土水泥、自应力水泥等。

2. 技术要求

（1）铝酸盐水泥的化学成分按水泥质量百分比计，应符合表1.2-20的规定。

表 1.2-20　铝酸盐水泥化学成分　%

水泥类型	Al_2O_3	SiO_2	Fe_2O_3	R_2O （$Na_2O+0.658K_2O$）	S（全硫）	Cl
CA-50	≥50，<60	≤8.0	≤2.5	≤0.40	≤0.1	≤0.1
CA-60	≥60，<68	≤5.0	≤2.0			
CA-70	≥68，<77	≤1.0	≤0.7			
CA-80	≥77	≤0.5	≤0.5			

（2）细度：比表面不小于300m^2/kg，或0.045mm方孔筛筛余量不大于20%。

（3）凝结时间（胶砂）：应符合表1.2-21的规定。

（4）强度等级：各类型水泥的各龄期强度应不低于表1.2-22的数值。

表 1.2-21　铝酸盐水泥凝结时间

水泥类型	初凝时间（min）	终凝时间（h）
CA-50 CA-70 CA-80	≥30	≤6
CA-60	≥60	≤18

表 1.2-22 铝酸盐水泥水泥类型和各龄期强度

水泥类型	抗压强度（MPa）				抗折强度（MPa）			
	6h	1d	3d	28d	6h	1d	3d	28d
CA-50	20	40	50		3.0	5.5	6.5	
CA-60		20	45	85		2.5	5.0	10.0
CA-70		30	40			5.0	6.0	
CA-80		25	30			4.0	5.0	

1.2.3.7 自应力铝酸盐水泥

1. 主要用途

自应力铝酸盐水泥主要用于自应力钢筋（钢丝网）混凝土（砂浆）压力管。

2. 技术要求

（1）水泥中三氧化硫含量、细度、凝结时间应符合表 1.2-23 的规定。

（2）水泥中自由膨胀率、抗压强度、自应力值符合表 1.2-24 的规定。

表 1.2-23 自应力铝酸盐水泥中三氧化硫含量、细度、凝结时间的要求

项 目		技术指标
三氧化硫含量（%）		≤17.5
细度（0.080mm 方孔筛筛余量）（%）		≤10
凝结时间（h）	初凝	≥0.5
	终凝	≤4

表 1.2-24 自应力铝酸盐水泥中自由膨胀率、抗压强度、自应力值的要求

性 能		龄期	
		7d	28d
自由膨胀率（%）		≤1.0	≤2.0
抗压强度（MPa）		≥28.0	≥34.0
自应力值（MPa）	3.0 级	≥2.0	≥3.0
	4.5 级	≥2.8	≥4.5
	6.0 级	≥3.8	≥6.0

注 根据用户要求，生产厂家应提供最好的自应力值。

1.2.3.8 快硬硫铝酸盐水泥和快硬铁铝酸盐水泥

1. 主要用途

快硬硫铝酸盐水泥和快硬铁铝酸盐水泥主要用于抢修工程、冬季施工工程、地下工程及配制膨胀水泥和自应力水泥。

2. 技术要求

（1）比表面积：应不小于 $350m^2/kg$。

（2）凝结时间：初凝不早于 25min，终凝不迟于 3h。

（3）强度：不同强度等级水泥的各龄期强度要求应不低于表 1.2-25 的数值。

表 1.2-25 快硬硫铝酸盐水泥和快硬铁铝酸盐水泥强度等级和各龄期强度

强度等级	抗压强度（MPa）			抗折强度（MPa）		
	1d	3d	28d	1d	3d	28d
42.5	33.0	42.5	45	6.0	6.5	7.0
52.5	42.0	52.5	55	6.5	7.0	7.5
62.5	50.0	62.5	65	7.0	7.5	8.0
72.5	56.0	72.5	75	7.5	8.0	8.5

1.3 掺合材料

掺合材料可分为活性掺合料和非活性掺合料两大类。活性掺合料中含有一定的活性组分，主要为活性的 SiO_2 和 Al_2O_3。这些活性组分在有水条件下，能与碱性物质或硫酸盐发生作用，生成具有胶凝性质的稳定化合物，如 C-S-H 凝胶和铝酸盐水化物。常用的活性掺合料有粉煤灰、粒化高炉矿渣粉、磷矿渣粉、火山灰、硅粉等。非活性掺合料中不含或只含少量活性组分，如石灰石粉、凝灰岩粉等。

1.3.1 活性掺合料

1.3.1.1 粉煤灰

粉煤灰是从电厂煤粉炉烟道气体中收集的粉末，在高温下形成玻璃态的物质，在进入低温区后，这些熔融的玻璃体因表面张力作用呈现为不同的颗粒形态，常见的有微珠、葡萄珠、碳粒和碎屑这四种主要类型。

1. 粉煤灰的组成

粉煤灰的主要化学成分是 SiO_2 和 Al_2O_3，另外还有部分 Fe_2O_3、CaO 等。其化学组成见表 1.3-1。

表 1.3-1 粉煤灰化学组成

化学成分	SiO_2	Al_2O_3	Fe_2O_3	CaO		烧失量
含量（%）	40～65	15～40	4～20	2～7 低钙灰或 F 类灰	12～20 高钙灰或 C 类灰	40～65

2. 粉煤灰的技术要求

粉煤灰分为Ⅰ级、Ⅱ级、Ⅲ级三种。此外，粉煤灰按煤种分为 F 类和 C 类，F 类粉煤灰是由无烟煤或烟煤煅烧收集的粉煤灰，而 C 类粉煤灰是次烟煤煅

烧收集的粉煤灰，其氧化钙的含量一般大于10%。根据《用于水泥和混凝土中的粉煤灰》（GB/T 1596—2005）和《水工混凝土掺用粉煤灰技术规范》（DL/T 5055—2007），水工混凝土掺用粉煤灰的技术要求应符合表1.3-2的规定。

表1.3-2 水工混凝土掺用粉煤灰的技术要求 %

项目		技术要求		
		Ⅰ级	Ⅱ级	Ⅲ级
细度（0.045mm方孔筛筛余量）	F类粉煤灰	≤12.0	≤25.0	≤45.0
	C类粉煤灰			
需水量比	F类粉煤灰	≤95	≤105	≤115
	C类粉煤灰			
烧失量	F类粉煤灰	≤5.0	≤8.0	≤15.0
	C类粉煤灰			
含水量	F类粉煤灰	≤1.0		
	C类粉煤灰			
SO_3含量	F类粉煤灰	≤3.0		
	C类粉煤灰			
游离氧化钙	F类粉煤灰	≤1.0		
	C类粉煤灰	≤4.0		
安定性	C类粉煤灰	合格		

3．粉煤灰对混凝土性能的影响

粉煤灰对混凝土性能的影响见表1.3-3。

表1.3-3 粉煤灰对混凝土性能的影响

项目	影响作用
拌和物	减少拌和物的含气量，延长其凝结时间
强度	一般情况下，早期强度发展缓慢，后期增长率高
温升	降低混凝土的水化热，削减温峰和推迟最高温升出现时间，对大体积混凝土防裂较为有利
变形性能	早期的极限拉伸、抗压弹性量较低，徐变较大。随着龄期增长，极限拉伸增长率增大，弹性模量与不掺粉煤灰的混凝土相当，徐变变小。掺优质粉煤灰可减少混凝土干缩
耐久性	粉煤灰掺量为30%的混凝土，其抗渗性28d低于不掺粉煤灰混凝土，90d逐渐提高，180d有较大改善；对混凝土抗冻性的影响与抗渗性类似；掺入适量（不超过25%）的优质粉煤灰，有利于改善混凝土抗冲磨性能，抑制混凝土的碱—硅反应，改善混凝土内部孔结构与分布，减少体积膨胀所引起的内应力，有利于抗硫酸盐侵蚀

4．粉煤灰的掺用方式和适宜掺量

混凝土中掺用粉煤灰宜采用等量取代法。

F类粉煤灰的最大掺量应符合表1.3-4的规定。C类粉煤灰的使用经验较少，掺量应通过试验确定。

表1.3-4 F类粉煤灰的最大掺量 %

混凝土种类		硅酸盐水泥	普通硅酸盐水泥	矿渣硅酸盐水泥
重力坝碾压混凝土	内部	70	65	40
	外部	65	60	30
重力坝常态混凝土	内部	55	50	30
	外部	45	40	20
拱坝碾压混凝土		65	60	30
拱坝常态混凝土		40	35	20
结构混凝土		35	30	
面板混凝土		35	30	
抗磨蚀混凝土		25	20	
预应力混凝土		20	15	

注 1．本表适用于F类Ⅰ、Ⅱ级粉煤灰，Ⅲ级粉煤灰的最大掺量应适当降低，降低幅度应通过试验确定。
2．中热硅酸盐水泥、低热矿渣硅酸盐水泥的粉煤灰最大掺量与硅酸盐水泥混凝土相同；低热矿渣硅酸盐水泥、火山灰硅酸盐水泥、粉煤灰硅酸盐水泥混凝土的粉煤灰最大掺量与矿渣硅酸盐水泥相同。
3．本表中所列的粉煤灰不包括代砂的粉煤灰。

5．粉煤灰在使用中应注意的问题

混凝土中外掺粉煤灰时应注意的问题见表1.3-5。

表1.3-5 混凝土中外掺粉煤灰时应注意的问题

项目	应注意的问题
混凝土设计指标	应与不掺粉煤灰的混凝土相同，按有关规定取值
设计龄期	应根据建筑物类型和承载时间确定，宜采用较长的设计龄期
胶凝材料用量	应符合《水工混凝土施工规范》（DL/T 5144）、《水工碾压混凝土施工规范》（DL/T 5112）的规定
配合比设计	按《水工混凝土配合比设计规程》（DL/T 5330）执行
适应性	粉煤灰与水泥、外加剂的适应性应通过试验确定
拌和	拌和物应搅拌均匀，搅拌时间应通过试验确定
浇筑	浇筑时不应漏振或过振，振捣后混凝土表面不得出现明显的粉煤灰浮浆层
养护	暴露面应潮湿养护，并适当延长养护时间
低温施工	低温施工时应采取表面保温措施，拆模时间应适当延长

1.3.1.2 粒化高炉矿渣粉

粒化高炉矿渣是冶炼生铁时，从排渣口排出，经水或空气急冷处理后成为粒状颗粒。以粒化高炉矿渣为主要原料，掺加少量石膏磨制成一定细度的粉体即为粒化高炉矿渣粉（简称矿渣粉）。

1. 矿渣粉的组成

（1）化学组成：矿渣粉的主要化学成分是 CaO、SiO_2、Al_2O_3，其总量一般在 90%以上，另外还有少量的 MgO、Fe_2O_3、TiO_2、硫化物和一些微量元素。矿渣粉的化学组成在表 1.3－6 所示的范围内波动。

表 1.3－6 矿渣粉的化学组成

化学成分	CaO	SiO_2	Al_2O_3	MgO	Fe_2O_3	MnO	S
含量（%）	38～46	26～42	7～20	4～13	0.2～1	1～2	1～2

（2）矿物组成：矿渣的矿物组成主要取决于它的化学组成和冷却条件。慢冷的结晶态矿渣基本不具有水硬活性；矿渣经水淬或急冷后，冷凝形成粒径 0.5～5mm 的粒化矿渣，其玻璃体含量一般在 80%以上，具有较好的水硬活性。矿渣粉的矿物组成与作用详见表 1.3－7。

表 1.3－7 矿渣粉的矿物组成与作用

成分	作用
CaO	对矿渣的活性有利，但当其含量较高时，反而会使矿渣活性下降
SiO_2	含量较高时矿渣活性下降
Al_2O_3	对矿渣的活性有利，含量越高，矿渣的活性也越高
MgO	有助于提高矿渣的粒化质量，增加矿渣活性
TiO_2	含量较高时会降低矿渣的活性
MnO	与硫化物生成 MnS，MnS 超过 5%时将引起水泥强度下降，故规范规定一般铁矿渣中的 MnO 不得超过 4%。但在冶炼锰铁时，由于矿渣中 Al_2O_3 含量高，冶炼温度高，矿渣质量好，因此这类矿渣中 MnO 的含量可放宽到 15%
S	与锰化合生成 MnS，其含量不应超过 2%

矿渣粉的活性取决于化学组分和粒化质量，其影响因素较多。我国国家标准规定粒化矿渣的质量系数 K 值如下：

$$K=\frac{CaO+MgO+Al_2O_3}{SiO_2+MnO+TiO_2} \tag{1.3-1}$$

K 值不得小于 1.2，式中各组分以%计。质量系数反映了矿渣中活性组分与非活性组分之间的比例。K 值越大，则矿渣粉的活性越高。

2. 矿渣粉的技术要求

矿渣粉根据粉磨细度可分为 S105、S95、S75 三种，参照《用于水泥和混凝土中的粒化高炉矿渣粉》（GB/T 18046），矿渣粉的技术要求应符合表 1.3－8 的规定。

表 1.3－8 矿渣粉的技术要求

项目		级别		
		S105	S95	S75
密度（kg/m^3）		≥2800		
比表面积（m^2/kg）		≥500	≥400	≥300
活性指数（%）	7d	≥95	≥75	≥55
	28d	≥105	≥95	≥75
流动度比（%）		≥95		
含水量（%）		≤1.0		
SO_3 含量（%）		≤4.0		
氯离子含量（%）		≤0.06		
烧失量（%）		≤3.0		
玻璃体含量（%）		≥85		
放射性		合格		

3. 矿渣粉对混凝土性能的影响

矿渣粉对混凝土性能的影响见表 1.3－9。

表 1.3－9 矿渣粉对混凝土性能的影响

项目	影响作用
拌和	改善混凝土拌和物的黏聚性，并具有一定的减水作用
水化热	降低水泥水化热。水化热随矿渣掺量的增加而减少，但水化热下降幅度小于粉煤灰
强度	早期抗压强度有所下降，随着龄期延长混凝土抗压强度降低率逐渐减小，同时，混凝土强度拉压比较不掺矿渣粉的均有所提高，有利于混凝土的抗裂性
耐久性	抑制混凝土碱—骨料反应程度，且具有较好的抗硫酸盐侵蚀作用

矿渣粉的掺用方式、适宜掺量、使用中应注意的问题与粉煤灰基本一致。

1.3.1.3 磷渣粉

凡用电炉冶炼黄磷时，得到的以硅酸钙为主要成分的熔融物，经淬冷成粒的粒化电炉磷渣，磨制成的粉状物料，称为磷渣粉。

1. 磷渣粉的组成

(1) 化学组成：磷渣的主要化学成分是 SiO_2 和 CaO，其总含量一般在85%以上，为磷渣粉活性的主要来源。此外，还有少量的 Al_2O_3、Fe_2O_3、P_2O_5、MgO、Na_2O 等。

(2) 矿物组成：块状磷渣主要矿物组成为环硅灰石、枪晶石、硅酸钙，其结构稳定、活性很低。粒状电炉磷渣玻璃体含量达85%～90%，潜在矿物为硅灰岩和枪晶石，粒状磷渣的玻璃体结构使其具有较高的潜在活性。

磷渣粉的质量系数 K 值不得小于1.1，其计算公式如下：

$$K=\frac{CaO+MgO+Al_2O_3}{SiO_2+P_2O_5} \qquad (1.3-2)$$

2. 磷渣粉的技术要求

根据《水工混凝土掺用磷渣粉技术规范》(DL/T 5387)，磷渣粉的技术要求应符合表1.3-10的规定。

表1.3-10 磷渣粉的技术要求

项 目	技术要求
比表面积 (m^2/kg)	≥300
需水量比 (%)	≤105
含水量 (%)	≤1.0
SO_3 含量 (%)	≤3.5
P_2O_5 含量 (%)	≤3.5
烧失量 (%)	≤3.0
活性指数 (%)	≥60
安定性	合格

注 1. 必要时应对磷渣粉的氟含量进行检测。
2. 磷渣粉放射性素限量应符合《建筑材料放射性核素限量》(GB 6555) 的要求。

3. 磷渣粉对混凝土性能的影响

磷渣粉对混凝土性能的影响见表1.3-11。

表1.3-11 磷渣粉对混凝土性能的影响

项目	影 响 作 用
拌和	拌和物用水量随磷渣粉掺量的增加而减少
水化热	降低水泥水化热
强度	早期抗压强度有所下降，但后期抗压强度发展较快，且极限拉伸值较高
耐久性	耐久性也较好，绝热温升较低，对水工大体积混凝土有利

4. 磷渣粉的掺用方式和适宜掺量

磷渣粉掺入混凝土中可取代部分水泥，其掺量按胶凝材料质量的百分比计。掺入磷渣粉的混凝土宜采用硅酸盐水泥和普通硅酸盐水泥。

永久性建筑物水工混凝土磷渣粉的最大掺量应符合表1.3-12的规定，超过该限量时应通过试验论证确定。

表1.3-12 磷渣粉的最大掺量 %

混凝土种类		硅酸盐水泥	普通硅酸盐水泥	矿渣硅酸盐水泥
重力坝碾压混凝土	内部	65	60	35
	外部	60	55	30
重力坝常态混凝土	内部	50	45	30
	外部	35	30	20
拱坝碾压混凝土		60	55	30
拱坝常态混凝土		35	30	20
结构混凝土		30	25	
面板混凝土		30	25	
抗磨蚀混凝土		25	20	

注 中热硅酸盐水泥、低热矿渣硅酸盐水泥混凝土的磷渣粉最大掺量与硅酸盐水泥混凝土相同；低热矿渣硅酸盐水泥混凝土的磷渣粉最大掺量与矿渣硅酸盐水泥混凝土相同。

1.3.1.4 火山灰质混合材料

火山灰质掺合料是具有火山灰性的天然或人工的矿物质材料的总称。这类掺合料有两个特点：一是单独加水拌和时并不硬化，但与石灰混合后再加水拌和，则不仅能在空气中硬化，而且能在水中继续硬化，即所谓的火山灰性；二是它们的化学成分都以 SiO_2、Al_2O_3 为主，其含量约为70%。

参考《用于水泥中的火山灰质混合材料》(DL/T 2847)，火山灰质掺合料的技术要求应符合表1.3-13。

表1.3-13 火山灰质掺合料的技术要求

项 目	技术要求
烧失量 (%)	≤10.0
SO_3 含量 (%)	≤3.5
活性指数 (%)	≥65
火山灰性	合格
放射性	合格

水工大体积混凝土中火山灰质掺合料，若满足上述技术要求有困难时（如材料的火山灰性、胶砂强度

比项目），经试验论证后亦可采用。

1.3.1.5 硅粉

硅粉（硅灰）是硅合金与硅铁合金制造过程中，从电炉烟气中收集的以无定形二氧化硅为主的微细球形颗粒。

1. 硅粉的组成

硅粉的主要成分是SiO_2，含量在90%以上，具有很高的活性。此外，还含有少量的Fe_2O_3、Al_2O_3、CaO、MgO等。硅粉的粒径为0.1～1.0μm，约为水泥颗粒粒径的1/100～1/50。

2. 硅粉的技术要求

硅粉的技术要求见表1.3-14。

表1.3-14 硅粉的技术要求（GB/T 18736）

项目	技术要求
比表面积（m^2/kg）	≥15000
含水量（%）	≤3.0
需水量比（%）	≤125
氯离子含量（%）	≤0.02
SiO_2含量（%）	≥85
烧失量（%）	≤6.0
活性指数（%）	≥85

3. 硅粉对混凝土性能的影响

硅粉对混凝土性能的影响见表1.3-15。

表1.3-15 硅粉对混凝土性能的影响

项目	影响作用
拌和物	黏聚性好，抗骨料分离性强，但会增加用水量，掺用时必须掺入高效减水剂，且浇筑后要及时养护，避免因混凝土塑性收缩而产生表面裂缝
强度	1d抗压强度接近不掺的混凝土，7d就可超过不掺的混凝土，强度提高较明显，适宜配制高强混凝土
变形性能	极限拉伸值较高，但干缩也较不掺的混凝土大一些
耐久性	可提高混凝土的密实性、抗渗性、抗冻性、抗冲磨、抗气蚀性、抗硫酸盐和氯盐侵蚀性，抑制混凝土的碱—骨料反应

混凝土中掺入硅粉可部分取代水泥（内掺），也可不取代水泥（外掺）。硅粉的掺量不宜超过10%，一般应控制在5%～10%。

1.3.2 非活性掺合料

非活性掺合料一般不与水泥起化学反应或反应很小，掺入混凝土中主要起填充作用和改善混凝土的和易性。

1.3.2.1 石灰石粉

石灰石粉是石灰岩经机械粉碎加工后粒径小于0.16mm的微细粒，简称石粉，属于一种非活性材料。石粉在一定掺量范围内起到了填充密实和微集料效应，能明显改善新拌制混凝土的和易性，而对混凝土的凝结时间影响较小。石粉还可提高混凝土的强度和抗渗性能，减少水泥用量，降低混凝土绝热温升，有利于减小温度应力、提高混凝土抗裂性能。

表1.3-16列出了景洪水电站工程所用掺合料的质量控制指标，供参考。

表1.3-16 景洪水电站工程石灰石粉和双掺料的质量控制指标

材料名称	检测项目		控制指标（%）
石灰石粉	细度	0.080mm方孔筛筛余量	≤12
		0.160mm方孔筛筛余量	≤2
双掺料（水淬矿渣粉和石灰石粉按1∶1的质量比例混掺）	细度（0.045mm方孔筛筛余量）		≤20
	SO_3含量		≤3
	需水量比		≤105
	烧失量		≤23
	含水量		≤1

1.3.2.2 凝灰岩粉

1. 凝灰岩粉的技术要求

凝灰岩粉材料亦属火山灰质混合材料，其性质主要取决于无定形或玻璃体物质及浮石状态化合物的含量。

表1.3-17列出了漫湾水电站工程凝灰岩粉的质量控制指标，供参考。

表1.3-17 漫湾水电站工程凝灰岩粉的质量控制指标

检测项目	控制指标（%）
细度（0.080mm方孔筛筛余量）	≤10
SO_3含量	≤3
MgO含量	≤5
SiO_2、Al_2O_3、Fe_2O_3总含量	>70
烧失量	≤10
含水量	≤3
活性指数	>54

2. 凝灰岩粉工程应用注意事项

(1) 凝灰岩粉的需水量比较高，混凝土拌和物黏聚性较大，宜选用高效减水剂。施工时应搅拌均匀、振捣密实，浇筑完成后应加强潮湿养护。

(2) 掺凝灰岩粉混凝土的抗渗性强、极限拉伸值大、抗冻性略差，需复掺引气剂或适当降低凝灰岩粉掺量来提高混凝土抗冻等级。

1.4 水工混凝土骨料

1.4.1 骨料品质与混凝土性能的关系

骨料品质对混凝土性能的影响主要体现在两个方面：一是骨料本身的强度与变形特性对混凝土强度及变形性能的直接影响；二是骨料中的某些化学成分可能会与水泥发生化学反应，从而产生某些有利或有害的影响。

骨料品质包括：密度、强度、变形模量、坚固性、孔隙率、颗粒形状和表面状态，以及级配、泥和泥块含量、含水量、热性能、有害物质（包括云母、硫酸盐、硫化物、有机质等）含量和碱活性等。骨料品质及其对混凝土性能关系主要表现在以下几个方面。

1.4.1.1 抗压强度

骨料的抗压强度直接影响混凝土的强度。混凝土破坏不仅可能发生在浆体与骨料交界面，粗骨料本身也可能发生破裂，因此，一般要求骨料的强度应大于混凝土强度。骨料的强度特性一般以饱和抗压强度为标准。

1.4.1.2 坚固性

骨料的坚固性是指在气候、环境变化或其他物理因素作用下抵抗破碎的能力，采用硫酸钠溶液法5次循环后的重量损失率来表示。对于有抗冻、抗疲劳、抗冲磨要求的混凝土，或处于水中含腐蚀介质并经常处于水位变化区的混凝土，其对骨料坚固性的要求更严。

1.4.1.3 密度

骨料密度包括表观密度和堆积密度。表观密度系指骨料颗粒单位体积（包括颗粒内封闭孔隙）的质量；堆积密度系指骨料在自然堆积状态下单位体积的质量。骨料的表观密度、吸水率对混凝土的耐久性，尤其对抗冻融性能有较大影响，骨料吸水也会导致和易性随时间而损失。

1.4.1.4 细度模数

细骨料（砂）的粗细程度一般用细度模数（F·M）表示。根据细度模数的大小，细骨料可分为粗、中、细三种砂，水工混凝土宜使用中砂。

1.4.1.5 粒度模数

石料按粒径大小通常可分为四个粒级区：小石，5～20mm；中石，20～40mm；大石，40～80mm；特大石，80～150mm（120mm）。在骨料的生产中，难免会有不同规格的骨料混仓，因此，在生产时需控制骨料的超、逊径含量。

1.4.1.6 粗骨料颗粒形状

粗骨料颗粒形状会影响混凝土的强度与和易性，其中，粗骨料中的针片状颗粒指长度大于该颗粒所属粒级平均粒径的2.4倍或厚度小于平均粒径的0.4倍者。这类颗粒对混凝土质量，尤其对抗弯强度的损害更为显著。因此，水工混凝土骨料质量技术指标中对针片状颗粒含量有明确规定。

1.4.1.7 泥和泥块含量

骨料中的泥和泥块含量指粒径小于0.08mm的颗粒含量，被泥包裹的骨料会影响它与水泥的粘结能力。细骨料的泥块含量指经水洗、手捏后粒径小于0.63mm颗粒的含量。粗骨料的泥块含量指经水洗、手捏后粒径小于2.5mm颗粒的含量，还包括颗粒大于5mm的纯泥组成的泥块和含有砂、石屑的泥团以及不易筛除的包裹在碎石、卵石表面的泥。泥块含量对混凝土的影响更大，特别对抗拉、抗渗、抗冻、收缩等特性的影响尤为显著。

1.4.1.8 石粉含量

石粉含量指人工砂中粒径小于0.16mm的颗粒含量。石粉含量过高，对混凝土的干缩性有不利影响；但人工砂中适当的石粉含量，不仅可改善混凝土的和易性、抗分离性，还可提高混凝土抗压强度和抗渗能力，同时还能降低人工砂的生产成本。

1.4.1.9 含水量

砂的含水量应保持稳定，它是控制水胶比和出机口混凝土坍落度稳定的主要指标之一，也是对拌和预冷混凝土时准确加入冷水或冰屑的要求。

1.4.1.10 碱活性

骨料碱活性反应指骨料中活性成分与水泥产生化学反应，引起混凝土体积膨胀、产生自应力而导致破坏。碱活性反应包括碱—硅酸盐反应和碱—碳酸盐反应，前者是骨料中的活性硅与水泥中碱之间的反应，后者是骨料中的碳酸钙、碳酸镁与水泥中碱之间的反应。发生骨料碱活性反应需要有三个条件：一是混凝土原材料的水泥、混合材、外加剂和水中含碱量高；二是骨料中有活性成分；三是潮湿环境，大气中存在充足的水分。

1.4.1.11　骨料中的有害物质

骨料中的有害物质指妨碍水泥石水化或引起水泥腐蚀、降低水泥与骨料黏附性的各种物质。其危害性包括：妨碍水泥与骨料的粘结，影响混凝土强度，增大用水量，收缩增大，引起水泥腐蚀等。如硫化物和硫酸盐对水泥有腐蚀作用，导致混凝土体积膨胀，造成混凝土开裂等。

1.4.2　骨料品质指标和质量技术要求

1.4.2.1　品质指标

骨料品质的评价指标主要包括密度、强度、坚固性、泥和泥块含量、有害物质含量、碱含量、级配和粗细程度、形状和表面特征等。这些质量指标和检验方法都有相关规定。

1.4.2.2　常规混凝土骨料质量要求

1. 细骨料质量技术要求

混凝土细骨料包括天然细骨料和人工轧制细骨料。《水电水利工程天然建筑材料勘察规程》（DL/T 5388—2007）规定，混凝土用天然细骨料（砂）和人工轧制细骨料（砂）质量要求分别见表 1.4－1 和表 1.4－2；《水工混凝土施工规范》（DL/T 5144—2001）规定，混凝土用细骨料（天然砂、人工砂）质量要求见表 1.4－3。

表 1.4－1　　天然细骨料（砂）质量技术指标（DL/T 5388）

项　　目		技术指标	备　　注
堆积密度（kg/m^3）		≥1500	
表观密度（kg/m^3）		≥2500	
云母含量（%）		≤2	如遇特殊环境，可考虑放宽到5%
含泥量（黏粒、粉粒）（%）	≥$C_{90}30$ 和有抗冻要求	≤3	一般不允许存在黏土块、黏土薄膜，如有则应做专门试验论证
	<$C_{90}30$	≤5	
碱活性骨料含量		有碱活性骨料成分时，应做专门试验论证，指标应符合表 1.4－9 的判定标准	
硫化物及硫酸盐含量（折算成 SO_3，按质量计）（%）		≤1	
水溶盐含量（%）		≤1	
有机质含量		浅于标准色	
轻物质含量（%）		≤1.0	
细度	细度模数	2.0～3.0	
	平均粒径（mm）	0.29～0.43	

表 1.4－2　　人工轧制细骨料（砂）质量技术指标（DL/T 5388）

项　　目		技术指标	
		常态混凝土	碾压混凝土
表观密度（kg/m^3）		>2550	
堆积密度（kg/m^3）		>1500	
孔隙率（%）		<40	
云母含量（%）		<2	
泥块含量		不允许，若有则应做专门试验论证	
碱活性骨料成分		有碱活性骨料成分时，应做专门试验论证，判定标准见表 1.4－9	
硫化物及硫酸盐含量（折算成 SO_3，按质量计）（%）		<1	
有机质含量		浅于标准色	
平均粒径（mm）		0.36～0.50	
细度模数		2.4～2.8	2.2～2.9
石粉含量（%）		6～18	10～22
饱和面干的含水量（%）		≤6	
坚固性（%）	有抗冻要求的混凝土	≤8	
	无抗冻要求的混凝土	≤10	

表 1.4-3 细骨料（天然砂、人工砂）质量技术指标（DL/T 5144）

项目		技术指标	
		天然砂	人工砂
石粉含量（%）			6～18
含泥量（%）	≥C_{90}30 和有抗冻要求	≤3	
	<C_{90}30	≤5	
泥块含量		不允许	不允许
坚固性（%）	有抗冻要求的混凝土	≤8	≤8
	无抗冻要求的混凝土	≤10	≤10
表观密度（kg/m^3）		≥2500	≥2500
硫化物及硫酸盐含量（折算成 SO_3，按质量计）（%）		≤1	≤1
有机质含量		浅于标准色	不允许
云母含量（%）		≤2	≤2
轻物质含量（%）		≤1	

2. 粗骨料质量技术要求

混凝土粗骨料包括天然粗骨料和人工轧制粗骨料。DL/T 5388 规定，混凝土用天然粗骨料和人工轧制粗骨料质量要求分别见表 1.4-4 和表 1.4-5；粗骨料质量要求见表 1.4-6；人工骨料原岩质量要求见表 1.4-7。DL/T 5144 规定，粗骨料压碎指标见表 1.4-8。

3. 碱活性

近 50 多年以来，骨料碱活性反应在世界各地造成了混凝土工程的严重破坏，部分工程因骨料存在潜在危害性碱活性反应而不得不放弃运距较近的料场。例如，美国的布克坝建成 10 年后发生了较严重的骨料碱活性反应；加拿大魁北克省的博赫尔洛依斯水电站建成 10 余年后陆续发现坝体因骨料碱活性反应而出现严重的地图状开裂，并导致坝体各部位发生不同程度的位移；我国向家坝水电站运距较近的雷口坡组 T_2^2 灰岩料场中，含泥云质泥晶灰岩、泥质泥晶云灰岩、泥晶云灰岩等，试验证明其存在碱碳酸盐活性反应，且不能进行有效抑制，不得不放弃，而选择了运距较远的非碱活性的灰岩骨料料源。活性骨料的鉴定已引起了国内外工程技术人员的高度重视，且目前尚无有效抑制碱碳酸盐活性反应的方法，部分碱活性试验方法的周期较长。因此，工程前期设计阶段，料场初查时就应鉴定料源是否含有碱活性矿物成分，对于大型工程除采用岩相法和化学法鉴定外，还应开展其他方法的碱活性试验；中型工程采用岩相法和化学法检验证明无碱活性成分时，可不再进行其他碱活性试验。

骨料母岩碱活性判定标准见表 1.4-9。

表 1.4-4 天然粗骨料质量技术指标（DL/T 5388）

项目		技术指标	备注
混合堆积密度（kg/m^3）		≥1600	
表观密度（kg/m^3）		≥2550	
吸水率（%）	无抗冻要求	≤2.5	
	有抗冻要求	≤1.5	
冻融损失率（%）		≤10	
针片状颗粒含量（%）		≤15	
软弱颗粒含量（%）	≥C_{90}30 和有抗冻要求	≤5	
	<C_{90}30	≤10	
含泥量（黏粒、粉粒）（%）		≤1	一般不允许存在黏土球块、黏土薄膜，如有则应做专门试验论证
碱活性骨料含量		有碱活性骨料成分时，应做专门试验论证，判定标准见表 1.4-9	
硫化物及硫酸盐含量（折算成 SO_3，按质量计）（%）		≤0.5	
有机质含量		浅于标准色	
轻物质含量		不允许存在	

表 1.4-5　人工轧制粗骨料质量技术指标（DL/T 5388）

项目		技术指标	备注
表观密度（kg/m^3）		>2550	
堆积密度（kg/m^3）		>1600	
孔隙率（%）		<45	
吸水率（%）	一般混凝土	<2.5	
	有抗冻要求的混凝土	<1.5	
冻融损失率（%）		<10	
针片状颗粒含量（%）		≤15	经试验论证，可放宽至25%
软弱颗粒含量（%）		<5	
泥块含量		不允许	
含泥量（黏粒、粉粒）（%）	D_{20}、D_{40}粒径级	≤1	
	D_{80}、D_{150}（D_{120}）粒径级	≤0.5	
碱活性骨料成分		符合表1.4-9的判定标准	有碱活性骨料成分时，应做专门试验论证
硫化物及硫酸盐含量（折算成SO_3，按质量计）（%）		<0.5	
有机质含量		浅于标准色	
粒度模数		6.25～8.30为宜	
坚固性（%）	有抗冻要求的混凝土	≤5	
	无抗冻要求的混凝土	≤12	

表 1.4-6　粗骨料质量技术指标（DL/T 5388）

项目		技术指标	备注
含泥量（%）	D_{20}、D_{40}粒径级	≤1	
	D_{80}、D_{150}（D_{120}）	≤0.5	
泥块含量		不允许	
坚固性（%）	有抗冻要求的混凝土	≤5	
	无抗冻要求的混凝土	≤12	
表观密度（kg/m^3）		≥2500	
硫化物及硫酸盐含量（折算成SO_3，按质量计）（%）		≤0.5	
有机质含量		浅于标准色	如深于标准色，应进行混凝土强度对比试验，抗压强度比不应低于0.95
吸水率（%）		≤2.5	
针片状颗粒含量（%）		≤15	经试验论证，可放宽至25%

表 1.4-7　人工骨料原岩质量技术指标（DL/T 5388）

项目	技术指标	备注
饱和抗压强度（MPa）	>40	高强度等级和有特殊要求的混凝土，应按设计要求确定
冻融损失率（%）	<1	
硫化物及硫酸盐含量（折算成SO_3，按质量计）（%）	<0.5	

表 1.4-8　粗骨料压碎指标（DL/T 5144）

骨料种类		不同混凝土强度等级的压碎指标（%）	
		$C_{90}55$～$C_{90}40$	≤$C_{90}35$
碎石	水成岩	≤10	≤16
	变质岩或深成的火成岩	≤12	≤20
	火成岩	≤13	≤30
卵石		≤12	≤16

表 1.4-9　骨料母岩碱活性判定标准（DL/T 5388）

试验方法	判定标准
岩相法	无碱活性矿物成分时，判定为非碱活性骨料；有碱活性矿物成分时，判定为具碱活性危害，应进行其他试验进一步鉴定
化学法	当 $R_c>70$，且 $S_c>R_c$ 或 $R_c<70$，并 $S_c>35+R_c/2$，具碱活性危害，应进行砂浆长度法试验进一步鉴定；不出现上述情况为非碱活性骨料
砂浆棒快速法	14d 膨胀率<0.1%时，为非碱活性骨料；14d 膨胀率>0.2%时，具碱活性危害性；14d 膨胀率介于 0.1%～0.2%之间，应结合现场记录、岩相分析、或开展其他辅助试验，观测时间延至 28d 后的测试结果等综合评定
砂浆长度法	当半年膨胀率>0.10%或 3 个月膨胀率>0.05%（无半年膨胀率资料时才允许）为具碱活性危害
岩石圆柱体法	对于碳酸盐岩，当试件浸泡 84d 膨胀率>0.10%时，具碱活性危害，必要时应进行混凝土试验，以作出最后评定
混凝土棱柱体法	试件一年的膨胀率≥0.04%时，具碱活性危害；<0.04%时为非碱活性骨料

注　R_c 为碱度降低值，mmol/L；S_c 为滤液中的二氧化硅浓度，mmol/L。

1.4.2.3　特种混凝土骨料质量要求

特种混凝土包括高强混凝土、抗冲磨混凝土、高流态（自密实）混凝土、预应力混凝土、水下混凝土、泵送混凝土、补偿收缩混凝土、模袋混凝土等。

配置各类特种混凝土所用的粗细骨料在满足常规混凝土对骨料各项技术指标要求的同时，根据混凝土的使用部位、施工方法及拌制要求等，对骨料部分技术指标进行必要的调整并提出特别要求，详见表1.4-10。

1.4.3　国内部分水利水电工程水工混凝土骨料实例

国内部分水利水电工程水工混凝土骨料物理力学指标见表 1.4-11，人工轧制混凝土细骨料（砂）细度模数与石粉含量见表 1.4-12。表中工程名称略去“水电站”或“水库”。

表 1.4-10　特种混凝土骨料质量的特别要求

混凝土种类	粗骨料	细骨料	母岩及形态	其他要求
高强混凝土	粗骨料针片状颗粒含量不得大于 5%；碎石的压碎值控制在 4%～5%		母岩强度应高于所配制混凝土强度的 20%	
抗冲磨混凝土	软弱骨料含量不得大于 3%		要求使用优质、坚硬、抗冲磨性能高的骨料	骨料与水泥石界面应结合良好
高流态（自密实）混凝土	根据混凝土结构尺寸及钢筋间距，骨料粒径一般控制在 16～20mm，最大不宜超过 40mm	细骨料应优先选中粗砂，并严格控制含泥量	粗骨料宜优选圆形石子，以改善混凝土流动性；采用碎石料时应控制与减少针片状颗粒含量	

续表

混凝土种类	粗骨料	细骨料	母岩及形态	其他要求
预应力混凝土	应采用碎石，其最大粒径不得大于25mm，且不得超过钢筋净距的3/4；碎石必须经过筛洗后才能使用，含泥量控制在0.5%～1%（混凝土强度等级高时取低值）	宜采用天然硬质中粗砂，细度模数宜为2.5～3.0，含泥量控制在1%～2%（混凝土强度等级高时取低值）	选用弹性模量较高的岩石和适宜的级配，以降低混凝土的徐变程度；碎石的岩体抗压强度宜大于所配制混凝土强度的1.5倍	
水下混凝土	粗骨料宜选用卵石或碎石，其粒径不得大于40mm；为提高混凝土流动性，宜尽量采用二级配	细骨料宜选用级配良好的中粗砂，砂率一般控制在40%～50%		导管法浇筑时，粗骨料最大粒径应不大于导管内径的1/6～1/8
泵送混凝土	粗骨料的最大粒径与输送管内径之比宜为1∶3（碎石）或1∶2.5（卵石）；要求骨料颗粒级配尽量理想	细骨料的细度模数宜为2.3～3.0，粒径在0.315mm以下的细骨料所占的比例不应小于15%，有条件最好达到20%		
补偿收缩混凝土	粗骨料粒径不宜大于40mm且级配良好，含泥量小于1%	细骨料宜选用中砂，细度模数不小于2.6，含泥量小于2%，严格控制云母、硫化物等含量		尽量减少细骨料用量
模袋混凝土	粗骨料最大粒径一般不超过20mm	细骨料宜选用中砂		骨料选用应符合泵送混凝土相关要求

表1.4-11　国内部分工程石料场岩石物理力学指标

工程名称	工程阶段	坝型	坝高(m)	饱和抗压强度(MPa)	软化系数	饱和吸水率(%)	冻融损失率(%)	折算为SO_3含量(%)	岩性
天荒坪	已建	土石坝（上库）	72	64.3～154.4	0.49～0.68	0.2～2.93			流纹质熔凝灰岩
		面板坝（下库）	92						
周公宅	已建	混凝土拱坝	126	104.0～260.0	0.74～0.93	0.4～1.36			
棉花滩	已建	碾压混凝土重力坝	115	165.7	0.78～0.85	0.38		0.040～0.110	
马山	可研	面板堆石坝	145	36.6～40.6	0.48～0.57	1.23～1.35			
泰安	已建	面板堆石坝	100	105.3～191.0	0.56～0.81				
宝泉	在建	面板堆石坝	93	91.9	0.81	0.29	0.06		
宜兴	在建	面板堆石坝		77.0	0.51	0.25			
桐柏	在建	面板堆石坝	68	80.3		0.55～3.5	9.50		
东津	已建	面板堆石坝	86	81.8～125.0	0.47～0.82	47.61～77.2			
张河湾	在建	面板堆石坝	57	176.6	0.71	0.67			
十三陵	已建	面板堆石坝	75	28.0～100.0	0.60～0.95	0.3～0.5			

续表

工程名称	工程阶段	坝型	坝高(m)	饱和抗压强度(MPa)	软化系数	饱和吸水率(%)	冻融损失率(%)	折算为SO_3含量(%)	岩性
西龙池	在建	面板堆石坝	97	68.6～85.6	0.70～0.83	0.08～0.40	0.00～0.08		
琅琊山	在建	面板堆石坝	64	86.0	0.68	0.17			
三板溪	在建	面板堆石坝	186	44.6～146.0	0.54～0.82	0.24～0.38			凝灰质砂板岩
五强溪	已建	混凝土重力坝	86	215.0～300.0	0.79～0.99	0.34～0.92			石英岩、石英砂岩、砂质板岩
乌江渡	已建	混凝土拱坝	165	59.1～90.9	0.68～0.91				三叠系灰岩
碗米坡	已建	混凝土重力坝	75	130.0	0.96	0.06			二叠系灰岩
向家坝	在建	混凝土重力坝	161	61.8～149.0	0.60～0.79	0.05～0.54			二叠系灰岩
龙滩	已建	碾压混凝土重力坝	217	81.3	0.85～0.95	0.19			二叠系灰岩
北盘江光照	在建	碾压混凝土重力坝	200	90.0	0.95	0.30			三叠系灰岩
乌江东风	已建	混凝土拱坝	163	65.6	0.76～0.95	0.42～0.60	0.36～0.43		三叠系灰岩、白云岩
溪洛渡	在建	混凝土拱坝	278	75.0～117.0	0.70～0.92	0.70～1.14			玄武岩
大朝山	已建	碾压混凝土重力坝	111	81.9～99.7	0.72～0.76	0.10～1.06			玄武岩，实用开挖渣料（玄武岩）
				91.3～120.6	0.79～0.85	0.23～0.36			
小湾	已建	混凝土拱坝	294	86.4～105.7	0.76～0.86	0.30～0.40	0.04	0.013	片麻岩
井岗冲	已建	浆砌石拱坝	92	83.6～168.6	0.74～0.90	0.19～0.57			泥盆系石英灰岩及粉砂岩
鲁布革	已建	心墙堆石坝	104	117.0	0.81	0.58			白云岩为主
引子渡	已建	堆石坝	130	35.0～60.0	0.70～0.80	0.35～1.07			三叠系泥晶灰岩
洪家渡	已建	面板堆石坝	180	69.1～92.3	0.58～0.85	0.59～0.61			三叠系灰岩
				83.9～94.0	0.91～0.92	0.36～0.46			三叠系灰岩、白云岩
普定	已建	碾压混凝土拱坝	75	90.0	0.78	0.21			三叠系灰岩、白云质灰岩
天生桥一级	已建	面板堆石坝	178	125.3	0.95	0.06		<0.001	灰岩
				118.2	0.89	0.06		<0.002	灰岩
糯扎渡	在建	黏土心墙堆石坝	262	85.0	0.76	0.30			花岗岩
				118.6	0.73			<0.010	角砾岩

表 1.4-12　国内部分工程人工轧制混凝土细骨料（砂）细度模数和石粉含量

工程名称	工程阶段	坝　　型	坝　高（m）	细度模数	石粉含量（%）	备　　注
三峡	已建	混凝土重力坝	181	2.40～2.80	6.0～12.0	
乌江渡	已建	混凝土拱坝	165	2.50～3.50	<15.0	
北盘江光照	在建	碾压混凝土重力坝	200	2.20～2.90	<17.0	
天荒坪	已建	土石坝（上库）	72	2.69～2.88	11.0～19.4	
		面板坝（下库）	92			
周公宅	已建	混凝土拱坝	126	2.82	12.0	
碗米坡	已建	混凝土重力坝	75	2.85	13.7	
五强溪	已建	混凝土重力坝	86	2.57	16.3	
向家坝	在建	混凝土重力坝	161	2.82	11.8	
溪洛渡	在建	混凝土拱坝	278	3.37～3.51	6.3～6.4	
漫湾	已建	混凝土重力坝	132	2.91	10.3	
大朝山	已建	碾压混凝土重力坝	111	2.87	15.0±1.0	施工采用玄武岩开挖渣料
				2.96～3.00	14.0～16.0	
小湾	已建	混凝土拱坝	294	2.90～2.91	12.3	
天生桥一级	已建	面板堆石坝	178	2.71	17.1	灰岩
乌江东风	已建	混凝土拱坝	163	2.70±0.20	12.0±2.0	

1.5　水工混凝土外加剂

水工混凝土施工具有浇筑仓面大、施工强度高、温控要求严及使用年限长等特点，这对混凝土的微膨胀、高极限拉伸、中等弹性模量、低水化温升、高耐久性等均提出了相应的要求。实践表明，解决这些关键技术最直接、最有效的措施之一是合理应用高性能混凝土外加剂。水工混凝土常用的外加剂种类有减水剂、缓凝剂、引气剂以及各种复合剂，如缓凝减水剂、缓凝高效减水剂、早强减水剂、引气减水剂等。根据特殊需要，还可掺用其他种类的外加剂，如泵送剂、防冻剂、水下不分散剂等。《混凝土外加剂》（GB 8076—2008）、《水工混凝土外加剂技术规程》（DL/T 5100—1999）等国家标准和行业标准，对这些外加剂的性能指标和使用方法都有严格要求。

1.5.1　减水剂

在保持新拌混凝土和易性相同的情况下，能显著降低用水量的外加剂称为混凝土减水剂，又称为分散剂或塑化剂。它是最常用的一种混凝土外加剂。

1.5.1.1　减水剂种类

水工混凝土减水剂主要分为两大类：第一类是普通减水剂，在混凝土坍落度基本相同的条件下，可减少拌和用水量；第二类是高效减水剂，在混凝土坍落度基本相同的条件下，能较大幅度减少拌和用水量。

1. 普通减水剂

按照我国混凝土外加剂标准 GB 8076—2008 和 DL/T 5100—1999 的要求，普通减水剂可分为普通减水剂、早强减水剂、缓凝减水剂及引气减水剂。使用这类减水剂，拌和水量可减少 5%～8%，甚至更多。国内水工混凝土最常用的普通减水剂主要有木质素系减水剂、糖蜜类减水剂及复合减水剂等。

2. 高效减水剂

高效减水剂是一种新型的化学外加剂，其化学性能有别于普通减水剂，减水率可达 15%以上。高效减水剂按化学成分可分为五类：萘系高效减水剂、三聚氰胺系高效减水剂、木质素磺酸盐、氨基磺酸盐系高效减水剂及聚羧酸盐系减水剂。

国内水工混凝土最常用的高效减水剂主要有萘系减水剂、聚羧酸盐系高效减水剂及由其形成的复合减水剂等。

1.5.1.2　水工混凝土减水剂技术指标

根据国家标准和行业标准，掺普通减水剂、高效减水剂、早强减水剂、缓凝减水剂和引气减水剂等五种常用减水剂的混凝土相比不掺的基准混凝土，其性能有所改善，有关技术指标见表 1.5-1。

表 1.5-1 掺减水剂混凝土的技术指标

试验项目		普通减水剂	高效减水剂	早强减水剂	缓凝减水剂	引气减水剂
减水率（%）		≥8	≥14	≥8	≥8	≥12
含气量（%）		≤2.5	≤3.0	≤2.5	≤3.0	4.5～5.5
泌水率比（%）		≤95	≤90	≤95	≤100	≤70
凝结时间差（min）	初凝	0～+90	−90～+120	≤+30	+90～+120	−60～+90
	终凝	0～+90	−90～+120	≤0	+90～+120	−60～+90
抗压强度比（%）	3d	≥115	≥130	≥130	≥90	≥115
	7d	≥115	≥125	≥115	≥90	≥110
	28d	≥110	≥120	≥105	≥85	≥105
28d收缩率比（%）		<125	≤135	<125	<125	<125
抗冻标号		≥50	≥50	≥50	≥50	≥200

注 1. 除含气量和抗冻标号两项试验项目外，表中所列数据均为受检混凝土与基准混凝土的差值或比值。
2. 凝结时间差，“−”表示凝结时间提前；“+”表示凝结时间延缓。

1.5.1.3 减水剂的主要特点及工程应用注意事项

1. 木质素磺酸盐

木质素磺酸盐是阴离子型高分子表面活性剂，呈半胶体状态，具有良好的分散作用；能降低气液表面张力，有一定的引气性（引气量2%～3%）；溶液中微气泡的滚动和浮托作用可改善水泥浆的和易性。此外，本身的分子中含有羟基和醚键，具有缓凝作用。因此木质素磺酸盐在低掺量（0.25%）时，就具有较好的减水作用。

2. 糖蜜类减水剂

糖蜜类减水剂在混凝土中的最佳掺量为水泥质量的0.1%～0.3%，减水率为6%～10%。该类减水剂具有大量强亲水性羟基，故其分散减水机理以水化膜润滑作用和降低水泥颗粒界面能效应为主。

混凝土掺入糖蜜类减水剂，在水泥、用水量、坍落度相同的情况下，能提高混凝土抗压强度20%～25%，且其他指标也均有不同程度的提高；在水泥用量和水灰比不变的情况下，掺入糖蜜类减水剂，可使混凝土拌和物坍落度增加0.4～1.0倍，混凝土抗压强度可提高10%以上；在混凝土强度和坍落度相同的条件下，使用糖蜜类减水剂，能节约水泥10%～15%。

糖蜜类减水剂具有较强的缓凝作用，在20～21℃的条件下，当掺量为0.2%时，混凝土凝结时间可延长1.5～4.0h；当掺量为0.3%时，混凝土凝结时间可延长4.0～9.0h；随着掺量的增大，混凝土凝结时间还可显著延长。在低温条件下，该类减水剂缓凝作用更强，此时应根据具体工程酌情考虑掺量，不要因缓凝时过长对混凝土凝结时间带来不利影响。

糖蜜类缓凝减水剂由于能延缓水泥的水化和结晶过程，显著降低水泥的水化热，这对于大体积混凝土基础及水电站大坝具有重要意义。

3. 萘系高效减水剂

萘系高效减水剂掺量为水泥质量的0.3%～1.5%，最佳掺量为0.5%～1.0%，减水率为15%～30%。萘系减水剂能够提高拌和物的稳定性和均匀性，减小混凝土的泌水。当水泥用量及水灰比相同的情况下，坍落度值随该类减水剂掺量增加而明显增大，且抗压强度并不降低；在保持水泥用量及坍落度相同的条件下，减水率及混凝土抗压强度将随减水剂掺量的增大而增大，开始时增大速度较快，但当掺量达到一定值以后，增大速度则迅速降低。

萘系高效减水剂对不同品种水泥的适应性强，可配制早强、高强、蒸养混凝土，也可以配制免振捣自密实混凝土。当保持混凝土的坍落度与强度不变时，掺入水泥质量的0.75%的该类减水剂，可节约水泥约20%。

4. 聚羧酸盐系高效减水剂

聚羧酸盐系高效减水剂，是由具有一定长度的聚醚大单体与含有羧酸、磺酸等官能团的活性单体共聚而成的接枝共聚物分散剂。减水剂液状产品的固含量一般为18%～25%，与其他高效减水剂相比，其掺量低、减水率高。按有效成分计算，该类减水剂掺量一般为0.05%～0.3%。聚羧酸盐系高效减水剂的减水率相对掺量的特性曲线更趋线性化，其减水率一般为25%～35%，最高可达40%。

聚羧酸盐系高效减水剂的液—气界面活性作用，从而有一定的引气性和轻微的缓凝性。这种减水剂一般掺量小、对水泥颗粒分散作用强、减水率高，最大的优点是保塑性强，能有效地控制混凝土拌和物的坍落度经时损失，而对混凝土硬化时间影响却不大；不仅如此，还对混凝土具有良好的增强作用，可有效地提高混凝土的抗收缩、抗渗性、抗冻性和耐久性。

1.5.2　引气剂和引气减水剂

引气剂的化学结构是一种表面活性剂，具有表面浸润、乳化分散、引气起泡等性能。引气剂的主要作用是改善混凝土和易性，减小拌和物的离析、泌水，提高混凝土抗冻性及耐久性。引气减水剂是一种兼具引气和普通减水剂功能的外加剂，因此其工程应用十分广泛。例如，引气减水剂适用于抗渗、抗冻、抗盐冻破坏的混凝土，骨料质量差、泌水严重的普通或轻骨料混凝土，泵送混凝土，拌制商品和滑模施工混凝土，水工、海工、港工、道路工程混凝土，以及有表面装饰要求的混凝土。

1.5.2.1　引气剂的种类

1. 松香类引气剂

松香类引气剂，顾名思义就是以松香为原料，通过各种改性工艺生产的引气剂。由于松香资源丰富、价格适中，因此松香引气剂是国内外应用最为广泛的引气剂。松香的改性方法很多，不同改性方法制成的松香衍生物及其成品引气剂，性能也各不相同。

2. 皂甙（苷）类混凝土引气剂

多年生乔木皂角树果实或皂荚中含有一种味辛辣刺鼻物质，主要成分为三萜皂甙（苷），由它制成的皂甙类引气剂分子量较大，能与水分子形成氢键，亲水性强，形成的气泡表面黏弹性较好，因而稳泡能力也较强。

3. 其他类型引气剂

某些石油化工和油脂行业的衍生物也可以作为混凝土引气剂，如烷基磺酸盐、妥尔油和动物油脂的钠盐。近年来，一种蛋白质引气剂产品也作为工程引气剂使用，它主要通过水解牛羊蹄等动物蛋白获得，但由于原料来源限制，没有获得大规模应用。

1.5.2.2　水工混凝土引气剂和引气减水剂技术指标

根据国家标准和行业标准，掺引气减水剂的混凝土比不掺的基准混凝土，其性能有所改善，有关技术指标见表1.5-2。

表1.5-2　掺引气剂和引气减水剂混凝土的技术指标

试验项目		引气剂	引气减水剂
减水率（%）		≥6	≥10
含气量（%）		4.5～5.5	4.5～5.5
泌水率比（%）		≤70	≤70
凝结时间差（min）	初凝	−90～+120	−60～+90
	终凝	−90～+120	−60～+90
抗压强度比（%）	3d	≥95	≥130
	7d	≥95	≥125
	28d	≥90	≥120
28d收缩率比（%）		<125	<125
抗冻标号		≥50	≥50

注　1. 除含气量和抗冻标号两项试验项目外，表中所列数据均为受检混凝土与基准混凝土的差值或比值。
2. 凝结时间差，“−”表示凝结时间提前；“+”表示凝结时间延缓。

1.5.2.3　引气剂和引气减水剂的工程应用注意事项

（1）引气剂配制溶液时必须充分溶解，若有絮凝现象则应加热使其完全溶解，或适当加入乳化剂以加速催化溶解进程。

（2）混凝土原材料的配比、拌和、装卸、浇筑、环境温度等应尽量保持稳定，使其混凝土含气量的波动小些。当施工条件变化时，要相应增加或减少引气剂用量。

（3）由于近年来施工中普遍采用高频振捣棒，在强大的振动力作用下混凝土中气泡大量逸出，致使含气量下降。因此，在施工中要保持不同部位振捣时间均匀，并且同一部分振捣时间不宜超过20s。在试验室试验时，应尽量考虑施工实际，使振捣方式和振捣时间与今后现场作业一致。

1.5.3　缓凝剂、缓凝减水剂和缓凝高效减水剂

缓凝剂是指为延长混凝土或砂浆的初、终凝时间而掺入的外加剂；缓凝减水剂指兼有缓凝和减水功能的外加剂；缓凝高效减水剂是指兼有缓凝和高效减水功能的外加剂。缓凝剂、缓凝减水剂和缓凝高效减水剂可用于大体积混凝土、碾压混凝土、炎热气候条件下施工的混凝土、大面积浇筑的混凝土、避免冷缝产生的混凝土、需较长时间停歇或长距离运输的混凝土、泵送混凝土、自流免振混凝土、滑模施工或拉模施工的混凝土、其他需要延缓凝结时间的混凝土。此外，缓凝高效减水剂可制备高强度及高性能混凝土。缓凝剂还可应用于外露石装饰板，因其外溢水泥浆的

水化速度较慢，故容易被洗刷干净。

1.5.3.1 缓凝剂的分类

许多有机物和无机物及其衍生物均可作缓凝剂，部分有机物类缓凝剂兼有减水作用，缓凝和减水有时不能截然分开。按化学成分，通常有以下几类：糖类及碳水化合物，羟基羧酸盐，多元醇及其衍生物，弱无机酸及其盐，无机盐等。

1.5.3.2 缓凝剂、缓凝减水剂和缓凝高效减水剂的技术指标

根据国家标准与行业标准，掺缓凝剂、缓凝减水剂和缓凝高效减水剂的混凝土比不掺的基准混凝土，其性能有所改善，其技术指标见表1.5-3。

表1.5-3 掺缓凝剂、缓凝减水剂和缓凝高效减水剂的混凝土技术指标

外加剂品种	减水率（%）	含气量（%）	泌水率比（%）	28d收缩率比（%）	凝结时间差（min）		抗压强度比（%）		
					初凝	终凝	3d	7d	28d
缓凝剂			≤110	≤135	>+90		≥90	≥90	≥90
缓凝减水剂	≥5	<5.5	≤100	≤135	>+90		≥100	≥110	≥105
缓凝高效减水剂	≥10	<4.5	≤100	≤135	>+90		≥120	≥115	≥110

注 1. 除含气量外，表中所列数据均为受检混凝土与基准混凝土的差值或比值。
2. 凝结时间差，“－”号表示凝结时间提前；“＋”号表示凝结时间延缓。

1.5.3.3 缓凝剂、缓凝减水剂和缓凝高效减水剂的工程应用注意事项

（1）调节新拌混凝土的初、终凝时间，可按施工要求在较长的时间内保持塑性，以利于浇筑成型，不留或少留施工缝。

（2）延缓水泥水化放热速率，降低水化放热峰值，推迟放热峰的出现，减少或避免混凝土因水化热过度集中产生温度应力形成结构性裂缝，尤其在大体积混凝土施工和夏季施工时尤为必要。

（3）混凝土施工中，缓凝剂可用于抑制流动性经时损失，避免混凝土坍落度损失过快，在较长时间内保持良好的和易性。

（4）缓凝减水剂和缓凝高效减水剂因具有减水功能，可用于降低单位用水量，或降低水灰比及增加流动性，以及上述提及的各种有缓凝要求或通过缓凝剂达到目的的各类工程混凝土的制备。

（5）缓凝类减水剂工程应用时还应注意以下事宜：

1）木质素磺酸盐类缓凝减水剂具有引气性，缓凝时间较短，在一定程度上超掺不致引起后期强度低的缺陷；但掺量过高，则可能导致混凝土结构疏松事故。

2）糖钙减水剂不引气，缓凝时间与掺量的关系视水泥品种而异，超掺时是否缓凝需经试验确定。使用中，应防止单一组分缓凝剂剂量过大造成后期强度增长缓慢。

3）羟基羧酸盐类缓凝剂在高温时对C_3S的抑制程度明显减弱，缓凝性能降低，使用时需加大掺量；醇、酮、酯类缓凝剂对C_3S的抑制程度受温度变化影响小，掺量调整亦少；羟基羧酸盐及糖类、无机盐类缓凝时间随气温降低将显著延长。因此，缓凝类外加剂不宜用于+5℃以下的环境施工，不宜用于蒸养混凝土生产。

4）缓凝类外加剂的使用，一般情况下不应超出厂家推荐的掺量，当超量1～2倍时，可使混凝土长时间不凝结。若含气量增加很多，会引起混凝土强度明显下降，造成工程事故。

1.5.4 早强剂和早强减水剂

早强剂是指能提高混凝土早期强度，且对后期强度无显著影响的外加剂，其主要作用在于加速水泥水化速度，促进混凝土早期强度的发展。早强减水剂是指兼有促进混凝土硬化、提高混凝土早期强度和普通减水剂功能的外加剂。早强剂及早强减水剂主要适用于蒸养制品混凝土及常温、低温和最低温度不低于－5℃环境中施工的有早强要求的混凝土工程。

1.5.4.1 早强剂

1. 无机盐类早强剂

（1）氯盐：氯盐类早强剂是应用历史最长、效果显著的一种早强剂，但可能导致钢筋锈蚀。

（2）硫酸盐：相比于氯盐类，硫酸盐类早强剂不会导致钢筋锈蚀，因而是目前使用较广泛的早强外加剂。碱金属的硫酸盐和碱土金属的硫酸盐都有早强作用，对凝结时间的影响则因掺量不同而异。

（3）碳酸盐：碱金属碳酸盐均可作为混凝土的早强剂和促凝剂，在冬季施工中使用能明显缩短混凝土凝结时间，提高混凝土在负温环境下的强度增长率。

（4）硝酸盐及亚硝酸盐：碱金属、碱土金属的硝酸盐及亚硝酸盐也具有促进水泥水化的作用，尤其是在低温、负温时可作为早强、防冻剂。

2. 有机物类早强剂

有机醇类、胺类以及一些有机酸均可用作混凝土早强剂，如甲醇、乙醇、甲酸钙、乙酸钠、尿素、二乙醇胺、三乙醇胺、三异丙醇胺等。其中，三乙醇胺较为常用。

3. 复合早强剂

无机盐类和有机盐类可以按不同品种和不同比例经试验确定获得复合型早强剂，其产品种类很多，各种早强剂都有其优点和局限性。一般无机盐类早强剂原料来源广、价格较低、早强作用明显，但存在混凝土后期强度降低的缺点。一些有机类早强剂，虽能提高混凝土后期强度，但单掺情况下早强作用不明显。两者组合成复合早强剂，则可以扬长避短、优势互补，不仅可显著提高混凝土早期强度，而且混凝土后期强度也能得到一定提高。

1.5.4.2 早强减水剂

早强减水剂是由早强剂与减水剂复合而成，兼有提高早期强度和减水功能的外加剂。减水剂可以是普通减水剂或高效减水剂，因减水剂的吸附、分散、润湿作用，可以降低混凝土的拌和用水。又由于水胶比降低，水泥石结构中的粗大毛细孔减少，结构趋于密实，混凝土的早期、后期强度以及耐久性都将显著提高。早强减水剂的早强与增强作用，可以有效地改善常温下单掺早强剂的早强效果不明显的缺点，同时可补偿因早强剂掺量过大导致后期强度倒缩。掺入早强减水剂，不仅可显著提高混凝土早期强度，且混凝土后期强度也能得到一定提高。

1.5.4.3 早强剂及早强减水剂的工程应用注意事项

使用早强剂及早强减水剂，可以缩短养护时间，加快模板周转；在低温及负温下可完全或部分抵消低温对强度增长的不良影响，提高混凝土自身抵抗冰冻及其他破坏因素影响的能力。早强组分多为无机盐强电解质，若使用不当，在提高混凝土早期强度的同时也带来较强的负面作用。因此，各类早强剂及早强减水剂的应用要严格按照其适用范围及注意如下事项。

（1）掺入大量氯盐会加速混凝土中钢筋及预埋件的锈蚀，但掺入少量或微量氯盐，引入的氯离子在水化前期即与铝酸盐反应形成复盐，呈结合状态的氯离子不会促进钢筋锈蚀，因而也不会影响钢筋混凝土结构的耐久性。从工程的长期安全角度考虑，为稳妥起见，预应力钢筋混凝土结构应严禁使用过量含有氯盐组分的外加剂。此外，处于干燥环境中钢筋混凝土结构的外加剂以及其他材料所引入的氯离子总量也应严格限制。

（2）硫酸盐类早强剂是目前使用很广的早强剂，但存在对长期性能的不良影响因素，因此要注意合理使用，并采取相应控制措施。

硫酸钠掺量宜控制在2%内，若掺量过高，则可能带来如下不利效果：延迟性钙矾石的形成将破坏已有的水泥石结构，引起强度和耐久性降低；处于高温、高湿、干湿循环以及水下混凝土，容易产生膨胀性化合物而致混凝土开裂和剥落；混凝土中液相的碱度增大，当骨料中含有活性二氧化硅时，就会促使骨料碱活性反应的发生，且难以抑制其继续发展；当混凝土养护不良的情况下，硫酸钠易在表面结晶析出而形成白霜，影响表面装饰层与底层的黏附力。综上所述，早强剂掺量应严格控制，且需经试验确定。

工程实践中常用早强剂掺量限值列于表1.5-4。

表1.5-4　常用早强剂掺量限值

混凝土种类	使用环境	早强剂种类	掺量限值（水泥质量%）≤
预应力混凝土	干燥环境	硫酸钠	1.0
		三乙醇胺	0.05
钢筋混凝土	干燥环境	氯离子	0.6
		硫酸钠	2.0
		与缓凝减水剂复合的硫酸钠	3.0
		三乙醇胺	0.05
	潮湿环境	硫酸钠	1.5
		三乙醇胺	0.05
有饰面要求混凝土		硫酸钠	0.8
素混凝土		氯离子	1.8

1.5.5 泵送剂

泵送剂通常不是一种单一的外加剂，而是根据具体的工程特点由不同作用的外加剂复合而成，其复配比例依工程种类、环境温度、混凝土强度等级、泵送工艺等条件确定。

1.5.5.1 泵送剂的组成

泵送剂主要由以下几种组分组成：普通减水剂、高效减水剂、缓凝剂、引气剂、保水剂（又称为增稠剂）等。保水剂的作用是：增加混凝土聚合物的黏度，主要成分是纤维素类、聚丙烯酸类、聚乙烯醇类的水溶性高分子化合物。保水剂掺入水泥浆中形成保护性胶体，对分散的水泥浆起稳定作用，同时增加了黏聚性。

1.5.5.2 泵送剂技术指标

根据国家标准和行业标准，掺泵送剂的混凝土比不掺的基准混凝土，其性能有所改善，其技术指标见表1.5-5。

表1.5-5 掺泵送剂混凝土的技术指标

试验项目		技术指标
坍落度增加值（cm）		≥10
常压泌水率比（%）		≤100
压力泌水率比（%）		≤95
含气量（%）		≤4.5
坍落度损失率（%）	30min	≤20
	60min	≤30
抗压强度比（%）	3d	≥85
	7d	≥85
	28d	≥85
收缩率比（%）	28d	<125
抗冻标号		≥50

注 除含气量外，表中所列数据均为受检混凝土与基准混凝土的差值或比值。

1.5.5.3 泵送剂的工程应用注意事项

（1）泵送剂的掺量随品牌而异，超掺泵送剂可能会造成堵泵现象。

（2）应用泵送剂的混凝土温度不宜高于35℃。混凝土温度越高，泵管输送距离越长，对泵送剂品质要求也越高。

1.5.6 防冻剂

目前我国一般规定，当室外日平均气温低于5℃时即进入冬季。为了保证混凝土施工的质量和速度，掺用防冻剂是混凝土冬季施工最常用、最有效的技术措施之一。防冻剂是一种能使混凝土在负温下硬化，并在规定时间内达到足够的防冻强度。防冻剂一般由减水组分、防冻组分、引气组分以及早强组分等多种组分构成。

1.5.6.1 防冻剂的分类和组分

1. 防冻剂的分类

防冻剂分类方法较多，目前尚无统一标准。根据现有资料，防冻剂大致可分为如下几类。

（1）按防冻剂的状态分类。

1）粉状防冻剂：防冻组分主要以盐类为主，均呈粉剂，多以矿物掺合料作为载体。

2）液体防冻剂：防冻组分主要以有机物为主，利用有机物的高溶解性和与其他组分具有较好的相容性配制而成。此外，有些液体防冻剂是以盐溶液和有机物复合作为防冻组分，它在工程中应用较多。

（2）按防冻剂的成分分类。

1）无机防冻剂是指以无机盐作为防冻组分的防冻剂（早强型）。无机盐主要有氯化钠、亚硝酸钠、硝酸钠、碳酸钠、硫酸钠、亚硝酸钙和碳酸钾等。

2）有机防冻剂是指以有机物作为防冻组分的液体防冻剂（防冻型）。有机防冻组分常用的有尿素、氨水、甲醇、甘油、丙二醇、乙醇、甲醇、甲酰胺、三乙醇胺、乙酸钠、草酸钙等。尿素、氨水应用于防冻泵送剂时会产生刺激性气味，因此严禁用于办公、居住等建筑工程。近年来，乙二醇、甘油、丙二醇及甲酰胺作为防冻剂的研究应用较多。

3）复合防冻剂是指以无机盐和有机物共同作为防冻组分用来复配防冻剂（复合型防冻剂）。这类防冻剂性能一般较前两类要好，但常出现盐类、有机物与其他组分不相容等现象。

2. 防冻剂的组分

为使混凝土在负温下或冻融交替过程中不遭致破坏，目前大量使用的防冻泵送剂已不再是单一组分，而是利用不同组分的复合效应来防冻。构成防冻剂的组分主要有如下几种。

（1）减水组分：减水组分的作用主要减少混凝土拌和水量，降低水冻结所产生的冻胀应力；同时降低水灰比，有利于提高混凝土强度，以及增强其抗冻能力。

（2）早强组分：常用的早强组分有硫酸盐、氯盐、亚硝酸盐、三乙醇胺等。掺入早强组分可以提高混凝土早期强度，使之尽快达到受冻临界强度；往往具有一定的降低冰点的作用，改善防冻环境。

（3）防冻组分：是指一种使混凝土拌和物在负温环境下免受冻害的化学物质，依其作用方式可分为三类：第一类是与水有很低的共融温度，具有能降低水的冰点而使混凝土在负温下仍能进行水化作用，如亚硝酸钠、氯化钠等；第二类是既能降低水的冰点，也能使含该类物质的冰的晶格产生严重变形，因而无法形成膨胀应力而破坏混凝土，如尿素、甲醇；第三类是其水溶液有很低的共融温度，虽不能使混凝土中的冰点明显降低，但可直接与水泥发生水化反应而加速混凝土的凝结硬化，有利于早期混凝土强度的发展，如氯化钙、碳酸钾。

（4）引气组分：引气组分会在混凝土内产生一定数量的均匀分布、密闭、独立的微小气泡，抑制或削弱新拌混凝土在浇筑过程中发生的泌水；同时为冻结的冰晶提供一定的膨胀空间，也为冷水的渗透压力提供了一个缓冲空间，从而提高混凝土的抗冻能力。

1.5.6.2　水工混凝土防冻剂的技术指标

根据国家标准和行业标准，掺防冻剂的混凝土比不掺的基准混凝土，其性能有所改善，其技术指标见表1.5-6。

表1.5-6　　掺防冻剂混凝土的技术指标

试验项目		技术指标		
减水率（%）		>8		
泌水率比（%）		<100		
含气量（%）		>2.5		
凝结时间差（min）	初凝	-150～+150		
	终凝			
抗压强度比（%）	规定温度（℃）	-5	-10	-15
	R_{28}	≥100		≥95
	R_{-7+28}	≥95	≥90	≥85
	R_{-7+56}	≥100		
28d收缩率比（%）		<135		
渗透高度比（%）		<100		
抗冻标号		≥50		

注　1. 除含气量外，表中所列数据均为受检混凝土与基准混凝土的差值或比值，规定温度为受检混凝土在负温养护时的温度。

2. 防冻剂是复合了其他组分的复合外加剂，所复合的其他外加剂组分都应当符合该外加剂的技术标准要求。

3. R_{-7+28}为受检负温混凝土负温养护7d再转标准养护28d的抗压强度与基准混凝土标准养护28d的抗压强度之比；R_{-7+56}为受检负温混凝土负温养护7d再转标准养护56d的抗压强度与基准混凝土标准养护28d的抗压强度之比。

1.5.6.3　防冻剂的工程应用注意事项

（1）配制复合防冻剂前应测定防冻剂各组分的有效成分、水分及不溶物的含量，配制时应按有效固体含量计算。此外，配制复合防冻剂时应搅拌均匀，如有结晶或沉淀等现象，应分别配制溶液，搅拌均匀后再加入搅拌机。复合防冻剂以溶液形式供应时，不能有沉淀、悬浮、絮凝物。

（2）混凝土拌和物中冰点的降低与防冻剂的液相浓度有关，因此，气温越低时，防冻剂的掺量也应适当增大。复合防冻剂中防冻成分的掺量，应按混凝土拌和水质量的百分率控制：氯盐不大于7%，氯盐阻锈类总量不大于15%，无氯盐类总量不大于20%；引气组分的掺量不大于水泥质量的0.05%，混凝土含气量不超过4%。

（3）不同的防冻剂所适用的温度也不同，一般为0～-15℃，如某种防冻剂规定使用温度为-10℃，较合适的日气温波动范围为-5～-15℃。

（4）在混凝土中掺用防冻剂的同时，还应注意原材料的选择及养护措施等。应尽量使用硅酸盐水泥或普通硅酸盐水泥，不宜使用矿渣等混合水泥，禁止使用铝酸盐水泥；当防冻剂中含有较多Na^+、K^+离子时，不得使用活性骨料；在负温条件养护时不得浇水，外露表面应覆盖。

（5）在日最低气温为-5℃及以下，混凝土浇筑面宜采用一层塑料膜和两层草袋或其他代用品覆盖养护。在这种条件下，可采用早强剂或早强减水剂替代防冻剂。

（6）氯化钙与引气剂或引气减水剂复合使用时，应先加入引气剂或引气减水剂，经搅拌后再加入氯化钙溶液；钙盐与硫酸盐复合使用时，先加入钙盐溶液，经搅拌后再加入硫酸盐溶液。

（7）以粉剂直接加入的防冻剂时，如有受潮结块则应事先予磨碎，以通过0.63mm的筛孔后的粉剂方可使用。当用量不足时，混凝土在负温下强度会停止增长，但转正温度后对混凝土最终强度无影响。

1.5.7　速凝剂

速凝剂一般用于喷射混凝土作业中，是使水泥混凝土快速凝结硬化的一种外加剂。掺用速凝剂的主要目的是使新喷料迅速凝结，增加每次喷层厚度，缩短每次喷敷间的时间间隔，提高喷混凝土的早期强度，以便及时提供支护抗力。速凝剂作为喷射混凝土的必要组分，也得到了迅速发展。

1.5.7.1　速凝剂的分类

速凝剂按形态可划分为粉状和液态两种，按主要成分可划分为无机盐类和有机物类。作为混凝土速凝剂很少采用单一的化合物，多为各种具有速凝作用的化合物复合而成，其主要成分可分为五类。

1. 铝氧熟料为主体的速凝剂

铝氧熟料为主体的速凝剂，可分为铝氧熟料、碳酸盐系和复合硫铝酸盐系两种系列。铝氧熟料、碳酸盐系速凝剂主要成分为铝酸钠，其次为碳酸钠或碳酸钾和生石灰，均为固体粉状。该产品含碱量较高，对混凝土后期强度影响大。复合硫铝酸盐系速凝剂，其成分中加入石膏或矾泥等硫酸盐和硫铝酸盐，含碱量较低，对混凝土后期强度损失较小，且对人的皮肤腐蚀性较小。

2. 水玻璃类速凝剂

水玻璃类速凝剂主要成分为硅酸钠（俗称水玻璃），单一水玻璃组分因过于黏稠无法喷射，为提高混凝土流动度应加入无机盐，如加入重铬酸钾降黏，加入亚硝酸钠降低冰点，加入三乙醇胺早强等。水玻璃系列的速凝剂具有水泥适应性好、胶结效果强、与铝酸盐类速凝剂相比碱含量小得多、对皮肤没有太大腐蚀等优点。其最大缺点是速凝剂掺量大、喷射回弹率高、混凝土后期强度低、干缩大。

3. 铝酸盐液体速凝剂

铝酸盐液体速凝剂目前使用广泛，它可以单独使用，也可与氢氧化物或碳酸盐联合使用。铝酸盐液体速凝剂有铝酸钠和铝酸钾两种类型。铝酸盐液体速凝剂具有掺量低、早期强度增长快的优点；缺点是最终强度降低幅度达30%～50%，且pH>13，腐蚀性较强。此外，它对水泥品种十分敏感，因此使用前需先测试与所用水泥的相容性。铝酸钾速凝剂与水泥相容性较好，通常有更快的凝结速度和更高的早期强度。

4. 新型无机低碱速凝剂

新型无机低碱速凝剂均呈粉状，原料易得，含碱量低，生产工艺简单，对混凝土的强度无影响，适用于干喷混凝土。组成这类速凝剂的无机物种类很多，如偏铝酸钠、铝氧熟料、明矾石、硫酸铝、氧化铝、无定形铝化合物等。

5. 新型液体无碱速凝剂

新型液体无碱速凝剂按主要成分可分为铝化合物类速凝剂和有机物类速凝剂。铝化合物类速凝剂较为便宜，它不含碱金属或氯化物，通过铝化合物与水溶性硫酸盐、硝酸盐、羧酸类有机物、烷基醇胺等混合，对水泥起到促凝作用从而提高喷射混凝土的早期强度。有机物类速凝剂速凝效果较好，但价格昂贵。

1.5.7.2 速凝剂技术指标

速凝剂的基本作用是使混凝土凝结速度快、早期强度高、收缩变形小、不锈蚀钢筋、不含对混凝土后期强度和耐久性有害的物质，同时其他性能也应基本满足工程要求。速凝剂的技术指标见表1.5-7。

表1.5-7　速凝剂的技术指标（JC 477—2005）

净浆凝结时间（min）		水泥砂浆		速凝剂	
初凝	终凝	1d抗压强度（MPa）	28d抗压强度比（%）	细度（方孔筛筛余量）（%）	含水量（%）
<3	<10	>8	>75	<15	<2

注　28d抗压强度比为掺速凝剂的混凝土与不掺速凝剂的基准混凝土的抗压强度之比。

1.5.7.3 速凝剂的工程应用注意事项

（1）速凝剂使用时须充分注意对水泥的适应性，应正确选择速凝剂的品种和掺量并控制好使用条件。若水泥中C_3A和C_3S含量高，则速凝效果好。

（2）速凝剂掺量宜适当，气温低掺量宜适当加大，气温高掺量可酌减。

（3）水胶比宜控制在0.4～0.5间。当水胶比>0.5时，凝结时间减慢、早期强度降低、喷层厚度较小、混凝土料与岩石基底粘结不牢。

（4）喷射混凝土作业由于水泥用量大、砂率高和受速凝剂的影响，喷层干燥收缩值通常较大，因此成型后要注意保湿养护，防止干裂。

1.5.8 膨胀剂

膨胀剂是一种与水泥、水拌和后，经水化反应，生成钙矾石、氢氧化镁、氢氧化钙等产物，而使混凝土产生体积膨胀的化学外加剂。

1.5.8.1 膨胀剂种类

（1）硫铝酸钙类膨胀剂，它与水泥熟料水化产物如氢氧化钙等反应生成水化硫铝酸钙即钙矾石，使混凝土产生体积膨胀。

（2）氧化镁型膨胀剂，氧化镁与水泥熟料水化反应生成氢氧化镁结晶即水镁石，体积可增加94%～124%，使混凝土产生体积膨胀。

（3）石灰系膨胀剂，由石灰石、黏土、石膏做原料，在一定高温条件下煅烧、粉磨、混拌而成，它以氧化钙水化生成的氢氧化钙为膨胀源。

（4）铁粉系膨胀剂，以Fe_2O_3为膨胀源，它与水泥熟料水化反应时生成$Fe(OH)_3$而产生体积膨胀。

（5）复合型膨胀剂是由膨胀剂与其他外加剂复合成，它具有膨胀性能以及其他外加剂的相关性能。

1.5.8.2 膨胀剂的技术性能

（1）补偿收缩技术性能。膨胀剂的作用是在混凝土凝结硬化的初期（1～7d龄期）产生一定的体积膨胀，补偿混凝土收缩，以膨胀剂产生的自应力来抵消收缩应力，从而保持混凝土体积的稳定性。

（2）提高混凝土防水性能。膨胀剂通常作为混凝土结构自防水材料以满足防水、抗渗要求，适用于地下室、地铁等地下防水工程。

（3）增加混凝土的自应力性能。混凝土在掺入膨胀剂后，除可补偿收缩外，在限制条件下还保留一部分的膨胀应力，从而形成自应力混凝土。自应力值一般约为0.3～7MPa，在钢筋混凝土中形成预压应力。

（4）提高混凝土的抗裂防渗性能。膨胀剂掺入混凝土后起到密实、防裂、抗渗的作用，主要用于坑道、井筒、隧道、涵洞等支护与加固结构。

根据行业标准，膨胀剂的技术指标见表1.5-8。

表1.5-8　膨胀剂的技术指标

试验项目				技术指标
化学成分	氧化镁（%）			≤5.0
	含水量（%）			≤3.0
	总碱量（%）			≤0.75
	氯离子（%）			≤0.05
物理性能	细度	比表面积（m^2/kg）		≥250
		0.080mm方孔筛筛余量（%）		≤12
		1.250mm方孔筛筛余量（%）		≤0.5
	凝结时间	初凝（min）		≥45
		终凝（h）		≤10
	限制膨胀率（%）	水中	7d	≥0.025
			28d	≤0.1
		空气中	21d	≥−0.020
	抗压强度（MPa）	7d		≥25.0
		28d		≥45.0
	抗折强度（MPa）	7d		≥4.5
		28d		≥6.5

注　细度用比表面积和1.250mm方孔筛筛余量或0.080mm方孔筛筛余量和1.250mm方孔筛筛余量表示，仲裁检验用比表面积和1.250mm方孔筛筛余量。

1.5.8.3　膨胀剂的工程应用注意事项

（1）膨胀剂选用时，应根据工程性质、工程部位及工程使用要求，选择合适的品种，并经检验符合各项标准指标后方可使用。同时，根据补偿收缩或自应力混凝土的不同用途，控制膨胀率，并按有效膨胀能或最大自应力设计，且通过试验确定膨胀剂的最佳掺量。此外，膨胀剂与其他外加剂复合使用前亦应进行试验验证，并确认彼此的相容性。

（2）施工中应加强管理，严格监控现场搅拌站按设计配比掺入膨胀剂，以保证起到补偿收缩效果。粉状膨胀剂应与混凝土其他原材料一起投入搅拌机，拌和时间要比平时延长30s，以保证膨胀剂与水泥、减水剂拌和均匀，提高匀质性。

（3）混凝土布料、振捣应按施工规范进行，在浇筑区段内应不中断地连续浇筑混凝土。掺膨胀剂的混凝土浇筑方法和技术要求与普通混凝土基本相同，在混凝土终凝之前，应特别重视采用机械或人工多次抹压，防止表面沉缩裂缝的产生。

（4）膨胀混凝土浇筑完成后，潮湿养护条件是确保混凝土膨胀性能的关键因素，为此要求潮湿养护时间不少于14d。在潮湿环境下由于水分不会很快蒸发，钙矾石等膨胀源可以不断生成，从而使水泥石结构逐渐致密，且不断补偿混凝土的收缩。

1.5.9　水下不分散剂（絮凝剂）

混凝土絮凝剂主要是用来配制不分散混凝土以顺利进行水下施工。通过絮凝剂的絮凝作用，使得混凝土混合料能够实现在水中浇筑成型而不会发生各相、各组分之间的分离，且获得设计所需的强度。

1.5.9.1　絮凝剂及其种类

（1）无机高分子絮凝剂。无机高分子絮凝剂是20世纪60年代在传统的铁盐、铝盐基础上发展起来的一类新型絮凝剂，主要组分为聚合硫酸铝、聚合氯化铝、聚合硫酸铁、聚合氯化铁等。絮凝剂絮凝能力强、絮凝效果好，且价格较低，逐步成为主流絮凝剂。近年来，研制和应用聚合铝、铁、硅及各种复合型无机絮凝剂成为研究的热点，无机高分子絮凝剂的品种逐步成熟并形成系列产品。

（2）有机高分子絮凝剂。有机高分子絮凝剂多为水溶性的聚合物，具有相对分子质量大、分子链官能团多的结构特点，目前使用较多的是阳离子、阴离子和非离子型聚合物。合成的有机高分子絮凝剂主要有聚丙烯酰胺、磺化聚乙烯苯、聚乙烯醚等系列，以聚丙烯酰胺系列在水下不分散混凝土中应用最为广泛。天然有机高分子絮凝剂原料来源广泛、价格便宜、无毒、易于降解和再生。按原料来源可分为淀粉衍生物、纤维素衍生物、植物胶改性产物、多聚糖类及蛋白质类改性产物等，其中最具发展潜力的是水溶性淀粉衍生物和多聚糖改性絮凝剂。

1.5.9.2　絮凝剂技术性能

（1）聚丙烯酰胺具有很强的增黏能力，由于分子链上含有酰胺基，显著特点是亲水性强，易与水形成氢键，因而易溶于水，水化后具有较大的水动力学体积，进而达到高效增黏的目的。同时，聚丙烯酰胺水解后形成部分水解聚丙烯酰胺，溶解性大大改善，主链更为伸展，因此获得更大的水动力学体积，可以得到更高的溶液黏度。

(2) 酰胺基水溶液的黏度在常温下会随时间而变化。在高于室温时不稳定，由于热运动加剧使分子间的氢键被破坏，分子链断裂产生降解；在高温条件下会进一步水解，当溶液有高价阳离子存在时，亦发生沉淀，从而导致溶液黏度急剧下降。

根据国家标准和行业标准，水下不分散剂的技术指标见表1.5-9。

表1.5-9　水下不分散剂的技术指标

试验项目		普通型	缓凝性
泌水率(%)		<0.5	<0.5
含气量(%)		<4.5	<4.5
坍落度损失(cm)	30min	<3.0	<3.0
	120min	—	<3.0
水中分离度	悬浊物含量(mg/L)	<50	<50
	pH值	<12	<12
凝结时间(h)	初凝	>5	>12
	终凝	<24	<36
水气强度比(%)	7d	>60	>60
	28d	>70	>70

1.5.9.3　水下不分散剂工程应用注意事项

(1) 应根据实际工程特点和要求，合理选用絮凝剂。产品指标应符合国家标准和行业标准，掺量必须通过试验确定。

(2) 在现场拌和过程中，由于水下不分散混凝土必须呈现高黏性，拌制时阻力较大，故搅拌机的功率比正常运转情况宜增加25%～35%，甚至更多。因此，应增加机械的搅拌的能力，以确保顺利施工。

(3) 施工过程中，若添加过量的减水剂有时会引起混凝土抗分散能力降低和缓凝效应，还可能存在减水剂与絮凝剂复合不匹配导致混凝土流动性不合格的现象。因此，应注意减水剂的种类和掺量，确保絮凝剂的使用性能。

(4) 由于水下不分散混凝土抗分散性强，泵压输送前后的混凝土性能几乎不发生变化。由于黏性大，泵压输送的阻力是普通混凝土的2～4倍。因此，施工时要特别注意泵的输送能力，同时要求连续运送，以避免因停歇时间过长造成冲水稀释困难而堵管。

1.6　水工混凝土

水工混凝土是指用于修建挡水、泄洪、输水、排沙、灌溉、发电等建筑物所用的混凝土。水工建筑物一般体积较大，相应混凝土块体尺寸也大，这种情况下通常又称为大体积水工混凝土。由于环境与受力条件比较严酷，水工混凝土需要具有较好的物理力学性能和耐久性能，要求选用质量合格的组成材料，拌和物具有施工和易性，以及硬化后均匀密实并具备足够的支撑结构能力。

1.6.1　材料选择

1.6.1.1　水泥

选择水泥的原则及注意事项如下。

(1) 水位变化区外层混凝土、溢流面和经常受水流冲刷部位的混凝土、有抗冻要求的混凝土，宜选用中热硅酸盐水泥或硅酸盐水泥，也可选用普通硅酸盐水泥。

(2) 大坝内部混凝土、水下混凝土和基础混凝土，宜选用中热硅酸盐水泥，也可选用低热矿渣硅酸盐水泥、矿渣硅酸盐水泥、火山灰质硅酸盐水泥、粉煤灰硅酸盐水泥、普通硅酸盐水泥和低热微膨胀水泥。

(3) 碾压混凝土，宜选用硅酸盐水泥、普通硅酸盐水泥、中热硅酸盐水泥和低热硅酸盐水泥。

(4) 环境水对混凝土有硫酸盐侵蚀时，混凝土应选用抗硫酸盐水泥。

(5) 选用的水泥强度等级应与混凝土设计强度等级及环境要求相适应，水位变化区外层混凝土、溢流面及经常受水流冲刷部位的混凝土、抗冻要求较高部位的混凝土，宜使用较高强度等级水泥。

(6) 选用的水泥必须符合现行国家标准的规定，并可根据工程的特殊需要对水泥的化学成分、矿物组成和比表面积提出专门要求。

(7) 水泥品质的检测，按现行国家标准进行。

(8) 水泥的运输、储存，必须按不同品种、强度等级及出厂编号分别进行。水泥运输及存放场地应有防雨及防潮设施。当袋装水泥储运超过3个月、散装水泥超过6个月时，使用前应重新检验，并按复检结果使用。严禁使用结块的水泥。

1.6.1.2　掺合料

混凝土所用的活性掺合料可以是粉煤灰、粒化高炉矿渣粉、磷渣粉或其他火山灰质材料。其中宜优先掺入适量的Ⅰ级或Ⅱ级粉煤灰、粒化高炉矿渣粉、磷渣粉、火山灰等活性掺合料。经过试验论证，混凝土中也可以掺用非活性掺合料。

除了上述已经被列入规范的掺合料外，我国工程已成功使用了其他一些活性和非活性的矿物粉末作为混凝土的掺合料。例如，云南漫湾水电站混凝土坝，使用凝灰岩（非活性火山灰）掺合料；云南大朝山水电站碾压混凝土坝，使用磷渣粉和凝灰岩各占50%双掺掺合料；云南景洪水电站碾压混凝土坝，使用锰矿渣粉与石灰石粉各占50%双掺掺合料；云南戈兰滩水电站碾压混凝土坝，使用高炉矿渣粉和石灰石粉的混合物掺合料；云南弄令水电站碾压混凝土坝，使用火山灰掺合料；我国承建的蒙古国泰西尔水电站碾压混凝土坝，使用白云岩粉掺合料；我国承建的柬埔寨王国甘再水电站碾压混凝土坝，使用石灰石粉掺合料等。这些都为混凝土掺合料的使用提供了宝贵的经验。

掺入混凝土的粉煤灰、粒化高炉矿渣粉、磷渣粉，应分别符合《水工混凝土掺用粉煤灰技术规范》(DL/T 5055—2007)、《用于水泥和混凝土中的粒化高炉渣粉》(GB/T 18046—2000) 和《水工混凝土掺用磷渣粉技术规范》(DL/T 5387—2007) 的要求，其品质检测按现行国家标准进行。其他掺合料也可参考该要求进行检测。

1.6.1.3 骨料

混凝土粗、细骨料应进行质量和技术经济论证，骨料试验应按照《水工混凝土砂石骨料试验规程》(DL/T 5151—2001)、《水工混凝土试验规程》(SL 532—2006) 的有关规定进行。

粗骨料应控制好筛分冲洗环节，保证各级成品骨料的质量。人工砂加工应选用生产效率高、加工后的颗粒形状好的破碎机械，尽量减少细砂及人工砂中石粉的流失。干法生产骨料时须控制它对周围环境的影响，且应采取措施防止石粉大量黏裹骨料颗粒，以避免降低骨料界面与水泥的黏聚性。

砂料宜质地坚硬、级配良好，人工砂细度模数宜在2.4～2.8之间，天然砂细度模数宜在2.0～3.0之间。使用细度模数小于2.0的天然砂，应经过试验论证。常态混凝土人工砂的石粉（$d \leqslant 0.16$mm 的颗粒）含量宜控制在12%～16%之间；碾压混凝土人工砂的石粉含量宜控制在18%～22%之间，其中 $d <$ 0.08mm 的微粒含量不宜小于9%。最佳石粉含量应通过试验确定。

细骨料（砂）和粗骨料的质量指标除应符合上述要求外，其他质量指标还应符合1.4节中表1.4-1～表1.4-8的相关规定。

骨料运输堆放时，应防止泥土混入和不同级配互混。骨料应有足够的储备量，并设有遮阳、防雨及脱水设施。

1.6.1.4 外加剂

混凝土中掺用外加剂，其品种及掺量应通过试验确定。目前水工大体积低坍落度混凝土和碾压混凝土，一般掺用萘系（萘磺酸盐甲醛缩合物）缓凝减水剂与引气剂复合的外加剂；高性能结构混凝土，掺用萘系或聚羧酸高效减水剂。外加剂的缓凝时间可根据季节气候和施工环境条件确定，并应符合《水工混凝土外加剂技术规程》(DL/T 5100—1999) 的规定，使用前必须进行品质检验。

1.6.2 常态混凝土

1.6.2.1 设计原则与参数

1. 设计原则

混凝土配合比设计原则应满足建筑物要求的强度、抗裂性、耐久性和施工和易性，应经济合理地选出混凝土单位体积中各种组成材料的用量。

(1) 水胶比：应根据建筑物要求的强度和耐久性选定，它是决定混凝土强度和耐久性的主要因素。

(2) 用水量：在满足混凝土和易性的条件下，力求单位用水量最小。

(3) 粗骨料的最大粒径：根据建筑物结构尺寸、混凝土配筋率以及施工设备等情况，选择尽可能大的粗骨料粒径。

(4) 骨料级配：选择空隙率较小、组合粒级较优的级配，同时兼顾天然料场颗粒或实际生产的骨料级配。在满足水工混凝土品质要求的条件下，尽量减少弃料。

(5) 砂率：根据粗骨料级配与混凝土和易性的要求，选择最优砂率。

(6) 水泥：根据工程特点和混凝土的强度、耐久性、温控要求，合理地选择水泥品种和强度等级。

(7) 外加剂：为降低混凝土胶凝材料用量，减少水泥水化引起的温度应力，防止裂缝产生，提高混凝土耐久性能，改善混凝土施工特性等，合理选用外加剂与掺量。

(8) 掺合料：为了降低水泥用量，减少混凝土的绝热温升和调整发热峰值的出现时间，改善混凝土和易性，合理选用性价比较优的掺合料。

2. 设计条件

(1) 混凝土的使用部位、强度等级及龄期要求。

(2) 混凝土的强度保证率和均方差。

(3) 混凝土各项性能指标。

(4) 各部位混凝土的坍落度和含气量。

(5) 各部位允许的骨料最大粒径。

(6) 水泥、掺合料、外加剂品种及其主要特性。

(7) 粗骨料种类和级配。

(8) 砂料种类、细度模数。

(9) 其他要求。

1.6.2.2 配合比设计

根据就地取材的原则，对工程附近建筑材料进行现场调研和品质检验，初选性价比好的水泥、外加剂和掺合料，在此基础上进行混凝土配合比设计。混凝土配合比设计的主要步骤如下。

1. 选择水胶比

(1) 根据建筑物混凝土的设计强度等级，计算相应的配制强度。

$$f_{cu,0} \geqslant f_{cu,k} + t\sigma \tag{1.6-1}$$

式中 $f_{cu,0}$——混凝土配制强度，MPa；

$f_{cu,k}$——混凝土设计强度标准值，MPa；

t——概率度系数；

σ——混凝土强度标准差，MPa。

保证率 P 与概率度系数 t 的关系见表 1.6-1。一般国内大坝混凝土设计强度保证率为 80%，电站厂房等结构混凝土设计强度保证率为 90%，具体可依建筑物重要性来确定。

表 1.6-1 保证率 P 与概率度系数 t 的关系

保证率 P（%）	70.0	75.0	80.0	84.1	85.0	90.0	95.0	97.7	99.9
概率度系数 t	0.525	0.675	0.840	1.000	1.040	1.280	1.645	2.000	3.000

混凝土强度标准差 σ 随着混凝土生产系统和生产质量控制水平而变化，可根据混凝土生产过程中随机抽样的强度值，按下式统计计算：

$$\sigma = \sqrt{\frac{\sum_{i=1}^{n} f_{cu,i}^2 - N u_{f_{cu}}^2}{N-1}} \tag{1.6-2}$$

式中 $f_{cu,i}$——统计时间段内第 i 组混凝土强度值，MPa；

N——统计时间段内同强度等级混凝土强度组数，不得少于 30 组；

$u_{f_{cu}}$——统计时间段内 N 组混凝土强度平均值，MPa；

其余符号意义同前。

没有资料时，不同强度等级混凝土相应的参考值可参照表 1.6-2 选定。

表 1.6-2 混凝土强度等级标准差参考值

混凝土强度等级	≤C15	C20～C25	C30～C35	≥C40
混凝土强度标准差 σ（MPa）	4.0	5.0	5.5	6.0

(2) 根据混凝土建筑物的配制强度等级，在相近的范围内选择 3～5 个水胶比，进行混凝土水胶比与强度关系试验，选择满足混凝土配制强度的水胶比。

没有试验资料时，不掺外加剂的混凝土可参考下式选择水胶比：

$$f_{cu,0} = Af_{ce}\left(\frac{c+p}{w} - B\right) \tag{1.6-3}$$

$$\frac{w}{c+p} = \frac{Af_{ce}}{f_{cu,0} + ABf_{ce}} \tag{1.6-4}$$

式中 $f_{cu,0}$——混凝土配制强度，MPa；

c——单位体积混凝土的水泥质量，kg；

p——单位体积混凝土的掺合料质量，kg；

w——单位体积混凝土的用水量，kg；

$\frac{c+p}{w}$——胶水比；

$\frac{w}{c+p}$——水胶比；

A、B——系数，通过试验成果计算确定，没有资料时，可参考表 1.6-3 确定；

f_{ce}——水泥 28d 实测强度（ISO 法），MPa。

无水泥 28d 实测强度时，f_{ce} 可参考下式计算确定：

$$f_{ce} = \gamma_c f_{ce,g} \tag{1.6-5}$$

式中 γ_c——水泥强度等级富裕系数，可参考表 1.6-4；

$f_{ce,g}$——水泥强度等级值，MPa。

表 1.6-3 常态混凝土强度回归系数 A、B 参考值

骨料品种	水泥品种	粉煤灰掺量（%）	A	B
碎石	中热硅酸盐水泥	0～10	0.545	0.578
		20	0.533	0.659
		30	0.503	0.793
		40	0.339	0.447
	普通硅酸盐水泥	0～10	0.478	0.512
		20	0.456	0.543
		30	0.326	0.378
		40	0.278	0.214
卵石	中热硅酸盐水泥	0	0.452	0.556
	低热硅酸盐水泥	0	0.486	0.745

注 表中数值摘自《水工混凝土配合比设计规程》(DL/T 5330—2005)。

表 1.6-4　水泥强度等级富裕系数

水泥品种	型号	γ_c
硅酸盐水泥	P·Ⅰ	1.06～1.27
	P·Ⅱ	1.06～1.27
中热硅酸盐水泥	P·MH	1.19
普通硅酸盐水泥	P·O	1.14～1.22
矿渣硅酸盐水泥	P·SA	1.15
火山灰质硅酸盐水泥	P·P	1.23
复合硅酸盐水泥	P·C	1.27

注　表中同品种水泥强度富裕系数，随强度等级的提高而降低。

(3) 根据混凝土的耐久性（抗渗、抗冻等级）选择水胶比。混凝土抗渗、抗冻性能与水泥品种、水胶比、外加剂和掺合料品种及掺量、龄期等因素有关，需通过混凝土试验确定。在无试验资料时，未掺掺合料混凝土水胶比可参考表 1.6-5 和表 1.6-6 选定，掺掺合料混凝土的最大水胶比应适当降低。

(4) 选定最终水胶比。应既能满足混凝土设计强度等级和保证率的要求，又能满足混凝土的抗渗、抗冻等级及其他控制指标的要求，但不宜超过表 1.6-7 的规定。

2. 选定用水量

影响混凝土单位用水量的主要因素是粗骨料的最大粒径、砂石的颗粒形状和级配、水泥需水量、掺合料及外加剂的品种和掺量。此外，还需要满足拌和物坍落度、含气量等要求。

无试验资料时，混凝土用水量可参考表 1.6-8；当原材料条件发生变化后，混凝土用水量调整值可参考表 1.6-9。

表 1.6-5　抗渗等级与水胶比的关系

抗渗等级	W2	W4	W6	W8	W10
普通混凝土水胶比	<0.75	0.60～0.65	0.55～0.60	0.50～0.55	0.45～0.50

表 1.6-6　抗冻等级与水胶比的关系

抗冻等级	F50	F100	F150	F200	F250
普通混凝土水胶比	0.55				
掺引气剂混凝土水胶比	0.60	0.55	0.50	0.45	0.40

注　掺引气剂混凝土含气量一般控制在 3%～6%。

表 1.6-7　混凝土水胶比最大允许值

气候分区	大坝混凝土部位					
	上、下游正常水位以上	上、下游水位变化区	上、下游最低水位以下	基础	内部	受水流冲刷部位
严寒地区	0.50	0.45	0.50	0.50	0.60	0.45
寒冷地区	0.55	0.50	0.55	0.55	0.65	0.50
温和地区	0.60	0.55	0.60	0.60	0.65	0.55

注　有环境水侵蚀情况下，水位变化区外部和水下部位，混凝土最大允许水胶比（水灰比）应减小 0.05。

表 1.6-8　常态混凝土用水量参考表　单位：kg/m^3

混凝土坍落度 (mm)	卵石最大粒径 (mm)				碎石最大粒径 (mm)			
	20	40	80	150	20	40	80	150
10～30	160	140	120	105	175	155	135	120
30～50	165	145	125	110	180	160	140	125
50～70	170	150	130	115	185	165	145	130
70～90	175	155	135	120	190	170	150	135

注　本表适用于 F·M（细度磨数）=2.6±0.2 的天然中砂；骨料含水状态为饱和面干态。

表 1.6-9 原材料条件发生变化后常态混凝土用水量参考表

变化条件	用水量调整值
采用需水量大的胶凝材料	+10～+20kg/m³
改用人工砂	+5～+10kg/m³
石料为干燥状态	+10～+20kg/m³
掺用Ⅰ级粉煤灰	−5～−10kg/m³
坍落度每增加 10mm	+2～+3kg/m³
砂率每±1%	±1.5kg/m³
含气量每±1%	∓（2～3kg/m³）
单掺普通减水剂或引气剂	−6%～−10%
复掺普通减水剂与引气剂或单掺高效减水剂	−15%～−20%
复掺高效减水剂与引气剂	−25%～−30%

3. 确定胶凝材料用量

当用水量确定后，混凝土胶凝材料用量可按下式确定：

$$c+p=\frac{w}{w/(c+p)} \tag{1.6-6}$$

$$c=(1-p)(c+p) \tag{1.6-7}$$

$$p=p_m(c+p) \tag{1.6-8}$$

式中 c——单位体积混凝土的水泥质量，kg；

p——单位体积混凝土的掺合料质量，kg；

w——单位体积混凝土的用水量，kg；

$w/(c+p)$——水胶比；

p_m——掺合料掺量，%。

4. 选择砂率和石料级配

（1）砂率是指砂子的体积在砂与石总体积中所占的百分率。砂率的选择需根据粗骨料的最大粒径、级配、颗粒形状、堆积密度和空隙率、砂的细度模数、水胶（灰）比，以及是否掺用减水剂、引气剂和施工和易性等要求而定。

一般先按选定的水胶比，初选用几种砂率，从最大砂率起按 1%～2%依次递减，分别进行混凝土拌和物试拌。观测不同砂率条件下，拌和物的坍落度、含气量、黏聚性、骨料分离和泌水情况，并建立砂率与水胶比、用水量或胶凝材用量等的关系。无资料时，砂率和用水量可参考表 1.6-10 和表 1.6-11 选用。

表 1.6-10 常态混凝土用水量和砂率参考表

骨料最大粒径（mm）	未掺外加剂混凝土			掺普通减水剂和引气剂混凝土		
	含气量近似值（%）	用水量（kg/m³）	砂率（%）	含气量近似值（%）	用水量（kg/m³）	砂率（%）
20	2.0	172	38	4.5	155	35
40	1.2	150	35	4.0	135	32
80	0.5	129	28	3.5	116	25
120	0.4	117	25	3.0	105	22
150	0.3	110	24	3.0	99	21

注 表中砂率、用水量适用于卵石混凝土，水胶比 0.55，砂细度模数 2.60，坍落度 60mm。

表 1.6-11 原材料变化后混凝土砂率参考表

变化条件	砂率调整值（%）
改用碎石	+3～+5
砂的细度模数每±1%	±0.5
水胶比每±0.5	±1.0
含气量每±1%	∓（0.5～1.0）

（2）石料按粒径大小通常可分为四个粒级区：小石，5～20mm；中石，20～40mm；大石，40～80mm；特大石，80～150mm（120mm）。水工大体积混凝土宜用大粒径的骨料。石料最佳级配（或组合比）应通过试验确定，一般以堆积密度较大、用水量较小时的级配为宜。当无资料时，石料级配可参考表 1.6-12。

5. 计算混凝土配合比

按已经确定的用水量、胶凝材用量和砂率，可用绝对体积法或密度法（假设容重法）计算每方混凝土中砂、石用量。砂、石骨料均以饱和面干态为准。

表 1.6-12 石料级配组合参考表

骨料种类	级配	石料最大粒径 (mm)	骨料比例 (小：中：大：特大)	堆积密度 (kg/m³)	紧密堆积密度 (kg/m³)	空隙率 (%)
天然骨料	2	40	40：60：0：0	1680	1890	29.5
	2	40	60：40：0：0	1690	1870	29.8
	2	40	50：50：0：0	1690	1880	29.5
	2	40	45：55：0：0	1690	1890	29.6
	3	80	25：25：50：0	1700	1930	28.2
	3	80	30：20：50：0	1730	1970	26.5
	3	80	20：30：50：0	1670	1920	28.8
	3	80	30：25：45：0	1730	1940	27.7
	4	150	22.5：22.5：20：30	1860	2090	23.1
	4	150	25：25：20：30	1900	2120	22.0
	4	150	30：20：25：25	1880	2170	19.9
	4	150	20：20：30：30	1890	2110	22.2
人工骨料	2	40	40：60：0：0	1500	1760	36.0
	2	40	60：40：0：0	1440	1730	37.0
	2	40	50：50：0：0	1480	1750	36.3
	2	40	45：55：0：0	1480	1750	36.2
	3	80	25：25：50：0	1480	1780	35.3
	3	80	30：20：50：0	1520	1782	34.0
	3	80	20：30：50：0	1500	1760	36.1
	3	80	30：25：45：0	1530	1810	34.2
	4	150	25：25：20：30	1540	1820	33.8
	4	150	30：20：25：25	1520	1790	34.7
	4	150	20：20：30：30	1530	1790	35.0

注 表中数据摘自《水工混凝土配合比设计规程》(DL/T 5330—2005)。

(1) 绝对体积法。

1) 计算每方混凝土中砂、石子的绝对体积。

$$v_n = 1-\left(\frac{w}{\rho_w}+\frac{c}{\rho_c}+\frac{p}{\rho_f}+\alpha\right) \quad (1.6-9)$$

式中 v_n——单位体积混凝土中砂、石骨料的绝对体积，m^3；

w——单位体积混凝土的用水量，kg；

c——单位体积混凝土的水泥质量，kg；

p——单位体积混凝土的掺合料质量，kg；

ρ_w——水的密度，kg/m^3；

ρ_c——水泥的密度，kg/m^3；

ρ_f——掺合料的密度，kg/m^3；

α——混凝土含气量，%。

2) 计算砂料用量。

$$S = v_n \gamma \rho_s \quad (1.6-10)$$

式中 S——单位体积混凝土中砂的质量，kg；

γ——砂率，%；

ρ_s——砂的饱和面干表观密度，kg/m^3；

其余符号意义同前。

3) 计算石料用量。

$$G = v_n(1-\gamma)\rho_g \quad (1.6-11)$$

式中 G——单位体积混凝土中石料的质量，kg；

ρ_g——石料的饱和面干表观密度，kg/m^3；

其余符号意义同前。

4）计算各级石料用量。按工程部位和施工条件所确定的石料级配以及已确定的各级石料比例，计算各级石料用量。

5）确定混凝土配合比。

$$胶凝材料:水:砂:石 = 1:\frac{w}{c+p}:\frac{s}{c+p}:\frac{G}{c+p} \quad (1.6-12)$$

（2）密度法（假设容重法）。在确定了混凝土水胶比和用水量后，混凝土假定密度 μ 可参考表1.6-13。

1）计算砂、石骨料总用量。

$$N = \mu - (w + c + p) \quad (1.6-13)$$

式中 N——单位体积混凝土中砂、石骨料的总用量，kg/m^3；

μ——混凝土的假定密度，kg/m^3；

其余符号意义同前。

2）计算砂料用量。

$$s = \frac{N}{\rho_n}\gamma\rho_s \quad (1.6-14)$$

式中 s——单位体积砂料用量，kg/m^3；

ρ_n——砂、石骨料的加权平均表观密度（饱和面干态），kg/m^3；

其余符号意义同前。

ρ_n 可按下式计算：

$$\rho_n = \gamma\rho_s + (1-\gamma)\rho_g \quad (1.6-15)$$

3）计算石料用量。

$$G = N - s \quad (1.6-16)$$

式中 G——单位体积混凝土中石料的用量，kg/m^3；

其余符号意义同前。

表1.6-13　混凝土假定密度 μ 参考表

混凝土种类	石料最大粒径				
	20mm	40mm	80mm	120mm	150mm
普通混凝土密度（kg/m^3）	2420	2460	2500	2520	2530
引气混凝土密度（kg/m^3）	2350	2400	2440	2470	2480
引气混凝土含气量（%）	5.5	4.5	3.5	3.0	3.0

4）调整材料用量。若假定混凝土密度为 $2400kg/m^3$，而检测出实际密度为 $2490kg/m^3$，则混凝土中水、水泥、掺合料、砂料和石料的用量应分别乘以修正系数2490/2400=1.0375，即得出单位体积混凝土各种材料用量。

5）确定混凝土配合比，见式（1.6-12）。

上述确定的混凝土配合比尚需经试拌调整，根据试拌调整后配合比还应满足有关工程混凝土的坍落度、含气量、强度等级、变形性能、耐久性能、热物理性能及施工性能等要求，从而最终选定混凝土的配合比。

1.6.2.3 配合比设计与计算实例

某工程坝体B区混凝土强度等级为180d龄期 $C_{180}35F250W10$，要求保证率 $P=80\%$，主要材料及参数如下：

中热硅酸盐水泥，密度为 $3200kg/m^3$；Ⅱ级粉煤灰，密度为 $2340kg/m^3$；掺用高效减水剂0.7%和适量引气剂，混凝土含气量控制在5%±0.5%范围内；人工砂细度模数2.65，饱和面干表观密度为 $2720kg/m^3$，饱和面干含水量为1.2%；石料饱和面干表观密度为 $2740kg/m^3$；机口控制坍落度为30～50mm。试计算每立方米混凝土各材料用量。

1. 选择设计混凝土配合比相关参数

查表1.6-1和表1.6-2，当保证率 $P=80\%$，相应概率度系数 $t=0.84$；$C_{180}35$ 混凝土的标准差为5.5MPa，按式（1.6-1）求得混凝土配制强度：

$$f_{cu,0} = f_{cu,k} + t\sigma = 35 + 0.84 \times 5.5 = 39.7(MPa)$$

《水工混凝土粉煤灰技术规范》（DL/T 5055—2007）规定，抗冻融混凝土的粉煤灰等量替代水泥的最大限量为35%，考虑该工程属巨型水电站，为留有余地，初选粉煤灰掺量为30%。对于水胶比，考虑最低胶凝材料用量的要求，且大体积常态混凝土胶凝材料用量不宜低于 $140kg/m^3$，其中水泥不宜低于 $70kg/m^3$，根据以往工程经验暂取混凝土 $w/(c+p)=0.45$。骨料最大粒径为150mm时，通过级配试验确定四级配骨料级配比例为特大石：大石：中石：小石=3：3：2：2，砂率25%，混凝土用水量 $90kg/m^3$，减水剂掺量0.7%，引气剂掺量0.005%，含气量暂按5%计算。

2. 计算配合比

胶凝材料用量 $c+p=90/0.45=200(kg)$；

水泥用量 $c=70\%\times(c+p)=140(kg)$；

粉煤灰用量 $p=(c+p)-c=200-140=60(kg)$；

减水剂用量＝0.7%×（$c+p$）＝1.4(kg)；

引气剂用量＝0.005%×（$c+p$）＝0.01(kg)。

3. 计算砂、石骨料用量及其相应混凝土配合比

（1）按绝对体积法。

砂、石骨料绝对体积 $v_n = 1-\left(\frac{90}{1000}+\frac{140}{3200}+\frac{60}{2340}+0.05\right)=0.791(\text{m}^3)$；

砂料用量 $s = 0.791\times0.25\times2720\approx538(\text{kg})$；

石料用量 $G = 0.791\times(1-0.25)\times2740\approx1626(\text{kg})$。

按四级配石料级配比例，特大石：大石：中石：小石＝3：3：2：2，计算得其中特大石、大石用量各488kg，中石、小石用量各325kg。

据此求得混凝土配合比：

胶凝材料：水：砂：石＝1：0.45：2.76：8.335

（2）按密度法。

假定混凝土密度为2480kg/m³，则：

砂、石骨料总用量 $N = 2480-(90+200)=2190(\text{kg})$；

砂、石骨料平均密度 $\rho_n = 2720\times0.25+2740\times(1-0.25)=2735(\text{kg/m}^3)$；

砂料 $s=\frac{2190}{2735}\times0.25\times2720\approx545(\text{kg})$；

石料 $G = 2190-545=1645(\text{kg})$。

经试验室试拌，实测混凝土密度＝2454kg/m³，与原假定2480kg/m³的调整系数为2454/2480＝0.9895。调整后每立方米混凝土各种材料的用量如下：

水 $w = 90\times0.9895=89(\text{kg})$；

水泥 $C = 140\times0.9895=138.5(\text{kg})$；

粉煤灰 $p = 60\times0.9895=59(\text{kg})$；

减水剂 $200\times0.9895\times0.7\%=1.39(\text{kg})$；

引气剂 $200\times0.9895\times0.005\%=0.0099(\text{kg})$；

砂料 $s = 545\times0.9895=539(\text{kg})$；

石料 $G = 1645\times0.9895=1628(\text{kg})$。

其中特大石、大石用量各488kg，中石、小石用量各326kg。

混凝土配合比：

胶凝材料：水：砂：石＝1：0.45：2.73：8.243

以上两种方法求出的混凝土配合比十分接近，两者相差约为1%，而最终配合比尚需试验室验证与调整。

1.6.2.4 常态混凝土特性

1. 抗压强度

混凝土的抗压强度指以边长为150mm的立方体标准试件，在标准养护条件下（温度20℃±3℃，相对湿度95%以上）养护28d，用标准试验方法测得的极限抗压强度。抗压强度可划分为不同的强度等级，如C10、C15、C20、C25、C30、C35、C40、C45、C50、C55、C60等。水工混凝土浇筑后往往需经较长时间才承受设计荷载，所以设计时可根据承荷时间采用90d或180d龄期作为设计龄期。在强度等级符号中加龄期下角标，如C_{90}或C_{180}。

混凝土的强度等级过去称为“强度标号”，以R表示，单位为kgf/cm²。

混凝土强度标号与强度等级之间的换算关系为

$$C=\frac{1-1.645\delta_{f_{cu,15}}}{0.95(1-1.27\delta_{f_{cu,15}})}\times0.1R \tag{1.6-17}$$

式中　C——混凝土强度等级，MPa；

$\delta_{f_{cu,15}}$——混凝土立方体抗压强度的变异系数；

0.95——试件尺寸由200mm立方体改为150mm立方体的尺寸效应系数；

0.1——计量单位换算系数；

R——强度标号，kgf/cm²。

经换算得出R与C的换算关系见表1.6-14，工程设计时混凝土强度等级应取整。

混凝土强度随龄期增加而增长，且与掺合料品种与掺量有关。其增长系数见表1.6-15。

2. 抗拉强度

混凝土抗拉强度包括劈裂抗拉强度和轴心抗拉强度两种。混凝土的抗拉强度较抗压强度低很多，拉压比一般变化范围是1/10～1/16。强度低的混凝土，拉压比值较强度高的混凝土要大；反之，强度高的混凝土，拉压比值要小些。不同骨料混凝土拉压比见表1.6-16。

表1.6-14　混凝土强度等级C与强度标号R换算表

混凝土标号R（kgf/cm²）		100	150	200	250	300	350	400
立方体抗压强度变异系数$\delta_{f_{cu,15}}$		0.23	0.20	0.18	0.16	0.14	0.12	0.10
混凝土强度等级C	计算值	9.24	14.20	19.21	24.33	29.56	34.89	40.28
	取用值	C10	C15	C20	C25	C30	C35	C40

表 1.6-15　不同掺合料混凝土龄期增长系数

水泥品种	掺合料品种		强度增长系数（%）				备 注
	品 种	掺量（%）	7d	28d	90d	180d	
普通硅酸盐水泥	基准	0	69	100	112	129	数值摘自小湾工程研究成果
	Ⅱ级粉煤灰	10	69	100	127	145	
		20	64	100	132	154	
	Ⅱ级粉煤灰	30	58	100	139	166	
		40	49	100	149	183	
	磷矿渣	10	68	100	129	147	
		20	67	100	134	156	
		30	64	100	139	167	
		40	61	100	146	181	
	凝灰岩（火山灰）	10	65	100	121	140	
		20	62	100	121	138	
		30	59	100	121	134	
		40	53	100	120	128	
中热硅酸盐水泥	Ⅰ级粉煤灰	0	76	100	117	128	
		20	70	100	130	148	
		30	64	100	141	167	
		40	61	100	147	171	
普通硅酸盐水泥	Ⅰ级粉煤灰	0	80.2	100	118	127	数值摘自《水工混凝土配合比设计规程》（DL/T 5330—2005）
		20	75.0	100	131	145	
		30	70.7	100	133	155	
中热硅酸盐水泥	Ⅰ级粉煤灰	0	73.6	100	117	120	
		20	67.9	100	129	141	
		30	61.6	100	141	156	
		40	55.7	100	155	164	

表 1.6-16　不同骨料混凝土拉压比　%

骨料种类	拉压比	骨料种类	拉压比
流纹岩	6.8～11	砂岩	7.2～11
玄武岩	6～10	花岗岩	5.4～9.3
石灰岩	7.0～10	正长岩	6.3～9.8

3. 弹性模量

物体在移开作用荷载后恢复到原来尺寸的性能称为弹性，许多材料在一定的范围内应力与应变的比值是不变的，这个比值称为线弹性模量，简称弹性模量。

《水工混凝土试验规程》（DL/T 5150—2001、SL 352—2006）规定，以轴心抗压强度40%的作用应力下测得的割线模量，简称抗压弹性模量。以轴心抗拉强度50%的作用应力下测得的割线弹性模量，简称抗拉弹性模量。

混凝土的弹性模量与强度、骨料性质、龄期等有关，混凝土强度越高，弹性模量越大，且混凝土的弹性模量随养护温度的提高和龄期的延长而增大。不同骨料混凝土弹性模量见表1.6-17。

4. 泊松比

混凝土试件在受压或受拉状态下，产生轴向应变的同时，也产生横向应变，横向应变与轴向应变的比值称为泊松比。

表 1.6-17　**不同骨料混凝土弹性模量**

工程名称	骨料种类	混凝土强度等级	弹性模量（GPa）			
			7d	28d	90d	180d
漫湾水电站	流纹岩	$C_{90}15$～$C_{90}20$		25.3	30.2	
阿海水电站	石灰岩	$C_{90}15$～$C_{90}20$	25.4	29.1	33.9	
三峡水电站	花岗岩	$C_{90}15$～$C_{90}25$	20.0	26.9	29.8	
景洪水电站	砾岩	$C_{90}15$		28.3	34.9	
功果桥水电站	砂岩	$C_{90}15$～$C_{90}20$	23.0	27.5	30.2	
金安桥水电站	玄武岩	$C_{90}20$	28.5	34.8	39.9	
小湾水电站	花岗片麻岩：斜长片麻岩＝1：1	$C_{180}30$～$C_{180}40$	20.8	24.6	28.3	31.4

$$\mu = \frac{\varepsilon_l}{\varepsilon_y} \qquad (1.6-18)$$

式中　ε_l——横向应变；

ε_y——轴向应变。

混凝土的泊松比随着应力水平的大小而变化，一般介于0.15～0.25之间。

5. 极限拉伸值

我国现行《混凝土重力坝设计规范》（DL 5108—1999、SL 319—2005）对于混凝土的防裂指标是用轴向拉伸极限值与允许温差表示。根据混凝土的极限拉伸值可求出施工时的允许温差。目前大都以轴心受拉试件断裂时的极限拉伸值代表混凝土的变形能力。

影响混凝土极限拉伸值的因素主要有水泥品种、水胶比、骨料种类、掺合料等，并随龄期的延长而增大。我国三峡水电站、小湾水电站等部分工程混凝土极限拉伸值与龄期关系见表1.6-18，供参考。

表 1.6-18　**国内部分工程混凝土极限拉伸值**

工程名称	水泥品种	掺合料 品种	掺合料 掺量（%）	骨料	水胶比	极限拉伸值（×10⁻⁶） 7d	28d	90d	180d
漫湾水电站	P·O42.5	凝灰岩	25	流纹岩	0.50		104	106.5	
			30		0.50～0.55		92.0	99.0	
			35		0.50～0.55		90.0	97.0	
小湾水电站	P·O42.5	磷矿渣	30	花岗片麻岩	0.60	76.6	90.4	97.7	99.0
					0.55	79.0	95.4	104.1	100.3
					0.50	86.8	98.6	111.2	109.9
					0.45	100.7	110.5	111.9	113.1
	P·O42.5	Ⅱ级粉煤灰	30		0.60	58.1	69.4	88.7	93.6
					0.55	65.9	80.5	97.6	100.8
					0.50	92.1	100.4	109.9	112.9
					0.45	94.9	108.8	114.8	116.9
	P·MH42.5	Ⅰ级粉煤灰	30		0.60	51.2	64.4	75.6	77.0
					0.55	57.2	68.1	82.9	99.8
					0.50	74.4	80.4	89.0	105.7
					0.45	83.6	88.6	95.9	112.0
					0.40	94.0	100.5	110.6	119.9

续表

工程名称	水泥品种	掺合料		骨料	水胶比	极限拉伸值（×10⁻⁶）			
		品种	掺量（%）			7d	28d	90d	180d
三峡水电站	P·MH42.5	Ⅰ级粉煤灰	30	花岗岩	0.55	53	79	82	
					0.50	68	80	91	
			35		0.45	65	82	94	
金安桥水电站	P·O42.5	Ⅱ级粉煤灰	30	玄武岩	0.65		57.4	82.1	
					0.60	47.1	70.9	95.5	
					0.55	59.1	91.2	99.5	
					0.50	66.4	92.5	101.7	
阿海水电站	P·MH42.5	Ⅱ级粉煤灰	30	石灰岩	0.55	39.1	74.9	100.4	
					0.53	46.1	76.6	102.3	
	P·O42.5				0.55	49.6	69.3	86.4	
					0.53	56.7	82.2	104.7	
景洪水电站	P·O42.5	Ⅱ级粉煤灰	30	砾岩	0.55		49.3	54.7	
		铁矿渣粉：石灰岩粉	30		0.60	67.1	74.6	78.9	
					0.55	64.5	76.8	86.1	
功果桥水电站	P·MH42.5	Ⅱ级粉煤灰	30	砂岩	0.50		95.6	109.4	

6. 干缩

混凝土的干缩是由其内部的水分变化而引起的。干缩与内部水的存在形式有关，特别是当毛细孔水、吸附水或层间水散失后表面张力增大，导致水泥体积收缩。

混凝土的干缩通常在 $200\times10^{-6}\sim1000\times10^{-6}$ 之间。引起混凝土干缩的主要原因是水分蒸发，其过程是由表及里逐步发展。干缩一般发生在表层，但表面裂缝有可能发展成为严重的裂缝，故应引起足够重视。影响混凝土干缩的主要因素有如下几点。

（1）水泥品种。水泥品种及混合材料对混凝土的干缩影响较大，若水泥中 C_3A 含量较大、碱含量较高、细度较细，则干缩较大。根据资料介绍，不同水泥品种拌制的砂浆试验结果，干缩从大到小的顺序依次为火山灰质水泥、矿渣水泥、普通水泥、早强水泥、中热水泥。

（2）混凝土配合比。单位用水量、胶凝材料用量和砂率对混凝土干缩有较大的影响。其中，用水量每增加1%，干缩可增大2%～3%；砂率越大，干缩也越大。

（3）骨料。不同岩性的骨料中，质地坚硬、弹性模量高、吸水率小的骨料，对混凝土干缩起着限制作用。混凝土中骨料粒径越大、级配越好，干缩就越小。

（4）外加剂。掺加减水剂可以降低混凝土用水量，因此干缩也小。

（5）养护条件和养护龄期。空气中相对湿度越小，干缩越大。

混凝土的干缩持续的时间很长，但干缩的速率随龄期的增长而迅速地减慢。混凝土20年收缩量的14%～34%发生在14d内，40%～80%发生在90d内，66%～85%发生在1年内。干缩与龄期关系可用下式描述：

$$\varepsilon_{n,t}=\frac{mt}{n+t} \tag{1.6-19}$$

式中 $\varepsilon_{n,t}$——混凝土 t 龄期的干缩率，$\times10^{-6}$；

m——试验常数，最终干缩率，$\times10^{-6}$；

n——试验常数，最终干缩率一半时的龄期，d；

t——混凝土龄期，d。

7. 徐变

混凝土的徐变是指构件在荷载持续作用下，随时间增长的变形。徐变主要与弹性模量有关，弹性模量越大，徐变越小。混凝土徐变在加荷早期增加较快，然后逐渐减小，在持续荷载作用下，时间越长，徐变增加越小。

对于大体积混凝土，徐变作用可减小温度应力。

在混凝土升温阶段产生的压应力会因徐变而减小，甚至消失。在混凝土冷却降温时会产生拉应力，随着龄期的增长混凝土徐变速率减小，由于徐变松弛的拉应力影响小，因此有可能导致混凝土出现开裂。大体积混凝土徐变度与时间关系可表示为

$$C(t,\tau)=A(\tau)+B(\tau)\ln(t-\tau) \quad (1.6-20)$$

式中 $C(t,\tau)$——混凝土徐变度，$\times10^{-6}$/MPa；

t——混凝土龄期，d；

τ——徐变加荷龄期，d；

$A(\tau)$、$B(\tau)$——随徐变加荷龄期变化系数。

混凝土的徐变也可以通过试验获得，但试验时应采用湿筛剔除大于 60mm（ϕ200mm 试件）或 40mm（ϕ150mm 试件）的骨料，使试件的灰浆量增加，骨料含量减少。因此，试验测得的徐变度比全级配的要大，其近似的换算公式为

$$C_c=a\frac{\varepsilon_c}{\sigma} \quad (1.6-21)$$

其中 $$a=V_0/V$$

式中 C_c——某一龄期全级配混凝土徐变度，$\times10^{-6}$/MPa；

a——灰浆率；

V_0——每立方米全级配混凝土中胶凝材料和水的体积，cm^3；

V——每立方米湿筛混凝土中胶凝材料和水的体积，cm^3；

ε_c——湿筛混凝土徐变（实测值），$\times10^{-6}$；

σ——加荷应力，MPa。

影响混凝土徐变度的主要因素如下：

（1）水泥用量和水胶比。混凝土中水泥用量多、水胶比大，混凝土徐变大；反之，则徐变小。

（2）水泥品种。在水胶比固定及拌和物相同的条件下，需水量大的水泥品种徐变度大。水泥品种使徐变增大的次序为硅酸盐水泥、普通硅酸盐水泥、矿渣硅酸盐水泥。

（3）骨料的种类和含量。质地坚硬、弹性模量大、结构致密的骨料，配制的混凝土徐变小。不同骨料的混凝土影响徐变度大小的次序为砂岩和变质花岗岩、花岗岩、石英岩、砾岩、石灰岩。骨料体积含量多，相对水泥胶体含量少，徐变度就小，如混凝土骨料的体积含量由65%增加到75%，徐变度可减小10%。

（4）强度与龄期。混凝土徐变度与加荷时的强度成反比，即强度越高，徐变度越小。混凝土龄期越短，徐变度越大；持荷时间越长，徐变度越大。

（5）外加剂。一般情况下，混凝土中掺加缓凝减水剂与引气剂会使混凝土徐变度增大，这可能是外加剂改变了水泥石结构的缘故。

8. 自生体积变形

混凝土由于胶凝材料自身水化引起的体积变形称为自生体积变形，它是在保证充分水化的条件下产生的，常态混凝土的自生体积变形大多为收缩型，不同于混凝土的干缩。混凝土自生体积变形主要取决于胶凝材料的性质，以混凝土线膨胀系数为 10×10^{-6}/℃计，自生体积变形在 $-50\times10^{-6}\sim+50\times10^{-6}$ 之间，相当于温度变化 10℃所引起的变形，说明混凝土的自生体积变形对抗裂性的影响不可忽视。近年来，随着针对膨胀剂与微膨胀水泥混凝土的研究和发展，期望通过控制和利用混凝土的自生体积变形，以改善和提高混凝土的抗裂性。

我国三峡水电站大坝混凝土、小湾水电站大坝混凝土，使用内含约 4% MgO 的硅酸盐熟料所生产的中热水泥对混凝土防裂取得了较好的效果。

9. 耐久性

（1）抗冻性。

混凝土抵抗冰冻破坏的能力称为抗冻性。研究表明，混凝土冰冻破坏的机理与混凝土内部的孔隙结构和内部含有的可冻结水密切相关。在混凝土设计中，混凝土的抗冻性能主要与含气量、水胶比和骨料品质有关。混凝土抗冻等级与含气量、水胶比的关系见表1.6-19，供参考。

（2）抗渗性。

混凝土抗渗性是指混凝土抵抗液体和气体渗透作用的能力，它是混凝土的一项重要物理性质，也是影响耐久性的重要指标。评定混凝土抗渗性有抗渗等级法和渗透系数法两种方法，抗渗等级与渗透系数两者的关系见表 1.6-20。

混凝土的抗渗性能与水灰比、外加剂、掺合料及施工质量有密切联系，其中水胶比对混凝土的抗渗性能影响较大。据统计，混凝土抗渗等级与水胶比的大致关系见表 1.6-21。

表 1.6-19　混凝土抗冻等级与含气量、水胶比的关系

抗冻等级	F50	F100	F150	F200	F250	>F250
含气量（%）	≥2.5	≥3.0	≥3.5	≥4.0	≥4.5	≥5.0
水胶比	≤0.55	≤0.50	≤0.50	≤0.45	≤0.45	≤0.45

表 1.6-20 混凝土抗渗等级与渗透系数的关系

抗渗等级	W1	W2	W4	W6	W8	W10	W12	W16	W30
渗透系数（$\times10^{-7}$cm/s）	0.391	0.196	0.0783	0.0419	0.0261	0.0177	0.0129	0.00767	0.00236

表 1.6-21 混凝土抗渗等级与水胶比的关系

水胶比	0.50～0.55	0.55～0.60	0.60～0.65	0.65～0.75
估计28d龄期可能达到的抗渗等级	W8	W6	W4	W2

（3）抗碳化性。

在环境潮湿的条件下，混凝土中 $Ca(OH)_2$ 与大气中 CO_2 发生化学反应生成 $CaCO_3$，称为混凝土的碳化，其抵抗碳化的能力称为抗碳化性。

碳化作用会引起混凝土的不良后果，例如：①混凝土在干湿交替循环时，碳化作用加大了不可逆收缩，导致外部混凝土发生开裂；②混凝土内部饱和的 $Ca(OH)_2$ 浓度降低，使混凝土中性化，当空气中的 CO_2 含量占空气体积约 0.03%时，混凝土就可能发生碳化与开裂，导致钢筋锈蚀。

10. 热物理性能

水工混凝土建筑物结构设计中，在分析混凝土结构的温度和由温度引起的应力或变形，以及进行温度控制时，混凝土的热物理性能是重要资料，而混凝土的绝热温升、比热、导温系数、导热系数和热膨胀系数是其热物理性能的主要指标。

（1）绝热温升。

混凝土的绝热温升是指在绝热条件下，由水泥的水化热引起的温度升高值。影响混凝土绝热温升的主要因素如下：

1）水泥品种及用量。混凝土的水泥用量越高，绝热温升就越大。为了降低大坝基础温差、内外温差以及上下层温差引起温度应力和温度变形乃至温度裂缝，大体积混凝土应采用有相应强度和耐久性、且水化热较低的水泥品种，如中热硅酸盐水泥和低热矿渣硅酸盐水泥等。

2）掺合料。在混凝土中掺入一定量的粉煤灰等掺合料，减少水泥用量，可显著降低混凝土的绝热温升。

混凝土的绝热温升可以通过试验进行测定。

绝热温升与龄期的指数经验拟合公式为

$$T = T_0(1 - e^{-mt}) \quad (1.6-22)$$

式中 T——混凝土绝热温升，℃；

T_0——混凝土最终绝热温升，℃；

m——常数，随水泥品种、细度和浇筑温度而异；

t——混凝土龄期，d。

绝热温升与龄期关系的经验公式为

$$T = \frac{mt}{n+t} \quad (1.6-23)$$

式中 T——混凝土绝热温升，℃；

m、n——常数，根据试验资料，可用数理统计方法求出；

t——混凝土龄期，d。

（2）比热和导热系数。

混凝土比热是指单位混凝土温度每上升1℃时所需要的热量，单位为kJ/(kg·℃)；混凝土导热系数是指混凝土的热量与温度梯度之比，它是反映混凝土传导热量能力的一个参数，单位为kJ/(m·h·℃)。这两个热力学指标与混凝土的组分，尤其骨料种类关系密切。对于一般工程，可根据混凝土的组分的质量百分比，利用表1.6-22所列的组分的导热系数 λ_i 和比热 C_i，按加权平均方法计算混凝土的导热系数 λ 和比热 C：

$$\lambda = \frac{\sum W_i \lambda_i}{\sum W_i} \quad (1.6-24)$$

$$C = \frac{\sum W_i C_i}{\sum W_i} \quad (1.6-25)$$

式中 W_i——混凝土各组分的质量。

表 1.6-22 混凝土组分的 λ_i 及 C_i 值 (DL/T 5057—2009)

材料	λ_i [kJ/(m·h·℃)]	C_i [kJ/(kg·℃)]
水	2.16	4.19
水泥	4.57	0.52
石英砂	11.10	0.74
玄武岩	6.87	0.77
白云岩	15.31	0.82
花岗岩	10.48	0.72
石灰岩	14.25	0.76
石英岩	16.80	0.72
粗面岩	6.80	0.77

对于重要的工程，混凝土材料的热力学指标宜由试验确定。初步计算时，按相关规范条文，可取导热系数 $\lambda=10.6\text{kJ/(m}\cdot\text{h}\cdot℃)$，比热 $C=0.96\text{kJ/(kg}\cdot℃)$。

(3) 导温系数。

混凝土的导温系数是指混凝土在单位时间内由温度变化所扩散的热量，其表达式为

$$a=\frac{K}{C\rho} \tag{1.6-26}$$

式中 a——混凝土导温系数，m^2/h；

K——混凝土导热系数，$\text{kJ/(m}\cdot\text{h}\cdot℃)$；

C——混凝土比热，$\text{kJ/(kg}\cdot℃)$；

ρ——混凝土密度，kg/m^3。

混凝土导温系数主要取决于骨料种类和用量以及含气量等，不同岩性骨料的混凝土导温系数见表1.6-23。

在初步计算时，可取混凝土导温系数 $a=0.0045\text{m}^2/\text{h}$。

(4) 线膨胀系数。

混凝土随着温度变化而产生的线性变化称为线膨胀系数，又称为热膨胀系数，单位为 $10^{-6}/℃$。混凝土线膨胀系数与混凝土配合比、温度变化及湿度状态相关。不同岩性骨料的混凝土线膨胀系数见表1.6-24。

11. 全级配混凝土及主要特性

全级配混凝土最大骨料粒径为150mm（四级配），其试件最小断面为450mm×450mm。全级配混凝土中粗骨料含量约为混凝土总量的60%～70%，与其对应的湿筛（二级配）混凝土中的粗骨料含量大约只占原骨料含量的20%～40%。因此，湿筛（二级配）后混凝土中砂浆含量十分丰富，它所表现出的性能特性与全级配混凝土有明显差异。

表1.6-25为国内一些工程全级配混凝土与湿筛（二级配）混凝土性能试验结果统计对比，供参考。

表 1.6-23　　不同岩性骨料的混凝土导温系数

岩性骨料	玄武岩	流纹岩	花岗岩	白云岩	石灰岩	砾石	石英岩	正长岩
混凝土导温系数 $\times10^{-3}$ (m^2/h)	2.7	3.1	2.9	3.5	3.6	4.3	4.4	2.5

表 1.6-24　　不同岩性骨料的混凝土线膨胀系数

岩性骨料	线膨胀系数（$\times10^{-6}/℃$）	岩性骨料	线膨胀系数（$\times10^{-6}/℃$）
流纹岩	8.7～9.5	砂岩	8～10
玄武岩	6.9～8.5	花岗岩	8～10
石灰岩	4～8	花岗片麻岩	7.1～10
砾岩	8.5～10	正长岩	7.0～7.3

表 1.6-25　　全级配混凝土与湿筛（二级配）混凝土性能对比表

工　程	项目（全级配/湿筛）							
	抗压强度	劈裂抗拉强度	抗弯强度	轴拉强度	极限拉伸值	徐变	压弹性模量	拉弹性模量
东江水电站（水电八局）	0.80～0.81	0.74～0.98		0.60～0.70	0.55～0.70			0.94～1.20
二滩水电站（成都院）	1.04～1.13	0.89～0.95	0.64～0.68	0.68～0.73	0.61～0.81	0.66～0.70	1.02～1.22	1.03～1.27
二滩水电站（南科院）	0.73～0.80		0.58～0.86	0.56～0.74	0.49～0.69			1.01～1.19
三峡水电站（长科院）	0.76～0.97	0.82～0.93		0.74～0.87	0.64～0.87			0.85～1.01
三峡水电站（北科院）	1.08	0.86		0.61～0.62	0.56～0.60	0.50～0.98	1.13～1.22	

续表

工 程	项目（全级配/湿筛）							
	抗压强度	劈裂抗拉强度	抗弯强度	轴拉强度	极限拉伸值	徐变	压弹性模量	拉弹性模量
小湾水电站（北科院）	0.85～0.91	0.83～0.89	0.70～0.78	0.52～0.60	0.65～0.71	0.60～0.83	1.00～1.01	1.01～1.03
小湾水电站（昆明院）	1.04～1.17	0.78～0.89	0.71～0.75	0.50～0.55	0.74～0.78		1.01～1.06	1.05～1.16
溪洛渡水电站（成都院）	0.82～1.05	0.54～0.73	0.57～0.62	0.60～0.84	0.54～0.74	0.61～0.75	1.08～1.20	1.03～1.14
玛尔档水电站（南科院）	0.66～0.78	0.80～0.82		0.43～0.55	0.59～0.62		1.00～1.14	0.76～0.84
构皮滩水电站（长科院）	0.96～1.05			0.60～0.75	0.47～0.65	0.69～0.75	1.08～1.20	

注 表中括号内文字系我国科研或设计单位的简称，表示参加试验单位及相应成果。

1.6.3 碾压混凝土

1.6.3.1 碾压混凝土的配合比

1. 配合比参数

碾压混凝土的配合比参数包括水胶比（水与胶凝材料总用量的比值）、掺合料比例（掺合料占胶凝材料的比例）、砂率和单位用水量（或用胶凝材料浆占砂的比例表示）。

碾压混凝土的配合比参数应通过试验确定。根据我国工程的实践经验，碾压混凝土的水胶比宜不大于0.65，有抗侵蚀性要求时的水胶比宜小于0.45。胶凝材料中掺合料所占的质量比：在外部碾压混凝土中不宜超过总胶凝材料的55%，在内部碾压混凝土中不宜超过总胶凝材料的65%，超过65%时应进行论证。使用天然砂石料时，三级配碾压混凝土的砂率为28%～32%，二级配时为32%～37%；使用人工砂石料时，砂率应增加3%～6%；最优砂率应通过试验确定。单位用水量可根据碾压混凝土施工工作度（*VC* 值）、骨料的种类及最大粒径、砂率以及外加剂等经过试验选定。

2. 配合比设计

水胶比、掺合料比例、砂率和单位用水量都与碾压混凝土的性能存在着密切的关系，碾压混凝土配合比设计就是要正确地确定这四个参数。

从材料角度出发，目前世界各国所使用的碾压混凝土大致可以分为三种类型：水泥固结砂砾石碾压混凝土、干贫碾压混凝土和高胶凝材料碾压混凝土。我国永久性水工建筑物使用的碾压混凝土，绝大多数工程使用高胶凝材料碾压混凝土。水泥固结砂砾石碾压混凝土的胶凝材料总量不大于110kg/m^3，掺合料的掺量大多不超过胶凝材料总量的30%，水胶比一般达到0.95～1.50。干贫碾压混凝土的胶凝材料总量为120～130kg/m^3，掺合料的掺量为胶凝材料总量的25%～30%，水胶比一般达到0.70～0.95。高胶凝材料碾压混凝土的胶凝材料总量为140～250kg/m^3，掺合料的掺量为胶凝材料总量的50%～75%，水胶比为0.40～0.70。

碾压混凝土配合比设计大致可以分为以下6个步骤：

（1）收集配合比设计所需的资料。包括：混凝土所处的工程部位，工程结构设计对混凝土提出的技术要求，施工队伍的技术水平，拟使用原材料的品质及单价等。

（2）初步设计碾压混凝土配合比。在确定粗骨料最大粒径和各级粗骨料所占比例的基础上，初步确定碾压混凝土配合比参数。国内大多数工程碾压混凝土的大、中、小三级骨料所占的比例为3∶4∶3或4∶3∶3。碾压混凝土水胶比和掺合料比例可用单因素分析法、正交试验法或工程类比法，得出相关数据后再通过试验确定。碾压混凝土初选用水量可参考表1.6-26，砂率的初选值可参考表1.6-27。

碾压混凝土配合比参数初步确定以后，每立方米碾压混凝土中各种材料的用量可用绝对体积法、假定表观密度法或填充包裹法进行计算，外加剂的掺量通过试验确定。

（3）试拌和调整：观察拌和物的外观性态，必要时对配合比进行调整；调整拌和物的 *VC* 值，使其满足设计要求；测定拌和物的含气量和实测表观密度；根据实测的表观密度计算每立方米碾压混凝土中各种材料的用量。

表 1.6-26 碾压混凝土初选用水量

碾压混凝土 VC 值 (s)	卵石最大粒径 (mm)		碎石最大粒径 (mm)	
	40	80	40	80
	初选用水量 (kg/m³)			
1～5	120	105	135	115
5～10	115	100	130	110
10～20	110	95	120	105

注 1. 骨料含水状态为饱和面干状态。砂的细度模数为 2.6～2.8 的天然中砂，当使用细砂或粗砂时，用水量需增加或减少 5～10kg/m³。
2. 采用人工砂，用水量增加 5～10kg/m³。
3. 掺入火山灰质掺合料时，用水量需增加 10～20kg/m³；采用Ⅰ级粉煤灰时，用水量可减少 5～10kg/m³。
4. 采用外加剂时，用水量应根据外加剂的减水率作适当调整，外加剂的减水率应通过试验确定。

表 1.6-27 碾压混凝土砂率初选值

骨料最大粒径 (mm)	水胶比			
	0.40	0.50	0.60	0.70
	砂率初选值 (%)			
40	32～34	34～36	36～38	38～40
80	27～29	29～32	32～34	34～36

注 1. 本表适用于卵石和细度模数为 2.6～2.8 的天然中砂拌制的 VC 值为 3～7s 的碾压混凝土。
2. 砂的细度模数每增减 0.1，砂率相应增减 0.5%～1.0%。
3. 采用碎石时，砂率需增加 3%～5%。
4. 采用人工砂时，砂率需增加 2%～3%。
5. 掺加引气剂时，砂率可减小 2%～3%。
6. 掺入粉煤灰时，砂率可减小 1%～2%。

(4) 室内配合比的确定：在试拌、调整的配合比基础上，保持用水量不变，改变水胶比并通过调整砂率使拌和物的 VC 值满足设计要求；获得不同水胶比的多个配合比，并成型混凝土试验试件，养护到规定的龄期进行性能试验；根据试验结果，选择满足设计要求性能且经济合理的碾压混凝土配合比，作为室内配合比。

(5) 现场施工配合比换算：根据施工现场砂、石骨料的含水量和超径、逊径情况，对室内配合比进行换算。

(6) 现场碾压试验及配合比调整：结合现场碾压试验，检验所拌制混凝土的抗分离性能和碾压性能，必要时可对配合比进行调整。

1.6.3.2 碾压混凝土的技术性能

碾压混凝土的技术性能包括拌和物性能、强度特性、热物理性能、弹性模量、变形性能和耐久性能等。

1. 拌和物性能

碾压混凝土拌和物性能包括它的工作性和凝结特性，拌和物的工作性又包括工作度、可塑性、稳定性和易密性。

在我国，拌和物的工作度用 VC 值表示，即在规定振动频率、振幅和表面压强条件下，拌和物从开始振动至表面泛浆所需的时间，单位为 s。随着我国碾压混凝土筑坝技术的发展和日益完善，VC 值有逐渐降低的趋势。《水工碾压混凝土施工规范》(DL/T 5112—2000) 规定，碾压混凝土拌和物的设计工作度简称“VC 值”，可选用 5～12s；机口 VC 值应根据施工现场的气候条件变化，予以动态调整和控制，可在 5～12s 范围内。DL/T 5112—2008 规定，碾压混凝土拌和物的 VC 值，现场宜选用 2～12s；机口 VC 值应根据施工现场的气候条件变化，动态选用和控制，宜在 2～8s 范围内。

碾压混凝土拌和物的可塑性、稳定性和易密性均与胶凝材料用量、水胶比及 VC 值有关。胶凝材料用量多且水胶比及 VC 值较低的碾压混凝土拌和物，可塑性、稳定性和易密性较好。

碾压混凝土拌和物的凝结特性，关系到施工设备投入和坝体碾压混凝土的层面结合质量。根据我国实践经验，碾压混凝土拌和物在 30℃ 的环境温度下，应具有 6.0～8.0h 或更长的初凝时间。

2. 强度特性

碾压混凝土的强度包括抗压强度、抗拉强度和抗剪强度。通常抗压强度大于抗剪强度，抗剪强度大于抗拉强度，三者的数值比例关系与常态混凝土大致相当。碾压混凝土的抗压强度也符合水胶比定则，即碾压混凝土的抗压强度随水胶比的增大而降低。影响常态混凝土强度的各种因素同样影响碾压混凝土强度。

碾压混凝土通常要掺入大量的掺合料，其强度的发展规律与常态混凝土有所不同，早期强度发展慢于常态混凝土，28d 龄期后强度发展快于常态混凝土。为了充分利用碾压混凝土的后期强度，抗压强度宜采用 180d (或 90d) 龄期。根据我国 42 个工程碾压混凝土各龄期共 525 组抗压强度的室内试验数据，计算出每个工程混凝土各个龄期的抗压强度相对于 28d 龄期抗压强度的增长率，再以工程为单位求出各个龄期的平均抗压强度增长率，最后统计出 42 个工程各个龄期的总的平均抗压强度随龄期的增长率，见表 1.6-28。

碾压混凝土的抗拉强度分为轴心抗拉强度和劈裂抗拉强度。轴心抗拉强度相当于抗压强度的 1/15～1/6，劈裂抗拉强度相当于抗压强度的 1/13～1/9。

根据我国23个工程碾压混凝土共213组劈裂抗拉强度和18个工程碾压混凝土共118组轴心抗拉强度室内试验数据，按上述抗压强度增长率的计算方法，分别得出这23个工程和18个工程的碾压混凝土各龄期的总平均劈裂抗拉强度和轴心抗拉强度随龄期增长率，见表1.6-29。

表1.6-28　碾压混凝土抗压强度随龄期的增长率

龄　期（d）	7	14	28	90	180	365	1195	1610
平均抗压强度增长率（%）	56.5	69.2	100	156.9	189.8	224.3	265	404

表1.6-29　碾压混凝土抗拉强度随龄期的增长率

龄　期（d）	7	14	28	90	180	365
总平均劈裂抗拉强度增长率（%）	55	78	100	167	184	213
总平均轴心抗拉强度增长率（%）	54	83	100	158	200	205

将表1.6-29的数据分析回归，得出碾压混凝土的抗拉强度增长率为

$$R_{pt}/R_{p28}=41.40\ln t-29.38(\%)\quad 相关系数0.99 \tag{1.6-27}$$

$$R_{lt}/R_{l28}=40.96\ln t-27.18(\%)\quad 相关系数0.98 \tag{1.6-28}$$

式中　R_{pt}——碾压混凝土在t龄期时的劈裂抗拉强度，MPa；

R_{lt}——碾压混凝土在t龄期时的轴心抗拉强度，MPa；

R_{p28}——碾压混凝土在28d龄期时的劈裂抗拉强度，MPa；

R_{l28}——碾压混凝土在28d龄期时的轴心抗拉强度，MPa；

t——碾压混凝土的龄期，d，$365\geqslant t\geqslant 3$。

碾压混凝土的抗剪强度相当于抗压强度的1/7～1/4。根据龙滩水电站工程现场原位抗剪断试验，碾压混凝土按抗剪断公式计算坝体稳定时，其摩擦系数f'与黏聚力c'都随着龄期的延长而增长；施工层面结合良好时，90d龄期时层面的f'均大于1.0，c'均大于1.1MPa。

3. 热物理性能

碾压混凝土的热物理性能包括胶凝材料水化热、绝热温升、温度变形系数、导温系数、导热系数和比热等。

（1）胶凝材料水化热。

碾压混凝土中所用胶凝材料的水化热除受水泥品种及矿物成分含量影响外，也受掺合料的化学成分、品质及掺量的影响。胶凝材料的水化热过程线（直接法）与纯水泥的水化热过程线明显不同：①同龄期的水化热，前者低于后者；②胶凝材料水化热曲线温峰较低，温峰出现的时间较迟；③胶凝材料水化热曲线降温较慢，7d龄期时残余水化热较高，但水化热总量较低。根据我国坑口、朝阳寺、沙溪口、天生桥二级、潘家口下池、桃林口、岩滩、铜街子等水电站碾压混凝土坝的试验资料统计，粉煤灰的最终水化热与水泥最终水化热的比值约为0.4。

（2）绝热温升。

碾压混凝土的绝热温升受多方面因素的影响，包括混凝土所用的原材料、配合比及初始温度等。国内试验资料表明，多数工程碾压混凝土的最终绝热温升在11～20℃之间。根据我国25个工程共56个碾压混凝土配合比室内试验结果，求得绝热温升平均值与历时关系，回归得出碾压混凝土某龄期绝热温升与最终绝热温升的比值随历时的变化，其经验公式如下：

$$\frac{T_n}{T_0}=1-e^{-0.177t} \tag{1.6-29}$$

式中　T_n——碾压混凝土某龄期绝热温升，℃；

T_0——碾压混凝土的最终绝热温升，℃；

t——试验历时，d。

我国多个工程坝体温升实测资料统计显示，碾压混凝土坝温升具有如下特点：①碾压混凝土坝实测最高温升略低于室内试验获得的最终绝热温升；②碾压混凝土坝体混凝土温升速率与混凝土的入仓温度密切相关，入仓温度较高则达到最高温升的时间较短，反之则较长；③碾压混凝土坝体的温降缓慢；④碾压混凝土的温升速率和最高温升都明显低于常态混凝土。

（3）温度变形系数、导温系数、导热系数和比热。

我国部分碾压混凝土坝的实测资料表明，骨料来源相同时，碾压混凝土的温度变形系数、导温系数、导热系数和比热与常态混凝土的相应参数基本相同。

4. 弹性模量

碾压混凝土的抗压弹性模量与常态混凝土基本相同，它与骨料的弹性模量、混凝土的抗压强度及龄期等有关。室内试验表明：28d龄期抗压强度相同的碾压混凝土较常态混凝土的弹性模量略高些；90d（或

180d）龄期抗压强度相同的条件下，碾压混凝土较常态混凝土的弹性模量略低些；抗拉弹性模量略大于抗压弹性模量。

根据我国15个工程共79个碾压混凝土配合比的各龄期抗压弹性模量室内试验数据和4个工程共21个碾压混凝土配合比的各龄期抗拉弹性模量室内试验数据，大体得出碾压混凝土各龄期抗压与抗拉弹性模量增长率，见表1.6-30。

表1.6-30　　碾压混凝土弹性模量增长率

龄期（d）	7	14	28	90	180	365
抗压弹性模量增长率 E_t/E_{28}（%）	67	88	100	129	136	171
抗拉弹性模量增长率 E_{lt}/E_{28}（%）	70	83	100	122	127	146

5. 变形性能

碾压混凝土的变形性能包括极限拉伸值、徐变、干缩和自生体积变形等。

（1）极限拉伸值：碾压混凝土的极限拉伸值与其胶凝材料所占的比例密切相关，并随龄期的延长而增大。一般碾压混凝土90d龄期的极限拉伸值可达$75\times10^{-6}\sim85\times10^{-6}$。

（2）徐变：碾压混凝土的徐变特性与常态混凝土相似，受混凝土的灰浆率、水泥品质、骨料矿物成分与级配、混凝土配合比、加荷龄期、持荷应力、持荷时间和构件尺寸等影响。试验资料表明，强度等级相同条件下，碾压混凝土和常态混凝土90d龄期以前加荷，前者徐变大于后者；90d龄期及以后加荷，前者徐变小于后者。

（3）干缩：碾压混凝土的干缩主要受混凝土的配合比、水泥品种和掺合料等影响。碾压混凝土干缩明显小于常态混凝土，28d龄期的干缩值大约相当于常态混凝土的70%～80%，但7d以前干燥收缩较快。

（4）自生体积变形：碾压混凝土的自生体积变形多表现为收缩，若胶凝材料中含有某些膨胀的成分，也会表现为膨胀。碾压混凝土的自生体积变形明显小于常态混凝土。外掺轻烧氧化镁的碾压混凝土，膨胀变形一般也不大于70×10^{-6}。

6. 耐久性能

碾压混凝土的耐久性能主要表现在抗渗等级、抗冻等级、抗冲耐磨强度、抗碳化性能、抗溶蚀性能与溶蚀稳定性等方面。

（1）抗渗等级：碾压混凝土的抗渗等级主要取决于配合比和混凝土的密实度。根据我国工程实践，可以配制出满足抗渗等级W12的碾压混凝土，坝体钻孔压水试验透水率可以达到0.1Lu以下。随着龄期的延长，碾压混凝土的孔隙率不断下降，渗透系数逐渐降低。实际上碾压混凝土坝的整体抗渗能力主要受施工缝面抗渗性能所控制，只要精心施工，连续铺筑的层面和经过适当处理的施工缝面，其抗渗能力可以满足要求。

（2）抗冻等级：碾压混凝土的抗冻性能与混凝土的龄期及配合比有关，随着龄期的延长，碾压混凝土的抗冻性能也逐渐提高。通过适当增加胶凝材料用量和增大引气剂的掺量，所配制出的碾压混凝土抗冻等级可达F300，能够满足工程设计的要求。

（3）抗冲耐磨强度：当抗压强度相仿时，碾压混凝土与常态混凝土的抗冲耐磨性能大致相当；当水泥用量相同时，碾压混凝土比常态混凝土具有更高的抗压强度和更强的抗磨损性能。国内外工程实践也证明，碾压混凝土具有良好的抗冲耐磨性能，只是由于难以获得平整光滑的表面，从而导致碾压混凝土至今未能广泛应用于水工建筑物的抗冲耐磨部位。

（4）抗碳化性能：碾压混凝土抗碳化能力随粉煤灰掺量的增加而降低。坝体内部的碾压混凝土实际上不存在碳化问题，坝体外部的碾压混凝土一般不配钢筋或钢筋的保护层很厚，碳化造成的危害甚小。

（5）抗溶蚀性能与溶蚀稳定性：在一般河水的渗透作用下，具有一定抗渗能力的碾压混凝土不会发生渗透溶蚀破坏。随着龄期的延长，碾压混凝土的临界水力梯度会逐渐提高，即具有“渗透自愈”特性。

1.7 特种水工混凝土

1.7.1 聚合物混凝土

1.7.1.1 聚合物混凝土的特性、种类和用途

聚合物混凝土是由有机聚合物、无机胶凝材料、集料等有效结合而形成的一种新型混凝土的总称，其特性、种类和用途见表1.7-1。

1.7.1.2 聚合物混凝土的原材料

1. 水泥

水泥可采用通用水泥、高铝水泥、快硬水泥等，聚合物混凝土对于各种水泥的要求基本上同普通混凝

土的水泥。

2. 聚合物

聚合物可以是天然和合成橡胶浆、热塑性及热固性树脂乳胶、水溶性聚合物等，所选用的聚合物必须具备以下性能要求：对水泥凝结硬化和胶结性能无不良影响，在水泥碱性介质中不被溶解或破坏，对钢筋无锈蚀作用。聚合物详细的品质要求可按照《聚合物改性水泥砂浆试验规程》（DL/T 5126—2001）中有关规定执行。

3. 骨料

使用与普通混凝土相同的粗骨料和细骨料。

4. 拌和水

拌和水与普通混凝土拌和用水相同。

5. 主要助剂

聚合物混凝土用到的主要助剂有稳定剂、抗水剂、促凝剂和消泡剂。

表 1.7-1　聚合物混凝土的特性、种类和用途

类　别	特　　性	聚合物种类	用　　途
聚合物水泥混凝土	在混凝土拌和物中加入高分子聚合物，以聚合物与水泥作为胶结材料与集料拌和，浇筑后经聚合和养护而成的一种混凝土	水溶性聚合物（单体），如聚乙烯醇、聚丙烯酸酰胺、丙烯酸盐、纤维衍生物、呋喃苯胺树脂等；聚合物乳液，如橡胶乳液、热塑性树脂乳液、热固性树脂乳液、沥青乳液等；可再分散性聚合物粉料，如乙烯-醋酸乙烯共聚物、苯乙烯-丙烯酸酯共聚物、聚丙烯酸酯等；液体聚合物，如环氧树脂、不饱和聚酯树脂等	作为公路及地面材料用于日常生活、办公场所的地板、通道，楼梯、站台等；作为防水材料用于混凝土屋面板、水箱、游泳池、化粪池等；作为胶结材料用于混凝土面板、老混凝土胶结、混凝土修补等；作为防腐材料用于化工场所的地面等
树脂混凝土	以树脂为主要成分的聚合物代替水泥作为胶结材料与集料拌和，浇筑后经养护和聚合而成的一种混凝土。与普通混凝土相比具有强度高，耐化学腐蚀，耐磨性、耐水性和抗冻性，易于粘结，电绝缘性好等优点	环氧树脂、不饱和聚酯树脂、呋喃树脂、脲醛树脂、甲基丙烯酸甲酯单体、苯己烯单体等	作为防水材料用于混凝土地下防水层、屋顶防水等；作为胶结材料用于预制混凝土板、混凝土裂缝修补、锚固螺栓等；作为防腐材料用于化工厂、电解槽等；作为底板材料用于工厂地面、通道、机械底座等
聚合物浸渍混凝土	将已硬化的普通混凝土放在有机单体里浸渍，采用加热或辐射等方法使混凝土孔隙内的单体产生聚合作用，从而使混凝土与聚合物结合成一体的混凝土。一般情况下，这种混凝土的抗压、抗拉、抗弯强度均能提高 3～5 倍左右，同时不透水性、弹性模量、冲击强度等性能也有所提高，耐久性也得到很大的改善	甲基丙烯酸甲酯、丙烯酸甲酯、苯乙烯、不饱和聚酯树脂、环氧树脂、丙烯腈、苯乙烯丙烯腈等	用于高强腐蚀、耐磨、抗渗性高的建筑工程，如海洋结构物等。由于聚合物浸渍混凝土造价较高，实际应用尚不广泛

1.7.1.3 聚合物混凝土的配合比

1. 聚合物水泥混凝土的配合比

聚合物水泥混凝土的参考配合比见表 1.7-2。

2. 树脂混凝土的配合比

树脂混凝土的参考配合比见表 1.7-3。

3. 聚合物浸渍混凝土的配合比

聚合物浸渍混凝土的参考配合比见表 1.7-4。

1.7.1.4 聚合物混凝土的性能

1. 聚合物水泥混凝土的强度性能

聚合物水泥混凝土的强度性能见表 1.7-5。

2. 树脂混凝土的物理力学性能

树脂混凝土的物理力学性能见表 1.7-6。

3. 聚合物浸渍混凝土的物理力学性能

聚合物浸渍混凝土的物理力学性能见表 1.7-7。

表 1.7-2　　聚合物水泥混凝土的参考配合比

聚合物与水泥之比	水灰比	砂率（%）	聚合物分散体用量（kg/m³）	用水量（kg/m³）	水泥用量（kg/m³）	细骨料用量（kg/m³）	粗骨料用量（kg/m³）
0	0.50	45	0	160	320	510	812
5	0.50	45	16	140	320	485	768
10	0.50	45	32	120	320	472	749

注　1. 表中聚合物为聚丙烯酸乙酯。
2. 聚合物与水泥之比为聚合物分散体对水泥固相组分的质量比（百分比）。
3. 水灰比为聚合物分散体中的用水量和混凝土拌和用水量之和对水泥的质量比。

表 1.7-3　　树脂混凝土的参考配合比（质量比）

组成材料	环氧树脂	不饱和聚酯树脂	溶剂	乙二胺	引发剂	促进剂	填料粉	细骨料	粗骨料
环氧树脂混凝土	180～220		36～44	8～10			350～400	700～760	1000～1100
聚酯树脂混凝土		180～220			2.0～4.0	0.5～2.0	350～400	700	1000～1100

注　填料粉可以是石灰石粉、硅石粉、粉砂、粉煤灰、火山灰等材料，主要目的是减少树脂用量。

表 1.7-4　　聚合物浸渍混凝土的参考配合比

基　材	骨料品种		配合比（kg/m³）			
	砂	石	水	水泥	细骨料	粗骨料
混凝土 1	标准砂	碎石	172	380	764	1141
混凝土 2	河砂	碎石	165	450	756	1019
轻混凝土 1	人工砂	人工骨料	201	358	433	394
轻混凝土 2	珍珠岩砂	天然骨料	222	347	143	361
轻混凝土 3	珍珠岩砂	珍珠岩骨料	208	398	614	737

表 1.7-5　　聚合物水泥混凝土的强度性能

种　类	聚灰比（%）	水灰比	与普通水泥混凝土相比的相对强度		
			抗压	抗剪	抗拉
普通水泥混凝土	0	0.600	100	100	100
聚丙烯酸酯水泥混凝土	5	0.403	159	127	150
	10	0.336	179	146	158
	15	0.313	157	143	192
	20	0.300	140	192	184
丁苯橡胶水泥混凝土	5	0.533	123	118	126
	10	0.483	134	129	154
	15	0.443	150	153	212
	20	0.403	146	178	236
聚醋酸乙烯酯水泥混凝土	5	0.518	98	95	112
	10	0.449	82	105	120
	15	0.420	55	80	90
	20	0.368	37	62	91

注　1. 聚灰比指聚合物分散体对水泥固相组分的质量比。
2. 相对强度指以普通水泥混凝土的强度为100，各类聚合物水泥混凝土强度在此基础上变化。

表 1.7-6 树脂混凝土的物理力学性能

性能	树脂种类					
	聚氨酯	呋喃	聚酯	酚醛	环氧	丙烯酸
堆积密度（kg/m^3）	2000～2100	2000～2100	2200～2400	2000～2100	2100～2300	2200～2400
抗压强度（MPa）	65～72	50～140	80～160	24～25	80～120	80～150
抗拉强度（MPa）	8～9	6～10	9～14	2～3	10～11	7～10
抗折强度（MPa）	20～23	16～32	14～35	7～8	17～31	15～20
弹性模量（GPa）	100～200	20～30	15～35	10～20	15～35	15～35
吸水率（%）	0.3～1.0	0.1～1.0	0.1～1.0	0.1～1.0	0.2～1.0	0.05～0.6

表 1.7-7 聚合物浸渍混凝土的物理力学性能

性能	甲基丙烯酸甲酯（浸渍率4.6%～6.7%）			苯乙烯（浸渍率4.2%～6.0%）		
	未浸渍	辐射聚合	热聚合	未浸渍	辐射聚合	热聚合
抗压强度（MPa）	37.00	142.40	127.70	37.00	103.40	7200
弹性模量（GPa）	25.00	44.00	43.00	25.00	54.00	52.00
抗折强度（MPa）	2.92	11.43	10.60	2.92	8.47	5.91
抗弯强度（MPa）	5.20	18.54	16.08	5.20	16.79	8.15
吸水率（%）	6.40	1.08	0.84	6.40	0.51	0.70
耐磨量（g）	15.00	4.00	4.00	15.00	9.00	6.00
空气腐蚀（mg）	8.13	1.63	0.51	8.13	0.89	0.23
透水性（mg/a）	0.16	0.02	0.04	0.16		0.04
抗冻性［循环次数/质量损失（%）］	490/25	750/4.0	750/0.5	490/25	620/0.5	620/0.5
抗冲击强度（L锤）	32.00	55.30	52.00	32.00	48.20	50.10
耐硫酸盐浸渍300d膨胀率（%）	0.14	0.00		0.14	0.00	
耐盐酸性15%HCl浸渍84d质量减少（%）	10.40	3.64	3.49	10.40	5.50	4.20

1.7.2 抗磨蚀混凝土

抗磨蚀混凝土是指对机械磨损、流体冲刷等破坏具有较强抵抗作用的混凝土。

1.7.2.1 抗磨蚀混凝土的种类

磨蚀的种类分为磨损、剥蚀和气蚀三种，目前常用的抗磨蚀混凝土有石英砂抗磨蚀混凝土、钢屑抗磨蚀混凝土、钢纤维混凝土、高性能抗磨蚀混凝土和环氧树脂抗磨蚀混凝土等品种。

1.7.2.2 抗磨蚀混凝土的原材料

抗磨蚀混凝土的原材料分无机材料和有机材料，其品质要求应符合《水工混凝土施工规范》（DL/T 5144—2001）中的有关规定。

1. 无机材料

（1）选用强度等级不低于42.5的中热硅酸盐水泥、硅酸盐水泥或普通硅酸盐水泥。

（2）选用质地坚硬、含石英颗粒多、清洁、级配良好的中粗砂。

（3）选用质地坚硬的天然卵石或人工碎石，天然骨料最大粒径不宜大于40mm，人工骨料最大粒径可为80mm。当掺用钢纤维时骨料最大粒径不宜大于20mm。

（4）掺用高效减水剂，优先选用低收缩的聚羧酸盐高效减水剂，有抗冻要求的应论证加入引气剂的必要性。

（5）配制高性能混凝土时，应掺用Ⅰ、Ⅱ级粉煤灰，硅粉，磨细矿渣等活性掺合料。掺合料用量应通过优化试验确定，其品质应符合《高强高性能混凝土用矿物外加剂》（GB/T 18736—2002）的有关规定。

（6）采用铁矿砂石骨料和铸石骨料时，其级配和品质应符合《水工建筑物抗冲磨防空蚀混凝土技术规范》（DL/T 5207—2005）的有关规定。

（7）掺用钢纤维时，其品质应符合《钢纤维混凝土》(JG/T 3064—1999)的有关规定。

2. 有机材料

(1) 可采用环氧树脂砂浆及混凝土、聚合物纤维砂浆及混凝土、不饱和聚酯树脂砂浆及混凝土、丙烯酸环氧树脂砂浆及混凝土、聚氨酯砂浆及混凝土等。

(2) 配制各类抗磨蚀树脂砂浆及混凝土时，应选用耐磨填料及骨料，例如石英砂、粉，铸石砂、粉，棕刚玉砂、粉，金刚砂、粉，铁矿砂、粉等，其配合比应通过试验确定。

1.7.2.3　抗磨蚀混凝土配合比

各类抗磨蚀混凝土的参考配合比见表1.7-8～表1.7-11。

1.7.2.4　抗磨蚀混凝土的性能

现将抗磨蚀混凝土中具有代表性的高性能铁矿石骨料混凝土的主要性能列于表1.7-12，同时列出了工程常用的高性能普通骨料混凝土的技术性能，以供比较。

表1.7-8　石英砂抗磨蚀混凝土的参考配合比

单位：kg/m³

结构层名称	堆积密度	材料用量		
		水泥	石英砂	水
耐磨层	1600	500	1100	220
		580	1020	200
		640	1160	250
耐磨抗压层	1800	800	1200	260
		800	1800	280
耐磨冲击层	1800	900	900	320
耐酸保护层	1800	900	900	300

表1.7-9　钢屑抗磨蚀混凝土的参考配合比

混凝土强度等级	水泥强度等级	材料用量（质量比）			
		水泥	砂	铁屑	水
C40	42.5	1150	细砂345	1150	232.1
C40	52.5	978	细砂382	1467	350.0
C50	52.5	929	细砂464	1858	343.7
C50	52.5	1051	中砂329	1544	361.0

表1.7-10　高性能抗磨蚀混凝土的参考配合比

胶凝材料用量（kg/m³）				膨胀剂用量（kg/m³）	水泥：砂：石：水
总胶凝材料	水泥	粉煤灰	硅粉		
455	335	50.5	32.7	36.8	1：1.839：3.958：0.275
366.9	255	45	28.6	38.3	1：2.76：5.14：0.40

表1.7-11　环氧树脂抗磨蚀混凝土的参考配合比（低温条件）

材料名称	技术指标	质量比
环氧树脂E-44	环氧值0.47	100
糠醇稀释剂	工业品含量98%	15～25
DMP-30促进剂	粗品	0～3
YH-82低温固化剂	胺值>600	30
水泥	42.5级或52.5级中热或低热水泥	100～120
砂填料	混凝土用细骨料	300～400
石子	混凝土用粗骨料	600～700

表 1.7-12　　高性能铁矿石骨料混凝土性能

混凝土种类	南京水利科学研究院			成都勘测设计研究院			武汉大学	
	抗压强度（MPa）	冲击韧性（kN·m）	冲磨失重率（%）	抗压强度（MPa）	冲击韧性（N·m/cm³）	磨损率[kg/(h·m²)]	抗压强度（MPa）	平均稳定冲磨失重率（%）
普通混凝土	41.7	4.8	5.1	68.2	21.2	0.758	37.2	1.366
高性能普通骨料混凝土	67.4	35.2	3.6	73.6	87.4	1.586	59.3	0.712
高性能铁矿石骨料混凝土	89.6	64.9	2.1	63.6	148.8	1.391	84.4	0.466

1.7.3 补偿收缩混凝土

工程中混凝土由于受到外部环境的约束，此时可在混凝土中掺加膨胀剂，其体积膨胀所产生的压应力可补偿因水泥硬化收缩产生的拉应力，这类混凝土称为补偿收缩混凝土。

1.7.3.1 补偿收缩混凝土的原材料

1. 膨胀类水泥

补偿收缩混凝土基本是采用膨胀类水泥或掺加膨胀剂后所制成的混凝土。我国常见膨胀水泥的种类和特性见表 1.7-13。

表 1.7-13　　常见膨胀水泥的种类和特性

类　别	主要成分	特　　性
硅酸盐膨胀水泥	硅酸盐水泥熟料、膨胀剂、石膏	在水中硬化时体积增大，在潮湿环境中硬化时最初 3d 不收缩或微膨胀
石膏高铝膨胀水泥	铝矾土水泥熟料、天然二水石膏、少量助磨剂	常温下硬化时，早期强度增进率大，后期强度基本稳定；抗渗性好；抗冻性能较好；在水中或潮湿环境中硬化时会产生一定的膨胀

2. 其他原材料

其他原材料如粗骨料、细骨料、掺合料、外加剂、拌和水等。其技术要求与普通混凝土基本相同。

1.7.3.2 补偿收缩混凝土的配合比

1. 石膏高铝膨胀水泥混凝土参考配合比

石膏高铝膨胀水泥混凝土参考配合比见表 1.7-14。

表 1.7-14　　石膏高铝膨胀水泥混凝土参考配合比（质量比）

配　合　比		水灰比
膨胀水泥：砂：石子	1：1.32：3.74	0.40
	1：1.85：3.90	0.50
	1：2.82：5.50	0.65

2. 明矾石膨胀水泥混凝土参考配合比

明矾石膨胀水泥混凝土参考配合比见表 1.7-15。

1.7.3.3 补偿收缩混凝土的膨胀性能

采用膨胀剂或膨胀水泥配制的补偿收缩混凝土，在水泥硬化过程中能够产生 0.2～0.7MPa 的预压应力，该应力能抵消或部分抵消由混凝土干缩、徐变、温度变化等引起的拉应力，从而提高混凝土的抗裂性能。不同膨胀剂掺量与膨胀性能的关系见表 1.7-16。

表 1.7-15　　明矾石膨胀水泥混凝土参考配合比

水 泥 品 种	水灰比	配合比（质量比）		
		明矾石膨胀水泥（水泥：明矾：石膏）	砂	石子
42.5 级普通硅酸盐水泥	0.39	100（96：2：2）	100	
	0.36		56	152

表 1.7-16　　补偿收缩混凝土的膨胀性能

膨胀剂	掺量（%）	水胶比	自由膨胀率（%）				限制膨胀率（%）			
			水中		RH=（60±5）%		水中		RH=（60±5）%	
			7d	14d	28d	180d	7d	14d	28d	180d
UEA	0	0.54	0.0060	0.0071	−0.0050	−0.0283	0.0057	0.0063	−0.0050	−0.0142
	8		0.0358	0.0415	0.0126	−0.0078	0.0152	0.0182	−0.0016	−0.0074
	12		0.0450	0.0575	0.0182	0.0131	0.0262	0.0285	0.0067	−0.0044
	14		0.0537	0.0612	0.0233	0.0178	0.0378	0.0385	0.0097	−0.0033

续表

膨胀剂	掺量（%）	水胶比	自由膨胀率（%）				限制膨胀率（%）			
			水中		RH=（60±5）%		水中		RH=（60±5）%	
			7d	14d	28d	180d	7d	14d	28d	180d
AEA	0	0.54	0.0100	0.0116	−0.0060	−0.0256	0.0067	0.0050	−0.0060	−0.0189
	8		0.0433	0.0450	0.0110	−0.0098	0.0200	0.0210	−0.0015	−0.0082
	10		0.0617	0.0650	0.0220	−0.0060	0.0233	0.0233	0.0058	−0.0043
	12		0.0833	0.0843	0.0321	0.0120	0.0250	0.0276	0.0128	−0.0034

注 表中水泥采用42.5级普通硅酸盐水泥，胶凝材料总量380kg/m³，限制膨胀率试验的配筋率0.79%。

1.7.4 纤维混凝土

1.7.4.1 纤维混凝土的种类

在混凝土基体中均匀分散一定数量的特定纤维，从而改善混凝土韧性，提高抗弯和折压性能，这类混凝土称为纤维混凝土。纤维混凝土一般按纤维种类进行划分，常用纤维混凝土的分类见表1.7－17。

表1.7－17 纤维混凝土的分类

纤维混凝土类别	纤维种类
钢纤维混凝土	钢纤维
玻璃纤维混凝土	玻璃纤维
碳纤维混凝土	聚丙烯腈基碳纤维
	沥青基碳纤维
聚合物纤维混凝土	尼龙纤维
	聚氨酯纤维
	芳纶纤维
	聚丙烯纤维
植物纤维混凝土	竹筋纤维
	剑麻纤维
	椰子纤维

1.7.4.2 常用纤维的几何参数、技术性能

钢纤维的几何参数见表1.7－18。单丝合成纤维的几何特征和主要物理力学指标见表1.7－19。

1.7.4.3 纤维混凝土的配合比

1. 钢纤维混凝土的参考配合比

钢纤维混凝土的参考配合比见表1.7－20。

2. 玻璃纤维混凝土的参考配合比

玻璃纤维混凝土的用料要求与参考配合比见表1.7－21。

3. 聚丙烯纤维混凝土的参考配合比

聚丙烯纤维混凝土的用料要求与参考配合比见表1.7－22。

表1.7－18 钢纤维的几何参数

钢纤维类别	长度（mm）	直径（等效直径）（mm）	常用长径比
一般混凝土用钢纤维	20～60	0.3～0.9	30～80
喷射混凝土用钢纤维	20～35	0.3～0.8	30～80

表1.7－19 单丝合成纤维的几何特征和主要物理力学指标

参数和性能	聚丙烯腈纤维	聚丙烯纤维	聚酰胺纤维	改性聚酯纤维
直径（μm）	13	18～65	23	2～15
长度（mm）	6～25	4～19	19	6～20
截面形状	肾形或圆形	圆形	圆形	三角形
密度（kg/m³）	1180	910	1160	900～1350
抗拉强度（MPa）	500～910	276～650	600～970	400～1100
弹性模量（GPa）	7.5～21	3.79	4～6	14～18
极限伸长率（%）	11～20	15～18	15～20	16～35
熔点（℃）	240	176	220	250
吸水性（%）	<2	<0.1	<4	<0.4
安全性	无毒材料	无毒材料	无毒材料	无毒材料

表 1.7-20　　钢纤维混凝土的参考配合比

<table>
<tr><th rowspan="3">粗骨料最大粒径
(mm)</th><th rowspan="3">水灰比</th><th colspan="8">混凝土材料用量（kg/m^3）</th></tr>
<tr><th rowspan="2">水泥</th><th rowspan="2">粉煤灰</th><th rowspan="2">水</th><th rowspan="2">砂</th><th rowspan="2">石</th><th rowspan="2">钢纤维</th><th colspan="2">外加剂</th></tr>
<tr><th>减水剂</th><th>引气剂</th></tr>
<tr><td>9.5</td><td>0.40</td><td>384</td><td></td><td>155</td><td>842</td><td>766</td><td>100</td><td>1.42</td><td>0.26</td></tr>
<tr><td>10</td><td>0.53</td><td>393</td><td></td><td>207</td><td>1151</td><td>471</td><td>133</td><td colspan="2"></td></tr>
<tr><td>10</td><td>0.42</td><td>512</td><td></td><td>215</td><td>1116</td><td>231</td><td>196</td><td colspan="2">1.28</td></tr>
<tr><td>15</td><td>0.33</td><td>297</td><td>139</td><td>142</td><td>848</td><td>837</td><td>71～119</td><td colspan="2"></td></tr>
<tr><td>20</td><td>0.42</td><td>434</td><td></td><td>182</td><td>808</td><td>839</td><td>118</td><td colspan="2">1.11</td></tr>
</table>

表 1.7-21　　玻璃纤维混凝土的用料要求与参考配合比

<table>
<tr><th>成型工艺</th><th>玻璃纤维</th><th>水泥</th><th>骨料</th><th>外加剂</th><th>灰砂比</th><th>水灰比</th></tr>
<tr><td>直接喷射法</td><td>抗碱玻璃纤维：无捻，粗纱，纤维长度约33～44mm。体积掺率2%～5%</td><td rowspan="3">早强型或Ⅰ型低碱硫铝酸盐水泥：445～515kg/m^3</td><td rowspan="3">D_{max}＝2mm，细度模数1.2～1.4；含泥率≤0.3%</td><td>减水剂或塑化剂，掺量由预拌试验确定</td><td rowspan="3">1∶0.3～1∶0.5</td><td>0.32～0.33</td></tr>
<tr><td>铺网喷浆法</td><td>抗碱玻璃纤维：厚10mm的板用层网格布。体积掺率2%～3%</td><td rowspan="2">一般不掺用</td><td rowspan="2">起始值：0.50～0.55；最终值：0.25～0.30</td></tr>
<tr><td>喷射抽吸法</td><td>抗碱玻璃纤维：无捻，粗纱，纤维长度约33～44mm。体积掺率2%～5%</td></tr>
</table>

表 1.7-22　　聚丙烯纤维混凝土的用料要求与参考配合比

<table>
<tr><th>成型工艺</th><th>聚丙烯膜裂纤维</th><th>水泥</th><th>骨料</th><th>外加剂</th><th>灰骨比</th><th>水灰比</th></tr>
<tr><td>预拌法</td><td>细度：6000～13000旦尼尔，纤维长度约40～70mm。体积掺率：0.4%～1.0%</td><td rowspan="2">42.5级或52.5级硅酸盐水泥或普通硅酸盐水泥</td><td>细骨料：D_{max}＝5mm；粗骨料：D_{max}＝10mm</td><td rowspan="2">减水剂或塑化剂，掺量由预拌试验确定</td><td>水泥∶砂∶石子＝1∶2∶2～1∶2∶4</td><td>0.45～0.50</td></tr>
<tr><td>喷砂法</td><td>细度：4000～12000旦尼尔，纤维长度约20～60mm。体积掺率：2.0%～6.0%</td><td>骨料：D_{max}＝2mm</td><td>水泥∶砂＝1∶0.3～1∶0.5</td><td>0.32～0.40</td></tr>
</table>

1.7.4.4　纤维混凝土的性能

1. 钢纤维混凝土的性能

与普通混凝土相比，钢纤维混凝土的性能见表1.7-23。

2. 玻璃纤维混凝土的性能

玻璃纤维混凝土的性能见表1.7-24。

3. 聚丙烯纤维混凝土的性能

聚丙烯纤维混凝土的性能见表1.7-25。

表 1.7-23 钢纤维混凝土的性能

物理力学性能	与普通混凝土比较
抗压强度	提高 1.0～1.3 倍
抗拉强度和抗弯强度	提高 1.5～1.8 倍
抗剪强度	提高 1.5～2.0 倍
疲劳强度	有改善
抗冲击性	提高 5～10 倍
抗破损性	有改善
极限拉伸率	提高约 2.0 倍
韧性	提高 40～200 倍
耐热性	显著改善
抗冻融性	显著改善
耐久性	有改善

表 1.7-24 玻璃纤维混凝土的性能

物理力学性能	参 数
堆积密度（kg/m^3）	1900～2100
干燥状态吸水率（%）	10～15
耐热性（℃）	≤80
抗渗性	较好
耐久性	≥50 年
极限抗拉强度（MPa）	7.5～9.0
极限抗弯强度（MPa）	15～25
抗压强度（MPa）	48～63
热膨胀系数（$\times 10^{-6}$/℃）	11～16
韧性	提高 30～120 倍
抗冲击强度（J/cm^2）	1.5～3.0
弹性模量（GPa）	26～31

表 1.7-25 聚丙烯纤维混凝土的性能

物理力学性能	与普通混凝土比较及说明
抗拉强度	喷射法制得的极限抗拉强度为 7.0～10.0MPa
抗弯强度	体积掺率为 1%时，强度增加不超过 25%；用喷射法，体积掺率 6%时，极限抗弯强度为 20MPa
抗压强度	与普通混凝土相比，无明显增强
抗冲击强度	体积掺率为 2%时，可提高 10～20 倍；用喷射法，体积掺率 6%时，可达 3.0～3.5J/cm^2
抗收缩性	体积掺率 1%左右时，收缩率降低 75%左右
耐火性	体积掺率 1%左右时，耐火等级与普通混凝土相同
抗冻融性	经 25 次冻融，无龟裂、分裂现象，质量和强度基本无损失

1.7.4.5 纤维混凝土的主要用途

纤维混凝土的主要用途见表 1.7-26。

表 1.7-26 纤维混凝土的主要用途

纤维混凝土类别	主 要 用 途
钢纤维混凝土	高速公路和机场跑道，桥梁工程的结构和桥面，大跨度梁、板，隧道及巷道等工程的支护，水工结构工程及刚性防水工程，桩基和铁路轨枕，抗震抗爆结构
玻璃纤维混凝土	永久性模板，管道的衬砌，屋面瓦，隔墙板，水下管道，快速车道的挡土墙
碳纤维混凝土	幕墙板，混凝土板材
聚丙烯纤维混凝土	停车场，车库工业地板的路面，加固河堤，下水管
植物纤维混凝土	墙体砌筑等

1.7.5 喷射混凝土

1.7.5.1 喷射混凝土的种类

喷射混凝土是指利用压缩空气的力量将具有速凝性质的混凝土喷射到岩石面或建筑物表面，起到加固和保护作用的混凝土。按照混凝土在喷嘴处的状态，可分为干式喷射混凝土和湿式喷射混凝土。

1.7.5.2 喷射混凝土的原材料

1. 水泥

优先采用普通硅酸盐水泥，也可用矿渣硅酸盐水泥或火山灰质硅酸盐水泥。当有防腐或其他特殊要求时，应采用特种水泥。水泥的品质应符合《通用硅酸盐水泥》（GB 175—2007）的有关规定。

2. 骨料

细骨料应采用坚硬耐久的粗砂或中砂，细度模数不宜小于 2.5，使用时的含水量宜为 5%～7%。

粗骨料应采用坚硬耐久的卵石或碎石，粒径不宜大于 15mm。当喷射混凝土中掺入碱性速凝剂时，不得使用含有活性二氧化硅的骨料，以防骨料发生碱活性反应，导致喷射混凝土胀裂破坏。

喷射混凝土用骨料的技术要求见表 1.7-27。

3. 速凝剂

喷射混凝土用速凝剂的相关品质指标需符合《喷射混凝土用速凝剂》（JC/T 477—2005）的规定。

1.7.5.3 喷射混凝土的配合比

1. 干式喷射混凝土的参考配合比

干式喷射混凝土的参考配合比与主要施工参数见表 1.7-28。

2. 湿式喷射混凝土的参考配合比

湿式喷射混凝土的参考配合比与主要施工参数见表 1.7-29。

表 1.7-27 喷射混凝土用骨料的技术要求 %

项目	石子		砂子
	碎石	卵石	
以岩石试块（边长≥5cm 的立方体）在饱和状态下的抗压强度与喷射混凝土设计强度之比不小于	200		
软弱颗粒含量（按质量计）不大于		5	
针片状颗粒含量（按质量计）不大于	15	15	
泥土杂物含量（用冲洗法试验，按质量计）不大于		1	3
硫化物和硫酸盐含量（折算为 SO_3，按质量计）不大于	1	1	1
有机质含量（用比色法试验）	颜色不深于标准色，如深于标准色，则进行混凝土强度试验加以复核		

注 1. 有抗冻性要求的喷射混凝土所用的碎石和卵石，除符合上述要求外，还应有足够的坚实性，在硫酸钠溶液中浸至饱和又使其干燥循环，试验 5 次后，其重量损失不得超过 10%。
2. 石子中不得混进煅烧过的白云石或石灰石块。碎石中不宜含有石粉，卵石中不得含有黏土团块或冲洗不掉的黏土薄膜。

表 1.7-28 干式喷射混凝土的参考配合比与主要施工参数

参数	配合比		
	回弹率最小的配合比	28d 强度最大的配合比	综合最佳配合比
水泥用量（kg/m^3）	350	300	350
粗骨料种类	碎石	卵石	碎石
砂率（%）	70	50	60
水灰比	0.60	0.40	0.50
速凝剂掺量（%）	2	2	2
喷射面角度（°）	90	90	90
喷射距离（cm）	70	70	70
平均回弹率（%）	23.6±6.2	47.3±6.3	32.1±6.3

表 1.7-29 湿式喷射混凝土的参考配合比与主要施工参数

参数	配合比			
	回弹率最小的配合比	28d 强度最大的配合比	粉度最小的配合比	综合最佳配合比
水泥用量（kg/m^3）	340	340	340	340
砂细度模数	3.0	3.0	2.0	2.5
砂率（%）	50	50	60	60
水灰比	0.47	0.42	0.47	0.42～0.47
速凝剂掺量（%）	5	1	1.5	顶拱：5 侧壁：1
缓凝剂掺量（%）	0.2	0	0.4	0.4
喷射面角度（°）	90	45	90	
各项量测值	17%～32%	24.6～27.6MPa	90～201CPM	

1.7.5.4 喷射混凝土的物理力学性能

喷射混凝土的物理力学性能见表1.7-30。

1.7.6 自密实混凝土

自密实混凝土是指具有高流动度、不离析、均匀性和稳定性，浇筑时依靠自重流动，无需振捣而达到密实的混凝土。它主要用于大坝导流底孔或岸边导流隧洞的顶部封堵，以及结构狭窄区域、钢筋密集部位、预制构件等混凝土浇筑。

1.7.6.1 自密实混凝土的原材料

1. 水泥

水泥宜采用硅酸盐水泥和普通硅酸盐水泥，其品质要求应符合《通用硅酸盐水泥》(GB 175—2007)的相关规定。

2. 骨料

骨料应符合《建筑用砂》(GB/T 14684—2001)和《建筑用卵石、碎石》(GB/T 14685—2001)的有关要求。粗骨料宜采用连续级配，最大粒径一般宜小于20mm，针片状颗粒含量宜小于10%。细骨料宜选用级配合格的中砂，砂的含泥量应小于1%。

3. 其他原材料

外加剂、粉煤灰、拌和水等其他原材料的技术要求基本上与普通混凝土的要求相同。

1.7.6.2 自密实混凝土的配合比

某强度等级为C60、自密实性能等级为二级的混凝土配合比见表1.7-31，供参考。

1.7.6.3 自密实混凝土的特性

自密实混凝土的自密实性能分为三个等级，其技术要求见表1.7-32。

1.7.7 沥青混凝土

采用石油沥青或焦油沥青为胶结材料，与石粉、粗细骨料等按照使用要求的配合比，经加热拌匀、铺筑、碾压或捣实的混凝土称为沥青混凝土。

1.7.7.1 沥青混凝土的分类

沥青混凝土的分类及特点见表1.7-33。

表1.7-30 喷射混凝土的物理力学性能

水泥种类	质量配合比	速凝剂掺量(%)	抗压强度(MPa)		抗拉强度(MPa)		与钢筋黏聚力(MPa)	与岩石黏聚力(MPa)
	水泥：砂：石子		28d	60d	28d	150d		
42.5级普通硅酸盐水泥	1：2：2	2.5～4.0	20～25	22～28	1.5～2.0	2.0～2.5	2.5～3.5	1.0～1.5
42.5级普通硅酸盐水泥	1：2：2	0	30～40	35～45	2.0～3.5	3.0～4.0	3.5～4.5	1.5～2.0
42.5级矿渣硅酸盐水泥	1：2：2	0	25～30	30～35				

表1.7-31 自密实混凝土的配合比设计表

项目		参数				
强度等级		C60				
自密实性能等级		二级				
坍落扩展度(mm)		650±60				
V漏斗通过时间(s)		3～20				
水胶比(质量)		0.29				
水粉比(体积)		0.80				
含气量(%)		1.5				
粗骨料最大粒径(mm)		20				
每立方米混凝土中粗骨料绝对体积(m^3)		0.32				
聚羧酸系高性能减水剂占胶凝材料用量(%)		1.5				
单位体积材料用量	材料	水	水泥	粉煤灰	细骨料	粗骨料
	体积用量(L)	165	133.1	67.3	299.7	320.0
	质量用量(kg)	165	412.5	154.7	800.2	864.0

表 1.7-32 自密实混凝土的自密实性能等级与技术要求

自密实性能等级	一级	二级	三级
坍落扩展度（mm）	700±50	650±50	600±50
扩展时间（s）	5～20	3～20	3～20
V漏斗通过时间（s）	10～25	7～25	4～25
U形箱试验填充高度（mm）	＞320 Ⅰ型障碍隔栅	＞320 Ⅱ型障碍隔栅	＞320 无障碍

表 1.7-33 沥青混凝土的分类及特点

分类		名称	特点
按用途分		防水层沥青混凝土	连续级配居多，沥青用量约为6%～9%，具有较高的密实性和不透水性，孔隙率一般为2%～3%，渗透系数为10^{-7}～10^{-10}cm/s
		排水层沥青混凝土	压实后的孔隙率约为20%～40%，多采用孔隙率大的开级配，沥青用量为2%～4%
		反滤层沥青混凝土	用于防渗体的基层，保证防渗体的稳定；该层多用粗骨料，沥青用量为3.5%～5.0%
		保护层沥青混凝土	用于防渗层的表层，一般采用沥青砂浆或玛琋脂
按骨料最大粒径分		粗粒式沥青混凝土	骨料最大粒径30～35mm
		中粒式沥青混凝土	骨料最大粒径20～25mm
		细粒式沥青混凝土	骨料最大粒径10～15mm
		沥青砂浆	骨料最大粒径5mm
按骨料级配组成分		连续级配沥青混凝土	由大、中、小各级骨料组成，具有较好的抗渗性
		间断级配沥青混凝土	仅由大、小级骨料组成，热稳定性和透水性较好
按混凝土孔隙率大小分		密实级配沥青混凝土	孔隙率宜控制在3%～5%，饱水率1%～3%（体积计）
		多孔性级配沥青混凝土	孔隙率宜控制在10%～12%，饱水率10%（体积计）
按施工方法分	按沥青施工温度分	热用沥青混凝土	骨料加热，沥青熔化后铺筑，混凝土质量好，但沥青用量大，水工建筑及道路多用此品种
		冷用沥青混凝土	用有机溶剂将沥青熔化后铺筑，沥青用量少，有机溶剂用量高，施工方便
	按施工操作方法分	碾压沥青混凝土	多用于土石坝、蓄水池、渠道及各种堤防的面板衬砌、护面、土石坝内部防渗墙等
		灌注沥青混凝土	适用于碾压困难或水下施工的工程
		沥青预制板	具有不透水性、耐磨性及耐久性，用于水工建筑物的衬砌和护面

1.7.7.2 沥青混凝土的原材料

1. 沥青

通常情况下，配制沥青混凝土常采用10号或30号石油沥青，也可采用30号与10号、60号与10号石油沥青混合料。沥青的品质指标应符合《建筑石油沥青》(GB/T 494—1998) 的要求。

2. 矿物粉料

制备沥青混凝土时一般要加入矿物粉料。耐酸工程，可选用石英粉、辉绿岩粉、瓷粉；耐碱工程，可用滑石粉或磨细的石灰岩粉、白云岩粉；防水工程，可用石灰石粉、河砂石粉、滑石粉等。对矿物粉料的质量要求一般为：含水量≤1%，耐酸率≥95%，细度要求通过0.160mm方孔筛筛余率≤5%、0.080mm方孔筛筛余率为10%～30%，亲水系数≤1.1。

3. 纤维填充材料

为了改善性能，可加入一定数量的角闪石、石棉等填充材料。

1.7.7.3 沥青混凝土的配合比

1. 沥青混凝土的参考配合比

常见粉料及骨料混合物的颗粒级配见表 1.7-34，沥青混凝土的参考配合比见表 1.7-35。

2. 水工护面沥青混凝土的参考配合比

水工护面沥青混凝土的参考配合比见表 1.7-36。

表 1.7-34 常见粉料及骨料混合物的颗粒级配

沥青混凝土种类	方孔筛孔孔径 (mm)								
	25	15	5	2.50	1.25	0.63	0.315	0.16	0.08
	混合物累计筛余率 (%)								
细粒式沥青混凝土		0	22～37	37～60	47～70	55～78	65～85	70～88	75～90
中粒式沥青混凝土	0	10～20	30～50	43～67	52～75	60～82	68～87	72～90	77～92

表 1.7-35 沥青混凝土的参考配合比（质量比） %

沥青混凝土种类	粉料及骨料混合物	沥青
细粒式沥青混凝土	100	8～10
中粒式沥青混凝土	100	7～9

表 1.7-36 水工护面沥青混凝土的参考配合比 %

沥青混凝土种类	沥青混凝土成分			孔隙率
	纯沥青	矿物粉料	粗细骨料	
细级配沥青混凝土	7～9	7～10	81～86	3～8
密级配沥青混凝土	5～8	4～8	84～91	2～6
粗级配沥青混凝土	5～7	3～7	86～92	4～8
开级配沥青混凝土	4～6	2～6	90～94	

1.7.7.4 沥青混凝土的性能

1. 力学、变形性能

沥青混凝土的应力—应变关系随温度与加荷速度而变化。沥青混凝土的变形性能好、变形模量（温度低、加荷时间短时称为弹性模量）较低、柔韧性好，适用于软基或不均匀沉降较大的基础上的防渗结构。

2. 水稳定性

沥青混凝土的水稳定性好、耐水性强，与水不发生化学反应。

3. 热稳定性

石油沥青对温度变化敏感，高温时沥青混凝土易发生流动变形，因此在沥青混凝土配合比设计时须考虑其热稳定性问题。

4. 低温抗裂性

冬季气温下降，沥青混凝土会发生温度收缩变形，在−20～10℃范围内沥青混凝土平均收缩系数为 33×10^{-6}/℃，易发生损坏。因此，应选用温度敏感性小、脆点低的石油沥青，在进行配合比设计时可适当提高沥青混凝土中骨料、填料用量及选用碱性高的骨料等。

5. 抗渗等级

沥青混凝土的抗渗等级取决于矿料级配、沥青用量及沥青混凝土的压实程度，沥青混凝土的孔隙率小于4%时，其渗透系数可小于 10^{-7}cm/s。

1.7.8 水下不分散混凝土

水下不分散混凝土是一种可以在水下浇筑且骨料与水泥浆在水中不会发生分散的混凝土。

1.7.8.1 水下不分散混凝土的原材料

1. 水泥

按照《水下不分散混凝土试验规程》（DL/T 5117—2000），水泥宜选用强度等级为 42.5 或 52.5 的普通硅酸盐水泥。

2. 骨料

采用质地坚硬、清洁、级配良好的骨料。粗骨料常为一级配河卵石或碎石，粒径为 5～20mm。细骨料宜用水洗河砂，细度模数为 2.6～2.9。

3. 抗分散剂

抗分散剂是制备水下不分散混凝土的关键材料，其主要作用是增加混凝土的黏聚性和防止材料分散。抗分散剂的品质要求见表 1.7-37。

表 1.7-37 水下不分散混凝土的性能要求

检测项目		普通型	缓凝型
泌水率 (%)		<0.5	<0.5
含气量 (%)		<4.5	<4.5
坍落流动值经时变化 (cm)	30min	<3.0	<3.0
	120min		<3.0
抗分散性	悬浊物含量 (mg/L)	<50	<50
	pH 值	<12	<12
	水泥流失量 (%)	<1.5	<1.5
凝结时间 (h)	初凝	>5	>12
	终凝	<24	<36
水气强度比 (%)	7d	>60	>60
	28d	>70	>70

注 水气强度比为水中与大气中成型试件抗压强度之比。

4. 拌和用水

拌和水应符合《混凝土用水标准》(JGJ 63—2006)中的有关规定。

1.7.8.2 水下不分散混凝土的参考配合比

部分工程水下不分散混凝土的参考配合比见表1.7-38。

1.7.8.3 水下不分散混凝土的性能

水下不分散混凝土的性能见表1.7-39～表1.7-41。

1.7.9 模袋混凝土

模袋混凝土是以强化纤维编织成双层并能控制一定间距的模袋作模板,通过混凝土泵将混凝土灌进模袋使之形成刚性呈板状的防护块体。它可适应地形变化起到抗冲防护作用,主要用于河堤、港口等护岸工程。

1.7.9.1 模袋混凝土的原材料

1. 水泥

水泥一般采用普通硅酸盐水泥和硅酸盐水泥。

2. 细骨料

模袋混凝土的细骨料质量指标见表1.7-42。

3. 粗骨料

模袋混凝土的粗骨料质量指标见表1.7-43。

表1.7-38　　部分工程水下不分散混凝土的参考配合比

水灰比	砂率(%)	材料用量(kg/m^3)						坍落扩展度(cm)	含气量(%)	28d抗压强度(MPa)
		水	水泥	砂	石	不分散剂	减水剂			
0.51	38.2	220	455	588	965	2.66	11	45～50	4±1	28.3～29.4
0.51	40.0	191	400	616	924	3.50	14	<40	4±1	
0.59	37.7	210	374	614	1033	2.66	10	40～50	3.5±1	40.8
0.59	40.8	220	392	643	968	2.66	11	45～50	3.5±1	19.2～25.0
0.56	31.4	260	468	473	1033	3.00	13	50～55	3±1	27.5
0.58	35.0	220	377	576	1082	2.90	8	40～50	3±1	21.9～24.0
0.55	36.7	198	380	588	1103	2.50	10	40～50	3±1	21.2～22.5
0.51	37.7	190	400	600	1000	2.50	10	35～50	3.5±1	43.1

表1.7-39　　水下不分散混凝土与普通混凝土的力学性能对照表　　单位:MPa

混凝土种类	抗压强度		劈裂抗拉强度		抗弯强度		粘结强度	
	水	气	水	气	水	气	水	气
普通混凝土	7.7	32.3	0.8	2.8	1.6	6.6	0.6	2.2
水下不分散混凝土	28.0	33.9	3.0	3.4	5.0	6.8	1.7	2.1

表1.7-40　　水下不分散混凝土与普通混凝土的抗冲磨、抗渗性能对照表

混凝土种类	1.2MPa恒压下渗水情况	水砂冲磨质量损失(g)
普通混凝土	不到5min全透	20679
水下不分散混凝土	恒压24h平均渗水高度12.7cm	60

表1.7-41　　水下不分散混凝土的干缩(湿胀)性能

成型方式	养护方式	NNDC-2	干缩(湿胀)($\times10^{-6}$)								
			3d	7d	14d	28d	45d	60d	90d	120d	150d
水上	2d潮养后干燥	未掺	88.9	126.7	168.0	235.9	324.1	329.7	401.8		
		掺	142.1	215.6	307.3	402.5	498.3	491.4	567.7		
水下	4d潮养后干燥	未掺	-1.1	-53.6	-97.7	-192.5	-204.0	-220.5	-235.2	-268.8	-293.0
		掺	38.5	19.6	-0.7	-49.7	-62.0	-88.2	-124.6	-158.2	-181.3

注 1. "-"表示膨胀。
2. "NNDC-2"为南京水利科学研究院研制的水下不分散剂。

表 1.7-42 模袋混凝土的细骨料质量指标参考值

项目		指标	备注
表观密度（kg/m³）		＞2550	
堆积密度（kg/m³）		＞1500	
孔隙率（%）		＜40	
云母含量（%）		＜2	
含泥量（黏粒、粉粒）（%）		＜3	不允许存在黏土团块、黏土薄膜；若有则应做专门论证
碱活性			有碱活性骨料时，应做专门论证
硫化物及硫酸盐含量（%）		＜1	折算为 SO_3，以质量计
有机质含量		浅于标准色	人工砂不允许存在
轻物质含量（%）		≤1	
细度	细度模数	2.5～3.5	
	平均粒径（mm）	0.36～0.50	
人工砂中石粉含量（%）		6～12	常态混凝土

表 1.7-43 模袋混凝土的粗骨料质量指标参考值

项目	指标	备注
表观密度（kg/m³）	＞2600	
堆积密度（kg/m³）	＞1600	
孔隙率（%）	＜45	
吸水率（%）	＜2.5	抗寒性模袋混凝土应小于 1.5
冻融损失率（%）	＜10	
针片状颗粒含量（%）	＜15	
软弱颗粒含量（%）	＜5	
含泥量（%）	＜1	不允许存在黏土团块、黏土薄膜；若有则应做专门论证
有机质含量	浅于标准色	
轻物质含量	不允许存在	
碱活性		有碱活性骨料时，应做专门论证

4. 模袋

土工模袋材料的种类和用途，详见 1.15 节。

1.7.9.2 模袋混凝土的配合比

国内部分工程模袋混凝土的参考配合比及部分指标见表 1.7-44。

表 1.7-44 国内部分工程模袋混凝土的参考配合比及部分指标

强度等级	配合比参数 粉煤灰：水泥：砂：石子：水	坍落度（cm）	模袋混凝土厚度（cm）
C20	0：1：1.54：1.81：0.52	20～22	20
C20	0：1：1.8：1.5：0.55	23±2	30
C20	0.25：1：1.88：2.11：0.49	18～20	22
C20	0.28：1：2.22：2.01：0.52	22±2	15
C20	0：1：2.2：1.9：0.55	23±2	18～25
C20	0.28：1：2.5：2.5：0.52	22±1	10～20
C20	0.1：1：1.95：1.8：0.52	23±2	15
C20	0.1：0.9：2：2：0.65	23±2	18～15
C20	0：1：2：2：0.55～0.60	20～23	25

1.7.10 无砂大孔混凝土

不含细骨料的混凝土称为无砂大孔混凝土，它由水泥、粗骨料和水按照一定的比例拌和而成。无砂大孔混凝土主要用作墙的砌体，替代黏土实心砖。在水利水电行业可用于面板堆石坝混凝土面板背部排水层混凝土的浇筑，以及抽水蓄能电站上水库的排水通道。

1.7.10.1 无砂大孔混凝土的分类、特性与适用范围

无砂大孔混凝土的分类、特性与适用范围见表 1.7-45。

表 1.7-45 无砂大孔混凝土的分类、特性与适用范围

分类	骨料品种	特性	适用范围
普通无砂大孔混凝土	碎石	堆积密度：1500～1900kg/m³；28d 抗压强度：3.5～10.0MPa	预制墙板，多层、高层住宅建筑的承重墙体
	卵石		
轻骨料无砂大孔混凝土	陶粒	堆积密度：500～1500kg/m³；28d 抗压强度：3.0～7.5MPa	现浇或预制墙体（砌块或墙板）
	浮石		
	碎砖块		
	烧结料		

1.7.10.2 无砂大孔混凝土的原材料

1. 水泥

水泥应采用强度较高的普通硅酸盐水泥、矿渣硅酸盐水泥。

2. 粗骨料

骨料可以是碎石或卵石，也可以是浮石、陶粒等轻骨料。粒径一般在5～40mm之间，通常采用单一粒级。碎石型骨料除应满足强度和压碎指标要求外，针片状颗粒总含量不宜大于15%。人造轻骨料的各项品质应符合《轻骨料混凝土技术规程》（JGJ 51—2002）和《轻骨料混凝土结构设计规程》（JGJ 12—2006）的有关要求。

3. 拌和水

拌和水与普通混凝土用水要求一致。

1.7.10.3 无砂大孔混凝土的配合比及相应技术指标

无砂大孔混凝土的配合比及相应技术指标见表1.7-46、表1.7-47。

1.7.10.4 无砂大孔混凝土的物理力学性能

无砂大孔混凝土的物理力学性能见表1.7-48。

表1.7-46　常用卵石无砂大孔混凝土的配合比及相应技术指标

分类	表观密度（kg/m³）	水泥：细骨料：粗骨料（体积比）	水灰比	水泥用量（kg/m³）	抗压强度（MPa）	收缩率（%）
无砂大孔混凝土	1999	1：0：6	0.38	259	14.6	
	1913	1：0：8	0.41	193	9.6	0.018
	1862	1：0：10	0.45	155	7.2	0.019
普通混凝土	2550	1：3：6	0.40	250	35.0	0.035

表1.7-47　常用碎石无砂大孔混凝土的配合比及相应技术指标

水泥：粗骨料（体积比）	水灰比	水泥用量（kg/m³）	龄期（d）	抗压强度（MPa）	堆积密度（kg/m³）
1：6	0.333	259	3	8.3	2080
			7	11.6	2080
			28	15.0	2075
1：8	0.348	194	3	5.7	2000
			7	7.8	2000
			28	10.2	1995
1：10	0.360	156	3	4.1	1945
			7	5.6	1945
			28	7.3	1942
1：12	0.372	131	3	3.2	1926
			7	4.1	1920
			28	5.4	1917
1：15	0.392	104	3	2.1	1890
			7	2.8	1888
			8	3.6	1887

表 1.7-48 **无砂大孔混凝土的物理力学性能**

骨料种类（规格）	强度等级	材料用量（kg/m³）		水灰比	表观密度（kg/m³）	抗压强度（MPa）	轴压强度（MPa）	抗拉强度（MPa）	抗折强度（MPa）	抗剪强度（MPa）	弹性模量（GPa）
		水泥	骨料								
碎石（10～30mm）	C5.0	150	1520	0.46	1772	5.60	3.02	0.45	0.952	1.15	12.90
	C7.5	180	1520	0.45	1825	7.80	4.21	0.62	1.326	1.38	15.10
卵石（10～30mm）	C5.0	120	1600	0.54	1790	6.00	4.10	0.63	0.93		
		140	1539	0.40	1735	5.39	3.11	0.57	1.25		
	C7.5	150	1600	0.44	1820	8.50	5.68	0.67	1.21		
		200	1504	0.37	1778	8.63	5.56	0.79	1.80		
粉煤灰陶粒 700 级	C5.0	150	730	0.33	1000	6.00	4.30	0.90	1.30	1.80	6.40
粉煤灰陶粒 800 级	C5.0	186	837	0.45	1080	5.70	4.20	0.52	1.12		8.70
粉煤灰陶粒 900 级	C5.0	150+37.5（C+F）	948	0.30	1066	5.98	7.03	0.61	2.06	1.40	8.66
黏土陶粒（800 级）	C5.0	200	800	0.37	1150	5.80	4.88	0.55			8.98

注 C+F 表示水泥+粉煤灰。

1.7.11 堆石混凝土

将一定粒径的堆石直接入仓，形成有空隙的堆石体，然后从堆石体上部倒入自密实混凝土，由于自密实混凝土具有高流动和抗离析性能，因此可依靠自重自动填充到堆石的空隙中，从而形成完整、密实、有较高强度的混凝土，这类混凝土俗称为堆石混凝土，有时也称为埋石混凝土。

1.7.11.1 堆石混凝土的原材料

由于堆石混凝土施工主要是由堆石入仓和浇筑自密实混凝土两道核心工序组成，因此，除了堆入仓面的碎卵石粒径应大于 300mm 外，堆石混凝土对原材料的要求与自密实混凝土几乎相同。详见本节“1.7.6 自密实混凝土”的原材料部分。

1.7.11.2 堆石混凝土的配合比

堆石混凝土一般采用 42.5 普通硅酸盐水泥、Ⅱ级粉煤灰、5～15mm 连续级配卵石、人工砂、粒径大于 300mm 的块石、聚羧酸高效减水剂等材料，其配合比见表 1.7-49。

表 1.7-49 堆石混凝土参考配合比

单位：kg/m³

材 料	水	水泥	粉煤灰	人工砂	卵石	聚羧酸减水剂
每立方米混凝土材料用量	175	200	267	711	832	2.3

1.7.11.3 堆石混凝土的特点

与常规混凝土相比，堆石混凝土具有以下特点：施工过程简单，可最大限度地减少混凝土仓面的施工人员和机械工作量，现场控制管理更加简便易行；避免了混凝土振捣密实的过程，消除了人为的不利干扰，施工质量和稳定性更加容易保证；施工工艺简单流畅，能大幅提高大仓面素混凝土的施工效率，缩短工期；使用了大量的块石作为原材料，降低了综合成本；单位体积水泥含量很少，因此水化温升小，温控简单；具有大块岩石稳定堆积构成的骨架，拥有优良的体积稳定性，体积收缩小；可减少或免除凿毛工序，提高施工速度；在施工过程中能源消耗低，环境负荷小，更加绿色环保。但是，堆石混凝土施工中存在人工选料和逐石清洗、吊运或人工搬运工作量大等问题，因此应特别重视施工质量和加强现场监督，确保工程的可靠性。

1.7.12 胶凝砂砾石混凝土

利用坝址附近的基岩或河床砂砾石或利用开挖弃料，与水泥、水混合搅拌而成的混凝土，称为胶凝砂砾石混凝土。

1.7.12.1 胶凝砂砾石混凝土配合比

我国已建了若干座胶凝砂砾石混凝土坝与围堰，其中部分工程胶凝砂砾石混凝土配合比见表 1.7-50，供参考。

1.7.12.2 胶凝砂砾石混凝土性能

部分胶凝砂砾石混凝土性能见表 1.7-51。

表 1.7-50 部分工程胶凝砂砾石混凝土配合比

工程名称	水灰比	每立方米混凝土材料用量（kg/m³）				备 注
		水	水泥	粉煤灰	砂砾石	
街面水电站（围堰）	0.88	70	40	40	2191	室内试验室推荐配合比
道塘水电站（围堰）	1.29	90	70		1950	室内试验室推荐配合比
洪口水电站（坝体）	1.00	70	35	35	2243	现场施工实际配合比
功果桥水电站（围堰）	0.72	72	100		2238	室内试验室推荐配合比

表 1.7-51 部分工程胶凝砂砾石混凝土性能

工程名称	拌和物容重（kg/m³）	VC 值（s）	抗压强度（MPa）		极限拉伸（×10⁻⁶）	渗透系数（×10⁻⁵cm/s）	干缩（×10⁻⁶）	绝热温升（℃）
			28d	90d	90d		60d	28d
街面水电站（围堰）	>2300	3～8		>7.5				
道塘水电站（围堰）	2200～2400	10～15	8～12					
洪口水电站（坝体）	2350	5		4.2	52	2.18	183	5.2
功果桥水电站（围堰）	2410	3～6	2.6～4.3①					

① 现场抽样 14d 抗压强度。

1.8 砂 浆 材 料

1.8.1 砌体砂浆

1.8.1.1 砌体砂浆的原材料

1. 水泥

水泥的强度等级应根据设计要求选择。

2. 砂

砖砌体用砂宜选用中砂，毛石砌体用砂宜选用粗砂。砂的含泥量一般不应超过5%，其中强度等级为M2.5的水泥混合砂浆，砂的含泥量不应超过10%。

3. 掺合料

作为主要掺合料的粉煤灰品质指标应符合《用于水泥和混凝土中的粉煤灰》（GB 1596—2005）的要求；磨细生石灰的品质指标应符合《建筑生石灰粉》（JC/T 480—1992）的要求。

4. 拌和水

拌和水可采用一般混凝土拌和用水。

1.8.1.2 砌体砂浆的技术条件

砌体砂浆的技术条件见表1.8-1，砌体砂浆的稠度指标见表1.8-2。

1.8.1.3 砌体砂浆的参考配合比

砌体砂浆的参考配合比见表1.8-3。

表 1.8-1 砌体砂浆的技术条件

项 目	砂浆类型	参 数
强度等级		M20、M15、M10、M7.5、M5、M2.5
表观密度（kg/m³）	水泥砂浆	≥1900
	水泥混合砂浆	≥1800
分层度（mm）		≤30
胶凝材料总量（kg/m³）	水泥砂浆	≥200
	水泥混合砂浆	300～350
机械拌和时间（s）	水泥砂浆和水泥混合砂浆	≥120
	掺用粉煤灰和外加剂的砂浆	≥180
抗冻融性（%）		质量损失率≤5
		抗压强度损失率≤25

表 1.8-2 砌体砂浆的稠度指标 单位：mm

砌 体 类 型	砂浆稠度
烧结普通砖砌体	70～90
轻骨料混凝土小型空心砌块砌体	60～90
烧结多孔砖、空心砖砌体	60～80
烧结普通砖平拱式过梁，空斗墙、筒拱，普通混凝土小型空心砌块砌体，加气混凝土砌块砌体	50～70
石砌体	30～50

表 1.8-3 砌体砂浆的参考配合比

强度等级	水泥用量(kg/m³)	砂用量	用水量(kg/m³)
M2.5～M5	200～230	1m³ 砂的堆积密度值	270～330
M7.5～M10	220～280		
M15	280～340		
M20	340～400		

注 1. 此表水泥强度等级为32.5级，高于32.5级水泥用量宜取下限。
2. 当采用细砂或粗砂时，用水量分别取上限或下限。
3. 稠度小于70mm时，用水量可小于下限。
4. 施工现场气候炎热或干燥季节，可酌量增加用水量。
5. 试验配制强度应按《砌筑砂浆配合比设计规程》(JGJ 98—2000) 第5.1.2条计算。

1.8.2 干硬性砂浆

1.8.2.1 干硬性砂浆的技术条件

干硬性砂浆的技术条件见表1.8-4。

表 1.8-4 干硬性砂浆的技术条件

项目	参 数
用水量	用水量少，约为水泥用量的25%
密实性	密实性比一般砂浆好，单位体积质量比一般砂浆约大5%
和易性	和易性较差，使用时必须强力振捣
粘结性	较好
强度	同样水泥拌制的干硬性砂浆强度高于一般砂浆

1.8.2.2 干硬性砂浆的参考配合比

干硬性砂浆的用水量较少，其加水量以砂浆“手握成团、落地开花”为宜，水灰比一般为0.17～0.25，灰砂比一般为1∶2～1∶3。

1.8.3 环氧砂浆

1.8.3.1 环氧砂浆的原材料

1. 环氧树脂

环氧树脂宜采用双酚A型环氧树脂，如E—51和E—44。E—51和E—44的品质指标应符合《环氧树脂砂浆技术规程》(DL/T 5193—2004) 的要求。

2. 固化剂

固化剂宜采用胺或缩胺类固化剂，且能常温固化，固化时间应符合施工要求。在选料时应尽量采用挥发性小、毒性小，对人体皮肤和呼吸系统刺激性小的固化剂。

3. 增塑剂

增塑剂应选用与环氧树脂混溶性好、挥发性小、毒性小以及具有活性的剂料。

4. 稀释剂

稀释剂应选用挥发性小、毒性小的活性剂料，且与环氧树脂具有良好的混溶性。

5. 填料

填料应选用弱碱性或中性硬质粉料或粒料。粉料有石英粉、辉绿岩铸石粉、硅粉、普通水泥等，粒料有石英砂、硬质河砂等。填料应烘干，其含水量不得大于0.5%，粉料粒径最大不超过2mm。

1.8.3.2 环氧砂浆的参考配合比

环氧砂浆的参考配合比见表1.8-5。

表 1.8-5 环氧砂浆的参考配合比（质量比）

环氧树脂	乙二胺	丙酮	二丁酯	填料	砂
100	6～8	10		石英粉 270	540
100	10	20	10	42.5级普通硅酸盐水泥300、石棉100	375

1.8.4 丙乳砂浆

1.8.4.1 丙乳砂浆的原材料

1. 水泥

水泥宜采用不低于42.5R级的普通硅酸盐水泥。

2. 砂

砂的品质指标应符合《建筑用砂》(GB/T 14684—2001) 的要求，一般采用细度模数为1.6，粒径小于2.5mm的过筛细砂即可。

3. 丙乳

丙乳的技术指标见表1.8-6。

表 1.8-6 丙乳的技术指标

项 目	技术指标	备 注
外观	乳白微蓝乳状液	
固含量(%)	39～41	
黏度(s)	≤16	
pH值	2～6	
凝聚浓度(g/L)	>50	氯化钙溶液

1.8.4.2 丙乳砂浆的参考配合比

丙乳砂浆的参考配合比见表1.8-7。

表 1.8-7 丙乳砂浆的参考配合比（质量比）

材料名称	质量比
丙烯酸酯共聚乳液混合液	16.7
不低于32.5R级的普通硅酸盐水泥	100
砂	167
水	50

1.8.5 预缩砂浆

1.8.5.1 预缩砂浆的原材料

1. 水泥

水泥宜采用强度等级不低于42.5级的普通硅酸盐水泥。

2. 砂

砂的品质指标应符合《建筑用砂》（GB/T 14684—2001）的要求，砂应质地坚硬，并经过2.5mm孔筛，细度模数宜控制在1.8～2.2。

3. 外加剂

为提高砂浆强度和改善和易性，可加入适量外加剂，如木钙、高效减水剂等。

1.8.5.2 预缩砂浆的参考配合比

预缩砂浆的参考配合比见表1.8-8。

表1.8-8　预缩砂浆的参考配合比

项　目		水灰比	灰砂比	水泥 (kg/m³)	水 (kg/m³)	砂 (kg/m³)	木钙 (%)
配合比	42.5级普通硅酸盐水泥	0.40	1∶2.6	550	220	1430	
	32.5级普通硅酸盐水泥	0.36	1∶2.5	575	207	1438	0.2

1.8.6 锚固砂浆

1.8.6.1 锚固砂浆的技术指标

现列举某预制简支箱梁盆式支座锚固砂浆，其技术指标见表1.8-9，供参考。

表1.8-9　锚固砂浆的技术指标

项　目	技术指标
最大水胶比	0.34
泌水率（%）	不泌水
初始流动度（mm）	≥320
30min流动度（mm）	≥240
2h抗压强度（MPa）	≥20
28d弹性模量（GPa）	≥30
28d膨胀率（%）	0.02～0.1

1.8.6.2 锚固砂浆的参考配合比

现列举用于某工程的硫黄锚固砂浆，其参考配合比见表1.8-10，供参考。

表1.8-10　硫黄锚固砂浆的参考配合比

配合比（质量比）硫黄∶水泥∶砂∶石蜡	材料用量（kg/m³）				
	硫黄	水泥	砂	石蜡	水
1∶0.5∶1.5∶0.03	300	150	450	9	150
1∶0.5∶1.5∶0.02	300	150	450	6	150

1.8.7 干拌砂浆

1.8.7.1 干拌砂浆的技术条件

干拌砂浆的技术条件见表1.8-11。

表1.8-11　干拌砂浆的技术条件

项目		砌筑砂浆	抹灰砂浆	地面砂浆
强度等级		DM2.5	DP2.5	DS15
		DM5.0	DP5.0	DS20
		DM7.5	DP7.0	DS25
		DM10	DP10	
		DM15		
稠度（mm）		≤90	≤90	≤90
分层度（mm）		≤20	≤20	≤20
保水性（%）		≥80	≥80	
28d抗压强度（MPa）		不小于其强度等级	不小于其强度等级	不小于其强度等级
凝结时间（h）	初凝	≥2	≥2	≥2
	终凝	≤10	≤10	≤10
抗冻性		满足设计要求		
收缩率（%）		≤0.5	≤0.5	≤0.5

1.8.7.2 干拌砂浆的参考配合比

干拌砂浆的参考配合比见表1.8-12。

表1.8-12　干拌砂浆的参考配合比（质量比）

成　分	砌筑砂浆	抹灰砂浆
水泥	12～20	
熟石灰	0～6	80
0～0.1mm石灰石粉	10～20	
0～4mm石英砂或石灰石砂	60～80	
引气剂	0.01～0.03	
中黏度甲基纤维素醚	0.02～0.04	

续表

成 分		砌筑砂浆	抹灰砂浆
白水泥			40
改性淀粉醚			0.2
可再分散乳胶粉			0～60
水			220
砂	0.2～0.7mm		400
	0.1～0.4mm		250
	1～2.8mm		50
1000目砂粉			80
瓷土			20
钛白粉			40

1.8.8 沥青砂浆

1.8.8.1 沥青砂浆的原材料

1. 沥青

沥青按材料来源可分为地沥青（天然沥青、石油沥青）与煤沥青（焦油沥青）两类；按冶炼工艺可分为直馏沥青、氧化沥青、溶剂沥青和调合沥青四类；按用途可分为道路沥青、建筑沥青、普通沥青和其他沥青四类；按常温形态可分为黏稠沥青、液体沥青和固体沥青三类；按原油基属可分为环烷基沥青、石蜡基沥青和中间基沥青三类。

石油沥青品质检验项目有针入度、针入度比、软化点、延度、溶解度、闪点、蜡含量等，其品质指标应符合《重交通道路石油沥青》（GB/T 15180—2000）的要求。

2. 砂

天然砂或人工砂均可用于拌制沥青砂浆，砂质地应坚硬，清洁、不含杂质，含泥量不大于4%。

3. 填料

沥青砂浆中的填料一般为矿粉，由碱性岩石制成的矿粉较好，工程中常用石灰石粉作为填料。若利用工业粉末废料、煤灰、黄土等代替矿粉时，则要求小于0.074mm的颗粒不小于75%，亲水系数不大于1。

1.8.8.2 沥青砂浆的参考配合比

沥青砂浆的参考配合比见表1.8-13。

表1.8-13 沥青砂浆的参考配合比（质量比）

配合比方案	沥青	填料	骨料	孔隙率（%）
方案1	14～30	20～25	骨料38～63	0～2
方案2	7～9	25～30	细骨料25～35	0
			粗骨料35～55	
方案3	11～14	20～30	细骨料25～40	
			粗骨料20～40	

1.9 防水与防腐蚀材料

1.9.1 工程的防水等级和设防

防水工程可分屋面防水工程和地下防水工程，其中水利渠道、水库大坝、公路、桥梁等的防水可以归类到地下防水工程。

1.9.1.1 屋面防水等级和设防要求

根据《屋面工程质量验收规范》（GB 50207—2002），屋面工程防水建筑物按性质、重要程度、使用功能以及防水层耐用年限等分为四个等级，见表1.9-1。

表1.9-1 屋面防水等级和设防要求（GB 50207—2002）

项 目	屋面防水等级			
	Ⅰ	Ⅱ	Ⅲ	Ⅳ
建筑物类别	特别重要或对防水有特殊要求的建筑	重要建筑和高层建筑	一般建筑	非永久性建筑
防水层耐用年限	25年	15年	10年	5年
防水层选用材料	合成高分子防水卷材、高聚物改性沥青防水卷材、金属板材、合成高分子防水涂料、细石混凝土等材料	高聚物改性沥青防水卷材、合成高分子防水卷材、金属板材、合成高分子防水涂料、高聚物改性沥青防水涂料、细石混凝土、平瓦、油毡瓦等材料	三毡四油沥青防水卷材、高聚物改性沥青防水卷材、合成高分子防水卷材、金属板材、高聚物改性沥青防水涂料、合成高分子防水涂料、细石混凝土、平瓦、油毡瓦等材料	二毡三油沥青防水卷材、高聚物改性沥青防水涂料等材料
设防要求	三道或三道以上防水	二道防水	一道防水	一道防水

1.9.1.2 地下工程防水等级及设防要求

1. 地下工程防水等级和适用范围

根据《地下工程防水技术规范》（GB 50108—2008），地下工程防水分为四级，各等级防水标准和适用范围应符合表1.9-2的规定。

2. 地下工程防水设防要求

地下工程的防水设防要求，应根据使用功能、使用年限、水文地质、结构形式、环境条件、施工方法及材料性能等因素确定。明挖法地下工程的防水设防要求可按表1.9-3选用，暗挖法地下工程的防水设防要求可按表1.9-4选用。

表1.9-2 地下工程防水等级和适用范围（GB 50108—2008）

防水等级	防水标准	适用范围
一级	不允许渗水，结构表面无湿渍	人员长期停留的场所；因有少量湿渍会使物品变质、失效的储物场所及严重影响设备正常运转和危及工程安全运营的部位；极重要的战备工程、地铁车站
二级	不允许漏水，结构表面可有少量湿渍；总湿渍面积不应大于总防水面积的2/1000；任意100m^2防水面积上的湿渍不超过3处，单个湿渍的最大面积不大于0.2m^2；其中隧道工程还要求平均渗水量不大于0.05L/(m^2·d)，任意100m^2防水面积上的渗水量不大于0.15L/(m^2·d)	人员经常活动的场所；在有少量湿渍的情况下不会使物品变质、失效的储物场所及基本不影响设备正常运转和工程安全运营的部位；重要的战备工程
三级	有少量漏水点，不得有线流和漏泥沙；任意100m^2防水面积上的漏水和湿渍点数不超过7处，单个漏水点的最大漏水量不大于2.5L/d，单个湿渍的最大面积不大于0.3m^2	人员临时活动的场所；一般战备工程
四级	有漏水点，不得有线流和漏泥沙；整个工程平均漏水量不大于2L/(m^2·d)，任意100m^2防水面积上的平均漏水量不大于4L/(m^2·d)	对渗漏水无严格要求的工程

表1.9-3 明挖法地下工程的防水设防要求（GB 50108—2008）

工程部位		主体结构		施工缝	后浇带		变形缝、诱导缝	
防水措施		防水混凝土	防水卷材、防水涂料、塑料防水板、膨润土防水材料、防水砂浆、金属防水板	遇水膨胀止水条（胶）、外贴式止水带、中埋式止水带、外抹防水砂浆、外涂防水涂料、水泥基渗透结晶防水涂料、预埋注浆管	补偿收缩混凝土	外贴式止水带、预埋注浆管、遇水膨胀止水条（胶）、防水密封材料	中埋式止水带	外贴式止水带、可卸式止水带、防水密封材料、外贴防水卷材、外涂防水涂料
防水等级	一级	应选	应选1～2种	应选2种	应选	应选2种	应选	应选1～2种
	二级	应选	应选1种	应选1～2种	应选	应选1～2种	应选	应选1～2种
	三级	应选	宜选1种	宜选1～2种	应选	宜选1～2种	应选	宜选1～2种
	四级	宜选		宜选1种	应选	宜选1种	应选	宜选1种

表1.9-4 暗挖法地下工程的防水设防要求（GB 50108—2008）

工程部位		衬砌结构		内衬砌施工缝	内衬砌变形缝、诱导缝	
防水措施		防水混凝土	防水卷材、防水涂料、塑料防水板、防水砂浆、金属防水层	遇水膨胀止水条（胶）、外贴式止水带、中埋式止水带、防水密封材料、水泥基渗透结晶防水涂料、预埋注浆管	中埋式止水带	外贴式止水带、可卸式止水带、防水密封材料、遇水膨胀止水条（胶）
防水等级	一级	必选	应选1～2种	应选1～2种	应选	应选1～2种
	二级	应选	应选1种	应选1种	应选	应选1种
	三级	宜选	宜选1种	宜选1种	应选	宜选1种
	四级	宜选	宜选1种	宜选1种	应选	宜选1种

表 1.9-5 **石油沥青的技术要求**

项目		水工石油沥青			建筑石油沥青			道路石油沥青					重交通道路石油沥青				
		1号	2号	3号	10	30	40	200	180	140	100	60	AH-130	AH-110	AH-90	AH-70	AH-50
针入度，25℃，100g，5s (10^{-1}mm)		70～90	60～80	40～60	10～25	26～35	36～50	200～300	150～200	110～150	80～110	50～80	120～140	100～120	80～100	60～80	40～60
延度，25℃，5cm/min (cm)					≥1.5	≥2.5	≥3.5	≥20	≥100	≥100	≥90	≥70					
延度，15℃，5cm/min (cm)		≥150	≥150	≥80									≥100	≥100	≥100	≥100	≥80
延度，4℃，1cm/min (cm)		≥20	≥15	—													
软化点（环球法）(℃)		44～52	46～55	48～60	≥95	≥75	≥60	30～45	35～45	38～48	42～52	45～55	38～48	40～50	42～52	44～54	45～55
溶解度（三氯乙烯）(%)		≥99.0			≥99.5			≥99.0					≥99.0				
脆点 (℃)		≤−12	≤−10	≤−8	报告实测值												
闪点（开口杯法）(℃)		≥230			≥230			≥180	≥200	≥230			≥230				
蜡含量（蒸馏法）(%)		≤2.2											≤3.0				
灰分 (%)		≤0.5															
密度，25℃ (kg/m³)		报告实测值											报告实测值				
薄膜烘箱试验 (163℃，5h)	质量变化 (%)	≤0.6	≤0.5	≤0.4	≤1.0			≤1.0					≤1.3	≤1.2	≤1.0	≤0.8	≤0.6
	针入度比 (%)	≥65			≥65			≥50	≥60	≥60			≥45	≥48	≥50	≥55	≥58
	延度，25℃，5cm/min (cm)										报告实测值		≤75	≤75	≤75	≤50	≤40
	延度，15℃，5cm/min (cm)	≤100	≤80	≤10									报告实测值				
	延度，4℃，1cm/min (cm)	≥6	≥4	—													
	脆点 (℃)	≤−8	≤−6	≤−5													
	软化点升高 (℃)	≤6.5															

1.9.2 石油沥青

石油沥青根据用途分为水工石油沥青［《水工石油沥青》(SH/T 0799—2007)］、建筑石油沥青［《建筑石油沥青》(GB/T 494—1998)］、道路石油沥青［《道路石油沥青》(SH/T 0522—2000)］和重交通道路石油沥青［《重交通道路石油沥青》(GB/T 15180—2000)］等。水工石油沥青中1号和2号适用于水工结构心墙和面板防渗层与平整胶结层等，3号适用于水工结构封闭层。建筑石油沥青适用于水工建筑屋面和地下防水的胶结料、涂料、油毡和防腐材料等。道路石油沥青适用于水利水电工程、轻交通量道路路面。重交通道路石油沥青适用于水利水电工程重交通量道路路面。不同种类石油沥青的技术要求见表1.9-5。

1.9.3 渣油

减压渣油可用于制造道路沥青，有时因石油沥青来源不足或为了降低沥青混凝土造价，可将渣油掺入沥青中使用。减压渣油材料的性能见表1.9-6。

1.9.4 聚合物

由低分子化合物人工合成的高分子化合物称为聚合物，也称为高聚物。它的特点是质轻、比强度高、弹性模量低、变形能力大、耐磨蚀性好，有良好的绝缘性；缺点是具有可燃性、易老化。

合成高分子聚合物按分子化学结构，分为：碳链聚合物（如聚乙烯），杂链聚合物（如酚醛树脂），元素有机聚合物（如有机硅树脂）等。聚合物按分子链的结构形状，分为线形结构、体形结构及支链结构。

表1.9-6 减压渣油材料的性能

项 目	型 号			
	Z1	Z2	Z3	Z4
针入度，25℃，100g ($\times10^{-1}$mm)	951.7	1071.6	884.4	577.1
黏度，100℃ (mm^2/s)	39.5	44.3	44.0	39.0
密度，20℃ (kg/m^3)	982	979	971	964
软化点（℃）	272	169	164	>320
延度，25℃/15℃ (cm)	60/80	61/51	45/54	37/46

线形结构聚合物，常温及高温下分子链呈卷曲状，具有良好的弹性及塑性，受热时可熔化，能溶于某些溶剂中。体形结构聚合物，分子链呈空间网状，不熔化，也不溶解。支链结构聚合物，机械强度及耐热性稍高，弹性及塑性稍低。聚合物根据常温下的性质，分为合成树脂、合成橡胶及合成纤维。几种典型聚合物的特点及用途见表1.9-7。

表1.9-7 典型聚合物的特点及用途

名 称	特 点	用 途
丙烯酸树脂	具有耐候、耐酸碱、浅色透明、粘结力强等优点	常用做涂料、粘结剂、助剂及聚合物混凝土材料等
聚氨酯树脂	不同的原料品种、不同生产方法和生产工艺可制备适应不同应用场合需要的聚氨酯产品	用于化学灌浆、涂料、粘结剂、助剂等
聚氯乙烯树脂	具有物美价廉、阻燃、耐化学腐蚀、力学性能和电性能较好、二次加工方便等特点，是性能优良、用途广泛的通用型塑料制品	用于制备PVC软硬塑料制品、防水材料等
环氧树脂	有较高的内聚力，很好的粘结性，固化后收缩小，强度高，吸水率小，耐腐蚀性强，硬度和柔韧性好	可用做金属与非金属的粘结剂、涂料、灌浆材料及配制环氧树脂混凝土等
有机硅聚合物	硅油：表面张力小、黏度变化小、憎水、耐热、电绝缘性强。硅橡胶：耐寒、耐热、耐老化及绝缘性强。有机硅树脂：硬度高、耐水、耐候、耐化学腐蚀、电绝缘性好、使用温度范围宽	硅油：有机硅油乳液可作为混凝土外加剂。硅橡胶：可制作各种橡胶制品及胶粘剂。有机硅树脂：可用做涂料、胶粘剂及塑料制品等
合成橡胶	常温下呈高弹性，弹性模量小，伸长率大，回弹率大，耐酸、耐碱、耐寒，抗渗及电绝缘等	与合成纤维等复合可制成各种橡胶制品，可用于橡胶基防水卷材、止水带、止水片、闸门上的止水橡皮、橡胶坝袋以及各种橡胶水管、传送带等，与沥青改性可用于制造涂料等

1.9.5 防水卷材

1.9.5.1 高聚物改性沥青防水卷材

高聚物改性沥青防水卷材简称为改性沥青防水卷材。在沥青中常用的改性高聚物有天然橡胶、氯丁胶、丁苯橡胶、丁基橡胶、乙丙橡胶、再生胶、SBS、APP、APO、APAO、IPP等高分子聚合物。

1. 弹性体改性沥青防水卷材

弹性体改性沥青防水卷材适用于工业与民用建筑的屋面和地下防水工程。

(1) SBS改性沥青防水卷材的材料性能[《弹性体改性沥青防水卷材》(GB 18242—2008)]见表1.9-8。

(2) 改性沥青聚乙烯胎防水卷材的材料性能[《改性沥青聚乙烯胎防水卷材》(GB 18967—2003)]见表1.9-9。

(3) 自粘橡胶沥青防水卷材的材料性能[《自粘橡胶沥青防水卷材》(JC 840—1999)]见表1.9-10。

表1.9-8　SBS改性沥青防水卷材的材料性能

<table>
<tr><td colspan="2" rowspan="3">项　目</td><td colspan="5">指　标</td></tr>
<tr><td colspan="2">Ⅰ</td><td colspan="3">Ⅱ</td></tr>
<tr><td>PY</td><td>G</td><td>PY</td><td>G</td><td>PYG</td></tr>
<tr><td rowspan="4">可溶物含量
(g/m²)</td><td>3mm</td><td colspan="4">≥2100</td><td></td></tr>
<tr><td>4mm</td><td colspan="4">≥2900</td><td></td></tr>
<tr><td>5mm</td><td colspan="4">≥3500</td><td></td></tr>
<tr><td>试验现象</td><td></td><td>胎基不燃</td><td></td><td>胎基不燃</td><td></td></tr>
<tr><td colspan="2" rowspan="2">耐热性</td><td colspan="2">90℃无流淌、无滴落</td><td colspan="3">105℃无流淌、无滴落</td></tr>
<tr><td colspan="5">涂盖物与胎体滑动≤2mm</td></tr>
<tr><td colspan="2">低温柔性</td><td colspan="2">−20℃无裂缝</td><td colspan="3">−25℃无裂缝</td></tr>
<tr><td colspan="2">不透水性，30min (MPa)</td><td>0.3</td><td>0.2</td><td colspan="3">0.3</td></tr>
<tr><td rowspan="3">拉力
(N/50mm)</td><td>最高峰</td><td>≥500</td><td>≥350</td><td>≥800</td><td>≥500</td><td>≥900</td></tr>
<tr><td>次高峰</td><td colspan="4"></td><td>≥800</td></tr>
<tr><td>试验现象</td><td colspan="5">拉伸过程中，试件中部无沥青涂盖层开裂或与胎基分离现象</td></tr>
<tr><td rowspan="2">延伸率
(%)</td><td>最高峰时</td><td>≥30</td><td></td><td>≥40</td><td colspan="2"></td></tr>
<tr><td>次高峰时</td><td colspan="4"></td><td>≥15</td></tr>
<tr><td colspan="2">浸水后质量增加(%)</td><td colspan="5">PE、S，≤1.0；M，≤2.0</td></tr>
<tr><td rowspan="4">热老化</td><td>保持率(%)</td><td colspan="5">拉力，≥90；延伸率，≥80</td></tr>
<tr><td>低温柔性</td><td colspan="2">−15℃无裂缝</td><td colspan="3">−20℃无裂缝</td></tr>
<tr><td>尺寸变化率(%)</td><td>≤0.7</td><td></td><td>≤0.7</td><td></td><td>≤0.3</td></tr>
<tr><td>质量损失(%)</td><td colspan="5">≤1.0</td></tr>
<tr><td colspan="2">渗油性(张)</td><td colspan="5">≤2</td></tr>
<tr><td colspan="2">接缝剥离强度(N/mm)</td><td colspan="5">≥1.5</td></tr>
<tr><td colspan="2">钉杆撕裂强度①(N)</td><td colspan="4"></td><td>≥300</td></tr>
<tr><td colspan="2">矿物粒料黏附性②(g)</td><td colspan="5">≤2.0</td></tr>
<tr><td colspan="2">卷材下表面沥青涂盖层厚度③(mm)</td><td colspan="5">≥1.0</td></tr>
<tr><td rowspan="3">人工加速老化</td><td>外观</td><td colspan="5">无流动、无流淌、无滴落</td></tr>
<tr><td>拉力保持率(%)</td><td colspan="5">≥80</td></tr>
<tr><td>低温柔性</td><td colspan="2">−15℃无裂缝</td><td colspan="3">−20℃无裂缝</td></tr>
</table>

注　PE为聚乙烯膜；G为玻纤毡；PY为聚酯毡；PYG为玻纤增强聚酯毡；S为细沙；M为矿物粒料。

① 仅适用于单层机械固定施工方式卷材。

② 仅适用于矿物粒料表面的卷材。

③ 仅适用于热熔施工的卷材。

表 1.9-9　改性聚乙烯胎防水卷材的材料性能

上表面覆盖材料		E						AL			
基料		O		M		P		M		P	
型号		Ⅰ	Ⅱ	Ⅰ	Ⅱ	Ⅰ	Ⅱ	Ⅰ	Ⅱ	Ⅰ	Ⅱ
不透水性（MPa）		≥0.3									
耐热性	℃	85		85	90	90	95	85	90	90	95
	现象	无流淌、无起泡									
拉力（N/50mm）	纵向	≥100	≥140	≥100	≥140	≥100	≥140	≥200	≥220	≥200	≥220
	横向		≥120		≥120		≥120				
断裂延伸率（%）	纵向	≥200	≥250	≥200	≥250	≥200	≥250				
	横向										
低温柔性	℃	0		−5		−10	−15	−5		−10	−15
	现象	无裂纹									
尺寸变化率	℃	85		85	90	90	95	85	90	90	95
	%	≤2.5									
加速老化 外观		无流淌、无起泡						无流淌、无起泡			
加速老化 拉力保持率，纵向（%）		≥80						≥80			
加速老化 低温柔性	℃	8		3		−2	−7	3		−2	−7
	现象	无裂纹						无裂纹			

注　1. O为改性氧化沥青；M为丁苯橡胶改性氧化沥青；P为高聚物改性沥青。
　　2. 加速老化项目E型为热空气老化，AL型为人工气候老化。
　　3. 表中前5项为强制性的项目。

表 1.9-10　自粘橡胶沥青防水卷材的材料性能

项目		表面材料		
		PE	AL	N
不透水性	压力（MPa）	0.2	0.2	0.1
	保持时间（min）	120		30
耐热性			80℃加热2h，无气泡、无滑动	
拉力（N/5cm）		≥130	≥100	
断裂延伸率（%）		≥450	≥200	≥450
低温柔性		−20℃，ϕ20mm，3S，180°无裂纹		
剪切性能	卷材与卷材	≥2.0N/mm或粘合面外断裂		粘合面外断裂
	卷材与铝板			
剥离性能		≥1.5N/mm或粘合面外断裂		粘合面外断裂
抗穿孔性		不渗水		
人工气候老化	外观		无裂纹、无气泡	
	拉力保持率（%）		≥80	
	柔度		−10℃，ϕ20mm，3S，180°无裂纹	

2. 塑性体改性沥青防水卷材

塑性体改性沥青防水卷材主要是以聚烯烃类聚合物作石油沥青改性剂，两面覆以隔离材料所制成的防水卷材，适用于工业与民用建筑的屋面和地下防水工程。玻纤增强聚酯毡卷材（PYG）适用于单层防水，玻纤毡卷材（G）适用于多层防水中的底层防水。外露部分应采用不透明的矿物粒料（M）的防水卷材。地下工程防水应采用表面隔离材料为细沙（S）的防水卷材。塑性体改性沥青防水卷材的材料性能［《塑性体改性沥青防水卷材》（GB 18243—2008）］见表 1.9-11。

表 1.9-11　塑性体改性沥青防水卷材的材料性能

项　目		指　标				
		Ⅰ		Ⅱ		
		PY	G	PY	G	PYG
可溶物含量（g/m²）	3mm	≥2100				
	4mm	≥2900				
	5mm	≥3500				
	试验现象		胎基不燃		胎基不燃	
耐热性		110℃无流淌、无滴落		130℃无流淌、无滴落		
		涂盖物与胎体滑移≤2mm				
低温柔性		−7℃无裂缝		−15℃无裂缝		
不透水性，30min（MPa）		0.3	0.2	0.3		
拉力（N/50mm）	最高峰	≥500	≥350	≥800	≥500	≥900
	次高峰					≥800
	试验现象	拉伸过程中，试件中部无沥青涂盖层开裂或与胎基分离现象				
延伸率（%）	最高峰时	≥25		≥40		
	次高峰时					≥15
浸水后质量增加（%）	PE、S	≤1.0				
	M	≤2.0				
热老化	保持率（%）	拉力，≥90；延伸率，≥80				
	低温柔性	−2℃无裂缝		−10℃无裂缝		
	尺寸变化率（%）	≤0.7		≤0.7		≤0.3
	质量损失（%）	≤1.0				
接缝剥离强度（N/mm）		≥1.0				
钉杆撕裂强度①（N）						≥300
矿物粒料黏附性②（g）		≤2.0				
卷材下表面沥青涂盖层厚度③（mm）		≥1.0				
人工加速老化	外观	无流动、无流淌、无滴落				
	拉力保持率（%）	≥80				
	低温柔性	−2℃无裂缝		−10℃无裂缝		

注　PE 为聚乙烯膜；PY 为聚酯毡。
① 仅适用于单层机械固定施工方式卷材。
② 仅适用于矿物粒料表面的卷材。
③ 仅适用于热熔施工的卷材。

1.9.5.2　合成高分子防水卷材

合成高分子防水卷材主要用于建筑物屋面防水及地下工程的防水。根据《高分子防水材料　第1部分：片材》(GB 18173.1—2006)，防水片材的分类见表1.9-12，规格和性能见表1.9-13～表1.9-15。表中人工气候老化和粘合性能项目为推荐项目，非外露使用可以不考核臭氧老化、人工气候老化，如热伸缩量、60℃断裂拉伸强度性能。

表1.9-12　　合成高分子防水片材的分类

分类		主要原材料（代号）
均质片	硫化橡胶类	三元乙丙橡胶（JL1）、橡胶（橡塑）共混（JL2）、氯丁橡胶、氯磺化聚乙烯、氯化聚乙烯（JL3）、再生胶（JL4）
	非硫化橡胶类	三元乙丙橡胶（JF1）、橡胶（橡塑）共混（JF2）、氯化聚乙烯（JF3）
	树脂类	聚氯乙烯（JS1）、乙烯、乙酸乙烯、聚乙烯（JS2）、乙烯乙酸乙烯改性沥青共混（JS3）
复合片	硫化橡胶类	三元乙丙、丁基、氯丁橡胶、氯磺化聚乙烯（FL）
	非硫化橡胶类	氯化聚乙烯、三元乙丙、丁基、氯丁橡胶、氯磺化聚乙烯（FF）
	树脂类	聚氯乙烯（FS1）、聚乙烯、乙烯乙酸乙烯（FS2）
点粘片	树脂类	聚氯乙烯（DS1）、聚乙烯、乙烯乙酸乙烯（DS2）、乙烯乙酸乙烯改性沥青共混（DS3）

表1.9-13　　合成高分子防水片材均质片的材料性能

项目		指标									
		硫化橡胶类				非硫化橡胶类			树脂类		
		JL1	JL2	JL3	JL4	JF1	JF2	JF3	JS1	JS2	JS3
断裂拉伸强度（MPa）	常温	≥7.5	≥6.0	≥6.0	≥2.2	≥4.0	≥3.0	≥5.0	≥10	≥16	≥14
	60℃	≥2.3	≥2.1	≥1.8	≥0.7	≥0.8	≥0.4	≥1.0	≥4	≥6	≥5
扯断伸长率（%）	常温	≥450	≥400	≥300	≥200	≥400	≥200	≥200	≥200	≥550	≥500
	-20℃	≥200	≥200	≥170	≥100	≥200	≥100	≥100	≥15	≥350	≥300
撕裂强度（kN/m）		≥25	≥24	≥23	≥15	≥18	≥10	≥10	≥40	≥60	≥60
不透水性，30min（MPa）		0.3		0.2		0.3	0.2		0.3		
低温弯折温度（℃）		≤-40	≤-30	≤-30	≤-20	≤-30	≤-20	≤-20	≤-20	≤-35	≤-35
加热伸缩量（mm）	延伸	≤2	≤2	≤2	≤2	≤2	≤4	≤4	≤2	≤2	≤2
	收缩	≤4	≤4	≤4	≤4	≤4	≤6	≤10	≤6	≤6	≤6
热空气老化，80℃，168h	断裂拉伸强度保持率（%）	≥80	≥80	≥80	≥80	≥90	≥60	≥80	≥80	≥80	≥80
	扯断伸长率保持率（%）	≥70	≥70	≥70	≥70	≥70	≥70	≥70	≥70	≥70	≥70
耐碱性，饱和 $Ca(OH)_2$ 溶液，常温，168h	断裂拉伸强度保持率（%）	≥80	≥80	≥80	≥80	≥80	≥70	≥70	≥80	≥80	≥80
	扯断伸长率保持率（%）	≥80	≥80	≥80	≥80	≥90	≥80	≥70	≥80	≥90	≥90
臭氧老化，40℃，168h	伸长率40%，浓度50%	无裂纹				无裂纹					
	伸长率20%，浓度50%		无裂纹								
	伸长率20%，浓度5%			无裂纹	无裂纹		无裂纹	无裂纹			

续表

项目		指标									
		硫化橡胶类				非硫化橡胶类			树脂类		
		JL1	JL2	JL3	JL4	JF1	JF2	JF3	JS1	JS2	JS3
人工气候老化	断裂拉伸强度保持率（%）	≥80	≥80	≥80	≥80	≥80	≥70	≥80	≥80	≥80	≥80
	扯断伸长率保持率（%）	≥70	≥70	≥70	≥70	≥70	≥70	≥70	≥70	≥70	≥70
粘结剥离强度（片材与片材）	标准试验条件下的强度（N/mm）	≥1.5									
	浸水后强度保持率，常温，168h（%）	≥70									

表 1.9-14　合成高分子防水片材复合片的材料性能

项目		指标			
		硫化橡胶类 JL	非硫化橡胶类 FF	树脂类	
				FS1	FS2
断裂拉伸强度（N/cm）	常温	≥80	≥60	≥100	≥60
	60℃	≥30	≥20	≥40	≥30
扯断伸长率（mm）	常温	≥300	≥350	≥150	≥400
	-20℃	≥150	≥50	≥10	≥30
撕裂强度（N）		≥40	≥20	≥20	≥20
不透水性，30min（MPa）		0.3	0.3	0.3	0.3
低温弯折温度（℃）		≤-35	≤-20	≤-30	≤-20
加热伸缩量（mm）	延伸	≤2	≤2	≤2	≤2
	收缩	≤4	≤4	≤2	≤4
热空气老化，80℃，168h	断裂拉伸强度保持率（%）	≥80	≥80	≥80	≥80
	扯断伸长率保持率（%）	≥70	≥70	≥70	≥70
耐碱性，10%的 $Ca(OH)_2$ 溶液，常温，168h	断裂拉伸强度保持率（%）	≥80	≥60	≥80	≥80
	扯断伸长率保持率（%）	≥80	≥60	≥80	≥80
臭氧老化，40℃，168h，浓度2%		无裂纹	无裂纹		
人工气候老化	断裂拉伸强度保持率（%）	≥80	≥70	≥80	≥80
	扯断伸长率保持率（%）	≥70	≥70	≥70	≥70
粘结剥离指标（片材与片材）	标准试验条件下的强度（N/mm）	≥1.0	≥1.5	≥1.5	≥1.5
	浸水后强度保持率，常温，168h（%）	≥70	≥70	≥70	≥70
复合强度（FS2型表层与芯层）（N/mm）					≥1.2

注　1. 对于整体厚度小于1.0mm的树脂类复合片材，扯断伸长率不得小于50%，其他性能达到规定值的80%以上。
2. 对于聚酯胎上涂覆三元乙丙橡胶的FF类片材，扯断伸长率不得小于100%，其他性能达到本表规定值。

表 1.9-15　　合成高分子防水片材点粘片的材料性能

项目		指标		
		DS1	DS2	DS3
断裂拉伸强度（MPa）	常温	≥10	≥16	≥14
	60℃	≥4	≥6	≥5
扯断伸长率（mm）	常温	≥200	≥550	≥500
	−20℃	≥15	≥350	≥300
撕裂强度60kN/m)		≥40	≥60	
不透水性，30min（MPa）		0.3		
低温弯折温度（℃）		≤−20	≤−35	
加热伸缩量（mm）	延伸	≤2		
	收缩	≤6		
热空气老化，80℃，168h	断裂拉伸强度保持率（%）	≥80		
	扯断伸长率保持率（%）	≥70		
耐碱性，10%的 $Ca(OH)_2$ 溶液，常温，168h	断裂拉伸强度保持率（%）	≥80		
	扯断伸长率保持率（%）	≥80		
人工气候老化	断裂拉伸强度保持率（%）	≥80		
	扯断伸长率保持率（%）	≥70		
粘结点	剥离强度（kN/m）	≥1		
	常温下断裂拉伸强度（N/cm）	≥100	≥60	
	常温下扯断伸长率（%）	≥150	≥400	
粘结剥离指标（片材与片材）	标准试验条件下的强度（N/mm）	≥1.5		
	浸水后强度保持率，常温，168h（%）	≥70		

1.9.5.3　沥青防水卷材

1. 石油沥青玻璃纤维胎防水卷材

石油沥青玻璃纤维胎防水卷材的材料性能［《石油沥青玻璃纤维胎防水卷材》（GB/T 14686—2008）］见表 1.9-16。

2. 铝箔面石油沥青防水卷材

铝箔面石油沥青防水卷材的材料性能［《铝箔面石油沥青防水卷材》（JC/T 504—2007）］见表 1.9-17。

1.9.6　防水涂料

1.9.6.1　沥青基防水涂料

水乳型沥青防水涂料的材料性能［《水乳型沥青防水涂料》（JC/T 408—2005）］见表 1.9-18。

1.9.6.2　高聚物改性沥青防水涂料

高聚物改性沥青防水涂料有溶剂型和水乳型两类。溶剂型橡胶沥青防水涂料的材料性能［《溶剂型橡胶沥青防水涂料》（JC/T 852—1999）］见表 1.9-19。

1.9.6.3　合成高分子防水涂料

1. 聚合物乳液建筑防水涂料

聚合物乳液建筑防水涂料可在屋面、墙面、室内等非长期浸水环境下的建筑防水工程中使用。若用于地下及其他建筑防水工程，其技术性能还应符合相关技术规程的规定。聚合物乳液建筑防水涂料的材料性能［《聚合物乳液建筑防水涂料》（JC/T 864—2008）］见表 1.9-20。

2. 聚氯乙烯弹性防水涂料

聚氯乙烯弹性防水涂料按施工方式分为热塑型（J型）和热熔型（G型）；按耐热和低温性能分为801型和802型，其中“80”代表耐热温度为80℃，“1”、“2”代表低温柔性温度分别为“−10℃”、“−20℃”。聚氯乙烯弹性防水涂料的材料性能［《聚氯乙烯弹性防水涂料》（JC/T 674—1997）］见表 1.9-21。

3. 聚氨酯防水涂料

聚氨酯防水涂料按组分分为单组分（S）、多组分（M）两种，按拉伸性能分为Ⅰ、Ⅱ两类。聚氨酯防水涂料的材料性能［《聚氨酯防水涂料》（GB/T 19250—2003）］见表 1.9-22。

4. 喷涂聚脲防水涂料

喷涂聚脲防水涂料产品按组成分为喷涂（纯）聚脲防水涂料（JNC）、喷涂聚氨酯（脲）防水涂料（JNJ）；按物理力学性能分为Ⅰ型和Ⅱ型。喷涂聚脲防水涂料的材料性能［《喷涂聚脲防水涂料》（GB/T 23446—2009）］见表 1.9-23。

表 1.9-16　石油沥青玻璃纤维胎防水卷材的材料性能

项　目		指　标	
		Ⅰ型	Ⅱ型
可溶物含量	g/m^2	15 号，≥700；25 号，≥1200	
	试验现象	胎基不燃	
拉力（N/50mm）	纵向	≥350	≥500
	横向	≥250	≥400
耐热性		85℃无滑动、无流淌、无滴落	
低温柔性		10℃无裂缝	5℃无裂缝
不透水性，30min（MPa）		0.1	
钉杆撕裂强度（N）		≥40	≥50
热老化	外观	无裂纹、无气泡	
	拉力保持率和质量损失率（%）	拉力保持率≥85，质量损失率≤2.0	
	低温柔性	15℃无裂缝	10℃无裂缝

表 1.9-17　铝箔面石油沥青防水卷材的材料性能

项　目		可溶物含量（g/m^2）	拉力（N/50mm）	柔度	耐热度（90℃±2℃）	分层（50℃±2℃）
指标	30 号	≥1550	≥450	5℃，绕半径 35mm 圆弧无裂纹	2h 涂盖层无滑动、无气泡、无流淌	7d 无分层现象
	40 号	≥2050	≥500			

表 1.9-18　水乳型沥青防水涂料的材料性能

项　目		L	H
外观		样品搅拌后均匀，无色差、无凝胶、无结块、无明显沥青丝	
固体含量（%）		≥45	
耐热度		80℃±2℃无流淌、无滑动、无滴落	110℃±2℃无流淌、无滑动、无滴落
不透水性，30min（MPa）		0.1	
粘结强度（MPa）		≥0.30	
干燥时间（h）		表干，≤8；实干，≤24	
低温柔度（℃）	标准条件	−15	0
	碱、热和紫外线处理	−10	5
断裂伸长率（%）	标准条件	600	
	碱、热和紫外线处理	600	

注　L 为低温型；H 为高温型。

表 1.9-19　溶剂型橡胶沥青防水涂料的材料性能

项　目		技　术　指　标	
		一等品	合格品
外观		黑色黏稠状细腻均匀胶状液体	
固体含量（%）		≥48	
抗裂性	基层裂缝（mm）	0.3	0.2
	涂膜状态	无裂纹	
低温柔性，ϕ10mm，2h		−15℃无裂纹	−10℃无裂纹
粘结性（MPa）		≥0.20	
耐热性，80℃，5h		无流淌、无鼓泡、无滑动	
不透水性，30min（MPa）		0.2	

表 1.9-20 聚合物乳液建筑防水涂料的材料性能

试验项目	指标	
	Ⅰ类	Ⅱ类
拉伸强度（MPa）	≥1.0	≥1.5
断裂伸长率（%）	≥300	
低温柔性，ϕ10mm	−10℃无裂纹	−20℃无裂纹
不透水性，30min（MPa）	0.3	
固体含量（%）	≥65	
干燥时间（h）	表干，≤12；实干，≤24	
老化处理后的拉伸强度保持率（%）	加热处理，≥80；碱处理，≥60；酸处理，≥40；人工老化处理，≥80	
老化处理后的断裂延伸率（%）	加热处理，≥200；碱处理，≥200；酸处理，≥200；人工老化处理，≥200	
加热伸缩率（%）	伸长，≤1.0；缩短，≤1.0	

表 1.9-21 聚氯乙烯弹性防水涂料的材料性能

项　目	技术指标	
	801	802
密度（kg/m³）	规定值×（1±0.1）	
耐热性，80℃，5h	无流淌、无起泡、无滑动	
低温柔性，ϕ20mm	−10℃无裂纹	−20℃无裂纹
断裂伸长率（%）	无处理，≥350；加热处理，≥280；紫外线处理，≥280；碱处理，≥280	
恢复率（%）	≥70	
不透水性，30min（MPa）	0.1	
粘结强度（MPa）	≥0.20	

表 1.9-22 聚氨酯防水涂料的材料性能

项　目		单组分		多组分	
		Ⅰ	Ⅱ	Ⅰ	Ⅱ
拉伸强度（MPa）		≥1.9	≥2.45	≥1.9	≥2.45
断裂伸长率（%）		≥550	≥450	≥450	≥450
撕裂强度（N/mm）		≥12	≥14	≥12	≥14
低温弯折性（℃）		≤−40		≤−35	
不透水性，30min（MPa）		0.3			
固体含量（%）		≥80		≥92	
干燥时间（h）		表干，≤12；实干，≤24		表干，≤8；实干，≤24	
加热伸缩率（%）		−4.0～1.0			
潮湿基面粘结强度①（MPa）		≥0.50			
定伸时老化		加热老化和人工气候老化②处理后无裂纹、无变形			
拉伸强度保持率（%）		热处理，80～150；碱处理，60～150；酸处理，80～150；人工气候老化，80～150			
热处理、碱处理、酸处理、人工气候老化②	断裂伸长率（%）	≥500	≥400	≥400	
	低温弯折性（℃）	≤−35		≤−30	

① 仅用于地下工程潮湿基面的产品。
② 仅用于外露使用的产品。

表 1.9-23 喷涂聚脲防水涂料的材料性能

项目		技术指标	
		Ⅰ型	Ⅱ型
固体含量(%)		≥96	≥98
凝胶时间(s)		≤45	
表干时间(s)		≤120	
拉伸强度(MPa)		≥10.0	≥16.0
断裂伸长率(%)		≥300	≥450
撕裂强度(N/mm)		≥40	≥50
低温弯折性(℃)		≤−35	≤−40
不透水性,2h(MPa)		0.4	
加热伸缩率(%)		伸长,≤1.0;收缩,≤1.0	
粘结强度(MPa)		≥2.0	≥2.5
吸水率(%)		≤5.0	
定伸时老化		加热老化和人工气候老化处理后无裂纹及无变形	
热处理、碱处理、酸处理、人工气候老化	拉伸强度保持率(%)	80~150	
	断裂伸长率(%)	≥250	≥400
	低温弯折性(℃)	≤−30	≤−35
特殊性能	硬度(邵氏A)	≥70	≥80
	耐磨性,750g,500r(mg)	≤40	≤30
	耐冲击性(kg·m)	≥0.6	≥1.0

5. 聚合物水泥防水涂料

聚合物水泥防水涂料(JC/T 894—2001)产品分为Ⅰ型(以聚合物为主)和Ⅱ型(以水泥为主)两种。Ⅰ型主要用于非长期浸水环境下的建筑防水工程,Ⅱ型产品适用于长期浸水环境下的建筑防水工程。聚合物水泥防水涂料的材料性能[《聚合物水泥防水涂料》(JC/T 894—2001)]见表 1.9-24。

表 1.9-24 聚合物水泥防水涂料的材料性能

试验项目		技术指标	
		Ⅰ型	Ⅱ型
固体含量(%)		≥65	
干燥时间(h)		表干,≤4;实干,≤8	
拉伸强度	无处理(MPa)	≥1.2	≥1.8
	加热和紫外线处理后保持率(%)	≥80	
	碱处理后保持率(%)	≥70	≥80
断裂伸长率(%)	无处理	≥200	≥80
	加热和紫外线处理	≥150	≥65
	碱处理	≥140	≥65
低温柔性,ϕ10mm		−10℃无裂纹	
不透水性,30min(MPa)		0.3	
潮湿基面粘结强度		≥0.5	≥1.0
抗渗性,背水面(MPa)			≥0.6

1.9.6.4 水泥基渗透结晶型防水材料

水泥基渗透结晶型防水材料的材料性能[《水泥基渗透结晶防水材料》(GB 18445—2001)]见表 1.9-25 和表 1.9-26。

表 1.9-25 水泥基渗透结晶防水材料的材料性能

试验项目		性能指标	
		Ⅰ型	Ⅱ型
匀质性	含水量、总碱量($Na_2O+0.65K_2O$)、氯离子含量	控制值相对量的5%之内	
	细度,0.315mm筛	控制值相对量的10%之内	
防水涂料	安定性	合格	
	凝结时间	初凝,≥20min;终凝,≤24h	
	抗折强度(MPa)	7d,≥2.80;28d,≥3.50	
	抗压强度(MPa)	7d,≥12.0;28d,≥18.0	
	湿基面粘结强度(MPa)	≥1.0	
	抗渗压力,28d(MPa)	≥0.8	≥1.2
	第二次抗渗压力,56d(MPa)	≥0.6	≥0.8
	渗透压力比,28d(%)	≥200	≥300

表 1.9-26　掺水泥基渗透结晶防水材料混凝土性能

试验项目	性能指标
减水率（%）	≥10
泌水率比（%）	≤70
抗压强度比，7d和28d（%）	≥120
含气量（%）	≤4.0
凝结时间差，初凝（min）	>−90
收缩率比，28d（%）	≤125
渗透压力比，28d（%）	≥200
第二次抗渗压力，56d（MPa）	≥0.6
锈蚀作用	对钢筋无锈蚀危害

注　凝结时间差为掺水泥基结晶防水材料混凝土的凝结时间与基准混凝土的凝结时间差，“−”表示时间缩短。

1.9.7　防腐蚀涂料

1.9.7.1　防腐蚀涂料的组成

在通常情况下，防腐蚀涂料是以多道涂层组成一个完整的防护体系来发挥防腐蚀功能，包括底涂层、中间涂层和面涂层。但也有一些涂层是由单一涂料形成的，如粉末环氧涂料、厚浆涂料、喷涂聚脲弹性体涂料，或与其他增强材料联合使用的防腐蚀涂料。防腐蚀涂料综合性能见表1.9-27，供参考。

1.9.7.2　防腐蚀涂料性能比较

由于防腐蚀涂料种类多、用途广，不同场合需用不同性能的涂料，所以难以制定统一的标准。现列举部分防腐蚀涂料，其性能的综合比较见表1.9-28，供参考。

表 1.9-27　防腐蚀涂料涂层体系的组成和特点

涂层	性能要求	适用涂料	涂料特点	适用场合
底涂层	对基体附着力好，黏度低，易润湿基面，低膜厚，具有防锈功能	富锌涂料	以具有牺性阳极功能的锌粉做颜料，具有较强的抗腐蚀能力，有水性、无机和有机富锌涂料产品	要求耐久寿命15年以上的工程部位
		金属涂料	采用电弧喷涂或火焰喷涂将锌、铝或锌铝合金熔化成液体喷射到金属基体上，具有牺牲阳极的效果，耐久寿命长	要求耐久寿命20年以上的工程部位
		防锈涂料	以防锈颜料如三聚磷酸铝、铁红等配制而成的涂料，与基层附着力好	适合中等耐久性以下的工程部位
中间涂层	承上启下功能，与底涂层和面涂层配套，屏蔽颜料具有屏蔽阻挡作用	云铁涂料	云铁颜料的片状特点形成涂膜后像鱼鳞一样覆盖在底涂层上，有效延长甚至隔断介质的渗透通道达到防腐蚀的功能，以环氧树脂云铁涂料使用最多	
		磷酸锌涂料	以磷酸锌为颜料的涂层在低黏度时能够很好地渗透进底涂层，附着力好，与环氧云铁配合功能增强	尤其适合金属涂层的封闭
		铁红涂料	以防锈颜料铁红等配制而成，具有中等能力的防腐蚀涂料	耐久性要求不高时适用
面涂层	阻挡介质的侵入，装饰和标志作用，耐腐蚀和耐老化	氯化树脂涂料	氯化聚乙烯、氯化橡胶、铝磺化聚乙烯涂料等具有较好的耐候性和防腐蚀性能，为单组分涂料	耐候性一般，耐久性约5～10年，氯化橡胶可以用于水下
		丙烯酸酯涂料	单组分涂料，耐候性好	适用于大气结构表面耐久性要求5～10年的部位
		有机硅改性涂料	有机硅材料对丙烯酸树脂改性等的涂料，耐候性能提高很多，防腐蚀性能优异	一般用于大气结构，耐久性一般为10～15年
		改性聚氨酯涂料	芳香族聚氨酯不耐光老化，脂肪族聚氨酯耐候性优异，防腐蚀性能好	脂肪族改性聚氨酯适合耐久性要求8～12年的部位
		含氟涂料	用耐候性、耐腐蚀性优异的氟树脂配制而成，耐候性优，耐腐蚀性能好	适合大气结构表面，耐久性要求15年以上的部位

续表

涂层	性能要求	适用涂料	涂料特点	适用场合
厚涂层	一次或二次涂装就达到规定厚度，工序省，防腐蚀性能优	粉末涂料	以环氧树脂等加工而成的粉末状涂料，通过静电喷涂在基体表面、然后加热熔化固化而成，一次涂装即达到规定厚度，防腐蚀性能优异	主要用于钢筋表面防腐蚀
		喷涂弹性体涂料	以端异氰酸酯基半预聚体、端氨基聚醚和胺扩链剂为基料，经高温高压撞击式混合设备喷涂而成的聚脲防护材料	适用于需要尽快投入使用的工程结构的防水和防腐蚀部位
		厚浆涂料	由少量溶剂或无溶剂组成的高固含量涂料，一次涂装就达到规定厚度，为重防腐蚀涂料	适合一次涂装的部位

表 1.9-28　防腐蚀涂料性能比较

涂料名称		牌号或型号	耐酸	耐碱	耐水	耐油	耐候	耐磨	耐温 100℃	耐高温 400℃	装饰性	附着力	
												与钢	与混凝土
沥青涂料		耐酸型	√	√	√	△	△	×	×	×	×	√	√
铝粉沥青涂料		铝粉	○	○	√	△	○	×	×	×	△	√	√
环氧涂料		防腐型	√	√	√	○	○	√	×	×	○	√	√
环氧沥青涂料		防腐型	√	√	√	○	○	○	×	×	×	√	√
氯化橡胶涂料		防化工大气	○	○	○	○	√	○	×	×	○	√	√
氯磺化聚乙烯涂料		防化工大气	√	√	√	○	√	△	√	×	○	○	√
过氯乙烯涂料		防腐型	√	√	√	√	√	○	×	×	√	○	○
聚氨酯涂料		脂肪族	○	○	○	√	√	○	○	×	√	○	√
氟树脂涂料		溶剂型	○	○	○	√	√	△	○	×	√	○	○
醇酸涂料		耐酸型	△	×	○	√	√	△	×	×	√	○	○
高氯化聚乙烯涂料			√	√	√	○	√	○	√	×	○	√	○
有机硅防腐涂料		耐高温型	△	△	√	√	√	△	√	√	○	△	
玻璃鳞片涂料	不饱和聚酯	防腐型	√	○	√	○	△	△	×	×	○	√	√
	乙烯基酯	防腐型	√	△	√	√	√	√	×	×	○	√	○
丙烯酸树脂涂料		耐候型	△	×	○	○	√	△	×	×	√	○	○
富锌涂料		防腐型	×		√	△	△	○	△	×	×	√	

注　1. √为优，○为良，△为可，×为差。
2. 表中所示性能与型号对应，特殊型号的性能未予体现。各类厚浆型涂料与同类涂料基本相同。

1.9.7.3　防腐蚀涂料的设计一般要求

防腐蚀涂层系统的设计应根据结构用途、使用年限、所处环境和经济因素等综合考虑。涂层系统的设计应包括涂料品种选择、涂层配套、涂层厚度、涂装前表面预处理和涂装工艺等。涂层系统设计使用寿命应根据保护对象的使用年限、价值程度和维修难易等确定。使用寿命一般分为短期（5年以下）、中期（5～10年）、长期（10～20年）和超长期（20年以上）。

1.9.7.4　防腐蚀涂层配套及选择

1. 涂层配套

涂层（底涂层、中间涂层、面涂层）之间应具有良好的匹配性和层间附着力。后道涂层对前道涂层应无咬底现象，各道涂层之间应有相同或相近的热膨胀系数。根据《水电水利工程金属结构设备防腐蚀技术规程》（DL/T 5358—2006），涂层间的复涂适应性见表 1.9-29。

表 1.9-29 防腐蚀涂料间的复涂适应性

涂于下层的涂料	涂于上层的涂料											
	长效磷化底漆	无机富锌底漆	有机富锌底漆	环氧云铁涂料	油性防锈涂料	醇酸树脂涂料	酚醛树脂涂料	氯化橡胶涂料	乙烯树脂涂料	环氧树脂涂料	焦油环氧涂料	聚氨酯类涂料
长效磷化底漆	○	×	×	△	○	○	○	○	○	△	△	△
机富锌底漆	○	○	○	○	×	△	△	○	○	○	○	○
有机富锌底漆	○	×	○	○	×	△	△	○	○	○	○	○
环氧云铁涂料	×	×	×	○	○	○	○	○	○	○	○	○
油性防锈涂料	×	×	×	×	○	○	○	×	×	×	×	×
醇酸树脂涂料	×	×	×	×	○	○	○	○	△	×	×	×
酚醛树脂涂料	×	×	×	×	○	○	○	○	△	△	△	△
氯化橡胶涂料	×	×	×	×	×	○	○	○	△	×	×	×
乙烯树脂涂料	×	×	×	×	×	×	×	×	○	×	×	×
环氧树脂涂料	×	×	×	△	×	△	△	△	○	○	△	○
焦油环氧涂料	×	×	×	×	×	△	△	△	△	○	○	△
聚氨酯类涂料	×	×	×	×	×	△	△	△	○	○	△	○

注 ○为可以；×为不可以；△为一定条件下可以。氟树脂涂料参照聚氨酯类涂料。

2. 涂层系统的选择

（1）混凝土结构防腐蚀一般采用耐碱性优异的封闭底涂层和覆盖面涂层构成，底涂层以低黏度的环氧树脂类涂料应用较广，面涂层根据环境差异选择耐候性、耐腐蚀的涂料。除了底涂层用耐碱性优异的封闭涂层替代外，中间涂层和面涂层的选用原则与钢结构的选择原则相同。

（2）钢结构防腐蚀中，当底涂层以喷涂金属替代富锌涂料时，表面清洁度等级应达到 Sa2 $\frac{1}{2}$ 以上。喷涂金属层最小局部厚度推荐值参见表 1.9-30～表 1.9-33 的表注，中间涂层和面涂层的材料选用以及涂层道数和总涂层厚度尽量与表中推荐值接近。

1）处于大气环境中的钢结构，应根据耐久性年限要求选择耐光老化、耐盐雾侵蚀、耐酸雨、耐湿热老化等性能好的涂层体系，可参照表 1.9-30、表 1.9-31。

2）处于水位变化区的金属结构，应根据耐久性年限要求选择耐盐雾侵蚀、耐光老化、耐水冲刷、耐湿热老化和耐干湿交替等性能好的涂层系统，可参照表 1.9-32。

3）处于水下区的金属结构，宜选用具有耐水性、耐盐和耐生物侵蚀性好的涂层系统，可参照表 1.9-33。

表 1.9-30 乡村大气中金属结构的涂层系统

设计使用年限（年）	配套涂层名称		涂层道数	平均涂层厚度（μm）
10～20	底涂层	有机或无机富锌涂料	1～2	80
	中间涂层	环氧树脂涂料	1～2	40
	面涂层	聚氨酯涂料或丙烯酸树脂涂料或氯化橡胶涂料或高氯化聚乙烯树脂涂料	1～2	80
5～10	底涂层	有机或无机富锌涂料	1～2	80
	中间涂层	环氧树脂涂料	1	40
	面涂层	丙烯酸树脂涂料或高氯化聚乙烯树脂涂料或氯化橡胶涂料	1～2	80

续表

设计使用年限（年）	配套涂层名称		涂层道数	平均涂层厚度（μm）
<5	同品种底面层配套	醇酸树脂防锈涂料或丙烯酸树脂防锈涂料或氯化橡胶防锈涂料或氯磺化聚乙烯树脂防锈涂料或高氯化聚乙烯防锈涂料	4	160
	底涂层	环氧树脂防锈涂料	1～2	80
	面涂层	醇酸树脂涂料或丙烯酸树脂涂料或氯化橡胶涂料或氯磺化聚乙烯树脂涂料或高氯化聚乙烯涂料或环氧树脂涂料	1	40

注 1. 设计使用年限 5 年以上表面清洁度等级为 Sa2 $\frac{1}{2}$，设计使用年限小于 5 年表面清洁度等级为 Sa2 或 St3。

2. 表中聚氨酯树脂涂料，当对颜色和光泽度保持有要求时，应考虑使用脂肪族聚氨酯涂料。

3. 使用年限 20 年以上，喷涂锌（铝）厚度应达到 160μm；使用年限 10～20 年，喷涂锌（铝）厚度应达到 120μm。

表 1.9-31　工业大气、城市大气和海洋大气中金属结构的涂层系统

设计使用年限（年）	配套涂层名称		工业大气、城市大气		海洋大气	
			涂层道数	平均涂层厚度（μm）	涂层道数	平均涂层厚度（μm）
10～20	底涂层	有机富锌涂料或无机富锌涂料	1～2	80	1～2	80
	中间涂层	环氧树脂涂料	1～2	120	1～2	120
	面涂层	聚氨酯涂料或氟树脂涂料或丙烯酸改性有机硅涂料	1～2	80	2～3	120
5～10	底涂层	有机或无机富锌涂料	1～2	80	1～2	80
	中间涂层	环氧树脂涂料	1～2	40	1～2	80
	面涂层	聚氨酯涂料或丙烯酸树脂涂料或氯化橡胶涂料或高氯化聚乙烯树脂涂料	1～2	80	1～2	80
<5	底涂层	环氧树脂防锈涂料	1～2	80	1～2	80
	中间涂层	环氧树脂涂料	1	40	1～2	80
	面涂层	聚氨酯涂料	1～2	80	1～2	80
	底涂层	厚浆型环氧树脂防锈涂料	1	160	1	160
	面涂层	丙烯酸树脂涂料或氯化橡胶涂料或高氯化聚乙烯树脂涂料	1	40	1～2	80
	同品种底面涂层配套	丙烯酸树脂防锈涂料/氯化橡胶防锈涂料/高氯化聚乙烯树脂防锈涂料/醇酸树脂防锈涂料	3～5	200	3～5	200

注 1. 表面清洁度等级均为 Sa2 $\frac{1}{2}$ 级。

2. 表中聚氨酯树脂涂料和氟树脂涂料，当对颜色和光泽度保持有要求时，应考虑使用脂肪族类涂料。

3. 使用年限 20 年以上，喷涂锌（铝）厚度应达到 200μm（160μm）；使用年限 10～20 年，喷涂锌（铝）厚度应达到 160μm（120μm）。

表 1.9-32 水位变化区金属结构的涂层系统

设计使用年限（年）	配套涂层名称		涂层道数	平均涂层厚度（μm）
10～20	底涂层	有机或无机富锌涂料	2～3	120
	中间涂层	环氧树脂类涂料	2～3	120
	面涂层	环氧树脂类涂料或聚氨酯类涂料	3～4	160
5～10	底涂层	有机或无机富锌涂料	1～2	80
	中间涂层	环氧树脂类涂料或聚氨酯类涂料	2～3	120
	面涂层	氯化橡胶类涂料或聚氨酯类涂料或丙烯酸树脂涂料	1～2	80
	底涂层	有机或无机富锌涂料	1～2	80
	中间涂层	氯化橡胶类涂料或高氯化聚乙烯涂料	2～3	120
	面涂层	氯化橡胶类涂料或高氯化聚乙烯涂料	1～2	80
<5	底涂层	环氧树脂防锈涂料	1～2	80
	中间涂层	环氧树脂类涂料	1～2	80
	面涂层	环氧树脂类涂料或氯化橡胶类涂料或高氯化聚乙烯树脂涂料或聚氨酯树脂类涂料或丙烯酸树脂涂料	1～2	80
	同品种底面涂层配套	环氧树脂煤焦油沥青涂料或聚氨酯煤焦油沥青涂料	2～4	240

注 1. 表面清洁度等级均为 Sa2 $\frac{1}{2}$ 级。

2. 使用年限 20 年以上，喷涂锌（铝）厚度应达到 300μm（200μm）；使用年限 10～20 年，喷涂锌（铝）厚度应达到 200μm（160μm）。

表 1.9-33 水下区金属结构的涂层系统

设计使用年限（年）	配套涂层名称		涂层道数	平均涂层厚度（μm）
10～20	底涂层	有机或无机富锌涂料	1～2	80
	面涂层	环氧树脂煤焦油沥青涂料或聚氨酯煤焦油沥青涂料	3～4	440
	底涂层	环氧煤焦油沥青防锈涂料	1	120
	面涂层	环氧煤焦油沥青涂料	3	360
	同品种底面涂层配套	无溶剂环氧树脂厚浆涂料	1～2	600
		厚浆型或无溶剂型环氧煤焦油沥青涂料	1	500～800
5～10	底涂层	有机富锌涂料或无机富锌涂料或环氧树脂防锈涂料	1～2	80
	中间涂层	环氧树脂类涂料	1～2	80
	面涂层	环氧树脂类涂料或聚氨酯类涂料	2～4	200
	同品种底面涂层配套	氯化橡胶防锈涂料/高氯化聚乙烯树脂涂料	4～6	360
		环氧煤焦油沥青涂料	3	360
		厚浆型聚氨酯煤焦油沥青涂料	2	400
<5	同品种底面涂层配套	氯化橡胶涂料或高氯化聚乙烯树脂涂料	2～4	220
		环氧煤焦油沥青涂料或聚氨酯煤焦油沥青涂料	2～4	260

注 1. 表面清洁度等级均为 Sa2 $\frac{1}{2}$ 级。

2. 海水环境下使用年限 20 年以上，喷涂锌（铝）厚度应达到 300μm（200μm）；使用年限 10～20 年，喷涂锌（铝）厚度应达到 200μm（160μm）。若在淡水环境下，则喷涂层厚度可减少 40μm。

1.9.8 防水密封胶

建筑防水密封胶品种繁多，依据所承受接缝位移能力分为低、中、高三类。低位移能力的有聚丁烯、油性和沥青基嵌缝胶；中位移能力的有丁基橡胶、氯丁胶等类型的密封胶；高位移能力的有聚硫橡胶、聚氨酯、硅酮型以及各种相应改性聚合物为基础的密封胶，具有较好的弹性功能。

1.9.8.1 合成高分子密封胶

合成高分子密封胶按组分分为单组分（Ⅰ）型和双组分（Ⅱ）型；按流变性分为N型（非下垂型）和L型（自流平型）；按位移能力分为25、20两个级别；按拉伸模量分为高模量（HM）和低模量（LM）。合成高分子密封材料的材料性能［《层面工程质量验收规范》（GB 50207—2002）］见表1.9-34。

1. 硅酮、聚氨酯、聚硫建筑密封胶

硅酮建筑密封胶［《硅酮建筑密封胶》（GB/T 14683—2003）］、聚氨酯建筑密封胶［《聚氨酯建筑密封胶》（JC 482—2003）］和聚硫建筑密封胶［《聚硫建筑密封胶》（JC 483—2006）］的材料性能应符合表1.9-35的规定。

表1.9-34 合成高分子密封材料的材料性能

项目		性能要求	
		弹性体密封材料	塑性体密封材料
拉伸粘结性	拉伸强度（MPa）	≥0.2	≥0.02
	延伸率（%）	≥200	≥250
柔性		−30℃，无裂纹	−20℃，无裂纹
拉伸—压缩循环性能	拉伸—压缩率（%）	±20	±10
	粘结和内聚破坏面积（%）	≤25	

表1.9-35 硅酮、聚氨酯、聚硫建筑密封胶的材料性能

项目		硅酮建筑密封胶				聚氨酯和聚硫建筑密封胶		
		25HM	20HM	25LM	20LM	20HM	25LM	20LM
密度（kg/m³）		规定值×（1±0.1）						
流动性（mm）	下垂度（N型）	≤3						
	流平性（L型）	无变形				光滑平整		
表干时间（h）		≤3				≤24		
挤出性①（mL/min）		≥80						
弹性恢复率（%）		≥80				≥70		
拉伸模量（MPa）	23℃	>0.4		≤0.4		>0.4	≤0.4	
	−20℃	>0.6		≤0.6		>0.6	≤0.6	
粘结性		定伸后、浸水定伸后、冷拉—热压后、紫外线辐照后无破坏				定伸后、浸水定伸后、冷拉—热压后无破坏		
质量损失率（%）		≤10				聚氨酯，≤7；聚硫，≤5		
适用期②（h）						聚氨酯，≥1；聚硫，≥2		

① 此项仅适用于单组分产品。
② 此项仅适用于多组分产品。适用期指各组分混合后可供施工时间。

2. 丙烯酸酯建筑密封胶

丙烯酸酯建筑密封胶有水乳型和溶剂型两类。由于环境因素目前以水乳型聚丙烯酸酯密封胶为常用密封胶，它是以丙烯酸酯乳液为基料的单组分水乳型建筑密封胶。产品按位移能力分为12.5和7.5两个级别：12.5级位移能力为12.5%，其试验拉伸压缩幅度为±12.5%；7.5级位移能力为7.5%，其试验拉伸压缩幅度为±7.5%。12.5级密封胶按其弹性恢复率又分为弹性体和塑性体两个次级别：弹性体（12.5E）弹性恢复率不小于40%；塑性体（12.5P和7.5P）弹性恢复率小于40%。12.5E级主要用于接缝密封，12.5P级和7.5P级主要用于一般装饰装修工程的填缝，均不宜用于长期浸水的部位。丙烯酸酯建筑密封胶的材料性能［《丙烯酸酯建筑密封胶》

(JC 484—2006)] 见表 1.9-36。

1.9.8.2 石油沥青密封油膏

改性石油沥青密封材料 [《层面工程质量验收规范》(GB 50207—2002)] 按耐热度和低温柔性分为Ⅰ类和Ⅱ类。建筑防水沥青嵌缝油膏 [《建筑防水沥青嵌缝油膏》(JC/T 207—1996)] 按耐热性和低温柔性分为702 和 801 两个标号。这两大类防水材料均广泛用于一般建筑物上表面的密封，其材料性能见表 1.9-37。

表 1.9-36 丙烯酸酯建筑密封胶的材料性能

项目	技术指标		
	12.5E	12.5P	7.5P
密度 (kg/m³)	规定值×(1±0.1)		
下垂度 (mm)	≤3		
表干时间 (h)	≤1		
挤出性 (mL/min)	≥100		
弹性恢复率 (%)	≥40	实测值	
粘结性	定伸、浸水后定伸、冷拉—热压后无破坏		
同一温度下拉伸—压缩循环后粘结性		无破坏	
断裂伸长率 (%)		≥100	
浸水后断裂伸长率 (%)		≥100	
低温柔性 (℃)	−20	−5	
体积变化率 (%)	≤30		

表 1.9-37 改性石油沥青密封材料和建筑防水沥青嵌缝膏的材料性能

项目		改性石油沥青密封材料		建筑防水沥青嵌缝油膏	
		Ⅰ	Ⅱ	702	801
密度 (kg/m³)				规定值×(1±0.1)	
耐热度	温度 (℃)	70	80	70	80
	下垂值 (mm)	≤4.0			
低温柔性	温度 (℃)	−20	−10	−20	−10
	粘结状况	无裂纹、无剥离		无裂纹、无剥离	
拉伸粘结性 (%)		≥125		≥125	
浸水后拉伸粘结性 (%)		≥125		≥125	
挥发性 (%)		≤2.8		≤2.8	
施工度 (mm)		≥22.0	≥20.0	≥22.0	≥20.0
渗出性	渗出幅度 (mm)			≤5	
	渗出张数 (张)			≤4	

1.10 金 属 材 料

1.10.1 钢的分类

钢通常可按冶炼方法、化学成分、品质、用途及加工方法进行划分，详见表 1.10-1。

1.10.2 建筑常用钢种

1.10.2.1 钢铁产品牌号表示方法

钢的牌号由代表屈服强度字母、屈服强度数值、质量等级符号、脱氧方法符号 4 个部分按顺序组成。例如 Q235AF：

Q——钢材屈服强度，“屈”字汉语拼音首位字母（钢号中的第一序）；

235——该种钢材的屈服强度，即 235N/mm²（钢号中的第二序）；

A、B、C、D——质量等级（钢号中的第三序），本例为 A 级；

F——沸腾钢，“沸”字汉语拼音首位字母（钢号中的第四序）。

此外还有：

Z——镇静钢，“镇”字汉语拼音首位字母（钢号中的第四序）；

TZ——特殊镇静钢，“特”“镇”两字语拼音首位字母（钢号中的第四序）。

在牌号组成表示方法中，“Z”和“TZ”符号可以省略。

由于我国各行业都广泛使用金属材料，也制定了相应的技术标准，其表示方法和有关参数、符号、单位也不尽相同。本节汇总部分主要金属材料的性能指标，且仍引用相关规程原版资料，不作换算。

1.10.2.2　碳素结构钢

碳素结构钢的物理力学性能见表 1.10-2。碳素结构钢的弯曲性能见表 1.10-3。

1.10.2.3　建筑常用优质碳素结构钢及低合金高强度结构用钢

建筑常用优质碳素结构钢的机械性能见表 1.10-4。低合金高强度结构钢的机械性能见表 1.10-5。

表 1.10-1　钢的分类

分类依据		名称			说明
冶炼方法	炉型	平炉钢			冶炼碳素钢和普通低合金钢
		转炉钢			冶炼碳素钢和普通低合金钢
		电炉钢			主要冶炼合金钢
	炉衬材料	酸性			平炉钢和转炉钢均可分此两类
		碱性			
	脱氧程度	沸腾钢			不脱氧的钢，成本稍低，质量不太均匀
		镇静钢			完全脱氧的钢，质量均匀，成本较高
		半镇静钢			半脱氧的钢，成本和质量介于沸腾钢与镇静钢之间
		特殊镇静钢			比镇静钢脱氧程度更充分彻底，质量最好，适用于特别重要的结构工程
化学成分		碳素钢	普通碳素钢	低碳钢	含碳量一般小于 0.25%
				中碳钢	含碳量一般在 0.25%～0.6%
				高碳钢	含碳量一般大于 0.6%
			优质碳素钢		硫和磷的含量一般均不超过 0.035%
		合金钢	低合金钢		合金元素总含量一般小于 5%
			中合金钢		合金元素总含量在 5%～10%
			高合金钢		合金元素总含量在 10%以上
品质		普通钢			含硫量≤0.055%、含磷量≤0.045%
		优质钢（质量钢）			含硫量≤0.035%、含磷量≤0.035%
		高级优质钢（高级质量钢）			含硫量≤0.030%、含磷量≤0.035%
用途		结构钢	建筑钢		用于制造锅炉、船舶、桥梁、厂房及其他建筑
			机械钢	碳素结构钢	用于制造机器或机械零部件
				合金结构钢	
		工具钢	碳素工具钢		用于制造刀具、量具和模具
			合金工具钢		
			高速工具钢		
		特殊性能钢			不锈钢、耐酸钢、耐热钢、磁钢等
		专业用钢			桥梁用钢、船舶用钢、锅炉用钢、压力容器用钢等
加工方法		铸钢			由炼钢炉炼出的钢水直接浇铸成钢锭或连铸胚
		煅钢			由水压机或气锤将加热的铸钢辊压或垂打加工而成
		轧压钢			由轧钢机将铸钢进行加工而成
		冷拔钢			由拔丝机将加热轧钢冷拔而成

注　引自《钢分类》(GB/T 1304—91)、《碳素结构钢》(GB/T 700—2006)、《优质碳素结构钢》(GB/T 699—1999)。

表 1.10-2　　碳素结构钢的物理力学性能

牌号	等级	屈服强度 R_{eH}（N/mm²）						抗拉强度 R_m（N/mm²）	断后伸长率 A（%）					冲击试验	
		厚度（或直径）（mm）							厚度（或直径）（mm）					温度（℃）	冲击吸收功（纵向）（J）
		≤16	16～40	40～60	60～100	100～150	150～200		≤40	40～60	60～100	100～150	150～200		
		不小于							不小于						不小于
Q195		195	185					315～430	33						
Q215	A	215	205	195	185	175	165	335～450	31	30	29	27	26		
	B													20	27
Q235	A	235	225	215	215	195	185	370～500	26	25	24	22	21		
	B													20	27
	C													0	
	D													−20	
Q275	A	275	265	255	245	225	215	410～540	22	21	20	18	17		
	B													20	27
	C													0	
	D													−20	

注　1. 本表数据引自《碳素结构钢》（GB/T 700—2006）。

2. 厚度大于 100mm 的钢材，抗拉强度下限允许降低 20N/mm²。

表 1.10-3　　碳素结构钢的弯曲性能

牌号	试样方向	冷弯试验，180°，$B=2a$		牌号	试样方向	冷弯试验，180°，$B=2a$	
		钢材厚度（或直径）（mm）				钢材厚度（或直径）（mm）	
		≤60	60～100			≤60	60～100
		弯心直径 d				弯心直径 d	
Q195	纵	0		Q235	纵	a	$2a$
	横	$0.5a$			横	$1.5a$	$2.5a$
Q215	纵	$0.5a$	$1.5a$	Q275	纵	$1.5a$	$2.5a$
	横	a	$2a$		横	$2a$	$3a$

注　1. 数据引自《碳素结构钢》（GB/T 700—2006）。

2. B 为试样宽度；a 为试样厚度（或直径）；d 为试件直径。

表 1.10-4　　建筑常用优质碳素结构钢的机械性能

牌号	试样毛坯尺寸（mm）	推荐热处理（℃）			力学性能					钢材交货状态硬度 HBS10（3000）	
		正火	淬火	回火	抗拉强度 σ_b（MPa）	屈服强度 σ_s（MPa）	伸长率 δ_s（%）	断面收缩率 ψ（%）	冲击功 A_{KU2}（J）	未热处理钢	退火钢
					不小于					不大于	
08F	25	930			295	175	35	60		131	
10F	25	930			315	185	33	0		137	

续表

牌号	试样毛坯尺寸（mm）	推荐热处理（℃）			力学性能					钢材交货状态硬度 HBS10（3000）	
		正火	淬火	回火	抗拉强度 σ_b（MPa）	屈服强度 σ_s（MPa）	伸长率 δ_s（%）	断面收缩率 ψ（%）	冲击功 A_{KU2}（J）	未热处理钢	退火钢
					不小于					不大于	
15F	25	920			355	205	29	55		143	
8	25	930			325	195	33	60		131	
10	25	930			335	205	31	0		137	
15	25	920			375	225	27	55		143	
20	25	910			410	245	25	55		156	
25	25	900	870	600	450	275	23	50	71	170	
30	25	880	860	600	490	295	21	50	63	179	
35	25	870	850	600	530	315	20	45	55	197	
40	25	860	840	600	570	335	19	45	47	217	187
45	25	850	840	600	600	355	16	40	39	229	197
50	25	830	830	600	630	375	14	40	31	241	207
55	25	820	820	600	645	380	13	35		255	217
60	25	810			675	400	12	35		255	229
65	25	810			695	410	10	30		255	229
70	25	790			715	420	9	30		269	229
75	试样		820	480	1080	880	7	30		285	241
80	试样		820	480	1080	930	6	30		285	241
85	试样		820	480	1130	980	6	30		302	255
15Mn	25	920			410	245	26	55		163	
20Mn	25	910			450	275	24	50		197	
25Mn	25	900	870	600	490	295	22	50	71	207	
30Mn	25	880	860	600	540	315	20	45	63	217	187
35Mn	25	870	850	600	560	335	18	45	55	229	197
40Mn	25	860	840	600	590	355	17	45	47	229	207
45Mn	25	850	840	600	620	375	15	40	39	241	217
50Mn	25	830	830	600	645	390	13	40	31	255	217
60Mn	25	810			695	410	11	35		269	229
65Mn	25	830			735	430	9	30		285	229
70Mn	25	790			785	450	8	30		285	229

注 1. 数据引自《优质碳素结构钢》（GB/T 699—1999）。
2. 对于直径或厚度小于 25mm 的钢材，热处理是在与成品截面尺寸相同的试样毛坯上进行。
3. 正火推荐保温时间不少于 30min，空冷；淬火推荐保温时间不少于 30min；牌号 75、80 和 85 钢，油冷；其余钢水冷；回火推荐保温时间不少于 1h。

表 1.10-5　低合金高强度结构钢的机械性能

牌号	质量等级	以下公称厚度（直径，边长）下屈服强度 R_{eL}（MPa）									以下公称厚度（直径，边长）抗拉强度 R_m（MPa）							断后伸长率 A（%）公称厚度（直径，边长）					
		≤16mm	16～40mm	40～63mm	63～80mm	80～100mm	100～150mm	150～200mm	200～250mm	250～400mm	≤40mm	40～63mm	63～80mm	80～100mm	100～150mm	150～250mm	250～400mm	≤40mm	40～63mm	63～100mm	100～150mm	150～250mm	250～400mm
Q345	A、B、C	≥345	≥335	≥325	≥315	≥305	≥285	≥275	≥265		470～630	470～630	470～630	470～630	450～600	450～600		≥20	≥19	≥19	≥18	≥17	≥17
	D、E									≥265							450～600	≥21	≥20	≥20	≥19	≥18	
Q390	A、B、C、D、E	≥390	≥370	≥350	≥330	≥330	≥310				490～650	490～650	490～650	490～650	470～620			≥20	≥19	≥19	≥18		
Q420	A、B、C、D、E	≥420	≥400	≥380	≥360	≥360	≥340				520～680	520～680	520～680	520～680	600～650			≥19	≥18	≥18	≥18		
Q460	C、D、E	≥460	≥440	≥420	≥400	≥400	≥380				550～720	550～720	550～720	550～720	530～700			≥17	≥16	≥16	≥16		
Q500	C、D、E	≥500	≥480	≥470	≥450	≥440					610～770	600～760	590～750	540～730				≥17	≥17	≥17			
Q550	C、D、E	≥550	≥530	≥520	≥500	≥490					670～830	620～810	600～790	590～780				≥16	≥16	≥16			
Q620	C、D、E	≥620	≥600	≥590	≥570						710～880	690～880	670～860					≥15	≥15	≥15			
Q690	C、D、E	≥690	≥670	≥660	≥640						770～940	750～920	730～900					≥14	≥14	≥14			

注　数据引自《低合金高强度结构钢》（GB/T 1591—2008）。

1.10.3 钢材的分类及其规格

1.10.3.1 钢材的分类

钢材按外形可分为型材、板材、管材、金属制品四大类，共十六大品种，见表1.10-6。

1.10.3.2 钢筋

1. 热轧钢筋

钢筋混凝土用热轧钢筋有热轧光圆钢筋、热轧带肋钢筋及余热处理钢筋。经热轧成型并自然冷却的成品光圆钢筋，称为热轧光圆钢筋；成品呈带肋的钢筋，称为热轧带肋钢筋；经热轧成型后立即穿水进行表面控制冷却，然后利用芯部余热完成回火处理所得的成品钢筋，称为余热处理钢筋。

热轧光圆钢筋分HPB235和HPB300两个牌号，其力学性能和工艺性能应符合表1.10-7的规定。

热轧带肋钢筋分为普通热轧钢筋（HRB335、HRB400、HRB500）和细晶粒热轧钢筋（HRBF335、HRBF400、HRBF500），其力学性能和弯曲性能应符合表1.10-8的规定。

余热处理钢筋的力学性能和工艺性能应符合表1.10-9的规定。

2. 热处理钢筋

热处理钢筋代号为RB150，分为有纵肋与无纵肋两种。热处理钢筋的力学性能应符合表1.10-10的规定。

表1.10-6　钢材分类及其规格

分类名称		说明
钢板	薄钢板	厚度不大于4mm
	中钢板	厚度在4～20mm之间
	厚钢板	厚度在20～60mm之间
	特厚钢板	厚度在60mm以上
	钢带	包括冷轧和热轧
	电工硅钢薄板	也称硅钢片
钢管	无缝钢管	包括热轧、冷轧和冷压的无缝钢管和镀锌无缝钢管
	接缝钢管	包括焊接钢管、冷拔焊接管、优质钢焊接管和镀锌焊接管
型钢	圆钢、方钢、六角钢、八角钢	根据直径或对边距离可分为：大型型钢，≥8.1mm；中型型钢，38～80mm；小型型钢，10～37mm
	扁钢	根据其宽度可分为：大型扁钢，≥101mm；中型扁钢，60～100mm；小型扁钢，≤59mm
	槽钢、工字钢（包括I、U、T、Z型钢）	根据高度可分为：大型型钢，≥180mm；中型型钢，<180mm
	等边角钢	根据边宽可分为：大型型钢，≥150mm；中型型钢，50～149mm；小型型钢，20～49mm
	不等边角钢	根据边宽可分为：大型型钢，≥100mm×150mm；中型型钢，40mm×60mm～99mm×149mm；小型型钢，20mm×30mm～39mm×59mm
	异型断面钢	包括钢轨（每米重量大于30kg的为重轨，每米重量不大于30kg的为轻轨）、窗框钢、钢板桩等
	线材	直径在5～9mm的小圆钢
钢丝		由线材经冷加工的产品，形状有圆形、扁形、三角形等

注　数据引自《钢产品分类》（GB/T 15574—1995）。

表1.10-7　热轧光圆钢筋的力学性能和工艺性能

牌号	屈服强度 R_{eL}（MPa）	抗拉强度 R_m（MPa）	断后伸长率 A（%）	最大力总伸长率 A_{gt}（%）	冷弯试验180° d—弯芯直径 a—钢筋公称直径
HPB235	≥235	≥370	≥25.0	≥10.0	$d=a$
HPB300	≥300	≥420			

注　数据引自《钢筋混凝土用钢　第1部分：热轧光圆钢筋》（GB 1499.1—2008）。

表 1.10-8　　热轧带肋钢筋的力学性能和弯曲性能

牌号	屈服强度 R_{eL} (MPa)	抗拉强度 R_m (MPa)	断后伸长率 A (%)	最大力总伸长率 A_{gt} (%)	弯曲性能	
					公称直径 (mm)	弯芯直径
HRB335 HRBF335	≥335	≥455	≥17	≥7.5	6～25	$3d$
					28～40	$4d$
					40～50	$5d$
HRB400 HRBF400	≥400	≥540	≥16		6～25	$4d$
					28～40	$5d$
					40～50	$6d$
HRB500 HRBF500	≥500	≥630	≥15		6～25	$6d$
					28～40	$7d$
					40～50	$8d$

注　数据引自《钢筋混凝土用钢　第2部分：热轧带肋钢筋》(GB 1499.2—2007)。

表 1.10-9　　余热处理钢筋的力学性能和工艺性能

表面形状	钢筋级别	强度代号	公称直径 (mm)	屈服强度 R_{eL} (MPa)	抗拉强度 R_m (MPa)	伸长率 A (%)	冷弯 d—弯芯直径 a—钢筋公称直径
月牙肋	Ⅲ	KL400	8～25	≥440	≥600	≥13	90°　$d=3a$
			28～40				90°　$d=4a$

注　数据引自《钢筋混凝土用余热处理钢筋》(GB 13014—91)。

表 1.10-10　　热处理钢筋的力学性能

公称直径 (mm)	牌号	屈服强度 $\sigma_{r0.2}$ (MPa)	抗拉强度 σ_b (MPa)	伸长率 δ_{10} (%)	松弛率 (%) $\sigma_{con}=0.7\sigma_b$	
					1000h	10h
6	$40Si_2Mn$	≥1325	≥1470	≥6	≤3.5	≤1.5
8.2	$48Si_2Mn$					
10	$45Si_2Cr$					

注　数据引自《预应力混凝土用热处理钢筋》(GB 4463—84)。

3. 冷轧带肋钢筋

热轧圆盘条经冷轧后，在其表面带有沿长度方向分布的三面或二面横肋的钢筋。冷轧带肋钢筋的力学性能和工艺性能应符合表1.10-11的规定。

1.10.3.3　钢板桩

钢板桩是通过热轧或冷加工成型而获得的产品，其接头形状较为独特，可以进行彼此间锁结或采用专门的夹板形成单向的连续板桩，或组合成特定断面型式。前者主要用于防渗；后者有的用于防渗，有的作为地下连续墙，有的作为桩基支承上部建筑荷载。根据钢板桩断面形态，其种类和用途详见表1.10-12。

表 1.10-11　　冷轧带肋钢筋的力学性能和工艺性能

牌号	抗拉强度 σ_b (MPa)	伸长率 (%)		弯曲试验 180°	反复弯曲次数	松弛率 (%) 初始应力 $\sigma_{con}=0.7\sigma_b$	
		δ_{10}	δ_{100}			1000h	10h
CRB550	≥550	≥8.0		$D=3d$			
CRB650	≥650		≥4.0		3	≤8	≤5
CRB800	≥800		≥4.0		3	≤8	≤5
CRB9700	≥970		≥4.0		3	≤8	≤5
CRB1170	≥1170		≥4.0		3	≤8	≤5

注　1. 数据引自《冷轧带肋钢筋》(GB 13788—2000)。
　　2. D为弯心直径；d为钢筋公称直径。

表 1.10－12　　钢板桩分类、断面形式及用途

分类		断面型式	用途
薄板桩	U型和Z型薄板桩		防渗
	扁平型薄板桩		防渗
	轻型薄板桩		防渗
薄板桩	内锁H型薄板桩		防渗
	箱型薄板桩	焊缝　焊缝	防渗
	管状型薄板桩		防渗
组合支承桩		焊缝　焊缝　焊缝　焊缝　焊缝	支承
管状支承桩		圆形（或矩形）无缝钢管，圆形（或矩形）焊接卷管	支承

注　图形与文字引自《钢产品分类》（GB/T 15574—1995）。

1.10.3.4　型钢

钢材轧制产品的横截面如字母I、H或U等即成型钢，如图1.10－1所示。

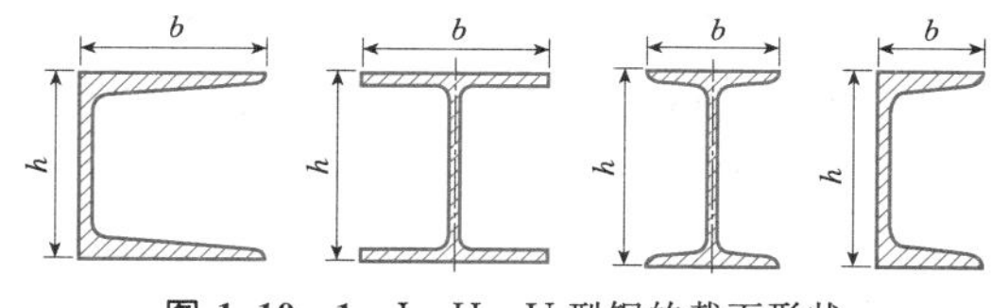

图 1.10－1　I、H、U型钢的截面形状

b—宽度；h—高度

水工结构中使用的大型型钢往往具有下列共同特性：①高度不小于80mm；②腹板表面由圆角连续地过渡到翼缘的内表面；③两翼缘一般是对称的，且宽度相等；④翼缘的外表面是平行的；⑤翼缘厚度从腹板到翼缘边部逐渐减薄，称"斜翼缘"，翼缘厚度不变，称"平行翼缘"。

大型型钢按截面形状与具体用途可进一步分为：

（1）I和H型钢：型钢产品的横截面如字母I或H，又可细分为标准型钢、薄壁型钢、厚壁型钢。这类产品规格很多，详见相关产品手册。

（2）U型钢：型钢产品的横截面如字母U，在公称系列中翼缘内表面带有锥度，最大宽度为$0.5h+25$mm，h为型钢高度；另外，还有比标准系列更薄或更厚的系列以及平行翼缘的系列。

（3）矿用钢：型钢产品的横截面如字母I或希腊字母Ω，翼缘的内表面倾斜度比其他I型钢大（大于30%），翼缘宽度大于公称高度的0.7倍。

（4）特殊大型型钢：型钢产品的横截面为字母I、H、U形或与之类似，其高度不小于80mm，具有特殊的截面形态和尺寸特性，由不等边或非对称的翼缘、非标准腰厚和高度的构件整体轧制形成。

1.10.3.5　棒材

圆钢：横截面为圆形，直径通常不小于8mm的棒材。

方钢：横截面为方形，边长不小于8mm的棒材。

六角钢：横截面为六角形，对边距离不小于8mm的棒材。

八角钢：横截面为八角形，对边距离不小于14mm的棒材。

扁钢：横截面为矩形，一般厚度不小于5mm，宽度不大于150mm的棒材。

1.10.3.6　钢板

钢板为平板状，由直接轧制或由宽钢带剪切而成。钢板按轧制分为热轧和冷轧两种；按厚度分为薄钢板（小于 4mm，最薄 0.2mm）、厚钢板（4～60mm）、特厚钢板（60～115mm），其中薄钢板的宽度为 500～1500mm，厚钢板的宽度为 600～3000mm。

薄钢板，按钢种分为：普通钢、优质钢、合金钢、弹簧钢、不锈钢、工具钢、耐热钢、轴承钢、硅钢和工业纯铁薄板等；按专业用途分为：油桶用板、搪瓷用板、防弹用板等；按表面涂镀层分为：镀锌薄板、镀锡薄板、镀铅薄板、塑料复合钢板等。

厚钢板的钢种大体上和薄钢板相同，按其用途可分为：桥梁钢板、锅炉钢板、汽车制造钢板、压力容器钢板、多层高压容器钢板、汽车大梁钢板、花纹钢板、不锈钢板、耐热钢板等。

1.10.3.7 钢丝与钢绞线

1. 钢丝

钢丝是指贯穿全长有相同的横截面，截面尺寸与长度相比很小，柔性很强的一种线状钢材。它通过减径模分级拉拔，然后将拉拔后的钢丝再卷成盘。

《预应力混凝土用钢丝》（GB/T 5223—2002）规定，用优质碳素钢热轧盘条，经淬火、回火等调质处理后，再冷拉加工制得的钢丝为预应力混凝土用钢丝，简称预应力钢丝。按钢丝加工状态分为冷拉钢丝和消除应力钢丝两类，消除应力钢丝又分为低松弛钢丝和普通松弛钢丝。

冷拉钢丝是用调质处理的盘条，通过拔丝模或轧辊冷加工制成的成品钢丝（代号 WCD）。冷拉钢丝的公称直径及力学性能详见表 1.10－13。

表 1.10－13　冷拉钢丝的公称直径及力学性能

公称直径 d_n (mm)	抗拉强度 σ_b (MPa)	规定非比例延伸应力 $\sigma_{p0.2}$ (MPa)	最大力下总延伸率 δ_{gt} (%) (L_0=200mm)	断面收缩率 ψ (%)	弯曲半径 R (mm)	弯曲次数 (次/180°)	每 210mm 扭矩的扭转次数 n	1000h 后应力松弛率 r ($\sigma_{con}=0.7\sigma_b$) (%)
3.00	≥1470	≥1100	≥1.5		7.5	≥4		≤8
4.00	≥1570	≥1180		≥35	10		≥8	
5.00	≥1670	≥1250			15			
	≥1770	≥1330						
6.00	≥1470	≥1100		≥30	15	≥5	≥7	
7.00	≥1570	≥1180			20		≥6	
8.00	≥1670	≥1250					≥5	
	≥1770	≥1330						

注　数据引自《预应力混凝土用钢丝》（GB/T 5223—2002）。

低松弛钢丝（WLR）是在冷拉过程中钢丝处于塑性变形下进行短时热处理，以消除内应力，使其晶体结构更稳定，松弛率更小。普通松弛钢丝（WNR）是在冷拉并通过矫直工序后，在适当温度下进行短时热处理而得的钢丝（一般不推荐使用）。

消除应力钢丝的公称直径及力学性能详见表 1.10－14。

预应力钢丝强度高、柔性好、无接头、质量稳定、施工简便、安全可靠，主要用于大型预应力混凝土结构、压力管道、轨枕及电杆等。

2. 钢绞线

钢绞线由一定数量，一层或多层钢丝股捻成螺旋状而形成的产品。预应力混凝土用钢绞线是用冷拉光圆钢丝或冷拉刻痕钢丝捻制而成的钢绞线，《预应力混凝土用钢绞线》（GB/T 5224—2003）规定，钢绞线按结构分为五类：两根光圆钢丝捻制的钢绞线，代号 1×2；三根光圆钢丝捻制的钢绞线，代号 1×3；三根刻痕钢丝捻制的钢绞线，代号 1×3I；七根光圆钢丝捻制的标准型钢绞线，代号 1×7；七根光圆钢丝捻制又经模拔的钢绞线，代号（1×7）C。钢绞线的结构及公称直径见表 1.10－15。

制造钢绞线用钢材的牌号和化学成分及其抗拉强度级别与 GB/T 5223 相同。钢绞线捻制后，均在一定张力下进行短时热处理，使其结构稳定化，切断不松散，应力少松弛（达到低松弛率）。规范规定，各种规格的钢绞线在最大力下的总伸长率（$L_0 \geqslant 400$mm）不小于 3.5%。在加荷时间为 1000h 情况下，当初始荷载相当于公称最大力 60% 时，应力松弛率不大于 1.0%；相当于公称最大力 70% 时，应力松弛率不大于 2.5%；相当于公称最大力 80% 时，应力松弛率不大于 4.5%。规定非比例延伸力 $F_{p0.2}$ 值不小于钢绞线公称最大力的 90%。钢绞线以盘卷状供货，每盘一根，其质量不少于1000kg。

钢绞线主要用于大型预应力混凝土结构以及边坡、隧洞等岩体锚固工程。

1.10.4 铜及铜合金

1.10.4.1 水工建筑工程常用铜及铜合金

水工建筑工程常用的铜及铜合金主要有紫铜、黄铜和青铜，其中青铜又包含锡青铜和无锡青铜，它们的技术特性见表 1.10-16。

1.10.4.2 紫铜材料的机械性能

紫铜材料主要包括紫铜板、紫铜带、紫铜管、紫铜棒及紫铜线，其机械性能见表 1.10-17。

表 1.10-14　　消除应力钢丝的公称直径及力学性能

钢丝外形	公称直径 d_n (mm)	抗拉强度 σ_b (MPa)	规定非比例延伸应力 $\sigma_{p0.2}$ (MPa)		最大力下总延伸率 δ_{gt} (%) (L_0=200mm)	弯曲半径 R (mm)	弯曲次数 (次/180°)	1000h后应力松弛率 r (%)					
								WLR			WNR		
								初始应力相当 σ_b (%)					
			WLR	WNR				60	70	80	60	70	80
P或H	4.00	≥1470	≥1290	≥1250	≥3.5	3	≥4	1.0	2.0	4.5	4.5	8	12
	4.80	≥1570	≥1380	≥1330		4							
		≥1670	≥1470	≥1410									
	5.00	≥1770	≥1560	≥1500		4							
		≥1860	≥1640	≥1580									
	6.00	≥1470	≥1290	≥1250		4	≥5						
	6.25	≥1570	≥1380	≥1330		4							
	7.00	≥1670	≥1470	≥1410		20							
		≥1770	≥1560	≥1500									
	8.00	≥1470	≥1290	≥1250		20							
	9.00	≥1570	≥1380	≥1330		25							
	10.00	≥1470	≥1290	≥1250		25							
	12.00					30							
I	≤5.00	≥1470	≥1290	≥1250		1.5	≥3	1.5	2.5	4.5	4.5	8	12
		≥1570	≥1380	≥1330									
		≥1670	≥1470	≥1410									
		≥1770	≥1560	≥1500									
		≥1860	≥1640	≥1580									
	>5.00	≥1470	≥1290	≥1250		20							
		≥1570	≥1380	≥1330									
		≥1670	≥1470	≥1410									
		≥1770	≥1640	≥1580									

注　数据引自《预应力混凝土用钢丝》(GB/T 5223—2002)。

表 1.10-15　　钢绞线的结构及公称直径

钢绞线结构	1×2					1×3					
公称直径 D (mm)	5.00	5.80	8.00	10.0	12.0	6.20	6.50	8.60	8.74	10.8	12.9
钢绞丝截面积 (mm^2)	9.82	13.2	25.1	39.3	56.5	19.8	21.2	37.7	38.6	58.6	84.8

钢绞线结构	1×3I	1×7						(1×7) C		
公称直径 D (mm)	8.74	9.5	11.1	12.7	15.2	15.7	17.8	12.7	15.2	18.0
钢绞丝截面积 (mm^2)	38.6	54.8	74.2	98.7	140	150	191	112	165	223

注　数据引自《预应力混凝土用钢丝》(GB/T 5223—2002)。

表 1.10-16 水工建筑工程常用铜及铜合金技术特性

名称		技术特性
紫铜		纯铜呈紫红色，一般称紫铜，熔点为1083℃，延展性好，其伸长率可达50%。紫铜产品有板、棒、管等
黄铜		黄铜是铜和锌的合金，它的强度、硬度都比紫铜高，其成分除铜、锌外，还可加入铅、硅、铝、锰、锡和铁等，用以改变铸造性能、耐蚀性和提高强度
青铜	锡青铜	铜和锡合金称为锡青铜，它具有高的机械性能、铸造性能及良好的耐蚀性。一般用来制造耐磨零件及与酸碱蒸汽腐蚀气体接触的铸件
	无锡青铜	铜基合金中不含锡而由铝、镍、锰、硅、铁、铍、铅等元素（二元或多元）组成的合金，具有高的强度、耐磨性、耐蚀性、导电性、导热性和热强性

表 1.10-17 紫铜材料的机械性能

名称	品种	规格	材料状态	抗拉强度（MPa）	延伸率（%）	用途
紫铜板	热轧	厚度0.4～15mm，35种规格		>200	>30	用于水工建筑伸缩缝止水（厚度约为0.8～1.2mm）及机器垫片
	冷轧		软	>200	>30	
			硬	>300	>3	机械修配
紫铜带			软	>210	>30	机械修造及机械修配
			硬	>300	>3	
紫铜管	拉伸	外径3～80mm，50种规格	软	>210	>35	热工及机械的输油管
			硬			
	挤压			>210	>35	
紫铜棒	拉伸	圆形、方形、六角形三种，其中以圆形最常用，直径5～100mm，32种规格	软	>200	>38	电气修配及扎制机械零件
			硬	>270	>6	
	挤压			>200	>30	
紫铜线	拉伸	1.2号铜	硬			用于制造电线电缆

1.11 土石坝填筑材料

随着水电工程建筑的发展和坝工设计概念的拓宽，当地材料坝越来越得到广泛应用，各种当地筑坝材料也逐渐被研究和有条件的加以使用，并取得了良好的经济效益。本节将各种筑坝材料的工程性质进行归纳总结，为坝料设计及分析计算提供依据和参考。

1.11.1 防渗土料

1.11.1.1 防渗土料的一般要求

（1）防渗土料须有与使用目的相适应的力学性质，有足够的防渗性能和一定的抗剪强度，高土石坝的心墙料还应具有低压缩性。

（2）防渗土料应具有长期稳定性，在稳定渗流作用下，不致因可溶盐溶蚀而造成渗流通道；在高水头作用下有足够的抗渗透破坏能力；遭遇地震时不产生过大的孔隙压力和液化等现象。

1.11.1.2 防渗土料技术要求

防渗土料技术要求见表1.11-1。

表 1.11-1 防渗土料技术要求

项目	技术指标	备注
黏粒含量（%）	15～30	接触黏土应大于50
塑性指数（%）	10～20	接触黏土应大于20
渗透系数（cm/s）	$<10^{-5}$	应小于坝壳料的100倍
有机质含量（%）	<2	
水溶盐含量（%）	<3	指易溶盐和中溶盐的总量
天然含水量	最好与最优含水量或塑限相近	
击实后密度	一般大于天然密度	

1.11.1.3 选定防渗土料的一般原则

防渗土料的选定需综合考虑其防渗特性、渗透稳定性、抗剪强度、固结性、天然含水量和最优含水量、颗粒级配曲线、膨胀量、膨胀力、体缩值、土料可溶盐和有机质含量等。

各类土料在工程中的工程性质与适用性见表1.11-2。

表1.11-2　各类土料的工程性质与适用性

典型土的名称	符号	重要工程性质			用做建筑材料适宜性	各种用途中相对适用性					
		压缩后透水性	压密并饱和后抗剪强度	压密并饱和后压缩性		碾压土坝			地基		路面
						均质	心墙	坝壳	透水重要	透水不重要	
含细粒极少，级配良好的砾、砂砾混合料	GW	透水	很好	可不计	最好	×	×	1	×	1	3
含细粒极少，级配不良的砾、砂砾混合料	GP	很透水	很好	可不计	很好	×	×	2	×	3	×
粉质砾，级配不良的砾、砂、粉土混合料	GM	半不透水至不透水	很好	可不计	很好	2	4	×	1	4	5
黏质砾，级配不良的砾、砂、黏土混合料	GC	不透水	很好至好	很低	很好	1	1	×	2	6	1
含细粒很少，级配良好的砂、砾质砂	SW	透水	最好	可不计	最好	×	×	如砾质土3	×	2	4
含细粒很少，级配不良的砂、砾质砂	SP	透水	很好	很低	好	×	×	如砾质土4	×	5	×
粉质砂，级配不良的砂、粉质土混合料	SM	半不透水至不透水	很好	低	好	4	5	×	3	7	6
黏质砂，级配不良的砂、黏质土混合料	SC	不透水	很好至好	低	很好	3	2	×	4	8	2
无机粉土与极细砂、粉质细砂或黏质细砂，有微、中塑性	ML MI	半不透水至不透水	好	中	好	6	6	×	6	9	×
无机黏土、砾质黏土、砂质黏土、粉质黏土、贫黏土，中低塑性	CL CI	不透水	好	中	很好至好	5	3	×	5	10	7
中低塑性有机粉土，有机粉～黏土	OL	半不透水至不透水	差	中	好	8	8	×	7	11	×
无机粉土、云母细砂质土、粉质土、红黏土	MH	半不透水至不透水	好与差	高	差	9	9	×	8	12	×
高塑性无机黏土、肥黏土、膨胀土	CH	不透水	差	高	差	7	7	×	9	13	×
高塑性有机黏土	OH	不透水	差	高	差	10	10	×	10	14	×

注　表中序号代表适用性好坏程度：1代表好；2代表次之；依次类推；“×”代表不能使用。

1.11.2　筑坝石料

1.11.2.1　填筑石料

1. 填筑石料的一般要求

土石坝坝壳主要作用是用以保持坝体的稳定，因此，填筑石料应具有足够的强度，以满足坝体稳定性好、压缩沉陷量小、排水性能佳等要求。以下材料可作为坝体的填筑石料：①料场开采的新鲜岩石；②建筑物中开挖的石渣料，包括硬岩料、软岩料；③天然的砾石、卵石和漂石；④有一定级配的人工砂、风化砂、风化砾石。

以上材料原则上均可使用，但应根据其特点置于不同的部位：①有一定级配的新鲜岩石、天然砾石、卵石和碎石，可置于坝体的任意部位；②有一定级配的软岩，宜置于下游坝壳内部；③有一定级配的风化砾石，置于坝壳干燥区。

2. 筑坝石料的技术要求

优质石料的质量指标见表1.11－3，砂砾料的质量指标见表1.11－4。

表1.11－3　优质石料的质量指标

项　目	质 量 指 标
湿抗压强度（MPa）	＞0.04；经冻融，＞0.03
软化系数	＞0.8
冻融损失率（%）	＜1
密度（kg/m³）	＞2400

表1.11－4　砂砾料的质量指标

项　目	质 量 指 标	备　注
砾石含量	5mm至相当3/4填筑层厚度的颗粒	干燥区的渗透系数可略小
紧密密度（kg/m³）	＞2000	含泥量小于3%
含泥量（粉粒）（%）	＜10	
内摩擦角（°）	＞30	砂砾料中的砂料尽可能采用粗砂
渗透系数（cm/s）	碾压后，$>1\times10^{-3}$	应大于防渗体的50倍

近年来填筑石料的施工多采用薄层填筑、机械碾压，因此可以使用不同颗粒组成和不同质量的卵砾或碎块石。从经济观点出发，宜利用基坑、洞室和施工场地开挖的新鲜与半风化岩。

1.11.2.2　堆石料

堆石料是筑坝石料的重要部分，它是料场石料和建筑物开挖料、冲积、洪积和冰积的砂砾石料等的统称。严格按照土力学理论，凡施工期不出现孔隙水压力的石料均可作为堆石料。

堆石料的压实性与母岩强度和堆石料级配有关。超硬岩堆石料不易压实，颗粒不易破碎，需用重型振动碾才能压密；硬岩堆石料的压实性较好，使用重型碾压可以改善级配；软岩料的抗压强度和软化系数低，加水容易压密，压实性能比硬岩料好，压实后颗粒破碎率高，表面常有数毫米或数厘米的岩粉。砂砾石料的级配范围较大，颗粒浑圆，容易碾压到高密度。

堆石料具有一定的渗透性。在铺堆石料时不可避免地要产生分离，分离后粗颗粒往往集中在每层的下部，小颗粒在上部，水平渗透系数大于垂直渗透系数。碾压堆石坝体具有渗流各向异性特征，水平渗透系数往往大于垂直渗透系数。

1.11.2.3　反滤料、过渡料及排水材料

在防渗体和堆石坝壳之间及堆石坝壳与冲积层之间均要设置反滤层或过渡层，前者主要是防止防渗体细颗粒的流失以及使彼此间强度与变形的良好过渡，后者主要保证基础的渗流稳定性。

反滤料、过渡料及排水材料一般的品质要求如下：

（1）未经风化与溶蚀、坚硬、密实的天然或人工材料，耐风化且不易为水所溶蚀。

（2）颗粒组成必须满足不穿越和易排水的条件，保证渗流的自我稳定性。

（3）没有塑性，不产生过大的流变。

反滤料、过渡料及排水材料的技术指标见表1.11－5。

表1.11－5　反滤料、过渡料及排水材料的技术指标

项　目	技 术 指 标
级配	级配均匀，要求这一粒组的颗粒不进入另一粒组的孔隙中去。为避免堵塞，所用材料中小于0.1mm的颗粒在数量上不超过5%
不均匀系数	≤8
颗粒形状	无片状、针状颗粒，坚固抗冻
含泥量，＜0.075mm（%）	＜3
渗透系数（cm/s）	$>5.8\times10^{-3}$

反滤料、过渡料及排水材料可使用砂、砾卵石、角砾碎石和破碎岩石，也可采用天然料场及建筑物开挖中的小石块，但要选取良好级配的部分。如苏联的谢列卜良1号坝和隆尔桑格坝的反滤层就是用未经处理的天然冲积料。

如果当地缺乏天然砂砾料，则可通过筛选、冲洗、人工轧制的材料作为设计所需的填筑用料。

1.11.2.4 垫层料

(1) 垫层料的主要功能是将面板承受的水压力较均匀地传递于堆石体，以保证面板受力均匀；此外，还应使其成为面板堆石坝中渗流控制的第二道防线。当粗粒（≥5mm）的含量大于65%时，其渗透系数随粗粒含量增加而迅速增加，只有当垫层料的细粒（<5mm）的含量大于35%时，渗透系数才有可能达到$K=10^{-3}\sim10^{-4}$cm/s。当细粒总含量不变，改变细粒级配及极细粒（<0.1mm）含量分别为0%、5%、10%时，测得的渗透系数有明显的降低，甚至可减小一个量级。实践表明，提高垫层料的防渗性需要有一定的极细粒含量，但过多含量将给施工造成困难，且对其工程性质亦可能产生不利的影响。综合考虑垫层料的极细粒含量，一般以5%左右为宜。

(2) 通过系列试验证实，垫层料取最大粒径40～100mm，≥5mm粗粒含量为45%～65%，极细粒<0.1mm含量5%左右的连续级配是适宜的。这种垫层料的渗透系数可达10^{-3}cm/s左右，渗透比降在有反滤保护的条件下可达170以上。

(3) 垫层料的压实密度与其渗透性及抗渗稳定性关系十分密切，当相对密度大于0.8时，可以获得较低的渗透性及良好的抗渗稳定性。

(4) 在满足太沙基提出的反滤设计准则的前提下，垫层料可以与堆石料直接接触。

(5) 堆石料、垫层料压实相对密度值不应低于0.8。在工程实际中，应通过压实密度与含水量的关系试验选择最优的压实参数。

1.11.3 砾石土

砾石土往往既具有黏性土的某些特征，又具有粗粒土的骨架作用，包括坡积土、洪积土、残积土、人工掺砾石的粗粒土等。砾石土的力学性能与砾石含量及其母岩成分有关。

1.11.3.1 砾石土的压实性

砾石土因存在有粗颗粒，其密度一般大于土的密度。砾石土干密度的大小与砾石的风化程度有关，例如，毛家村板栗树料场的强风化料与弱风化料，虽含砾量均为40%，但前者干密度为1380～1450kg/m^3，后者干密度为1500～1620kg/m^3；又如，弱风化料与微风化料，虽含砾量均为70%，但前者干密度为1830～2000kg/m^3，后者干密度为2030～2150kg/m^3。

砾石土的击实试验表明，其最大干密度随含砾（粒径≥5mm）量的增多而增大，但当砾石含量超过某一极限值后，则出现架空现象，干密度反而降低。出现干密度最大的砾石含量为砾石的第一特征含量，一般为65%～70%。

砾石土在击实（压实）过程中，颗粒常出现不同程度的破碎，破碎率大小与粗颗粒风化程度、岩性和击实功能有关，因此，击实后的砾石含量决定砾石土的性质。当砾石土包含较多的风化、软弱颗粒时，由湿到干和由干到湿的击实成果并不一致，前者最优含水量高于后者，但最大干密度低于后者。

鲁布革水电站心墙砾质料，干法制样用846.6kJ/m^{3}能量击实，最大干密度为1320kg/m^3，最优含水量34.6%；湿法制样在相同功能下击实，最大干密度为1300kg/m^3，最优含水量37.4%。

糯扎渡水电站心墙坝掺砾料的砂砾石含量与干密度关系见表1.11-6，供参考。

表1.11-6 糯扎渡水电站心墙掺砾料的砂砾石含量与干密度关系

砾石含量百分数（%）	0	10	20	30	40	50	60	70	80
击实后达到的干密度（kg/m^3）	1860	1900	1950	1990	2040	2080	2110	2130	2050

1.11.3.2 砾石土的渗透性

1. *砾石土的渗透性*

砾石土的渗透性与其结构形态有关：当砾石含量不超过25%时，砾石土的渗透性随砾石含量增加而减少；当砾石含量超过25%时，渗透系数随砾石含量增加而迅速增大。渗透系数最小对应的砾石含量是砾质土的第二特征含砾量。

当砾石含量在某一范围时，细粒含量（≤0.075mm）常常决定砾石土的渗透性。例如，瀑布沟水电站堆石坝宽级配砾石土的含砾量在50%±5%范围内，当用862.5kJ/m^{3}击实时，细粒含量$P_{0.1}\geq$20%，渗透系数小于1×10^{-5}cm/s。

砾石土的级配组成一定时，渗透系数随干密度增加而减小，如糯扎渡水电站心墙坝掺砾料，分别用

1470kJ/m³ 和 2690kJ/m³ 功能击实，渗透系数分别为 5.29×10⁻⁶cm/s 和 1.71×10⁻⁶cm/s。干密度达到一定值后，渗透系数变化不明显。

砾石土的渗透性随含水量增加而减少，因此，往往实际填筑含水量比最优含水量稍大约1%～2%。某工程砾石土含水量与渗透系数关系列于表1.11-7，供参考。

表 1.11-7　某工程砾石土含水量与渗透系数关系

含水量（%）		砾石含量（%）	干密度 ρ_d（kg/m³）	渗透系数 K_{Z0}（cm/s）	破坏比降 J
全　料	细　料				
6.3	12.4	62.5		1.2×10^{-3}	7.2
7.7	16.3	59.0	2030	3.9×10^{-4}	7.2
9.7	18.0	58.0	2060	1.7×10^{-4}	9.5
11.0	18.8	60.0	2030	6.5×10^{-5}	9.5

2. *砾石土的渗透稳定性*

砾石土的抗渗稳定性较好，渗流破坏形式多为流土或过渡型。当颗粒填充密实，砾石土破坏比降一般大于黏性土的流土破坏比降，如糯扎渡水电站心墙掺砾料经1470kJ/m³ 功能击实后，破坏比降达到90。砾石土因其粒径范围大，一旦发生裂缝，容易形成自然反滤使其裂缝自愈，因此砾石土属于抗冲蚀能力强的防渗土料。

1.11.3.3　砾石土的压缩性

砾石土因含有一定数量的粗颗粒，故其压缩性小，砾石含量在极限值以内时砾石含量越多，沉降量愈小，见表1.11-8。当砾石含量超过某一极限值后，土料已经架空，细粒不能填满孔隙，在荷重作用下砾石和砾石相接触，部分的棱角被压碎而下沉。在这种情况下，砾石含量越大，压碎的可能性也愈大，沉降量也愈大。此外，砾石土浸水以后的附加沉降量，随细料性质而异，见表1.11-9。

表 1.11-8　某工程砾石含量与单位沉降量的关系　%

砾石含量	0	12	23	34	45
单位沉降量	7.2	5.6	4.5	3.4	2.0

表 1.11-9　细料性质与浸水后沉降量的关系

土　料	掺合重量比（砂：壤）	干密度 ρ_d（kg/m³）	压缩系数（MPa⁻¹）	浸水沉降（%）	
				浸水附加沉降量	附加沉降量/总沉降量
黏性砾石土		2000	0.085	0.33	13.9
砂性砾石土		2050	0.065	0.22	12.2
在砂性砾石土中	1：0.35	2020		1.34	25.3
加壤土	1：50	1950		1.74	45.2

1.11.3.4　砾石土的力学特性

砾石土的抗剪强度与其细料强度、粗粒粒间咬合力及粗细粒粒间强度有关：

（1）砾石土的强度随密度的增大而增加，其中内摩擦角 φ 值增长得更快。

（2）砾石土饱和浸水后强度随之降低，其中黏聚力 c 值比内摩擦角 φ 值降低得更快。此外，细粒的黏性越大，含量越多，这种降低越显著。

（3）砾石土中粗粒含量增加时，由于粗粒咬合作用的增强，φ、c 值均有所提高。某工程砾石含量和抗剪强度关系见表1.11-10，供参考。

（4）砾石土的 φ 值随塑性指数的增大几乎直线下降，而 c 值与塑性指数的关系不很明确。

表 1.11-10　某工程砾石含量和抗剪强度关系

试样直径：25cm		砾石最大直径：2.0cm	
砾石含量（%）	干密度 ρ_d（kg/m³）	内摩擦角 φ（°）	黏聚力 c（kPa）
0	1650	23.0	40
10	1710	25.5	30
20	1790	26.0	20
30	1860	28.0	30
40	1950	28.5	55
50	2050	32.5	75

1.11.4 红土

1.11.4.1 红土的一般特性

红土的矿物成分以高岭石为主，还有伊利石、多水高岭石、赤铁矿及多水氧化铁等。红土多为酸性土，一般 pH 值为 4.5～7.0，若降雨和溶滤程度高，则 pH 值将降低。

红土是具有稳固团粒结构的土，在压实过程中由于内部的孔隙不易压缩，仅改变团粒之间的孔隙，所以其压实密度较低，一般在 1500kg/m^3 以下，甚至有些仅达到 1150kg/m^3。

红土的孔隙比较大，压缩性属中等，其强度高，承载力也高。

总之，红土是一种天然含水量、最优含水量及界限含水量高，压实密度低，强度高，压缩中等，渗透性较好的土料，是满足筑坝条件的可用材料。但是，当黏粒含量过高或天然含水量高于最优含水量很多时，将导致施工不便，这时往往需要经过翻晒或掺料的工序而增加工程造价。

1.11.4.2 红土的特殊性质——干燥脱水不可逆性

红土对于干燥脱水非常敏感，干燥脱水后的性质及指标皆有所变化，且不可逆转。即天然含水量的土与风干土以及不同温度的烘干土，其试验结果不同。用天然含水量的土风干到试验要求的含水量（即从湿到干）与事先将天然含水量的土风干到较低含水量（低于试验要求的含水量），再重新加水至试验要求的含水量（即由干到湿）的土，其试验结果也不同。国内外许多试验结果表明，这种脱水干燥的不可逆性，对颗粒分析、相对密度、液限、塑限、压实性等均有影响。

1. 红土干燥脱水不可逆性对物理性质的影响

红土干燥脱水后，相对密度、黏粒含量和塑限均略有降低，而液限和塑性指数则相差很大，见表 1.11－11 及表 1.11－12。以表 1.11－11 中编号为 16－1的土样为例，天然含水量的土烘干后液限从 72.7% 降为 50.5%，塑性指数由 31.2% 降低到 14.6%，而且将烘干土浸泡 30d 后，仍不能回复到原有的性质。

红土的物理力学指标参考值见表 1.11－13，我国几个地区的红土物理力学指标参见表 1.11－14。

2. 红土脱水干燥不可逆性对力学性质的影响

(1) 由于红土的脱水干燥不可逆性，当土样制备方法不同时，试验所得到的最优含水量和最大干密度的量值也有很大的差别。例如，土样的制备采用“由湿到干”和“由干到湿”两种方法，在标准击实功能的情况下，其最优含水量相差可达到 3.7%～8.4%；最大干密度相差可达到 40～700kg/m^3。饱和状态下单位沉降量，“由湿到干”比“由干到湿”大；而非饱和状态下单位沉降量，“由湿到干”较“由干到湿”小。

表 1.11－11　红土的相对密度、液限、塑限和塑性指数

土样编号	相对密度			液限 w_L (%)					塑限 w_P (%)					塑性指数 I_P (%)				
	天然含水率土	风干土	烘干土	天然含水率土	风干土	风干抽气土	烘干土	烘干后浸泡 30d 土	天然含水率土	风干土	风干抽气土	烘干土	烘干后浸泡 30d 土	天然含水率土	风干土	风干抽气土	烘干土	烘干后浸泡 30d 土
16－1	2.86	2.88	2.8	72.7	56.9		50.5	51.4	41.5	38.2		35.9	35.9	31.2	18.7		14.6	15.5
B23				84.9	76.1	76.9	75.9		42.9	43.3	44.4	42.5		42.0	32.8	32.5	33.4	
C23				62.0	59.5	58.5	53.1		34.4	35.6	35.9	33.1		27.6	23.9	22.6	20.0	

注 1. 编号 16－1：天然含水量 47.1%，风干含水量 6.4%。
2. 编号 B23：天然含水量 43.8%，风干含水量 8%。
3. 编号 C23：天然含水量 36.1%，风干含水量 8%。

表 1.11－12　红土的颗粒组成

土样编号	试样制备	颗粒组成 (%)				备注
		>0.05mm	0.005～0.05mm	<0.005mm	<0.002mm	
16－1	天然含水量土、风干土	2 5	19 22	79 73	59 55	加氨煮沸
B23	天然含水量土、风干土	1 2	17 17	82 87	71 70	加六偏磷酸钠

表 1.11-13 红土的物理力学指标参考值

指标	黏粒含量，<0.005mm（%）	含水量 w（%）	干密度 ρ_d（kg/m³）	饱和度 S_r（%）	相对密度 G_s	孔隙比 e	液限 w_L（%）	塑限 w_P（%）
参数	55～70	30～66	1650～1850	>85	2.26～2.90	1.1～1.7	60～110	30～60
指标	塑性指数 I_P（%）	液性指数 I_L	摩擦角 φ（°）	黏聚力 c（kPa）	压缩系数 a_v（MPa^{-1}）	压缩模量 E_i（MPa）	比例界限压力 P_0（kPa）	
参数	20～50	−0.1～0.4	8～18	40～90	0.1～0.4	10～30	160～300	

表 1.11-14 我国几个地区的红土物理力学指标参考表

地区	含水量 w（%）	饱和度 S_r（%）	孔隙比 e	液限 w_L（%）	塑限 w_P（%）	液性指数 I_L
贵州	34～63	98	1.0～1.8	60～110	35～60	−0.1～0.4
云南	30～50	74	1.0～1.7	50～70	30～45	−0.2～0.4
广西	23～47	90	1.0～1.5	51～75	25～35	−0.0～0.4

（2）无侧限抗压强度“由湿到干”，比“由干到湿”的大1.49～1.82倍。干密度相同的试样，抗拉强度当含水量较大时，“由湿到干”比“由干到湿”的高；而含水量较小时，“由湿到干”比“由干到湿”的低。

（3）上述两种不同制备土样方法的试验成果比较，渗透系数变化很小。

1.11.5 膨胀土

1.11.5.1 膨胀土的特征

膨胀土是一种吸水膨胀、失水收缩均较剧烈，且可能使建筑工程受到危害的黏性土。印度的“黑棉土”、加纳的“阿克拉黏土”、加拿大的“渥太华黏土”等都属于膨胀土类。

1. 膨胀土分布地形地貌特征

膨胀土多分布于二级、三级阶地，或山前丘陵和盆地边缘，或因后期侵蚀切割形成宽沟浅丘的垄岗式地形。这类地形一般平缓，无明显的陡坡突坎。在同一地区由于所在的位置不同，土的保湿条件也有差异，所显示的胀缩程度也有所不同。处于坡顶及坡腰部位的土，其胀缩性比处于坡脚部位的更大。

2. 结构特征

（1）膨胀土颗粒成分主要由黏粒及粉粒组成，一般断口光滑、触面有滑感，含粉粒较多者，断口较粗糙。有的膨胀土含分散状的钙质、铁锰质结核，有时还富集成层。

（2）在天然状态下，膨胀土多呈坚硬、硬塑状态，强度一般较高，压缩性小；浸水后迅速软化、崩解，强度大大降低；具有吸水膨胀软化、失水收缩开裂以及胀缩可逆的特性。

（3）Ⅰ类膨胀土的颜色一般多为灰白、灰、灰绿等色；Ⅱ类膨胀土多为黄、黄褐、褐黄等色；Ⅲ类膨胀土多为红、褐、棕、棕黄等色。

（4）膨胀土一般裂隙发育，易被切割成大小不等的柱状或菱形块体。裂隙的形态有竖向、水平向及斜交网状等，深度方向上宽下窄，往深部逐渐呈半闭合、闭合状态以至尖灭。裂隙面光滑，具油脂及蜡状光泽，有的隙面可见擦痕、水渍或有浸染状的铁锰氧化物；有的裂隙被白色黏土填充。

1.11.5.2 膨胀土的物理性质及判别标准

（1）一般膨胀土液限 $w_L>40\%$，塑性指数 $I_P>17$。

（2）液性指数 I_L 一般小于0.25，在天然条件下一般处于硬塑或坚硬状态。

（3）黏粒（粒径 $d<0.005$mm）含量一般为35%～40%，胶粒（粒径 $d<0.002$mm）含量一般在25%以上。

（4）自由膨胀量一般在35%～40%以上。

1.11.5.3 膨胀土的力学性及渗透性

1. 膨胀土的力学性能

（1）含水量增加，干密度降低，则强度降低。

（2）从最优含水量 w_0 降到缩限 w_S 时，强度成倍的增大；从最优含水率 w_0 膨胀至胀限 w_H 时，强度成倍的减少，并且绝对值很低，见表1.11-15。

（3）随着外压力的增大，强度提高，但当压力超过0.2MPa以后，增大的速度减缓。

（4）各种胀缩等级的天然原状土及击实土强度指标 c、φ 平均值的范围，见表1.11-16和表1.11-17。

表 1.11-15 膨胀土力学强度与含水量的关系

湿度状态	$w=w_0$		$w=w_S$		$w=w_H$	
膨胀土等级	φ (°)	c (MPa)	φ (°)	c (MPa)	φ (°)	c (MPa)
特强膨胀土（上思）	9.2	0.074	41.2	0.12	1.8	0.005
强膨胀土（宁明沙角）	11.5	0.15	35.0	0.222	1.1	0.007
中等膨胀土（邓县刘山）	15.3	0.18	37.0	0.241	6.0	0.036
弱膨胀土（南阳兰营）	23.0	0.15	40.0	0.260	8.0	0.023

表 1.11-16 各种膨胀等级的天然原状土的 c、φ 平均值

膨胀土等级			弱膨胀土	中等膨胀土	弱膨胀土	特强膨胀土
分级指标（%）			8～16	16～23	23～30	>30
试验方法	饱和快剪	φ (°)	>12	12～6	6～3	<3
		c (MPa)	0.05	0.05	0.05	0.05

表 1.11-17 各种膨胀等级的击实土（$w=w_0$，$\rho_d=\rho_{dmax}$）的 c、φ 平均值

膨胀土等级			弱膨胀土	中等膨胀土	弱膨胀土	特强膨胀土
分级指标（%）			8～16	16～23	23～30	>30
试验方法	快剪	φ (°)	>21	21～13	13～9	<9
		c (MPa)	0.1	0.1	0.1	0.1
	饱和快剪	φ (°)	>18	18～10	10～5	<5
		c (MPa)	0.075	0.075	0.075	0.075
	饱和固结快剪	φ (°)	>21	21～12	12～7	<7
		c (MPa)	0.05	0.05	0.05	0.05
	三向膨胀后快剪	φ (°)	>8	8～4	4～2	<2
		c (MPa)	0.025	0.025	0.025	0.025

2. 膨胀土的渗透性

(1) 天然膨胀土的渗透系数 K 一般为 10^{-5}～10^{-6} cm/s，击实后的膨胀土渗透系数一般为 10^{-7}～10^{-9} cm/s。

(2) 当含水量 w 一定时，渗透系数 K 值随干密度 ρ_d 增加而减小；当干密度 ρ_d 一定时，K 值随含水量 w 增加而增加。当为最优含水量时，一般能得到最小的 K 值。

3. 膨胀土的湿化特性

(1) 膨胀土的湿化性较非膨胀土强。

(2) 胀缩性越强，则最终崩解量越大，崩解速度越快，即湿化性越强。

(3) 当击实含水量超过最优含水量时，崩解速度继续减慢，最终崩解量急剧减小。

(4) 当膨胀土收缩后，随着含水量的降低，湿化崩解性能增强，崩解速度增快，最终崩解量增大。

4. 膨胀土的压缩性

(1) 经击实后的膨胀土，当压力为 0.1～0.2MPa 时，其压缩系数一般在 0.7～0.3MPa^{-1}范围内。

(2) 当土体处于最优含水量时，其压缩系数最小。

5. 膨胀土的击实

各种等级膨胀土的最优含水量变化在 20%～30%范围内，最大干密度变化在 1550～1700kg/m^3 范围内；对碳酸盐类岩石经风化后残积、坡积形成的膨胀土，其最优含水量可达到 40%以上，最大干密度可能小于 1300kg/m^3。

1.11.5.4 膨胀土的矿物特性

膨胀土主要由亲水性特强的黏土矿物和碎屑矿物所组成。黏土矿物一般有高岭石、伊利石和蒙脱石三种主要类型，这三种黏土的矿物特性与物理指标见表 1.11-18。

表 1.11-18 膨胀土的矿物特性与物理指标

名称	离子交换量（mg 当量/100g）	等电 pH 值	液限 w_L（%）	塑性指数 I_P	活动性指数 A_c	曲率指数 C_c	内摩擦角（排水剪）φ_d（°）
高岭石	3～15	5	50	20	≈0.2	0.2	20～30
伊利石	10～40		100～200	50～60	≈0.6	0.6～1	20～25
蒙脱石	80～50	＜2	150～700	100～650	1～6	1～3	12～20

注 数据引自参考文献［26］。

1.11.6 分散性黏土

1.11.6.1 分散性黏土的成因、性质

分散性黏土大都是洪积、坡积、湖相沉积和黄土状沉积形成的冲蚀土，但在有些地区也发现了海相沉积的分散性黏土。

分散性黏土的成因与性质归纳如下：

（1）分散性黏土比细砂或粉土更容易的被水流冲蚀。

（2）分散性黏土土粒间的斥力超过了吸力，一旦与低盐浓度的水接触，则土体表面的颗粒逐渐脱落，成为悬液。当遇到流动水，悬液乃至土颗粒随水流失。

（3）分散性黏土中钠离子数量较多，从而使土粒周围水膜增加厚度，减少了土粒间的吸力。

（4）分散性黏土易产生管涌，当水中可溶盐含量越低，管涌的可能性愈大。例如，某坝当库水含盐量较高时，曾长期蓄水而坝没有受到破坏；当水库放空后再回蓄以含盐量低的水时，坝遭遇到破坏。

（5）ESP 值与土料一般物理力学性无一定关系，但经验表明管涌失事的分散性黏土多属于中等塑性黏土，少数也有属于高塑性黏质土。

1.11.6.2 分散性土的判别标准

分散性土与非分散性土的判别标准以及试验方法详见表 1.11-19。

表 1.11-19 分散性土的判别标准

土料类别	双比重计法	针孔法					碎块法	孔隙水溶液法
	分散度 D（%）	试验水头（mm）	持续时间（min）	出水情况	最终流量（mL/s）	最终孔径（mm）	将土制成 5cm×5cm×5cm 试块置入透明容器中观察	以 TDS（阳离子交换总量）为横坐标。以 PS（可交换性钠离子百分数）为纵坐标制图，分为三个区
分散性土	D＞50	50	5	混浊	1.0～1.4	≥2.0	土块水解后混浊土很快扩散，水成雾状，经久不清	位于 A 区
		50	10	较混浊	1.0～1.4	＞1.5		
过渡性土	D＝30～50	50	10	稍混浊	0.8～1.0	≤1.5	土块水解后四周有微量混浊水，但扩散范围很小	位于 C 区
		180	5	较透明	1.4～1.7			
		380	5	较透明	1.8～3.2	≥1.5		
非分散性土	D＜30	1020	5	稍透明	＞3	≤1.5	土块无分散胶粒，水解后在杯底以细粒状平堆，水色清或稍浑浊很快又变清	位于 B 区
		1020	5	透明	＜3	1.0		

1.11.6.3 分散性黏土筑坝的可能性及处理措施

使用分散性黏土作为坝料，在设计和施工方面应采取严格的措施，根据国内外的筑坝经验，应注意以下事项：

（1）若有适宜的反滤，用分散性黏土修建土坝的心墙也是可以的。但目前还没有分散性黏土反滤的设计标准，故反滤层的级配和厚度多是经过试验室试验决定的。根据目前国内外试验，初步认为用细砂作反

滤层可以控制分散性黏土的渗流和防止由此而引起的冲蚀破坏。

(2) 在容易出现集中渗流作用的地方，如在基岩表面和土坝与混凝土建筑物接头处等，或者在可能发生不均匀沉陷的部位，可有选择地填筑非分散性黏土。

(3) 应特别谨慎地处理分散性黏土坝的基岩表面，将岩面的裂缝用水泥浆仔细封闭，防止分散性黏土的散失。

(4) 用石灰［熟石灰 $Ca(OH)_2$ 或生石灰 CaO］、硫酸钙、硫酸铁、硫酸铝等，把分散性状态的黏土变成非分散性状态的黏土，改善筑坝材料的性能指标。部分工程对分散性黏土处理情况，见表 1.11-20 和表 1.11-21。

表 1.11-20　黑龙江省引嫩工程分散性黏土石灰掺量试验表

试样编号	试验含水量 w (%)	石灰掺入量 (%)	试验结束时			针孔试验类别
			水头 H (cm)	流量 Q (m^3/s)	冲蚀孔径	
1	20	1	5	2.50	3.0d	D_1
2	20	1	5	2.78	3.0d	D_1
3	15	1	5	2.08	3.5d	D_1
4	15	1	5	1.67	2.0d	D_1
5	20	2	5	1.92	2.0d	D_1
6	20	2	18	5.00	3.0d	D_2
7	15	2	102	2.00	1.0d	ND_1
8	15	2	18	1.92	2.5d	ND_3
9	20	3	102	1.39	1.0d	ND_1
10	20	3	102	1.43	1.0d	ND_1
11	15	3	102	1.67	1.0d	ND_1
12	15	3	102	1.61	1.0d	ND_1

注　1. d 为原针孔孔径。
2. D_1 为高分散性土；D_2 为分散性土；ND_1 为高抗冲蚀土；ND_3 为过渡性土。

表 1.11-21　掺石灰对高分散性黏土性质的影响

黏土来源	处理	液限 (%)	塑性指数	缩限 (%)	分散度 (%)
美国俄克拉荷马州（黏土）	未处理	64	43	10.4	100
	1%石灰	85	60	13.3	20
	2%石灰	71	43	14.4	7
	3%石灰	64	29	16.1	微
	4%石灰	62	25	17.1	微
美国俄克拉荷马州（壤土）	未处理	30	12	17.1	100
	1%石灰	42	21	19.6	微
	2%石灰	38	11	22.0	微
	3%石灰	37	10	21.7	微
	4%石灰	38	9	19.2	微
美国伊利诺伊州（壤土～黏土）	未处理	47	27	18	94
	1%石灰	71	48	24	微
	2%石灰	63	35	25	微
	4%石灰	56	20	27	微

(5) 用砂砾石混合料或其他材料盖住易遭受冲蚀的分散性黏土外表面，防止或尽量减少干缩裂缝的产生和土体流失。

(6) 在标准普氏最优含水量或非常接近最优含水量条件下，严格控制压实质量，会使土体有良好的柔性，可减少裂缝和不均匀沉降。据英格尔斯等研究，分散性黏土对含水量反映很敏感，当含水量稍偏离最优含水量时，则压实干密度和渗透系数都有较大的变化。

(7) 用分散性黏土筑坝，施工中如中途停工，一定要对填筑面进行保护，以防产生干缩裂缝，必要时将表面一层干裂的土铲除后再填新土。

1.11.7 冰碛土

冰碛土是冰碛地貌区域的一种土壤，它是由冰蚀作用产生的碎屑物质的堆积土或者是在冰川产生以前就已存在的岩屑、碎石等松散堆积物，后被冰川搬运并在冰川融化时沉积下来而形成的碎石类土。

采用冰碛土作为土石坝防渗体材料的工程应用较少，且主要集中在加拿大、美国、瑞典等发达国家，应用工程见表1.11-22。我国的瀑布沟和古水水电站正在开展冰碛土作为土石坝防渗体材料的可行性研究。

表1.11-22 国外以冰碛土作为防渗料的土石坝

国家	坝名	坝型	坝高(m)	建成时间(年)
加拿大	麦卡	斜心墙土石坝	244	1976
瑞典	梅索尔	心墙土石坝	101	1963
阿根廷	富塔莱乌夫	斜心墙土石坝	130	
法国	谢尔蓬松	心墙土石坝	129	1960
加拿大	比格霍恩	心墙土石坝	150	1972
美国	马德山	厚心墙土石坝	130	1948
加拿大	波蒂奇山	厚心墙土石坝	183	1967

1.11.7.1 冰碛土的特征

冰碛土是由块石、砾石、砂及黏性土等杂乱堆积的混合土，无层次，组分也不均匀，颗粒变化范围很宽，包含无塑性的石粉到巨大的漂石。冰碛土虽经磨耗但仍然保持有棱角的外形，块石、砾石表面上具有不同方向的擦痕。在这一类冰碛土上进行工程建设时，应注意冰川堆积物很大的不均匀性。未经水流搬运，直接从冰层中搁置下来的冰碛土，可作为土石坝的不透水材料；经化学胶结的冰碛土具有很高的密实性，可作为建筑物的地基。

冰碛土具有独特的侵蚀、搬运与沉积特征，主要表现如下：

(1) 块石、碎石、角砾、砂土混杂，成因复杂，无分选，无层理；层次多变，分布不均，土性在水平和垂直向变化较大；主要碎屑沉积物的物理力学特性差异明显。冰碛土的组分以砾石、粉细砂为主，块石镶嵌其中，黏土含量很小，多呈无胶结或泥质半胶结状态，水稳定性差，遇水易软化崩解。因此，由冰碛土修筑的工程常出现损坏或事故，路堤、路堑滑塌，边坡失稳，尤以崩塌、滑坡最为常见，水库区还可能存在库岸塌岸问题。

(2) 冰碛土一般天然密度较大、含水量较小；镶嵌块石多呈架空结构，局部呈半镶嵌接触，其间局部填充少量碎石；碎石一般为次棱角状、骨架结构；角砾、砾砂和少量粉细砂常以不规则透镜体或薄层形态分布于碎石层中，分布也不均匀。由于上述原因，对冰碛土的勘测、钻探、工程设计、施工作业都较困难。

(3) 冰碛土中的粉细砂、含砾细砂层或透镜体属于第四纪更新世以后的堆积层，结构松散，黏性小，渗透性大。冰碛土饱和状态下有震动液化的可能，水库地段还可能存在绕坝渗漏和坝基渗漏问题，严重者还将发生流土、管涌、震动液化或渗透破坏。鉴于此，工程设计人员应慎重对待冰碛土，掌握其特性，以防止其对工程造成危害。

1.11.7.2 冰碛土的物理力学特性

冰碛土作为土石坝防渗料，工程实例较少，可供借鉴和能够应用与推广的经验相对匮乏，其物理力学特性也难于系统的总结。现仅简要介绍云南省古水水电站根达坎土料场冰碛土土料的试验结果，以供参考。

1. 物理特性

在古水水电站根达坎土料场取8组土样进行了试验，其天然含水量约4.0%，属低含水量土料。8组土料≥5mm的粗砾相对密度为2.67；<5mm细粒相对密度为2.78；混合相对密度为2.72。砾石吸水率变幅不大，在2.3%～4.3%之间，说明土样>5mm粗粒的风化程度大致相同。8组土料液限为29.4%，塑限为17.6%，塑性指数为11.8。

8组土料中最大粒径为150mm，150～60mm粒径的含量为9.3%，≥5mm的粗粒含量为60.6%，<0.075mm细粒的含量为16.2%，<0.005mm黏粒的含量为10.1%。

2. 击实特性

采用修正普氏击实仪对7组混合料进行了1470kJ/m^3、2690kJ/m^{3}两种功能下的击实试验，均采用湿法制样。在1470kJ/m^{3}击实功能下，最大干密度平均为1970kg/m^3，最优含水量为9.0%；在2690kJ/m^{3}击实功能下，最大干密度平均为2170kg/m^3，最优含水量为8.3%。因此将来该类土料上坝填筑，含水量调整的工作量较大。

在1470kJ/m^{3}击实功能下，7组混合料的破碎率为11.8%；在2690kJ/m^{3}击实功能下，破碎率为15.9%，说明该类土料具有易压实的特点。

3. 固结特性

在1470kJ/m^3、2690kJ/m^{3}两种击实功能下，饱和及非饱和状态的12组固结试验表明该类土料属于低压缩性土。

4. 渗透及渗透变形

在1470kJ/m^{3}击实功能下，7组土料的渗透系数为$i\times10^{-6}$cm/s；在2690kJ/m^{3}击实功能下，渗透系数为$i\times10^{-6}$cm/s～$i\times10^{-7}$cm/s，均属不透水材料。在1470kJ/m^{3}击实功能下，4组土料的平均抗渗坡降

为8.6；在2690kJ/m³击实功能下，4组土料的平均抗渗坡降为14.7。当试样加到最后几级时，渗流流速增大，破坏时多有浑浊泥浆水流出，破坏型式均为流土型。4组土料的抗渗坡降较小，心墙需采取提高抗渗稳定性的措施。

1.11.7.3 对冰碛土作为防渗土料的建议

为了满足规范要求，作为防渗土料的冰碛土宜掺入黏土，使心墙料黏粒含量达到10%，至少达到8%；小于0.1mm颗粒应不少于25%，小于5mm颗粒含量应大于60%；最大粒径为150mm，用0.5～1.5mm粗砂作第一层反滤。如不掺黏土，则应在心墙上游面铺设复合土工膜防渗，在心墙下游面铺设土工织物反滤。这种连续性的综合反滤层结构的抵抗渗透破坏能力要比单纯由冰碛土颗粒的反滤层明显提高。

1.12 灌浆材料

1.12.1 常用灌浆材料

1.12.1.1 常用灌浆材料的分类

灌浆是水利水电工程中为了达到防渗堵漏、加固补强的重要工程措施。灌浆工程中所用的浆液由主剂、溶剂及各种外加剂混合而成，通常所说的灌浆材料是指浆液中所用的主剂。各种常用灌浆材料主要成分、性能及用途见表1.12-1。

表1.12-1 各种常用灌浆材料主要成分、性能及用途

<table>
<tr><th colspan="2">浆液材料名称</th><th>主要成分</th><th>初期黏度（mPa·s）</th><th>可能灌入的裂隙或粒径（mm）</th><th>浆液凝胶时间</th><th>凝结体抗压强度（MPa）</th><th>主要用途</th><th>灌浆方式</th></tr>
<tr><td colspan="2">黏土浆</td><td>黏土</td><td></td><td></td><td></td><td>0.2～1.0</td><td>地基加固，降低渗透系数</td><td>单液</td></tr>
<tr><td colspan="2">水泥黏土浆</td><td>水泥，黏土，膨润土</td><td></td><td></td><td></td><td>0.2～5.0</td><td>地基加固，降低渗透系数</td><td>单液</td></tr>
<tr><td rowspan="2">水泥</td><td>纯水泥浆</td><td rowspan="2">水泥，膨润土，掺合料和外加剂</td><td>5～10</td><td>1～0.15</td><td>8～12h</td><td>10～40</td><td rowspan="2">基岩裂隙堵水加固，大坝基础灌浆</td><td>单液</td></tr>
<tr><td>水泥掺外加剂</td><td>5～10</td><td>1～0.15</td><td>4～6h</td><td>5～25</td><td>单液</td></tr>
<tr><td colspan="2">水泥—水玻璃</td><td>水泥，水玻璃</td><td>5～10</td><td>1～0.15</td><td>十几秒至几十分钟</td><td>5～25</td><td>地基加固，冲积层堵水加固</td><td>双液</td></tr>
<tr><td rowspan="2">水玻璃</td><td>水玻璃—氯化钙</td><td>水玻璃，氯化钙</td><td>3～4</td><td>0.5～0.1</td><td>瞬间</td><td>>20</td><td rowspan="2">隧洞堵漏，地基加固，冲积层堵水</td><td>双液</td></tr>
<tr><td>水玻璃—铝酸钠</td><td>水玻璃，铝酸钠</td><td>3～4</td><td>0.5～0.1</td><td>十几秒至几十分钟</td><td>2～3</td><td>双液</td></tr>
<tr><td colspan="2">铬木素浆液</td><td>亚硫酸盐纸浆废液，重铬酸钠三氯化铁</td><td>3～4</td><td></td><td></td><td>0.4～2.0</td><td>冲积层堵水，基岩裂隙堵水</td><td>单液或双液</td></tr>
<tr><td colspan="2">丙凝浆液</td><td>丙烯酰胺，辅助材料</td><td>12</td><td>0.01～0.013</td><td>几秒至几十分钟</td><td>0.4～0.6</td><td>基岩裂隙堵水，冲积层堵漏防渗</td><td>双液</td></tr>
<tr><td colspan="2">丙强浆液</td><td>丙烯酰胺，脲醛树脂过硫酸铵，硫酸</td><td>5～6</td><td>0.08～0.05</td><td>十几秒至几十分钟</td><td>8～10</td><td>冲积层堵漏防渗</td><td>双液</td></tr>
<tr><td colspan="2">甲凝浆液</td><td>甲醛丙烯酸甲酯，辅助材料</td><td><0.9</td><td>0.05～0.01</td><td>1～2h</td><td>60～80</td><td>大坝裂隙修补</td><td></td></tr>
<tr><td colspan="2">环氧树脂</td><td>环氧树脂，辅助材料</td><td>7～14</td><td>0.2</td><td></td><td>70～120</td><td>混凝土裂缝补强</td><td></td></tr>
<tr><td colspan="2">聚氨酯</td><td>异氰酸脂，聚醚树脂，辅材</td><td>48～70</td><td></td><td>几秒至十几分钟</td><td>2～20</td><td>地基加固，断层破碎带处理</td><td>单液</td></tr>
</table>

1.12.1.2 水玻璃灌浆材料

水玻璃（硅酸钠）是化学灌浆中应用最早的一种材料。实践证明，水玻璃浆材在水利水电工程的防渗堵漏、地基加固、结构补强、隧洞矿井止水固结等方面均具有较好的应用效果，是一种较为理想的化学灌浆材料。

1. 灌注性

由于水玻璃浆材为真溶液，浆液起始黏度低，且保持低黏度的时间可满足灌浆工艺要求，所以裂隙在0.1mm以上的均能得到有效的灌注。

2. 耐久性

水玻璃浆材凝胶时间可从几秒到几十分钟内随意调节，且接近凝胶时浆液黏度具有迅速形成的特点，凝胶后可得到较高强度的固砂体或与被加固物体形成的聚合体。据测定，水玻璃浆材的固砂体强度可达3～6MPa，渗透系数可达$10^{-6}\sim10^{-5}$cm/s；若在配方中再附加上适量配比的超细水泥浆，其强度会更高些。水玻璃凝胶在长期荷载作用下虽然有一定程度的蠕变性，但资料表明，只要灌浆体不暴露在干燥空气中和浸泡在溶蚀性水中，且灌浆设计施工合理、浆液配方得当，其耐久性是较强的。

3. 其他特点

与其他有机化灌浆材相比，水玻璃浆材无毒，造价低廉。其他有机化灌浆材均具有较强的毒副作用，容易引起环境污染；而水玻璃浆材无毒，在当前重视环境保护条件下，是首选的工程化灌材料。从造价方面看，其他有机化灌浆材造价是水玻璃浆材造价的几倍到几十倍，因此水玻璃灌浆材料的经济意义十分显著。

1.12.2 新型灌浆材料

新型灌浆材料是指最近几年来研究、开发的新材料，它具有专用、复合、多样、环保等特点，发展前景广阔。

1.12.2.1 沥青灌浆材料

沥青灌浆是利用沥青的物理性能——沥青加热后变为易于流动的液体，冷却后又变为类固体而达到堵漏的目的。沥青浆液具有不被水流稀释而流失的特点，特别适用于水泥和化学灌浆难以解决的、渗漏量大的堵漏处理加固工程。沥青灌浆与水泥灌浆相结合，其堵漏效果往往更佳。

1.12.2.2 新型无机灌浆材料

新型无机灌浆材料的主要成分、性能及用途见表1.12-2。

1.12.2.3 新型有机灌浆材料

新型有机灌浆材料的主要成分、性能及用途见表1.12-3。

表1.12-2 新型无机灌浆材料主要成分、性能及用途

浆液材料名称	主要成分	性能特点	主要用途
超细水泥灌浆材料	超细水泥，外加剂	可灌性好，可灌入0.10～0.20mm宽度的细裂缝	基础微裂隙的补强加固
水下不分散水泥灌浆材料	水泥（砂浆），硅粉、矿渣粉等掺合料，水下不分散剂	在水中不分散，保持灌浆料的密实性和强度	堤坝基础迎水面的密实补强加固
微膨胀无机灌浆材料	水泥，矿渣粉、粉煤灰等掺合料，膨胀剂，减水剂	结石体具有微膨胀性能，提高密实性和界面粘结性能	基础孔隙的密实补强加固

表1.12-3 新型有机灌浆材料主要成分、性能及用途

浆液材料名称		主要成分	性能特点	主要用途
丙烯酸环氧树脂灌浆材料		环氧树脂，不饱和一元酸，催化剂，烯类共聚单体	无溶剂，黏度低（2～5mPa·s），强度高（抗压强度60～100MPa）	混凝土细微裂隙补强
互穿聚合物网络灌浆材料		丙烯酸环氧树脂，聚氨酯预聚体，催化剂，稀释剂	初始黏度100mPa·s左右，抗压强度约70MPa，水中粘结强度大于1.0MPa	水下混凝土裂缝补强
弹性灌浆材料	弹性环氧树脂灌浆材料	柔性环氧树脂，活性稀释剂，脂环族固化剂	粘结强度高（2～3MPa），断裂伸长率大于80%	变形裂缝修补
	弹性聚氨酯灌浆材料	弹性聚氨酯预聚体，催化剂，活性稀释剂		

1.12.2.4 新型复合灌浆材料

新型复合灌浆材料是一种以无机材料为基础，掺入有机乳液的灌浆材料，如聚合物水泥净（砂）浆等。复合灌浆材料可以提高无机灌浆材料的粘结性、抗腐蚀和耐久性。

1.12.2.5 微灌浆材料

在水利水电灌浆工程中，微细裂缝的灌浆始终有一定难度。工程经验表明，对于0.2mm以下的细微裂缝，一般水泥灌浆效果较差，而超细水泥材料对0.1～0.2mm之间的细微裂隙具有较强的可灌性，但由于适用范围和造价等原因，超细水泥在实际工程应用并不广泛。这时采用微灌浆材料进行微细裂缝的防渗处理，成为目前主要的施工手段。

对于重要的建筑结构及基础，存在的细微裂缝，应进行补强灌浆。灌浆材料如甲凝、丙凝、丙强等，化学灌浆液细度整体控制在1μm左右，马氏漏斗黏度40～50s，28d抗压强度不低于10MPa。超微灌浆材料和施工工艺应满足环保要求，立足常规设备，施工工艺力求简单可靠。

1.13 止 水 材 料

止水材料常用于水工建筑物的永久性接缝及水工闸门的周边，常用的止水材料及其适用范围见表1.13-1。

表 1.13-1　常用的止水材料及其适用范围

材料名称	适用范围
橡胶水封	水工闸门周边
塑性止水带	混凝土面板堆石坝、低混凝土坝和闸的永久缝
金属止水	混凝土坝、混凝土面板堆石坝的永久缝
复合材料止水	混凝土面板堆石坝、隧洞的永久缝、结构缝
表面涂料	碾压混凝土坝、混凝土面板堆石坝的迎水面
无黏性反滤止水材料	混凝土面板堆石坝上游面

1.13.1 水工闸门橡胶水封的外形尺寸及结构

1.13.1.1 常规P型水封尺寸及结构

水工闸门顶侧水封结构见图1.13-1。常规P型水封的型号和主要尺寸见表1.13-2。

1.13.1.2 底水封、节间水封及垫板尺寸与结构

底水封、节间水封及垫板尺寸与结构见表1.13-3。

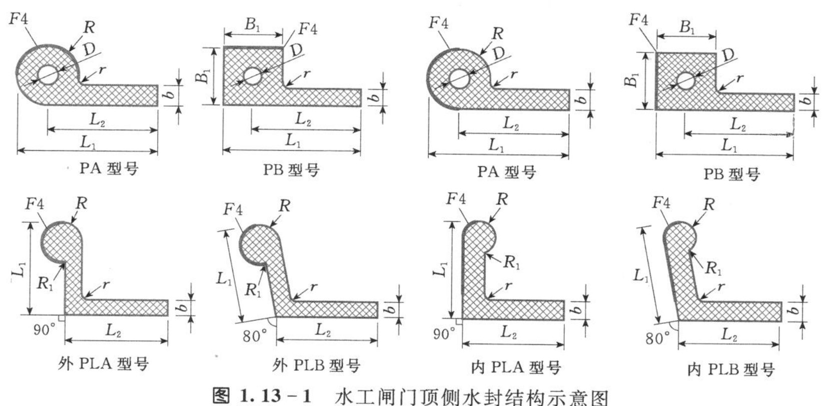

图 1.13-1　水工闸门顶侧水封结构示意图

F4—复合聚四氟塑料

表 1.13-2　常规P型水封的型号和主要尺寸

闸门类别	止水部位	型号	线密度 (kg/m)	各部尺寸（mm）							
				L_1	L_2	b	B_1	R	R_1	r	D
平面闸门和弧形闸门	顶、侧水封	P60-A	5.5	140	110	20		30		10	20
		P60-B	5.9	140	110	20	60			10	20
		P45-A	3.5	122.5	100	16		22.5		6.5	16
		P45-B	3.9	122.5	100	16	45			6.5	16
		P50-A	4.5	125	100	16		25		9	16
		P50-B	4.9	125	100	16	50			9	16
		P32-A	2.5	116	100	12		16		4	12
		P32-B	2.9	116	100	12	32			4	12

续表

闸门类别	止水部位	型号	线密度 (kg/m)	各部尺寸 (mm)							
				L_1	L_2	b	B_1	R	R_1	r	D
露顶闸门	侧水封	外 PLA－1	4.9	100	100	15		20	5	2.5	
		外 PLB－1	4.4	100	70	15		20	5	2.5	
		外 PLB－2	5.3	75	100	15		15	5	2.5	
		内 PLA－1	4.4	100	70	15		15	5	2.5	
		内 PLB－1	6.3	100	110	20		15	5	2.5	
		内 PLB－2	4.5	100	80	15		20	5	2.5	

注 1. P60－A（P50－A）适用于大孔口闸门，P45－A（P32－A）适用于中、小孔口闸门，P60－B、P50－B、P45－B及P32－B适用于潜孔弧形闸门。

2. 外 PLA－1、外 PLB－1 和外 PLB－2 适用于大孔口闸门，内 PLA－1、内 PLB－1 和内 PLB－2 适用于中、小孔口表孔弧形闸门。

3. 中、高水头潜孔闸门宜采用实心水封，要求变形量大的水封可由调整橡胶材质的硬度指标实现。

表 1.13－3　底水封、节间水封及垫板尺寸与结构

水封规格	线密度 (kg/m)	尺寸 (mm)		材质牌号	结构示意图
		B	d		
I130－20	3.7	130	20	SF6474 SF6574 SF6674 SF2270 SF2080 SF2050	45° d B 底水封结构 d B 节间水封及垫板结构
I120－20	3.4	120	20		
I110－20	3.1	110	20		
I110－16	2.5	110	16		
I70－10	1	70	10		
I70－16	1.6	70	16		
I70－20	2	70	20		
I75－10	1.1	75	10		
I75－16	1.7	75	16		
I75－20	2.1	75	20		
I80－10	1.2	80	10		
I80－16	1.8	80	16		
I80－20	2.3	80	20		
I100－10	1.4	100	10		
I100－16	2.3	100	16		
I100－20	2.8	100	20		
I110－10	1.6	110	10		
I120－10	1.7	120	10		
I120－16	2.7	120	16		
I130－10	1.9	130	10		
I130－16	3.1	130	16		

1.13.2 止水带物理力学性能和常用截面形状

1.13.2.1 橡胶止水带物理力学性能

橡胶止水带物理力学性能见表 1.13-4。

1.13.2.2 PVC 止水带物理力学性能

PVC 止水带物理力学性能见表 1.13-5。

1.13.2.3 常用橡胶、橡塑止水带截面形状、线密度、用途

常用橡胶、橡塑止水带截面形状、线密度、用途见表 1.13-6。

1.13.3 金属止水带

1.13.3.1 铜止水带

铜止水带的厚度多为 0.8～1.2mm，宜选用退火的铜带，其化学成分和物理力学性质应符合《铜及铜合金带材》(GB 2059—2008) 中的规定，力学性能应满足表 1.13-7 的要求。

1.13.3.2 不锈钢止水带

不锈钢止水带的化学成分和物理力学性质应符合《不锈钢冷轧钢板和钢带》(GB/T 3280—2007) 的要求，力学性能应满足表 1.13-8 的要求。不锈钢止水带的厚度、断面尺寸可参照铜止水带的规定。

1.13.4 复合密封止水材料

面板堆石坝周边缝、垂直缝，TBM 机挖洞的预制混凝土瓦块拼接缝等，往往在迎水面沿缝的走向填充复合密封止水材料，一般由人工嵌填密封。复合密封止水材料具有一定的弹性和可塑性，其性能控制指标见表 1.13-9。

表 1.13-4　　橡胶止水带物理力学性能

项目			指标		
			B	S	J
硬度（邵氏 A）			60±5	60±5	
拉伸强度（MPa）			≥15	≥12	
扯断伸长率（%）			≥380	≥380	
压缩永久变形（%）	70℃、24h		≤35	≤35	
	28℃、168h		≤20	≤20	
撕裂强度（kN/m）			≥30	≥25	
脆性温度（℃）			≤−45	≤−40	
热空气老化，168h	70℃	硬度变化（邵氏 A）	≤+8	≤+8	
		拉伸强度（MPa）	≥12	≥10	
		扯断伸长率（%）	≥300	≥300	
	100℃	硬度变化（邵氏 A）			≤8
		拉伸强度（MPa）			≥9
		扯断伸长率（%）			≥250
臭氧老化 50×10^{-8}：20%，48h			2 级	2 级	0 级
橡胶与金属粘合			接触面在弹性体内		

注 1. 试验方法按照《高分子防水材料　第 2 部分：止水带》(GB 18173.2—2000) 的要求执行。
2. B 为适用于变形缝的止水带；S 为适用于施工缝的止水带；J 为适用于有特殊耐老化要求接缝的止水带。
3. 橡胶与金属粘合项仅适用于具有钢边的止水带。
4. 若对止水带防霉性能有要求时，应考虑核霉菌试验，且其防毒性能应不低于 2 级。

表 1.13-5　　PVC 止水带物理力学性能

项目	指标	试验方法
硬度（邵氏 A）	≥65	GB 2411
拉伸强度（MPa）	≥14	GB/T 1040、Ⅱ型试件
扯断伸长率（%）	≥300	
低温弯折（℃）	≤−20	GB 18173、试片厚 2mm

续表

项 目		指 标	试验方法
热空气老化 70℃、168h	拉伸强度（MPa）	≥12	GB/T 1040、Ⅱ型试件
	扯断伸长率（%）	≥280	
耐碱性，10%$Ca(OH)_2$， 常温23℃±2℃，48h	拉伸强度保持率（%）	≥80	GB/T 1690
	扯断伸长率保持率（%）	≥80	

表1.13-6　常用橡胶、橡塑止水带截面形状、线密度、用途

型 号	截面形状（mm）	线密度 （kg/m）	用 途
H_2861	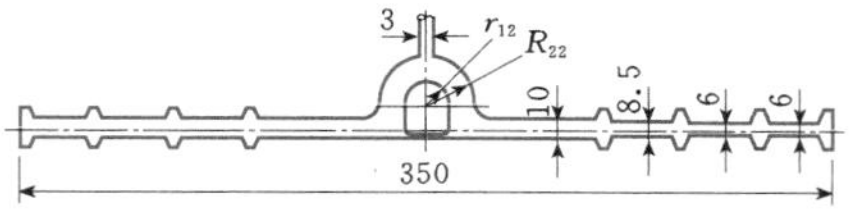	4.5±0.4	用于面板堆石坝
831	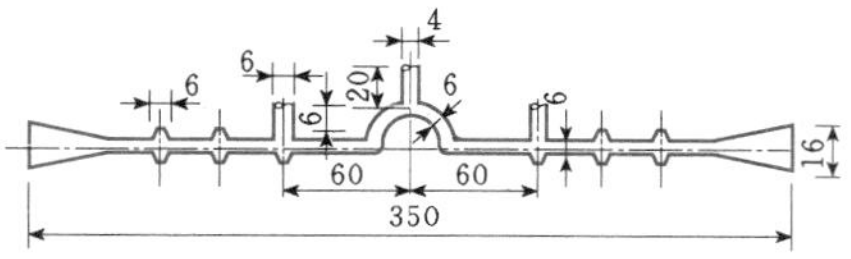	4.3±0.4	用于大、中型混凝土坝
654	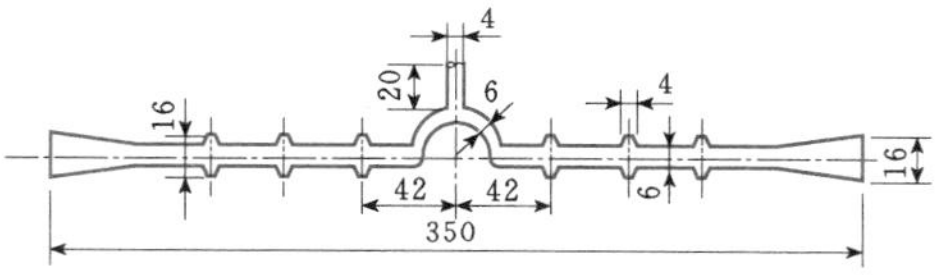	4.2±0.4	用于大、中型混凝土坝
651	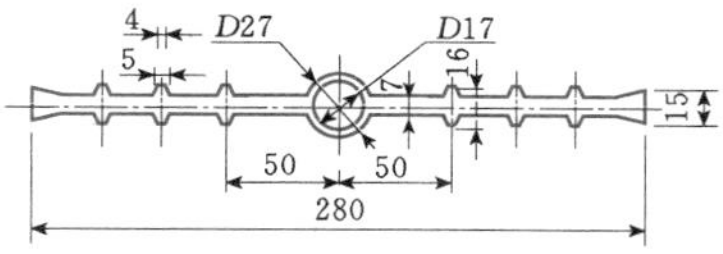	3.7±0.3	用于中、小型混凝土坝，厂房，隧洞，涵洞，沟渠
652	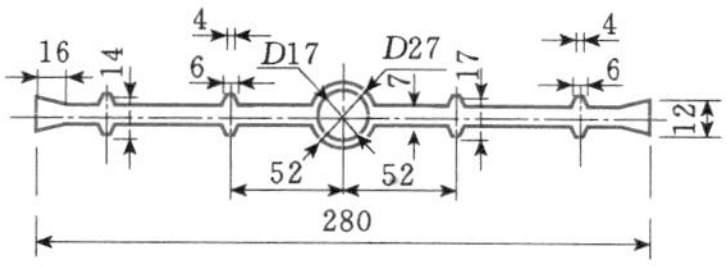	3.6±0.3	用于中、小型混凝土坝，厂房，隧洞，涵洞，沟渠
653	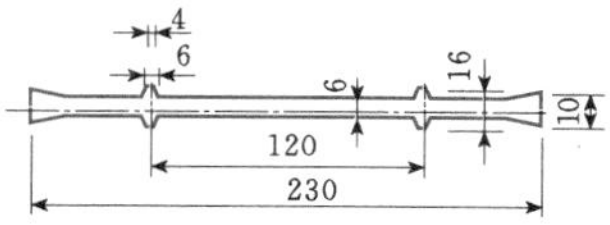	1.9±0.2	用于止浆
平板	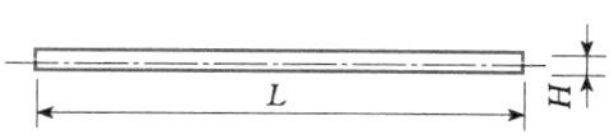	1.9±0.2	用于面板堆石坝，$H=3\sim10mm$，$L=200\sim700mm$

表 1.13-7 **铜止水带材质和力学性能**

材质	型号	状态	抗拉强度（MPa）	延伸率（%）
纯铜	T2、T3	M（软）	≥205	≥20

表 1.13-8 **不锈钢止水带物理力学性能**

不锈钢牌号	类别	抗拉强度（MPa）	屈服强度（MPa）	延伸率（%）	弹性模量（MPa）	泊松比
Ocr18Ni9	实测	700	365	59	2×10^5	0.27
	GB3280	≥520	≥205	≥40		

表 1.13-9 **复合密封止水材料性能控制指标**

项目			指标	试验方法
浸泡质量损失率（常温，3600h）（%）	水		≤2	《水工建筑物塑性嵌缝密封材料技术标准》（DL/T 949—2005）
	饱和 $Ca(OH)_2$ 溶液		≤2	
	10%NaCl 溶液		≤2	
拉伸粘结性能（%）	常温、干燥	断裂伸长率	≥125	《建筑密封材料试验方法 第 8 部分：拉伸粘结性的测定》（GB/T 13477.8—2002）
		粘结性能	不破坏	
	常温、浸泡	断裂伸长率	≥125	
		粘结性能	不破坏	
	低温、干燥	断裂伸长率	≥50	
		粘结性能	不破坏	
	300 次冻融循环	断裂伸长率	≥125	DL/T 949
		粘结性能	不破坏	
流淌值（下垂度）（mm）			≤2	《建筑密封材料试验方法 第 6 部分：流动性的测定》（GB/T 13477.6—2002）
施工度（针入度）（0.1mm）			≥100	《沥青针入度测定法》（GB/T 4509—2010）
密度（g/cm^3）			≥1.15	《塑料 非泡沫塑料密度的测定》（GB/T 1033—2008）
复合剥离强度（常温）（N/cm）			>10	对于橡胶、塑料止水带采用《胶粘剂 T 剥离强度试验方法 挠性材料对挠性材料》（GB/T 2791—1995），对于金属止水带采用《胶粘剂 180°剥离强度试验方法 挠性材料对刚性材料》（GB/T 2790—1995）

注 1. 本表引自《水工建筑物止水带技术规范》（DL/T 5215—2005）。
2. 常温指 23℃±2℃，低温指 −20℃±2℃。
3. 气温温和地区可以不做低温试验和冻融循环试验。

1.13.5 表面止水涂料

PSI-200 水泥基渗透结晶型防渗材料是一种刚性防水材料。它与水作用后，材料中含有的活性化学物质通过载体向混凝土内部渗透，在混凝土中形成不溶于水的结晶体，堵塞毛细孔道，从而使混凝土致密、防水。表面止水材料的物理力学性能应符合 1.9

节表1.9-25的规定。

1.13.6 无黏性反滤止水填料

面板堆石坝周边缝和伸缩缝迎水面，往往还需要沿缝的走向填充一定范围的无黏性填料以及相配套的保护盖片。运行中一旦缝内止水材料受到损坏，无黏性填料将在外水压力作用下进入缝内，从而封堵渗流通道。

无黏性填料一般采用粉细砂或粉煤灰，其最大粒径应小于1mm，渗透系数比缝底部反滤料的渗透系数至少小一个数量级。

1.14 混凝土表面保温材料

1.14.1 混凝土表面保温材料种类和用途

混凝土表面保温材料主要用途为：作为温控措施，可以降低混凝土表面产生温度裂缝的几率；作为混凝土冬季施工措施，可以防止混凝土冻害；作为养护手段，可以弥补混凝土养护的不足，防止混凝土产生干缩裂缝。混凝土表面保温材料的种类、组成和适用范围列于表1.14-1。

表1.14-1 混凝土表面保温材料

材料种类	材料组成	适用范围
粒状材料	木锯屑、砂、炉渣、砂性土	平面
片状材料	草帘、聚乙烯片材、尼龙编织布、塑料气垫薄膜	平面、侧立面
板状材料	刨花板、聚苯乙烯泡沫板、聚乙烯泡沫板、纸板、木模板	侧立面
喷涂材料	聚氨酯硬质泡沫、膨胀珍珠岩、保温剂	平面、侧立面

1.14.2 保温材料选择原则及厚度要求

在选择混凝土表面保温材料时，应结合混凝土表面防裂和外观保护的需要统筹考虑，应尽量选用耐久性好、不易燃烧、价格低廉和便于施工的材料。保温层的结构应尽可能与模板相结合，以减少二次保护工作量与节省保护费用。

实际进行混凝土表面保温设计时，主要采用混凝土表面等效热交换系数来表征材料的保温效果。混凝土表面等效热交换系数$\beta_{效}$，可根据保温层厚度及保温材料性能按式（1.14-1）进行计算：

$$\beta_{效}=\frac{1}{\dfrac{1}{\beta_0}+\sum\limits_{i=1}^{n}\dfrac{\delta_i}{K_1K_2\lambda_i}} \tag{1.14-1}$$

式中 β_0——不保温时混凝土表面热交换系数，kJ/(m²·h·℃)，参见表1.14-2；

δ_i——第i层保温材料厚度，m；

λ_i——第i层保温材料导热系数，kJ/(m·h·℃)；

K_1——风速修正系数，参见表1.14-3；

K_2——潮湿程度修正系数，潮湿材料取3～5，干燥材料取1；

n——保温材料层数。

表1.14-2 混凝土表面在空气中的热交换系数

风速(m/s)	β_0 [kJ/(m²·h·℃)]	
	光滑表面	粗糙表面
0.0	18.5	21.1
0.5	28.7	31.4
1.0	35.8	38.7
2.0	49.4	53.0
3.0	63.1	67.6
4.0	76.7	82.2
5.0	90.1	96.7
6.0	103.2	111.0
7.0	116.1	124.9
8.0	128.6	138.5
9.0	140.8	151.7
10.0	152.7	165.1

表1.14-3 风速修正系数

保温层透风性		风速≤4m/s	风速>4m/s
易透风保温层（稻草锯末等）	不加隔层	2.6	3
	外面加不透风隔层	1.6	1.9
	内面加不透风隔层	2.6	2.3
	内外加不透风隔层	1.3	1.5
不透风保温层		1.3	1.5

1.14.3 水工混凝土常用的表面保温材料

1.14.3.1 聚苯乙烯泡沫塑料保温板（EPS）

聚苯乙烯泡沫塑料保温板（EPS）是采用可发性阻燃型聚苯乙烯珠粒经加热预发泡后，在模具中加热成型的白色硬质板。它具有一定强度、质轻、低吸水率、保温性能好、耐久性强等特点，其主要技术指标列于表1.14-4。

表 1.14-4　聚苯乙烯泡沫塑料保温板主要技术指标

项　　目	指　　标
表观密度（kg/m³）	≥18
抗压强度（MPa）	≥0.1
抗拉强度（MPa）	≥0.1
导热系数［kJ/(m·h·℃)］	≤0.148
透湿系数［ng/(Pa·m·s)］	≤4.5
尺寸稳定性（%）	≤3.0
吸水率（%）	≤4.0
燃烧性能	≥B2

1.14.3.2　聚苯乙烯挤塑保温板（XPS）

聚苯乙烯挤塑保温板（XPS）是以聚苯乙烯树脂辅以聚合物在加热混合的同时，注入催化剂后挤塑压出连续性闭孔发泡的硬质塑料板。它具有高抗压、低吸水率、防潮、质轻、不透气、耐腐蚀、抗老化、导热系数低等特点。《绝热用挤塑聚苯乙烯泡沫塑料(XPS)》（GB/T 10801.2—2002）中 X150 类保温板的技术指标列于表 1.14-5。

表 1.14-5　聚苯乙烯挤塑保温板主要技术指标（X150）

项　　目		指　　标
抗压强度（MPa）		≥0.15
导热系数［kJ/(m·h·℃)］	10℃	≤0.101
	25℃	≤0.108
透湿系数［ng/(Pa·m·s)］		≤3.5
尺寸稳定性（70℃±2℃）（%）		≤2.0
吸水率（%）		≤1.5
燃烧性能		≥B2

1.14.3.3　聚乙烯泡沫塑料板

聚乙烯泡沫塑料板为闭孔型挤塑泡沫塑料，呈板状硬材，具有较好的保温抗湿性能，成品一般厚 25～75mm、宽 600mm，主要技术指标列于表 1.14-6。

表 1.14-6　聚乙烯泡沫塑料板主要技术指标

尺寸规格（mm）			燃烧性		吸水率（%）	抗压强度（MPa）	导热系数［kJ/(m·h·℃)］
长度	宽度	厚度	燃烧高度（mm）	燃烧时间（s）			
2450	600	25	＜250	＜30	＜1.5	0.15	≤0.108

1.14.3.4　聚氨酯保温板

聚氨酯保温板是以聚氨酯组合料为原料经过机械浇筑成型的一种保温材料，具有容量轻、强度高、绝热、隔音、耐寒、防腐、低吸水率等特点，主要技术指标列于表 1.14-7。

表 1.14-7　聚氨酯保温板主要技术指标

项　　目	指　　标
表观密度（kg/m³）	45～60
抗压强度（MPa）	≥0.2
导热系数［kJ/(m·h·℃)］	0.058～0.086
吸水率（%）	≤0.2
闭孔率（%）	≥97
燃烧性能	≥B2

1.14.3.5　聚乙烯气垫薄膜

聚乙烯气垫薄膜是以聚乙烯树脂为主要原料，经挤出双层膜真空复合成型的气垫薄膜，种类较多，常用于商品包装。它用做混凝土表面保温材料时，一般选用单膜单泡和双膜单泡两种。单膜单泡厚度为 5mm，双膜单泡厚度为 4mm，幅面宽度一般为 0.5～1.0m。气垫薄膜的导热系数约为 0.324kJ/(m·h·℃)，拉伸强度大于 4.5MPa。

聚乙烯气垫薄膜十分柔软，可以与混凝土表面紧密贴合，除了保温外还可以用来防风和保湿。

1.14.3.6　保温被

保温被一般采用保温材料如聚乙烯泡沫塑料、弹性聚氨酯泡沫塑料等做内胆，外罩尼龙防水编织布编织而成。这种保温被既可在高温季节浇筑混凝土时，覆盖于新浇混凝土面上防止外界高温倒灌，又可在低温季节覆盖于混凝土表面抵御寒潮，还可在秋冬季到来前作为混凝土结构孔洞的封闭材料。保温被遇水后，保温性能有所降低，一旦遇到雨天应在保温被外面覆盖一层雨布，避免雨水浸湿降低保温效果。

保温被在工程中使用较多，下面介绍在部分工程使用的三种不同材料制成的保温被及其特性。

（1）聚乙烯发泡塑料保温被：内胆材料为高发泡聚乙烯片状软材，厚度一般为10～50cm，平面尺寸可根据需要裁剪，其物理性能列于表1.14-8。

表1.14-8 高发泡聚乙烯塑料物理性能

尺寸规格（mm）			导热系数[kJ/(m·h·℃)]		吸水率（%）	抗压强度（MPa）
长	宽	厚	干燥	浸水后		
视需裁剪	2000	25	0.166	0.360	<6	0.15

（2）聚苯乙烯泡沫塑料保温被：内胆为闭孔型聚苯乙烯泡沫塑料碎粒，面料为尼龙防水编织布，平面尺寸2.0m×1.5m，厚度6cm，等效热交换系数$\beta_{效}$=9.63kJ/(m²·h·℃)。

（3）弹性聚氨酯被：内胆为2～3cm厚的弹性聚氨酯泡沫塑料，外包0.3mm厚的塑料布，平面尺寸2.0m×0.9m，导热系数λ=0.155kJ/(m·h·℃)。

1.14.3.7 保温砂层

正常情况下，混凝土浇筑后表面的保温宜采用保温被、泡沫塑料板等，较为方便，但当缺乏这些保温材料时也可用砂层保温。当气温低及暴露时间长时，则可采用较厚的砂层保温。砂的物理与热性能指标列于表1.14-9。

表1.14-9 砂的物理与热性能指标

材料名称	表观密度（kg/m³）	导热系数[kJ/(m·h·℃)]	比热[kJ/(kg·℃)]	导温系数（m²/h）
干砂	1500	1.17	0.80	0.00098
湿砂	1650	4.06	2.06	0.00118

寒潮期，砂层的保温效果与砂层厚度有关，其保温效果列于表1.14-10；在冬季，干砂和湿砂的保温效果与所铺砂层厚度有关，其保温效果列于表1.14-11。

表1.14-10 寒潮期砂层保温效果（$-T_1/A$）

砂层厚度（cm）	λ/β_0=0.10m			λ/β_0=0.20m		
	Q=2d	Q=3d	Q=4d	Q=2d	Q=3d	Q=4d
0	0.842	0.867	0.883	0.724	0.763	0.789
5	0.701	0.743	0.770	0.615	0.663	0.696
10	0.598	0.647	0.680	0.534	0.585	0.621
20	0.461	0.513	0.550	0.421	0.473	0.510
30	0.374	0.424	0.460	0.347	0.396	0.432

注 T_1为混凝土表面温度；A为气温降幅；Q为寒潮的天数。

表1.14-11 越冬期砂层保温效果（$-T_1/A$）

砂层厚度（cm）		50	100	150	200
保温效果	干砂	0.436	0.277	0.202	0.160
	湿砂	0.725	0.573	0.472	0.401

注 T_1为混凝土表面温度；A为气温降幅。

1.14.3.8 聚氨酯硬质泡沫

聚氨酯硬质泡沫由发泡剂、催化剂、稳定剂、阻燃剂等材料组成。聚氨酯硬质泡沫在没有加入发泡剂之前是一种强度很高的粘合剂，在加入发泡剂制成泡沫后，其粘结力很强，仍能与混凝土连为一体。由于水对聚醚型氨酯基本上不会发生溶解、腐蚀作用，所以聚氨酯硬质泡沫被水淹后不易脱落。其主要技术指标列于表1.14-12。

表1.14-12 聚氨酯硬质泡沫材料主要技术指标

项 目	指 标 要 求		
	喷涂法	浇注法	粘贴法或干挂法
表观密度（kg/m³）	≥35	≥38	≥40
导热系数，23℃±2℃[kJ/(m·h·℃)]	≤0.083		
拉伸粘结强度（kPa）	≥150①	≥100①	≥150②
拉伸强度（kPa）	≥200③	≥200④	≥200
延伸率（%）	≥7	≥5	≥5
吸水率（%）	≤4		
尺寸稳定性，48h（%）	当80℃时，≤2.0；当-30℃时，≤1.0		

续表

项目		指标要求		
		喷涂法	浇注法	粘贴法或干挂法
阻燃性能	平均燃烧时间(s)	≤70		
	平均燃烧范围(mm)	≤40		
	烟密度等级(SDR)	≤75		

① 与水泥基材料之间的拉伸粘结强度。
② 聚氨酯硬泡材料与其表面的面层材料之间的拉伸粘结强度。
③ 拉伸方向为平行于喷涂基层表面(即拉伸受力面为垂直于喷涂基层表面)。
④ 拉伸方向为垂直于浇注模腔厚度方向(即拉伸受力面为平行于浇注模腔厚度方向)。

1.14.3.9 珍珠岩发泡保温涂料

珍珠岩发泡保温涂料是以珍珠岩、矿物纤维为主要原料,经炉窑保温过程并与水性结合剂复合而成,它具有无毒、无污染、保温、隔热、阻燃等特性,可以在任何形状的物体表面进行保温。这种保温涂料使用后,可直接用高压水冲洗干净,其矿物原料可以在大自然中消解,不会对环境产生影响。膨胀珍珠岩化学成分列于表1.14-13,物理性能列于表1.14-14。

表1.14-13 膨胀珍珠岩化学成分 %

成分	SiO_2	Al_2O_3	MgO	Fe_2O_3	K_2O	Na_2O	CaO
含量	71.82	12.37	0.19	0.79	4.69	3.55	0.83

表1.14-14 膨胀珍珠岩粉物理性能

项目	粒径(mm)	表观密度(kg/m^3)	使用温度(℃)	导热系数[kJ/(m·h·℃)]		吸水率(%)	pH值
				低温负压	低温常压		
性能	0.15~2.5	<65	-20~800	0.007	<0.072	<2	6.5~7.5

1.14.3.10 保温剂

保温剂是一种以膨胀珍珠岩、泡沫塑料颗粒等为基材,添加胶结剂、固化剂等化学材料复合而成的半流态材料。施工时,喷涂于混凝土表面,固化后在混凝土表面形成3~10cm厚的保温层。

保温剂施工方便、保温效果好,保温层厚度与材料配比可灵活调整,以适应不同的保温要求,适宜作为永久保温层材料。例如,某工程使用的NA-BW保温剂,其主要成分由A组分——基体胶体剂、保温颗粒、增强材料和B组分——固化剂、分散剂组成。保温颗粒可根据需要,选用经破碎的工业泡沫塑料边角料和回收料,或膨胀珍珠岩散粒。保温剂的配合比可根据施工要求及其保温性能、固化时间和强度需要调整A、B组分比例。不同配比的保温剂表观密度也不同,其抗压强度、导热系数随密度增加而提高。施工时应将A、B组分拌和均匀,在混凝土表面喷涂或抹面,养护24h。NA-BW保温剂性能列于表1.14-15。

表1.14-15 NA-BW保温剂性能

表观密度(kg/m^3)	抗压强度(MPa)	导热系数[kJ/(m·h·℃)]	吸水率(%)	失水率(%)	固化时间(h)
265	0.60	0.324	6.5	0.48	4.5~8
308	0.63	0.403			4.5~8
395		0.446	6.0	0.45	4.5~8
485		0.554	4.0	0.40	4.5~8

1.15 土工合成材料

1.15.1 土工合成材料的分类

土工合成材料是应用于岩土工程的、以合成材料为原材料制成的各种产品的统称。土工合成材料作为一种新型的工程材料,随着新材料和新技术的发展而变化,我国于1998年制定了《土工合成材料应用技术规范》(GB 50290—98),将土工合成材料分为四大类,即土工织物、土工膜、土工复合材料和土工特种材料,见表1.15-1。

表 1.15－1　　土工合成材料的分类

土工合成材料	土工织物	织造（有纺）	机织（含编织）、针织
		非织造（无纺）	针刺（机械粘结）、热粘结、化学粘结
	土工膜	沥青、聚合物	
	土工复合材料	复合土工布、复合土工膜、复合土工织物、复合防排水材料（排水带、排水管、排水防水材料）	
	土工特种材料	土工格栅、土工带、土工网、土工格室、土工模袋、土工网垫、膨胀土防水毯（GCL）、聚苯乙烯板块（EPS）等	

1.15.2　土工织物（土工布）

1.15.2.1　织造（有纺）土工织物

织造土工织物，又称机织土工布，主要有长丝机织土工布、裂膜丝机织土工布（又称为编织土工布）与针织布。因针织布在工程中应用很少，在此不表述。

织造土工织物，是由两组细丝或纱按一定方式交织而成的一种结构物，两组交织的方式决定了织品的花色，如平纹、斜纹与缎纹。工程用土工织物一般为平纹。两组细丝一般是相互垂直的（针织除外），沿机器方向的细丝称为经丝，而垂直机器方向的称为纬丝，所以土工织物的特性指标中也要分经向和纬向，又称纵向和横向。

织造土工织物是一种多功能的材料，主要功能有滤层、隔离、加筋与保护等。在实际工程应用时，往往是其中一种功能起主导作用，其他功能起辅助作用。

1. 长丝机织土工布

长丝机织土工布技术指标［《土工合成材料　长丝机织土工布》(GB/T 17640—2008)］见表 1.15－2。

2. 裂膜丝机织土工布

裂膜丝机织土工布技术指标［《土工合成材料　裂膜丝机织土工布》（GB/T 17641—1988)］见表 1.15－3。

表 1.15－2　　长丝机织土工布技术指标

项　目	规格										
	35	50	65	80	100	120	140	160	180	200	250
经向拉伸强度（kN/m）≥	35	50	65	80	100	120	140	160	180	200	250
纬向拉伸强度（kN/m）≥	无特殊要求按经向拉伸强度×0.7										
经纬向标称伸长率（%）≤	经向 35，纬向 30										
CBR 顶破强力（kN）≥	2.0	4.0	6.0	8.0	10.5	13.0	15.5	18.0	20.5	23.0	28.0
等效孔径 O_{95}（mm）	0.05～0.50										
法向渗透系数（cm/s）	$10^{-5}\sim10^{-2}$										
缝制拉伸强度（kN/m）≥	拉伸强度×0.5										
经向梯形撕裂强力（kN）≥	0.4	0.7	1.0	1.2	1.4	1.6	1.8	1.9	2.1	2.3	2.7
纬向梯形撕裂强力（kN）≥	无特殊要求按经向梯形撕裂强力×0.7										

表 1.15－3　　裂膜丝机织土工布技术指标

项　目	规格										
	20	30	40	50	60	80	100	120	140	160	180
经向拉伸强度（kN/m）≥	20	30	40	50	60	80	100	120	140	160	180
纬向拉伸强度（kN/m）≥	无特殊要求按经向拉伸强度×0.7										
经纬向伸长率（%）≤	25										
CBR 顶破强力（kN）≥	1.6	2.4	3.2	4.0	4.8	6.0	7.5	9.0	10.5	12.0	23.5
等效孔径 O_{95}（mm）	0.07～0.50										
法向渗透系数（cm/s）	$10^{-4}\sim10^{-1}$										
经纬向梯形撕裂强力（kN）≥	0.20	0.27	0.34	0.41	0.48	0.60	0.72	0.84	0.96	1.10	1.25

1.15.2.2 非织造（无纺）土工布

非织造土工织物，又称为无纺土工织物或无纺土工布，常用的有：短纤针刺无纺织物、长丝针刺无纺织物、长丝热粘无纺织物和短纤化粘无纺织物。无纺土工织物主要功能有滤层、隔离、排水与保护等。在实际工程应用时，往往是其中一种功能起主导作用，其他功能起辅助作用。

1. 针刺无纺土工布

针刺无纺土工布技术指标［《土工合成材料　短纤针刺非织造土工布》（GB/T 17638—1998）、《土工合成材料　长丝纺粘针刺非织造土工布》（GB/T 17639—1998）］见表1.15-4、表1.15-5。

2. 热粘与化粘无纺土工布

热粘与化粘无纺土工布技术指标［《公路工程土工合成材料　无纺土工织物》（JT/T 667—2006）］见表1.15-6。

1.15.3 土工膜

土工膜是一种不透水的土工材料，根据原材料不同，可分为聚合物和沥青两大类；为满足不同强度和变形需要，又有加筋和不加筋的区分。

土工膜是利用其不透水性在工程实际中主要起防渗作用与隔离作用。

表1.15-4　短纤针刺无纺土工布技术指标

项　目	规　格										
	100	150	200	250	300	350	400	450	500	600	800
单位面积质量（g/m²）	100	150	200	250	300	350	400	450	500	600	800
厚度（mm）≥	0.9	1.3	1.7	2.1	2.4	2.7	3.0	3.3	3.6	4.1	5.0
经纬向拉伸强度（kN/m）≥	2.5	4.5	6.5	8.0	9.5	11.0	12.5	14.0	16.0	19.0	25.0
经纬向伸长率（%）	25～100										
CBR顶破强力（kN）≥	0.3	0.6	0.9	1.2	1.5	1.8	2.1	2.4	2.7	3.2	4.0
等效孔径O_{95}（mm）	0.07～0.20										
法向渗透系数（cm/s）	10^{-1}～10^{-3}										
经纬向梯形撕裂强力（kN）≥	0.08	0.12	0.16	0.20	0.24	0.28	0.33	0.38	0.42	0.46	0.60

表1.15-5　长丝针刺无纺土工布技术指标

项　目	规　格								
	4.5	7.5	10	15	20	25	30	40	50
厚度（mm）≥	0.8	1.2	1.6	2.2	2.8	3.4	4.2	5.5	6.8
经纬向拉伸强度（kN/m）≥	4.5	7.5	10.0	15.0	20.0	25.0	30.0	40.0	50.0
经纬向伸长率（%）	40～80								
CBR顶破强力（kN）≥	0.8	1.6	1.9	2.9	3.9	5.3	6.4	7.9	8.5
经纬向梯形撕裂强力（kN）≥	0.14	0.21	0.28	0.42	0.56	0.70	0.82	1.10	1.25
等效孔径O_{95}（mm）	0.05～0.20								
法向渗透系数（cm/s）	10^{-1}～10^{-3}								

表1.15-6　热粘与化粘无纺土工布技术指标

项　目	规　格									
	3	4	6	8	10	15	20	25	30	40
经纬向拉伸强度（kN/m）≥	3	4	6	8	10	15	20	25	30	40
经纬向伸长率（%）	25～100									
CBR顶破强力（kN）≥	0.5	0.7	1.0	1.2	1.7	2.5	3.5	4.0	5.5	7.0
经纬向梯形撕裂强力（kN）≥	0.10	0.12	0.16	0.20	0.25	0.4	0.5	0.6	0.8	1.0
等效孔径O_{95}（mm）	0.07～0.3									

1.15.3.1 沥青类土工膜

沥青类土工膜分为工厂生产的成品与工地制造的原位产品两类，工厂生产的一般都称为卷材，具体内容见1.9节。

1.15.3.2 聚合物类土工膜

常用的聚合物类土工膜有聚乙烯土工膜与聚氯乙烯土工膜，还有诸多混合类的土工膜。

1. 聚乙烯土工膜

聚乙烯土工膜技术指标见表1.15-7。

2. 聚氯乙烯土工膜

聚氯乙烯土工膜技术指标见表1.15-8，耐静水压力见表1.15-9。

表1.15-7 聚乙烯土工膜技术指标（GB/T 17643—1998）

项目	GL		GH	
	GL-1	GL-2	GH-1	GH-2
厚度允许偏差（%）	±6			
经纬向拉伸强度（MPa）≥	14		17	25
经纬向伸长率（%）≥	400		450	550
经纬向直角撕裂强度（N/mm）≥	50		80	110
炭黑含量（%）≥	2			
尺寸稳定性（%）	±3			

注 炭黑含量为黑色土工膜要求。

表1.15-8 聚氯乙烯土工膜技术指标（GB/T 17688—1999）

项目	单层和双层聚氯乙烯指标	夹网聚氯乙烯指标
厚度允许偏差（%）	±6（单层），±10（双层）	±10
密度（g/cm³）	1.25～1.35	1.20～1.30
经纬向拉伸强度≥	经向15MPa，纬向13MPa	0.5～2.0kN/5cm
经纬向伸长率（%）≥	经向220，纬向200	
经纬向直角撕裂强度（N/mm）≥	40	
经纬向舌形撕裂强度（N）≥		80
低温弯折性	-20℃无裂纹	
经纬向尺寸变化率（%）≤	5	
法向渗透系数（cm/s）≤	1.0×10^{-11}	

表1.15-9 聚氯乙烯土工膜耐静水压力参考表（GB/T 17688—1999）

膜材厚度（mm）	0.30	0.50	0.60	0.80	1.00	1.50	2.00
单层聚氯乙烯土工膜（MPa）	0.50	0.50		0.80	1.00	1.50	
双层聚氯乙烯复合土工膜（MPa）			0.50	0.80	1.00	1.50	1.50
夹网聚氯乙烯复合土工膜（MPa）		0.50		0.80	1.00	1.50	1.50

1.15.4 土工复合材料

土工复合材料是由两种或两种以上的土工合成材料组合而成，这类产品将各组合料的特性相结合，可以满足工程的特定需要。土工复合材料的品种繁多，也是今后工程应用和发展的方向。

1.15.4.1 复合土工布

复合土工布是由两种及以上的土工织物组合而成，常用的是织造土工织物与非织造土工织物的复合，它具有这两种土工织物的特点。复合土工布技术指标见表1.15-10。

1.15.4.2 复合土工膜

复合土工膜常用的有一布一膜和二布一膜，还有多层材料复合的膜以及膜中加筋的复合膜。复合土工膜技术指标见表1.15-11。

表 1.15-10 复合土工布技术指标（GB/T 18887—2002）

项目		规格								
		30	40	50	60	70	80	100	120	140
经向拉伸强度（kN/m）≥		30.0	40.0	50.0	60.0	70.0	80.0	100.0	120.0	140.0
纬向拉伸强度（kN/m）≥		经向拉伸强度×0.8								
经纬向伸长率（%）≤	长丝类	30				35				
	裂膜丝类	25							30	
CBR 顶破强力（kN）≥		3.1	4.2	5.2	6.3	7.3	8.4	10.5	12.6	14.7
等效孔径 O_{95}（mm）		0.065～0.200								
法向渗透系数（cm/s）		10^{-1}～10^{-3}								

表 1.15-11 复合土工膜技术指标（GB/T 17642—2008）

项目		规格							
		5	7.5	10	12	14	16	18	20
经纬向拉伸强度（kN/m）≥		5.0	7.5	10.0	12.0	14.0	16.0	18.0	20.0
经纬向伸长率（%）		30～100							
CBR 顶破强力（kN）≥		1.1	1.5	1.9	2.2	2.5	2.8	3.0	3.2
经纬向撕裂强力（kN）≥		0.15	0.25	0.32	0.40	0.48	0.56	0.62	0.70
耐静水压力	膜材厚（mm）	0.2	0.3	0.4	0.5	0.6	0.7	0.8	1.0
	一布一膜（MPa）	0.4	0.5	0.6	0.8	1.0	1.2	1.4	1.6
	二布一膜（MPa）	0.5	0.6	0.8	1.0	1.2	1.4	1.6	1.8
剥离强度（N/cm）≥		6							

复合土工膜在工程应用时，与常用的黏土防渗材料相比，厚度小得多。因此，在渗流计算中常按渗透性能相当的原理，将渗透系数换算成当量渗透系数。例如，复合土工膜厚度为 0.2mm，渗透系数为 1×10^{-10}cm/s 时，可将膜看做厚度为 2m，则其当量渗透系数为 1×10^{-6}cm/s。

1.15.4.3 塑料排水带

塑料排水带由具有纵向排水通道的塑料芯带和外包透水滤布两部分组成。芯带常用形状有口琴形、长城形、丁字形和乱丝形等。芯带起骨架作用，滤布多为无纺织物，起阻土与透水作用，并与芯带一起组成排水通道。

塑料排水带主要是用于软土地基加固中固结排水，也可用于其他需要排水的工程中。常用的 100mm 宽塑料排水带技术指标见表 1.15-12。

1.15.4.4 软式透水管

软式透水管由弹簧钢丝与管壁滤布组成，其中弹簧钢丝需经防腐处理并外覆聚氯乙烯或其他材料作保护层。软式排水管兼有硬式排水管的耐压和耐久性能，又有软式排水管的柔性和轻便特点，过滤性强，排水性好，可以用于各种排水工程中。软式透水管技术指标见表 1.15-13。

表 1.15-12 100mm 宽塑料排水带技术指标（参考《排水固结加固软基技术指南》）

项目		规格			
		A 型	B 型	C 型	D 型
复合体	厚度（mm）≥	3.5	4.0	4.5	6.0
	宽度（mm）≥	100±2			
	经向拉伸强度（kN/整宽 10cm）≥	1.4	1.6	2.0	3.0
	经向伸长率（%）≥	6			
	经向通水量（cm³/s）≥	20	30	40	60

续表

项目		规格			
		A型	B型	C型	D型
滤布	经向干拉强度（N/cm）≥	20	25	30	40
	纬向湿拉强度（N/cm）≥	15	20	25	35
	法向渗透系数（cm/s）≥	5×10^{-3}			
	等效孔径 O_{95}（mm）≤	0.100			

注 排水带伸入土层深度选择：A型，≤10m；B型，≤15m；C型，≤25m；D型，≥25m。

表 1.15-13　软式透水管技术指标（JC 937—2004）

项目		规格						
		FH50	FH80	FH100	FH50	FH200	FH250	FH300
外径（mm）		50±2.0	80±2.5	100±3.0	150±3.5	200±4.0	250±6.0	300±8.0
钢丝直径（mm）≥		1.6	2.0	2.6	3.5	4.5	5.0	5.5
保护层厚度（mm）≥		0.30	0.34	0.36	0.38	0.42	0.60	0.60
耐压扁平率（kN/m）	压应变 1%≥	400	720	1600	3120	4000	4800	5600
	压应变 2%≥	720	1600	3120	4000	4800	5600	6400
	压应变 3%≥	1480	3120	4800	6400	6800	7200	7600
	压应变 4%≥	2640	4800	6000	7200	8400	8800	9600
	压应变 5%≥	4400	6000	7200	8000	9200	10400	12000
经向拉伸强度（kN/5cm）≥		1.0						
经向伸长率（%）≥		12						
纬向拉伸强度（kN/5cm）≥		0.8						
纬向伸长率（%）≥		12						
圆球顶破强力（kN）≥		1.1						
等效孔径 O_{95}（mm）		0.06～0.25						
法向渗透系数（cm/s）≥		0.1						

1.15.4.5 塑料盲管

在排水盲沟的设置中常用到塑料盲管，亦称速排龙，它是由塑料丝热粘堆缠而形成不同几何形状排水芯体，外包无纺土工织物而成的排水材料。其作用与软式透水管基本相同。长丝热粘排水体（速排龙）芯体技术指标见表 1.15-14。

表 1.15-14　长丝热粘排水体（速排龙）芯体技术指标（JT/T 665—2006）

项目		规格								
		DC0.5	DC1.0	DC1.5	DC3	DC5	DC10	DC15	DC20	DC25
纵向通水量（m^3/s）≥		0.5	1.0	1.5	3	5	10	15	20	25
耐压力（kPa）	压应变 10%时≥	100					70		50	
	压应变 20%时≥	180					110		90	
塑丝抗弯折性能		180℃对折 8 次无断裂								
实体（管壁）孔隙率（%）≥		70								

1.15.5 土工特种材料

1.15.5.1 土工格栅

土工格栅种类有拉伸土工格栅、经编土工格栅、玻纤土工格栅、塑料焊接土工格栅与钢塑土工格栅等。

拉伸土工格栅是在聚丙烯或高密度聚乙烯板材上先冲孔，然后进行拉伸而成的呈方形或长方形孔的格栅状材料。格栅分单向拉伸和双向拉伸两种，前者在拉伸方向上有较高的强度，后者在两个拉伸方向上都有较高的强度。

经编土工格栅与玻纤土工格栅由纵横向高强材料用编织工艺制成。塑料焊接土工格栅与钢塑土工格栅是用加筋带纵横相连而成。

土工格栅因其高强度和低伸长率而成为加筋的好材料，它埋在土体内与周围土之间不仅有摩擦作用，而且由于土石料可嵌入其开孔中，具有较高的咬合力。

各种土工格栅的技术指标见表 1.15－15～表 1.15－19。

表 1.15－15　聚丙烯、高密度聚乙烯单拉塑料格栅技术指标（GB/T 17689—2008）

项目		规格					
		TGDG35	TGDG50	TGDG80	TGDG120	TGDG160	TGDG200
拉伸强度（kN/m）≥		35.0	50.0	80.0	120.0	160.0	200.0
2%伸长率时拉伸强度（kN/m）≥	A	10.0	12.0	26.0	36.0	45.0	56.0
	B	7.5	12.0	21.0	33.0	47.0	
5%伸长率时拉伸强度（kN/m）≥	A	22.0	28.0	48.0	72.0	90.0	112.0
	B	21.5	23.0	40.0	65.0	93.0	
标称伸长率（%）≤	A	10.0					
	B	11.5					

注　A栏为聚丙烯单向土工格栅，B栏为高密度聚乙烯单向土工格栅。

表 1.15－16　聚丙烯双拉塑料格栅技术指标（GB/T 17689—2008）

项目	规格							
	TGSG 1515	TGSG 2020	TGSG 2525	TGSG 3030	TGSG 3535	TGSG 4040	TGSG 4545	TGSG 5050
纵/横向拉伸强度（kN/m）≥	15.0	20.0	25.0	30.0	35.0	40.0	45.0	50.0
纵/横向 2%伸长率时拉伸强度（kN/m）≥	5.0	7.0	9.0	10.5	12.0	14.0	16.0	17.5
纵/横向 5%伸长率时拉伸强度（kN/m）≥	7.0	14.0	17.0	21.0	24.0	28.0	32.0	35.0
纵/横向标称伸长率（%）≤	经向 15.0，纬向 13.0							

表 1.15－17　玻璃纤维土工格栅技术指标（GB/T 21825—2008）

规格		项目			
		经纬向网眼尺寸（mm）≥	经纬向网孔中心距（mm）	经纬向拉伸强度（kN/m）≥	经纬向伸长率（%）≤
EGA1×1	30×30	19	25.4±3.8	30	4
	50×50			50	
	60×60			60	
	80×80			80	
	100×100			100	
	120×120	17		120	
	150×150			150	
EGA2×2	50×50	9	12.7±3.8	50	
	80×80	8		80	
	120×120			120	

表 1.15-18　单双向拉伸和高强聚酯长丝经编土工格栅技术指标（JT/T 480—2002）

项　目	规　格						
	20	35	50	80	100	125	150
每延米极限抗拉强度（kN/m）≥	20	35	50	80	100	125	150
2%伸长率时的拉伸力（kN/m）≥	6（7）	10（12）	15（17）	24（28）	30（35）	37（43）	45（52）
5%伸长率时的拉伸力（kN/m）≥	12（14）	20（24）	28（34）	45（56）	59（70）	78（86）	96（104）
标称抗拉强度下的伸长率（%）≤	12（13）			13		13（14）	

注　双向土工格栅经纬向指标相同，括号外为单向土工格栅，括号内为双向土工格栅。

表 1.15-19　单双向粘焊土工格栅技术指标（JT/T 480—2002）

项　目	规　格						
	25	40	60	80	100	125	150
每延米极限抗拉强度（kN/m）≥	25	40	60	80	100	125	150
2%伸长率时的拉伸力（kN/m）≥	10	20	22	35	55	60	85
5%伸长率时的拉伸力（kN/m）≥	15	25	40	55	65	90	100
标称抗拉强度下的伸长率（%）≤	10（12）			11（13）			
粘、焊点极限剥离力（N）≥	30						

注　双向土工格栅经纬向指标相同，标称伸长率指标中括号外为单向土工格栅，括号内为双向土工格栅。

1.15.5.2　土工网

土工网是以聚丙烯或聚乙烯为原料，应用热塑挤出法生产的具有较大孔径和刚度的平面结构材料。因网孔尺寸、形状、厚度和制造方法的不同，其性能也有很大差异。土工网的拉伸强度较低、伸长率较高，这类产品常用于坡面防护、植草、软基加固垫层，也可用于制造复合排水材料。塑料土工网技术指标见表 1.15-20。

1.15.5.3　土工带

土工带是加筋材料的一种，常用的有塑料土工加筋带与钢塑土工加筋带。塑料土工加筋带技术指标见表 1.15-21。

1.15.5.4　土工模袋

土工模袋是由上下两层土工织物制成的大面积连续袋状土工材料，袋内填充混凝土或水泥砂浆，凝固后形成整体混凝土板，可用于河道护岸。模袋上下两层之间用一定长度的尼龙绳来保持其间隔，可以控制填充时的厚度。在现场用混凝土泵输入混凝土或砂浆，填充结束后收紧与封闭袋口，多余水量从织物孔隙中排走，可加快混凝土凝固速度。

模袋按加工工艺的不同分为机织模袋和简易模袋两类。前者是由工厂生产的定型产品，后者可用手工缝制而成。机织模袋按其有无排水点和填充后成型的形状分成四种，即有反滤排水点模袋、无反滤排水点模袋、铰链块型模袋、框格型模袋。土工模袋技术指标见表 1.15-22。

表 1.15-20　塑料土工网技术指标（GB/T 19470—2004）

项　目	规　格				
	CE121	CE131	CE151	DN1	HF10
单位面积质量（g/m²）	730±35	630±30	550±25	750±35	1240±60
厚度（mm）≥				6.0	5.0
网孔尺寸（a×b）（mm×mm）	（8±1）×（6±1）	（27±2）×（27±2）	（74±5）×（74±5）	（10±1）×（10±1）	（10±1）×（6±1）
宽度偏差（m）	0，+0.06				
长度偏差（m）	0，+1				
拉伸屈服强度（kN/m）≥	纵/横向 6.2	纵/横向 5.8	5.0	纵/横向 6.0	18

表 1.15-21　　塑料土工加筋带技术指标（JT/T 517—2004）

项目	规格								
	塑料土工加筋带（SLLD）				钢塑土工加筋带（GSLD）				
	3	7	10	13	7	9	12	22	30
最小宽度（mm）	18	25	30	35	30			50	60
最小厚度（mm）	1.0	1.3	1.5	1.5	2.0			2.2	
每根的断裂拉力（kN）≥	3	7	10	13	7	9	12	22	30
断裂伸长率（%）≤	8				3				
2%伸长率时拉力（kN）≥	1.2	3.0	3.5	4.0					
钢丝（钢丝绳）的握裹力（kN）≥					4			6	
似摩擦系数≥	0.4								

表 1.15-22　　土工模袋技术指标（JT/T 515—2004）

项目	型号规格								
	FJ40 FZ40	FJ50 FZ50	FJ60 FZ60	FJ70 FZ70	FJ80 FZ80	FJ100 FZ100	FJ120 FZ120	FJ150 FZ150	FJ180 FZ180
标称纵、横向拉伸强度（kN/m）≥	40	50	60	70	80	100	120	150	180
纵、横向拉伸断裂伸长率（%）≤	30								
CBR 顶破强度（kN）≥	5								
纵、横向梯形撕破强度（kN）≥	0.9			1			1.1		
垂直渗透系数（cm/s）	$5\times10^{-4}\sim5\times10^{-2}$								
落锥穿透直径（mm）≤	6								
等效孔径 O_{95}（mm）	0.07～0.25								

1.15.5.5　土工格室

土工格室是由一种热塑性塑料片材经焊接等方法连接，展开后呈蜂窝状的立方体网格。格室张开后填以土料，由于格室对土的侧向位移的限制，可明显提高土体的刚度和强度。土工格室可用于处理软弱地基以增大其承载力，还可用于固沙和护坡等。

土工格室分成两大类：一类是上面所述的普通型格室；另一类是增强型格室。增强型土工格室是在塑料片材中加入低伸长率的钢丝或玻璃纤维或碳纤维等筋材所组成的复合片材；有的也可将塑料片拉伸后形成的片材，通过插件或扣件等形式连接而成。土工格室技术指标见表 1.15-23。

普通型土工格室高度常用有 5cm、10cm、15cm、20cm 四种；增强型土工格室高度常用有 5cm、10cm 两种。

表 1.15-23　　土工格室技术指标（GB/T 19274—2003、JT/T 516—2004 标准值）

项目		规格	
		材质为 PP	材质为 PE
普通型（GB/T 19274—2003 标准值）	格室高度 H 允许偏差（mm）	±1（H≤100mm）；±2（100mm<H≤200mm）	
	格室片厚度（mm）≥	1.1	
	焊接距离 A 允许偏差（mm）	±15（标称值 330～800mm）	
	格室片拉伸屈服强度（MPa）≥	23.0	20.0
	焊接处抗拉强度（N/cm）≥	100	

续表

项目		规格	
		材质为PP	材质为PE
增强型（JT/T 516—2004标准值）	格室高度 H 允许偏差（mm）	±2	
	格室片厚度（mm）	标称值1.5（允许偏差+0.3）	
	焊接距离A允许偏差（mm）	±2（标称值400～800mm）	
	格室片单位宽度的断裂拉力（N/cm）≥	300	
	格室片的断裂伸长率（%）≤	3	

1.15.5.6 土工管、土工包

土工管是用经防老化处理的高强土工织物制成的一种大型管袋，主要用于河海堤防堆筑、江河坍岸抢险及解决疏浚弃土的放置难题。

土工包是用高强土工织物制成的一种大型包，可摊铺在能开底的空驳船内，在填充大量的料物后将土工包包裹闭合，运送并沉放至预定位置。土工包由于尺寸大、柔性好、整体性强，因此用于大面积崩岸治理、堤防迎水坡堵漏、河岸及河底的淘冲封堵等。

用于缝制土工管、土工包的土工织物技术指标见表1.15-24。

表1.15-24 用于缝制土工管、土工包的土工织物技术指标（《土工合成材料工程应用手册》）

项目	一般情况	特殊情况
经纬向拉伸强度（kN/m）≥	经向70，纬向95	175
经纬向伸长率（%）≤	20	15
经纬向梯形撕裂强力（kN）≥	经向0.8，纬向1.2	2.7
刺破强力（kN）≥	1.2	1.8
接缝强度（kN/m）≥	60	105
等效孔径 O_{95}（mm）≤	0.425	
透水率（s^{-1}）≥	0.40	
抗紫外线（快速法经150h照射后强度保持率）（%）≥	65	

1.15.5.7 塑料三维土工网垫

塑料三维土工网垫是用热塑性塑料挤出成网，有的还经拉伸、复合成型等工序制成的一种多层塑料网，用于工程的边坡防护和园林绿化，可有效防止水土流失。塑料三维土工网垫技术指标见表1.15-25。

表1.15-25 塑料三维土工网垫技术指标（GB/T 18744—2002）

项目	规格			
	EM_2	EM_3	EM_4	EM_5
单位面积质量（g/m²）≥	220	260	350	430
厚度（mm）≥	10	12	14	16
经纬向拉伸强度（kN/m）≥	0.8	1.4	2.0	3.2

1.15.5.8 聚苯乙烯板块（EPS）

聚苯乙烯板块俗称泡沫塑料，是以聚苯乙烯聚合物为原料，加入发泡剂制成的一种材料，其主要特点是质量极轻、导热系数低、吸水率小，有一定抗压强度。由于聚苯乙烯块质量轻，可用其代替土料填筑桥端的引堤，解决桥头跳车问题。此外，由于其导热系数低，在寒冷地区可用该材料板块防止结构物冻害。轻型硬质泡沫材料（EPS）技术指标见表1.15-26。

1.15.5.9 膨润土防水毯（GCL）

经典的膨润土防水毯是由两层土工布包裹膨润土颗粒，经针缝而成的毯状材料（GCL-NP）。它与压实黏土衬垫相比，具有体积小、质量轻、柔性好、密封良、强度较高、施工简便及能适应不均匀沉降等优点，可以代替一般的黏土密封层，用于水利水电或土建工程中起防渗或密封作用。

膨润土防水毯产品，有的是在一层土工布外表面复合一层高密度聚乙烯薄膜的形式（GCL-OF），有的是用胶粘剂把膨润土颗粒粘结到高密度聚乙烯板上的形式（GCL-AH）。膨润土防水毯技术指标见表1.15-27。

表 1.15-26 轻型硬质泡沫材料（EPS）技术指标（JT/T 666—2006）

项　目	规　格								
	0.1	0.15	0.2	0.25	0.5	1.0	1.5	2.0	3.0
单位面积质量允许偏差（%）	±2								
厚度允许偏差（%）	+5								
宽度允许偏差（%）	+3								
对角线允许偏差（%）≤	0.2								
压应变10%时的耐压力（MPa）≥	0.1	0.15	0.2	0.25	0.5	1.0	1.5	2.0	3.0
尺寸稳定性（%）≤	±1（100%湿度，−60～+90℃温度环境下）								
吸水率（24h）（%）≤	5								

表 1.15-27 膨润土防水毯技术指标（JG/T 193—2006）

项　目		规　格		
		GCL-NP	GCL-OF	GCL-AH
单位面积质量（g/m²）≥		4000，且不小于规定值		
膨润土膨胀指数（mL/2g）≥		24		
吸蓝量（g/100g）≥		30		
经向拉伸强度（N/100mm）≥		600	700	600
经向最大负荷下伸长率（%）≥		10		8
剥离强度（N/100mm）	非织造布与编织布≥	40		
	PE膜与非织造布≥		30	
法向渗透系数（cm/s）≤		5.0×10^{-9}	5.0×10^{-10}	1.0×10^{-10}
耐静水压力		0.4MPa，1h，无渗漏	0.6MPa，1h，无渗漏	

参 考 文 献

[1] 全国水利水电工程施工技术信息网，《水利水电工程施工手册》编委会. 水利水电工程施工手册. 第3卷 混凝土工程 [M]. 北京：中国电力出版社，2002.

[2] 杨华全. 李文伟. 三峡工程混凝土试验研究及实践 [M]. 北京：中国电力出版社，2005.

[3] 本书编委会. 二滩水电站工程总结 [M]. 北京：中国水利水电出版社，2005.

[4] 雍本. 特种混凝土设计与施工 [M]. 北京：中国建筑工业出版社，2005.

[5] DL/T 5207—2005. 水工建筑物抗冲磨防空蚀混凝土技术规范 [S]. 北京：中国电力出版社，2005.

[6] 建设部标准定额研究所. 补偿收缩混凝土应用技术导则 [M]. 北京：中国建筑工业出版社，2006.

[7] CECS 38：2004 纤维混凝土结构技术规程 [S]. 北京：中国计划出版社，2004.

[8] CECS 203：2006 自密实混凝土应用技术规程 [S]. 北京：中国计划出版社，2006.

[9] DL/T 5117—2000 水下不分散混凝土试验规程 [S]. 北京：中国电力出版社，2000.

[10] 朱宏军，程海丽，姜德民. 特种混凝土和新型混凝土 [M]. 北京：化学工业出版社，2004.

[11] 王萍，龚壁卫，董建军，等. 模袋法 [M]. 北京：中国水利水电出版社，2006.

[12] JGJ 98—2000 砌筑砂浆配合比设计规程 [S]. 北京：中国建筑工业出版社，2000.

[13] DL/T 5193—2004 环氧砂浆技术规程 [S]. 北京：中国电力出版社，2004.

[14] JGJ 145—2004 混凝土结构后锚固技术规程 [S]. 北京：中国建筑工业出版社，2004.

[15] 王新民，李颂. 新型建筑干拌砂浆指南 [M]. 北京：中国建筑工业出版社，2004.

[16] 赵光恒. 中国水利百科全书·工程力学、岩土力学、工程结构及材料分册 [M]. 北京：中国水利水电出

版社，2004.
[17] 金晓鸿. 防腐蚀涂装工程［M］. 北京：化学工业出版社，2008.
[18] 《工业建筑防腐蚀设计规范》国家标准管理组. 建筑防腐蚀材料设计与施工手册［M］. 北京：化学工业出版社，1996.
[19] 韩喜林. 新型防水材料应用技术［M］. 北京：中国建材工业出版社，2003.
[20] 沈春林. 防水材料手册［M］. 北京：中国建材工业出版社，2000.
[21] 邓钫印. 建筑工程防水材料手册［M］. 2版. 北京：中国建筑工业出版社，2001.
[22] 徐峰，陈彦岭，刘兰. 涂膜防水材料与应用［M］. 北京：化学工业出版社，2007.
[23] 杨生茂. 防腐蚀材料及建筑涂料［M］. 北京：中国计划出版社，1999.
[24] 《土工合成材料工程应用手册》编写委员会. 土工合成材料工程应用手册［M］. 2版. 北京：中国建筑工业出版社，2000.
[25] 赵维炳. 排水固结加固软基技术指南［M］. 北京：人民交通出版社，2005.
[26] 能源部、水利部水利水电规划设计总院. 碾压式土石坝设计手册（上册）［R］. 1989.

第 2 章

水工结构可靠度

对第 1 版《水工设计手册》而言，本章为新增部分。主要内容包括以下几个方面：①结构可靠度基本概念；②单目标结构可靠度计算方法；③体系可靠度计算方法；④可靠度方法的工程应用；⑤基于可靠度的分项系数极限状态设计法。

章主编　李同春

章主审　古瑞昌　张社荣

本章各节编写及审稿人员

节次	编　写　人	审稿人
2.1	刘晓青	古瑞昌 张社荣
2.2	李同春　厉丹丹	
2.3	李同春　赵兰浩	
2.4	冯树荣　肖　峰　王仁坤	
2.5	李同春　刘晓青	

第2章 水工结构可靠度

2.1 结构可靠度基本概念

2.1.1 结构可靠度与失效概率

结构设计的基本目的是使所设计的结构在设计基准期内满足安全性、适用性和耐久性，也就是使结构具有足够的可靠性。结构可靠性的概率度量称为结构的可靠度。也就是说，结构的可靠度是指结构在规定的时间内与规定的条件下完成预定功能的概率。

在这里，规定的时间是指结构的设计基准期；规定的条件是指设计时预先确定的结构各种施工和使用条件；预定功能一般是指结构设计的四项要求（能承受在施工和试用期内可能出现的各种作用；在正常使用时具有良好的工作性能；具有足够的耐久性；在偶然事件发生时及发生后，能保持足够稳定）。结构完成各项功能的标志可由相应的极限状态来衡量。结构整体或某一部分超过某一特定状态时，结构就不能满足设计规定的某一功能要求，这一特定状态称为结构的极限状态。因此，结构的极限状态是区分结构工作状态为可靠或不可靠的分界线。

结构的极限状态一般可分为以下两类：

(1) 承载能力极限状态。这种极限状态对应于结构或构件达到最大承载能力或达到不适于继续承载的变形。例如，结构整体或某一部分失去平衡，结构构件或连接处超过材料的强度而破坏，结构或构件丧失稳定等。

(2) 正常使用极限状态。这种极限状态对应于结构或构件达到正常使用和耐久性的各项规定限值。例如，影响正常使用或外观效果的过度变形；影响正常使用或耐久性能的局部破坏；影响正常使用的剧烈振动等。

在结构可靠度分析中，结构的极限状态是通过描述结构功能的函数定义的。设 $X_1, X_2, \cdots, X_n$ 为影响结构功能的 n 个随机变量，则下述随机函数

$$Z = g(X_1, X_2, \cdots, X_n) \qquad (2.1-1)$$

称为结构功能函数。随机变量 $X_1, X_2, \cdots, X_n$ 可以是构件的几何尺寸、材料的物理参数、结构受到的外来作用等。

当 $Z>0$ 时，结构具有规定功能，即处于可靠状态；

当 $Z<0$ 时，结构丧失规定功能，即处于失效状态；

当 $Z=0$ 时，结构处于临界状态，或称为极限状态。

相应的，方程

$$Z = g(X_1, X_2, \cdots, X_n) = 0 \qquad (2.1-2)$$

称为结构极限状态方程。

结构功能函数出现小于零（$Z<0$）的概率称为结构的失效效率，用 P_f 表示。设结构的功能函数式(2.1-1)已知，则失效概率 P_f 可由基本随机变量的联合概率密度函数的多维积分求得，即

$$P_f = \int_{z<0} \cdots \int f_X(x_1, x_2, \cdots, x_n) \mathrm{d}x_1 \mathrm{d}x_2 \cdots \mathrm{d}x_n \qquad (2.1-3)$$

类似的，结构的可靠度 P_r 可表示为

$$P_r = \int_{z>0} \cdots \int f_X(x_1, x_2, \cdots, x_n) \mathrm{d}x_1 \mathrm{d}x_2 \cdots \mathrm{d}x_n \qquad (2.1-4)$$

由概率论知识可知，可靠度与失效概率间存在以下互补关系：

$$P_r + P_f = 1 \qquad (2.1-5)$$

因此，计算结构的可靠度与计算结构的失效概率在工作任务上是等效的。

一般来说，结构的功能函数比较复杂，而且基本随机变量的联合概率密度函数也难以得到，因此直接计算积分式（2.1-3）或式（2.1-4）十分困难。目前，通常采用比较简单的近似计算，而且往往先求得结构的可靠度指标，然后再求得相应的失效概率。

2.1.2 结构可靠度与可靠指标

以具有两个正态变量 R 和 S 的极限状态方程为例，即

$$Z = R - S = 0$$

$$P_f = \int_{-\infty}^{0} \frac{1}{\sqrt{2\pi}\sigma_Z} \exp\left[-\frac{1}{2}\left(\frac{Z - m_Z}{\sigma_Z}\right)^2\right] \mathrm{d}Z \qquad (2.1-6)$$

将正态分布变量 $Z\sim N(m_Z,\sigma_Z)$ 转换为标准正态分布变量 $Y\sim N(0,1)$，如图2.1-1所示，则失效概率可表示为

$$P_f=\frac{1}{\sqrt{2\pi}}\int_{-\infty}^{-m_Z/\sigma_Z}\exp\left(-\frac{y^2}{2}\right)\mathrm{d}Y=\Phi\left(-\frac{m_Z}{\sigma_Z}\right) \tag{2.1-7}$$

其中

$$m_Z=m_R-m_S$$

$$\sigma_Z=\sqrt{\sigma_R^2+\sigma_S^2}$$

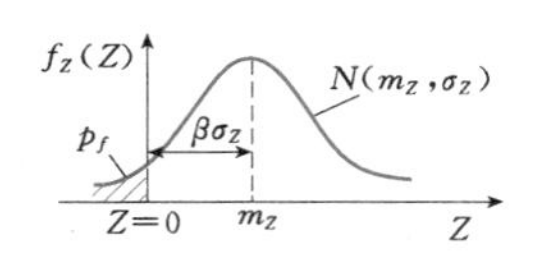

(a) $Z\sim N(m_Z,\sigma_Z)$分布图

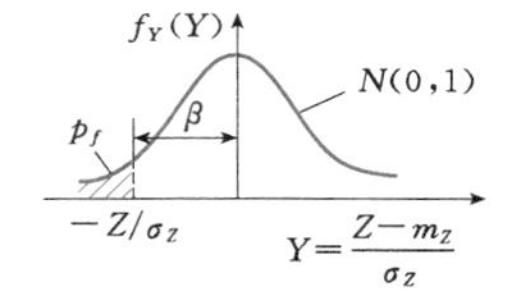

(b) $Y\sim N(0,1)$分布图

图 2.1-1　$Z\sim N(m_Z,\sigma_Z)$ 转换为 $Y\sim N(0,1)$ 分布图

引入符号 β，并令

$$\beta=\frac{m_Z}{\sigma_Z}=\frac{m_R-m_S}{\sqrt{\sigma_R^2+\sigma_S^2}} \tag{2.1-8}$$

可得

$$P_f=\Phi(-\beta) \tag{2.1-9}$$

式中　β——无因次的系数，称为可靠指标。

将式（2.1-9）写为

$$m_Z=\beta\sigma_Z \tag{2.1-10}$$

由图2.1-1所示，Z 由0到均值 m_Z 这段距离可以用标准差来度量。

式（2.1-9）表示了失效概率与可靠指标的关系。利用式（2.1-5）还可导出可靠度与可靠指标的关系为

$$P_r=1-P_f=1-\Phi(-\beta)=\Phi(\beta) \tag{2.1-11}$$

β之所以称为可靠指标，是因为它可以描述结构的可靠度，具体原因如下：

（1）β与结构可靠度之间存在一一对应的关系，所以它是对结构可靠度的度量。β越大，可靠度 P_r 亦越大，失效概率 P_f 则越小。

（2）在某种分布下，当 σ_Z 为常量时，β仅随均值 m_Z 变化。当β增加时，概率密度函数将由于均值 m_Z 的增大而向右移动（见图2.1-2），这时失效概率 P_f 减小，而结构可靠度 P_r 增大。

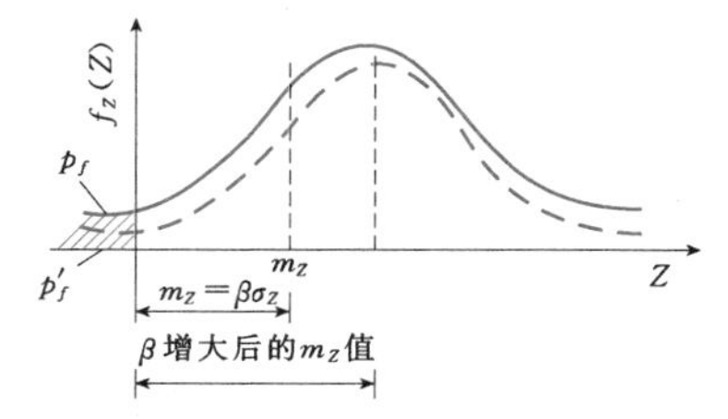

图 2.1-2　β增加时 $f_Z(Z)$ 曲线变化图

正是由于上述原因，目前工程上常采用可靠指标β表示结构的可靠度，需要时再给出相应的失效概率函数。

需要指出，计算结构可靠指标的式（2.1-8）是在两个正态变量 R、S 的情况下得到的，如果 R 或 S 为非正态分布，则由式（2.1-8）算出的β值是近似的，可供工程设计时参考。

2.2　单目标结构可靠度计算方法

2.2.1　一次二阶矩法

设影响结构可靠度的 n 个随机变量为 $X_i(i=1,2,\cdots,n)$，对应的功能函数为

$$Z=g(X_1,X_2,\cdots,X_n) \tag{2.2-1}$$

极限状态方程为

$$Z=g(X_1,X_2,\cdots,X_n)=0 \tag{2.2-2}$$

把功能函数在某点 $X_{0_i}(i=1,2,\cdots,n)$ 用泰勒级数展开，得

$$Z=g(X_{0_1},X_{0_2},\cdots,X_{0_n})+\sum_{i=1}^{n}(X_i-X_{0_i})\left.\frac{\partial g}{\partial X_i}\right|_{X_0}+\sum_{i=1}^{n}\frac{(X_i-X_{0_i})^2}{2}\left.\frac{\partial^2 g}{\partial X_i^2}\right|_{X_0}+\cdots \tag{2.2-3}$$

为了获得线性方程，近似地只取到一次项，得

$$Z\approx g(X_{0_1},X_{0_2},\cdots,X_{0_n})+\sum_{i=1}^{n}(X_i-X_{0_i})\left.\frac{\partial g}{\partial X_i}\right|_{X_0} \tag{2.2-4}$$

式中　$\left.\frac{\partial g}{\partial X_i}\right|_{X_0}$——$g$ 对 X_i 求导后，用 $X_{0_i}(i=1,2,\cdots,n)$ 值代入后的导数值，为常量。

实际求解时，将线性化点选在失效边界上，而且选在与结构最大失效概率对应的设计验算点 p^* 上。

当选择设计验算点 X_i^*（$i=1,2,\cdots,n$）作为线性化点 $X_{0_i}(i=1,2,\cdots,n)$ 时，根据式（2.2-4）可得线性化的极限状态方程为

$$Z\approx g(X_1^*,X_2^*,\cdots,X_n^*)+\sum_{i=1}^{n}(X_i-X_i^*)\left.\frac{\partial g}{\partial X_i}\right|_{X^*}=0 \tag{2.2-5}$$

Z 的均值为

$$m_Z=g(X_1^*,X_2^*,\cdots,X_n^*)+\sum_{i=1}^{n}(m_{X_i}-X_i^*)\left.\frac{\partial g}{\partial X_i}\right|_{X^*} \tag{2.2-6}$$

由于设计验算点就在失效边界上，即有 $g(X_1^*,X_2^*,\cdots,X_n^*)=0$，因此

$$m_Z = \sum_{i=1}^{n}(m_{X_i} - X_i^*)\frac{\partial g}{\partial X_i}\bigg|_{X^*} \quad (2.2-7)$$

在变量相互独立的假设下，Z 的标准差 σ_Z 为

$$\sigma_Z = \left[\sum_{i=1}^{n}\left(\sigma_{X_i}\frac{\partial g}{\partial X_i}\bigg|_{X^*}\right)^2\right]^{1/2} \quad (2.2-8)$$

将式（2.2-8）线性化，得

$$\sigma_Z = \sum_{i=1}^{n}\alpha_i\sigma_{X_i}\frac{\partial g}{\partial X_i}\bigg|_{X^*} \quad (2.2-9)$$

其中

$$\alpha_i = \frac{\sigma_{X_i}\dfrac{\partial g}{\partial X_i}\bigg|_{X^*}}{\sqrt{\sum_{i=1}^{n}\left(\sigma_{X_i}\dfrac{\partial g}{\partial X_i}\bigg|_{X^*}\right)^2}} \quad (2.2-10)$$

式中 α_i——第 i 个随机变量对整个标准差的相对影响，称为灵敏系数。

在已知变量方差下，α_i 可以完全由 X_i^* 确定，α_i 值在±1之间，且 $\sum_{i=1}^{n}\alpha_i^2 = 1$。

根据可靠指标定义，有

$$\beta = \frac{m_Z}{\sigma_Z} = \frac{\sum_{i=1}^{n}(m_{X_i} - X_i^*)\dfrac{\partial g}{\partial X_i}\bigg|_{X^*}}{\sum_{i=1}^{n}\left(\alpha_i\sigma_{X_i}\dfrac{\partial g}{\partial X_i}\bigg|_{X^*}\right)} \quad (2.2-11)$$

重新排列得

$$\sum_{i=1}^{n}\frac{\partial g}{\partial X_i}\bigg|_{X^*}(m_{X_i} - X_i^* - \beta\alpha_i\sigma_{X_i}) = 0 \quad (2.2-12)$$

即

$$m_{X_i} - X_i^* - \beta\alpha_i\sigma_{X_i} = 0(\text{对于所有 } i \text{ 值}) \quad (2.2-13)$$

从中解出设计验算点为

$$X_i^* = m_{X_i} - \beta\alpha_i\sigma_{X_i}(\text{对于所有 } i \text{ 值}) \quad (2.2-14)$$

式（2.2-12）代表 n 个方程，未知数有 X_i^* 和 β，共 $n+1$ 个。因此，通过方程联立求解未知数有困难，一般采用迭代法求解。在给定 m_{X_i} 和 σ_{X_i} 时，迭代计算是在式（2.2-12）、式（2.2-14）和式（2.2-2）中进行的，最后解出 β 和设计验算点 X_i^* 的值。迭代方法很多，这里介绍拉克维茨提出的一种收敛速度很快的方法，其步骤如下：

（1）假定一个 β 值。

（2）对全部 i 值，选取设计验算点的初值，一般取 $X_i^* = m_{X_i}$。

（3）计算 $\dfrac{\partial g}{\partial X_i}\bigg|_{X^*}$ 值。

（4）由式（2.2-10）计算 α_i 值。

（5）由式（2.2-14）计算新的 X_i^* 值。

（6）重复步骤（3）～（5），直到 X_i^* 前后两次差值在容许范围内为止。

（7）将所得 X_i^* 值代入原极限状态方程式（2.2-2）计算 g 值。

（8）检验 $g(X_i^*) = 0$ 的条件是否满足，如果不满足，则计算前后两次 β 和 g 的各自差值的比值 $\Delta\beta/\Delta g$，并由 $\beta_{n+1} = \beta_n - g_n\Delta\beta/\Delta g$ 估计一个新的 β 值，然后重复步骤（3）～（7），直到获得 $g\approx 0$ 为止。

（9）最后由 $P_f = \Phi(-\beta)$ 计算失效概率。

在迭代步骤中，可以取消步骤（6）中各小轮迭代，但在相同精度条件下，大轮迭代的次数相应增加。

在实际计算中，β 的误差一般要求在±0.01之内。

一次二阶矩法求出的结构可靠指标 β，只是在统计独立的正态分布变量和具有线性极限状态方程下才是精确的。

2.2.2 JC 法

JC 法的基本原理：首先把随机变量 X_i 原来的非正态分布用正态分布代替，但对于代替的正态分布函数要求在设计验算点 X_i^* 处的累积概率分布函数（CDF）值和概率密度函数（PDF）值分别与原来的分布函数的 CDF 值和 PDF 值相等。然后根据这两个条件求得等效正态分布的均值 $\overline{X}_i'$ 和标准差 σ'_{X_i}。最后用一次二阶矩法求得结构可靠指标。

（1）利用 X_i^* 处 CDF 值相等的条件：

原来分布的概率为 $P(X \leqslant X_i^*) = F_{X_i}(X_i^*)$，代替正态分布的概率为

$$P(X' \leqslant X_i^*) = F'_{X_i'}(X_i^*) = \Phi\left(\frac{X_i^* - \overline{X}_i'}{\sigma'_{X_i}}\right) \quad (2.2-15)$$

根据条件，要求以上概率相等，得

$$F_{X_i}(X_i^*) = \Phi\left(\frac{X_i^* - \overline{X}_i'}{\sigma'_{X_i}}\right) \quad (2.2-16)$$

（2）利用 X_i^* 处 PDF 值相等条件：

原来分布的概率密度值为 $f_{X_i}(X_i^*)$，代替正态分布的概率密度值为

$$f'_{X_i}(X_i^*) = \frac{\mathrm{d}F'_{X_i^*}(X_i^*)}{\mathrm{d}X_i} = \frac{\mathrm{d}\Phi\left(\dfrac{X_i^* - \overline{X}_i'}{\sigma'_{X_i}}\right)}{\mathrm{d}X_i^*} = \phi\left(\frac{X_i^* - \overline{X}_i'}{\sigma'_{X_i}}\right)\frac{1}{\sigma'_{X_i}} \quad (2.2-17)$$

根据 JC 法条件，要求以上概率密度值相等，得

$$f_{X_i}(X_i^*) = \frac{1}{\sigma'_{X_i}}\phi\left(\frac{X_i^* - \overline{X}_i'}{\sigma'_{X_i}}\right) \quad (2.2-18)$$

由式（2.2-15）解出

$$\frac{(X_i^* - \overline{X}'_i)}{\sigma'_{X_i}} = \Phi^{-1}[F_{X_i}(X_i^*)] \quad (2.2-19)$$

代入式（2.2-18）得

$$f_{X_1}(X_i^*) = \phi\{\Phi^{-1}[F_{X_i}(x_i^*)]\}/\sigma'_{X_i} \quad (2.2-20)$$

从而得

$$\sigma'_{X_i} = \phi[\Phi^{-1}(F_{X_i})]/f_{X_i}(X_i^*) \quad (2.2-21)$$

最后由式（2.2-19）得

$$\overline{X}'_i = X_i^* - \sigma'_{X_i}\Phi^{-1}[F_{X_1}(X_i^*)] \quad (2.2-22)$$

式中 $F_{X_1}(\cdot)$、$f_{X_1}(\cdot)$——变量 X_i 的原来累积概率分布函数和概率密度函数；

$\Phi(\cdot)$、$\phi(\cdot)$——标准正态分布下的累积概率分布函数和概率密度函数，可由2.1节、2.2节中的公式求解。

以上是JC法求等效正态分布的均值 $\overline{X}'_i$ 和标准差 σ'_{X_i} 的一般公式，具体计算时如果遇到正态变量，可运用式（2.2-21）和式（2.2-22），直接把该变量的均值和标准差作“代替变量”的均值和标准差。遇到对数正态分布，式（2.2-21）和式（2.2-22）还可以进一步简化。

根据 $\lambda = \ln\mu - \frac{1}{2}\zeta^2$ 及 $\zeta^2 = \ln\left(1+\frac{\sigma^2}{\mu^2}\right) = \ln(1+V^2)$，有

$$m_{\ln X_i} = \ln m_{X_i} - \frac{1}{2}\sigma^2_{\ln X_i} \quad (2.2-23)$$

$$\sigma^2_{\ln X_i} = \ln(1+V^2_{X_i}) \quad (2.2-24)$$

同时

$$F(X_i) = \Phi\left(\frac{\ln X_i - m_{\ln X_i}}{\sigma_{\ln X_i}}\right) = \Phi\left\{\frac{\ln X_i - \left[\ln m_{X_i} - \frac{1}{2}\ln(1+V^2_{X_i})\right]}{[\ln(1+V^2_{X_i})]^{1/2}}\right\} = \Phi(s_i) \quad (2.2-25)$$

其中

$$s_i = \frac{\ln X_i - \left[\ln m_{X_i} - \frac{1}{2}\ln(1+V^2_{X_i})\right]}{[\ln(1+V^2_{X_i})]^{1/2}} \quad (2.2-26)$$

依概率论，有

$$f(X_i) = \frac{dF(X_i)}{dX_i} = \frac{d\Phi(s_i)}{dX_i} = \phi(s_i)\frac{1/X_i}{[\ln(1+V^2_{X_i})]^{1/2}} \quad (2.2-27)$$

式（2.2-25）和式（2.2-27）表示对数正态分布下变量 X_i 的累积概率分布函数和概率密度函数，把它们代入式（2.2-21）和式（2.2-22）得对数正态分布变量 X_i 的代替正态变量的均值 $\overline{X}'_i$ 和标准差 σ'_{X_i} 为

$$\sigma'_{X_i} = \phi\{\Phi^{-1}[F(X_i^*)]\}/f_{X_i}(X_i) = \frac{\phi\{\Phi^{-1}[\Phi(s_i^*)]\}}{\phi(s_i^*)/X_i^*[\ln(1+V^2_{X_i})]^{1/2}} \quad (2.2-28)$$

化简后得

$$\sigma'_{X_i} = X_i^*[\ln(1+V^2_{X_i})]^{1/2} \quad (2.2-29)$$

$$\overline{X}'_i = X_i^* - \Phi^{-1}[F(X_i^*)]\sigma'_{X_i} = X_i^* - \Phi^{-1}[\Phi(s_i^*)]\sigma'_{X_i} \quad (2.2-30)$$

从而得

$$\overline{X}'_i = \overline{X}_i^* - s_i^*\sigma'_{X_i} \quad (2.2-31)$$

式中，s_i^* 由式（2.2-26）计算，但式中的 $\ln X_i = \ln X_i^*$。

利用式（2.2-29）和式（2.2-31）可以不必借助标准正态分布表，而直接求出对数正态分布下的代替正态分布的均值和标准差。

等效正态分布的均值 $\overline{X}'_i$ 和标准差 σ'_{X_i} 确定之后，JC法求解结构可靠指标的过程与改进一次二阶矩法大致相同，用JC法计算可靠指标 β 的步骤为：

（1）假定一个 β 值。

（2）对全部 i 值，选取设计验算点的初值，一般取 $X_i^* = m_{X_i}$。

（3）用式（2.2-21）和式（2.2-22）计算均值 $\overline{X}'_i$ 和标准差 σ'_{X_i}。

（4）计算 $\left.\frac{\partial g}{\partial x_i}\right|_{X^*}$ 值。

（5）由式（2.2-10）计算 α_i 值。

（6）由式（2.2-14）计算 X_i^* 的新值，重复步骤（3）～（6），直到 X_i^* 前后两次差值在容许范围内为止。

（7）利用式（2.2-14）计算满足 $g(X_i^*)=0$ 条件下的 β 值。

（8）重复步骤（3）～（7），直到前后两次所得的 β 的差值的绝对值很小为止（例如≤0.05）。

（9）同一次二阶矩法一样，取消步骤（6）同样可以得到正确的结果。此外，如果步骤（7）、（8）换成改进一次二阶矩法中的计算步骤（7）、（8）中的内容，则可以回避通过极限状态方程解 β 值，并同样可得正确的结果。

上述迭代计算的收敛速度取决于极限状态方程的非线性程度，一般来说，5次以内即可求得 β 值。

2.2.3 几何法

根据可靠指标的几何意义，可靠指标的获得也就是在功能函数面 $G(Y)$ 上寻找一个点 Y^*，使该点与均值点的距离最短，从而使该问题成为一个优化问

题，即：

目标函数 $\beta=\min(Y^{*T}Y^{*})^{1/2}$

约束条件 $G(Y^{*})=0$

用优化算法（几何法）求解可靠指标 β 的思路是：先假定验算点 X^{*}，将验算点值代入极限状态方程 $g(X^{*})$，此时，一般 $g(X^{*})\neq 0$，沿着 $g(X)=g(X^{*})$ 所表示的空间曲面在 X^{*} 点处的梯度方向前进（或后退），得到新的验算点，将新的验算点 X^{*} 代入极限状态方程，如果 $g(X^{*})>\varepsilon$（ε 为控制精度），则继续进行迭代，如果 $g(X^{*})\leqslant\varepsilon$，则表示验算点已在失效边界上，迭代停止，即可求出 β 值及设计验算点的值。

具体迭代步骤如下：

（1）确定正态随机变量 X 和极限状态方程 $g(X)=0$。

（2）将正态随机变量 X 转换成标准正态随机变量 Y：

$$Y=TX+B$$

式中 T——随机变量转换矩阵；

B——补充转换向量。

（3）确定初始迭代点 $X^{(0)}$，一般以均值点 $\overline{X}$ 为初始迭代点，此时 $Y^{(0)}=0$。

（4）求出极限状态方程的梯度 $\nabla G(Y)$：

$$\nabla G(Y)=T^{-1}\nabla g(X)$$

（5）求迭代点移动方向 α：

$$\alpha=-\nabla G(Y)/\|\nabla G(Y)\|$$

（6）求迭代点移动步长 a：

$$a=G(Y)/\|G(Y)\|$$

（7）为了保证 $Y^{(k)}$ 坐标原点与新的迭代点 $Y^{(k+1)}$ 之间的连线是沿着 $Y^{(k)}$ 点所在曲线的梯度方向，将 $Y^{(k)}$ 修正为

$$Y^{(k)}=Y^{(k)T}\alpha a$$

（8）迭代公式为

$$Y^{(k+1)}=\left[Y^{(k)T}\alpha+\frac{G(Y^{(k)})}{\|\nabla G(Y^{(k)})\|}\right]\alpha \tag{2.2-32}$$

（9）求新的验算点 $X^{(k+1)}$：

$$X^{(k+1)}=T^{-1}(Y^{(k+1)}-B)$$

（10）计算 $g(X)$，进行收敛判别。如果 $g(X)>\varepsilon$，则继续迭代，回到步骤（4）；如果 $g(X)\leqslant\varepsilon$，则表示已达收敛边界，迭代停止。

（11）计算可靠指标 β：

$$\beta=\sqrt{Y^{T}Y}$$

2.2.4 广义随机空间的几何法

对于含有相关随机变量的结构可靠度问题，可以采用正交变换的方法，首先将相关随机变量转为不相关的随机变量，然后用JC法进行计算。文献［6，7］提出的直接在广义空间（仿射坐标系）建立求解可靠指标的方法更加简单、直接，广义随机空间的几何法与几何法结合形成相关随机变量可靠指标的具体迭代步骤如下：

（1）确定正态随机变量 X 和极限状态方程 $g(X)=0$。

（2）将正态随机变量 X 转换成标准正态随机变量 Y：

$$Y=TX+B$$

式中 T——随机变量转换矩阵；

B——补充转换向量。

（3）确定初始迭代点 $X^{(0)}$，一般以均值点 $\overline{X}$ 为初始迭代点，此时 $Y^{(0)}=0$。

（4）求出极限状态方程的梯度 $\nabla G(Y)$：

$$\nabla G(Y)=T^{-1}\{\nabla g(X)\}[\rho]\{\sigma\}$$

（5）求迭代点移动方向 α：

$$\alpha=-\nabla G(Y)/\|\nabla G(Y)\|$$

（6）求迭代点移动步长 a：

$$a=G(Y)/\|G(Y)\|$$

（7）为了保证 $Y^{(k)}$ 坐标原点与新的迭代点 $Y^{(k+1)}$ 之间的连线是沿着 $Y^{(k)}$ 点所在曲线的梯度方向，将 $Y^{(k)}$ 修正为

$$Y^{(k)}=Y^{(k)T}\alpha a$$

（8）迭代公式为

$$Y^{(k+1)}=\left(Y^{(k)T}\alpha+\frac{G(Y^{(k)})}{\|\nabla G(Y^{(k)})\|}\right)\alpha \tag{2.2-33}$$

（9）求新的验算点 $X^{(k+1)}$：

$$X^{(k+1)}=T^{-1}(Y^{(k+1)}-B)$$

（10）计算 $g(X)$，进行收敛判别。如果 $g(X)>\varepsilon$，则继续迭代，回到步骤（4）；如果 $g(X)\leqslant\varepsilon$，则表示已达收敛边界，迭代停止。

（11）计算可靠指标 β：

$$\beta=\frac{m_g}{\sigma_g}=\frac{\sum_{i=1}^{n}\left.\frac{\partial g}{\partial X_i}\right|_{p^*}(m'_{X_i}-X_i^*)}{\left(\sum_{i=1}^{n}\sum_{j=1}^{n}\rho'_{ij}\left.\frac{\partial g}{\partial X_i}\frac{\partial g}{\partial X_j}\right|_{p^*}\sigma'_{X_i}\sigma'_{X_j}\right)^{1/2}}$$

2.2.5 变量分布截尾下的JC法

在水工结构可靠度分析中，由于极限状态方程复杂、随机变量变异系数大及随机变量分布两端受几何或物理限制等原因，结构可靠度的分析往往需要对某些随机变量的分布进行截尾处理。截尾值在不同变量上是不同的。如上游水位的最大值一般不能大于坝高，材料的抗拉强度、抗压强度、摩擦系数、黏聚力

和被动土压力等一般不能小于 0 等。截尾处理后，由于分布没有尾部，而结构构件可靠度分析中的 JC 法正好在这部分工作，因此 JC 法一般不适用，需要进行专门处理。

2.2.5.1　截尾分布

设有随机变量 X，其均值为 $\overline{X}$，标准差为 σ_X，概率分布 F_X，概率密度 f_X，在 x_p 处有截尾分布（左截尾或右截尾，见图 2.2-1），则其截尾后的概率密度函数变为：

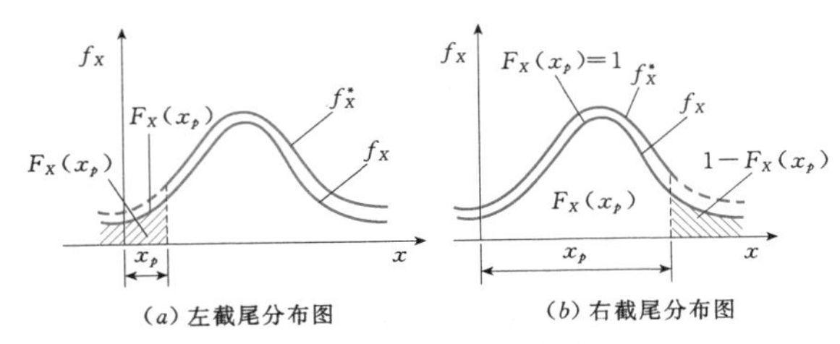

图 2.2-1　截尾分布图

左截尾下

$$\left.\begin{aligned} f_X^* &= \frac{f_X}{1-F_X(x_p)} \quad (x \geqslant x_p) \\ f_X^* &= 0 \quad (x < x_p) \end{aligned}\right\} \tag{2.2-34}$$

右截尾下

$$\left.\begin{aligned} f_X^* &= \frac{f_X}{F_X(x_p)} \quad (x \leqslant x_p) \\ f_X^* &= 0 \quad (x > x_p) \end{aligned}\right\} \tag{2.2-35}$$

2.2.5.2　JC 法的要求

JC 法对随机变量的要求：有完整的分布，即要求分布曲线有尾巴部分；对分布进行当量正态化。继而可在所有正态分布变量基础上，用一次二阶矩法计算构件的结构可靠指标。

1. 左截尾下

(1) 当验算点 $x^* > x_p$ 时，变量分布公式为

$$f_X^*(x^*) = \frac{f_X(x^*)}{1-F_X(x_p)} \tag{2.2-36}$$

$$F_X^*(x^*) = \frac{1}{1-F_X(x_p)}[F_X(x^*) - F_X(x_p)] \tag{2.2-37}$$

(2) 当验算点 $x^* \leqslant x_p$ 时，变量值及分布公式改为

$$x^* = x_p + \Delta x \tag{2.2-38}$$

$$f_X(x^*) = f_X^*(x_p) = \frac{f_X(x_p)}{1-F_X(x_p)} \tag{2.2-39}$$

$$F_X^*(x^*) = \frac{1}{1-F_X(x_p)}[F_X(x^*) - F_X(x_p)] \tag{2.2-40}$$

2. 右截尾下

(1) $x^* < x_p$ 时，变量分布公式为

$$f_X^*(x^*) = \frac{f_X(x^*)}{F_X(x_p)} \tag{2.2-41}$$

$$F_X^*(x^*) = \frac{F_X(x^*)}{F_X(x_p)} \tag{2.2-42}$$

(2) $x^* \geqslant x_p$ 时，变量值及分布公式改为

$$x^* = x_p - \Delta x \tag{2.2-43}$$

$$f_X^*(x^*) = \frac{f_X(x^*)}{F_X(x_p)} \tag{2.2-44}$$

$$F_X^*(x^*) = \frac{F_X(x^*)}{F_X(x_p)} \tag{2.2-45}$$

2.2.5.3　截尾分布在 JC 法中的应用

JC 法计算可靠指标的关键在于对一般分布变量进行当量正态化。设变量的截尾分布为 $f_X^*(x)$，$F_X^*(x)$，则可利用式（2.2-21）、式（2.2-22）进行当量正态化，以求解当量正态分布的均值 $\overline{X}'$ 和标准差 σ'_X。计算时，$F_X(x^*)$ 和 $f_X(x^*)$ 只要根据 x^* 与 x_p 的关系、分布以及左截尾或右截尾，选用式（2.2-36）～式（2.2-45）中的 $F_X{}^*(x^*)$ 和 $f_X{}^*(x^*)$ 代入，即可求得 σ'_X 和 $\overline{X}'$，然后用一次二阶矩法求构件的结构可靠指标 β。

2.2.6　验证荷载法

验证荷载法假定结构不会由于承受验证荷载而带来累积损害和其他可能引起强度降低的影响。于是，当结构经受验证荷载 x_p 后，其抗力概率密度函数由 $f_R(x)$ 变为 $f_R^*(x)$。

$$\left.\begin{aligned} f_R^*(x) &= \frac{1}{1-F_R(x_p)} f_R(x) \quad (x \geqslant x_p) \\ f_R^*(x) &= 0 \quad (x < x_p) \end{aligned}\right\} \tag{2.2-46}$$

式中　$F_R(x_p)$——施加验证荷载前结构抗力概率分布函数。

通过验证荷载试验，可以得出较高的可靠指标，其原因在于消除了结构抗力分布中不可靠的尾部，而用新的 $f_R^*(x)$ 代替原来的分布 $f_R(x)$。下面就具体情况讨论这种截尾分布的应用。

结构抗力为 R、荷载效应为 S 都呈对数正态分布，极限状态方程为 $\ln R - \ln S = 0$。显然，$\ln R$ 和 $\ln S$ 也为正态分布，其均值和标准差分别为

$$\left.\begin{aligned} \mu_{\ln R} &= \ln\left(\frac{\mu_R}{\sqrt{1+V_R^2}}\right) \\ \sigma_{\ln R} &= \sqrt{\ln(1+V_R^2)} \end{aligned}\right\} \tag{2.2-47}$$

和

$$\left.\begin{aligned} \mu_{\ln S} &= \ln\left(\frac{\mu_S}{\sqrt{1+V_S^2}}\right) \\ \sigma_{\ln S} &= \sqrt{\ln(1+V_S^2)} \end{aligned}\right\} \tag{2.2-48}$$

式中 V_R、V_S —— R 和 S 的变异系数。

当结构承受验证荷载 x_p 之后，破坏边界已非直线边界，设相应的可靠指标用 β^* 表示，并引入验证荷载水准 K：

$$K=\frac{\ln x_p-\mu_{\ln R}}{\sigma_{\ln R}} \tag{2.2-49}$$

式中 K——无因次的量，随验证荷载 x_p 增加而单调增加。

由于在验证荷载问题中，对于同一结构，破坏概率只取决于 K，因此 K 是求 β^* 的合适的参数。

可以证明，在新坐标中，抗力 R 的坐标 r 与验证荷载水准 K 相对应，其结果导致结构抗力概率密度函数 $f_R^*(r)$ 为

$$\left.\begin{aligned}&f_R^*(r)=\frac{1}{\sqrt{2\pi}}\frac{\exp(-r^2/2)}{1-\Phi(K)}=\frac{f_R(r)}{1-\Phi(K)} \quad (K\leqslant r<\infty)\\&f_R^*(r)=0 \quad (r<K)\end{aligned}\right\} \tag{2.2-50}$$

式中 $\Phi(\cdot)$ ——标准正态分布函数。

通过对基本随机变量 r 的非线性变换得

$$S=\frac{1}{\sigma_{\ln S}}\{\Phi^{-1}\{\Phi(r^*)[1-\Phi(K)]+\Phi(K)\}\sigma_{\ln S}+\mu_{\ln R}-\mu_{\ln S}\} \quad (K\leqslant r^*<\infty) \tag{2.2-51}$$

这就是所要求的验证荷载下的失效边界。该曲线到原点的距离即为 β^*。

验证荷载法的基本步骤如下：

(1) 根据 μ_R、V_R、μ_S、V_S，用式（2.2-47）～式（2.2-49）求 $\mu_{\ln R}$、$\sigma_{\ln R}$、$\mu_{\ln S}$、$\sigma_{\ln S}$ 和 K 值。

(2) 在式（2.2-51）中，令 $r^*=K$ 作为初值，求 S 值，并由 $\beta^*=\sqrt{(r^*)^2+S^2}$ 求 β^* 值。

(3) 由 $r^*\leftarrow r^*+\Delta r^*$，取步长 $\Delta r^*=0.05\sim0.1$ 求 r^*，然后代入式（2.2-51），依此求得不同的 S 和相应的 β^* 值。重复计算直到求出 $\beta_{\min}^*$ 为止。一般可以算到 $r^*\geqslant 3$。

(4) 所得的 $\beta_{\min}^*$ 即为所求结构的可靠指标 β^*。

当抗力 R 和荷载效应 S 均为正态分布，相应的极限状态方程为 $R-S=0$ 时，只要把 $\mu_{\ln R}$、$\sigma_{\ln R}$、$\mu_{\ln S}$、$\sigma_{\ln S}$ 分别用 μ_R、σ_R、μ_S、σ_S 代替，则式（2.2-49）、式（2.2-51）依然有效，其形式分别变为

$$K=\frac{x_p-\mu_R}{\sigma_R} \tag{2.2-52}$$

$$S=\frac{1}{\sigma_S}\{\Phi^{-1}\{\Phi(r^*)[1-\Phi(K)]+\Phi(K)\}\sigma_R+\mu_R-\mu_S\} \quad (K\leqslant r^*<\infty) \tag{2.2-53}$$

式（2.2-53）表示 R、S 正态分布下验证荷载法的失效边界，该曲线到坐标 r^*-S 原点的距离即为 β^*。求解 β^* 的步骤同上述的 R、S 为对数正态分布时一样。

当抗力 R 和荷载效应较复杂时，则不能简单引用上述公式求解，而需要对 R、S 进行近似处理，具体可参考有关文献。

2.2.7 响应面法

2.2.7.1 一次响应面法

对含有几个随机变量的极限状态函数 $Y=g(x_1,x_2,\cdots,x_n)$，取响应面函数为一次多项式：

$$g(x)=a_0+\sum_{i=1}^{n}a_ix_i \tag{2.2-54}$$

为了确定系数 $a_i(i=0,1,\cdots,n)$，首先以均值点 μ_x 为中心点，在 $(\mu_x-f\sigma_x,\mu_x+f\sigma_x)$ 内选取 $n+1$ 个样本点，f 是确定取值界限的选择参数，一般取 $f=1\sim3$。由 $g(x)$ 在样本点处的 $n+1$ 个函数值，和式（2.2-54）可以确定系数 a_i。响应面函数确定之后，即可求出可靠指标和设计验算点 x_D 的值，再以 x_D 为中心选取一组新的样本点，用与前述相同的方法确定可靠指标和设计验算点的试验值。

2.2.7.2 二次响应面法

为了提高响应面法计算结构可靠度的精度，对于如下极限状态函数

$$Y=g(z_1,z_2,\cdots,z_n) \tag{2.2-55}$$

响应面函数可取为随机变量的完全二次式：

$$Y'=g'(z)=A+A^TB+Z^TCZ \tag{2.2-56}$$

确定常量矩阵 A、B、C 需要有足够多的样本点。

为了在保证计算精度的前提下提高计算效率，Bucher 于 1990 年建议取如下形式的响应面函数：

$$g'(Z)=a_i+\sum_{i=1}^{n}b_iZ_i+\sum_{i=1}^{n}c_iZ_i{}^2 \tag{2.2-57}$$

式中，系数 a_i、b_i、c_i 需要有 $2n+1$ 个样本点得计足够多的方程来确定。由于响应面函数不含混合项，因此确定响应面函数所取的样本点减少。具体计算步骤为：

(1) 以均值为中心点，在区间 $(m_X-f\sigma_X,m_X+f\sigma_X)$ 内选取样本点，有关文献建议 f 在 $1\sim3$ 之间取值。由样本点可计算得到 $2n+1$ 个函数 $g(X)$ 值，然后确定响应面函数中的待定数。得到响应面函数之后，即可求出极限状态面上设计验算点的近似值 X_D。

(2) 选取新的中心点，新中心点 X_M 可选在均值点 m_X 与 X_D 的连线上，并保证满足极限方程 $g(X)=0$，即

$$X_M = m_X + (X_D - m_X)\frac{g(m_X)}{g(m_X) - g(X_D)} \tag{2.2-58}$$

这样选取新中心点的目的是为了使所选样本点包含原极限状态面更多的信息。

(3) 以 X_M 为中心点选取新的一组样本点，重复 (1) 的工作，即可得到极限状态面上设计验算点的值和相应的可靠指标。

2.3　体系可靠度计算方法

对于任何一种复杂的结构体系，当已知其中每一个构件的可靠度，需要计算整个体系的可靠度时，可简化为各种分析模型，用以表述体系可靠度与每个构件可靠度之间的关系。常用的分析模型如下：

(1) 串联体系。结构体系由若干个构件组成，其中任一构件失效便导致整个体系失效。

(2) 并联体系。结构体系中某一构件失效并不总是导致整个体系失效，即结构体系的失效条件是所有构件失效。

(3) 混联体系。实际的超静定结构通常有多个破坏模式，每一个破坏模式可简化成为一个并联体系，而多个破坏模式又可简化为串联体系，这就构成了混联体系。

2.3.1　串联体系及其可靠度计算方法

设可能失效模式的功能函数 $Z_i(i=1,2,\cdots,n)$ 都是线性的。设功能函数 Z_i、Z_j 分别为

$$\left.\begin{aligned} Z_i &= \sum_P a_{ip}R_P - \sum_m b_{im}S_m \\ Z_j &= \sum_P a_{jp}R_P - \sum_m b_{jm}S_m \end{aligned}\right\} \tag{2.3-1}$$

则其相关系数为

$$\rho_{Z_i,Z_j} = \frac{\sum_P a_{ip}a_{jp}\sigma_{R_P}^2 + \sum_m b_{im}b_{jm}\sigma_{S_m}^2}{\sigma_{Z_i}\sigma_{Z_j}} \tag{2.3-2}$$

串联体系失效概率为

$$P_f(\rho) = 1 - \int_{-\infty}^{\infty}\left[\Phi\left(\frac{\bar{\beta}+\sqrt{\bar{\rho}}\,t}{\sqrt{1-\bar{\rho}}}\right)\right]^n \phi(t)\mathrm{d}t \tag{2.3-3}$$

式中　Φ、ϕ——标准正态分布函数和密度函数；

$\bar{\beta}$——各失效模式的等效可靠指标；

$\bar{\rho}$——平均相关系数。

$$\Phi(-\bar{\beta}) = 1 - \prod_{i=1}^{n}[1-\Phi(-\bar{\beta}_i)] \tag{2.3-4}$$

$$\bar{\rho} = \frac{1}{n(n-1)}\sum_{\substack{i,j=1\\ i\neq j}}^{n}\rho_{ij} \tag{2.3-5}$$

式 (2.3-3) 不能直接积分，必须采用数值积分。由概率论知，当 $t>5$ 时，$\varphi(t)\approx 0$。由此可确定式 (2.3-3) 中 t 的积分范围在 $-5\leqslant t\leqslant 5$，用高斯积分公式进行计算。

2.3.2　并联体系及其可靠度计算方法

并联体系可靠指标可用如下公式计算：

$$\beta = \bar{\beta}\sqrt{\frac{n}{1+\bar{\rho}(n-1)}} \tag{2.3-6}$$

式中　$\bar{\beta}$——各失效模式的等效可靠指标；

$\bar{\rho}$——平均相关系数；

n——随机变量的数目。

2.3.3　概率网络估算技术（PNET法）

概率网络估算技术（PNET法）认为所有主要的机构可以用其中的 m 个代表机构来代替。这些代表机构是由所有主要机构通过下述原则选择出来的，即把主要机构分为几个组，在同一组中各机构与一代表机构高级相关，这个代表机构就是该组所有机构中失效概率最高的机构。从相关条件知，它可以代表该组所有机构的失效概率。在计算时，假定不同组间的代表机构是统计独立的。

根据上述原则，设 m 个代表机构，第 i 个机构的破坏概率为 P_{fi}，则结构体系的可靠度为

$$P_r = \prod_{i=1}^{m}(1-P_{fi}) = \prod_{i=1}^{m}P_{ri} \tag{2.3-7}$$

对应的失效概率为

$$P_f = 1 - P_r = 1 - \prod_{i=1}^{m}(1-P_{fi}) = 1 - \prod_{i=1}^{m}P_{ri} \tag{2.3-8}$$

当 P_{fi} 很小时，式 (2.3-8) 可近似写成

$$P_f = \prod_{i=1}^{m}P_{fi} \tag{2.3-9}$$

PNET法计算结构体系可靠度的步骤如下：

(1) 列出主要失效机构及相应的功能函数 Z_i，然后用一次二阶矩法求解各可靠指标 β_i。把 β_i 值由小到大进行排列，并将所得序号作为机构排列的次序的依据。

(2) 选择定限相关系数 ρ_0 值，作为判别各机构间的相关程度的依据。

(3) 寻找 m 个代表机构。取1号机构（与最小可靠指标对应）作为第一代表机构，然后计算它与其余机构的相关系数 ρ_{i1}。若 $\rho_{i1}>\rho_0$，则认为第 i 机构与1号机构高级相关，因而可为1号机构所代替；若 ρ_{i1}

$<\rho_0$，则认为它们之间低级相关，不能互相代替。再从剩下的机构中找出可靠指标最小者作为第二代表机构，并找出它所代替的机构。重复以上步骤，直到完成最后一个机构为止。

(4) 最后，用式 (2.3-8) 计算结构体系的可靠度或失效概率。

由于 PNET 法采用 ρ_0 作为衡量机构相关性的标准，一般取 $\rho_0=0.7$ (或 0.8)。

2.3.4 窄界限法

假设结构体系的 n 个机构的事件为 E_1，E_2，…，E_n，根据概率论，Ditlevsen 提出如下的结构体系失效概率界限范围式：

$$P(E_1)+\max\left[\sum_{i=2}^{n}\{P(E_i)-\sum_{j=1}^{i-1}P(E_iE_j)\},0\right]\leqslant$$
$$P_f\leqslant\sum_{i=1}^{n}P(E_i)-\sum_{i=2}^{n}\max P(E_iE_j) \tag{2.3-10}$$

$P(E_iE_j)$ 为共同事件 E_iE_j 的概率，当所有随机变量都是正态分布且相关系数 $\rho_{ij}\geqslant 0$ 时，借助于机构 i、j 的可靠指标 β_i 和 β_j，由式 (2.3-11) 确定：

$$q_i+q_j\geqslant P(E_iE_j)=$$
$$P(Z_i<0\cap Z_j<0)\geqslant\max[q_i,q_j] \tag{2.3-11}$$

其中

$$q_i=\Phi(-\beta_i)\Phi\left(-\frac{\beta_j-\rho_{ij}\beta_i}{1-\rho_{ij}^2}\right) \tag{2.3-12}$$

$$q_j=\Phi(-\beta_j)\Phi\left(-\frac{\beta_i-\rho_{ij}\beta_j}{1-\rho_{ij}^2}\right) \tag{2.3-13}$$

具体计算时，可先求出 q_i+q_j 代替式 (2.3-10) 左边的 $P(E_iE_j)$，再求出 $\max[q_i+q_j]$ 代替式 (2.3-10) 右边的 $P(E_iE_j)$，以近似地获得体系的失效概率 P_f 的界限范围值。由以上公式可见，窄界限法计算相对较复杂。然而，当相关系数较小时 (如小于 0.6)，它往往能得出很窄的失效概率范围值。

2.4 可靠度方法的工程应用

2.4.1 基于材料力学方法的重力坝强度及稳定可靠度计算

根据《混凝土重力坝设计规范》(DL 5108—1999)，作用在混凝土重力坝上的荷载及其组合、坝体抗滑稳定和应力的计算方法及其控制标准应符合该规范的有关规定。重力坝抗滑稳定分析包括沿坝基面、基础深层滑动面和碾压混凝土碾压层 (缝) 面等的抗滑稳定。必要时，应分析斜坡坝段的整体稳定。

2.4.1.1 强度可靠度计算方法

1. 坝踵应力

坝踵垂直应力不出现拉应力。

$$\frac{\sum W_R}{A_R}+\frac{\sum M_RT_R}{J_R}\geqslant 0 \tag{2.4-1}$$

$$S(\cdot)=-\left(\frac{\sum W_R}{A_R}+\frac{\sum M_RT_R}{J_R}\right) \tag{2.4-2}$$

$$R(\cdot)=0 \tag{2.4-3}$$

式中 $\sum W_R$——坝基面上全部法向作用之和，kN，向下为正；

M_R——全部作用对坝基面形心的力矩之和，kN·m，逆时针方向为正；

A_R——坝基面的面积，m^2；

J_R——坝基面对形心轴的惯性矩，m^4；

T_R——坝基面形心轴到下游面的距离，m。

2. 坝趾应力

$$S(\cdot)=\left(\frac{\sum W_R}{A_R}-\frac{\sum M_R\cdot T_R}{J_R}\right)(1+m_2^2) \tag{2.4-4}$$

$$R(\cdot)=f_c \tag{2.4-5}$$

式中 $\sum W_R$——坝基面上全部法向作用之和，kN，向下为正；

M_R——全部作用对坝基面形心的力矩之和，kN·m，逆时针方向为正；

A_R——坝基面的面积，m^2；

J_R——坝基面对形心轴的惯性矩，m^4；

T_R——坝基面形心轴到下游面的距离，m；

m_2——坝体下游坡度。

2.4.1.2 稳定可靠度计算方法

1. 建基面抗滑

根据《水利水电工程结构可靠度设计统一标准》(GB 50199—94)，混凝土重力坝将滑动力达到抗滑力作为抗滑稳定承载力极限状态的标志，因此将抗力函数 R 和作用函数 S 相等的情况作为建基面抗滑稳定承载力极限状态。

根据 DL 5108—1999，有

$$S(\cdot)=\sum P_R=\frac{1}{2}H_1^2\gamma_W-\frac{1}{2}H_2^2\gamma_W \tag{2.4-6}$$

$$R(\cdot)=f'_R\sum W_R+c'_RA_R \tag{2.4-7}$$

式中 $\sum W_R$——坝基面上全部法向作用之和 (包括扬压力的作用)，kN，向下为正；

$\sum P_R$——坝基面上全部切向作用之和，kN；

f'_R——坝基面抗剪断摩擦系数；

c'_R ——坝基面抗剪断黏聚力，kPa；

γ_W ——单位宽度的水容重，kN/m²；

A_R ——坝体与建基面接触面积，m²；

H_1 ——上游水位，m；

H_2 ——下游水位，m。

2. 层面抗滑

$$S(\cdot) = \sum P_C = \frac{1}{2}\gamma_W(H_1 - y_C)^2 \quad (2.4-8)$$

$$R(\cdot) = f'_C \sum W_C + c'_C A_C \quad (2.4-9)$$

式中 $\sum P_C$ ——计算层面上全部切向作用之和，kN；

$\sum W_C$ ——计算层面上全部法向作用之和，kN；

f'_C ——混凝土层面抗剪断摩擦系数；

c'_C ——混凝土层面抗剪断黏聚力，kPa；

A_C ——计算层面截面积，m²；

y_C ——计算层面与建基面的距离，m。

3. 深层抗滑

根据 DL 5108 附录 F，双斜面（图 2.4-1）的坝

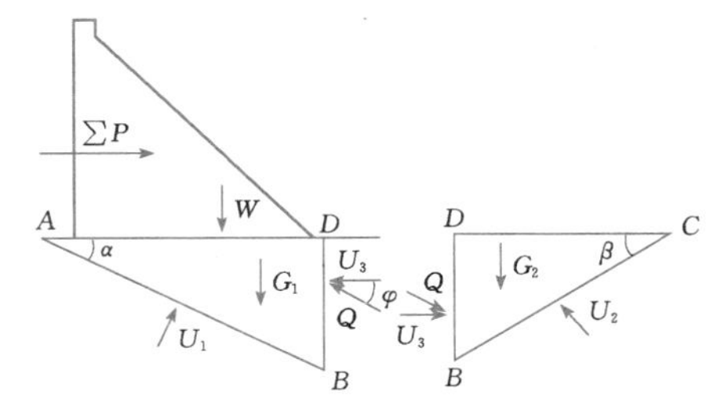

图 2.4-1 双斜滑动面示意图

基深层抗滑稳定极限状态方程可表示为

$$S(\cdot) = \sum P \quad (2.4-10)$$

$$R(\cdot) = \frac{(\sum W + G_1)(f'_1\cos\alpha - \sin\alpha) + Q[\cos(\varphi-\alpha) - f'_1\sin(\varphi-\alpha)] - f'_1 U_1 + c'_1 A_1}{f'_1\sin\alpha + \cos\alpha} + U_3 \quad (2.4-11)$$

$$Q = \frac{f'_2(G_2\cos\beta + U_3\sin\beta - U_2) + G_2\sin\beta - U_3\cos\beta + c'_2 A_2}{\cos(\varphi+\beta) - f'_2\sin(\varphi+\beta)} \quad (2.4-12)$$

式中，各符号的含义参见 DL 5108 附录 F。

2.4.1.3 算例分析——龙滩重力坝可靠度计算

1. 计算内容

对龙滩重力坝的挡水坝段断面进行计算，内容包括建基面在内的各层面之上游面抗拉、下游面抗压、层面抗滑稳定可靠指标以及所有层面包含三种失效模式的系统可靠指标。

2. 荷载

本算例只进行后期正常工况的计算，即采用基本组合：自重+正常水位下的静水压力+扬压力+泥沙压力+风浪压力。

（1）自重。混凝土容重取 24kN/m³，基岩容重取 27kN/m³。

（2）静水压力。作用于坝体表面的静水压力：上游水位为 400.00m，下游水位为 225.50m。

（3）扬压力。上游排水孔位置 0+12m，折减系数为 0.185；下游排水孔位置 0+132m，折减系数为 0.5。

（4）淤沙压力。百年淤沙高程 287.60m，淤沙浮容重 12kN/m³，内摩擦角 24°。

（5）浪压力。水域平均库底高程 280.00m，计算风速：基本组合取 24m/s，偶然组合取 14m/s，风区长度取 2km，盛行风向 SW。

3. 力学参数

可靠度计算时所用的物理力学参数是均值，根据 GB 50199，对抗剪断强度（摩擦系数和黏聚力）、抗拉强度、抗压强度进行了由标准值向均值的转换。

当概率分布模型为正态分布时：

$$\left.\begin{aligned} \mu_m &= \frac{f_k}{1 - K_{m2}\delta_m} \\ K_{m2} &= |\Phi^{-1}(P_{m2})| \end{aligned}\right\} \quad (2.4-13)$$

式中 μ_m ——材料的均值；

f_k ——材料的标准值；

P_{m2} ——相应于材料的标准值在标准正态分布上的概率；

δ_m ——材料性能的变异系数。

当概率分布模型为对数正态分布时：

$$\left.\begin{aligned} \mu_m &= \frac{f_k\sqrt{1+\delta_m{}^2}}{\exp[-K_{m2}\sqrt{\ln(1+\delta_m^2)}]} \\ K_{m2} &= |\Phi^{-1}(P_{m2})| \end{aligned}\right\} \quad (2.4-14)$$

式中 μ_m ——材料的均值；

f_k ——材料的标准值；

P_{m2} ——相应于材料的标准值在标准正态分布上的概率；

δ_m ——材料性能的变异系数。

坝体断面材料分区见图 2.4-2，各材料分区的物理力学参数均值见表 2.4-1，其中强度的保证率为 80%，摩擦系数变异系数为 0.20，黏聚力变异系数为 0.35，抗拉抗压强度变异系数为 0.20。

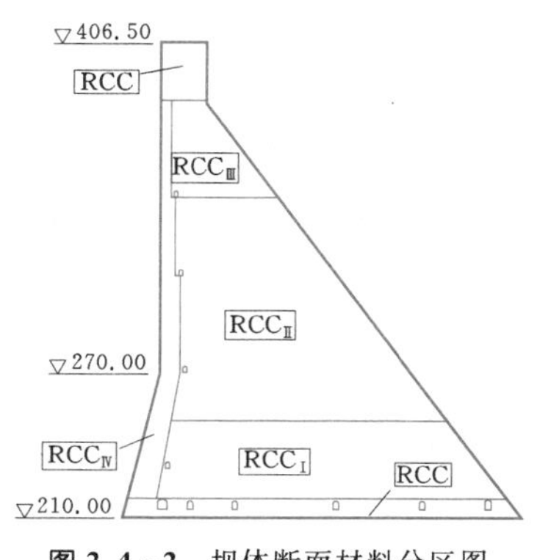

图 2.4-2 坝体断面材料分区图

4. 随机变量基本参数

计算采用的随机变量统计参数见表 2.4-2。表中给出了随机变量的名称、均值、标准差、变异系数、分布类型。对于分布类型，N 代表正态分布，LN 代表对数正态分布。

5. 计算模型

挡水坝段计算模型见图 2.4-3。模型中的不同颜色代表不同材料；图中标记的数字 1～6，代表所计算的层面号，其中层面 1 为建基面。

6. 计算结果

层面可靠指标见表 2.4-3。系统可靠指标见表 2.4-4。

表 2.4-1　　各区材料主要物理力学参数均值

材料分区	弹性模量（万 MPa）	泊松比	容重（kN/m^3）	抗剪断强度		抗拉强度（MPa）	抗压强度（MPa）
				f'	c'（MPa）		
垫层 RCC	1.96	0.167	24			1.89	22.24
坝顶 RCC	1.54	0.167	24			1.55	17.19
二期 RCC	1.96	0.167	24			1.89	22.24
$RCC_{Ⅰ}$ 本体	1.96	0.163	24			1.89	22.24
$RCC_{Ⅱ}$ 本体	1.79	0.163	24			1.55	17.19
$RCC_{Ⅲ}$ 本体	1.54	0.163	24			1.17	11.78
$RCC_{Ⅳ}$ 本体	1.96	0.163	24			1.89	22.24
建基面				1.08	1.20	1.68	22.24
$RCC_{Ⅰ}$ 层面	1.5	0.3	24	1.26	2.40	2.52	22.24
$RCC_{Ⅱ}$ 层面	1.3	0.3	24	1.12	2.12	2.16	17.19
$RCC_{Ⅲ}$ 层面	1.2	0.3	24	1.08	1.34	1.80	11.78
$RCC_{Ⅳ}$ 层面	1.5	0.3	24	1.26	2.40	2.52	22.24
加高结合面	1.0	0.3	24	1.20	2.12	1.20	22.24
基础①	1.2	0.27	27			0.72	72
基础②	1.1	0.27	27			0.60	60
基础③	1.6	0.27	27			1.44	168
基础④	1.5	0.27	27			0.84	108

表 2.4-2　　挡水坝段随机变量统计参数

随机变量	上游水深（m）	下游水深（m）	上游扬压力折减系数	下游扬压力折减系数	建基面摩擦系数	建基面黏聚力（MPa）
均值	190	15.5	0.185	0.5	1.1	1.10
标准差	11.4	0.93	0.056	0.15	0.22	0.385
变异系数	0.06	0.06	0.3	0.3	0.2	0.35
分布类型	N	N	N	N	N	LN
随机变量	常态 CC 抗拉强度（MPa）	常态 CC 抗压强度（MPa）	$RCC_{Ⅰ}$ 抗拉强度（MPa）	$RCC_{Ⅰ}$ 抗压强度（MPa）	$RCC_{Ⅱ}$ 抗拉强度（MPa）	$RCC_{Ⅱ}$ 抗压强度（MPa）
均值	0	22.24	0	22.24	0	17.19
标准差	0	4.448	0	4.448	0	3.438
变异系数	0.2	0.2	0.2	0.2	0.2	0.2
分布类型	N	N	N	N	N	N

续表

随机变量	$RCC_{Ⅲ}$抗拉强度(MPa)	$RCC_{Ⅲ}$抗压强度(MPa)	$RCC_{Ⅳ}$抗拉强度(MPa)	$RCC_{Ⅳ}$抗压强度(MPa)	$RCC_{Ⅰ}$层面摩擦系数	$RCC_{Ⅰ}$层面黏聚力(MPa)
均值	0	11.78	0	22.24	1.26	2.40
标准差	0	2.356	0	4.448	0.252	0.84
变异系数	0.2	0.2	0.2	0.2	0.2	0.35
分布类型	N	N	N	N	N	LN
随机变量	$RCC_{Ⅱ}$层面摩擦系数	$RCC_{Ⅱ}$层面黏聚力(MPa)	$RCC_{Ⅲ}$层面摩擦系数	$RCC_{Ⅲ}$层面黏聚力(MPa)	$RCC_{Ⅳ}$层面摩擦系数	$RCC_{Ⅳ}$层面黏聚力(MPa)
均值	1.12	2.12	1.08	1.34	1.26	2.396
标准差	0.224	0.742	0.216	0.469	0.252	0.838
变异系数	0.2	0.35	0.2	0.35	0.2	0.35
分布类型	N	LN	N	LN	N	LN

表2.4-3　　层面可靠指标

可靠指标 \ 层面号	1	2	3	4	5	6
高程(m)	210.00	218.50	250.00	270.00	310.00	341.00
上游面抗拉	6.19	6.57	8.16	>10.00	>10.00	>10.00
下游面抗压	4.58	4.48	4.78	4.97	5.01	5.04
层面抗滑	3.69	5.27	4.93	4.83	6.04	5.45

表2.4-4　　系统可靠指标

可靠指标 \ 系统号	1	2	3	4	5	6	所有层面
PNET法	3.68	4.47	4.70	4.75	5.01	5.02	3.67

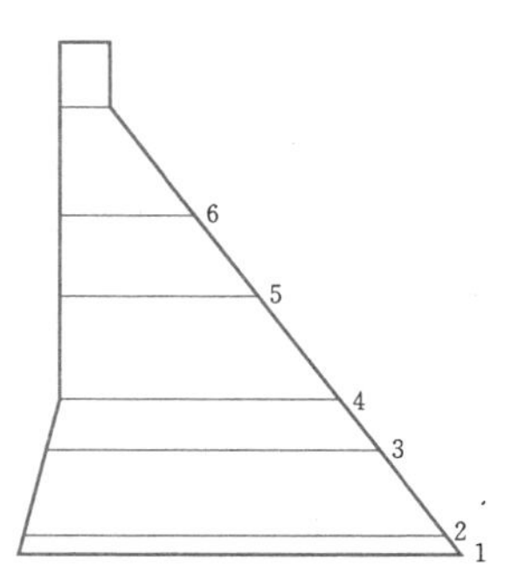

图2.4-3　挡水坝段断面图

2.4.2　基于多拱梁法的拱坝强度及稳定可靠度计算

2.4.2.1　基于多拱梁法的拱坝强度可靠度计算

1. 强度可靠度计算方法

(1) 确定随机变量及其统计特性。拱坝强度可靠度计算主要分析上、下游坝面的抗拉和抗压可靠度，主要将强度(包括抗拉、抗压强度)和上游水位作为随机变量。

(2) 建立极限状态方程。极限状态方程中抗力R取为抗压或抗拉强度，作用效应H为上游水位，通过多拱梁的应力分析，可以将极限状态方程写为

$$R-\left(a+bH+cH^2+\sqrt{d+eH+fH^2+gH^3+hH^4}\right)=0 \tag{2.4-15}$$

式中　a、b、c、d、e、f、g、h——应力系数。

(3) 计算可靠指标。

2. 算例分析——二滩拱坝强度可靠度分析

(1) 二滩拱坝的有关数据。

二滩拱坝为抛物线形双曲拱坝，选用“87—Ⅰ”坝型。最大坝高240m，坝底高程965.00m，坝顶高

程 1205.00m，正常蓄水位 1200.00m，设计洪水位 1200.00m（1000 年一遇洪水 20600m³/s），校核洪水位 1203.50m（5000 年一遇洪水 23900m³/s）。

为便于可靠指标 β 值的分析，计算中选用了一种主要的荷载组合，即：上游水位，1200.00m；下游水位，1011.80m；淤沙高程，1026.50m；坝体容重，24kN/m³。温度应力按设计最大温降计算。安全系数 $K=4$。

（2）随机变量的取值。

在坝体可靠度分析中，引用了三个随机变量：上游水位 H、混凝土抗压强度 R_1 和抗拉强度 R_2。

1）上游水位 H。根据二滩拱坝各部位的高程、特征水位及其泄洪能力，H 可取值如下。

分布类型：正态分布。

均值 M_H：以坝顶高程 1205.00m 为零点，向下为正，均值取在正常蓄水位 1200.00m 处，即 $M_H=5$m。

标准差 σ_H：σ_H 与基准期 T 有关。据水文统计和泄洪调节，5000 年一遇洪水位（1203.50m）时为 1.5m。在基准期 T 年内发生 5000 年一遇洪水的概率为

$$P_5 = 1-\left(1-\frac{1}{5000}\right)^T \qquad (2.4-16)$$

按正态分布，标准差 σ_H 与基准期 T 的关系式应为

$$P_5 = \frac{M_H-1.5}{\sigma^{-1}(1-P_5)} = 3.5/[\Phi^{-1}(1-P)] \qquad (2.4-17)$$

按式（2.4-17）可算出 σ_H 与 T 的关系，列于表 2.4-5。

表 2.4-5　σ_H 与 T 的关系表

T（年）	$1-P_5$	$\Phi^{-1}(1-P_5)$	$\sigma_H=\dfrac{3.5}{\Phi^{-1}(1-P_5)}$	$V_H=\dfrac{\sigma_H}{5}$
50	0.9900	2.33	1.5021	0.3004
100	0.9802	2.06	1.6990	0.3398
150	0.9704	1.89	1.8519	0.3704
200	0.9608	1.76	1.9886	0.3977
250	0.9512	1.66	2.1084	0.4217
300	0.9418	1.57	2.2293	0.4459
400	0.9231	1.43	2.4476	0.4892
500	0.9048	1.31	2.6718	0.5344

2）混凝土抗压强度 R_1。根据有关文件及规范，混凝土的抗压强度基本服从正态分布，在保证率 $P=80\%$ 的情况下，其均值与标号有如下关系：

$$M_{R1} = \frac{R_{标号}}{1-\Phi^{-1}(P)V_{R1}} \qquad (2.4-18)$$

为了计算方便，取二滩拱坝各种标号混凝土抗压强度的变异系数：350 号混凝土，为 0.11；300 号混凝土，为 0.12；250 号混凝土，为 0.15。

抗压强度可按式（2.4-18）计算，计算结果见表 2.4-6。

表 2.4-6　混凝土抗压强度取值表

标号	均值 M_{R1}（kg/cm³）	变异系数 V_{R1}	分布类型
350	385.63	0.11	正态
300	333.63	0.12	正态
250	286.04	0.15	正态

3）混凝土抗拉强度 R_2。根据混凝土强度试验资料，混凝土抗拉强度与抗压强度的比值约为 0.08，据此可取混凝土抗拉强度的变异系数与抗压的变异系数相等，抗拉强度取值见表 2.4-7。

表 2.4-7　混凝土抗拉强度取值表

标号	均值 M_{R2}（kg/cm³）	变异系数 V_{R2}	分布类型
350	30.85	0.11	正态
300	26.69	0.12	正态
250	22.88	0.15	正态

4）应力系数的确定。按七拱十三梁划分坝体，使用多拱梁法分析程序计算上、下游坝面各 64 个节点的应力和方向，再用回归分析，确定应力分量与上游水位的关系。

首先将上、下游坝面各节点的主应力转换为应力分量 $[\sigma_x,\sigma_z,\tau_{zx}]$（$xoz$ 坐标系在坝面节点处的切平面

内)，对上游六个不同水位（1205.00m、1203.60m、1200.00m、1295.00m、2255.00m 及 1155.00m）分别作用下的应力，进行回归分析，得应力分量与上游水位 H 的关系为

$$\sigma_x^h = a_{1i} + b_{1i}H + c_{1i}H^2$$
$$\sigma_z^h = a_{2i} + b_{2i}H + c_{2i}H^2$$
$$\tau_{zx}^h = a_{3i} + b_{3i}H + c_{3i}H^2$$

式中 $i = 1,2,\cdots,64$。

然后分别与下游水压力、坝体自重、泥沙压力和最大设计温降作用下的应力分量叠加，得出总应力分量与上游水位 H 的关系：

$$\left.\begin{aligned}\sigma_{xi} &= A_{1i} + B_{1i}H + C_{1i}H^2\\ \sigma_{zi} &= A_{2i} + B_{2i}H + C_{2i}H^2\\ \tau_{zxi} &= A_{3i} + B_{3i}H + C_{3i}H^2\end{aligned}\right\} \quad (2.4-19)$$

由上列应力分量，得到坝面的主应力（以压为正，拉为负）为

$$\begin{matrix}\sigma_{1i}\\ \sigma_{2i}\end{matrix} = a_i + b_iH + c_iH^2 \pm \sqrt{d_i + e_iH + f_iH^2 + g_iH^3 + h_iH^4} \quad (2.4-20)$$

其中 $a_i = (A_{1i} + A_{2i})/2$

$b_i = (B_{1i} + B_{2i})/2$

$c_i = (C_{1i} + C_{2i})/2$

$d_i = [(A_{1i} - A_{2i})/2]^2 + A_{3i}^2$

$e_i = [(A_{1i} - A_{2i})(B_{1i} - B_{2i})]/2 + 2A_{3i}B_{3i}$

$f_i = [(A_{1i} - A_{2i})(C_{1i} - C_{2i})]/2 + [(B_{1i} + B_{2i})/2]^2 + 2A_{3i}C_{3i} + B_{3i}^2$

$g_i = [(B_{1i} - B_{2i})(C_{1i} - C_{2i})]/2 + 2B_{3i}C_{3i}$

$h_i = [(C_{1i} - C_{2i})/2]^2 + C_{3i}^2$

故抗压极限状态方程为

$$R_1 - \sigma_{1i} = 0 \quad (i = 1,2,\cdots,64)$$

$$R_1 - (a_i + b_iH + c_iH^2 + \sqrt{d_i + e_iH + f_iH^2 + g_iH^3 + h_iH^4}) = 0 \quad (2.4-21)$$

在建立抗拉极限状态方程时，应将第二主应力符号改为以拉为正，即

$$\sigma'_{2i} = -\sigma_{2i} = -(a_i + b_iH + c_iH^2) + \sqrt{d_i + e_iH + f_iH^2 + g_iH^3 + h_iH^4} = 0$$
$$= a'_i + b'_iH + c'_iH^2 + \sqrt{d_i + e_iH + f_iH^2 + g_iH^3 + h_iH^4}$$

$$R_2 - \sigma'_{2i} = 0 \quad (i = 1,2,\cdots,64)$$

$$R_2 - [a'_i + b'_iH + c'_iH^2 + \sqrt{d_i + e_iH + f_iH^2 + g_iH^3 + h_iH^4}] = 0 \quad (2.4-22)$$

5）可靠指标及分析。二滩拱坝坝体分 64 个节点（图 2.4-4）、三个区域，各区分别采用不同的混凝土标号（350 号、300 号、250 号），计算得到各区域的可靠指标见表 2.4-8。

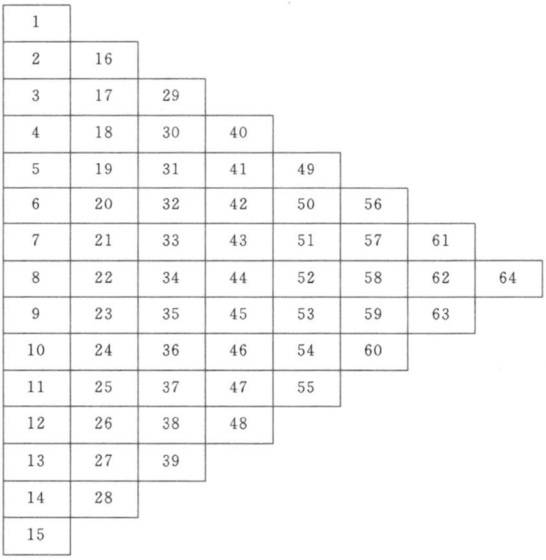

1							
2	16						
3	17	29					
4	18	30	40				
5	19	31	41	49			
6	20	32	42	50	56		
7	21	33	43	51	57	61	
8	22	34	44	52	58	62	64
9	23	35	45	53	59	63	
10	24	36	46	54	60		
11	25	37	47	55			
12	26	38	48				
13	27	39					
14	28						
15							

图 2.4-4 拱坝坝体计算节点编号

表 2.4-8 坝体节点最大最小 β 值表

混凝土标号	β	下游抗压		上游抗压		下游抗拉		上游抗拉	
		β	节点	β	节点	β	节点	β	节点
350	最大	9.012	1	9.083	14	7.296	61	6.323	39
	最小	7.204	63	7.325	34				
300	最大	8.250	1	8.330	14	6.432	61	5.404	39
	最小	6.335	63	6.463	34				
250	最大	6.589	1	6.664	14	4.894	61	3.941	39
	最小	4.803	63	4.925	34				
分区	最大	8.173	41	9.026	64	6.204	47	3.941	39
	最小	5.308	41	5.583	24				

2.4.2.2 基于多拱梁及刚体极限平衡的拱坝坝肩岩体抗滑稳定可靠度分析

拱坝坝肩岩体的整体稳定问题是三维稳定分析，一般来说，当坝肩岩体为断层、节理裂隙、层面等结构面所围成的岩体有可能滑移时，就应进行整体抗滑稳定可靠度分析。由于岩体的成因和构造复杂、岩性多样，不同岩体其力学属性不同，同一岩体的物理力学参数也具有明显的分散性和不确定性，并且作用于坝肩岩体上拱端推力的计算也很复杂，又包含诸如水压、泥沙、变温、材料参数等不确定性因素，因此，拱坝坝肩岩体稳定可靠度分析是一个十分复杂的课题。

1. 坝肩岩体抗滑稳定失效概率的计算方法

(1) 基本假定。

1) 滑移体为刚体，即不考虑岩体自身的变形。

2) 结构面为平面，各结构面的产状由现场地质测量获得。

3) 岩体的失稳是在各种荷载作用下，达到极限平衡状态时沿着某结构面或某结构面交线产生剪切滑移。

4) 只考虑滑移体上力的平衡，不考虑力矩的平衡。

(2) 坝肩岩体的失稳及其判别式。

以图 2.4-5 所示的五面体为例，设四个结构面分别为 P_1、P_2、P_3、P_4（底滑面），它们的向内法矢量分别为 n_1、n_2、n_3、n_4。根据刚体极限平衡理论，坝肩岩体失稳有三种型式：①脱离周围岩体运动；②沿结构面 P_i 滑动（当沿 P_i 面滑动时，其他结构面均脱开）；③沿结构面 P_i 及 P_j 的交线滑动（当结构面 P_i 及 P_j 的交线滑动时，其余各面均脱开）。

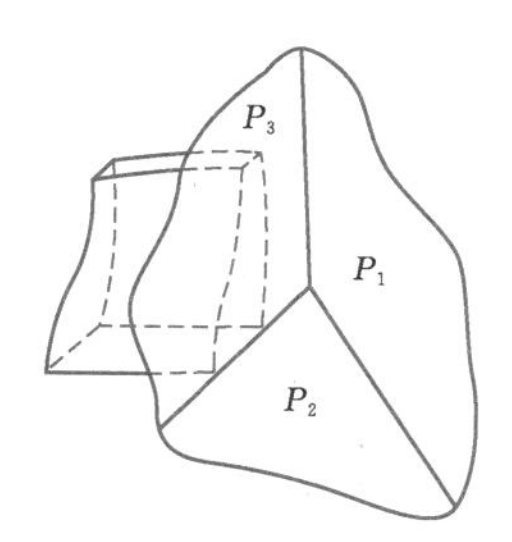

图 2.4-5 坝肩可能失稳五面体

设作用于坝肩岩体上主动力的合力为 R，当坝肩岩体脱离周围岩体运动时，其运动方向 S 应与主动力合力 R 的方向一致，并且使坝肩岩体各结构面脱离周围岩体，判别条件为

$$R = |R|S \qquad (2.4-23)$$

$$Sn_i > 0 \quad (i = 1,\cdots,4) \qquad (2.4-24)$$

坝肩岩体沿 P_i 滑动的运动学条件有两个：一是 R 的方向使岩体不脱离 P_i 面；二是岩体的运动方向 S 与合力 R 在 P_i 面上的投影方向 S_i 一致，且使 P_i 以外各面与周围岩体脱开，即

$$Rn_i \leqslant 0 \qquad (2.4-25)$$

$$R_i n_l > 0 \quad (i \neq l) \qquad (2.4-26)$$

$$S = S_i = \frac{(n_i \times R) \times n_i}{|n_i \times R|} \qquad (2.4-27)$$

坝肩岩体沿 P_i 面滑动的力学条件是净滑动力 $F > 0$，即

$$F = |n_i \times R| - f_i |n_i R| - c_i A_i > 0 \qquad (2.4-28)$$

式中 c_i、f_i、A_i——P_i 面的黏聚力、摩擦系数、面积。

坝肩岩体同时沿 P_i 及 P_j 面滑动即是沿此二平面的交线运动，其运动学条件为：运动方向 S 使岩体不脱离 P_i 及 P_j 面，而使 P_i 及 P_j 以外的各面与周围岩体脱开，即

$$S_i n_j \leqslant 0 \qquad (2.4-29)$$

$$S_j n_i \leqslant 0 \qquad (2.4-30)$$

$$Sn_l > 0 \quad (l \neq i \neq j) \qquad (2.4-31)$$

其中
$$S = S_{ij} = \frac{(n_i \times R) \times n_i}{|n_i \times R|}\mathrm{sgn}[(n_i \times n_j)R] \qquad (2.4-32)$$

坝肩岩体沿 P_i 及 P_j 面滑动的力学条件仍为净滑动力 $F>0$，即

$$F = \frac{1}{|n_i \times n_j|^2}[|R \times (n_i \times n_j)||n_i \times n_j| - f_i|(R \times n_j)(n_i \times n_j)| - f_j|(R \times n_j)(n_i \times n_j)| - c_i A_i - c_j A_j] > 0 \qquad (2.4-33)$$

(3) 坝肩岩体的失稳概率。

一般来说，作用于坝肩岩体上的荷载以及滑移面的黏聚力、摩擦系数等都是随机变量，因此，对于所有可能失稳的滑动型式，坝肩岩体失稳这一事件都是可能发生的，必须充分考虑沿各结构面滑动的不确定性，才能得到符合实际情况的坝肩岩体失稳概率。对于图 2.4-5 所示的五面体，存在 10 种可能失稳的滑动型式，即 4 种单面滑型、5 种双面滑型及脱离周围岩体运动。若记五面体失稳为事件 A，10 种可能失稳滑型分别为事件 B_1，B_2，…，B_{10}，由于各事件 $B_i(i = 1,2,\cdots,10)$ 两两不相容，故可以用全概率公式计算事件的概率：

$$P(A) = P(A|B_1)P(B_1) + P(A|B_2)P(B_2) + \cdots + P(A|B_{10})P(B_{10}) = P(F_1 > 0|B_1)P(B_1) + P(F_2 > 0|B_2)P(B_2) + \cdots + P(F_{10} > 0|B_{10})P(B_{10}) \qquad (2.4-34)$$

$$P(B_i) = P(P_1 \cap P_2 \cap \cdots \cap P_5) \quad (i = 1,2,\cdots,10) \qquad (2.4-35)$$

式中　$P(B_i)$——B_i 滑型出现的概率；

$P(F_i>0|B_i)$——在 B_i 滑型出现条件下坝肩岩体滑动的概率。

精确计算 $P(F_i>0|B_i)$ 和 $P(B_i)$ 比较困难，目前通常假设事件 $F_i>0$ 与事件 B_i 统计独立，P_j 面（$j=1,2,\cdots,5$）满足 B_i 滑型事件也统计独立，得到

$$P(F_i>0|B_i)=P(F_i>0) \quad (2.4-36)$$

$$P(B_i)=P(P_1\cap P_2\cap\cdots\cap P_5)=P(P_1)\times P(P_2)\times\cdots\times P(P_5) \quad (2.4-37)$$

代入式（2.4-34）可得

$$P(A)=P(F_1>0)P(B_1)+P(F_2>0)P(B_2)+\cdots+P(F_{10}>0)P(B_{10}) \quad (2.4-38)$$

式中　$P(P_j)$——结构面（或临空面）；

P_j——满足 B_i 滑型条件的概率，$j=1$，2，…，5。

2. 算例分析——二滩拱坝坝肩岩体抗滑稳定计算

二滩双曲拱坝坝顶高程1205.00m，最低建基高程965.00m，最大坝高240m，上游正常蓄水位高程1200.00；下游正常尾水位高程1014.00m，下游最低尾水位高程1012.00m；淤沙高程1063.00m，淤砂浮容重为5kN/m^3，内摩擦角 $\varphi=0°$；坝体混凝土弹性模量 $E=2.1\times10^4$MPa，泊松比 $\mu=0.17$，容重 $\gamma=24$kN/m^3。

（1）随机变量及其统计特性的确定。

经过分析，取最不利荷载组合计算拱端推力，最不利荷载组合为上游正常蓄水位＋下游最低尾水位＋泥沙压力＋自重＋浪压力＋设计最大降温。为简化计算，仅取影响较大的上游水位为随机变量，通过线性回归得到拱端推力为上游水位 H 函数的表达式。由于拱端推力的计算很复杂，限于篇幅，仅将计算所得的结果列于表2.4-9。

表2.4-9　**各高程坝肩总推力**

高程（m）		1170.00	1130.00	1090.00
左岸静力（万N）	P_x	$-847053+755.58H$	$-2805521.2+2531.6H$	$-4952836.3+4458.5H$
	P_y	$-143248+1260.35H$	$-6809540+6008H$	$-16013129+14202H$
	P_z	$8597+27.1H$	$119061.68+98.9H$	$275848+323.8H$
右岸静力（万N）	P_x	$-1156150+1035H$	$-3377241+3050H$	$-5142127+4677H$
	P_y	$-1793010+1582H$	$-7552863+6666H$	$-15832049+14036H$
	P_z	$38372-4.122H$	$249081-53.855H$	$751643-197.25H$
高程（m）		1050.00	1010.00	980.00
左岸静力（万N）	P_x	$-7042864.7+637.6H$	$-9087746.9-8163.2H$	$-10811355+9684H$
	P_y	$-27340958+24433H$	$-37811439+34121H$	$-43608318+39669H$
	P_z	$513759.2+696H$	$801819.26+1189.2H$	$959270+1721H$
右岸静力（万N）	P_x	$-6705198+6088.7H$	$-8861748+7984H$	$-11051066-9929H$
	P_y	$-25978391+23205H$	$-37640464+33987H$	$-44945906+40948H$
	P_z	$1721867-361.32H$	$2536041-55.022H$	$2867595+512.55H$

与坝肩岩体有关的随机变量有扬压力、岩体自重、抗剪断指标 f 及 c，其中扬压力是扬压力折减系数 α 的函数并取 α 为随机变量，以描述扬压力的随机性。各组结构面的综合抗剪断指标 $f_{综}$ 及 $c_{综}$ 以及变异系数用面积加权平均法计算，即

$$\left.\begin{aligned} f_{综}&=\frac{\sum f_iA_i}{\sum A_i}\\ c_{综}&=\frac{\sum c_iA_i}{\sum A_i}\end{aligned}\right\} \quad (2.4-39)$$

参照有关文献，经分析整理，将随机变量及其统计特征列于表2.4-10、表2.4-11。

（2）坝肩岩体滑移边界的确定。

一般来说，基岩受产状不同的多组裂隙（或断层、夹泥层等）切割，各组结构面的产状具有不确定性，并且坝肩岩体失稳的滑移边界也是不确定的。考虑到坝肩稳定计算的现行方法，取结构面产状、滑移边界为确定的。

表 2.4-10　　随机变量及其统计特性

变　量	分布类型	均　值	变异系数
坝肩岩体容重 γ	正态	30.2kN/m^3	0.02
上游水位 H	正态	1200m	0.06
扬压力折减系数 α	正态	0.516	0.643
抗滑摩擦系数 $f_{综}$	正态	见表 2.4-11	见表 2.4-11
抗滑黏聚力 $c_{综}$	正态	见表 2.4-11	见表 2.4-11

表 2.4-11　　左、右岸各高程结构面的 $f_{综}$、$c_{综}$ 值

高程(m)	左岸				右岸			
	结构面	变量	均值(×10^{-2}MPa)	变异系数	结构面	变量	均值(×10^{-2}MPa)	变异系数
1170.00	P_1	f_1	1.446	0.249	P_1	f_1	1.265	0.317
1170.00	P_1	c_1	257.2	0.357	P_1	c_1	310.4	0.375
1170.00					P_2	f_2	1.111	0.315
1170.00					P_2	c_2	270.4	0.326
1170.00	P_3	f_3	1.164	0.281	P_3	f_3	1.111	0.315
1170.00	P_3	c_3	155.0	0.429	P_3	c_3	270.4	0.326
1130.00	P_1	f_1	1.446	0.300	P_1	f_1	1.265	0.250
1130.00	P_1	c_1	257.2	0.300	P_1	c_1	310.4	0.250
1130.00					P_2	f_2	1.088	0.250
1130.00					P_2	c_2	240.2	0.250
1130.00	P_3	f_3	1.107	0.300	P_3	f_3	1.014	0.250
1130.00	P_3	c_3	134.6	0.350	P_3	c_3	185.0	0.250
1090.00	P_1	f_1	0.559	0.300	P_1	f_1	1.162	0.200
1090.00	P_1	c_1	257.2	0.300	P_1	c_1	269.7	0.200
1090.00					P_2	f_2	1.029	0.200
1090.00					P_2	c_2	195.8	0.200
1090.00	P_3	f_3	0.869	0.300	P_3	f_3	0.818	0.200
1090.00	P_3	c_3	67.67	0.350	P_3	c_3	112.5	0.200
1050.00	P_1	f_1	0.628	0.200	P_1	f_1	1.092	0.200
1050.00	P_1	c_1	214.1	0.200	P_1	c_1	215.5	0.200
1050.00					P_2	f_2	0.980	0.200
1050.00					P_2	c_2	168.6	0.200
1050.00	P_3	f_3	0.987	0.200	P_3	f_3	0.943	0.200
1050.00	P_3	c_3	102.6	0.300	P_3	c_3	98.0	0.200
1010.00	P_1	f_1	0.695	0.200	P_1	f_1	1.127	0.200
1010.00	P_1	c_1	201.1	0.200	P_1	c_1	220.5	0.200
1010.00					P_2	f_2	0.991	0.200
1010.00					P_2	c_2	165.5	0.200
1010.00	P_3	f_3	0.953	0.200	P_3	f_3	1.073	0.200
1010.00	P_3	c_3	133.2	0.300	P_3	c_3	181.6	0.200
980.00	P_1	f_1	0.789	0.200	P_1	f_1	1.125	0.200
980.00	P_1	c_1	199.1	0.200	P_1	c_1	214.8	0.200
980.00					P_2	f_2	1.067	0.200
980.00					P_2	c_2	180.8	0.200
980.00	P_3	f_3	1.220	0.200	P_3	f_3	1.020	0.200
980.00	P_3	c_3	175.4	0.300	P_3	c_3	133.0	0.200

根据地形地质资料分析，取左岸最可能失稳岩体为四面体（参考图2.4－6），右岸最可能失稳岩体为五面体（参考图2.4－5）。左岸结构面的产状为：侧滑面 P_1，N51°W，倾NE＜63°；侧滑面 P_2，N16°W，倾SW＜70°；底滑面 P_3，N71°W，倾SW＜20°。右岸结构面的产状为：侧滑面 P_1，N65°W，倾NE＜60°；侧滑面 P_2，N75°W，倾NW＜65°；底滑面 P_3，N55°W，倾NE＜20°。

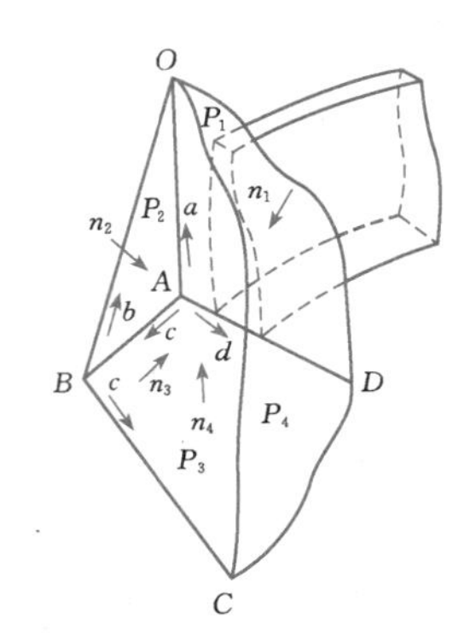

图2.4－6 坝肩可能失稳四面体

（3）坝肩岩体抗滑稳定可靠度分析。

对左、右岸6个高程的坝肩岩体进行了可靠度计算，得到每一高程各滑型出现的概率、沿该滑型滑动的概率、坝肩失稳的全概率以及坝肩稳定的可靠度指标。

左、右岸坝肩岩体抗滑稳定可靠度计算结果分别列于表2.4－12、表2.4－13。对于实际上不可能失稳的滑型，表中未予列出。由表2.4－12的计算结果可见，左岸坝肩岩体以沿 P_3 面（即底滑面）滑动的单面滑型为主，只有在1130.00m和1090.00m两高程兼有沿 P_1 及 P_3 面交线滑动的双面滑型出现；而由表2.4－13的计算结果可以看出，右岸坝肩岩体失稳只出现单面滑型，不出现双面滑型，在1130.00m高程以上是沿 P_2 面滑动，以下各高程则可能沿 P_2 面或 P_3 面滑动。

与有关的设计规范相比，算得的可靠指标值偏低，主要原因是扬压力折减系数的取值偏高，变异系数取值也偏大。对于实际的工程，两岸都有很好的防渗排水设施，扬压力折减系数要小得多，因此，实际的可靠指标将明显高于上述计算结果。

表2.4－12 **左岸坝肩抗滑稳定可靠指标**

高程(m)	单面滑型			双面滑型			坝肩失稳全概率	坝肩稳定可靠概率
	结构面	滑型出现概率	滑动概率	结构面	滑型出现概率	滑动概率		
1170.00	P_1	0	0.2600×10^{-2}	P_1P_3	0	0.4172×10^{-8}	0.3108×10^{-3}	3.4220
1170.00	P_3	0.9323	0.3334×10^{-3}					
1130.00	P_1	0	0.3732×10^{-2}	P_1P_3	0.9965	0.3815×10^{-5}	0.4443×10^{-5}	4.4427
1130.00	P_3	0.3220×10^{-2}	0.1993×10^{-3}					
1090.00	P_1	0	0.3449×10^{-1}	P_1P_3	0.9926	0.2855×10^{-4}	0.1274×10^{-3}	3.6574
1090.00	P_3	0.7354×10^{-2}	0.1347×10^{-1}					
1050.00	P_1	0	0.2919×10^{-2}	P_1P_3	0.4759	0	0.4584×10^{-3}	3.3149
1050.00	P_3	0.5241	0.8746×10^{-3}					
1010.00	P_1	0	0.1390×10^{-1}	P_1P_3	0.2150	0	0.2319×10^{-2}	2.8312
1010.00	P_3	0.7850	0.2954×10^{-2}					
980.00	P_1	0	0.2198×10^{-1}	P_1P_3	0.1610	0	0.5710×10^{-5}	3.2530
980.00	P_3	0.8390	0.6806×10^{-3}					

表2.4－13 **右岸坝肩抗滑稳定可靠指标**

高程(m)	单面滑型			双面滑型			坝肩失稳全概率	坝肩稳定可靠概率
	结构面	滑型出现概率	滑动概率	结构面	滑型出现概率	滑动概率		
1170.00	P_1	0	0.8760×10^{-2}	P_1P_3	0	0.1043×10^{-8}		
1170.00	P_2	0.7170×10^{-5}	0.8373×10^{-3}				0.5950×10^{-8}	5.9949
1170.00	P_3	0	0.1124×10^{-2}	P_1P_3	0	0.4292×10^{-5}		
1130.00	P_1	0	0.1758×10^{-2}	P_2P_3	0	0		

续表

高程 (m)	单面滑型			双面滑型			坝肩失稳全概率	坝肩稳定可靠概率
	结构面	滑型出现概率	滑动概率	结构面	滑型出现概率	滑动概率		
1130.00	P_2	0.1298×10^{-1}	0.6787×10^{-3}				0.1535×10^{-5}	4.6695
1130.00	P_3	0	0.1166×10^{-3}	P_1P_3	0	0		
1090.00	P_1	0	0.1220×10^{-1}	P_2P_3	0	0		
1090.00	P_2	0.3919×10^{-2}	0.8577×10^{-4}				0.3230×10^{-5}	4.5108
1090.00	P_3	0.3694×10^{-3}	0.7836×10^{-2}	P_1P_3	0	0		
1050.00	P_1	0	0.9314	P_2P_3	0	0		
1050.00	P_2	0.1086×10^{-3}	0.1122×10^{-1}				0.1283×10^{-3}	3.6557
1050.00	P_3	0.4066×10^{-3}	0.6513×10^{-1}	P_1P_3	0	0.5960×10^{-7}		
1010.00	P_1	0	0.9995	P_2P_3	0	0		
1010.00	P_2	0.6811×10^{-5}	0.2133				0.8855×10^{-4}	3.7496
1010.00	P_3	0.2454×10^{-2}	0.3549×10^{-1}	P_1P_3	0	0.5960×10^{-8}		
980.00	P_1	0	0.5735	P_2P_3	0	0		
980.00	P_2	0.1498×10^{-2}	1.0				0.1585×10^{-1}	2.1481
980.00	P_3	0.1436×10^{-1}	1.0	P_2P_3	0	0.2469×10^{-2}		

2.5 基于可靠度的分项系数极限状态设计法

2.5.1 分项系数极限状态设计表达式

分项系数极限状态设计法的基础是结构处于可靠状态，即

$$Z=g(X_1,X_2,\cdots,X_n)\geqslant 0 \qquad (2.5-1)$$

由2.2节可知，与可靠指标相对应的设计验算点，必须满足式（2.5－1）等的要求。

考虑水工结构的一般情况，引入结构重要性系数γ_0、设计状况系数ψ和结构系数γ_d，可把式（2.5－1）写为

$$\gamma_0\psi R(x_R^d)\geqslant\frac{1}{\gamma_d}S(x_S^d) \qquad (2.5-2)$$

式中　x_R^d——与抗力项相对应随机变量的设计值；

x_S^d——与作用效应项相对应的随机变量的设计值。

这里的设计值相当于设计验算点值。

对式（2.5－2）中的各变量取标准值，引入材料性能分项系数和作用分项系数，并考虑承载能力极限状态基本组合、偶然组合和正常使用极限状态作用效应短期组合、长期组合等四种形式，水工结构分项系数极限状态设计表达式可表述如下：

承载能力极限状态基本组合

$$\gamma_0\psi S(\gamma_G G_K,\gamma_Q Q_K,\alpha_K)\leqslant\frac{1}{\gamma_{d_1}}R\left(\frac{f_k}{\gamma_m},\alpha_K\right) \qquad (2.5-3)$$

承载能力极限状态偶然组合

$$\gamma_0\psi S(\gamma_G G_K,A_K,\gamma_Q Q_K,\alpha_K)\leqslant\frac{1}{\gamma_{d_2}}R\left(\frac{f_K}{\gamma_m},\alpha_K\right) \qquad (2.5-4)$$

正常使用极限状态作用效应短期组合

$$\gamma_0 S(G_K,Q_K,f_K,\alpha_K)\leqslant\frac{c}{\gamma_{d_1}} \qquad (2.5-5)$$

正常使用极限状态长期组合

$$\gamma_0 S(G_K,\rho,Q_K,f_K,\alpha_K)\leqslant\frac{c}{\gamma_{d_2}} \qquad (2.5-6)$$

式中　γ_0——结构重要性系数；

ψ——设计状况系数；

A_K——偶然作用的代表值；

α_K——几何参数的标准值；

γ_m——材料性能的分项系数；

γ_G——永久作用的分项系数；

γ_Q——可变作用的分项系数；

γ_{d_1}——基本组合的结构系数；

γ_{d_2}——偶然组合的结构系数；

G_K——永久作用的标准值；

Q_K——可变作用的标准值；

f_K——材料性能的标准值；

$S(\cdot)$ ——作用效应函数；

$R(\cdot)$ ——结构抗力函数。

2.5.2 分项系数的确定方法

2.5.2.1 结构重要性系数

结构重要性系数 γ_0 是与结构的安全级别相对应的。水工建筑物的安全级别共为三级，分别与三个不同安全级别结构的可靠度水准对应。以Ⅱ级为基准，Ⅰ、Ⅱ、Ⅲ级的结构或结构构件的结构重要性系数分别为1.1、1.0、0.9。

2.5.2.2 设计状况系数

设计状况系数 ψ 反映结构不同设计状况应有不同目标可靠指标。对应持久状况、短暂状况、偶然状况，ψ 应分别取值。水工结构相关规定对应持久状况、短暂状况、偶然状况 ψ 分别取1.0、0.95、0.85。

2.5.2.3 作用分项系数

$$\gamma_f = \frac{F_d}{F_k} \tag{2.5-7}$$

式中 γ_f——作用的分项系数；

F_d——作用的设计值；

F_k——作用的标准值。

作用分项系数可根据作用的概率分布模型，分别按下列公式计算：

(1) 正态分布：

$$\gamma_f = \frac{1+K_{f1}\delta_f}{1+K_{f2}\delta_f} \tag{2.5-8}$$

(2) 对数正态分布：

$$\gamma_f = \exp[(K_{f1}-K_{f2})\sqrt{\ln(1+\delta_f^2)}] \tag{2.5-9}$$

(3) 极值Ⅰ型分布：

$$\gamma_f = \frac{1-0.45005\delta_f-0.77970\delta_f\ln\{-\ln[\Phi(K_{f1})]\}}{1-0.45005\delta_f-0.77970\delta_f\ln\{-\ln[\Phi(K_{f2})]\}} \tag{2.5-10}$$

其中
$$K_{f1} = \Phi^{-1}(P_{f1})$$
$$K_{f2} = \Phi^{-1}(P_{f2})$$

式中 δ_f——作用的变异系数；

P_{f1}、P_{f2}——对应于作用的设计值、标准值在标准正态分布上的概率，P_{f1} 宜在设计验算点附近选用。

作用分项系数用来考虑作用对其标准值的不利变异，它没有考虑因加于结构上的作用换算成结构上的作用效应时的计算不定性。因为这种计算不定性和结构的型式有关，特别是水工结构的多样性和复杂性，使得这些结构上的作用效应计算不定性相差很大。如果作用分项系数还要考虑这种不定性，就会造成同一种作用在不同结构上将会有不同的作用分项系数值，实用上也不方便。

由式（2.5-7）可知，作用分项系数的大小，取决于作用设计验算点值和作用标准值。由式（2.2-14）可知，设计验算点值与作用随机变量的灵敏系数、目标可靠指标和作用的标准差有关。水工结构目标可靠指标在2.7～4.2之间，根据对若干水工结构设计可靠度分析，一般作用的设计验算点值都比较接近“3σ”值（σ 为作用的标准差值），其对应的 $P_{f1}=0.99865$。

作用的标准值，在按年（或时段）内最大（或最小）值确定概率分布的基础上，按较不利的某个分位值确定。而有些作用显著的特征，或有明确的额定限值，且常常是结构运用时对作用控制的标准（如大坝上游水位），因此规范将其选为作用标准值。这一作用标准值可表示为具有保证率 P_{f2} 的作用年（或时段）内最大（或最小）值概率分布的某一分位值。

当作用设计值选定为“3σ”值，作用标准值采用0.95分位值，作用的变异系数取为0.167时，则由式（2.5-8）～式（2.5-10）可得对应于正态、对数正态和极值Ⅰ型分布的作用分项系数分别为1.18、1.25、1.36。显然，作用的标准差越大，作用分项系数越大。

《水工建筑物荷载设计规范》（DL 5077—1997）规定了各种作用的分项系数和相应标准值的取法。《水工混凝土结构设计规范》（DL 5057—2009）规定作用的代表值按DL 5077的有关规定确定，按承载能力极限状态设计时，作用分项系数应按DL 5077的规定采用，但不应小于该规范规定的值，如一般可变作用分项系数不小于1.2。

2.5.2.4 材料性能分项系数

$$\gamma_m = \frac{f_k}{f_d} \tag{2.5-11}$$

式中 γ_m——作用的分项系数；

f_d——材料性能的设计值；

f_k——材料性能的标准值。

材料性能分项系数可根据它们的概率分布模型，分别按下列公式计算：

(1) 正态分布：

$$\gamma_m = \frac{1-K_{m2}\delta_m}{1-K_{m1}\delta_m} \tag{2.5-12}$$

(2) 对数正态分布：

$$\gamma_m = \frac{1}{\exp[(K_{m1}-K_{m2})\sqrt{\ln(1+\delta_m^2)}]} \tag{2.5-13}$$

其中

$$K_{m1}=\Phi^{-1}(P_{m1})$$

$$K_{m2}=\Phi^{-1}(P_{m2})$$

式中 δ_m——作用的变异系数；

P_{m1}、P_{m2}——对应于材料性能的设计值、标准值在标准正态分布上的概率，P_{m1} 宜在设计验算点附近选用。

材料性能分项系数，用来考虑试件材料或岩、土试件性能对其标准值的不利变异，它是从材料试件的试验统计资料出发，考虑试件材料性能本身的变异性，反映试件材料性能变异的系数。它和作用分项系数一样，没有考虑试件材料换算成结构中材料性能的不定性，也没有考虑计算结构抗力时的计算不定性。因此只要材料相同，在不同的结构中也完全可以采用相同的材料性能分项系数。

由式（2.5-11）可知，材料性能分项系数的大小取决于材料性能设计验算点值和材料性能标准值。由式（2.2-14）可知，材料性能设计验算点值与材料性能随机变量的灵敏系数、目标可靠指标和材料性能的标准差有关。根据若干水工结构设计可靠度分析，一般材料性能设计验算点值比较接近“2σ”值（σ 为材料性能的标准差值），其对应的 P_{m1} =97.73%。

材料性能的标准值 f_k，是对材料进行验收的标准。《水工混凝土结构设计规范》（DL 5057—2009）规定混凝土立方体抗压强度的标准值采用28d龄期，保证率为95%的值。而《混凝土拱坝设计规范》（DL/T 5346—2006）和《混凝土重力坝设计规范》（DL 5108—1999）均规定采用90d龄期，保证率为80%。DL 5057中直接给出了不同强度等级混凝土的设计强度，其采用的分项系数近似为1.4；DL 5108中规定混凝土抗压强度的分项系数为1.5；DL/T 5346中规定混凝土抗压强度的分项系数为2.0，其部分考虑了混凝土强度试验的比尺效应和混凝土峰值强度向混凝土弹性比例极限方面的折减。

在由安全系数法向以可靠度为基础的分项系数法的设计规范套改中，为了使设计式在任何情况下的可靠度指标与目标可靠指标的差值不超过容许范围，而且有相同的结构系数值，有时需要调整材料性能分项系数的理论计算值。这也就是所有规范都规定了材料性能分项系数的取值，而不是直接采用公式进行计算的原因。

2.5.2.5 结构系数

结构系数，在分项系数极限状态设计式中用来考虑作用和材料性能不定性不能涵盖的其他不定性。不同的水工结构或同一结构在不同受力状态下，它们的抗力计算不定性和作用效应计算不定性是不同的，有时差别较大。因此，为了保证各种水工结构在相同的设计状况下有相同的可靠度，需要对不同结构采用不同的结构系数，这个系数应由各专门规范在校准该规范的可靠度后，通过分析计算而确定。

作用分项系数、材料性能分项系数及其标准值共同承担了一部分安全储备，对应于规定可靠指标的其余安全储备，统由结构系数承担。

设置结构系数 γ_d 的目的是使按分项系数极限状态设计式设计的水工结构的可靠度水平与目标可靠指标在总体上误差最小。结构系数 γ_d 的具体计算方法参见《水利水电工程结构可靠度设计统一标准》（GB 50199—94）附录G。这里以混凝土重力坝抗滑稳定极限状态设计式结构系数 γ_d 为例说明结构系数的确定方法。

混凝土重力坝结构系数的确定原则为：①采用分项系数极限状态设计式设计的混凝土重力坝计算可靠指标 β_{cal} 不低于目标可靠指标的0.25；②设计的混凝土重力坝断面或混凝土强度等级与按原规范设计相比，在总体上接近。在保证可靠指标达到规定值的前提下，Ⅱ、Ⅲ级重力坝的工程量或混凝土强度等级允许略有减少或降低。

按GB 50199附录G，重力坝抗滑稳定极限状态设计式结构系数具体计算步骤如下：

（1）按上游边坡 m_1=0.00、0.05、0.10三种情况，考虑三种基岩条件，拟定坝高从30～190m的3×22个混凝土重力坝优化剖面。其中，Ⅲ类基岩上的最大坝高为90m。

（2）根据目标可靠指标 β_T，作用和抗力的统计特性，计算出混凝土重力坝3×22种设计情况的结构系数 γ_{d_i}。计算过程中，重力坝下游边坡 m_2 是未知量，当在设定的结构系数下所求得的重力坝断面（求出 m_2）和所具有的计算可靠指标与目标可靠指标一致时，即为所求的结构系数，见表2.5-1第（7）～（10）栏（表中只列出了 m_1=0.00的情况，详见文献[15]）。此时，计算可靠指标等于目标可靠指标，但各种设计情况的 γ_{d_i} 是不同的。为了与现行规范比较，同时按现行规范计算了抗剪断安全系数，见表2.5-1第（10）栏。

（3）为了让设计人员使用方便，应当采用统一的结构系数 γ_d。根据3×22个设计情况的 γ_{d_i}，按GB 50199附录G规定的原则，经反复试算和综合分析，抗滑稳定极限状态设计式的结构系数取为1.2。

（4）按已确定的分项系数（包括结构系数）进行试设计，求出重力坝断面，进而求出计算可靠指标

β_{cal}，见表 2.5-1 中第（11）～（14）栏，同时也求出第（13）栏“相当安全系数”，并与第（10）栏比较。由表 2.5-1 可见，采用选定的这一套分项系数，计算可靠指标 β_{cal} 符合分项系数的确定原则。

（5）求出材料用量之 η_1。η_1 为用分项系数法设计的重力坝断面面积与按现行规范设计的重力坝断面面积之比。由表 2.5-1 可见，两者材料用量差异不大，这足以说明分项系数设计法基本上维持现行规范的可靠度设计水准。

表 2.5-1　　抗滑稳定极限状态设计式中结构系数的确定

序号	坝高(m)	基岩类别	结构安全级别	结构重要性系数	仅满足现行规范稳定条件设计下游边坡	按现行规范设计的实际下游边坡	以目标可靠指标 β_T 进行设计				分项系数设计				材料用量之比 η_1
							目标可靠指标	仅满足稳定条件			仅满足稳定条件			满足全部条件实际下游边坡	
								下游边坡	结构系数	相当安全系数	下游边坡	计算可靠指标数	相当安全系数		
							β_T	m_2	γ_{d_i}	K'	m_2	β_{cal}	K'		
	(1)	(2)	(3)	(4)	(5)	(6)	(7)	(8)	(9)	(10)	(11)	(12)	(13)	(14)	(15)
1	190	Ⅰ	Ⅰ	1.1	0.78	0.78	4.2	0.743	1.205	2.884	0.740	4.1887	2.872	0.740	0.9492
2	190	Ⅱ	Ⅰ	1.1	0.88	0.88	4.2	0.913	1.301	3.119	0.843	4.0189	2.877	0.843	0.9588
3	170	Ⅰ	Ⅰ	1.1	0.74	0.74	4.2	0.699	1.167	2.839	0.719	4.2697	2.920	0.740	1.0000
4	170	Ⅱ	Ⅰ	1.1	0.85	0.85	4.2	0.855	1.253	3.053	0.820	4.1007	2.924	0.820	0.9648
5	150	Ⅰ	Ⅰ	1.1	0.70	0.74	4.2	0.652	1.127	2.798	0.693	4.3609	2.976	0.740	1.0000
6	150	Ⅱ	Ⅰ	1.1	0.80	0.80	4.2	0.794	1.203	2.988	0.791	4.1937	2.979	0.791	0.9895
7	130	Ⅰ	Ⅰ	1.1	0.66	0.74	4.2	0.602	1.088	2.764	0.662	4.4644	3.045	0.740	1.0000
8	130	Ⅱ	Ⅰ	1.1	0.75	0.75	4.2	0.728	1.153	2.927	0.757	4.3002	3.046	0.757	1.0092
9	110	Ⅰ	Ⅰ	1.1	0.60	0.74	4.2	0.547	1.049	2.737	0.624	4.5814	3.129	0.740	1.0000
10	110	Ⅱ	Ⅰ	1.1	0.69	0.74	4.2	0.657	1.102	2.875	0.714	4.4225	3.128	0.740	1.0000
11	90	Ⅰ	Ⅱ	1.0	0.54	0.74	3.7	0.420	0.961	2.357	0.523	4.4359	2.942	0.740	1.0000
12	90	Ⅱ	Ⅱ	1.0	0.62	0.74	3.7	0.495	0.989	2.424	0.600	4.3015	2.940	0.740	1.0000
13	90	Ⅲ	Ⅱ	1.0	0.78	0.78	3.7	0.686	1.073	2.644	0.765	4.0042	2.955	0.765	0.9814
14	70	Ⅰ	Ⅱ	1.0	0.46	0.73	3.7	0.361	0.938	2.394	0.463	4.5605	3.063	0.730	1.0000
15	70	Ⅱ	Ⅱ	1.0	0.53	0.73	3.7	0.425	0.958	2.445	0.532	4.4420	3.061	0.730	1.0000
16	70	Ⅲ	Ⅱ	1.0	0.67	0.73	3.7	0.592	1.032	2.655	0.687	4.1400	3.085	0.730	1.0000
17	50	Ⅰ	Ⅱ	1.0	0.36	0.73	3.7	0.287	0.926	2.466	0.378	4.6659	3.212	0.730	1.0000
18	50	Ⅱ	Ⅱ	1.0	0.41	0.73	3.7	0.339	0.938	2.505	0.438	4.5742	3.215	0.730	1.0000
19	50	Ⅲ	Ⅱ	1.0	0.53	0.73	3.7	0.477	1.000	2.713	0.575	4.2766	3.259	0.730	1.0000
20	30	Ⅰ	Ⅲ	0.9	0.22	0.70	3.2	0.182	0.913	2.358	0.244	4.2982	3.122	0.700	1.0000
21	30	Ⅱ	Ⅲ	0.9	0.26	0.70	3.2	0.213	0.915	2.371	0.283	4.2637	3.126	0.700	1.0000
22	30	Ⅲ	Ⅲ	0.9	0.35	0.70	3.2	0.302	0.959	2.548	0.379	4.0102	3.195	0.700	1.0000

2.5.3 分项系数设计与安全系数设计的差异

在水工结构设计方面，中华人民共和国水利行业标准采用安全系数设计表达式，中华人民共和国电力行业标准采用分项系数极限状态设计表达式。其涉及的内容主要可分为两大类：一类是结构破坏模式明确，由极限状态方程计算得到的结构可靠度或失效概率是建立在大量的试验或实际发生的统计基础上的，如钢筋混凝土梁式构件；另一类结构的极限状态方程是一种经验表达式，满足极限状态方程不代表结构发生破坏，因此其计算得到的结构可靠度或失效概率只是结构超过某种经验阈值的度量，如混凝土重力坝或拱坝的应力控制标准。下面就这两类情况分别进行比较。

2.5.3.1 结构破坏模式明确的结构或构件设计

对结构破坏模式明确的结构或构件，安全系数设计表达式和分项系数极限状态设计表达式只是结构设计的不同表述方式，其本质是一致的。这里以《水工混凝土结构设计规范》(DL 5057—2009) 和《水工混凝土结构设计规范》(SL 191—2008) 为例加以说明。

SL 191—2008 规定水工钢筋混凝土结构以安全系数表达的极限状态表达式进行设计，其极限状态分为承载能力极限状态和正常使用极限状态两类。这里只就承载能力极限状态进行讨论。其设计表达式为

$$KS \leqslant R \tag{2.5-14}$$

式中 K——承载力安全系数；

S——荷载效应组合设计值；

R——结构构件的承载能力设计值。

下面分别比较两类规范的差异。

1. 承载力安全系数 K

SL 191 规定其取值按照水工建筑物级别、荷载效应组合（包括基本组合和偶然组合两类）、和建筑物类型（钢筋混凝土、预应力混凝土为一类，素混凝土为一类）等查表得。与 DL 5057 相比采用的式 (2.5-3) 相比，K 相当于 $\gamma_0\psi\gamma_d$，即综合反映了分项系数极限状态设计表达式中的结构重要性系数、设计状况系数和结构系数的影响。例如，SL 191 规定Ⅰ级钢筋混凝土、预应力混凝土结构在基本组合和偶然组合下承载能力安全系数分别为 1.35 和 1.15，DL 5057 中的 $\gamma_0\psi\gamma_d$ 分别为 $1.1\times1.0\times1.25=1.375$ 和 $1.1\times0.85\times1.25=1.17$，两者基本上是一致的。

由于 γ_0 和 ψ 分别可有 3 种取值，因此 $\gamma_0\psi\gamma_d$ 有 9 个可能取值，而安全系数 K 只规定了 6 种选用值，其原因在于 ψ 反映的设计状况系数分为持久、短暂和偶然三种状况，与安全系数对应的只有基本组合和偶然组合两种状况。

2. 荷载效应组合设计值 S

SL 191 规定，对基本组合、当永久荷载对结构起不利作用时：

$$S = 1.05S_{G1k} + 1.2S_{G2k} + 1.2S_{Q1k} + 1.1S_{Q2k} \tag{2.5-15}$$

对基本组合、当永久荷载对结构起有利作用时：

$$S = 0.95S_{G1k} + 0.95S_{G2k} + 1.2S_{Q1k} + 1.1S_{Q2k} \tag{2.5-16}$$

式中 S_{G1k}——自重、设备等永久荷载标准值产生的荷载效应；

S_{G2k}——土压力、淤沙压力及围岩压力等永久荷载标准值产生的荷载效应；

S_{Q1k}——一般可变荷载标准值产生的荷载效应；

S_{Q2k}——可控制其不超出规定限值的可变荷载标准值产生的荷载效应。

DL 5057 中对应于式 (2.5-3) 有关作用分项系数的规定与式 (2.5-15)、式 (2.5-16) 完全相同。

3. 结构构件的承载能力设计值 R

SL 191 规定 R 由材料强度的设计值及截面尺寸等因素计算得到。如前所述，分项系数极限状态设计表达式 (2.5-3) 材料强度采用的是设计值，其值等于材料强度标准值除以材料性能分项系数。

综上所述，DL 5057 和 SL 191 虽然采用了不同的设计表达形式，但其本质基本上是一致的。

2.5.3.2 依赖于经验控制值的水工结构设计

对没有大量试验结果作为依据的水工结构设计，目前主要采用经验控制阈值来定量评价，如混凝土坝的拉应力或压应力控制。这里以拱坝为例，针对《混凝土拱坝设计规范》(DL/T 5346—2006) 和《混凝土拱坝设计规范》(SL 282—2003) 应力控制标准的有关规定进行比较。

1. DL/T 5346 规定拱坝应力按分项系数极限状态式进行控制

$$\gamma_0\psi S(\cdot) \leqslant \frac{1}{\gamma_d}R(\cdot) \tag{2.5-17}$$

$$R(\cdot) = f_k/\gamma_m$$

式中 γ_0、ψ、γ_d——与式 (2.5-3) 中的含义相同；

$S(\cdot)$——作用效应函数，为由拱梁分载法或弹性有限元法计算出的主应力；

$R(\cdot)$——结构抗力函数；

f_k——坝体混凝土强度标准值，其中抗压强度标准值采用由标准方法制作养护的边长为 150mm 立方体试件，在 90d 龄期，用标准试验方法测得的具有 80%保证率的抗压强度值，在无试验资料时，混凝土抗拉强度标准值可取为 0.08 倍抗压强度标准值；

γ_m——材料性能分项系数，$\gamma_m=2.0$。

拱梁分载法的抗压和抗拉结构系数 γ_d 分别为 2.0 和 0.85；有限元法的抗压和抗拉结构系数 γ_d 分别为 1.6 和 0.65。

应力除需满足式（2.5－17）外，持久状况、基本组合情况下，采用拱梁分载法计算时，坝体最大拉应力不得大于1.2MPa；采用有限元法计算时，经等效处理后的坝体最大拉应力不得大于1.5MPa。

2. SL 282规定拱坝应力按容许应力进行控制

（1）用拱梁分载法计算时，坝体的主压应力和主拉应力需符合下列应力控制标准：

1）容许压应力。混凝土的容许压应力等于混凝土的极限抗压强度［其规定取值与式（2.5－17）中的混凝土抗压强度标准值相同］除以安全系数。对于基本荷载组合，1级、2级拱坝的安全系数采用4.0，3级拱坝的安全系数采用3.5；对于非地震特殊荷载组合，1级、2级拱坝的安全系数采用3.5，3级拱坝的安全系数采用3.0。

2）容许拉应力。在保持拱座稳定的条件下，通过调整坝的体型来减少坝体拉应力的作用范围和数值。对于基本荷载组合，拉应力不得大于1.2MPa；对于非地震情况特殊荷载组合，拉应力不得大于1.5MPa。

（2）用有限元法计算时，按“有限元等效应力”求得的坝体的主压应力和主拉应力需符合下列应力控制标准：

1）容许压应力。与拱梁分载法控制标准相同。

2）容许拉应力。对于基本荷载组合，拉应力不得大于1.5MPa；对于非地震情况特殊荷载组合，拉应力不得大于2.0MPa。

3. 两个规范关于应力控制标准的比较

根据两个规范中的相关规定，得出其异同点如下：

（1）两个规范采用的应力分析方法相同，混凝土强度都取用标准值。

（2）关于压应力控制标准。DL/T 5346中的$\gamma_0\psi\gamma_d\gamma_m$与SL 282中的安全系数$K$相对应，由于$\gamma_0$和$\psi$分别可有3种取值，因此$\gamma_0\psi\gamma_d\gamma_m$有9个可能取值，而安全系数$K$只规定了4种选用值。$\gamma_0\psi\gamma_d\gamma_m$最大值为4.4，最小值为3.06；$K$的最大值为4.0，最小值为3.0。总体而言，DL/T 5346比SL 282更加灵活，且对压应力的控制标准略高。

（3）关于拉应力控制标准。DL/T 5346既包含了经验控制值，也在分项系数表达式中做了规定，而SL 282只采用经验控制值。

（4）依赖经验控制值的水工结构设计，无论是采用分项系数极限状态表达式还是采用安全系数法进行控制，在作用效应和抗力取值相同条件下可通过调整相应参数达到相同效果。相对而言，分项系数极限状态表达式中的系数，相对比较容易反应水工结构的重要性和设计状况的组合情况。

参考文献

［1］GB 40861.1—83统计参数数值表正态分布［S］．北京：中国标准出版社，1983.

［2］郑铎．正态分布函数计算的建议及其反函数的非迭代算法［J］．河海大学学报，1993（2）.

［3］吴世伟．结构可靠度分析［M］．北京：人民交通出版社，1990.

［4］吕泰仁，吴世伟．用几何法求构件的可靠指标［J］．河海大学学报，1998，16（5）：323－329.

［5］武清玺．结构可靠性分析及随机有限元法［M］．北京：机械工业出版社，2005.

［6］赵国藩，王恒栋．广义随机空间的结构可靠度实用分析方法［J］．土木工程学报，1996，29（4）.

［7］赵国藩，金伟良，贡金鑫．结构可靠度理论［M］．北京：中国建筑工业出版社，2000.

［8］吴世伟，李宏．变量分布截尾下可靠度计算的JC法［J］．河海大学学报，1986（6）.

［9］吴世伟．用验证荷载法校核重力坝的可靠度［J］．应用力学学报，1986（4）.

［10］C G Bucher，U Bourgund．A fast and efficient response surface approach for structural reliability problems［J］．Structural safety，1990，7：57－66.

［11］陈祖煜．土质边坡稳定分析——原理·方法·程序［M］．北京：中国水利水电出版社，2003.

［12］段乐斋，艾永平．二滩拱坝坝体可靠度分析［J］．水电站设计，1988（4）.

［13］吴世伟，张思俊，余强．坝上游水位变化规律及统计量［J］．华东水利学院学报，1984（4）.

［14］武清玺，王德信．拱坝坝肩三维稳定可靠度分析［J］．岩土力学，1998（3）.

［15］能源部．水利部水利水电规划设计总院，《水利水电工程结构可靠度设计统一标准》编制组．水利水电工程结构可靠度设计统一标准专题文集［M］．成都：四川科学技术出版社，1994.

第3章

水工建筑物安全标准及荷载

本章在第1版《水工设计手册》第4卷第17章的基础上，综合其他各卷有关内容，修编而成。所引水工建筑物安全标准及荷载均为目前所见的最新版本，兼及水利行业标准、电力行业标准。本章内容为：①在水工建筑物设计安全标准中列入了水利、水电工程等别及水工建筑物级别划分内容，增加了堤防、边坡级别划分内容，述及了分项系数极限状态设计法及单一安全系数法；②在水工建筑物各作用荷载中列入了水利、水电工程水工建筑物所受到的各主要作用荷载的确定方法，增加了地应力及围岩压力、温度（变）作用、灌浆压力内容，将浮托力、渗透压力并为扬压力，并述及了相应分项系数极限状态设计方法时的作用分项系数。

章主编　范明桥

章主审　古瑞昌

本章各节编写及审稿人员

<table>
<tr><th>节次</th><th>编　写　人</th><th>审稿人</th></tr>
<tr><td>3.1</td><td>梁文浩　范明桥　苏加林
胡志刚　沈振中</td><td rowspan="2">古瑞昌
范明桥</td></tr>
<tr><td>3.2</td><td>范明桥　李启雄　苏加林
胡志刚　沈振中　梁文浩</td></tr>
</table>

第3章 水工建筑物安全标准及荷载

3.1 水工建筑物安全标准

3.1.1 水工建筑物等级划分

3.1.1.1 工程等别

1. 水利水电枢纽工程

《防洪标准》(GB 50201—94)、《水利水电工程等级划分及洪水标准》(SL 252—2000) 及《水电枢纽工程等级划分及设计安全标准》(DL 5180—2003) 对水利水电枢纽工程等别的分等标准见表 3.1-1。

2. 拦河水闸及灌溉、排水泵站工程

SL 252 对拦河水闸及灌溉、排水泵站工程的分等指标见表 3.1-2。

表 3.1-1　水利水电枢纽工程的等别

工程等级	水库		防洪		治涝	灌溉	供水	水电站
	工程规模	总库容（亿 m³）	城镇及工矿企业的重要性	保护农田（万亩）	治涝面积（万亩）	灌溉面积（万亩）	城镇及工矿企业的重要性	装机容量（万 kW）
Ⅰ	大（1）型	≥10	特别重要	≥500	≥200	≥150	特别重要	≥120
Ⅱ	大（2）型	1.0～10	重要	100～500	60～200	50～150	重要	30～120
Ⅲ	中型	0.10～1.0	中等	30～100	15～60	5～50	中等	5～30
Ⅳ	小（1）型	0.01～0.10	一般	5～30	3～15	0.5～5	一般	1～5
Ⅴ	小（2）型	0.001～0.01		≤5	≤3	≤0.5		≤1

注 1. 总库容为水库最高运行水位以下的静库容。
2. 对综合利用的水利水电工程，当按综合利用项目的分类指标确定的等别不同时，其工程等别按其中最高等确定。

表 3.1-2　拦河水闸及灌溉、排水泵站工程分等指标

工程等别	工程规模	拦河水闸	灌溉、排水泵站	
		过闸流量（m³/s）	装机流量（m³/s）	装机功率（万 kW）
Ⅰ	大（1）型	≥5000	≥200	≥3
Ⅱ	大（2）型	1000～5000	50～200	1～3
Ⅲ	中型	100～1000	10～50	0.1～1
Ⅳ	小（1）型	20～100	2～10	0.01～0.1
Ⅴ	小（2）型	<20	<2	<0.01

注 对灌溉、排水泵站：
1. 装机流量、装机功率指包括备用机组在内的单站指标。
2. 按分等指标分属两个不同等别时，泵站等别按高的确定。
3. 由多级或多座泵站联合组成的泵站系统工程的等别，可按其系统的指标确定。

3.1.1.2 水工建筑物级别划分

1. 永久性水工建筑物

(1) GB 50201 对水工建筑物的级别划分标准见表 3.1-3。

表 3.1-3　水工建筑物的级别

工程等别	永久性水工建筑物级别		临时性水工建筑物级别
	主要建筑物	次要建筑物	
Ⅰ	1	3	4
Ⅱ	2	3	4
Ⅲ	3	4	5
Ⅳ	4	5	5
Ⅴ	5	5	

(2) SL 252 对永久性水工建筑物的提级与降级标准规定：

1) 失事后损失巨大或影响十分严重的水利水电

工程的2～5级主要建筑物，经过论证并报主管部门批准，可提高一级；失事后造成损失不大的水利水电工程的1～4级主要永久性水工建筑物，经过论证并报主管部门批准，可降低一级。

2）因坝高提高建筑物级别的标准见表3.1-4。

表3.1-4 水库大坝提级指标

级别	坝型	坝高（m）
2	土石坝	90
	混凝土坝、浆砌石坝	130
3	土石坝	70
	混凝土坝、浆砌石坝	100

水库大坝按表3.1-3定为2级、3级的永久性水工建筑物，如坝高超过表3.1-4所列指标，其级别可提高一级，但洪水标准可不提高。

3）当永久性水工建筑物基础的工程地质条件复杂或采用新型结构时，对2～5级建筑物可提高一级设计，但洪水标准不予提高。

（3）DL 5180对永久性水工建筑物的提级与降级标准规定如下：

1）失事后损失巨大或影响十分严重的水电枢纽工程中的2～5级主要建筑物，经过论证并报主管部门批准可提高一级，洪水设计标准相应提高，但抗震设计标准不提高。

2）坝高的提级指标见表3.1-5。

表3.1-5 提高壅水建筑物级别的坝高指标

壅水建筑物原级别		2	3
坝高（m）	土坝、堆石坝	100	80
	混凝土坝、浆砌石坝	150	120

如果坝高超过表3.1-5所列的指标，按表3.1-3确定的2～3级壅水建筑物级别宜提高一级，洪水设计标准相应提高，但抗震设计标准不提高。

3）当水工建筑物的工程地质条件特别复杂或采用实践经验较少的新型结构时，2～5级水工建筑物的级别可提高一级，但洪水设计标准和抗震设计标准不提高。

4）当工程等别仅由装机容量决定的，挡水、泄水建筑物级别经技术论证，可降低一级；当工程等别仅由水库总库容大小决定时，水电站厂房和引水建筑物的级别经技术经济论证，可降低一级。

5）仅由水库总库容大小决定工程等别的低水头壅水建筑物（最大水头小于30m）符合下列条件之一时，1～4级壅水建筑物可降低一级：①水库总库容接近工程分等指标的下限；②非常洪水条件下，上、下游水位差小于2m；③壅水建筑物最大水头小于10m。

2. 临时性水工建筑物

（1）SL 252对临时性水工建筑物分级标准的规定，见表3.1-6。

表3.1-6 临时性水工建筑物级别

级别	保护对象	失事后果	使用年限（年）	临时性水工建筑物规模	
				高度（m）	库容（亿m^3）
3	有特殊要求的1级永久性水工建筑物	淹没重要城镇、工矿企业、交通干线或推迟总工期及第一台（批）机组发电，造成重大灾害和损失	＞3	＞50	＞1.0
4	1、2级永久性水工建筑物	淹没一般城镇、工矿企业或影响工程总工期及第一台（批）机组发电而造成较大经济损失	1.5～3	15～50	0.1～1.0
5	3、4级永久性水工建筑物	淹没基坑、但对总工期及第一台（批）机组发电影响不大，经济损失较小	＜1.5	＜15	＜0.1

对表3.1-6使用的补充规定如下：

1）当临时性水工建筑物根据表3.1-6指标分属不同级别时，级别应按其中最高级别确定。但对3级临时性水工建筑物，符合该级别的指标不得少于两项。

2）利用临时性水工建筑物挡水发电、通航时，经过技术经济论证，3级以下临时性水工建筑物的级别可提高一级。

（2）DL 5180对临时性水工建筑物分级标准与SL 252基本相同，所不同处是4级建筑物的使用年限为2～3年；5级建筑物的使用年限为小于2年。

附加说明有以下两条：

1）若分级指标分属不同的级别时，应取其中最高级别，但对3级临时性水工建筑物，符合该级别规定的指标不得少于两项，其中建筑物规模指标高度和库容应同时满足。

2）利用临时性水工建筑物挡水发电时，经技术经济论证，临时性挡水建筑物级别可提高一级。

3. 堤防工程

《堤防工程设计规范》（GB 50286—98）对堤防工程的分级标准见表3.1-7。

表3.1-7 堤防工程的级别

防洪标准［重现期（年）］	≥100	50～100	30～50	20～30	10～20
堤防工程的级别	1	2	3	4	5

GB 50286—98还规定了提级和降级的条件。

4. 水工建筑物边坡

边坡的级别应根据相关水工建筑物的级别及边坡与水工建筑物的相互间关系，并对边坡破坏造成的影响进行论证后确定。

(1)《水利水电工程边坡设计规范》（SL 386—2007）的规定见表3.1-8。

表3.1-8 边坡的级别与水工建筑物级别的对照关系

建筑物级别	对水工建筑物的危害程度			
	严重	较严重	不严重	较轻
	边坡级别			
1	1	2	3	4、5
2	2	3	4	5
3	3	4	5	
4	4	5		

注 1. 严重：相关水工建筑物完全破坏或功能完全丧失。
2. 较严重：相关水工建筑物遭到较大的破坏或功能受到比较大的影响，需进行专门的除险加固后才能投入正常运用。
3. 不严重：相关水工建筑物遭到一些破坏或功能受到一些影响，及时修复后仍能使用。
4. 较轻：相关水工建筑物仅受到很小的影响或间接地受到影响。

(2)《水电水利工程边坡设计规范》（DL/T 5353—2006）的规定见表3.1-9。

表3.1-9 水电水利工程边坡类别和级别划分

级别	类别	
	A类枢纽工程区边坡	B类水库边坡
Ⅰ	影响1级水工建筑物安全的边坡	滑坡产生危害性涌浪或滑坡灾害可能危及建筑物安全的边坡
Ⅱ	影响2级、3级水工建筑物安全的边坡	可能发生滑坡并危及2级、3级建筑物安全的边坡
Ⅲ	影响4级、5级水工建筑物安全的边坡	要求整体稳定而允许部分失稳或缓慢滑落的边坡

(3) DL 5180的规定见表3.1-10。

表3.1-10 水工建筑物边坡级别划分

边坡级别	所影响的水工建筑物级别
Ⅰ	1级
Ⅱ	2、3级
Ⅲ	4、5级

DL 5180还对工程区边坡的降级做了规定。

3.1.2 水工建筑物洪水标准

3.1.2.1 永久性水工建筑物洪水标准

1. 水库和水电站工程

按GB 50201，水库和水电站工程壅水、泄水建筑物应根据其规模、运用条件、重要性、水文资料可靠程度等在表3.1-11规定的范围内分析选定其洪水标准。由于同一等工程的效益指标上、下限相差悬殊，因此，分等指标接近上限的，建筑物的设计洪水标准也应按接近上限采用。当然，还要考虑水文资料可靠程度等其他因素综合确定。

土石坝一旦失事将对下游造成特别重大的灾害时，1级建筑物的校核洪水标准，应采用可能最大洪水（PMF）或10000年一遇洪水；2～4级建筑物的校核防洪标准，可提高一级。

混凝土坝和浆砌石坝，如果洪水漫顶可能造成极其严重的损失时，1级建筑物的校核防洪标准，经过专门论证，并报主管部门批准，可采用可能最大洪水（PMF）或10000年一遇洪水。

低水头或失事后损失不大的挡水和泄水建筑物，经过专门论证，并报主管部门批准，其校核防洪标准可降低一级。

表 3.1-11 永久性壅水、泄水建筑物洪水标准

水工建筑物级别	洪水重现期（年）				
	山区、丘陵区			平原区、海滨区	
	设计	校核		设计	校核
		混凝土坝、浆砌石坝、及其他水工建筑物	土坝、堆石坝		
1	500～1000	2000～5000	可能最大洪水（PMF）或5000～10000	100～300	1000～2000
2	100～500	1000～2000	2000～5000	50～100	300～1000
3	50～100	500～1000	1000～2000	20～50	100～300
4	30～50	200～500	300～1000	10～20	50～100
5	20～30	100～200	200～300	10	20～50

注 当山区、丘陵区的枢纽工程挡水建筑物的挡水高度低于15m，上、下游水头差小于10m时，其洪水标准可按平原区、海滨区栏的规定确定；当平原区、海滨区的枢纽工程挡水建筑物的挡水高度高于15m，上下游水头差大于10m时，其洪水标准可按山区、丘陵区栏的规定确定。

山区、丘陵区水利水电枢纽工程消能防冲建筑物的洪水标准，可低于相应泄水建筑物的洪水标准，应根据泄水建筑物的级别按表3.1-12确定。在低于正常运用洪水时，泄水建筑物消能防冲，应避免出现不利的冲刷和淤积；在遭遇超正常运用洪水时，允许消能防冲建筑物出现可修复的局部破坏，并不危及大坝和其他主要建筑物的安全。当消能防冲建筑物的局部破坏有可能危及壅水建筑物安全时，应研究采用正常运用洪水或非常运用洪水进行校核。

表 3.1-12 山区、丘陵区水利水电枢纽工程消能防冲建筑物的洪水设计标准

永久性泄水建筑物级别	1	2	3	4	5
正常运用洪水重现期（年）	100	50	30	20	10

按GB 50201，水电站厂房的防洪标准，应根据其级别按表3.1-13的规定确定。河床式水电站厂房作为壅水建筑物时，其防洪标准应与壅水建筑物的防洪标准相一致。

表 3.1-13 水电站厂房的防洪标准

水工建筑物级别	洪水重现期（年）	
	设计	校核
1	＞200	1000
2	100～200	500
3	100	200
4	50	100
5	30	50

抽水蓄能电站的上下调节池，若容积较小，失事后对下游的危害不大，修复较容易的，其水工建筑物的防洪标准，可根据其级别按表3.1-13的规定确定。

2. 灌溉、治涝、供水工程

灌溉、治涝、供水工程及泵站主要建筑物的洪水标准，可根据其级别按表3.1-14的规定确定。

表 3.1-14 灌溉、治涝、供水工程及泵站主要建筑物的洪水标准

水工建筑物级别	洪水重现期（年）				
	灌溉和治涝工程	供水工程		泵站	
		设计	校核	设计	校核
1	50～100	50～100	200～300	100	300
2	30～50	30～50	100～200	50	200
3	20～30	20～30	50～100	30	100
4	10～20	10～20	30～50	20	50
5	10			10	20

注 1. 灌溉和治涝工程主要建筑物的校核防洪标准，可视具体情况和需要研究确定。
2. 灌溉和治涝工程系统中的次要建筑物及其管网、渠系等的防洪标准可适当降低。

3. 堤防上的闸、涵、泵站

堤防上的闸、涵、泵站等建筑物、构筑物的洪水标准，不应低于堤防工程的洪水标准，并应留有适当的安全裕度。

潮汐河口挡潮枢纽工程主要建筑物的洪水标准，应根据水工建筑物的级别按表3.1-15的规定确定。

表 3.1-15 潮汐河口挡潮枢纽工程主要建筑物的洪水标准

水工建筑物级别	1	2	3	4、5
洪水重现期（年）	≥100	50～100	20～50	10～20

对于保护重要防护对象的挡潮枢纽工程，如确定的设计高潮位低于当地历史最高潮位时，应采用当地历史最高潮位进行校核。

3.1.2.2 临时性水工建筑物洪水标准

SL 252 规定：临时性水工建筑物的洪水标准，在表 3.1-16 所列数值的幅度内确定，必要时还应考虑遭遇可能的超标洪水的紧急措施。

表 3.1-16 临时性水工建筑物洪水标准

临时性水工建筑物级别	3	4	5
土石类结构重现期（年）	20～50	10～20	5～10
混凝土类结构重现期（年）	10～20	5～10	3～5

坝体施工期临时度汛的洪水标准，应根据坝型及坝前拦蓄库容按表 3.1-17 确定。考虑失事后对下游的影响程度，经技术经济论证，洪水标准还可适当提高或降低。

表 3.1-17 坝体施工期临时度汛的洪水标准

坝型	拦蓄库容		
	>1.0 亿 m^3	0.1 亿～1.0 亿 m^3	<0.1 亿 m^3
土坝、堆石坝重现期（年）	>100	50～100	20～50
混凝土坝、浆砌石坝重现期（年）	>50	20～50	10～20

导流泄水建筑物封堵后，如永久性泄水建筑物尚未具备设计泄洪能力，坝体度汛的洪水标准应通过分析坝体施工和运行的要求，在表 3.1-18 所规定的范围内确定。

3.1.2.3 安全加高

1. 永久性挡水建筑物安全加高

水库静水位至坝顶或稳定、坚固、不透水的防渗墙顶的高差，称为坝顶超高。非溢流坝（包括挡水围堰）的坝顶高程，应不低于水库正常运用和非常运用的静水位加波浪的计算高度。由于风浪等的基本资料和计算方法不易准确，所以还应加一安全加高值，以保证水不溢过或溅过坝顶。根据 SL 252、《混凝土重力坝设计规范》（DL 5108—1999）、《混凝土拱坝设计规范》（SL 282—2003）的规定，永久性挡水建筑物的安全加高值应不小于表 3.1-19 规定的值。

表 3.1-18 导流建筑物封堵后坝体度汛洪水标准

坝型		拦河坝的级别		
		1	2	3
土坝 堆石坝	正常运用洪水重现期（年）	200～500	100～200	50～100
	非常运用洪水重现期（年）	500～1000	200～500	100～200
混凝土坝 浆砌石坝	正常运用洪水重现期（年）	100～200	50～100	20～50
	非常运用洪水重现期（年）	200～500	100～200	50～100

表 3.1-19 永久性挡水建筑物安全加高

建筑物类型和运用情况			永久性挡水建筑物级别			
			1	2	3	4、5
混凝土重力坝（m）	正常蓄水位		0.70	0.50	0.40	—
	校核洪水位		0.50	0.40	0.30	—
混凝土拱坝（m）	正常蓄水位		0.70	0.50	0.40	—
	校核洪水位		0.50	0.40	0.30	—
土石坝（m）	正常蓄水位		1.50	1.00	0.70	0.50
	校核洪水位	山区、丘陵区	0.70	0.50	0.40	0.30
		平原、滨海区	1.00	0.70	0.50	0.30
混凝土闸坝、浆砌石闸坝（m）	正常蓄水位		0.70	0.50	0.40	0.30
	校核洪水位		0.50	0.40	0.30	0.20

当水利水电工程永久性挡水建筑物顶部设有稳定、坚固和不透水的且与建筑物的防渗体紧密结合的防浪墙时，表 3.1-19 中的挡水建筑物顶部高程可改为对防浪墙顶部高程的要求。但此时在正常运用条件下，挡水建筑物顶部高程应不低于水库正常蓄水位。

土石坝的土质防渗墙顶部在设计静水位以上的超高，应根据表 3.1-20 规定的范围选取，且防渗体顶部高程应不低于校核情况下的静水位，并应核算风浪爬高高度的影响。当防渗体顶部设有防浪墙时，防渗体顶部高程可不受上述限制，但不得低于正常运用的静水位。防渗体顶部应预留竣工后沉降超高。

表 3.1-20　设计情况下土石坝土质防渗体顶部超高　　单位：m

防渗体结构形式	超　高
斜墙	0.6～0.8
心墙	0.3～0.6

堤防工程的顶部高程，按设计洪水位或设计高潮位加堤顶超高确定。堤顶超高包括设计波浪爬高、设计风壅增水高度和安全加高三部分。安全加高值不小于表 3.1-21 的规定。

表 3.1-21　堤防工程顶部安全加高

防浪条件	堤防级别				
	1	2	3	4	5
不允许约浪（m）	1.0	0.8	0.7	0.6	0.5
允许约浪（m）	0.5	0.4	0.4	0.3	0.3

水闸闸顶高程应根据挡水和泄水两种运用情况确定。挡水时，闸顶高程应不低于水闸正常蓄水位（或最高挡水位）加波浪计算高度与相应安全加高值之和；泄水时，闸顶高程应不低于设计洪水位（或校核洪水位）与相应安全加高值之和。根据《水闸设计规范》（SL 265—2001）的规定，水闸安全加高不小于表 3.1-22 所规定的值。

表 3.1-22　水闸闸顶安全加高

运用情况		水闸级别			
		1	2	3	4、5
挡水时（m）	正常蓄水位	0.70	0.50	0.40	0.30
	最高挡水位	0.50	0.40	0.30	0.20
泄水时（m）	设计洪水位	1.50	1.00	0.70	0.50
	校核洪水位	1.00	0.70	0.50	0.40

泵房挡水部位顶部安全加高可参照水闸闸顶安全加高值。

闸门、启闭机和电气设备工作平台挡水位的安全加高标准，对于整体布置进水口，应与大坝、河床式水电站和拦河闸等枢纽工程主体建筑物相同；根据 SL 265 的规定，对于独立布置进水口，应根据进水口建筑物级别与特征挡水位按表 3.1-23 采用；对于堤防涵闸式进水口，还应符合 GB 50286 的有关规定。

表 3.1-23　进水口工作平台安全加高标准

进水口建筑物级别		1	2	3	4、5
特征挡水位（m）	设计水位	0.70	0.50	0.40	0.30
	校核水位	0.50	0.40	0.30	0.20

2. 临时性挡水建筑物安全加高

不过水的临时性挡水建筑物的顶部高程，按设计洪水位加波浪高度，再加安全加高确定。安全加高值按表 3.1-24 确定。

过水的临时性挡水建筑物的顶部高程，按设计洪水位加波浪高度确定，不另加安全加高。

表 3.1-24　临时性挡水建筑物安全加高

临时性挡水建筑物类型	建筑物级别	
	3	4、5
土石结构（m）	0.7	0.5
混凝土、浆砌石结构（m）	0.4	0.3

3.1.3　水工建筑物设计安全标准

3.1.3.1　分项系数极限状态设计法

根据《水利水电工程结构可靠度设计统一标准》（GB 50199—94）的规定，各类水工建筑的抗震强度和稳定应满足承载能力极限状态设计式（3.1-1），承载能力极限状态是指结构或构件达到最大承载能力，或达到不适于继续承载的变形的极限状态。

$$\gamma_0 \psi S(\gamma_G G_k, \gamma_Q Q_k, \gamma_E E_k, a_k) \leqslant \frac{1}{\gamma_d} R\left(\frac{f_k}{\gamma_m}, a_k\right) \tag{3.1-1}$$

式中　γ_0——结构重要性系数，应按 GB 50199 的规定取值，对应于结构安全级别为Ⅰ、Ⅱ和Ⅲ级的结构或构件，可分别采用 1.1、1.0、0.9；

γ_G——永久作用的分项系数；

γ_Q——可变作用的分项系数；

γ_E——地震作用的分项系数，$\gamma_E=1.0$；

γ_d——承载能力极限状态的结构系数，反映作用效应计算模式不定性和抗力计算模式不定性，以及各分项系数未能反映的其他不定性；

γ_m——材料性能的分项系数；

ψ——设计状况系数；

$S(\cdot)$——结构的作用效应函数；

$R(\cdot)$——结构的抗力函数；

G_k——永久作用的标准值；

Q_k——可变作用的标准值；

E_k——地震作用的代表值；

a_k——几何参数的标准值；

f_k——材料性能的标准值。

3.1.3.2 单一安全系数法

单一安全系数法设计要求水工建筑物满足

$$S \leqslant \frac{R}{K} \tag{3.1-2}$$

式中 K——安全系数；

R——结构抗力的取用值；

S——作用效应的取用值。

水工建筑物经过验算，如果 R/S 不小于规范给定的安全系数 K，即认为该结构符合安全要求。

规范给出的安全系数目标值是工程界根据经验制定的，它考虑了以下因素：①结构的安全等级；②工作状态及荷载效应组合（基本组合取值高，特殊组合取值低）；③结构和地基的受力特点和计算所用的方程（分析模型准确性差的取值高）。同时，还配合材料抗力试验方法和取值规则（一般取低于均值某一概率分位值），以及作用（荷载）值的勘测试验方法及取值规则（一般取高于均值某一概率分位值）等有关标准。这些规定必须配套使用，才能满足安全控制要求。

水工建筑物种类多、结构复杂，其设计需要考虑结构强度、稳定、水力条件、耐久性（抗渗性、抗冻性、抗磨性、抗侵蚀性）等各方面，安全标准须参照相应的设计规范。不同的水工建筑物，设计规范和安全标准不同。

3.2 水工建筑物作用荷载（作用）

3.2.1 荷载分类及荷载组合

3.2.1.1 荷载分类

在单一安全系数法中称为荷载的，在以概率统计为基础的分项系数极限状态设计方法中称为作用。工程界习惯于将两类作用不加区分，均称为“荷载”。水工建筑物结构的荷载按随时间的变异可分为永久作用、可变作用、偶然作用三类，见表 3.2-1。

表 3.2-1 荷载分类

序号	荷载分类		
	永久作用（基本荷载）	可变作用（基本荷载）	偶然作用（特殊荷载）
1	结构自重和永久设备自重		
2	土压力		
3	淤沙压力（有排沙设施时可列为可变荷载）		
4	地应力		
5	围岩压力		
6	预应力		
7		静水压力	
8		扬压力（包括渗透压力和浮托力）	
9		动水压力（包括水流离心力、水流冲击力、脉动压力等）	
10		水锤压力	
11		浪压力	
12		外水压力	
13		风荷载	
14		雪荷载	
15		冰压力（包括静冰压力和动冰压力）	
16		冻胀力	
17		楼面（平台）活荷载	
18		桥机、门机荷载	
19		温度作用	
20		灌浆压力	
21		土壤孔隙压力	
22			地震荷载
23			校核洪水位时的静水压力、扬压力、浪压力及动水压力

3.2.1.2　荷载（作用）组合

1. 分项系数极限状态设计法

（1）作用代表值。

设计中用以验算极限状态所采用的作用量值，称为作用代表值。作用标准值是作用的基本代表值，是指设计基准期内可能出现的最大作用值，可根据该最大作用值概率分布的某个分位值来确定。而其他代表值都可以在标准值的基础上乘以不同的系数来表示。对不同作用应采用不同的代表值，永久作用和可变作用的代表值采用作用的标准值；偶然作用的代表值可按有关标准的规定，或根据观测资料结合工程经验综合分析确定。

（2）作用组合。

当整个结构（包括地基和围岩）或结构的一部分超过某一特定状态而不能满足设计规定的功能要求时，称该特定状态为结构相应于该功能的极限状态。从工程结构设计的实际需要出发，极限状态可划分为“承载能力极限状态”和“正常使用极限状态”两类。对于结构的承载能力极限状态，一般是以结构或结构构件达到最大承载能力或不适宜于继续承载变形为依据；对于正常使用极限状态，则是以结构或结构构件达到正常使用或耐久性要求的某一功能限值为依据。作用对结构所产生的内力和变形，如轴力、弯矩、剪力、位移、挠度和裂缝等统称为“作用效应”，应由结构分析确定。

根据结构在施工、安装、运行和检修等不同阶段可能出现的不同结构、作用体系和环境条件等，结构设计状况可分为下列三种：

1）持久状况：在结构正常使用过程中一定出现且持续期很长，一般与结构设计基准期为同一数量级的设计状况。

2）短暂状况：在结构施工（安装）、检修或使用过程中短暂出现的设计状况。

3）偶然状况：在结构使用过程中出现概率很小、持续期很短的设计状况。

上述三种设计状况，不仅作用的大小和持续时间可能不同，而且结构的构成、型式和支承传力条件以及结构材料性能也可能不同。所谓作用组合就是为保证结构在各种设计状况的可靠性对同时出现的各种荷载作用设计值的合理规定。因此，在进行水工结构设计时，必须首先区分结构的设计状况，然后根据不同设计状况下可能同时出现的作用，按承载能力极限状态和正常使用极限状态分别进行作用组合，并采用各自最不利的组合进行设计。

作用组合一般分为基本组合与偶然组合两类。持久状况和短暂状况下的作用效应组合称为基本组合，它仅考虑永久作用与可变作用的效应组合；偶然状况下的作用效应组合称为偶然组合，它是永久作用、可变作用与一种偶然作用的效应组合。

当结构按承载能力极限状态设计时，对应于持久设计状况和短暂设计状况，采用基本组合；对应于偶然设计状况，采用偶然组合。由于偶然作用在设计基准期内出现的概率很小，两种偶然作用同时出现的概率必然更小，因此在偶然组合中只考虑一种偶然作用。如校核洪水位时的静水压力就不应与地震作用同时参与组合。

（3）作用分项系数。

分项系数极限状态设计方法实际上是在设计验算点处将极限状态方程转化为以基本变量标准值和分项系数形式表达的极限状态设计表达式，见式（3.1-1）。通过规定作用分项系数和材料取值，使在不同设计情况下的结构安全可靠度趋于一致，而表达形式仍符合工程设计人员的习惯。

作用分项系数应根据不同荷载的变异性及作用的具体组合情况，以及与抗力有关的分项系数取值水平等因素确定。

2. 单一安全系数法

在采用单一安全系数（含多系数）设计方法时，荷载组合基本上分为基本组合与特殊组合两种，基本组合全部由基本荷载组成，而特殊组合由基本荷载一种或几种特殊荷载组成。工程设计中，由于各建筑物设计工况要求不同，相应的荷载组合也不一样，详见各建筑物设计规范。

单一安全系数设计方法没有分项系数，处理方法是把抗力除以一个大于1的安全系数对抗力进行折减作为安全储备，见式（3.1-2）。

3.2.2　建筑物及设备自重

3.2.2.1　建筑物自重

1. 水工建筑物常用材料容重

水工建筑物（结构）的自重标准值，可按结构设计尺寸与其材料容重计算确定。水工建筑物常用材料容重可参照表3.2-2采用。

2. 大体积混凝土结构材料容重

大体积混凝土结构材料容重，应根据选定的混凝土配合比通过试验确定。当无试验资料时，可采用23.5～24.0kN/m^3，或根据骨料容重、粒径按表3.2-3采用。

3. 土坝（含土坝和堆石坝的防渗土体）材料容重

土石坝土体和堆石体的压实干容重应由压实试验

确定。中、小型土石坝在初步计算缺乏资料时，其压实干容重可按表 3.2-4 采用，但最终应根据试验资料予以修正。

表 3.2-2 水工建筑物常用材料容重

类 别	材料名称	容重（kN/m³）
钢铁	钢材、铸钢	78.5
	铸铁	72.5
普通水工混凝土、砂浆	素混凝土	23.5～24.0
	钢筋混凝土	24.5～25.0
	沥青混凝土	21.0～23.0
	水泥砂浆	18.5～20.0
	水泥	14.5～16.0
	浆砌粗料石	22.0～25.0
	浆砌块石	21.0～23.0
	干砌块石	18.0～21.0
回填土石（不包括土石坝）	抛块石	17.0～18.0
	抛块石（水下）	10.0～11.0
	抛碎石	16.0～17.0
	抛碎石（水下）	10.0～11.0
	细砂、粗砂（干）	14.5～16.5
	卵石（干）	16.0～18.0
	砂夹卵石(干、松)	15.0～17.0
	砂夹卵石(干、压实)	16.0～19.0
	砂石（干、压实）	16.0
	砂石（湿、压实）	18.0
岩石石料	花岗岩	24.0～27.5
	玄武岩	25.5～31.5
	辉绿岩	25.0～29.5
	大理岩、石灰岩	26.5～28.0
	砂岩	24.0～27.0
	页岩	23.5～27.0

表 3.2-3 大体积混凝土结构材料容重

单位：kN/m³

骨料容重	骨料最大料径			
	20mm	40mm	80mm	150mm
26.0	23.5	23.9	24.2	24.4
26.5	23.7	24.1	24.4	24.6
27.0	23.9	24.3	24.6	24.8
27.5	24.1	24.5	24.8	25.0

表 3.2-4 中、小型土石坝压实干容重

材料名称	代号	容重（kN/m³）	备 注
堆石（花岗岩）		20.0～22.0	采用大型号振动碾压实
堆石（石灰岩）		18.5～21.0	
堆石（砂岩）		18.0～21.0	
堆石（大理岩）		18.5～21.0	
堆石（石英岩）		20.0～22.0	
堆石（玄武岩）		19.0～20.5	
堆石（片麻岩）		20.5～22.5	
堆石（千枚岩）		20.0～22.5	
堆石（卵石）		19.0～22.0	
级配良好砾	GW	18.5～21.0	
级配不良砾	GP	18.0～20.5	
含细粒土砾	GF	18.0～20.0	
粉土质砾	GM	17.5～19.5	
黏土质砾	GC	17.0～19.0	
级配良好砂	SW	16.5～19.0	
级配不良砂	SP	16.0～18.0	
含细粒土砂	SF	16.0～18.5	
粉土质砂	SM	16.0～18.5	
黏土质砂	SC	16.0～18.0	
低液限粉土	ML	15.5～17.0	
高液限粉土	MH	15.5～17.0	
低液限黏土	CL	15.0～16.0	
高液限黏土	CH	14.0～15.0	

4. 建筑物（结构）自重的作用分项系数

采用分项系数极限状态设计方法时，建筑物（结构）自重的作用分项系数可按表 3.2-5 采用。

表 3.2-5 建筑物（结构）自重的作用分项系数

建筑物（结构）类型	作用分项系数
大体积混凝土结构、土石坝	1.0
普通水工混凝土结构、金属结构	1.05（0.95）
地下工程混凝土衬砌	1.1（0.9）

注 1. 括号内的数值在自重作用效应对结构有利时采用。
2. 大体积混凝土结构系指依靠其重量抵抗倾覆、滑移的结构，如混凝土重力坝、厂房下部结构、重力式挡土墙等。
3. 除大体积混凝土结构以外的其他混凝土结构（如厂房上部结构、进水口的构架等）均作为普通水工混凝土结构。

3.2.2.2 永久设备自重

永久设备的自重标准值采用设备的铭牌重量，采用分项系数极限状态设计法时的作用分项系数，当其作用对结构不利时应采用 1.05，有利时应采用 0.95。

3.2.3 静水压力

3.2.3.1 静水压强

垂直作用于建筑物（结构）表面某点处的静水压力强度（代表值）按式（3.2-1）计算：

$$p_{wr} = \gamma_w H \tag{3.2-1}$$

式中 p_{wr}——计算点静水压强（代表值），kN/m^2；

γ_w——水的容重，kN/m^3，淡水一般取 $9.81kN/m^3$，海水可取 $10.06kN/m^3$，对于多泥沙河流应根据实测资料确定；

H——计算点处作用水头，m，按计算水位与计算点之间高差确定。

3.2.3.2 静水压力

1. 计算公式

作用于建筑物（结构）上的静水压力（代表值）的计算公式，见本手册第 1 卷第 3 章。

2. 计算水位

计算水位按不同的设计荷载组合及设计状况确定，详见有关设计规范及《水工建筑物荷载设计规范》（DL 5077—1997）。

3.2.3.3 管道及地下结构外水压力

1. 混凝土坝坝内钢管

混凝土坝坝内钢管放空时各计算断面外水压力（标准值）按下列规定确定：起始断面外水压强为 $\alpha\gamma_w H$，下游坝面处为 0，沿钢管轴线为直线变化。起始断面作用水头 H 的计算水位取水库正常蓄水位，折减系数 α 可根据钢管外围的防渗、排水及接触灌浆等情况采用 0.5～1.0。外水压强不应小于 $200kN/m^2$。

2. 混凝土衬砌有压隧洞

（1）作用于混凝土衬砌有压隧洞的外水压强（标准值）按式（3.2-2）计算：

$$p_{ek} = \beta_e \gamma_w H_e \tag{3.2-2}$$

式中 p_{ek}——作用于衬砌上的外水压强（标准值），kN/m^2；

H_e——作用水头，m，按设计采用的地下水位线与隧洞中心线的高差确定；

β_e——外水压力折减系数，可根据围岩地下水活动状态，结合采用的排水措施等情况按表 3.2-6 选用。

表 3.2-6 外水压力折减系数 β_e

岩体级别	地下水活动状态	地下水对围岩稳定影响	β_e 值
1	洞壁干燥或潮湿	无影响	0.00～0.20
2	沿结构面有渗水或滴水	风化结构面有充填物质，地下水降低结构面的抗剪强度，对软弱岩体有软化作用	0.10～0.40
3	沿裂隙或软弱结构面有大量滴水、线状流水或喷水	泥化软弱结构面有充填物质，地下水降低抗剪强度，对中硬岩体有软化作用	0.25～0.60
4	严重滴水，沿软弱结构面有小量涌水	地下水冲刷结构面的充填物质，加速岩体风化，对断层等软弱带软化泥化，并使其膨胀崩解及产生机械管涌。有渗透压力，能鼓开较薄的软弱层	0.40～0.80
5	严重股状流水，断层等软弱带有大量涌水	地下水冲刷带出结构面的充填物质，分离岩体，有渗透压力，能鼓开一定厚度的断层软弱带，并导致围岩塌方	0.65～1.00

注 1. 岩体级别又称为围岩分类，见《工程岩体分级标准》（GB 50218—94）。
2. 当有内水参加组合时，β_e 取较小值；当无内水参加组合时，β_e 取较大值。

（2）设有排水设施的有压隧洞，可根据排水效果和排水设施的可靠性，通过工程类比或渗流计算分析，对外水压力作适当折减。

（3）对工程地质、水文地质复杂及外水压力较大的有压隧洞，其外水压力应进行专门研究，综合确定。

3. 钢板衬砌有压隧洞

对有钢板衬砌的有压隧洞，按下列情况确定作用于钢管的外水压力（标准值）的作用水头：

（1）埋深较浅且未设排水措施时，其外水压力的作用水头按设计地下水位与管道中心线之间高差确定。

（2）钢衬外围或混凝土衬圈外围岩顶部或外侧设置排水洞时，在考虑排水效果及岩层性能基础上，根据工程类比或渗流计算分析，对排水洞以上的外水压力的作用水头作适当折减，DL 5077 提供了一些工程实测资料，可供参考。

4. 无压隧洞及地下洞室

无压隧洞及地下洞室设置排水措施时，亦可根据排水效果及其排水措施的可靠性，通过工程类比或渗流计算分析对计算外水压力（标准值）的作用水头作适当折减，DL 5077 提供了一些工程实测资料，可供参考。

5. 设计地下水位的确定

设计地下水位线的确定，应根据实测资料，结合水文地质条件及防渗排水效果，并考虑工程投入运行后可能引起的地下水位变化（尤其是靠近水库的地段）等因素，综合分析确定。当测量期限较短、取得的数据有限时，可考虑按测得的较高地下水位线作为确定设计地下水位线的基础。此外，注意到内水压力较大的引水隧洞，因内水外渗导致地下水位抬高的可能性，特别是在混凝土衬砌与钢管交界处。

3.2.3.4 作用分项系数

采用分项系数极限状态设计方法时，静水压力（包括外水压力）的作用分项系数采用 1.0。

3.2.4 动水压力

3.2.4.1 概述

当水流流经建筑物及由于水流的流向、流速等发生变化时，水流将在建筑物过流面的一定面积上产生动水压力。动水压力包括时均压力和脉动压力，按该面积上各点动水压力强度的合力计算。计算动水压力时一般只计及时均压力，但当水流脉动影响到结构的安全或引起振动时，则应计及脉动压力的作用。

对于重要或形体复杂的建筑物，其动水压力常涉及空间的三元水流，尚难通过计算确定，故除计算外，还应通过模型试验验证，综合分析确定。

水流的平均水力要素（流速、流量、压强等）不随时间发生变化者，称为恒定流；若水流的水力要素随时间变化时，称为非恒定流。恒定流中，当水流边界平直、流线近乎平行直线时，水流的水力要素沿程变化甚小者为渐变流；否则为急变流。

3.2.4.2 渐变流时均压力

1. 时均压强

渐变流的时均压强接近于静水压强分布规律，故在通过计算或试验求得其水面线的情况下的时均压力强度（代表值）由式（3.2-3）计算：

$$p_{tr} = \gamma_w h \cos\theta \qquad (3.2-3)$$

式中 p_{tr}——过流面上计算点 A 的时均压强（代表值），kN/m^2；

h——计算点 A 的水深，m；

θ——结构物底面与水平面的夹角，(°)，见图 3.2-1。

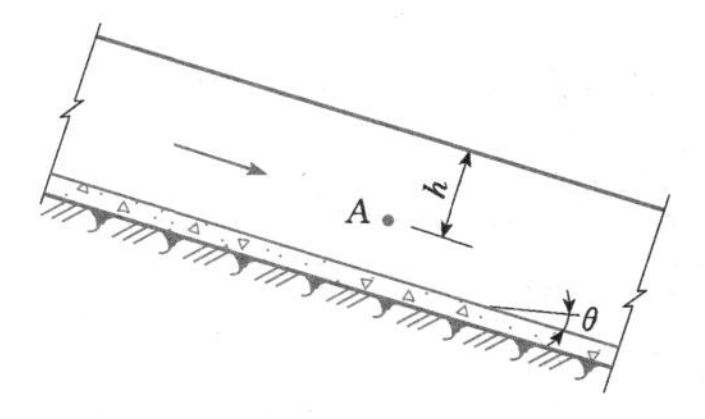

图 3.2-1 时均压强计算示意图

2. 时均压力

渐变流的时均压力（代表值），即动水压力随时间变化的平均值，可根据时均压强分布图形参照静水压力计算方法计算。

3.2.4.3 反弧段水流离心力

1. 压力强度

（1）溢流坝等泄水建筑物过流面反弧段水流为急变流，动水压强分布规律不同于渐变流的时均压强，往往难以建立一个明确的分布公式，作用于反弧段底面上压强（代表值）按式（3.2-4）计算，并近似取均匀分布：

$$p_{cr} = \frac{qv\gamma_w}{gR} \qquad (3.2-4)$$

式中 p_{cr}——离心力压力强度（代表值），kN/m^2；

q——单宽流量，$m^3/(s \cdot m)$；

v——反弧段最低点的断面平均流速，m/s；

g——重力加速度，$9.81m/s^2$；

R——反弧半径，m。

（2）作用于反弧段边墙上的动水压强（代表值），沿径向剖面在水面处为 0，在墙底处按式（3.2-4）计算，其内近似采用线性分布，并垂直作用于墙面。

2. 单位宽度的离心力

溢流坝等泄水建筑物过流面反弧段底面上单位宽度的离心力合力的水平分力及垂直分力（代表值）由式（3.2-5）、式（3.2-6）计算：

$$P_{xr} = q\gamma_w v(\cos\varphi_2 - \cos\varphi_1)/g \qquad (3.2-5)$$

$$P_{yr} = q\gamma_w v(\sin\varphi_2 + \sin\varphi_1)/g \qquad (3.2-6)$$

式中 P_{xr}——单位宽度上的离心力合力的水平分力（代表值），kN/m；

P_{yr}——单位宽度上的离心力合力的垂直分力（代表值），kN/m；

φ_1、φ_2——图 3.2-2 所示的角度，(°)，取绝对值。

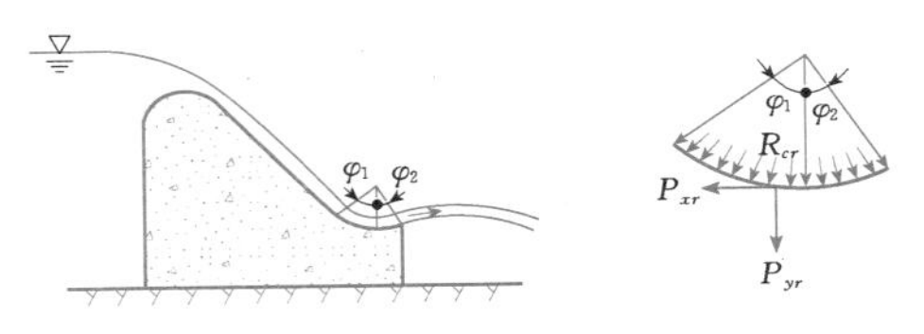

图 3.2-2 反弧段离心力示意图

3.2.4.4 消力池尾槛冲击力

水流对消力池尾槛（坎）的冲击力（代表值）按式（3.2-7）计算：

$$P_{ir}=\frac{K_d A_0 v^2 \gamma_w}{2g} \qquad (3.2-7)$$

式中 P_{ir}——作用于消力池尾槛的冲击力（代表值），kN；

K_d——阻力系数，当消力池中未形成水跃、水流直接冲击尾槛时取 $K_d=0.6$，当消力池中已形成水跃且 $3\leqslant Fr\leqslant 10$ 时，取 $K_d=0.1\sim0.5$（弗劳德数 Fr 大者取小值，反之取大值）；

A_0——尾槛迎水面在垂直于水流方向上的投影面积，m^2；

v——水跃收缩断面的流速，m/s。

3.2.4.5 桥墩动水压力

作用于桥梁墩台、渡槽墩（架）上总的动水压力（代表值），仍按式（3.2-7）进行计算。此时式中：A_0（m^2）为桥墩水下垂直水流方向的投影面积，计算至一般冲刷线处；v（m/s）为水流平均流速；阻力系数 K_d 按表 3.2-7 采用。

表 3.2-7 阻力系数 K_d

墩台形状	阻力系数 K_d	备注
方形	1.5	
矩形	1.3	长边与水流平行
圆形	0.8	
尖端形	0.7	
圆端形	0.6	

动水压力假定为倒三角形分布，其合力作用点在设计水位以下 1/3 水深处。

3.2.4.6 脉动压力

1. 脉动压强

水流脉动压力强度（代表值）按式（3.2-8）计算：

$$P_{fr}=\frac{2.31K_p\gamma_w v^2}{2g} \qquad (3.2-8)$$

式中 P_{fr}——水流脉动压强（代表值），kN/m^2；

K_p——脉动压强系数，根据泄水建筑物不同部位按表 3.2-8、表 3.2-9 选用，重要工程需通过试验确定；

v——计算断面平均流速，m/s，消力池取收缩断面平均流速，泄槽取计算断面平均流速，反弧鼻坎挑流取反弧最低处的断面平均流速。

表 3.2-8 溢流式厂房顶部、溢洪道泄槽及鼻坎的脉动压强系数 K_p

结构部位	溢流式厂房顶部	溢洪道泄槽	鼻坎
K_p	0.010～0.015	0.010～0.025	0.010～0.020

表 3.2-9 平底消力池底板的脉动压强系数 K_p

结构部位		$Fr_1>3.5$	$Fr_1\leqslant3.5$
所在位置	$0.0<x/L\leqslant0.2$	0.03	0.03
	$0.2<x/L\leqslant0.6$	0.05	0.07
	$0.6<x/L\leqslant1.0$	0.02	0.04

注 Fr_1 为收缩断面的弗劳德数；x 为计算断面离消力池起点的距离，m；L 为消力池长度，m。

2. 脉动压力

（1）作用于泄水建筑物过流底板一定面积上的水流脉动压力（代表值）按式（3.2-9）计算：

$$P_{fr}=\pm\beta_m p_{fr} A \qquad (3.2-9)$$

式中 P_{fr}——水流脉动压力（代表值），kN；

β_m——作用面积均化系数，按表 3.2-10 选用；

A——作用面积，m^2。

表 3.2-10 面积均化系数 β_m

结构部位	溢流式厂房顶部、溢洪道泄槽、鼻坎		平底消力池底板									
结构分块尺寸	$L_m>5$	$L_m\leqslant5$	L_m/h_2	0.5			1.0			1.5		
			b/h_2	0.5	1.0	1.5	0.5	1.0	1.5	0.5	1.0	1.5
B_m	0.10	0.14		0.55	0.46	0.40	0.44	0.37	0.32	0.37	0.31	0.27

注 L_m 为结构块顺流向的长度，m；b 为结构块垂直流向的长度，m；h_2 为第二共轭水深，m。

（2）作用于溢洪道等泄水建筑物边墙上的水流脉动压力（代表值），仍按式（3.2-9）计算，脉动压强可近似按沿水深均匀分布，其脉动压强值及作用面积均化系数取对应于墙根部底板上的值。

（3）脉动压力是一种交变荷载，故应根据不同的计算要求，按不利条件取正值或负值。

3.2.4.7 水锤压力

当水电站水轮发电机组的负荷突然变化或由于管道水力控制装置（如阀门、导水叶等）迅速调节流量时，管道内流速相应发生急速变化，致使压力管道（包括蜗壳、尾水管及压力尾水道）内水流压强也相应地急剧升高或降低，并在管道内传播，即为水击（锤），产生水锤压力。

目前，常用的水锤压力计算方法有解析法、特征线法和数值积分法。对于大型水力发电工程及复杂管路，多采用解析法或数值积分法（且可与调压室涌波进行联合）计算，详见第8卷第3章，同时，还需进行必要的水工模型试验加以验证。对于中小型工程及简单管路（包括可简化为简单管路的复杂管路）可按表3.2-11所列公式计算。

1. 水锤压力

水锤压力（代表值）按式（3.2-10）计算：

$$\Delta H_r = K_y \xi H_0 \qquad (3.2-10)$$

式中 ΔH_r——水锤压力水头（代表值），m；

K_y——修正系数，根据计算方法与水轮机型式而定，当采用数值积分等方法时用1.0，对反击式水轮机，根据其转速经试验确定，无试验资料时，混流式水轮机可用1.2，轴流式水轮机可用1.4，当采用表3.2-10中公式计算时，对冲击式水轮机可用1.0；

H_0——计算水头（上、下游水位差），m；

ξ——水锤压力相对值，可用解析法或数值积分法求得，对于简单管路发生间接水锤，即当 $T_s > 2L/a$ 时，可用表3.2-11中所列解析公式计算 ξ 值（或 η 值）。

表 3.2-11 简单管路最大水锤压力计算公式

机组运行工况	导叶开度		计算公式	近似公式
	开始	终了		
关机	τ_0	0	$\xi_m = \sigma[(\sigma^2+4)^{0.5}+\sigma]/2$	$\xi_m = 2\sigma/(2-\sigma)$
	τ_0	0	$\tau_1(1+\xi_1)^{0.5} = \tau_0 - \xi_1/2\rho$	$\xi_1 = 2\sigma/(1+\rho\tau_0-\sigma)$
	1	0	$\tau_1(1+\xi_1)^{0.5} = 1-\xi_1/2\rho$	$\xi_1 = 2\sigma/(1+\rho-\sigma)$
开机	τ_0	1	$\eta_m = \sigma[(\sigma^2+4)^{0.5}-\sigma]/2$	$\eta_m = 2\sigma/(2+\sigma)$
	τ_0	1	$\tau_1(1-\eta_1)^{0.5} = \tau_0+\eta_1/2\rho$	$\eta_1 = 2\sigma/(1+\rho\tau_0+\sigma)$
	0	1	$\tau_1(1-\eta_1)^{0.5} = \eta_1/2\rho$	$\eta_1 = 2\sigma/(1+\sigma)$

注 τ_0、τ_1 为导叶初始和第一相末的开度；ξ_m、ξ_1 为末相、第一相水锤压力相对升高值；η_m、η_1 为末相、第一相水锤压力相对降低值。

表3.2-11中，水锤特性系数（σ、ρ）按下列公式计算：

$$\sigma = \frac{Lv_m}{gH_0T_s} \qquad (3.2-11)$$

$$\rho = \frac{av_m}{2gH_0} \qquad (3.2-12)$$

$$v_m = \sum lv/L \qquad (3.2-13)$$

式中 L——自上游进水口（调压室）至下游出口压力管道（包括蜗壳、尾水管及压力尾水道）的长度，m；

v_m——压力管道负荷变化前（或变化后）的平均流速，m/s；

H_0——静水头，m，负荷变化前上、下游计算水位之差；

T_s——水轮机导叶有效关闭（开启）时间，s；

a——水锤在压力管道内的传播速度，m/s，其值与管壁材料及厚度有关，变化范围一般在800～1200m/s之间，在缺乏资料情况下，可近似采用1000m/s；

$\sum lv$——压力管道各段长度 l（m），与其流速 v（m/s）的乘积之和。

2. 计算水位及运行工况

水锤压力的计算水位及机组运行工况，详见有关设计规范及DL 5077—1997的规定。

3. 各断面水锤压力水头

上、下游压力管道中各计算断面的水锤压力（代表值）升高值（水头值）按式（3.2-14）、式（3.2-15）计算，其中上游压力管道末端采用的水锤压力（代表值）升高值应不小于正常蓄水位下压力管道静水头的10%。管道上设置调压室时，应考虑调压室涌波对水锤压力的影响。

$$\Delta H_i = \Delta H_r \sum l_i v_i / L v_m \quad (3.2-14)$$

$$\Delta H_j = \Delta H_r \sum l_j v_j / L v_m \quad (3.2-15)$$

式中 ΔH_i——上游压力管道某计算断面的水锤压力（代表值）水头值，m；

ΔH_j——下游压力管道某计算断面的水锤压力水头值，m；

$\sum l_i v_i$——自上游进水口（调压室）至计算截面处各段压力管道长度 l_i（m），与其流速 v_i（m/s）的乘积之和；

$\sum l_j v_j$——自下游出口至计算截面处各段压力管道长度 l_j（m），与其流速 v_j（m/s）的乘积之和；

L——自上游进水口（调压室）至下游出口的压力管道长度 L，m；

v_m——平均流速，m/s，按式（3.2-13）计算。

3.2.4.8 作用分项系数

采用分项系数极限状态设计方法时，动水压力的作用分项系数分别采用：渐变流时均压力1.05，反弧段水流离心力1.1，水流冲击力1.1，水流脉动压力1.3，水锤压力1.1。

3.2.5 扬压力

3.2.5.1 概述

混凝土坝（含砌石坝）、水闸及水电站厂房等水工建筑物的扬压力（代表值），按垂直作用于计算截面全部截面积上的分布力计算。扬压力包括浮托力及渗透压力，在扬压力图形中，一般将取决于下游计算水头的矩形部分的合力称为浮托力，其余部分的合力称为渗透压力；对于在坝基设置抽排水系统的情况，主排水孔之前的合力为扬压力，主排水孔之后的合力为残余扬压力。

计算截面上的扬压力（代表值），根据该截面上的扬压力分布图形计算确定；扬压力分布图形，根据不同的水工结构形式、计算水位、地基地质条件及防渗、排水措施等情况确定。

扬压力是在上、下游静水头作用下所形成的渗流场产生的，是静水压力派生出来的荷载，故确定扬压力分布图形的上、下游计算水位应与静水压力（代表值）的计算水位一致。

3.2.5.2 混凝土坝（含砌石坝）扬压力

1. 坝底面

岩基上各类混凝土坝（含砌石坝）坝底面的扬压力分布图形（图3.2-3）分以下三种情况。

（1）坝基设防渗帷幕及排水孔：上游坝踵处扬压力作用水头为 H_1，排水孔中心线处为 $H_2+\alpha(H_1-H_2)$，下游坝趾处为 H_2，其间各段依次以直线连接，见图3.2-3（a）～（d）。

（2）坝基设防渗帷幕和上游主排水孔，下游设副排水孔及抽排水系统：上游坝踵处扬压力作用水头为 H_1，主、副排水孔中心线处分别为 $\alpha_1 H_1$、$\alpha_2 H_2$，下游坝趾处为 H_2，其间各段依次以直线连接，见图3.2-3（e）。

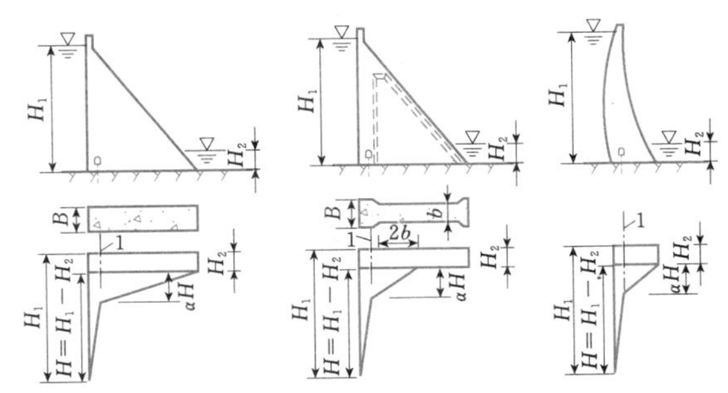

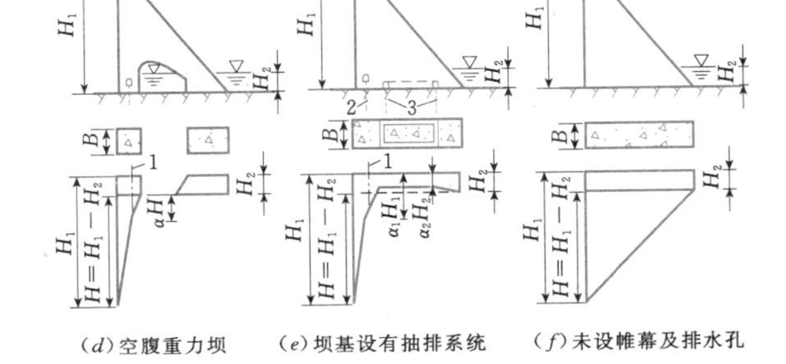

图3.2-3 混凝土坝底面扬压力分布图

1—排水孔中心线；2—主排水孔；3—副排水孔

（3）坝基未设防渗帷幕和上游排水孔：上游坝踵处扬压力作用水头为 H_1，下游坝趾处为 H_2，其间以直线连接，见图3.2-3（f）。

其中，渗透压力强度系数 α、扬压力强度系数 α_1 及残余扬压力强度系数 α_2 的取值，一般情况下按表3.2-12采用，但如与各建筑物设计规范的具体规定有矛盾时，应以规范规定为准。

表 3.2-12 坝底面的渗透压力、扬压力强度系数

部位	坝型	(1) 坝基设置防渗帷幕及排水孔	(2) 坝基设置防渗帷幕及主、副排水孔并抽排	
		渗透压力强度系数 α	主排水孔前的扬压力强度系数 α_1	残余扬压力强度系数 α_2
河床坝段	实体重力坝	0.25	0.20	0.50
	宽缝重力坝	0.20	0.15	0.50
	大头支墩坝	0.20	0.15	0.50
	空腹重力坝	0.25		
	拱坝	0.25	0.20	0.50
岸坡坝段	实体重力坝	0.35		
	宽缝重力坝	0.30		
	大头支墩坝	0.30		
	空腹重力坝	0.35		
	拱坝	0.35		

注 1. 当坝基仅设排水孔而未设防渗帷幕时，α 可按表中（1）项适当提高 0.05～0.15；当坝基仅设防渗帷幕而未设排水孔时，取 $\alpha=0.5\sim0.7$。

2. 拱坝拱座侧面排水孔处的 α 可按“岸坡坝段”采用 0.35，地质条件复杂时的高拱坝，应经三向渗流计算或试验验证。

当坝基地质条件复杂，例如坝基极不均匀，具有明显的各向异性渗透性，或具有影响渗流流态的软弱夹层、破碎带等时，坝底面扬压力图形应经研究确定。

2. 坝体

各类混凝土坝（含砌石坝）坝体内部计算截面上的扬压力分布图形分两种情况。

（1）坝体未设排水管：上游坝面处扬压力作用水头为 H_1'，下游坝面处为 H_2'，其间以直线连接。

（2）坝体设有排水管：按图 3.2-4 确定，其中坝体内部排水管处的渗透压力强度系数 α_3 按不同坝型及部位采用，实体重力坝、拱坝及空腹重力坝的实体部位取 $d_3=0.2$；宽缝重力坝、大头支墩坝的无宽缝部位取 $d_3=0.2$，有宽缝部位取 $d_3=0.15$。

3. 连接建筑物

（1）护坦底面：作用于溢流坝（堰）后消力池护坦底面的扬压力图形，可根据坝（堰）趾与护坦首部连接处的扬压力作用水头，以及护坦下游水位确定。若护坦底部设置排水系统并具备检修条件且接缝间止水可靠时，可考虑降低扬压力的作用，具体情况可参考《溢洪道设计规范》(SL 253—2000)。

（2）坝前铺盖或淤积：坝前地基面设有黏土铺盖或多泥沙河流的坝前地基面上能形成淤沙铺盖时对坝

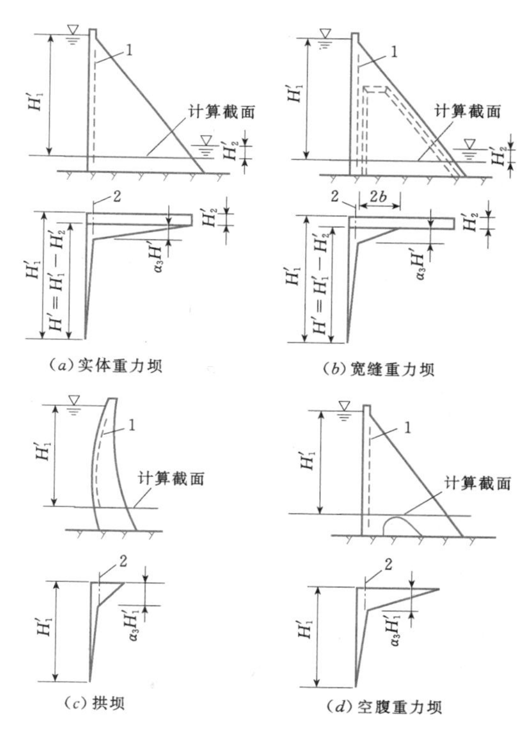

图 3.2-4 坝体计算截面上扬压力分布图

1—坝内排水管；2—排水管中心线

底面扬压力产生的影响，可参考工程经验对坝踵及排水孔处的扬压力作用水头作适当折减。DL 5077 提供的一些工程由于坝前泥沙淤积对坝底面扬压力产生影响的实测资料可作参考。

4. 作用分项系数

采用分项系数极限状态设计方法时，混凝土坝（含砌石坝）扬压力的作用分项系数分别采用：

（1）浮托力：1.0。

（2）渗透压力：实体重力坝 1.2；宽缝重力坝、大头支墩坝、空腹重力坝及拱坝 1.1。

（3）坝基设置抽排系统：主排水孔前扬压力 1.1，主排水孔后残余扬压力 1.2。

3.2.5.3　水闸扬压力

除水闸外，包括溢洪道控制堰（闸）等挡水建筑物底板的扬压力，由下述方法确定。

1. 岩基上水闸

岩基上水闸等建筑物底面的扬压力分布图形，与岩基上混凝土实体重力坝相似，可按岩基上实体重力坝情况确定。

2. 软基上水闸

软基上水闸等建筑物底面的扬压力分布图形，根据上、下游水位，闸底板地下轮廓线布置情况，地基土质分布及其渗透特性等条件确定。渗透压力一般用改进阻力系数法或流网法计算，这两种方法适用于均质地基；对复杂非均质地基上的重要水闸，应经三向电模拟试验或数值计算验证。在工程规划和可行性研究阶段，可采用直线比例法（又称渗径系数法），初步确定闸底板防渗长度及扬压力。

（1）改进阻力系数法。

阻力系数法是一种将流体力学在较简单的边界条件下得到的解析解应用到复杂边界条件下的一种近似方法。下面是经南京水利科学研究院改进的阻力系数法。

1）地基的分段。首先大致划出通过底板角点和通过板桩尖点的等水头线，通过这些等水头线将地基分段，也就是沿着地下轮廓有高差的两点分为一段。按此原则，对一般的闸地基的渗流，可归纳为图 3.2-5 所示的三种基本型式，即进出口段、内部垂直段和内部水平段。图中 S 表示垂直长度，在进出口段为底板进出口的埋深与板桩长度之和，对内部垂直段则为地下轮廓的凸部与内部板桩长度之和。图 3.2-6 所示的地基渗流，按上述分段方法可分为 7 段，其中①、⑦为进出口段，③、④、⑥为内部垂直段，②、⑤为内部水平段。

2）地基有效深度计算。阻力系数法原则上是适用于透水地基有限深的情况，当透水地基深度很大时，可化为有效深度计算。地基有效深度可按式（3.2-16）、式（3.2-17）计算：

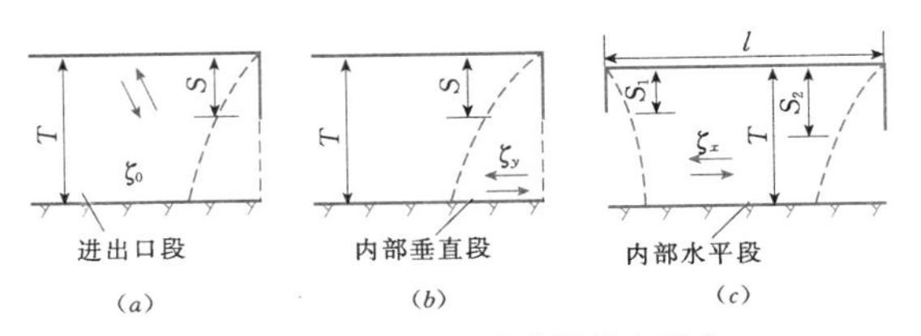

图 3.2-5　地基渗流分段基本型式

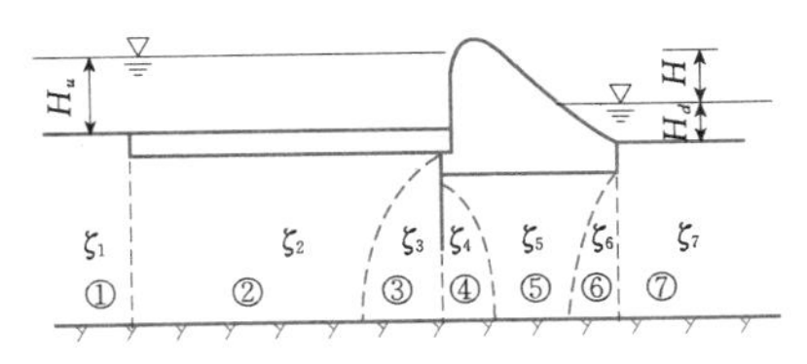

图 3.2-6　地基渗流分段示意图

$$\text{当 } L_0/S_0 \geqslant 5 \text{ 时}\quad T_e = 0.5L_0 \tag{3.2-16}$$

$$\text{当 } L_0/S_0 < 5 \text{ 时}\quad T_e = \frac{5L_0}{2+1.6L_0/S_0} \tag{3.2-17}$$

式中　T_e——地基有效深度，m；

L_0——闸底板地下轮廓的水平投影长度，m；

S_0——闸底板地下轮廓的垂直投影长度，m。

当计算 T_e 值大于地基实际深度时，取地基实际深度计算。

3）分段阻力系数计算。进、出口段［见图 3.2-5（a）］。

$$\zeta_0 = 0.441 + 1.5(S/T)^{1.5} \tag{3.2-18}$$

式中　ζ_0——进、出口段的阻力系数；

S——板桩或齿墙的入土深度，m；

T——地基透水层深度（或有效深度），m。

内部垂直段［见图 3.2-5（b）］

$$\zeta_y = \frac{2\ln\cot[\pi(1-S/T)/4]}{\pi} \tag{3.2-19}$$

式中　ζ_y——内部垂直段的阻力系数。

内部水平段［见图 3.2-5（c）］

$$\zeta_x = \frac{l - 0.7(S_1 + S_2)}{T} \tag{3.2-20}$$

式中　ζ_x——内部水平段的阻力系数；

S_1、S_2——进口段、出口段板桩或齿墙的入土深度，m；

l——水平段长度，m。

当内部底板倾斜时（见图 3.2-7），如斜率小于 1：3（垂直：水平）时，可作为平底板计。不小于 1：3时，其阻力系数为

$$\zeta_s = \alpha\zeta_x \qquad (3.2-21)$$

其中
$$\alpha = 1.15\times\frac{T_1+T_2}{T_2-T_1}\lg\frac{T_2}{T_1} \qquad (3.2-22)$$

式中 ζ_s——底板倾斜时阻力系数；

α——修正系数；

T_1、T_2——小值端、大值端的地基深度（或有效深度），m。

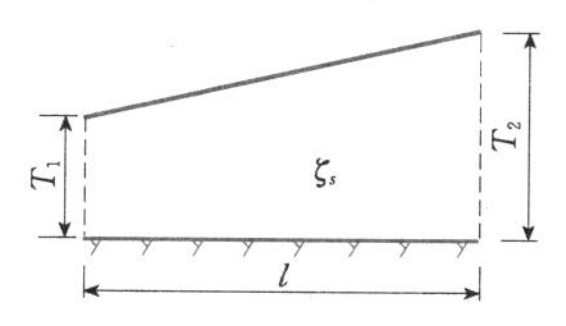

图 3.2-7 倾斜底板计算

这时，按式（3.2-20）计算 ζ_x 时，l/T 中的 T 用平均值计算，S_1/T 中的 T 按实有的 T_1 计算，S_2/T 中的 T 按实有的 T_2 计算。

如水平段为水平底板与倾斜底板相连时，可分水平段及倾斜段分别计算其阻力系数。

4）各分段水头损失值计算。

$$h_i = \zeta_i H/\sum\zeta_{1\sim n} \qquad (3.2-23)$$

式中 h_i——各分段水头损失值，m，其中 $i=1\sim n$，n 为总分段数；

ζ_i——各分段阻力系数；

H——上、下游水位差，m；

$\sum\zeta_{1\sim n}$——各分段阻力系数之和。

5）对进出口处水头损失的修正。由式（3.2-18）得到的进出口段阻力系数，在某些情况下有较大误差，因此，要对上述方法［见式（3.2-23）］求出的进出口段水头损失 h_0 值进行修正［见图 3.2-8 (a)］：

$$h_0' = \beta' h_0 \qquad (3.2-24)$$

$$\beta' = 1.21 - \frac{1}{\left[12\left(\frac{T'}{T}\right)^2+2\right]\left(\frac{S'}{T}+0.059\right)} \qquad (3.2-25)$$

式中 h_0'——修正后的进出口段水头损失值，m；

β'——阻力修正系数；

T'——板桩另一侧地基透水层深度（或有效深度），m；

T——进出口段地基深度（或有效深度），m；

S'——底板埋深与板桩入土深度之和，m。

当计算的 $\beta'>1.0$ 时，采用 $\beta'=1.0$。

修正后的进出口段水头损失减少值 Δh 按式（3.2-26）计算：

$$\Delta h = (1-\beta')h_0 \qquad (3.2-26)$$

6）出口段渗透压强分布图及渗流坡降。出口段水力坡降往往呈急变形式，其水平长度 a（m）按式（3.2-27）计算：

$$a = T\Delta h\sum\zeta_{1\sim n}/H \qquad (3.2-27)$$

出口段渗透压力图形修正如图 3.2-8 (b) 所示，对修正前的水力坡降线 QP'，根据 Δh 和 a 值分别定出 P 点和 O 点，连接 QOP，即为修正后的水力坡降线。

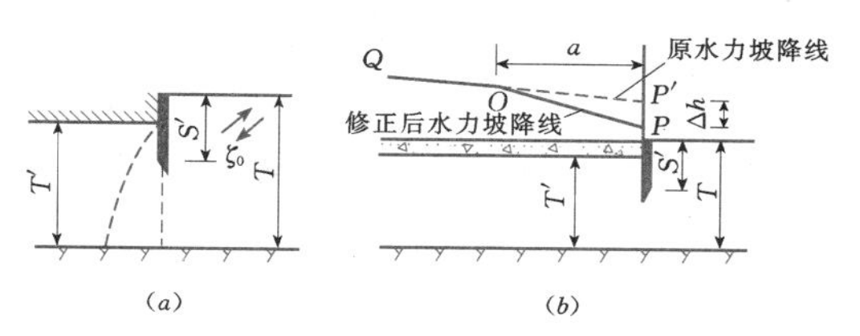

图 3.2-8 进出口段渗透压力图形修正

修正后出口渗流坡降 J 由式（3.2-28）确定：

$$J = h_0'/S' \qquad (3.2-28)$$

式中 S'——出口段地下轮廓的垂直长度，m。

7）齿墙不规则部位水头损失的修正。若进出口段相邻部位齿墙不规则时，除对进出口段的水头损失值修正外，还要将该值调整到不规则齿墙相应部位的水头损失中去，见图 3.2-9，共分以下三种情况。

当 $h_x \geqslant \Delta h$ 时

$$h_x' = h_x + \Delta h \qquad (3.2-29)$$

式中 h_x'——修正后水平段水头损失值，m；

h_x——水平段的水头损失值，m。

当 $h_x < \Delta h$、且 $h_x + h_y \geqslant \Delta h$ 时

$$h_x' = 2h_x \qquad (3.2-30)$$

$$h_y' = h_y + \Delta h - h_x \qquad (3.2-31)$$

式中 h_y'——修正后内部垂直段水头损失值，m；

h_y——内部垂直段水头损失值，m。

当 $h_x < \Delta h$、且 $h_x + h_y < \Delta h$ 时

$$h_x' = 2h_x \qquad (3.2-32)$$

$$h_y' = 2h_y \qquad (3.2-33)$$

$$h_{CD}' = h_{CD} + \Delta h - (h_x + h_y) \qquad (3.2-34)$$

式中 h_{CD}'——修正后 CD 段（水平段或垂直段）的水头损失值，m；

h_{CD}——图 3.2-9 中 CD 段（水平段或垂直段）的水头损失值，m。

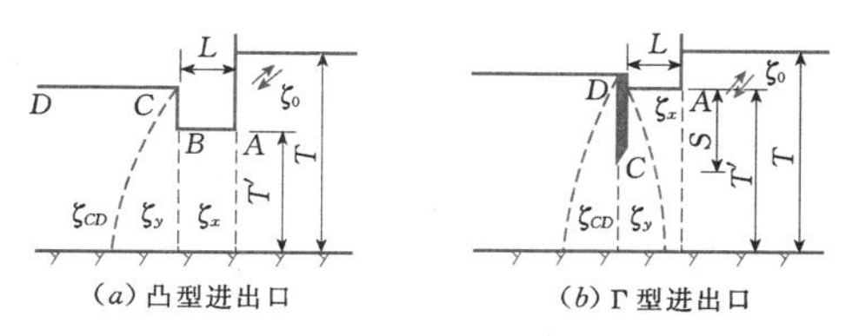

图 3.2-9 齿墙不规则部位水头损失修正

8）渗流量计算。单宽渗流量由式（3.2-35）计算：

$$q = kH / \sum \zeta_{1 \sim n} \tag{3.2-35}$$

式中　q——单宽渗流量，$m^3/(s \cdot m)$；

k——土的渗透系数，m/s。

9）作扬压力图形。根据求得的各段水头损失值（并设各段内的水头损失可沿相应段的水平长度均匀分配），由上、下游水头差（H）相继减去各段的水头损失，可得各关键点的渗流水头，便可求得作用在地下轮廓线上的渗流水头线。由渗流水头线、地下轮廓线以及通过地下轮廓线上、下游端点铅直线所包围的图形，即为作用在地下轮廓线上的扬压力图，该图形面积为 A，则单宽扬压力为 $\gamma_w A$。

（2）流网法。

流网法适用于任意的边界条件。流网是指在渗流区域内由流线和等水头线组成的具有曲线正方形（或矩形）网格的图形（见图 3.2-10）。曲线正方形网格的四条边一般为曲线、正交，用直线连接其对角点时，两条对角线的长度近似相等且近似正交。

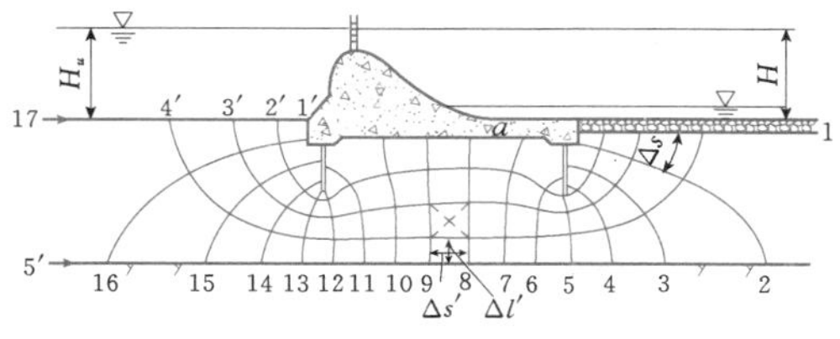

图 3.2-10　渗流流网图

1）流网绘制要点。流网可用手工绘制，下面简要列出流网手工绘制要点，详见武汉大学水利水电学院《水力计算手册》（第二版）（中国水利水电出版社，2006 年）。

a. 边界轮廓线和相对不透水层表面线都是边界流线，如图 3.2-10 中的线 1′和线 5′，线 2′、3′、4′为中间流线；上、下游河床表面线为等水头线，如线 1 和线 17，线 2、3、…、16 是其间等水头线。

b. 如透水地基很深，就不用将流网绘到相对不透水层，往往以地下轮廓线水平长度中点为圆心，以建筑物水平尺寸的 2 倍或以建筑物最大地下垂直尺寸（如板桩或帷幕）的 3～5 倍为半径，绘圆弧与上、下游河床表面线相交，该圆弧即为边界流线。

c. 根据流网的定义，对流网反复修改调整才能绘成。初绘时可参考一些实例或按边界流线形状大致绘出中间 3～4 条流线和相应的等水头线，再进行修正。可能出现一些不符定义的网格，如曲线矩形（$\Delta s' > \Delta l'$）、三角形或多边形，但这是个别不可避免的现象，大部分网格应要符合要求。网格愈小，精度愈高，视工程需要而定。

2）根据流网求渗流水力要素。

a. 渗流水头。从下游算起第 i 条等水头线上的渗透压力水头按下式计算：

$$\Delta H_i = \frac{H(i-1)}{n-1} \tag{3.2-36}$$

式中　ΔH_i——第 i 条等水头线上的渗透压力水头，m；

H——上、下游水位差，m；

n——等水头线总数，如图 3.2-10 中 $n=17$；

i——从 1 开始的由下游向上游顺序计算的等水头线编号数，如地下轮廓线上某些转折点不在等水头线上，这些点 i 值不是整数，如图 3.2-10 中 a 点，其 i 约为 7.75。

地下轮廓线上的渗透压力水头加上浮托力水头，即为作用于地下轮廓线上的扬压力。显然，求渗透压力水头的方法也可改为求渗流水头损失值。

b. 渗流坡降。某一网格的平均渗流坡降 J 计算为

$$J = \frac{H}{\Delta s(n-1)} \tag{3.2-37}$$

式中　Δs——网格内通过其中点的沿流线方向的长度，m，可在流网图中量取。

c. 单宽渗流量。单宽渗流量 q 的计算为

$$q = \frac{kH(m-1)}{n-1} \tag{3.2-38}$$

式中　m——流网中流线总数，如图 3.2-10 中 $m=5$；

k——土的渗透系数，m/s。

当最靠底部一条流带的网格出现曲线矩形时，单宽流量为

$$q = \frac{kH[m-2+(\Delta l'/\Delta s')]}{n-1} \tag{3.2-39}$$

式中　$\Delta l'$、$\Delta s'$——如图 3.2-10 中所示，m。

图 3.2-11 为渗流典型流网图，供参考。

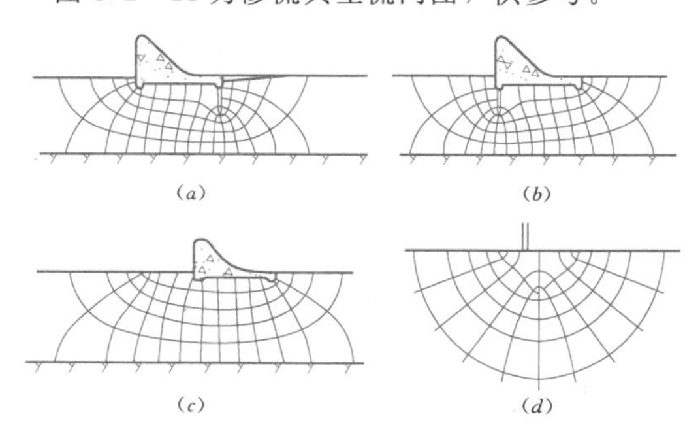

图 3.2-11　渗流典型流网图

（3）直线比例法。

直线比例法是工程设计中对软基上堰闸底板所受的扬压力作粗略估算的一种方法，该方法假定作用水头通过从上游渗流到下游之后就全部损失掉，且水头损失是沿经折算的地下轮廓线均匀分配的。闸底板地下轮廓线折算长度按式（3.2-40）计算：

$$L = CH \tag{3.2-40}$$

式中 L——闸基折算防渗长度，为闸基轮廓线防渗部分水平段和垂直段长度的总和，m；

C——允许渗径系数，见表3.2-13，当闸基设板桩时，取小值；

H——上、下游水位差，m。

表3.2-13　　允许渗径系数C

地基类别		粉砂	细砂	中砂	粗砂	中砾、细砾	粗砾夹卵石	轻粉质砂壤土	轻砂壤土	壤土	黏土
排水条件	有滤层	13～9	9～7	7～5	5～4	4～3	3～2.5	11～7	9～5	5～3	3～2
	无滤层									7～4	4～3

注　地基土分类详见SL 265—2001。

3. 两岸墩墙侧向渗透压力

软基上水闸等建筑物的两岸墩墙与岸坡或土石坝连接，故除其底面有扬压力作用外，尚有侧面（靠岸坡侧或土石坝侧）承受渗透压力。侧向渗透压力的分布图形按下列情况确定：

（1）墙后土层渗透系数小于地基渗透系数时，侧向渗透压力较小，可近似采用相应部位的闸底板渗透压力分布图形计算，该规定偏于安全。

（2）墙后土层渗透系数不小于地基渗透系数时，侧向渗透压力较大，应通过计算或试验确定，其计算方法除少数特定情况有理论解答外（见第1卷第3章），须经包括有限元法在内的侧向绕流计算或电模拟试验确定其渗压值。

（3）复杂土质基础上的重要水闸，其侧向渗透压力应通过三向电模拟试验或数值计算法计算确定。

4. 作用分项系数

采用分项系数极限状态设计方法时，水闸等扬压力的作用分项系数采用：浮托力1.0，渗透压力1.2。

3.2.5.4 水电站、水泵站厂房扬压力

1. 岩基上厂房

（1）岩基上的河床式水电站、水泵站厂房底面的扬压力分布图形，可参照岩基上实体重力坝情况加以确定。

（2）岩基上的坝后式厂房底面的扬压力分布图形，则视不同坝型及厂坝连接情况，参照岩基上相应混凝土坝型情况具体分析确定［参见《水电站厂房设计规范》（SL 266—2001）］。如厂、坝整体连接，或其永久变形缝已止水封闭的坝后式水电站厂房，厂房底面的扬压力分布图形应与坝体共同考虑；如变形缝未被封闭，则应考虑变形缝处的自由水面，根据具体情况分别考虑坝体和厂房底面的扬压力分布图形。

（3）岸边式水电站、水泵站厂房，厂房上游侧扬压力作用水头假定等于设计尾水位，当两端墙或地基设有止水及排水设施时可予以折减；当洪峰历时较短，下游洪水位较高时，厂房的扬压力分布图形可考虑时间效应予以折减。

2. 软基上厂房

软基上的河床式及岸边式水电站、水泵站厂房底面的扬压力分布图形，可参照软基上的水闸底面情况确定。

3. 分项系数

采用分项系数极限状态设计方法时，水电站、水泵站厂房扬压力的作用分项系数采用：浮托力1.0，渗透压力1.2。

3.2.6 浪压力

3.2.6.1 概述

本小节的浪压力是指由风力引起的波浪（风成波）产生的压力，原则上适用于坝、水闸及内陆围堤等挡水建筑物计算。海堤建筑物的浪压力应按《海堤工程设计规范》（SL 435—2008）规定计算。

浪压力（标准值）一般由波浪要素（波高、波长等）按相应公式计算确定，对于重要的挡水建筑物，如浪压力为主要荷载之一时，还宜通过模型试验论证。

3.2.6.2 波浪要素

1. 基本资料

（1）计算风速。计算波浪要素时的风速取值标准一般由各建筑物设计规范规定，在未作出具体规定情况下按下列规定取值：

1）当浪压力参与基本荷载组合时，采用重现期为50年的年最大风速。

2）当浪压力参与特殊（偶然）荷载组合时，采用多年平均年最大风速。

年最大风速一般应采用水面上空 10m 高度处 10min 平均风速的年最大值。对于测得的是水面上空 Z（m）处的风速，应乘以表 3.2－14 中的修正系数 K_Z 后采用。如由陆地气象台站测得的离地面上空 Z 处的风速，则除了要按表 3.2－14 进行修正外，尚需再进行修正：首先，考虑气象台站隐蔽情况的系数 K_1（见表 3.2－15）及气象台站所在地的地形高低的系数 K_2（见表 3.2－16）；然后，再根据所测的离地面上空 10m 高度处风速值（或换算值）及 K_1、K_2 的乘积值，由图 3.2－12 查得库面计算风速值。

表 3.2－14　风速高度修正系数 K_Z

高度 Z（m）	2	5	10	15	20
修正系数 K_Z	1.25	1.10	1.00	0.96	0.90

表 3.2－15　考虑气象台站隐蔽情况的系数 K_1

编号	气象台站隐蔽情况	K_1
1	在城郊，距独立的建筑物、树木 30～40m： （1）建筑物或树木高于风速仪 （2）风速仪高于周围物体	 2.0 1.8
2	在平坦广场上，距建筑物 30～50m，风速仪高于周围物体	1.7
3	在平坦广场上，距建筑物、树木 200～500m	1.6
4	在湖边、海岸及大河岸，距建筑物 100～200m	1.4
5	在平坦草原上	1.3
6	在很开敞的湖边或沙滩上	1.1

表 3.2－16　考虑气象台站所在地的地形高低的系数 K_2

编号	气象台站所在地的情况	K_2
1	在悬崖顶部	0.75
2	在坡岗上部	0.90
3	在平坦而极广阔的平原、谷地	1.0
4	在斜坡下部和不宽的平原、盆地、谷地不深处	1.1
5	在平原、盆地、谷地深底部	1.4

（2）风区长度（有效吹程）。确定相应荷载组合或计算状况水位下的风区长度（有效吹程）分下列情况：

1）当沿风向两侧的水库水域较宽时，可采用计算点至对岸的直线距离。

2）当沿风向水库水域有局部缩窄且缩窄处的宽度 b 小于 12 倍计算波长时，可采用 $5b$ 为风区长度，同时不小于计算点至缩窄处的直线距离。

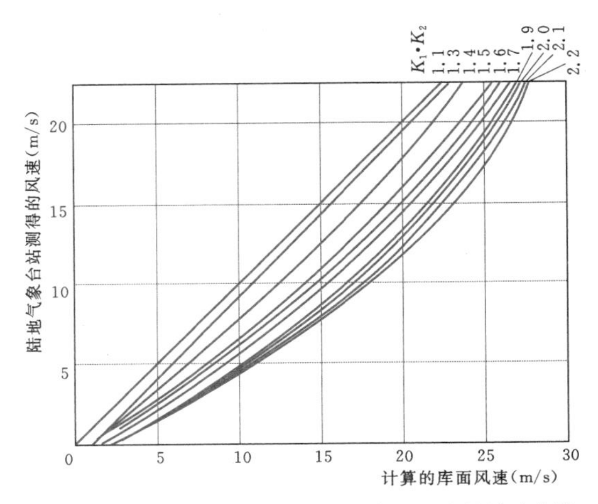

图 3.2－12　陆地气象台站风速与库面风速的关系曲线

3）当沿风向两侧的水域较狭窄、或水域形状不规则、或有岛屿等障碍物时，可自计算点逆风向做主射线与水域边界相交，然后在主射线两侧每隔 7.5°做一条射线，分别与水域边界相交。如图 3.2－13 所示，记 D_0 为计算点沿主射线方向至对岸的距离，D_i 为计算点沿第 i 条射线至对岸的距离，α_i 为第 i 条射线与主射线夹角，$\alpha_i=7.5i$（一般取 $i=\pm1$、±2、±3、±4、±5、±6），同时令 $\alpha_0=0$，则等效风区长度 D 可按式（3.2－41）计算：

$$D=\frac{\sum D_i\cos^2\alpha_i}{\sum\cos\alpha_i}(i=0、\pm1、\pm2、\pm3、\pm4、\pm5、\pm6) \tag{3.2-41}$$

（3）计算水深。计算水深取风区内的水域平均深度，一般可通过沿风向地形剖面量取，计算水位取相应荷载组合或设计状况下的静水位。

2. 波浪要素计算

（1）波浪要素。

1）规则波。图 3.2－14 所示为规则波，其波浪要素包括波高 h（波峰顶至波谷底的垂直距离）、波长 L（两个相邻波峰顶或波谷底之间的水平距离）、波周期 T（波峰顶或波谷底向前推进一个波长所需的时间）及波速 c（$c=L/T$，波峰顶或波谷底移动的速度）等，将图中波长换成时间即为波周期。一般情况下，波高与波长的相互关系为

$$L=(8\sim15)h \tag{3.2-42}$$

图中，平分波高的水平线称为波浪中线，h_z 为波浪中线高出静水位的高度，由式（3.2－43）计算：

$$h_z=(\pi h^2/L)/\coth(2\pi H/L) \tag{3.2-43}$$

式中　H——挡水建筑物前面水深。

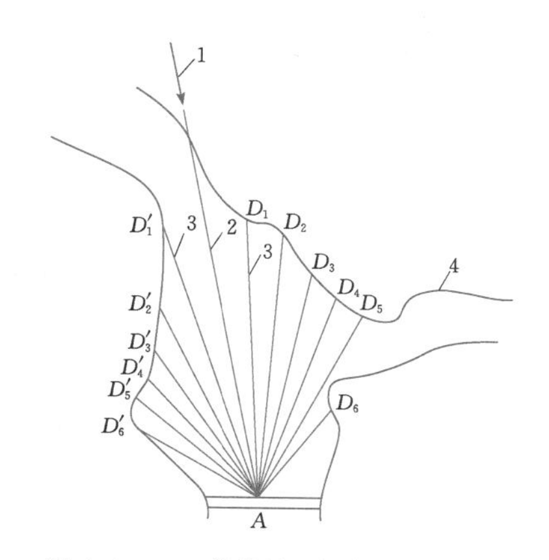

图 3.2-13 等效风区长度计算示意图

1—主风向；2—主射线；3—射线；4—水域边界

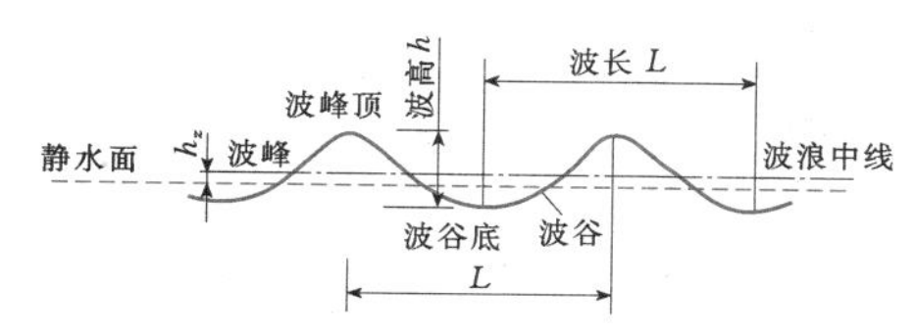

图 3.2-14 波浪要素示意图

2）不规则波。研究表明，风成波属不规则波，是一种随机性的波动。在固定点上实测的波浪表面过程线，如图 3.2-15 所示，波动水位上升时与波动零线（静水位）的交点 1、2、3、…称为“上跨零点”。相邻两个上跨零点间的波动水位最高点和最低点的垂直距离，称为波高，在图中以 h_1、h_2、h_3、…表示；相应的时间间隔，称为波周期，以 T_1、T_2、T_3、…表示（如将时间轴换成距离时，波周期则为波长 L_1、L_2、L_3、…）。波高、波长及波周期服从一定的统计分布。由于风浪属于随机波动，计算其风浪要素时，须考虑风浪的随机性。其中波高的保证率（超值累积概率），指大于某波高的累积频率，例连续观测 100 个波高，将其按大小排列，则第一个最大的波高 h_1 的保证率为 1%；第 n 个波高 h_n 的保证率为 n%。

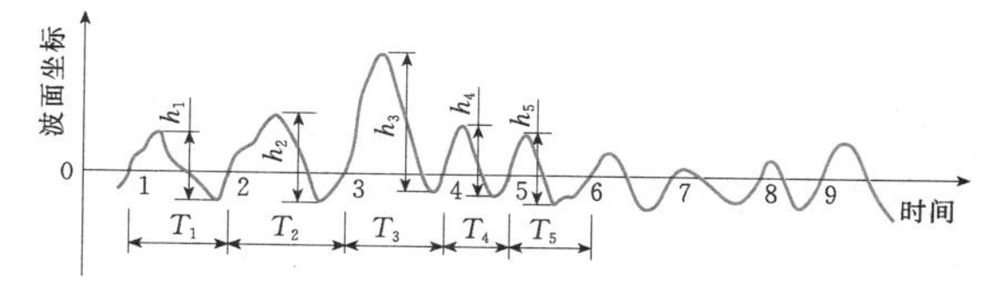

图 3.2-15 波动表面过程线

各保证率（累积频率）p（%）的波高 h_p（m）与平均波高 h_m（m）的关系，可根据挡水建筑物迎水面前平均水深 H_m（m）按表 3.2-17 换算。

平均波长 L_m（m）与平均波周期 T_m（s）按式（3.2-44）换算：

$$L_m = \frac{gT_m^{\ 2}}{2\pi}\tanh\frac{2\pi H}{L_m} \tag{3.2-44}$$

式中 H——挡水建筑物前水深，m。

对于深水波（$H \geqslant 0.5L_m$ 时属深水波，$H < 0.5L_m$ 时属浅水波），式（3.2-45）可简化为

$$L_m = \frac{gT_m^{\ 2}}{2\pi} \tag{3.2-45}$$

平均波长、平均波周期与建筑物迎水面前水深的换算值也可由表 3.2-18 查取。

表 3.2-17 不同累积频率下的波高与平均波高的比值 h_p/h_m

h_m/H_m	累积频率 p（%）									
	0.1	1	2	3	4	5	10	13	14	20	50
0	2.97	2.42	2.23	2.11	2.02	1.95	1.71	1.61	1.58	1.43	0.94
0.1	2.70	2.26	2.09	2.00	1.92	1.87	1.65	1.56	1.54	1.41	0.96
0.2	2.46	2.09	1.96	1.88	1.81	1.76	1.59	1.51	1.49	1.37	0.98
0.3	2.23	1.93	1.82	1.76	1.70	1.66	1.52	1.45	1.43	1.34	1.00
0.4	2.01	1.78	1.68	1.64	1.60	1.56	1.44	1.39	1.38	1.30	1.01
0.5	1.80	1.63	1.56	1.52	1.49	1.46	1.37	1.33	1.32	1.25	1.01

表 3.2-18 平均波长、平均波周期与建筑物迎水面前水深的换算表

H	T_m													
	2	3	4	5	6	7	8	9	10	12	14	16	18	20
1.0	5.21	8.68	11.99	15.23	18.43	21.61	24.78	27.94	31.10					
2.0	6.04	11.30	16.22	20.94	25.57	30.14	34.68	39.19	43.68					

续表

H	T_m													
	2	3	4	5	6	7	8	9	10	12	14	16	18	20
3.0	6.21	12.67	18.95	24.92	30.71	35.40	42.02	47.59	53.14					
4.0	6.23	13.39	20.85	27.93	34.76	41.42	47.99	54.49	60.94					
5.0		13.75	22.19	30.30	38.07	45.64	53.06	60.39	67.66	82.05	96.23	110.6	124.7	138.9
6.0		13.92	23.12	32.17	40.85	49.25	57.48	65.58	73.60	89.44	105.1	120.7	136.3	151.8
7.0		13.99	23.76	33.67	43.20	52.40	61.39	70.22	78.94	96.00	113.2	130.1	146.9	163.7
8.0		14.02	24.10	34.87	45.21	55.18	64.88	74.20	83.79	102.3	120.6	138.7	156.9	174.7
9.0		14.03	24.48	35.82	46.92	57.62	68.03	78.21	88.24	108.0	127.4	146.7	166.0	185.0
10.0		14.04	24.65	36.58	48.39	59.80	70.88	81.70	92.34	113.4	133.8	154.2	174.5	194.7
12.0		14.05	24.85	37.62	50.71	63.46	75.82	87.88	99.70	122.8	145.6	168.0	190.3	212.6
14.0			24.92	38.24	52.40	66.38	79.95	93.17	106.1	131.3	156.1	180.5	204.8	228.8
16.0			24.95	38.59	53.60	68.69	83.42	97.75	111.8	139.0	165.7	191.9	217.9	243.7
18.0			24.97	38.78	54.44	70.52	86.32	101.7	116.8	146.0	174.5	202.4	230.2	257.6
20.0				38.89	55.02	71.95	88.76	105.2	121.2	152.3	182.5	212.2	241.5	270.6
22.0				38.95	55.42	73.07	90.80	108.2	125.2	158.1	190.1	221.4	252.3	282.9
24.0				38.98	55.68	73.92	92.50	110.8	128.2	163.4	197.0	229.9	262.6	294.4
26.0				39.00	55.88	74.58	93.50	113.1	131.9	168.8	203.6	238.0	271.9	305.4
28.0				39.00	55.97	75.07	95.06	115.1	134.7	172.7	209.5	245.6	280.9	315.8
30.0				39.01	56.05	78.44	96.02	116.8	137.3	176.9	215.3	252.7	289.6	325.7
32.0					56.00	75.72	96.97	118.3	139.5	180.8	220.7	259.5	297.6	335.2
34.0					56.12	75.92	97.42	119.5	141.5	184.4	225.8	266.0	305.4	343.3
36.0					56.14	76.07	97.93	120.6	143.3	187.7	230.5	272.1	312.9	353.0
38.0					56.16	76.18	98.34	121.5	144.9	190.7	235.0	278.0	320.0	361.4
40.0					56.17	76.26	98.60	122.3	146.3	193.6	239.2	283.3	326.6	369.4
42.0					56.17	76.32	98.92	123.0	147.6	196.2	243.2	288.8	333.4	377.2
44.0					56.17	76.36	99.13	123.7	148.7	198.6	247.0	293.9	339.7	384.6
46.0					56.18	76.39	99.20	124.0	149.6	200.8	250.5	298.7	345.7	391.8
48.0						76.41	99.42	124.4	150.5	202.9	253.9	303.3	351.5	398.8
50.0						76.43	99.52	124.8	151.2	204.8	256.9	307.6	357.0	405.5
55.0						76.45	99.71	125.2	152.9	208.9	264.2	317.9	370.1	421.4
60.0						76.46	99.78	125.8	153.8	212.7	270.2	327.1	382.1	436.0
65.0						76.47	99.82	126.0	154.5	214.9	275.8	335.2	393.3	449.7
70.0							99.85	126.2	155.0	216.9	280.3	342.5	402.8	462.2
深水波	6.24	14.05	24.97	39.02	56.19	76.47	99.88	128.1	156.1	224.6	305.7	399.3	505.3	623.9

（2）波浪要素计算。

根据水库的具体条件，分下述三种情况计算波浪要素。

1）平原、滨海地区水库，按莆田试验站公式计算：

$$gh_m/v_0^2 = 0.13\tanh[0.7(gH_m/v_0^2)^{0.7}]\times \tanh\{0.0018(gD/v_0^2)^{0.45}/0.13\tanh[0.7(gH_m/v_0^2)^{0.7}]\} \quad (3.2-46)$$

$$gT_m/v_0 = 13.9(gh_m/v_0^2)^{0.5} \quad (3.2-47)$$

式中 g——重力加速度，9.81m/s²；

h_m——平均波高，m；

v_0——计算风速，m/s；

H_m——风区水域平均深度，m；

D——风区长度，m；

T_m——平均波周期，s。

2）丘陵、平原地区水库，按鹤地水库公式计算（适用于库水较深、$v_0<26.5$m/s、$D<7.5$km）：

$$gh_{2\%}/v_0^2 = 0.00625v_0^{1/8}(gD/v_0^2)^{1/3} \quad (3.2-48)$$

$$gL_m/v_0^2 = 0.0386(gD/v_0^2)^{1/2} \quad (3.2-49)$$

式中 $h_{2\%}$——累积频率为2%的波高，m；

L_m——平均波长，m。

3）内陆峡谷地区水库，按官厅水库公式计算（适用于 $v_0<20$m/s、$D<20$km）：

$$gh/v_0^2 = 0.0076v_0^{-1/12}(gD/v_0^2)^{1/3} \quad (3.2-50)$$

$$gL_m/v_0^2 = 0.331v_0^{-1/2.15}(gD/v_0^2)^{1/3.75} \quad (3.2-51)$$

式中 h——$h_{5\%}$ 或 $h_{10\%}$，m，当 $gD/v_0^2=20\sim250$ 时，为累积频率5%的波高 $h_{5\%}$，当 $gD/v_0^2=250\sim1000$ 时，为累积频率10%的波高 $h_{10\%}$。

上述波浪要素的计算，一般都采用以一定实测或试验资料为基础的半理论半经验性方法，因而都受到一定适用条件的限制，各地区水库的地理条件和风况等各不相同，计算时应根据水库的具体条件选择采用不同的计算公式，不必同时采用不同计算公式去比较或选值。此外，上述每组公式只能直接求解出波浪要素中的两项，且不一定是所需要的，若要进一步求解其他所需的波浪要素（尤其是任意累积频率的波高）时，详见后面计算例题。

3.2.6.3 浪压力

1. 确定波列累积频率

计算浪压力首先要确定设计波列累积频率，不同的水工建筑物应根据其级别采用不同的累积频率要求。目前采用定值单一安全系数方法设计建筑物的水利行业设计规范中，仅少数规范，如《碾压式土石坝设计规范》（SL 274—2001）及SL 265—2001做了明确规定。当设计规范中未做具体规定时，一般情况下，1级建筑物的波列累积频率采用1%，2、3级采用2%，4、5级采用5%。

对于电力行业设计规范，因建筑物设计采用分项系数极限状态设计方法，建筑物级别的差异可在“结构重要性系数”中考虑，故计算浪压力时的设计波浪的波列累积频率一律采用1%计算。但计算用于决定建筑物顶高程的波高或波浪爬高时，因不涉及“结构重要性系数”，故应与采用定值单一安全系数方法设计的建筑物一样，区分建筑物级别分别采用不同的波列累积频率。

2. 直墙式挡水建筑物浪压力

作用于铅直迎水面或近似铅直迎水面（如双曲拱坝）水工建筑物上的浪压力，是根据建筑物迎水面前的水深，分三种波态分别计算，见图3.2-16。

（1）深水波。

当 $H\geqslant H_k$ 且 $H\geqslant0.5L_m$ 时属深水波，其浪压力分布如图3.2-16（a）所示，单位长度迎水面上的浪压力（标准值）按式（3.2-52）计算：

$$P_{wk} = 0.25\gamma_w L_m(h_p+h_z) \quad (3.2-52)$$

其中

$$h_z = (\pi h_p^2/L_m)\coth(2\pi H/L_m) \quad (3.2-53)$$

$$H_k = (L_m/4\pi)\ln[(L_m+2\pi h_p)/(L_m-2\pi h_p)] \quad (3.2-54)$$

式中 P_{wk}——单位长度迎水面上的浪压力（标准值），kN/m；

h_p——累积频率为 p（%）的波高，m；

h_z——波浪中心线至计算水位的高度，m；

H_k——使波浪破碎的临界水深，m，当 $H<H_k$ 时为破碎波。

（2）浅水波。

当 $H\geqslant H_k$ 且 $H<0.5L_m$ 时属浅水波，其浪压力分布如图3.2-16（b）所示，单位长度迎水面上的浪压力（标准值）按式（3.2-55）计算：

$$P_{wk} = 0.5[(h_p+h_z)(\gamma_w H+p_{lf})+Hp_{lf}] \quad (3.2-55)$$

其中

$$p_{lf} = \gamma_w h_p \operatorname{sech}(2\pi H/L_m) \quad (3.2-56)$$

式中 p_{lf}——建筑物底面处的剩余浪压力强度，kN/m²。

（3）破碎波。

破碎波时的浪压力分布如图3.2-16（c）所示，单位长度迎水面上的浪压力（标准值）按式（3.2-57）计算：

$$P_{uk} = 0.5p_0[(1.5-0.5\lambda)h_p+(0.7+\lambda)H] \quad (3.2-57)$$

其中 $$p_0 = K_i\gamma_w h_p \quad (3.2-58)$$

式中 p_0——计算水位处的浪压力强度，kN/m²；

λ——建筑物底面的浪压力强度折减系数，当 $H\leqslant 1.7h_p$ 时采用0.6，当 $H>1.7h_p$ 时采用0.5；

K_i——底坡影响系数，按表3.2-19采用。

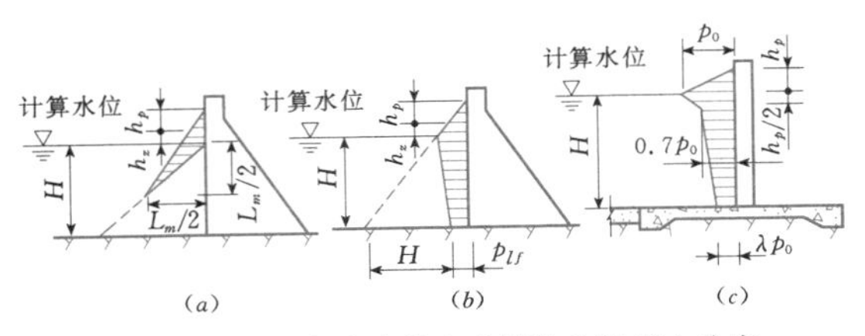

图3.2-16 直墙式挡水建筑物的浪压力分布

表3.2-19 底坡影响系数 K_i

底坡 i	1/10	1/20	1/30	1/40	1/50	1/60	1/80	<1/100
K_i 值	1.89	1.61	1.48	1.41	1.36	1.33	1.29	1.25

注 底坡 i 采用建筑物迎水面前一定距离内地面底坡的平均值。

3. 斜坡式挡水建筑物浪压力

(1) 单坡。

对于 $1.5\leqslant m\leqslant 5.0$（$m$ 为坡度系数，若坡角为 α，则 $m=\cot\alpha$）的单坡护面板上的浪压力（标准值），可按图3.2-17压力强度分布计算的合力确定。图中有关参数按下列各项计算。

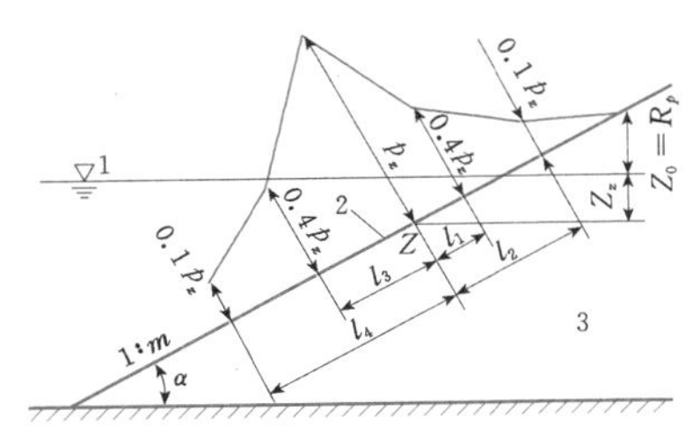

图3.2-17 斜坡式单坡护面板上的浪压力分布

1—上游水位；2—护坡面板；3—坝体

1) 斜坡上最大受力点的浪压力强度按式（3.2-59）计算：

$$p_z = K_pK_1K_2K_3\gamma_w h_s \quad (3.2-59)$$

其中

$$K_1 = 0.85+m(0.028-1.15h_s/L_m)+4.8h_s/L_m \quad (3.2-60)$$

式中 p_z——最大浪压力强度，kN/m²；

K_p——频率换算系数，视建筑物设计波浪的波列累积频率按表3.2-20采用；

K_1——系数；

K_2——系数，按表3.2-21采用；

K_3——浪压力相对强度系数，按表3.2-22采用；

h_s——有效波高，m，约相当于累积频率14%的波高。

表3.2-20 频率换算系数 K_p

P (%)	1	2	3	4	5	10	14	30	50
K_p	1.35	1.30	1.27	1.22	1.15	1.06	1.00	0.88	0.74

表3.2-21 系数 K_2 值

L_m/h_s	10	15	20	25	35
K_2	1.00	1.15	1.30	1.35	1.48

表3.2-22 浪压力相对强度系数 K_3

h_s (m)	0.5	1.0	1.5	2.0	2.5	3.0	3.5	≥4.0
K_3	3.7	2.8	2.3	2.1	1.9	1.8	1.75	1.7

2) 斜坡上最大浪压力强度作用点距计算水位的垂直高度 Z_z 按式（3.2-61）计算：

$$Z_z = A+(A+B)[1-(1+2m^2)^{0.5}]/m^2 \quad (3.2-61)$$

其中

$$A = h_s[0.47+0.023(L_m/h_s)][(1+m^2)/m^2] \quad (3.2-62)$$

$$B = h_s[0.95-(0.84m-0.25)h_s/L_m] \quad (3.2-63)$$

当计算 $Z_z<0$ 时，取 $Z_z=0$。

3) 图3.2-17中 l_i（$i=1, 2, 3, 4$）按式（3.2-64）计算：

$$\left.\begin{aligned} l_1 &= 0.0125L_\varphi \\ l_2 &= 0.0325L_\varphi \\ l_3 &= 0.0265L_\varphi \\ l_4 &= 0.0675L_\varphi \end{aligned}\right\} \quad (3.2-64)$$

其中 $$L_\varphi = mL_m/(m^2-1)^{0.25} \quad (3.2-65)$$

4) 图3.2-17中风浪作用区域上限 Z_0，即波浪爬高 R_p，由式（3.2-66）计算：

$$R_P = K_nR_m \quad (3.2-66)$$

其中 $$R_m = K_\varphi K_\Delta K_w(h_mL_m)^{0.5}/(1+m^2)^{0.5} \quad (3.2-67)$$

式中 K_n——转换系数，根据 h_m/H 由表3.2-23查取；

R_m——波浪平均爬高，m；

K_φ——考虑波浪入射角的折减系数，按表3.2-24采用；

K_Δ——斜坡糙率渗透性系数，与护面类型及结构有关，按表3.2-25采用；

K_w——经验系数，按表3.2-26采用。

表 3.2-23 不同累积频率下的爬高与平均爬高比值 K_p

P（%）		0.1	1	2	4	5	10	14	20	30	50
h_m/H	<0.1	2.66	2.23	2.07	1.90	1.84	1.64	1.53	1.39	1.22	0.96
	0.1～0.3	2.44	2.08	1.94	1.80	1.75	1.57	1.48	1.36	1.21	0.97
	>0.3	2.13	1.86	1.76	1.65	1.61	1.48	1.39	1.31	1.19	0.99

表 3.2-24 考虑波浪入射角的折减系数

β（°）	0	10	20	30	40	50	60
K_φ	1.00	0.98	0.96	0.92	0.87	0.82	0.76

注 β 为波浪入射角，即来波波向线与坝轴线法线的夹角。

表 3.2-25 斜坡糙率渗透性系数 K_Δ

护 面 类 型	K_Δ
光滑不透水护面（沥青混凝土）	1.00
混凝土或混凝土板	0.90
草皮	0.85～0.90
砌石	0.75～0.80
抛填二层块石（不透水基础）	0.60～0.65
抛填二层块石（透水基础）	0.50～0.55

表 3.2-26 经 验 系 数 K_w

$v_0/(gH)^{0.5}$	≤1	1.5	2	2.5	3	3.5	4	≥5
K_w	1.00	1.02	1.08	1.16	1.22	1.25	1.28	1.30

（2）复式坡。

对迎水面为具有平台的复式坡或折坡的斜坡式挡水建筑物，其波浪压力情况较为复杂，难以通过计算确定，除对一些可近似转化为单坡情况（见 3.2.6.4 的“2. 复式坡”）进行初步估算外，一般应通过模型试验确定。

3.2.6.4 波浪爬高

来波在斜坡式挡水建筑物迎水面上的波浪爬高 R_p，视迎水面构造型式不同分别计算。当建筑物迎水面长度较长或轴线折弯时，因基本条件（水库的有效吹程、水深及风向等）发生变化，应分段计算波浪爬高。

1. 单坡

（1）当 $1.5 \leqslant m \leqslant 5.0$ 时，波浪爬高按式（3.2-66）计算。

（2）当 $m \leqslant 1.25$ 时，波浪爬高仍按式（3.2-66）计算。但其中

$$R_m = K_\varphi K_\Delta K_w R_0 h_m \qquad (3.2-68)$$

式中 R_0——无风情况下，平均波高 $h_m = 1.0$m 时，光滑不透水护面（$K_\Delta = 1$）的爬高值，由表 3.2-27 查取。

表 3.2-27 R_0 值

m	0	0.5	1.0	1.25
R_0	1.24	1.45	2.20	2.50

（3）当 $1.25 < m < 1.5$ 时，波浪爬高可由 $m=1.25$ 和 $m=1.5$ 的计算值按内插确定。

2. 复式坡

复式坡的波浪爬高计算比较复杂，难以建立一个统一的算式，下面是特定情况下的复式坡波浪爬高的估算方法，重要工程可结合浪压力通过模型试验确定。

（1）马道的上、下坡度一致、马道宽度小于（0.5～2.0）$h_{1\%}$，且马道位于静水位上、下 $0.5h_{1\%}$ 以外时，可不考虑马道影响，按单坡进行计算。

（2）马道的上、下坡度一致、马道宽度为（0.5～2.0）$h_{1\%}$，且马道位于静水位上、下 $0.5h_{1\%}$ 范围内时，波浪爬高为按单坡计算值的 0.8～0.9。

（3）马道的上、下坡度不一致，且马道位于静水位上、下 $0.5h_{1\%}$ 范围内时，先按式（3.2-69）确定折算单坡坡度系数，再按单坡计算（即 m_e 代替 m）。

$$1/m_e = 0.5(1/m_上 + 1/m_下) \qquad (3.2-69)$$

式中 m_e——折算单坡坡度系数；

$m_上$——马道以上坡度系数，$m_上 \geqslant 1.5$；

$m_下$——马道以下坡度系数，$m_下 \geqslant 1.5$。

3.2.6.5 波浪反压力

由于波浪回落，使装配式斜坡护面板反面产生反压力，波浪反压力（标准值）可按图 3.2-18 反压力强度分布计算的合力确定，波浪反压力强度按式（3.2-70）计算：

$$p_c = K_1 K_2 K_p K_c \gamma_w h_s \qquad (3.2-70)$$

式中 p_c——波浪反压力强度，kN/m²；

K_c——波浪反压力强度系数，由图 3.2-18 曲线查取。

3.2.6.6 风壅水面高度

当风沿水域吹向水工建筑物时，使建筑物前面的静水位高出原来水位的垂直距离，称为风壅水面高

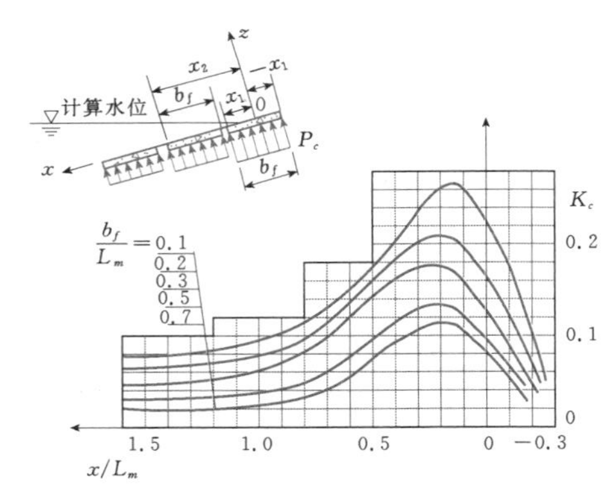

图3.2-18　波浪反压力系数

b_f—护面板沿斜坡方向的边长

度，可近似按式（3.2-71）计算：

$$e=\frac{Kv_0^2D\cos\beta}{2gH_m} \quad (3.2-71)$$

式中　e——计算点处风壅水面高度，m；

K——综合摩阻系数，取 3.6×10^{-6}；

β——计算风向与坝轴线法线的夹角，(°)。

3.2.6.7　作用分项系数

采用分项系数极限状态设计方法时，浪压力的作用分项系数采用1.2。

3.2.6.8　波浪要素计算例题

在计算包括浪压强、浪压力、波浪爬高及波浪中心线至计算水位高差等内容时，首先得求出各项波浪要素（h_m、L_m、T_m 及设计累积频率下的 h_p 等）。但在计算波浪要素的所有公式中，只能直接求解出其中两项，莆田试验站公式只求解出 h_m 及 T_m，其他要素尚可通过有关公式或表间接求解；而鹤地水库公式只能求解出 $h_{2\%}$ 及 L_m，官厅水库公式只能求解出 $h_{5\%}$（或 $h_{10\%}$）及 L_m，其他要素中除 T_m 可通过有关公式或表间接求解外，重要的 h_m 及 h_p 却无法求得。因此，为了在采用鹤地及官厅水库公式求解波浪要素时能求解出 h_m 及 h_p，在既满足设计精度要求、又可方便操作前提下，经充分论证后对求解过程做了一些假定。下面是以鹤地水库公式为例的求解 h_m 及 h_p 方法和步骤（用官厅水库公式计算仅是第一步中公式及其求解出的原值以及第二步的假定不同）。

1. 计算方法和步骤

(1) 已知条件：各计算工况的 D、H、H_m、v_0 等值。

(2) 计算方法和步骤。

第一步：根据已知条件，从式（3.2-48）及式（3.2-49）中可求解出 $h_{2\%}$ 值（称为原值）及 L_m 值，尚需求解 h_m、h_p 及 T_m 值［用官厅水库公式：从式（3.2-50）及式（3.2-51）中可求解出 $h_{5\%}$ 或 $h_{10\%}$ 值］。

第二步：初定 h_m 值。为了求取 h_m 及 h_p 值，可先根据 $h_{2\%}$ 原值从表3.2-17求取 h_m 值，但这里有一个前提，即先要确定 h_m/H_m 值。根据鹤地水库公式适用条件论证，充分证明 h_m/H_m 值一般不超过0.2，从表3.2-17可知，h_m/H_m 值在0～0.2时，$h_{2\%}/h_m$ 值平均为2.1左右，按该比例初步定出 h_m 值［用官厅水库公式：根据官厅水库公式适用条件论证，充分证明 h_m/H_m 值一般不超过0.1，从表3.2-17可知，h_m/H_m 值在0～0.1时，$h_{5\%}/h_m$（或 $h_{10\%}/h_m$）平均值约为1.91（或1.68），按此比例初步定出 h_m 值］。

第三步：确定 h_m 值。根据初定的 h_m 值，并查表3.2-17内插初定 h_m/H_m 值后，根据表3.2-17反求 $h_{2\%}$ 值。如求出 $h_{2\%}$ 值（为安全考虑，所求值应不小于原值）与原值比的误差≤5%时（之所以定出这个误差范围，是鉴于采用分项系数极限状态设计方法时，浪压力的作用分项系数采用1.2的情况，这个误差是允许的），则 h_m 为确定值；否则，调整 h_m 值，使反求的 $h_{2\%}$ 值满足上述要求为止。

第四步：根据确定的 h_m 值，按表3.2-17求取所需的 h_p 值。此时 h_m/H_m 可按内插值求取。

第五步：根据 H 值及 L_m 值由式（3.2-44）或式（3.2-45）求解或从表3.2-18查取 T_m 值。

2. 计算例题

下面举例说明利用鹤地水库公式直接求得 $h_{2\%}$ 及 L_m 后如何求取其他波浪要素（用官厅水库公式直接求得 $h_{5\%}$ 或 $h_{10\%}$ 及 L_m 值后，可用类似的方法求其他波浪要素）。

某丘陵地区水库，已知某计算工况的 $D=5000$m、$H=H_m=15$m、$v_0=16.5$m/s，用鹤地水库公式求解波浪要素 h_m、h_p（例 $h_{1\%}$、$h_{2\%}$、$h_{5\%}$、$h_{10\%}$ 及有效波高 $h_{14\%}$）、L_m 及 T_m。

从式（3.2-48）直接求得 $h_{2\%}=1.40$m（原值）；从式（3.2-49）直接求得 $L_m=14.38$m

假定 $h_{2\%}/h_m=2.1$（见计算方法和步骤中的鹤地水库公式的第二步），即

$$h_m=1.40\text{m}/2.1=0.67\text{m}$$

初定 $h_m=0.66$m，用初定的 h_m 反求 $h_{2\%}$：

以 $h_m/H_m=0.66\text{m}/15\text{m}=0.044$，从表3.2-17中内插查得 $h_{2\%}/h_m$ 为2.17，得

$h_{2\%}=2.17\times0.66\text{m}=1.43\text{m}$（>原值1.40m，可）

因1.43m/1.40m=1.02（2%<5%，可），故 h_m 定0.66m，则 $h_m/H_m=0.044$，从表3.2-14内插求得 $h_{1\%}/h_m$、$h_{5\%}/h_m$、$h_{10\%}/h_m$、$h_{14\%}/h_m$ = 2.35、1.91、1.68、1.56，得

$h_{1\%}=2.35\times0.66\text{m}=1.55\text{m}$

$h_{5\%}=1.91\times0.66\text{m}=1.26\text{m}$

$h_{10\%}=1.68\times0.66\text{m}=1.11\text{m}$

$h_{14\%}=1.56\times0.66\text{m}=1.03\text{m}$

因 $H=15\text{m}>0.5L_m=7.19\text{m}$，属深水波，故从式（3.2－45）求得或由表 3.2－18 内插查得：$T=3.03\text{s}$。

答案之一：$h_m=0.66\text{m}$，$L_m=14.38\text{m}$，$T_m=3.03\text{s}$；$h_{1\%}$、$h_{2\%}$、$h_{5\%}$、$h_{10\%}$、$h_{14\%}=1.55\text{m}$、1.43m、1.26m、1.11m、1.03m。

作为算例，下面举例说明如何调整 h_m：

（1）取 h_m 为 0.64m。则 $h_m/H_m=0.043$，从表 3.2－17 中内插查得 $h_{2\%}/h_m=2.17$，求得 $h_{2\%}=1.39\text{m}$（<原值 1.40m，不可）。

（2）取 h_m 为 0.68m。则 $h_m/H_m=0.045$，从表 3.2－17 中内插查得 $h_{2\%}/h_m=2.17$，求得 $h_{2\%}=1.48\text{m}$（>原值 1.40m，可），但 1.48/1.40＝1.06（6%>5%，不可）。

（3）取 h_m 为 0.67m（或 0.65m）。则 $h_m/H_m=0.045$（或 0.043），从表 3.2－17 中内插查得 $h_{2\%}/h_m=2.17$（或 2.17），求得 $h_{2\%}=1.45\text{m}$（或 1.41m）（皆大于原值 1.40m，可），1.45/1.40（或 1.41/1.40）＝1.04（或 1.01）（4%或 1%皆<5%，可），下面求 $h_{1\%}$、$h_{5\%}$、$h_{10\%}$、$h_{14\%}$：

1）h_m 为 0.67m 时：从表 3.2－17 内插求得 $h_{1\%}/h_m$、$h_{5\%}/h_m$、$h_{10\%}/h_m$、$h_{14\%}/h_m=2.35$、1.91、1.68、1.56，求出 $h_{1\%}$、$h_{5\%}$、$h_{10\%}$、$h_{14\%}=1.57\text{m}$、1.28m、1.13m、1.05m。

2）h_m 为 0.65m 时：从表 3.2－17 内插求得 $h_{1\%}/h_m$、$h_{5\%}/h_m$、$h_{10\%}/h_m$、$h_{14\%}/h_m=2.35$、1.91、1.68、1.56，求出 $h_{1\%}$、$h_{5\%}$、$h_{10\%}$、$h_{14\%}=1.53\text{m}$、1.24m、1.09m、1.01m。

答案：（1）$h_m=0.65\text{m}$、$L_m=14.38\text{m}$、$T_m=3.03\text{s}$、$h_{1\%}=1.53\text{m}$、$h_{2\%}=1.41\text{m}$、$h_{5\%}=1.24\text{m}$、$h_{10\%}=1.09\text{m}$、$h_{14\%}=1.01\text{m}$。

（2）$h_m=0.66\text{m}$、$L_m=14.38\text{m}$、$T_m=3.03\text{s}$、$h_{1\%}=1.55\text{m}$、$h_{2\%}=1.43\text{m}$、$h_{5\%}=1.26\text{m}$、$h_{10\%}=1.11\text{m}$、$h_{14\%}=1.03\text{m}$。

（3）$h_m=0.67\text{m}$、$L_m=14.38\text{m}$、$T_m=3.03\text{s}$、$h_{1\%}=1.57\text{m}$、$h_{2\%}=1.45\text{m}$、$h_{5\%}=1.28\text{m}$、$h_{10\%}=1.13\text{m}$、$h_{14\%}=1.05\text{m}$。

三组答案中，可任选一组作为正式答案。

3.2.7 地应力及围岩压力

3.2.7.1 地应力

地应力是工程施工前存在于岩体中的应力，又称为初始地应力。初始地应力资料需要通过现场实测才能获得。但一般工程往往受到各方面条件的限制，难以大规模地开展应力实测工作，因此仅要求对重要的工程通过现场实测，根据实测资料分析确定其岩体初始地应力。一般情况下，当工程所在地区或附近具备少量实测地应力资料时，可建立区域地应力场的有限元计算模型进行模拟计算，使各已知点的计算地应力与实测地应力达到最佳的拟合程度，其他未知点的地应力即可按模拟计算结果确定。某些情况下也可根据少数实测变形资料进行反演分析，以确定其初始地应力。

现场实测虽然是获得岩体初始地应力的主要手段，但实测数据一般离散性较大，因此应充分考虑地质构造、地形地貌、地表剥蚀作用、岩体力学性质等因素的影响，综合分析确定岩体初始地应力。

当无实测资料时，但符合下列条件之一者，可将岩体初始地应力场视为重力场，并按式（3.2－72）、式（3.2－73）计算岩体地应力标准值：

（1）工程区域内地震基本烈度低于 6 度。

（2）岩体纵波波速小于 2500m/s。

（3）工程区域岩层平缓，未经受过较强烈的地质构造变动。

$$\sigma_{vk}=\gamma_R H \qquad (3.2-72)$$

$$\sigma_{hk}=K_0\sigma_{vk} \qquad (3.2-73)$$

其中

$$K_0=\frac{\mu_R}{1-\mu_R} \qquad (3.2-74)$$

式中 σ_{vk}——岩体垂直地应力标准值，kN/m^2；

σ_{hk}——岩体水平地应力标准值，kN/m^2；

γ_R——岩体容重，kN/m^3；

H——洞室上覆岩体厚度，m；

K_0——岩体侧压力系数；

μ_R——岩体的泊松比。

当无实测资料，但地质勘察表明该工程区域曾受过地质构造变动时，应考虑重力场与构造应力场叠加，可按式（3.2－75）、式（3.2－76）计算岩体初始地应力标准值：

$$\sigma_{vk}=\lambda\gamma_R H \qquad (3.2-75)$$

$$\sigma_{hk}=K_1\sigma_{vk} \qquad (3.2-76)$$

式中 λ——考虑构造应力的影响系数，可采用 1.2～2.5（受构造影响小者取小值）；

K_1——岩体侧压力系数，可采用 1.1～3.0（洞室埋深大、受构造影响小者取小值）。

由于地应力状态受各种复杂因素的影响，仅以应力的量级评价地应力状态不一定完全可信，因而须结合工程类比和专家的判断综合分析确定岩体的地应力

（场）。根据式（3.2-72）～式（3.2-76）的计算结果，应结合工程经验及类比分析，确定岩体的初始地应力（场）。对于高地应力地区，宜通过现场实测取得地应力（场）资料。

3.2.7.2　围岩压力

围岩压力又称山岩压力，是指地下洞室围岩中的岩块失去稳定时作用在衬砌或支护上的松动压力，或者在地应力卸荷过程中形成的形变压力。当洞室在开挖过程中，采取了锚喷支护或钢架支撑等施工加固措施，已使围岩处于基本稳定或已稳定的情况下，设计时宜少计或不计作用在永久支护结构上的围岩压力。对于块状、中厚层至厚层状结构的围岩，可根据围岩中不稳定块体的重力作用确定围岩压力标准值。

对于薄层状及碎裂、散体结构的围岩，垂直均布压力标准值可按式（3.2-77）计算，并根据开挖后的实际情况进行修正：

$$q_{vk}=(0.2\sim0.3)\gamma_R B \qquad (3.2-77)$$

式中　q_{vk}——垂直均布压力标准值，kN/m²；

B——洞室开挖宽度，m；

γ_R——岩体容重，kN/m³。

对于碎裂、散体结构的围岩，水平均布压力标准值可按式（3.2-78）计算，并根据开挖后的实际情况进行修正：

$$q_{hk}=(0.05\sim0.10)\gamma_R H \qquad (3.2-78)$$

式中　q_{hk}——水平均布压力标准值，kN/m²；

H——洞室开挖深度，m。

对于不能形成稳定拱的浅埋洞室，宜按洞室拱顶上覆岩体的重力作用计算围岩压力标准值，并根据施工所采取的措施予以修正。

3.2.7.3　作用分项系数

采用分项系数极限状态设计方法时，岩体初始地应力及围岩压力的作用分项系数可采用 1.0。

3.2.8　土压力和淤沙压力

3.2.8.1　挡土建筑物的土压力

挡土建筑物的土压力系指挡土建筑物（挡土墙）后的土体对挡土建筑物背面的土压力。根据挡土墙背面填土的位移方向和大小，挡土墙所受土压力可分为主动土压力、静止土压力和被动土压力三类。

1. 主动土压力

作用在单位长度挡土墙背面的主动土压力标准值可按式（3.2-79）计算：

$$F_{ak}=\frac{1}{2}\gamma H^2 K_a \qquad (3.2-79)$$

式中　F_{ak}——主动土压力标准值，kN/m，作用于距墙底 $H/3$ 墙背处，与水平面呈（$\delta+\varepsilon$）夹角（见图 3.2-19）；

γ——挡土墙背面填土容重，kN/m³；

H——挡土墙高度，m；

K_a——主动土压力系数，其计算方法主要有朗肯理论和库仑理论。

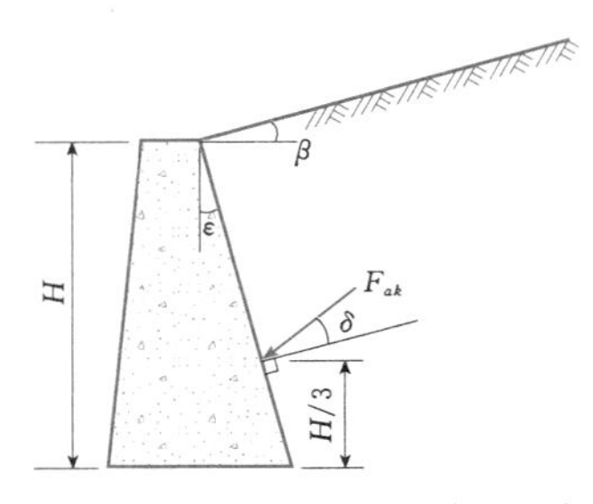

图 3.2-19　主动土压力作用示意

由于库仑方法能考虑较多的影响因素并具有相对较高的准确度，朗肯理论实际上是库仑理论的一种特殊情况，因此工程上多采用库仑方法计算主动土压力，其可按式（3.2-80）计算：

$$K_a=\frac{\cos(\varepsilon-\beta)}{\cos^2\varepsilon\cos^2(\varepsilon-\beta+\varphi+\delta)}\{\cos(\varepsilon-\beta)\cos(\varepsilon+\beta)+\sin(\varphi+\delta)\sin(\varphi-\beta)+2\eta\cos\varepsilon\cos\varphi\sin(\varepsilon-\beta+\varphi+\delta)-2\{[\cos(\varepsilon-\beta)\sin(\varphi-\beta)+\eta\cos\varepsilon\cos\varphi]\times[\cos(\varepsilon+\delta)\sin(\varphi+\delta)+\eta\cos\varepsilon\cos\varphi]\}^{\frac{1}{2}}\} \qquad (3.2-80)$$

其中

$$\eta=\frac{2c}{\gamma H} \qquad (3.2-81)$$

$$\varphi=\mu_\varphi-1.645\sigma_\varphi \qquad (3.2-82)$$

$$c=[\lambda+0.02(H-10)]\mu_c \qquad (3.2-83)$$

式中　ε——挡土墙背面与铅垂面的夹角，(°)；

β——挡土墙后填土表面坡角，(°)；

δ——挡土墙后填土对墙背的外摩擦角，(°)，可按表 3.2-28 采用；

φ——填土内摩擦角，(°)；

c——填土黏聚力，kN/m²；

μ_φ——填土内摩擦角的平均值；

σ_φ——填土内摩擦角的标准差；

μ_c——填土黏聚力的平均值，kN/m²；

λ——计算系数，可根据墙后填土的内摩擦角的均值 μ_φ 和黏聚力的均值 μ_c 及其变异系数 δ_φ、δ_c 由表 3.2-31 查取。

挡土墙后填土的 φ、c 值一般应根据试验资料确定；当试验资料不足时，对一般土可参照表 3.2-29、表 3.2-30 选取。

表 3.2-28　填土对挡土墙背的外摩擦角 δ

挡土墙情况	δ
墙背光滑，排水不良	$(0.00\sim0.33)\varphi$
墙背粗糙，排水良好	$(0.33\sim0.50)\varphi$
墙背很粗糙，排水良好	$(0.50\sim0.67)\varphi$
墙背与填土间不可能滑动	$(0.67\sim1.00)\varphi$

表 3.2-29　砾类土 G、砂类土 S 的 φ 值

单位：（°）

类别	松散状态	中密状态	密实状态
砾类土 G	30～34	34～37	37～40
砂类土 S	25～30	30～35	35～40

表 3.2-30　细粒土 F 的 φ、c 值

塑性指数 I_P		孔隙比					
		<0.5	0.5～0.6	0.6～0.7	0.7～0.8	0.8～0.9	>0.9
<10	φ（°）	27	25	23	21	19	17
	c（kN/m²）	10	8	6	4	3	2
10～17	φ（°）	21	19	17	15	14	13
	c（kN/m²）	18	14	11	9	8	6
>17	φ（°）	17	15	13	12	11	10
	c（kN/m²）	35	28	22	17	13	10

表 3.2-31　计算系数 λ 值

μ_φ（°）	μ_c（kN/m²）	δ_φ	δ_c			
			0.2	0.4	0.6	0.8
20	10	0.1	1.0	0.8	0.6	0.3
		0.2	1.1	1.1	1.0	0.8
		0.3	1.2	1.2	1.2	1.2
	20	0.1	0.9	0.6	0.3	0
		0.2	1.0	0.8	0.5	0.3
		0.3	1.1	1.0	0.8	0.5
	30	0.1	0.8	0.5	0.2	0
		0.2	0.9	0.6	0.3	0.1
		0.3	1.0	0.8	0.5	0.3
30	5	0.1	1.2	1.2	1.1	1.0
		0.2	1.3	1.3	1.4	1.5
		0.3	1.4	1.5	1.5	1.5
	10	0.1	1.1	0.9	0.7	0.5
		0.2	1.1	1.1	1.0	0.9
		0.3	1.2	1.2	1.2	1.2
	20	0.1	0.9	0.6	0.4	0.1
		0.2	1.0	0.9	0.7	0.5
		0.3	1.1	1.0	0.9	0.7
30	5	0.1	1.2	1.2	1.1	1.0
		0.2	1.4	1.4	1.4	1.5
		0.3	1.4	1.3	1.2	1.1
	10	0.1	1.1	1.0	0.8	0.5
		0.2	1.2	1.2	1.2	1.1
		0.3	1.2	1.4	1.4	1.3
	20	0.1	0.9	0.7	0.5	0.2
		0.2	1.0	0.9	0.7	0.5
		0.3	1.1	1.0	0.9	0.7

当墙后填土表面无荷载时，墙背主动土压力为三角形分布；有均布荷载时，可将该荷载换算成等重量的填土厚度进行计算，此时墙背上的主动土压力为梯形分布。

对于墙背较平缓的挡土建筑物，当墙背与铅垂线的夹角大于某一临界值时，即墙背的坡角 ε 大于临界值 ε_{cr} 时，墙后填土破坏后将产生第二破裂面（见图 3.2-20），填土沿第二破裂面而不是沿墙背滑动，此时应按第二破裂面计算作用于墙背的主动土压力，其主动土压力标准值应按作用于第二破裂面上的主动土压力 F_{a2} ［取 $\delta=\varphi$，按式（3.2-79）计算］和墙背与第二破裂面之间土重的合力计算。ε_{cr} 按式（3.2-84）计算：

$$\varepsilon_{cr}=90°-\frac{1}{2}\left(\arcsin\frac{\sin\beta}{\sin\varphi}+\arcsin\frac{\sin\delta}{\sin\varphi}+\delta-\beta\right) \tag{3.2-84}$$

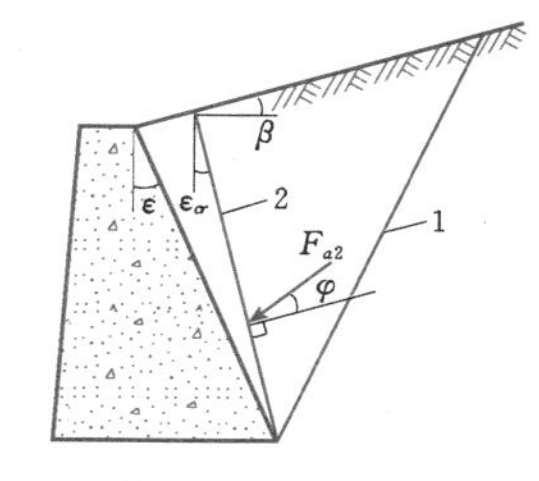

图 3.2-20　第二破裂面主动土压力作用示意

1—第一破裂面；2—第二破裂面

2. 静止土压力

同主动土压力一样，静止土压力为三角形分布，对于墙背铅直、墙后填土表面水平的挡土墙，作用单位长度墙背的静止土压力标准值可按式（3.2－85）计算（见图 3.2－21）：

$$F_{0k}=\frac{1}{2}\gamma H^{2}K_{0} \qquad (3.2-85)$$

式中　K_0——静止土压力系数。

K_0 计算方法常用的有两种：一种是从弹性理论导出的理论公式，即 $K_0=\frac{\mu}{1-\mu}$，式中的 μ 为填土泊松比；另一种是从工程经验总结出的 Jack 公式，即 $K_0=1-\sin\varphi'$，式中的 φ' 为填土有效内摩擦角。当无试验资料时，K_0 可参照表 3.2－32 酌情选用。

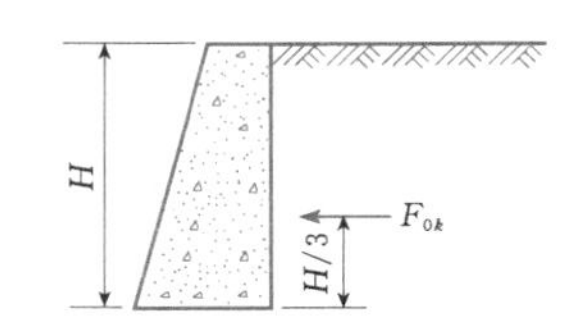

图 3.2－21　静止土压力作用示意

表 3.2－32　　静止土压力系数 K_0

土类	土状态	K_0
砾类土 G		0.22～0.40
砂类土 S		0.30～0.60
低液限粉土 ML 低液限黏土 CL	坚硬或硬塑	0.40
	可塑	0.52
	软塑或流塑	0.64
高液限黏土 CH	坚硬或硬塑	0.40
	可塑	0.64
	软塑或流塑	0.87

当墙后填土为膨胀性土时，需考虑填土的膨胀性，静止土压力较大，其标准值的确定需作专门研究。

3. 作用分项系数

采用分项系数极限状态设计方法时，主动土压力和静止土压力的作用分项系数采用 1.2。

对采用单一安全系数法设计的挡土墙，其主动土压力和静止土压力仍可按式（3.2－79）和式（3.2－85）计算，但其计算参数如填土内摩擦角 φ、黏聚力 c、静止土压力系数 K_0 的取值有所不同，具体取值参见第 10 卷第 3 章“挡土墙”。

3.2.8.2　埋管的土压力

按管涵的埋设方式，埋管可分为上埋式和沟埋式两大类。管涵平铺于地基上在其上填土的埋管为上埋式，在直壁或斜壁沟槽内埋管为沟埋式。埋设方式不同，埋管所受土压力也大不相同。对于上埋式管，由于管侧填土沉降大于管顶，从而对埋管有一个向下的附加拽力，所承受的垂直土压力一般大于其上覆土重，因此垂直土压力应按其上覆土重乘以一个大于 1.0 的系数；对于沟埋式管，则正好相反，管侧填土受到沟壁的摩擦作用，其垂直土压力一般小于其上覆土重，因此垂直土压力应按其上覆土重乘以一个小于 1.0 的系数。

1. 上埋式埋管的土压力

（1）垂直土压力。

作用在单位长度埋管上的垂直土压力标准值可按式（3.2－86）计算（见图 3.2－22）：

$$F_{sk}=K_{s}\gamma H_{d}D_{1} \qquad (3.2-86)$$

式中　F_{sk}——埋管垂直土压力标准值，kN/m²；

K_s——埋管垂直土压力系数；

γ——管上填土容重，kN/m³；

H_d——管顶以上填土高度，m；

D_1——埋管外直径，m。

计算上埋式埋管垂直土压力系数的计算方法较多，近年来我国各行业依不同假设、理论和途径所提出的垂直土压力系数趋于一致。图 3.2－22 所示的垂直土压力系数系考虑了地基刚度的影响并通过有限元数值分析对管材为钢筋混凝土或其他刚度较大的上埋式管所得出的，K_s 可根据地基类别查取。

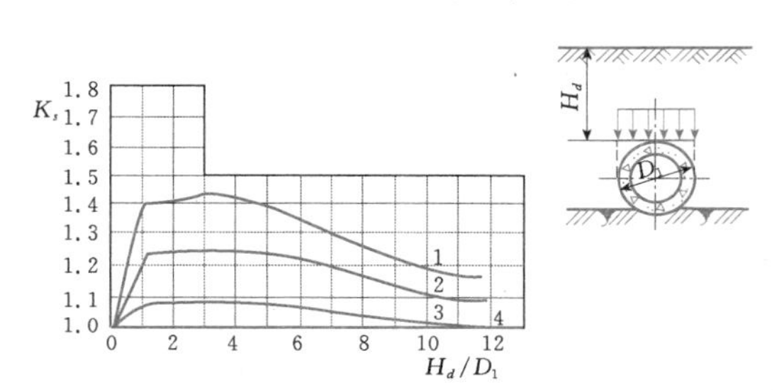

图 3.2－22　埋管垂直土压力系数

1—岩基；2—密实砂类土，坚硬或硬塑黏性土；3—中密砂类土，可塑黏性土；4—松散砂类土，流塑或软塑黏性土

需要指出的是，在进行埋管设计时，要求埋管上填土的压实度应不低于 95%。对于未能压实的疏松散土，垂直土压力系数将大于上图所给数值，故需经专门研究确定。

柔性埋管如钢管，管身允许产生一定的变形，作用在其上的土压力较刚性管为小，土压力计算需计及管身变形的影响，比较复杂，目前尚无统一的计算方法，需要时可进行专门研究。

(2) 水平土压力。

作用在单位长度埋管的侧向水平土压力标准值可按式（3.2-87）计算（见图3.2-23）：

$$F_{tk}=K_t\gamma H_0 D_d \qquad (3.2-87)$$

式中 F_{tk}——埋管侧向土压力标准值，kN/m²；

H_0——埋管中心线以上填土高度，m；

D_d——埋管凸出地基的高度，m；

K_t——侧向土压力系数。

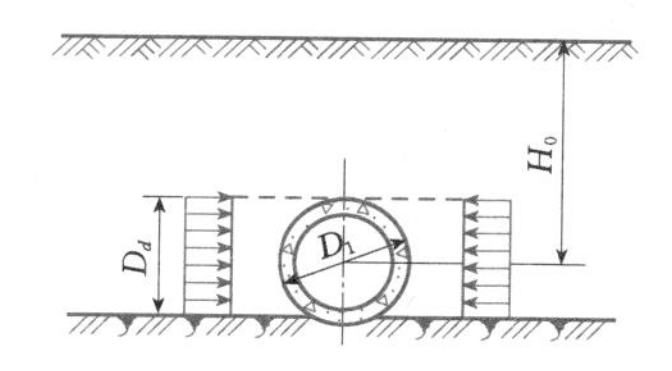

图 3.2-23 埋管侧向土压力作用

埋管侧向土压力一般采用朗肯主动土压力公式计算。实际上管侧填土并未达到主动极限平衡状态。实测结果表明，管侧土压力处于主动土压力与静止土压力之间。根据管道的结构受力情况分析，采用较小的侧向土压力将使管道设计偏于安全，故采用主动土压力公式计算，即 $K_t=\tan(45°-\varphi/2)$，式中的 φ 为填土内摩擦角。

按照土压力的计算理论，侧向土压力近似为梯形分布，但对圆形埋管，考虑到管肩局部土重的压力及管水平直径下部倒拱的减载作用，为了简化计算，侧向土压力一般可采用矩形分布。对埋深较浅或高度较大的矩形管涵可采用梯形分布，以考虑管顶与管底填土高度的不同对侧向土压力的影响。

2. 沟埋式埋管的土压力

(1) 垂直土压力。

沟埋式埋管的土压力一般采用经苏联克列因修正的马斯顿方法，当沟槽为矩形断面、$B-D_1<2$m 且沟内土未夯实时，单位长度埋管垂直土压力 F_{gk} 按式（3.2-88）计算：

$$F_{gk}=K_g\gamma H_e B \qquad (3.2-88)$$

式中 B——沟槽宽度，m；

K_g——沟埋式管垂直土压力系数，其值与 H_e/B、侧压力系数 K_0、回填土内摩擦角 φ 及竖向土压力不均匀分布系数有关。

由于各种土质的 $K_0\tan\varphi$ 值相差不大，在计算时可根据填土的性质，由表3.2-33选出 K_g 的代表曲线，再按曲线编号及比值 H_e/B 在图3.2-24中查得 K_g 值。对于在表3.2-33中未包括的土类，可按与之接近的填土来决定采用哪条曲线。

表 3.2-33　各种填土 K_g 曲线编号

填土种类	曲线编号
干的密实砂土、坚硬黏土	1
湿的和饱和的砂土，硬塑黏土	2
塑性黏土	3
流塑性黏土	4

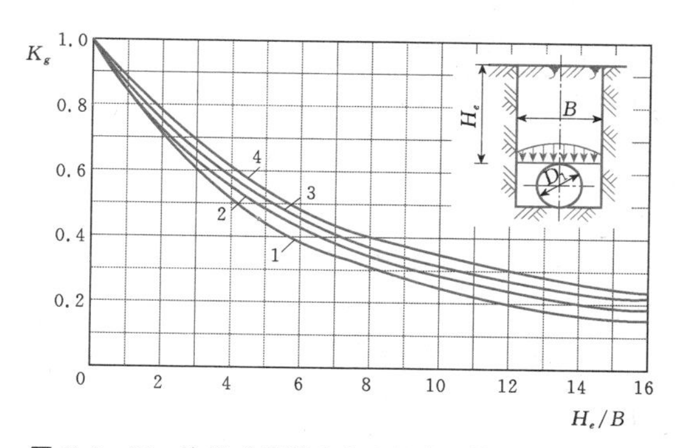

图 3.2-24 沟埋式埋管垂直土压力系数 K_g 关系曲线

当沟槽为矩形断面、$B-D_1>2$m 且沟内涵管两侧填土夯实良好时，F_{gk} 按式（3.2-89）计算：

$$F_{gk}=K_g\gamma H_e(B-D_1)/2 \qquad (3.2-89)$$

式中，符号意义同前。

当沟槽为梯形断面时（见图3.2-25），竖向土压力仍可按式（3.2-88）计算，仅将式中槽宽 B 改用洞顶处的槽宽 B_0；而在按图3.2-24查 K_g 时，用 H_e/B_c 代替 H_e/B（B_c 为距地面 $H_e/2$ 处的槽宽）。如沟槽过宽，按式（3.2-89）求得的土压力值大于上埋式管道的土压力值时，应按上埋式管土压力式（3.2-86）和式（3.2-87）进行计算。

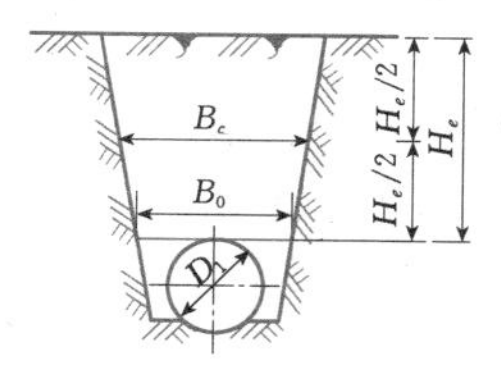

图 3.2-25 梯形断面的沟槽

对于直径大于1m的管道，当其埋深小于涵管直径时，除上述垂直土压力外，还需补充考虑管顶水平线以下两侧管肩上的全部回填土的重量，即

$$F'_{gk}=0.1075\gamma D_1^2 \qquad (3.2-90)$$

(2) 水平土压力。

当 $B-D_1>2$m 时，水平土压力可按式（3.2-87）计算。当 $B-D_1\leqslant 2$m 时，由于回填土不易夯实，水平土压力将更小，按式（3.2-87）计算得到水平

土压力还需乘以无量纲局部作用系数 K_n（$K_n<1$）：

$$K_n=(B-D_1)/2 \qquad (3.2-91)$$

式中 B、D_1——均以m计。

3. 分项系数

采用分项系数极限状态设计方法时，埋管上垂直土压力、侧向土压力的作用分项系数，当其作用效应对管体结构不利时应采用1.1，有利时应采用0.9。

3.2.8.3 淤沙压力

作用在坝、水闸等挡水建筑物单位长度上的水平淤沙压力标准值一般按主动土压力计算：

$$P_{sk}=\frac{1}{2}\gamma_{sb}h_s^2\tan^2\left(45°-\frac{1}{2}\varphi_s\right) \qquad (3.2-92)$$

其中

$$\gamma_{sb}=\gamma_{sd}-(1-n)\gamma_w \qquad (3.2-93)$$

式中 P_{sk}——淤沙压力标准值，kN/m²；

γ_{sb}——淤沙的浮容重，kN/m³；

γ_{sd}——淤沙的干容重，kN/m³；

γ_w——水的容重，kN/m³；

n——淤沙的孔隙率；

h_s——挡水建筑物前泥沙淤积厚度，m；

φ_s——淤沙的内摩擦角，(°)。

当结构挡水面倾斜时，需计及竖向淤沙压力。

挡水建筑物前的泥沙淤积厚度，应根据河流水文泥沙特性和枢纽布置情况经计算确定；对于多泥沙河流上的工程，宜通过物理模型试验或数学模型计算，并结合已建类似工程的实测资料综合分析确定。

淤沙的浮容重和内摩擦角，一般可参照类似工程的实测资料分析确定；对于淤沙严重的工程，宜通过试验确定。

采用分项系数极限状态设计方法时，淤沙压力的作用分项系数应采用1.2。

3.2.9 风荷载、雪荷载

3.2.9.1 风荷载

垂直作用于建筑物表面上的风荷载强度（标准值），按式（3.2-94）计算：

$$\omega_k=\beta_z\mu_z\mu_s\omega_0 \qquad (3.2-94)$$

式中 ω_k——风荷载强度（标准值），kN/m²；

β_z——z 高度处的风振系数；

μ_z——风压高度变化系数；

μ_s——风荷载体形系数；

ω_0——基本风压，kN/m²。

设计构筑物时，一般可将按上述方法求得的风荷载强度 ω_k，乘上构筑物迎风面的面积，即得风荷载值（标准值）。风荷载作用于迎风面面积的形心上。

1. 基本风压

基本风压应按《建筑结构荷载规范》（GB 50009—2001）附录D附表D.4给出的50年一遇的风压采用，但不得小于0.30kN/m²。

对于水工高耸结构，其基本风压可按上述基本风压值乘以1.1后采用；对于特别重要和有特殊使用要求的结构或建筑物，则可乘以1.2后采用。

（1）当建设地点的基本风压值在GB 50009中未给出时，其基本风压值可按下列方法确定：

1）可根据当地年最大风速资料，在计算平均50年一遇基本风速 v_0 后，按式（3.2-95）确定：

$$\omega_0=\frac{1}{2}\rho v_0^2 \qquad (3.2-95)$$

$$\rho=0.00125e^{-0.0001z} \qquad (3.2-96)$$

式中 ω_0——基本风压，kN/m²；

ρ——空气密度，t/m³；

z——建筑物所在地海拔高度，m；

v_0——50年一遇基本风速，m/s。

2）当地没有风速资料时，可根据附近地区规定的基本风压或长期资料，通过气象和地形条件的对比分析确定。也可按GB 50009附录D中全国基本风压分布图（附图D.5.3）近似确定。

（2）山区的基本风压应通过实际调查和对比观测，经分析后确定。一般情况下，可按相邻地区的基本风压值乘以下列调整系数采用：

1）山间盆地、谷地等闭塞地形，0.75～0.85。

2）与大风方向一致的谷口、山口，1.2～1.5。

山顶及山坡（包括悬崖）的基本风压，可根据山麓附近地区的基本风压按相差高度乘以风压高度变化系数确定。

（3）沿海海岛的基本风压，当缺乏实际资料时，可按陆地上的基本风压值乘以表3.2-34所列的调整系数采用。

表3.2-34 海岛基本风压调整系数

距海岸距离（km）	调整系数
<40	1.0
40～60	1.0～1.1
60～100	1.1～1.2

2. 风压高度变化系数

（1）对于平坦或稍有起伏的地形，风压高度变化系数应根据地面粗糙度类别按表3.2-35确定。其中地面粗糙度类别可分为A、B两类：A类，包括海岛、海岸、湖岸及沙漠地区；B类，包括田野、乡村、丛林、丘陵及房屋比较稀疏的中、小城镇和大城市郊区。

表 3.2-35 风压高度变化系数 μ_z

距地面距离（m）	地面粗糙度类别	
	A	B
5	1.17	1.00
10	1.38	1.00
15	1.52	1.14
20	1.63	1.25
30	1.80	1.42
40	1.92	1.56
50	2.03	1.67
60	2.12	1.77
70	2.20	1.86
80	2.27	1.95
90	2.34	2.02
100	2.40	2.09
150	2.64	2.38
200	2.83	2.61
250	2.99	2.80
300	3.12	2.97
≥350	3.12	3.12

位于坝、水闸等建筑物顶部的结构，风压高度变化系数可按表 3.2-35 中 A 类采用。确定其距地面高度的计算基准面，可按风向采用相应设计状况下的水库水位或下游尾水位。

（2）对于山区的建筑物，风压高度变化系数可按平坦地面的粗糙度类别，由表 3.2-35 确定外，还应考虑地形条件的修正，修正系数 η 分别按下述规定采用：

1）对于山峰和山坡，其顶部 B 处的修正系数可按式（3.2-97）采用：

$$\eta_B=\left[1+k\tan\alpha\left(1-\frac{z}{2.5H}\right)\right]^2 \qquad (3.2-97)$$

式中 $\tan\alpha$——山峰或山坡在迎风面一侧的坡度，当 $\tan\alpha>0.3$ 时，取 $\tan\alpha=0.3$；

k——系数，对山峰取 3.2，对山坡取 1.4；

H——山顶或山坡全高，m；

z——建筑物计算位置离建筑物地面的高度，m，当 $z>2.5H$ 时，取 $z=2.5H$。

对于山峰和山坡的其他部位，可按图 3.2-26 所示，取 A、C 处的修正系数 η_A、η_C 为 1，AB 间和 BC 间的修正系数按 η 的线性插值确定。

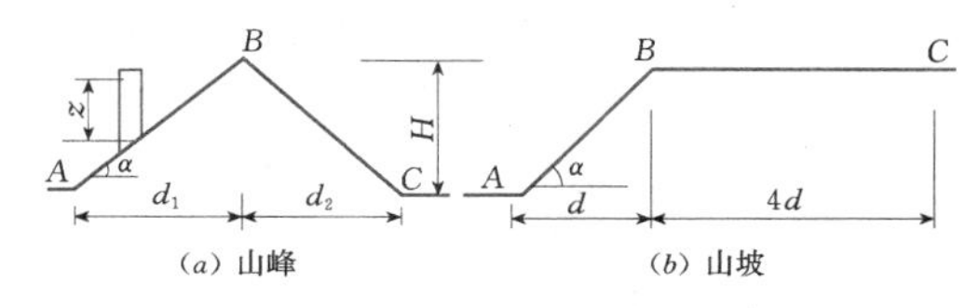

图 3.2-26 山峰和山坡的示意

2）山间盆地、谷地等闭塞地形，$\eta=0.75\sim0.85$；对于与风向一致的谷口、山口，$\eta=1.20\sim1.50$。

3. 风荷载体型系数

风荷载体型系数是指作用在建筑物表面引起的实际压力（或吸力）与来流风压的比值，它表示建筑物表面在稳定风压作用下的静态分布规律，主要与建筑物的体型和尺寸有关。

水工建筑的风荷载体型系数，可按照 GB 50009 和《高耸结构设计规范》（GB 50135—2006）等设计规范中有关规定采用。

4. 风振系数

在水工结构中，须考虑风振的结构不多，主要是对于高度大于 30m 且高宽比大于 1.5 的水电站厂房，以及基本自振周期大于 0.25s 的进水塔、调压塔、渡槽等建筑结构须考虑风振的影响。不属于上述情况者，其风振系数采用 1.0。

风振系数的计算方法可参照 GB 50009 和 GB 50135 等设计规范的有关规定，或经专门研究确定。

3.2.9.2 雪荷载

水电站厂房、泵站厂房、渡槽等建筑物顶面水平投影面上的雪荷载（标准值），可按式（3.2-98）计算：

$$s_k=\mu_r s_0 \qquad (3.2-98)$$

式中 s_k——雪荷载标准值，kN/m^2；

μ_r——建筑物顶面积雪分布系数；

s_0——基本雪压，kN/m^2。

1. 基本雪压

基本雪压按 GB 50009 附录 D 表 D.4 给出的 50 年一遇的雪压采用。

山区的基本雪压，应通过实际调查后确定。当无实测资料时，可按当地空旷平坦地面的基本雪压值乘以 1.2 后采用。

当建设地点的基本雪压值在 GB 50009 中没有给出时，基本雪压值可根据当地年最大雪压或雪深资料，按基本雪压定义，通过统计分析确定，分析时应考虑样本数量的影响。当地没有雪压和雪深资料时，可根据附近地区规定的基本雪压或长期资料，通过气象和地形条件的对比分析确定；也可按 GB 50009 附录 D 中全国基本雪压分布图近似确定。

2. 积雪分布系数

建筑物顶面的积雪分布系数，可根据建筑物顶部形状，参照GB 50009规定的屋面积雪分布系数采用。

3.2.9.3　作用分项系数

采用分项系数极限状态设计方法时，风荷载和雪荷载的作用分项系数均应采用1.3。

3.2.10　冰压力、冻胀力

寒冷地区土基上的水工建筑物，当构筑物底板下地基土不冻结时，其稳定与强度计算除应考虑常规荷载外，还应考虑冰压力、水平冻胀力、切向冻胀力荷载；当构筑物底板下地基土冻结时，还应考虑法向冻胀力作用。

3.2.10.1　静冰压力

(1) 冰层升温膨胀时，作用于坝面或其他宽长建筑物单位长度上的静冰压力（标准值）F_{dk}可按表3.2-36采用。

表3.2-36　　静冰压力 F_{dk}

冰层厚度（m）	0.4	0.6	0.8	1.0	1.2
静冰压力标准值（kN/m）	85	180	215	245	280

注　1. 冰层厚度取多年平均年最大值。
2. 对于小型水库，应将表中静冰压力（标准值）乘以0.87后采用；对于库面开阔的大型平原水库，应乘以1.25后采用。
3. 表中静冰压力（标准值）适用于结冰期内水库水位基本不变的情况；结冰期内水库水位变动情况下的静冰压力应作专门研究。
4. 静冰压力数值可按表列冰厚内插。

(2) 作用于独立墩柱上的静冰压力可按式（3.2-98）计算。

(3) 静冰压力宜按冰冻期可能的最高水位情况计算，静冰压力垂直作用于结构物前沿，其作用点取冰面以下1/3冰厚处。冰冻期冰层厚度内的冰压力与水压力不同时作用于建筑物。

3.2.10.2　动冰压力

1. 坝面动冰压力

大冰块运动作用在铅直的坝面或其他宽长建筑物上的动冰压力（标准值）可按式（3.2-99）计算：

$$F_{i1} = 0.07v\delta_i\sqrt{Af_{ic}} \qquad (3.2-99)$$

式中　F_{i1}——冰块撞击建筑物时产生的动冰压力，MN；

v——冰块运动速度，m/s；

δ_i——流冰厚度，m；

A——冰块面积，m^2；

f_{ic}——冰的抗压强度，MPa。

(1) 冰块运动速度宜按现场观测资料确定，无现场观测资料时，对于河（渠）冰可取水流速度，对于水库冰可取历年冰块运动期最大风速的3%，但不宜大于0.6m/s，对于过冰建筑物可取建筑物前水流行进流速。

(2) 流冰厚度可取最大冰厚的0.7～0.8倍，流冰初期取大值；冰块面积由现场观测或调查确定。

(3) 冰的抗压强度宜根据流冰条件和试验确定，无试验资料时，宜根据已有工程经验和下列抗压强度值综合确定：对于水库流冰期可取0.3MPa；对于河流流冰初期可取0.45MPa，流冰后期高水位时可取0.3MPa。

2. 独立墩柱动冰压力

大冰块运动作用于独立墩柱上的动冰压力标准值，可按下列情况计算确定：

(1) 作用于前缘为铅直的三角形墩柱上的动冰压力可分别按式（3.2-100）和式（3.2-101）计算，并可取其中的小值：

$$F_{i2} = mf_{ib}B\delta_i \qquad (3.2-100)$$

$$F_{i3} = 0.04V\delta_i\sqrt{mAf_{ib}\tan\gamma} \qquad (3.2-101)$$

式中　F_{i2}——冰块契入三角形墩柱时的动冰压力，MN；

F_{i3}——冰块撞击三角形墩柱时的动冰压力，MN；

m——墩柱前缘的平面形状系数，由表3.2-37查得；

f_{ib}——冰的抗挤压强度，MPa，宜根据流冰条件和试验确定，无试验资料时，宜根据已有工程经验和下列抗压强度值综合确定，流冰初期可取0.75MPa，后期可取0.45MPa；

B——墩柱在冰作用高程上的前沿宽度，m；

δ_i——冰块厚度，m；

γ——三角形夹角的一半，(°)。

表3.2-37　　形状系数 m 值

平面形状	三角形夹角2γ					矩形	多边形或圆形
	45°	60°	75°	90°	120°		
m	0.54	0.59	0.64	0.69	0.77	1.00	0.90

(2) 作用于前缘为铅直面的非三角形独立墩上的动冰压力可按式（3.2-99）计算。

3.2.10.3　冻胀力

1. 单位冻胀力

土的冻胀力分为切向冻胀力、水平冻胀力和法向冻胀力，可根据冻胀量按下列规定取值：

（1）单位切向冻胀力（τ_t），是指表面平整的混凝土桩、墩等构筑物基础在无竖向位移的条件下，相邻土冻胀时沿构筑物基础侧表面单位面积产生的向上作用力，可按表 3.2-38 取值。

表 3.2-38　单位切向冻胀力 τ_t

地表土冻胀量 (mm)	20	50	120	220	>220
τ_t (kPa)	20	40	80	110	110～150

注 1. 表中数值可内插。
2. 土的冻胀量宜按建筑物所在地点的实测资料确定；当无实测资料时，可按《水工建筑物抗冰冻设计规范》(SL 211—2006) 确定。

（2）单位水平冻胀力（σ_h），是指挡土结构（墙）在无水平位移条件下，挡土结构（墙）后土冻胀时沿墙高呈水平方向对墙体产生的单位冻胀力，可按表 3.2-39 取值。

表 3.2-39　单位水平冻胀力 σ_h

计算点土冻胀量 (mm)	20	50	120	220	>220
σ_h (kPa)	30	50	90	120	120～170

注 表中数值可内插。

（3）单位法向冻胀力（σ_v）是指构筑物基础在无法向位移条件下，地基土冻胀时沿法线方向作用在构筑物底面单位面积上的法向冻胀力，可按表 3.2-40 取值。

表 3.2-40　单位法向冻胀力 σ_v

地基土冻胀量 h_f (mm)	20	50	120	220	>220
σ_v (kPa)	30	60	100	150	150～210

注 表中数值可内插。

2. 混凝土桩、墩基础的切向冻胀力

混凝土桩、墩基础的竖向设计荷载宜取切向冻胀力与其他非冰冻荷载的组合，但斜坡上的桩、墩基础应同时考虑水平冻胀力对桩、墩的水平推力和切向冻胀力的作用，并与其他非冰冻荷载的组合。

表面平整的混凝土桩、墩基础，在无竖向位移的条件下，作用于侧表面上的切向冻胀力标准值可按下式计算：

$$F_\tau = \phi_c \phi_r \tau_t u Z_d \tag{3.2-102}$$

式中 F_τ——切向冻胀力（标准值），kN；
ϕ_c——有效冻深系数；
ϕ_r——表面粗糙系数，可采用 1.0；
τ_t——单位切向冻胀力标准值，kPa，按表 3.2-38 采用；
u——冻土层内桩（墩、柱）基础水平横截面周长，m；
Z_d——设计冻深，m。

3. 混凝土挡土墙的水平冻胀力

混凝土挡土墙的设计荷载应取水平冻胀力与其他非冰冻荷载的组合，但土压力与水平冻胀力不叠加，计算时取两者的大值。

对于标准冻深大于 0.5m 地区的悬臂式及其他薄壁式挡土墙，当墙前地面至墙后填土顶部的高差范围在 1.5～5m 时、在基础无水平位移的条件下，作用于挡土墙的水平冻胀力可按图 3.2-27 所示的压强分布计算合力。图中最大单位水平冻胀力和水平冻胀力沿墙高的分布可分别按式（3.2-103）和图 3.2-27 确定。

$$\sigma_{hs} = \alpha_d C_f \sigma_h \tag{3.2-103}$$

其中

$$\alpha_d = 1 - \sqrt{\frac{[S']}{h_d}} \tag{3.2-104}$$

式中 σ_{hs}——最大单位水平冻胀力，kPa；
α_d——系数，悬臂式挡土墙可取 0.94，变形性能较大的支挡建筑物可按式（3.2-104）计算；
C_f——挡土墙迎土面边坡影响系数，可取 0.85～1.0；
σ_h——单位水平冻胀力，kPa，可按表 3.2-39 取值；
$[S']$——自墙前地面（冰面）算起 1.0m 高度处的墙身水平允许变形量，cm，可根据有关标准及结构强度和具体工程条件确定；
h_d——墙后填土的冻胀量，cm，可按《水工建筑物抗冰冻设计规范》(SL 211—2006) 附录 C 确定，并取墙前地面（冰面）高程以上 0.5m 的填土处为计算点。

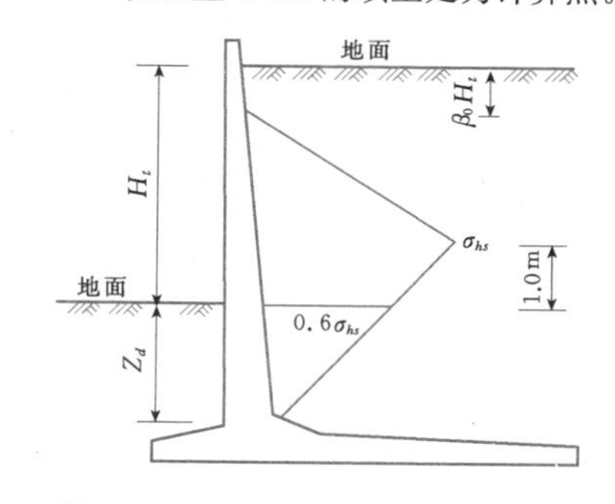

图 3.2-27　单位水平冻胀力分布图

H_t—自挡土结构前地面（冰面）算起的墙后填土高度，m；σ_{hs}—最大单位水平冻胀力，kPa；β_0—非冻胀区深度系数，可按表 3.2-41 取值

表 3.2-41 非冻胀区深度系数 β_0

挡土墙后计算点土的冻胀量 h_d (mm)	≤50	120	≥220
β_0	0.21	0.17	0.10

注 当地下水位距墙后填土面小于1.0m时，取 $\beta_0=0$。

4. 闸涵基础的法向冻胀力

两侧填土的闸涵等矩形结构的设计荷载，应取侧墙的水平冻胀力和作用于底板底面的法向冻胀力与其他非冰冻荷载的组合。

土基上的水工建筑物，当构筑物底板下地基土冻结时，作用在底板底面的单位法向冻胀力可按式(3.2-105)和式(3.2-106)计算：

$$\sigma_{vs}=m_\sigma\sigma_v \tag{3.2-105}$$

$$m_\sigma=1-\sqrt{\frac{[S]}{h_f}} \tag{3.2-106}$$

式中 σ_{vs}——作用在板底面上的地基土单位法向冻胀力，kPa；

m_σ——法向位移影响系数；

σ_v——底板下地基土的法向冻胀力，kPa，可按地基土冻胀量查表3.2-40确定；

$[S]$——建筑物允许产生的垂直位移，cm，进出口可取 $[S]\leqslant1.5$cm，闸室、洞身、陡坡和消力池可取 $[S]\leqslant1.0$cm，护坦板和阻滑板可取 $[S]\leqslant2.0$cm，进出口护坡 $[S]$ 可按表3.2-42确定，特殊情况下可通过论证确定；

h_f——与基础设计冻深相应的地基土冻胀量，cm，可按SL 211—2006附录C.0.3条确定。

表 3.2-42 进出口护坡允许垂直位移值 $[S]$ 单位：cm

护坡材料	现浇混凝土	浆砌石	预制混凝土板、沥青混凝土、干砌石
$[S]$	≤0.5	≤1.0	≤3.0

3.2.10.4 作用分项系数

采用分项系数极限状态设计方法时，静冰压力、动冰压力、切向冻胀力、水平冻胀力和法向冻胀力的作用分项系数均应采用1.3。

3.2.11 活荷载

3.2.11.1 水电站主厂房楼面活荷载

(1) 主厂房安装间、发电机层和水轮机层各层楼面，在机组安装、运行和检修期间，由设备堆放、部件组装、搬运等引起的楼面局部荷载及集中荷载，均应按实际情况考虑。对于大型水电站，可按设备部件的实际堆放位置分区确定各区间的荷载值。

(2) 当缺乏资料时，主厂房各层楼面均布活荷载标准值可按表3.2-43采用。

表 3.2-43 主厂房楼面均布活荷载标准值

序号	楼层名称	标准值 (kN/m²)		
		100MW≤P<300MW	50MW≤P<100MW	5MW≤P<50MW
1	安装间	140～160	60～140	30～60
2	发电机层	40～50	20～40	10～20
3	水轮机层	20～30	10～20	6～10

注 P为单机容量。当$P\geqslant300$MW时，均布荷载值可视实际情况酌情增大。

3.2.11.2 水电站副厂房楼面活荷载

(1) 生产副厂房各层楼面在安装、检修过程中可移动的集中荷载或局部荷载，均应按实际情况考虑。无设备区的操作荷载（包括操作人员、一般工具和零星配件等）可按均布活荷载考虑，其标准值可采用3～4kN/m²。

(2) 当缺乏资料时，副厂房的楼面活荷载标准值可按照表3.2-44采用。

3.2.11.3 工作平台活荷载

1. 尾水平台活荷载的确定原则

(1) 当尾水平台仅承受尾水闸门操作或检修荷载时，其活荷载标准值可采用10～20kN/m²（大型电站取大值）。

(2) 当尾水平台兼作公路桥时，车辆荷载应按公路桥梁荷载标准确定，并可与闸门操作或检修荷载分区考虑。

(3) 当尾水平台布置有变压器时，应按实际情况考虑。

（4）施工期安放的起吊设备及临时堆放荷载，应根据工程实际情况确定。

表 3.2-44 副厂房各楼面均布活荷载标准值

序号	房间名称		标准值（kN/m²）
1	生产副厂房	中央控制室、计算机室	5～6
2		通信载波室、继电保护室	5
3		蓄电池室、酸室、充电机室	6
4		开关室	5
5		励磁盘室、厂用动力盘室	5
6		电缆室	4
7		空压机室	4
8		水泵室、通风机室	4
9		厂内油库、油处理室	4
10		试验室	4
11		电工室	5
12		机修室	7～10
13		工具室	5
14	办公用副厂房	值班室	3
15		会议室	4
16		资料室	5
17		厕所、盥洗室	3
18		走道、楼梯	4

注 当室内有较重设备时，其活荷载应按实际情况考虑。

2. 进水口平台活荷载的确定原则

（1）进水口承受闸门、启闭机及清污机等设备产生的集中或局部荷载，均应按实际情况考虑。

（2）进水口平台兼作公路桥时，应按公路桥梁车辆荷载标准确定。

（3）进水口平台在安装金属结构时需安放重型起吊设备者，应考虑施工期的临时荷载。

3.2.11.4 其他要求

（1）设计楼面（平台）的梁、墙、柱和基础时，应对楼面（平台）的活荷载标准值乘以 0.8～0.85 的折减系数。

（2）当考虑搬运、装卸重物，车辆行驶和设备运转对楼面和梁的动力作用时，均应将活荷载乘以动力系数。动力系数可采用 1.1～1.2。

3.2.11.5 作用分项系数

采用分项系数极限状态设计方法时，楼面及平台活荷载的作用分项系数一般情况下可采用 1.2；对于安装间及发电机层楼面，当堆放设备的位置在安装、检修期间有严格控制并加垫木时，可采用 1.05。

3.2.12 桥机和门机荷载

3.2.12.1 桥机荷载

水电站厂房内的桥式吊车，以及在水工建筑物其他部位室内工作的桥式或台车式启闭机的荷载应按竖向荷载和水平荷载（包括纵向、横向水平荷载）分别进行计算。

桥机的竖向荷载（标准值），可采用设计图纸提供的最大轮压，也可采用桥机通用资料提供的参数按下列公式计算：

（1）当用一台桥机吊物时，作用在一边轨道上的最大轮压为：

$$P_{max}=\frac{1}{n}\left[\frac{1}{2}(m-m_1)+\frac{L_k-L_1}{L_k}(m_1+m_2)\right]g \tag{3.2-107}$$

（2）当用两台型号相同的桥机吊物时，作用在一边轨道上的最大轮压为：

$$P_{max}=\frac{1}{2n}\left[(m-m_1)+\frac{L_k-L_1}{L_k}(2m_1+m_2+m_3)\right]g \tag{3.2-108}$$

式中 P_{max}——桥机一边轨道上的最大轮压，kN；

n——单台桥机作用在一边轨道上的轮数；

L_k——桥机跨度，m；

L_1——实际起吊最大部件中心至桥机轨道中心的最小距离，m；

m——单台桥机总质量，t；

m_1——单台桥机小车质量，t；

m_2——吊物和吊具质量，t；

m_3——平衡梁质量，t；

g——重力加速度，9.81m/s²。

纵向水平荷载标准值，可按作用在一边轨道上所有制动轮的最大轮压之和的 5%采用。其作用点即制动轮与轨道的接触点，其方向与轨道方向一致。

横向水平荷载标准值，可按小车、吊物和吊具的重力之和的 4%采用。该项荷载由两边轨道上的各轮平均传至轨顶，方向与轨道垂直，并应考虑正反两个作用方向。

对桥机吊车梁进行强度计算时，桥机竖向荷载应乘以动力系数，动力系数可采用 1.05。

3.2.12.2　门机荷载

厂房尾水平台上的门机及在水工建筑物其他部位室外工作的门机荷载，应按竖向荷载和水平荷载（包括纵向、横向水平荷载）分别进行计算。

门机竖向荷载（标准值），应采用设计图纸提供的在不同运用工况下的轮压值。初步计算时，可采用门机通用资料提供的数据，但应根据门机的实际工作情况加以修正。

纵向水平荷载（标准值），可按大车运行时作用在一边轨道上所有制动轮的最大轮压之和的 8%采用。其作用点即制动轮与轨道的接触点，其方向与轨道方向一致。

门机横向水平荷载（标准值），可按小车、吊物和吊具的重力之和的 5%采用。该项荷载由两边轨道上的各轮平均传至轨顶，方向与轨道垂直，并应考虑正反两个作用方向。

对门机承重梁进行强度计算时，门机竖向荷载应乘以动力系数，动力系数可采用 1.05。

3.2.12.3　作用分项系数

采用分项系数极限状态设计方法时，桥机、门机的竖向和水平荷载的作用分项系数均应采用 1.1。

3.2.13　温度（变）作用

3.2.13.1　概述

1. 混凝土结构型式

根据 DL 5077 的规定，不同的结构型式及计算方法，应按下述三种情况计算结构的温度作用。

（1）杆件结构。假定温度沿截面厚度方向呈线性分布，并以截面平均温度 T_m 和截面内外温差 T_d 表示：

$$T_m=(T_e+T_i)/2 \qquad (3.2-109)$$

$$T_d=T_e-T_i \qquad (3.2-110)$$

式中　T_e、T_i——杆件外、内表面的计算温度，℃。

结构的温度作用即指 T_m、T_d 的变化。

（2）可简化为杆件结构计算的平板结构或 $L/R<0.5$ 的壳体结构（R 为壳体的曲率半径），如图 3.2-28 所示，可将沿结构厚度方向实际分布的计算温度 $T(x)$ 分解为三部分，即截面平均温度 T_m、等效线性温差 T_d 和非线性温差 T_n，并按式（3.2-111）～式（3.2-113）计算：

$$T_m=\int_{-L/2}^{L/2}T(x)\mathrm{d}x/L \qquad (3.2-111)$$

$$T_d=12\int_{-L/2}^{L/2}xT(x)\mathrm{d}x/L^2 \qquad (3.2-112)$$

$$T_n=T(x)-T_m-xT_d/L \qquad (3.2-113)$$

式中　L——平板或壳体厚度，m。

结构的温度作用可仅计及 T_m 和 T_d 的变化，T_n 一般可不予考虑。

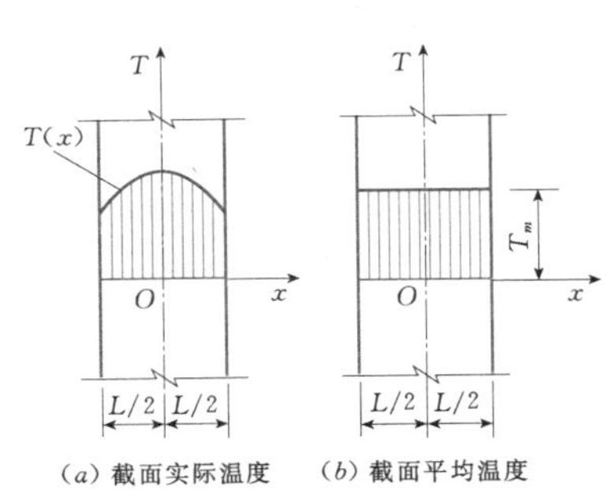

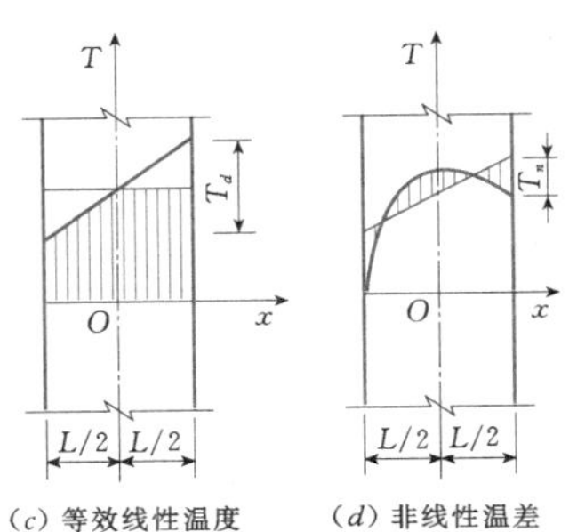

（a）截面实际温度　（b）截面平均温度　（c）等效线性温度　（d）非线性温差

图 3.2-28　结构温度分布

（3）大体积混凝土结构和其他空间形状复杂的非杆件结构，应根据其温度边值条件，按连续介质热传导理论计算其温度场。温度作用即指其温度场的变化。

2. 温度作用

计算结构的温度作用时，应考虑以下因素：

（1）结构所处环境的气温、水温、日照及基岩温度等边界条件。

（2）与温度作用有关的混凝土热学特性指标，宜由试验研究确定。初步计算时，可按表 3.2-45 采用。

表 3.2-45　混凝土热学特性指标

序号	项　次	符号	单　位	数　值
1	导热系数	λ_c	kJ/(m·h·℃)	10.6
2	比热	c_c	kJ/(kg·℃)	0.96
3	导温系数	a_c	m²/h	0.0045
4	表面放热系数 空气中 流水中	β_c	J/(m²·s·℃)	 $\beta_c=6.42+3.83v_0$ ∞

注　v_0 为计算风速，m/s。

3.2.13.2 边界温度

1. 水库坝下游温度

根据《混凝土重力坝设计规范》（SL 319—2005）和 SL 282 的规定，水库坝下游面温度的年周期变化过程可按式（3.2-114）～式（3.2-118）计算：

$$T_a = T_{am} + A_a\cos\omega(\tau - \tau_0) \quad (3.2-114)$$

$$T_{am} = \sum_{i=1}^{12} T_{ai}/12 \quad (3.2-115)$$

$$A_a = \sum_{i=1}^{12} T_{ai}\cos\omega(\tau_i - \tau_0)/6 \quad (3.2-116)$$

$$A_a = (T_{a7} - T_{a1})/2 \quad (3.2-117)$$

$$\omega = 2\pi/p \quad (3.2-118)$$

式中 T_a——多年月平均气温，℃；

τ——时间变量，月；

τ_0——初始相位，月，纬度高于 30°的地区取 $\tau_0=6.5$，纬度低于或等于 30°的地区取 $\tau_0=6.7$；

ω——圆频率；

p——温度变化周期，月，取 $p=12$；

T_{am}——多年年平均气温，℃；

A_a——多年平均气温年变幅，℃；

T_{ai}——i 月多年平均气温，℃；

τ_i——i 月计算时点，月，$\tau_i=i-0.5$；

T_{a1}、T_{a7}——1 月、7 月多年平均气温，℃。

坝下游水温，一般情况下可假设沿水深呈均匀分布，其年周期变化过程，当尾水直接源于上游库水时可参照与之相应的坝前水温确定，否则可参照当地气温确定。坝基温度可假设在年内不随时间变化，其多年年平均温度可根据当地地温、库底水温及坝基渗流等条件分析确定。暴露在空气中并受日光直接照射的结构，应考虑日光辐射热的影响，一般可考虑辐射热引起结构表面的多年平均温度增加 2～4℃，多年平均温度年变幅增加 1～2℃。对于大型工程，应经专门研究确定。

2. 水库坝前温度

水库坝前水温，宜根据拟建水库的具体条件经专门研究确定。初步计算时，可采用 SL 319 和 SL 282 所提供的方法，水库坝前水温的年周期变化过程可用式（3.2-119）计算确定：

$$T_w(y,\tau) = T_{wm}(y) + A_w(y)\cos\omega[\tau - \tau_0 - \varepsilon(y)] \quad (3.2-119)$$

式中 $T_w(y,\tau)$——水深 y（m）处、τ（月）时刻的多年月平均水温，℃；

τ_0——气温年周期变化过程的初始相位，月，纬度高于 30°的地区取 $\tau_0=6.5$，纬度低于或等于 30°的地区取 $\tau_0=6.7$；

$T_{wm}(y)$——水深 y（m）处的多年年平均水温，℃；

$A_w(y)$——水深 y（m）处的多年平均水温年变幅；

$\varepsilon(y)$——水深 y（m）处的水温年周期变化过程与气温年周期变化过程的相位差，月。

（1）对拟建水库的多年平均水温 $T_{wm}(y)$。

1）$H_n \geqslant y_0$ 的多年调节水库：

$$T_{wm}(y) = \begin{cases} C_1 e^{-0.015y} & (y < y_0) \\ C_1 e^{-0.015y_0} & (y \geqslant y_0) \end{cases} \quad (3.2-120)$$

$$C_1 = 7.77 + 0.75T_{am} \quad (3.2-121)$$

2）$H_n \geqslant y_0$ 的非多年调节水库：

$$T_{wm}(y) = C_1 e^{-0.010y} \quad (3.2-122)$$

3）$H_n < y_0$ 的水库：

$$T_{wm}(y) = C_1 e^{-0.005y} \quad (3.2-123)$$

式中 H_n——水库坝前正常水深，m；

y_0——多年调节水库的变化温度层深度，m，一般可取 $y_0=50$～60；

C_1——拟合参数。

（2）对拟建水库的多年平均水温年变幅 $A_w(y)$，可根据水库特性分别按下列情况确定：

1）$H_n \geqslant y_0$ 的多年调节水库：

$$A_w(y) = \begin{cases} C_2 e^{-0.055y} & (y < y_0) \\ C_2 e^{-0.055y_0} & (y \geqslant y_0) \end{cases} \quad (3.2-124)$$

$$C_2 = 0.778A'_a + 2.94 \quad (3.2-125)$$

$$A'_a = \begin{cases} T_{a7}/2 + \Delta_a & (T_{am} < 10℃) \\ A_a & (T_{am} \geqslant 10℃) \end{cases} \quad (3.2-126)$$

2）$H_n \geqslant y_0$ 的非多年调节水库：

$$A_w(y) = C_2 e^{-0.025y} \quad (3.2-127)$$

3）$H_n < y_0$ 的水库：

$$A_w(y) = C_2 e^{-0.012y} \quad (3.2-128)$$

式中 C_2——拟合参数；

A'_a——修正后的气温年变幅，℃；

A_a——坝址多年平均气温年变幅，℃；

T_{a7}——7 月多年平均气温，℃，可取 $T_{a7} = T_{am} + A_a$；

Δ_a——太阳辐射所引起的增量，℃，可取 $\Delta_a=1$～2。

（3）对拟建水库水温周期变化过程与气温年周期

变化过程的相位差 $\varepsilon(y)$，可根据水库特性分别按下列情况确定：

1) $H_n \geqslant y_0$ 的多年调节水库：

$$\varepsilon(y)=\begin{cases}0.53+0.059y & (y<y_0)\\ 0.53+0.059y_0 & (y\geqslant y_0)\end{cases} \tag{3.2-129}$$

2) $H_n \geqslant y_0$ 的非多年调节水库：

$$\varepsilon(y)=0.53+0.030y \tag{3.2-130}$$

3) $H_n < y_0$ 的水库：

$$\varepsilon(y)=0.53+0.008y \tag{3.2-131}$$

3.2.13.3　温度作用标准值

1. 施工期温度作用标准值

根据 DL 5077—1997 的规定，大体积混凝土结构施工期的温度作用标准值，应取结构稳定温度场与施工期最高温度场之差值，可采用式（3.2-132）计算：

$$\Delta T_{ck}=T_f-(T_p+T_r) \tag{3.2-132}$$

式中　ΔT_{ck}——结构施工期温度作用标准值，℃；

T_f——结构稳定温度场，℃；

T_p——混凝土的浇筑温度，℃；

T_r——混凝土硬化时的最高温升，℃。

（1）施工期坝体混凝土温度计算。

根据 SL 319、DL/T 5108 和《混凝土拱坝设计规范》（DL/T 5346—2006、SL 282—2003）的规定，坝体混凝土初期温度计算，主要是比较各种温控措施条件下混凝土浇筑后出现的最高温度，判别混凝土温度是否控制在基础容许温差、上下层温差及内外温差或坝体内部最高温度等控制标准范围内，为温控措施和温度应力分析提供依据。混凝土初期温度计算一般可用差分法或实用计算法，对于边界条件复杂者可用有限元计算。

单向差分法按式（3.2-133）计算：

$$T_{n,\tau+\Delta\tau}=T_{n,\tau}+\frac{a_c\Delta\tau}{\delta^2}(T_{n-1,\tau}+T_{n+1,\tau}-2T_{n,\tau})+\Delta\theta_\tau \tag{3.2-133}$$

式中　$T_{n,\tau+\Delta\tau}$——计算点计算时段的温度，℃；

$T_{n,\tau}$——计算点前一时段的温度，℃；

$T_{n-1,\tau}$、$T_{n+1,\tau}$——与计算点相邻的上下两点在前一时段的温度，℃；

a_c——混凝土导温系数，m^2/d；

δ——计算点间距，m；

$\Delta\tau$——计算时段时间步长，d；

$\Delta\theta_\tau$——计算时段混凝土绝热温升增量，℃。

混凝土绝热温升用公式 $\theta_\tau=\dfrac{\theta_0\tau}{DN+\tau}$ 表示时，绝热温升增量可按式（3.2-134）计算：

$$\Delta\theta_\tau=\theta_0\left(\frac{\tau+\Delta\tau}{DN+\tau+\Delta\tau}-\frac{\tau}{DN+\tau}\right) \tag{3.2-134}$$

其中

$$\theta_0=\frac{Q_0W}{C_c\gamma_c} \tag{3.2-135}$$

式中　θ_0——绝热温升参数；

τ——计算时间，d；

DN——混凝土水化热产生一半时的时间，d；

Q_0——胶凝材料最终水化热，kJ/kg；

W——胶凝材料用量，kg/m^3；

C_c——混凝土比热，kJ/(kg·℃)；

γ_c——混凝土容重，kg/m^3。

混凝土绝热温升也可用公式 $\theta_\tau=\theta_0(1-e^{-m\tau^b})$ 表示，此时绝热温升增量可按式（3.2-136）计算：

$$\Delta\theta_\tau=[e^{-m\tau^b}-e^{-m(\tau+\Delta\tau)^b}] \tag{3.2-136}$$

式中　m——胶凝材料水化热发散速率，d^{-1}；

b——胶凝材料水化热发散参数。

双向差分法按式（3.2-137）计算：

$$T_{0,\tau+\Delta\tau}=T_{0,\tau}+\frac{2a_c\Delta\tau}{\delta^2}\left[\frac{1}{L_1+L_2}\left(\frac{T_{1,\tau}}{L_1}+\frac{T_{2,\tau}}{L_2}\right)+\frac{1}{L_3+L_4}\left(\frac{T_{3,\tau}}{L_3}+\frac{T_{4,\tau}}{L_4}\right)-T_{0,\tau}\left(\frac{1}{L_1L_2}+\frac{1}{L_3L_4}\right)\right]+\Delta\theta_\tau \tag{3.2-137}$$

式中　$T_{0,\tau+\Delta\tau}$——计算点计算时段温度，℃；

$T_{0,\tau}$——计算点前一时段温度，℃；

$T_{1,\tau}$、$T_{2,\tau}$——与计算点相邻的左右计算点前一时段温度，℃；

$T_{3,\tau}$、$T_{4,\tau}$——与计算点相邻的上下计算点前一时段温度，℃；

δ——计算点平均点距，m；

L_1、L_2——计算点距左右相邻两点距离与 δ 之比；

L_3、L_4——计算点距上下相邻两点距离与 δ 之比。

采用双向差分法计算时，混凝土表面温度一般可按第三类边界条件处理。表面流水养护时，混凝土表面温度可取水温与气温的平均值。对于初期通水冷却者，可将差分法与中一期通水冷却计算相结合进行。

（2）冷却水管降温计算。

1）一期水管冷却。根据 SL 319、DL/T 5108 和 SL 282、DL/T 5346 的规定，一期水管冷却按下列公式计算。

a. 混凝土一期水管冷却（有热源）由于是线性问题，可分为两部分，第一部分是温差影响，第二部分是绝热温升影响，可按式（3.2-138）计算：

$$T_m = T_w + X(T_0 - T_w) + X_1\theta_0 \tag{3.2-138}$$

其中

$$X = f\left(\frac{a_c\tau}{D^2},\frac{\lambda_c L}{C_w\rho_w q_w}\right) \tag{3.2-139}$$

$$X_1 = f\left(\frac{a_c\tau}{b^2},b\sqrt{\frac{m}{a_c}},\frac{b}{c},\frac{\lambda_c L}{C_w\rho_w q_w}\right) \tag{3.2-140}$$

式中 T_m——混凝土平均温度，℃；

T_0——开始冷却时混凝土初温，℃；

T_w——冷却水水温，℃；

θ_0——混凝土绝热温升，℃；

X、X_1——水管散热残留比，见图 3.2-29；

a_c——混凝土导温系数，m^2/h；

τ——混凝土浇筑后历时，h；

b、D——冷却圆柱体的半径、直径，m；

λ_c——混凝土导热系数，kJ/(m·h·℃)；

L——单根水管总长，m；

C_w——水的比热，kJ/(kg·℃)；

ρ_w——水的密度，kg/m^3；

q_w——水管通水流量，L/min；

m——水泥水化热发散系数，d^{-1}；

c——冷却水管半径，m。

当 $\frac{b}{c}\neq 100$ 时，可按式（3.2-141）计算等效导温系数 a'_c，仍可采用图 3.2-29、图 3.2-30 和式（3.2-138）计算。

$$a'_c = a_c\frac{\ln 100}{\ln\left(\frac{b}{c}\right)} \tag{3.2-141}$$

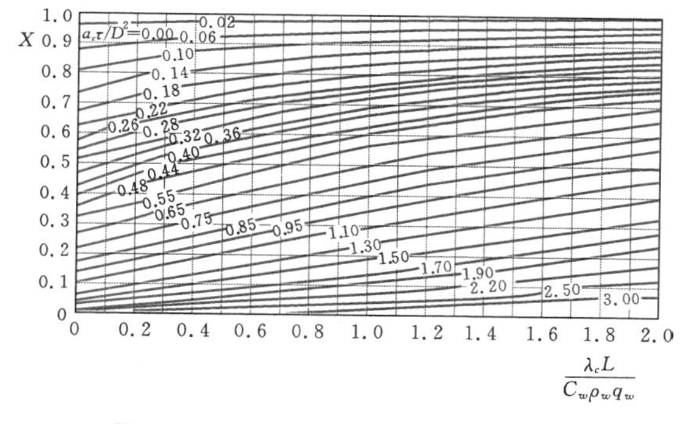

图 3.2-29 水管冷却混凝土圆柱体平均温度散热残留比 $X(b/c=100)$

b. 等效热传导方程。设混凝土绝热温升为 $\theta(\tau)=\theta_0(1-e^{-m\tau})$，采用式（3.2-142）计及水管冷却效果的等效热传导方程，可用有限元网格计算层面和水管共同散热问题。

$$\frac{\partial T}{\partial\tau} = a_c\left(\frac{\partial^2 T}{\partial x^2}+\frac{\partial^2 T}{\partial y^2}+\frac{\partial^2 T}{\partial z^2}\right)+(T_0 - T_w)\frac{\partial\phi}{\partial\tau}+\theta_0\frac{\partial\psi}{\partial\tau} \tag{3.2-142}$$

其中

$$\phi = e^{-p\tau} \tag{3.2-143}$$

$$\psi(\tau) = \frac{m(e^{-p\tau}-e^{-m\tau})}{m-p} \tag{3.2-144}$$

$$p = \frac{a_c k}{D^2} \tag{3.2-145}$$

$$k = 2.09 - 1.35\xi + 0.320\xi^2 \tag{3.2-146}$$

$$\xi = \frac{\lambda_c L}{C_w\rho_w q_w} \tag{3.2-147}$$

式中 T_0——混凝土初温，℃；

T_w——水管进口水温，℃。

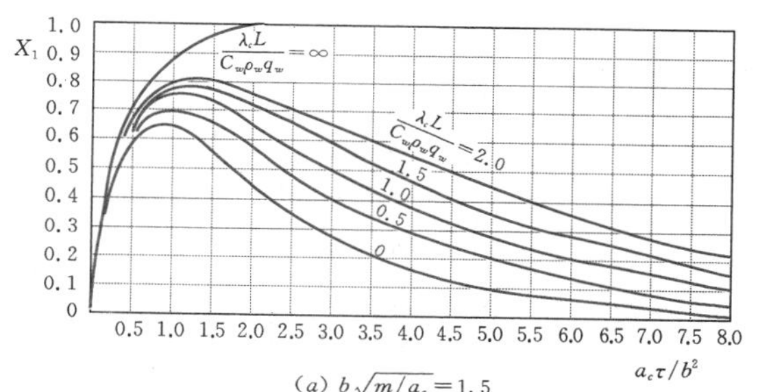

(a) $b\sqrt{m/a_c}=1.5$

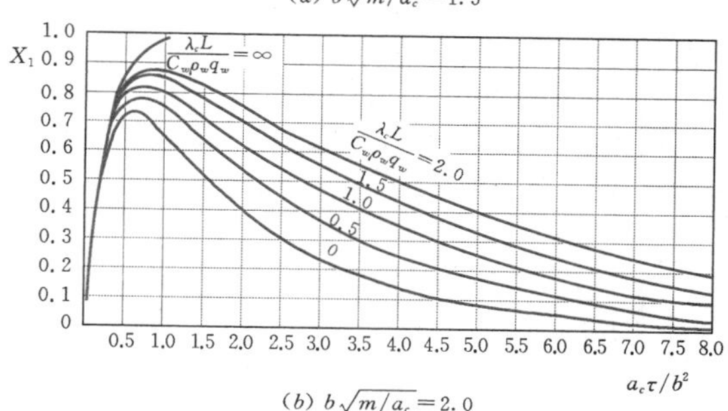

(b) $b\sqrt{m/a_c}=2.0$

图 3.2-30 水管散热残留比 $X_1(b/c=100)$

c. 单向差分法。采用差分法计算一期通水冷却及层面散热时，混凝土温度可按式（3.2-148）计算：

$$T_{n,\tau+\Delta\tau} = T_{n,\tau} + \frac{a_c\Delta\tau}{\delta^2}(T_{n-1,\tau}+T_{n+1,\tau}-2T_{n,\tau}) + (T_0 - T_w)\Delta\phi + \theta_0\Delta\psi \tag{3.2-148}$$

其中

$$\Delta\phi = \phi(\tau+\Delta\tau) - \phi(\tau) \tag{3.2-149}$$

$$\Delta\psi = \psi(\tau+\Delta\tau) - \psi(\tau) \tag{3.2-150}$$

2）二期水管冷却（无热源），由于水化热已基本散发完毕，可作为初温均匀分布、无热源的温度场，只考虑温差影响，可按式（3.2-151）计算：

$$T_m = T_w + X(T_0 - T_w) \quad (3.2-151)$$

2. 运行期温度作用标准值

（1）厂房、进水塔温度作用标准值。

根据DL 5077的规定，厂房、进水塔等建筑物的构架在运行期的温度作用标准值可按式（3.2-152）、式（3.2-153）计算：

$$\Delta T_{mk} = T_{m1} + T_{m2} - T_{m0} \quad (3.2-152)$$

$$\Delta T_{dk} = T_{d1} + T_{d2} - T_{d0} \quad (3.2-153)$$

其中

$$T_{m0} = (T_{0e} + T_{0i})/2 \quad (3.2-154)$$

$$T_{d0} = T_{0e} - T_{0i} \quad (3.2-155)$$

$$T_{m1} = (T_{me} + T_{mi})/2 \quad (3.2-156)$$

$$T_{d1} = T_{me} - T_{mi} \quad (3.2-157)$$

$$T_{m2} = (A_e + A_i)/2 \quad (3.2-158)$$

$$T_{d2} = A_e - A_i \quad (3.2-159)$$

式中　ΔT_{mk}、ΔT_{dk}——截面平均温度变化标准值和截面等效线性温差变化标准值，℃；

T_{0i}、T_{0e}——结构封闭时内、外表面温度，℃；

T_{mi}、T_{me}——结构运行期内、外表面多年年平均温度，℃；

A_i、A_e——结构运行期内、外表面多年年平均温度年变幅。

对温度作用比较敏感的重要结构，必要时应考虑气温月变幅的影响。

（2）拱坝温度作用标准值。

根据DL 5077的规定，拱坝运行期温度作用的标准值可按式（3.2-160）、式（3.2-161）计算：

$$\Delta T_{mk} = T_{m1} + T_{m2} - T_{m0} \quad (3.2-160)$$

$$\Delta T_{dk} = T_{d1} + T_{d2} - T_{d0} \quad (3.2-161)$$

其中

$$T_{m1} = (T_{me} + T_{mi})/2 \quad (3.2-162)$$

$$T_{d1} = T_{me} - T_{mi} \quad (3.2-163)$$

$$T_{m2} = \rho_1[A_e\cos\omega(\tau - \theta_1 - \tau_0) + A_i\cos\omega(\tau - \theta_1 - \varepsilon - \tau_0)]/2 \quad (3.2-164)$$

$$T_{d2} = \rho_2[A_e\cos\omega(\tau - \theta_2 - \tau_0) + A_i\cos\omega(\tau - \theta_2 - \varepsilon - \tau_0)] \quad (3.2-165)$$

$$\rho_1 = \sqrt{2(\cosh\eta - \cos\eta)/\cosh\eta + \cos\eta}/\eta \quad (3.2-166)$$

$$\rho_2 = \sqrt{a_1^2 + b_1^2} \quad (3.2-167)$$

$$\theta_1 = [\pi/4 - \arctan(\sin\eta/\sinh\eta)]/\omega \quad (3.2-168)$$

$$\theta_2 = \arctan(b_1/a_1)/\omega \quad (3.2-169)$$

$$a_1 = 6\sin(\omega\theta_1)/\rho_1\eta^2 \quad (3.2-170)$$

$$b_1 = 6[\cos(\omega\theta_1) - \rho_1]/\rho_1\eta^2 \quad (3.2-171)$$

$$\eta = L\sqrt{\pi/(a_c p)} \quad (3.2-172)$$

$$\omega = 2\pi/p \quad (3.2-173)$$

式中　ΔT_{mk}、ΔT_{dk}——截面平均温度变化标准值和截面等效线性温差变化标准值，℃；

T_{m0}、T_{d0}——封拱时的截面平均温度和等效线性温差，由封拱时的实际温度分布按式（3.2-154）、式（3.2-155）计算，℃；

T_{m1}、T_{d1}——由坝体多年年平均温度场确定的截面平均温度和等效线性温差，℃；

T_{m2}、T_{d2}——由坝体多年平均变化温度场确定的截面平均温度和等效线性温差，℃；

T_{mi}、T_{me}——上、下游坝面多年年平均温度，根据其外部环境按有关公式确定，℃；

A_i、A_e——上、下游坝面多年年平均温度年变幅；

τ——温度作用最不利组合的计算时点，通常可取$\tau = 7.5$或8.0计算与温升标准值相应的T_{m2}、T_{d2}，然后改变符号作为与温降标准值相应的T_{m2}、T_{d2}；

τ_0——气温年周期变化过程的初始相位，按式（3.2-114）确定；

ε——上、下游坝面温度年周期变化过程的相位差，当上游面为库水，下游面为空气时，按式（3.2-129）～式（3.2-131）确定；

ρ_1、ρ_2、θ_1、θ_2——可从图3.2-31中查得；

L——坝体厚度，m；

a_c——混凝土的导温系数，m^2/h；

p——温度变化周期，月，取$p=12$。

（3）重力坝温度作用标准值。

实体重力坝一般不计及运行期的温度作用，但当坝体接缝灌浆时的温度高于稳定温度时，坝体应力计算宜计及温度作用，其标准值可取坝体灌浆时的温度与稳定温度之差值。宽缝重力坝、空腹坝及支墩坝等在运行期的温度作用标准值，应取结构运行期最高

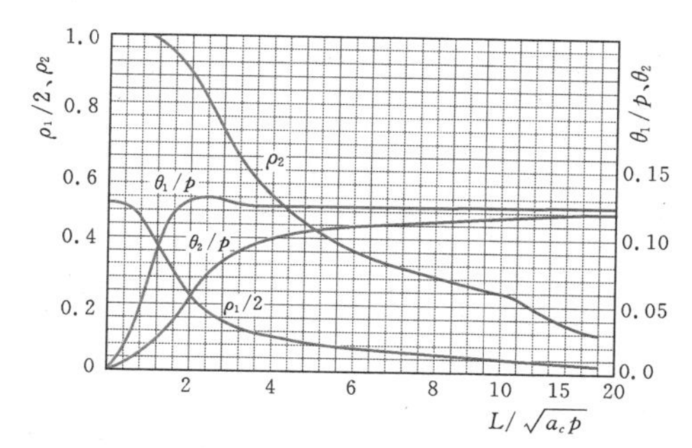

图 3.2-31 $\rho_1/2$、ρ_2、θ_1/p、θ_2/p 与 $L/\sqrt{a_c p}$ 的关系

（或最低）温度场与其稳定温度场的年平均温度之差值。

（4）坝内引水管道周围混凝土温度作用标准值。

坝内引水管道周围混凝土运行期的温度作用标准值，可采用进水口处的多年月平均最低水温所确定的温度场与坝体（准）稳定温度场之差值。初期充水时的温度作用，可根据充水时的水温及环境温度条件分析确定。

3.2.13.4 作用分项系数

采用分项系数极限状态设计方法时，温度作用的作用分项系数应采用1.1。

3.2.14 地震作用

3.2.14.1 概述

1. 一般规定

《中国地震动参数区划图》（GB 18306—2001）直接采用地震动参数（地震动峰值加速度和地震动反应谱特征周期），不再采用地震基本烈度，要求现行有关技术标准中涉及地震基本烈度概念的应逐步修正。在技术标准等尚未修订（包括局部修订）之前，地震基本烈度数值查取地震动峰值加速度可按表3.2-46确定。

表 3.2-46　地震动峰值加速度分区与地震基本烈度对照表

地震动峰值加速度分区	<0.05g	0.05g	0.1g	0.15g	0.2g	0.3g	≥0.4g
地震基本烈度值	6	6	7	7	8	8	≥9

注　g 为重力加速度，9.81m/s^2。

根据GB 50199的原则和要求，采用概率极限状态设计原则，以分项系数极限状态设计表达式进行结构计算，并给出了各类水工建筑物相应的结构系数。采用了对混凝土水工建筑物以计入结构、地基和库水相互作用的动力法为主和拟静力法为辅的抗震计算方法，对土石坝采用按设计烈度取相应动态分布系数的拟静力抗震计算方法。

一般情况下，水工建筑物抗震计算应考虑的地震作用，包括建筑物自重以及其上的设备自重所产生的地震惯性力、地震动水压力和地震动土压力。除面板堆石坝外，土石坝的地震动水压力可以不计。地震浪压力和地震对渗透压力、浮托力的影响可以不计。地震对淤沙压力的影响，一般可以不计，此时计算地震动水压力的建筑物前水深应包括淤沙深度；当高坝的淤沙厚度特别大时，地震对淤沙压力的影响应作专门研究。

对于基本地震烈度为6度及以上地区且坝高超过200m或库容大于100×10^8m^{3}的大型工程，以及基本地震烈度为7度及以上地区且坝高超过150m的大（1）型工程，其抗震设防依据应根据专门的地震危险性分析成果评定。

设计地震烈度为6度时，可不进行抗震计算，但对于1级水工建筑物仍应采取适当的抗震措施。设计地震烈度高于9度的水工建筑物或高度大于250m的壅水建筑物，其抗震安全性应作专门研究。

根据《水工建筑物抗震设计规范》（SL 203—97、DL 5073—2000）的规定，各类水工建筑物的地震作用，应按下列原则考虑：

（1）一般情况下，水工建筑物可只考虑水平向地震作用。

（2）当设计地震烈度为8、9度时，1、2级土石坝、重力坝等挡水建筑物和长悬臂、大跨度及高耸的水工混凝土结构，应同时计入水平向和竖直向地震作用。

（3）严重不对称或空腹等特殊型式的拱坝，以及设计地震烈度为8、9度的1、2级双曲拱坝，竖向地震作用宜作专门研究。

（4）一般情况下，土石坝和混凝土重力坝的水平向地震作用，可只考虑顺河流方向的水平向地震作用；重要的土石坝，宜专门研究垂直河流方向的水平向地震作用；两岸陡坡上的重力坝坝段，尚宜计入垂直河流方向的水平向地震作用。

（5）混凝土拱坝，应同时考虑顺河流方向和垂直河流方向的水平向地震作用；支墩坝，宜专门研究垂直河流方向的水平向地震作用。

（6）闸墩、进水塔、闸顶机架和其他两个主轴方向刚度接近的水工混凝土结构，应考虑结构两个主轴的水平向地震作用。

当同时计算互相正交方向地震的作用效应时，总的地震作用效应可取各方向地震作用效应平方总和的方根值；当同时计算水平向和竖向地震作用效应时，总的地震作用效应也可将竖向地震作用效应乘以0.5的遇合系数后与水平向地震作用效应直接相加。

2. 设计地震加速度及设计反应谱

专门进行地震危险性分析的工程，设计地震烈度及设计地震加速度的代表值，对于1级挡水建筑物，应按100年基准期内超越概率0.02确定；对于非挡水建筑物，应按50年基准期内超越概率0.05确定。

水利水电工程的抗震设防依据，一般情况下可根据GB 18306—2001确定。当采用该标准来确定基本地震烈度时，水平向设计地震加速度代表值 a_h 应按表3.2-47采用；竖向设计地震加速度代表值 a_v 可采用水平向地震加速度代表值的2/3。

表3.2-47　水平向设计地震加速度的代表值

设计地震烈度	7	8	9
a_h	0.1g	0.2g	0.4g

注　g 为重力加速度，9.81m/s²。

水利水电工程的抗震设防依据，一般情况下可采用《中国地震烈度区划图（1990）》确定的基本烈度，当采用该区划图来确定基本地震烈度时，水平向设计地震加速度代表值 a_h 应按表3.2-48采用；竖向设计地震加速度代表值 a_v 可采用水平向地震加速度代表值的2/3。

在地下结构的抗震计算中，基岩面下50m及其以下部位的设计地震加速度代表值可按表3.2-47规定值的1/2采用；基岩面下不足50m处的水平向设计地震加速度代表值，可按深度线性插值。

按动力法计算地震作用效应时，设计反应谱 β 值应根据结构自振周期 T 按图3.2-32采用。

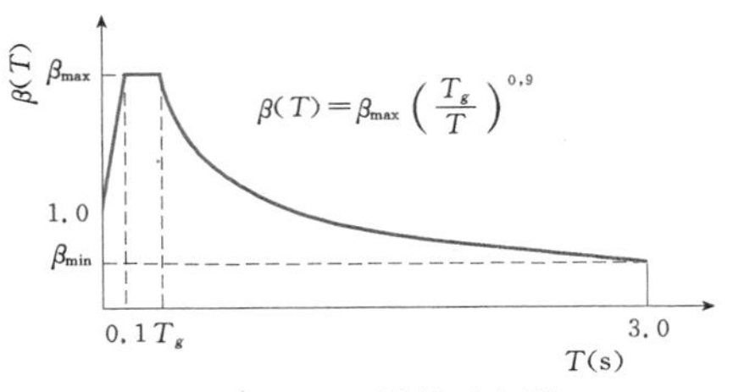

图3.2-32　设计反应谱

设计反应谱最大值 β_{max} 应根据建筑物类型按表3.2-48采用，其下限值 β_{min} 应不小于 β_{max} 的20%；特征周期 T_g 应根据场地类别按表3.2-49采用，对于设计地震烈度不高于8度的基本自振周期大于1.0s的结构，T_g 宜延长0.05s。

表3.2-48　设计反应谱最大值 β_{max}

建筑物类型	重力坝	拱坝	水闸、进水塔及其他混凝土建筑物
β_{max}	2.0	2.5	2.25

表3.2-49　特征周期 T_g

场地类别	Ⅰ	Ⅱ	Ⅲ	Ⅳ
T_g（s）	0.20	0.30	0.40	0.65

3. 结构计算模式和计算方法

各类水工建筑物抗震计算中地震作用效应的计算模式应与相应设计规范规定的计算模式相同。除了窄河谷中的土石坝和横缝经过灌浆的重力坝以外，重力坝、水闸、土石坝均可取单位宽度或单个坝（闸）段进行抗震计算。

根据SL 203的规定，工程抗震设防类别（见表3.2-50）应根据水工建筑物的重要性和工程场地基本烈度确定。

表3.2-50　工程抗震设防类别

工程抗震设防类别	建筑物级别	场地基本烈度
甲	1（壅水）	≥6
乙	1(非壅水)、2(壅水)	
丙	2（非壅水）、3	≥7
丁	4、5	

各类工程抗震设防类别的水工建筑物（除土石坝、水闸外），地震作用效应计算方法应按表3.2-51的规定采用。

表3.2-51　地震作用效应的计算方法

工程抗震设防类别	地震作用效应的计算方法
甲	动力法
乙、丙	动力法或拟静力法
丁	拟静力法或着重采取抗震措施

与地震作用组合的各种静态作用的分项系数和标准值，应按各类建筑物相应的设计规范规定采用。凡在这些规范中未规定分项系数的作用和抗力的，或在抗震计算中引入地震作用的效应折减系数时，分项系数均可取1.0。在抗震验算中规定的结构系数，其相应的静态作用和材料性能分项系数取值见表3.2-52。

表 3.2-52　　静态作用和材料性能分项系数

<table>
<tr><th colspan="2"></th><th colspan="2">静态作用</th><th colspan="3">材料性能</th></tr>
<tr><td rowspan="5">动力法</td><td rowspan="4">重力坝、拱坝</td><td>水压力</td><td>1.0</td><td colspan="2">混凝土强度</td><td>1.5</td></tr>
<tr><td>浮耗力</td><td>1.0</td><td rowspan="2">重力坝坝基</td><td>摩擦系数</td><td>1.3</td></tr>
<tr><td>渗透压力</td><td>1.2</td><td>黏聚力</td><td>3.0</td></tr>
<tr><td>混凝土容重</td><td>1.0</td><td colspan="2">拱座岩体摩擦系数、黏聚力</td><td>1.0</td></tr>
<tr><td>其他混凝土结构</td><td colspan="2">1.0</td><td colspan="3">1.0</td></tr>
<tr><td colspan="2">拟静方法</td><td colspan="2">1.0</td><td colspan="3">1.0</td></tr>
</table>

4. 地震作用的水库计算水位

水工建筑物抗震计算时的水库计算水位可采用正常蓄水位；对于多年调节水库，经论证后可采用低于正常蓄水位的上游水位。

对于土石坝和堆石坝上游坝坡的抗震稳定性计算，应根据运用条件选用对坝坡抗震稳定最不利的常遇水位；水库水位降落时宜采用常遇的水位降落幅值。重要的混凝土拱坝和水闸，宜补充水库常遇低水位时的抗震强度计算。

3.2.14.2　地震惯性力

1. 重力坝

对于工程抗震设防类别为乙、丙类的设计地震烈度低于 8 度且坝高不大于 70m 的重力坝可采用拟静力法。采用拟静力法计算重力坝地震作用效应时，沿建筑物高度作用于质点 i 的水平向地震惯性力代表值应按式（3.2-174）计算：

$$F_i = \frac{a_h \xi G_{Ei} \alpha_i}{g} \qquad (3.2-174)$$

式中　F_i——作用在质点 i 的水平向地震惯性力代表值；

ξ——地震作用的效应折减系数，除另有规定外，ξ=0.25；

G_{Ei}——集中在质点 i 的重力作用标准值；

a_h——水平向设计地震加速度代表值；

α_i——质点 i 的动态分布系数，参考第 7 章 7.5 节“混凝土坝抗震设计”中重力坝抗震设计部分相关内容。

垂直地震惯性力：一般垂直向设计地震加速度代表值 α_v 应取水平向设计地震加速度代表值的 2/3。总的地震作用效应也可将竖向地震作用效应乘以 0.5 偶合系数后与水平向地震作用效应直接相加。

2. 拱坝

拱坝地震作用效应计算应采用动力法或拟静力法。在确定可能滑动岩块本身的地震惯性力代表值时应按式（3.2-174）计算，α_i=1.0，当采用动力法时，地震作用的效应折减系数 ξ=1.0，并假定岩块的地震惯性力代表值和拱端推力最大值同时发生。

采用拟静力法计算拱坝地震作用效应时，各层拱圈各质点水平向地震惯性力沿径向作用，其代表值应按式（3.2-174）计算，其中坝顶 α_i=3.0，坝基 α_i=1.0，沿高程按线性内插，沿拱圈均匀分布。

3. 土石坝

土石坝应采用拟静力法进行抗震稳定计算。设计地震烈度为 8 度、9 度的 70m 以上土石坝，或地基中存在可液化土时，应同时用有限元法对坝体和坝基进行动力分析，综合判断其抗震安全性。在采用拟静力法进行抗震计算时，质点 i 的动态分布系数参考第 7 章 7.6 节“土石坝抗震设计”中的相关内容。

4. 水闸

根据 SL 265 的规定，采用拟静力法计算水闸地震作用效应时，各质点水平向地震惯性力代表值应按式（3.2-174）规定计算进行计算，其中动态分布系数 α_i 参考第 7 章 7.7 节“其他水工结构抗震设计”中水闸部分的相关内容。

在验算交通桥、工作桥的桥跨支座抗震强度时，简支梁支座上的水平向地震惯性力代表值可按式（3.2-175）计算：

$$F = \frac{1.5 a_h G_{EL}}{g} \qquad (3.2-175)$$

式中　G_{EL}——结构重力作用标准值，对于固定支座，取一孔桥跨上部结构的重量，对于活动支座，为一孔桥跨上部结构重量的 1/2。

5. 厂房、进水塔、压力管道和地下结构

厂房下部结构、进水塔、水电站压力管道和地面厂房计算地震作用效应时各质点水平向地震惯性力代表值可参照混凝土重力坝的计算方法。对于进水塔，G_{Ei} 为集中在质点 i 的塔体、排架及其附属设备的重力作用代表值。进水塔动态分布系数 α_i 可参考第 7

章 7.7 节“其他水工结构抗震设计”中进水塔部分的相关内容。对于明管，G_{Ei} 应为包括管道内水体的集中在质点 i 的重力作用标准值，其动态分布系数 α_i 应按表 3.2-53 的规定采用。

表 3.2-53　压力管道动态分布系数 α_i

顺轴向	垂直轴向
1.0；l	$l/2$；$l/2$；1.0；2.5

注　l 为管道支承点间长度。

设计地震烈度为 9 度的地下结构或设计地震烈度为 8 度的 1 级地下结构，均应验算建筑物和围岩的抗震强度和稳定性；设计地震烈度高于 7 度的地下结构，当进、出口部位岩体地震惯性力时可不计其动力放大效应。

沿线地形和地质条件变化比较复杂的水工隧洞、洞群、地下竖井、水工隧洞的转弯段和分岔段、地下厂房等深埋地下洞室及河岸式进、出口等浅埋洞室，其地震作用效应可在计入结构和围岩相互作用的情况下进行专门研究。

3.2.14.3　地震动水压力

1. 混凝土重力坝

采用拟静力法计算重力坝地震作用效应时，水深 h 处的地震动水压力代表值和单位宽度坝面的总地震动水压力作用在水面以下 $0.54H_0$ 处代表值 F_0 的计算参考第 7 章 7.5 节“混凝土抗震设计”中重力坝抗震设计部分相关内容。

采用动力法时，可将地震动水压力折算为与单位地震加速度相应的坝面附加质量，坝体上、下游面的地震动水压力，均垂直于坝面，水深 h 处的地震动水压力按式（3.2-176）计算：

$$P_w(h)=\frac{7}{8}a_h\rho_w\sqrt{H_0h}\qquad(3.2-176)$$

式中　ρ_w——水体质量密度标准值；

H_0——水深。

计算水闸地震作用效应时，作用在水闸上的地震动水压力的代表值可参照混凝土重力坝的计算方法进行计算。

2. 拱坝

采用拟静力法计算拱坝地震作用效应时，水平向地震作用的动水压力代表值计算参考第 7 章 7.5 节“混凝土抗震设计”中拱坝抗震设计部分的相关内容。

采用动力法计算时，可将水平向单位地震加速度作用下的地震动水压力按式（3.2-176）折算为相应的坝面径向附加质量考虑。

3. 土石坝

土坝的动水压力通过材料的计算参数考虑，一般不计坝面上的动水压力。

混凝土面板堆石坝的动水压力可按重力坝的动水压力计算。

4. 水闸

水闸的动水压力可按重力坝的动水压力计算。

5. 进水塔

用动力法计算进水塔地震作用效应时，塔内、外动水压力可分别作为塔内、外表面的附加质量，具体计算参考第 7 章 7.7 节“其他水工结构抗震设计”中进水塔部分的相关内容。

用拟静力法计算进水塔地震作用效应时，可按式（3.2-177）直接计算动水压力代表值。作用于整个塔面的动水压力合力的代表值，按式（3.2-178）计算确定，其作用点位置在水深 $0.42H_0$ 处。当塔体前后水深不同时，各高程的动水压力代表值或附加质量代表值可分别按两种水深计算后取平均值。

$$F_T(h)=a_h\xi\rho_w\psi(h)\eta_wA\left(\frac{a}{2H_0}\right)^{-0.2}\qquad(3.2-177)$$

$$F_T=0.5a_h\xi\rho_w\eta_wAH_0\left(\frac{a}{2H_0}\right)^{-0.2}\qquad(3.2-178)$$

式中　$F_T(h)$——水深 h 处单位高度塔面动水压力合力的代表值；

$\psi(h)$——水深 h 处动水压力分布系数，对塔内动水压力取 0.72，对塔外动水压力应按表 3.2-54 的规定取值；

η_w——形状系数，塔内和圆形塔外取 1.0，矩形塔塔外应按表 3.2-55 的规定取值；

A——塔体沿高度平均截面与水体交线包络面积；

a——塔体垂直地震作用方向的迎水面最大宽度沿高度的平均值。

表 3.2-54　进水塔动水压力分布系数 $\psi(h)$

h/H_0	$\psi(h)$	h/H_0	$\psi(h)$	h/H_0	$\psi(h)$
0.0	0.00	0.4	0.70	0.8	0.28
0.1	0.68	0.5	0.60	0.9	0.20
0.2	0.82	0.6	0.48	1.0	0.17
0.3	0.79	0.7	0.37	—	—

表 3.2-55　矩形塔塔外形状系数 η_w

a/b	η_w	a/b	η_w	a/b	η_w
1/5	0.28	2/3	0.81	3	3.04
1/4	0.34	1	1.15	4	3.90
1/3	0.43	3/2	1.66	5	4.75
1/2	0.61	2	2.14	—	—

注　b 为平行于地震作用方向的塔宽。

相连成一排的塔体群，垂直于地震作用方向的迎水面平均宽度与塔前最大水深比值 $\frac{a}{H_0}>3.0$ 时，水深 h 处单位高度的塔外动水压力按拟静力法的合力和按动力法的附加质量可分别按式（3.2-179）和式（3.2-180）计算：

$$F_T(h)=1.75a_h\xi\rho_w a\sqrt{H_0 h} \tag{3.2-179}$$

$$m_w(h)=1.75\rho_w a\sqrt{H_0 h} \tag{3.2-180}$$

动水压力代表值及其附加质量代表值在水平截面的分布，对矩形柱状塔体可取沿垂直地震作用方向的塔体前、后迎水面均匀分布；对圆形柱状塔体可取按 $\cos\theta_i$ 规律分布，其中 θ_i 为迎水面 i 点法线方向和地震作用方向所交锐角。动水压力和附加质量最大分布强度参考第 7 章 7.7 节“其他水工结构抗震设计”中进水塔部分的相关内容。

3.2.14.4　地震动土压力

地震主动动土压力代表值可按式（3.2-181）计算，其中 C_e 应取式（3.2-182）中按“+”、“－”号计算结果中的大值。

$$F_E=\left[q_0\frac{\cos\psi_1}{\cos(\psi_1-\psi_2)}H+\frac{1}{2}\gamma H^2\right]\left(1-\frac{\zeta a_v}{g}\right)C_e \tag{3.2-181}$$

$$C_e=\frac{\cos^2(\varphi-\theta_e-\psi_1)}{\cos\theta_e\cos^2\psi_1\cos(\delta+\psi_1+\theta_e)(1\pm\sqrt{Z})^2} \tag{3.2-182}$$

其中

$$Z=\frac{\sin(\delta+\varphi)\sin(\varphi-\theta_e-\varphi_2)}{\cos(\delta+\varphi_1+\theta_e)\cos(\varphi_2-\varphi_1)} \tag{3.2-183}$$

$$\theta_e=\arctan\frac{\zeta a_h}{g-\zeta a_v} \tag{3.2-184}$$

式中　F_E——地震主动动土压力代表值；
q_0——土表面单位长度的荷重；
ψ_1——挡土墙面与垂直面夹角；
ψ_2——土表面与水平面夹角；
H——土的高度；
γ——土的容重标准值；
φ——土的内摩擦角；
θ_e——地震系数角；
δ——挡土墙面与土之间的摩擦角；
ζ——计算系数，动力法计算地震作用效应时取 1.0，拟静力法计算地震作用效应时一般取 0.25，对钢筋混凝土结构取 0.35。

地震动土压力问题十分复杂，国内外目前大多采用在静土压力的计算中，增加对滑动土楔的水平向和竖向地震作用，以此近似估算主动动土压力值。鉴于近似计算的滑动平面假定，在计算被动动土压力时与实际情况差得很远，使结果不合理，因此地震被动动土压力应经专门研究确定。

3.2.14.5　作用分项系数

采用分项系数极限状态设计方法时，地震作用的作用分项系数应采用 1.0。

3.2.15　灌浆压力

（1）水工结构设计应考虑以下三种灌浆压力：

1）地下结构的混凝土衬砌顶拱与围岩之间的回填灌浆压力。

2）钢衬与外围混凝土之间的接触灌浆压力。

3）混凝土坝坝体施工缝的接缝灌浆压力。

（2）回填灌浆压力、接触灌浆压力和接缝灌浆压力均属施工过程中出现的临时性可变作用，仅作为短暂设计状况计算的一种作用。

（3）灌浆压力作用的标准值可采用设计规定的灌浆压力值，一般可按以下范围取值：

1）回填灌浆压力，0.2～0.4MPa（一序孔取小值，二序孔取大值）。

2）接触灌浆压力，0.1～0.2MPa。

3）接缝灌浆压力，0.2～0.25MPa。

（4）对于回填灌浆和接触灌浆压力，可对其设计规定的灌浆压力值乘以一个小于 1.0 的面积系数作为标准值。面积系数的取值，应根据结构实际施工状况、灌浆施工的工序及方法、计算作用的分布简图等因素经分析确定。

（5）采用分项系数极限状态设计方法时，灌浆压力的作用分项系数可采用 1.3。

参 考 文 献

[1]　DL 5077—1997 水工建筑物荷载设计规范 [S]. 北京：中国电力出版社，1998.

[2]　武汉水利电力学院. 水力计算手册 [M]. 北京：水利电力出版社，1983.

[3]　武汉大学水利水电学院. 水力计算手册 [M]. 2 版. 北京：中国水利水电出版社，2006.

[4] GB 50201—94 防洪标准 [S]. 北京：水利电力出版社，1994.

[5] SL 252—2000 水利水电工程等级划分及洪水标准 [S]. 北京：中国水利水电出版社，2000.

[6] DL 5180—2003 水电枢纽工程等级划分及设计安全标准 [S]. 北京：中国电力出版社，2003.

[7] SL 274—2001 碾压式土石坝设计规范 [S]. 北京：中国水利水电出版社，2002.

[8] SL 265—2001 水闸设计规范 [S]. 北京：中国水利水电出版社，2001.

[9] SL 319—2005 混凝土重力坝设计规范 [S]. 北京：中国水利水电出版社，2001.

[10] SL 25—2006 砌石坝设计规范 [S]. 北京：中国水利水电出版社，2006.

[11] SL 282—2003 混凝土拱坝设计规范 [S]. 北京：中国水利水电出版社，2003.

[12] SL 279—2002 水工隧洞设计规范 [S]. 北京：中国水利水电出版社，2003.

[13] DL/T 5141—2001 水电站压力钢管设计规范 [S]. 北京：中国电力出版社，2002.

[14] SL 281—2003 水电站压力钢管设计规范 [S]. 北京：中国水利水电出版社，2003.

[15] SL 266—2001 水电站厂房设计规范 [S]. 北京：中国水利水电出版社，2001.

[16] SL 386—2007 水利水电工程边坡设计规范 [S]. 北京：中国水利水电出版社，2007.

[17] DL/T 5353—2006 水电水利工程边坡设计规范 [S]. 北京：中国电力出版社，2006.

[18] JTJ 307—2001 船闸水工建筑物设计规范 [S]. 北京：人民交通出版社，2002.

[19] GB 50199—94 水利水电工程结构可靠度设计统一标准 [S]. 北京：中国计划出版社，1994.

[20] GB 50009—2001 建筑结构荷载规范 [S]. 北京：中国计划出版社，2001.

[21] SL 203—97 水工建筑物抗震设计规范 [S]. 北京：中国水利水电出版社，1997.

[22] SL 285—2003 水利水电工程进水口设计规范 [S]. 北京：中国水利水电出版社，2003.

[23] GB 50286—98 堤防工程设计规范 [S]. 北京：中国计划出版社，1998.

[24] GB/T 50265—97 泵站设计规范 [S]. 北京：中国计划出版社，1997.

[25] SL/T 191—2008 水工混凝土结构设计规范 [S]. 北京：中国水利水电出版社，2008.

[26] GB 50218—94 工程岩体分级标准 [S]. 北京：中国计划出版社，1995.

[27] GB 18306—2001 中国地震动参数区划图 [S]. 北京：中国计划出版社，2002.

[28] SL 211—2006 水工建筑物抗冰冻设计规范 [S]. 北京：中国水利水电出版社，2006.

[29] SL 253—2000 溢洪道设计规范 [S]. 北京：中国水利水电出版社，2000.

[30] 金伟良. 工程荷载组合理论与应用，[M]. 北京：机械工业出版社，2006.

[31] 范明桥. 粘性填筑土强度指标 ϕ、c 的概率特性 [J]. 水利水运科学研究，2000，1.

[32] 黄清猷. 地下管道计算 [M]. 武汉：湖北科学技术出版社，1987.

[33] 林选清. 高填土下结构物的竖向土压力及结构设计方法 [J]. 土木工程学报，1989，22 (1).

[34] 管枫年，洪济仁. 涵洞 [M]. 北京：水利电力出版社，1989.

[35] 顾宝和，毛尚之，李镜培. 岩土工程设计安全度 [M]. 北京：中国计划出版社，2009.

第4章

水工混凝土结构

本章是以第1版《水工设计手册》第3卷第11章框架为基础，内容调整和修订主要如下：①以《水工混凝土结构设计规范》（DL/T 5057—2009、SL 191—2008）为理论依据，对第1版的结构计算公式进行了相应的修改，不采用允许应力法而是采用以概率理论为基础的极限状态设计方法；②增加了“基本设计规定”、“温度作用设计原则”2节，取消了第1版的总则1节，由原来的9节变为10节；③随着计算科学技术和我国水电水利建设的发展，增加“弧形闸门预应力混凝土闸墩”、“非杆件体系结构裂缝控制验算”等内容；④删除了“受弯构件斜截面的抗弯强度计算”和“受拉边倾斜的矩形、T形、工字形截面的受弯构件斜截面的抗剪强度计算”等内容；⑤把原来的第九节变为4.10节，删除其中的“少筋混凝土结构”。

章主编　魏坚政　石广斌

章主审　周　氏　杨经会

本章各节编写及审稿人员

节次	编　写　人	审稿人
4.1	侯建国　石广斌　安旭文 魏坚政　余培琪	周氏　杨经会
4.2	魏坚政　余培琪	
4.3	余培琪　魏坚政	
4.4	李平先　石广斌　韩菊红	
4.5	石广斌　汪基伟	
4.6	何英明　侯建国	
4.7	杨一峰　石广斌　黄红飞	
4.8	石广斌　魏坚政　杨一峰 余培琪　张尚信　侯建国 李平先　黄红飞	
4.9	吴胜兴	
4.10	汪基伟　石广斌	

第4章 水工混凝土结构

4.1 基本设计规定

目前，用于设计水利水电工程中的混凝土结构的设计规范有两本：一本是《水工混凝土结构设计规范》(DL/T 5057—2009)；另一本是《水工混凝土结构设计规范》(SL 191—2008)。DL/T 5057是按《水利水电工程结构可靠度设计统一标准》(GB 50199)的规定，采用了以概率理论为基础的极限状态设计法，以可靠指标度量结构构件的可靠度，并采用五个分项系数（结构重要性系数、设计状况系数、材料性能分项系数、作用分项系数、结构系数）的设计表达式进行设计。SL 191也采用极限状态设计法，但不再强调以概率理论为基础，在规定的材料强度和荷载取值条件下，采用在多系数分析基础上以安全系数表达的方式进行设计，其承载力安全系数 K 是将原规范中的结构系数 γ_d、结构重要性系数 γ_0 及设计状况系数 ψ 合并而成的。由此可见，DL/T 5057与SL 191关于承载能力极限状态的设计在实质上是基本相同的，仅在表达形式上有所差别，但由于SL 191规范在多个分项系数分析时，分项系数的取值有所调整，因此两本规范的结构设计安全度和最终配筋量，在某种情况下会略有不同。

本章主要依据上述两本规范的规定编写而成。为了节省篇幅，本章以DL/T 5057为主进行编写，但对SL 191与DL/T 5057的不同之处另加说明，而相同之处则不再重复或加注。

本章适用于水电水利工程中的素混凝土、钢筋混凝土及预应力混凝土结构设计，但不适用于混凝土坝、轻骨料混凝土及其他特种混凝土结构的设计。钢筋混凝土框架结构构件的抗震设计内容见本卷第7章以及DL/T 5057与SL 191。

4.1.1 一般规定

4.1.1.1 极限状态

1. 承载能力极限状态

所有结构构件均应进行承载能力计算。需要抗震设防的结构，尚应进行结构构件的抗震承载能力验算或采取抗震构造措施。

2. 正常使用极限状态

使用上需要控制变形值的结构构件，应进行变形验算。使用上需要进行裂缝控制的结构构件，应进行抗裂或裂缝宽度控制验算。

4.1.1.2 DL/T 5057的分项系数和作用效应组合

1. 结构重要性系数 γ_0

结构安全级别与水工建筑物级别的对应关系应按表4.1-1采用。

表4.1-1 水工建筑物结构安全级别及结构重要性系数 γ_0

水工建筑物级别	水工建筑物结构安全级别	结构重要性系数 γ_0
1	Ⅰ	≥1.1
2、3	Ⅱ	≥1.0
4、5	Ⅲ	≥0.9

对于有特殊安全要求的水工建筑物，其结构安全级别应经专门研究确定。结构及结构构件的结构安全级别，应根据其在水工建筑物中的部位、本身破坏对水工建筑物安全影响的大小，采用与水工建筑物的结构安全级别相同或降低一级，但不得低于Ⅲ级。

2. 设计状况与设计状况系数 ψ

(1) 持久状况：指在结构使用过程中一定会出现且持续时间很长，一般与设计基准期为同一量级的设计状况。

(2) 短暂状况：指在结构施工（安装）、检修或使用过程中出现次数较少、历时较短的设计状况。

(3) 偶然状况：指在结构使用过程中遇到某一出现概率很小、且持续时间很短的偶然作用（如地震或校核洪水）时的设计状况。

设计状况系数 ψ 应按表4.1-2取用。

表4.1-2 设计状况系数 ψ

设计状况	持久状况	短暂状况	偶然状况
ψ	1.0	0.95	0.85

3. 作用的分类与作用分项系数 γ_G、γ_Q、γ_A

(1) 作用的分类。作用按时间的变异可分为以下三类：

1）永久作用：在设计基准期内，其量值不随时间变化或其变化值与平均值相比可忽略不计的作用，如建筑物及设备自重、土压力、预应力等，常用符号 $G(g)$ 表示。

2）可变作用：在设计基准期内，其量值随时间变化，且其变化值与平均值相比不可忽略的作用，如楼面活荷载、风荷载、吊车荷载、车辆轮压、温度作用等，常用符号 $Q(q)$ 表示。

3）偶然作用：在设计基准期内不一定出现，而一旦出现其量值很大且持续时间很短的作用，如地震作用、校核洪水位时的静水压力、爆炸力等，常用符号 A 表示。

（2）作用的代表值。水工结构设计时，永久作用和可变作用的代表值应采用作用的标准值；偶然作用的代表值可按有关标准的规定，或根据观测资料结合工程经验综合分析确定。作用的代表值应按本卷第3章和第7章的有关规定确定。

（3）作用标准值。作用的基本代表值为设计基准期内最大作用概率分布的某一分位值，应按本卷第3章的有关规定取用。

（4）作用设计值。作用设计值为作用标准值乘以作用分项系数所得的值。

（5）作用分项系数 γ_G、γ_Q、γ_A。按承载能力极限状态设计时，作用（荷载）分项系数应按本卷第3章的规定采用，但不应小于本章规定的数值，见表4.1-3；按正常使用极限状态设计时，作用分项系数均应取为1.0。

表4.1-3　承载能力极限状态作用（荷载）分项系数的取值

作用类型	永久作用 γ_G	一般可变作用 γ_{Q1}	可控制的可变作用 γ_{Q2}	偶然作用 γ_A
作用分项系数	1.05（0.95）	1.2	1.1	1.0

注　1. 当永久作用效应对结构有利时，γ_G 应按括号内数值取用。
2. 可控制的可变作用是指可以严格控制使其不超出规定限值的作用，如在水电站厂房设计中，由制造厂家提供的吊车最大轮压值；设备重量按实际铭牌确定，堆放位置有严格规定并加设垫木的安装间楼面堆放设备荷载等。

4. 材料性能分项系数 γ_c、γ_s

混凝土及钢筋的材料性能分项系数 γ_c、γ_s 见表4.1-4。应予说明的是，由于在承载能力极限状态的设计表达式中直接采用了混凝土及钢筋的材料强度设计值（f_c、f_t、f_y），故混凝土及钢筋的材料性能分项系数 γ_c、γ_s 在设计表达式中不再出现。

表4.1-4　混凝土及钢筋的材料性能分项系数 γ_c、γ_s

材料种类		材料性能分项系数 γ_c、γ_s
混凝土轴心抗压、轴心抗拉强度		1.40
热轧钢筋（HPB235级钢筋，HPB300级钢筋，HRB335级钢筋，HRB400级钢筋，RRB400级钢筋）		1.10
热轧钢筋（HRB500级钢筋）	纵筋	1.20
	箍筋	1.40
预应力用钢丝、钢绞线、钢棒及螺纹钢筋		1.20

5. 结构系数 γ_d

进行承载能力极限状态计算时，结构系数 γ_d 应按表4.1-5取用。

表4.1-5　承载能力极限状态计算时的结构系数 γ_d

素混凝土结构		钢筋混凝土及预应力混凝土结构
受拉破坏	受压破坏	
2.0	1.3	1.2

注　1. 承受永久作用（荷载）为主的构件，结构系数 γ_d 应按表中数值增加0.05。
2. 对于新型结构或荷载不能准确估计时，结构系数 γ_d 可适当提高。

6. 作用效应组合

（1）承载能力极限状态作用效应的基本组合与偶然组合。

按承载能力极限状态设计时，应考虑两种作用效应组合，即基本组合与偶然组合。所谓基本组合，是指承载能力极限状态设计时，永久作用（荷载）与可变作用（荷载）的组合；所谓偶然组合，是指承载能力极限状态设计时，永久作用（荷载）、可变作用（荷载）与一种偶然作用（荷载）的组合。按DL/T 5057规定计算时，其作用分项系数应按本卷第3章的规定采用，但不应小于表4.1-3规定的数值。

（2）正常使用极限状态作用效应的标准组合或标准组合并考虑长期作用的影响。

按正常使用极限状态设计时，应采用标准组合（用于抗裂验算）或标准组合并考虑长期作用的影响（用于裂缝宽度和挠度验算）。所谓标准组合，是指正常使用极限状态设计时，采用标准值作为作用代表值的组合，用于抗裂验算；所谓标准组合并考虑长期作用的影响，是指在裂缝宽度和挠度的计算公式中，结构构件的内力和钢筋应力按标准组合进行计算，并对标准组合下的裂缝宽度和刚度计算公式考虑长期作用的影响进行了修正。正常使用极限状态验算时，作用分项系数、材料性能分项系数等都取 1.0，但 DL/T 5057 仍保留了结构重要性系数 γ_0，而 SL 191 则已取消了结构重要性系数 γ_0。

4.1.1.3 SL 191 的承载能力安全系数 *K*

按 SL 191 设计时，为方便计，所有的“作用”均称为“荷载”。其荷载效应组合设计值按规定的公式计算，故不再出现荷载分项系数等术语，其安全度由一个承载力安全系数 *K* 来表达，故不再出现设计状况系数、结构系数、结构重要性系数等术语。

SL 191 规定，按承载能力极限状态计算时，钢筋混凝土、预应力混凝土及素混凝土结构构件的承载力安全系数 *K* 不应小于表 4.1-6 的规定。

表 4.1-6 混凝土结构构件的承载力安全系数 *K*

水工建筑物级别		1		2、3		4、5	
荷载效应组合		基本组合	偶然组合	基本组合	偶然组合	基本组合	偶然组合
钢筋混凝土、预应力混凝土		1.35	1.15	1.20	1.00	1.15	1.00
素混凝土	按受压承载力计算的受压构件、局部承压构件	1.45	1.25	1.30	1.10	1.25	1.05
	按受拉承载力计算的受压、受弯构件	2.20	1.90	2.00	1.70	1.90	1.60

注 1. 水工建筑物的级别应根据《水利水电工程等级划分及洪水标准》(SL 252) 确定。
2. 结构在使用、施工、检修期的承载力计算，承载力安全系数 *K* 应按表中基本组合取值；地震及校核洪水位的承载力计算，承载力安全系数 *K* 应按表中偶然组合取值。
3. 当荷载效应组合由永久荷载控制时，表列安全系数 *K* 应增加 0.05。
4. 当结构的受力情况较为复杂、施工特别困难、荷载不能准确计算、缺乏成熟的设计方法或结构有特殊要求时，承载力安全系数 *K* 宜适当提高。

4.1.1.4 环境条件类别

水工混凝土结构所处的环境条件可按表 4.1-7 分为五个类别。

表 4.1-7 环境条件类别

环境类别	环境条件
一	室内正常环境
二	露天环境；室内潮湿环境；长期处于地下或淡水水下环境
三	淡水水位变动区；弱腐蚀环境；海水水下环境
四	海上大气区；海水水位变动区；轻度盐雾作用区；中等腐蚀环境
五	海水浪溅区及重度盐雾作用区；使用除冰盐的环境；强腐蚀环境

注 1. 大气区与浪溅区的分界线为设计最高水位加 1.5m；浪溅区与水位变动区的分界线为设计最高水位减 1.0m；水位变动区与水下区的分界线为设计最低水位减 1.0m。
2. 重度盐雾作用区为离涨潮岸线 50m 内的陆上室外环境；轻度盐雾作用区为离涨潮岸线 50～500m 内的陆上室外环境。
3. 环境水对混凝土腐蚀程度等级和腐蚀性判别标准见“4.1.4 结构耐久性要求”。
4. 冻融比较严重的三类、四类环境条件下的建筑物，可将其环境类别提高一类；SL 191 则规定，冻融比较严重的二类、三类环境条件下的建筑物，可将其环境类别分别提高为三类和四类。

4.1.2 承载能力极限状态计算

按 DL/T 5057 进行承载能力极限状态计算时，作用效应组合的设计值（包括弯矩 *M*、轴力 *N* 和剪力 *V* 等）和结构构件的抗力函数，按式（4.1-1）～式（4.1-4）计算；按 SL 191 进行承载能力极限状态计算时，作用效应组合的设计值，按式（4.1-5）～式（4.1-8）计算。

4.1.2.1 按 DL/T 5057 设计

1. 设计表达式

结构构件的承载能力极限状态，应按作用效应的基本组合或偶然组合，采用下列极限状态设计表达式：

$$\gamma_0 \psi S \leqslant \frac{1}{\gamma_d} R \tag{4.1-1}$$

$$R = R\left(\frac{f_{ck}}{\gamma_c}, \frac{f_{yk}}{\gamma_s}, \frac{f_{ptk}}{\gamma_s}, a_k\right) = R(f_c, f_y, f_{py}, a_k) \tag{4.1-2}$$

式中 S——承载能力极限状态作用效应组合的设计值；
R——结构构件的抗力设计值，按各种结构构件的承载力计算公式确定；
γ_0——结构重要性系数，按表 4.1-1 确定；
ψ——设计状况系数，按表 4.1-2 确定；

γ_d——结构系数，按表4.1-5确定；

$R(\cdot)$——结构构件的抗力函数；

f_{ck}、f_c——混凝土强度标准值、设计值，按表4.2-1、表4.2-2确定；

f_{yk}、f_{ptk}、f_y、f_{py}——钢筋强度标准值、设计值，按表4.2-5～表4.2-8确定；

a_k——结构构件几何参数的标准值。

2. 作用效应组合设计值的计算公式

(1) 基本组合。

对于基本组合，作用效应组合的设计值 S 应按下列公式计算：

$$S = \gamma_G S_{Gk} + \gamma_{Q1} S_{Q1k} + \gamma_{Q2} S_{Q2k} \quad (4.1-3)$$

式中 S_{Gk}——永久作用效应的标准值；

S_{Q1k}——一般可变作用效应的标准值；

S_{Q2k}——可控制的可变作用效应的标准值；

γ_G、γ_{Q1}、γ_{Q2}——永久作用、一般可变作用、可控制的可变作用的分项系数，作用分项系数应按第3章的规定采用，但不应小于表4.1-3规定的数值。

(2) 偶然组合。

对于偶然组合，作用效应组合的设计值 S 应按式(4.1-4)计算，其中与偶然作用同时出现的某些可变作用，可对其标准值作适当折减；偶然组合中每次只考虑一种偶然作用。

$$S = \gamma_G S_{Gk} + \gamma_{Q1} S_{Q1k} + \gamma_{Q2} S_{Q2k} + \gamma_A S_{Ak} \quad (4.1-4)$$

式中 S_{Ak}——偶然作用的代表值产生的效应，偶然作用的代表值可按《水工建筑物抗震设计规范》(DL 5073—2000)和《水工建筑物荷载设计规范》(DL 5077—1997)的规定确定；

γ_A——偶然作用分项系数，按表4.1-3，取 $\gamma_A=1.0$。

在本章以后按DL/T 5057的计算公式中，规定按式(4.1-3)、式(4.1-4)求得的作用效应组合设计值 S、结构重要性系数 γ_0 及设计状况系数 ψ 三者的乘积 $\gamma_0\psi S$ 称为内力设计值。对于具体构件，即为轴力设计值 N、弯矩设计值 M、剪力设计值 V 或扭矩设计值 T 等。

4.1.2.2 按SL 191设计

1. 设计表达式

SL 191规定，承载能力极限状态设计时，应采用下列设计表达式：

$$KS \leqslant R \quad (4.1-5)$$

式中 K——承载力安全系数，按表4.1-6取用；

S——荷载效应组合设计值，按式(4.1-6)～式(4.1-8)计算；

R——结构构件的截面承载力设计值，按SL 191有关章节中的承载力计算公式，由材料的强度设计值及截面尺寸等因素计算得出。

2. 荷载效应组合的计算公式

承载能力极限状态计算时，结构构件计算截面上的荷载效应组合设计值 S 应按下列规定计算：

(1) 基本组合。

当永久荷载对结构起不利作用时：

$$S = 1.05S_{G1k} + 1.20S_{G2k} + 1.20S_{Q1k} + 1.10S_{Q2k} \quad (4.1-6)$$

当永久荷载对结构起有利作用时：

$$S = 0.95S_{G1k} + 0.95S_{G2k} + 1.20S_{Q1k} + 1.10S_{Q2k} \quad (4.1-7)$$

式中 S_{G1k}——自重、设备等永久荷载标准值产生的荷载效应；

S_{G2k}——土压力、淤沙压力及围岩压力等永久荷载标准值产生的荷载效应；

S_{Q1k}——一般可变荷载标准值产生的荷载效应；

S_{Q2k}——可控制其不超出规定限值的可变荷载标准值产生的荷载效应。

(2) 偶然组合。

$$S = 1.05S_{G1k} + 1.20S_{G2k} + 1.20S_{Q1k} + 1.10S_{Q2k} + 1.0S_{Ak} \quad (4.1-8)$$

式中 S_{Ak}——偶然荷载标准值产生的荷载效应。

式(4.1-8)中，参与组合的某些可变荷载标准值，可根据有关规范作适当折减。

荷载的标准值可按第3章和第7章的规定取用。

【算例4.1-1】 某水电站厂房屋面(建筑物级别为2级)采用1.5m×6m的大型屋面板，屋面找平层为20mm厚水泥砂浆，容重为20kN/m³；屋面防水层为高聚物改性沥青防水卷材；保温层为80mm厚泡沫混凝土，容重为6kN/m³；屋面板自重为1.2kN/m²，灌缝重力为0.1kN/m²，屋面活荷载为0.7kN/m²，雪荷载为0.4kN/m²，板的计算跨度为 $l_0=5.87$m。求屋面板在使用阶段的承载能力计算时板的跨中弯矩设计值。

(1) 按DL/T 5057计算。

1) 作用标准值。

a. 永久作用。

高聚物改性沥青防水卷材防水层 0.35kN/m²

80mm厚泡沫混凝土保温层

$$6\times0.08=0.48(\text{kN/m}^2)$$

20mm 厚水泥砂浆找平层

$20 \times 0.02 = 0.40(kN/m^2)$

屋面板自重 1.20kN/m²

屋面板灌缝重力 0.10kN/m²

合计 $g_k = 2.53kN/m^2$

b. 可变作用。屋面活荷载与雪荷载不同时作用，取其大者，故

$$q_k = 0.7kN/m^2$$

屋面板板宽为 1.5m，因此，作用在板跨方向的均布线荷载标准值为

$$g_k = 2.53 \times 1.5 = 3.795(kN/m)$$

$$q_k = 0.7 \times 1.5 = 1.05(kN/m)$$

2）板跨中弯矩设计值 M。该建筑物级别为 2 级，则工程结构安全级别为Ⅱ级，由表 4.1－1 查得结构重要性系数 $\gamma_0 = 1.0$；运行阶段为持久状况，由表 4.1－2 查得设计状况系数 $\psi = 1.0$；由表 4.1－3 查得作用分项系数 $\gamma_G = 1.05$，$\gamma_Q = 1.2$；由表 4.1－5，得知结构系数 $\gamma_d = 1.20$。因此有

$$M = \gamma_0 \psi(\gamma_G S_{Gk} + \gamma_Q S_{Q1k}) =$$

$$\gamma_0 \psi\left(\gamma_G \frac{1}{8} g_k l_0^2 + \gamma_Q \frac{1}{8} q_k l_0^2\right) = 22.57kN \cdot m$$

$$\gamma_d M = 27.08kN \cdot m$$

若建筑物级别为 1 级和 4 级，相应的工程结构安全级别为Ⅰ和Ⅲ，则板跨中弯矩设计值 M 分别为 24.83kN·m 和 20.31kN·m，$\gamma_d M$ 分别为 29.81kN·m 和 24.37kN·m。

（2）按 SL 191 计算。

1）荷载标准值。

a. 永久荷载。

高聚物改性沥青防水卷材防水层 0.35kN/m²

80mm 厚泡沫混凝土保温层

$6 \times 0.08 = 0.48(kN/m^2)$

20mm 厚水泥砂浆找平层

$20 \times 0.02 = 0.40(kN/m^2)$

屋面板自重 1.20kN/m²

屋面板灌缝重力 0.10kN/m²

合计 $g_k = 2.53kN/m^2$

b. 可变荷载。屋面活荷载与雪荷载不同时作用，取其大者，故

$$q_k = 0.7kN/m^2$$

屋面板板宽为 1.5m，因此，作用在板跨方向的均布线荷载标准值为

$$g_k = 2.53 \times 1.5 = 3.795(kN/m)$$

$$q_k = 0.7 \times 1.5 = 1.05(kN/m)$$

2）板跨中弯矩设计值 M。由式（4.1－6）求得屋面板在运行阶段的跨中弯矩设计值为

$$M = 1.05 S_{G1k} + 1.2 S_{Q1k} = 1.05 \times \frac{1}{8} g_k l_0^2 + 1.2 \times \frac{1}{8} q_k l_0^2 = 22.57kN \cdot m$$

该建筑物级别为 2 级，运行阶段应采用基本组合，由表 4.1－6，查得 $K = 1.20$，故

$$KM = 27.08kN \cdot m$$

与 DL/T 5057 计算得出的结果完全一样。但若建筑物级别为 1 级和 4 级，则板跨中弯矩设计值 M 仍为 22.57kN·m，但 KM 分别为 30.47kN·m 和 25.96kN·m。

按 DL/T 5057 和 SL 191 计算的不同建筑物级别板跨中弯矩设计值见表 4.1－8。由表 4.1－8 可以清楚看出，两个规范的 1 级、2 级、3 级建筑物得出的构件弯矩值是基本相同的，4 级、5 级建筑物的弯矩值相差超过 5%，其主要原因是 SL 191 承载力安全系数 K 在结构系数 γ_d、结构重要性系数 γ_0 及设计状况系数 ψ 的合并过程中，将 4 级、5 级建筑物的结构重要性系数 γ_0 由原规范的 0.9 调整为 0.95。

表 4.1－8　DL/T 5057、SL 191 板跨中弯矩设计值 M 比较表　单位：kN·m

建筑物级别	DL/T 5057			SL 191			$\gamma_d M/KM$
	γ_d	M	$\gamma_d M$	K	M	KM	
1	1.2	24.83	29.81	1.35	22.57	30.47	0.98
2、3	1.2	22.57	27.08	1.2	22.57	27.08	1.00
4、5	1.2	20.31	24.37	1.15	22.57	25.96	0.94

4.1.3 正常使用极限状态验算

正常使用极限状态计算时，若按 DL/T 5057，则按式（4.1－9）验算；若按 SL 191，则按式（4.1－10）验算。

4.1.3.1 设计表达式

1. DL/T 5057

结构构件的正常使用极限状态设计，应采用下列极限状态设计表达式：

$$\gamma_0 S_k \leqslant C \quad (4.1-9)$$

式中 S_k——正常使用极限状态的作用效应组合值，按标准组合（用于抗裂验算）或标准组合并考虑长期作用的影响（用于裂缝宽度和挠度验算）进行计算；

C——结构构件达到正常使用要求所规定的变形、裂缝宽度或应力等的限值。

注： 本章按DL/T 5057计算的正常使用极限状态的有关计算公式中，标准组合时的内力值（M_k、N_k 等）系指由各作用（荷载）标准值所产生的效应总和，并乘以结构重要性系数 γ_0 后的值。

2. SL 191

结构构件的正常使用极限状态，应采用下列设计表达式：

$$S_k(G_k, Q_k, f_k, a_k) \leqslant c \quad (4.1-10)$$

式中 $S_k(\cdot)$——正常使用极限状态的荷载效应标准组合值函数；

c——结构构件达到正常使用要求所规定的变形、裂缝宽度或应力等的限值；

G_k、Q_k——永久荷载、可变荷载标准值，按DL 5077—1997的规定取用；

f_k——材料强度标准值；

a_k——结构构件几何参数的标准值。

【算例4.1-2】 试求算例4.1-1在正常使用极限状态验算时由作用（荷载）标准值求得的标准组合下的板跨中截面弯矩值 M_k。

解：（1）按DL/T 5057计算。标准组合下的板跨中截面弯矩值 M_k 为

$$M_k = \gamma_0(S_{Gk} + S_{Q1k}) = \gamma_0\left(\frac{1}{8}g_k l_0^2 + \frac{1}{8}q_k l_0^2\right) = 20.87\text{kN}\cdot\text{m}$$

若建筑物级别为1级和4级，相应的工程结构安全级别为Ⅰ和Ⅲ，γ_0 分别为1.10和0.90，则板跨中弯矩值 M_k 分别为22.96kN·m和18.78kN·m。

（2）按SL 191计算。标准组合下的板跨中截面弯矩值 M_k 为

$$M_k = S_{Gk} + S_{Q1k} = \frac{1}{8}g_k l_0^2 + \frac{1}{8}q_k l_0^2 = 20.87\text{kN}\cdot\text{m}$$

若建筑物级别为1级和4级，板跨中弯矩 M_k 仍为20.87kN·m。

由上述板跨中弯矩 M_k 计算值可以看出，两个规范对正常使用极限状态验算的主要差别在于SL 191已取消了设计表达式中的结构重要性系数 γ_0。

4.1.3.2 钢筋混凝土结构的裂缝控制要求

钢筋混凝土结构构件设计时，应根据使用要求进行不同的裂缝控制验算。

1. 抗裂验算

承受水压的轴心受拉构件、小偏心受拉构件以及发生裂缝后会引起严重渗漏的其他构件，应进行抗裂验算。如有可靠防渗措施或不影响正常使用时，也可不进行抗裂验算。

抗裂验算时，结构构件受拉边缘的拉应力不应超过以混凝土拉应力限制系数 α_{ct} 控制的应力值，对于作用（荷载）效应的标准组合，$\alpha_{ct}=0.85$。

2. 裂缝宽度控制验算

需要进行裂缝宽度验算的结构构件，按4.5节有关公式计算所得的最大裂缝宽度计算值，根据环境类别，不应超过表4.1-9的规定值。

表4.1-9 钢筋混凝土结构构件的最大裂缝宽度限值 单位：mm

环境类别	$w_{\lim}$
一	0.40
二	0.30
三	0.25
四	0.20
五	0.15

注 1. 当结构构件承受水压且水力梯度 $i>20$ 时，表列数值宜减小0.05。
2. 结构构件的混凝土保护层厚度大于50mm时，表列数值可增加0.05。
3. 若结构构件表面设有专门的防渗面层等防护措施时，最大裂缝宽度限值可适当加大。
4. 当结构构件不具备检修维护条件时，表列最大裂缝宽度限值宜适当减小。
5. 对严寒地区，当年冻融循环次数大于100时，表列最大裂缝宽度限值宜适当减小。

4.1.3.3 预应力混凝土结构的裂缝控制要求

预应力混凝土结构构件设计时，应按表4.1-10根据环境条件类别选用不同的裂缝控制等级：

一级——严格要求不出现裂缝的构件，按标准组合计算时，构件受拉边缘混凝土不应产生拉应力。

二级——一般要求不出现裂缝的构件，按标准组合计算时，构件受拉边缘混凝土允许产生拉应力，但拉应力不应超过以混凝土拉应力限制系数 α_{ct} 控制的应力值。α_{ct} 可取为0.7。

三级——允许出现裂缝的构件，按标准组合并考虑长期作用的影响计算时，构件的最大裂缝宽度计算值不应超过0.2mm。

表 4.1-10 预应力混凝土构件裂缝控制等级、混凝土拉应力限制系数及最大裂缝宽度限值

环境类别	裂缝控制等级	w_{lim} 或 α_{ct}
一	三	$w_{lim}=0.2$（mm）
二	二	$\alpha_{ct}=0.7$
三、四、五	一	$\alpha_{ct}=0.0$

注 1. 表中规定适用于采用预应力钢丝、钢绞线、钢棒及螺纹钢筋的预应力混凝土构件，当采用其他类别的钢丝或钢筋时，其裂缝控制要求可按专门标准确定。
2. 表中规定的预应力混凝土构件的裂缝控制等级和最大裂缝宽度限值仅适用于正截面的裂缝控制验算；预应力混凝土构件的斜截面裂缝控制验算应符合 4.6 节的要求。
3. 当有可靠的论证时，预应力混凝土构件的抗裂要求可适当放宽。

4.1.3.4 挠度控制要求

受弯构件的最大挠度应按标准组合并考虑荷载长期作用的影响进行计算，其计算值不应超过表 4.1-11 规定的挠度限值。

4.1.4 结构耐久性要求

4.1.4.1 环境类别与混凝土耐久性要求

设计使用年限为 50 年的结构，其耐久性要求应符合下述第（1）～（12）的规定。设计使用年限低于 50 年的结构，其耐久性要求可将环境条件类别降低一类，但不可低于一类环境条件。设计使用年限为 100 年的水工结构，应符合第（13）的规定。临时性建筑物可不提出耐久性要求。

DL/T 5057 与 SL 191 对结构耐久性要求的规定基本上是一致的，仅有少量差异，故这里只列出 DL/T 5057的规定。

（1）混凝土强度等级不宜低于表 4.1-12 所列数值。

（2）钢筋混凝土和预应力混凝土结构的混凝土水灰比不宜大于表 4.1-13 所列数值。素混凝土结构的最大水灰比可按表 4.1-13 所列数值增大 0.05。

表 4.1-11 受弯构件的挠度限值

项次	构件类型		挠度限值	备注
1	吊车梁	手动吊车	$l_0/500$	
		电动吊车	$l_0/600$	
2	渡槽槽身和架空管道	$l_0\leqslant 10m$	$l_0/400$	
		$l_0>10m$	$l_0/500$（$l_0/600$）	
3	工作桥及启闭机下大梁		$l_0/400$	
4	屋盖、楼盖	$l_0<7m$	$l_0/200$（$l_0/250$）	DL/T 5057
		$7m\leqslant l_0\leqslant 9m$	$l_0/250$（$l_0/300$）	
		$l_0>9m$	$l_0/300$（$l_0/400$）	
	屋盖、楼盖	$l_0\leqslant 6m$	$l_0/200$（$l_0/250$）	SL 191
		$6m<l_0\leqslant 12m$	$l_0/300$（$l_0/350$）	
		$l_0>12m$	$l_0/400$（$l_0/450$）	

注 1. l_0计算跨度。
2. 如果构件制作时预先起拱，则在验算最大挠度值时，可将计算所得的挠度减去起拱值；预应力混凝土构件尚可减去预加应力所产生的反拱值。
3. 悬臂构件的挠度限值可按表中相应数值乘 2 取用。
4. 表中括号内的数值适用于使用上对挠度有较高要求的构件。

表 4.1-12 混凝土最低强度等级

环境类别	素混凝土	钢筋混凝土		预应力混凝土	
		HPB235、HPB300	HRB335、HRB400、RRB400、HRB500	钢棒、螺纹钢筋	钢绞线、消除应力钢丝
一	C15	C20	C20	C30	C40
二	C15	C20	C25	C30	C40
三	C15	C20	C25	C35	C40
四	C20	C25	C30	C35	C40
五	C25	C30	C35	C35	C40

注 1. 桥面及处于露天的梁、柱结构，混凝土强度等级不宜低于C25。
2. 有抗冲耐磨要求的部位，其混凝土强度等级应进行专门研究确定，且不宜低于C30。
3. 承受重复荷载的钢筋混凝土构件，混凝土强度等级不宜低于C25。
4. 大体积预应力混凝土结构的混凝土强度等级不应低于C30。

表 4.1-13 混凝土最大水灰比

环境类别	一	二	三	四	五
最大水灰比	0.60	0.55	0.50	0.45	0.40

注 1. 结构类型为薄壁或薄腹构件时，最大水灰比宜适当减小。
2. 处于三类、四类、五类环境条件又受冻严重或受冲刷严重的结构，最大水灰比应按照《水工建筑物抗冰冻设计规范》（DL/T 5082、SL 211）的规定执行。
3. 承受水力梯度较大的结构，最大水灰比宜适当减小。

（3）混凝土的水泥用量不宜少于表 4.1-14 所列数值。

表 4.1-14 混凝土的最小水泥用量

单位：kg/m^3

环境类别	最小水泥用量		
	素混凝土	钢筋混凝土	预应力混凝土
一	200	220	280
二	230	260	300
三	260	300	340
四	280	340	360
五	300	360	380

注 当混凝土中加入活性掺合料或能提高耐久性的外加剂时，可适当降低最小水泥用量。

（4）混凝土中最大氯离子含量和最大碱含量不宜超过表 4.1-15 所列数值。

表 4.1-15 混凝土中最大氯离子和最大碱含量

环境类别	最大氯离子含量		最大碱含量（kg/m^3）
	钢筋混凝土（%）	预应力混凝土（%）	
一	1.0	0.06	不限制
二	0.3	0.06	3.0
三	0.2	0.06	3.0
四	0.1	0.06	2.5
五	0.06	0.06	2.5

注 1. 氯离子含量指水溶性氯离子占水泥用量的百分比。
2. 碱含量为可溶性碱在混凝土原材料中含量，以 Na_2O 当量计。

（5）混凝土抗冻等级按28d龄期的试件用快冻试验方法测定，分为F400、F300、F250、F200、F150、F100和F50七级。经论证，也可用60d或90d龄期的试件测定。

对有抗冻要求的水工结构，应按表 4.1-16 根据气候分区、年冻融循环次数、表面局部小气候条件、水分饱和程度、结构重要性和检修条件等选定抗冻等级。在不利因素较多时，可选用提高一级的抗冻等级。

（6）抗冻混凝土应掺加引气剂，其水泥、掺合料、外加剂的品种和数量、配合比及含气量等应通过试验确定或按照DL/T 5082选用。

海洋环境中的混凝土即使没有抗冻要求也宜掺用引气剂。

（7）海洋环境中混凝土的材料选取、配合比设计及混凝土质量可按照《海港工程混凝土结构防腐蚀技术规范》（JTJ 275）的规定执行。环境类别为三类、四类、五类地区宜采用高性能混凝土。

表 4.1-16　　混凝土抗冻等级

项次	气候分区	严寒		寒冷		温和
	年冻融循环次数	≥100	<100	≥100	<100	—
1	受冻严重且难于检修的部位： (1) 水电站尾水部位、抽水蓄能电站进出口的冬季水位变化区的构件、闸门槽二期混凝土、轨道基础； (2) 冬季通航或受电站尾水位影响的不通航船闸的水位变化区的构件、二期混凝土； (3) 流速大于 25m/s、过冰、多沙或多推移质的溢洪道，深孔或其他输水部位的过水面及二期混凝土； (4) 冬季有水的露天钢筋混凝土压力水管、渡槽、薄壁充水闸门井	F400	F300	F300	F200	F100
2	受冻严重但有检修条件的部位： (1) 大体积混凝土结构上游面冬季水位变化区； (2) 水电站或船闸的尾水渠，引航道的挡墙、护坡； (3) 流速小于 25m/s 的溢洪道、输水洞（孔）、引水系统的过水面； (4) 易积雪、结霜或饱和的路面、平台栏杆、挑檐、墙、板、柱、墩、廊道或竖井的薄壁等构件	F300	F250	F200	F150	F50
3	受冻较重部位： (1) 大体积混凝土结构外露的阴面部位； (2) 冬季有水或易长期积雪结冰的渠系建筑物	F250	F200	F150	F150	F50
4	受冻较轻部位： (1) 大体积混凝土结构外露的阳面部位； (2) 冬季无水干燥的渠系建筑物； (3) 水下薄壁构件； (4) 水下流速大于 25m/s 的过水面	F200	F150	F100	F100	F50
5	表面不结冰、水下、土中及大体积内部混凝土	F50	F50	F50	F50	F50

注 1. 年冻融循环次数分别按一年内气温从+3℃以上降至−3℃以下，然后回升到+3℃以上的交替次数和一年中日平均气温低于−3℃期间设计预定水位的涨落次数统计，并取其中的大值。
2. 气候分区划分标准为：严寒，最冷月平均气温低于−10℃；寒冷，最冷月平均气温不低于−10℃、不高于−3℃；温和，最冷月平均气温高于−3℃。
3. 冬季水位变化区是指运行期内可能遇到的冬季最低水位以下 0.50～1.00m 至冬季最高水位以上 1m（阳面）、2m（阴面）、4m（水电站尾水区）的部位。
4. 阳面指冬季大多为晴天，平均每天有 4h 阳光照射，不受山体或建筑物遮挡的表面，否则均按阴面考虑。
5. 最冷月平均气温低于−25℃地区的混凝土抗冻等级宜根据具体情况研究确定。

(8) 在海洋环境中，重要水工结构或设计使用年限大于 50 年的水工结构，混凝土抗氯离子侵入性指标宜符合表 4.1-17 所列数值。

当不能满足表 4.1-17 中的要求时，可采取下列一项或多项措施：①混凝土表面涂层；②混凝土表面硅烷浸渍；③环氧涂层钢筋；④钢筋阻锈剂；⑤阴极保护。

(9) 环境水对混凝土的腐蚀程度分级，应按照《水力发电工程地质勘察规范》(GB 50487—2008) 的规定执行。

表 4.1-17　混凝土抗氯离子侵入性指标

抗侵入性指标	环境类别		
	三	四	五
电量指标（56d 龄期）(C)	<1500	<1200	<800
氯离子扩散系数 D_{RCM}（28d 龄期）($\times10^{-12}m^2/s$)	<10	<7	<4

注 1. 混凝土抗氯离子侵入性指标可根据钢筋保护层厚度和混凝土水灰比的具体特点对表中数据作适当调整。
2. D_{RCM}值仅适用于较大或大掺量矿物掺合料混凝土；对于胶凝材料中主要成分为硅酸盐水泥熟料的混凝土则适当降低。

(10) 化学腐蚀环境中宜测定水中SO_4^{2-}、Mg^{2+}和CO_2的含量及水的pH值，根据其含量和水的酸性按表4.1-18或表4.1-19所列数值范围确定化学腐蚀程度。

表4.1-18　DL/T 5057环境水腐蚀判别标准

腐蚀性类型		腐蚀性特征判定依据	腐蚀程度	界限指标	
分解类	溶出型	HCO_3^-含量(mmol/L)	无腐蚀	$HCO_3^- > 1.07$	
			弱腐蚀	$1.07 \geqslant HCO_3^- > 0.70$	
			中等腐蚀	$HCO_3^- \leqslant 0.7$	
			强腐蚀	—	
	一般酸性型	pH值	无腐蚀	$pH > 6.5$	
			弱腐蚀	$6.5 \geqslant pH > 6.0$	
			中等腐蚀	$6.0 \geqslant pH > 5.5$	
			强腐蚀	$pH \leqslant 5.5$	
	碳酸性型	游离CO_2(mg/L)	无腐蚀	$CO_2 < 15$	
			弱腐蚀	$15 \leqslant CO_2 < 30$	
			中等腐蚀	$30 \leqslant CO_2 < 60$	
			强腐蚀	$CO_2 \geqslant 60$	
分解结晶复合类	硫酸镁型	Mg^{2+}含量(mg/L)	无腐蚀	$Mg^{2+} < 1000$	
			弱腐蚀	$1000 \leqslant Mg^{2+} < 1500$	
			中等腐蚀	$1500 \leqslant Mg^{2+} < 2000$	
			强腐蚀	$2000 \leqslant Mg^{2+} < 3000$	
结晶类	硫酸盐型	SO_4^{2-}含量(mg/L)		普通水泥	抗硫酸盐水泥
			无腐蚀	$SO_4^{2-} < 250$	$SO_4^{2-} < 3000$
			弱腐蚀	$250 \leqslant SO_4^{2-} < 400$	$3000 \leqslant SO_4^{2-} < 4000$
			中等腐蚀	$400 \leqslant SO_4^{2-} < 500$	$4000 \leqslant SO_4^{2-} < 5000$
			强腐蚀	$SO_4^{2-} \geqslant 500$	$SO_4^{2-} \geqslant 5000$

注 1. 当采用本表进行环境水对混凝土腐蚀性判别时，应符合下列要求：

(1) 所属场地应是不具有干湿交替或冻融交替作用的地区和具有干湿交替或冻融交替作用的半湿润、湿润地区。

(2) 混凝土一侧承受静水压力，另一侧暴露于大气中，最大作用水头与混凝土壁厚之比大于5。

(3) 混凝土建筑物所采用的混凝土抗渗等级不应小于W4，水灰比不应大于0.6。

(4) 混凝土建筑物不应直接接触污染源。有关污染源对混凝土的直接腐蚀作用应专门研究。

2. 当所属场地为具有干湿交替或冻融交替作用的干旱、半干旱地区以及高程3000.00m以上的高寒地区，应进行专门论证。

表4.1-19　SL 191环境水腐蚀判别标准

化学侵蚀程度	水中SO_4^{2-}含量(mg/L)	土中SO_4^{2-}含量(mg/kg)	水中Mg^{2+}含量(mg/L)	水的pH值	水中的CO_2含量(mg/L)
轻度	200～1000	300～1500	300～1000	5.5～6.5	15～30
中度	1000～4000	1500～6000	1000～3000	4.5～5.5	30～60
严重	4000～10000	6000～15000	≥3000	4.0～4.5	60～100

(11) 对处于化学腐蚀性环境中的混凝土，应采用抗腐蚀性水泥，并掺用优质活性掺合料，或同时采用特殊的表面涂层等防护措施。

(12) 对于有抗渗性要求的结构，混凝土应满足有关抗渗等级的规定。

混凝土抗渗等级按28d龄期的标准试件测定，混凝土抗渗等级分为W2、W4、W6、W8、W10和W12六级。

根据建筑物开始承受水压力的时间，也可利用60d或90d龄期的试件测定抗渗等级。

结构所需的混凝土抗渗等级应根据所承受的水头、水力梯度以及下游排水条件、水质条件和渗透水的危害程度等因素确定，并不应低于表4.1-20的规定值。

表4.1-20 混凝土抗渗等级的最小允许值

项次	结构类型及运用条件		抗渗等级
1	大体积混凝土结构的下游面及建筑物内部		W2
2	大体积混凝土结构的挡水面	$H<30$	W4
		$30\leqslant H<70$	W6
		$70\leqslant H<150$	W8
		$H\geqslant150$	W10
3	素混凝土及钢筋混凝土结构构件的背水面能自由渗水者	$i<10$	W4
		$10\leqslant i<30$	W6
		$30\leqslant i<50$	W8
		$i\geqslant50$	W10

注 1. H为水头，m；i为水力梯度。
2. 当结构表层设有专门可靠的防渗层时，表中规定的混凝土抗渗等级可适当降低。
3. 承受腐蚀性水作用的结构，混凝土抗渗等级应进行专门的试验研究，但不应低于W4。
4. 埋置在地基中的结构构件（如基础防渗墙等），可按照表中项次3的规定选择混凝土抗渗等级。
5. 对背水面能自由渗水的素混凝土及钢筋混凝土结构构件，当水头低于10m时，其混凝土抗渗等级可根据表中项次3降低一级。
6. 对严寒、寒冷地区且水力梯度较大的结构，混凝土抗渗等级应按表中的规定提高一级。

（13）设计使用年限为100年的水工结构，耐久性要求除应符合上述规定外，还应符合下列要求：

1）混凝土强度等级宜按表4.1-12的规定提高一级。

2）混凝土中的氯离子含量不大于0.06%。

3）未经充分论证，混凝土不得采用碱活性骨料。

4）混凝土保护层厚度应比表4.7-2所规定的适当增加。

4.1.4.2 混凝土保护层

（1）结构构件正截面最大裂缝宽度不应超过表4.1-9和表4.1-10规定的限值。

（2）混凝土保护层厚度不应小于表4.7-2的规定。

4.1.4.3 结构型式、表层防护以及配筋方式

（1）对遭受高速水流空蚀的部位，应采用合理的结构型式、改善通气条件、提高混凝土密实度、严格控制结构表面的平整度或设置专门防护面层等措施。在有泥沙磨蚀的部位，应采用质地坚硬的骨料、降低水灰比、提高混凝土强度等级、改进施工方法，必要时还应采用耐磨护面材料。

（2）结构型式应有利于排去积水，避免水汽凝聚和有害物质积聚于区间。当环境类别为三类、四类、五类时，不宜采用薄壁和薄腹的结构型式。

（3）当构件处于强腐蚀环境时，普通受力钢筋直径不宜小于16mm，预应力混凝土构件，宜采用密封和防腐性能良好的孔道管，不宜采用抽孔法形成的孔道。如不采用密封护套或孔道管，则不应采用细钢丝作预应力钢筋。

（4）处于强腐蚀环境的构件，暴露在混凝土外的吊环、紧固件、连接件等铁件应与混凝土中的钢筋隔离。预应力锚具与孔道管或护套之间需有防腐连接套管。预应力钢筋的锚头应采用无收缩高性能细石混凝土或水泥基聚合物混凝土封端。

（5）应做好混凝土结构的防渗与排水设计，在设计使用年限内应定期检查和维护。

4.2 材料性能基本数据

4.2.1 混凝土强度标准值、设计值和弹性模量

混凝土强度等级应按立方体抗压强度标准值确定。立方体抗压强度标准值系指按标准方法制作养护的边长为150mm的立方体试件，在28d龄期用标准试验方法测得的具有95%保证率的抗压强度。

注：1. 混凝土强度等级用符号C和立方体抗压强度标准值（N/mm^2）表示。
2. 大坝混凝土中的局部构件，若采用大坝混凝土时，其结构计算应进行混凝土强度等级换算。

4.2.1.1 混凝土强度标准值

混凝土轴心抗压强度、轴心抗拉强度标准值f_{ck}、f_{tk}应按表4.2-1采用。

4.2.1.2 混凝土强度设计值

混凝土轴心抗压、轴心抗拉强度设计值f_c、f_t应按表4.2-2采用。

4.2.1.3 混凝土不同龄期的抗压强度比值

在混凝土结构构件设计中，不宜利用混凝土的后期强度。但经过充分论证后，也可根据建筑物的型

式、地区的气候条件以及开始承受荷载的时间，采用60d或90d龄期的抗压强度。

混凝土不同龄期的抗压强度增长率，应通过试验确定。当无试验资料时，可参见表4.2-3。

表4.2-1　混凝土轴心抗压、轴心抗拉强度标准值　单位：N/mm²

强度种类	符号	混凝土强度等级										
		C10	C15	C20	C25	C30	C35	C40	C45	C50	C55	C60
轴心抗压	f_{ck}	6.7	10.0	13.4	16.7	20.1	23.4	26.8	29.6	32.4	35.5	38.5
轴心抗拉	f_{tk}	0.9	1.27	1.54	1.78	2.01	2.20	2.39	2.51	2.64	2.74	2.85

注　SL 191已不再列入C10。

表4.2-2　混凝土轴心抗压、轴心抗拉强度设计值　单位：N/mm²

强度种类	符号	混凝土强度等级										
		C10	C15	C20	C25	C30	C35	C40	C45	C50	C55	C60
轴心抗压	f_c	4.8	7.2	9.6	11.9	14.3	16.7	19.1	21.1	23.1	25.3	27.5
轴心抗拉	f_t	0.64	0.91	1.10	1.27	1.43	1.57	1.71	1.80	1.89	1.96	2.04

注　计算现浇钢筋混凝土轴心受压和偏心受压构件时，如截面的长边或直径小于300mm，则表中的混凝土强度设计值应乘以系数0.8。

表4.2-3　混凝土不同龄期的抗压强度比值

水泥品种	混凝土龄期				
	7d	28d	60d	90d	180d
普通硅酸盐水泥	0.55～0.65	1.0	1.10	1.20	1.30
矿渣硅酸盐水泥	0.45～0.55	1.0	1.20	1.30	1.40
火山灰质硅酸盐水泥	0.45～0.55	1.0	1.15	1.25	1.30

注　1. 表中数值是以龄期28d的强度设为1.0时的比值。
2. 对于蒸汽养护的构件，不考虑抗压强度随龄期的增长。
3. 表中数值未计入混凝土掺合料及外加剂的影响。
4. 表中数值适用于C30及其以下的混凝土；C30以上混凝土不同龄期的抗压强度比值，应通过试验确定。
5. 粉煤灰硅酸盐水泥混凝土不同龄期的抗压强度比值，可按火山灰质硅酸盐水泥混凝土采用。

表4.2-4　混凝土弹性模量 E_c　单位：10^4 N/mm²

混凝土强度等级	C10	C15	C20	C25	C30	C35	C40	C45	C50	C55	C60
E_c	1.75	2.20	2.55	2.80	3.00	3.15	3.25	3.35	3.45	3.55	3.60

4.2.1.4　混凝土弹性模量

28d龄期时混凝土受压或受拉的弹性模量 E_c 应按表4.2-4采用。混凝土的泊松比 μ_c 可取为0.167。混凝土的剪变模量 G_c 可按表4.2-4中混凝土弹性模量 E_c 的0.4倍采用。

4.2.2　混凝土的各项物理特性

混凝土各项物理性质的数据，一般由试验确定。无试验资料时，可按下列数值采用。

（1）容重。素混凝土可取24kN/m³；钢筋混凝土可取25kN/m³。

（2）混凝土的线膨胀系数、导热系数等，无试验资料时，混凝土的热学特性指标可采用《水工混凝土结构设计规范》（DL/T 5057—2009）附录B或《水工混凝土结构设计规范》（SL 191—2008）附录G中给出的数值。

4.2.3 钢筋与钢丝强度标准值、设计值和弹性模量

4.2.3.1 钢筋选用

（1）普通钢筋宜采用 HRB335 级和 HRB400 级钢筋，也可采用 HPB235 级、HPB300 级、RRB400 级和 HRB500 级钢筋。

（2）预应力钢筋宜采用钢绞线、钢丝，也可采用螺纹钢筋和钢棒。

4.2.3.2 钢筋强度标准值

钢筋强度标准值应具有不小于 95%的保证率。

热轧钢筋的强度标准值系根据屈服强度确定，用 f_{yk} 表示；预应力钢绞线、钢丝、钢棒和螺纹钢筋的强度标准值系根据极限抗拉强度确定，用 f_{ptk} 表示。

普通钢筋的强度标准值 f_{yk} 应按表 4.2-5 采用；预应力钢筋的强度标准值 f_{ptk} 应按表 4.2-6 采用。

表 4.2-5 普通钢筋强度标准值

单位：N/mm²

种类		符号	d（mm）	f_{yk}
热轧钢筋	HPB235	Φ	6～22	235
	HPB300	Φ	6～22	300
	HRB335	Φ	6～50	335
	HRB400	Φ	6～50	400
	RRB400	$Φ^R$	8～40	400
	HRB500	Φ	6～50	500

注 1. 热轧钢筋直径 d 指公称直径。
2. 当采用直径大于 40mm 的钢筋时，应有可靠的工程经验。
3. SL 191 中未列入 HPB300 级钢筋和 HRB500 级钢筋。

表 4.2-6 预应力钢筋强度标准值

种类		符号	公称直径 d（mm）	f_{ptk}（N/mm²）
钢绞线	1×2	$Φ^S$	5，5.8	1570，1720，1860，1960
			8，10	1470，1570，1720，1860，1960
			12	1470，1570，1720，1860
	1×3		6.2，6.5	1570，1720，1860，1960
			8.6	1470，1570，1720，1860，1960
			8.74	1570，1670，1860
			10.8，12.9	1470，1570，1720，1860，1960
	1×3I		8.74	1570，1670，1860
	1×7		9.5，11.1，12.7	1720，1860，1960
			15.2	1470，1570，1670，1720，1860，1960
			15.7	1770，1860
			17.8	1720，1860
	（1×7）C		12.7	1860
			15.2	1820
			18.0	1720
消除应力钢丝	光圆	$Φ^P$	4，4.8，5	1470，1570，1670，1770，1860
			6，6.25，7	1470，1570，1670，1770
	螺旋肋	$Φ^H$	8，9	1470，1570
			10，12	1470
	刻痕	$Φ^I$	≤5	1470，1570，1670，1770，1860
			＞5	1470，1570，1670，1770

续表

种类		符号	公称直径 d（mm）	f_{ptk}（N/mm²）
钢棒	螺旋槽	Φ^{HG}	7.1，9，10.7，12.6	1080，1230，1420，1570
	螺旋肋	Φ^{HR}	6，7，8，10，12，14	
螺纹钢筋	PSB785	Φ^{PS}	18，25，32，40，50	980
	PSB830			1030
	PSB930			1080
	PSB1080			1230

注 1. 钢绞线直径 d 指钢绞线外接圆直径，即《预应力混凝土用钢绞线》（GB/T 5224）中的公称直径 D_n；钢丝、钢棒和螺纹钢筋的直径 d 均指公称直径。
2. 1×3I 为三根刻痕钢丝捻制的钢绞线；（1×7）C 为七根钢丝捻制又经模拔的钢绞线。
3. 根据国家标准，同一规格的钢丝（钢绞线、钢棒）有不同的强度级别，因此表中对同一规格的钢丝（钢绞线、钢棒）列出了相应的 f_{ptk} 值，在设计中可自行选用。

4.2.3.3 钢筋强度设计值

普通钢筋的抗拉强度设计值 f_y 及抗压强度设计值 f'_y 应按表 4.2-7 采用；预应力钢筋的抗拉强度设计值 f_{py} 及抗压强度设计值 f'_{py} 应按表 4.2-8 采用。

当构件中配有不同种类的钢筋时，每种钢筋应采用各自的强度设计值。

表 4.2-7 普通钢筋强度设计值

单位：N/mm²

种类			符号	f_y	f'_y
热轧钢筋	HPB235		Φ	210	210
	HPB300		Φ	270	270
	HRB335		Φ	300	300
	HRB400		Φ	360	360
	RRB400		Φ^{R}	360	360
	HRB500	纵筋	Φ	420	400
		箍筋		360	

注 在钢筋混凝土结构中，轴心受拉和小偏心受拉构件的钢筋抗拉强度设计值大于 300N/mm² 时，仍应按 300N/mm² 取用。

4.2.3.4 钢筋弹性模量

钢筋弹性模量 E_s 应按表 4.2-9 采用。

4.2.4 钢筋计算截面面积及理论重量

钢筋、钢丝、钢绞线、钢棒的公称直径、公称截面面积、计算截面面积及理论质量见表 4.2-10～表 4.2-14。

表 4.2-8 预应力钢筋强度设计值

单位：N/mm²

种类		符号	f_{ptk}	f_{py}	f'_{py}
钢绞线	1×2 1×3 1×3I 1×7 （1×7）C	Φ^{S}	1470	1040	390
			1570	1110	
			1670	1180	
			1720	1220	
			1770	1250	
			1820	1290	
			1860	1320	
			1960	1380	
消除应力钢丝	光圆	Φ^{P}	1470	1040	410
	螺旋肋	Φ^{H}	1570	1110	
	刻痕	Φ^{I}	1670	1180	
			1770	1250	
			1860	1320	
钢棒	螺旋槽	Φ^{HG}	1080	760	400
			1230	870	
	螺旋肋	Φ^{HR}	1420	1005	
			1570	1110	
螺纹钢筋	PSB785	Φ^{PS}	980	650	400
	PSB830		1030	685	
	PSB930		1080	720	
	PSB1080		1230	820	

注 1. 当预应力钢绞线、钢丝、钢棒的强度标准值不符合表 4.2-6 的规定时，其强度设计值应进行换算。
2. 表中消除应力钢丝的抗拉强度设计值 f_{py} 仅适用于低松弛钢丝。

表 4.2-9　钢筋弹性模量 E_s　　单位：N/mm²

钢筋种类	E_s	钢筋种类	E_s
HPB235、HPB300 级钢筋	2.1×10⁵	钢绞线	1.95×10⁵
HRB335、HRB400、RRB400、HRB500 级钢筋	2.0×10⁵	钢棒（螺旋槽钢棒、螺旋肋钢棒）、螺纹钢筋	2.0×10⁵
消除应力钢丝（光圆钢丝、螺旋肋钢丝、刻痕钢丝）	2.05×10⁵		

注　必要时钢绞线可采用实测的弹性模量。

表 4.2-10　钢筋的公称直径、计算截面面积及理论质量

公称直径 (mm)	不同根数钢筋的计算截面面积（mm²）									单根钢筋理论质量 (kg/m)
	1	2	3	4	5	6	7	8	9	
6	28.3	57	85	113	142	170	198	226	255	0.222
6.5	33.2	66	100	133	166	199	232	265	299	0.260
8	50.3	101	151	201	252	302	352	402	453	0.395
10	78.5	157	236	314	393	471	550	628	707	0.617
12	113.1	226	339	452	565	678	791	904	1017	0.888
14	153.9	308	461	615	769	923	1077	1231	1385	1.21
16	201.1	402	603	804	1005	1206	1407	1608	1809	1.58
18	254.5	509	763	1017	1272	1527	1781	2036	2290	2.00
20	314.2	628	942	1256	1570	1884	2199	2513	2827	2.47
22	380.1	760	1140	1520	1900	2281	2661	3041	3421	2.98
25	490.9	982	1473	1964	2454	2945	3436	3927	4418	3.85
28	615.8	1232	1847	2463	3079	3695	4310	4926	5542	4.83
32	804.2	1609	2413	3217	4021	4826	5630	6434	7238	6.31
36	1017.9	2036	3054	4072	5089	6107	7125	8143	9161	7.99
40	1256.6	2513	3770	5027	6283	7540	8796	10053	11310	9.87
50	1964	3928	5892	7856	9820	11784	13748	15712	17676	15.42

表 4.2-11　预应力混凝土用螺纹钢筋的公称直径、公称截面面积及理论质量

公称直径 (mm)	公称截面面积 (mm²)	理论质量 (kg/m)
18	254.5	2.11
25	490.9	4.10
32	804.2	6.65
40	1256.6	10.34
50	1963.5	16.28

表 4.2-12　预应力混凝土用钢绞线的公称直径、公称截面面积及理论质量

种类	公称直径 (mm)	公称截面面积 (mm²)	理论质量 (kg/m)
1×2	5.0	9.8	0.077
	5.8	13.2	0.104
	8.0	25.1	0.197
	10.0	39.3	0.309
	12.0	56.5	0.444

续表

种类	公称直径 (mm)	公称截面面积 (mm^2)	理论质量 (kg/m)
1×3	6.2	19.8	0.155
	6.5	21.2	0.166
	8.6	37.7	0.296
	8.74	38.6	0.303
	10.8	58.9	0.462
	12.9	84.8	0.666
1×3I	8.74	38.6	0.303
1×7	9.5	54.8	0.430
	11.1	74.2	0.582
	12.7	98.7	0.775
	15.2	140	1.101
	15.7	150	1.178
	17.8	191	1.500
(1×7) C	12.7	112	0.890
	15.2	165	1.295
	18.0	223	1.750

表 4.2-13 预应力混凝土用钢丝公称直径、公称截面面积及理论质量

公称直径 (mm)	公称截面面积 (mm^2)	理论质量 (kg/m)
4.0	12.57	0.099
4.8	18.10	0.142
5.0	19.63	0.154
6.0	28.27	0.222
6.25	30.68	0.241
7.0	38.48	0.302
8.0	50.26	0.394
9.0	63.62	0.499
10.0	78.54	0.616
12.0	113.10	0.888

表 4.2-14 预应力混凝土用钢棒公称直径、计算截面面积及理论质量

公称直径 (mm)	不同根数钢棒的计算截面面积 (mm^2)									单根钢棒理论质量 (kg/m)
	1	2	3	4	5	6	7	8	9	
6	28.3	57	85	113	142	170	198	226	255	0.222
7	38.5	77	116	154	193	231	270	308	347	0.302
7.1	40.0	80	120	160	200	240	280	320	360	0.314
8	50.3	101	151	201	252	302	352	402	453	0.394
9	64.0	128	192	256	320	384	448	512	576	0.502
10	78.5	157	236	314	393	471	550	628	707	0.616
10.7	90.0	180	270	360	450	540	630	720	810	0.707
11	95.0	190	285	380	475	570	665	760	855	0.746
12	113.0	226	339	452	565	678	791	904	1017	0.888
12.6	125.0	250	375	500	625	750	875	1000	1125	0.981
13	133.0	266	399	532	665	798	931	1064	1197	1.044
14	153.9	308	461	615	769	923	1077	1231	1385	1.209
16	201.1	402	603	804	1005	1206	1407	1608	1809	1.578

4.3 素混凝土结构构件承载能力极限状态计算

关于素混凝土结构构件承载能力极限状态计算的规定，《水工混凝土结构设计规范》(DL/T 5057—2009) 与《水工混凝土结构设计规范》(SL 191—2008) 的规定基本相同。本节计算公式和计算简图按 DL/T 5057 的表达形式给出；如按 SL 191 设计，则只需将本节所列的计算公式和计算简图中的结构系数 γ_d 换成承载力安全系数 K 即可，安全系数由表 4.1-6 给出。

按DL/T 5057计算时，作用效应组合设计值（包括弯矩M、轴力N和剪力V）和结构构件的抗力函数按式（4.1-1）～式（4.1-4）计算；如按SL 191计算，荷载效应组合设计值按式（4.1-5）～式（4.1-8）计算。

由于混凝土抗拉强度的可靠性低，而混凝土收缩和温度变化效应又难以估计，一旦发生裂缝，容易造成事故，故对于由受拉强度控制的素混凝土结构应严格限制其使用范围。对于围岩中的隧洞衬砌，经论证，允许采用素混凝土构件。

4.3.1　受压构件

4.3.1.1　计算方法选择

素混凝土受压构件的承载力计算，应根据结构的工作条件及轴向力至截面重心的距离e_0值的大小，选择下列两种方法之一进行：

（1）不考虑混凝土受拉区作用，仅对受压区承载力进行计算。

（2）考虑混凝土受拉区作用，对受拉区和受压区承载力同时进行计算。

对于没有抗裂要求的构件，当$e_0<0.4y'_c$（y'_c为截面重心至受压区边缘的距离）时，可按第（1）种方法计算；当$0.4y'_c \leqslant e_0 \leqslant 0.8y'_c$时，也可按第（1）种方法进行计算，并应在混凝土受拉区配置构造钢筋，其配筋量不少于构件截面面积的0.05%，但每米宽度内的钢筋截面面积不大于1500mm²。如能满足第（2）种计算方法的要求，则可不配置此项构造钢筋。

对于有抗裂要求的构件（如承受水压的构件）或没有抗裂要求而$e_0>0.8y'_c$的构件，应按第（2）种方法计算。

4.3.1.2　不考虑受拉区作用时混凝土受压构件的正截面受压承载力计算

当计算中不考虑混凝土受拉区作用，仅计算素混凝土受压构件的正截面承载力时，假定受压区的法向应力图形为矩形，其应力值等于混凝土的轴心抗压强度设计值，此时，轴向力作用点与受压区混凝土合力点相重合。对称于弯矩作用平面的任意截面的受压构件，其正截面受压承载力应符合下列规定：

$$N \leqslant \frac{1}{\gamma_d}\varphi f_c A'_c \qquad (4.3-1)$$

受压区高度x应按下列条件确定：

$$e_c = e_0 \qquad (4.3-2)$$

此时，e_0尚应符合下列规定：

$$e_0 \leqslant 0.8y'_c \qquad (4.3-3)$$

矩形截面的受压构件，其正截面受压承载力应符合下列规定（见图4.3-1）：

$$N \leqslant \frac{1}{\gamma_d}\varphi f_c b(h-2e_0) \qquad (4.3-4)$$

式中　γ_d——素混凝土结构受压破坏的结构系数，按表4.1-5采用；

N——构件正截面承受轴向压力设计值；

φ——素混凝土构件的稳定系数，按表4.3-1采用；

f_c——混凝土轴心抗压强度设计值，按表4.2-2采用；

A'_c——混凝土受压区的截面面积；

e_c——混凝土受压区的合力点至截面重心的距离；

e_0——轴向力合力作用点至截面重心的距离；

y'_c——截面重心至受压区边缘的距离；

b——矩形截面宽度；

h——矩形截面高度。

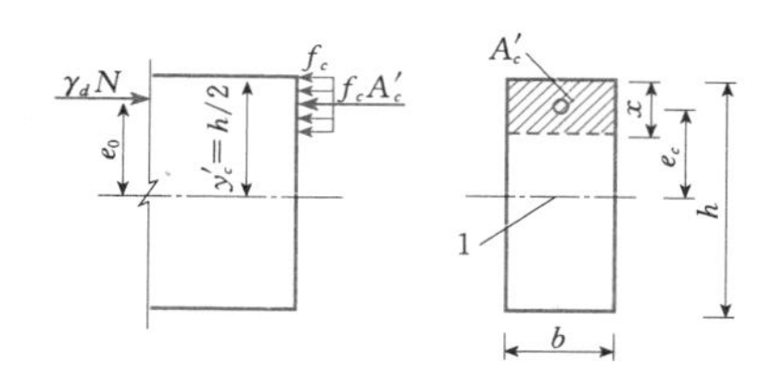

图4.3-1　矩形截面的素混凝土受压构件受压承载力计算图

1—重心轴

表4.3-1　**素混凝土构件的稳定系数φ**

l_0/b	<4	4	6	8	10	12	14	16	18	20	22	24	26	28	30
l_0/i	<14	14	21	28	35	42	49	56	63	70	76	83	90	97	104
φ	1.00	0.98	0.96	0.91	0.86	0.82	0.77	0.72	0.68	0.63	0.59	0.55	0.51	0.47	0.44

注　l_0为构件的计算长度，按表4.3-2采用；b为矩形截面的边长，对轴心受压构件取短边尺寸，对偏心受压构件取弯矩作用平面的截面高度；i为任意截面的回转半径，对轴心受压构件为最小回转半径，对偏心受压构件为弯矩作用平面的回转半径。

表 4.3-2　　构件的计算长度 l_0

构件及两端约束情况		l_0
直杆	两端固定	$0.5l$
	一端固定，一端为不移动铰	$0.7l$
	两端均为不移动铰	$1.0l$
	一端固定，一端自由	$2.0l$
拱	三铰拱	$0.58S$
	双铰拱	$0.54S$
	无铰拱	$0.36S$

注　l 为构件支点间长度；S 为拱轴线长度。

4.3.1.3　考虑混凝土受拉区作用时混凝土受压构件的正截面承载力计算

当计算中考虑混凝土受拉区的作用时，素混凝土受压构件的正截面承载力应对受拉区和受压区承载力分别进行计算。

受拉区承载力应符合下列规定：

$$N \leqslant \frac{1}{\gamma_d}\left(\frac{\varphi\gamma_m f_t W_t}{e_0 - \dfrac{W_t}{A}}\right) \tag{4.3-5}$$

受压区承载力应符合下列规定：

$$N \leqslant \frac{1}{\gamma_d}\left(\frac{\varphi f_c W_c}{e_0 + \dfrac{W_c}{A}}\right) \tag{4.3-6}$$

对矩形截面，受拉区和受压区承载力应分别符合下列规定：

$$N \leqslant \frac{1}{\gamma_d}\left(\frac{\varphi\gamma_m f_t bh}{\dfrac{6e_0}{h} - 1}\right) \tag{4.3-7}$$

$$N \leqslant \frac{1}{\gamma_d}\left(\frac{\varphi f_c bh}{\dfrac{6e_0}{h} + 1}\right) \tag{4.3-8}$$

式中　W_t、W_c——截面受拉边缘、受压边缘的弹性抵抗矩；

A——构件截面面积；

f_t——混凝土轴心抗拉强度设计值，按表 4.2-2 采用；

γ_m——截面抵抗矩的塑性系数，按表 4.3-3 采用。

表 4.3-3　　截面抵抗矩的塑性系数 γ_m

项次	截面特征		γ_m	截面图形
1	矩形截面		1.55	
2	翼缘位于受压区的 T 形截面		1.50	
3	对称 I 形或箱形截面	$b_f/b \leqslant 2$，h_f/h 为任意值	1.45	
		$b_f/b > 2$，$h_f/h \geqslant 0.2$	1.40	
		$b_f/b > 2$，$h_f/h < 0.2$	1.35	
4	翼缘位于受拉区的倒 T 形截面	$b_f/b \leqslant 2$，h_f/h 为任意值	1.50	
		$b_f/b > 2$，$h_f/h \geqslant 0.2$	1.55	
		$b_f/b > 2$，$h_f/h < 0.2$	1.40	
5	圆形和环形截面		$1.60 - 0.24\dfrac{d_1}{d}$	$d_1=0$
6	U 形截面		1.35	

注　1. 对 $b'_f > b_f$ 的 I 形截面，可按项次 2 与项次 3 之间的数值采用；对 $b'_f < b_f$ 的 I 形截面，可按项次 3 与项次 4 之间的数值采用。

2. 根据 h 值的不同，表内数值尚应乘以修正系数：$0.7 + \dfrac{300}{h}$，其值应不大于 1.1。式中 h 以 mm 计，当 $h > 3000$mm 时，取 $h = 3000$mm。对圆形和环形截面，h 即外径 d。

3. 对于箱形截面，b 值系指各肋宽度的总和。

4.3.1.4　偏心受压构件弯矩作用平面外的受压承载力验算

素混凝土偏心受压构件，除应计算弯矩作用平面的受压承载力外，还应按轴心受压构件验算垂直于弯矩作用平面的受压承载力。此时，不考虑弯矩作用，但应考虑稳定系数 φ 的影响。

4.3.2　受弯构件

素混凝土受弯构件的正截面受弯承载力应符合下列规定。

对称于弯矩作用平面的任意截面：

$$M \leqslant \frac{1}{\gamma_d}\gamma_m f_t W_t \qquad (4.3-9)$$

矩形截面：

$$M \leqslant \frac{1}{\gamma_d}\left(\frac{1}{6}\gamma_m f_t bh^2\right) \qquad (4.3-10)$$

式中　M——弯矩设计值。

4.3.3　局部承压

素混凝土构件的局部受压承载力应符合下列规定：

$$F_l \leqslant \frac{1}{\gamma_d}\omega\beta_l f_c A_l \qquad (4.3-11)$$

$$\beta_l = \sqrt{\frac{A_b}{A_l}} \qquad (4.3-12)$$

如果在局部受压区还有非局部荷载作用时，则应符合下列规定：

$$F_l + \omega\beta_l\sigma A_l \leqslant \frac{1}{\gamma_d}\omega\beta_l f_c A_l \qquad (4.3-13)$$

式中　F_l——局部受压面上作用的局部荷载或局部压力设计值；

A_l——局部受压面积；

ω——荷载分布的影响系数，当局部受压区内的荷载为均匀分布时取 $\omega=1$，当局部荷载为非均匀分布时（如梁、过梁的端部支承面）取 $\omega=0.75$；

σ——非局部荷载设计值所产生的压应力；

β_l——混凝土局部受压时的强度提高系数；

A_b——混凝土局部受压时的计算底面积，可根据局部受压面积与计算底面积同心对称的原则确定，对常用情况可按图 4.3-2 取用。

4.3.4　结构构件构造钢筋

素混凝土结构在截面尺寸急剧变化处、孔口周围、立墙高度变化处应设置局部构造钢筋；遭受高速水流冲刷的表面应配置构造钢筋网。

对于遭受剧烈温度或湿度变化作用的素混凝土结构表面，宜配置构造钢筋网，其主要受约束方向的钢筋数量可取为构件截面面积的 0.04%，但每米内不多于 1200mm^2；钢筋以小直径的为宜，间距不宜大于 250mm。

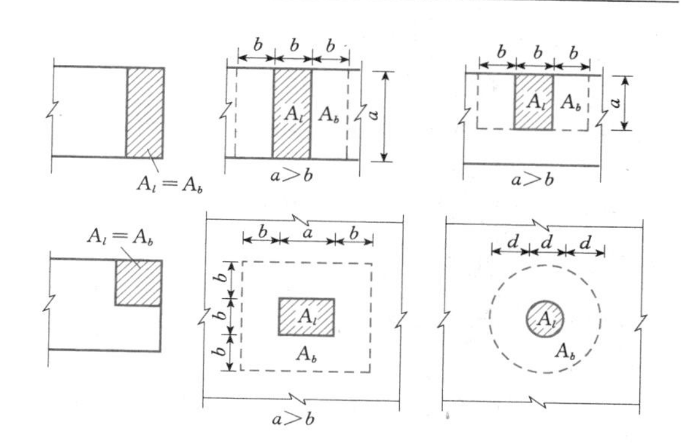

图 4.3-2　确定局部受压计算底面积 A_b

4.4　钢筋混凝土结构构件承载能力极限状态计算

关于钢筋混凝土结构构件承载能力极限状态的计算，除斜截面受剪承载力计算表达式略有不同外，其他情况下《水工混凝土结构设计规范》（DL/T 5057—2009）与《水工混凝土结构设计规范》（SL 191—2008）的规定基本相同。本节计算公式和计算简图按 DL/T 5057 的表达形式给出；如按 SL 191 设计，则只需将本节所列的计算公式和计算简图中的结构系数 γ_d 换成承载力安全系数 K 即可，斜截面受剪承载力计算表达式除外。

DL/T 5057 计算时，作用效应组合的设计值（包括弯矩 M、轴力 N 和剪力 V 及扭矩 T）和结构构件的抗力函数按式（4.1-1）～式（4.1-4）计算；按 SL 191 计算时，荷载效应组合的设计值按式（4.1-5）～式（4.1-8）计算。

4.4.1　轴心受压构件

4.4.1.1　配有箍筋或在纵向钢筋上设有横向钢筋的轴心受压构件

矩形截面钢筋混凝土轴心受压构件，当配置普通箍筋时（见图 4.4-1），其正截面受压承载力按下式计算：

$$N \leqslant \frac{1}{\gamma_d}\varphi(f_c A + f'_y A'_s) \qquad (4.4-1)$$

式中　N——轴向压力设计值；

φ——钢筋混凝土轴心受压构件的稳定系数，按表 4.4-1 采用；

f_c——混凝土轴心抗压强度设计值，按表 4.2-2 采用；

A——构件截面面积；

f'_y——纵向钢筋的抗压强度设计值，按表4.2-7采用；

γ_d——钢筋混凝土结构的结构系数，按表4.1-5采用；

A'_s——全部纵向钢筋的截面面积。

当纵向受压钢筋配筋率 ρ $\left(\rho=\dfrac{A'_s}{bh_0}\right)>3\%$ 时，式（4.4-1）中 A 应改用混凝土净截面面积 A_n，$A_n=A-A'_s$。

纵向受压钢筋的配筋率 ρ 应不小于纵筋的最小配筋率 ρ_{min}，ρ_{min} 可由表4.7-5查得。

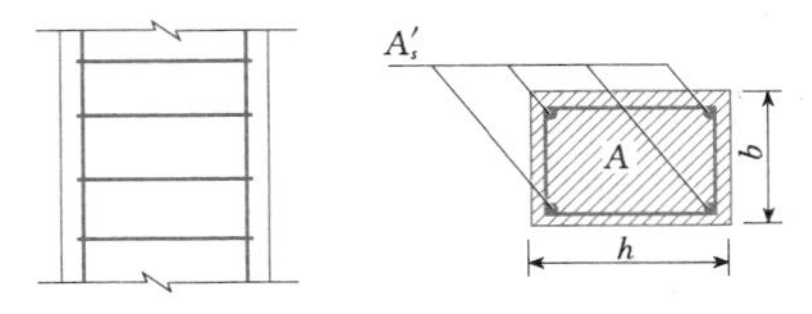

图4.4-1　配置箍筋的轴心受压构件截面

表4.4-1　钢筋混凝土轴心受压构件的稳定系数 φ

l_0/b	≤7	10	12	14	16	18	20	22	24	26	28
l_0/d	≤8	8.5	10.5	12	14	15.5	17	19	21	22.5	24
l_0/i	≤28	35	42	48	55	62	69	76	83	90	97
φ	1.0	0.98	0.95	0.92	0.87	0.81	0.75	0.70	0.65	0.60	0.56
l_0/b	30	32	34	36	38	40	42	44	46	48	50
l_0/d	26	28	29.5	31	33	34.5	36.5	38	40	41.5	43
l_0/i	104	111	118	125	132	139	146	153	160	167	174
φ	0.52	0.48	0.44	0.40	0.36	0.32	0.29	0.26	0.23	0.21	0.19

注　l_0 为构件计算长度，按表4.3-2、表4.4-5或表4.4-6的规定计算；b 为矩形截面的短边尺寸；d 为圆形截面的直径；i 为截面最小回转半径。

4.4.1.2　采用螺旋式或焊接环式间接钢筋轴心受压构件

圆形截面钢筋混凝土轴心受压构件，当配置螺旋式间接钢筋时（见图4.4-2），其正截面受压承载力按下式计算：

$$N\leqslant\frac{1}{\gamma_d}(f_cA_{cor}+f'_yA'_s+2f_yA'_{ss0})\tag{4.4-2}$$

其中
$$A_{ss0}=\frac{\pi d_{cor}A_{ss1}}{s}$$

式中　N——轴向压力设计值；

f_c——混凝土轴心抗压强度设计值，按表4.2-2采用；

f'_y——纵向钢筋的抗压强度设计值，按表4.2-7采用；

f_y——间接钢筋的抗拉强度设计值，按表4.2-7采用；

γ_d——钢筋混凝土结构的结构系数，按表4.1-5采用；

A'_s——全部纵向钢筋的截面面积；

A_{cor}——构件的核心截面面积，即间接钢筋内表面范围内的混凝土面积；

A'_{ss0}——螺旋式或焊接环式间接钢筋的换算截面面积；

d_{cor}——构件的核心截面直径，即间接钢筋内表面之间的距离；

A_{ss1}——螺旋式或焊接环式间接钢筋的截面面积；

s——间接钢筋沿构件轴线方向的间距。

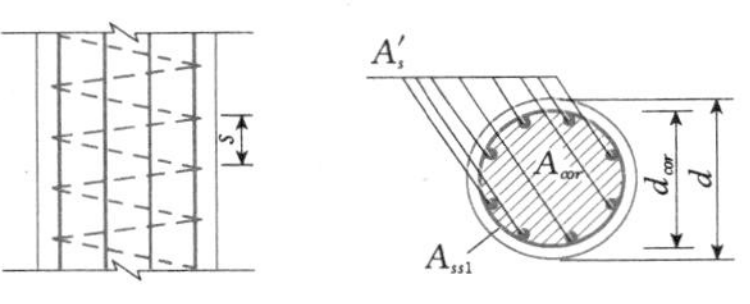

图4.4-2　配置螺旋式间接钢筋的钢筋混凝土轴心受压构件

（1）按式（4.4-2）算得的构件受压承载力设计值不应大于按式（4.4-1）算得的构件受压承载力设计值的1.5倍。

（2）当遇到下列任意一种情况时，不应计入间接钢筋的影响，而应按式（4.4-1）计算：

1）当 $l_0/d>12$ 时。

2）当按式（4.4-2）算得的构件受压承载力小于按式（4.4-1）算得的构件受压承载力时。

3）当间接钢筋的换算截面面积 A_{ss0} 小于全部纵向钢筋的截面面积的25%时。

4.4.2　偏心受压构件

4.4.2.1　非对称配筋矩形截面偏心受压构件正截面受压承载力计算

1. 基本公式

矩形截面偏心受压构件正截面受压承载力按下列

公式计算（见图 4.4-3）：

$$N \leqslant \frac{1}{\gamma_d}(f_c bx + f'_y A'_s - \sigma_s A_s) \quad (4.4-3)$$

$$Ne \leqslant \frac{1}{\gamma_d}\left[f_c bx\left(h_0 - \frac{x}{2}\right) + f'_y A'_s (h_0 - a'_s)\right] \quad (4.4-4)$$

$$e = \eta e_0 + \frac{h}{2} - a_s \quad (4.4-5)$$

其中 $e_0 = M/N$

式中 A_s、A'_s——配置在远离、靠近轴向压力一侧的纵向钢筋截面面积；

e——轴向压力作用点至受拉边或受压较小边纵向钢筋合力点之间的距离；

e_0——轴向压力对截面重心的偏心距；

η——偏心受压构件考虑挠曲影响的轴向压力偏心距增大系数，按式（4.4-35）计算；

σ_s——受拉边或受压较小边纵向钢筋的应力；

a_s——受拉边或受压较小边纵向钢筋合力点至截面近边缘的距离；

a'_s——受压较大边纵向钢筋合力点至截面近边缘的距离；

h_0——截面的有效高度；

b——矩形截面的宽度；

x——混凝土受压区计算高度。

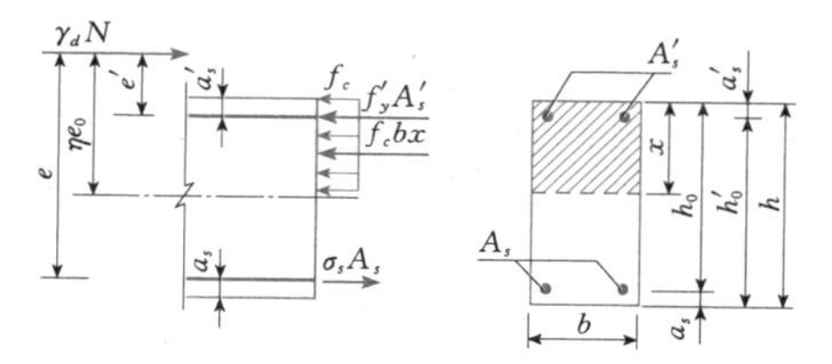

图 4.4-3 矩形截面偏心受压构件正截面受压承载力计算

2. 大偏心受压构件的截面设计

截面设计时，首先遇到的问题是如何判别构件属于大偏心受压还是小偏心受压。设计时可根据偏心距 e_0 的大小来判别：在截面每边配筋满足最小配筋量时，若 $\eta e_0 > 0.3h_0$，则可按大偏心受压构件设计；若 $\eta e_0 \leqslant 0.3h_0$，则可按小偏心受压构件设计。

对于大偏心受压构件（$x \leqslant \xi_b h_0$），在式（4.4-3）中取 $\sigma_s = f_y$ 进行计算。

实际工程设计中，常遇到以下两种情况：

（1）受压钢筋 A'_s 和受拉钢筋 A_s 均未知，此时，为使总的配筋量（$A_s + A'_s$）最小，可取 $x = \xi_b h_0$，则

$$A'_s = \frac{\gamma_d Ne - f_c bh_0^2 \xi_b (1 - 0.5\xi_b)}{f'_y (h_0 - a'_s)} \quad (4.4-6)$$

其中
$$\xi_b = \frac{x_b}{h_0} = \frac{0.8}{1 + \frac{f_y}{0.0033E_s}} \quad (4.4-7)$$

式中 e——按式（4.4-5）计算，当 $l_0/h > 8$ 时，考虑挠曲影响的轴向压力偏心距增大系数 η 值；

ξ_b——相对界限受压区计算高度；

f_y——钢筋抗拉强度设计值，按表 4.2-7 采用；

E_s——钢筋弹性模量，按表 4.2-9 采用；

h_0——截面的有效高度；

x_b——界限受压区计算高度。

将 $x = \xi_b h_0$ 及求得的 A'_s 值代入式（4.4-3），即可得

$$A_s = \frac{1}{f_y}(f_c b \xi_b h_0 + f'_y A'_s - \gamma_d N) \quad (4.4-8)$$

按式（4.4-8）求得的 $A_s < \rho_{min} bh_0$ 时，取 $A_s = \rho_{min} bh_0$。此时，可按"（2）受压钢筋 A'_s 已知"的情况计算 A_s。

注： 在截面受拉区内配置有不同种类的钢筋时，构件的相对界限受压区计算高度应分别计算，并取其较小值。

（2）受压钢筋 A'_s 已知，求 A_s，此时，可利用基本式（4.4-3）和式（4.4-4）求得唯一解。计算步骤如下：

1）由式（4.4-4），求出计算系数 α_s：

$$\alpha_s = \frac{\gamma_d Ne - f'_y A'_s (h_0 - a'_s)}{f_c bh_0^2} \quad (4.4-9)$$

2）由下列公式求出 ξ 及 x：

$$\xi = 1 - \sqrt{1 - 2\alpha_s} \quad (4.4-10)$$

$$x = \xi h_0 \quad (4.4-11)$$

3）当 $x \geqslant 2a'_s$ 时，将 x 代入式（4.4-3），并取 $\sigma_s = f_y$，求得 A_s。

4）当 $x < 2a'_s$ 时，按 $x = 2a'_s$ 计算，并对 A'_s 重心取矩，得

$$A_s = \frac{\gamma_d Ne'}{f_y (h_0 - a'_s)} \quad (4.4-12)$$

其中
$$e' = \eta e_0 - \frac{h}{2} + a'_s \quad (4.4-13)$$

求得的 $A_s < \rho_{min} bh_0$ 时，取 $A_s = \rho_{min} bh_0$。

e' 为轴向压力作用点至受压区纵向钢筋合力点的距离。当式（4.4-13）中 e' 为负值时（即纵向力 N 作用在 A_s 与 A'_s 之间），则 A_s 一般可按最小配筋率并满足构造要求配置。

当纵向力作用在 A_s 与 A'_s 之间，计算出的 $x<2a'_s$，说明构件截面尺寸很大，而纵向力 N 又很小，截面上远离纵向力一边和靠近纵向力一边均不会发生破坏。

3. 小偏心受压构件的截面设计

当 $\eta e_0 \leqslant 0.3h_0$ 时，可按小偏心受压构件设计，此时，钢筋 A_s 的应力 σ_s 可按以下近似公式计算：

$$\sigma_s=\frac{f_y}{\xi_b-0.8}\left(\frac{x}{h_0}-0.8\right) \quad (4.4-14)$$

对小偏心受压构件，钢筋 A_s 的应力可能为压应力也可能为拉应力，但均不会达到强度设计值，因此，设计时 A_s 一般可按最小配筋率配置，即取 $A_s=\rho_{\min}bh_0$，将其代入式（4.4-3），然后可直接利用式（4.4-3）、式（4.4-4）和式（4.4-14）进行配筋计算。即受压区高度 x 按下式求解：

$$x=\frac{-B\pm\sqrt{B^2-4AC}}{2A} \quad (4.4-15)$$

其中 $A=0.5f_cb$

$$B=-f_cba'_s+f_yA_s\frac{1-a'_s/h_0}{0.8-\xi_b}$$

$$C=-\gamma_dNe'-f_yA_s\frac{0.8(h_0-a'_s)}{0.8-\xi_b}$$

$$e'=\frac{h}{2}-\eta e_0-a'_s$$

若求得的 ξ 满足 $\xi<1.6-\xi_b$，则计算的 A'_s 即为所求；若 $\xi>1.6-\xi_b$，则取 $\sigma_s=-f'_y$ 及 $\xi=1.6-\xi_b$（当 $\xi>h/h_0$ 时，取 $\xi=h/h_0$），代入式（4.4-3）和式（4.4-4）求得 A_s 和 A'_s 值。同样，A_s 和 A'_s 均应满足最小配筋量的要求。

当 $N>\frac{1}{\gamma_d}f_cbh$ 时，尚应符合下列规定：

$$N\left(\frac{h}{2}-a'_s-e_0\right)\leqslant\frac{1}{\gamma_d}\left[f_cbh\left(h'_0-\frac{h}{2}\right)+f'_yA_s(h'_0-a_s)\right] \quad (4.4-16)$$

式中 h'_0——纵向受压钢筋合力点至受拉边或受压较小边的距离，$h'_0=h-a'_s$。

4.4.2.2 对称配筋矩形截面偏心受压构件

对称配筋构件，$A_s=A'_s$，$f_y=f'_y$，由式（4.4-3）、式（4.4-4），取 $x=\xi h_0$，正截面承载力按下列公式计算。

1. 大偏心受压构件（$x\leqslant\xi_bh_0$）

$$\xi=\frac{\gamma_dN}{f_cbh_0} \quad (4.4-17)$$

$$A'_s=A_s=\frac{\gamma_dNe-\xi(1-0.5\xi)f_cbh_0^2}{f'_y(h_0-a'_s)} \quad (4.4-18)$$

当 $x<2a'_s$ 时，则按下式计算：

$$A'_s=A_s=\frac{\gamma_dNe'}{f_y(h_0-a'_s)} \quad (4.4-19)$$

上列诸式中，e 按式（4.4-5）计算，e' 按式（4.4-13）计算。

2. 小偏心受压构件（$x>\xi_bh_0$）

按式（4.4-18）计算，此时，相对受压区计算高度 ξ 可按近似公式计算：

$$\xi=\frac{\gamma_dN-\xi_bf_cbh_0}{\dfrac{\gamma_dNe-0.45f_cbh_0^2}{(0.8-\xi_b)(h_0-a'_s)}+f_cbh_0}+\xi_b \quad (4.4-20)$$

实际配置的 A_s 和 A'_s 均应满足最小配筋量的要求。

4.4.2.3 I形截面偏心受压构件及翼缘位于截面较大受压边的T形截面偏心受压构件

I形截面偏心受压构件及翼缘位于截面较大受压边的T形截面偏心受压构件的正截面受压承载力按下列规定计算（见图4.4-4）：

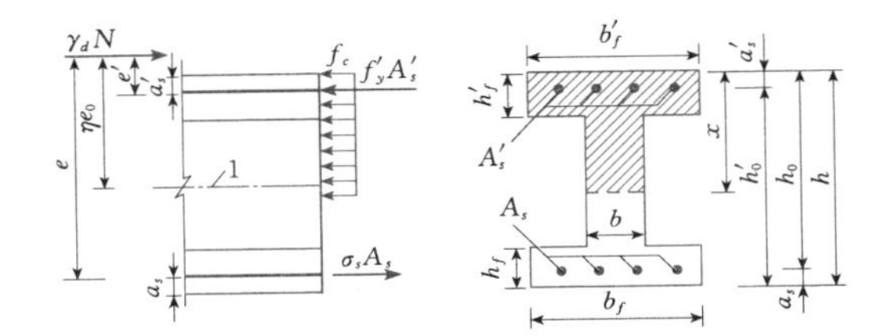

图4.4-4 I形截面偏心受压构件的正截面受压承载力计算

1—截面重心轴

（1）当受压区高度 $x\leqslant h'_f$ 时，应按宽度为受压翼缘计算宽度 b'_f 的矩形截面计算。

（2）当受压区高度 $x>h'_f$ 时（见图4.4-4），应考虑腹板的受压作用，并符合下列规定：

$$N\leqslant\frac{1}{\gamma_d}[f_cbx+f_c(b'_f-b)h'_f+f'_yA'_s-\sigma_sA_s] \quad (4.4-21)$$

$$Ne\leqslant\frac{1}{\gamma_d}\left[f_cbx\left(h_0-\frac{x}{2}\right)+f_c(b'_f-b)\times h'_f\left(h_0-\frac{h'_f}{2}\right)+f'_yA'_s(h_0-a'_s)\right] \quad (4.4-22)$$

对大偏心受压构件，其配筋计算步骤与矩形截面相仿，只是需要考虑受压区为T形时的特点。受压翼缘计算宽度 b'_f 可按表4.4-7确定。当 $l_0/h>8$ 时，应考虑挠曲影响的轴向压力偏心距增大系数 η 值。

（3）对I形截面，当 $x>h-h_f$ 时，在正截面受压承载力计算中应计入受压较小边翼缘受压部分的作用，此时，受压较小边翼缘计算宽度 b_f 也按表4.4-7确定。

（4）对采用非对称配筋的小偏心受压构件，当 $N>\frac{1}{\gamma_d}f_cA$ 时，尚应符合下列规定：

$$Ne' \leqslant \frac{1}{\gamma_d}\left[f_c bh\left(h_0' - \frac{h}{2}\right) + f_c(b_f - b)h_f\left(h_0' - \frac{h_f}{2}\right) + f_c(b_f' - b)h_f'\left(\frac{h_f'}{2} - a_s'\right) + f_y' A_s(h_0' - a_s)\right] \quad (4.4-23)$$

$$e' = y' - a_s' - e_0 \quad (4.4-24)$$

式中 y'——截面重心至离轴向压力较近一侧受压边的距离，当截面对称时，取 $y' = h/2$。

对仅在离轴向压力较近一侧有翼缘的 T 形截面，可取 $b_f = b$；对仅在离轴向压力较远一侧有翼缘的倒 T 形截面，可取 $b_f' = b$。

4.4.2.4 沿截面腹部均匀配置纵向钢筋的矩形、T 形、I 形截面偏心受压构件

矩形、T 形、I 形截面偏心受压构件，当沿截面腹部均匀配置纵向钢筋（每侧不少于 4 根的情况）（见图 4.4-5）时，其正截面受压承载力宜按下列公式计算：

$$N \leqslant \frac{1}{\gamma_d}[f_c\xi bh_0 + f_c(b_f' - b)h_f' + f_y' A_s' - \sigma_s A_s + N_{sw}] \quad (4.4-25)$$

$$Ne \leqslant \frac{1}{\gamma_d}\left[f_c\xi(1 - 0.5\xi)bh_0^2 + f_c(b_f' - b)h_f'\left(h_0 - \frac{h_f'}{2}\right) + f_y' A_s'(h_0 - a_s') + M_{sw}\right] \quad (4.4-26)$$

$$N_{sw} = \left(1 + \frac{\xi - 0.8}{0.4\omega}\right)f_{yw}A_{sw} \quad (4.4-27)$$

$$M_{sw} = \left[0.5 - \left(\frac{\xi - 0.8}{0.8\omega}\right)^2\right]f_{yw}A_{sw}h_{sw} \quad (4.4-28)$$

式中 A_{sw}——沿截面腹部均匀配置的全部纵向钢筋截面面积；

f_{yw}——沿截面腹部均匀配置的纵向钢筋强度设计值，按表 4.2-7 采用；

σ_s——受拉边或受压较小边钢筋 A_s 的应力，当 $\xi > \xi_b$ 时按式（4.4-14）计算，当 $\xi \leqslant \xi_b$ 时取 $\sigma_s = f_y$；

N_{sw}——沿截面腹部均匀配置的纵向钢筋所承担的轴向力，当 $\xi > 0.8$ 时取 $N_{sw} = f_{yw}A_{sw}$；

M_{sw}——沿截面腹部均匀配置的纵向钢筋的内力对 A_s 重心的力矩，当 $\xi > 0.8$ 时取 $M_{sw} = 0.5f_{yw}A_{sw}h_{sw}$；

ω——沿截面均匀配置纵向钢筋区段的高度 h_{sw} 与截面有效高度 h_0 的比值，$\omega = h_{sw}/h_0$，宜选取 $h_{sw} = h_0 - a_s'$。

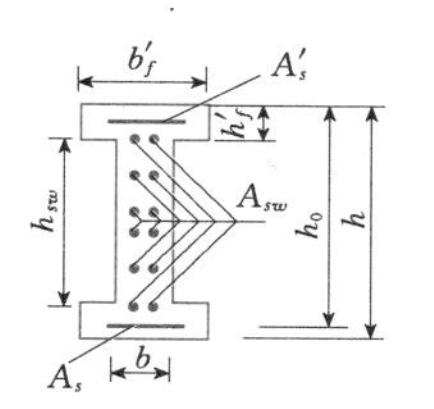

图 4.4-5 沿截面腹部均匀配置纵向钢筋的 I 形截面

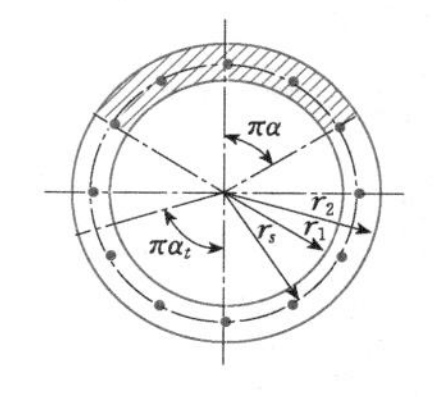

图 4.4-6 沿周边均匀配置纵向钢筋的环形截面

4.4.2.5 沿周边均匀配置纵向钢筋的环形截面偏心受压构件

环形截面偏心受压构件，当沿截面周边均匀配置纵向钢筋时（见图 4.4-6），其正截面受压承载力宜按下列公式计算：

$$N \leqslant \frac{1}{\gamma_d}[\alpha f_c A + (\alpha - \alpha_t)f_y A_s] \quad (4.4-29)$$

$$N\eta e_0 \leqslant \frac{1}{\gamma_d}\left[f_c A(r_1 + r_2)\frac{\sin\pi\alpha}{2\pi} + f_y A_s r_s \frac{\sin\pi\alpha + \sin\pi\alpha_t}{\pi}\right] \quad (4.4-30)$$

其中
$$\alpha_t = 1 - 1.5\alpha \quad (4.4-31)$$

$$A = \pi(r_2^2 - r_1^2)$$

式中 A——环形截面面积；

A_s——全部纵向钢筋截面面积；

r_1、r_2——环形截面的内、外半径；

r_s——纵向钢筋所在圆周的半径；

e_0——轴向力对截面重心的偏心距；

α——受压区混凝土截面面积与全截面面积的比值；

α_t——纵向受拉钢筋截面面积与全部纵向钢筋截面面积的比值，当 $\alpha > 2/3$ 时，取 $\alpha_t = 0$。

以上计算公式适用于截面内纵向钢筋数量不少于 6 根，间距不大于 300mm，且 $r_1/r_2 \geqslant 0.5$ 的情况。当 $\alpha < \arccos[2r_1/(r_1 + r_2)]/\pi$ 时，可按圆形截面偏心受压构件正截面受压承载力公式计算。

环形截面受压构件也可利用表 4.4-2 进行计算，其查表步骤如下：

(1) 先由 $\eta\frac{e_0}{r_s} = \frac{2\eta M}{N(r_1 + r_2)}$ 和 $n = \frac{\gamma_d N}{f_c A}$ 计算出 $\eta\frac{e_0}{r_s}$ 和 n，再由表 4.4-2 查得 ξ。

(2) 由 $A_s = \xi\frac{f_c}{f_y}A$，计算出钢筋截面面积 A_s。

表 4.4-2 计算环形截面的 $\eta\frac{e_0}{r_s}$ 值

ξ \ n	0.10	0.15	0.20	0.25	0.30	0.35	0.40	0.45	0.50
0.05	1.4530	1.2596	1.1431	1.0541	0.9764	0.9035	0.8325	0.7621	0.6917
0.10	1.9047	1.5437	1.3424	1.2025	1.0913	0.9954	0.9082	0.8263	0.7480
0.15	2.3399	1.8174	1.5350	1.3467	1.2040	1.0864	0.9839	0.8911	0.8050
0.20	2.7602	2.0821	1.7220	1.4876	1.3149	1.1766	1.0596	0.9563	0.8628
0.25	3.1675	2.3392	1.9045	1.6258	1.4243	1.2663	1.1352	1.0219	0.9210
0.30	3.5635	2.5900	2.0831	1.7618	1.5326	1.3556	1.2109	1.0877	0.9795
0.35	3.9497	2.8353	2.2586	1.8960	1.6400	1.4445	1.2866	1.1537	1.0383
0.40	4.3274	3.0760	2.4314	2.0288	1.7466	1.5331	1.3623	1.2199	1.0974
0.45	4.6979	3.3128	2.6020	2.1602	1.8526	1.6215	1.4380	1.2862	1.1567
0.50	5.0619	3.5462	2.7706	2.2906	1.9581	1.7096	1.5137	1.3526	1.2161
0.55	5.4204	3.7766	2.9376	2.4201	2.0631	1.7976	1.5893	1.4191	1.2756
0.60	5.7740	4.0044	3.1031	2.5488	2.1677	1.8855	1.6650	1.4857	1.3353
0.65	6.1234	4.2300	3.2674	2.6768	2.2719	1.9732	1.7407	1.5524	1.3950
0.70	6.4690	4.4537	3.4306	2.8042	2.3759	2.0608	1.8164	1.6191	1.4548
0.75	6.8112	4.6756	3.5928	2.9311	2.4796	2.1483	1.8921	1.6859	1.5147
0.80	7.1505	4.7670	3.7542	3.0575	2.5831	2.2358	1.9677	1.7527	1.5747

ξ \ n	0.55	0.60	0.65	0.70	0.75	0.80	0.85	0.90	0.95
0.05	0.6214	0.5513	**0.4786**	**0.4135**	**0.3484**	**0.2842**	**0.2215**	**0.1611**	**0.1037**
0.10	0.6723	0.5988	**0.5169**	**0.4550**	**0.3927**	**0.3308**	**0.2698**	**0.2103**	**0.1531**
0.15	0.7240	0.6469	0.5733	**0.4927**	**0.4334**	**0.3738**	**0.3147**	**0.2567**	**0.2002**
0.20	0.7763	0.6955	0.6193	**0.5271**	**0.4705**	**0.4135**	**0.3565**	**0.3001**	**0.2448**
0.25	0.8292	0.7445	0.6655	0.5913	**0.5046**	**0.4500**	**0.3952**	**0.3406**	**0.2867**
0.30	0.8824	0.7937	0.7118	0.6355	**0.5357**	**0.4836**	**0.4311**	**0.3784**	**0.3260**
0.35	0.9358	0.8431	0.7582	0.6797	0.6065	**0.5146**	**0.4642**	**0.4135**	**0.3628**
0.40	0.9895	0.8928	0.8047	0.7238	0.6488	**0.5535**	**0.4949**	**0.4461**	**0.3972**
0.45	1.0434	0.9425	0.8513	0.7679	0.6910	0.6196	**0.5232**	**0.4764**	**0.4292**
0.50	1.0975	0.9924	0.8980	0.8120	0.7331	0.6600	**0.5494**	**0.5046**	**0.4591**
0.55	1.1516	1.0424	0.9446	0.8560	0.7750	0.7003	0.6309	**0.5307**	**0.4870**
0.60	1.2059	1.0924	0.9913	0.9000	0.8168	0.7404	0.6696	**0.5550**	**0.5130**
0.65	1.2602	1.1425	1.0380	0.9440	0.8586	0.7803	0.7080	0.6409	**0.5373**
0.70	1.3147	1.1927	1.0847	0.9880	0.9003	0.8201	0.7463	0.6779	**0.5599**
0.75	1.3691	1.2428	1.1314	1.0319	0.9419	0.8598	0.7844	0.7146	0.6498
0.80	1.4237	1.2931	1.1782	1.0757	0.9834	0.8994	0.8223	0.7512	0.6851

注 1. $n=\frac{\gamma_d N}{f_c A}$；$\xi=\frac{f_y A_s}{f_c A}$；$\eta\frac{e_0}{r_s}=\frac{2\eta M}{N(r_1+r_2)}$。

2. 表中数值是按 $\frac{r_1+r_2}{2r_s}=1$ 计算的；当 $\frac{r_1+r_2}{2r_s}\neq 1$ 时，一般应按基本公式计算。

3. η 值见式（4.4-35）。

4. 表中黑体字部分为 $\alpha>2/3$ 时的 $\eta\frac{e_0}{r_s}$ 值。

4.4.2.6 沿周边均匀配置纵向钢筋的圆形截面偏心受压构件

圆形截面偏心受压构件（见图 4.4-7），当沿截面周边均匀配置纵向钢筋且钢筋数量不少于 6 根、间距不大于 300mm 时，其正截面受压承载力宜按下列公式计算：

$$N\leqslant\frac{1}{\gamma_d}\left[\alpha f_c A\left(1-\frac{\sin 2\pi\alpha}{2\pi\alpha}\right)+(\alpha-\alpha_t)f_y A_s\right] \tag{4.4-32}$$

$$N\eta e_0 \leqslant \frac{1}{\gamma_d}\left(\frac{2}{3}f_c Ar\frac{\sin^3\pi\alpha}{\pi}+f_y A_s r_s\frac{\sin\pi\alpha+\sin\pi\alpha_t}{\pi}\right) \qquad (4.4-33)$$

$$\alpha_t = 1.25-2\alpha \qquad (4.4-34)$$

式中　A——圆形截面面积；

A_s——全部纵向钢筋截面面积；

r——圆形截面的半径；

r_s——纵向钢筋所在圆周的半径；

e_0——轴向压力对截面重心的偏心距；

α——对应于受压区混凝土截面面积的圆心角（rad）与 2π 的比值；

α_t——纵向受拉钢筋截面面积与全部纵向钢筋截面面积的比值，当 $\alpha>0.625$ 时，取 $\alpha_t=0$。

圆形截面受压构件也可利用表 4.4-3 和表 4.4-4 进行计算，其查表步骤如下：

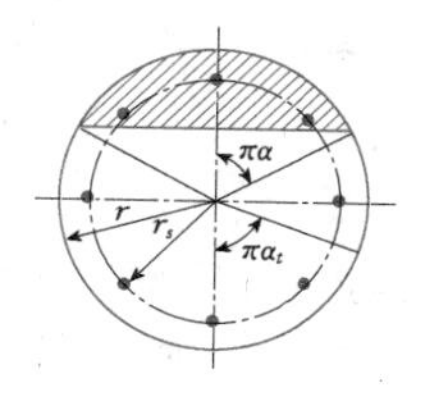

图 4.4-7　沿周边均匀配筋的圆形截面

（1）先由 $\eta\frac{e_0}{D}=\frac{\eta M}{ND}$ 和 $n=\frac{\gamma_d N}{f_c A}$ 计算出 $\eta\frac{e_0}{D}$ 和 n，再由表 4.4-3 或表 4.4-4 查得 ρ 或 ξ。

（2）由 $A_s=A\rho$ 或 $A_s=\xi\frac{f_c}{f_y}A$，计算出钢筋截面面积 A_s。

表 4.4-3　计算圆形截面的均布钢筋偏心受压构件之 n 值　$a_s=0.05D$　（HRB335 级钢筋）

混凝土强度等级	配筋率 ρ													
C15	0.192	0.288	0.384	0.480	0.576	0.672	0.768	0.864	0.960	1.056	1.152	1.248	1.440	1.632
C20	0.256	0.384	0.512	0.640	0.768	0.896	1.024	1.152	1.280	1.408	1.536	1.664	1.920	2.176
C25	0.317	0.476	0.635	0.793	0.952	1.111	1.269	1.428	1.587	1.745	1.904	2.063	2.380	2.697
C30	0.381	0.572	0.763	0.953	1.144	1.335	1.525	1.716	1.907	2.097	2.288	2.479	2.860	3.241
C35	0.445	0.668	0.891	1.113	1.336	1.559	1.781	2.004	2.227	2.449	2.672	2.895	3.340	3.785
C40	0.509	0.764	1.019	1.273	1.528	1.783	2.037	2.292	2.547	2.801	3.056	3.311	3.820	4.329
C45	0.563	0.844	1.125	1.407	1.688	1.969	2.251	2.532	2.813	3.095	3.376	3.657	4.220	4.783
C50	0.616	0.924	1.232	1.540	1.848	2.156	2.464	2.772	3.080	3.388	3.696	4.004	4.620	5.236
C55	0.675	1.012	1.349	1.687	2.024	2.361	2.699	3.036	3.373	3.711	4.048	4.385	5.060	5.735
C60	0.733	1.100	1.467	1.833	2.200	2.567	2.933	3.300	3.667	4.033	4.400	4.767	5.500	6.233
ξ	0.080	0.120	0.160	0.200	0.240	0.280	0.320	0.360	0.400	0.440	0.480	0.520	0.600	0.680
$\frac{\eta e_0}{D}$	n													
0.000	1.080	1.120	1.160	1.200	1.240	1.280	1.320	1.360	1.400	1.440	1.480	1.520	1.600	1.680
0.050	0.962	0.998	1.035	1.071	1.107	1.144	1.180	1.216	1.252	1.288	1.324	1.360	1.433	1.505
0.100	0.837	0.871	0.904	0.938	0.971	1.004	1.037	1.070	1.103	1.136	1.169	1.202	1.268	1.333
0.150	0.717	0.749	0.780	0.811	0.841	0.871	0.900	0.930	0.959	0.988	1.017	1.046	1.104	1.161
0.200	0.606	0.639	0.671	0.702	0.732	0.761	0.790	0.818	0.846	0.874	0.901	0.928	0.982	1.035
0.250	0.504	0.540	0.574	0.605	0.635	0.664	0.692	0.720	0.747	0.774	0.800	0.825	0.877	0.927
0.300	0.413	0.453	0.488	0.521	0.551	0.580	0.608	0.634	0.660	0.686	0.711	0.736	0.785	0.832
0.350	0.336	0.378	0.415	0.448	0.478	0.507	0.534	0.560	0.586	0.610	0.635	0.658	0.705	0.750
0.400	0.273	0.316	0.353	0.386	0.417	0.444	0.471	0.497	0.521	0.545	0.568	0.591	0.636	0.678
0.450	0.222	0.266	0.303	0.335	0.364	0.392	0.418	0.443	0.466	0.489	0.512	0.533	0.576	0.617
0.500	0.184	0.226	0.261	0.293	0.321	0.348	0.373	0.396	0.419	0.441	0.463	0.483	0.524	0.563
0.550	0.154	0.194	0.228	0.258	0.285	0.311	0.335	0.357	0.379	0.400	0.420	0.441	0.479	0.516
0.600	0.131	0.168	0.200	0.229	0.255	0.279	0.302	0.324	0.345	0.365	0.384	0.403	0.440	0.475
0.650	0.113	0.148	0.178	0.205	0.230	0.253	0.274	0.295	0.315	0.334	0.353	0.371	0.406	0.439
0.700	0.099	0.132	0.160	0.185	0.209	0.230	0.251	0.271	0.289	0.308	0.325	0.343	0.376	0.408
0.750	0.088	0.118	0.144	0.168	0.190	0.211	0.231	0.249	0.267	0.285	0.301	0.318	0.350	0.380
0.800	0.079	0.107	0.132	0.154	0.175	0.194	0.213	0.231	0.248	0.265	0.281	0.296	0.326	0.356
0.850	0.071	0.097	0.121	0.142	0.162	0.180	0.198	0.215	0.231	0.247	0.262	0.277	0.306	0.334

续表

$\frac{\eta e_0}{D}$	n													
0.900	0.065	0.089	0.111	0.131	0.150	0.168	0.184	0.201	0.216	0.231	0.246	0.260	0.287	0.314
0.950	0.060	0.083	0.103	0.122	0.140	0.157	0.173	0.188	0.203	0.217	0.231	0.245	0.271	0.296
1.000	0.055	0.077	0.096	0.114	0.131	0.147	0.162	0.177	0.191	0.204	0.218	0.231	0.256	0.281
1.100	0.048	0.067	0.084	0.101	0.116	0.130	0.144	0.158	0.171	0.183	0.196	0.208	0.231	0.253
1.200	0.042	0.059	0.075	0.090	0.104	0.117	0.130	0.142	0.154	0.166	0.177	0.188	0.210	0.231
1.300	0.038	0.053	0.068	0.081	0.094	0.106	0.118	0.129	0.140	0.151	0.162	0.172	0.192	0.211
1.400	0.034	0.048	0.062	0.074	0.086	0.097	0.108	0.119	0.129	0.139	0.149	0.158	0.177	0.195
1.500	0.031	0.044	0.056	0.068	0.079	0.089	0.100	0.110	0.119	0.128	0.138	0.146	0.164	0.181
1.750	0.026	0.036	0.047	0.056	0.066	0.075	0.083	0.092	0.100	0.108	0.116	0.124	0.138	0.153
2.000	0.022	0.031	0.040	0.048	0.056	0.064	0.072	0.079	0.086	0.093	0.100	0.107	0.120	0.132
2.250	0.019	0.027	0.035	0.042	0.049	0.056	0.063	0.069	0.075	0.081	0.088	0.094	0.105	0.117
2.500	0.016	0.024	0.031	0.037	0.043	0.050	0.056	0.061	0.067	0.073	0.078	0.084	0.094	0.105
2.750	0.015	0.021	0.028	0.033	0.039	0.045	0.050	0.055	0.061	0.066	0.070	0.076	0.085	0.094
3.000	0.013	0.019	0.025	0.030	0.035	0.041	0.046	0.050	0.055	0.060	0.064	0.069	0.077	0.086
4.000	0.010	0.014	0.018	0.022	0.026	0.030	0.033	0.037	0.040	0.044	0.047	0.050	0.057	0.064
5.000	0.008	0.011	0.014	0.017	0.020	0.023	0.026	0.029	0.032	0.035	0.037	0.040	0.045	0.050

注　1. $n=\frac{\gamma_d N}{f_c A}$；$\eta\frac{e_0}{D}=\frac{\eta M}{ND}$；$\xi=\frac{f_y A_s}{f_c A}$；$\rho=\frac{A_s}{A}\times100=\xi\frac{f_c}{f_y}\times100$。

2. η值见式（4.4-35）。

3. 当钢筋采用其他级别钢筋时，则查出ξ，按$A_s=\xi\frac{f_c A}{f_y}$计算钢筋面积。

表4.4-4　　计算圆形截面的均布钢筋偏心受压构件之n值　$a_s=0.08D$　（HRB335级钢筋）

混凝土强度等级	配筋率 ρ													
C15	0.192	0.288	0.384	0.480	0.576	0.672	0.768	0.864	0.960	1.056	1.152	1.248	1.440	1.632
C20	0.256	0.384	0.512	0.640	0.768	0.896	1.024	1.152	1.280	1.408	1.536	1.664	1.920	2.176
C25	0.317	0.476	0.635	0.793	0.952	1.111	1.269	1.428	1.587	1.745	1.904	2.063	2.380	2.697
C30	0.381	0.572	0.763	0.953	1.144	1.335	1.525	1.716	1.907	2.097	2.288	2.479	2.860	3.241
C35	0.445	0.668	0.891	1.113	1.336	1.559	1.781	2.004	2.227	2.449	2.672	2.895	3.340	3.785
C40	0.509	0.764	1.019	1.273	1.528	1.783	2.037	2.292	2.547	2.801	3.056	3.311	3.820	4.329
C45	0.563	0.844	1.125	1.407	1.688	1.969	2.251	2.532	2.813	3.095	3.376	3.657	4.220	4.783
C50	0.616	0.924	1.232	1.540	1.848	2.156	2.464	2.772	3.080	3.388	3.696	4.004	4.620	5.236
C55	0.675	1.012	1.349	1.687	2.024	2.361	2.699	3.036	3.373	3.711	4.048	4.385	5.060	5.735
C60	0.733	1.100	1.467	1.833	2.200	2.567	2.933	3.300	3.667	4.033	4.400	4.767	5.500	6.233
ξ	0.080	0.120	0.160	0.200	0.240	0.280	0.320	0.360	0.400	0.440	0.480	0.520	0.600	0.680
$\frac{\eta e_0}{D}$	n													
0.000	1.080	1.120	1.160	1.200	1.240	1.280	1.320	1.360	1.400	1.440	1.480	1.520	1.600	1.680
0.050	0.961	0.996	1.032	1.068	1.104	1.139	1.175	1.211	1.246	1.282	1.318	1.353	1.425	1.496
0.100	0.835	0.868	0.900	0.933	0.965	0.998	1.030	1.062	1.094	1.127	1.159	1.191	1.255	1.319
0.150	0.714	0.744	0.775	0.805	0.834	0.863	0.892	0.921	0.949	0.978	1.006	1.034	1.090	1.146
0.200	0.601	0.634	0.665	0.694	0.723	0.751	0.779	0.807	0.834	0.860	0.887	0.914	0.966	1.018
0.250	0.499	0.534	0.566	0.596	0.625	0.653	0.680	0.707	0.733	0.758	0.784	0.809	0.858	0.907
0.300	0.408	0.445	0.479	0.510	0.539	0.567	0.594	0.620	0.645	0.670	0.694	0.718	0.765	0.811
0.350	0.330	0.370	0.405	0.437	0.466	0.494	0.520	0.545	0.570	0.594	0.617	0.640	0.685	0.728

续表

$\frac{\eta e_0}{D}$	n													
0.400	0.267	0.309	0.344	0.376	0.405	0.432	0.457	0.482	0.505	0.528	0.551	0.572	0.615	0.657
0.450	0.217	0.258	0.294	0.325	0.353	0.379	0.404	0.428	0.451	0.473	0.494	0.515	0.555	0.595
0.500	0.178	0.219	0.253	0.283	0.310	0.336	0.360	0.382	0.404	0.425	0.445	0.465	0.504	0.541
0.550	0.149	0.188	0.220	0.249	0.275	0.299	0.322	0.344	0.365	0.385	0.404	0.423	0.460	0.495
0.600	0.127	0.163	0.193	0.221	0.246	0.269	0.290	0.311	0.331	0.350	0.368	0.387	0.422	0.455
0.650	0.109	0.143	0.172	0.197	0.221	0.243	0.263	0.283	0.302	0.320	0.338	0.355	0.388	0.420
0.700	0.096	0.127	0.154	0.178	0.200	0.221	0.241	0.259	0.277	0.294	0.312	0.328	0.359	0.390
0.750	0.085	0.114	0.139	0.162	0.183	0.202	0.221	0.239	0.256	0.272	0.288	0.304	0.334	0.363
0.800	0.076	0.103	0.127	0.148	0.168	0.187	0.204	0.221	0.237	0.253	0.268	0.283	0.312	0.339
0.850	0.069	0.094	0.116	0.136	0.155	0.173	0.189	0.205	0.221	0.236	0.250	0.264	0.292	0.318
0.900	0.063	0.086	0.107	0.126	0.144	0.161	0.176	0.192	0.206	0.221	0.234	0.248	0.274	0.299
0.950	0.058	0.080	0.099	0.117	0.134	0.150	0.165	0.180	0.194	0.207	0.220	0.233	0.258	0.282
1.000	0.054	0.074	0.092	0.110	0.125	0.141	0.155	0.169	0.182	0.195	0.208	0.220	0.244	0.267
1.100	0.047	0.065	0.081	0.097	0.111	0.125	0.138	0.151	0.163	0.175	0.186	0.198	0.220	0.241
1.200	0.041	0.057	0.072	0.086	0.100	0.112	0.124	0.136	0.147	0.158	0.169	0.179	0.199	0.219
1.300	0.037	0.052	0.065	0.078	0.090	0.102	0.113	0.124	0.134	0.144	0.154	0.164	0.183	0.201
1.400	0.033	0.047	0.059	0.071	0.082	0.093	0.103	0.113	0.123	0.132	0.142	0.151	0.168	0.185
1.500	0.030	0.043	0.054	0.065	0.076	0.086	0.095	0.105	0.114	0.123	0.131	0.139	0.156	0.172
1.750	0.025	0.035	0.045	0.054	0.063	0.072	0.080	0.087	0.095	0.103	0.110	0.118	0.132	0.145
2.000	0.021	0.030	0.038	0.046	0.054	0.061	0.069	0.075	0.082	0.089	0.095	0.102	0.114	0.126
2.250	0.018	0.026	0.033	0.040	0.047	0.054	0.060	0.066	0.072	0.078	0.084	0.089	0.100	0.111
2.500	0.016	0.023	0.030	0.036	0.042	0.048	0.053	0.059	0.064	0.069	0.075	0.080	0.089	0.099
2.750	0.014	0.021	0.027	0.032	0.038	0.043	0.048	0.053	0.058	0.062	0.067	0.072	0.081	0.900
3.000	0.013	0.019	0.024	0.029	0.034	0.039	0.043	0.048	0.053	0.057	0.061	0.065	0.074	0.082
4.000	0.009	0.014	0.018	0.021	0.025	0.028	0.032	0.035	0.039	0.042	0.045	0.048	0.054	0.060
5.000	0.007	0.011	0.014	0.017	0.020	0.022	0.025	0.028	0.030	0.033	0.036	0.038	0.043	0.048

注 1. $n=\frac{\gamma_d N}{f_c A}$；$\eta\frac{e_0}{D}=\frac{\eta M}{ND}$；$\xi=\frac{f_y A_s}{f_c A}$；$\rho=\frac{A_s}{A}\times 100=\xi\frac{f_c}{f_y}\times 100$。

2. η 值见式（4.4-35）。

3. 当钢筋采用其他级别钢筋时，则查出 ξ，按 $A_s=\xi\frac{f_c A}{f_y}$ 计算钢筋面积。

4.4.2.7 偏心距增大系数 η

计算偏心受压构件时，当构件的长细比 l_0/h（或 l_0/d）>8 时，应考虑结构侧移和构件挠曲引起的二阶效应对轴向力偏心距的影响。此时，应将轴向力对截面重心的初始偏心距 e_0 乘以偏心距增大系数 η。

对矩形、T形、I形、环形和圆形截面偏心受压构件的偏心距增大系数 η 可按下列公式计算：

$$\eta=1+\frac{1}{1400e_0/h_0}\left(\frac{l_0}{h}\right)^2\zeta_1\zeta_2 \qquad (4.4-35)$$

其中 $\zeta_1=\frac{0.5f_c A}{\gamma_d N}$，$\zeta_2=1.15-0.01\frac{l_0}{h}$

式中 e_0——轴向力对截面重心的偏心距，在式（4.4-35）中，当 $e_0<h_0/30$ 时，取 $e_0=h_0/30$；

l_0——构件的计算长度，按表 4.3-2 或表 4.4-5、表 4.4-6 确定；

h——截面高度，对环形截面取外直径，对圆形截面取直径；

h_0——截面有效高度，对环形截面取 $h_0=r_2+r_s$，对圆形截面取 $h_0=r+r_s$；

A——构件的截面面积，对T形、I形截面均取 $A=bh+(b'_f-b)h'_f+(b_f-b)h_f$；

ζ_1——考虑截面应变对截面曲率的影响系数，当 $\zeta_1>1$ 时，取 $\zeta_1=1.0$；

ζ_2——考虑构件长细比对截面曲率的影响系数，当 $l_0/h<15$ 时，取 $\zeta_2=1.0$。

当构件长细比 l_0/h（或 l_0/d）$\leqslant 8$ 时，可取偏心距增大系数 $\eta=1.0$。

4.4.2.8 双向偏心受压构件

1. 双向偏心受压构件受压承载力验算公式

对具有两个互相垂直的对称轴的矩形、I形截面的双向偏心受压构件，其正截面受压承载力宜符合下列近似公式的规定（见图4.4-8）：

$$N \leqslant \frac{1}{\frac{1}{N_x}+\frac{1}{N_y}-\frac{1}{N_0}} \tag{4.4-36}$$

式中 N_0——构件的截面轴心受压承载力设计值，可按式（4.4-1）计算，但应取等号，以 N_0 代替 N，且不考虑稳定系数 φ；

N_x——轴向压力作用于 x 轴并考虑相应的偏心距 $\eta_x e_{0x}$ 后，按全部纵向钢筋计算的构件偏心受压承载力设计值，此处，$e_{0x}=M_x/N$，η_x 按式（4.4-35）计算，但以 e_{0x} 代替式中的 e_0；

N_y——轴向压力作用于 y 轴并考虑相应的偏心距 $\eta_y e_{0y}$ 后，按全部纵向钢筋计算的构件偏心受压承载力设计值，此处，$e_{0y}=M_y/N$，η_y 按式（4.4-35）计算，但以 e_{0y} 代替 e_0。

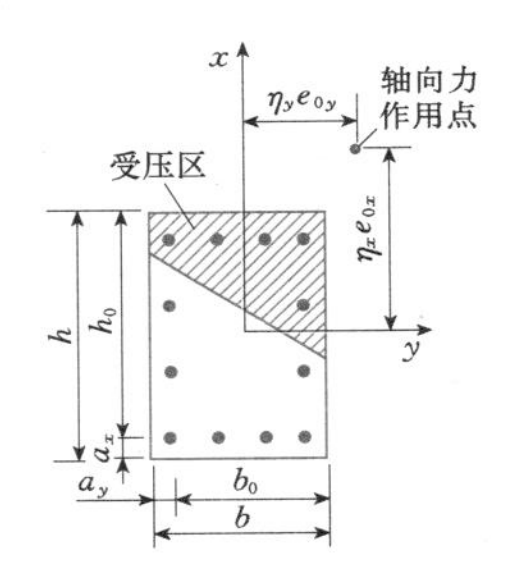

图4.4-8 双向偏心受压构件的截面

2. 对称配筋矩形截面双向偏心受压构件正截面承载力近似计算

（1）布置在构件截面上下两边和左右两边中一边的等效钢筋截面面积 A_{sex} 和 A_{sey} 可按下列公式计算：

$$A_{sex}=\alpha_{ex}\frac{f_c bh_0}{f_y} \tag{4.4-37}$$

$$A_{sey}=\alpha_{ey}\frac{f_c hb_0}{f_y} \tag{4.4-38}$$

构件截面上下两边和左右两边中一边的等效配筋特征系数 α_{ex} 和 α_{ey} 可分别根据坐标参数 ω_{ex}、λ_{ex} 和 ω_{ey}、λ_{ey}，在图4.4-9的曲线上查得。

坐标参数可按下列公式计算：

$$\omega_{ex}=\frac{\gamma_d N}{\psi_0 f_c bh_0} \tag{4.4-39}$$

$$\lambda_{ex}=\frac{\gamma_d N\eta_x e_{0x}}{\psi_0 f_c bh_0^2} \tag{4.4-40}$$

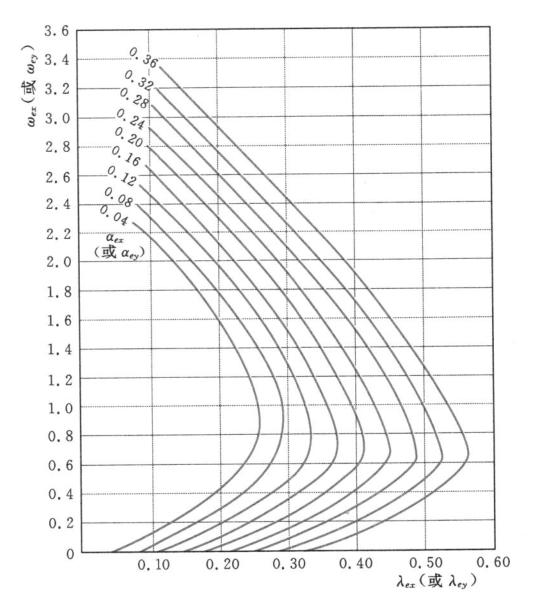

图4.4-9 对称配筋截面双向偏心受压构件正截面的等效配筋特征系数

$$\omega_{ey}=\frac{\gamma_d N}{(1-\psi_0)f_c hb_0} \tag{4.4-41}$$

$$\lambda_{ey}=\frac{\gamma_d N\eta_y e_{0y}}{(1-\psi_0)f_c hb_0^2} \tag{4.4-42}$$

其中
$$\psi_0=\frac{\eta_x e_{0x}/h_0}{\eta_x e_{0x}/h_0+\eta_y e_{0y}/b_0}$$

式中 ψ_0——分配系数；

h_0、b_0——截面的有效高度、有效宽度。

注： 图4.4-9适用于 $\frac{a_x}{h_0}\leqslant 0.11$ 和 $\frac{a_y}{b_0}\leqslant 0.11$ 的情况，其中，a_x 和 a_y 分别为纵向钢筋 A_{sx} 和 A_{sy} 截面重心至近边的距离。

（2）根据计算所得的 A_{sex} 和 A_{sey}，选定截面角点钢筋的截面面积 A_{sc}。

（3）布置在上下两边和左右两边中一边的腹部纵向钢筋截面面积 A_{swx} 和 A_{swy}，可按下列公式计算［见图4.4-10（a）］：

$$A_{swx}=\frac{A_{sex}-2\zeta_x A_{sey}-2(1-2\zeta_x)A_{sc}}{1-4\zeta_x\zeta_y} \tag{4.4-43}$$

$$A_{swy}=\frac{A_{sey}-2\zeta_y A_{sex}-2(1-2\zeta_y)A_{sc}}{1-4\zeta_x\zeta_y} \tag{4.4-44}$$

钢筋截面面积 A_{swx}、A_{swy} 的折算系数 ζ_y、ζ_x，可按下列公式计算：

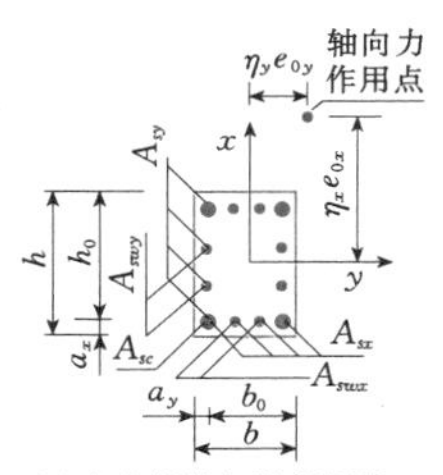

（a）角点钢筋与腹部钢筋直径不同的情况

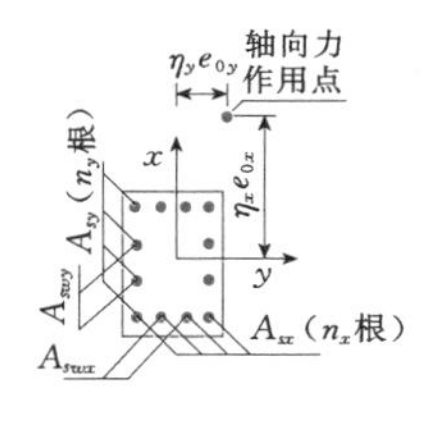

（b）角点钢筋与腹部钢筋直径相同的情况

图 4.4-10　矩形截面双向偏心受压构件正截面配筋布置

当 $\frac{\eta_x e_{0x}}{h_0} \leqslant 0.5$ 时：

$$\zeta_x = 0.5 - 0.8\frac{\eta_x e_{0x}}{h_0} \tag{4.4-45}$$

当 $\frac{\eta_x e_{0x}}{h_0} > 0.5$ 时：

$$\zeta_x = 0.36 - 0.13\frac{h_0}{\eta_0 e_{0x}} \tag{4.4-46}$$

当 $\frac{\eta_y e_{0y}}{b_0} \leqslant 0.5$ 时：

$$\zeta_y = 0.5 - 0.8\frac{\eta_y e_{0y}}{b_0} \tag{4.4-47}$$

当 $\frac{\eta_y e_{0y}}{b_0} > 0.5$ 时：

$$\zeta_y = 0.36 - 0.13\frac{b_0}{\eta_y e_{0y}} \tag{4.4-48}$$

（4）当角点钢筋与腹部钢筋选用相同直径时，布置在上下两边和左右两边中一边的纵向钢筋截面面积 A_{sx} 和 A_{sy}，可按下列公式计算［见图 4.4-10（b）］：

$$A_{sx} = \frac{A_{sex} - 2\zeta_x\gamma_y A_{sey}}{1 - 4\zeta_x\zeta_y\gamma_x\gamma_y} \tag{4.4-49}$$

$$A_{sy} = \frac{A_{sey} - 2\zeta_y\gamma_x A_{sex}}{1 - 4\zeta_x\zeta_y\gamma_x\gamma_y} \tag{4.4-50}$$

式中　γ_x、γ_y——布置在上下两边、左右两边中一边的腹部纵向钢筋的根数与相应边的一边全部纵向钢筋根数的比值。

在钢筋截面面积 A_{sx} 和 A_{sy} 中均包含相应边两角点的钢筋截面面积。

4.4.2.9　其他计算规定

1. 轴心受压和偏心受压柱的计算长度

轴心受压和偏心受压柱的计算长度 l_0 可按下列规定确定：

（1）当受压柱的两端有明确的约束条件时，可按表 4.3-2 采用。

（2）刚性屋盖单层厂房排架柱、露天吊车柱和栈桥柱，其计算长度 l_0 可按表 4.4-5 采用。

（3）有侧移的框架结构，梁柱为刚接时，各层柱的计算长度 l_0 可按表 4.4-6 采用。

表 4.4-5　**刚性屋盖单层厂房排架柱、露天吊车柱和栈桥柱的计算长度 l_0**

柱的类别		l_0		
		排架方向	垂直排架方向	
			有柱间支撑	无柱间支撑
无吊车厂房柱	单跨	$1.5H$	$1.0H$	$1.2H$
	两跨及多跨	$1.25H$	$1.0H$	$1.2H$
有吊车厂房柱	上柱	$2.0H_u$	$1.25H_u$	$1.5H_u$
	下柱	$1.0H_l$	$0.8H_l$	$1.0H_l$
露天吊车柱和栈桥柱		$2.0H_l$	$1.0H_l$	—

注　1. H 为从基础顶面算起的柱子全高；H_l 为从基础顶面至装配式吊车梁底面或现浇式吊车梁顶面的柱子下部高度；H_u 为从装配式吊车梁底面或从现浇式吊车梁顶面算起的柱子上部高度。

2. 有吊车厂房排架柱的计算长度，当计算中不考虑吊车荷载时，可按无吊车厂房柱的计算长度采用，但上柱的计算长度仍可按有吊车厂房柱的采用。

3. 有吊车厂房排架柱的上柱在排架方向的计算长度，仅适用于 $H_u/H_l \geqslant 0.3$ 的情况；当 $H_u/H_l < 0.3$ 时，计算长度宜采用 $2.5H_u$。

表 4.4-6　**框架结构各层柱的计算长度 l_0**

楼盖类型	柱的类别	l_0
现浇楼盖	底层柱	$1.0H$
	其余各层柱	$1.25H$
装配式楼盖	底层柱	$1.25H$
	其余各层柱	$1.5H$

注　H 对底层柱为从基础顶面到一层楼盖顶面的高度；对其余各层柱为上下两层楼盖顶面之间的高度。

2. 考虑二阶效应的弹性分析法

对重要的或不规则的有侧移框架的偏心受压柱，宜采用构件修正抗弯刚度的弹性分析方法，直接计算出结构构件各控制截面的内力计算值，并按该内力计算值对各构件进行截面配筋设计。

在考虑二阶效应的弹性分析方法中构件的弹性抗弯刚度 E_cI 应乘以下列折减系数：对梁取 0.4；对柱取 0.6；对剪力墙及核心筒壁取 0.45（当验算表明剪

力墙或核心筒底部正截面不开裂时，其刚度折减系数可取为0.7）。此时，在进行正截面受压承载力计算的有关公式中，ηe_0 均应以 e_0 代替，$e_0=M/N$，此处，M、N 为按考虑二阶效应的弹性分析方法直接计算求得的弯矩设计值和轴向力设计值。

3. 垂直于弯矩作用平面的验算

偏心受压构件除应计算弯矩作用平面的受压承载力外，尚应按轴心受压构件验算垂直于弯矩作用平面的受压承载力，此时，可不计入弯矩的作用，但应考虑稳定系数 φ 的影响。

4.4.3 受弯构件（正截面）

4.4.3.1 矩形截面或翼缘位于受拉边的T形截面受弯构件

当弯矩作用于截面对称平面上时，其正截面受弯承载力计算的基本公式为（见图4.4-11）：

$$f_c bx = f_y A_s - f'_y A'_s \qquad (4.4-51)$$

$$M \leqslant \frac{1}{\gamma_d}\left[f_c bx\left(h_0-\frac{x}{2}\right)+f'_y A'_s(h_0-a'_s)\right] \qquad (4.4-52)$$

式中 M——弯矩设计值；

A_s、A'_s——纵向受拉、受压钢筋的截面面积；

b——矩形截面的宽度或T形截面的腹板宽度；

a'_s——受压区钢筋合力点至受压区边缘的距离。

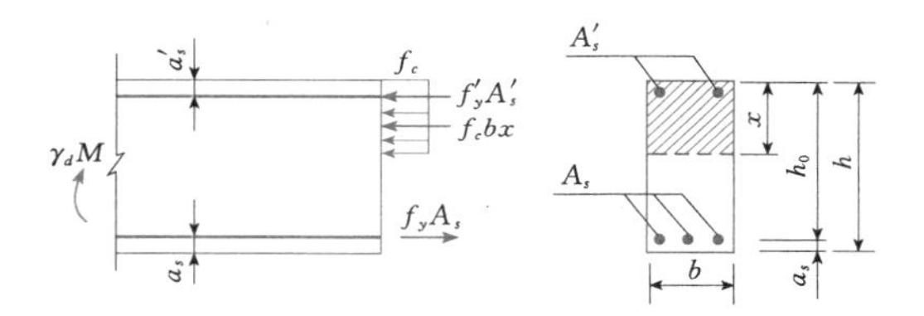

图4.4-11 矩形截面受弯构件正截面受弯承载力计算

混凝土受压区计算高度 x 尚应符合下列规定：

$$x \leqslant \xi_b h_0 \qquad (4.4-53)$$

$$x \geqslant 2a'_s \qquad (4.4-54)$$

式中 ξ_b——相对界限受压区计算高度，按式（4.4-7）计算。

注：式（4.4-53）在SL 191中已改为 $x \leqslant 0.85\xi_b h_0$。

1. 双筋矩形截面承载力计算

双筋矩形截面承载力计算两种情况的计算步骤如下：

（1）第一种情况：已知截面尺寸 b、h，求钢筋面积 A_s 和 A'_s。

首先应充分利用混凝土受压，故令 $x=\xi_b h_0$ 代入式（4.4-52），可得

$$A'_s = \frac{\gamma_d M - f_c b h_0^2 \xi_b(1-0.5\xi_b)}{f'_y(h_0-a'_s)} \qquad (4.4-55)$$

再将 $x=\xi_b h_0$ 及求得的 A'_s 值代入式（4.4-51），即可得

$$A_s = \frac{1}{f_y}(f_c b \xi_b h_0 + f'_y A'_s) \qquad (4.4-56)$$

注：按SL 191设计时，应令 $x \leqslant 0.85\xi_b h_0$ 代入式（4.4-52）求 A'_s。同样，也应以 $x \leqslant 0.85\xi_b h_0$ 代入式（4.4-51）求 A_s。

（2）第二种情况：已知截面尺寸 b、h 及受压钢筋面积 A'_s，求受拉钢筋面积 A_s。

先求出受压钢筋 A'_s 与相应受拉钢筋 A_{s2} 所承受的极限弯矩 M_{u2}，在总弯矩 $M_u=\gamma_d M$ 中减去 M_{u2}，得到需由受压区混凝土与相应的受拉钢筋 A_{s1} 承受的弯矩 M_{u1}，再按单筋截面计算 A_{s1}，最后求得 $A_s=A_{s1}+A_{s2}$，即

$$M_{u2} = f'_y A'_s(h_0-a'_s) \qquad (4.4-57)$$

$$\alpha_s = \frac{M_{u1}}{f_c b h_0^2} = \frac{\gamma_d M - M_{u2}}{f_c b h_0^2} \qquad (4.4-58)$$

$$\xi = 1-\sqrt{1-2\alpha_s} \qquad (4.4-59)$$

$$x = \xi h_0 \qquad (4.4-60)$$

当 $x \leqslant \xi_b h_0$ 且 $x \geqslant 2a'_s$ 时，将 x 代入式（4.4-51）可求得

$$A_s = \frac{1}{f_y}(f_c bx + f'_y A'_s) \qquad (4.4-61)$$

若 $x < 2a'_s$，则受拉钢筋面积 A_s 按下式计算：

$$A_s = \frac{\gamma_d M}{f_y(h_0-a'_s)} \qquad (4.4-62)$$

如果 $x > \xi_b h_0$，则按 A_s 和 A'_s 未知的第一种情况重新计算。

2. 单筋矩形截面承载力计算

单筋矩形截面承载力计算步骤如下：

采用单筋，式（4.4-51）和式（4.4-52）中的 $A'_s=0$，则

$$f_c bx = f_y A_s \qquad (4.4-63)$$

$$M \leqslant \frac{1}{\gamma_d}\left[f_c bx\left(h_0-\frac{x}{2}\right)\right] \qquad (4.4-64)$$

由式（4.4-63）和式（4.4-64）得

$$M \leqslant \frac{1}{\gamma_d}(f_c b \alpha_s b h_0^2) \qquad (4.4-65)$$

$$\alpha_s = \frac{\gamma_d M}{f_c b h_0^2} \qquad (4.4-66)$$

由式（4.4-59）求出 ξ，代入式（4.4-67）计算 A_s 得

$$A_s = \frac{f_c \xi b h_0}{f_y} \quad (x \leqslant \xi_b h_0) \qquad (4.4-67)$$

注：对于 SL 191，$x \leqslant \xi_b h_0$ 要改为 $x \leqslant 0.85\xi_b h_0$。

纵向受拉钢筋的配筋率 ρ 应不小于纵筋的最小配筋率 ρ_{min}，ρ_{min} 可由表 4.7-5 查得。

4.4.3.2　翼缘位于受压边的 T 形、I 形截面受弯构件

翼缘位于受压区的 T 形、I 形截面受弯构件，其正截面受弯承载力应分别按下列情况计算。

（1）当符合下列条件时

$$M = \frac{1}{\gamma_d} f_c b'_f h'_f \left(h_0 - \frac{h'_f}{2}\right) \qquad (4.4-68)$$

或

$$f_y A_s \leqslant f_c b'_f h'_f + f'_y A'_s \qquad (4.4-69)$$

则按宽度为 b'_f 的矩形截面计算［见图 4.4-12（a）］。

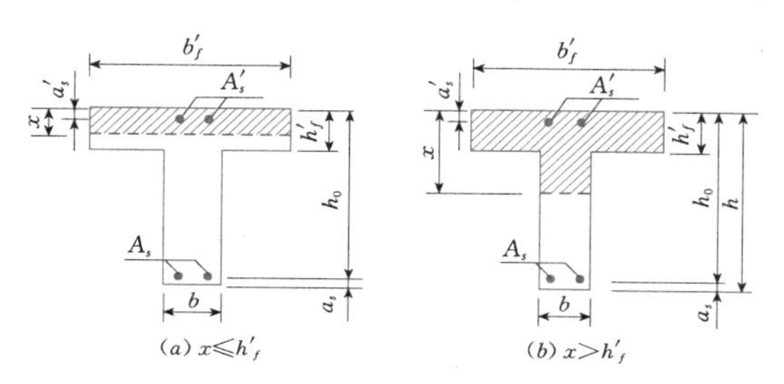

图 4.4-12　T 形截面受弯构件受压区高度位置

（2）当不符合式（4.4-68）或式（4.4-69）的条件时，计算中应考虑截面腹板受压区混凝土的工作，其正截面受弯承载力应符合下列规定［见图 4.4-12（b）］：

$$M \leqslant \frac{1}{\gamma_d}\left[f_c bx\left(h_0 - \frac{x}{2}\right) + f_c(b'_f - b) \times h'_f\left(h_0 - \frac{h'_f}{2}\right) + f'_y A'_s(h_0 - a'_s)\right] \qquad (4.4-70)$$

此时，受压区高度 x 按下式计算：

$$f_c[bx + (b'_f - b)h'_f] = f_y A_s - f'_y A'_s \qquad (4.4-71)$$

式中　h'_f——T 形、I 形截面受压区的翼缘高度；

b'_f——T 形、I 形截面受压区的翼缘计算宽度（见图 4.4-13），按表 4.4-7 规定确定。

按上述公式计算 T 形、I 形截面受弯构件时，混凝土受压区的计算高度仍应符合式（4.4-53）、式（4.4-54）的要求。

4.4.3.3　环形和圆形截面受弯构件

环形和圆形截面受弯构件的正截面受弯承载力计算，按式（4.4-29）、式（4.4-30）和式（4.4-32）、式（4.4-33）取等号计算，并取轴向力设计值 $N=0$ 计算；在式（4.4-30）和式（4.4-33）中，以弯矩设计值 M 代替 $N\eta e_0$。

表 4.4-7　　T 形、I 形及倒 L 形截面受弯构件翼缘计算宽度 b'_f

项次	情况		T 形、I 形截面		倒 L 形截面
			肋形梁（板）	独立梁	肋形梁（板）
1	按计算跨度 l_0 考虑		$l_0/3$	$l_0/3$	$l_0/6$
2	按梁（肋）净距 S_n 考虑		$b+s_n$	—	$b+s_n/2$
3	按翼缘高度 h'_f 考虑	当 $h'_f/h_0 \geqslant 0.1$	—	$b+12h'_f$	—
		当 $0.1 > h'_f/h_0 \geqslant 0.05$	$b+12h'_f$	$b+6h'_f$	$b+5h'_f$
		当 $h'_f/h_0 < 0.05$	$b+12h'_f$	b	$b+5h'_f$

注　1. b 为梁的腹板宽度。
2. 如肋形梁在梁跨内设有间距小于纵肋间距的横肋时，则可不遵守表列项次 3 的规定。
3. 对加腋的 T 形、I 形和倒 L 形截面，当受压区加腋的高度 $h_h \geqslant h'_f$ 且加腋的宽度 $b_h \leqslant 3h_f$ 时，其翼缘计算宽度可按表中项次 3 的规定分别增加 $2b_h$（T 形、I 形截面）和 b_h（倒 L 形截面）。
4. 独立梁受压区的翼缘板在荷载作用下如可能产生沿纵肋方向的裂缝时，则计算宽度应取用腹板宽度 b。

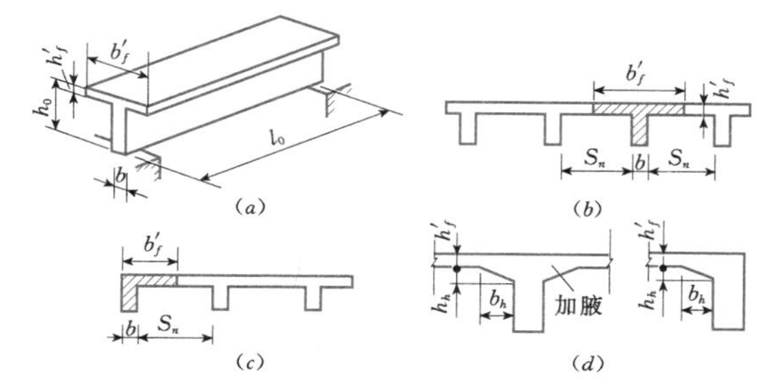

图 4.4-13　T 形、倒 L 形截面梁翼缘计算宽度 b'_f

环形截面受弯构件也可利用表 4.4-8 进行计算。查表步骤如下：

（1）先由 $M = \frac{1}{\gamma_d} f_c A_0 r_2^3$ 计算出 A_0，再由表 4.4-8 查得 ξ 或 γ_0。

（2）由 $A_s = \xi \frac{f_c A}{f_y}$ 或 $A_s = \frac{M\gamma_d}{f_y \gamma_0 r_s}$，计算出钢筋截面面积 A_s。

表 4.4-8　　环形截面受弯构件计算表

ξ	γ_0	r_1/r_2									
		0.95	0.90	0.85	0.80	0.75	0.70	0.65	0.60	0.55	0.50
		A_0									
0.02	0.9994	0.0060	0.0113	0.0161	0.0203	0.0240	0.0272	0.0299	0.0322	0.0339	0.0353
0.04	0.9977	0.0119	0.0226	0.0322	0.0406	0.0480	0.0543	0.0597	0.0642	0.0678	0.0705
0.06	0.9951	0.0178	0.0339	0.0481	0.0608	0.0718	0.0813	0.0894	0.0960	0.1014	0.1055
0.08	0.9918	0.0237	0.0450	0.0640	0.0808	0.0954	0.1081	0.1188	0.1276	0.1347	0.1402
0.10	0.9879	0.0295	0.0560	0.0797	0.1006	0.1188	0.1345	0.1479	0.1589	0.1678	0.1746
0.12	0.9836	0.0353	0.0669	0.0952	0.1201	0.1420	0.1608	0.1767	0.1899	0.2005	0.2086
0.14	0.9790	0.0409	0.0777	0.1105	0.1395	0.1648	0.1867	0.2052	0.2205	0.2328	0.2422
0.16	0.9741	0.0465	0.0884	0.1257	0.1586	0.1874	0.2123	0.2333	0.2507	0.2647	0.2754
0.18	0.9691	0.0521	0.0989	0.1407	0.1776	0.2098	0.2376	0.2611	0.2806	0.2962	0.3083
0.20	0.9639	0.0576	0.1093	0.1555	0.1962	0.2318	0.2625	0.2886	0.3101	0.3274	0.3407
0.22	0.9587	0.0630	0.1196	0.1701	0.2147	0.2536	0.2872	0.3157	0.3392	0.3582	0.3727
0.24	0.9534	0.0683	0.1297	0.1845	0.2329	0.2752	0.3116	0.3425	0.3680	0.3886	0.4043
0.26	0.9481	0.0736	0.1398	0.1988	0.2509	0.2964	0.3357	0.3689	0.3965	0.4186	0.4356
0.28	0.9428	0.0788	0.1497	0.2129	0.2687	0.3175	0.3595	0.3951	0.4246	0.4483	0.4665
0.30	0.9375	0.0840	0.1595	0.2268	0.2863	0.3383	0.3830	0.4210	0.4524	0.4776	0.4970
0.32	0.9323	0.0891	0.1692	0.2406	0.3037	0.3588	0.4063	0.4466	0.4799	0.5067	0.5272
0.34	0.9272	0.0942	0.1788	0.2542	0.3209	0.3791	0.4293	0.4719	0.5071	0.5354	0.5571
0.36	0.9222	0.0991	0.1883	0.2677	0.3379	0.3993	0.4521	0.4969	0.5340	0.5638	0.5867
0.38	0.9172	0.1041	0.1976	0.2811	0.3548	0.4192	0.4747	0.5217	0.5606	0.5919	0.6159
0.40	0.9124	0.1090	0.2069	0.2943	0.3715	0.4389	0.4970	0.5462	0.5870	0.6198	0.6449
0.42	0.9076	0.1138	0.2162	0.3074	0.3880	0.4584	0.5191	0.5705	0.6131	0.6473	0.6736
0.44	0.9029	0.1186	0.2253	0.3204	0.4044	0.4778	0.5410	0.5946	0.6390	0.6747	0.7021
0.46	0.8983	0.1234	0.2343	0.3332	0.4206	0.4970	0.5628	0.6185	0.6647	0.7018	0.7302
0.48	0.8939	0.1281	0.2433	0.3460	0.4367	0.5160	0.5843	0.6422	0.6901	0.7286	0.7582
0.50	0.8895	0.1328	0.2522	0.3586	0.4527	0.5349	0.6057	0.6657	0.7154	0.7553	0.7859
0.52	0.8852	0.1375	0.2610	0.3712	0.4685	0.5536	0.6269	0.6890	0.7404	0.7817	0.8134
0.54	0.8810	0.1421	0.2698	0.3837	0.4843	0.5722	0.6479	0.7121	0.7652	0.8079	0.8407
0.56	0.8769	0.1467	0.2785	0.3960	0.4999	0.5906	0.6688	0.7351	0.7899	0.8340	0.8678
0.58	0.8730	0.1512	0.2871	0.4083	0.5154	0.6089	0.6895	0.7578	0.8144	0.8598	0.8947
0.60	0.8691	0.1557	0.2957	0.4205	0.5308	0.6271	0.7101	0.7805	0.8387	0.8855	0.9215
0.62	0.8653	0.1602	0.3042	0.4326	0.5461	0.6452	0.7306	0.8030	0.8629	0.9111	0.9480
0.64	0.8616	0.1647	0.3127	0.4447	0.5613	0.6631	0.7510	0.8253	0.8869	0.9364	0.9744
0.66	0.8580	0.1691	0.3211	0.4566	0.5764	0.6810	0.7712	0.8476	0.9108	0.9616	1.0007
0.68	0.8544	0.1735	0.3295	0.4685	0.5914	0.6988	0.7913	0.8696	0.9346	0.9867	1.0267
0.70	0.8510	0.1779	0.3378	0.4804	0.6063	0.7164	0.8113	0.8916	0.9582	1.0116	1.0527
0.72	0.8476	0.1823	0.3461	0.4921	0.6212	0.7340	0.8311	0.9135	0.9817	1.0364	1.0785
0.74	0.8444	0.1866	0.3543	0.5039	0.6360	0.7514	0.8509	0.9352	1.0050	1.0611	1.1041
0.76	0.8411	0.1909	0.3625	0.5155	0.6507	0.7688	0.8706	0.9568	1.0283	1.0856	1.1297
0.78	0.8380	0.1952	0.3707	0.5271	0.6653	0.7861	0.8902	0.9784	1.0514	1.1101	1.1551
0.80	0.8350	0.1995	0.3788	0.5387	0.6799	0.8033	0.9097	0.9998	1.0744	1.1344	1.1804

注　1. $M=\frac{1}{\gamma_d}f_cA_0r_2^3$；$M=\frac{1}{\gamma_d}f_yA_s\gamma_0r_s$；$A_s=\xi\frac{f_cA}{f_y}$。

2. 表中数值是按$\frac{r_1+r_2}{2r_s}=1$计算的；当$\frac{r_1+r_2}{2r_s}\neq 1$时，一般应按基本公式计算。

4.4.3.4 不对称于弯矩作用平面的任意截面的双向受弯构件

对于此类包括非对称截面但弯矩作用平面与截面对称斜交的任意截面的双向受弯构件，其正截面强度应根据内、外弯矩作用面相重合的条件（见图 4.4-14），按下式计算：

$$M \leqslant \frac{1}{\gamma_d}(f_c A'_c z_h + f'_y A'_s z_g) \qquad (4.4-72)$$

式中 A'_s——受压钢筋的截面面积；

A'_c——受压区混凝土面积；

z_h——纵向受拉钢筋合力点至受压区混凝土合力点之间的距离在弯矩作用平面上的投影；

z_g——纵向受拉钢筋合力点至受压钢筋合力点之间的距离在弯矩作用平面上的投影。

此时，中和轴的位置按下式确定：

$$f_y A_s - f'_y A'_s = f_c A'_c \qquad (4.4-73)$$

式（4.4-73）的应用需符合条件：

$$z_h \leqslant z_g \qquad (4.4-74)$$

当 $z_h > z_g$ 时，可按下式计算：

$$M \leqslant \frac{f_y A_s z_g}{\gamma_d} \qquad (4.4-75)$$

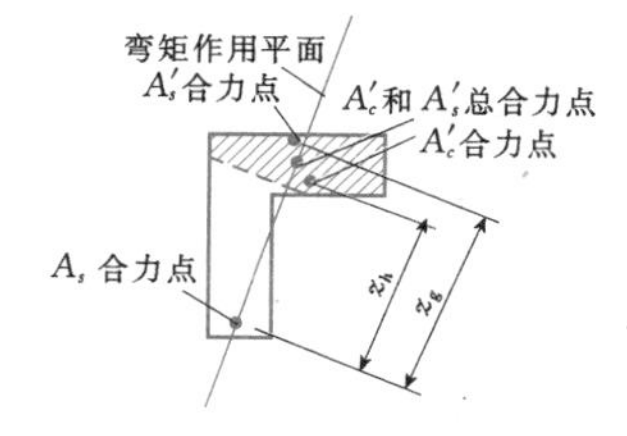

图 4.4-14 钢筋混凝土双向受弯构件截面

如按式（4.4-75）求出的正截面强度比不考虑受压钢筋的还小时，则应按不考虑受压钢筋计算。

矩形和受压区在翼缘内的倒 L 形、T 形截面钢筋混凝土双向受弯构件，其正截面受弯承载力也可采用下述的近似方法计算。

采用混凝土受压区面积为矩形的近似假定，并根据内、外弯矩作用平面相重合的条件。当仅考虑纵向受拉钢筋时［见图 4.4-15（a）、（b）、（c）］，可按下列公式计算：

$$M \leqslant \frac{1}{\gamma_d}\left[\frac{f_y A_s}{\cos\beta}\left(h_0 - \frac{x}{2}\right)\right] \qquad (4.4-76)$$

$$x = \frac{f_y A_s}{f_c b_s} \qquad (4.4-77)$$

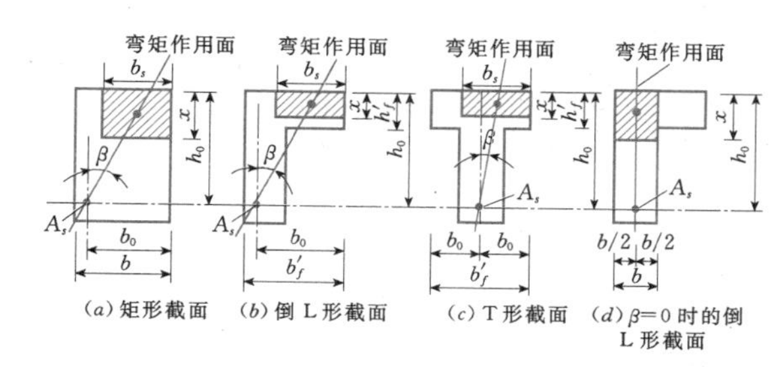

图 4.4-15 矩形、倒 L 形和 T 形截面双向受弯构件混凝土受压位置

$$b_s = b_0 - h_0\tan\beta + \sqrt{(b_0 - h_0\tan\beta)^2 + \frac{f_y A_s}{f_c}\tan\beta} \qquad (4.4-78)$$

$$\tan\beta = \frac{M_y}{M_x} \qquad (4.4-79)$$

式中 x——混凝土受压区面积假定为矩形时的受压区计算高度；

b_s——混凝土受压区面积假定为矩形时的受压区计算宽度；

β——弯矩作用平面与垂直平面的夹角；

M_x、M_y——弯矩设计值在 X 轴、Y 轴上的分量。

上述公式应符合下列条件：矩形截面，$b_0 \geqslant h_0\tan\beta$，$b_s \leqslant b$ 及 $x \leqslant \xi_b h_0$；倒 L 形和 T 形截面，$b_0 \geqslant h_0\tan\beta$，$b_s \leqslant b'_f$ 及 $x \leqslant h'_f$。对预应力混凝土受弯构件，以上各公式应以 $f_y A_s + f_{py} A_p$ 代替 $f_y A_s$。

夹角 $\beta=0$ 且受拉钢筋合力点在腹板宽度中线上时的倒 L 形截面受弯构件，可不考虑翼缘的作用，近似按腹板宽度 b 的矩形截面计算其正截面受弯承载力［见图 4.4-15（d）］。

4.4.4 轴心受拉构件

轴心受拉构件的正截面受拉承载力应按下式计算：

$$N \leqslant \frac{1}{\gamma_d} f_y A_s \qquad (4.4-80)$$

4.4.5 偏心受拉构件

矩形截面偏心受拉构件，其截面受拉承载力按下列规定计算。

（1）当轴向拉力 N 作用在钢筋 A_s 合力点与 A'_s 合力点之间时，按小偏心公式计算（见图 4.4-16）：

$$Ne \leqslant \frac{1}{\gamma_d} f_y A'_s (h_0 - a'_s) \qquad (4.4-81)$$

$$Ne' \leqslant \frac{1}{\gamma_d} f_y A_s (h'_0 - a_s) \qquad (4.4-82)$$

式中 A_s、A'_s——配置在靠近、远离轴向拉力一侧的纵向钢筋截面面积；

e、e'——轴向拉力至钢筋 A_s 合力点、A'_s 合力点之间的距离。

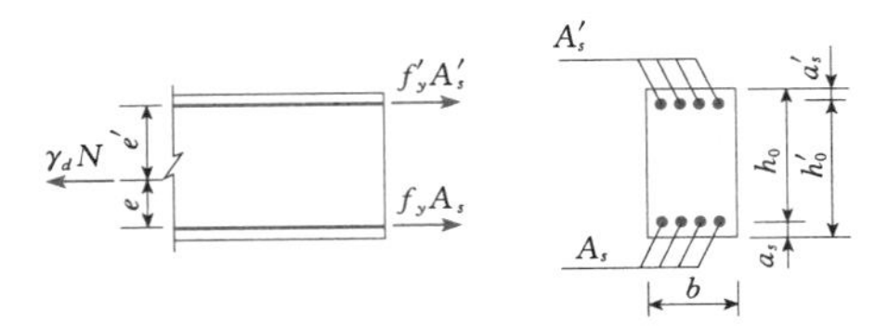

图 4.4-16 小偏心受拉构件的正截面受拉承载力计算

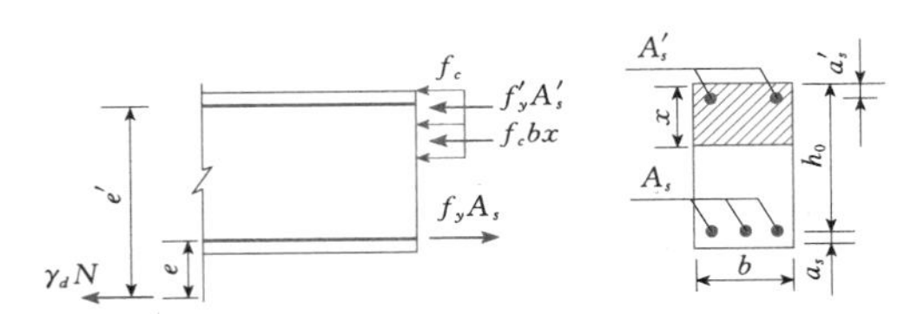

图 4.4-17 矩形截面大偏心受拉构件的正截面受拉承载力计算

（2）当轴向拉力 N 作用在钢筋 A_s 合力点、A'_s 合力点之外时，按大偏心公式计算（见图 4.4-17）：

$$N \leqslant \frac{1}{\gamma_d}(f_yA_s - f'_yA'_s - f_cbx) \quad (4.4-83)$$

$$Ne \leqslant \frac{1}{\gamma_d}\left[f_cbx\left(h_0 - \frac{x}{2}\right) + f'_yA'_s(h_0 - a'_s)\right] \quad (4.4-84)$$

此时，混凝土受压区的高度应符合 $x \leqslant \xi_b h_0$ 的要求。计算中考虑受压钢筋 A'_s 时，则尚应符合 $x \geqslant 2a'_s$ 的条件。

注：对于 SL 191，$x \leqslant \xi_b h_0$ 要改为 $x \leqslant 0.85\xi_b h_0$。

当 $x < 2a'_s$ 时，可按式（4.4-82）计算。

（3）对称配筋的偏心受拉构件，不论大、小偏心受拉情况，均可按式（4.4-82）计算。

4.4.6 斜截面受剪

4.4.6.1 截面尺寸要求

矩形、T形和I形截面受弯构件，其受剪截面应符合下列要求：

当 $\frac{h_w}{b} \leqslant 4.0$ 时 $V \leqslant \frac{1}{\gamma_d} \times 0.25 f_c b h_0$ （4.4-85）

当 $\frac{h_w}{b} \geqslant 6.0$ 时 $V \leqslant \frac{1}{\gamma_d} \times 0.20 f_c b h_0$ （4.4-86）

当 $4.0 < \frac{h_w}{b} < 6.0$ 时，按线性内插法取用。

式中 V——构件斜截面上的最大剪力设计值，按式（4.1-1）的规定计算；

b——矩形截面的宽度及T形截面或I形截面的腹板宽度；

h_w——截面的腹板高度，矩形截面取有效高度，T形截面取有效高度减去翼缘高度，I形截面取腹板净高。

当不能满足上述要求时，应加大构件的截面尺寸或提高混凝土的强度等级。

注：1. 对T形或I形截面的简支受弯构件，当有实践经验时，式（4.4-85）中的系数 0.25 可改为 0.3。

2. 对截面高度较大、控制裂缝开展宽度要求较严的结构构件，其截面应符合式（4.4-86）的要求。

3. 若用 SL 191，则式（4.4-85）、式（4.4-86）中的结构系数 γ_d 改为承载力安全系数 K。

4.4.6.2 斜截面受剪承载力的计算位置规定

在计算斜截面的受剪承载力时，斜截面计算位置应按下列规定采用：

（1）支座边缘处的截面［见图 4.4-18（a）、（b）中截面 1—1］。

（2）受拉区弯起钢筋弯起点处的截面［见图 4.4-18（a）中截面 2—2、3—3］。

（3）箍筋截面面积或间距改变处的截面［见图 4.4-18（b）中截面 4—4］。

（4）腹板宽度改变处的截面。

注：箍筋的间距以及弯起钢筋前一排（对支座而言）的弯起点至后一排的弯终点之间的距离，应符合 4.7 节的构造要求。

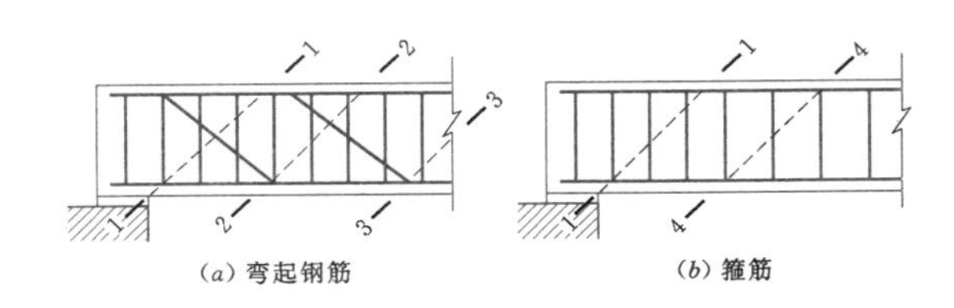

图 4.4-18 斜截面受剪承载力的计算位置

1—1—支座边缘处的斜截面；2—2、3—3—受拉区弯起钢筋弯起点的斜截面；4—4—箍筋截面面积或间距改变处的斜截面

4.4.6.3 剪力的取值规定

斜截面抗剪计算时，剪力设计值 V 可按下列规定采用：

（1）当计算支座截面的箍筋和第一排（对支座而言）弯起钢筋时［见图 4.4-18（a）］，取用支座边缘处的剪力设计值；对于仅承受直接作用在构件顶面的分布荷载的受弯构件，也可取距离支座边缘为 0.5 h_0 处的剪力设计值。

(2) 当计算以后的每一排弯起钢筋时[见图 4.4-18 (*a*)]，取用前一排（对支座而言）弯起钢筋弯起点处的剪力设计值。

(3) 当箍筋截面面积和间距改变时[见图 4.4-18 (*b*)]，取用箍筋截面面积和间距改变处的剪力设计值。

(4) 当腹板宽度有变化时，取腹板宽度改变处的剪力设计值。

4.4.6.4 矩形、T形和I形截面的受弯构件斜截面受剪承载力计算

1. 按 DL/T 5057 设计

(1) 仅配箍筋时的受剪承载力计算，其斜截面受剪承载力应符合下列规定：

$$V \leqslant \frac{1}{\gamma_d}(V_c + V_{sv}) \quad (4.4-87)$$

$$V_c = 0.7 f_t b h_0 \quad (4.4-88)$$

$$V_{sv} = f_{yv} \frac{A_{sv}}{s} h_0 \quad (4.4-89)$$

其中 $$A_{sv} = nA_{sv1}$$

式中 V_c——混凝土的受剪承载力；

V_{sv}——箍筋的受剪承载力；

A_{sv}——配置在同一截面内箍筋各肢的全部截面面积；

n——在同一截面内箍筋的肢数；

A_{sv1}——单肢箍筋的截面面积；

f_t——混凝土轴心抗拉强度设计值，按表 4.2-2 采用；

f_{yv}——箍筋抗拉强度设计值，按表 4.2-7 中的 f_y 值采用，但取值不应大于 360N/mm^2；

s——沿构件长度方向上箍筋的间距。

(2) 当配有箍筋和弯起钢筋时的受剪承载力计算时，其斜截面受剪承载力应符合下列规定：

$$V \leqslant \frac{1}{\gamma_d}(V_c + V_{sv} + V_{sb}) \quad (4.4-90)$$

$$V_{sb} = f_y A_{sb} \sin\alpha_s \quad (4.4-91)$$

式中 V_{sb}——弯起钢筋的受剪承载力；

A_{sb}——同一弯起平面内弯起钢筋的截面面积；

α_s——斜截面上弯起钢筋与构件纵向轴线的夹角。

(3) 对集中荷载作用下的矩形截面独立梁（包括作用有多种荷载，且其中集中荷载对支座截面或节点边缘所产生的剪力值占总剪力值 75%以上的情况），当按式（4.4-87）或式（4.4-90）计算时，应将式（4.4-88）改为下式：

$$V_c = 0.5 f_t b h_0 \quad (4.4-92)$$

(4) 矩形、T形和I形截面受弯构件斜截面受剪承载力计算时，如能符合

$$V \leqslant \frac{1}{\gamma_d} V_c \quad (4.4-93)$$

条件时，则不需进行斜截面受剪承载力计算，而仅需根据 4.7 节的构造要求配置箍筋。

2. 按 SL 191 设计

$$KV \leqslant V_c + V_{sv} + V_{sb} \quad (4.4-94)$$

$$V_c = 0.7 f_t b h_0 \quad (4.4-95)$$

$$V_{sv} = 1.25 f_{yv} \frac{A_{sv}}{s} h_0 \quad (4.4-96)$$

$$V_{sb} = f_y A_{sb} \sin\alpha_s \quad (4.4-97)$$

式中，符号意义同前。

对承受集中荷载为主的重要的独立梁，如厂房吊车梁、门机轨道梁等，式（4.4-95）中的系数 0.7 应改为 0.5；式（4.4-96）中的系数 1.25 应改为 1.0。

4.4.6.5 实心板的斜截面受剪承载力计算

(1) 不配置抗剪钢筋的实心板，其斜截面的受剪承载力应符合下列规定：

$$V \leqslant \frac{1}{\gamma_d}(0.7\beta_h f_t b h_0) \quad (4.4-98)$$

$$\beta_h = \left(\frac{800}{h_0}\right)^{1/4} \quad (4.4-99)$$

式中 β_h——截面高度影响系数。

当 $h_0 < 800$mm 时，取 $h_0 = 800$mm；当 $h_0 > 2000$mm 时，取 $h_0 = 2000$mm。

(2) 配置弯起钢筋的实心板，其斜截面受剪承载力应符合下列规定：

$$V \leqslant \frac{1}{\gamma_d}(V_c + V_{sb}) \quad (4.4-100)$$

式中 V_c、V_{sb}——按式（4.4-88）、式（4.4-91）计算，并要求 $V_{sb} \leqslant 0.8 f_t b h_0$。

注： 当按 SL 191 设计时，V_c 按式（4.4-95）计算。

当作用分布荷载时，截面宽度 b 取单位宽度；当作用集中荷载时，截面宽度 b 为计算宽度，此时 V_c 和 b 可按有关规范[如《港口工程混凝土结构设计规范》(JTJ 267—98)]计算。

4.4.6.6 偏心受力构件的斜截面受剪承载力计算

1. 截面尺寸限制条件

矩形、T形和I形截面的偏心受压和偏心受拉构件，其受剪截面尺寸应符合下列要求：

$$V \leqslant \frac{1}{\gamma_d}(0.25 f_c b h_0) \qquad (4.4-101)$$

当构件截面不能满足式（4.4-101）要求时，应加大构件的截面尺寸或提高混凝土的强度等级。

2. 偏心受压构件斜截面受剪承载力

矩形、T形和I形截面的偏心受压构件，其斜截面受剪承载力应符合下列规定：

$$V \leqslant \frac{1}{\gamma_d}(V_c + V_{sv} + V_{sb}) + 0.07N \qquad (4.4-102)$$

式中　N——与剪力设计值V相应的轴向压力设计值，当$N \geqslant \frac{1}{\gamma_d}(0.3 f_c A)$时，取$N = \frac{1}{\gamma_d}(0.3 f_c A)$，其中$A$为构件的截面面积；

V_c、V_{sv}、V_{sb}——按式（4.4-88）、式（4.4-89）、式（4.4-91）计算。

注： 按SL 191设计时，该式为$KV \leqslant V_c + V_{sv} + V_{sb} + 0.07N$。式中$V_c$、$V_{sv}$、$V_{sb}$分别按式（4.4-95）、式（4.4-96）、式（4.4-97）计算。

如能符合

$$V \leqslant \frac{1}{\gamma_d} V_c + 0.07N \qquad (4.4-103)$$

条件时，则不需要进行斜截面受剪承载力计算，而仅需根据4.7节的构造要求配置箍筋。

3. 偏心受拉构件斜截面受剪承载力

矩形、T形和I形截面的偏心受拉构件，其斜截面受剪承载力应符合下列规定：

$$V \leqslant \frac{1}{\gamma_d}(V_c + V_{sv} + V_{sb}) - 0.2N \qquad (4.4-104)$$

式中　N——与剪力设计值V相应的轴向拉力设计值；

V_c、V_{sv}、V_{sb}——按式（4.4-88）、式（4.4-89）、式（4.4-91）计算。

注： SL 191的公式为$KV \leqslant V_c + V_{sv} + V_{sb} + 0.2N$。

式（4.4-104）右边的计算值小于$\frac{1}{\gamma_d}(V_{sv} + V_{sb})$时，应取为$\frac{1}{\gamma_d}(V_{sv} + V_{sb})$；且箍筋的受剪承载力$V_{sv}$值不得小于$0.36 f_t b h_0$。

4. 圆形截面偏心受压构件斜截面受剪承载力

圆形截面的钢筋混凝土偏心受压构件，其斜截面受剪承载力可按矩形截面的公式一样计算，此时，公式中的截面宽度b和截面有效高度h_0应分别以$1.76r$和$1.6r$代替，此处，r为圆形截面的半径。

4.4.7 受扭构件

4.4.7.1 截面尺寸条件及截面抗扭塑性抵抗矩

1. 截面尺寸条件

（1）在弯矩、剪力和扭矩共同作用下的矩形、T形、I形截面构件，其截面应符合下列条件（见图4.4-19）：

当$h_w/b \leqslant 4$时

$$\frac{V}{bh_0} + \frac{T}{W_t} \leqslant \frac{1}{\gamma_d}(0.25 f_c) \qquad (4.4-105)$$

当$h_w/b = 6$时

$$\frac{V}{bh_0} + \frac{T}{W_t} \leqslant \frac{1}{\gamma_d}(0.2 f_c) \qquad (4.4-106)$$

当$4 < h_w/b < 6$时，按线性内插法确定。

式中　T——扭矩设计值，按式（4.1-1）的规定计算；

b——矩形截面的宽度，T形或I形截面的腹板宽度；

W_t——受扭构件的截面受扭塑性抵抗矩；

γ_d——钢筋混凝土结构的结构系数，按表4.1-5采用；

h_w——截面的腹板高度，对矩形截面取有效高度h_0，对T形截面取有效高度减去翼缘高度，对I形截面取腹板净高。

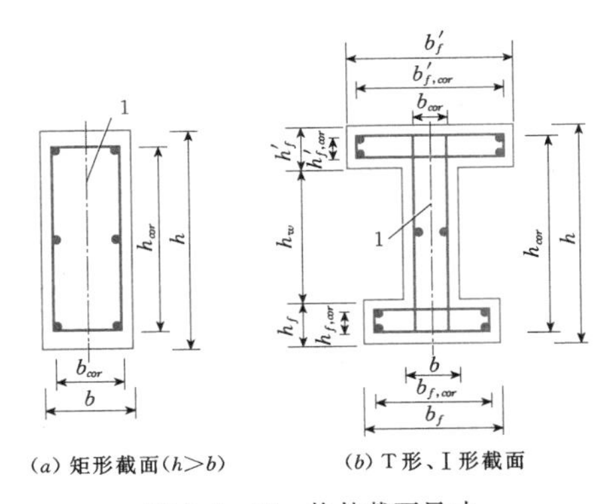

图4.4-19　构件截面尺寸

1—弯矩、剪力作用平面

当$h_w/b > 6$时，钢筋混凝土受扭构件的截面尺寸条件及扭曲截面承载力计算应进行专门研究。

（2）构造配筋条件。当满足

$$\frac{V}{bh_0} + \frac{T}{W_t} \leqslant \frac{1}{\gamma_d}(0.7 f_t) \qquad (4.4-107)$$

条件时，则不需对构件进行剪扭承载力计算，而仅需按“4.7.3.6受扭或受弯剪扭的梁”的构造要求配置钢筋。

2. 截面抗扭塑性抵抗矩

受扭构件的截面受扭塑性抵抗矩 W_t 可按下列公式计算。

（1）矩形截面：

$$W_t = \frac{b^2}{6}(3h-b) \quad (4.4-108)$$

式中 b——矩形截面的短边尺寸；

h——矩形截面的长边尺寸。

（2）T形、I形截面：

$$W_t = W_{tw} + W'_{tf} + W_{tf} \quad (4.4-109)$$

腹板、受压翼缘及受拉翼缘部分的矩形截面受扭塑性抵抗矩 W_{tw}、W'_{tf} 及 W_{tf} 可分别按下列公式计算[见图 4.4-19 (b)]：

腹板 $$W_{tw} = \frac{b^2}{6}(3h-b) \quad (4.4-110)$$

受压翼缘 $$W'_{tf} = \frac{h'^2_f}{2}(b'_f-b) \quad (4.4-111)$$

受拉翼缘 $$W_{tf} = \frac{h^2_f}{2}(b_f-b) \quad (4.4-112)$$

式中 b、h——腹板宽度、截面高度；

b'_f、b_f——截面受压区、受拉区的翼缘宽度；

h'_f、h_f——截面受压区、受拉区的翼缘高度。

翼缘宽度应符合 $b'_f \leqslant b+6h'_f$ 及 $b_f \leqslant b+6h_f$。

3. T形、I形截面扭矩分配

T形、I形截面纯扭构件，可将其截面划分为几个矩形截面，每个矩形截面所承受的扭矩计算值可按下列公式计算：

腹板 $$T_w = \frac{W_{tw}}{W_t}T \quad (4.4-113)$$

受压翼缘 $$T'_f = \frac{W'_{tf}}{W_t}T \quad (4.4-114)$$

受拉翼缘 $$T_f = \frac{W_{tf}}{W_t}T \quad (4.4-115)$$

式中 T——T形、I形截面所承受的扭矩设计值；

T_w——腹板所承受的扭矩设计值；

T'_f、T_f——受压翼缘、受拉翼缘所承受的扭矩设计值。

4.4.7.2 矩形截面纯扭构件的受扭承载力

矩形截面纯扭构件的受扭承载力按下列公式计算：

$$T \leqslant \frac{1}{\gamma_d}(T_c+T_s) \quad (4.4-116)$$

$$T_c = 0.35 f_t W_t \quad (4.4-117)$$

$$T_s = 1.2\sqrt{\zeta}\frac{f_{yv}A_{st1}A_{cor}}{s} \quad (4.4-118)$$

受扭构件纵向钢筋与箍筋的配筋强度比 ζ 值应按下式计算：

$$\zeta = \frac{f_y A_{st} s}{f_{yv} A_{st1} u_{cor}} \quad (4.4-119)$$

其中 $$A_{cor} = b_{cor} h_{cor}$$

$$u_{cor} = 2(b_{cor}+h_{cor})$$

式中 T_c——混凝土受扭承载力；

T_s——钢筋受扭承载力；

A_{st}——受扭计算中沿截面周边对称布置的全部受扭纵向钢筋截面面积；

A_{st1}——受扭计算中沿截面周边所配置受扭箍筋的单肢截面面积；

f_{yv}——受扭箍筋的抗拉强度设计值，按表 4.2-7 中的 f_y 确定，但取值不应大于 $360N/mm^2$；

f_y——受扭纵向钢筋的抗拉强度设计值，按表 4.2-7 采用；

A_{cor}——截面核心部分的面积；

u_{cor}——截面核心部分的周长；

b_{cor}、h_{cor}——从箍筋内表面计算的截面核心部分的短边、长边的尺寸。

此处，ζ 值尚应符合 $0.6 \leqslant \zeta \leqslant 1.7$ 的要求，当 $\zeta > 1.7$ 时，取 $\zeta = 1.7$。

4.4.7.3 矩形截面剪扭构件的承载力

在剪力和扭矩共同作用下的矩形截面剪扭构件，其受剪扭承载力应符合下列规定。

（1）剪扭构件的受剪承载力：

$$V \leqslant \frac{1}{\gamma_d}\left[0.7(1.5-\beta_t)f_t b h_0 + f_{yv}\frac{A_{sv}}{s}h_0\right] \quad (4.4-120)$$

式中 A_{sv}——受剪承载力所需的箍筋截面面积。

注： SL 191 中，该式为 $KV \leqslant 0.7(1.5-\beta_t)f_t b h_0 + 1.25 f_{yv}\frac{A_{sv}}{s}h_0$。

（2）剪扭构件的受扭承载力：

$$T \leqslant \frac{1}{\gamma_d}\left(0.35\beta_t f_t W_t + 1.2\sqrt{\zeta}\frac{f_{yv}A_{st1}A_{cor}}{s}\right) \quad (4.4-121)$$

式中 ζ——按式（4.4-119）计算，在设计时，通常可取 $\zeta = 1.20$；

β_t——剪扭构件的混凝土受扭承载力降低系数。

$$\beta_t=\frac{1.5}{1+0.5\dfrac{VW_t}{Tbh_0}} \qquad (4.4-122)$$

当 $\beta_t<0.5$ 时，取 $\beta_t=0.5$；当 $\beta_t>1.0$ 时，取 $\beta_t=1.0$。

4.4.7.4 T形和I形截面剪扭构件的承载力

在剪力和扭矩共同作用下的T形和I形截面剪扭构件，其受剪扭承载力应按下列规定计算：

(1) 腹板受剪承载力和受扭承载力应按式（4.4-120）、式（4.4-121）计算，但在计算中应将 T、W_t 改为 T_w、W_{tw}。

(2) 对于受压翼缘及受拉翼缘，仅承受所分配的扭矩，其受扭承载力应按式（4.4-116）计算，但在计算中应将 T、W_t 改为 T'_f、W'_{tf} 或改为 T_f、W_{tf}。

4.4.7.5 矩形、T形和I形截面弯剪扭构件的承载力

在弯矩、剪力和扭矩共同作用下的矩形、T形和I形截面弯剪扭构件，可按下列规定计算：

(1) 当 $V\leqslant\frac{1}{\gamma_d}(0.35f_tbh_0)$ 时，可不考虑剪力的影响，仅按受弯构件的正截面受弯承载力和纯扭构件的受扭承载力分别进行计算。

(2) 当 $T\leqslant\frac{1}{\gamma_d}(0.175f_tW_t)$ 时，可不考虑扭矩的影响，仅按受弯构件的正截面受弯承载力和斜截面受剪承载力分别进行计算。

(3) 当不能忽略剪力和扭矩影响时，其弯剪扭构件的承载力应按以下规定计算：

1) 纵向钢筋截面面积应分别按正截面受弯承载力和剪扭构件受扭承载力计算，并将所需的钢筋截面面积分别配置在相应位置上。

2) 箍筋截面面积应分别按剪扭构件的受剪承载力和受扭承载力计算确定，并应配置在相应位置上。

4.4.8 局部承压

4.4.8.1 截面尺寸条件

配置间接钢筋的构件，其局部受压区的截面尺寸应符合下列规定：

$$F_l\leqslant\frac{1}{\gamma_d}(1.5\beta_l f_c A_l) \qquad (4.4-123)$$

$$\beta_l=\sqrt{\frac{A_b}{A_l}} \qquad (4.4-124)$$

式中 F_l——局部受压面上作用的局部荷载或局部压力设计值；

β_l——混凝土局部受压时的强度提高系数；

A_l——混凝土局部受压面积；

A_b——局部受压时的计算底面积，可按局部受压面积与计算底面积同心、对称的原则确定，如图4.3-2所示。

当不满足式（4.4-123）要求时，应增大局部受压面积或提高混凝土强度等级。

4.4.8.2 间接钢筋计算

当配置方格网式或螺旋式间接钢筋（见图4.4-20）且符合 $A_l\leqslant A_{cor}$ 条件时，其局部受压承载力应符合下式规定：

$$F_l\leqslant\frac{1}{\gamma_d}(\beta_l f_c+2\rho_v\beta_{cor}f_y)A_l \qquad (4.4-125)$$

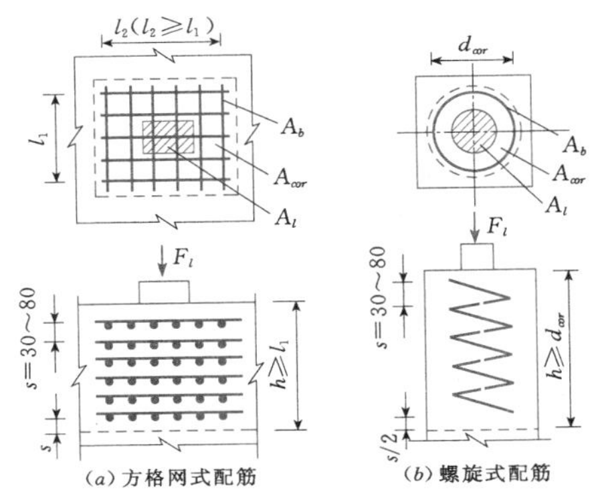

图4.4-20 局部受压区的间接钢筋配置（单位：mm）

当为方格网式配置［见图4.4-20 (a)］时，其体积配筋率 ρ_v 应按下式计算：

$$\rho_v=\frac{n_1A_{s1}l_1+n_2A_{s2}l_2}{A_{cor}s} \qquad (4.4-126)$$

此时，钢筋网在两个方向上单位长度的钢筋面积的比值不宜大于1.5。

当为螺旋式配筋［见图4.4-20 (b)］时，其体积配筋率 ρ_v 应按下式计算：

$$\rho_v=\frac{4A_{ss1}}{d_{cor}s} \qquad (4.4-127)$$

式中 β_{cor}——配置间接钢筋的局部受压承载力提高系数，仍按式（4.4-124）计算，但式中应以 A_{cor} 代替 A_b；

A_{cor}——钢筋网以内的混凝土核心面积，但不应大于 A_b，且其重心应与 A_l 的重心相重合；

ρ_v——间接钢筋的体积配筋率（核心面积 A_{cor} 范围内单位混凝土体积中所包含的间接钢筋体积）；

n_1、A_{s1}——方格网沿 l_1 方向的钢筋根数、单根钢

筋的截面面积；

n_2、A_{s2}——方格网沿 l_2 方向的钢筋根数、单根钢筋的截面面积；

s——方格网式或螺旋式间接钢筋的间距；

A_{ss1}——螺旋式单根间接钢筋的截面面积；

d_{cor}——配置螺旋式间接钢筋范围以内的混凝土直径。

间接钢筋应配置在图 4.4-20 所规定的 h 范围内。对柱接头，h 尚不应小于 15 倍纵向钢筋直径。配置方格网式钢筋不应少于 4 片，配置螺旋式钢筋不应少于 4 圈。

4.4.9 冲切计算

4.4.9.1 不配置抗冲切钢筋的板

在局部荷载或集中反力作用下不配置箍筋或弯起钢筋的板，其受冲切承载力（见图 4.4-21）应按下列公式计算：

$$F_l \leqslant \frac{1}{\gamma_d}(0.7\eta\beta_h f_t u_m h_0) \qquad (4.4-128)$$

$$\eta = 0.4 + \frac{1.2}{\beta_s} \qquad (4.4-129)$$

式中 F_l——局部荷载设计值或集中反力设计值，对板柱结构的节点，取柱所承受的轴向压力设计值的层间差值减去冲切破坏锥体范围内板所承受的荷载设计值；

f_t——混凝土轴心抗拉强度设计值，按表 4.2-2 采用，对于叠合板，取预制板和叠合层两种混凝土强度中的较低值；

h_0——板的有效高度，取两个配筋方向的截面有效高度的平均值；

u_m——临界截面的周长，距离局部荷载或集中反力作用面积周边 $h_0/2$ 处板垂直截面的最不利周长；

η——局部荷载或集中反力作用面积形状的影响系数；

β_h——截面高度影响系数，按式（4.4-99）计算；

β_s——局部荷载或集中反力作用面积为矩形时的长边与短边尺寸的比值，β_s 不宜大于 4，当 $\beta_s<2$ 时取 $\beta_s=2$，当面积为圆形时取 $\beta_s=2$。

当板开有孔洞且孔洞至局部荷载或集中反力作用面积边缘的距离不大于 $6h_0$ 时，受冲切承载力计算中取用的临界截面周长 u_m（见图 4.4-22），应扣除局部荷载或集中反力作用面积中心至开孔外边画出两条切线之间所包含的长度。

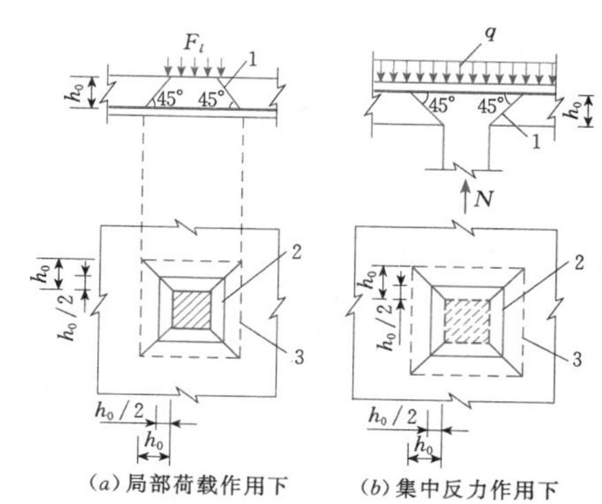

图 4.4-21 板的受冲切承载力计算

1—冲切破坏锥体的斜截面；2—距荷载面积周边 $h_0/2$ 处的周长；3—冲切破坏锥体的底面线

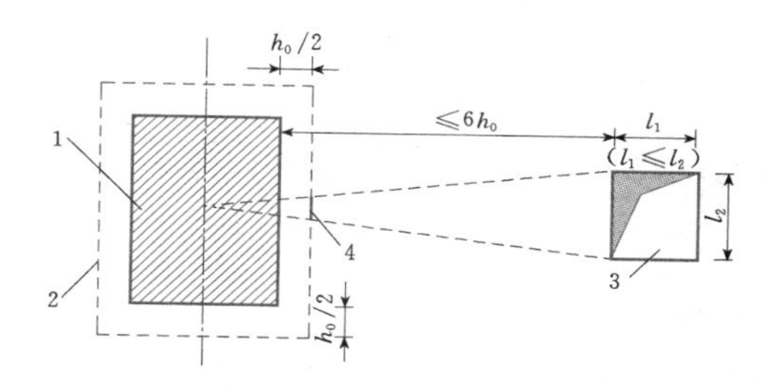

图 4.4-22 临近孔洞时的临界截面周长

1—局部荷载或集中反力作用面；2—临界截面周长；3—孔洞；4—应扣除的长度

注： 当图中 $l_1>l_2$ 时，孔洞边长 l_2 用 $\sqrt{l_1 l_2}$ 代替。

4.4.9.2 配置抗冲切钢筋的板

（1）配置箍筋或弯起钢筋的板，在局部荷载或集中反力作用下，受冲切截面应符合下式规定：

$$F_l \leqslant \frac{1}{\gamma_d}(1.05\eta f_t u_m h_0) \qquad (4.4-130)$$

（2）配置抗冲切箍筋的板，板的受冲切承载力应符合下式规定：

$$F_l \leqslant \frac{1}{\gamma_d}(0.55\eta f_t u_m h_0 + 0.8 f_{yv} A_{svu}) \qquad (4.4-131)$$

（3）配置抗冲切弯起钢筋的板，板的受冲切承载力应符合下式规定：

$$F_l \leqslant \frac{1}{\gamma_d}(0.55\eta f_t u_m h_0 + 0.8 f_y A_{sbu} \sin\alpha) \qquad (4.4-132)$$

式中 A_{svu}——与呈45°冲切破坏锥体斜截面相交的全部箍筋截面面积；

A_{sbu}——与呈45°冲切破坏锥体斜截面相交的全部弯起钢筋截面面积；

α——弯起钢筋与板底面的夹角。

板中配置受冲切的箍筋或弯起钢筋，其构造要求见4.7节。对配置受冲切箍筋或弯起钢筋的冲切破坏锥体以外的截面，尚应按式（4.4-128）的要求进行受冲切承载力验算，此时，u_m 应取冲切破坏锥体以外 $0.5h_0$ 处的最不利周长。

4.4.9.3 基础受冲切承载力计算

矩形截面柱的矩形基础，在柱与基础交接处以及基础变阶处的受冲切承载力（见图4.4-23）应符合下列规定：

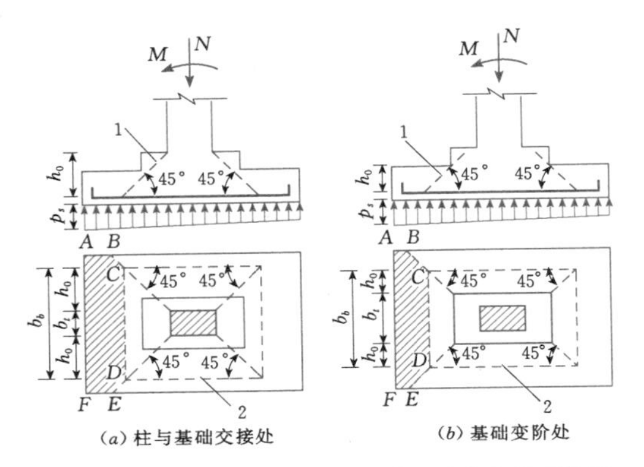

图4.4-23 计算阶形基础的受冲切承载力截面位置

1—冲切破坏锥体最不利一侧的斜截面；

2—冲切破坏锥体的底面线

$$F_l \leqslant \frac{1}{\gamma_d}(0.7\beta_h f_t b_m h_0) \quad (4.4-133)$$

$$F_l = p_s A \quad (4.4-134)$$

$$b_m = (b_t + b_b)/2 \quad (4.4-135)$$

式中 b_t——冲切破坏锥体最不利一侧斜截面的上边长，当计算柱与基础交接处的受冲切承载力时取柱宽，当计算基础变阶处的受冲切承载力时取上阶宽；

b_b——冲切破坏锥体最不利一侧斜截面的下边长，当计算柱与基础交接处的受冲切承载力时取柱宽加2倍基础有效高度，当计算基础变阶处的受冲切承载力时取上阶宽加2倍该处的基础有效高度；

h_0——柱与基础交接处或基础变阶处的截面有效高度，取两个配筋方向的截面有效高度的平均值；

A——考虑冲切荷载时取用的多边形面积（见图4.4-23中的阴影面积 $ABCDEF$）；

p_s——基础底面地基反力设计值（可扣除基础自重及其上的土重），当基础偏心受力时，可取用最大的地基反力计算值。

4.5 钢筋混凝土结构构件正常使用极限状态验算

4.5.1 正截面抗裂验算

承受水压的轴心受拉构件、小偏心受拉构件以及发生裂缝后会引起严重渗漏的其他构件，应进行抗裂验算。如有可靠防渗措施或不影响正常使用时，也可不进行抗裂验算。

使用上不允许出现裂缝的钢筋混凝土结构构件，按下列公式进行抗裂验算。

（1）轴心受拉构件。

$$N_k \leqslant \alpha_{ct} f_{tk} A_0 \quad (4.5-1)$$

（2）受弯构件。

$$M_k \leqslant \gamma_m \alpha_{ct} f_{tk} W_0 \quad (4.5-2)$$

（3）偏心受压构件。

$$N_k \leqslant \frac{\gamma_m \alpha_{ct} f_{tk} A_0 W_0}{e_0 A_0 - W_0} \quad (4.5-3)$$

（4）偏心受拉构件。

$$N_k \leqslant \frac{\gamma_m \alpha_{ct} f_{tk} A_0 W_0}{e_0 A_0 + \gamma_m W_0} \quad (4.5-4)$$

其中
$$A_0 = A_c + \alpha_E A_s + \alpha_E A'_s$$
$$\alpha_E = E_s / E_c$$
$$W_0 = I_0 / (h - y_0)$$

式中 N_k、M_k——按标准组合计算的轴向力值、弯矩值［按《水工混凝土结构设计规范》(DL/T 5057—2009) 计算时，还包含结构重要性系数 γ_0 在内］；

α_{ct}——混凝土拉应力限制系数，$\alpha_{ct}=0.85$；

f_{tk}——混凝土轴心抗拉强度标准值，按表4.2-1采用；

γ_m——截面抵抗矩塑性系数，按表4.3-3采用；

A_0——换算截面面积；

A_s、A'_s——受拉、受压钢筋截面面积；

e_0——轴向力对截面重心的偏心距；

α_E——钢筋弹性模量 E_s 与混凝土弹性模

量 E_c 之比；

W_0——换算截面受拉边缘的弹性抵抗矩；

y_0——换算截面重心至受压边缘的距离；

I_0——换算截面对其重心轴的惯性矩；

A_c——混凝土截面面积；

h——截面全高。

矩形、T形、I形等截面的 y_0、I_0 可按下列公式计算：

$$y_0 = \frac{A_c y'_c + \alpha_E A_s h_0 + \alpha_E A'_s a'_s}{A_c + \alpha_E A_s + \alpha_E A'_s} \tag{4.5-5}$$

$$I_0 = I_c + A_c(y_0 - y'_c)^2 + \alpha_E A_s(h_0 - y_0)^2 + \alpha_E A'_s(y_0 - a'_s)^2 \tag{4.5-6}$$

式中 h_0——截面的有效高度，$h_0 = h - a_s$；

a_s、a'_s——纵向受拉钢筋、受压钢筋合力点到截面最近边缘的距离；

I_c——混凝土截面对其本身重心轴的惯性矩；

y'_c——混凝土截面重心至受压边缘的距离。

单筋矩形截面的 y_0 及 I_0 也可按下列公式计算：

$$y_0 = (0.5 + 0.425\alpha_E\rho)h \tag{4.5-7}$$

$$I_0 = (0.0833 + 0.19\alpha_E\rho)bh^3 \tag{4.5-8}$$

式中 ρ——纵向受拉钢筋的配筋率，$\rho = A_s/bh_0$。

从使用条件讲，不要求抗裂而只需限裂的构件，如已满足抗裂计算要求时，一般可不再进行裂缝宽度的验算。对于特殊重要的钢筋混凝土构件，按 $\alpha_{ct} = 0.55$ 进行抗裂验算并能满足式（4.5-1）、或式（4.5-2）、或式（4.5-3）、或式（4.5-4）的要求，可不再进行裂缝宽度验算；否则，应进行限制裂缝宽度验算。

抗裂验算公式是针对直接作用在结构上的荷载而言的，不包括温度、干缩等作用在内。

4.5.2 正截面裂缝宽度控制验算

使用上要求限制裂缝宽度的钢筋混凝土构件，应进行裂缝宽度的验算，其最大裂缝宽度验算不应超过表 4.1-9 的规定限值。

矩形、T形及I形截面的钢筋混凝土受拉、受弯和偏心受压构件，最大裂缝宽度 w_{max} 可按下列公式计算。

4.5.2.1 DL/T 5057

$$w_{max} = \alpha_{cr}\psi\frac{\sigma_{sk} - \sigma_0}{E_s}l_{cr} \tag{4.5-9}$$

$$\psi = 1 - 1.1\frac{f_{tk}}{\rho_{te}\sigma_{sk}} \tag{4.5-10}$$

$$l_{cr} = \left(2.2c + 0.09\frac{d}{\rho_{te}}\right)\nu \quad (20\text{mm} \leqslant c \leqslant 65\text{mm}) \tag{4.5-11}$$

或

$$l_{cr} = \left(65 + 1.2c + 0.09\frac{d}{\rho_{te}}\right)\nu \quad (65\text{mm} < c \leqslant 150\text{mm}) \tag{4.5-12}$$

其中 $$\rho_{te} = \frac{A_s}{A_{te}}$$

式中 α_{cr}——考虑构件受力特征的系数，对受弯和偏心受压构件取 $\alpha_{cr} = 1.90$，对偏心受拉构件取 $\alpha_{cr} = 2.15$，对轴心受拉构件取 $\alpha_{cr} = 2.45$；

ψ——裂缝间纵向受拉钢筋应变不均匀系数，当 $\psi < 0.2$ 时取 $\psi = 0.2$，对直接承受重复荷载的构件取 $\psi = 1$；

l_{cr}——平均裂缝间距；

E_s——钢筋弹性模量，按表 4.2-9 采用；

ν——考虑钢筋表面形状的系数，对带肋钢筋取 $\nu = 1.0$，对光圆钢筋取 $\nu = 1.4$；

f_{tk}——混凝土轴心抗拉强度标准值，按表 4.2-1 采用；

c——最外层纵向受拉钢筋外边缘至受拉区底边的距离，mm，当 $c < 20$mm 时取 $c = 20$mm，当 $c > 150$mm 时取 $c = 150$mm；

d——钢筋直径，mm，当钢筋用不同直径时，式中的 d 改用换算直径 $4A_s/u$（u 为纵向受拉钢筋截面总周长）；

ρ_{te}——纵向受拉钢筋的有效配筋率，当 $\rho_{te} < 0.03$ 时取 $\rho_{te} = 0.03$；

A_{te}——有效受拉混凝土截面面积；对受弯、偏心受拉及大偏心受压构件，A_{te} 取其重心与受拉钢筋 A_s 重心相一致的混凝土面积，即 $A_{te} = 2a_s b$（a_s 为 A_s 重心至截面受拉边缘的距离，b 为矩形截面的宽度，对有受拉翼缘的倒T形及I形截面，b 为受拉翼缘宽度）；对全截面受拉的偏心受拉构件，A_{te} 取拉应力较大一侧钢筋的相应有效受拉混凝土截面面积；对轴心受拉构件，A_{te} 取为 $2a_s l_s$（a_s 为一侧钢筋重心至截面边缘的距离，l_s 为沿截面周边配置的受拉钢筋重心连线的总长度），但不大于构件全截面面积；

A_s——受拉区纵向钢筋截面面积，对受弯、偏心受拉及大偏心受压构件，A_s 取受拉区纵向钢筋截面面积；对全截面受拉的偏心受拉构件，A_s 取拉应力较大一侧的钢筋截面面积；对轴心受拉构件，A_s 取全部纵向钢筋截面面积；

σ_{sk}——按标准组合计算的构件纵向受拉钢筋应力；

σ_0——钢筋的初始应力，对于长期处于水下的结构允许采用 $\sigma_0=20\text{N/mm}^2$，对于干燥环境中的结构取 $\sigma_0=0$。

注： 1. 对于某些可变荷载标准值在总效应组合中占的比重很大，但只在短时间内存在的构件，如水电站厂房吊车梁等，可将计算求得的最大裂缝宽度乘以系数0.85。

2. 对 $e_0/h_0\leqslant0.55$ 的偏心受压构件，可不验算裂缝宽度。

3. 式（4.5-9）～式（4.5-12）不适用于围岩中的混凝土衬砌结构。

4.5.2.2 SL 191

$$w_{\max}=\alpha\frac{\sigma_{sk}}{E_s}\left(30+c+0.07\frac{d}{\rho_{te}}\right)\quad(4.5-13)$$

式中 α——配置带肋钢筋的钢筋混凝土构件考虑构件受力特征和部分荷载长期作用的综合影响系数，对受弯和偏心受压构件取 $\alpha=2.1$，对偏心受拉构件取 $\alpha=2.4$，对轴心受拉构件取 $\alpha=2.7$；

c——最外层纵向受拉钢筋外边缘至受拉区边缘的距离，mm，当 $c>65$mm 时，取 $c=65$mm；

其他符号意义同式（4.5-9）。

注： 1. 式（4.5-13）不适用于弹性地基上的梁、板及围岩中的衬砌结构。

2. 需控制裂缝宽度的配筋不应选用光圆钢筋。

3. 对于某些可变荷载的标准值在总效应组合中占的比重很大但只在短时间内存在的构件，如水电站厂房的吊车梁等，可将计算求得的最大裂缝宽度乘以系数0.85。

4. 对 $e_0/h_0\leqslant0.55$ 的偏心受压构件，可不验算裂缝宽度。

本节中所指裂缝不包括因温度变化、干缩等原因而产生的裂缝。

4.5.2.3 纵向受拉钢筋应力的计算公式

式（4.5-9）、式（4.5-10）和式（4.5-13）中的纵向受拉钢筋的应力 σ_{sk} 可按下列公式计算。

（1）轴心受拉构件。

$$\sigma_{sk}=\frac{N_k}{A_s}\quad(4.5-14)$$

式中 A_s——受拉区纵向钢筋截面面积。

（2）受弯构件。

$$\sigma_{sk}=\frac{M_k}{0.87h_0A_s}\quad(4.5-15)$$

（3）大偏心受压构件。

$$\sigma_{sk}=\frac{N_k}{A_s}\left(\frac{e}{z}-1\right)\quad(4.5-16)$$

$$z=\left[0.87-0.12(1-\gamma'_f)\left(\frac{h_0}{e}\right)^2\right]h_0\quad(4.5-17)$$

$$e=\eta_s e_0+y_s\quad(4.5-18)$$

$$\eta_s=1+\frac{1}{4000\dfrac{e_0}{h_0}}\left(\frac{l_0}{h}\right)^2\quad(4.5-19)$$

其中
$$\gamma'_f=\frac{(b'_f-b)h'_f}{bh_0}$$

式中 e——轴向压力作用点至纵向受拉钢筋合力点的距离；

z——纵向受拉钢筋合力点至受压区合力点的距离；

η_s——使用阶段的偏心距增大系数，当 $\dfrac{l_0}{h}\leqslant14$ 时，可取 $\eta_s=1.0$；

y_s——截面重心至纵向受拉钢筋合力点的距离；

γ'_f——受压翼缘面积与腹板有效面积的比值；

b'_f、h'_f——受压翼缘的宽度、高度，当 $h'_f>0.2h_0$ 时，取 $h'_f=0.2h_0$。

（4）偏心受拉构件（矩形截面）

$$\sigma_{sk}=\frac{N_k}{A_s}\left(1\pm1.1\frac{e_s}{h_0}\right)\quad(4.5-20)$$

式中 e_s——轴向拉力作用点至纵向受拉钢筋（对全截面受拉的偏心受拉构件，为拉应力较大一侧的钢筋）合力点的距离。

对小偏心受拉构件，式（4.5-20）右边括号内取减号，对大偏心受拉构件，取加号。

当验算裂缝控制不满足要求时，可采用较小直径的带肋钢筋、减小钢筋间距、适当增加受拉区纵向钢筋截面面积，但不宜超过承载力计算所需纵向钢筋截面面积的30%。如仍不满足要求，可考虑采取下列措施：

（1）改变结构尺寸形状，减小高应力区范围，降低应力集中的程度，在应力集中区域增配钢筋。

(2) 在局部受拉区混凝土中掺加纤维，其裂缝宽度控制可参照有关规范验算。

(3) 在受拉区混凝土表面设置可靠的防护层（如钢衬），此时可不再作限裂验算。

(4) 当无法防止裂缝出现时，也可通过构造措施（如预埋隔离片）引导裂缝在预定位置出现，并采取有效措施避免引导缝对观感和使用功能造成影响。

(5) 必要时对结构施加预压应力。

4.5.3 非杆件体系结构裂缝控制验算

非杆件体系结构裂缝控制验算分为表面裂缝控制和内部裂缝控制两大类，验算方法如下。

4.5.3.1 表面裂缝控制验算

对只需验算表面裂缝宽度的非杆件体系结构，可采用线弹性方法计算出截面应力，如果其截面应力图形接近线性分布，就可换算为截面内力，按“4.5.2 正截面裂缝宽度控制验算”进行验算，裂缝宽度限值按表 4.1-9 采用。如果其截面应力图形偏离线性较大时，可通过限制钢筋应力间接控制裂缝宽度。标准组合下的受拉钢筋应力 σ_{sk} 宜符合下列规定：

$$\sigma_{sk} \leqslant \alpha_s f_{yk} \tag{4.5-21}$$

其中

$$\sigma_{sk} = \frac{T_k}{A_s}$$

式中 σ_{sk}——在标准组合下的受拉钢筋应力；

A_s——受拉钢筋截面面积；

T_k——标准组合下的由钢筋承担的拉力，可按照 4.10 节的方法计算确定；

f_{yk}——钢筋强度标准值，按表 4.2-5 采用，钢筋不宜采用 HPB235 级及 HPB300 级，当 $f_{yk}>335\text{N/mm}^2$ 时，取 $f_{yk}=335\ \text{N/mm}^2$；

α_s——考虑环境影响的钢筋应力限制系数，$\alpha_s=0.5\sim0.7$，对一类环境取大值，对四类环境取小值，对五类环境应做专门研究。

4.5.3.2 内部裂缝控制验算

对特别重要的或需控制内部裂缝的非杆件体系结构，如重力坝孔口、船闸底板、混凝土蜗壳等，可用钢筋混凝土非线性有限单元法直接计算出裂缝宽度与裂缝延伸范围。裂缝宽度限值宜不超过表 4.1-9 规定的限值。

对未能直接由钢筋混凝土非线性有限元方法计算得出裂缝宽度时，也可由钢筋混凝土非线性有限元方法计算出钢筋单元应力，按下列原则处理。

(1) 表面裂缝可通过限制表面第一层受拉钢筋的单元应力来控制裂缝，在标准组合作用下的表面第一层受拉钢筋单元应力 σ_{sks} 宜符合下列规定：

$$\sigma_{sks} \leqslant \sigma_{sps} \tag{4.5-22}$$

式中 σ_{sks}——在标准组合下，由钢筋混凝土有限元计算得到的第一层受拉钢筋的钢筋单元应力；

σ_{sps}——非杆件体系结构表面裂缝受拉钢筋单元应力限值。

σ_{sps} 宜根据裂缝宽度及保护层厚度的大小选取：裂缝宽度控制在 0.1～0.3mm 情况下，保护层厚度为 50mm 时，σ_{sps} 不宜超过 110～160N/mm²；保护层厚度为 100mm 时，σ_{sps} 不宜超过 80～140N/mm²；对四类环境和裂缝宽度要求严的取小值，对一类环境和裂缝宽要求不严的取大值，对五类环境应做专门研究。

(2) 内部裂缝可通过钢筋网来控制裂缝宽度。在标准组合下，钢筋网的受拉钢筋的单元应力不宜超过 120N/mm²。钢筋间距不宜超过 200mm，钢筋网间距不宜超过 1000mm。

4.5.4 受弯构件挠度验算

受弯构件的挠度应按标准组合并考虑荷载长期作用影响的刚度 B 进行计算，所得的挠度计算值不应超过表 4.1-11 规定的限值。

4.5.4.1 矩形、T 形及 I 形截面受弯构件刚度 B 的计算公式

矩形、T 形及 I 形截面受弯构件的刚度 B 可按下列公式计算：

$$B = 0.65B_s \tag{4.5-23}$$

式中 B_s——标准组合下受弯构件的短期刚度，按式 (4.5-24) 计算。

注： 对翼缘在受拉区的 T 形截面，$B=0.5B_s$（SL 191 没有这项规定）。

4.5.4.2 钢筋混凝土受弯构件的短期刚度 B_s

钢筋混凝土受弯构件的短期刚度 B_s 可按下列公式计算。

(1) 要求不出现裂缝的构件：

$$B_s = 0.85E_cI_0 \tag{4.5-24}$$

式中 I_0——换算截面对其重心轴的惯性矩；

E_c——混凝土弹性模量。

(2) 允许出现裂缝的矩形、T 形及 I 形截面构件：

$$B_s=(0.025+0.28\alpha_E\rho)(1+0.55\gamma_f'+0.12\gamma_f)E_cbh_0^3 \quad (4.5-25)$$

其中
$$\rho=\frac{A_s}{bh_0}$$
$$\gamma_f=\frac{(b_f-b)h_f}{bh_0}$$

式中 α_E——钢筋弹性模量与混凝土弹性模量之比；

ρ——纵向钢筋配筋率；

γ_f——受拉翼缘面积与腹板有效面积的比值。

4.6 预应力混凝土结构构件计算

关于预应力混凝土结构构件计算，《水工混凝土结构设计规范》（DL/T 5057—2009）与《水工混凝土结构设计规范》（SL 191—2008）基本相同。本节计算公式和计算简图按 DL/T 5057 的形式给出，若按 SL 191 设计，则将本节所列的计算公式和计算简图中的结构系数 γ_d 换成承载力安全系数 K 即可。

按 DL/T 5057 设计时，作用效应组合的设计值（弯矩 M、轴力 N、剪力 V 及扭矩 T）和结构构件的抗力函数，按式（4.1-1）～式（4.1-4）计算；按 SL 191 设计时，荷载效应组合的设计值，按式（4.1-5）～式（4.1-8）计算。

4.6.1 一般规定

4.6.1.1 基本规定

1. 预应力钢筋的张拉控制应力值 σ_{con}

预应力钢筋的张拉控制应力值 σ_{con} 不宜超过表 4.6-1 规定的限值，且不应小于 $0.4f_{ptk}$。

表 4.6-1 张拉控制应力限值

项次	钢筋种类	张拉方法	
		先张法	后张法
1	消除应力钢丝、钢绞线	$0.75f_{ptk}$	$0.75f_{ptk}$
2	螺纹钢筋	$0.70f_{ptk}$（$0.75f_{ptk}$）	$0.65f_{ptk}$（$0.70f_{ptk}$）
3	钢棒	$0.70f_{ptk}$	$0.65f_{ptk}$

注 1. 符合下列情况之一时，表中的张拉控制应力限值可提高 $0.05f_{ptk}$：

（1）要求提高构件在施工阶段的抗裂性能而在使用阶段受压区内设置的预应力钢筋。

（2）要求部分抵消由于应力松弛、摩擦、钢筋分批张拉以及预应力钢筋与张拉台座之间的温差等因素产生的预应力损失。

2. 括号里的值为 SL 191 的规定。

2. 预应力分项系数取值规定

按 DL/T 5057 计算时，预应力分项系数按如下规定取值：

（1）对于承载能力极限状态，当预应力效应对结构有利时，预应力分项系数应取为 0.95；不利时，应取为 1.05。

（2）对于正常使用极限状态，预应力分项系数应取为 1.0。施工阶段验算时，设计状况系数可取为 0.95。

按 SL 191 计算时，没有此项规定。

3. 施加预应力时的混凝土强度

施加预应力时，混凝土立方体抗压强度应经计算确定，但不宜低于设计混凝土强度等级的 75%。

4.6.1.2 预应力损失值计算

1. 预应力损失的计算规定

预应力钢筋的预应力损失值，见表 4.6-2。

表 4.6-2 预应力钢筋的预应力损失值 单位：N/mm²

项次	引起损失的因素		符号	先张法构件	后张法构件
1	张拉端锚具变形和钢筋内缩		σ_{l1}	按式（4.6-1）的规定计算	按式（4.6-1）和式（4.6-2）的规定计算
2	预应力钢筋的摩擦	与孔道壁之间的摩擦	σ_{l2}	—	按式（4.6-4）～式（4.6-6）计算
		在转向装置处的摩擦		按实际情况确定	
3	混凝土加热养护时、受张拉的钢筋与承受拉力的设备之间的温差		σ_{l3}	$2\Delta t$	—
4	预应力钢筋的应力松弛		σ_{l4}	预应力钢丝、钢绞线： （1）普通松弛：$\sigma_{l4}=0.4\psi(\sigma_{con}/f_{ptk}-0.5)\sigma_{con}$。其中，一次张拉，$\psi=1.0$；超张拉，$\psi=0.9$ （2）低松弛：当 $\sigma_{con}\leqslant0.7f_{ptk}$ 时，$\sigma_{l4}=0.125(\sigma_{con}/f_{ptk}-0.5)\sigma_{con}$；当 $0.7f_{ptk}<\sigma_{con}\leqslant0.8f_{ptk}$ 时，$\sigma_{l4}=0.2(\sigma_{con}/f_{ptk}-0.575)\sigma_{con}$	
				钢棒、螺纹钢筋：一次张拉，$\sigma_{l4}=0.05\sigma_{con}$；超张拉，$\sigma_{l4}=0.035\sigma_{con}$	

续表

项次	引起损失的因素	符号	先张法构件	后张法构件
5	混凝土收缩和徐变	σ_{l5}	可按式（4.6-21）～式（4.6-26）计算。对于水工预应力混凝土结构，如有论证，σ_{l5} 也可按其他公式计算	
6	用螺旋式预应力钢筋作配筋的环形构件，当直径 $d\leqslant3$m 时，由于混凝土的局部挤压	σ_{l6}	—	30

注 1. Δt 为混凝土加热养护时，受张拉钢筋与承受拉力的设备之间的温差，℃。
2. 超张拉的张拉程序为从应力为零开始张拉至 $1.03\sigma_{con}$；或从应力为零开始张拉至 $1.05\sigma_{con}$，持荷 2min 后，卸载至 σ_{con}。
3. 当 $\sigma_{con}/f_{ptk}\leqslant0.5$ 时，预应力钢筋的应力松弛损失值可取为零。

当按表 4.6-2 计算求得的预应力总损失值小于下列数值时，应按下列数值取用：先张法构件，100N/mm²；后张法构件，80N/mm²。

大体积水工预应力混凝土构件的预应力损失值应由专门研究或试验确定。块体拼成的结构，其预应力损失尚应计及块体间填缝的预压变形。当采用混凝土或砂浆为填缝材料时，每条填缝的预压变形值可取为 1mm。

（1）预应力直线钢筋由于锚具变形和钢筋内缩引起的预应力损失值 σ_{l1} 可按式（4.6-1）计算：

$$\sigma_{l1}=\frac{aE_s}{l} \tag{4.6-1}$$

式中 a——张拉端锚具变形和钢筋内缩值，mm，按表 4.6-3 采用；

l——张拉端至锚固端之间的距离，mm；

E_s——预应力钢筋的弹性模量，N/mm²。

表 4.6-3 锚具变形和钢筋内缩值 a 单位：mm

锚具类别		a
支承式锚具（钢丝束镦头锚具等）	螺帽缝隙	1
	每块后加垫板的缝隙	1
锥塞式锚具（钢丝束的钢质锥形锚具等）		5
夹片式锚具	有顶压时	5
	无顶压时	6～8
单根螺纹钢筋的锥形锚具		5

注 1. 锚具变形和钢筋内缩值也可根据实测数据确定。
2. 其他类型的锚具变形和钢筋内缩值应根据实测数据确定。

（2）后张法构件预应力曲线钢筋或折线钢筋由于锚具变形和预应力钢筋内缩引起的预应力损失值 σ_{l1}，应根据预应力曲线钢筋或折线钢筋与孔道壁之间反向摩擦影响长度 l_f 范围内的预应力钢筋变形值等于锚具变形和钢筋内缩值的条件确定。

1）抛物线形预应力钢筋可近似按圆弧形曲线预应力钢筋考虑。当其对应的圆心角 $\theta\leqslant30°$ 时（见图 4.6-1），由于锚具变形和钢筋内缩，在反向摩擦影响长度 l_f 范围内的预应力损失值 σ_{l1} 可按式（4.6-2）计算：

$$\sigma_{l1}=2\sigma_{con}l_f\left(\frac{\mu}{r_c}+\kappa\right)\left(1-\frac{x}{l_f}\right) \tag{4.6-2}$$

式中 σ_{con}——预应力钢筋的张拉控制应力值，N/mm²；

l_f——预应力钢筋与孔道壁之间反向摩擦影响长度，m；

r_c——圆弧形曲线预应力钢筋的曲率半径，m；

x——从张拉端至计算截面的孔道长度，m，亦可近似取该段孔道在纵轴上的投影长度，且应符合 $x\leqslant l_f$ 的规定；

μ——预应力钢筋与孔道壁的摩擦系数，按表 4.6-4 采用；

κ——考虑孔道每米长度局部偏差的摩擦系数，按表 4.6-4 采用。

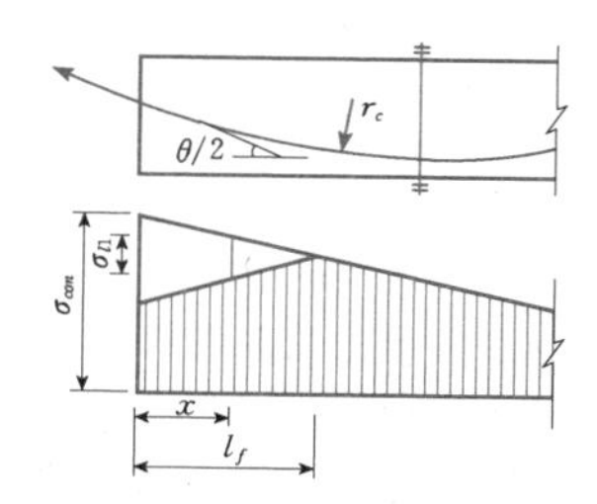

图 4.6-1 圆弧形曲线预应力钢筋的预应力损失 σ_{l1}

表 4.6-4 摩擦系数 κ 和 μ 值

孔道成型方式	κ	μ
预埋金属波纹管	0.0015	0.25
预埋钢管	0.0010	0.30
橡胶管或钢管抽芯成型	0.0014	0.55
预埋铁皮管	0.0030	0.35

注 1. 表中系数也可根据实测数据确定。
2. 当采用钢丝束的钢质锥形锚具及类似形式锚具时，尚应考虑锚环口处的附加摩擦损失，其值可根据实测数据确定。

预应力钢筋与孔道壁之间的反向摩擦影响长度 l_f（m）按式（4.6-3）计算：

$$l_f=\sqrt{\frac{aE_s}{1000\sigma_{con}\left(\frac{\mu}{r_c}+k\right)}} \quad (4.6-3)$$

式中符号意义同前。

2）端部为直线（直线长度为 l_0），而后由两条圆弧形曲线（圆弧对应的圆心角 $\theta\leqslant 30°$）组成的预应力钢筋（见图4.6-2），由于锚具变形和钢筋内缩，在反向摩擦影响长度 l_f 范围内的预应力损失值 σ_{l1} 可按式（4.6-4）～式（4.6-6）计算。

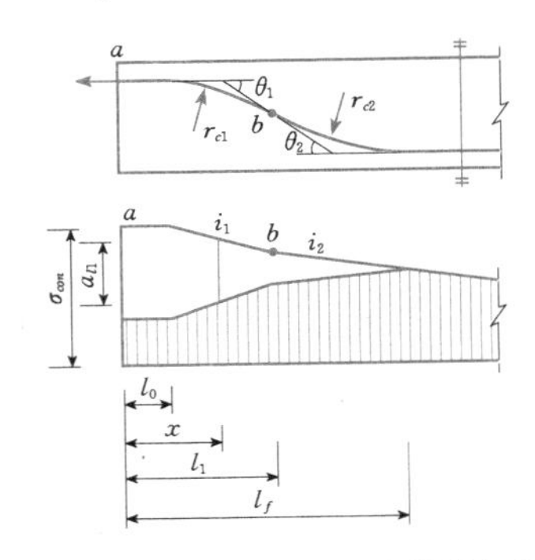

图4.6-2 两条圆弧形曲线组成的预应力钢筋的预应力损失 σ_{l1}

当 $x\leqslant l_0$ 时：

$$\sigma_{l1}=2i_1(l_1-l_0)+2i_2(l_f-l_1) \quad (4.6-4)$$

当 $l_0<x\leqslant l_1$ 时：

$$\sigma_{l1}=2i_1(l_1-x)+2i_2(l_f-l_1) \quad (4.6-5)$$

当 $l_1<x\leqslant l_f$ 时：

$$\sigma_{l1}=2i_2(l_f-x) \quad (4.6-6)$$

式中 l_1——预应力钢筋张拉端起点至反弯点的水平投影长度，m；

i_1、i_2——第一、第二段圆弧形曲线预应力钢筋中应力近似直线变化的斜率。

预应力钢筋与孔道壁之间的反向摩擦影响长度 l_f（m）按式（4.6-7）计算：

$$l_f=\sqrt{\frac{aE_s}{1000i_2}-\frac{i_1(l_1^2-l_0^2)}{i_2}+l_1^2} \quad (4.6-7)$$

$$i_1=\sigma_a(\kappa+\mu/r_{c1}) \quad (4.6-8)$$

$$i_2=\sigma_b(\kappa+\mu/r_{c2}) \quad (4.6-9)$$

式中 r_{c1}、r_{c2}——第一、第二段圆弧形曲线预应力钢筋的曲率半径；

σ_a、σ_b——预应力钢筋在 a、b 点的应力。

3）当折线形预应力钢筋的锚固损失消失于折点 c 之外时（见图4.6-3），由于锚具变形和钢筋内缩，在反向摩擦影响长度 l_f 范围内的预应力损失值 σ_{l1} 可按式（4.6-10）～式（4.6-12）计算。

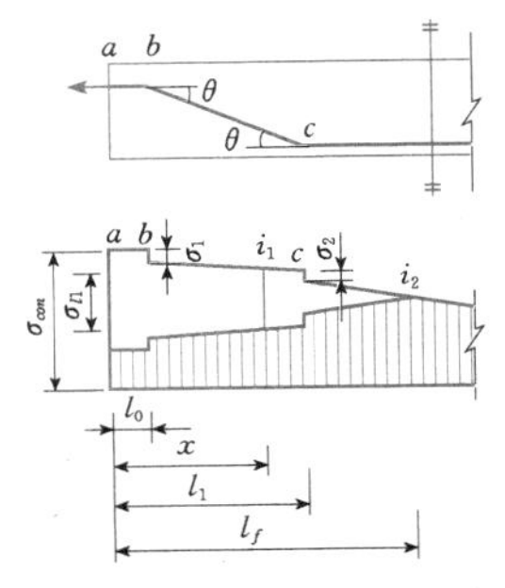

图4.6-3 折线形预应力钢筋的预应力损失 σ_{l1}

当 $x\leqslant l_0$ 时：

$$\sigma_{l1}=2\sigma_1+2i_1(l_1-l_0)+2\sigma_2+2i_2(l_f-l_1) \quad (4.6-10)$$

当 $l_0<x\leqslant l_1$ 时：

$$\sigma_{l1}=2i_1(l_1-x)+2\sigma_2+2i_2(l_f-l_1) \quad (4.6-11)$$

当 $l_1<x\leqslant l_f$ 时：

$$\sigma_{l1}=2i_2(l_f-x) \quad (4.6-12)$$

式中 i_1——预应力钢筋在 bc 段中应力近似直线变化的斜率；

i_2——预应力钢筋在折点 c 以外应力近似直线变化的斜率；

l_1——张拉端起点至预应力钢筋折点 c 的水平投影长度。

反向摩擦影响长度 l_f（m）可按式（4.6-13）计算：

$$l_f=\sqrt{\frac{aE_s}{1000i_2}-\frac{i_1(l_1-l_0)^2+2i_1l_0(l_1-l_0)+2\sigma_1l_0+2\sigma_2l_1}{i_2}+l_1^2} \quad (4.6-13)$$

$$i_1=\sigma_{con}(1-\mu\theta)\kappa \quad (4.6-14)$$

$$i_2=\sigma_{con}[1-\kappa(l_1-l_0)](1-\mu\theta)^2\kappa \quad (4.6-15)$$

$$\sigma_1=\sigma_{con}\mu\theta \quad (4.6-16)$$

$$\sigma_2=\sigma_{con}[1-\kappa(l_1-l_0)](1-\mu\theta)\mu\theta \quad (4.6-17)$$

式中 θ——从张拉端起至计算截面曲线孔道部分切线的夹角，rad。

（3）预应力钢筋与孔道壁之间的摩擦引起的预应力损失值 σ_{l2}（见图4.6-4），宜按式（4.6-18）或式（4.6-19）计算：

$$\sigma_{l2}=\sigma_{con}\left(1-\frac{1}{e^{\kappa x+\mu\theta}}\right) \quad (4.6-18)$$

式中 x——从张拉端至计算截面的孔道长度，m，亦可近似取该段孔道在纵轴上的投影长度；

θ——从张拉端至计算截面曲线孔道部分切线的夹角，rad；

μ——预应力钢筋与孔道壁的摩擦系数，按表4.6-4采用；

κ——考虑孔道每米长度局部偏差的摩擦系数，按表4.6-4采用。

当 $\kappa x+\mu\theta\leqslant 0.2$ 时，σ_{l2} 可按下列近似公式计算：

$$\sigma_{l2}=(\kappa x+\mu\theta)\sigma_{con} \qquad (4.6-19)$$

式（4.6-18）可写成以下形式：

$$\sigma_{l2}=\sigma_{con}\left(1-\frac{1}{e^{\kappa x+\mu\theta}}\right)=\beta\sigma_{con} \qquad (4.6-20)$$

式中 β——系数，可由表4.6-5查得。

表4.6-5　预应力钢筋与孔壁摩擦损失 σ_{l2} 的计算系数 β

$\kappa x+\mu\theta$	β	$\kappa x+\mu\theta$	β
0.005	0.00499	0.110	0.10417
0.010	0.00995	0.115	0.10863
0.015	0.01489	0.120	0.11308
0.020	0.01980	0.125	0.11750
0.025	0.02469	0.130	0.12190
0.030	0.02955	0.135	0.12628
0.035	0.03439	0.140	0.13064
0.040	0.03921	0.145	0.13498
0.045	0.04400	0.150	0.13929
0.050	0.04877	0.155	0.14358
0.055	0.05351	0.160	0.14786
0.060	0.05824	0.165	0.15211
0.065	0.06293	0.170	0.15634
0.070	0.06761	0.175	0.16054
0.075	0.07226	0.180	0.16473
0.080	0.07688	0.185	0.16890
0.085	0.08149	0.190	0.17304
0.090	0.08607	0.195	0.17717
0.095	0.09063	0.200	0.18127
0.100	0.09516	0.205	0.18535
0.105	0.09968	0.210	0.18942

续表

$\kappa x+\mu\theta$	β	$\kappa x+\mu\theta$	β
0.215	0.19346	0.285	0.24799
0.220	0.19748	0.290	0.25174
0.225	0.20148	0.295	0.25547
0.230	0.20547	0.300	0.25918
0.235	0.20943	0.305	0.26288
0.240	0.21337	0.310	0.26655
0.245	0.21730	0.315	0.27021
0.250	0.22120	0.320	0.27385
0.255	0.22508	0.325	0.27747
0.260	0.22895	0.330	0.28108
0.265	0.23279	0.335	0.28466
0.270	0.23662	0.340	0.28823
0.275	0.24043	0.345	0.29178
0.280	0.24422	0.350	0.29531

（4）混凝土收缩、徐变引起受拉区和受压区预应力钢筋的预应力损失值 σ_{l5}、σ'_{l5}，一般情况下可按式（4.6-21）～式（4.6-24）计算。

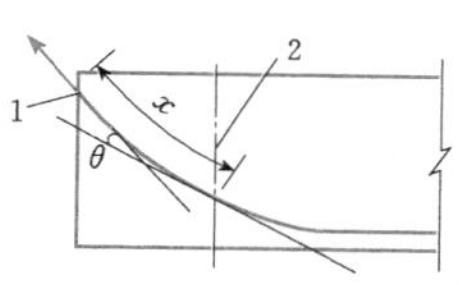

图4.6-4　预应力摩擦损失 σ_{l2} 的计算
1—张拉端；2—计算截面

1）先张法构件：

$$\sigma_{l5}=\frac{45+\dfrac{280\sigma_{pc}}{f'_{cu}}}{1+15\rho} \qquad (4.6-21)$$

$$\sigma'_{l5}=\frac{45+\dfrac{280\sigma'_{pc}}{f'_{cu}}}{1+15\rho'} \qquad (4.6-22)$$

2）后张法构件：

$$\sigma_{l5}=\frac{35+\dfrac{280\sigma_{pc}}{f'_{cu}}}{1+15\rho} \qquad (4.6-23)$$

$$\sigma'_{l5}=\frac{35+\dfrac{280\sigma'_{pc}}{f'_{cu}}}{1+15\rho'} \qquad (4.6-24)$$

式中 σ_{pc}、σ'_{pc}——受拉区、受压区预应力钢筋在各自合力点处的混凝土法向压应力；

f'_{cu}——施加预应力时的混凝土立方体抗压强度；

ρ、ρ'——受拉区、受压区预应力钢筋和非预应力钢筋（普通钢筋）的配筋率，对于先张法构件，$\rho=(A_p+A_s)/A_0$、$\rho'=(A'_p+A'_s)/A_0$；对于后张法构件，$\rho=(A_p+A_s)/A_n$、$\rho'=(A'_p+A'_s)/A_n$；对于对称配置预应力钢筋和非预应力钢筋的构件，配筋率 ρ、ρ' 应分别按钢筋总截面面积的一半计算；

A_p、A'_p——受拉区、受压区纵向预应力钢筋的截面面积；

A_s、A'_s——受拉区、受压区纵向非预应力钢筋的截面面积；

A_0——换算截面面积，包括净截面面积以及全部纵向预应力钢筋截面面积换算成混凝土的截面面积。

在计算受拉区、受压区预应力钢筋合力点处的混凝土法向压应力 σ_{pc}、σ'_{pc} 时，预应力损失值仅考虑混凝土预压前（第一批）的损失，非预应力钢筋中的应力 σ_{l5}、σ'_{l5} 应取等于零；σ_{pc}、σ'_{pc} 值不得大于 $0.5f'_{cu}$；当 σ'_{pc} 为拉应力时，则式（4.6－22）、式（4.6－24）中的 σ'_{pc} 应等于零；计算 σ_{pc}、σ'_{pc} 时可根据构件制作情况考虑自重的影响。

当结构处于年平均相对湿度低于40%的环境下，σ_{l5}、σ'_{l5} 值应增加30%。

对于重要结构，当需要考虑施加预应力时混凝土龄期、结构理论厚度等因素对混凝土收缩徐变的影响，以及需要考虑不同时间的影响时，可按以下方法计算：

1）由混凝土收缩徐变引起的预应力损失终极值可按下列公式计算：

$$\sigma_{l5}=\frac{0.9\alpha_E\sigma_{pc}\varphi_\infty+E_s\varepsilon_\infty}{1+15\rho} \quad (4.6-25)$$

$$\sigma'_{l5}=\frac{0.9\alpha_E\sigma'_{pc}\varphi_\infty+E_s\varepsilon_\infty}{1+15\rho'} \quad (4.6-26)$$

式中　σ_{pc}——受拉区预应力钢筋合力点处，由预加力（扣除相应阶段预应力损失）和梁自重产生的混凝土法向压应力，其值不得大于 $0.5f'_{cu}$；对简支梁可取跨中截面与1/4跨度处截面的平均值；对连续梁和框架，可取若干代表性截面的平均值；

σ'_{pc}——受压区预应力钢筋合力点处，由预加力（扣除相应阶段预应力损失）和梁自重产生的混凝土法向压应力，其值不得大于 $0.5f'_{cu}$；当 σ'_{pc} 为拉应力时，取 $\sigma'_{pc}=0$；

φ_∞——混凝土徐变系数终极值；

ε_∞——混凝土收缩应变终极值；

E_s——预应力钢筋弹性模量；

α_E——预应力钢筋弹性模量与混凝土弹性模量之比；

ρ、ρ'——受拉区、受压区钢筋配筋率，对先张法构件，$\rho=(A_p+A_s)/A_0$、$\rho'=(A'_p+A'_s)/A_0$；对后张法构件，$\rho=(A_p+A_s)/A_n$、$\rho'=(A'_s+A'_s)/A_n$。

混凝土收缩应变终极值 ε_∞ 和徐变系数终极值 φ_∞ 应由试验实测得出，当无可靠资料时，也可按表4.6－6采用。在年平均相对湿度低于40%的条件下使用的结构，表列数值应增加30%。

表4.6－6　混凝土收缩应变、徐变系数的终极值

预加力时混凝土龄期（d）	理论厚度2A/u（mm）							
	100	200	300	≥600	100	200	300	≥600
	收缩应变终极值 ε_∞（$\times10^{-4}$）				徐变系数终极值 φ_∞			
3	2.50	2.00	1.70	1.10	3.0	2.5	2.3	2.0
7	2.30	1.90	1.60	1.10	2.6	2.2	2.0	1.8
10	2.17	1.86	1.60	1.10	2.4	2.1	1.9	1.7
14	2.00	1.80	1.60	1.10	2.2	1.9	1.7	1.5
28	1.70	1.60	1.50	1.10	1.8	1.5	1.4	1.2
≥60	1.40	1.40	1.30	1.00	1.4	1.2	1.1	1.0

注　1. 预加力时混凝土的龄期，对先张法构件可取3～7d，对后张法构件可取7～28d。
2. A 为构件截面面积；u 为该截面与大气接触的周边长度。
3. 当实际构件理论厚度和预加力时混凝土龄期为中间值时，可按线性内插法确定。

2）当能预先确定构件承受外荷载的时间时，可考虑时间的影响。不同时间的 σ_{l5}、σ'_{l5} 可由按式（4.6－25）、式（4.6－26）求得的终极值再乘以时间影响系数得出。时间影响系数见表4.6－7中混凝土收缩、徐变损失一栏中的值。

考虑预加应力时的龄期、理论厚度影响的混凝土收缩应变和徐变系数终极值，以及松弛损失和收缩、徐变中间值系数等一般适用于水泥用量为400～500kg/m^3、水灰比为0.34～0.42、周围空气相对湿度为60%～80%的情况。对坍落度大的泵送混凝土，或周围空气相对湿度为40%～60%的情况，宜根据实际情况考虑混凝土收缩、徐变引起预应力损失值增大的影响，或采用其他可靠数据。

表4.6-7 时间影响系数

时间（d）	钢筋应力松弛损失	混凝土收缩、徐变损失
2	0.50	—
10	0.77	0.33
20	0.88	0.37
30	0.95	0.40
40	1.00	0.43
60	1.00	0.50
90	1.00	0.60
180	1.00	0.75
365	1.00	0.85
1095	1.00	1.00

混凝土收缩徐变引起的预应力损失 σ_{l5} 在预应力总损失中占的比重比较大，在设计中宜采取措施以减少之。例如，控制混凝土预压应力 $\sigma_{pc} \leqslant 0.5f'_{cu}$，以避免发生非线性徐变；采用高强度等级水泥，以减少水泥用量；采用级配良好的骨料及掺加高效减水剂，以减小水灰比；振捣密实，加强养护等。

（5）后张法构件的预应力钢筋采用分批张拉时，应考虑后批张拉钢筋所产生的混凝土弹性压缩（或伸长）对先批张拉钢筋的影响，将先批张拉钢筋的张拉控制应力值 σ_{con} 增加（或减小）$\alpha_E\sigma_{pci}$。其中，σ_{pci} 为后批张拉钢筋在先批张拉钢筋重心处产生的混凝土法向应力；α_E 为预应力钢筋弹性模量与混凝土弹性模量的比值。

2. 预应力损失值的组合

预应力构件在各阶段预应力损失值的组合，可按表4.6-8进行。

表4.6-8 各阶段预应力损失值的组合

项次	预应力损失值的组合	先张法构件	后张法构件
1	混凝土预压前（第一批）的损失	$\sigma_{l1}+\sigma_{l2}+\sigma_{l3}+\sigma_{l4}$	$\sigma_{l1}+\sigma_{l2}$
2	混凝土预压后（第二批）的损失	σ_{l5}	$\sigma_{l4}+\sigma_{l5}+\sigma_{l6}$

注 先张法构件由于钢筋应力松弛引起的损失值 σ_{l4} 在第一批和第二批损失中所占的比例，如需区分，可根据实际情况确定。

3. 预应力损失的近似估计值

在设计中估算预应力筋数量时就要知道预应力总损失值，为此国内外规范和设计建议提出了许多方法以近似估计预应力损失值，可供参考使用。

对于一般性能的钢材与混凝土，在一般天气条件下养护的结构，预应力总损失及各组成因素损失的平均值，可用预加力的百分比表示，见表4.6-9。

表4.6-9 用预加力的百分比表达的分项损失和总损失 %

损失项目	先张法	后张法
混凝土弹性压缩	4	1
混凝土收缩	7	6
混凝土徐变	6	5
钢材松弛	8	8
总损失	25	20

表4.6-9已考虑了适当的超张拉以降低松弛损失和抵消摩擦与锚固损失，凡未被克服的摩擦损失必须另加。此外，当条件偏离一般情况时，应做相应的增减。例如，当构件的平均预压应力 N_p/A_c 较高，如为7N/mm² 时，则先张法的总损失大约应增加到30%，后张法总损失大约应增加到25%。当平均应力 N_p/A_c 较低，如为1.7N/mm² 时，则后张法和先张法的总损失应分别降低到大约15%和18%。

预应力总损失还与预应力筋的布置有关，对于单跨梁或多跨梁的边跨，总损失约为预加力的20%～30%；二跨至三跨内支座及第二跨跨中，总损失约为预加力的30%～40%；第三跨跨中，总损失约为预加力的40%～50%。

4.6.1.3 由预应力产生的混凝土法向应力及相应阶段预应力钢筋的应力计算

在预应力混凝土构件的承载力及抗裂验算中，各阶段的混凝土和预应力钢筋、非预应力钢筋的应力可按表4.6-10所列的公式计算。

表4.6-10 预应力构件的应力计算公式

应力名称	先张法构件	后张法构件
由预加力产生的混凝土法向应力	$\sigma_{pc}=\dfrac{N_{p0}}{A_0}\pm\dfrac{N_{p0}e_{p0}}{I_0}y_0$	$\sigma_{pc}=\dfrac{N_p}{A_n}\pm\dfrac{N_pe_{pn}}{I_n}y_n\pm\dfrac{M_2}{I_n}y_n$

续表

应　力　名　称	先张法构件	后张法构件
预应力钢筋的有效预应力	$\sigma_{pe}=\sigma_{con}-\sigma_l-\alpha_E\sigma_{pc}$	$\sigma_{pe}=\sigma_{con}-\sigma_l$
非预应力钢筋的应力	$\sigma_s=\alpha_E\sigma_{pc}$	$\sigma_s=\alpha_E\sigma_{pc}$
预应力钢筋合力点处混凝土法向应力为零时的预应力钢筋的应力	$\sigma_{p0}=\sigma_{con}-\sigma_l$	$\sigma_{p0}=\sigma_{con}-\sigma_l+\alpha_E\sigma_{pc}$

注　1. A_n 为净截面面积，即扣除孔道、凹槽等削弱部分以外的混凝土全部截面面积及纵向非预应力钢筋截面面积换算成混凝土的截面面积之和，由不同强度等级混凝土组成的截面，应根据混凝土弹性模量比值换算成同一混凝土强度等级的截面面积；I_0、I_n 为换算截面、净截面的惯性矩；e_{p0}、e_{pn} 为换算截面重心、净截面重心至预应力钢筋及非预应力钢筋合力点的距离；y_0、y_n 为换算截面重心、净截面重心至所计算纤维处的距离；σ_l 为相应阶段的预应力损失值；α_E 为钢筋弹性模量与混凝土弹性模量的比值，$\alpha_E=E_s/E_c$；N_{p0}、N_p 为先张法构件、后张法构件的预应力及非预应力钢筋的合力；M_2 为由预加力 N_p 在后张法预应力混凝土超静定结构中产生的次弯矩。

2. 由预加力产生的混凝土法向应力计算公式中，右边第二项、第三项与第一项的应力方向相同时取加号，相反时取减号。预应力钢筋的有效预应力、后张法构件预应力钢筋合力点处混凝土法向应力为零时的预应力钢筋的应力适用于 σ_{pc} 为压应力的情况，当 σ_{pc} 为拉应力时，应以负值代入。

3. 后张法无粘结预应力结构构件的计算应另行研究。

4.6.1.4　预应力钢筋和非预应力钢筋的合力及合力点的偏心距计算

（1）先张法构件［见图4.6-5（a）］，按式（4.6-27）和式（4.6-28）计算：

$$N_{p0}=\sigma_{p0}A_p+\sigma'_{p0}A'_p-\sigma_{l5}A_s-\sigma'_{l5}A'_s \tag{4.6-27}$$

$$e_{p0}=\frac{\sigma_{p0}A_py_p-\sigma'_{p0}A'_py'_p-\sigma_{l5}A_sy_s+\sigma'_{l5}A'_sy'_s}{\sigma_{p0}A_p+\sigma'_{p0}A'_p-\sigma_{l5}A_s-\sigma'_{l5}A'_s} \tag{4.6-28}$$

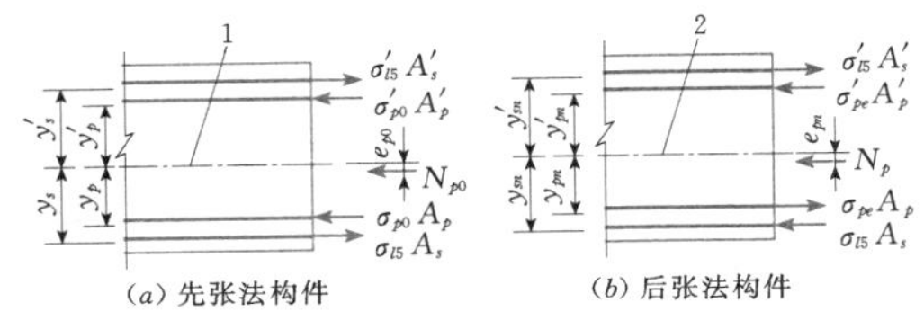

图4.6-5　预应力钢筋及非预应力钢筋合力位置

1—换算截面重心轴；2—净截面重心轴

（2）后张法构件［见图4.6-5（b）］，按式（4.6-29）和式（4.6-30）计算：

$$N_p=\sigma_{pe}A_p+\sigma'_{pe}A'_p-\sigma_{l5}A_s-\sigma'_{l5}A'_s \tag{4.6-29}$$

$$e_{pn}=\frac{\sigma_{pe}A_py_{pn}-\sigma'_{pe}A'_py'_{pn}-\sigma_{l5}A_sy_{sn}+\sigma'_{l5}A'_sy'_{sn}}{\sigma_{pe}A_p+\sigma'_{pe}A'_p-\sigma_{l5}A_s-\sigma'_{l5}A'_s} \tag{4.6-30}$$

式中　σ_{p0}、σ'_{p0}——受拉区、受压区预应力钢筋合力点处混凝土法向应力为零时的预应力钢筋应力；

σ_{pe}、σ'_{pe}——受拉区、受压区预应力钢筋的有效预应力；

y_p、y'_p——受拉区、受压区预应力合力点至换算截面重心的距离；

y_s、y'_s——受拉区、受压区非预应力钢筋重心至换算截面重心的距离；

σ_{l5}、σ'_{l5}——受拉区、受压区预应力钢筋在各自合力点处混凝土收缩和徐变引起的预应力损失值；

y_{pn}、y'_{pn}——受拉区、受压区预应力合力点至净截面重心的距离；

y_{sn}、y'_{sn}——受拉区、受压区非预应力钢筋重心至净截面重心的距离。

注：当式（4.6-27）～式（4.6-30）中的 $A'_p=0$ 时，可取式中的 $\sigma'_{l5}=0$。

4.6.1.5　相对界限受压区计算高度 ξ_b 和钢筋应力计算

（1）纵向预应力钢筋受拉屈服和受压区混凝土破坏同时发生时的相对界限受压区计算高度 ξ_b 应按下列公式计算。

非预应力有屈服点钢筋（热轧钢筋）有屈服点钢筋（热轧钢筋）：

$$\xi_b=\frac{x_b}{h_0}=\frac{0.8}{1.0+\dfrac{f_y}{0.0033E_s}} \tag{4.6-31}$$

预应力无屈服点钢筋（钢丝、钢绞线、钢棒、螺纹钢筋）：

$$\xi_b=\frac{x_b}{h_0}=\frac{0.8}{1.6+\dfrac{f_{py}-\sigma_{p0}}{0.0033E_s}} \tag{4.6-32}$$

式中　h_0——截面有效高度；

x_b——界限受压区计算高度；

f_y——非预应力有屈服点纵向受拉钢筋的强度设计值，按表4.2-7采用；

f_{py}——预应力无屈服点纵向受拉钢筋的强度设计值，按表4.2-8采用；

E_s——钢筋弹性模量；

σ_{p0}——受拉区纵向预应力钢筋合力点处混凝土法向应力为零时的预应力钢筋应力。

注：截面受拉区内配置有不同种类的钢筋或不同的预应力值的受弯构件，其相对界限受压区计算高度应分别计算，并取其较小值。

(2) 纵向钢筋应力可根据截面应变保持平面的假定计算，也可按式(4.6-33)～式(4.6-36)计算。

非预应力钢筋：

$$\sigma_{si}=\frac{f_y}{\xi_b-0.8}\left(\frac{x}{h_{0i}}-0.8\right) \quad (4.6-33)$$

预应力钢筋：

$$\sigma_{pi}=\frac{f_{py}-\sigma_{p0i}}{\xi_b-0.8}\left(\frac{x}{h_{0i}}-0.8\right)+\sigma_{p0i} \quad (4.6-34)$$

式中 h_{0i}——第 i 层纵向钢筋截面重心至混凝土受压区边缘的距离；

x——混凝土受压区计算高度；

σ_{si}、σ_{pi}——第 i 层纵向的非预应力钢筋、预应力钢筋的应力，正值代表拉应力，负值代表压应力；

σ_{p0i}——第 i 层纵向预应力钢筋截面重心处混凝土法向应力为零时预应力钢筋应力。

此时，钢筋应力应符合下列条件：

$$-f'_y\leqslant\sigma_{si}\leqslant f_y \quad (4.6-35)$$

$$\sigma_{p0i}-f'_{py}\leqslant\sigma_{pi}\leqslant f_{py} \quad (4.6-36)$$

式中 f'_y、f'_{py}——纵向的非预应力钢筋、预应力钢筋的抗压强度设计值，按表4.2-8采用。

σ_{si} 为拉应力且其值大于 f_y 时，取 $\sigma_{si}=f_y$；σ_{si} 为压应力且其绝对值大于 f'_y 时，取 $\sigma_{si}=-f'_y$。

σ_{pi} 为拉应力且其值大于 f_{py} 时，取 $\sigma_{pi}=f_{py}$；σ_{pi} 为压应力且其绝对值大于 $(\sigma_{p0i}-f'_{py})$ 的绝对值时，取 $\sigma_{pi}=\sigma_{p0i}-f'_{py}$。

4.6.1.6 后张法预应力混凝土超静定结构的次内力

(1) 后张法预应力混凝土超静定结构，在进行正截面受弯承载力计算及抗裂验算时，弯矩设计值中次弯矩应参与组合；在进行斜截面受剪承载力计算及抗裂验算时，剪力设计值中次剪力应参与组合。

在对截面进行受弯及受剪承载力计算时，当参与组合的次弯矩、次剪力对结构不利时，预应力分项系数应取1.05；有利时，应取0.95。

在对截面进行受弯及受剪的抗裂验算时，参与组合的次弯矩、次剪力的预应力分项系数应取1.0。

(2) 按弹性分析计算时，次弯矩 M_2 宜按式(4.6-37)和式(4.6-38)计算：

$$M_2=M_r-M_1 \quad (4.6-37)$$

$$M_1=N_pe_{pn} \quad (4.6-38)$$

式中 N_p——预应力钢筋及非预应力钢筋的合力；

e_{pn}——净截面重心至预应力钢筋及非预应力钢筋合力点的距离；

M_1——预加力 N_p 对净截面重心偏心引起的弯矩值；

M_r——由预加力 N_p 的等效荷载在结构构件截面上产生的弯矩值。

(3) 次剪力宜根据构件各截面次弯矩的分布按结构力学方法计算。

4.6.1.7 先张法构件预应力钢筋的预应力传递长度 l_{tr} 和锚固长度 l_a

(1) 先张法构件预应力钢筋的预应力传递长度 l_{tr}，按下式计算：

$$l_{tr}=\alpha\frac{\sigma_{pe}}{f'_{tk}}d \quad (4.6-39)$$

式中 σ_{pe}——放张时预应力钢筋的有效预应力；

d——预应力钢筋的公称直径；

α——预应力钢筋的外形系数，按表4.6-11采用；

f'_{tk}——与放张时混凝土立方体抗压强度 f'_{cu} 相应的轴心抗拉强度标准值，按表4.2-1以线性内插法确定。

表4.6-11 预应力钢筋的外形系数

钢筋类型	刻痕钢丝、螺旋槽钢棒	螺旋肋钢丝、螺旋肋钢棒	二、三股钢绞线	七股钢绞线	螺纹钢筋
α	0.19	0.13	0.16	0.17	0.14

当采用骤然放松预应力钢筋的施工工艺时，l_{tr} 的起点应从距构件末端 $0.25l_{tr}$ 处开始计算。

(2) 预应力钢筋的锚固长度 l_a，按下式计算：

$$l_a=\alpha\frac{f_{py}}{f_t}d \quad (4.6-40)$$

式中 f_{py}——预应力钢筋的抗拉强度设计值；

f_t——混凝土轴心抗拉强度设计值，当混凝土强度等级高于C40时，按C40取值；

d——钢筋的公称直径；

α——预应力钢筋的外形系数，按表4.6-11采用。

当采用骤然放松预应力钢筋的施工工艺时，先张法预应力钢筋的锚固长度应从距构件末端0.25 l_{tr}处开始计算，该处l_{tr}为预应力传递长度，按式（4.6-39）确定。

计算先张法预应力混凝土构件端部锚固区的正截面和斜截面受弯承载力时，锚固长度范围内的预应力钢筋抗拉强度设计值在锚固起点处应取为零，在锚固终点处应取为f_{py}，两点之间可按线性内插法确定。

4.6.2　受弯构件正截面受弯承载力计算

4.6.2.1　矩形截面或翼缘位于受拉区的T形截面

矩形截面或翼缘位于受拉区的T形截面受弯构件（见图4.6-6），其正截面受弯承载力应按下式计算：

$$M \leqslant \frac{1}{\gamma_d}\left[f_c bx\left(h_0-\frac{x}{2}\right)+f'_y A'_s(h_0-a'_s)-(\sigma'_{p0}-f'_{py})A'_p(h_0-a'_p)\right] \tag{4.6-41}$$

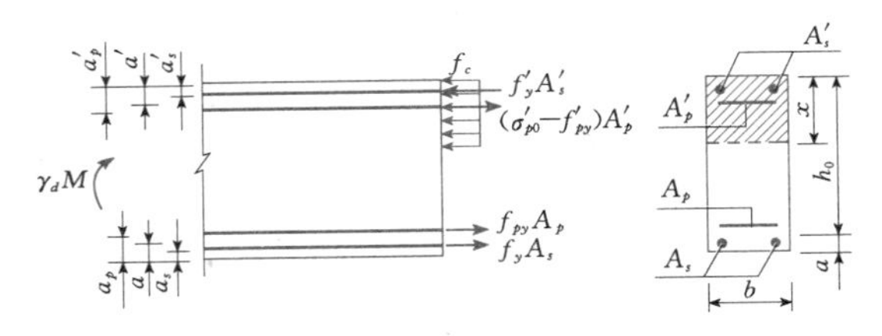

图4.6-6　矩形截面受弯构件正截面受弯承载力计算

混凝土受压区高度应按下列公式计算：

$$f_c bx = f_y A_s - f'_y A'_s + f_{py} A_p + (\sigma'_{p0} - f'_{py})A'_p \tag{4.6-42}$$

混凝土受压区的计算高度尚应符合下列规定：

$$x \leqslant \xi_b h_0 \tag{4.6-43}$$

$$x \geqslant 2a' \tag{4.6-44}$$

式中　M——弯矩设计值；

f_c——混凝土轴心抗压强度设计值；

A_p、A'_p——受拉区、受压区纵向预应力钢筋的截面面积；

A_s、A'_s——受拉区、受压区纵向非预应力钢筋的截面面积；

γ_d——预应力混凝土结构的结构系数，按表4.1-5采用；

σ'_{p0}——受压区纵向预应力钢筋合力点处混凝土法向应力等于零时的预应力钢筋应力，按表4.6-10所列公式计算；

b——矩形截面的宽度或倒T形截面的腹板宽度；

h_0——截面有效高度；

a'_s、a'_p——受压区纵向非预应力钢筋合力点、预应力钢筋合力点至截面受压区边缘的距离；

a'——纵向受压钢筋合力点至受压区边缘的距离，当受压区未配置纵向预应力钢筋或受压区纵向预应力钢筋的应力（$\sigma'_{p0}-f'_{py}$）为拉应力时，式（4.6-44）中应用a'_s代替a'。

注： 按SL 191设计时，式（4.6-43）改为$x \leqslant 0.85\xi_b h_0$。

4.6.2.2　翼缘位于受压区的T形截面

翼缘位于受压区的T形截面受弯构件（见图4.6-7），其正截面受弯承载力应按下列公式计算。

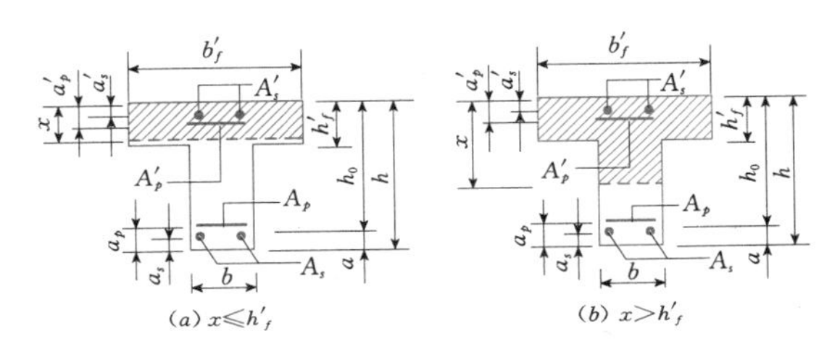

图4.6-7　T形截面受弯构件受压区高度

（1）当符合

$$f_y A_s + f_{py} A_p \leqslant f_c b'_f h'_f + f'_y A'_s - (\sigma'_{p0} - f'_{py})A'_p \tag{4.6-45}$$

或

$$M \leqslant \frac{1}{\gamma_d}\left[f_c b'_f h'_f\left(h_0-\frac{h'_f}{2}\right)+f'_y A'_s(h_0-a'_s)-(\sigma'_{p0}-f'_{py})A'_p(h_0-a'_p)\right] \tag{4.6-46}$$

条件时，应按宽度为b'_f的矩形截面计算。

（2）当不符合式（4.6-45）、式（4.6-46）的条件时，计算中应考虑截面中腹板受压的作用，其正截面受弯承载力应按下式计算：

$$M \leqslant \frac{1}{\gamma_d}\left[f_c bx\left(h_0-\frac{x}{2}\right)+f_c(b'_f-b)h'_f\left(h_0-\frac{h'_f}{2}\right)+f'_y A'_s(h_0-a'_s)-(\sigma'_{p0}-f'_{py})A'_p(h_0-a'_p)\right] \tag{4.6-47}$$

式中　h'_f——T形截面受压区的翼缘高度；

b'_f——T形截面受压区的翼缘计算宽度，按

表 4.4-7 的规定确定。

混凝土受压区计算高度应按下式计算：

$$f_c[bx+(b'_f-b)h'_f]=f_yA_s-f'_yA'_s+f_{py}A_p+(\sigma'_{p0}-f'_{py})A'_p \tag{4.6-48}$$

按上述公式计算 T 形截面受弯构件时，混凝土受压区的计算高度仍应符合式（4.6-43）、式（4.6-44）的规定。

当计算中计入纵向非预应力受压钢筋而不符合式（4.6-44）的条件时，正截面受弯承载力应按下式计算：

$$M\leqslant\frac{1}{\gamma_d}\left[f_{py}A_p(h-a_p-a'_s)+f_yA_s(h-a_s-a'_s)+(\sigma'_{p0}-f'_{py})A'_p(a'_p-a'_s)\right] \tag{4.6-49}$$

式中 a_s、a_p——受拉区纵向非预应力钢筋、受拉区纵向预应力钢筋至受拉边缘的距离。

4.6.3 受拉构件正截面受拉承载力计算

4.6.3.1 轴心受拉构件

轴心受拉构件最终破坏时，截面全部裂通，受拉承载力应按下式计算：

$$N\leqslant\frac{1}{\gamma_d}(f_yA_s+f_{py}A_p) \tag{4.6-50}$$

式中 N——轴向力设计值；

A_s、A_p——非预应力钢筋、预应力钢筋的全部截面面积。

4.6.3.2 小偏心受拉构件

轴向力 N 作用在钢筋 A_s 与 A_p 的合力点及 A'_s 与 A'_p 的合力点之间的小偏心受拉构件（见图 4.6-8），临近破坏时截面已全部裂通，拉力全由钢筋承担，其正截面受拉承载力按下列公式计算：

$$Ne\leqslant\frac{1}{\gamma_d}[f_yA'_s(h_0-a'_s)+f_{py}A'_p(h_0-a'_p)] \tag{4.6-51}$$

$$Ne'\leqslant\frac{1}{\gamma_d}[f_yA_s(h'_0-a_s)+f_{py}A_p(h'_0-a_p)] \tag{4.6-52}$$

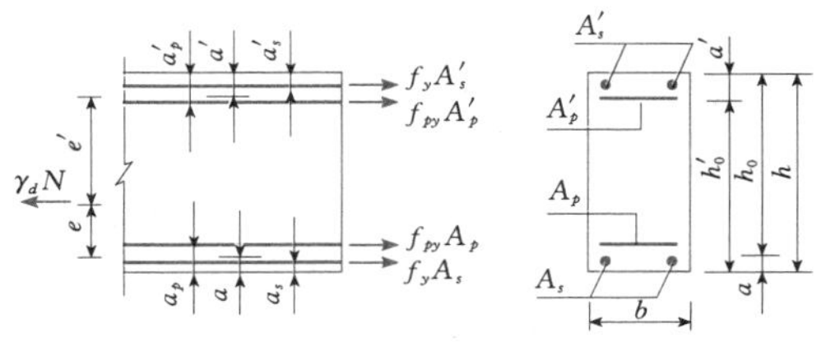

图 4.6-8 小偏心受拉构件的正截面受拉承载力计算

4.6.3.3 大偏心受拉构件

对轴向力 N 不作用在钢筋 A_s 与 A_p 的合力点及 A'_s 与 A'_p 的合力点之间的矩形截面大偏心受拉构件（见图 4.6-9），其正截面受拉承载力按下列公式计算：

$$N\leqslant\frac{1}{\gamma_d}[f_yA_s+f_{py}A_p-f'_yA'_s+(\sigma'_{p0}-f'_{py})A'_p-f_cbx] \tag{4.6-53}$$

$$Ne\leqslant\frac{1}{\gamma_d}\left[f_cbx\left(h_0-\frac{x}{2}\right)+f'_yA'_s(h_0-a'_s)-(\sigma'_{p0}-f'_{py})A'_p(h_0-a'_p)\right] \tag{4.6-54}$$

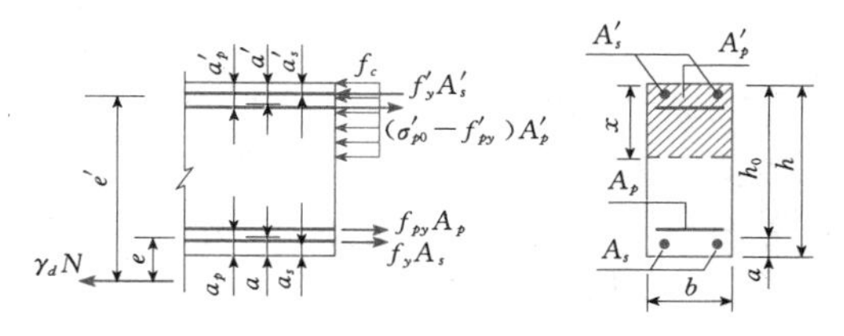

图 4.6-9 矩形截面大偏心受拉构件的正截面受拉承载力计算

此时，混凝土受压区的计算高度应符合 $x\leqslant\xi_bh_0$ 的要求。当计算中计入非预应力受压钢筋时，则尚应符合 $x\geqslant2a'$ 的条件：当 $x<2a'$ 时，可按式（4.6-52）计算。

注：按 SL 191 设计时，$x\leqslant\xi_bh_0$ 改为 $x\leqslant0.85\xi_bh_0$。

对称配筋的矩形截面偏心受拉构件的承载力，不论大、小偏心受拉情况，均可按式（4.6-52）计算。

4.6.4 受弯构件斜截面受剪承载力计算

预应力混凝土受弯构件，其受剪斜截面应符合式（4.4-85）和式（4.4-86）的规定。

斜截面受剪承载力按下列公式计算。

当仅配有箍筋时：

$$V\leqslant\frac{1}{\gamma_d}(V_c+V_{sv}+V_p) \tag{4.6-55}$$

$$V_p=0.05N_{p0} \tag{4.6-56}$$

当配有箍筋及弯起钢筋时：

$$V\leqslant\frac{1}{\gamma_d}(V_c+V_{sv}+V_p+V_{sb}+V_{pb}) \tag{4.6-57}$$

$$V_{sb}=f_yA_{sb}\sin\alpha_s \tag{4.6-58}$$

$$V_{pb}=f_{py}A_{pb}\sin\alpha_p \tag{4.6-59}$$

式中 V——构件斜截面上的剪力设计值；

V_c——混凝土的受剪承载力，按普通混凝土构件的规定计算；

V_{sv}——箍筋的受剪承载力，按普通混凝土构件的规定计算；

V_p——由预应力所提高的构件的受剪承载力；

V_{sb}——非预应力弯起钢筋的受剪承载力；

V_{pb}——预应力弯起钢筋的受剪承载力；

A_{pb}——同一弯起平面的预应力弯起钢筋的截面面积；

α_p——斜截面处预应力弯起钢筋的切线与构件纵向轴线的夹角；

N_{p0}——计算截面上混凝土法向应力为零时的预应力钢筋及非预应力钢筋的合力，按式(4.6-27)计算，当 $N_{p0}>0.3f_cA_0$ 时取 $N_{p0}=0.3f_cA_0$，当配有预应力弯起钢筋按式(4.6-56)计算 V_p 时，N_{p0} 中不考虑预应力弯起钢筋的作用。

注： 1. 当混凝土法向应力等于零时预应力钢筋及非预应力钢筋的合力 N_{p0} 引起的截面弯矩与外弯矩方向相同的情况，以及预应力混凝土连续梁和允许出现裂缝的预应力混凝土简支梁，均取 $V_p=0$。

2. 对于先张法预应力混凝土梁，在计算预应力钢筋及非预应力钢筋的合力 N_{p0} 时，应按式(4.6-39)的规定考虑预应力钢筋传递长度的影响。

预应力混凝土受弯构件，若符合

$$V\leqslant\frac{1}{\gamma_d}(V_c+V_p) \tag{4.6-60}$$

要求时，可不进行斜截面受剪承载力计算，而仅需根据“4.7.3梁”的规定，按构造要求配置箍筋。

4.6.5 抗裂验算

4.6.5.1 正截面抗裂验算

根据结构的使用要求，按结构的工作条件、环境类别等因素，预应力混凝土的裂缝控制等级划分为三级，当裂缝控制等级为一级和二级时应进行正截面抗裂验算和斜截面抗裂验算。

1. 正截面抗裂验算要求

一级——严格要求不出现裂缝的构件。按作用(荷载)的标准组合进行计算时，构件受拉边缘混凝土不应产生拉应力，即要求

$$\sigma_{ck}-\sigma_{pc}\leqslant 0 \tag{4.6-61}$$

二级——一般要求不出现裂缝的构件。按作用(荷载)的标准组合进行计算时，构件受拉边缘混凝土允许产生拉应力，但拉应力不应超过 $\alpha_{ct}\gamma f_{tk}$，即

$$\sigma_{ck}-\sigma_{pc}\leqslant\alpha_{ct}\gamma f_{tk} \tag{4.6-62}$$

式中 σ_{ck}——标准组合下抗裂验算边缘的混凝土法向应力；

σ_{pc}——扣除全部预应力损失后在抗裂验算边缘混凝土的预压应力，按表4.6-10的公式计算；

α_{ct}——混凝土拉应力限制系数，$\alpha_{ct}=0.7$；

γ——受拉区混凝土塑性影响系数，按表4.6-12采用；

f_{tk}——混凝土轴心抗拉强度标准值。

注： 对于受弯和大偏心受压的预应力混凝土构件，其预拉区在施工阶段出现裂缝的区段，式(4.6-61)、式(4.6-62)中的 σ_{pc} 和 $\alpha_{ct}\gamma f_{tk}$ 应乘以系数0.9。

表4.6-12 受拉区混凝土塑性影响系数

项次	构件类别		γ
1	受弯、偏心受压		γ_m
2	偏心受拉	当 $\sigma_m\leqslant 0$ 时	γ_m
		当 $\sigma_m>0$ 时	$\gamma_m-(\gamma_m-1)\sigma_m/f_{tk}$
3	轴心受拉		1

注 1. γ_m 为截面抵抗矩塑性系数，按表4.3-3取用；σ_m 为抗裂验算时截面上混凝土的平均应力，按式(4.6-62)、式(4.6-63)计算。

2. 对于项次2的偏心受拉构件，当 $\gamma<1.0$ 时，取 $\gamma=1.0$。

2. 截面平均应力和法向应力计算

(1) 混凝土的平均应力。抗裂验算时，截面上混凝土的平均应力 σ_m 按下列公式计算：

先张法构件
$$\sigma_m=\frac{N_k-N_{p0}}{A_0} \tag{4.6-63}$$

后张法构件
$$\sigma_m=\frac{N_k}{A_0}-\frac{N_p}{A_n} \tag{4.6-64}$$

(2) 混凝土的法向应力。在标准组合下，抗裂验算边缘混凝土的法向应力按下列公式计算：

轴心受拉构件
$$\sigma_{ck}=\frac{N_k}{A_0} \tag{4.6-65}$$

受弯构件
$$\sigma_{ck}=\frac{M_k}{W_0} \tag{4.6-66}$$

偏心受拉和偏心受压构件

$$\sigma_{ck}=\frac{M_k}{W_0}\pm\frac{N_k}{A_0} \tag{4.6-67}$$

式中 N_k、M_k——按标准组合计算的轴向力值、弯矩值；

A_0——构件换算截面面积；

W_0——构件换算截面受拉边缘的弹性抵抗矩。

注：式（4.6-67）中的右边项，当轴向力为拉力时取加号，为压力时取减号。

4.6.5.2　斜截面抗裂验算

1. 斜截面抗裂验算要求

（1）一级——严格要求不出现裂缝的构件，混凝土主拉应力应符合下式规定：

$$\sigma_{tp} \leqslant 0.85 f_{tk} \quad (4.6-68)$$

（2）二级——一般要求不出现裂缝的构件，混凝土主拉应力应符合下式规定：

$$\sigma_{tp} \leqslant 0.95 f_{tk} \quad (4.6-69)$$

（3）对于严格要求和一般要求不出现裂缝的构件，混凝土主压应力均应符合下式规定：

$$\sigma_{cp} \leqslant 0.60 f_{ck} \quad (4.6-70)$$

式中　σ_{tp}、σ_{cp}——标准组合下混凝土的主拉应力、主压应力，按式（4.6-71）确定。

此时，应选择跨度内不利位置的截面，对于该截面的换算截面重心处和截面宽度剧烈改变处进行验算。

注：对于允许出现裂缝的吊车梁，在静力计算中应符合式（4.6-69）和式（4.6-70）的规定。

2. 混凝土主拉应力和主压应力的计算

（1）混凝土主拉应力和主压应力应按下列公式计算：

$$\left.\begin{matrix}\sigma_{tp}\\ \sigma_{cp}\end{matrix}\right\} = \frac{\sigma_x + \sigma_y}{2} \pm \sqrt{\left(\frac{\sigma_x - \sigma_y}{2}\right)^2 + \tau^2} \quad (4.6-71)$$

$$\sigma_x = \sigma_{pc} + \frac{M_k y_0}{I_0} \quad (4.6-72)$$

$$\tau = \frac{(V_k - \sum \sigma_{pe} A_{pb} \sin\alpha_p) S_0}{I_0 b} \quad (4.6-73)$$

式中　V_k——按标准组合计算的剪力值；

σ_x——由预加力和弯矩值 M_k 在截面计算纤维处产生的混凝土法向应力；

σ_y——由集中荷载标准值 F_k 产生的混凝土竖向压应力；

τ——由剪力值 V_k 和预应力弯起钢筋的预加力在截面计算纤维处产生的混凝土剪应力，当计算截面上作用有扭矩时尚应考虑扭矩引起的剪应力，对于后张法预应力混凝土超静定结构构件，在计算剪应力时尚应计入预加力引起的次剪力；

σ_{pc}——扣除全部预应力损失后，在截面计算纤维处由预加力产生的混凝土法向应力，按表4.6-10所列的公式计算；

σ_{pe}——预应力钢筋的有效预应力，按表4.6-10所列的公式计算；

y_0——换算截面重心至截面计算纤维处的距离；

S_0——截面计算纤维处以上部分的换算截面面积对构件换算截面重心的面积矩；

I_0——换算截面惯性矩；

A_{pb}——计算截面处同一弯起平面内的预应力弯起钢筋的截面面积；

α_p——计算截面处预应力弯起钢筋的切线与构件纵向轴线的夹角。

注：式（4.6-71）、式（4.6-72）中的 σ_x、σ_y、σ_{pc} 和 $M_k y_0 / I_0$，当为拉应力时，以正值代入；当为压应力时，以负值代入。

（2）预应力混凝土梁在集中力作用点两侧各0.6h的长度范围内，集中荷载标准值 F_k 产生的混凝土竖向压应力和剪应力的简化分布，可按图4.6-10确定，其应力的最大值可按下列公式计算：

$$\sigma_{y,\max} = \frac{0.6F_k}{bh} \quad (4.6-74)$$

$$\tau_F = \frac{\tau^l - \tau^r}{2} \quad (4.6-75)$$

$$\tau^l = \frac{V_k^l S_0}{I_0 b} \quad (4.6-76)$$

$$\tau^r = \frac{V_k^r S_0}{I_0 b} \quad (4.6-77)$$

式中　τ^l、τ^r——位于集中荷载标准值 F_k 作用点左侧、右侧0.6h处截面上的剪应力；

τ_F——集中荷载标准值 F_k 作用截面上的剪应力；

V_k^l、V_k^r——集中荷载标准值 F_k 作用点左侧、右侧截面上的剪力标准值。

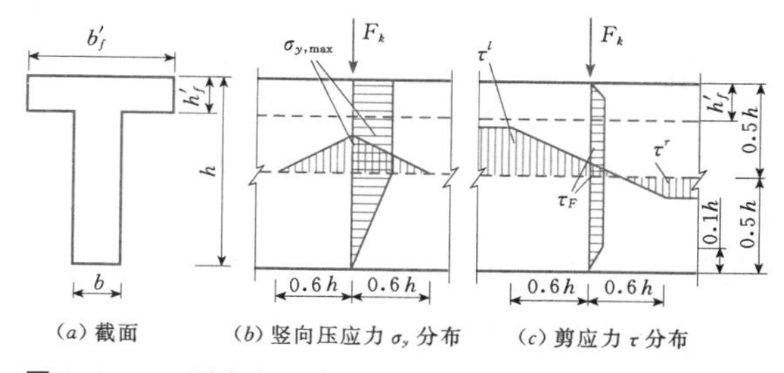

图4.6-10　预应力混凝土梁集中力作用点附近应力分布图

3. 先张法构件预应力筋在端部的实际预应力值

对先张法预应力混凝土构件端部进行斜截面受剪承载力计算以及正截面、斜截面抗裂验算时，应计入预应力钢筋在其预应力传递长度 l_{tr} 范围内实际应力

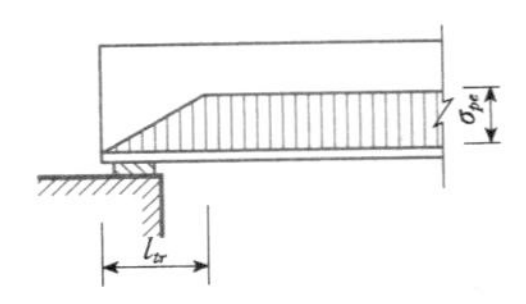

图 4.6-11 预应力传递长度 l_{tr} 范围内有效预应力值 σ_{pe} 的变化

值的变化。预应力钢筋的实际预应力按线性规律增大，在构件端部应取为零，在其预应力传递长度的末端取有效预应力值 σ_{pe}（见图 4.6-11），预应力钢筋的预应力传递长度 l_{tr} 应按式（4.6-39）确定。

4.6.6 裂缝宽度验算

当预应力混凝土构件的裂缝控制等级为三级时，应验算裂缝宽度。按标准组合并考虑长期作用影响的最大裂缝宽度计算值 w_{max} 不应超过表 4.1-10 规定的限值，即

$$w_{max} \leqslant w_{lim} \tag{4.6-78}$$

4.6.6.1 最大裂缝宽度计算公式

矩形、T形和I形截面的预应力混凝土轴心受拉和受弯构件，按标准组合并考虑长期作用影响的最大裂缝宽度可按下列公式计算。

（1）DL/T 5057。

$$w_{max} = \alpha_{cr}\psi\frac{\sigma_{sk}-\sigma_0}{E_s}l_{cr} \tag{4.6-79}$$

$$\psi = 1-1.1\frac{f_{tk}}{\rho_{te}\sigma_{sk}} \tag{4.6-80}$$

$$l_{cr} = \left(2.2c+0.09\frac{d}{\rho_{te}}\right)\nu \quad (20\text{mm} \leqslant c \leqslant 65\text{mm}) \tag{4.6-81}$$

或

$$l_{cr} = \left(65+1.2c+0.09\frac{d}{\rho_{te}}\right)\nu \quad (65\text{mm} < c \leqslant 150\text{mm}) \tag{4.6-82}$$

其中

$$\rho_{te} = \frac{A_s+A_p}{A_{te}}$$

式中 α_{cr}——考虑构件受力特征的系数，对于预应力混凝土受弯构件取 $\alpha_{cr}=1.90$，对于预应力混凝土轴心受拉构件取 $\alpha_{cr}=2.35$；

ν——考虑钢筋表面形状的系数，按表 4.6-13 取用；

ρ_{te}——纵向受拉钢筋（非预应力钢筋 A_s 及预应力钢筋 A_p）的有效配筋率，当 $\rho_{te}<0.03$ 时，取 $\rho_{te}=0.03$；

A_{te}——有效受拉混凝土截面面积，对于受弯构件，取为其重心与 A_s 及 A_p 重心相一致的混凝土面积，即 $A_{te}=2ab$，其中 a 为受拉钢筋（A_s 及 A_p）重心距截面受拉边缘的距离，b 为矩形截面的宽度，对有受拉翼缘的倒T形及I形截面，b 为受拉翼缘宽度；对轴心受拉构件，当预应力钢筋配置在截面中心范围时，则 A_{te} 取为构件全截面面积；

A_p——受拉区纵向预应力钢筋截面面积，对于受弯构件，取受拉区纵向预应力钢筋截面面积；对轴心受拉构件，A_p 取全部纵向预应力钢筋截面面积；

σ_{sk}——按标准组合计算的预应力混凝土构件纵向受拉钢筋的等效应力，按式（4.6-84）、式（4.6-85）计算；

其他符号意义同式（4.5-9）。

（2）SL 191。

$$w_{max} = \alpha\alpha_1\frac{\sigma_{sk}}{E_s}\left(30+c+\frac{0.07d}{\rho_{te}}\right) \tag{4.6-83}$$

式中 α——考虑构件受力特征和荷载长期作用的综合影响系数，对预应力混凝土受弯构件取 $\alpha=2.1$，对预应力混凝土轴心受拉构件取 $\alpha=2.7$；

α_1——考虑钢筋表面形状和预应力张拉方法的系数，按表 4.6-14 采用；

其他符号意义同式（4.5-13）及式（4.6-79）。

表 4.6-13 考虑钢筋表面形状和预应力张拉方法的系数 ν

钢筋类别	非预应力钢筋		先张法预应力钢筋			后张法预应力钢筋		
	光圆钢筋	带肋钢筋	螺旋肋钢棒	螺旋钢筋	钢绞线、钢丝、螺旋槽钢棒	螺旋肋钢棒	螺旋钢筋	钢绞线、钢丝、螺旋槽钢棒
ν	1.4	1.0	1.0	1.0	1.2	1.1	1.2	1.5

注 当采用不同种类的钢筋时，系数 ν 按钢筋面积加权平均取值。

表 4.6-14 考虑钢筋表面形状和预应力张拉方法的系数 α_1

钢筋类别	非预应力带肋钢筋	先张法预应力钢筋		后张法预应力钢筋	
		螺旋肋钢棒	钢绞线、钢丝螺旋槽钢棒	螺旋肋钢棒	钢绞线、钢丝螺旋槽钢棒
α_1	1.0	1.0	1.2	1.1	1.4

注 1. 螺纹钢筋的系数 α_1 取为 1.0。
2. 当采用不同种类的钢筋时，系数 α_1 按钢筋面积加权平均取值。

4.6.6.2 纵向受拉钢筋的等效应力计算

在标准组合下，预应力混凝土构件受拉区纵向钢筋的等效应力可按下列公式计算：

（1）轴心受拉构件：

$$\sigma_{sk}=\frac{N_k-N_{p0}}{A_s+A_p} \qquad (4.6-84)$$

（2）受弯构件：

$$\sigma_{sk}=\frac{M_k\pm M_2-N_{p0}(z-e_p)}{(A_s+A_p)z} \qquad (4.6-85)$$

$$e=\frac{M_k\pm M_2}{N_{p0}}+e_p \qquad (4.6-86)$$

式中 z——受拉区纵向非预应力钢筋和预应力钢筋合力点至截面受压区合力点的距离，可按式（4.5-17）计算，其中 e 按式（4.6-86）计算；

e_p——混凝土法向应力等于零时全部纵向预应力和非预应力钢筋的合力 N_{p0} 的作用点至纵向预应力和非预应力钢筋合力点的距离；

A_p——受拉区纵向预应力钢筋截面面积，对于轴心受拉构件，取全部纵向预应力钢筋截面面积；对于受弯构件，取受拉区纵向预应力钢筋截面面积；

A_s——受拉区纵向钢筋截面面积，对于轴心受拉构件，取全部纵向钢筋截面面积，对于受弯构件，取受拉区纵向钢筋截面面积；

M_2——后张法预应力混凝土超静定结构构件中的次弯矩，按式（4.6-37）的确定。

注：1. 在式（4.6-85）、式（4.6-86）中，当 M_2 与 M_k 的作用方向相同时，取加号；当 M_2 与 M_k 的作用方向相反时，取减号。

2. SL 191 没有列入预应力超静定结构的计算内容，故在公式中不考虑次弯矩 M_2 的影响，即在式（4.6-85）、式（4.6-86）及表 4.6-10 的 σ_{pc} 算式中均不出现 M_2 值。

4.6.6.3 用名义拉应力控制裂缝宽度

名义拉应力控制裂缝宽度的方法是假定混凝土截面未开裂，按匀质截面计算出混凝土的名义拉应力，并根据大量试验数据建立与容许的最大裂缝宽度相对应的混凝土容许名义拉应力。这种方法比较简明，省略了包括开裂截面分析在内的冗长计算，且具有相当的精度。

表 4.6-15 列出了裂缝宽度限值和相应的容许名义拉应力之间的关系，可供参考。应当注意，表中所列的容许名义拉应力数值应乘以表 4.6-16 中的截面高度影响系数。当截面受拉区的混凝土中布置有非预应力钢筋 A_s 时，其配筋率 A_s/A（A 为混凝土截面受拉区面积）每增加 1%，其名义拉应力的容许值也可随之增大：对于后张法构件，可增加 $4N/mm^2$；对于先张法构件，可增加 $3N/mm^2$。但在任何情况下，混凝土的容许名义拉应力不应大于其立方体抗压强度的 1/4。

表 4.6-15 容许裂缝宽度和相应的容许名义拉应力

项目	裂缝宽度限值（mm）	混凝土的容许名义拉应力（N/mm^2）		
		C30	C40	C50 及以上
先张法预应力筋	0.10	—	4.1	4.8
	0.20	—	5.0	5.8
后张法预应力筋（灌浆）	0.10	3.2	4.1	4.8
	0.20	3.8	5.0	5.8
预应力筋布置在受拉区并靠近混凝土受拉表面	0.10	—	5.3	6.3
	0.20	—	6.3	7.3

表 4.6-16 构件高度对容许名义拉应力的截面高度影响系数

截面高度（mm）	≤200	400	600	800	≥1000
影响系数	1.1	1.0	0.9	0.8	0.7

4.6.7 受弯构件挠度验算

预应力混凝土受弯构件的挠度由荷载产生的挠度 f_1 和预加压力产生的反拱 f_2 两部分组成，挠度是这两部分位移的代数和。在设计中，可利用预应力来调节反拱，抵消荷载产生的向下的挠度。

4.6.7.1 荷载产生的挠度计算

预应力混凝土受弯构件的挠度按标准组合并考虑荷载长期作用影响的刚度 B 用结构力学方法计算。

$$f_1=S\frac{M_k l^2}{B} \qquad (4.6-87)$$

式中 S——受弯构件的跨中挠度系数；

M_k——受弯构件按标准组合计算的跨中最大弯矩；

l——受弯构件的计算跨度；

B——受弯构件按标准组合并考虑荷载长期作用影响的刚度。

4.6.7.2 构件的刚度计算

（1）预应力混凝土受弯构件的刚度 B 可按下式计算：

$$B = 0.65B_{ps} \quad (4.6-88)$$

式中 B_{ps}——标准组合下受弯构件的短期刚度。

注：对于翼缘在受拉区的倒T形截面，$B = 0.5B_{ps}$（SL 191 没有这项规定）。

（2）标准组合下预应力混凝土受弯构件的短期刚度 B_{ps}，可按下列公式计算：

1）要求不出现裂缝的构件：

$$B_{ps} = 0.85E_cI_0 \quad (4.6-89)$$

2）允许出现裂缝的构件：

$$B_{ps} = \frac{B_s}{1-0.8\delta} \quad (4.6-90)$$

$$\delta = \frac{M'_{p0}}{M_k} \quad (4.6-91)$$

$$M'_{p0} = N_{p0}(\eta_0 h_0 - e_p) \quad (4.6-92)$$

$$\eta_0 = \frac{1}{1.5-0.3\sqrt{\gamma'_f}} \quad (4.6-93)$$

式中 B_s——出现裂缝的钢筋混凝土受弯构件的短期刚度，按式（4.5-25）计算，式中的纵向受拉钢筋配筋率 ρ 包括非预应力钢筋及预应力钢筋截面面积在内，即 $\rho = \frac{A_p + A_s}{bh_0}$；

δ——消压弯矩与按作用效应标准组合计算的弯矩值的比值，简称为预应力度；

M'_{p0}——非预应力钢筋及预应力钢筋合力点处混凝土法向应力为零时的消压弯矩；

N_{p0}——混凝土法向应力为零时的预应力钢筋及非预应力钢筋的合力，按表4.6-10的规定计算；

e_p——混凝土法向应力为零时预应力钢筋及非预应力钢筋合力 N_{p0} 的作用点至预应力及非预应力钢筋合力点的距离；

γ'_f——受压翼缘面积与腹板有效面积的比值，同式（4.5-17）。

注：预压时预拉区出现裂缝的构件，B_{ps} 应降低10%。

4.6.7.3 预加压力产生的反拱计算

预应力混凝土受弯构件在使用阶段的预应力反拱值，可用结构力学方法按刚度 E_cI_0 进行计算，并可考虑预压应力长期作用的影响，将计算求得的预加力反拱值乘以增大系数2.0；在计算中，预应力钢筋的应力应扣除全部预应力损失。

注：永久作用所占比例较小的构件，应考虑反拱过大对使用上的不利影响。

4.6.7.4 预应力混凝土受弯构件的挠度验算要求

构件的挠度计算值 f 不应大于规定的允许值，即

$$f = f_1 - 2f_2 \leqslant [f] \quad (4.6-94)$$

预应力混凝土受弯构件的允许挠度 $[f]$ 取与普通混凝土构件的相同，见表4.1-11。

4.6.8 施工阶段验算

施工阶段是指构件的制作（施加预应力）、运输、吊装阶段。构件在本阶段承受的荷载有预加力、自重及施工荷载等。

预应力混凝土结构构件的施工阶段，除应进行承载能力极限状态验算外，还要进行截面混凝土法向应力的验算。

4.6.8.1 截面混凝土法向应力的计算

在施工阶段，截面边缘的混凝土法向应力可按下式计算（见图4.6-12）：

$$\sigma_{cc} \text{ 或 } \sigma_{ct} = \sigma_{pc} + \frac{N_k}{A_0} \pm \frac{M_k}{W_0} \quad (4.6-95)$$

式中 σ_{ct}、σ_{cc}——相应施工阶段计算截面边缘纤维的混凝土拉应力、压应力；

N_k、M_k——构件自重及施工荷载的标准组合在计算截面产生的轴向力值、弯矩值；

W_0——验算边缘的换算截面弹性抵抗矩；

A_0——构件换算截面面积。

注：式（4.6-95）中，σ_{pc} 为压应力时，取正值；σ_{pc} 为拉应力时，取负值。N_k 为轴向压力时，取正值；N_k 为轴向拉力时，取负值。当 M_k 产生的边缘纤维应力为压应力时，式中符号取加号；拉应力时，式中符号取减号。

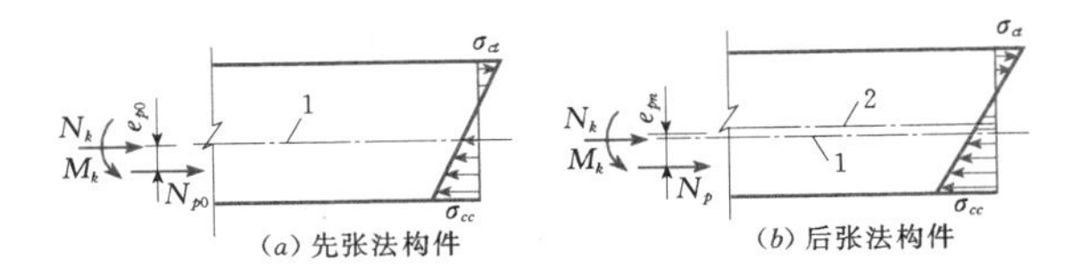

图4.6-12 预应力混凝土构件施工阶段计算
1—换算截面重心轴；2—净截面重心轴

4.6.8.2 混凝土法向应力的验算

1. 施工阶段预拉区不允许出现裂缝的构件

施工阶段施加预应力时形成的拉应力区（预拉区）不允许出现裂缝的构件或预压时全截面受压的构

件，在预加应力、自重及施工荷载（必要时应考虑动力系数）作用下，其截面边缘的混凝土法向应力应符合下列规定（见图 4.6-12）：

$$\sigma_{ct} \leqslant f'_{tk} \quad (4.6-96)$$

$$\sigma_{cc} \leqslant 0.8f'_{ck} \quad (4.6-97)$$

式中 f'_{tk}、f'_{ck}——与各施工阶段混凝土立方体抗压强度 f'_{cu} 相应的轴心抗拉、抗压强度标准值，可按表 4.2-1 用直线内插法取用。

2. 施工阶段预拉区允许出现裂缝的构件

预拉区允许出现裂缝而在预拉区未配置纵向预应力钢筋的构件，其截面边缘的混凝土法向应力应符合下列规定：

$$\sigma_{ct} \leqslant 2.0f'_{tk} \quad (4.6-98)$$

$$\sigma_{cc} \leqslant 0.8f'_{ck} \quad (4.6-99)$$

式中，σ_{ct}、σ_{cc} 仍按式（4.6-95）的规定计算。

4.6.8.3 后张法构件锚固区局部受压计算

后张法预应力混凝土结构构件，还应计算在预加力作用下锚固区范围内的局部受压承载力，此时，应按式（4.4-123）～式（4.4-127）进行计算，但在式（4.4-124）及式（4.4-125）中，用 A_{ln} 代替 A_l（A_{ln} 为混凝土局部受压净面积），应在混凝土局部受压面积 A_l 中扣除孔道、凹槽部分的面积。在计算局部受压的轴向力设计值 F_l 时，可将预加力视为永久作用，并乘以作用分项系数 γ_G，此处取 $\gamma_G=1.05$。

对于先张法和后张法预应力混凝土构件，在施工阶段承载力和裂缝控制计算中，所用的混凝土法向应力等于零时的预应力钢筋及非预应力钢筋合力 N_{p0} 和相应的合力点的偏心距 e_{p0}，均应按式（4.6-27）和式（4.6-28）计算，此时，先张法和后张法构件的 σ_{p0}、σ'_{p0} 应按表 4.6-10 规定计算。

4.7 构件构造规定

4.7.1 一般规定

4.7.1.1 永久缝及临时缝

结构受温度变化和混凝土干缩作用时，应设置伸缩缝；当地基有不均匀沉陷或冻胀时，应设置沉降缝。在高程有突变的地基上浇筑的结构，在突变处也宜分缝。永久的伸缩缝和沉降缝应做成贯通式。具有独立基础的排架、框架结构，当设置伸缩缝时，其双柱基础可不断开。

伸缩缝的最大间距可根据当地的气候条件、结构型式、施工程序、温度控制措施和地基特性等情况按照表 4.7-1 采用。

表 4.7-1 混凝土和钢筋混凝土结构伸缩缝最大间距

单位：m

结构类别		室内或地下		露天	
		岩基	软基	岩基	软基
素混凝土结构	现浇式（未配构造钢筋）	15	20	10	15
	现浇式（配构造钢筋）	20	30	15	20
	装配式	30	40	20	30
钢筋混凝土结构	框架结构（现浇式）	45	55	30	35
	框架结构（装配式）	60	75	45	50
	排架结构（现浇式）	75	75	45	45
	排架结构（装配式）	100	100	70	70
	墙式结构	20	30	15	20
	水闸底板			20	35
	地下涵管、压力水管、倒虹吸管	20	25	15	20
	渡槽槽身、架空管道			25	25

注 1. 在老混凝土上浇筑的结构，伸缩缝间距可取与岩基上的结构相同。
2. 位于气候干燥或高温多雨地区的结构、混凝土收缩较大或施工期外露时间较长的结构，宜适当减小伸缩缝间距。
3. 表中墙式结构系指挡土墙、厂房实体边墙一类结构。对于水电站厂房实体边墙，当施工期有良好工艺和保温养护措施并配有足够的水平钢筋时，伸缩缝最大间距可适当增加。

经温度作用计算、沉降计算或采用其他可靠技术措施后，伸缩缝间距可不受表 4.7-1 的限制。施工期间设置的临时缝和临时宽缝应尽量与施工缝相结合，并设置在结构受力较小处。

临时缝和临时宽缝应根据具体情况，设置键槽和插筋，在基础沉陷基本完成和两侧混凝土冷却后再进行接缝处理，并宜在结构的最低温度期间进行。

4.7.1.2 混凝土保护层

（1）混凝土保护层厚度为钢筋外边缘到最近混凝土表面的距离。

（2）纵向受力普通钢筋和预应力钢筋的混凝土保护层厚度不应小于钢筋直径及表 4.7-2 所列的数值，同时也不应小于粗骨料最大粒径的 1.25 倍。

（3）板、墙、壳中分布钢筋的保护层厚度不应小于表 4.7-2 中相应数值减 10mm，且不应小于 10mm；梁、柱中箍筋和构造钢筋的保护层厚度不应小于 15mm。

表 4.7-2 纵向受力钢筋的混凝土保护层最小厚度 单位：mm

项次	构件类别	环境条件类别				
		一	二	三	四	五
1	板、墙	20	25	30	40 (45)	45 (50)
2	梁、柱、墩	30	35	45	50 (55)	55 (60)
3	截面厚度不小于2.5m的底板及墩墙	30	40	50	55 (60)	60 (65)

注 1. 表中数值为设计使用年限50年的混凝土保护层厚度，对于设计使用年限为100年的混凝土结构，应将表中数值适当增大。
2. 钢筋端头保护层不应小于15mm。
3. 直接与地基土接触的结构底层钢筋或无检修条件的结构，保护层厚度宜适当增大。
4. 有抗冲耐磨要求的结构面层钢筋，保护层厚度应适当增大。
5. 钢筋表面涂塑或结构外表面敷设永久性涂料或面层时，保护层厚度可适当减小。
6. 严寒和寒冷地区受冰冻的部位，保护层厚度还应符合《水工建筑物抗冰冻设计规范》(DL/T 5082) 的规定。
7. 括号内数值为SL 191的规定。

(4) 处于一类环境混凝土强度等级不低于C20且浇筑质量有保证的预制构件或薄板，其保护层厚度可按表4.7-2中的规定值减少5mm，但预应力钢筋的保护层厚度不应小于20mm。预制肋形板主肋钢筋的保护层厚度应按梁的数值取用。

4.7.1.3 钢筋的锚固

(1) 当计算中充分利用钢筋的抗拉强度时，受拉钢筋伸入支座的锚固长度不应小于表4.7-3中规定的数值，纵向受压钢筋的锚固长度不应小于表4.7-3所列数值的0.7倍。

当符合下列条件时，最小锚固长度应进行修正：

1) 当HRB335、HRB400、RRB400和HRB500级钢筋的直径大于25mm时，其锚固长度应乘以修正系数1.1。

2) 当钢筋在混凝土施工过程中易受扰动（如滑模施工）时，其锚固长度应乘以修正系数1.1。

表 4.7-3 普通受拉钢筋的最小锚固长度 l_a

项次	钢筋类型	混凝土强度等级				
		C15	C20	C25	C30、C35	≥C40
1	HPB235钢筋、HPB300钢筋	$40d$	$35d$	$30d$	$25d$	$20d$
2	HRB335钢筋		$40d$	$35d$	$30d$	$25d$
3	HRB400钢筋、RRB400钢筋		$50d$	$40d$	$35d$	$30d$
4	HRB500钢筋		$55d$	$50d$	$40d$	$35d$

注 1. d为钢筋直径；
2. 光圆钢筋的锚固长度l_a值不包括弯钩长度。

3) 当HRB335、HRB400、RRB400和HRB500级钢筋在锚固区的间距大于180mm，混凝土保护层厚度大于钢筋直径3倍或大于80mm，且配有箍筋时，其锚固长度可乘以修正系数0.8。

4) 除构造需要的锚固长度外，当纵向受力钢筋的实际配筋截面积大于其设计计算截面面积时，如有充分依据和可靠措施，其锚固长度可乘以设计计算截面面积与实际配筋截面面积的比值。但对有抗震设防要求及直接承受动力荷载的结构构件，不得采用此项修正。

5) 构件顶层水平钢筋（其下浇筑的新混凝土厚度大于1m时）的l_a宜乘以修正系数1.2。

SL 191规定：HRB335级、HRB400级和RRB400级的环氧树脂涂层钢筋，其锚固长度应乘以修正系数1.25。

经上述修正后的锚固长度不应小于表4.7-3中的最小锚固长度的0.7倍，且不应小于250mm。

(2) 当HRB335级、HRB400级、RRB400级和HRB500级纵向受拉钢筋锚固长度不能满足表4.7-3的规定时，可在钢筋末端做弯钩[弯钩形式不同于光圆钢筋，见图4.7-1 (a)]、末端与钢板穿孔塞焊[见图4.7-1 (b)]，或在末端采用贴焊锚筋[见图4.7-1 (c)]等机械锚固形式。

采用机械锚固后，最小锚固长度可按表4.7-3

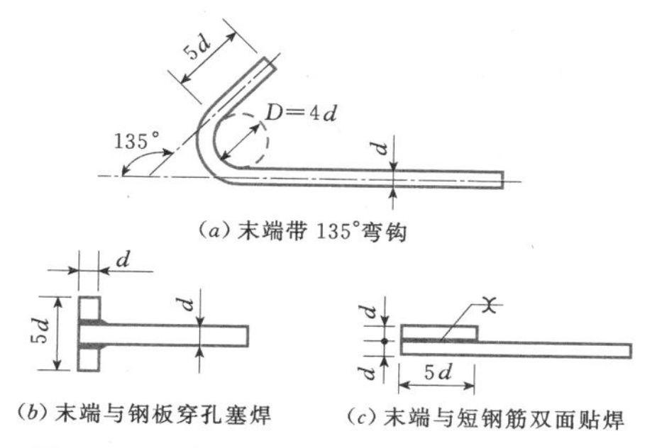

(a) 末端带135°弯钩

(b) 末端与钢板穿孔塞焊　(c) 末端与短钢筋双面贴焊

图 4.7-1　钢筋机械锚固的形式及构造要求

规定的 l_a 乘以附加锚固的折减系数 0.7 后取用，但需符合下列要求：

1）钢筋的侧向保护层不小于 $3d$（d 为纵向受拉钢筋的直径）。

2）锚固长度范围内，箍筋间距不大于 $5d$ 及 100mm；箍筋直径不应小于 $0.25d$，箍筋数量不少于 3 个；当纵向钢筋的混凝土保护层厚度不小于钢筋直径的 5 倍时，可不配置上述箍筋。

3）附加锚固端头的搁置方向宜偏向截面内部或平置。贴焊锚筋及做弯钩的锚固形式不宜用于受压钢筋的锚固。

（3）成束钢筋的锚固长度不应小于 $1.4l_a$（用于 2 根钢筋成束）或 $1.7l_a$（用于 3 根钢筋成束）。

SL 191 规定：水闸或溢流坝的闸墩等结构构件，当底部固接于大体积混凝土时，其受拉钢筋应伸入大体积混凝土中拉应力数值小于 $0.45f_t$（f_t 为混凝土抗拉强度设计值）的位置后再延伸一个锚固长度 l_a，当底部混凝土内应力分布未具体确定时，其伸入长度可参照已建工程的经验确定；当边墩设置上述锚固钢筋时，还应根据边墩受力情况，沿底部混凝土表面配置一定数量的水平钢筋；对于水池或输水道等的边墙，其底部不属于大体积混凝土而是一般尺寸的底板时，则其边墙与底板交接处的受力钢筋搭接方式应按框架顶层节点的原则处理。

4.7.1.4　钢筋的接头

钢筋的连接可分为两类，即绑扎搭接、机械连接或焊接。

（1）钢筋采用绑扎搭接接头时，受拉钢筋的搭接长度不应小于 $1.2l_a$，且不应小于 300mm；受压钢筋的搭接长度不应小于 $0.85l_a$，且不应小于 200mm。l_a 按表 4.7-3 采用。

焊接骨架受力方向的钢筋接头采用绑扎接头时，受拉钢筋的搭接长度不应小于 l_a；受压钢筋的搭接长度不应小于 $0.7l_a$。

轴心受拉或小偏心受拉构件以及承受振动的构件，不得采用绑扎搭接接头。

双面配置受力钢筋的焊接骨架，不得采用绑扎搭接接头。

受拉钢筋直径 $d>28$mm，或受压钢筋直径 $d>32$mm 时，不宜采用绑扎搭接接头。

SL 191 规定，纵向受拉钢筋绑扎搭接接头的最小搭接长度，应根据位于同一搭接长度范围内的钢筋搭接接头面积百分率，按下式计算：

$$l_l = \zeta l_a \qquad (4.7-1)$$

式中　l_l——纵向受拉钢筋的搭接长度，mm；

l_a——纵向受拉钢筋的锚固长度，mm，按表 4.7-3 确定；

ζ——纵向受拉钢筋搭接长度修正系数，按表 4.7-4 取用。

表 4.7-4　纵向受拉钢筋搭接长度修正系数 ζ

纵向钢筋搭接接头面积百分率（%）	≤25	50	100
ζ	1.2	1.4	1.6

（2）梁、柱的绑扎骨架中，在绑扎接头的搭接长度范围内，当钢筋受拉时，其箍筋间距不应大于 $5d$（d 为搭接钢筋中的最小直径），且不大于 100mm；当钢筋受压时，箍筋间距不应大于 $10d$，且不大于 200mm。

（3）钢筋的接头位置宜设置在构件的受力较小处，并宜错开。

采用焊接接头和机械连接接头时，在接头处 $35d$ 且不小于 500mm 的区段内，凡接头中点位于该连接区段长度内的焊接接头均属于同一连接区段；接头的受拉钢筋截面面积与受拉钢筋总截面面积的比值不宜超过 1/2，装配式构件连接处及临时缝处的焊接接头钢筋可不受此比值限制。

采用绑扎接头时，从任一接头中心至 1.3 倍搭接长度范围内，受拉钢筋的接头比值不宜超过 1/4；当接头比值为 1/3 或 1/2 时，钢筋的搭接长度应分别乘以 1.1 或 1.2。

受压钢筋的接头比值不宜超过 1/2。

（4）机械连接接头连接件的混凝土保护层厚度宜满足纵向受力钢筋最小保护层厚度的要求。连接件之间的横向净间距不宜小于 25mm。

（5）成束钢筋的搭接长度应为单根钢筋搭接长度的 1.4 倍（2 根束）或 1.7 倍（3 根束）。2 根束钢筋的搭接方式如图 4.7-2 所示。

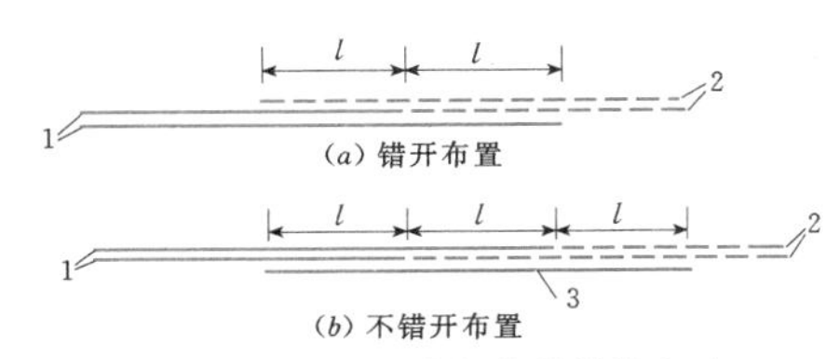

图 4.7-2　2根束钢筋的搭接方式

1、2—受力钢筋；3—附加钢筋

4.7.1.5　纵向受力钢筋的最小配筋率

(1) 钢筋混凝土构件的纵向受力钢筋的配筋率不应小于表4.7-5规定的数值。

(2) 卧置在地基上以承受竖向荷载为主、板厚大于2.5m的底板，当按受弯承载力计算得出的纵向受拉钢筋配筋率ρ小于表4.7-5项次1规定的最小配筋率ρ_{min}时，配置的纵向受拉钢筋最小截面面积A_s可按下列近似公式计算：

表 4.7-5　　钢筋混凝土构件纵向受力钢筋的最小配筋率 ρ_{min}　　%

项次	分类		钢筋等级	
			HPB235、HPB300	HRB335、HRB400、RRB400、HRB500
1	受弯构件、偏心受拉构件的受拉钢筋	梁	0.25	0.20
		板	0.20	0.15
2	轴心受压柱的全部纵向钢筋		0.60	0.50 (0.60 或 0.55)
3	偏心受压构件的受拉或受压钢筋	柱、拱	0.25	0.20
		墩墙	0.20	0.15

注 1. 项次1、3中的配筋率是指钢筋截面面积与构件肋宽乘以有效高度的混凝土截面面积的比值，即$\rho=\frac{A_s}{bh_0}$或$\rho'=\frac{A_s'}{bh_0}$；项次2中的配筋率是指全部纵向钢筋截面面积与柱截面面积的比值。

2. 温度、收缩等因素对结构产生的影响较大时，受拉纵筋的最小配筋率应适当增大。

3. 当结构有抗震设防要求时，钢筋混凝土框架结构构件的最小配筋率应按本卷第7章或按DL/T 5057和SL 191的规定取值。

4. 括号内数值为SL 191的规定。

$$A_s=\sqrt{\frac{\gamma_d M\rho_{min}b}{f_y}} \qquad (4.7-2)$$

式中　γ_d——结构系数，按表4.1-5采用；

M——底板承受的弯矩设计值；

f_y——纵向钢筋的抗拉强度设计值；

b——板宽；

ρ_{min}——板的受拉钢筋最小配筋率，按表4.7-5项次1取值。

底板受拉钢筋配筋截面面积不应小于底板截面面积的0.05%；对于厚度大于5m的底板，可不受此限制，但每米宽度内的钢筋面积不应少于2500mm^2。

底板受压区的纵向钢筋可按构造要求配置。

(3) 厚度大于2.5m的墩墙，当按承载力计算得出的竖向钢筋的配筋率小于表4.7-5规定的最小配筋率时，可按下列方法处理：

1) 当墩墙按大偏心受压构件计算，计算得出的墩墙一侧的竖向受拉钢筋A_s的配筋率小于表4.7-5项次3规定的最小配筋率ρ_{min}时，受拉钢筋A_s的最小截面面积可按式(4.7-2)计算。对于DL 5057，式中M用Ne_0替代，N为墩墙承受的轴向压力设计值，e_0为轴向压力对截面重心轴的偏心距；对于SL 191，式中M用Ne'替代，e'为轴向压力至受压区混凝土合力点的距离。

2) 当墩墙按轴心受压或小偏心受压构件计算，计算得出的全部竖向钢筋的配筋率小于表4.7-5项次2规定的最小配筋率ρ'_{min}时，全部竖向钢筋的最小截面面积A_s'可按下列近似公式计算；但不小于截面面积的0.04%(或一侧不小于0.02%)。

$$A_s'=\frac{\gamma_d N\rho'_{min}}{f_c} \qquad (4.7-3)$$

式中　N——墩墙承受的轴向压力设计值；

ρ'_{min}——轴心受压构件全部纵向钢筋的最小配筋率，按表4.7-5项次2取值；

f_c——混凝土轴心抗压强度设计值。

注：按SL 191设计时，应将式(4.7-2)、式(4.7-3)中的γ_d换为K，其中K为承载力安全系数，按表4.1-6采用。

4.7.2　板

4.7.2.1　板的厚度

水工建筑物的板厚，由水工结构设计确定。

一般工业、民用建筑整体梁式板的厚度，可参考表4.7-6选用。

表 4.7-6　　　　**整体梁式板的厚度**

q(kN/m²)	多跨板 l_0(m)										
	1.6	1.8	2.0	2.2	2.4	2.6	2.8	3.0	3.2	3.4	3.6
	厚度（mm）										
2.5											
3											
3.5		60～80									
4											
4.5								80～100			
5					70～90						
6										90～110	
7											
8											
9											
10										110～120	

q(kN/m²)	单跨板 l_0(m)										
	1.6	1.8	2.0	2.2	2.4	2.6	2.8	3.0	3.2	3.4	3.6
	厚度（mm）										
2.5											
3		60～80									
3.5											
4				70～90							
4.5											
5								90～110			
6					80～100					100～120	
7											
8											
9											
10										110～130	

注　l_0 为板的计算跨度；q 为荷载设计值（不包括板自重）。

4.7.2.2　板的最小支承长度

（1）支承在砌体上时，不应小于 100mm。

（2）支承在混凝土及钢筋混凝土上时，不应小于 100mm。

（3）支承在钢结构上时，不应小于 80mm。

（4）有条件时，支承长度宜加大。厚度较大的板，支承长度不宜小于板的厚度 h，板的支撑长度应考虑受力钢筋在支座内的锚固长度。

4.7.2.3　混凝土板的设计原则

（1）两对边支承的板应按单向板计算。

（2）四边支承的板应按下列规定计算：

1）当长边与短边长度之比不大于 2.0 时，应按双向板计算。

2）当长边与短边长度之比大于 2.0，但小于 3.0 时，宜按双向板计算；当按沿短边方向受力的单向板计算时，沿长边方向的构造钢筋应适当加大。

3）当长边与短边长度之比不小于 3.0 时，可按沿短边方向受力的单向板计算。

4.7.2.4　受力钢筋的间距

板中受力钢筋的间距最小为 70mm。

板中受力钢筋的最大间距：板厚 $h \leqslant 200$mm 时，取 200mm；$200 < h \leqslant 1500$mm 时，取 250mm；$h >$ 1500mm 时，取 300mm。

板中受力钢筋每米常配置 6～10 根（间距 165～100mm）。

4.7.2.5　分布钢筋

单向板中单位长度上的分布钢筋截面面积不应小于单位长度上受力钢筋截面面积的 15%（集中荷载时为 25%），且每米长度内不少于 4 根，其直径不宜小于 6mm。

承受分布荷载的厚板，其分布钢筋的配置可不受上述规定的限制。此时，分布钢筋的直径可采用10～16mm，间距可为200～400mm。

4.7.2.6 附加钢筋

端支座嵌固在承重墙内的板，在端支座的上部每米长度内应配置5根直径6mm的构造钢筋（包括弯起钢筋在内），其中伸出墙边的长度不应小于$l_1/7$（l_1为单向板的跨度或双向板的短边跨度）。双边均嵌固在墙内的板角部分，应双向配置上述构造钢筋，其伸出长度不应小于$l_1/4$，如图4.7-3所示。

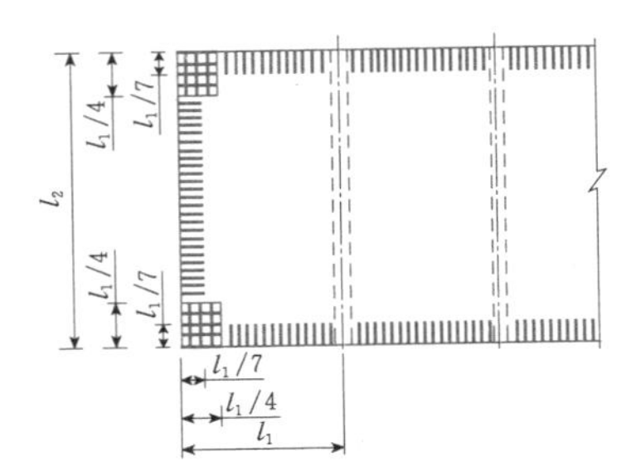

图4.7-3 板嵌固在承重砖墙内时板边构造钢筋配筋

沿受力方向配置的上述构造钢筋（包括弯起钢筋）的截面面积不宜小于跨中受力钢筋截面面积的1/3～1/2。

当板的受力钢筋与主梁的肋部平行时，应沿主梁梁肋方向每米长度内配置不少于5根与主梁垂直的构造钢筋，其直径不小于8mm。且单位长度内的总截面面积不应小于板中单位长度内受力钢筋截面面积的1/3，伸入板中的长度从梁肋边算起不小于板计算跨度l_0的1/4，如图4.7-4所示。

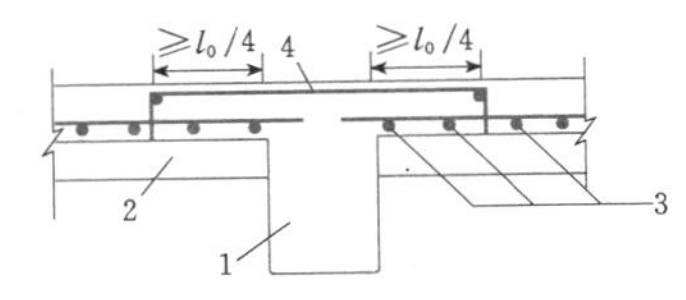

图4.7-4 板中与梁肋垂直的构造钢筋配筋

1—主梁；2—次梁；3—板的受力钢筋；4—间距不大于200mm、直径不小于8mm的构造钢筋

4.7.2.7 板、墙开孔的构造处理

留有孔洞的板，当荷载垂直于板面时，除应验算板的承载力外，可按以下方式进行构造处理：

（1）当b或$d<300$mm并小于板宽的1/3时（b为垂直于板的受力钢筋方向的孔洞宽度；d为圆孔直径），可不设附加钢筋，只将受力钢筋间距作适当调整，或将受力钢筋绕过孔洞周边，不予切断。

（2）当b或$d=300$～1000mm时，应在洞边每侧配置附加钢筋，每侧的附加钢筋截面面积不应小于洞口宽度内被切断的钢筋截面面积的1/2，且不应小于2根直径为10mm的钢筋；当板厚大于200mm时，宜在板的顶、底部均配置附加钢筋。

（3）当b或$d>1000$mm时，除按上述规定配置附加钢筋外，在矩形孔洞四角尚应配置45°方向的构造钢筋［见图4.7-5（a）］；在圆孔周边尚应配置不少于2根直径为10mm的环向钢筋，搭接长度$30d$，并设置直径不小于8mm、间距不大于300mm的放射形径向钢筋［见图4.7-5（b）］。

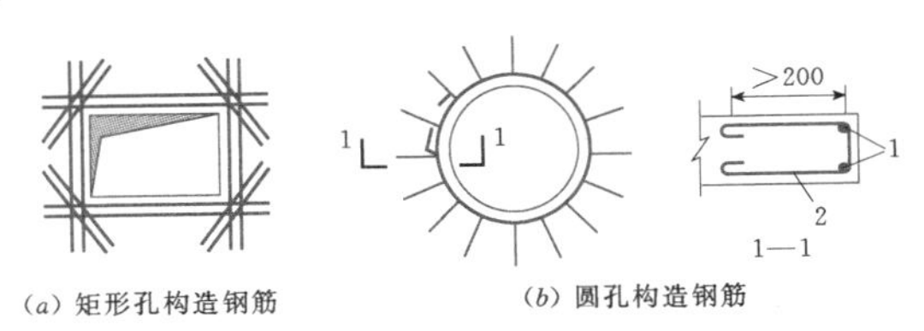

图4.7-5 矩形孔四角及圆孔环向构造钢筋（单位：mm）

1—环筋；2—放射形筋

（4）当b或$d>1000$mm，并在孔洞附近有较大的集中荷载作用时，宜在洞边加设肋梁或暗梁（见图4.7-6）。当b或$d>1000$mm，而板厚小于$0.3b$或$0.3d$时，也宜在洞边加设肋梁。

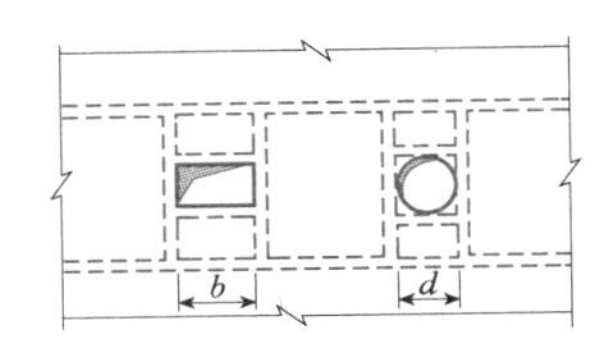

图4.7-6 板墙开孔周边加设肋梁或暗梁

4.7.2.8 抗冲切箍筋及弯起钢筋的构造处理

在混凝土板内配置抗冲切箍筋或弯起钢筋时，应符合下列构造要求：

（1）板厚不应小于150mm。

（2）按计算所需的箍筋及相应的架立钢筋应配置在与45°冲切破坏锥面相交的范围内，且从集中荷载作用面或柱截面边缘向外的分布长度不应小于$1.5h_0$；箍筋应为封闭式，直径不应小于6mm，间距不应大于$h_0/3$［见图4.7-7（a）］。

（3）弯起钢筋可由一排或两排组成，其弯起角可根据板的厚度在30°～45°之间选取，弯起钢筋的倾斜段应与冲切破坏斜截面相交，其交点应在离局部荷载或集中反力作用面积周边以外$h/2$～$2h/3$的范围内，弯起钢筋直径不应小于12mm，且每一方向不应少于3根［见图4.7-7（b）］。

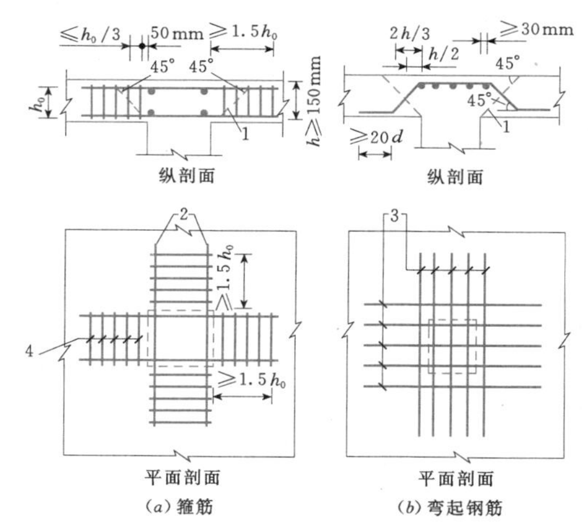

图 4.7-7 板中抗冲切钢筋布置

1—冲切破坏锥体斜截面；2—架立钢筋；3—弯起钢筋不少于 3 根；4—箍筋

4.7.3 梁

4.7.3.1 梁截面的选择

估算梁截面高度用的高跨比 h/l：整体肋形梁的次梁宜取 1/15～1/20，主梁宜取 1/8～1/12；独立的简支梁宜取 $h/l \geqslant 1/15$，连续梁宜取 $h/l \geqslant 1/20$；悬臂梁宜取 $h/l \geqslant 1/6$。

梁截面的高宽比 h/b：矩形截面梁宜取 2.0～3.0；T 形截面梁宜取 2.5～5.0。

4.7.3.2 梁的最小支承长度

（1）支承在砌体上，当梁的截面高度不大于 500mm 时，支承长度不应小于 180mm；当梁的截面高度大于 500mm 时，支承长度不应小于 240mm。

（2）支承在钢筋混凝土梁、柱上时，支承长度不应小于 180mm。

4.7.3.3 受力钢筋

梁下部纵向钢筋的水平方向净距不应小于 25mm 和 d（d 为钢筋的最大直径）；上部纵向钢筋的水平方向净距不应小于 30mm 和 $1.5d$；同时均不应小于最大骨料粒径的 1.25 倍（SL 191 为 1.5 倍）。梁的下部纵向受力钢筋不宜多于两层，当两层布置不开时，允许钢筋成束布置，但每束钢筋以 2 根为宜；受力钢筋多于两层时，第三层及以上的钢筋间距应增加 1 倍。

伸入支座内纵向受力钢筋不得少于 2 根。

简支梁和连续梁简支端的下部受力钢筋伸入支座内的锚固长度 l_{as} 应符合下列规定（见图 4.7-8）：

（1）当 $V \leqslant V_c/\gamma_d$（SL 191 为 $KV \leqslant V_c$）时，$l_{as} \geqslant 5d$。

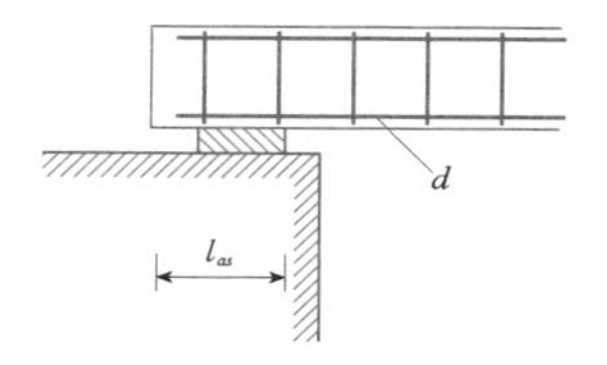

图 4.7-8 纵向受力钢筋在支座上的锚固

（2）当 $V > V_c/\gamma_d$（SL 191 为 $KV > V_c$）时，带肋钢筋，$l_{as} \geqslant 12d$；光圆钢筋，$l_{as} \geqslant 15d$。

如纵向受力钢筋伸入支座的锚固长度不能符合上述规定时，则可将钢筋上弯或采用贴焊锚筋、镦头、焊锚板、将钢筋端部焊接在支座的预埋件上等专门锚固措施。

如焊接骨架中采用光圆钢筋作为纵向受力钢筋时，则在锚固长度 l_{as} 内应加焊横向钢筋：当 $V \leqslant V_c/\gamma_d$（SL 191 为 $KV \leqslant V_c$）时，至少 1 根；当 $V > V_c/\gamma_d$（SL 191 为 $KV > V_c$）时，至少 2 根。横向钢筋直径不应小于纵向受力钢筋直径的一半。同时，加焊在最外边的横向钢筋应靠近纵向钢筋的末端。

钢筋混凝土梁支座截面负弯矩纵向受拉钢筋不宜在受拉区截断。当需截断时（见图 4.7-9），应符合以下规定：

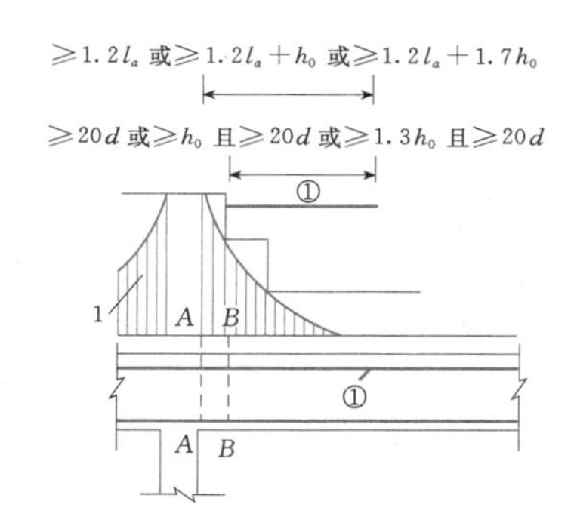

图 4.7-9 纵向受拉钢筋截断时的延伸长度

A—A—钢筋①的强度充分利用截面；B—B—按计算不需要钢筋①的截面；1—弯矩图

（1）当 $V \leqslant V_c/\gamma_d$ 时，应延伸至按正截面受弯承载力计算不需要该钢筋的截面以外，延伸长度不应小于 $20d$，且从该钢筋强度充分利用截面伸出的长度不应小于 $1.2l_a$。

（2）当 $V > V_c/\gamma_d$ 时，应延伸至按正截面受弯承载力计算不需要该钢筋的截面以外，延伸长度不应小于 h_0 并不应小于 $20d$，且从该钢筋强度充分利用截面伸出的长度不应小于 $1.2l_a + h_0$。

（3）若按上述规定确定的截断点仍位于负弯矩受拉区内，则应延伸至按正截面受弯承载力计算不需要该钢筋的截面以外，延伸长度不应小于 $1.3h_0$ 且不应小于 $20d$，且从该钢筋强度充分利用截面伸出的延伸长度不应小于 $1.2l_a+1.7h_0$。

对钢筋混凝土悬臂梁，应有不少于2根上部钢筋伸至悬臂梁外端，并向下弯折不小于 $12d$；其余钢筋不应在梁的上部截断，而要符合“4.7.3.7 弯起钢筋”的有关要求。

4.7.3.4 箍筋

钢筋混凝土梁中宜采用箍筋作为抗剪钢筋。箍筋的配置应符合下列要求：

（1）按计算不需设置箍筋时，对于梁高大于300mm者，仍应沿梁全长设置箍筋；对于梁高小于300mm者，可仅在构件端部各1/4跨度内设置箍筋，但当在构件中部1/2跨度范围内有集中荷载作用时，则应沿梁全长设置箍筋。

（2）箍筋的最大间距及配筋率：箍筋的最大间距可按表4.7-7取用。当 $V>V_c/\gamma_d$（SL 191 为 $KV>V_c$）时，箍筋的配筋率 ρ_{sv} 应不小于0.15%（HPB235级钢筋）、0.12%（HPB300级钢筋）或0.10%（HRB335级钢筋）。$\rho_{sv}=\dfrac{A_{sv}}{bs}$，其中 A_{sv} 为箍筋各肢的全部截面面积。

表4.7-7　梁中箍筋的最大间距 s（mm）

项　次	梁截面高 h（mm）	$V>V_c/\gamma_d(KV>V_c)$	$V>V_c/\gamma_d(KV>V_c)$
1	$h\leqslant300$	150	200
2	$300<h\leqslant500$	200	300
3	$500<h\leqslant800$	250	350
4	$h>800$	300	400

注　薄腹梁的箍筋间距宜适当减小。

当梁中配有计算需要的纵向受压钢筋时，箍筋应做成封闭式，箍筋间距在绑扎骨架中不应大于 $15d$（d 为受压钢筋中的最小直径），在焊接骨架中不应大于 $20d$，同时在任何情况下均不应大于400mm；当一层内纵向受压钢筋多于5根且直径大于18mm时，箍筋间距不应大于 $10d$。

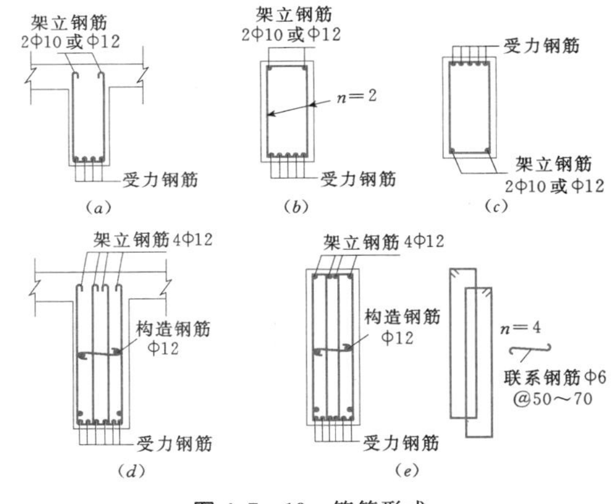

图4.7-10　箍筋形式

（3）高度 $h>800$mm的梁，箍筋直径不宜小于8mm；高度 $h\leqslant800$mm的梁，箍筋直径不宜小于6mm。当梁中配有计算需要的受压钢筋时，箍筋直径尚不应小于 $d/4$（d 为受压钢筋中的最大直径）。

（4）箍筋的形式与肢数：在整体式的T形梁中（板和梁的混凝土整体浇筑），除受力钢筋放在梁底时可采用开口箍筋［见图4.7-10（a）和（d）］外，其他均采用封闭式箍筋［见图4.7-10（b）、（c）和（e）］。

如梁的截面形状比较复杂（见图4.7-11），除基本的封闭式箍筋外，还要布置附加的构造箍筋（直径和间距可取与基本箍筋相同）。

一般的梁箍筋多用双肢或四肢（见图4.7-10）；当纵向受拉钢筋一排多于5根或受压钢筋多于3根时，必须用四肢；当梁宽在400mm以上时，也应采用四肢。

4.7.3.5 横向连系筋

梁中配有两片及两片以上的焊接骨架时，应设横向连系拉筋，并用点焊或绑扎方法使其与骨架的纵向钢筋连成一体。横向连系拉筋的间距不应大于500mm，且不宜大于梁宽的2倍。当梁设置有计算需要的纵向受压钢筋时，横向连系拉筋的间距尚应符合下列要求：点焊时，不应大于 $20d$（d 为纵向钢筋中的最小直径）；绑扎时，不应大于 $15d$。

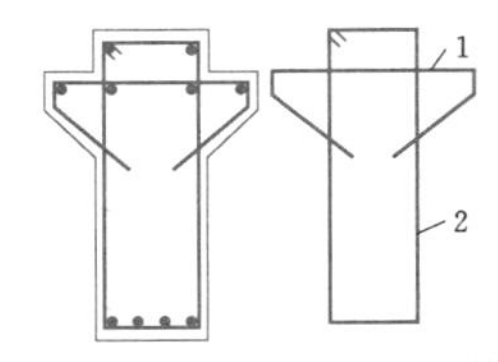

图4.7-11　附加构造箍筋
1—构造箍筋；2—基本箍筋

4.7.3.6 受扭或受弯剪扭的梁

（1）抗扭纵向钢筋的配筋率 ρ_{st} 不应小于0.3%

（HPB235 级钢筋）、0.24%（HPB300 级钢筋）或 0.2%（HRB335 级钢筋）。$\rho_{st}=\frac{A_{st}}{bh}$，其中 A_{st} 为全部抗扭纵向钢筋的截面面积。

抗扭纵向钢筋应沿截面周边对称布置，在截面四角上必须设置，其间距不应大于 200mm 或梁截面的短边长度。抗扭纵向钢筋应按受拉钢筋锚固在支座内。

在弯剪扭构件中，配置在截面弯曲受拉边的纵向受力钢筋，其截面面积不应小于按表 4.7-5 所规定的受弯构件钢筋最小配筋率计算出的（纵向）钢筋截面面积与按受扭纵向钢筋最小配筋率计算并分配到弯曲受拉边的钢筋截面面积之和。

由于弯矩的作用已在构件中布置了抗弯的纵向钢筋，所以抗扭纵向钢筋可以主要布置在没有抗弯纵向钢筋的边上。构件不是矩形截面时，宜在凹角处设置抗扭纵向钢筋。

（2）抗扭箍筋应做成封闭式；采用绑扎骨架时，箍筋末端应做成不小于 135°的弯钩，弯钩端头平直段长度不应小于 $10d_s$（d_s 为箍筋直径）。

在弯剪扭构件中，箍筋的配筋率 ρ_{sv}（$\rho_{sv}=A_{sv}/bs$）不应小于 0.20%（HPB235 级钢筋）、0.17%（HPB300 级钢筋）或 0.15%（HRB335 级钢筋）。箍筋间距应符合表 4.7-7 的规定，其中受扭所需的箍筋应做成封闭式，且应沿截面周边布置；当采用复合箍筋时，位于截面内部的箍筋不应计入受扭所需的箍筋面积。

4.7.3.7 弯起钢筋

绑扎骨架的钢筋混凝土梁，当设置弯起钢筋时，弯起钢筋的弯终点外应留有锚固长度，其长度在受拉区不应小于 $20d$（d 为弯起钢筋的直径），在受压区不应小于 $10d$。梁底层的角部钢筋不应弯起，梁顶层的角部钢筋不应弯下。梁中弯起钢筋的弯起角可根据梁的高度取为 45°或 60°。

当弯起筋不足以抵抗支座剪力时，应加鸭筋（见图 4.7-12），但不应采用浮筋。

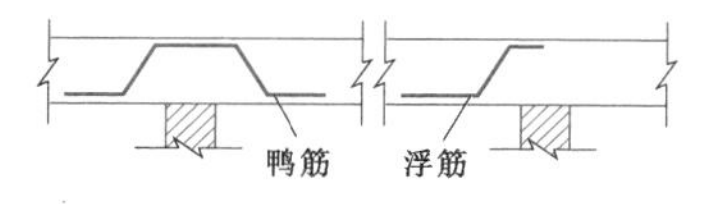

图 4.7-12 鸭筋及浮筋

梁的受拉区，弯起钢筋的弯起点应设在按正截面受弯承载力计算该钢筋的强度被充分利用的截面以外，其距离不应小于 $h_0/2$。同时，弯起钢筋与梁中心线的交点应位于按计算不需要该钢筋的截面以外（见图 4.7-13）。

当按计算需设置弯起钢筋时，前一排（对支座而言）的弯起点至后一排的弯终点的距离不应大于表 4.7-7 中 $V>V_c/\gamma_d$ 栏的规定。

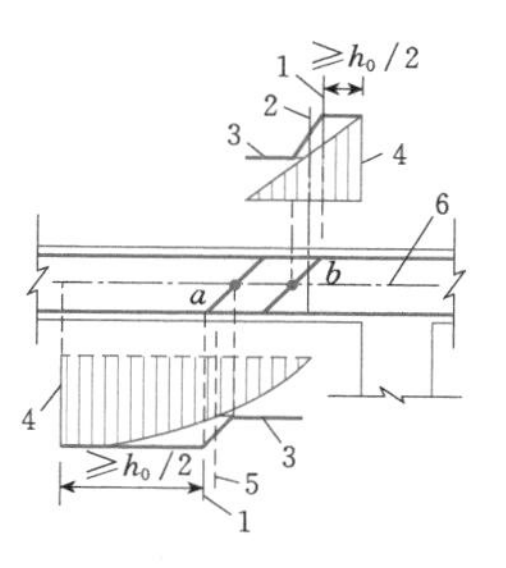

图 4.7-13 弯起钢筋的弯起点与弯矩图形的关系

1—在受拉区域中的弯起点；2—按计算不需要钢筋“b”的截面；3—正截面受弯承载力图形；4—按计算钢筋强度充分利用的截面；5—按计算不需要钢筋“a”的截面；6—梁中心线

弯起钢筋不应采用浮筋。

4.7.3.8 梁下部承受集中荷载时的附加横向钢筋

位于梁下部或梁截面高度范围内的集中荷载（包括次梁传给主梁的集中力）应全部由附加横向钢筋（吊筋、箍筋）承担，附加横向钢筋应布置在长度 s（$s=2h_1+3b$）的范围内（见图 4.7-14）。

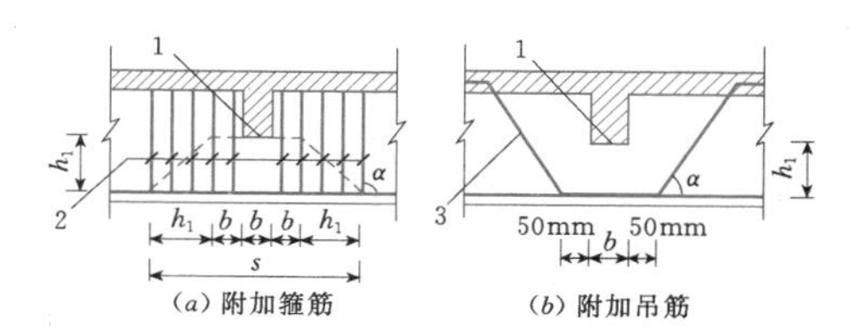

图 4.7-14 梁下部或截面高度范围内有集中荷载作用时附加横向钢筋的布置

1—传递集中荷载的位置；2—附加箍筋；3—附加吊筋

附加横向钢筋的总截面面积 A_{sv} 按下式计算：

$$A_{sv}=\frac{\gamma_d F}{f_{yv}\sin\alpha} \quad (4.7-4)$$

式中 A_{sv}——承受集中荷载所需的附加钢筋总截面面积，当采用附加吊筋时，A_{sv} 应为左、右弯起段截面面积之和；

γ_d——钢筋混凝土结构的结构系数，按表 4.1-5 采用；

F——作用在梁下部或梁截面高度范围内的集中荷载设计值；

f_{yv}——附加横向钢筋的抗拉强度设计值，按表 4.2-7 中 f_y 的值确定；

α——附加横向钢筋与梁轴线间的夹角。

附加横向钢筋宜优先采用箍筋。附加箍筋的直径与肢数一般取与受剪箍筋相同，并应在集中荷载两侧对称布置。附加吊筋的两端应锚固在梁的受压区，不能采用只布置在集中荷载一侧的“浮筋”。

注： 若按 SL 191 计算，应将式（4.7－4）中的 γ_d 换为 K，其中 K 为承载力安全系数，按表 4.1－6 采用。

4.7.3.9　架立钢筋

梁中架立钢筋的直径，当梁的跨度小于 4m 时，不宜小于 8mm；跨度为 4～6m 时，不宜小于 10mm；跨度大于 6m 时，不宜小于 12mm。

架立筋与受力筋的搭接长度为 150mm。

4.7.3.10　纵向构造钢筋

（1）当梁端实际受到部分约束但按简支计算时，应在支座区上部设置纵向构造钢筋，其截面面积不应小于梁跨中下部纵向受拉钢筋计算所需截面面积的 1/4，且不应少于 2 根；自支座边缘向跨内伸出的长度不应小于 $l_0/5$（l_0 为该跨的计算跨度）。

（2）当梁的腹板高度 h_w 超过 450mm 时，在梁的两侧应沿高度设置纵向构造钢筋，每侧纵向构造钢筋（不包括梁上、下部受力钢筋及架立钢筋）的截面面积不应小于腹板截面面积 bh_w 的 0.1%，且其间距不宜大于 200mm。腹板高度 h_w 按式（4.4－84）的规定计算。

两侧纵向构造钢筋之间宜设置连系拉筋，连系拉筋直径可取与箍筋相同，间距为 500～700mm。

（3）对薄腹梁，应在下部 1/2 梁高的腹板内沿两侧配置纵向构造钢筋，其直径为 10～14mm，间距为 100～150mm，并按上疏下密的方式布置；在上部 1/2 梁高的腹板内可按上述第（2）条的规定配置纵向构造钢筋。

4.7.4　柱

4.7.4.1　柱的截面

一般直立整体浇筑混凝土柱，其边宽不宜小于 250mm，同时还需满足 $l_0/b\leqslant 30$、$l_0/h\leqslant 25$。

柱截面尺寸一般要采用整数，在 800mm 以下者，宜以 50mm 进位；在 800mm 及以上者，宜以 100mm 进位。

偏心受压柱截面高宽比一般为 $h/b=1.5\sim2.5$，不宜大于 3。

4.7.4.2　纵向受力钢筋

（1）纵向受力钢筋直径 d 不宜小于 12mm，全部纵向钢筋配筋率不宜超过 5%；圆柱中纵向钢筋宜沿周边均匀布置，根数不宜少于 8 根，不应少于 6 根。

（2）偏心受压柱的截面高度 $h\geqslant600$mm 时，在侧面应设置直径为 10～16mm 的纵向构造钢筋，其间距不大于 400mm，并相应地设置复合箍筋或连系拉筋（见图 4.7－15）。

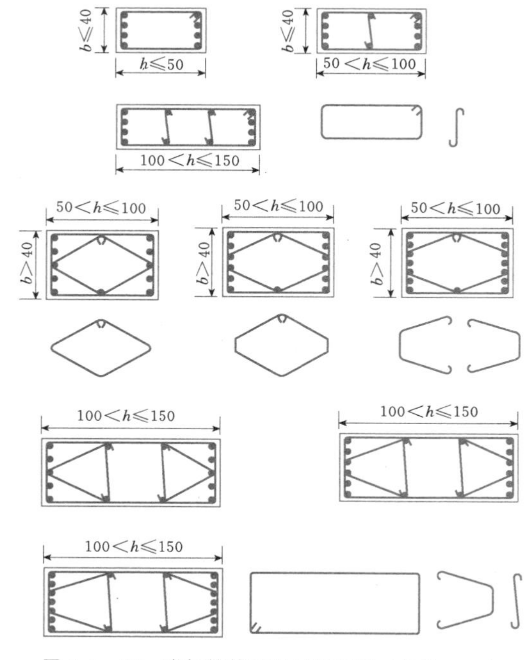

图 4.7－15　附加箍筋及附加连系筋（单位：cm）

（3）柱内纵向钢筋的净距不应小于 50mm；在水平位置上浇筑的装配式柱，其纵向钢筋的最小净距可按照梁的规定取用。

（4）偏心受压柱中垂直于弯矩作用平面的侧面上的纵向受力钢筋以及轴心受压柱中各边的纵向受力钢筋，其中距不应大于 300mm。

4.7.4.3　箍筋

（1）柱中箍筋应做成封闭式。

（2）箍筋的间距不应大于 400mm，亦不大于构件截面的短边尺寸；同时，在绑扎骨架中不应大于 $15d$（d 为纵向钢筋的最小直径）；在焊接骨架中不应大于 $20d$。

（3）箍筋直径不应小于 0.25 倍纵向钢筋的最大直径，亦不小于 6mm。

（4）当柱子截面短边尺寸大于 400mm 且各边纵向钢筋多于 3 根时，或当柱子短边不大于 400mm 但纵向钢筋多于 4 根时，应设置复合箍筋。

（5）当柱中全部纵向受力钢筋的配筋率超过 3% 时，则箍筋直径不宜小于 8mm，间距不应大于 $10d$（d 为纵向钢筋的最小直径），且不应大于 200mm；箍筋末端应做成 135°弯钩且弯钩末端平直段长度不应小于箍筋直径的 10 倍；箍筋也可焊成封闭环式。

（6）柱内纵向钢筋绑扎搭接长度范围内的箍筋的

间距按“4.7.1.3 钢筋的锚固”(2)取用。

(7)当柱中纵向钢筋按构造配置，钢筋强度未充分利用时，箍筋的配置要求，可适当放宽。

(8)增加箍筋数量，加密其间距，能显著提高柱子的延性，对抗震有利。有关抗震的措施可参考有关资料或第7章处理。

4.7.5 梁、柱节点

4.7.5.1 连续梁中间支座或框架梁中间节点

(1)连续梁中间支座或框架梁中间节点处的上部纵向钢筋应贯穿支座或节点，且自节点或支座边缘伸向跨中的截断位置应符合“4.7.3.3 受力钢筋”的规定。

(2)下部纵向钢筋应伸入支座或节点，当计算中不利用该钢筋的抗拉强度时，其伸入长度不小于12倍直径；当计算中充分利用钢筋的抗拉强度时，下部纵向钢筋在支座或节点内可采用直线锚固形式［见图4.7-16(*a*)］，伸入支座或节点内的长度不应小于受拉钢筋最小锚固长度 l_a。下部纵向钢筋也可采用带90°弯折的锚固形式［见图4.7-16(*b*)］；或下部纵向钢筋伸过支座（节点）范围，并在梁中弯矩较小处设置搭接接头［见图4.7-16(*c*)］。

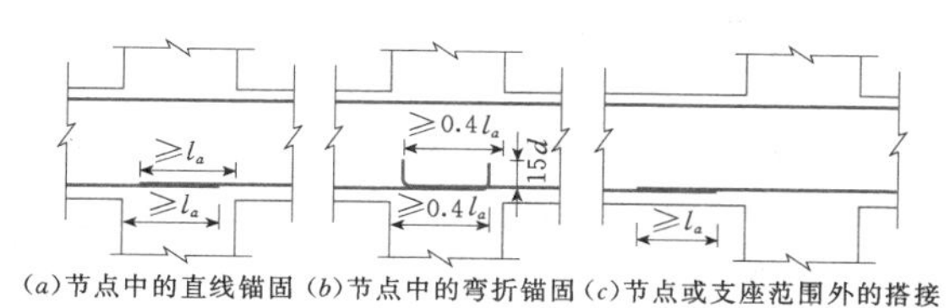

(*a*)节点中的直线锚固 (*b*)节点中的弯折锚固 (*c*)节点或支座范围外的搭接

图4.7-16 梁下部纵向钢筋在中间节点或中间支座范围的锚固与搭接

当计算中充分利用钢筋的抗压强度时，下部纵向钢筋应按受压钢筋锚固在中间节点或中间支座内，此时，其直线段锚固长度不应小于 $0.7l_a$。下部纵向钢筋也可伸过节点或支座范围，并在梁中弯矩较小处设置搭接接头。

4.7.5.2 框架中间层端节点

框架中间层端节点处，上部纵向钢筋在节点内的锚固长度应不小于最小锚固长度 l_a（见表4.7-3），并应伸过节点中心线。当钢筋在节点内的水平锚固长度不够时，应伸至对面柱边后再向下弯折，经弯折后的水平投影长度不应小于 $0.4l_a$，竖直投影长度等于15d（见图4.7-17）。

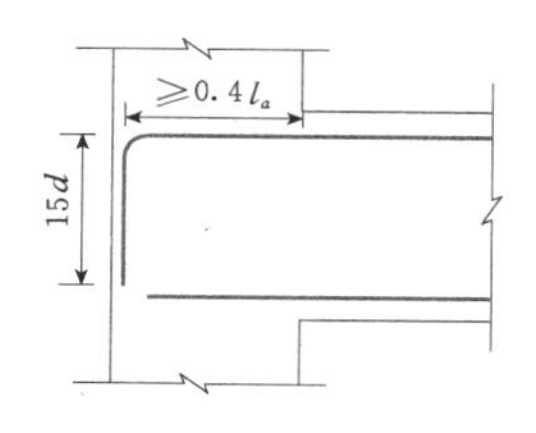

图4.7-17 梁上部纵向钢筋在框架中间层端节点内的锚固

其中，d 为纵向钢筋直径。

下部纵向钢筋伸入端节点的长度要求与伸入中间节点的相同。

4.7.5.3 框架顶层端节点处

框架顶层端节点处，可将柱外侧纵向钢筋的相应部分弯入梁内作梁上部纵向钢筋使用，也可将梁上部纵向钢筋与柱外侧纵向钢筋在顶层端节点及其附近部位搭接。搭接可采用下列方式：

(1)搭接接头可沿顶层端节点外侧和梁端顶部布置［图4.7-18(*a*)］，搭接长度不应小于 $1.5l_a$，其中，伸入梁内的柱外侧纵向钢筋截面面积不宜小于柱外侧纵向钢筋全部截面面积的65%；梁宽范围以外的柱外侧纵向钢筋宜沿节点顶部伸至柱内边，当柱纵向钢筋位于柱顶第一层时，至柱内边后宜向下弯折不小于8d后截断；当柱纵向钢筋位于柱顶第二层时，可不向下弯折。当有现浇板且板厚不小于80mm、混凝土强度等级不低于C20时，梁宽范围以外的柱外侧纵向钢筋可伸入现浇板内，其长度与伸入梁内的柱纵向钢筋相同。当柱外侧纵向钢筋配筋率大于1.2%时，伸入梁内的柱纵向钢筋应满足以上规定，且宜分两批截断，其截断点之间的距离不宜小于20d（d 为柱外侧纵向钢筋的直径）。梁上部纵向钢筋应伸至节点外侧并向下弯至梁下边缘高度后截断。

(2)搭接接头也可沿柱顶外侧布置［见图4.7-18(*b*)］，此时，搭接长度竖直段不应小于 $1.7l_a$。当梁上部纵向钢筋的配筋率大于1.2%时，弯入柱外侧的梁上部纵向钢筋应满足以上规定的搭接长度，且宜分两批截断，其截断点之间的距离不宜小于20d（d 为梁上部纵向钢筋的直径）。柱外侧纵向钢筋伸至柱顶后宜向节点内水平弯折，弯折段的水平投影长度不宜小于12d（d 为柱外侧纵向钢筋的直径）。

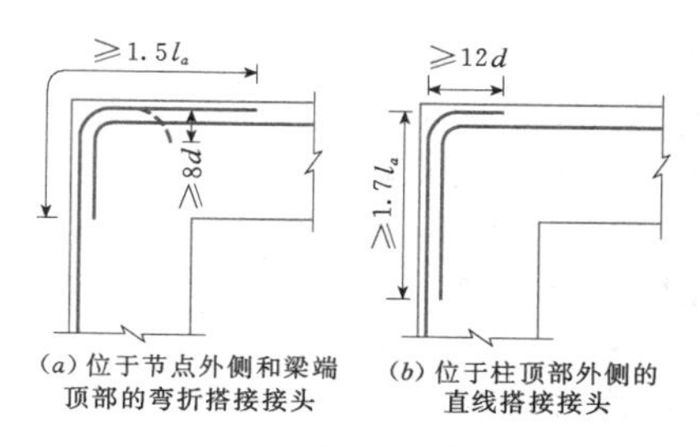

(*a*)位于节点外侧和梁端顶部的弯折搭接接头 (*b*)位于柱顶部外侧的直线搭接接头

图4.7-18 梁上部纵向钢筋与柱外侧纵向钢筋在顶层端节点的搭接

(3)框架顶层端节点处梁上部纵向钢筋的截面面积 A_s 应符合下式规定：

$$A_s \leqslant \frac{0.35 f_c b_b h_0}{f_y} \quad (4.7-5)$$

式中　b_b——梁腹板宽度；

h_0——梁截面有效高度。

梁上部纵向钢筋与柱外侧纵向钢筋在节点角部的弯弧内半径，当钢筋直径 $d \leqslant 25$mm 时，不宜小于 $6d$；当钢筋直径 $d > 25$mm 时，不宜小于 $8d$。

4.7.5.4　框架节点水平箍筋

框架节点内应设置水平箍筋，箍筋应符合柱中箍筋的构造规定，但间距不宜大于 250mm。对四边均有梁与之相连的中间节点，节点内可只设置沿周边的矩形箍筋。当顶层端节点内设有梁上部纵向钢筋和柱外侧向钢筋的搭接接头时，节点内设置的水平箍筋应符合下列要求：

（1）当纵向钢筋受拉时，其箍筋间距不应大于 $5d$，且不大于 100mm。

（2）当纵向钢筋受压时，箍筋间距不应大于 $10d$（d 为搭接钢筋中的最小直径），且不大于 200mm。

4.7.6　预应力混凝土

4.7.6.1　一般规定

1. 截面形式和尺寸

预应力受弯构件的截面尺寸及配筋，除了考虑承载力的因素外，还取决于构件预应力钢筋锚具及张拉设备压头布置和位置的裂缝控制要求（抗裂或控制裂缝宽度）。预应力混凝土梁常用的截面形式如图 4.7-19 所示。

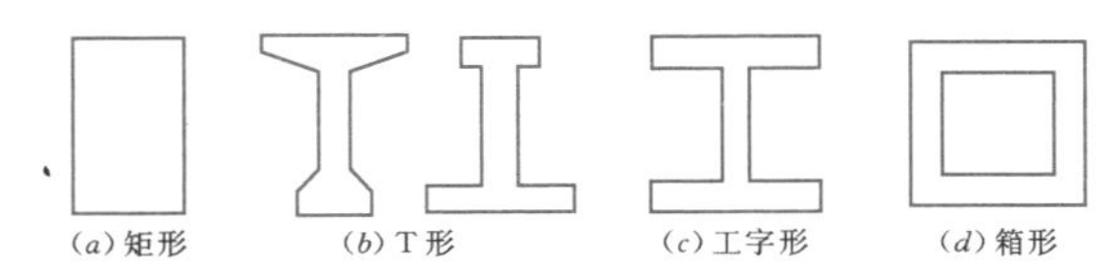

图 4.7-19　预应力混凝土梁常用的截面形式

矩形截面的优点是外形简单，节省模板费用；缺点是上、下核心点之间的距离小，使得预应力筋的内力臂受到限制，尤其在极限荷载阶段，靠近截面中性轴和受拉边的混凝土对抗弯不起作用，使得矩形截面对混凝土截面的利用不如工字形截面有效。因此，矩形截面主要用于各种实心板和一些短跨的先张法生产的预应力混凝土梁。

T形截面是我国预应力混凝土简支梁桥、吊车梁及工民建楼（屋）盖梁中最常用的截面形式。一般预应力梁的截面高度可取为跨度的 1/20～1/14；翼缘宽度取为截面高度的 1/3～ 1/2；翼缘厚度取为截面高度的 1/10～1/6；腹板厚度取为截面高度的 1/15～1/8，为满足预留孔道的构造要求，一般不小于 140mm。在实际工程应用中，常将腹板做成了“马蹄”形，以满足在梁下缘布置钢筋束的需要。“马蹄”面积不宜小于全截面的 10%～20%，“马蹄”宽度可取为肋宽的 2～4 倍。“马蹄”部分不宜过高、过大，否则会降低截面形心，减小预应力筋偏心距，使得平衡自重的能力降低。在梁端约等于梁高 h 的锚固区段，为布置锚具及承压需要，常按构造要求将腹板加厚至与“马蹄”同宽。

倒 T 形截面常为有较大下翼缘的不对称 I 形截面，由于受压区混凝土截面面积较小，对抗弯来说是不经济的。但是这种截面在施加预应力时只需要很小的自重弯矩就可将压力中心纳入上下核心界限之内，避免上翼缘出现拉应力，因此适用于自重弯矩 M_G 与使用荷载弯矩 M_k 比值较小的情况，用于某些组合截面的预制受拉翼缘部分也是经济的。

大跨度的后张法预应力梁常采用 I 形截面，而在支座附近，为承受较大的剪力及提供足够的面积以布置锚具，往往将腹板加宽形成矩形截面。

箱形截面由于是闭口的，其抗扭性能很好。与 T 形梁、工字形梁相比，箱形梁截面横向抗弯刚度较大。该截面能合理利用材料，使自重减轻，跨越能力大，一般用于大跨度桥梁。

2. 预应力钢筋布置

先张法构件及荷载、跨度均不大的后张法预应力梁，预应力钢筋可直线布置。荷载及跨度较大的后张法预应力梁，常采用曲线或折线形预应力钢筋，以提高斜截面的抗裂性及承载力，并可避免梁端的锚具过于集中，改善锚固区局部承压条件。

曲线预应力筋形状可采用圆弧线、二次抛物线或悬链线三种曲线之一。在矢跨比较小情况下，三种曲线的纵坐标值相差不大，可任选其中某一种。从施工角度来讲，选择悬链线较方便，但悬链线起弯角度较平缓。从满足起弯角度来说，圆弧线较好，施工放样也较方便。从平衡部分或全部均布外荷载方面考虑，采用抛物线较为合理。

3. 钢筋的配置

预应力混凝土构件预拉区纵向钢筋的配筋率宜符合下列要求：

（1）施工阶段预拉区不允许出现裂缝的构件，预拉区纵向钢筋的配筋率 $(A'_s + A'_p)/A$ 不应小于 0.2%，对于后张法构件不应计入 A'_p，其中 A 为构件截面面积。

（2）施工阶段预拉区允许出现裂缝，而在预拉区未配置预应力钢筋的构件，当 $\sigma_{ct} = 2f'_{tk}$ 时，预拉区纵向钢筋的配筋率 A'_s/A 不应小于 0.4%；当 $f'_{tk} < \sigma_{ct} < 2f'_{tk}$ 时，则在 0.2%～0.4%之间按线性内插法确定。

（3）预拉区的纵向非预应力钢筋的直径不宜大于 14mm，并应沿构件预拉区的外边缘均匀配置。

注：施工阶段预拉区不允许出现裂缝的板类构件，预拉区纵向钢筋配筋率可根据构件的具体情况按实践经验确定。

4.7.6.2 先张法预应力构件的构造措施

1. 并筋（钢筋束）的等效直径

先张法预应力预制构件的截面尺寸不大，预应力钢筋（钢丝、钢棒等）如按单根受力钢筋布置困难时，可采用并筋（钢筋束）的配筋形式。

并筋构件的承载能力与钢筋单根布置时相同。但由于密集配筋，预应力筋与混凝土的粘结锚固作用受到削弱，并筋构件的保护层厚度、锚固长度、预应力传递长度以及构件的刚度、裂缝等性能等受到一定的影响。经试验分析，这种影响可以用并筋（钢筋束）的等效直径（d_e）来表述。n 根直径为 d 的钢筋的并筋可以取等效直径 d_e 为 $\sqrt{n}d$ 的一根等效钢筋来替代，即

$$d_e = \sqrt{n}d \tag{4.7-6}$$

设计时，对于二并筋可以取等效直径为 $1.4d$；对于三并筋则为 $1.7d$。当先张法预应力钢筋采用二并筋或三并筋而以钢筋束的形式配筋以后，可将其看成是直径为 d_e（$1.4d$ 或 $1.7d$）的一根等效钢筋，其保护层厚度、锚固长度、预应力传递长度的确定以及刚度、裂缝的验算等，均以等效直径 d_e 进行。

根据我国的工程经验及习惯，4 根及以上的钢筋不宜采用并筋的配筋形式，因为此时钢筋束锚固性能削弱太大。

2. 先张法预应力钢筋的间距及保护层厚度

先张法预应力钢筋的混凝土保护层厚度与普通钢筋的相同，它取决于结构构件所处的环境类别、构件类型及混凝土的强度等级。

先张法预应力钢筋（包括预应力钢丝、钢绞线及钢棒）之间的净间距（相邻钢筋外轮廓之间的最小距离）不应小于表 4.7-8 规定的数值。

表 4.7-8 先张法预应力钢筋最小净间距

单位：mm

钢筋类型	钢棒	预应力钢丝	钢绞线	
			三股	七股
绝对值	15	15	20	25
相对值	$1.5d$ 或 $1.5d_e$			

注 d 为预应力钢筋直径；d_e 为并筋的等效直径。

表 4.7-8 中所列的 d 为预应力钢筋的公称直径：对于钢棒及预应力钢丝，即为其直径；而对于钢绞线来说，为其公称直径 D_g（截面的外接圆直径，轮廓直径）。因此，直径与截面之间并不一定存在 $A_p = \pi d^2/4$ 的对应关系，应务必注意。

3. 先张法预应力构件端部的构造措施

为使端部混凝土受到约束，防止因预加力产生的局部压力导致混凝土开裂，能够完成传递预应力，建立起必需的预压应力值等，先张法构件端部应采取配筋措施予以加强。具体的构造措施因构件类型的不同而不同，可以有以下几种形式。

（1）螺旋配筋。对于单根预应力钢筋或钢筋束，可在构件端部设置由细钢筋（丝）缠绕而成的螺旋钢筋圈。螺旋钢筋圈长度不小于 150mm，圈数不少于 4 圈，如图 4.7-20 所示。

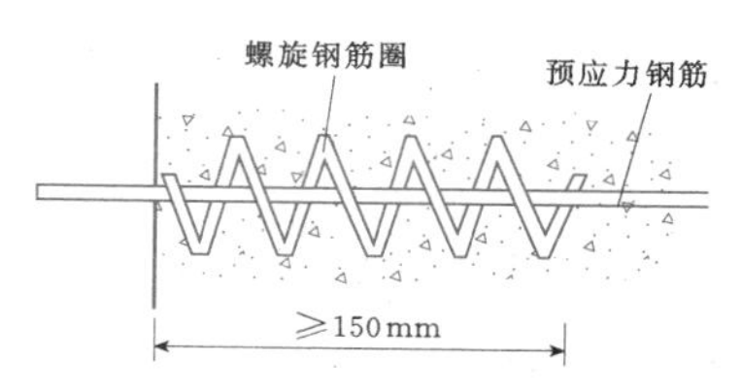

图 4.7-20 螺旋钢筋圈

（2）支座垫板插筋。当在支座处布置螺旋钢筋有困难，且由于预制构件与搁置支座连接的需要，在构件端部预埋了支座垫板，并相应配有埋件的锚筋时，可利用支座垫板上的锚筋（插筋）代替螺旋筋约束预应力钢筋。此时要求预应力钢筋必须从两排插筋中穿过，且插筋数量不少于 4 根，长度不少于 120mm，如图 4.7-21 所示。

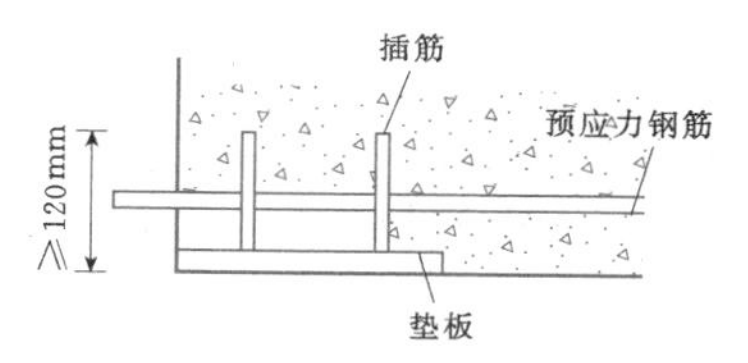

图 4.7-21 支座垫板插筋

（3）钢筋网片：当构件端截面较大，预应力钢筋较多，每根钢筋都加螺旋钢筋圈有困难时，可在构件端部加钢筋网片来提高构件端部混凝土局压强度。钢筋网片一般用细直径钢筋焊接或绑扎，设置 3～5 片，宽度能够覆盖预应力钢筋端部局部承压的范围，深度不小于预应力钢筋直径的 10 倍（$10d$），如图 4.7-22 所示。

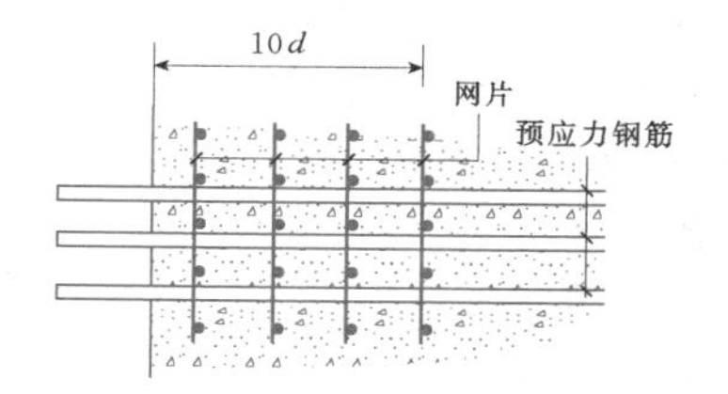

图 4.7-22 钢筋网片

(4) 横向构造配筋：预制的预应力板类构件，由于端面尺寸有限，前述局部加强配筋的措施均难以执行，可以在板端适当加密横向钢筋，设置不少于2根的横向附加钢筋，其范围可在板端100mm内，如图4.7-23所示。

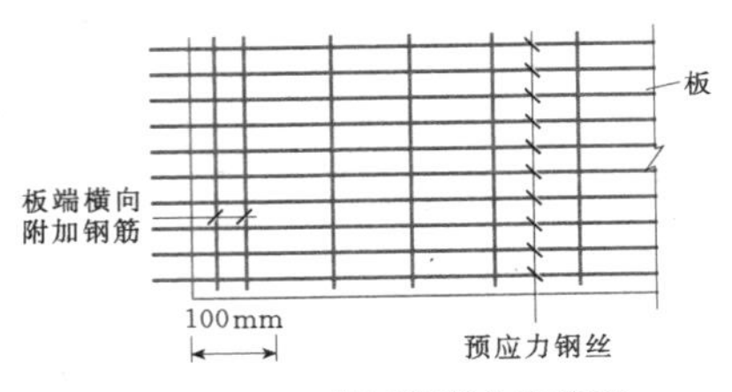

图4.7-23 薄板端部构造配筋

4.7.6.3 后张法预应力构件的构造措施

1. 预留孔道的尺寸及间距

(1) 预留孔道的直径。预留孔道的内径应比预应力钢丝束或钢绞线束的外径及需穿过孔道的锚具和连接器外径、钢筋对焊接头处外径大10～15mm，以便穿入预应力筋并保证孔道灌浆的质量。

(2) 构件端面孔道的布置。端面孔道的相对位置应综合考虑锚夹具的尺寸，张拉设备压头的尺寸，端面混凝土的局部承压能力等因素而妥善布置，必要时应适当加大端面尺寸。

(3) 构件孔道的间距及壁厚。构件孔道间的水平方向净间距不宜小于50mm；孔道至构件边缘的净距不宜小于30mm，且不应小于孔道半径。

(4) 框架梁中孔道的间距及壁厚。框架梁的预应力钢筋往往作曲线配置。曲线的预留孔道的净间距在水平方向不应小于1.5倍孔道直径，竖直方向不应小于1倍孔道直径；混凝土保护层的厚度在梁侧不宜小于40mm，在梁底不宜小于50mm。

(5) 孔道起拱的处理。大跨度受弯构件往往在制作时预先起拱以抵消正常使用时产生的过大挠度，相应的预留孔道也应同时起拱，以免引起计算以外的次应力。

(6) 灌浆及排气孔的布置。后张法预应力构件在预应力筋张拉锚固后，应在孔道内灌浆以保护预应力钢筋免受锈蚀并具备一定的粘结锚固作用，为此应在构件中设置灌浆孔及排气孔。对于曲线孔道，灌浆孔应设在最低点，泌水管（排气管）应设在最高点；直线孔道可设在构件端部及跨中。灌浆孔及排气孔的间距不宜大于12m。

孔道灌浆所用的水泥砂浆强度等级不应低于M20，其水灰比宜为0.4～0.45，为减少收缩，宜掺入0.01%水泥用量的铝粉。

2. 构件端部的形状及配筋

(1) 弯起部分预应力钢筋。对于预应力屋面梁、吊车梁等构件，宜在靠近支座的区域弯起部分预应力钢筋[见图4.7-24 (*a*)]，以减小梁底部预应力钢筋密集造成的应力集中和施工困难，减少支座附近的主拉应力和因此而引起开裂的可能性。

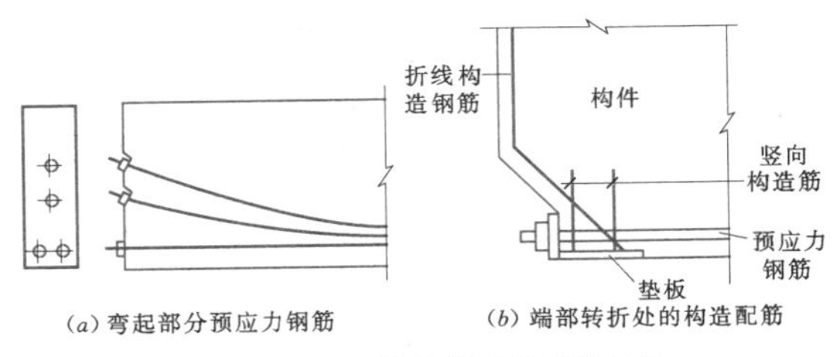

图4.7-24 构件端面的钢筋布置

根据工程经验，一般可在跨径的三分点到四分点之间开始弯起。为了减少曲线预应力钢筋束在张拉时的摩擦应力损失，弯起角度 α 不宜大于20°，若在梁端锚固，此条件一般都能满足；若在梁顶锚固，α 可放宽到25°～30°之间。

(2) 曲线预应力筋的曲率半径：

1) 钢丝束、钢绞线束以及钢筋直径 $d\leqslant 12$mm 的钢筋束，不宜小于4m。

2) 12mm$<d\leqslant$25mm 的钢筋，不宜小于12m。

3) $d>$25mm 的钢筋，不宜小于15m。

(3) 端部转折处的构造配筋。当构件端部预应力筋锚固处有局部凹进时，应增设折线形的构造钢筋，连同支座垫板上的竖向构造钢筋（插筋或埋件的锚筋）共同构成对锚固区域的约束，如图4.7-24 (*b*) 所示。

(4) 支座焊接时的构造配筋。预制构件安装就位后，往往以焊接形式与下部支承结构相连。当构件长度较大时，混凝土收缩、徐变及温度变化可能引起纵向的约束应力，在构件端部引起裂缝。为此，应在相应部位配置足够的非预应力纵向构造钢筋防裂。

3. 构件端部的加强措施

(1) 预埋钢垫板的设置。在预应力钢筋的锚夹具下及张拉设备压头的支承处，应有事先预埋的钢垫板以避免预压应力直接作用在混凝土上。

(2) 局部承压计算。对于预应力端部局部承压区应进行局部承压承载力验算，并按规定配置间接钢筋。间接钢筋的体积配率 ρ_v 不应小于0.5%。

(3) 防止孔道壁劈裂的配筋。在局部受压的间接配筋区以外，还应加配附加箍筋或钢筋网片，防止因构件端部集中的应力来不及扩散使端部局部承压区以外的孔道发生劈裂。附加箍筋或钢筋网片的范围为高

度 $2e$、长度 $3e$ 且不大于 $1.2h$ 的区域（e 为预应力钢筋合力点距构件截面边缘的距离；h 为构件端部截面高度），如图 4.7-25（a）所示。该处的体积配筋率 ρ_v 同样不小于 0.5%。

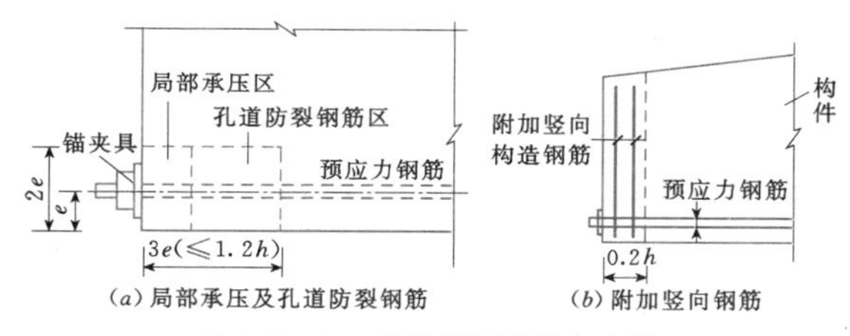

（a）局部承压及孔道防裂钢筋　（b）附加竖向钢筋

图 4.7-25　构件端面的附加配筋

（4）附加竖向钢筋：当构件端部预应力钢筋无法均匀布置而需集中布置在截面下部或集中布置在上部和下部时，应在构件端部 $0.2h$ 厚的范围内设置附加的竖向钢筋［见图 4.7-25（b）］，防止由于预加力的偏心在截面中部引起拉应力而开裂。附加竖向钢筋的形式可为封闭式箍筋、焊接网片或其他形式的构造钢筋。

附加竖向钢筋截面面积按下列公式计算：

当 $e \leqslant 0.1h$ 时

$$A_{sv} \geqslant 0.3\gamma_d N_p / f_y \qquad (4.7-7)$$

当 $0.1h < e \leqslant 0.2h$ 时

$$A_{sv} \geqslant 0.15\gamma_d N_p / f_y \qquad (4.7-8)$$

式中　N_p——作用在构件端部截面重心线上部或下部预应力的合力，应考虑预应力分项系数 1.05，此时，仅考虑混凝土预压前的预应力损失；

f_y——附加钢筋的抗拉强度设计值，但不应大于 300N/mm^2。

当上部和下部均有预应力钢筋时，应分别计算并叠加后配筋。

当 $e > 0.2h$ 时根据实际情况适当配筋。

（5）锚具下的钢垫板和附加钢筋：后张法预应力构件锚具下的钢垫板的厚度可取 15～30mm，钢垫板的平面尺寸以锚具外边缘按 45°扩散到垫板底面作为局部受压面积。钢垫板的锚筋宜采用直径 12～16mm 的 HRB335 级热轧钢筋，其长度不应小于 $10d$，锚筋根数一般为 4 根。锚具下的间接钢筋与附加钢筋可采用钢筋网片或螺旋筋，钢筋网片的直径为 ϕ6～10mm，4～5 片；螺旋筋直径为 ϕ10～14mm，圈数为 4～5 圈。

（6）锚夹具的选择与处理：后张法预应力构件应选取可靠的锚夹具，其形式和质量要求应符合《预应力筋用锚具、夹具和连接器》（GB/T 14370—2007）的规定。外露的金属锚具应采取涂刷油漆、砂浆或混凝土封闭等可靠的防锈措施。

4.7.7　预制构件的接头、吊环和预埋件

4.7.7.1　预制构件的接头

（1）预制构件的接头形式应根据结构受力性能和施工条件确定，力求构造简单、传力明确，接头应尽量避开受力最大的位置。

（2）承受弯矩的刚性接头，接头部位的截面刚度应与邻近接头的预制构件的刚度相接近。刚性接头宜采用钢筋为焊接连接的装配整体式接头。应注意选择合理的构造形式和焊接程序，适当增加构造钢筋。

装配整体式接头应满足施工阶段和使用阶段的承载力、稳定性和变形的要求。

（3）装配式柱采用榫式接头时，接头附近区段内截面的承载力宜为该截面计算所需承载力的 1.3～1.5 倍（SL 191 规定可按轴心受压承载力计算）。为此，可采取加设横向钢筋网片和纵向钢筋、提高后浇混凝土强度等级等措施。

（4）在装配整体式节点处，柱的纵向钢筋应贯穿节点，梁的纵向钢筋应按“4.7.5.1 连续梁中间支座或框架梁中间节点”的规定在节点内锚固。

（5）承受内力的装配式构件接头，当接缝宽度不大于 20mm 时，宜用水泥砂浆灌缝；当缝宽大于 20mm 时，宜用细石混凝土灌筑。细石混凝土的强度应比构件的混凝土强度提高二级，并应采取措施减少灌缝的混凝土的收缩。不承受内力的接头，可采用强度等级不低于 C20 的细石混凝土或 M15（SL 191 为 M20）的砂浆。

4.7.7.2　预制构件的吊环

预制构件的吊环应采用 HPB235 级钢筋制作，严禁采用冷加工钢筋。

每个吊环可按两个截面计算，在构件自重标准值作用下，吊环应力不应大于 50N/mm^2（构件自重的动力系数已考虑在内）。当一个构件上设有 4 个吊环时，设计中按 3 个吊环同时发挥作用考虑。

吊环钢筋直径不宜大于 30mm。吊环埋入方向宜与吊索方向基本一致。埋入深度不应小于 $30d$（d 为吊环钢筋直径），钢筋末端应设置 180°弯钩，弯钩末端直段长度、钩侧保护层、吊环在构件表面的外露高度以及吊环内直径等尺寸应符合图 4.7-26 的要求。吊环应焊接或绑扎在构件的钢筋骨架上。

4.7.7.3　预埋件

预埋件的锚板宜采用 Q235 级钢，锚筋应采用 HPB235 级、HPB300 级、HRB335 级或 HRB400 级钢筋，不得采用冷加工钢筋。锚筋采用光圆钢筋时，

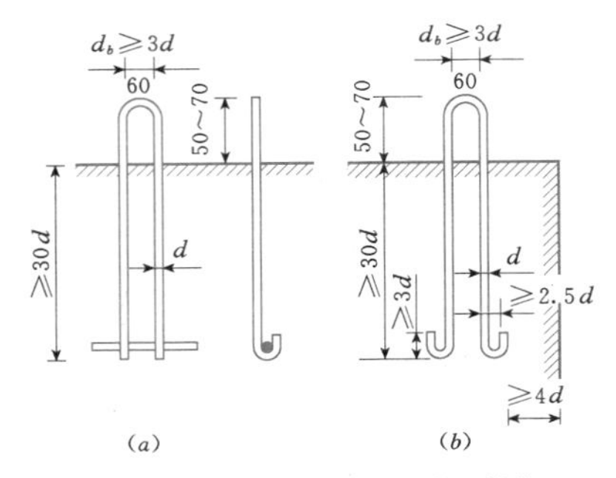

图 4.7-26 预制构件的吊环埋设（单位：mm）

端部应加弯钩。

预埋件的受力直锚筋不宜少于 4 根，也不宜多于 4 层（见图 4.7-27），其直径 d 根据计算确定，但不小于 8mm，亦不大于 25mm。受剪预埋件的直锚筋，可采用 2 根。

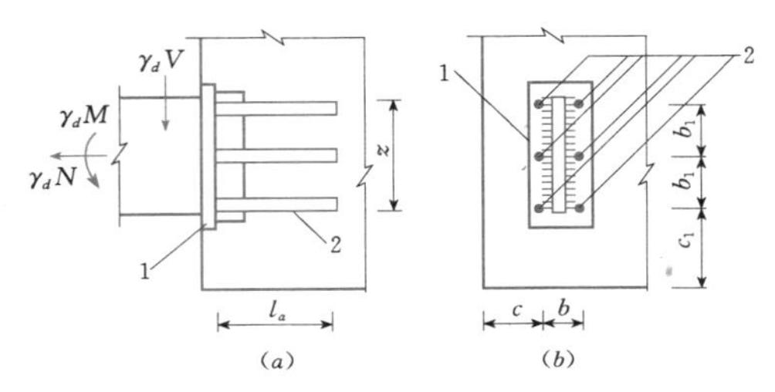

图 4.7-27 由锚板和直锚筋组成的预埋件

1—锚板；2—直锚筋；b_1—层距；b—列距

受拉锚筋和弯折锚筋的锚固长度应符合表 4.7-3 的规定；受剪和受压直锚筋的锚固长度不应小于 $15d$。

锚板构造及锚筋截面面积的计算可按有关规范的规定进行。

4.8 结构构件计算

4.8.1 梁、板

4.8.1.1 单向板结构

在此仅介绍按弹性计算的方法。按塑性变形内力重分配计算的方法，可参考有关钢筋混凝土结构教材。

当板的两个边长比 $l_2/l_1 > 2$ 时（见图 4.8-1），称为单向板（或梁式板）；$l_2/l_1 \leqslant 2$ 时，称为双向板（或四边支承板）。

1. 计算跨度

计算弯矩时，计算跨度 l_0 可按图 4.8-2 及以下方法确定；计算剪力时，计算跨度 $l_0 = l_n$。图中 l_n 为净跨；l_c 为支座中到中的距离。

(1) 弹性嵌固支座［图 4.8-2 (a)］。

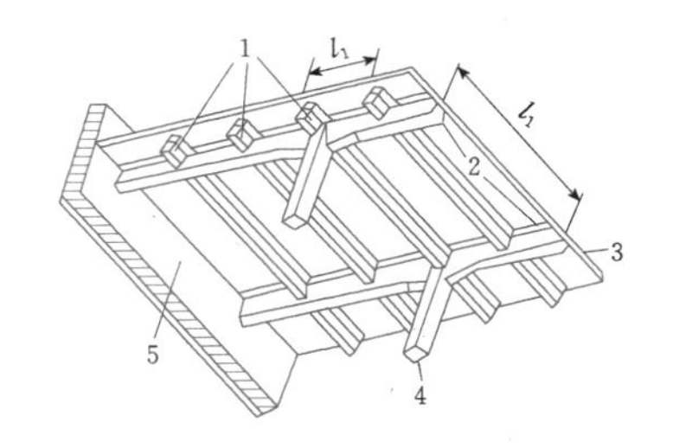

图 4.8-1 单向板

1—次梁；2—主梁；3—板；4—柱；5—墩墙

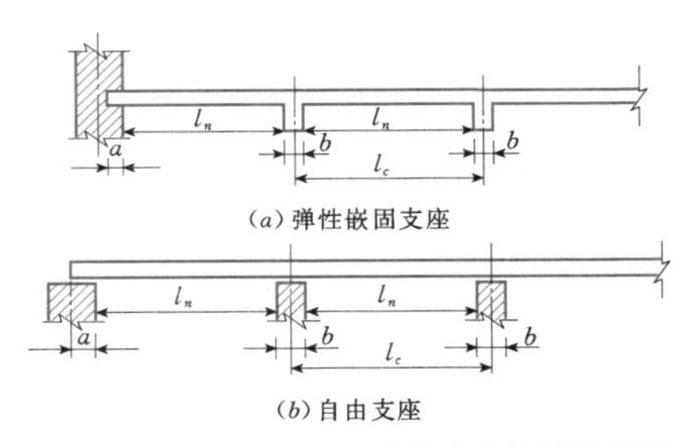

图 4.8-2 连续板梁的计算跨度与计算简图

边跨：

$$l_0 = l_n + \frac{a+b}{2}$$

板 $\quad l_0 \leqslant 1.05 l_n$

梁 $\quad l_0 \leqslant 1.025 l_n$

中间跨：

板 $\begin{cases} \text{当 } b \leqslant 0.1 l_c \text{ 时，} l_0 = l_c \\ \text{当 } b > 0.1 l_c \text{ 时，} l_0 = 1.1 l_n \end{cases}$

梁 $\begin{cases} \text{当 } b \leqslant 0.05 l_c \text{ 时，} l_0 = l_c \\ \text{当 } b > 0.05 l_c \text{ 时，} l_0 = 1.05 l_n \end{cases}$

(2) 自由支座［图 4.8-2 (b)］。

边跨：

$$l_0 = l_n + \frac{a+b}{2}$$

板 $\quad l_0 \leqslant 1.1 l_n$

梁 $\quad l_0 \leqslant 1.05 l_n$

中间跨：

板 $\begin{cases} \text{当 } b \leqslant 0.1 l_c \text{ 时，} l_0 = l_c \\ \text{当 } b > 0.1 l_c \text{ 时，} l_0 = 1.1 l_n \end{cases}$

梁 $\begin{cases} \text{当 } b \leqslant 0.05 l_c \text{ 时，} l_0 = l_c \\ \text{当 } b > 0.05 l_c \text{ 时，} l_0 = 1.05 l_n \end{cases}$

2. 荷载计算

对于板：

$$g = g' + \frac{1}{2}p', \quad p = \frac{1}{2}p'$$

对于次梁：

$$g = g' + \frac{1}{4}p', \quad p = \frac{3}{4}p'$$

对于主梁：

$$g = g'$$

式中 g、p——计算内力时用的静荷载、活荷载；

g'、p'——实际作用的静荷载、活荷载。

注： 当板或梁直接搁置在墩墙上时［见图 4.8-2（b）］，g、p 直接采用 g'、p'。

求支座弯矩时，计算跨度取相邻两跨的平均值。连续板、梁各跨的跨度相差不超过 10%时，可按等跨计算。等跨的连续板、梁，若跨度多于 5 跨时，可按 5 跨计算内力。

3. 内力计算

（1）等跨连续板、梁，弯矩和剪力可查用工程力学设计手册的有关表格。

（2）当连续板、梁与支座整体连接时［见图 4.8-3（a）］，支座计算弯矩的绝对值为

$$M = |M_Z| - |V_0| \left(\frac{b}{2}\right) \qquad (4.8-1)$$

式中 M_Z——支座中心线处的弯矩；

V_0——按单跨简支梁计算得到的支座边缘处的剪力；

b——支座宽度。

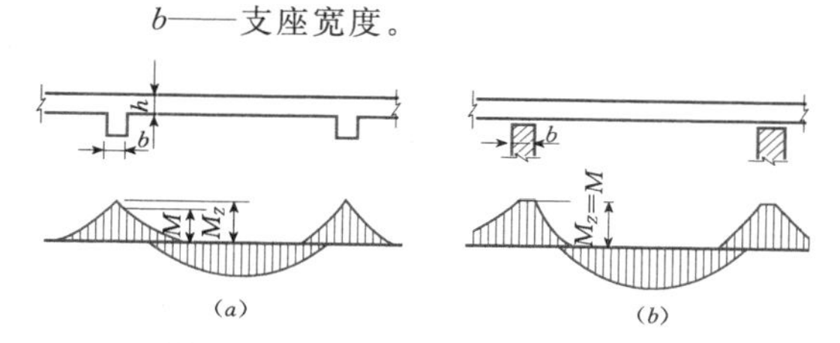

图 4.8-3 连续板、梁的弯矩计算值

当板或梁直接搁置在墩墙上时［见图 4.8-3（b）］：

$$M = |M_Z| \qquad (4.8-2)$$

4.8.1.2 双向板结构

1. 单块板的内力计算

承受均布荷载的单块矩形双向板的内力，可根据弹性薄板小挠度理论求解，在工程设计中，一般根据板的四边支承情况及沿 x 方向与沿 y 方向板的跨度之比，利用已制成的计算表查出。有关表格见有关工程力学的设计手册。

按下列公式计算：

$$\left.\begin{aligned} M_x^{(\mu_c)} &= M_x + \mu_c M_y \\ M_y^{(\mu_c)} &= M_y + \mu_c M_x \end{aligned}\right\} \qquad (4.8-3)$$

式中 $M_x^{(\mu_c)}$、$M_y^{(\mu_c)}$——$\mu_c \neq 0$ 时的跨中弯矩；

M_x、M_y——$\mu_c = 0$ 时的跨中弯矩；

μ_c——混凝土泊松比。

2. 连续板的内力计算

连续的双向板可以简化为单块板来计算。对于同一方向跨度相等或跨度相差不大的连续双向板，可按下述方法进行计算。

（1）跨中最大弯矩。当作用均布静荷载 g 和均布活荷载 p 时，区格 A 最不利的荷载应按图 4.8-4（a）、（b）的棋盘形方式布置。这种布置情况，可化为满布的 $q' = g + p/2$［见图 4.8-4（c）］和一上一下作用的 $q'' = p/2$［见图 4.8-4（d）］两种荷载情况之和。在满布的荷载 q' 作用下，因为荷载对称，可以近似认为板的中间支座都是固定支座；在一上一下的荷载 q'' 的作用下，因荷载近似反对称关系，中间支座的弯矩近似等于零，亦即可以把中间支座都看做简支支座。至于边支座则可根据实际情况确定。这样，就可将连续双向板的这一区格分成为作用 q' 和 q'' 的两块单块板来计算，将上述两种情况求得的跨中弯矩相叠加，便可得到该区格荷载最不利位置时所产生的跨中最大和最小弯矩。

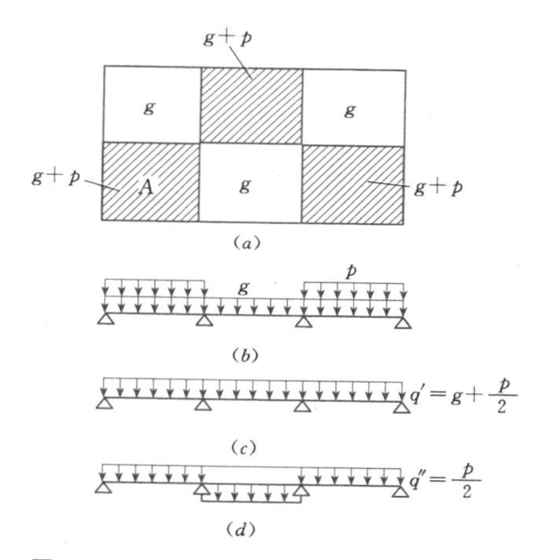

图 4.8-4 区格 A 的跨中最大弯矩计算图

（2）支座中点最大弯矩。连续双向板的支座最大弯矩，可将全部荷载 $q = g + p$ 布满各跨后，再用单块板的弯矩系数来计算。如相邻两跨板的另一端支承情况不一样，或两跨跨度不相等时，则可取相邻两跨板的同一支座弯矩的平均值作为该支座的计算弯矩值。

4.8.2 叠合式受弯构件

4.8.2.1 叠合式受弯构件的特点

叠合式受弯构件由预制构件和后浇混凝土叠合层两部分组成，两者的共同工作是通过预制构件中伸至叠合层内的抗剪钢筋的销栓作用和（或）粗糙的叠合面的黏聚力来实现的（见图 4.8-5）。这种结构的主要特点如下：

（1）结构的主要受力部分在工厂制造，机械化程

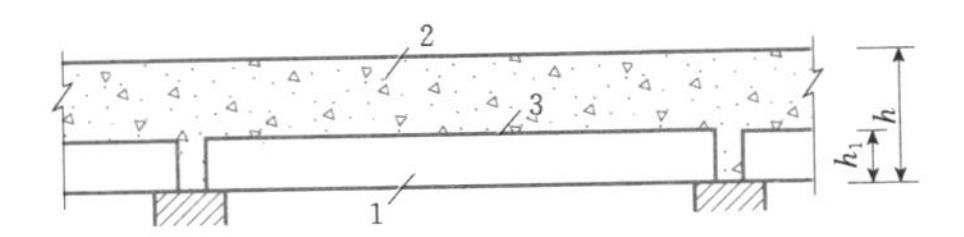

图 4.8-5 叠合式受弯构件

1—预制构件；2—后浇混凝土叠合层；3—叠合面；
h_1—预制构件截面高度；h—叠合构件截面高度

度高，构件质量高。

(2) 预制构件的模板可以重复使用，现浇部分施工时，可以利用预制构件做脚手架和模板，比整体式结构省工省料，并能缩短工期。

(3) 可以对预制构件采用预应力技术，应用高强度钢材以减小用钢量，且由于仅有预制部分的截面承受预压力，改善了施工阶段的受力性能，一般不需要在预制构件的预拉区设置预应力筋，提高了构件在施工阶段的抗裂性，较整体预应力构件更为节省钢材。

(4) 混凝土叠合式结构的预制构件体积小、重量轻，运输吊装都比较方便。

(5) 叠合式受弯构件需要进行二次浇筑，新旧混凝土的结合面能否保证结构整体共同工作，是关键问题。经过国内外多年来的大量试验研究，证明通过一定的构造措施，完全可以保证其整体共同工作。

4.8.2.2 叠合式受弯构件的分类和设计原则

根据施工工艺的不同，叠合式受弯构件有施工阶段不加支撑和加设可靠支撑两种。

施工阶段设有可靠支撑的叠合式受弯构件，可与普通的受弯构件一样进行正截面受弯承载力计算，而其斜截面和叠合面的受剪承载力则应按叠合式受弯构件的专门规定计算。

施工阶段不加支撑的叠合式受弯构件应对叠合构件和预制构件分别进行计算。

当预制构件截面高度 h_1 与叠合构件截面总高度 h 之比 $h_1/h<0.4$ 时，应在施工阶段设置可靠支撑。

4.8.2.3 施工阶段不加支撑的叠合式受弯构件计算

1. 两个受力阶段及相应的荷载

施工阶段不加支撑的叠合式受弯构件，应分别按下列两个阶段进行计算：

(1) 预制构件阶段：指后浇叠合层混凝土未达到强度设计值之前的阶段。该阶段荷载由预制构件承担，预制构件应按简支构件计算；此时，荷载应考虑预制构件自重、预制板自重、叠合层自重以及本阶段的施工活荷载。

(2) 叠合构件阶段：指后浇叠合层混凝土达到强度设计值之后的阶段。在该阶段，叠合构件应按整体结构计算。此时，荷载应考虑下列两种情况并取其较大值：

1) 施工阶段，考虑叠合构件自重、预制板自重、施工阶段的永久荷载及施工活荷载。

2) 使用阶段，考虑叠合构件自重、预制板自重、使用阶段的永久荷载及可变荷载。

2. 正截面受弯承载力计算

(1) 预制构件的正截面受弯承载力。

预制构件的正截面受弯承载力按普通混凝土受弯构件的规定计算，其中的弯矩设计值按下式取用：

$$M_1 = M_{1G} + M_{1Q} \tag{4.8-4}$$

式中 M_1——第一阶段预制构件的弯矩设计值；

M_{1G}——第一阶段预制构件自重、预制板自重和叠合层自重在计算截面产生的弯矩设计值；

M_{1Q}——第一阶段施工活荷载在计算截面产生的弯矩设计值。

按 DL 5057 设计时，上述 M_{1G}、M_{1Q} 均应包括结构重要性系数、设计状况系数及荷载分项系数在内；按 SL 191 设计时，上述弯矩设计值则按式 (4.1-6) ～式 (4.1-8) 的规定计算。

(2) 叠合构件的正截面受弯承载力。

叠合构件的正截面受弯承载力按普通混凝土受弯构件的规定计算。其中，弯矩设计值分正弯矩区段和负弯矩区段按下列公式取用。

叠合构件的正弯矩区段：

$$M = M_{1G} + M_{2G} + M_{2Q} \tag{4.8-5}$$

叠合构件的负弯矩区段：

$$M = M_{2G} + M_{2Q} \tag{4.8-6}$$

式中 M——第二阶段叠合构件的弯矩设计值；

M_{2G}——第二阶段面层、吊顶等自重在计算截面产生的弯矩设计值；

M_{2Q}——第二阶段可变荷载在计算截面产生的弯矩设计值，取第二阶段施工活荷载或使用阶段可变荷载在计算截面产生的弯矩设计值中的较大值。

在计算叠合构件的正截面受弯承载力时，正弯矩区段的混凝土强度等级应按叠合层取用；负弯矩区段的混凝土强度等级应按计算截面受压区的实际情况取用。

3. 斜截面受剪承载力计算

(1) 预制构件的斜截面受剪承载力。

预制构件的斜截面受剪承载力按普通混凝土受弯构件的规定计算，其中的剪力设计值按下式取用：

$$V_1 = V_{1G} + V_{1Q} \tag{4.8-7}$$

式中 V_1——第一阶段预制构件的剪力设计值；

V_{1G}——第一阶段预制构件自重、预制板自重和叠合层自重在计算截面产生的剪力设计值；

V_{1Q}——第一阶段施工活荷载在计算截面产生的剪力设计值。

(2) 叠合构件的斜截面受剪承载力。

叠合构件的斜截面受剪承载力按普通混凝土受弯构件的规定计算，其中的剪力设计值按下式取用：

$$V = V_{1G} + V_{2G} + V_{2Q} \quad (4.8-8)$$

式中 V——第二阶段叠合构件的剪力设计值；

V_{2G}——第二阶段面层、吊顶等自重在计算截面产生的剪力设计值；

V_{2Q}——第二阶段可变荷载在计算截面产生的剪力设计值，取第二阶段施工活荷载或使用阶段可变荷载在计算截面产生的剪力设计值中的较大值。

构件斜截面混凝土和箍筋的受剪承载力应分别按叠合构件和预制构件进行计算。对于叠合构件的受剪承载力，应取叠合层和预制构件中较低的混凝土强度等级进行计算，且不应低于预制构件的受剪承载力。

对于预应力混凝土叠合式受弯构件，不考虑预应力对受剪承载力的有利影响，取 $V_p = 0$。

4. 叠合面受剪承载力计算

(1) 叠合梁的叠合面受剪承载力。

当叠合梁的箍筋配置及其他各项构造符合本章前述的有关要求时，其叠合面的受剪承载力可按下式计算：

$$V \leqslant \frac{1}{\gamma_d}\left(1.2 f_t b h_0 + 0.85 f_{yv} \frac{A_{sv}}{s} h_0\right) \quad (4.8-9)$$

式中，混凝土轴心抗拉强度设计值 f_t 应取叠合层与预制构件中的较低值。

当按 SL 191 计算时，将式 (4.8-9) 中 γ_d 换成 K，其中 K 为承载力安全系数，按表 4.1-6 采用，同时，剪力设计值均应按式 (4.1-6) ～式 (4.1-8) 的规定计算。

(2) 叠合板的叠合面受剪承载力。

不配箍筋的叠合板，当各项构造符合前述的有关要求时，其叠合面的受剪承载力可按下式计算：

$$\frac{\gamma_d V}{b h_0} \leqslant 0.4 \ (\text{N/mm}^2) \quad (4.8-10)$$

5. 叠合板的受冲切承载力计算

承受局部集中荷载作用的叠合板，其受冲切承载力可按普通钢筋混凝土板受冲切承载力的规定进行计算，但相应公式中的混凝土轴心抗拉强度设计值 f_t 宜取预制构件和叠合层中的较低值。

6. 叠合构件的抗裂验算

要求不出现裂缝的叠合式受弯构件应按下式进行标准组合下的正截面抗裂验算：

$$\sigma_{ck} \leqslant \gamma_m \alpha_{ct} f_{tk} \quad (4.8-11)$$

标准组合下抗裂验算边缘的混凝土法向应力 σ_{ck} 应分别按下列公式计算。

对于预制构件：

$$\sigma_{ck} = \frac{M_{1Gk} + M_{1Qk}}{W_{01}} \quad (4.8-12)$$

对于叠合构件：

$$\sigma_{ck} = \frac{M_{1Gk}}{W_{01}} + \frac{M_{2Gk} + M_{2Qk}}{W_0} \quad (4.8-13)$$

式中 f_{tk}——预制构件的混凝土轴心抗拉强度标准值；

M_{1Gk}——第一阶段预制构件自重、预制板自重和叠合层自重标准值在计算截面产生的弯矩值；

M_{1Qk}——第一阶段施工活荷载标准值在计算截面产生的弯矩值；

M_{2Gk}——第二阶段面层、吊顶等自重标准值在计算截面产生的弯矩值；

M_{2Qk}——第二阶段可变荷载标准值在计算截面产生的弯矩值，取本阶段施工活荷载标准值或使用阶段可变荷载标准值在计算截面产生的弯矩值中的较大值；

W_{01}——预制构件换算截面受拉边缘的弹性抵抗矩；

W_0——叠合构件换算截面受拉边缘的弹性抵抗矩，此时，后浇部分截面应按混凝土的弹性模量比换算成预制部分的截面面积计算；

α_{ct}——混凝土拉应力限制系数，取 $\alpha_{ct}=0.85$；

γ_m——截面抵抗矩塑性系数，按表 4.3-3 取用。

7. 叠合构件纵向受拉钢筋的应力验算

为防止在使用阶段叠合构件纵向受拉钢筋的应力过高，应对其进行验算。

钢筋混凝土叠合式受弯构件在标准组合下，其纵向受拉钢筋的应力应符合下式规定：

$$\sigma_{sk} = \sigma_{s1k} + \sigma_{s2k} \leqslant 0.85 f_y \quad (4.8-14)$$

注： 如按 SL 191 设计，式 (4.8-14) 改为 $\sigma_{sk} = \sigma_{s1k} + \sigma_{s2k} \leqslant 0.9 f_y$。

$$\sigma_{s1k} = \frac{M_{1Gk}}{0.87 A_s h_{01}} \quad (4.8-15)$$

$$\sigma_{s2k} = \frac{(M_{2Gk} + M_{2Qk})\left(0.5 + \frac{0.5 h_1}{h}\right)}{0.87 A_s h_0} \quad (4.8-16)$$

式中 f_y——受拉钢筋的抗拉强度设计值；

h_{01}——预制构件截面有效高度；

h_0——叠合构件截面有效高度；

σ_{s1k}——在弯矩 M_{1Gk} 作用下预制构件中纵向受拉钢筋的应力；

σ_{s2k}——在弯矩 M_{2Gk} 和 M_{2Qk} 共同作用下，叠合构件中纵向受拉钢筋的应力增量。

当 $M_{1Gk} < 0.35M_{1u}$ 时，式（4.8－16）中取 $0.5+0.5h_1/h=1.0$；此处，M_{1u} 为预制构件正截面受弯承载力设计值，应按式（4.4－52）计算，但式中应取等号，并以 M_{1u} 代替 $\gamma_d M$（SL 191 为 KM）。

8. 叠合构件的裂缝宽度验算

钢筋混凝土叠合式受弯构件按标准组合并考虑长期作用影响所求得的最大裂缝宽度 w_{max} 不应超过表4.1－9规定的最大裂缝宽度限值。最大裂缝宽度 w_{max} 可按式（4.5－9）计算，但式中的 σ_{sk} 应替换为 $\sigma_{s1k}+\sigma_{s2k}$，$\alpha_{cr}=2.1$，$\sigma_{s1k}$ 和 σ_{s2k} 分别按式（4.8－15）和式（4.8－16）计算。当按 SL 191 设计时，则 w_{max} 可按式（4.5－13）计算。

9. 叠合构件的挠度验算

叠合式受弯构件的最大挠度应按标准组合并考虑荷载长期作用的影响进行验算，其计算值不应超过表4.1－11规定的挠度限值。

叠合式受弯构件对应于标准组合并考虑荷载长期作用影响的刚度可按下式计算：

$$B=\frac{M_k}{\left(\frac{B_{s2}}{B_{s1}}-1\right)M_{1Gk}+1.7M_k}B_{s2} \quad (4.8-17)$$

其中 $$M_k=M_{1Gk}+M_{2Gk}+M_{2Qk}$$

式中 M_k——叠合构件按标准组合计算的弯矩值；

B_{s1}、B_{s2}——预制构件、叠合构件第二阶段的短期刚度。

（1）预制构件和叠合构件正弯矩区段的短期刚度计算。

标准组合下叠合式受弯构件正弯矩区段内的短期刚度可按下列公式计算：

1）预制构件的短期刚度 B_{s1} 与普通混凝土构件相同，可按式（4.5－25）计算，计算中取用预制构件混凝土的弹性模量 E_{c1}。

2）叠合构件第二阶段的短期刚度可按下式计算：

$$B_{s2}=\frac{(0.025+0.28\alpha_E\rho)(1+0.55\gamma_f'+0.12\gamma_f)E_{c2}bh_0^3}{0.66+0.34\dfrac{h_1}{h}} \quad (4.8-18)$$

其中 $$\alpha_E=E_s/E_{c2}$$

式中 E_{c2}——叠合层混凝土的弹性模量；

α_E——钢筋弹性模量与叠合层混凝土弹性模量之比。

（2）叠合构件负弯矩区段的短期刚度计算。

叠合式受弯构件负弯矩区段内第二阶段的短期刚度 B_{s2}，可按式（4.5－25）计算，其中混凝土弹性模量取为 E_{c1}，$\alpha_E=E_s/E_{c1}$。

4.8.2.4 施工阶段设有可靠支撑的叠合式受弯构件计算

施工阶段设有可靠支撑的叠合式受弯构件，可只对叠合构件进行计算。其正截面受弯承载力计算与普通受弯构件的要求相同。

叠合构件的斜截面受剪承载力及叠合面受剪承载力则按式（4.8－8）及式（4.8－9）的规定计算。

4.8.2.5 构造要求

1. 叠合梁的构造要求

叠合梁除应符合普通梁的构造要求外，尚应符合下列规定：

（1）预制梁的箍筋应全部伸入叠合层，且各肢伸入叠合层的直线段长度不宜小于 $10d$（d 为箍筋直径）。

（2）在承受静荷载为主的叠合梁中，预制构件的叠合面可采用凹凸不小于6mm的自然粗糙面。

（3）叠合层混凝土的厚度不宜小于100mm，叠合层混凝土的强度等级不应低于C20。

（4）严寒、寒冷地区的叠合梁，其叠合面不得暴露于饱和水气或积雪结霜的环境，混凝土的抗冻等级分别不应低于F300、F200。

2. 叠合板的构造要求

（1）叠合板中叠合面剪应力小于0.4N/mm^2 时，可不设通过叠合面的抗剪钢筋，但预制板的叠合面应作成凹凸不小于4.0mm的自然粗糙面。也可采用压痕器将预制板表面压出深度为5～10mm、间距为150～250mm的凹痕。

（2）当叠合面剪应力大于0.4N/mm^2 时，需在预制板内设置伸入叠合层的构造钢筋。

（3）叠合层的混凝土强度等级不应低于C20。

（4）严寒、寒冷地区不宜采用叠合板。

4.8.3 深受弯构件

4.8.3.1 一般规定

跨高比 $l_0/h<5$ 的钢筋混凝土深梁、短梁和厚板统称为深受弯构件。其中 $l_0/h\leqslant 2$ 的简支梁或 $l_0/h\leqslant 2.5$ 的连续梁称为深梁；$2<l_0/h<5$ 的简支梁（或 $2.5<l_0/h<5$ 的连续梁）称为短梁。其中，h 为构件的截面高度；l_0 为计算跨度，对于深梁可取 l_c 和 $1.15l_n$ 两

者中的较小值，对于短梁可取 l_c 和 $1.10l_n$ 两者中的较小值，l_c 为支座中心线之间的距离，l_n 为净跨。厚板的计算跨度 l_0 可按照深梁和短梁的规定确定。

简支单跨深受弯构件的内力可按简支梁计算。连续深受弯构件的内力，当 $l_0/h<2.5$ 时，应按弹性理论的方法计算；当 $l_0/h\geqslant 2.5$ 时，可用结构力学方法计算。

4.8.3.2 正截面受弯承载力计算

钢筋混凝土深受弯构件（包括深梁、短梁和实心厚板）的正截面受弯承载力应符合下列规定：

$$M\leqslant\frac{1}{\gamma_d}f_yA_sz \tag{4.8-19}$$

其中

$$z=\alpha_d(h_0-0.5x) \tag{4.8-20}$$

$$\alpha_d=0.80+0.04\frac{l_0}{h} \tag{4.8-21}$$

$$h_0=h-a_s \tag{4.8-22}$$

式中 M——弯矩设计值；

f_y——钢筋的抗拉强度设计值，按表 4.2-7 采用；

A_s——纵向受拉钢筋的截面面积；

x——截面受压区计算高度，按式（4.4-51）计算，当 $x<0.2h_0$ 时，取 $x=0.2h_0$；

h_0——截面有效高度；

h——截面高度；

a_s——当 $l_0/h\leqslant 2$ 时，跨中截面 $a_s=0.1h$，支座截面 $a_s=0.2h$；当 $l_0/h>2$ 时，a_s 按受拉区纵向钢筋截面重心至受拉边缘的实际距离取用。

注： 按 SL 191 计算时，应将（4.8-19）式中的 γ_d 换成 K，其中 K 为承载力安全系数，按表 4.1-6 采用；弯矩设计值 M 按式（4.1-5）～式（4.1-8）计算。

当 $l_0/h<1$ 时，取内力臂 $z=0.6l_0$。

4.8.3.3 斜截面受剪承载力计算

1. 截面尺寸条件

深梁和短梁构件的斜截面受剪承载力计算时，其截面应符合下列规定：

当 $h_w/b\leqslant 4.0$ 时

$$V\leqslant\frac{1}{60\gamma_d}\left(10+\frac{l_0}{h}\right)f_cbh_0 \tag{4.8-23}$$

当 $h_w/b\geqslant 6.0$ 时

$$V\leqslant\frac{1}{60\gamma_d}\left(7+\frac{l_0}{h}\right)f_cbh_0 \tag{4.8-24}$$

式中 V——构件斜截面上的最大剪力设计值；

l_0——计算跨度，当 $l_0/h<2$ 时，取 $l_0/h=2$；

b——矩形截面的宽度和 T 形、I 形截面的腹板宽度；

h_w——截面的腹板高度，对矩形截面取有效高度 h_0，对 T 形截面取有效高度减去翼缘高度，对 I 形截面取腹板净高。

当 $4.0<h_w/b<6.0$ 时，按直线内插法取用。

2. 深梁和短梁构件的斜截面受剪承载力计算

深梁和短梁的斜截面受剪承载力应符合下列规定：

$$V\leqslant\frac{1}{\gamma_d}(V_c+V_{sv}+V_{sh}) \tag{4.8-25}$$

$$V_c=0.7\times\frac{8-l_0/h}{3}f_tbh_0 \tag{4.8-26}$$

$$V_{sv}=\frac{1}{3}\left(\frac{l_0}{h}-2\right)f_{yv}\frac{A_{sv}}{s_h}h_0 \tag{4.8-27}$$

$$V_{sh}=\frac{1}{6}\left(5-\frac{l_0}{h}\right)f_{yh}\frac{A_{sh}}{s_v}h_0 \tag{4.8-28}$$

式中 f_{yv}、f_{yh}——竖向分布钢筋和水平分布钢筋的抗拉强度设计值；

A_{sv}——间距为 s_h 的同一排竖向分布钢筋的截面面积；

A_{sh}——间距为 s_v 的同一层水平分布钢筋的截面面积；

s_h——竖向分布钢筋的水平间距；

s_v——水平分布钢筋的竖向间距。

在上述公式中，当 $l_0/h<2$ 时，取 $l_0/h=2$。

DL/T 5057 规定，对于集中荷载作用下的矩形截面独立的深梁和短梁，V_c 按下式计算：

$$V_c=0.5f_tbh_0 \tag{4.8-29}$$

注： 按 SL 191 计算时，将式中 γ_d 换成 K，其中 K 为承载力安全系数，按表 4.1-6 采用。同时，V_{sv} 按下式计算：

$$V_{sv}=1.25\times\frac{l_0/h-2}{3}f_{yv}\frac{A_{sv}}{s_h}h_0$$

3. 厚板的斜截面受剪承载力计算

承受分布荷载的实心厚板，其正截面受弯承载力应按式（4.8-19）计算，其斜截面受剪承载力应符合下列规定：

$$V\leqslant\frac{1}{\gamma_d}(V_c+V_{sb}) \tag{4.8-30}$$

注： 按 SL 191 计算时，将式中 γ_d 换成 K，其中 K 为承载力安全系数，按表 4.1-6 采用。

$$V_{sb}=\alpha_{sb}f_{yb}A_{sb}\sin\alpha_s \tag{4.8-31}$$

式中 V_c——混凝土的受剪承载力，按式（4.8-26）计算；

f_{yb}——弯起钢筋抗拉强度设计值，按表 4.2-7 采用；

A_{sb}——同一弯起平面内弯起钢筋的截面面积；

α_s——弯起钢筋与构件纵向轴线的夹角，可取为60°；

α_{sb}——弯起钢筋受剪承载力系数，$\alpha_{sb}=0.60+0.08l_0/h$，当 $l_0/h<2.5$ 时，取 $l_0/h=2.5$。

当按式（4.8-31）计算的 V_{sb} 值大于 $0.8f_tbh_0$ 时，取 $V_{sb}=0.8f_tbh_0$。

4.8.3.4　局部受压承载力计算

在深梁承受支座反力和集中荷载的部位，应按“4.3.3 局部承压”的规定进行局部受压承载力验算。

4.8.3.5　正常使用性能验算

1. 抗裂验算

使用上不允许出现竖向裂缝的深受弯构件应进行抗裂验算，其验算公式可采用式（4.5-2），但截面抵抗矩塑性系数 γ_m 按照表4.3-3取用后，尚应再乘以系数（$0.70+0.06l_0/h$），当 $l_0/h<1$ 时，取 $l_0/h=1$。

使用上要求不出现斜裂缝的深梁，应符合下列规定：

$$V_s\leqslant 0.5f_{tk}bh \tag{4.8-32}$$

式中　f_{tk}——混凝土轴心抗拉强度标准值，按表4.2-1采用；

V_s——按荷载效应标准组合计算的剪力值。

当满足式（4.8-32）的要求时，可不进行斜截面受剪承载力的计算，但应按构造要求配置分布钢筋。

2. 限裂验算

使用上要求限制裂缝宽度的深受弯构件应验算裂缝宽度，按标准组合并考虑长期作用的影响所求得的最大裂缝宽度 w_{max}，不应超过表4.1-9规定的允许值。其最大垂直裂缝宽度可按式（4.5-9）计算，但构件受力特征系数取为 $\alpha_{cr}=(0.76l_0/h+1.9)/3$，且当 $l_0/h<1$ 时可不作验算。

注： 按SL 191计算时，可按非杆件体系结构的裂缝控制办法，控制其受拉钢筋的应力满足式（4.5-21）的要求。

3. 变形验算

深受弯构件可不进行挠度验算。

4.8.3.6　构造要求

1. 深梁的尺寸

（1）为保证深梁出平面的稳定，当深梁的跨高比 $l_0/h\geqslant 1$ 时，其高宽比 h/b 不宜大于25；当 $l_0/h<1$ 时，其跨宽比 l_0/b 不宜大于25。

（2）当深梁支承在钢筋混凝土柱上时，为改善深梁的受剪及局部受压性能，宜将柱伸至深梁顶，形成深梁的加劲肋。深梁的中面宜与柱的中心线重合。

2. 纵向受拉钢筋

（1）深梁的下部纵向受拉钢筋应均匀地布置在下边缘以上0.2h范围内（见图4.8-6和图4.8-7）。

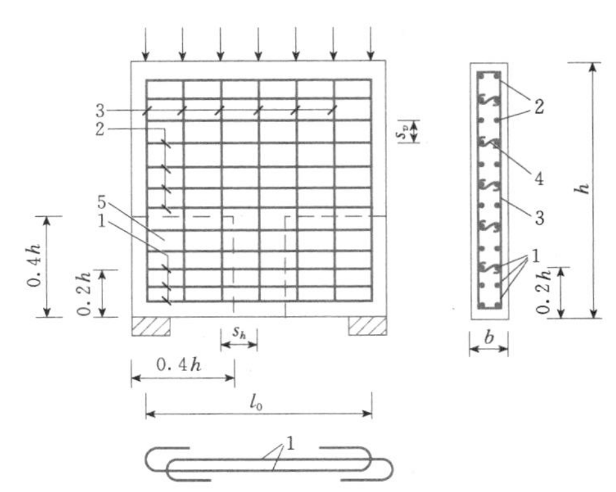

图4.8-6　单跨简支深梁钢筋布置

1—下部纵向受拉钢筋；2—水平分布钢筋；3—竖向分布钢筋；4—拉筋；5—拉筋加密区

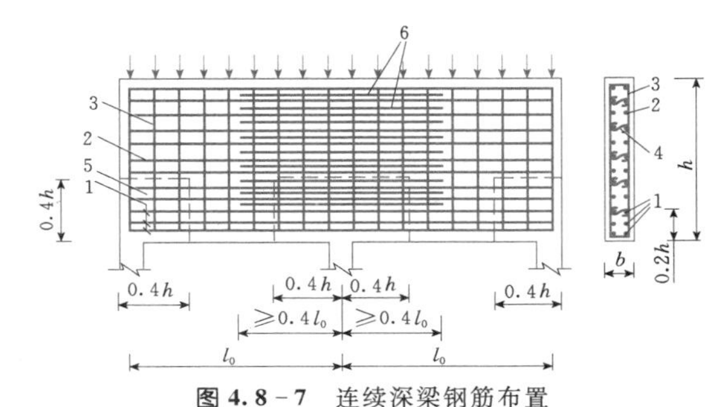

图4.8-7　连续深梁钢筋布置

1—下部纵向受拉钢筋；2—水平分布钢筋；3—竖向分布钢筋；4—拉筋；5—拉筋加密区；6—支座截面上部的附加水平钢筋

（2）在弹性阶段，连续深梁和短梁的中间支座截面水平正应力 σ_x 的分布随 l_0/h 的不同而变化，当竖向裂缝出现后，又会产生应力重分布。因此，连续深梁中间支座截面上部纵向受拉钢筋应按图4.8-8规定的分段范围和比例，在相应高度范围内均匀布置。对于连续深梁，可利用水平分布钢筋作为纵向受拉钢筋，不足部分应配置附加水平钢筋，并均匀配置在该段支座两边离支座中点距离为 $0.4l_0$ 的范围内（见图4.8-6）。

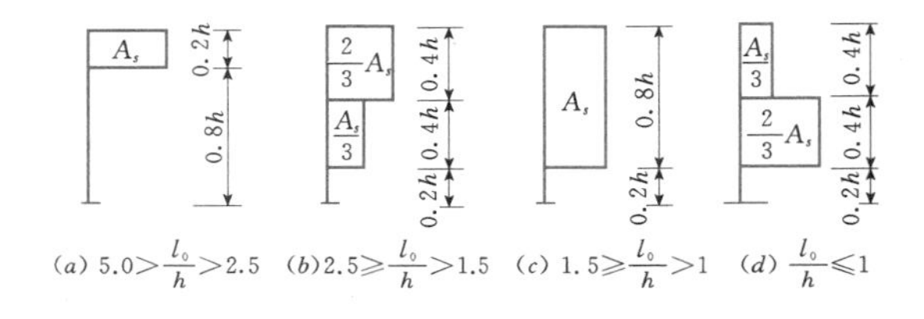

图4.8-8　中间支座部位连续深梁和连续短梁上部纵向受拉钢筋布置

$l_0/h \leqslant 1.0$ 的连续深梁，在中间支座以上 $0.2h \sim 0.6h$ 高度范围内，总配筋率不应小于 0.5%。

（3）深梁在垂直裂缝以及斜裂缝出现后将形成拉杆拱传力机制，因此，其下部纵向受拉钢筋应全部伸入支座，不应在跨中弯起或切断。纵向受拉钢筋应在端部沿水平方向弯折锚固（见图 4.8-6），且从支座边缘算起的锚固长度不应小于 $1.1l_a$。当不能满足上述规定时，应采取在纵向受拉钢筋上加焊横向短筋，或可靠地焊在锚固钢板上，或将纵向受拉钢筋末端搭焊成环形等有效锚固措施。连续深梁的中间支座，下部纵向受拉钢筋应全部伸过中间支座的中心线，其自支座边缘算起的锚固长度不应小于 l_a。

（4）深梁、短梁的纵向受拉钢筋配筋率 $\rho\left(\rho=\dfrac{A_s}{bh}\right)$不应小于表 4.8-1 的规定。

表 4.8-1　深梁、短梁的最小配筋率　%

钢筋种类	纵向受拉钢筋	水平分布钢筋	竖向分布钢筋
HPB235	0.25(0.25)	0.25(0.15)	0.20(0.15)
HRB335、HRB400、RRB400、HRB500	0.20(0.20)	0.20(0.10)	0.15(0.10)

注　深梁取用不带括号的值，短梁取用带括号的值。

3. 水平和竖向分布钢筋

（1）为防止深梁可能发生侧向劈裂破坏，深梁应配置不少于两片由水平和竖向分布钢筋组成的钢筋网（见图 4.8-6）。

（2）分布钢筋直径不应小于 8mm，间距不应大于 200mm，且不宜小于 100mm。

（3）在分布钢筋的最外排两肢之间应设置拉筋，拉筋在水平和竖向两个方向的间距均不宜大于 600mm。在支座区高度与宽度各为 $0.4h$ 的范围（见图 4.8-6 和图 4.8-7 中的虚线部分）内，拉筋的水平和竖向间距不宜大于 300mm。

（4）水平分布钢筋宜在端部弯折锚固［见图 4.8-9 (*a*)］，或在中部错位搭接［见图 4.8-9 (*b*)］或焊接。

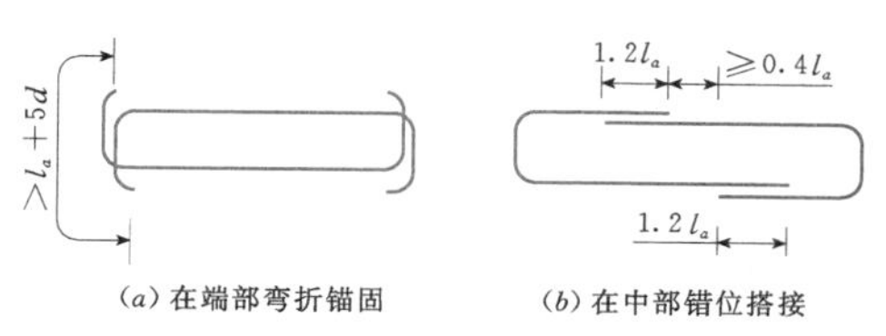

图 4.8-9　分布钢筋的搭接

（5）为限制深梁、短梁斜裂缝的开展，提供其剪切破坏时的延性以及承受混凝土收缩和部分温度应力等作用，深梁、短梁的水平分布钢筋配筋率 ρ_{sh}（$\rho_{sh}=A_{sh}/bs_v$）、竖向分布钢筋配筋率 ρ_{sv}（$\rho_{sv}=A_{sv}/bs_h$）不应小于表 4.8-1 的规定。

（6）对于跨高比 $l_0/h>3.5$ 的短梁可不配置水平分布钢筋，此时，竖向分布钢筋的最小配筋率仍应满足表 4.8-1 的要求。

4.8.4　牛腿

4.8.4.1　立柱独立牛腿

1. 牛腿尺寸

按抗裂要求，实腹牛腿的截面尺寸可按下式确定：

$$F_{vk} \leqslant \beta\left(1-0.5\frac{F_{hk}}{F_{vk}}\right)\frac{f_{tk}bh_0}{0.5+\dfrac{a}{h_0}} \qquad (4.8-33)$$

其中　$h_0 = h_1 - a_s + c\tan\alpha$

式中　F_{vk}——按荷载标准值计算得出的作用于牛腿顶面的竖向力值；

F_{hk}——按荷载标准值计算得出的作用于牛腿顶面的水平拉力值；

β——裂缝控制系数，对于水电站厂房吊车梁的牛腿取 $\beta=0.70$（SL 191 取 $\beta=0.65$），对于其他牛腿取 $\beta=0.80$；

a——竖向力作用点至下柱边缘的水平距离，应考虑安装偏差 20mm；当考虑 20mm 安装偏差后的竖向力作用点仍位于下柱截面以内时，应取 $a=0$；

f_{tk}——混凝土轴心抗拉强度标准值；

b——牛腿宽度；

h_0——牛腿与下柱交接处的垂直截面有效高度；

h_1、a_s、c、α——符号意义如图 4.8-10 所示。

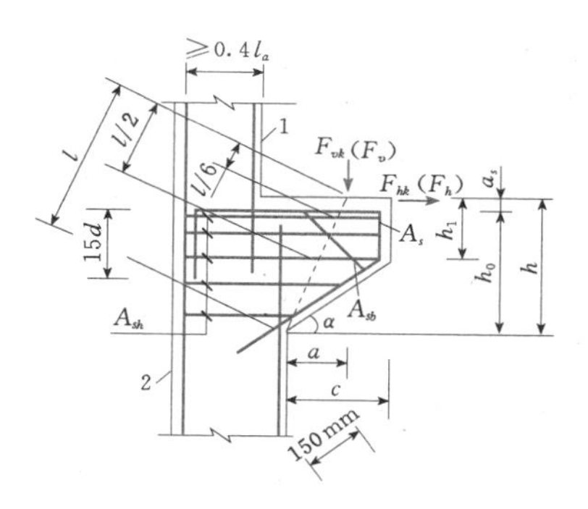

图 4.8-10　牛腿的外形及钢筋布置

1—上柱；2—下柱

牛腿的外形还应满足如下要求：牛腿底面倾斜角 $\alpha \leqslant 45°$，若 $\alpha>45°$，则计算 h_0 时取 $\alpha=45°$；牛腿外边

缘高度 h_1 不应小于 $h/3$，且不应小于 200mm。吊车梁外边缘至牛腿外缘的距离不应小于 100mm。

牛腿顶面在竖向力设计值 F_v 作用下，其局部受压应力不应超过 $0.9f_c$（SL 191 规定：牛腿顶面在竖向力标准值 F_{vk} 作用下，其局部受压应力不应超过 $0.75f_c$）。否则应采取加大受压面积、提高混凝土强度等级或配置钢筋网片等有效措施。

2. 牛腿承载力计算

（1）当牛腿的剪跨比 $a/h_0 \geqslant 0.2$ 时。

牛腿中由承受竖向力所需的受拉钢筋和承受水平拉力所需的锚筋组成的受力钢筋的总截面面积 A_s 按式（4.8-34）计算：

$$A_s = \gamma_d\left(\frac{F_v a}{0.85f_y h_0} + 1.2\frac{F_h}{f_y}\right) \quad (4.8-34)$$

式中 A_s——受力钢筋的总截面面积；

γ_d——结构系数；

F_v——作用在牛腿顶面的竖向力设计值；

F_h——作用在牛腿顶面的水平拉力设计值。

注：当按 SL 191 计算时，将式中 γ_d 换成 K，其中 K 为承载力安全系数，按表 4.1-6 采用。

牛腿的受力钢筋宜采用 HRB335 级、HRB400 级或 HRB500 级钢筋。承受竖向力所需的受拉钢筋的配筋率（以截面 bh_0 计）不应小于 0.2%，也不宜大于 0.6%，且根数不宜少于 4 根，直径不应小于 12mm。受拉钢筋不得下弯兼作弯起钢筋。

牛腿应设置水平箍筋，水平箍筋的直径不应小于 6mm，间距为 100～150mm，且在上部 $2h_0/3$ 范围内的水平箍筋总截面面积不应小于承受竖向力的受拉钢筋截面面积的 1/2。

当牛腿的剪跨比 $a/h_0 \geqslant 0.3$ 时，宜设置弯起钢筋 A_{sb}。弯起钢筋宜采用 HRB335 级、HRB400 级或 HRB500 级钢筋，并宜使其与集中荷载作用点到牛腿斜边下端点连线的交点位于牛腿上部 $l/6 \sim l/2$ 之间的范围内，l 为该连线的长度（见图 4.8-10），其截面面积不应少于承受竖向力的受拉钢筋截面面积的1/2，根数不应少于 2 根，直径不应小于 12mm。

（2）当牛腿的剪跨比 $a/h_0 < 0.2$ 时。

牛腿顶面承受竖向力所需的水平钢筋和承受水平拉力所需的锚筋组成的受力钢筋的总截面面积 A_s 按下式计算：

$$A_s = \frac{\beta_s(\gamma_d F_v - f_t bh_0)}{\left(1.65 - 3\dfrac{a}{h_0}\right)f_y} + 1.2\frac{\gamma_d F_h}{f_y} \quad (4.8-35)$$

牛腿中承受竖向力所需的水平箍筋总截面面积 A_{sh}，按下式计算：

$$A_{sh} \geqslant \frac{(1-\beta_s)(\gamma_d F_v - f_t bh_0)}{\left(1.65 - 3\dfrac{a}{h_0}\right)f_{yh}} \quad (4.8-36)$$

式中 f_t——混凝土抗拉强度设计值；

f_y——水平受拉钢筋抗拉强度设计值；

f_{yh}——牛腿高度范围内的水平箍筋抗拉强度设计值；

β_s——受力钢筋配筋量调整系数，取 $\beta_s = 0.6 \sim 0.4$，剪跨比较大时取大值，剪跨比较小时取小值。

在 SL 191 中则用一个计算公式表示，即规定：

1）当剪跨比 $a/h_0 < 0.2$ 时，牛腿应在全高范围内设置水平钢筋，承受竖向力所需的水平钢筋总面积应满足下式规定：

$$KF_v \leqslant f_t bh_0 + \left(1.65 - 3\frac{a}{h_0}\right)A_{sh}f_y \quad (4.8-37)$$

2）配筋时，应将承受竖向力所需的水平钢筋总截面面积 A_{sh} 的 60%～40%（剪跨比较大时取大值，较小时取小值）作为牛腿顶部受拉钢筋，集中配置在牛腿顶面，其余的则作为水平箍筋均匀配置在牛腿全高范围内。

3）当牛腿顶面作用有水平拉力时，则顶部受拉钢筋还应包括承受水平拉力所需的锚筋在内，锚筋的截面面积按 $1.2KF_h/f_y$ 计算。

承受竖向力顶面所需的受拉钢筋的配筋率（以截面 bh_0 计）不应小于 0.15%。

水平箍筋宜采用 HRB335 级钢筋，直径不小于 8mm，间距为 100～150mm（SL 191 为间距不大于 100mm），其配筋率 $\rho_{sh} = \dfrac{nA_{sh1}}{bs_v}$ 不应小于 0.15%。其中 A_{sh1} 为单肢箍筋的截面面积；n 为肢数；s_v 为水平箍筋的间距。

当牛腿的剪跨比 $a/h_0 < 0$ 时，可不进行牛腿的配筋计算，仅按构造要求配置水平箍筋。但当牛腿顶面作用有水平拉力 F_h 时，承受水平拉力所需锚筋的截面面积按 $1.2\gamma_d F_h/f_y$ 计算。

牛腿的受力钢筋及弯起钢筋还应满足下列构造要求：

1）承受水平拉力的锚筋应焊在预埋件上，且不应少于 2 根，直径不应小于 12mm。

2）全部纵向受力钢筋及弯起钢筋宜沿牛腿外边缘向下伸入下柱内 150mm 后截断，见图 4.8-10。纵向受力钢筋及弯起钢筋伸入上柱的锚固要求与框架中间层端节点一样，见图 4.7-17。

3）当牛腿设于上柱柱顶时，宜将牛腿对边的柱外侧纵向受力钢筋沿柱顶水平弯入牛腿，作为牛腿纵向受拉钢筋使用；当牛腿顶面纵向受拉钢筋与牛腿对边的柱外侧纵向钢筋分开配置时，牛腿顶面纵向受拉钢筋应弯入柱外侧，并符合框架顶层端节点的钢筋搭接要求，同时，应满足水平投影长度不应小于 $0.4l_a$ 和垂直投影长度等于 $15d$ 的要求；如上柱宽度较小不能满足 $0.4l_a$ 的条件时，则按框架顶层节点的锚固方式处理。

4.8.4.2 壁式连续牛腿

壁式连续牛腿的计算宽度 b 可取为 1m，在 1m 宽度的连续牛腿上作用的竖向轮压标准值 F_{vk} 及设计值 F_v 和横向水平刹车力标准值 F_{hk} 及设计值 F_h，可分别按下列公式计算：

$$F_{vk}=\frac{P_{vk}}{B_0} \tag{4.8-38}$$

$$F_{hk}=\frac{P_{hk}}{B_0} \tag{4.8-39}$$

$$F_v=\frac{P_v}{B_0} \tag{4.8-40}$$

$$F_h=\frac{P_h}{B_0} \tag{4.8-41}$$

式中 P_{vk}、P_{hk}——由标准组合计算的作用于牛腿顶部的吊车一侧计算轮组的总竖向轮压标准值、横向水平刹车力标准值；

P_v、P_h——作用于牛腿顶部的吊车一侧计算轮组的总竖向轮压设计值、横向水平刹车力设计值；

B_0——连续牛腿计算轮组的轮压分布宽度。

计算轮组的总竖向轮压 P_{vk} 和轮压分布宽度 B_0 可分别按下列公式计算。

吊车一侧 4 轮时，按 2 轮组计算：

$$P_{vk}=2P_{max};\ B_0=B_1+a \tag{4.8-42}$$

吊车一侧 8 轮时，按 4 轮组计算：

$$P_{vk}=4P_{max};\ B_0=2B_1+B_2+a \tag{4.8-43}$$

吊车一侧 12 轮时，按 6 轮组计算：

$$P_{vk}=6P_{max};\ B_0=4B_1+B_2+a \tag{4.8-44}$$

式中 P_{max}——吊车单轮的最大竖向轮压标准值，按设计图样或设备供应商提供的数值采用；

B_1、B_2——吊车特征轮距（见图 4.8-11），按设计图样或设备供应商提供的数值采用；

a——轮压作用点到下部墙面之间的水平距离。

吊车竖向轮压 F_{vk}、F_v 及水平刹车力 F_{hk}、F_h 等确定后，还应考虑轨道及附件等自重，壁式连续牛腿的裂缝控制验算和配筋计算可按式（4.8-33）～式（4.8-37）的规定进行。

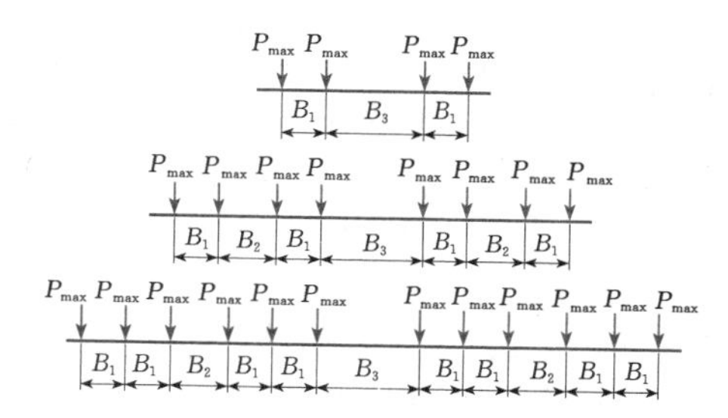

（a）吊车轮压及轮距分布

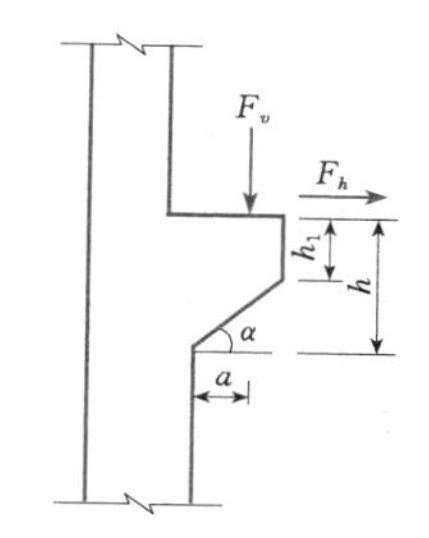

（b）壁式连续牛腿截面尺寸

图 4.8-11 壁式连续牛腿计算

在连续牛腿伸缩缝两侧各 2m 范围内，受拉钢筋及水平箍筋截面面积应按式（4.8-34）～式（4.8-37）求得的截面面积乘以 1.3。

连续牛腿承受竖向力的受拉钢筋宜采用 HRB335 级、HRB400 级或 HRB500 级钢筋，其配筋率不应小于 0.15%，直径不应小于 12mm，沿牛腿纵向的间距不宜大于 250mm，并不得下弯兼作弯起钢筋。水平受拉钢筋伸入墙体的长度不应小于锚固长度 l_a［见图 4.8-12（a）］；若受拉钢筋水平段锚固长度小于 l_a，则宜伸至墙体的对边水平投影长度不应小于 $0.4l_a$ 和垂直投影长度不应小于 $15d$ 的要求。如上部墙体厚度较小不能满足 $0.4l_a$ 的条件和牛腿顶面以上没有墙体时，则水平受拉钢筋应伸至下面墙体的对边并与墙体的竖向钢筋相搭接，搭接方式可按照框架顶层端节点的方式处理［见图 4.8-12（b）］。

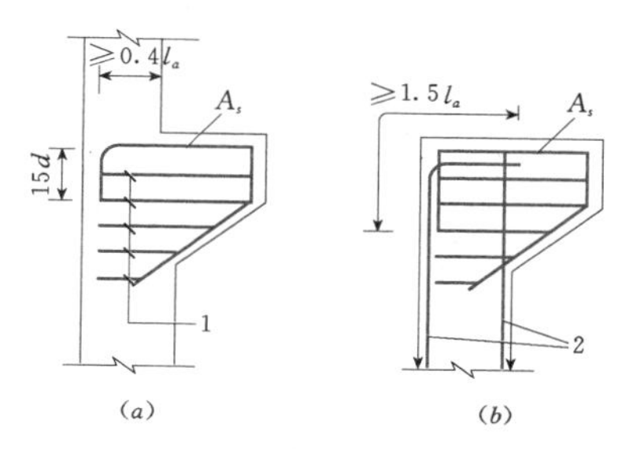

图 4.8-12 连续牛腿的配筋构造

1—水平拉筋；2—墙体钢筋

连续牛腿的水平箍筋可用水平拉筋或水平U形钢筋替代，钢筋宜采用HRB335级钢筋。钢筋直径不应小于8mm，竖向间距不应大于150mm，沿牛腿纵向的水平间距不应大于300mm。水平箍筋伸入墙体的长度不应小于锚固长度 l_a，并宜伸至墙体的对边。

当剪跨比 $a/h_0 < 0.2$ 时，水平箍筋的用量还应满足 $\rho_{sh} = \dfrac{A_{sh}}{bs_v} \geqslant 0.12\%$（HRB335级钢筋）的要求。

连续牛腿的剪跨比 $\dfrac{a}{h_0} \geqslant 0.3$ 时，宜设置弯起钢筋，弯起钢筋宜采用HRB335级、HRB400级或HRB500级钢筋，其截面面积不应少于承受竖向力的受拉钢筋截面面积的1/2，其根数不应少于3根/m，直径不应小于12mm。

连续牛腿的纵向构造钢筋应沿受拉钢筋周边设置，不应少于3根/m，直径不应小于12mm。

4.8.5 柱下独立基础

4.8.5.1 现浇柱基础的构造

钢筋混凝土基础采用的混凝土强度等级不应低于C20，基础底面下通常设有C10素混凝土垫层，厚度不宜小于70mm，四周比基础底面边缘宽出100mm。

受力钢筋一般用HPB235或HRB335钢筋，钢筋的最小直径不宜小于10mm；间距不宜大于200mm，也不宜小于100mm。当有垫层时钢筋保护层厚度不小于40mm，无垫层时不小于70mm。

基础的埋置深度，要考虑地质条件、冻结深度等因素。

1. 尺寸要求

锥形基础（见图4.8-13）最小高度 H 应满足冲切承载力的计算要求以及柱纵向钢筋的锚固长度 l_m。轴心受压及小偏心受压（$e_0 \geqslant 0.2h$），$l_m \geqslant 15d$；大偏心受压，$l_m \geqslant l_a - 5d$。基础底面尺寸根据地基容许承载力确定。

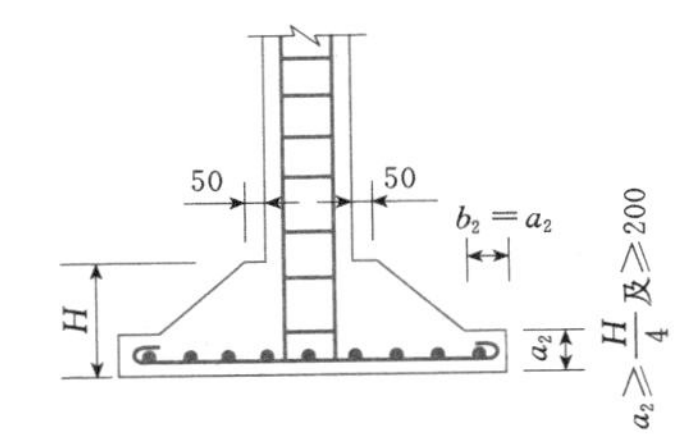

图4.8-13 锥型基础（单位：mm）

阶梯形基础（见图4.8-14）最小高度的要求与锥形基础相同。全部基础外边线应在内压力分布线之外。阶梯高度一般在300～500mm左右。

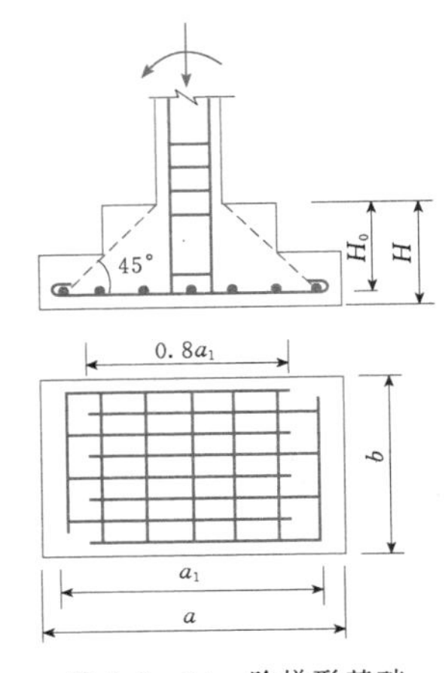

图4.8-14 阶梯形基础

刚性无筋基础（见图4.8-15）一般用混凝土、毛石或毛石混凝土作为材料。其上的钢筋混凝土柱脚高度 H_1 应不小于 a 或 $15d$（d 为柱纵向钢筋直径）或300mm。无筋基础台阶高宽比（H/L）满足表4.8-2要求时，可不验算台阶的受弯及受剪承载力。基础建在整体性较好的基岩上时，如柱荷载较小，可利用基岩凿孔插入锚筋与柱筋连接［见图4.8-16（a）］；如柱荷载较大，纵向钢筋较多而间距较小时，可由基岩伸出锚筋与柱脚连接［见图4.8-16（b）］。锚筋的直径、根数和间距一般都通过试验确定。

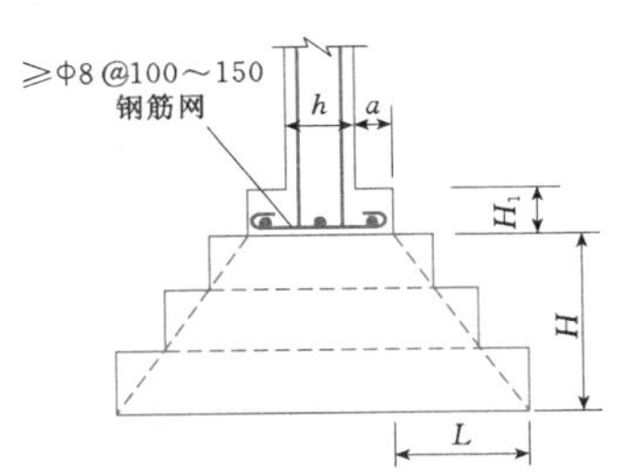

图4.8-15 刚性无筋基础

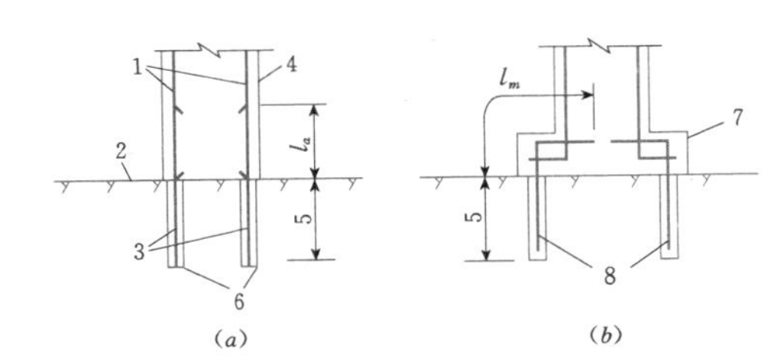

图4.8-16 岩石上柱的锚筋连接形式

1—柱网筋；2—岩基；3—锚筋；4—柱；5—锚筋在岩孔内的锚固长度；6—灌浆；7—柱脚悬臂部分（根据受力情况配筋）；8—锚筋

表 4.8-2　无筋扩展基础台阶宽高比(*H/L*)的允许值

基础材料	质量要求	台阶宽高比的允许值		
		$P_k \leqslant 100$	$100 < P_k \leqslant 200$	$200 < P_k \leqslant 300$
混凝土基础	C15 混凝土	1∶1.00	1∶1.00	1∶1.25
毛石混凝土基础	C15 混凝土	1∶1.00	1∶1.00	1∶1.25
砖基础	砖不低于 MU10，砂浆不低于 M5	1∶1.00	1∶1.25	1∶1.50
毛石基础	砂浆不低于 M5	1∶1.50	1∶1.50	1∶1.50
灰土基础	体积比为 3∶7 或 2∶8 的灰土，其最小干密度：粉土为 1.55t/m^3；粉质黏土为 1.50t/m^3；黏土为 1.45t/m^3	1∶1.25	1∶1.50	
三合土基础	体积比为 1∶2∶4～1∶3∶6（石灰∶砂∶骨料），每层约虚铺 220mm，夯至 150mm	1∶1.50	1∶1.20	

注　1. P_k 为荷载效应标准组合时基础底面处的平均压力值，kPa。
2. 阶梯形毛石基础的每阶伸出宽度，不宜大于 200mm。
3. 当基础由不同材料叠合组成时，应对接触部分作抗压验算。
4. 基础底面处的平均压力值超过 300kPa 的混凝土基础，尚应进行抗剪验算。

2. 基础配筋

底板配筋直径不小于 8mm，间距 100～200mm，受力筋沿两个方向布置。当基础边长大于 3m 时，钢筋长度可取 $0.9a_1$（$a_1 = a - 50$mm），交错放置（见图 4.8-14）。

柱与基础刚性连接时，由基础内伸出的插筋与柱纵向钢筋相接，插筋的直径、根数、间距应与柱内钢筋相同。插筋用带肋钢筋时，下端不做弯钩，直接放在垫层上。插筋用光圆钢筋时，下端做直钩放在基础的钢筋网上。插筋一般伸至基础底，当基础高度较大时，仅四角插筋伸至基底，其余钢筋伸入基础顶面下满足锚固长度。

柱与基础铰接时，在连接处将柱截面减小为原来截面的 1/2～1/3，并用交叉钢筋或垂直钢栓或者当荷载很大时用螺旋钢筋连接（见图 4.8-17）。在紧邻该铰链的柱和基础中应增设箍筋和钢筋网。柱中的轴力由钢筋和保留的混凝土来传递，按局部受压核算。

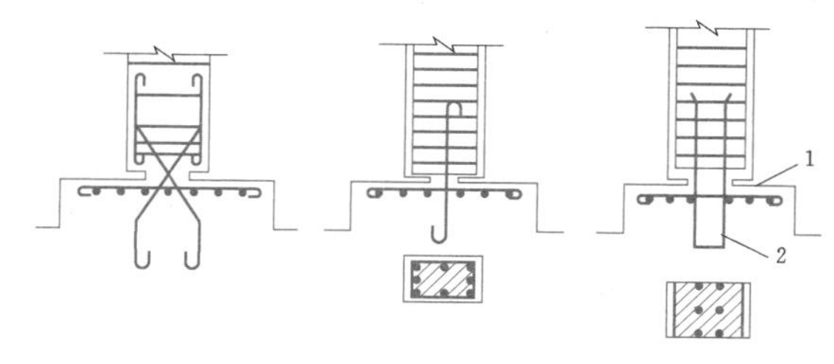

图 4.8-17　柱与基础铰接连接形式
1—油毛毡或其他垫料；2—螺旋钢筋

4.8.5.2　现浇柱的基础计算

1. 轴心受压柱下的基础

轴心受压柱下的单基础所需底面面积为

$$A = ab = \frac{N}{[\sigma_t] - \gamma_p H'} \qquad (4.8-45)$$

式中　N——单柱子传来的荷载（包括静荷载和活荷载），kN；
$[\sigma_t]$——地基的容许承载力，kN/m^2；
γ_p——基础本身及其台阶上填土的平均容重，一般取 20kN/m^3；
H'——基础的埋置深度，m，见图 4.8-18；
a、b——基础底面的长边、短边。

基础的最小高度根据冲切条件，必须满足式（4.4-133）的要求。基础的总高度为其有效高度再加保护层。除最下一阶外，其余各阶的外形即根据由柱边所引 45°线的轮廓来决定。

最下一阶的有效高度还应按式（4.4-133）验算其冲切承载力。

当台阶宽高比不大于 2.5 时，柱边Ⅰ—Ⅰ截面及阶梯边缘Ⅰ′—Ⅰ′截面（见图 4.8-18）中的弯矩为

$$\left.\begin{aligned} M_{\mathrm{I}} &= \frac{1}{24}\sigma_t(a-h_c)^2(2b+b_c) \\ M_{\mathrm{I}'} &= \frac{1}{24}\sigma_t(a-a_1)^2(2b+b_1) \end{aligned}\right\} \qquad (4.8-46)$$

式中　a、b、a_1、b_1、h_c、b_c——符号意义如图 4.8-18 所示。

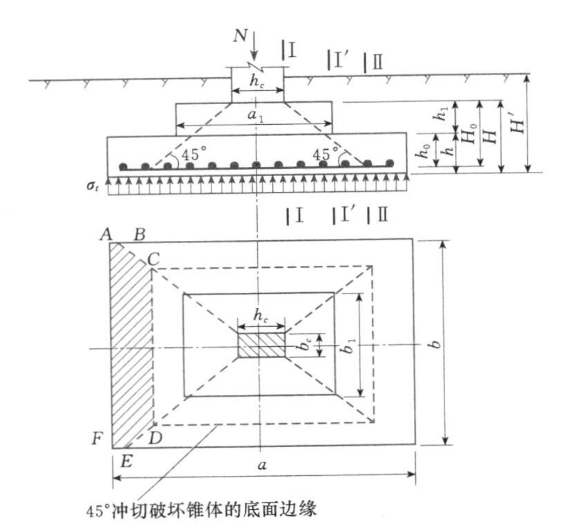

图 4.8-18　轴心受压柱下的基础

基础沿 b 全宽内的受力钢筋面积可取为

$$\left.\begin{aligned} A_{s\text{I}} &= \frac{\gamma_d M_\text{I}}{0.9H_0 f_y} \\ A_{s\text{I}'} &= \frac{\gamma_d M_{\text{I}'}}{0.9h_0 f_y} \end{aligned}\right\} \tag{4.8-47}$$

当按 SL 191 计算时，式中的 γ_d 要换成安全系数 K。

对于矩形底面的基础，要计算两个方向的受力钢筋面积，计算沿 a 全宽的受力钢筋时取为

$$\left.\begin{aligned} M_\text{I} &= \frac{1}{24}\sigma_t(b-b_c)^2(2a+h_c) \\ M_{\text{I}'} &= \frac{1}{24}\sigma_t(b-b_1)^2(2a+a_1) \end{aligned}\right\} \tag{4.8-48}$$

2. 偏心受压柱下的单基础

对于偏心受压柱下单基础底面积的要求，在任何情况下均应使 $\sigma_1 \leqslant 1.2[\sigma_t]$，且地基的平均反力 $\frac{\sigma_1+\sigma_2}{2} \leqslant [\sigma_t]$。$\sigma_1$、$\sigma_2$ 如图 4.8-19 所示。

在大型渡槽排架基础及在吊车起重量大于 75t 的厂房排架基础下，地基反力的分布应设计为梯形［见图 4.8-19 (a)］，即要求 $\sigma_2 \geqslant 0.25\sigma_1$；非上述情况时，基础下地基反力的分布允许为三角形［见图 4.8-19 (b)］，但必须底面与地基全部接触，即 $\sigma_2 \geqslant 0$。不承受吊车荷载的柱下基础，允许其底面与地基不全部接触，即允许 $\sigma_2 < 0$，但必须保证有 3/4 的底面与地基接触，即 $y \geqslant 0.75a$ $\left[y = 3\left(\frac{a}{2}-e\right)\text{，见图 4.8-19(c)}\right]$。

先按构造要求假定底面尺寸，或按轴心受压柱计算公式估算出的面积再增加 10%～40%。基础底面积一般用矩形，$A=ab$，$a>b$，$\frac{a}{b} \leqslant 3$，其中 a、b 为矩形底面的长、短边。

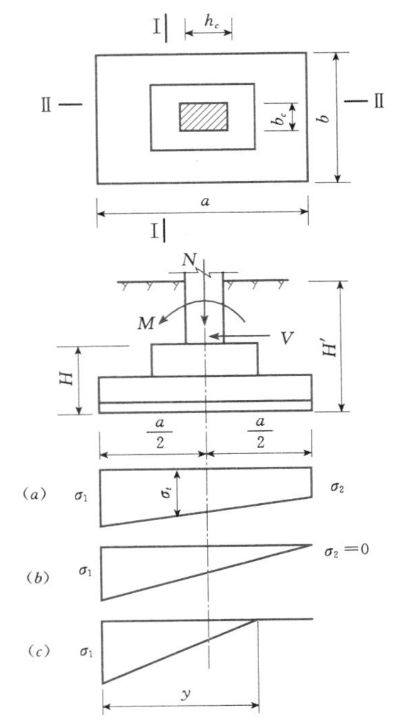

图 4.8-19　偏心受压柱下的单基础

再验算基底反力：

当 $e = \frac{M_c}{N_c} \leqslant \frac{a}{6}$ 时

$$\sigma_{1,2} = \frac{N_c}{ab}\left(1 \pm \frac{6e}{a}\right) \tag{4.8-49}$$

当 $e > \frac{a}{6}$ 时

$$\sigma_1 = \frac{2N_c}{3b\left(\frac{a}{2}-e\right)} \tag{4.8-50}$$

其中　$M_c = M + VH$，$N_c = N + \gamma_p H'A$

式中　M——由柱传到基础顶面上的弯矩；

N——由柱传到基础顶面上的轴向力；

V——由柱传到基础顶面上的剪力；

M_c——作用在基础底面上的弯矩；

N_c——作用在基础底面上的轴向力；

A——基础底面面积；

γ_p——基础本身及其台阶上填土的平均容重。

由式 (4.8-49)、式 (4.8-50) 算出的基底反力应符合上述对基础底面积的要求，否则应加大底面积，重新验算。

偏心受压柱下基础高度的计算和基础形式的决定，与轴心受压柱下的基础相同，只将式 (4.4-134) p_s 改用式 (4.8-51) 或式 (4.8-52) 中的 σ_1 即可：

当 $e_0 = \frac{M_c}{N} = \frac{M+VH}{N} \leqslant \frac{a}{6}$ 时

$$\sigma_{1,2} = \frac{N}{ab}\left(1 \pm \frac{6e_0}{a}\right) \tag{4.8-51}$$

当 $e_0 > \frac{a}{6}$ 时

$$\sigma_1 = \frac{2N}{3b\left(\frac{a}{2} - e_0\right)} \quad (4.8-52)$$

基础内钢筋数量根据柱边截面（Ⅰ—Ⅰ和Ⅱ—Ⅱ，见图 4.8-19）的弯矩计算。

当矩形基础台阶的宽高比不大于 2.5 时：

$$M_{\mathrm{I}} = \frac{1}{48}(\sigma_1 + \sigma_2)(a - h_c)^2(2b + b_c) \quad (4.8-53)$$

$$M_{\mathrm{II}} = \frac{1}{48}(\sigma_1 + \sigma_2)(b - b_c)^2(2b + h_c) \quad (4.8-54)$$

根据 M_{I} 和 M_{II} 可求出两个方向的钢筋数量：

$$A_{s\mathrm{I}} = \frac{\gamma_d M_{\mathrm{I}}}{0.9 H_0 f_y} \quad (4.8-55)$$

$$A_{s\mathrm{II}} = \frac{\gamma_d M_{\mathrm{II}}}{0.9 H_0 f_y} \quad (4.8-56)$$

式中 γ_d——结构系数；

σ_2——柱边下面的地基反力。

当按 SL 191 计算时，式中结构系数 γ_d 要换成承载力安全系数 K。

4.8.6 预应力混凝土锚固筋计算

水工结构的闸坝等结构，为了降低造价，增加稳定性，节约材料，国内外常采用预应力锚固的手段。一般能节省 15%～20%造价，其中，在重力坝中可节约混凝土 30%～50%。这种结构的锚固筋（见图 4.8-20）可按下式计算：

$$P = \frac{1}{\gamma_d}\left(\pi r c \frac{h}{\cos\alpha} + \frac{1}{3}\pi r^2 h\gamma\right) \quad (4.8-57)$$

式中 P——设计抗拔力；

γ_d——结构系数；

c——圆锥体撕裂面的黏聚力，可按表4.8-3取用；

γ——岩石的单位容重；

α——撕裂角度，根据裂隙情况取 45°～60°；

r——锚孔半径；

h——锚孔深度。

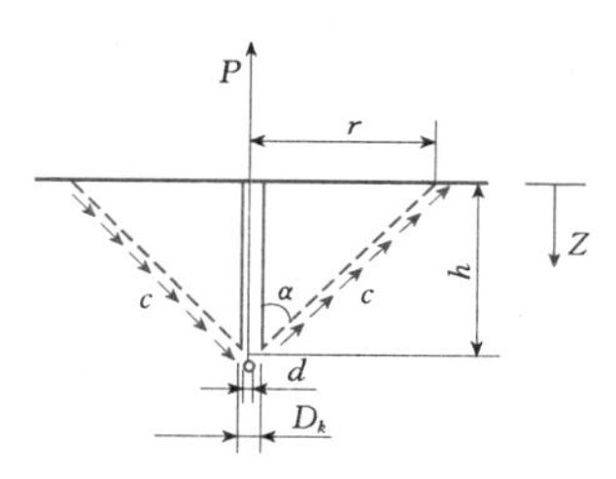

图 4.8-20 闸坝结构的锚固筋

注：按 SL 191 计算时，式中的结构系数 γ_d 要换成承载力安全系数 K。

表 4.8-3 根据不同岩石试验得到极限的黏聚力 c 值表 单位：MPa

岩石名称	c
黑色喷出岩（有节理的辉绿花岗岩）	5.0
花岗岩	3.0
砂岩	0.2～1.0
白垩	0.4

嵌固部分的锚固筋应力 σ 为

$$\sigma = \sigma_0 \cos^{\bar{z}}\left(\frac{\pi}{2}\xi\right) \quad (4.8-58)$$

其中 $$\xi = z/h$$

式中 σ_0——自由部分的应力；

$\bar{z}$——与相对嵌固深度有关的参数，可由图 4.8-21 查得。

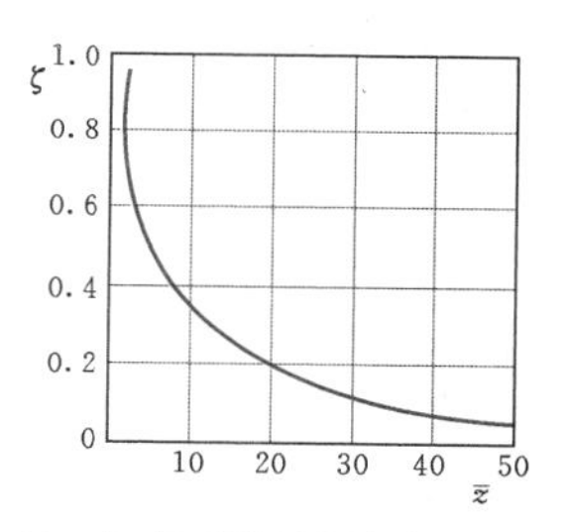

图 4.8-21 与相对嵌固深度有关的 $\bar{z}$ 参考值

上部预应力锚具下混凝土局部应力（见图 4.8-22）可按下列公式求得：

$$\sigma_z = -\frac{3P}{2\pi}\frac{z^3}{(r^2 + z^2)^{5/2}} \quad (4.8-59)$$

$$\sigma_r = \frac{P}{2\pi}\left\{-\frac{3r^2 z}{(r^2 + z^2)^{5/2}} - (1 - 2\mu_c) \times \left[\frac{z}{r^2(r^2 + z^2)^{1/2}} - \frac{1}{r^2}\right]\right\} \quad (4.8-60)$$

$$\sigma_\beta = \frac{P}{2\pi}(1 - 2\mu_c)\left[\frac{z}{(r^2 + z^2)^{3/2}} + \frac{z}{r^2(r^2 + z^2)^{1/3}} - \frac{1}{r^2}\right] \quad (4.8-61)$$

$$\tau_{rz} = \frac{3P}{2\pi}\frac{rz^2}{(r^2 + z^2)^{5/2}} \quad (4.8-62)$$

式中 μ_c——泊松比。

按求得应力考虑配置横向钢筋，见“4.3.3 局部承压”和“4.4.8 局部承压”的计算。

岩石内锚筋（锚杆）尚应由以下三种情况中的最小者确定其锚固力。

(1) 按金属锚杆的承载力：

$$N \leqslant A[\sigma_p] \quad (4.8-63)$$

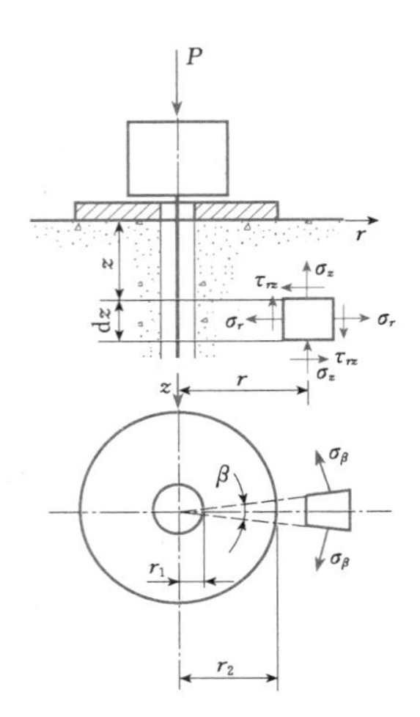

图 4.8-22 上部预应力锚具下混凝土局部应力

式中 N——锚杆锚固力，即作用在锚杆上的锚固力；

A——锚杆截面面积；

$[\sigma_p]$——金属杆的容许抗拉强度。

(2) 按杆与砂浆的粘结强度：

$$N \leqslant \pi d h \tau_{ap} \tag{4.8-64}$$

式中 h——锚固深度；

d——锚杆直径；

τ_{ap}——锚杆与砂浆的黏聚力，一般 τ_{ap} 可取为 2.5～4.0MPa。

(3) 按锚孔壁岩石与砂浆的粘结强度：

$$N \leqslant \pi D_{ch} h \tau_{ch} \tag{4.8-65}$$

式中 D_{ch}——岩石孔径；

τ_{ch}——岩石与砂浆的黏聚力，可按表 4.8-4 参考取用。

表 4.8-4 岩石与砂浆的黏聚力 单位：MPa

岩石名称	τ_{ch}	岩石名称	τ_{ch}
大理岩	3.0	凝灰岩	2.0
花岗岩	2.4	辉绿岩	1.3
黏土页岩	1.8	铁质岩	2.5
石灰岩	2.5	铝矾土	1.2

上述设计未考虑岩石可能被拉坏的情况。

4.8.7 弧形闸门支座

泄水闸、溢洪道等水工建筑物的挡水弧形闸门承受巨大的水压力，通过闸门支臂及支铰作用于弧门支座上。弧形闸门支座结构是一短悬臂构件，其受力性能与立柱独立牛腿的受力性能相似。

4.8.7.1 弧形闸门支座附近的闸墩受拉区配筋设计

弧形闸门支座固定在闸墩上，支座受到的弧形闸门推力将传至闸墩，使弧形闸门支座上游的闸墩产生大片的拉应力区。因此，在这部分闸墩中需要配置足够的局部受拉钢筋，以承受拉力。这些布置在闸墩中的局部受拉钢筋常布置为扇形，并应有足够长度，以覆盖住闸墩上的整个拉应力区，且应留有相应的锚固长度。

1. 裂缝控制验算

当闸墩设计为中墩或边墩、缝墩时，弧形闸门支座相应承受两侧或一侧支座推力，此时使闸墩沿垂直推力方向形成轴心受拉或偏心受拉应力状态。因此，弧形闸门支座附近闸墩局部受拉区应进行裂缝控制验算。

(1) 闸墩受两侧弧形闸门支座推力作用时：

$$F_k \leqslant 0.7 f_{tk} b B \tag{4.8-66}$$

(2) 闸墩受一侧弧形闸门支座推力作用时：

$$F_k \leqslant \frac{0.55 f_{tk} b B}{\dfrac{e_0}{B} + 0.20} \tag{4.8-67}$$

式中 F_k——由荷载标准值计算的闸墩一侧弧形闸门支座推力值；

b——弧形闸门支座宽度；

B——闸墩厚度；

e_0——弧形闸门支座推力对闸墩厚度中心线的偏心距；

f_{tk}——闸墩混凝土轴心抗拉强度标准值。

不能满足式 (4.8-66)、式 (4.8-67) 要求时，应加大弧形闸门支座宽度或提高混凝土强度等级。

2. 弧形闸门支座附近的闸墩局部受拉区的扇形受拉钢筋配置

弧形闸门支座附近的闸墩局部受拉区中应配置有足够的扇形局部受拉钢筋，其配筋数量按下式计算。

(1) 闸墩受两侧弧形闸门支座推力作用时：

$$F \leqslant \frac{1}{\gamma_d} f_y \sum_{i=1}^{n} A_{si} \cos\theta_i \tag{4.8-68}$$

(2) 闸墩受一侧弧形闸门支座推力作用时：

$$F \leqslant \frac{1}{\gamma_d}\left(\frac{B_0' - a_s}{e_0 + 0.5B - a_s}\right) f_y \sum_{i=1}^{n} A_{si} \cos\theta_i \tag{4.8-69}$$

式中 F——闸墩一侧弧形闸门支座推力的设计值；

γ_d——钢筋混凝土结构的结构系数；

A_{si}——闸墩一侧局部受拉有效范围内的第 i 根局部受拉钢筋的截面面积；

f_y——局部受拉钢筋的抗拉强度设计值；

B_0'——受拉边局部受拉钢筋中心至闸墩另一边的距离；

a_s——纵向钢筋合力点至截面近边缘的距离；

θ_i——第 i 根局部受拉钢筋与弧形闸门推力方向的夹角。

注： 按 SL 191 计算时，将式（4.8-68）、式（4.8-69）中 γ_d 换成 K，其中 K 为承载力安全系数，按表 4.1-6 采用。

闸墩局部受拉钢筋宜优先考虑扇形配筋方式，扇形钢筋与弧形闸门推力方向的夹角不宜大于 30°，且扇形钢筋并应通过支座高度中点截面（截面 2—2）上的 $2b$ 有效范围内（见图 4.8-23），b 为支座宽度。

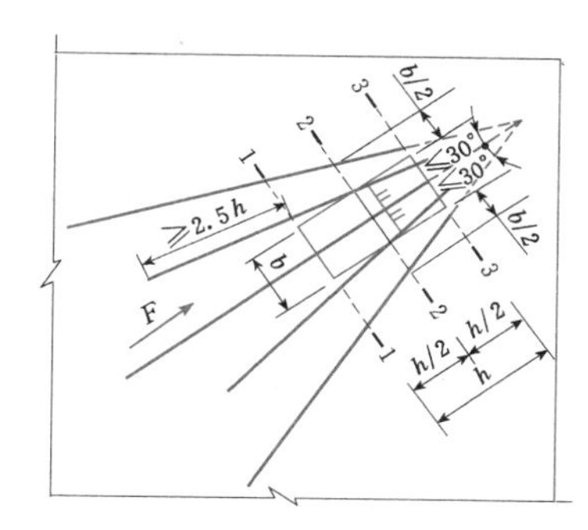

图 4.8-23 闸墩局部受拉钢筋的有效分布范围

闸墩局部受拉钢筋从弧形闸门支座支承面（截面 1—1）算起的延伸长度，不应小于 $2.5h$（h 为支座高度）。局部受拉钢筋宜长短相间地截断。闸墩局部受拉钢筋的另一端应伸过支座高度中点截面（截面 2—2），并且至少应有一半钢筋伸至支座底面（截面 3—3），并采取可靠的锚固措施。

当弧形闸门支座距闸墩顶面和下游侧面的距离较小时，在闸墩顶面和下游侧面宜配置一至二层水平和竖向限裂钢筋网，钢筋直径可取 16～25mm；间距 150～200mm。

4.8.7.2 弧形闸门支座结构设计

1. 弧形闸门支座的截面尺寸设计

弧形闸门支座的截面尺寸应满足裂缝控制要求，弧形闸门支座的剪跨比 a/h_0 宜小于 0.3（a 为弧形闸门推力作用点至闸墩边缘的距离），其截面尺寸（见图 4.8-24）应符合下列规定：

（1）弧形闸门支座的裂缝控制要求：

$$F_k \leqslant 0.7 f_{tk} b h \qquad (4.8-70)$$

式中 h——支座高度，h 不宜小于 b；

f_{tk}——弧形闸门支座混凝土轴心抗拉强度标准值。

（2）支座的外边缘高度 h_1 不应小于 $h/3$。

（3）在弧形闸门支座推力设计值 F 作用下，支座支承面上的局部受压应力不应超过 $0.9f_c$，否则应采取加大受压面积、提高混凝土强度等级或设置钢筋网等有效措施。

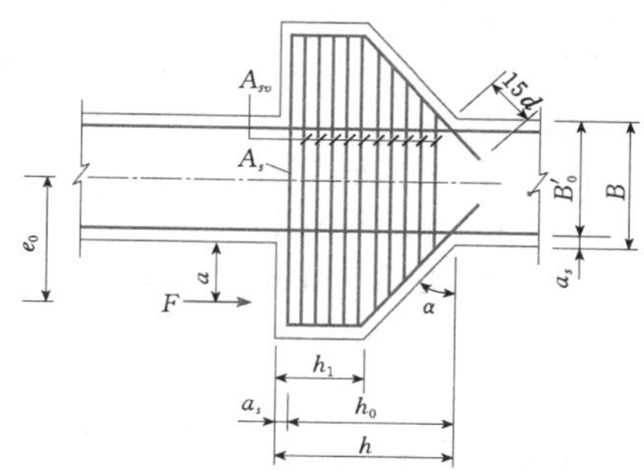

图 4.8-24 中墩弧形闸门支座截面构造

2. 弧形闸门支座的配筋计算与构造要求

（1）弧形闸门支座的纵向受力钢筋截面面积应按下式计算：

$$A_s = \frac{\gamma_d F a}{0.8 f_y h_0} \qquad (4.8-71)$$

式中 A_s——纵向受力钢筋的总截面面积；

a——弧形闸门推力作用点至闸墩边缘的距离；

f_y——纵向受力钢筋的抗拉强度设计值。

注： 按 SL 191 计算时，将式中 γ_d 换成 K，其中 K 为承载力安全系数，按表 4.1-6 采用。

（2）承受弧形闸门支座推力所需的纵向受力钢筋的配筋率不应小于 0.20%。中墩支座内的纵向受力钢筋宜贯穿中墩厚度，纵筋应沿弧形闸门支座下弯并伸入墩内不应小于 $15d$（见图 4.8-24）。边墩支座内的纵向受力钢筋应伸过边墩中心线后再延伸一个锚固长度 l_a，另一端伸入墩内的长度不小于 $15d$。

（3）弧形闸门支座应设置箍筋，箍筋直径不应小于 12mm，间距可为 150～250mm，且在支座顶部 $2h_0/3$ 范围内的箍筋总截面面积不应小于纵向受力钢筋截面面积 A_s 的 1/2。

（4）对于承受大推力的弧形闸门支座，宜在垂直于水平箍筋的方向布置适量的垂直箍筋。

4.8.8 弧形闸门预应力混凝土闸墩

4.8.8.1 预应力混凝土闸墩设计基本规定

（1）当弧形闸门承受的总推力标准值达到 25000kN 以上时，宜采用预应力混凝土闸墩。

（2）预应力混凝土闸墩进行结构应力分析时，应考虑各种荷载组合和设计工况；宜采用三维有限元法进行闸墩的应力分析，在确认成果合理有效后方可用于工程设计。必要时还可采用结构模型试验论证。

（3）预应力混凝土闸墩的混凝土强度等级不应低于 C30，锚块和颈部等部位的混凝土强度等级不应低于 C40。预应力钢筋可采用消除应力钢丝、钢绞线或螺纹钢筋等，锚块的预应力钢筋宜采用螺纹钢筋。

(4) 预应力锚固体系宜采用夹片式锚具、墩头锚具以及螺丝端杆等锚具。

(5) 预应力钢筋由于锚具变形和钢筋内缩引起的预应力损失值 σ_{l1}、预应力钢筋与孔道壁之间的摩擦引起的预应力损失值 σ_{l2} 和预应力钢筋的应力松弛引起的预应力损失值 σ_{l4}，可按表4.6-2规定计算；混凝土收缩与徐变引起的预应力损失值 σ_{l5} 可近似取为 $0.05\sigma_{con}$。

注： 从葛洲坝、梅山、双牌、公伯峡、小峡等工程原型观测结果来看，预应力总损失一般为15%左右，个别达到20%。

4.8.8.2 预应力混凝土闸墩设计计算

1. 在弧形闸门推力标准值作用下简单锚块(弧形闸门支座)的截面尺寸

锚块(弧形闸门支座)的斜截面抗裂控制，应符合下式规定：

$$F_k \leqslant 0.75 f_{tk} bh \tag{4.8-72}$$

式中 F_k——闸墩一侧弧形闸门推力标准值；

h——锚块的高度(沿推力方向)；

b——锚块的宽度(垂直推力方向)；

f_{tk}——混凝土轴心抗拉强度标准值。

锚块的剪跨比 a/h_0 宜控制在0.2左右(a 为弧形闸门推力作用点至闸墩边缘的距离；h_0 为锚块的有效高度)；锚块的宽度(垂直于推力方向)应满足弧形闸门支座安装的尺寸要求及预应力锚束布置的尺寸要求。

2. 闸墩颈部抗裂控制验算

在弧形闸门推力标准组合下，闸墩颈部抗裂控制宜符合下式规定：

$$\sigma_{ck} - \sigma_{pc} \leqslant 0.7 f_{tk} \tag{4.8-73}$$

式中 σ_{ck}——弧形闸门推力标准组合下，颈部截面边缘混凝土的法向拉应力，有限元计算时，可取颈部截面受拉区边缘至最外侧主锚束孔中心之间的混凝土法向拉应力的平均值；

σ_{pc}——扣除全部预应力损失后，颈部截面边缘混凝土的法向预压应力，有限元计算时，可取颈部截面受拉区边缘至最外侧主锚束孔中心之间的混凝土法向预压应力的平均值。

颈部截面边缘混凝土的法向应力 σ_{ck} 及 σ_{pc} 值，可按有限元法计算；初步设计时，可按应力修正法计算。

3. 中墩颈部采用对称配筋时颈部正截面受拉承载力

在双侧弧形闸门推力设计值作用下，其正截面受拉承载力应符合下式规定：

$$F \leqslant \frac{1}{\gamma_d}\left(f_y \sum_{i=1}^{n} A_{si}\cos\theta_i + f_{py} \sum_{j=1}^{m} A_{pj}\cos\beta_j \right) \tag{4.8-74}$$

在单侧弧形闸门推力设计值作用下，其正截面受拉承载力应符合下式规定：

$$Fe' \leqslant \frac{1}{\gamma_d}\left[f_y \sum_{i=1}^{n} A_{si}\cos\theta_i (B_0' - a_{si}) + f_{py} \sum_{j=1}^{m} A_{pj}\cos\beta_j (B_0' - a_{pj}) \right] \tag{4.8-75}$$

式中 F——闸墩一侧弧形闸门推力设计值；

f_y——非预应力钢筋抗拉强度设计值；

f_{py}——预应力钢筋抗拉强度设计值；

A_{si}——颈部受拉区一侧第 i 根非预应力钢筋的截面面积；

A_{pj}——颈部受拉区一侧第 j 根预应力钢筋的截面面积；

B_0'——颈部截面有效高度，即受压区非预应力钢筋和预应力钢筋合力作用点至受拉边缘的距离；

a_{si}——颈部受拉区一侧第 i 根非预应力钢筋合力作用点至受拉边缘的距离；

a_{pj}——颈部受拉区一侧第 j 根预应力钢筋合力作用点至受拉边缘的距离；

e'——弧形闸门推力作用点至受压区非预应力钢筋和预应力钢筋合力作用点之间的距离；

θ_i——颈部受拉区一侧第 i 根非预应力钢筋在立面上与弧形闸门推力方向投影的夹角；

β_j——颈部受拉区一侧第 j 根预应力钢筋在立面上与弧形闸门推力方向投影的夹角；

n——颈部受拉区一侧非预应力钢筋的根数；

m——颈部受拉区一侧预应力钢筋的根数。

4. 边墩或缝墩颈部采用非对称配筋时在单侧弧形闸门推力设计值作用下的正截面受拉承载力

$$F \leqslant \frac{1}{\gamma_d}\left[f_y \sum_{i=1}^{n} A_{si}\cos\theta_i + f_{py} \sum_{j=1}^{m} A_{pj}\cos\beta_j - f_y' \sum_{i=1}^{n} A_{si}'\cos\theta_i' + (\sigma_{p0}' - f_{py}') \times \sum_{j=1}^{m} A_{pj}'\cos\beta_j' - f_c bx \right] \tag{4.8-76}$$

$$Fe \leqslant \frac{1}{\gamma_d}\left[f_c bx \left(B_0 - \frac{x}{2} \right) + f_y' \sum_{i=1}^{m} A_{si}'\cos\theta_i' (B_0 - a_{si}') - (\sigma_{p0}' - f_{py}') \sum_{j=1}^{m} A_{pj}' (B_0 - a_{pj}')\cos\beta_j' \right] \tag{4.8-77}$$

式中 F——闸墩一侧弧形闸门推力设计值；

f'_{py}——受压区预应力钢筋的抗压强度设计值；

f'_{y}——受压区非预应力钢筋的抗压强度设计值；

σ'_{p0}——颈部受压区预应力钢筋合力作用点处混凝土法向应力为零时的预应力钢筋应力值；

A'_{si}——颈部受压区一侧第 i 根非预应力钢筋的截面面积；

A'_{pj}——颈部受压区一侧第 j 根预应力钢筋的截面面积；

B_0——颈部截面有效高度，即受拉区非预应力钢筋和预应力钢筋合力作用点至受压边缘的距离；

a'_{si}——颈部受压区一侧第 i 根非预应力钢筋合力作用点至受压边缘的距离；

a'_{pj}——颈部受压区一侧第 j 根预应力钢筋合力作用点至截面受压边缘的距离；

e——弧形闸门推力作用点至受拉区非预应力钢筋和预应力钢筋合力作用点之间的距离；

θ_i——颈部受拉区一侧第 i 根非预应力钢筋在立面上与弧形闸门推力方向投影的夹角；

θ'_i——颈部受压区一侧第 i 根非预应力钢筋在立面上与弧形闸门推力方向投影的夹角；

β'_j——颈部受压区一侧第 j 根预应力钢筋在立面上与弧形闸门推力方向投影的夹角。

此时，混凝土受压区计算高度应符合 $x\leqslant\xi_b h_0$ 的要求；当计算中考虑非预应力受压钢筋时，尚应符合 $x\geqslant 2a'$ 的条件。当 $x<2a'$ 时，正截面受拉承载力可按式（4.8-75）计算。

5. 锚块锚固区的局部受压承载力计算

（1）锚块锚具下的局部受压区的截面尺寸，应符合式（4.4-123）的规定。

（2）锚块锚具下配置间接钢筋时，局部受压承载力应符合式（4.4-125）的规定。

（3）在弧形闸门一侧推力设计值 F 的作用下，锚块支承面上的局部受压应力不应超过 $0.9f_c$，否则应采取加大受压面积、提高混凝土强度等级或设置钢筋网等有效措施。

6. 预应力水平次锚束计算

（1）第一排预应力水平次锚束可符合下列规定：

$$A_{p1}\geqslant\frac{F_k a}{(h-a_{p1})\sigma_{pe}}\qquad(4.8-78)$$

式中 F_k——闸墩一侧弧形闸门推力标准值；

A_{p1}——靠近弧形闸门支承面的第一排水平次锚束的截面面积；

σ_{pe}——预应力次锚束的有效预应力；

h——锚块的高度；

a_{p1}——靠近弧形闸门支承面的第一排水平次锚束的重心至支承面的距离；

a——弧形闸门推力作用点至闸墩边缘的距离。

（2）预应力水平次锚束不宜少于3排。其他各排预应力次锚束的面积宜与第一排水平次锚束相同。弧形闸门支承体的预应力水平次锚束应采用非均匀布置，靠近弧形闸门铰支承面及锚块下游面各布置一排次锚束，其余放在离支承面 $2h/5$ 的范围内。

7. 锚块承载力计算

在弧形闸门推力设计值作用下，锚块正截面受弯承载力应符合下式规定：

$$F\leqslant\frac{1}{\gamma_d}\,\frac{0.8[A_s f_y h_0+A_{p1}f_{py}(h-a_{p1})]}{a}\qquad(4.8-79)$$

式中 F——闸墩一侧弧形闸门推力设计值；

A_s——锚块纵向受拉钢筋的截面面积；

f_y、f_{py}——锚块纵向受拉钢筋、预应力水平次锚束的抗拉强度设计值；

h、h_0——锚块的高度、有效高度；

a_{p1}——靠近弧形闸门支承面第一排水平次锚束的重心至锚块近边缘的距离；

a——弧形闸门推力作用点至闸墩边缘的距离。

锚块纵向受拉钢筋和箍筋的设置构造应符合“4.8.7 弧形闸门支座的配筋计算与构造要求”。

8. 闸墩体内锚束锚固区计算

（1）锚孔局部承压区的承载力应按式（4.4-125）的规定进行计算。

（2）锚孔顶、底部（或侧边）的局部受拉承载力宜按应力图形法计算；初步估算时，可用下式计算：

$$F_p\leqslant\frac{1}{\gamma_d}f_y\sum_{i=1}^{n}A_{si}\cos\theta_i\qquad(4.8-80)$$

式中 F_p——单个锚孔的预应力钢筋张拉力的设计值；

f_y——非预应力钢筋的抗拉强度设计值；

A_{si}——锚孔顶、底部（或侧边）第 i 根钢筋的截面面积；

θ_i——锚孔顶、底部（或侧边）第 i 根钢筋与锚固力作用方向的夹角；

n——锚孔顶、底部（或侧边）钢筋的数量（见图 4.8-25）。

（3）锚孔处钢筋的布置宜采用网状配筋（见图 4.8-25）。

1）锚孔顶、底部（或侧边）钢筋向孔前方及孔后方延伸的长度均应大于 $0.5D$（D 为锚孔直径）且不小于 $30d$（d 为钢筋直径），钢筋的布置宽度应不大于 $0.5D$。

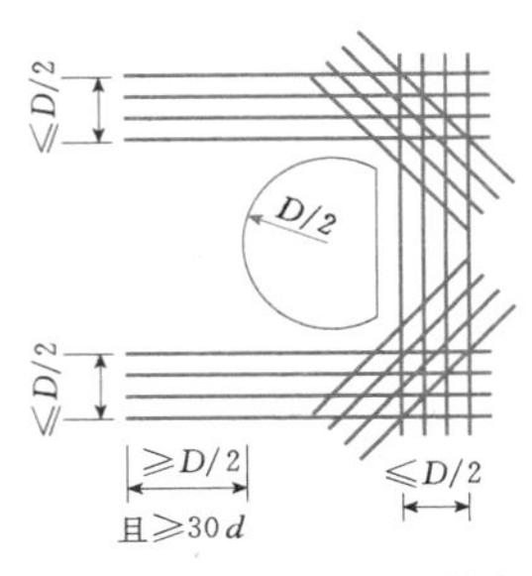

图 4.8-25　锚孔局部钢筋布置

2）锚孔顶、底部（或侧边）拐角处的局部增强钢筋不宜小于局部受拉钢筋截面面积的1/4。局部增强钢筋的方向与承压板的夹角可取为45°，钢筋长度不应小于100d（d为钢筋直径），钢筋布置宽度为1/4～1/2锚孔直径。

3）锚孔上游侧应按构造配置钢筋（锚孔前方与承压面平行布置的钢筋），钢筋向孔上方及孔下方延伸的长度，均应大于0.5D（D为锚孔直径），且不应小于30d（d为钢筋直径）。

9. 闸墩颈部主锚束在闸墩体内的布置

（1）主锚束在闸墩立面上的布置（见图4.8-26），应沿弧形闸门推力方向呈辐射状扩散，锚束的扇形最大辐射角或总扩散角不宜大于20°。主锚束长度宜长短相间布置。

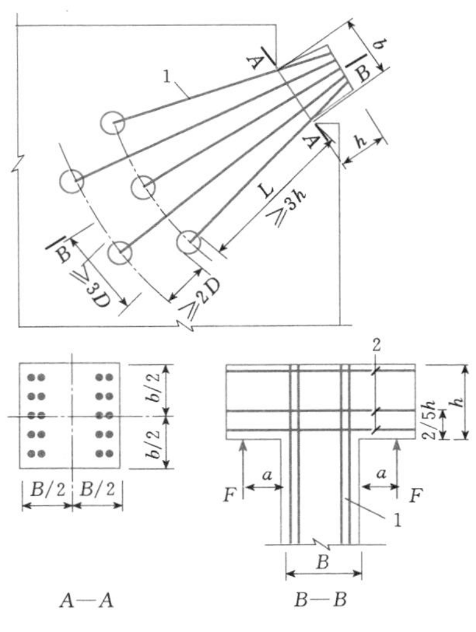

图 4.8-26　主锚束在闸墩立面上的布置

1—主锚束；2—次锚束；D—预应力锚孔的直径

（2）主锚束在闸墩平面上的布置可按下列方法：

1）中墩主锚束宜对称布置；边墩和缝墩主锚束宜非对称布置。

2）主锚束在闸墩平面上的投影，宜平行于闸墩侧立面或与闸墩侧立面成1°～3°的夹角。

3）主锚束宜尽量靠近闸墩外侧面（临水面），但锚束距闸墩外侧面不宜小于500mm。主锚束间距宜为500～600mm。

（3）预应力锚束的孔道直径，应根据锚束的直径确定，并留有一定的空间和灌浆通路。孔道预留方法宜采用预埋钢管或波纹管。

（4）锚束在上游端锚固的位置及形式：锚束可锚固在闸墩中的预留锚孔、浅槽、竖井以及闸墩上游面等，但宜采用预留水平锚孔的方式。

当闸墩颈部截面法向应力值为2.0～7.0N/mm²时，锚固位置点至弧形闸门推力作用点的距离L（m）可由下式确定：

$$L \geqslant \frac{40+8(\sigma_{ck}-2)}{B} \qquad (4.8-81)$$

式中　B——闸墩厚度，m；

σ_{ck}——弧形闸门推力效应标准组合下颈部抗裂验算边缘混凝土的法向应力，N/mm²。

闸墩体内锚固区的锚孔与锚块（弧形闸门支承体）的最小距离不宜小于锚块高度h（颈部至锚块端部承压面距离）的3倍；锚孔的净距不应小于锚孔直径的2倍。

4.8.8.3　应力修正法

（1）弧形闸门推力效应标准组合下颈部抗裂验算边缘混凝土的法向应力σ_{ck}可按下式计算：

$$\sigma_{ck}=\xi\sigma_t \qquad (4.8-82)$$

式中　ξ——弧形闸门推力作用下的应力修正系数，按表4.8-5取值；

σ_t——弧形闸门推力作用下颈部截面受拉区边缘混凝土的名义法向拉应力。

表 4.8-5　弧门推力作用下的应力修正系数 ξ

闸墩厚度 B (mm)	单侧弧形闸门推力作用下的 ξ	双侧弧形闸门推力作用下的 ξ
≤4000	0.90	1.50
5000	1.05	1.80
≥6000	1.20	2.20

注　闸墩厚度B分别在4000～5000mm及5000～6000mm之间时，ξ可按插值方法确定。

σ_t可按下列公式计算。

单侧弧形闸门推力作用时：

$$\sigma_t=\frac{F_k}{Bb}\left(4+\frac{6a}{B}\right) \qquad (4.8-83)$$

双侧弧形闸门推力作用时：

$$\sigma_t = \frac{2F_k}{Bb} \qquad (4.8-84)$$

式中 F_k——单侧弧形闸门推力标准值；

b——锚块宽度；

B——闸墩厚度；

a——弧形闸门推力至预应力闸墩边缘的距离。

注：计算模型中，锚块顶面为自由面，底面设软缝与闸墩隔开。

(2) 扣除全部预应力损失后颈部抗裂验算边缘的混凝土预压应力 σ_{pc} 可按下式计算：

$$\sigma_{pc} = \xi\sigma_p \qquad (4.8-85)$$

式中 ξ——预应力作用下的应力修正系数，按表 4.8-6 取值；

σ_p——扣除全部预应力损失后颈部截面受拉区边缘混凝土的名义法向预压应力。

表 4.8-6 预应力作用下的应力修正系数 ξ

闸墩厚度 B (mm)	闸墩两侧主锚束对称布置	闸墩两侧主锚束非对称布置（推力侧）	
		β=0.3	β=0.2
≤4000	0.90	0.80	0.80
5000	0.95	0.85	0.80
≥6000	1.00	0.90	0.85

注 1. 闸墩厚度 B 分别在 4000～5000mm 及 5000～6000mm 之间时，ξ 可按线性内插值方法确定。

2. 非推力侧预应力平衡系数 β=0.2～0.3 时，可按线性内插值方法确定 ξ。

当闸墩（中墩）两侧采用对称布置主锚索时，σ_p 可按下式计算：

$$\sigma_p = \frac{2P}{bB} \qquad (4.8-86)$$

式中 P——闸墩一侧扣除全部预应力损失后的预加力。

当闸墩（边墩）两侧采用非对称布置主锚索时，推力侧名义预压应力 σ_p 可按式（4.8-87）近似计算：

$$\sigma_p = \frac{(1+\beta)P}{A} + \frac{P\left[(1-\beta)\dfrac{B}{2} - a_p + \beta a'_p\right]}{W} \qquad (4.8-87)$$

式中 P——闸墩一侧扣除全部预应力损失后的预加力；非对称布置主锚束时，取推力侧扣除全部预应力损失后的预加力；

β——非推力侧预应力平衡系数，为非推力侧预应力主锚束预拉力之和与推力侧预应力主锚束预拉力之和的比值，$0 \leqslant \beta < 1$；

a_p——推力侧预应力主锚束合力作用点至闸墩外边缘的距离；

a'_p——非推力侧预应力主锚束合力作用点至闸墩外边缘的距离；

A——截面面积，$A = Bb$；

W——截面抵抗矩，近似取 $W = bB^2/6$。

4.8.8.4 预应力张拉锚固体系选择

大型弧形闸门承受轴向推力很大，而闸墩厚度常受到布置限制不可能设计得很厚（一般中墩厚 4～5m，边墩厚 3.5～4m），因此，要求尽量选用体积小、单孔张拉力大、锚固安全可靠、施工灵活简单的预应力张拉锚固体系。随着预应力技术的不断发展，预应力张拉锚固体系也发生着变化。

1. 镦头锚体系（DM 锚）

镦头锚由锚杯及固定锚杯的锚圈（螺帽）组成。其优点是单孔张拉力大、锚固损失小，可反复和补偿张拉；缺点是仅能夹持钢丝，等长下料精度要求高，误差不得超过 1/300，钢丝下料后两端都要镦头，工作量比较大，锚具加工、镦头工艺要求严格，对穿束、运输及安装的手段要求也较高。

2. 夹片式群锚体系（XM、QM、OVM 锚）

夹片锚由带锥孔的锚板和夹片所组成。每个夹片锚具一般是由多个独立锚固单元组成，它能锚固由（1～55）根不等的ϕ^s 15.2mm 钢绞线所组成的预应力锚束，其最大吨位可达到 11000kN，故夹片锚又称为大吨位钢绞线群锚体系，其特点是各根钢绞线均为单独工作。它具有既可夹持钢绞线又可夹持钢丝、编束简单、下料精度要求不高、施工方便、可单根张拉也可整束张拉锚固等优点；其缺点是夹片回缩值较大，补拉较难实施。

(3) DVF—Z 型群锚体系：其一端为 DM 锚、另一端为 OVM 锚，在夹片锚端分束张拉，在镦头锚端整体补张，整索补张后采用螺母锁紧锚固，以保证弧形闸门铰断面索力的准确性和可靠性。它吸取了镦头锚和夹片锚各自的优点，具有减小穿索孔道、减轻施工难度、减小锚固回缩损失、节约工程费用等优点；但相应配套设施规格品种要两套，需要两端张拉，费时及施工麻烦些。

4.8.8.5 预应力混凝土闸墩施工

1. 施工方法

目前国内预应力闸墩结构工程均采用后张法施工，其安装工艺又分先装法和后装法。先装法施工是在预制场地将编制成的锚索装入套管，运往现场安置在支撑桁架上就位，然后浇筑混凝土，待混凝土达到一定强度后进行张拉锚固；后装法施工是在现场先架设套管形成预留孔道，待混凝土浇筑完成并达设计要求的强度后，进行穿束，张拉锁定、孔道灌浆和锚头封堵。

2. 张拉原则与方法

张拉顺序一般是先次锚索（深梁或锚块上布置的锚索），后主锚索（闸墩上布置的锚索）。张拉孔位是先中间后两侧，逐步扩散，对称均衡进行。张拉程序对墩头锚体系一般采用多遍反复张拉，从零→初始应力→控制应力→超应力→回落到控制应力锁定；对于夹片锚体系一般采用一次张拉法，即零→初始应力→控制应力→超应力锁定。

工程实践中张拉方法有两种：一种是直接采用大吨位级千斤顶进行整体张拉锚固，国内已有最大吨位达6000kN的千斤顶；另一种是采用小千斤顶逐根或分束张拉，以实现大吨位级锚固。

张拉控制应力有逐渐提高的趋势，目前工程中张拉控制应力一般取 $0.65 \sim 0.7f_{ptk}$，超张拉时取 $0.75f_{ptk}$。

4.8.8.6 算例

某水电站明渠泄洪闸预应力闸墩的弧形闸门总推力标准值为29000kN（弧形闸门开启瞬间为控制工况），单侧弧形闸门推力标准值为14500kN；弧形闸门推力至闸墩边缘的距离 a=900mm，推力方向与水平面的夹角为27.76°。结构安全级别为Ⅱ级。

闸墩截面尺寸：中墩厚度4100mm，边墩厚度4000mm。

锚块尺寸：锚块高度 h=5000mm（沿推力方向），锚块牛腿外伸长度1800mm（一期尺寸），锚块上游面宽度 b=4200mm。

预应力钢筋采用OVM. M15ZK锚固体系，$1\times7\phi^{S}$ 钢绞线，抗拉强度标准值 $f_{ptk}=1860\text{N/mm}^2$，抗拉强度设计值 $f_{py}=1320\text{N/mm}^2$；钢绞线公称直径 ϕ=15.2mm，公称截面面积140mm²；锚具采用OVM—15。

预应力钢筋的水平次锚索布置：水平次锚索布置3排，每排4束，共12束。

混凝土：锚块混凝土强度等级为C40，$f_{tk}=2.39\text{N/mm}^2$，$f_{ck}=26.8\text{N/mm}^2$，$f_c=19.1\text{N/mm}^2$；闸墩混凝土强度等级为C30，$f_{tk}=2.01\text{N/mm}^2$，$f_{ck}=20.1\text{N/mm}^2$，$f_c=14.3\text{N/mm}^2$。

非预应力钢筋采用HRB335，$f_{yk}=335\text{N/mm}^2$，$f_y=300\text{N/mm}^2$。

根据以上条件，对水电站明渠泄洪闸预应力闸墩的主次预应力锚索进行设计和计算以及闸墩颈部的正截面受拉承载力计算和闸墩颈部截面抗裂验算。

预应力钢筋锚索布置如图4.8-27和图4.8-28所示。

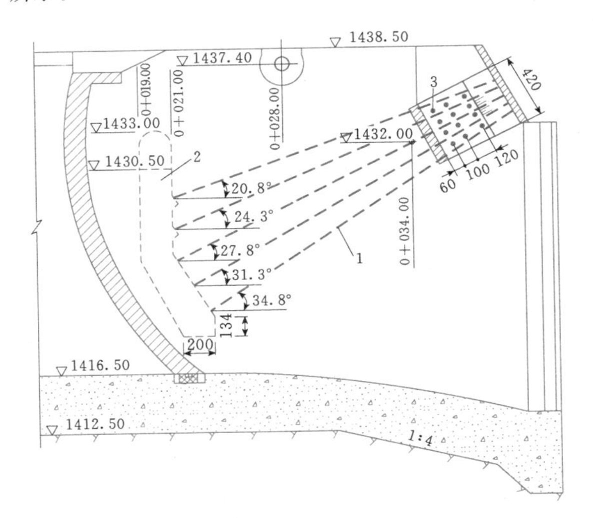

图4.8-27 预应力锚索立面布置图（单位：cm）

1—主锚束；2—竖井；3—次锚束

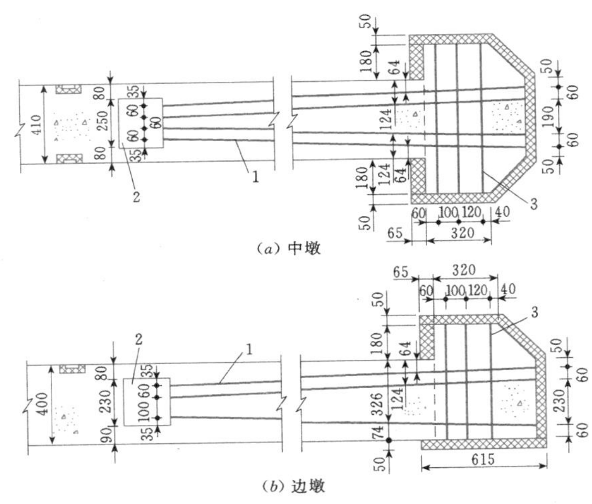

图4.8-28 预应力锚索沿弧形闸门推力方向平剖图（单位：cm）

1—主锚束；2—竖井；3—次锚束

1. 锚块截面尺寸验算

锚块截面尺寸应满足式（4.8-72），即 $F_k \leqslant 0.75f_{tk}bh$。

单侧弧形闸门推力 F_k=14500kN。

$$0.75f_{tk}bh = 0.75\times2.39\times4200\times5000 = 37642.5(\text{kN})$$

则 $F_k < 0.75f_{tk}bh$，满足要求。

剪跨比：

$$a/h_0 \approx a/h = 900/5000 = 0.18$$

2. 预应力钢筋截面面积估算

(1) 预应力损失计算。经计算，预应力总损失 σ_l

$=188.5\text{N/mm}^2$。实际工程控制应力 $\sigma_{con}=0.71f_{ptk}=0.71\times1860=1320\ (\text{N/mm}^2)$，按现行规范要求还可适当提高。

$$\sigma_t/\sigma_{con}=188.5/1320=14.28\%$$

(2) 混凝土法向预压应力和预估预应力合力 P 计算。

1) 中墩。

$$A=Bb=4100\times4200=17220000(\text{mm}^2)$$

$$W=bB^2/6=4200\times4100^2/6=1.1767\times10^{10}(\text{mm}^3)$$

a. 双侧推力：

$$\sigma_t=\frac{2F_k}{Bb}=2\times14500\times1000/(4100\times4200)=1.684(\text{N/mm}^2)$$

按表 4.8-6，当 $B=4.1\text{m}$ 时：

$$\xi=1.5+(1.8-1.5)\times(4.1-4.0)/(5.0-4.0)=1.53$$

$$\sigma_{ck}=\xi\sigma_t=1.53\times1.684=2.577(\text{N/mm}^2)$$

由式 (4.8-73) 得

$$\sigma_{pc}=\sigma_{ck}-0.7f_{tk}=2.577-0.7\times2.01=1.17(\text{N/mm}^2)$$

令 $\sigma_p=\sigma_{pc}$，由式 (4.8-86) 预估预应力合力 P：

$$P=\frac{\sigma_pA}{2}=1.17\times17220000/2=1.007\times10^7(\text{N})$$

b. 单侧推力：

$$\sigma_t=\frac{F_k}{Bb}\left(4+\frac{6a}{B}\right)=[14500\times10^3\times(4+6\times900/4100)]/(4100\times4200)=4.477(\text{N/mm}^2)$$

按表 4.8-6：

$$\xi=0.9+(1.2-0.9)\times(4.1-4.0)/(5.0-4.0)=0.93$$

$$\sigma_{ck}=\xi\sigma_t=0.93\times4.477=4.164(\text{N/mm}^2)$$

由式 (4.8-73) 得

$$\sigma_{pc}=\sigma_{ck}-0.7f_{tk}=4.164-0.7\times2.01=2.757(\text{N/mm}^2)$$

令 $\sigma_p=\sigma_{pc}$，由式 (4.8-86) 预估预应力合力 P：

$$P=\frac{\sigma_pA}{2}=2.757\times17220000/2=2.3734\times10^7(\text{N})$$

2) 边墩单侧推力。

$$A=Bb=4000\times4200=16800000(\text{mm}^2)$$

$$W=bB^2/6=4200\times4000^2/6=1.12\times10^{10}(\text{mm}^3)$$

按边墩迎水面（即推力侧）布置 2 排，每排 5 层主锚索，另一侧（即非推力侧）布置 1 排，共 3 层平衡主锚索的条件，用下式近似计算偏心距 e_p：

$$e_p=\sum_{i=1}^{m}a_iP_i/\sum_{i=1}^{m}P_i$$

式中 a_i——每排锚索到截面重心的距离；

m——锚索的总排数（包括推力侧和非推力侧）；

P_i——每排主锚索预应力合力。

本算例每根锚索预应力相同，边墩推力侧布置 2 排，每排 5 层主锚索；非推力侧布置 1 排，每排 3 层主锚索，因此，第 1 排主锚索应力合力为 P_1，第 2 排主锚索应力合力为 P_2，第 3 排主锚索应力合力为 $P_3=0.6P_1$，a_1、a_2、a_3 分别为 1360mm、760mm、1260mm。

$$e_p=(1360\times P_1+760\times P_2-1260\times P_3)/(P_1+P_2+P_3)=(1360+760-0.6\times1260)/(1+1+0.6)=524.6(\text{mm})$$

$$\sigma_t=\frac{F_k}{Bb}\left(4+\frac{6a}{B}\right)=14500\times10^3\times(4+6\times900/4000)/(4000\times4200)=4.618(\text{N/mm}^2)$$

按表 4.8-6，$\xi=0.9$。

$$\sigma_{ck}=\xi\sigma_t=0.9\times4.618=4.156(\text{N/mm}^2)$$

由式 (4.8-73) 得

$$\sigma_{pc}=\sigma_{ck}-0.7f_{tk}=4.156-0.7\times2.01=2.749(\text{N/mm}^2)$$

令 $\sigma_p=\sigma_{pc}$，由式 (4.8-87) 预估预应力合力 P：

$$P=\frac{\sigma_pAW}{Ae_p+W}=\frac{2.749\times1.68\times10^7\times1.12\times10^{10}}{524.6\times1.68\times10^7+1.12\times10^{10}}=2.585\times10^7(\text{N})$$

(3) 预应力钢筋面积计算及锚索规格确定。

1) 中墩双侧推力。

预应力钢筋面积：

$$A_p=\frac{P}{\sigma_{con}-\sigma_l}=\frac{1.007\times10^7}{1320-188.5}=8900(\text{mm}^2)$$

钢绞线根数 $n_p=A_p/140=63.6$，取整后，$n_p=64$。

2) 中墩单侧推力。

预应力钢筋面积：

$$A_p=\frac{P}{\sigma_{con}-\sigma_l}=\frac{2.3734\times10^7}{1320-188.5}=20977(\text{mm}^2)$$

钢绞线根数 $n_p=A_p/140=149.8$，取整后，$n_p=150$。

由以上计算可知，中墩锚索设计按单侧推力工况控制，每侧布置为 2 排 5 层，根数为 $2\times5=10$（束），单束锚索计算需要钢绞线 15 根，考虑一定的安全富裕量，单束锚索选用 17 根钢绞线，即型号可确定为 OVM. M15ZK—17.0。

3) 边墩单侧推力。

预应力钢筋面积：

$$A_p=\frac{P}{\sigma_{con}-\sigma_l}=\frac{2.585\times10^7}{1320-188.5}=22846(\text{mm}^2)$$

钢绞线根数 $n_p=A_p/140=163.2$，取整后，$n_p=164$。

边墩锚索共布置3排，其中靠牛腿侧2排5层，单束锚索计算需要钢绞线16.4根，取整选用17根钢绞线；另一侧为单排3层平衡束，即边墩锚索共为13束。

预应力钢筋的主锚索布置：立面5层放射状布置。1～5层主锚索的扩散角依次为7.0°、3.5°、0.0°、−3.5°、−7.0°。中墩主锚索每层布4束，单个中墩总共布置20束；边墩主锚索在迎水面一侧每层布2束，另一侧布置一排3束锚索，单个边墩墩总共布置主锚索13束。预应力锚索的实际布置分别如图4.8-27和图4.8-28所示。

3. 闸墩颈部截面抗裂验算

闸墩颈部截面抗裂度应满足式（4.8-73），即

$$\sigma_{ck} - \sigma_{pc} \leqslant 0.7 f_{tk}$$

采用应力修正法，$\sigma_{pc} = \xi\sigma_p$。

预应力钢筋与弧形闸门推力方向的夹角分别为 $\beta_1 = 7°$、$\beta_2 = 3.5°$、$\beta_3 = 0°$、$\beta_4 = -3.5°$、$\beta_5 = -7°$。

（1）中墩双侧推力作用下的颈部抗裂验算。每侧预应力筋的作用为

$$P = 2 \times (\sigma_{con} - \sigma_l)\sum_{j=1}^{5} A_{pj}\cos\beta_j = 2 \times (1320 - 188.5) \times 2380 \times [2 \times (\cos7° + \cos3.5°) + \cos0°] = 26829316(\text{N})$$

中墩为对称配筋：

$$\sigma_p = \frac{2P}{bB} = \frac{2 \times 26829316}{4200 \times 4100} = 3.116(\text{N/mm}^2)$$

按表4.8-7：

$$\xi = 0.9 + (4.1 - 4.0) \times (0.95 - 0.9)/(5.0 - 4.0) = 0.905$$

$$\sigma_{pc} = \xi\sigma_p = 0.905 \times 3.116 = 2.820(\text{N/mm}^2)$$

$$\sigma_{ck} - \sigma_{pc} = 2.577 - 2.820 = -0.243(\text{N/mm}^2) \leqslant 0.7 f_{tk} = 1.407(\text{N/mm}^2)$$

满足要求。

（2）中墩单侧推力作用下的颈部抗裂验算。

中墩为对称配筋：

$$\sigma_p = \frac{2P}{bB} = \frac{2 \times 26829316}{4200 \times 4100} = 3.116(\text{N/mm}^2)$$

按表4.8-7：

$$\xi = 0.9 + (4.1 - 4.0) \times (0.95 - 0.9)/(5.0 - 4.0) = 0.905$$

$$\sigma_{pc} = \xi\sigma_p = 0.905 \times 3.116 = 2.820(\text{N/mm}^2)$$

$$\sigma_{ck} - \sigma_{pc} = 4.164 - 2.820 = 1.344(\text{N/mm}^2) \leqslant 0.7 f_{tk} = 1.407(\text{N/mm}^2)$$

满足要求。

（3）边墩单侧推力作用下的颈部抗裂验算。

边墩预应力筋的作用为

$$P = (\sigma_{con} - \sigma_l)\sum_{j=1}^{13} A_{pj}\cos\beta_j = (1320 - 188.5) \times 2380 \times \{2 \times [2 \times (\cos7° + \cos3.5°) + \cos0°] + 2 \times \cos7° + \cos0°\} = 34868080(\text{N})$$

$$\sigma_p = \frac{P}{bB} + \frac{Pe_p}{W} = 34868080 \times \left(\frac{1}{4000 \times 4200} + \frac{524.6}{1.12 \times 10^{10}}\right) = 2.075 + 1.633 = 3.708(\text{N/mm}^2)$$

可按表4.8-7，得 $\xi = 0.8$。

$$\sigma_{pc} = \xi\sigma_p = 0.8 \times 3.708 = 2.966(\text{N/mm}^2)$$

$$\sigma_{ck} - \sigma_{pc} = 4.156 - 2.966 = 1.19(\text{N/mm}^2) \leqslant 0.7 f_{tk} = 1.407(\text{N/mm}^2)$$

满足要求。

4. 闸墩颈部正截面受拉承载力计算

（1）中墩双侧推力作用下的正截面受拉承载力计算。中墩采用对称配筋，在双侧弧门推力作用下，正截面受拉承载力应满足式（4.8-74）的要求，即

$$F \leqslant \frac{1}{\gamma_d}\left(\sum_{i=1}^{n} f_y A_{si}\cos\theta_i + \sum_{j=1}^{m} f_{py} A_{pj}\cos\beta_j\right)$$

$$F = \gamma_0 \psi\gamma_Q F_k = 1.0 \times 0.95 \times 1.1 \times 14500 = 15152.5(\text{kN})$$

$$A_{pj} = 17 \times 140 = 2380(\text{mm}^2)$$

$$f_{py}A_{pj} = 1320 \times 2380 = 3141.6(\text{kN})$$

预应力钢筋的受拉承载力：

$$\frac{1}{\gamma_d}\sum_{j=1}^{m} f_{py}A_{pj}\cos\beta_j = \{1320 \times 2380 \times 2 \times [\cos0° + 2 \times (\cos7° + \cos3.5°)]\}/1.2 = 26083.6(\text{kN}) > 15152.5(\text{kN})$$

故仅考虑预应力钢筋，截面受拉承载力已满足要求，可不配置非预应力抗拉钢筋。

（2）中墩单侧推力作用下的正截面受拉承载力计算。中墩采用对称配筋，在单侧弧门推力作用下，正截面受拉承载力应满足式（4.8-75）的要求，即

$$Fe' \leqslant \frac{1}{\gamma_d}\left[\sum_{i=1}^{n} f_y A_{si}\cos\theta_i (B_0' - a_{si}) + \sum_{j=1}^{m} f_{py} A_{pj}\cos\beta_j (B_0' - a_{pj})\right]$$

本例中：

$$B_0' = B - a' = 4100 - 940 = 3160(\text{mm})$$

预应力筋重心至受拉边缘的距离分别为

$$a_{p1} = 640\text{mm},\ a_{p2} = 1240\text{mm}$$

$$a_p = (a_{p1} + a_{p2})/2 = 940\text{mm}$$

$$e' = B_0' + a = 3160 + 900 = 4060(\text{mm})$$

$$A_{pj} = 17 \times 140 = 2380(\text{mm}^2)$$

$$f_{py}A_{pj}=1320\times2380=3141600(\text{N})$$

弧形闸门推力产生的弯矩为

$$Fe'=15152.5\times4.06=61519.2(\text{kN}\cdot\text{m})$$

预应力筋的受拉承载力为

$$\frac{1}{\gamma_d}\Big(\sum_{j=1}^{m}f_{py}A_{pj}\cos\beta_j\Big)(B_0'-a_{pj})=\{3141600\times4.9814\times[(3160-640)+(3160-1240)]\}/1.2=57903.4(\text{kN}\cdot\text{m})<61519.2(\text{kN}\cdot\text{m})$$

故不满足要求，需要配置非预应力钢筋。

非预应力钢筋提供的承载力 $\frac{1}{\gamma_d}\sum_{i=1}^{n}f_yA_{si}\cos\theta_i(B'_0-a_{si})$ 应至少为 61519.2－57903.4＝3615.8（kN·m）。非预应力钢筋按辐射状布置，辐射角为－3.5°～3.5°；按配 1 排计，共 21 根，取 $a_{s1}=250$mm。

$$\sum_{i=1}^{n}A_{si}\cos\theta_i=\frac{1.2\times3615.8\times10^6}{300\times(3160-250)}=4970.2(\text{mm}^2)$$

由辐射角 $\theta_i=-3.5°\sim3.5°$，可取 $\cos\theta_i\approx1.0$，则

$$\sum_{i=1}^{21}A_{si}=4970.2\text{mm}^2$$

选用 HRB335 的钢筋 21 根直径 25mm，则

$$\sum_{i=1}^{21}A_{si}=21\times490.6=10302.6(\text{mm}^2)>4970.2(\text{mm}^2)$$

满足要求。

（3）边墩（单侧推力）作用下的正截面受拉承载力计算。边墩采用非对称配筋，在单侧弧形闸门推力作用下，正截面受拉承载力应满足式（4.8－76）和式（4.8－77）的要求，即

$$F\leqslant\frac{1}{\gamma_d}\Big[f_y\sum_{i=1}^{n}A_{si}\cos\theta_i+f_{py}\sum_{j=1}^{m}A_{pj}\cos\beta_j-f'_y\sum_{i=1}^{n}A'_{si}\cos\theta'_i+(\sigma'_{p0}-f'_{py})\sum_{j=1}^{m}A'_{pj}\cos\beta'_j-f_cbx\Big]$$

$$Fe\leqslant\frac{1}{\gamma_d}\Big[f_cbx\Big(B_0-\frac{x}{2}\Big)+f'_y\sum_{i=1}^{n}A'_{si}\cos\theta'_i(B_0-a'_{si})-(\sigma'_{p0}-f'_{py})\sum_{j=1}^{m}A'_{pj}(B_0-a'_{pj})\cos\beta'_j\Big]$$

经计算，$x<2a$，边墩也可采用对称配筋的单侧推力作用的正截面受拉承载力公式（4.8－75）计算，即

$$Fe'\leqslant\frac{1}{\gamma_d}\Big[\sum_{i=1}^{n}f_yA_{si}\cos\theta_i(B_0'-a_{si})+\sum_{j=1}^{m}f_{py}A_{pj}\cos\beta_j(B_0'-a_{pj})\Big]$$

取 $B'_0=B-a'=4000-740=3260$（mm）。

预应力筋重心至受拉边缘的距离分别为

$$a_{p1}=640\text{mm},\quad a_{p2}=1240\text{mm}$$

$$a_p=a_p=(a_{p1}+a_{p2})/2=940(\text{mm})$$

$$e'=3260+900=4160\text{mm}$$

$$A_{pj}=17\times140=2380(\text{mm}^2)$$

$$f_{py}A_{pj}=1320\times2380=3141600(\text{N})$$

弧形闸门推力产生的弯矩为

$$Fe'=15152.5\times4.16=63034.4(\text{kN}\cdot\text{m})$$

预应力筋的受拉承载力为

$$\frac{1}{\gamma_d}\Big(\sum_{j=1}^{m}f_{py}A_{pj}\cos\beta_j\Big)(B_0'-a_{pj})=\{3141600\times4.9814\times[(3260-640)+(3260-1240)]\}/1.2=60511.7(\text{kN}\cdot\text{m})<63034.4(\text{kN}\cdot\text{m})$$

故不满足要求，需要配设非预应力钢筋。

非预应力钢筋提供的承载力 $\frac{1}{\gamma_d}\sum_{i=1}^{n}f_yA_{si}\cos\theta_i(B_0'-a_{si})$ 应至少为 63034.4－60511.7＝2522.7（kN·m）。非预应力钢筋按辐射状布置，辐射角为－3.5°～3.5°；按配 1 排计，共 21 根，取 $a_{s1}=250$mm。

$$\sum_{i=1}^{n}A_{si}\cos\theta_i=\frac{1.2\times2522.7\times10^6}{300\times(3260-250)}=3352.4(\text{mm}^2)$$

由辐射角 $\theta_i=-3.5°\sim3.5°$，可取 $\cos\theta_i\approx1.0$，则

$$\sum_{i=1}^{21}A_{si}=3352.4\text{mm}^2$$

选用 HRB335 的钢筋 21 根直径 25mm，则

$$\sum_{i=1}^{21}A_{si}=21\times490.6=10302.6(\text{mm}^2)>3352.4(\text{mm}^2)$$

满足要求。

5. 主锚索长度的确定

锚固位置点至弧形闸门推力作用点的距离 L（m）可按式（4.8－81）确定，即

$$L\geqslant\frac{40+8\times(\sigma_{ck}-2)}{B}$$

中墩双侧推力作用时：

$$L\geqslant\frac{40+8\times(2.577-2)}{4.1}=10.14(\text{m})$$

中墩单侧推力作用时：

$$L\geqslant\frac{40+8\times(4.164-2)}{4.1}=13.98(\text{m})$$

边墩单侧推力作用时：

$$L\geqslant\frac{40+8\times(4.156-2)}{4.0}=14.31(\text{m})$$

可见，边墩单侧推力作用时，主锚索计算长度最大，因此，主锚索的全长为 14.31＋5＝19.31（m）（其中 5m 为锚块高度）。

该工程泄洪闸闸墩的 5 层预应力锚索的设计长度分别为 20.99m、21.82m、22.78m、22.79m、22.77m。

6. 预应力钢筋水平次锚索计算

(1) 中墩水平次锚索计算。

1) 水平次锚索的有效预应力计算。经计算，预应力总损失 $\sigma_l=242.5\text{N/mm}^2$。

$$\sigma_{pe}=1320.0-242.5=1077.5(\text{N/mm}^2)$$

$$\sigma_l/\sigma_{con}=242.5/1320=18.37\%$$

2) 第一排预应力水平次锚索计算。预应力钢筋水平次锚索应满足式（4.8-78），即

$$A_{p1}\geqslant\frac{F_k a}{(h-a_{p1})\sigma_{pe}}$$

$$A_{p1}\geqslant\frac{F_k a}{(h-a_{p1})\sigma_{pe}}=\frac{14500\times10^3\times900}{(5000-600)\times1077.5}=2752.5(\text{mm}^2)$$

中墩每束次锚索的钢绞线根数为 2752.5/(4×140)＝4.9，取5根。

(2) 边墩水平次锚索计算。

1) 水平次锚索的有效预应力计算。控制应力取值：

$$\sigma_{con}=0.71f_{ptk}=0.71\times1860=1320(\text{N/mm}^2)$$

张拉端锚具变形和锚束滑移损失 σ_{l1}：

$$\sigma_{l1}=\frac{a}{L}E_s$$

取 $a=5\text{mm}$，$E_s=1.95\times10^5\text{N/mm}^2$ 有

$$\sigma_{l1}=\frac{5}{5800}\times1.95\times10^5=168.1(\text{N/mm}^2)$$

锚束与孔壁的摩擦损失 σ_{l2}：

$$\sigma_{l2}=\sigma_{con}\left(1-\frac{1}{e^{\kappa x+\mu\theta}}\right)$$

当 $\kappa x+\mu\theta<0.2$ 时，可按 $\sigma_{l2}=(\kappa x+\mu\theta)\sigma_{con}$ 计算。

根据钢材查表4.6-4，$\kappa=0.0015$，$\mu=0.25$。得 $x=5.8\text{m}$，$\theta=0$。

由于

$$\kappa x+\mu\theta=0.0015\times5.8+0=0.0087<0.2$$

$$\sigma_{l2}=(\kappa x+\mu\theta)\sigma_{con}=0.0087\times1320=11.5(\text{N/mm}^2)$$

钢筋松弛应力损失 σ_{l4}：

$0.7f_{ptk}<\sigma_{con}$，低松弛。

$$\sigma_{l4}=0.125\left(\frac{\sigma_{con}}{f_{ptk}}-0.5\right)\sigma_{con}=0.125\times(0.71-0.5)\times1320=34.7(\text{N/mm}^2)$$

混凝土收缩徐变应力损失 σ_{l5}：

$$\sigma_{l5}=0.05\sigma_{con}=0.05\times1320=66.0(\text{N/mm}^2)$$

预应力总损失：

$$\sigma_l=168.1+11.5+34.7+66.0=280.3(\text{N/mm}^2)$$

$$\sigma_{pe}=1320.0-280.3=1039.7(\text{N/mm}^2)$$

$$\sigma_l/\sigma_{con}=280.3/1320=21.23\%$$

2) 第1排预应力水平次锚索计算。预应力钢筋水平次锚索应满足式（4.8-78），即

$$A_{p1}\geqslant\frac{F_k a}{(h-a_{p1})\sigma_{pe}}=\frac{14500\times10^3\times900}{(5000-600)\times1039.7}=2852.3(\text{mm}^2)$$

边墩每束次锚索的钢绞线根数为 2852.3/（4×140）＝5.1，取6根。

水平次锚索的配筋共12束，分3排，每排4束。根据上述计算，考虑一定的安全裕量，每束次锚索选用7根钢绞线，而工程实际选用锚索型号为OVM.M15ZK—17.0，每束锚索采用17根钢绞线，即第一排水平次锚索的面积为：4×17×140＝9520（mm^2），较计算值偏大。

7. 锚块正截面受弯承载力计算

在弧门推力设计值作用下，锚块正截面受弯承载力应符合式（4.8-79）要求，即

$$F\leqslant\frac{1}{\gamma_d}\frac{0.8[A_s f_y h_0+A_{p1}f_{py}(h-a_{p1})]}{a}$$

仅考虑预应力钢筋作用：

$$\text{右式}=\frac{1}{\gamma_d}\frac{0.8[A_{p1}f_{py}(h-a_{p1})]}{a}=\frac{1}{1.2}\times\frac{0.8\times(4\times7\times140)\times1320\times(5000-600)}{900}=16864711.1(\text{N})>15152500(\text{N})$$

即仅考虑预应力钢筋作用，锚块正截面受弯承载力已满足要求，可按规范配置构造钢筋。

按照DL/T 5057第13.10.4条的要求，锚块的纵向受力钢筋的配筋率不应小于0.20%。

$A_s=0.002\times4200\times4800=40320$（$\text{mm}^2$），选用90根直径为25mm的HRB335钢筋。

按照DL/T 5057第13.10.5条的要求，锚块应设置箍筋，箍筋直径不应小于10mm，间距可为150～250mm，且在支座顶部 $2h_0/3$ 范围内的箍筋总截面面积不应小于纵向受力钢筋截面面积 A_s 的1/2。

锚块箍筋选用HRB335的钢筋，直径为12mm，间距150mm。

4.8.9 钢筋混凝土蜗壳

4.8.9.1 适用范围

钢筋混凝土蜗壳适用于40m左右水头的水电站，例如盐锅峡（43m）、石泉（49m）、柘林、大化、苏只（单机容量7.5MPa，最大水头为20.7m）等水电站钢筋混凝土蜗壳的最大水头均在40m左右。据统计，国内已建的最大水头在30m以上或以下的钢筋混凝土蜗壳均有采取了防渗措施，例如石泉二期工程，单机容量4.5MPa，最大水头为50m，钢衬厚20mm；小峡水电站，单机容量7.5MPa，最大水头为18.6m，钢衬厚10mm。

国外对高于40m水头的钢筋混凝土蜗壳也有不

同的规定，如苏联1970年的水电站设计规范中规定，钢筋混凝土蜗壳的设计水头最高可达80m，设计水头50～80m时，采用金属护面；印度《蜗壳的设计准则》（IS：7418—1974）规定：混凝土蜗壳适用于40m以下水头，有薄钢板衬砌（钢板不分担内水压力）的混凝土蜗壳可用于水头高达75m的电站。

4.8.9.2 结构计算

水电站厂房蜗壳结构不仅断面形状不规则，而且轮廓尺寸在空间变化很大，见图4.8-29。该结构应力和变形适宜用三维有限元分析，也可简化成平面框架计算；当蜗壳顶板与侧墙厚度较大时，平面框架计算尚应考虑节点刚性和剪切变形影响。三维有限元分析可用ANSYS，平面框架计算可用PKPM。

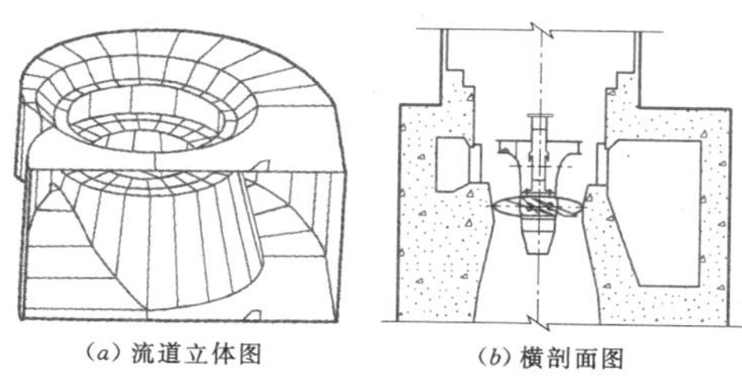

(*a*) 流道立体图　　(*b*) 横剖面图

图4.8-29 蜗壳

4.8.9.3 结构配筋

对用平面框架计算出的结构构件内力，按4.4节进行承载能力极限状态下配筋计算，并用4.5节中的正截面裂缝宽度验算公式进行正常使用状态下的裂缝宽度控制验算。对用有限元计算出的结构构件应力，根据控制工况下的构件截面应力分布，按4.10节中弹应性应力图形配筋，并用4.5节中的非杆件体系结构裂缝宽度验算公式进行正常使用状态下的钢筋应力计算。此结构配筋计算原则也适用于钢筋混凝土尾水管。

蜗壳顶板径向钢筋和侧墙竖向钢筋宜采用HRB335，最小配筋率不应小于0.15%，且每延米不少于5根，直径不应小于16mm。顶板径向钢筋宜呈辐射状，分上下两层布置。顶板与侧墙的交角处宜设置斜筋。根据侧墙厚度，在侧墙内外层钢筋之间宜配置连系拉筋，直径不应小于8mm。顶板和侧墙环向钢筋配筋量不宜小于径向钢筋的50%。

接力器坑、进人孔等孔洞部位可能会出现应力集中，因此需进行局部极限承载力验算，并配置加强钢筋。座环是蜗壳主要传力部件，蜗壳上部混凝土重量通过上环传递到下部基础，因此对于该部位需进行局部承压验算，并应配置承压钢筋，以提高构件承压能力；混凝土蜗壳其上环部位在内水压力作用可能出现拉力，还需增加蜗壳混凝土与座环的连接措施，如配置连接钢筋等。

4.8.10 钢筋混凝土尾水管

4.8.10.1 结构计算

尾水管结构是复杂的空间问题，见图4.8-30。该结构应力和变形适宜用三维有限元分析，也可按垂直水流方向的强度简化为分区切取平面框架进行计算[见图4.8-30（*a*）]。按平面框架进行计算时，不仅要注意正确确定上部结构下传的荷载和考虑空间的传递作用，而且要考虑顶板与侧墙节点刚性和剪切变形的影响。

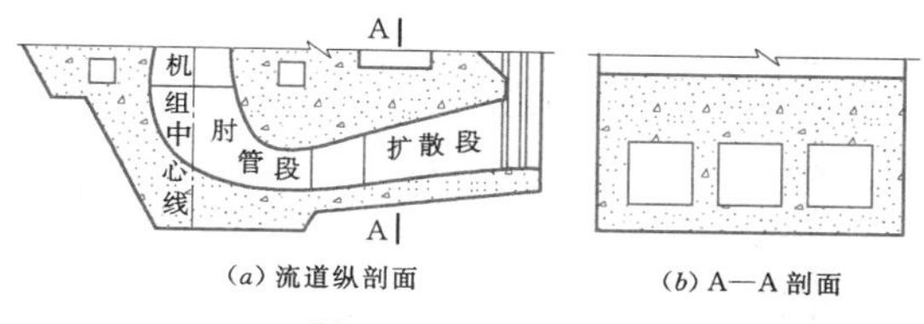

(*a*) 流道纵剖面　　(*b*) A—A剖面

图4.8-30 尾水管

4.8.10.2 结构配筋

尾水管顶板和底板垂直水流向的受力钢筋宜采用HRB335，最小配筋率不小于0.15%。为防止尾水管底板和顶板出现顺水流向的纵向裂缝，需配置一定数量的分布钢筋，参照钢筋混凝土板构造要求及工程设计经验，建议不应小于受力钢筋的30%。尾水管弯管段为变跨度不对称的形状复杂的空间结构，据葛洲坝、青铜峡等工程计算成果，顺水流向应力不容忽视，该方向钢筋数量宜加大，据工程经验，建议不应小于垂直水流向钢筋的75%；且每延米长度不应少于5根，其直径不应小于16mm。

整体式尾水管顶板、底板与侧墙交角处外侧钢筋宜做成封闭式。顶板、底板与侧墙内侧宜设置加强斜筋。分离式尾水管底板配筋构造要求可按4.7节中的板的构造要求执行。

尾水管的薄弱结构主要位于埋管、放空阀、进人孔等孔洞部位，对这些部位要进行局部承载能力极限状态验算，同时要配置加强钢筋。

4.8.11 平面闸门门槽

4.8.11.1 一般规定

对平面闸门门槽，应对门槽部位的二期混凝土进行局部受压承载力验算，当闸门每侧沿门槽高度每延米受力大于2000kN时，应对闸门门槽混凝土斜截面承载力进行复核。必要时，可采用提高二期混凝土的强度等级或在二期混凝土内配置钢筋、掺加纤维的措施。

必要时还应对一期混凝土进行剪切承载力验算。

当两扇平板闸门门槽距离较近或支撑闸门的混凝土厚度较薄时，门槽的配筋也可按照壁式连续牛腿的规定计算。

4.8.11.2 局部受压承载力验算

门槽部位的二期混凝土按素混凝土构件的局部受压承载力进行验算，须满足以下规定：

$$F_l \leqslant \frac{1}{\gamma_d} f_c A_l \tag{4.8-88}$$

式中 F_l——局部受压面上作用的局部荷载或局部压力设计值；

A_l——局部受压面积；

f_c——混凝土轴心抗压强度设计值；

γ_d——素混凝土结构受压破坏的结构系数。

4.8.11.3 斜截面承载力复核

（1）如能符合下列规定时，则不需进行斜截面受剪承载力复核：

$$V \leqslant \frac{V_c}{\gamma_d} \tag{4.8-89}$$

$$V_c = 0.7 f_t b h_0 \tag{4.8-90}$$

式中 V——构件斜截面上的剪力设计值；

V_c——混凝土的受剪承载力；

f_t——混凝土轴心抗拉强度设计值；

b——矩形截面的宽度；

h_0——截面有效高度。

（2）当不满足上述规定时，须配置钢筋，其斜截面受剪承载力应符合下列规定：

$$V \leqslant \frac{1}{\gamma_d}(V_c + V_s) \tag{4.8-91}$$

$$V_s = f_y \frac{A_s}{s} h_0 \tag{4.8-92}$$

式中 V——构件斜截面上的剪力设计值；

V_c——混凝土的受剪承载力；

V_s——钢筋的受剪承载力；

A_s——配置在同一截面内钢筋的截面面积；

f_y——钢筋抗拉强度设计值。

4.8.11.4 按应力图形配筋

平面闸门门槽钢筋的配置可按非杆件体系三维线弹性有限元方法进行计算，按应力图形进行配筋。

（1）当截面在配筋方向的正应力图形接近线性分布时，可换算为内力，按4.4节的规定进行配筋计算和4.5节的规定进行抗裂验算或裂缝宽度控制验算。

（2）当截面在配筋方向的正应力图形偏离线性较大时，受拉钢筋截面面积 A_s 按4.10节中的规定计算。

4.8.12 坝体内孔洞

（1）坝体内孔洞等结构采用大坝混凝土时，其结构计算应进行混凝土强度等级换算。

（2）当坝体内孔洞尺寸小于孔周结构尺寸的3倍时，视为小孔口，其孔洞周边附近应力可采用弹性力学小孔口理论公式计算。对于其他孔洞可采用结构力学方法或有限元方法进行计算。

坝体内孔洞周边配筋可根据应力计算成果，按4.10节中的规定计算配筋。

（3）坝体内的廊道应根据廊道周边应力进行配筋。当廊道周边混凝土最大拉应力小于 $0.50f_t$（SL 191为 $0.45f_t$）（f_t 为混凝土轴心抗拉强度设计值）时，应配置构造钢筋。

（4）孔口钢筋宜靠近孔口周边布置。当钢筋布置层数较多致使混凝土浇筑施工困难时，可根据拉应力大小及分布范围，将钢筋分散布置在不同浇筑层内。

（5）对竖向布置的矩形孔口，为防止角隅裂缝开展，宜布置角缘斜筋。对水平或斜向布置的孔口，考虑到施工方便可采用水平钢筋和竖向钢筋代替角缘斜筋。

（6）当孔口内水压力很大且混凝土裂缝控制要求难以满足时，宜采用钢衬结构。对圆形孔口可按钢衬与钢筋混凝土联合受力设计；对矩形孔口，不宜考虑钢衬与钢筋混凝土联合受力作用。钢衬设计应进行外压稳定校核。

（7）由钢衬主要承担内水压力的孔口，即使混凝土内最大拉应力小于 $0.5f_t$（SL 191为 $0.45f_t$），也宜在孔周适当配置限裂钢筋。

（8）对采取坝体横缝灌浆措施的孔口，应复核孔侧的配筋；对于孔侧较薄的大孔口，宜配置孔侧施工期温度构造钢筋。

4.9 温度作用设计原则

4.9.1 一般规定

4.9.1.1 设计的原则

1. 计算范围

对于下列情况，应进行温度作用的设计计算：

（1）重要的大体积混凝土结构抗裂验算时。

（2）对限制裂缝宽度有严格要求的超静定钢筋混凝土结构设计时。

（3）为确定温度伸缩缝位置和设计防渗止水构造设施，需对结构进行变形计算时。

对于能保证自由变形的非大体积混凝土结构，可不考虑温度作用的影响。

对于中小型或次要的大体积混凝土结构（如重力式挡土墙等）可不进行温度计算，但应遵守最大伸缩缝间距的规定，并按工程经验，控制混凝土的浇筑温度及内外最大温差。

2. 计算工况

温度作用应按下列工况分别考虑：

(1) 浇筑施工期。考虑混凝土的浇筑温度、水泥水化热、调节结构温度状态的人工温控措施、建筑物的散热、建筑物基底与相邻部分的热量传导等。

(2) 结构运用期。考虑外界气温、水温、结构表面日照影响等。

大体积混凝土应考虑浇筑施工期及结构运用期的温度作用。

拱和框架等非大体积的超静定钢筋混凝土结构可只考虑运用期的温度作用。

3. 计算参数确定的原则

(1) 气温、水温、表面日照辐射热等温度作用的计算参数及其周期变化过程，应取自工程附近的气象水文部门的实测资料。当缺乏实测资料时，可根据水工建筑物荷载设计规范的方法确定。

(2) 对于重要工程，混凝土的热学特性指标（线热胀系数 α_c、导热系数 λ、比热 c、导温系数 α、绝热温升 T_r 等）均应由试验或专门研究确定。

对于一般工程的设计或重要工程的可行性研究（初步设计），混凝土的热学特性指标可采用《水工混凝土结构设计规范》(DL/T 5057—2009) 附录 B 或《水工混凝土结构设计规范》(SL 191—2008) 附录 G 中给出的数值。

4. 湿度作用

对重要结构，除温度作用外，在混凝土浇筑施工期，还应考虑因湿度变化引起的混凝土干缩对结构的影响。混凝土的干缩变形宜由试验或专门研究确定。初估时，也可将混凝土的干缩影响折算为 10～15℃ 的温降。

大体积混凝土内部以及位于水下、长期与水接触、填土覆盖或在施工期采用补偿收缩水泥、掺用膨胀剂、长期湿养护、表面刷保水涂料等有效措施的结构，可不考虑湿度的影响。

4.9.1.2 温度作用的有关参数确定

1. 气温

气温对混凝土结构温度的影响十分显著。混凝土材料从初始温度开始，到拌和、出料、运输、入仓以及每一浇筑层的散热，直到结构长期运行，均受到气温的直接影响。

气温的日变化和年变化是气温的两个明显的周期性变化，可近似地用正弦或余弦函数表示。除此之外，还有不规则的变化，如寒潮等。气温变化的资料可从当地气象台获得。

2. 水温

水库建成后的水库水温对挡水结构的温度有较大影响。但在工程设计阶段还不能通过实测得出水库水温，只能从气候条件相似的已建水库的实测资料得出或按相关方法推算。

建筑物下游尾水温度，可假设沿水深呈均匀分布。其年周期变化过程，当尾水直接源于上游水库时，可按照相应的上游水温确定，并适当考虑下游日照所引起的多年平均温度的升高；否则可按照当地气温确定。

3. 日照

暴露在空气中并受日光直接照射的结构，应考虑日光辐射热的影响。一般可考虑辐射热引起结构表面的多年平均温度增加 2～4℃，多年月平均温度年变幅增加 1～2℃。对于特别重要的大型工程，宜经专门研究后确定。

4. 地基温度

近似计算时，地基温度可假设在年内不随时间变化。其多年平均温度可根据当地地温、库底水温及地基渗流等条件分析确定。

采用有限元法计算结构温度场时，可假定某一时刻（大约在 10 月左右）基岩温度等于多年平均气温。然后考虑混凝土与基岩接触面上温度和热流量连续，随外界气温和水温的变化，推算出地基各点任意时刻的温度。

4.9.2 大体积混凝土在温度作用下的裂缝控制

4.9.2.1 大体积混凝土温度应力计算

大体积混凝土结构的温度场应采用包括不稳定过程在内的热传导方程计算。在温度作用下的应力宜根据徐变应力分析理论的有限单元法计算。

弹性基础上的混凝土结构，当基础与结构的材料特性符合比例变形条件时，或刚性基础上的混凝土结构，也可利用混凝土应力松弛系数进行徐变温度应力计算。此时，可将时间划分为 n 个时段，计算每一时段首末的温差 ΔT_i、混凝土线胀系数 α_c 及混凝土在该时段的平均弹性模量 $E_c(\tau_i)$，然后求得第 i 时段 $\Delta\tau_i$ 内弹性温度应力的增量 $\Delta\sigma_i$，并利用松弛系数考虑混凝土的徐变。

计算时刻 t 的徐变温度应力可按下式计算：

$$\sigma^*(t) = \sum_{i=1}^{n} \Delta\sigma_i K_r(t,\tau_i) \qquad (4.9-1)$$

式中　　t——计算时刻的混凝土龄期；

τ_i——混凝土在第 i 时段中点的龄期；

$K_r(t,\tau_i)$——混凝土的应力松弛系数。

应力松弛系数宜由试验结果确定的徐变公式推算确定，对工程的预可行性研究及可行性研究可选择合适的徐变公式推算。

大体积混凝土结构在温度作用下的抗裂验算宜符合下列规定：

$$\gamma_0\sigma^*(t)\leqslant\varepsilon_t(t)E_c(t) \qquad (4.9-2)$$

注： 在按 SL 191 设计时，式（4.9－2）中已不列入结构重要性系数 γ_0。

$$\varepsilon_t(t)=[0.655\arctan(0.84t)]\varepsilon_{t(28)} \qquad (4.9-3)$$

$$E_c(t)=1.44[1-\exp(-0.41t^{0.32})]E_{c(28)} \qquad (4.9-4)$$

式中 γ_0——结构重要性系数；

$\varepsilon_t(t)$——计算 t 时刻的混凝土允许拉应变，对于不掺粉煤灰的混凝土可按式（4.9－3）计算；

$E_c(t)$——计算 t 时刻的混凝土弹性模量；

$\varepsilon_{t(28)}$——28d 龄期混凝土的允许拉应变，可按表 4.9－1 取值；

$E_{c(28)}$——28d 龄期的混凝土弹性模量，可按表 4.2－4 采用。

表 4.9－1　28d 龄期时的混凝土允许拉应变

混凝土强度等级	C15	C20	C25	C30
$\varepsilon_{t(28)}$	0.50×10^{-4}	0.55×10^{-4}	0.60×10^{-4}	0.65×10^{-4}

4.9.2.2 大体积混凝土温度控制标准

1. *基础温差*

基础温差 ΔT 是指浇筑块在基础或老混凝土约束范围内，混凝土最高温度 T_{max} 与设计稳定温度 T_f 之差。这里的混凝土最高温度系指该浇筑层混凝土温度升到最高时的截面平均最高温度。一般 3m 以下层厚的平均最高温度接近于层厚 1/2 处的点的温度。

控制基础温差的目的是限制混凝土在降温收缩过程中，由于受到基岩（或老混凝土）的约束而产生的水平拉应力和相应的垂直深层裂缝或垂直贯穿裂缝。

混凝土重力坝设计规范在大量调查研究的基础上对基础温差做了一般性规定：当混凝土的 28d 龄期的极限拉伸值不低于 0.85×10^{-4}（相当于 C20 混凝土）时，对于施工质量均匀良好、基岩和混凝土的弹性模量相近、短间歇期均匀浇筑上升的浇筑块，基础允许温差 ΔT 一般可按表 4.9－2 采用。

表 4.9－2　基础允许温差 ΔT　　单位：℃

离基础面高度 h ＼ 浇筑块长度 L	＜16cm	17～20m	21～30m	31～40m	通仓长块
$(0\sim0.2)L$	26～25	24～22	22～19	19～16	16～14
$(0.2\sim0.4)L$	28～27	26～25	25～22	22～19	19～17

注　本表适用于平整基础上的浇筑块；浇筑块长度 L 系指长边的长度。

对以下几种情况，基础约束作用较大，基础允许温差应从严控制。

（1）浇筑块高宽比小于 0.5。

（2）混凝土实际极限拉伸值小于 0.85×10^{-4}。

（3）在基础约束范围内长期间歇的浇筑块。

（4）基础填塘混凝土、混凝土塞及陡坡上的混凝土块。

当基岩弹性模量与混凝土弹性模量相差较大时，基础允许温差应由专门研究确定。

2. *内外温差*

内外温差是指混凝土浇筑后内部平均最高温度与表面温度之差。表面温度可用日平均气温代表。

一般情况，内外温差可控制为 20～25℃。下限用于受基岩或老混凝土约束的范围，上限用于已脱离约束范围的部分。

但在实际设计和施工中，对内外温差不易正确控制，故常以控制混凝土的最高温度来替代，即令

$$T_{max}\leqslant\overline{T}_{min}+\Delta T_1 \qquad (4.9-5)$$

式中 $\overline{T}_{min}$——设计时段内多年最低日平均气温的统计值；

ΔT_1——允许的内外温差。

在受约束的范围内，T_{max} 尚需受到基础允许温差或上下层温差的限制。

控制内外温差的目的，主要是为了避免发生表面裂缝。表面裂缝更重要的是通过表面保温来加以解决，故有时也可不将内外温差列为明确的控制条件。但需指出，在表面气温骤降和长期暴露的部位，进行表面保温是十分必要的。

3. 上下浇筑层温差

在经过长期间歇后的老混凝土上浇筑新混凝土时，上层新浇的混凝土的变形必然受到下层老混凝土的约束，使新浇混凝土在开始几天升温时产生水平压应力，以后在降温时则转为拉应力。因此，为防止新老混凝土之间产生水平裂缝，必须控制上下层温差。

上下层温差是指在老混凝土面（龄期超过 28d）上下各 $L/4$ 范围内，上层混凝土最高平均温度与新混凝土开始浇筑时下层实际平均温度之差。当上层混凝土短间歇均匀上升的浇筑高度 $h>0.5L$ 时，上下层允许温差可取为 15～20℃。浇筑块侧面长期暴露时，宜采用较小值。严寒地区上下层温差标准应另行研究。

4. 大体积混凝土温度控制措施

大体积混凝土的温控措施主要有以下几种：

（1）采用发热量较低的水泥、浇筑低流态混凝土、使用外加剂、加大骨料粒径、改善骨料级配、埋大块石、加掺合料等综合措施，以降低混凝土的热强比，在不降低混凝土强度的前提下，最大限度地减少单位水泥用量。

（2）利用顶面散热，以降低水化热温升，在夏季宜减薄浇筑层厚，保证正常的间歇时间，尚可利用天然低温水养护，以降低混凝土表面温度。

（3）采用措施降低混凝土浇筑温度，如搭凉棚、在骨料堆上洒水、地垅取料、骨料堆高等降低温度的措施。应尽量利用低温季节浇筑基础混凝土。夏季可利用阴天及夜晚浇筑。

（4）人工冷却措施，包括加冷水或加冰屑拌和、预冷骨料等。

（5）加强表面保护在混凝土浇筑期间，采用加盖凉棚或保温保湿隔层，以避免酷暑寒冬混凝土内外温差过大。

（6）对结构进行合理地分缝分块，各浇筑块应尽量均匀上升，避免过大高差，浇筑时间不宜相隔太久。

4.9.2.3 大体积混凝土温度构造钢筋的配置

1. 温度配筋的计算

对于没有抗裂要求的钢筋混凝土结构构件，如底板、闸墩、尾水管一类结构，当不满足抗裂性要求时，则要求配置一定数量的温度钢筋，以控制温度裂缝的开展宽度和深度。但必须指出，配置温度钢筋只能限制裂缝宽度而不能提高结构构件的抗裂性能。因此，对于必须抗裂的结构，则只能用温控设计（调整浇筑温度、合理分缝分块等措施）来满足抗裂要求。

温度应力主要是由于结构受到约束不能自由变形所引起的。当结构产生裂缝后，变形就有某种程度的自然满足，温度应力就将有很大的降低，容许裂缝宽度越大，温度应力就松弛得越多。这是温度作用与其他外力荷载性质迥然不同的地方，在计算温度配筋时就必须考虑到裂缝宽度对温度效应的这种影响。

对于体型复杂的非杆件体系的结构，采用钢筋混凝土非线性有限元分析方法计算温度作用的效应及确定所需配筋用量，在目前是一种可行（也是唯一的）的方法。但所采用分析程序必须能求得结构的裂缝宽度。对此有两种方法：一种方法是先用常规公式计算出裂缝间距，然后就可求得裂缝宽度，但常规的裂缝间距公式来源于配筋率较高的梁、柱杆件的试验，是否也适用于配筋率较低的大尺寸块体类结构，尚无验证；另一种方法是直接由计算程序得出裂缝发生的位置、开展宽度和延伸深度。

2. 温度钢筋的构造设置

（1）对于允许出现裂缝的墙体，当考虑温度作用影响且不满足抗裂要求时，应配置温度作用钢筋限制温度作用裂缝扩展。

（2）受底部约束的竖立墙体：在离底部约束为墙体长度 1/4 高度内［见图 4.9－1（a）］，墙体每一侧的水平钢筋配筋率宜为 0.2%，但每米配置不多于 5 根直径为 20mm 的钢筋；上部其余高度范围内的水平钢筋配筋率宜为 0.1%，但每米配置不多于 5 根直径为 16mm 的钢筋；墙体竖向钢筋的配筋率宜为 0.1%，但每米配置不多于 5 根直径为 16mm 的钢筋。

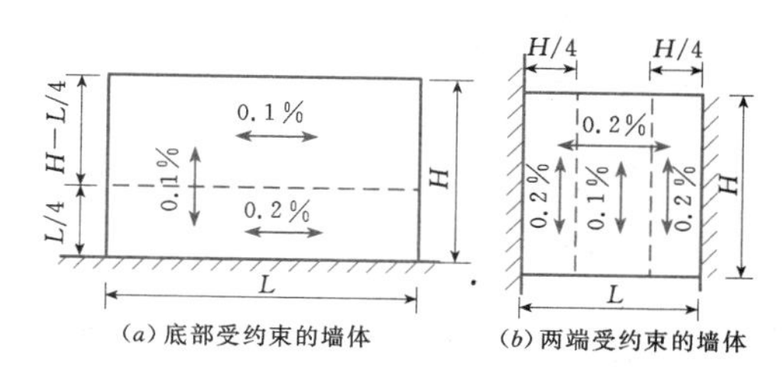

图 4.9－1　墙体温度钢筋配置示意图

L—墙长；H—墙高

（3）两端受大体积混凝土约束的墙体：墙体每一侧水平钢筋配筋率宜为 0.2%［见图 4.9－1（b）］，但每米配置不多于 5 根直径为 20mm 的钢筋，在离约束边墙体高度 1/4 范围内，每侧竖向钢筋配筋率宜为 0.2%，但每米配置不多于 5 根直径为 20mm 的钢筋；其余部位的竖向配筋率宜为 0.1%，但每米配置不多于 5 根直径为 16mm 的钢筋。

（4）底面受基岩约束的底板，应在板顶面配置钢筋网，每一方向的配筋率宜为 0.1%，但每米配置不多于 5 根直径为 16mm 的钢筋。

（5）当大体积混凝土块体因本身温降收缩受到基岩或老混凝土的约束而产生基础裂缝时，应在块体底部配置限裂钢筋。

（6）温度作用与其他荷载共同作用时，当其他荷载所需的受拉钢筋面积超过上述配筋用量时，可不另配温度钢筋。

4.9.3　考虑温度作用的钢筋混凝土框架计算

框架结构温度作用设计的一般原则如下：

（1）钢筋混凝土框架结构温度作用设计时，应考虑框架完建封闭时的温度与运行期间可能遇到的最高或最低多年月平均温度之间的均匀温差，必要时还应考虑结构运行期的内外温差。

（2）框架结构承载力极限状态设计时，温度作用可视为可控制的可变作用，当按 DL/T 5057 设计时，其分项系数 γ_T 取为 1.1；正常使用极限状态验算时，γ_T 取为 1.0。

（3）计算框架结构在温度作用下的内力时，必须考虑构件开裂后的构件实际刚度的降低，否则将使构件的温度效应估计过大。

（4）计算温度作用下的框架内力，可采用以下几种方法：①能考虑构件开裂后实际刚度变化的框架矩阵位移分析法；②将构件开裂后的实际变刚度杆件换算成等效的等刚度杆件，再按一般等刚度杆件的结构力学方法计算框架内力；③近似地将开裂构件刚度降低为全截面刚度的 0.2～0.4 倍进行内力计算。

（5）温度作用对静定结构不产生内力，但非线性的温度分布会使截面产生自成平衡的温度应力，并且会产生较大的位移。

（6）温度作用并不是对框架等超静定结构的所有杆件和所有截面均产生不利的影响。因此，那种将框架所有杆件的刚度均降低的近似算法是并不十分合理的。

（7）温度作用基本上并不影响超静定钢筋混凝土框架的极限承载力，但对裂缝开展宽度则甚有影响。

（8）增加钢筋量可有效地控制裂缝宽度。

4.10　非杆件体系结构的配筋计算

对不能或不宜按杆件结构力学方法求得截面内力的钢筋混凝土结构，可由弹性力学分析方法求得结构在弹性状态下的截面应力图形，再根据拉应力图形面积，确定承载力所要求的配筋数量。

（1）当截面在配筋方向的正应力图形接近线性分布时，可换算为内力，按构件的规定进行配筋计算及裂缝控制验算。

（2）当截面在配筋方向的正应力图形偏离线性较大时，受拉钢筋截面面积 A_s 应符合下列规定：

1）《水工混凝土结构设计规范》（DL/T 5057—2009）。

$$T \leqslant \frac{1}{\gamma_d}(0.6T_c + f_y A_s) \qquad (4.10-1)$$

其中
$$T = Ab$$
$$T_c = A_{ct} b$$

式中　T——由荷载设计值（包含结构重要性系数 γ_0 及设计状况系数 ψ）确定的主拉应力在配筋方向上形成的总拉力；

A——截面主拉应力在配筋方向投影图形的总面积；

b——结构截面宽度；

T_c——混凝土承担的拉力；

A_{ct}——截面主拉应力在配筋方向投影图形中，拉应力值小于混凝土轴心抗拉强度设计值 f_t 的图形面积（见图 4.10-1 中的阴影部分）；

f_y——钢筋抗拉强度设计值；

γ_d——钢筋混凝土结构的结构系数。

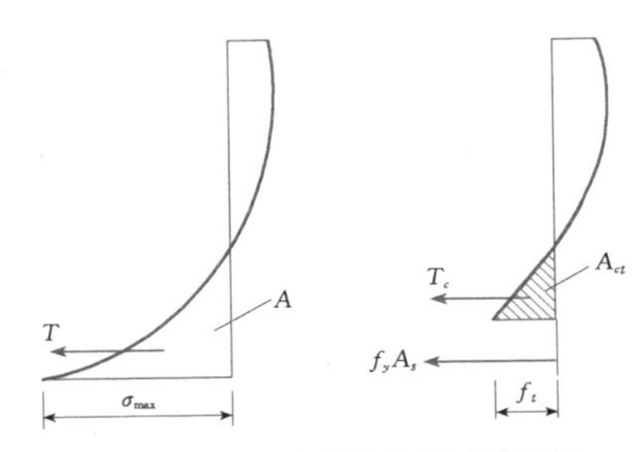

图 4.10-1　按弹性应力图形配筋

2）《水工混凝土结构设计规范》（SL 191—2008）。

$$A_s \geqslant \frac{KT}{f_y} \qquad (4.10-2)$$

其中
$$T = \omega b$$

式中　K——承载力安全系数；

f_y——钢筋抗拉强度设计值；

T——由钢筋承担的拉力设计值；

ω——截面主拉应力在配筋方向投影的图形总面积扣除其中拉应力值小于 $0.45f_t$ 后的图形面积，但扣除部分的面积（见图 4.10-2 中的阴影部分）不宜超过总面积的 30%，其中 f_t 为混凝土轴心抗拉强度设计值；

b——结构截面宽度。

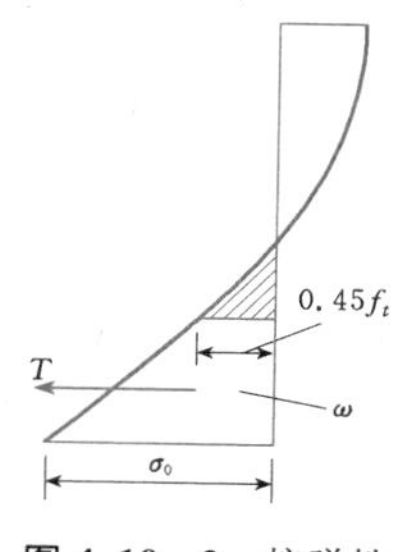

图 4.10-2 按弹性应力图形配筋

按线弹性应力图形法配筋除符合式（4.10-1）或式（4.10-2）外，还要符合以下要求：

a. 混凝土承担的拉力 T_c 不宜超过总拉力 T 的 30%，当弹性应力图形的受拉区高度大于结构截面高度的 2/3 时，取 $T_c=0$，即按受拉区图形的总面积计算受拉钢筋截面面积。

b. 当弹性应力图形的受拉区高度小于结构截面高度的 2/3，且截面边缘最大拉应力 $\sigma_{max}\leqslant 0.5f_t$ 时（SL 191 为 $\sigma_{max}\leqslant 0.45f_t$），可不配置受拉钢筋或仅配置构造钢筋。

c. 受拉钢筋的配置方式应根据应力图形及结构受力特点确定。当配筋主要为了保障承载力，且结构具有较明显的弯曲破坏特征时，可集中配置在受拉区边缘；当配筋主要为了控制裂缝宽度时，钢筋可在拉应力较大的范围内分层布置，各层钢筋的数量宜与拉应力图形的分布相对应。

参 考 文 献

[1] SDJ 20—78 水工钢筋混凝土结构设计规范［S］. 北京：水利电力出版社，1978.

[2] SL 191—2008 水工混凝土结构设计规范［S］. 北京：中国电力出版社，2009.

[3] DL/T 5057—2009 水工混凝土结构设计规范［S］. 北京：中国电力出版社，2009.

[4] 丁自强，赵广田. 钢筋混凝土无腹筋短梁抗剪强度的试验研究［J］. 水力发电，1992（7）：49-52.

[5] 李平先，韩菊红，丁自强. 水工钢筋混凝土受弯构件受剪承载力的计算［J］. 工业建筑，2003，33（9）：69-71.

[6] 双向板抗剪专题研究组. 钢混凝土双向板抗剪性能试验研究综合报告［R］. 郑州：郑州工学院，交通部第三航务工程勘察设计院，1991.

[7] 韩菊红，丁自强. 钢筋混凝土四边支承矩形板抗冲切性能试验研究［J］. 建筑结构学报，1994，15（6）：39-48.

[8] 大保护层钢筋混凝土构件抗裂度及裂缝开展宽度的试验研究［R］. 南京：河海大学工民建系，1986.

[9] 赵国藩，李树瑶，廖婉卿，等. 钢筋混凝土结构的裂缝控制［M］. 北京：海洋出版社，1991.

[10] 丁大钧. 钢筋混凝土构件开裂度、裂缝和刚度［M］. 南京：南京工学院出版社，1986.

[11] 丁大钧. 有关裂缝若干问题［J］. 工业建筑，1992，（1）：2-7.

[12] 贺采旭，李传才，何亚伯. 大推力预应力闸墩的设计方法［J］. 水利水电技术，1996. 6.

[13] 贺采旭，钟小平，方镇国，等. 水工弧门钢筋混凝土支座的受力性能研究（一）［J］. 武汉水利电力学院学报，1989. 2.

[14] 汪基伟. 三峡右岸电站厂房直埋式蜗壳配筋技术研究［R］. 南京：河海大学土木工程学院，2006.

[15] 周氐，康清梁，童保全. 现代钢筋混凝土基本理论［M］. 上海：上海交通大学出版社，1989.

[16] Z P Bazant. 钢筋混凝土有限元分析［M］. 周氐，等，译. 南京：河海大学出版社，1988.

[17] 康清梁. 钢筋混凝土有限元分析［M］. 北京：中国水利水电出版社，1996.

[18] GB 50010—2002 混凝土结构设计规范［S］. 北京：中国建设工业出版社，2002.

[19] 白俊光，魏坚政，石广斌. 水工钢筋混凝土结构设计技术研究［M］. 北京：中国水利水电出版社，2009.

第5章

砌 体 结 构

本章以第1版《水工设计手册》第3卷第12章砖石结构为基础，内容的调整和修订主要包括三个方面：①加强了材料性能、构件计算、构造要求的介绍，增加了砌体结构抗震构造措施；②增加了水工浆砌石坝、水工浆砌石挡墙、土石坝砌石护坡、渠道砌护、浆砌涵洞构造措施等内容；③调整了部分内容，将关于构件计算的内容合并为一节。

章主编　郭志东

章主审　苏加林

本章各节编写及审稿人员

节次	编　写　人	审稿人
5.1	郭志东　陈立秋	苏加林　李　媛　赵　露
5.2	金永华　鞠宏楠　翁雪松	
5.3	郭志东　常万军　吕　莉	苏加林　李　媛　程玉姣

第5章 砌体结构

5.1 材料及基本设计规定

5.1.1 概述

水电站工程砌体结构多为附属工程，如水电站生活区建筑、挡墙、拱涵等。本章以水电工程中常用的砌体结构为主，结合《建筑结构可靠度设计统一标准》(GB 50068—2001)、《建筑结构荷载规范》(GB 50009—2001)、《砌体结构设计规范》(GB 50003—2001)、《建筑抗震设计规范》(GB 50011—2010) 等，系统地阐述了砌体材料的计算指标、构件承载力计算、内力分析、结构布置、计算和构造、抗震构造措施等。由于配筋砖砌体结构、配筋砌块砌体结构在水电站工程中应用很少，故未予介绍，需要时可参考 GB 50003—2001。

5.1.2 材料分类和强度等级

砌体结构包括砖砌体、砌块砌体和石砌体结构。砌体的强度计算指标由块体和砂浆的强度等级确定。

5.1.2.1 块体

1. 烧结普通砖和烧结多孔砖

烧结普通砖和烧结多孔砖是以黏土、页岩、煤矸石为主要原料，经焙烧而制成的承重普通砖和多孔砖。

2. 蒸压灰砂砖和蒸压粉煤灰砖

蒸压灰砂砖是以石灰和砂为主要原料，经坯料制备、压制成型、蒸压养护而制成的实心灰砂砖。蒸压粉煤灰砖是以石灰、消石灰（如电石渣）或水泥等钙质材料与粉煤灰等硅质材料及集料（砂等）为主要原料，掺加适量石膏，经搅拌混合、多次排气压制成型、高压蒸汽养护而制成的砖。

根据建材指标，蒸压灰砂砖、蒸压粉煤灰砖不得用于长期受热 200℃以上、受急冷急热和有酸性介质的建筑部位，而用于基础或受冻融和干湿交替作用的建筑部位的蒸压粉煤灰砖必须使用一等砖。

3. 砌块

混凝土小型砌块，是指主规格为 190mm×190mm×390mm 的单排孔和多排孔普通混凝土砌块。

5.1.2.2 砂浆

砂浆分为水泥砂浆（水泥和砂)、混合砂浆（水泥、石灰和砂）和石灰砂浆（石灰和砂)。

5.1.2.3 强度等级

各类块体和砂浆的强度等级，应按下列规定采用：

(1) 烧结普通砖、烧结多孔砖等：MU30、MU25、MU20、MU15 和 MU10。

(2) 蒸压灰砂砖、蒸压粉煤灰砖：MU25、MU20、MU15 和 MU10。

(3) 砌块：MU20、MU15、MU10、MU7.5 和 MU5。

(4) 石材：MU100、MU80、MU60、MU50、MU40、MU30 和 MU20。

(5) 砂浆：M15、M10、M7.5、M5 和 M2.5。

注：1. 石材的规格、尺寸及其强度等级可按 GB 50003—2001 附录 A 的方法确定。
2. 确定蒸压粉煤灰砖和掺有粉煤灰 15%以上的混凝土砌块的强度等级时，其抗压强度应乘以自然碳化系数；无自然碳化系数时，可取人工碳化系数的 1.15 倍。
3. 确定砂浆强度等级时，应采用同类块体为砂浆强度试块底模。

5.1.3 砌体的计算指标

5.1.3.1 砌体工程施工质量控制等级

《砌体工程施工质量验收规范》(GB 50203) 规定了砌体工程施工质量控制等级，依据施工技术和质量控制状态划分为 A、B、C 三级，见表 5.1-1。GB 50003 的施工质量控制等级划分为 B、C 两级，其施工技术和质量控制等级可对应地参照 GB 50203 的 B 级和 C 级。在进行主体结构设计时，其砌体施工质量控制等级规定不低于 B 级。

5.1.3.2 砌体计算指标

1. 砌体的抗压强度设计值

龄期为 28d 的以毛截面计算的各类砌体抗压强度设计值，当施工质量控制等级为 B 级时，应根据块体和砂浆的强度等级，分别按下列规定采用：

表 5.1-1 砌体工程施工质量控制等级

项目	施工质量控制等级		
	A $\gamma_f=1.5$	B $\gamma_f=1.6$	C $\gamma_f=1.8$
现场质量保证体系	制度健全，并严格执行；非施工方质量监督人员经常到现场，或现场设有常驻代表；施工方有在岗专业技术管理人员，人员齐全，并持证上岗	制度基本健全，并能执行；非施工方质量监督人员间断地到现场进行质量控制；施工方有在岗专业技术管理人员，并持证上岗	有制度；非施工方质量监督人员很少到现场进行质量控制；施工方有在岗专业技术管理人员
砂浆、混凝土强度	试块按规定制作，强度满足验收规定，离散性小	试块按规定制作，强度满足验收规定，离散性小	试块按规定制作，强度满足验收规定，离散性大
砂浆拌和方式	机械拌和；配合比计量控制严格	机械拌和；配合比计量控制一般	机械或人工拌和；配合比计量控制较差
砌筑工人技术等级	中级工以上，其中高级工不少于20%	高级工、中级工不少于70%	初级工以上

(1) 烧结普通砖和烧结多孔砖砌体的抗压强度设计值，应按表 5.1-2 采用。

(2) 蒸压灰砂砖和蒸压粉煤灰砖砌体的抗压强度设计值，应按表 5.1-3 采用。

(3) 单排孔混凝土和轻骨料混凝土砌块砌体的抗压强度设计值，应按表 5.1-4 采用。

表 5.1-2 烧结普通砖和烧结多孔砖砌体的抗压强度设计值 单位：MPa

砖强度等级	砂浆强度等级					砂浆强度
	M15	M10	M7.5	M5	M2.5	0
MU30	3.94	3.27	2.93	2.59	2.26	1.15
MU25	3.60	2.98	2.68	2.37	2.06	1.05
MU20	3.22	2.67	2.39	2.12	1.84	0.94
MU15	2.79	2.31	2.07	1.83	1.60	0.82
MU10	—	1.89	1.69	1.50	1.30	0.67

表 5.1-3 蒸压灰砂砖和蒸压粉煤灰砖砌体的抗压强度设计值 单位：MPa

砖强度等级	砂浆强度等级				砂浆强度
	M15	M10	M7.5	M5	0
MU25	3.60	2.98	2.68	2.37	1.05
MU20	3.22	2.67	2.39	2.12	0.94
MU15	2.79	2.31	2.07	1.83	0.82
MU10	—	1.89	1.69	1.50	0.67

表 5.1-4 单排孔混凝土和轻骨料混凝土砌块砌体的抗压强度设计值 单位：MPa

砌块强度等级	砂浆强度等级				砂浆强度
	Mb15	Mb10	Mb7.5	Mb5	0
MU20	5.68	4.95	4.44	3.94	2.33
MU15	4.61	4.02	3.61	3.20	1.89

续表

砌块强度等级	砂浆强度等级				砂浆强度
	Mb15	Mb10	Mb7.5	Mb5	0
MU10	—	2.79	2.50	2.22	1.31
MU7.5	—	—	1.93	1.71	1.01
MU5	—	—	—	1.19	0.70

注 1. 对错孔砌筑的砌体，应按表中数值乘以0.8。
2. 对独立柱或厚度为双排组砌的砌块砌体，应按表中数值乘以0.7。
3. 对T形截面砌体，应按表中数值乘以0.85。
4. 表中轻骨料混凝土砌块为煤矸石和水泥煤渣混凝土砌块。

（4）单排孔混凝土砌块对孔砌筑时，灌孔砌体的抗压强度设计值 f_g 应按下列公式计算：

$$f_g = f + 0.6\alpha f_c \quad (5.1-1)$$

$$\alpha = \delta\rho \quad (5.1-2)$$

式中 f_g——灌孔砌体的抗压强度设计值，不应大于未灌孔砌体抗压强度设计值的2倍；
f——未灌孔砌体的抗压强度设计值，应按表5.1-4采用；
f_c——灌孔混凝土的轴心抗压强度设计值；
α——砌块砌体中灌孔混凝土面积和砌体毛面积的比值；
δ——混凝土砌块的孔洞率；
ρ——混凝土砌块砌体的灌孔率，系截面灌孔混凝土面积与截面孔洞面积的比值，不应小于33%。

砌块砌体的灌孔混凝土强度等级不应低于Cb20，也不宜低于2倍的块体强度等级。

注：灌孔混凝土的强度等级Cb××等同于对应的混凝土强度等级C××的强度指标。

（5）孔洞率不大于35%的双排孔或多排孔轻骨料混凝土砌块砌体的抗压强度设计值，应按表5.1-5采用。

表5.1-5 轻骨料混凝土砌块砌体的抗压强度设计值 单位：MPa

砌块强度等级	砂浆强度等级			砂浆强度
	Mb10	Mb7.5	Mb5	0
MU10	3.08	2.76	2.45	1.44
MU7.5	—	2.13	1.88	1.12
MU5	—	—	1.31	0.78

注 1. 砌块为火山渣、浮石和陶粒轻骨料混凝土砌块。
2. 对厚度方向为双排组砌的轻骨料混凝土砌块砌体的抗压强度设计值，应按表中数值乘以0.8。

（6）块体高度为180～350mm的毛料石砌体的抗压强度设计值，应按表5.1-6采用。

表5.1-6 毛料石砌体的抗压强度设计值

单位：MPa

毛料石强度等级	砂浆强度等级			砂浆强度
	M7.5	M5	M2.5	0
MU100	5.42	4.80	4.18	2.13
MU80	4.85	4.29	3.73	1.91
MU60	4.20	3.71	3.23	1.65
MU50	3.83	3.39	2.95	1.51
MU40	3.43	3.04	2.64	1.35
MU30	2.97	2.63	2.29	1.17
MU20	2.42	2.15	1.87	0.95

注 对下列各类料石砌体，应按表中数值分别乘以系数：细料石砌体，1.5；半细料石砌体，1.3；粗料石砌体，1.2；干砌勾缝石砌体，0.8。

（7）毛石砌体的抗压强度设计值，应按表5.1-7采用。

表5.1-7 毛石砌体的抗压强度设计值

单位：MPa

毛石强度等级	砂浆强度等级			砂浆强度
	M7.5	M5	M2.5	0
MU100	1.27	1.12	0.98	0.34
MU80	1.13	1.00	0.87	0.30
MU60	0.98	0.87	0.76	0.26
MU50	0.90	0.80	0.69	0.23
MU40	0.80	0.71	0.62	0.21
MU30	0.69	0.61	0.53	0.18
MU20	0.56	0.51	0.44	0.15

2. 砌体轴心抗拉强度设计值、弯曲抗拉强度设计值和抗剪强度设计值

龄期为28d的以毛截面计算的各类砌体的轴心抗拉强度设计值、弯曲抗拉强度设计值和抗剪强度设计值，当施工质量控制等级为B级时，应按表5.1-8采用。

表5.1-8 沿砌体灰缝截面破坏时砌体的轴心抗拉强度设计值、弯曲抗拉强度设计值和抗剪强度设计值

单位：MPa

强度类别	破坏特征及砌体种类		砂浆强度等级			
			≥M10	M7.5	M5	M2.5
轴心抗拉	沿齿缝	烧结普通砖、烧结多孔砖	0.19	0.16	0.13	0.09
		蒸压灰砂砖，蒸压粉煤灰砖	0.12	0.10	0.08	0.06
		混凝土砌块	0.09	0.08	0.07	
		毛石	0.08	0.07	0.06	0.04
弯曲抗拉	沿齿缝	烧结普通砖、烧结多孔砖	0.33	0.29	0.23	0.17
		蒸压灰砂砖、蒸压粉煤灰砖	0.24	0.20	0.16	0.12
		混凝土砌块	0.11	0.09	0.08	
		毛石	0.13	0.11	0.09	0.07
	沿通缝	烧结普通砖、烧结多孔砖	0.17	0.14	0.11	0.08
		蒸压灰砂砖、蒸压粉煤灰砖	0.12	0.10	0.08	0.06
		混凝土砌块	0.08	0.06	0.05	
抗剪	烧结普通砖、烧结多孔砖		0.17	0.14	0.11	0.08
	蒸压灰砂砖、蒸压粉煤灰砖		0.12	0.10	0.08	0.06
	混凝土和轻骨料混凝土砌块		0.09	0.08	0.06	
	毛石		0.21	0.19	0.16	0.11

注 1. 对于用形状规则的块体砌筑的砌体，当搭接长度与块体高度的比值小于1时，其轴心抗拉强度设计值 f_t 和弯曲抗拉强度设计值 f_{tm} 应按表中数值乘以搭接长度与块体高度的比值后采用。
2. 对孔洞率不大于35%的双排孔或多排孔轻骨料混凝土砌块砌体的抗剪强度设计值，可按表中混凝土砌块砌体抗剪强度设计值乘以1.1。
3. 对蒸压灰砂砖、蒸压粉煤灰砖砌体，当有可靠的试验数据时，表中强度设计值允许作适当调整。
4. 对烧结页岩砖、烧结煤矸石砖、烧结粉煤灰砖砌体，当有可靠的试验数据时，表中强度设计值允许作适当调整。

单排孔混凝土砌块对孔砌筑时，灌孔砌体的抗剪强度设计值 f_{vg} 应按下式计算：

$$f_{vg} = 0.2 f_g^{0.55} \quad (5.1-3)$$

式中 f_g——灌孔砌体的抗压强度设计值，MPa。

3. 砌体强度设计值的调整系数

下列情况的各类砌体，其砌体强度设计值应乘以调整系数 γ_a：

(1) 有吊车房屋砌体、跨度不小于9m的梁下烧结普通砖砌体、跨度不小于7.5m的梁下烧结多孔砖、蒸压灰砂砖、蒸压粉煤灰砖砌体，混凝土和轻骨料混凝土砌块砌体，$\gamma_a=0.9$。

(2) 对无筋砌体构件，其截面面积小于 $0.3m^2$ 时，γ_a 为其截面面积加0.7。对配筋砌体构件，当其中砌体截面面积小于 $0.2m^2$ 时，γ_a 为其截面面积加0.8。构件截面面积以 m^2 计。

(3) 当砌体用水泥砂浆砌筑时，对表5.1-2～表5.1-7中的数值，$\gamma_a=0.9$；对表5.1-8中数值，$\gamma_a=0.8$。

(4) 当施工质量控制等级为C级时，$\gamma_a=0.89$。

(5) 当验算施工中房屋的构件时，$\gamma_a=1.1$。

施工阶段砂浆尚未硬化的新砌砌体的强度和稳定性，可按砂浆强度为零进行验算。

对于冬期施工采用掺盐砂浆法施工的砌体，砂浆强度等级按常温施工的强度等级提高一级时，砌体强度和稳定性可不验算。

4. 砌体的弹性模量、线膨胀系数、收缩系数和摩擦系数

砌体的弹性模量、线膨胀系数、收缩系数和摩擦系数可分别按表5.1-9～表5.1-11采用。砌体的剪

变模量可按砌体弹性模量的 0.4 倍采用。

(1) 砌体的弹性模量，可按表 5.1-9 采用。

表 5.1-9 砌体的弹性模量 单位：MPa

砌体种类	砂浆强度等级			
	≥M10	M7.5	M5	M2.5
烧结普通砖、烧结多孔砖砌体	1600f	1600f	1600f	1390f
蒸压灰砂砖、蒸压粉煤灰砖砌体	1060f	1060f	1060f	960f
混凝土砌块砌体	1700f	1600f	1500f	—
粗料石、毛料石、毛石砌体	7300	5650	4000	2250
细料石、半细料石砌体	22000	17000	12000	6750

注 轻骨料混凝土砌块砌体的弹性模量，可按表中混凝土砌块砌体的弹性模量采用。

单排孔且对孔砌筑的混凝土砌块灌孔砌体的弹性模量，应按下列公式计算：

$$E = 1700 f_g \tag{5.1-4}$$

式中 f_g——灌孔砌体的抗压强度设计值。

(2) 砌体的线膨胀系数和收缩率，可按表 5.1-10 采用。

表 5.1-10 砌体的线膨胀系数和收缩率

砌体类别	线膨胀系数 (10^{-6}/℃)	收缩率 (mm/m)
烧结黏土砖砌体	5	−0.1
蒸压灰砂砖、蒸压粉煤灰砖砌体	8	−0.2
混凝土砌块砌体	10	−0.2
轻骨料混凝土砌块砌体	10	−0.3
料石和毛石砌体	8	—

注 收缩率系由达到收缩允许标准的块体砌筑 28d 的砌体收缩率，当地方有可靠的砌体收缩试验数据时，亦可采用当地的试验数据。

(3) 砌体的摩擦系数，可按表 5.1-11 采用。

表 5.1-11 摩擦系数

材料类别	摩擦面情况	
	干燥的	潮湿的
砌体沿砌体或混凝土滑动	0.70	0.60
木材沿砌体滑动	0.60	0.50
钢沿砌体滑动	0.45	0.35
砌体沿砂或卵石滑动	0.60	0.50
砌体沿粉土滑动	0.55	0.40
砌体沿黏性土滑动	0.50	0.30

5.1.4 基本设计规定

5.1.4.1 建筑结构的功能要求、安全等级和设计使用年限

1. 建筑结构的功能

《建筑结构可靠度设计统一标准》(GB 50068—2001) 规定结构在规定的设计使用年限内应满足下列功能要求：

(1) 在正常施工和正常使用时，能承受可能出现的各种作用。

(2) 在正常使用时具有良好的工作性能。

(3) 在正常维护下具有足够的耐久性能。

(4) 在设计规定的偶然事件发生时及发生后，仍能保持必需的整体稳定性。

结构在规定的设计使用年限内应具有足够的可靠度。

建筑结构可靠度可采用以概率理论为基础的极限状态设计方法分析确定。计算可靠度采用的设计基准期为 50 年。

2. 建筑结构的安全等级

建筑结构设计时，应根据结构破坏可能产生的后果（危及人的生命、造成经济损失、产生社会影响等）的严重性，采用不同的安全等级，GB 50068—2001 将建筑结构安全等级划分为三级。建筑结构的安全等级应符合表 5.1-12 的要求。

表 5.1-12 建筑结构安全等级

安全等级	破坏后果	建筑物类型
一	很严重	重要的房屋
二	严重	一般的房屋
三	不严重	次要的房屋

注 1. 对特殊的建筑物，其安全等级可根据具体情况另行确定。
2. 对抗震设防的建筑结构及地基基础，其安全等级应符合国家现行有关标准的规定。

建筑物中各类结构构件的安全等级，宜与整个结构的安全等级相同。对其中部分结构构件的安全等级可进行调整，但不得低于三级。

为保证建筑结构具有规定的可靠度，除应进行必要的设计计算外，还应对结构材料性能、施工质量、使用与维护进行相应的控制。对控制的具体要求，应符合有关的勘察、设计、施工及维护等标准的专门规定。

3. 设计使用年限

设计使用年限是指建筑物在设计规定的时期，结构或结构构件只需进行正常维护即可按其预定的目的使用，而不需进行修理加固的年限。设计使用年限可按 GB 50068—2001 确定。

5.1.4.2 砌体结构设计表达式

（1）砌体结构按承载能力极限状态设计时，应按下列公式中最不利组合进行计算：

$$\gamma_0(1.2S_{Gk}+1.4S_{Q1k}+\sum_{i=2}^{n}\gamma_{Qi}\psi_{ci}S_{Qik})\leqslant R(f,a_k,\cdots) \quad (5.1-5)$$

$$\gamma_0(1.35S_{Gk}+1.4\sum_{i=1}^{n}\psi_{ci}S_{Qik})\leqslant R(f,a_k,\cdots) \quad (5.1-6)$$

其中
$$f=f_k/\gamma_f$$
$$f_k=f_m-1.645\sigma_f$$

式中 γ_0——结构重要性系数，对安全等级为一级或设计使用年限为50年以上的结构构件，γ_0不应小于1.1，对安全等级为二级或设计使用年限为50年的结构构件，γ_0不应小于1.0；

S_{Gk}——永久荷载标准值的效应；

S_{Q1k}——在基本组合中起控制作用的一个可变荷载标准值的效应；

S_{Qik}——第 i 个可变荷载标准值的效应；

$R(\cdot)$——结构构件的抗力函数；

γ_{Qi}——第 i 个可变荷载的分项系数；

ψ_{ci}——第 i 个可变荷载的组合值系数，一般情况下应取0.7，对书库、档案库、储藏室或通风机房、电梯机房应取0.9；

f——砌体的强度设计值；

f_k——砌体的强度标准值；

γ_f——砌体结构的材料性能分项系数，一般情况下，宜按施工控制等级为B级考虑，取 $\gamma_f=1.6$；

f_m——砌体的强度平均值；

σ_f——砌体强度的标准差；

a_k——几何参数标准值。

注： 1. 当楼面活荷载标准值大于 $4kN/m^2$ 时，式中系数1.4应改为1.3。

2. 施工质量控制等级划分要求应符合 GB 50203 的规定。

（2）当砌体结构作为一个刚体，需验算整体稳定性时，例如倾覆、滑移、漂浮等，应按下式验算：

$$\gamma_0(1.2S_{G2k}+1.4S_{Q1k}+\sum_{i=2}^{n}S_{Qik})\leqslant 0.8S_{G1k} \quad (5.1-7)$$

式中 S_{G1k}——起有利作用的永久荷载标准值的效应；

S_{G2k}——起不利作用的永久荷载标准值的效应。

5.1.4.3 房屋的静力计算规定

（1）房屋的静力计算，根据房屋的空间工作性能分为刚性方案、刚弹性方案和弹性方案。设计时，可按表5.1-13确定静力计算方案。

表5.1-13 房屋的静力计算方案 单位：m

	屋盖或楼盖类别	刚性方案	刚弹性方案	弹性方案
1	整体式、装配整体和装配式无檩体系钢筋混凝土屋盖或钢筋混凝土楼盖	$s<32$	$32\leqslant s\leqslant 72$	$s>72$
2	装配式有檩体系钢筋混凝土屋盖、轻钢屋盖和有密铺望板的木屋盖或木楼盖	$s<20$	$20\leqslant s\leqslant 48$	$s>48$
3	瓦材屋面的木屋盖和轻钢屋盖	$s<16$	$16\leqslant s\leqslant 36$	$s>36$

注 1. s 为房屋横墙间距。
2. 对无山墙或伸缩缝处无横墙的房屋，应按弹性方案考虑。

（2）刚性和刚弹性方案房屋的横墙应符合下列要求：

1）横墙中开有洞口时，洞口的水平截面面积不应超过横墙截面面积的50%。

2）横墙的厚度不宜小于180mm。

3）单层房屋的横墙长度不宜小于其高度，多层房屋的横墙长度不宜小于 $H/2$（H 为横墙总高度）。

注： 1. 当横墙不能同时符合上述要求时，应对横墙的刚度进行验算。例如，其最大水平位移值 $u_{max} \leqslant H/4000$ 时，仍可视作刚性或刚弹性方案房屋的横墙。

2. 凡符合“注 1”刚度要求的一段横墙或其他结构构件（如框架等），也可视做刚性或刚弹性方案房屋的横墙。

5.2 砌体结构计算

5.2.1 受压构件

受压构件包括轴心受压构件和偏心受压构件，常见的有墙、柱等。

5.2.1.1 受压构件的承载力计算

1. 受压构件承载力

受压构件的承载力应按下式计算：

$$N \leqslant \varphi f A \tag{5.2-1}$$

式中 N——轴向力设计值；

φ——高厚比 β 和轴向力的偏心距 e 对受压构件承载力的影响系数；

f——砌体的抗压强度设计值，应按 5.1 节表 5.1-2～表 5.1-7 采用；

A——截面面积，对各类砌体均应按毛截面计算，对带壁柱墙，其翼缘宽度可按 5.3 节“带壁柱墙和带构造柱墙的高厚比验算”中的有关要求来确定。

注： 对矩形截面构件，当轴向力偏心方向的截面边长大于另一方向的边长时，除按偏心受压计算外，还应对较小边长方向，按轴心受压进行验算。

2. 受压构件承载力影响系数 φ 的计算

无筋砌体矩形截面单向偏心受压构件［见图 5.2-1 (a)］承载力的影响系数 φ，可按表 5.2-1～表 5.2-3 采用或按下列公式计算：

当 $\beta \leqslant 3$ 时

$$\varphi = \frac{1}{1+12\left(\frac{e}{h}\right)^2} \tag{5.2-2}$$

当 $\beta > 3$ 时

$$\varphi = \frac{1}{1+12\left[\frac{e}{h}+\sqrt{\frac{1}{12}\left(\frac{1}{\varphi_0}-1\right)}\right]^2} \tag{5.2-3}$$

$$\varphi_0 = \frac{1}{1+\alpha\beta^2} \tag{5.2-4}$$

式中 e——轴向力偏心距；

h——矩形截面的轴向力偏心方向的边长；

φ_0——轴心受压构件的稳定系数；

α——与砂浆强度等级有关的系数，当砂浆强度等级不小于 M5 时，$\alpha=0.0015$；当砂浆强度等级为 M2.5 时，$\alpha=0.002$，当砂浆强度等级为 0 时，$\alpha=0.009$；

β——构件的高厚比。

表 5.2-1　受压构件承载力影响系数 φ（砂浆强度等级不小于 M5）

β	e/h 或 e/h_T												
	0	0.025	0.05	0.075	0.1	0.125	0.15	0.175	0.2	0.225	0.25	0.275	0.3
≤3	1	0.99	0.97	0.94	0.89	0.84	0.79	0.73	0.68	0.62	0.57	0.52	0.48
4	0.98	0.95	0.90	0.85	0.80	0.74	0.69	0.64	0.58	0.53	0.49	0.45	0.41
6	0.95	0.91	0.86	0.81	0.75	0.69	0.64	0.59	0.54	0.49	0.45	0.42	0.38
8	0.91	0.86	0.81	0.76	0.70	0.64	0.59	0.54	0.50	0.46	0.42	0.39	0.36
10	0.87	0.82	0.76	0.71	0.65	0.60	0.55	0.50	0.46	0.42	0.39	0.36	0.33
12	0.82	0.77	0.71	0.66	0.60	0.55	0.51	0.47	0.43	0.39	0.36	0.33	0.31
14	0.77	0.72	0.66	0.61	0.56	0.51	0.47	0.43	0.40	0.36	0.34	0.31	0.29
16	0.72	0.67	0.61	0.56	0.52	0.47	0.44	0.40	0.37	0.34	0.31	0.29	0.27
18	0.67	0.62	0.57	0.52	0.48	0.44	0.40	0.37	0.34	0.31	0.29	0.27	0.25
20	0.62	0.57	0.53	0.48	0.44	0.40	0.37	0.34	0.32	0.29	0.27	0.25	0.23
22	0.58	0.53	0.49	0.45	0.41	0.38	0.35	0.32	0.30	0.27	0.25	0.24	0.22
24	0.54	0.49	0.45	0.41	0.38	0.35	0.32	0.30	0.28	0.26	0.24	0.22	0.21
26	0.50	0.46	0.42	0.38	0.35	0.33	0.30	0.28	0.26	0.24	0.22	0.21	0.19
28	0.46	0.42	0.39	0.36	0.33	0.30	0.28	0.26	0.24	0.22	0.21	0.19	0.18
30	0.42	0.39	0.36	0.33	0.31	0.28	0.26	0.24	0.22	0.21	0.20	0.18	0.17

表 5.2-2　　受压构件承载力影响系数 φ（砂浆强度等级为 M2.5）

β	e/h 或 e/h_T												
	0	0.025	0.05	0.075	0.1	0.125	0.15	0.175	0.2	0.225	0.25	0.275	0.3
≤3	1	0.99	0.97	0.94	0.89	0.84	0.79	0.73	0.68	0.62	0.57	0.52	0.48
4	0.97	0.94	0.89	0.84	0.78	0.73	0.67	0.62	0.57	0.52	0.48	0.44	0.40
6	0.93	0.89	0.84	0.78	0.73	0.67	0.62	0.57	0.52	0.48	0.44	0.40	0.37
8	0.89	0.84	0.78	0.72	0.67	0.62	0.57	0.52	0.48	0.44	0.40	0.37	0.34
10	0.83	0.78	0.72	0.67	0.61	0.56	0.52	0.47	0.43	0.40	0.37	0.34	0.31
12	0.78	0.72	0.67	0.61	0.56	0.52	0.47	0.43	0.40	0.37	0.34	0.31	0.29
14	0.72	0.66	0.61	0.56	0.51	0.47	0.43	0.40	0.36	0.34	0.31	0.29	0.27
16	0.66	0.61	0.56	0.51	0.47	0.43	0.40	0.36	0.34	0.31	0.29	0.26	0.25
18	0.61	0.56	0.51	0.47	0.43	0.40	0.36	0.33	0.31	0.29	0.26	0.24	0.23
20	0.56	0.51	0.47	0.43	0.39	0.36	0.33	0.31	0.28	0.26	0.24	0.23	0.21
22	0.51	0.47	0.43	0.39	0.36	0.33	0.31	0.28	0.26	0.24	0.23	0.21	0.20
24	0.46	0.43	0.39	0.36	0.33	0.31	0.28	0.26	0.24	0.23	0.21	0.20	0.18
26	0.42	0.39	0.36	0.33	0.31	0.28	0.26	0.24	0.22	0.21	0.20	0.18	0.17
28	0.39	0.36	0.33	0.30	0.28	0.26	0.24	0.22	0.21	0.20	0.18	0.17	0.16
30	0.36	0.33	0.30	0.28	0.26	0.24	0.22	0.21	0.20	0.18	0.17	0.16	0.15

表 5.2-3　　受压构件承载力影响系数 φ（砂浆强度等级为 0）

β	e/h 或 e/h_T												
	0	0.025	0.05	0.075	0.1	0.125	0.15	0.175	0.2	0.225	0.25	0.275	0.3
≤3	1	0.99	0.97	0.94	0.89	0.84	0.79	0.73	0.68	0.62	0.57	0.52	0.48
4	0.87	0.82	0.77	0.71	0.66	0.60	0.55	0.51	0.46	0.43	0.39	0.36	0.33
6	0.76	0.70	0.65	0.59	0.54	0.50	0.46	0.42	0.39	0.36	0.33	0.30	0.28
8	0.63	0.58	0.54	0.49	0.45	0.41	0.38	0.35	0.32	0.30	0.28	0.25	0.24
10	0.53	0.48	0.44	0.41	0.37	0.34	0.32	0.29	0.27	0.25	0.23	0.22	0.20
12	0.44	0.40	0.37	0.34	0.31	0.29	0.27	0.25	0.23	0.21	0.20	0.19	0.17
14	0.36	0.33	0.31	0.28	0.26	0.24	0.23	0.21	0.20	0.18	0.17	0.16	0.15
16	0.30	0.28	0.26	0.24	0.22	0.21	0.19	0.18	0.17	0.16	0.15	0.14	0.13
18	0.26	0.24	0.22	0.21	0.19	0.18	0.17	0.16	0.15	0.14	0.13	0.12	0.12
20	0.22	0.20	0.19	0.18	0.17	0.16	0.15	0.14	0.13	0.12	0.12	0.11	0.10
22	0.19	0.18	0.16	0.15	0.14	0.14	0.13	0.12	0.12	0.11	0.10	0.10	0.09
24	0.16	0.15	0.14	0.13	0.13	0.12	0.11	0.11	0.10	0.10	0.09	0.09	0.08
26	0.14	0.13	0.13	0.12	0.11	0.11	0.10	0.10	0.09	0.09	0.08	0.08	0.07
28	0.12	0.12	0.11	0.11	0.10	0.10	0.09	0.09	0.08	0.08	0.08	0.07	0.07
30	0.11	0.10	0.10	0.09	0.09	0.09	0.08	0.08	0.07	0.07	0.07	0.07	0.06

计算 T 形截面受压构件的 φ 时，应以折算厚度 h_T 代替式（5.2-3）中的 h。$h_T=3.5i$（i 为 T 形截面的回转半径）。

无筋砌体矩形截面双向偏心受压构件［见图 5.2-1（b）］承载力的影响系数，可按下列公式计算：

$$\varphi=\frac{1}{1+12\left[\left(\frac{e_b+e_{ib}}{b}\right)^2+\left(\frac{e_h+e_{ih}}{h}\right)^2\right]} \tag{5.2-5}$$

$$e_{ib}=\frac{1}{\sqrt{12}}\sqrt{\frac{1}{\varphi_0}-1}\left(\frac{\frac{e_b}{b}}{\frac{e_b}{b}+\frac{e_h}{h}}\right) \tag{5.2-6}$$

$$e_{ih}=\frac{1}{\sqrt{12}}\sqrt{\frac{1}{\varphi_0}-1}\left(\frac{\frac{e_h}{h}}{\frac{e_b}{b}+\frac{e_h}{h}}\right) \tag{5.2-7}$$

式中　e_b、e_h——轴向力在截面重心 x 轴、y 轴方向的偏心距，e_b、e_h 不宜大于 $0.5x$、$0.5y$；

e_{ib}、e_{ih}——轴向力在截面重心 x 轴、y 轴方向的附加偏心距。

当一个方向的偏心率（e_b/b 或 e_h/h）不大于另一个方向的偏心率的 5%时，可简化按另一个方向的单向偏心受压，按前面相关的规定确定承载力的影响系数。

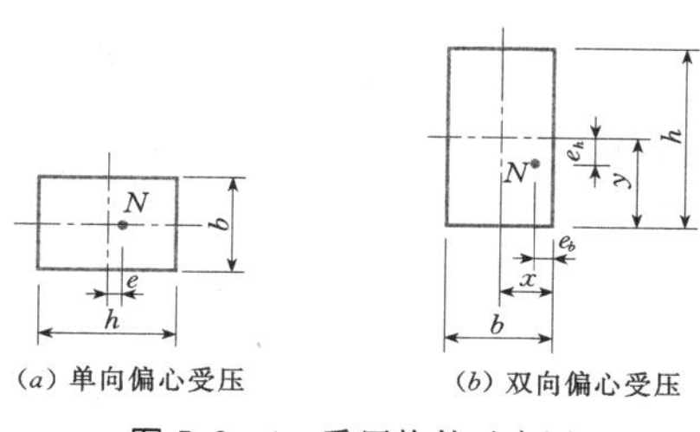

图 5.2-1 受压构件示意图

1）轴向力偏心距 e 的计算及限值。

$$e = M/N \tag{5.2-8}$$

轴向力的偏心距 e 按内力设计值计算，并不应超过 $0.6y$。y 为截面重心到轴向力所在偏心方向截面边缘的距离。如偏心距超过 $0.6y$，则按组合砖砌体构件计算。

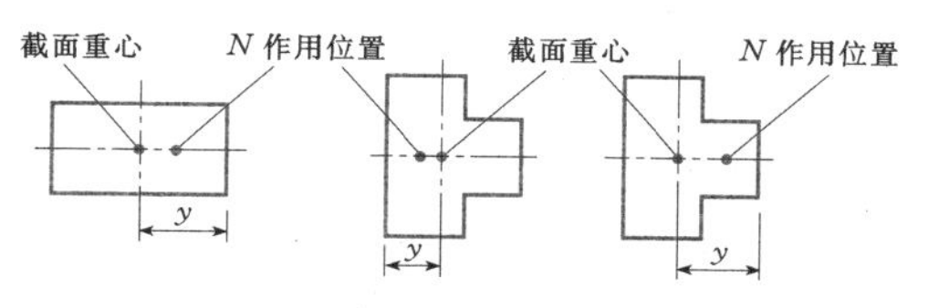

图 5.2-2 y 取值示意图

2）构件的高厚比 β 应按下列公式计算：

对矩形截面
$$\beta = \gamma_\beta H_0/h \tag{5.2-9}$$

对 T 形截面
$$\beta = \gamma_\beta H_0/h_T \tag{5.2-10}$$

式中 γ_β——不同砌体材料构件的高厚比修正系数，按表 5.2-4 采用；

H_0——受压构件的计算高度；

h——矩形截面轴向力偏心方向的边长，当轴心受压时为截面较小边长；

h_T——T 形截面的折算厚度，可近似按 $3.5i$ 计算，其中 i 为截面回转半径。

表 5.2-4　高厚比修正系数 γ_β

砌体材料类别	γ_β
烧结普通砖、烧结多孔砖	1.0
混凝土及轻骨料混凝土砌块	1.1
蒸压灰砂砖、蒸压粉煤灰砖、细料石、半细料石	1.2
粗料石、毛石	1.5

注　对灌孔混凝土砌块砌体，γ_β 取 1.0。

3）受压构件的计算高度 H_0，应根据房屋类别和构件支承条件等确定。可按表 5.2-5 选用。

表 5.2-5　受压构件的计算高度 H_0

房屋类别			柱		带壁柱墙或周边拉结的墙		
			排架方向	垂直排架方向	$s>2H$	$2H \geqslant s>H$	$s \leqslant H$
有吊车的单层房屋	变截面柱上段	弹性方案	$2.5H_u$	$1.25H_u$	$2.5H_u$		
		刚性、刚弹性方案	$2.0H_u$	$1.25H_u$	$2.0H_u$		
	变截面柱下段		$1.0H_l$	$0.8H_l$	$1.0H_l$		
无吊车的单层和多层房屋	单跨	弹性方案	$1.5H$	$1.0H$	$1.5H$		
		刚弹性方案	$1.2H$	$1.0H$	$1.2H$		
	多跨	弹性方案	$1.25H$	$1.0H$	$1.25H$		
		刚弹性方案	$1.1H$	$1.0H$	$1.1H$		
	刚性方案		$1.0H$	$1.0H$	$1.0H$	$0.4s+0.2H$	$0.6s$

注　1. H_u 为变截面柱的上段高度；H_l 为变截面柱的下段高度；s 为房屋横墙间距。
2. 对于上端为自由端的构件，$H_0=2H$。
3. 独立砖柱，当无柱间支撑时，柱在垂直排架方向的 H_0 应按表中数值乘以 1.25 后采用。
4. 自承重墙的计算高度应根据周边支承或拉接条件确定。

5.2.1.2 算例

【算例 5.2-1】 截面尺寸为 370mm×600mm 的砖柱，砖的强度等级为 MU10，混合砂浆强度等级为 M5，柱高为 3.0m，两端为不动铰支座。柱顶承受的轴向压力设计值为 $N_k=200\text{kN}$（已包括砖柱自重），验算该柱的承载力。

$$\beta = \gamma_\beta H_0/h = 1.0 \times 3.0/0.37 = 8.11$$

查影响系数表，$\varphi=0.90$。

柱截面面积

$$A = 0.37 \times 0.60 = 0.22(\text{m}^2) < 0.3(\text{m}^2)$$

$$\gamma_a = 0.7 + 0.22 = 0.92$$

查表5.1-2，砌体轴心抗压强度 f=1.50N/mm²。

$$\varphi fA = 0.90 \times 0.92 \times 1.5 \times 0.22 \times 10^6 = 273 \times 10^3(\text{N}) = 273(\text{kN}) > N_k = 200(\text{kN})$$

故安全。

【算例5.2-2】 截面尺寸为370mm×620mm的偏心受压砖柱，砖的强度等级为MU10，混合砂浆强度等级为M5，柱计算高度为6.0m。柱顶承受的永久荷载产生的轴向压力设计值为 N_G=80kN，可变荷载产生的轴向压力设计值为 N_Q=40kN，沿长边方向作用的弯矩设计值 M=15kN·m，验算该柱的承载力。

$$N = N_G + N_Q = (80 + 40) \times 10^3 = 120 \times 10^3(\text{N}) = 120(\text{kN})$$

$$e = M/N = 15 \times 10^6/120/10^3 = 125(\text{mm})$$

$$y = h/2 = 620/2 = 310(\text{mm})$$

$$0.6y = 0.6 \times 310 = 186(\text{mm}) > e$$

故 $\beta = \gamma_\beta H_0/h = 1.0 \times 6000/620 = 9.68$

查影响系数表，φ=0.466。

$$A = 0.37 \times 0.62 = 0.23(\text{m}^2) < 0.3(\text{m}^2)$$

$$\gamma_a = 0.7 + 0.23 = 0.93$$

砌体强度设计值 f=1.50N/mm²。

$$\gamma_a f = 0.93 \times 1.50 = 1.395(\text{N/mm}^2)$$

而 $\varphi fA = 0.466 \times 1.395 \times 230000 = 149.5(\text{kN}) > N = 120(\text{kN})$

故安全。

5.2.2 局部受压

5.2.2.1 非梁端支撑处砌体截面中受局部均匀压力

（1）非梁端支撑处砌体截面中受局部均匀压力时的承载力应按下列公式计算：

$$N_1 \leqslant \gamma f A_1 \qquad (5.2-11)$$

$$\gamma = 1 + 0.35\sqrt{\frac{A_0}{A_1} - 1} \qquad (5.2-12)$$

式中 N_1——局部受压面积上的轴向力设计值；

γ——砌体局部抗压强度提高系数；

f——砌体的抗压强度设计值，可不考虑强度调整系数 γ_a 的影响；

A_1——局部受压面积；

A_0——影响砌体局部抗压强度的计算面积。

（2）计算所得 γ 值，尚应符合下列规定：

1）在图5.2-3（a）的情况下，$\gamma \leqslant 2.5$。

2）在图5.2-3（b）的情况下，$\gamma \leqslant 2.0$。

3）在图5.2-3（c）的情况下，$\gamma \leqslant 1.5$。

4）在图5.2-3（d）的情况下，$\gamma \leqslant 1.25$。

5）对多孔砖砌体和按GB 50003—2001第6.2.13条的要求灌孔的砌块砌体，在1）、2）、3）款的情况下，尚应符合 $\gamma \leqslant 1.5$。未灌孔混凝土砌块砌体，$\gamma \leqslant 1.0$。

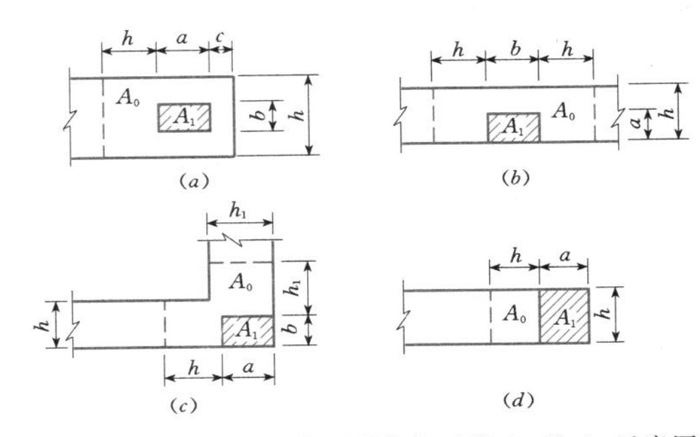

图5.2-3 影响局部抗压强度的面积 A_0 及 A_1 示意图

（3）A_0 可按下列规定采用：

1）在图5.2-3（a）的情况下，$A_0=(a+c+h)h$。

2）在图5.2-3（b）的情况下，$A_0=(b+2h)h$。

3）在图5.2-3（c）的情况下，$A_0=(a+h)h+(b+h_1-h)h_1$。

4）在图5.2-3（d）的情况下，$A_0=(a+h)h$。

以上式中 a、b——矩形局部受压面积 A_1 的边长；

h、h_1——墙厚或柱的较小边长；

c——矩形局部受压面积的外边缘至构件边缘的较小距离，当大于 h 时，应取为 h。

【算例5.2-3】 一截面尺寸为240mm×240mm的钢筋混凝土构造柱支撑在240mm厚的砖墙上，砖的强度等级为MU10，混合砂浆强度等级为M2.5，柱下轴向力设计值 N_1=90kN，验算该柱下端支撑处墙体的局部受压承载力。见图5.2-4。

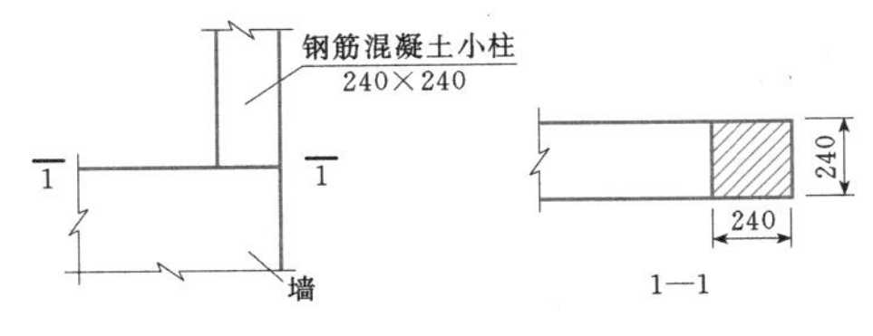

图5.2-4 算例5.2-3图（单位：mm）

查表5.1-2，得砌体抗压强度设计值 f=1.3N/mm²。

砌体强度设计值的调整系数 γ_a=1.0，且局压可不考虑强度调整系数 γ_a 的影响。

根据两个规定，影响局部抗压强度的柱截面面积

$$A_0 = (a + h)h = (240 + 240) \times 240 = 115200(\text{mm}^2)$$

局部受压面积

$$A_1 = 240 \times 240 = 57600(\text{mm}^2)$$

砌体局部抗压强度提高系数

$$\gamma = 1 + 0.35\sqrt{\frac{A_0}{A_1} - 1} = 1 + 0.35 \times \sqrt{\frac{115200}{57600} - 1} = 1.35$$

根据两个规定，$\gamma \leqslant 1.25$，故取 $\gamma = 1.25$。

$$\gamma f A_1 = 1.25 \times 1.30 \times 57600 = 93.6 \times 10^3(\text{N}) = 93.6(\text{kN}) > N_1 = 90(\text{kN})$$

满足要求。

5.2.2.2 梁端支承处砌体截面中局部受压

（1）梁端支承处砌体的局部受压承载力应按下列公式计算：

$$\Psi N_0 + N_1 \leqslant \eta \gamma f A_1 \quad (5.2-13)$$

$$\Psi = 1.5 - 0.5 A_0 / A_1 \quad (5.2-14)$$

$$N_0 = \sigma_0 A_1 \quad (5.2-15)$$

$$A_1 = a_0 b \quad (5.2-16)$$

式中 Ψ——上部荷载的折减系数，当 $A_0/A_1 \geqslant 3$ 时，应取 $\Psi = 0$；

N_0——局部受压面积内上部轴向力设计值，N；

N_1——梁端支承压力设计值，N；

σ_0——上部平均压应力设计值，N/mm^2；

η——梁端底面压应力图形的完整系数，可取 0.7，对于过梁和墙梁可取 1.0；

a_0——梁端有效支承长度，mm；

b——梁的截面宽度，mm；

f——砌体的抗压强度设计值，MPa。

（2）梁端有效支承长度 a_0 应按下式计算：

$$a_0 = 10\sqrt{\frac{h_c}{f}} \quad (5.2-17)$$

式中 h_c——梁的截面高度，mm。

注：当 $a_0 > a$ 时（a 为梁端实际支承长度），应取 $a_0 = a$。

【算例 5.2-4】 某三层砖混结构外纵墙的窗间墙截面尺寸为 1200mm×240mm，见图 5.2-5，砖为 MU10 的蒸压灰砂砖，混合砂浆强度等级为 M5，该段墙上部支撑一截面尺寸为 250mm×600mm 的钢筋混凝土梁，梁端荷载设计值产生的支撑压力为 80kN，上部荷载设计值产生的轴向力为 50kN，验算梁端局部受压承载力。

查表 5.1-2，得 $f = 1.50\text{N/mm}^2$。

且局部压力可不考虑强度调整系数 γ_a 的影响。

根据式（5.2-17），梁端有效支撑长度为

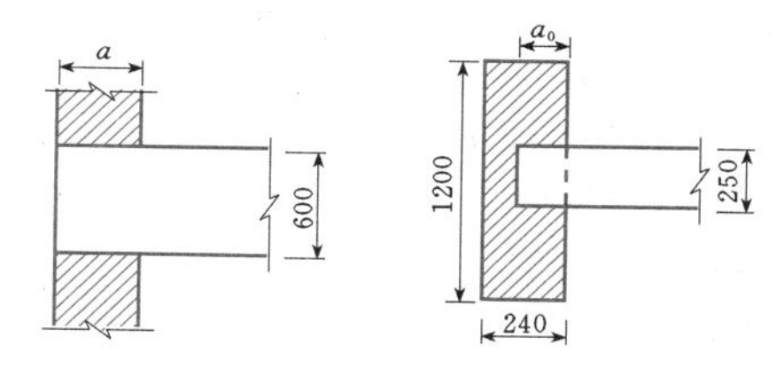

图 5.2-5 算例 5.2-4 图（单位：mm）

$$a_0 = 10\sqrt{\frac{h_c}{f}} = 10 \times \sqrt{\frac{600}{1.50}} = 200 < a = 240(\text{mm})$$

故取 $a_0 = 200\text{mm}$。

局部受压面积

$$A_1 = a_0 b = 200 \times 250 = 50000(\text{mm}^2) = 0.05(\text{m}^2)$$

$$A_0 = (b + 2h)h = (0.25 + 2 \times 0.24) \times 0.24 = 0.175(\text{m}^2)$$

系数

$$\gamma = 1 + 0.35\sqrt{\frac{A_0}{A_1} - 1} = 1 + 0.35 \times \sqrt{\frac{0.175}{0.05} - 1} = 1.55$$

根据两个规定，$\gamma \leqslant 2$，故取 $\gamma = 1.55$。

根据式（5.2-14）

$$\Psi = 1.5 - 0.5 A_0 / A_1 = 1.5 - 0.5 \times 0.175/0.05 = -0.25 < 0$$

故取 $\Psi = 0$，即不考虑上部荷载影响。

根据式（5.2-13），取 $\eta = 0.7$。

$$\eta \gamma f A_1 = 0.7 \times 1.55 \times 1.50 \times 50000 = 81.375 \times 10^3(\text{N}) = 81.4(\text{kN})$$

$$\Psi N_0 + N_1 = 0 + 80 = 80(\text{kN}) < 81.4(\text{kN})$$

满足要求。

5.2.2.3 在梁端设有刚性垫块的砌体局部受压

当梁端下砌体局部受压承载力不能满足要求时，通常在梁端下设置钢筋混凝土或混凝土垫块来增大梁端对砌体的局部受压面积。

（1）刚性垫块下的砌体局部受压承载力应按下列公式计算：

$$N_0 + N_1 \leqslant \varphi \gamma_1 f A_b \quad (5.2-18)$$

$$N_0 = \sigma_0 A_b \quad (5.2-19)$$

$$A_b = a_b b_b \quad (5.2-20)$$

式中 N_0——垫块面积 A_b 内上部轴向力设计值，N；

φ——垫块上 N_0 及 N_1 合力的影响系数，应按受压构件承载力计算公式中，当 $\beta \leqslant 3$ 时的 φ 值；

γ_1——垫块外砌体面积的有利影响系数，γ_1 应为 0.8γ，但不小于 1.0，其中 γ 为砌

体局部抗压强度提高系数，按式（5.2-12）并以 A_b 代替 A_1 计算得出；

A_b——垫块面积，mm^2；

a_b——垫块伸入墙内的长度，mm；

b_b——垫块的宽度，mm。

（2）刚性垫块的构造应符合下列规定：

1）刚性垫块的高度不宜小于180mm，自梁边算起的垫块挑出长度不宜大于垫块高度 t_b。

2）在带壁柱墙的壁柱内设刚性垫块时（见图5.2-6），其计算面积应取壁柱范围内的面积，而不应计算翼缘部分，同时壁柱上垫块伸入翼墙内的长度不应小于120mm。

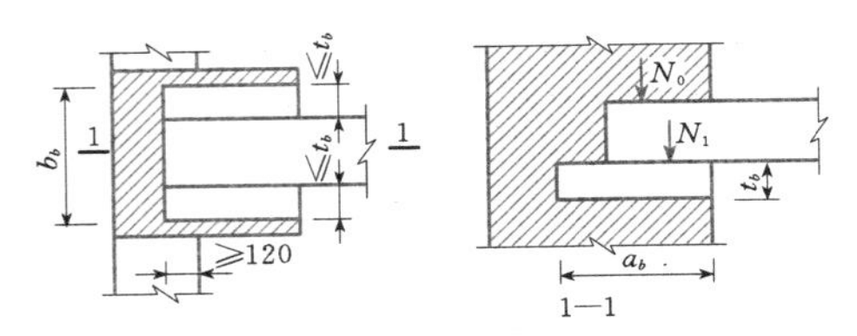

图5.2-6 壁柱上设有垫块时梁端局部受压示意图

3）当现浇垫块与梁端整体浇筑时，垫块可在梁高范围内设置。

（3）梁端设有刚性梁垫时，梁端有效支承长度 a_0 应按下式计算：

$$a_0 = \delta_1 \sqrt{\frac{h_c}{f}} \qquad (5.2-21)$$

注：δ_1 为刚性垫块的影响系数，可按表5.2-6采用。垫块上 N_1 作用点的位置可取 $0.4a_0$ 处。

表5.2-6 系数 δ_1 值表

σ_0/f	0	0.2	0.4	0.6	0.8
δ_1	5.4	5.7	6.0	6.9	7.8

注 其间的数值可采用插入法求得。

（4）梁下设有长度大于 πh_0 的垫梁（见图5.2-7）下的砌体局部受压承载力应按下列公式计算（长度小于 πh_0 的不视为垫梁）：

$$N_0 + N_1 \leqslant 2.4\delta_2 f b_b h_0 \qquad (5.2-22)$$

$$N_0 = \pi b_b h_0 \sigma_0 / 2 \qquad (5.2-23)$$

$$h_0 = 2\sqrt[3]{\frac{E_b I_b}{Eh}} \qquad (5.2-24)$$

式中 N_0——垫梁上部轴向力设计值，N；

b_b——垫梁在墙厚方向的宽度，mm；

δ_2——当荷载沿墙厚方向均匀分布时，$\delta_2=1.0$，不均匀时可取 $\delta_2=0.8$；

h_0——垫梁折算高度，mm；

E_b——垫梁的混凝土弹性模量；

I_b——垫梁的截面惯性矩；

E——砌体的弹性模量；

h——墙厚，mm。

垫梁上梁端有效支承长度 a_0 可按公式（5.2-21）计算。

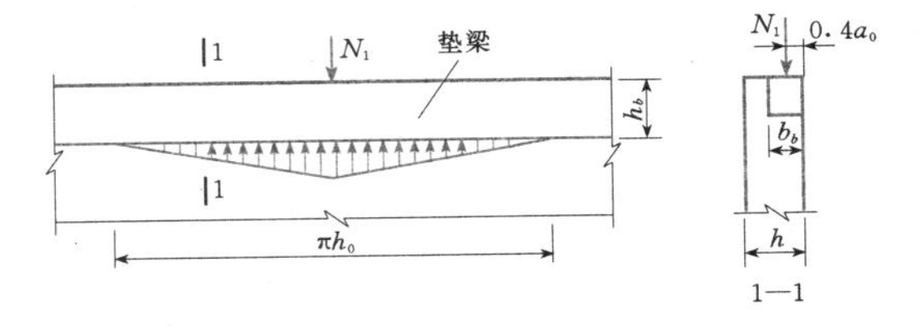

图5.2-7 垫梁局部受压示意图

h_b—垫梁的高度，mm

【算例5.2-5】 一截面尺寸为1500mm×240mm的窗间墙，采用MU15灰砂砖及M7.5混合砂浆砌筑，其上有一截面尺寸为300mm×600mm的钢筋混凝土梁，梁下设置截面尺寸为240mm×240mm的钢筋混凝土垫梁，垫梁混凝土强度等级为C25，梁端支反力设计值为150kN，上部荷载轴向力设计值为60kN，验算该梁端支撑处的局部受压承载力是否满足要求。

查表5.1-2，得砌体抗压强度设计值 $f=2.07N/mm^2$。

查表5.1-9，得砌体抗压强度设计的弹性模量 $E=1060f$。

查垫梁C25混凝土的弹性模量 $E_b=2.8\times10^4N/mm^2$。

故

$$h_0 = 2\sqrt[3]{\frac{E_b I_b}{Eh}} = 2\times\sqrt[3]{\frac{2.8\times10^4\times\frac{240^4}{12}}{1060\times2.07\times240}} = 490(mm)$$

因梁下设有长度小于 πh_0 的就不视为垫梁，故取垫梁下局部压应力分布范围 $s=\pi h_0=1539mm\approx1500mm$。

$$\sigma_0 = 60\times10^3/1500/240 = 0.167(N/mm^2)$$

$$N_0 = \pi b_b h_0 \sigma_0/2 = 3.14\times240\times490\times0.167/2 = 30830(N) = 30.83(kN)$$

$$N_0 + N_1 = 30.83 + 150 = 180.83(kN)$$

因荷载沿墙厚方向不均匀分布，取 $\delta_2=0.8$。

$$2.4\delta_2 f b_b h_0 = 2.4\times2.07\times240\times0.8\times490 = 467389(N) = 467.4(kN) > N_0 + N_1$$

故该梁端支撑处的局部受压承载力满足要求。

5.2.3 轴心受拉构件

轴心受拉构件常见的有水池等。

5.2.3.1 轴心受拉构件的承载力

轴心受拉构件的承载力应按下式计算：

$$N_t \leqslant f_t A \qquad (5.2-25)$$

式中 N_t——轴心拉力设计值；

f_t——砌体的轴心抗拉强度设计值，应按表5.1-8采用。

5.2.3.2 算例

【算例5.2-6】 一砖砌圆形水池，池壁截面厚度为490mm，采用MU10普通烧结砖和M10水泥砂浆砌筑，池壁单位高度承受的最大环向拉力设计值为$N_t=70$kN。试验算该池壁的受拉承载力。

查表5.1-8得砌体沿齿缝破坏的抗拉强度设计值为0.19N/mm²，考虑用水泥砂浆砌筑，砌体抗拉强度设计值调整系数为0.8，故

$$f_t = 0.8\times0.19 = 0.152(\text{N/mm}^2)$$

$$f_t A = 0.152\times1000\times490 = 74.4(\text{kN}) > N_t = 70(\text{kN})$$

故安全。

5.2.4 受弯构件

受弯构件常见的有洞口砖过梁、挡土墙、水池等。

5.2.4.1 受弯构件的承载力

受弯构件的承载力应按下式计算：

$$M \leqslant f_{tm} W \qquad (5.2-26)$$

式中 M——弯矩设计值；

f_{tm}——砌体弯曲抗拉强度设计值，应按表5.1-8采用；

W——截面抵抗矩。

5.2.4.2 受弯构件的受剪承载力

受弯构件的受剪承载力应按下列公式计算：

$$V \leqslant f_v bz \qquad (5.2-27)$$

$$z = I/S \qquad (5.2-28)$$

式中 V——剪力设计值；

f_v——砌体的抗剪强度设计值，应按表5.1-8采用；

b——截面宽度；

z——内力臂，当截面为矩形时取$z=2h/3$（h为截面高度）；

I——截面惯性矩；

S——截面面积矩。

5.2.4.3 算例

【算例5.2-7】 上题水池池壁高为1.2m，忽略池壁自重产生的垂直压力。试验算该池壁的受弯承载力及受剪承载力。

沿池壁方向取1m宽板带，该板带的受力模型为上端自由、下端固定的悬挑板，该板受力为三角形水压力（见图5.2-8）。池底最大水压力$P=12$kN/m，水荷载分项系数取1.2。

$$M = PH^2/6 = 1.2\times12\times1.2^2/6 = 3.46(\text{kN}\cdot\text{m})$$

$$V = PH/2 = 1.2\times12\times1.2/2 = 8.64(\text{kN})$$

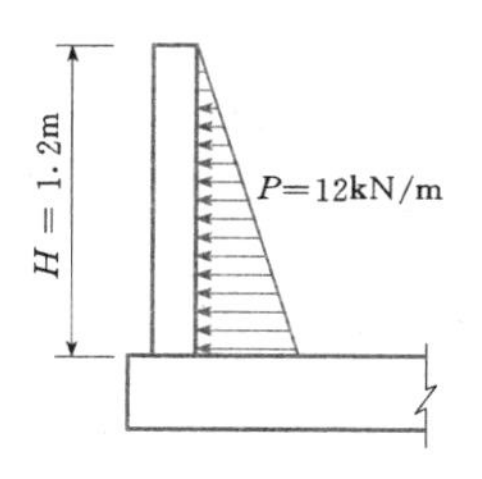

图5.2-8 算例5.2-7图

1. 验算池壁的受弯承载力

查表5.1-8得砌体沿通缝截面的弯曲抗拉强度为0.17N/mm²，考虑用水泥砂浆砌筑，砌体抗拉强度设计值调整系数为0.8，故

$$f_{tm} = 0.8\times0.17 = 0.136(\text{N/mm}^2)$$

$$f_{tm}W = 0.136\times\frac{1}{6}\times1\times0.49^2\times1000 = 5.44(\text{kN}\cdot\text{m}) > M = 3.46(\text{kN}\cdot\text{m})$$

故受弯承载力满足要求。

2. 验算池壁的受剪承载力

查表5.1-8得砌体抗剪强度为0.17N/mm²，考虑用水泥砂浆砌筑，砌体抗拉强度设计值调整系数为0.8，故

$$f_v = 0.8\times0.17 = 0.136(\text{N/mm}^2)$$

$$V_v = f_v bz = 0.136\times0.49\times\frac{2}{3}\times1\times1000 = 44.4(\text{kN}) > 8.64(\text{kN})$$

故受剪承载力满足要求。

5.2.5 受剪构件

受剪构件常见的有洞口砖过梁、挡土墙、水池以及抗震砌体墙等。

沿通缝或沿阶梯截面破坏时受剪构件的承载力应按下列公式计算：

$$V \leqslant (f_v + \alpha\mu\sigma_0)A \qquad (5.2-29)$$

当$\gamma_G=1.2$时

$$\mu = 0.26 - 0.082\sigma_0/f \qquad (5.2-30)$$

当$\gamma_G=1.35$时

$$\mu = 0.23 - 0.065\sigma_0/f \qquad (5.2-31)$$

式中 V——截面剪力设计值；

A——水平截面面积，当有孔洞时取净截面面积；

f_v——砌体抗剪强度设计值，对灌孔的混凝土砌块砌体取f_{vG}；

α——修正系数，当 $\gamma_G=1.2$ 时砖砌体取0.60、混凝土砌块砌体取0.64，当 $\gamma_G=1.35$ 时砖砌体取0.64、混凝土砌块砌体取0.66；

μ——剪压复合受力影响系数，α 与 μ 的乘积可查表5.2-7；

σ_0——永久荷载设计值产生的水平截面平均压应力；

f——砌体的抗压强度设计值；

σ_0/f——轴压比，且不大于0.8。

表5.2-7　当 $\gamma_G=1.2$ 及 $\gamma_G=1.35$ 时 $\alpha\mu$ 值

γ_G	σ_0/f	0.1	0.2	0.3	0.4	0.5	0.6	0.7	0.8
1.2	砖砌体	0.15	0.15	0.14	0.14	0.13	0.13	0.12	0.12
	砌块砌体	0.16	0.16	0.15	0.15	0.14	0.13	0.13	0.12
1.35	砖砌体	0.14	0.14	0.13	0.13	0.13	0.12	0.12	0.11
	砌块砌体	0.15	0.14	0.14	0.13	0.13	0.13	0.12	0.12

【算例5.2-8】 一采用MU10普通烧结砖及M2.5混合砂浆砌筑的砖墙，其上砖拱过梁，受剪截面尺寸为370mm×490mm，过梁在支座处的水平推力设计值 $V=16.0\text{kN}$，作用在支座水平截面由恒荷载设计值产生的纵向力 $N=22.5\text{kN}$。试验算该支座处水平截面的受剪承载力。

查表5.1-8，得砌体抗压强度为1.30N/mm²，抗剪强度为0.08N/mm²。

$$\sigma_0=\frac{N}{A}=\frac{22.5\times10^3}{370\times490}=0.124(\text{N/mm}^2)$$

$$\frac{\sigma_0}{f}=\frac{0.124}{1.30}\approx0.1$$

设 $\gamma_G=1.2$，查表5.2-7，得 $\alpha\mu=0.15$。

$$V_v=(f_v+\alpha\mu\sigma_0)A=(0.08+0.15\times0.124)\times370\times490=17.9(\text{kN})>V=16.0(\text{kN})$$

故受剪承载力满足要求。

5.2.6 圈梁

5.2.6.1 适用范围

(1) 为增强房屋的整体刚度，防止由于地基的不均匀沉降或较大振动荷载等对房屋引起的不利影响，可按本小节规定，在墙中设置现浇钢筋混凝土圈梁。砌体结构中不允许采用钢筋砖圈梁或者预制钢筋混凝土圈梁。

(2) 建筑在软弱地基或不均匀地基上的砌体房屋，除按本小节规定设置圈梁外，尚应符合《建筑地基基础设计规范》(GB 50007—2002) 的有关规定。

(3) 按抗震设计的砌体结构房屋的圈梁设置，尚应符合《建筑抗震设计规范》(GB 50011—2010) 的有关规定。

5.2.6.2 设置规定

(1) 车间、仓库、食堂等空旷的单层房屋应按下列规定设置圈梁：

1) 砖砌体房屋，檐口标高为5～8m时，应在檐口标高处设置圈梁一道，檐口标高大于8m时，应增加设置数量。

2) 砌块及料石砌体房屋，檐口标高为4～5m时，应在檐口标高处设置圈梁一道，檐口标高大于5m时，应增加设置数量。

对有吊车或较大振动设备的单层工业房屋，除在檐口或窗顶标高处设置现浇钢筋混凝土圈梁外，尚应增加设置数量。

(2) 多层砌体结构房屋应按下列要求设置圈梁：

1) 宿舍、办公楼等多层砌体民用房屋，且层数为3～4层时，应在檐口标高处设置圈梁一道。当层数超过4层时，应在所有纵横墙上隔层设置。

2) 多层砌体工业房屋，应每层设置现浇钢筋混凝土圈梁。

3) 设置墙梁的多层砌体房屋应在托梁、墙梁顶面和檐口标高处设置现浇钢筋混凝土圈梁，其他楼层处应在所有纵横墙上每层设置。

4) 采用现浇钢筋混凝土楼（屋）盖的多层砌体结构房屋，当层数超过5层时，除在檐口标高处设置一道圈梁外，可隔层设置圈梁，并与楼（层）面板一起现浇。未设置圈梁的楼面板嵌入墙内的长度不应小于120mm，并沿墙长配置不少于2ϕ10的纵向钢筋。

(3) 建筑在软弱地基或不均匀地基上的砌体房屋，除按本小节规定设置圈梁外，尚应符合GB 50007的有关规定。具体要求如下：

1) 在多层砌体结构房屋的基础和顶层檐口处各设置一道圈梁，其他层可隔层设置，当地基土地基承载力特征值很低或者不均匀沉降严重时，根据具体情况也可每层均设圈梁。

2) 单层工业厂房及仓库等层高较高的砌体结构

房屋，可结合基础梁，连系梁及窗过梁等情况设置圈梁。

3）用于防止不均匀沉降的圈梁应设置在外墙、内纵墙和内横墙上。

4）墙体上，当门口窗口开洞面积较大时，应设置圈梁和构造柱加强。

5.2.6.3 构造要求

（1）圈梁宜连续地设在同一水平面上，并形成封闭状；当圈梁被门窗洞口截断时，应在洞口上部增设相同截面的附加圈梁。附加圈梁与圈梁的搭接长度不应小于其中到中垂直间距的 2 倍，且不得小于 1m（见图 5.2-9）。

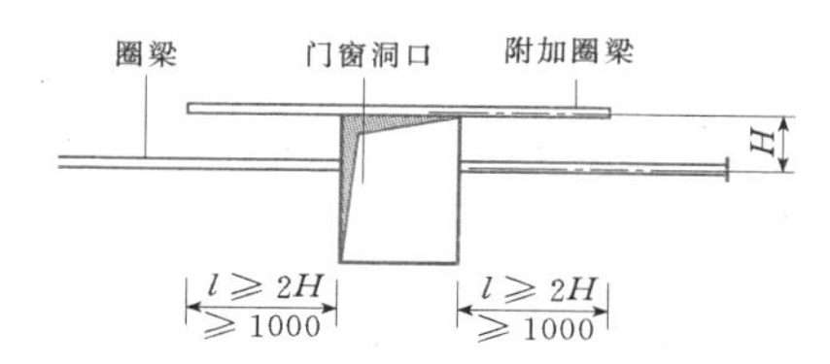

图 5.2-9 圈梁被门窗洞口截断时的构造（单位：mm）

（2）纵横墙交接处的圈梁应有可靠的连接，其配筋构造如图 5.2-10 所示。刚弹性和弹性方案房屋，圈梁应与屋架、大梁等构件可靠连接。

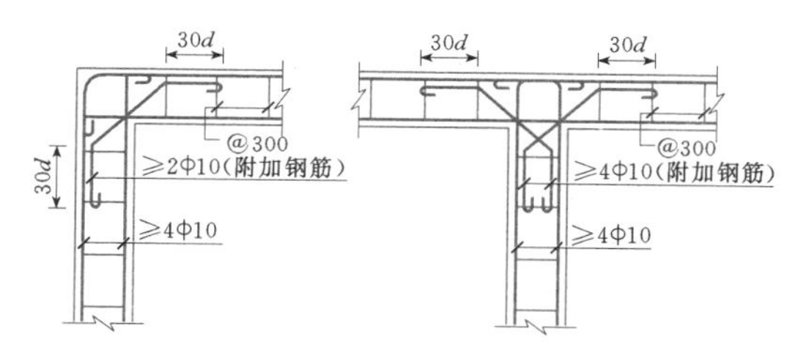

图 5.2-10 圈梁在房屋转角及丁字交叉的连接构造（单位：mm）

（3）钢筋混凝土圈梁的宽度宜与墙厚相同，当墙厚 $h\geqslant 240$mm 时，其宽度不宜小于 $2h/3$。圈梁高度不应小于 120mm。纵向钢筋不应少于 4 Φ 10，绑扎接头的搭接长度按受拉钢筋考虑，箍筋间距不应大于 300mm。

（4）圈梁兼作过梁时，过梁部分的钢筋应按计算用量另行增配。

5.2.7 过梁

5.2.7.1 适用范围

（1）钢筋砖过梁的跨度，不应超 1.5m。

（2）砖砌平拱为 1.2m。

（3）对有较大振动荷载或可能产生不均匀沉降房屋的门窗洞口，应采用钢筋混凝土过梁。

5.2.7.2 设计计算

1. 过梁荷载的采用

（1）梁、板荷载。对砖和小型砌块砌体，当梁、板下的墙体高度 $h_w<l_n$ 时（l_n 为过梁的净跨），应计入梁、板传来的荷载。当梁、板下的墙体高度 $h_w\geqslant l_n$ 时，可不考虑梁、板荷载。

（2）墙体荷载。

1）对砖砌体，当过梁上的墙体高度 $h_w<l_n/3$ 时，应按墙体的均布自重采用。当墙体高度 $h_w\geqslant l_n/3$ 时，应按高度为 $l_n/3$ 墙体的均布自重来采用。

2）对混凝土砌块砌体，当过梁上的墙体高度 $h_w<l_n/2$ 时，应按墙体的均布自重采用。当墙体高度 $h_w\geqslant l_n/2$ 时，应按高度为 $l_n/2$ 墙体的均布自重采用。

2. 过梁承载力计算

（1）砖砌平拱。砖砌平拱受弯和受剪承载力，可按式（5.2-26）和式（5.2-27）并采用沿齿缝截面的弯曲抗拉强度或抗剪强度设计值进行计算。

（2）钢筋砖过梁。

1）受弯承载力可按下式计算：

$$M\leqslant 0.85h_0 f_y A_S \quad (5.2-32)$$

其中

$$h_0=h-a_s$$

式中 M——按简支梁计算的跨中弯矩设计值；

f_y——钢筋的抗拉强度设计值；

A_S——受拉钢筋的截面面积；

h_0——过梁截面的有效高度；

a_s——受拉钢筋重心至截面下边缘的距离；

h——过梁的截面计算高度，取过梁底面以上的墙体高度，但不大于 $l_n/3$，当考虑梁、板传来的荷载时，则按梁、板下的高度采用。

2）受剪承载力可按式（5.2-27）计算。

3）钢筋混凝土过梁，应按钢筋混凝土受弯构件计算。验算过梁下砌体局部受压承载力时，可不考虑上层荷载的影响。

5.2.7.3 构造要求

1. 砖砌过梁及钢筋砖过梁的构造要求

（1）砖砌过梁截面计算高度内的砂浆不宜低于 M5。

（2）砖砌平拱用竖砖砌筑部分的高度不应小于 240mm。

（3）钢筋砖过梁底面砂浆层处的钢筋，其直径不应小于 5mm，间距不宜大于 120mm，钢筋伸入支座砌体内的长度不宜小于 240mm，砂浆层的厚度不宜小于 30mm。

2. 钢筋混凝土过梁的构造要求

(1) 钢筋混凝土过梁的端部支承长度不宜小于240mm。

(2) 当过梁承受墙体以外的施工荷载或者过梁在冬季采用冻结法施工时，过梁下应设置临时支撑。

过梁的构造如图5.2-11所示。

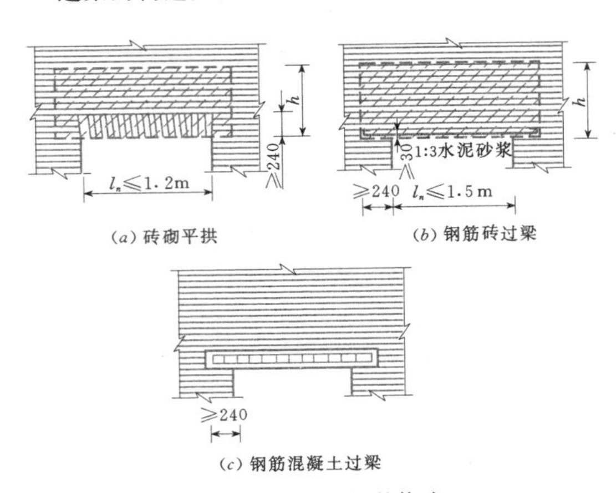

(a) 砖砌平拱　(b) 钢筋砖过梁

(c) 钢筋混凝土过梁

图5.2-11 过梁的构造

5.2.8 挑梁

5.2.8.1 挑梁的定义及适用范围

嵌固在墙体内的悬挑式钢筋混凝土梁，一般是指房屋的阳台挑梁、雨篷挑梁和外廊挑梁。

本小节内容适用于悬挑构件。包括各种挑梁、雨篷、阳台等悬臂构件的非抗震设计。

抗震设计的悬挑构件尚应符合GB 50011—2010的有关规定。

5.2.8.2 砌体墙中钢筋混凝土挑梁的抗倾覆

砌体墙中钢筋混凝土挑梁的抗倾覆应按下式验算：

$$M_{ov} \leqslant M_r \qquad (5.2-33)$$

式中 M_{ov}——挑梁的荷载设计值对计算倾覆点产生的倾覆力矩；

M_r——挑梁的抗倾覆力矩设计值。

5.2.8.3 挑梁的计算倾覆力矩设计值

挑梁的计算倾覆力矩设计值可按下式计算：

$$M_r = 0.8G_r(l_2 - x_0) \qquad (5.2-34)$$

式中 G_r——挑梁的抗倾覆荷载，为挑梁尾端上部45°扩展角的阴影范围（其水平长度为l_3）内本层的砌体与楼面恒荷载标准值之和（见图5.2-12）；

l_2——G_r作用点至墙外边缘的距离。

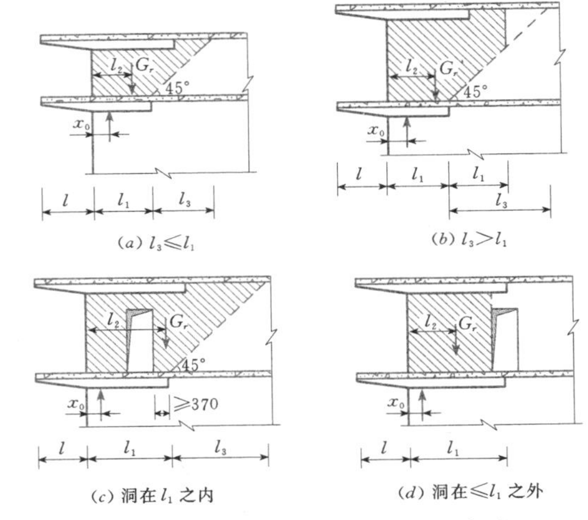

(a) $l_3 \leqslant l_1$　(b) $l_3 > l_1$

(c) 洞在l_1之内　(d) 洞在≤l_1之外

图5.2-12 挑梁的抗倾覆荷载示意图

5.2.8.4 挑梁计算倾覆点至墙外边缘的距离 x_0

挑梁计算倾覆点至墙外边缘的距离x_0可按下列规定采用：

(1) 当$l_1 \geqslant 2.2h_b$时

$$x_0 = 0.3h_b \qquad (5.2-35)$$

且$x_0 \leqslant 0.13l_1$。

(2) 当$l_1 < 2.2h_b$时

$$x_0 = 0.13l_1 \qquad (5.2-36)$$

式中 l_1——挑梁埋入砌体墙中的长度，mm；

x_0——计算倾覆点至墙外边缘的距离，mm；

h_b——挑梁的截面高度，mm。

注： 当挑梁下有构造柱时，计算倾覆点到墙外边缘的距离可取$0.5x_0$。

5.2.8.5 挑梁下砌体的局部受压承载力

挑梁下砌体的局部受压承载力可按下式验算：

$$N_l = \eta\gamma f A_l \qquad (5.2-37)$$

式中 N_l——挑梁下的支承压力，可取$N_l = 2R$（R为挑梁的倾覆荷载设计值）；

η——梁端底面压应力图形的完整系数，可取0.7；

γ——砌体局部抗压强度提高系数，挑梁支撑在一字墙时可取1.25，挑梁支撑在丁字墙时可取1.5；

A_l——挑梁下砌体局部受压面积，可取$A_l = 1.2bh_b$（b为挑梁的截面宽度，h_b为挑梁的截面高度）。

5.2.8.6 挑梁的最大弯矩设计值 M_{max} 与最大剪力设计值 V_{max}

挑梁的最大弯矩设计值M_{max}与最大剪力设计值

V_{max}可按下列公式计算：

$$M_{max}=M_{0V} \quad (5.2-38)$$

$$V_{max}=V_0 \quad (5.2-39)$$

式中 M_{0V}——挑梁的倾覆力矩设计值；

V_0——挑梁的荷载设计值在挑梁墙外边缘处截面产生的剪力。

5.2.8.7 挑梁设计其他要求

挑梁设计除应符合现行国家标准《混凝土结构设计规范》(GB 50010) 的有关规定外，尚应满足下列要求：

(1) 纵向受力钢筋至少应有1/2的钢筋面积伸入梁尾端，且不少于2ф12。其余钢筋伸入支座的长度不应小于$2l_1/3$。

(2) 挑梁埋入砌体长度l_1与挑出长度l之比宜大于1.2；当挑梁上无砌体时，l_1与l之比宜大于2。

5.2.8.8 悬挑构件的抗倾覆验算

雨篷等悬挑构件进行抗倾覆验算，其抗倾覆荷载G_r可按图5.2-13所示采用，图中G_r距墙外边缘的距离为$l_2=l_1/2$，$l_3=l_n/2$。

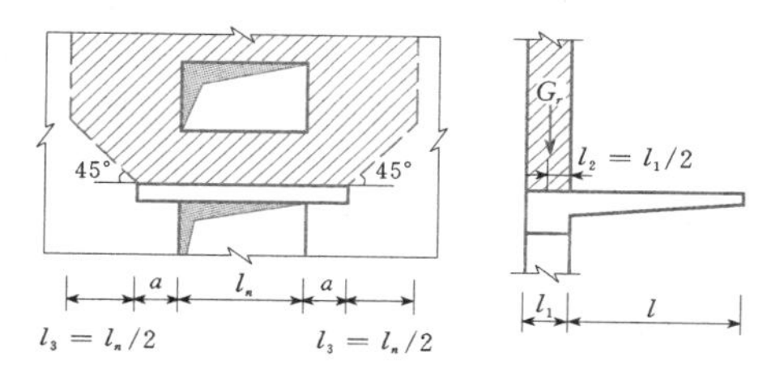

图5.2-13 雨篷的抗倾覆荷载示意

【算例5.2-9】 某挑梁上墙体有一洞口，其尺寸及挑梁上荷载标准值如图5.2-14所示。挑梁断面($b\times h_b$)为240mm×300mm，采用C20混凝土，HRB335（纵筋）和HPB235（箍筋）。挑梁上下墙厚均为240mm，采用MU10普通砖、M5混合砂浆砌筑。楼板传给挑梁荷载标准值为：$F_k=5.0\text{kN}$，$g_{1k}=g_{2k}=10\text{kN/m}$，$q_{1k}=8.5\text{kN/m}$，$g_{3k}=18.0\text{kN/m}$，$q_{3k}=1.8\text{kN/m}$，挑梁自重为1.8kN/m，挑出部分自重为1.35kN/m。试对该楼层挑梁进行抗倾覆验算。

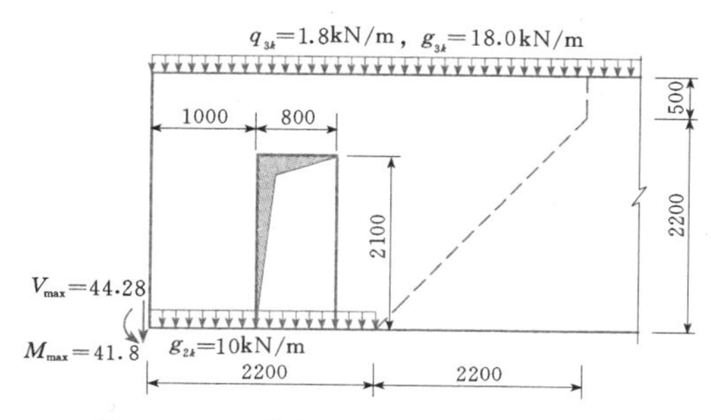

图5.2-14 算例5.2-9图（单位：mm）

(1) 挑梁的计算倾覆点位置及荷载产生的倾覆力矩（计算略）。

$$M_{0V}=41.80\text{kN}\cdot\text{m}$$

(2) 由恒荷载标准值产生的抗倾覆力矩。

$$l_1=2200>2.2h_b=2.2\times300=660$$

则 $$x_0=0.3h_b=0.3\times300=90(\text{mm})$$

1) 由楼盖恒载产生的抗倾覆力矩。

$$M_{r1}=0.8\times(10+1.8)\times\frac{1}{2}\times(2.2-0.09)^2=21.01(\text{kN}\cdot\text{m})$$

2) 由墙体（扣除洞口）自重产生的抗倾覆力矩。

$$M_{r2}=0.8\times[4.4\times2.7\times(2.2-0.09)-0.8\times2.1\times(1.4-0.09)-\frac{1}{2}\times2.2^2\times(3.667-0.09)]\times0.24\times19=51.48(\text{kN}\cdot\text{m})$$

(3) 抗倾覆验算。

$$M_r=M_{r1}+M_{r2}=21.01+51.48=72.49(\text{kN}\cdot\text{m})>M_{0V}=41.80(\text{kN}\cdot\text{m})$$

满足要求。

【算例5.2-10】 某钢筋混凝土雨篷的尺寸如图5.2-15所示，采用MU10烧结普通砖及M7.5混合砂浆砌筑。雨篷板自重（包括粉刷）为5kN/m²，悬臂端集中荷载按1kN考虑，楼盖传给雨篷梁的恒荷载标准值$g_k=8\text{kN/m}$。试对该雨篷进行抗倾覆验算。

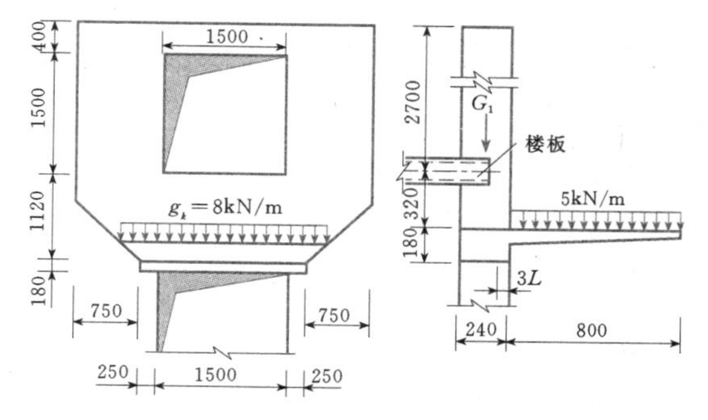

图5.2-15 算例5.2-10图（单位：mm）

(1) 求x_0。$l_1=240\text{mm}<2.2h_b=396\text{mm}$，$x_0=0.13l_1=0.13\times240=31$ (mm)。

(2) 求倾覆弯矩。

$$M_{0V}=1.2\times5\times0.8\times(0.4+0.031)+1.4\times1\times(0.8+0.031)=3.23(\text{kN}\cdot\text{m})$$

(3) 求抗倾覆弯矩。

$$M_r=0.8\times[(3.02\times3.5-1.5^2-0.75^2)\times0.24\times19+(8+0.24\times0.18\times25)\times2]\times\left(\frac{1}{2}\times0.24-0.031\right)=3.81(\text{kN}\cdot\text{m})$$

$M_{0V}<M_r$，满足要求。

5.3　砌体结构的构造措施

5.3.1　砌体房屋墙、柱的高厚比限值

高厚比 β 是指砌体墙、柱的计算高度 H_0 与墙厚或柱边长 h 的比值。高厚比验算是保证砌体结构稳定性的重要构造措施。

1. 墙、柱的高厚比

$$\beta = H_0/h \leqslant \mu_1\mu_2[\beta] \quad (5.3-1)$$

式中　H_0——墙、柱的计算高度，可按表 5.2-5 采用；

h——墙厚或矩形柱与 H_0 相对应的边长；

μ_1——自承重墙允许高厚比的修正系数；

μ_2——有门窗洞口墙允许高厚比的修正系数；

$[\beta]$——墙、柱的允许高厚比，应按表 5.3-1 采用。

注： 当与墙连接的相邻两横墙间的距离 $s \leqslant \mu_1\mu_2[\beta]h$ 时，墙的高度可不受本条限制。

表 5.3-1　墙、柱的允许高厚比 [β] 值

砂浆强度等级	墙	柱
M2.5	22	15
M5.0	24	16
≥M7.5	26	17

注　1. 毛石墙、柱允许高厚比应按表中数值降低 20%。
2. 组合砖砌体构件的允许高厚比，可按表中数值提高 20%，但不得大于 28。
3. 验算施工阶段砂浆尚未硬化的新砌砌体高厚比时，允许高厚比对墙取 14，对柱取 11。

2. 带壁柱墙和带构造柱墙的高厚比验算

（1）按式（5.3-1）验算带壁柱墙的高厚比，此时式中的 h 应改用带壁柱墙截面的折算厚度 h_T，在确定截面回转半径时，墙截面的翼缘宽度，按下列规定采用：

1）多层房屋，当有门窗洞口时，可取窗间墙宽度；当无门窗洞口时，每侧翼墙宽度可取壁柱高度的 1/3。

2）单层房屋，可取壁柱宽加 2/3 墙高，但不大于窗间墙宽度与相邻壁柱间距离。

3）计算带壁柱墙的条形基础时，可取相邻壁柱间的距离。

当确定带壁柱墙的计算高度 H_0 时，s 应取相邻横墙间的距离。

（2）当构造柱截面宽度不小于墙厚时，可按式（5.3-1）验算带构造柱墙的高厚比，此时式中的 h 取墙厚；当确定墙的计算高度时，s 应取相邻横墙间的距离；墙的允许高厚比 $[\beta]$ 可乘以提高系数 μ_c：

$$\mu_c = 1 + \gamma\frac{b_c}{l} \quad (5.3-2)$$

式中　γ——系数，对细料石、半细料石砌体取 $\gamma=0$，对混凝土砌块、粗料石、毛料石及毛石砌体取 $\gamma=1.0$，其他砌体取 $\gamma=1.5$；

b_c——构造柱沿墙长方向的宽度；

l——构造柱的间距。

当 $b_c/l>0.25$ 时，取 $b_c/l=0.25$；当 $b_c/l<0.05$ 时，取 $b_c/l=0$。

注： 考虑构造柱有利作用的高厚比验算不适用于施工阶段。

（3）按式（5.3-1）验算壁柱间墙或构造柱间墙的高厚比，此时 s 应取相邻壁柱间或相邻构造柱间的距离。设有钢筋混凝土圈梁的带壁柱墙或带构造柱墙，当 $b/s\geqslant1/30$ 时，圈梁可视做壁柱间墙或构造间墙的不动铰支点（b 为圈梁宽度）。如果不允许增加圈梁宽度，可按墙体平面外等刚度原则增加圈梁高度，以满足壁柱间墙或构造柱间墙不动铰支点的要求。

（4）厚度 $h\leqslant240$mm 的自承重墙，允许高厚比修正系数 μ_1 应按下列规定采用：

1）$h=240$mm，$\mu_1=1.2$。

2）$h=90$mm，$\mu_1=1.5$。

3）240mm$>h>$90mm，μ_1 可按插入法取值。

注： 1. 上端为自由端墙的允许高厚比，除按上述规定提高外，尚可提高 30%。
2. 对厚度小于 90mm 的墙，当双面用不低于 M10 的水泥砂浆抹面，包括抹面层的墙厚不小于 90mm 时，可按墙厚等于 90mm 验算高厚比。

（5）对有门窗洞口的墙，允许高厚比修正系数 μ_2 应按下式计算：

$$\mu_2 = 1 - 0.4\frac{b_s}{s} \quad (5.3-3)$$

式中　b_s——在宽度 s 范围内的门窗洞口总宽度；

s——相邻窗间墙或壁柱之间的距离。

当按上述公式算所得 $\mu_2<0.7$ 时，应取 $\mu_2=0.7$。当洞口高度不大于墙高的 1/5 时，可取 $\mu_2=1.0$。

5.3.2　砌体房屋结构的一般构造要求

5.3.2.1　耐久性要求

（1）5 层及 5 层以上房屋的墙，以及受振动或层

高大于6m的墙、柱所用材料的最低强度等级，应符合下列要求：

1）砖采用MU10。

2）砌块采用MU7.5。

3）石材采用MU30。

4）砂浆采用M5。

注：对安全等级为一级或设计使用年限大于50年的房屋，墙、柱所用材料的最低强度等级应至少提高一级。

（2）地面以下或防潮层以下的砌体、潮湿房间的墙所用材料的最低强度等级应符合表5.3-2的要求。

表5.3-2　地面以下或防潮层以下的砌体、潮湿房间的墙所用材料的最低强度等级

基土的潮湿程度	烧结普通砖、蒸压灰砂砖		混凝土砌块	石材	水泥砂浆
	严寒地区	一般地区			
稍潮湿的	MU10	MU10	MU7.5	MU30	M5
很潮湿的	MU15	MU10	MU7.5	MU30	M7.5
含水饱和的	MU20	MU15	MU10	MU40	M10

注 1. 在冻胀地区，地面以下或防潮层以下的砌体不宜采用多孔砖，如采用时，其孔洞应用水泥砂浆灌实。当采用混凝土砌块砌体时，其孔洞应采用强度等级不低于Cb20的混凝土灌实。
2. 对安全等级为一级或设计使用年限大于50年的房屋，表中材料强度等级应至少提高一级。

5.3.2.2　整体性要求

（1）承重的独立砖柱截面尺寸不应小于240mm×370mm。毛石墙的厚度不宜小于350mm，毛料石柱较小边长不宜小于400mm。

注：当有振动荷载时，墙、柱不宜采用毛石砌体。

（2）跨度大于6m的屋架和跨度大于下列数值的梁，应在支承处砌体上设置混凝土或钢筋混凝土垫块；当墙中设有圈梁时，垫块与圈梁宜浇成整体。

1）砖砌体，为4.8m。

2）砌块和料石砌体，为4.2m。

3）毛石砌体，为3.9m。

（3）当梁跨度不小于下列数值时，其支承处宜加设壁柱，或采取其他加强措施：

1）240mm厚的砖墙，为6m；180mm厚的砖墙，为4.8m。

2）砌块、料石墙，为4.8m。

（4）预制钢筋混凝土板的支承长度，在墙上不宜小于100mm；在钢筋混凝土圈梁上不宜小于80mm；当利用板端伸出钢筋拉结和混凝土灌缝时，其支承长度可为40mm，但板端缝宽不小于80mm，灌缝混凝土不宜低于C20。

（5）支承在墙、柱上的吊车梁、屋架及跨度不小于下列数值的预制梁的端部，应采用锚固件与墙、柱上的垫块锚固：

1）砖砌体，为9m。

2）砌块、料石砌体，为7.2m。

（6）砌块砌体应分皮错缝搭砌，上下皮搭砌长度不得小于90mm。当搭砌长度不满足上述要求时，应在水平灰缝内设置不少于2ϕ4的焊接钢筋网片（横向钢筋的间距不宜大于200mm），网片每端均应超过该垂直缝，其长度不得小于300mm。

（7）砌块墙与后砌隔墙交接处，应沿墙高每400mm在水平灰缝内设置不少于2ϕ4、横筋间距不大于200mm的焊接钢筋网片（见图5.3-1）。

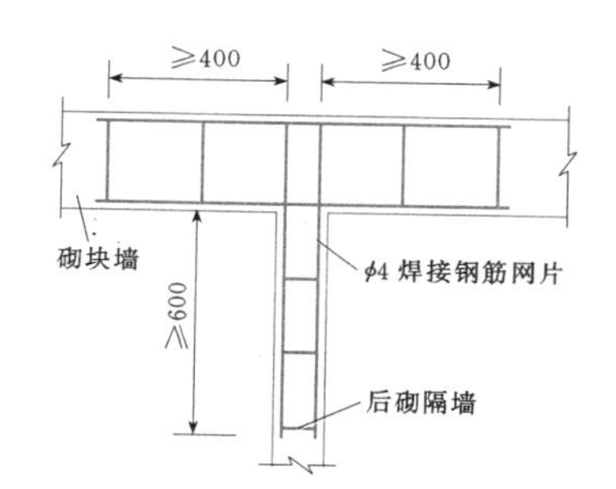

图5.3-1　砌块墙与后砌隔墙交接处钢筋网片（单位：mm）

（8）混凝土砌块房屋，宜将纵横墙交接处、距墙中心线每边不小于300mm范围内的孔洞，采用不低于Cb20灌孔混凝土灌实，灌实高度应为墙身全高。

（9）混凝土砌块墙体的下列部位，如未设圈梁或混凝土垫块，应采用不低于Cb20灌孔混凝土将孔洞灌实：

1）搁栅、檩条和钢筋混凝土楼板的支承面下，高度不应小于200mm的砌体。

2）屋架、梁等构件的支承面下，高度不应小于600mm，长度不应小于600mm的砌体。

3）挑梁支承面下，距墙中心线每边不应小于300mm，高度不应小于600mm的砌体。

（10）在砌体中留槽洞及埋设管道时，应遵守下列规定：

1）不应在截面长边小于500mm的承重墙体、独立柱内埋设管线。

2）不宜在墙体中穿行暗线或预留、开凿沟槽，无法避免时应采取必要的措施或按削弱后的截面验算墙体的承载力。

注： 对受力较小或未灌孔的砌块砌体，允许在墙体的竖向孔洞中设置管线。

5.3.3 砌体房屋结构防止或减轻墙体开裂的主要措施

5.3.3.1 砌体房屋设置伸缩缝的最大间距

为了防止或减轻房屋在正常使用条件下，由温差和砌体干缩引起的墙体竖向裂缝，应在墙体中设置伸缩缝。伸缩缝应设在因温度和收缩变形可能引起应力集中、砌体产生裂缝可能性最大的地方。伸缩缝的间距可按表5.3-3采用。

表5.3-3　砌体房屋伸缩缝的最大间距　　单位：m

屋盖或楼盖类别		间距
整体式或装配整体式钢筋混凝土结构	有保温层或隔热层的屋盖、楼盖	50
	无保温层或隔热层的屋盖	40
装配式无檩体系钢筋混凝土结构	有保温层或隔热层的屋盖、楼盖	60
	无保温层或隔热层的屋盖	50
装配式有檩体系钢筋混凝土结构	有保温层或隔热层的屋盖	75
	无保温层或隔热层的屋盖	60
瓦材屋盖、木屋盖或楼盖、轻钢屋盖		100

注 1. 对烧结普通砖、多孔砖、配筋砌块砌体房屋，取表中数值；对石砌体、蒸压灰砂砖、蒸压粉煤灰砖和混凝土砌块房屋，取表中数值乘以0.8。当有实践经验并采取有效措施时，可不按本表规定执行。
2. 在钢筋混凝土屋面上挂瓦的屋盖，应按钢筋混凝土屋盖采用。
3. 按本表设置的墙体伸缩缝，一般不能同时防止由于钢筋混凝土屋盖的温度变形和砌体干缩变形引起的墙体局部裂缝。
4. 层高大于5m的烧结普通砖、多孔砖、配筋砌块砌体结构单层房屋，其伸缩缝间距可按表中数值乘以1.3。
5. 温差较大且变化频繁地区和严寒地区不采暖的房屋及构筑物墙体的伸缩缝的最大间距，应按表中数值予以适当减小。
6. 墙体的伸缩缝应与结构的其他变形缝相重合，在进行立面处理时，必须保证缝隙的伸缩作用。

5.3.3.2 防止或减轻裂缝的措施

为了防止或减轻房屋顶层墙体的裂缝，可根据情况采取下列措施：

（1）屋面应设置保温、隔热层。

（2）屋面保温、隔热层或屋面刚性面层及砂浆找平层应设置分隔缝，分隔缝间距不宜大于6m，并与女儿墙隔开，其缝宽不小于30mm。

（3）采用装配式有檩体系钢筋混凝土屋盖和瓦材屋盖。

（4）在钢筋混凝土屋面板与墙体圈梁的接触面处设置水平滑动层，滑动层可采用两层油毡夹滑石粉或橡胶片等；对于长纵墙，可只在其两端的2～3个开间内设置，对于横墙可只在其两端各$l/4$范围内设置（l为横墙长度）。

（5）顶层屋面板下设置现浇钢筋混凝土圈梁，并沿内外墙拉通，房屋两端圈梁下的墙体内宜适当设置水平钢筋。

（6）顶层挑梁末端下墙体灰缝内设置3道焊接钢筋网片（纵向钢筋不宜少于2φ4，横筋间距不宜大于200mm）或2φ6钢筋，钢筋网片或钢筋应自挑梁末端伸入两边墙体不小于1m。

（7）顶层墙体有门窗等洞口时，在过梁上的水平灰缝内设置2～3道焊接钢筋网片或2φ6钢筋，并应伸入过梁两端墙内不小于600mm。

（8）顶层及女儿墙砂浆强度等级不低于M5。

（9）女儿墙应设置构造柱，构造柱间距不宜大于4m，构造柱应伸至女儿墙顶并与现浇钢筋混凝土压顶整浇在一起。

（10）房屋顶层端部墙体内适当增设构造柱。

5.3.3.3 防止或减轻房屋底层墙体裂缝的措施

（1）增大基础圈梁的刚度。

（2）在底层的窗台下墙体灰缝内设置3道焊接钢筋网片或2φ6钢筋，并伸入两边窗间墙内不小于600mm。

（3）采用钢筋混凝土窗台板，窗台板嵌入窗间墙内不小于600mm。

5.3.3.4 防止或减轻混凝土砌块房屋顶层两端和底层第一、第二开间门窗洞处的裂缝的措施

(1) 在门窗洞口两侧不少于一个孔洞中设置不小于1ф12钢筋，钢筋应在楼层圈梁或基础锚固，并采用不低于Cb20灌孔混凝土灌实。

(2) 在门窗洞口两边的墙体的水平灰缝中，设置长度不小于900mm、竖向间距为400mm的2ф4焊接钢筋网片。

(3) 在顶层和底层设置通长钢筋混凝土窗台梁，窗台梁的高度宜为块高的模数，纵筋不少于4ф10、箍筋ф6@200，Cb20混凝土。

5.3.3.5 其他措施

(1) 墙体转角处和纵横墙交接处宜沿竖向每隔400～500mm设拉结钢筋，其数量为每120mm墙厚不少于1ф6或焊接钢筋网片，埋入长度从墙的转角或交接处算起，每边不小于600mm。

(2) 对灰砂砖、粉煤灰砖、混凝土砌块或其他非烧结砖，宜在各层门、窗过梁上方的水平灰缝内及窗台下第一道和第二道水平灰缝内设置焊接钢筋网片或2ϕ6钢筋，焊接钢筋网片或钢筋应伸入两边窗间墙内不小于600mm。

当灰砂砖、粉煤灰砖、混凝土砌块或其他非烧结砖实体墙长大于5m时，宜在每层墙高度中部设置2～3道焊接钢筋网片或3ф6的通长水平钢筋，竖向间距宜为500mm。

(3) 当房屋刚度较大时，可在窗台下或窗台角处墙体内设置竖向控制缝。在墙体高度或厚度突然变化处也宜设置竖向控制缝，或采取其他可靠的防裂措施。竖向控制缝的构造和嵌缝材料应能满足墙体平面外传力和防护的要求。

(4) 灰砂砖、粉煤灰砖砌体宜采用粘结性好的砂浆砌筑，混凝土砌块砌体应采用砌块专用砂浆砌筑。

5.3.4 水工浆砌石坝构造规定

5.3.4.1 材料要求

1. 石料

(1) 砌体所用石料必须新鲜、完整，质地坚硬。砌体石料按其形状可分为毛石、块石、粗料石三种。

毛石：无一定规则形状，块重应大于25kg，局部厚度不小于15cm。

块石：上下两面大致平整，无尖角，块厚宜大于20cm。

粗料石：棱角分明，六面大致平整，同一面最大高差宜为石料长度的1%～3%。石料长度宜大于40cm，块高宜大于25cm，长厚比不宜大于3。

(2) 石料的抗压强度可根据石料饱和抗压强度值划分为≥100MPa、80MPa、60MPa、50MPa、40MPa、30MPa六级。

(3) 石料使用前，必须鉴定其强度等级，同时宜进行有关物理力学指标的测定。

2. 胶结材料

(1) 浆砌石坝的胶结材料应采用水泥砂浆或细石混凝土。

(2) 胶结材料强度等级：

1) 水泥砂浆强度等级根据7.07cm×7.07cm×7.07cm的立方体试件28d龄期的极限抗压强度确定。浆砌石体常用的水泥砂浆强度分为5.0MPa、7.5MPa、10MPa、12.5MPa四种。

2) 混凝土强度等级根据15cm×15cm×15cm立方体试件28d龄期的极限抗压强度确定。浆砌石体常用混凝土强度等级有C10、C15、C20三种。

(3) 胶结材料的配合比，必须满足砌体设计强度等级的要求，并采用重量比。对于2级、3级浆砌石坝，可参照工程经验初选配合比，但应根据实际所用材料的试拌试验进行调整。

(4) 胶结材料采用掺合料或外加剂时应专门进行试验研究。

3. 骨料

砂浆和小骨料混凝土采用的砂料，要求粒径为0.15～5mm，细度模数为2.5～3.0，砌筑毛石砂浆的砂，其最大粒径不大于5mm；砌筑料石砂浆的砂，最大粒径不大于2.5mm。

小骨料混凝土采用二级配，砾石粒径为5～20mm及20～40mm。

砌石体应采用铺浆法砌筑，砂浆厚度应为30～50mm，当气温变化时，应适当调整。

采用浆砌法砌筑的砌石体转角处与交接处应同时砌筑，对不能同时砌筑的面，必须留置临时间断处，并应砌成斜槎。

5.3.4.2 坝体防渗

砌石坝坝体防渗，一般有以下几种类型。

1. 浆砌料石加水泥砂浆勾缝

水泥砂浆勾缝只能用于石料形状规则，本身无缝隙、砌缝宽度较小（2cm左右）的料石砌体，并且限于水头小于30m的低坝。应使料石挡水面积尽可能大一些。砌体厚度一般应在0.8m以上。勾缝时应将砌缝凿成梯形槽，用较稠水泥砂浆（灰砂比1∶2～1∶1，水灰比0.5以下）压填密实，勾成平缝或凸缝。勾缝砂浆宜用细砂，强度等级从高采用，一般为M10～M15，以增大粘结和抗裂强度。如能使用膨胀水泥或在普通水泥中掺加10%～15%的黏土，则对防渗抗裂更为有利。

2. 混凝土防渗面板

在砌石坝上游面浇一层混凝土或钢筋混凝土作坝体防渗用，防渗面板的抗渗强度等级，中型工程一般为W6～W8，大型、小型工程相应提高或降低。在寒冷地区，防渗面板还应满足抗冻要求。防渗面板底厚一般为坝前水头的1/30～1/20，个别用到1/50。为了施工方便，顶厚大都在30cm以上。

为防止裂缝，防渗面板应设置伸缩缝，缝距为15～25m，视当地气温及施工情况而定。面板混凝土强度等级大都采用C15或C20，一般设有温度筋。

在结构布置上防渗面板可以与坝体连成整体，也可以与坝体分开。以前一种方式采用居多。面板与坝体连成整体的，面板与其后面砌体多采用毛面结合；面板与坝体分开的，应注意面板在水面骤降时的稳定性，保证变形的独立性和强度安全。设置防渗面板的砌石体，有的上游坝面略呈正坡，以利施工及稳定。

大型、中型砌石坝多采用防渗面板，因其处于坝体外部，便于检查及维修。但对温度变化较敏感，应重视防止裂缝的问题。

3. 混凝土防渗心墙

在砌石坝体内浇筑混凝土墙作为坝体防渗用，防渗心墙一般距上游坝面1～2m左右。防渗心墙混凝土的抗渗要求及强度等级与防渗面板大致相同。

为防止温缩裂缝，防渗心墙内配适当温度筋，并根据需要分缝设止水。

4. 复合土工膜防渗

中型、小型工程采用复合土工膜做防渗体。复合土工膜多布置于砌石坝的上游坝面。上游坝面的平整度要求控制在20～30mm。复合土工膜与砌体间采用2～5cm厚M20水泥砂浆找平层，其迎水面用M20水泥砂浆保护，保护层厚2～3cm。

5. 其他

有的砌石坝采用钢丝网喷水泥浆护面防渗，在坝的迎水面设置单层或双层钢丝网，用水泥砂浆喷护，厚度5cm，分两次喷射。钢丝规格为ϕ1～2mm，网格尺寸1cm×1cm～2cm×2cm。

5.3.4.3 排水

坝体内宜设置一排竖直排水管。当坝体设防渗墙时，坝体排水管应设在防渗墙后，两者净距不得小于2m。当不设防渗墙时，排水管距上游坝面的距离不得小于3m。

排水管管距宜为3～5m，内径一般为15～30cm，壁厚5cm，混凝土强度等级C20。上端通入纵向廊道或坝顶（设盖板），下端接入纵向检查廊道或水平排水管。水平排水管高差宜为10～20m。

坝体排水管一般采用预制无砂混凝土管，或用料石砌筑成排水孔。混凝土溢流护面与坝体浆砌石的接触面上，可视需要设排水管通至坝后。无冰冻地区的薄拱坝坝体内可不设置排水管。

5.3.4.4 坝内廊道和孔洞

大中型工程坝体内应视需要设置廊道和孔洞，主要用于交通、观测、灌浆及排水用。廊道应统一布置并尽量设在坝体应力较小的部位。坝内廊道、孔洞有立体交叉时，其净距不宜小于3m。高度不大的薄拱坝坝体内可不设廊道。

纵向廊道的上游壁距上游坝面的距离宜为0.05～0.1倍坝面作用水头，且不得小于3m。坝基灌浆廊道底面距基岩面的距离不得小于1.5倍廊道宽度，廊道断面形状可为圆顶直墙形，宽度宜为2.5～3.0m，高度宜为3～4m。岸坡纵向廊道的坡度不宜陡于45°。

坝基排水廊道，宜在基岩面或靠近基岩面按裂隙分布发育情况，纵、横方向布置。廊道宽度宜为1.2～2.5m，高度宜为2.2～3.0m。

纵向检查观测廊道的设置，必须与相应的设施要求相配合。当需要布置多层廊道时，层间距离高宜为20～40m，各层廊道均应相互连通。

5.3.4.5 分缝

浆砌石坝根据地形、地质、温度等因素，可设置沉降或温度横缝，缝的间距为15～20m。局部施工缝可根据需要设置。拱坝横缝的构造应满足封拱灌浆的要求。重力坝横缝、拱坝底座水平缝应设置可靠的止水。

防浪墙可采用浆砌石、混凝土或钢筋混凝土结构，应与坝体连成整体，两端与坝肩基岩相接。墙身应有足够的强度，其高度可为1.2m。

5.3.4.6 砌缝

砌缝宽度一般要求为：平缝20～25mm，竖缝20～40mm，如竖缝宽度大于50mm以上时，先填满砂浆再塞片石。

5.3.5 水工砌石挡土墙构造规定

5.3.5.1 浆砌石挡土墙

浆砌石挡土墙砌筑砂浆厚度应为30～50mm，当气温变化时，应适当调整。

采用浆砌法砌筑的砌石体转角处与交接处应同时砌筑，对不能同时砌筑的面，必须留置临时间断处，并应砌成斜槎。

（1）毛石料中部厚度不应小于200mm。

（2）毛石料挡土墙每砌3～4皮为一个分层高度，每个分层高度应找平一次。

（3）毛石料挡土墙外露面的灰缝厚度不得大于40mm，两个分层高度间的错缝不得小于80mm。

（4）料石挡土墙应采用同皮内丁顺相间的砌筑形式，当中间部分用毛石填砌时，丁砌料石伸入毛石部分的长度不应小于200mm。

（5）砌筑挡土墙应设置伸缩缝，土基上设置伸缩缝间距宜12～15m，岩石基础间距10～12m。

（6）挡土墙应设置排水孔，排水孔间排距应视墙后地下水情况及地面渗水情况综合考虑，宜为1～3m，孔径不小于50mm，孔口应设置可靠的反滤措施。

5.3.5.2 干砌石挡土墙

（1）材料要求同水工浆砌石坝相应规定。

（2）挡土墙基础底部应作成底坡为1∶5，并与受力方向相反的倾斜坡，挡土墙的基础或底层应选用较大的精选石块。

（3）石块应分层错缝砌筑，砌层应大致水平，但不得用小石块塞垫找平。表面砌缝宽度应不超过25mm，所有前后的明缝均应用小石块填塞紧密。

（4）石块应铺砌稳定，相互锁结。铺筑中使每一石块在上下层接触面上都有不少于3个分开的坚实支承点。

（5）为了增加干砌石挡土墙的稳定性，当砌体高度超过6m时，应沿砌体高度方向每隔3～4m设置厚度不小于500mm，且用强度等级不低于M10砂浆砌筑的水平肋带。

5.3.6 土石坝砌石护坡构造规定

5.3.6.1 干砌石护坡

（1）材料要求同水工浆砌石坝相应规定。

（2）坡面上的干砌石砌筑，应在夯实的砂砾石垫层上，以层与层错缝锁结方式铺砌，砂砾垫层料的粒径不应大于50mm，含泥量小于5%，垫层应与干砌石铺砌层配合砌筑，随铺随砌。护坡表面砌缝的宽度不应大于25mm，砌石边缘应顺直、整齐牢固。

（3）砌体外露面的坡顶和侧边，应选用较整齐的块石砌筑平整。

（4）为使沿块石的全长有坚实支承，所有前后的明缝均应用小片石料填塞紧密。

（5）为增加上游护坡的稳定性，砌石的底脚应置在坝基或戗道上，并伸入戗道内缘的沟内。

5.3.6.2 浆砌石护坡

（1）用于坝体护坡的块石要求尺寸大小均一，其最小尺寸宜根据计算或工程经验确定。

（2）浆砌体所用块石必须质地坚硬、新鲜、完整且耐风化。

（3）所用块石：上下两面大致平整，无尖角，块厚宜大于20cm。

（4）砌筑用水泥砂浆应采用细砂和较小的水灰比，灰砂比控制在1∶1～1∶2之间。

（5）砂浆强度等级不低于M5，冰冻地区根据抗冻要求选择强度等级M7.5以上的砂浆。

（6）浆砌石护坡每隔2～4m设沥青伸缩缝，护坡厚度最小为25cm。

5.3.7 渠道（防渗）砌护构造规定

5.3.7.1 材料要求

对于渠道两岸浆砌石衬砌，对毛石要求外表面不能过于粗糙，砌筑后表面平整度应满足相应规范要求。

（1）坡面上的干砌石砌筑，应在夯实的砂砾石垫层上，以层与层错缝锁结方式铺砌，砂砾垫层料的粒径不应大于50mm，含泥量小于5%，垫层应与干砌石铺砌层配合砌筑，随铺随砌。

（2）护坡表面砌缝的宽度不应大于25mm，砌石边缘应顺直、整齐牢固。

（3）砌体外露面的坡顶和侧边，应选用较整齐的石块砌筑平整。

（4）为使沿块石的全长有坚实支承，所有前后的明缝均应用小片石料填塞紧密。

（5）用坐浆法分层砌筑，铺浆厚度宜3～5cm，随铺浆随砌石。外露面上的砌缝应预留4cm深的空隙，以备勾缝处理。水平缝宽不宜大于2.5cm，竖直缝不宜大于4cm。勾缝砂浆强度等级应高于砌筑砂浆强度等级。

5.3.7.2 水泥砂浆勾缝防渗

（1）采用料石水泥砂浆勾缝作为防渗体时，防渗用的勾缝砂浆应采用细砂和较小的水灰比，灰砂比控制在1∶1～1∶2之间。

（2）防渗用砂浆应采用425号以上的普通硅酸盐水泥。

（3）清缝应在料石砌筑24h后进行，缝宽不小于砌缝宽度，缝深不小于缝宽的2倍，勾缝前须将槽缝冲洗干净，不得残留灰渣和积水，并保持缝面湿润。

（4）勾缝砂浆须单独拌制，严禁与砌体砂浆混用。

（5）当勾缝完成和砂浆初凝后，砌体表面应刷洗干净，至少用浸湿物覆盖养护保持21d，在养护期间应经常洒水，使砌体保持湿润，避免碰撞和振动。

5.3.8 砌石基础构造规定

5.3.8.1 毛石砌体

（1）砌筑毛石基础的第一皮石块应坐浆，且将大面向下。毛石基础扩大部分，若做成阶梯形，上级阶梯的石块应至少压砌下级阶梯的 1/2，相邻阶梯的毛石应相应错缝搭接。

(2) 毛石砌体应分皮卧砌，并应上下错缝、内外搭砌，不得采用外面侧立石块、中间填心的砌筑方法。

(3) 毛石砌体的灰缝厚度应为 20～30mm，砂浆应饱满，石块间较大的空隙应先填塞砂浆，后用碎块或片石嵌实，不得先摆碎石块后填砂浆或干填碎石块的施工方法，石块间不应相互接触。

(4) 毛石砌体第一皮及转角处、交接处和洞口处应选用较大的平毛石砌筑。

(5) 毛石墙必须设置拉结石。拉结石应均匀分布、相互错开，一般每 0.7m^2 墙面至少应设置 1 块，且同皮内的中距不应大于 2m。

拉结石的长度，若其墙厚不大于 400mm 时，应等于墙厚；墙厚大于 400mm 时，可用两块拉结石内外搭接，搭接长度不应小于 150mm，且其中一块长度不应小于墙长的 2/3。

(6) 毛石砌体每日的砌筑高度，不应超过 1.2m。

(7) 在毛石和实心砖的组合墙中，毛石砌体与砖砌体应同时砌筑，并每隔 4～6 皮砖用 2～3 皮丁砖与毛石砌体拉结砌合，两种砌体间的空隙应用砂浆填满。

(8) 毛石墙和砖墙相接的转角处和交接处应同时砌筑。

5.3.8.2 料石砌体

(1) 料石基础砌体的第一皮应采用丁砌层坐浆砌筑。阶梯形料石基础的上级阶梯料石应至少压砌下级阶梯的 1/3。

(2) 料石砌体的灰缝厚度，应按料石种类确定，细料石砌体不大于 5mm，半细料石砌体不大于 10mm，粗料石和毛料石砌体不大于 20mm。

(3) 砌筑料石砌体时，砂浆铺设厚度应略高于规定的灰缝厚度。其高出厚度：细料石和半细料石为 3～5mm，粗料石和毛料石为 6～8mm。

(4) 料石砌体应上下错缝搭砌，砌体厚度不小于两块料石宽度时，若在同皮内部采用顺砌，则每砌两皮后，应砌一皮丁砌层；若在同皮内采用丁顺组砌，则丁砌石应交错设置，其中距应不大于 2m。

(5) 在料石和毛石或砖砌的组合墙中，料石砌体和毛石砌体或砖砌体应同时砌筑，并每隔 2～3 皮料石层用丁砌层与毛石砌体及砖砌体拉结砌合。丁砌料石的长度应与组合墙厚度相同。

5.3.9 浆砌涵洞、桥墩（台）构造规定

5.3.9.1 材料要求

(1) 石砌体采用的石材应质地坚实，无风化剥落和裂纹。

(2) 石砌体的灰缝厚度：毛料石和粗料石砌体，不宜大于 20mm；细料石砌体，不宜大于 5mm。

(3) 料石要求尺寸大小均一，砌筑用砂浆宜选用 M5 级以上。对于北方有抗冻要求的部位，应采用抗冻砂浆。

(4) 浆砌石涵洞选用料石尺寸偏差较小。

5.3.9.2 构造要求

(1) 浆砌桥墩（台）帽宜铺筑一层细石混凝土或水泥砂浆作为垫层。

(2) 桥墩（台）基础面保持水平，坡度不宜超过 10°，否则应采取可靠措施。

(3) 砌石涵洞每隔 10～15m 应设置伸缩沉降缝。

5.3.10 砌体房屋结构抗震构造措施

(1) 一般情况下，多层砌体房屋的层数和总高度不应超过表 5.3-4 的规定。

表 5.3-4　　多层砌体房屋的层数和总高度限值　　单位：m

房屋类别		最小抗震墙厚度 (mm)	地震烈度（设计基本地震加速度）											
			6		7				8				9	
			0.05g		0.10g		0.15g		0.20g		0.30g		0.40g	
			高度	层数	高度	层数	高度	层数	高度	层数	高度	层数	高度	层数
多层砌体房屋	普通砖	240	21	7	21	7	21	7	18	6	15	5	12	4
	多孔砖	240	21	7	21	7	18	6	18	6	15	5	9	3
	多孔砖	190	21	7	18	6	15	5	15	5	12	4	—	—
	小砌块	190	21	7	21	7	18	6	18	6	15	5	9	3

注 1. 房屋的总高度指室外地面到主要屋面板板顶或檐口的高度，半地下室从地下室室内地面算起，全地下室和嵌固条件好的半地下室应允许从室外地面算起；对带阁楼的坡屋面应算到山尖墙的 1/2 高度处。
2. 室内外高差大于 0.6m 时，房屋总高度应允许比表中的数据适当增加，但增加量不应多于 1.0m。
3. 乙类设防的多层砌体房屋仍按本地区设防烈度查表，其层数应减少一层且总高度应降低 3m。

（2）多层砌体承重房屋的层高，不应超过3.6m。

（3）多层砌体承重房屋总高度与总宽度的最大比值，宜符合表5.3-5的规定。

表5.3-5　多层砌体房屋最大高宽比

地震烈度	6	7	8	9
最大高宽比	2.5	2.5	2.0	1.5

注　1. 单面走廊房屋的总宽度不包括走廊宽度。
　　2. 建筑平面接近正方形时，其高宽比宜适当减小。

（4）房屋抗震横墙的间距，不应超过表5.3-6的规定。

（5）多层砌体房屋中砌体墙段的局部尺寸限值，宜符合表5.3-7的规定。

（6）多层砌体房屋的建筑布置和结构体系，应符合下列要求：

1）应优先采用横墙承重或纵横墙共同承重的结构体系。不应采用砌体墙和混凝土墙混合承重的结构体系。

2）纵横向砌体抗震墙的布置应符合下列要求：

a. 宜均匀对称，沿平面内宜对齐，沿竖向应上下连续；纵横向墙体的数量不宜相差过大。

b. 平面轮廓凹凸尺寸，不应超过典型尺寸的50%，当超过典型尺寸的25%时，房屋转角处应采取加强措施。

c. 楼板局部大洞口的尺寸不宜超过楼板宽度的30%，且不应在墙体两侧同时开洞。

d. 房屋错层的楼板高差超过500mm时，应按两层计算；错层部位的墙体应采取加强措施。

e. 同一轴线上的窗间墙宽度宜均匀；墙面洞口的面积，地震烈度6度、7度时不宜大于墙面总面积的55%，地震烈度8度、9度时不宜大于50%。

f. 横向中部应设置内纵墙，其累计长度不宜少于房屋总长度的60%（高宽比大于4的墙段不计入）。

表5.3-6　多层砌体房屋抗震横墙的间距

房屋类别		地震烈度			
		6	7	8	9
多层砌体	现浇或装配整体式钢筋混凝土楼、屋盖	15	15	11	7
	装配式钢筋混凝土楼、屋盖	11	11	9	4
	木屋盖	9	9	4	—

注　1. 多层砌体房屋的顶层，除木屋盖外的最大横墙间距应允许适当放宽，但应采取相应加强措施。
　　2. 多孔砖抗震横墙厚度为190mm时，最大横墙间距应比表中数值减少3m。

表5.3-7　房屋的局部尺寸限值　　单位：m

部位	地震烈度			
	6	7	8	9
承重窗间墙最小宽度	1.0	1.0	1.2	1.5
承重外墙尽端至门窗洞边的最小距离	1.0	1.0	1.2	1.5
非承重外墙尽端至门窗洞边的最小距离	1.0	1.0	1.0	1.0
内墙阳角至门窗洞边的最小距离	1.0	1.0	1.5	2.0
无锚固女儿墙（非出入口处）的最大高度	0.5	0.5	0.5	0.0

注　1. 局部尺寸不足时，应采取局部加强措施弥补，且最小宽度不宜小于1/4层高和表列数据的80%。
　　2. 出入口处的女儿墙应有锚固。

3）房屋有下列情况之一时宜设置防震缝，缝两侧均应设置墙体，缝宽应根据烈度和房屋高度确定，可采用70～100mm：

a. 房屋立面高差在6m以上。

b. 房屋有错层，且楼板高差大于层高的1/4。

c. 各部分结构刚度、质量截然不同。

4）楼梯间不宜设置在房屋的尽端或转角处。

5）不应在房屋转角处设置转角窗。

6）横墙较少、跨度较大的房屋，宜采用现浇钢筋混凝土楼、屋盖。

（7）各类多层砖砌体房屋，应按表5.3-8要求设置现浇钢筋混凝土构造柱（以下简称构造柱）。

（8）多层砖砌体房屋，应按表5.3-9要求设置现浇钢筋混凝土圈梁。

表 5.3-8　　多层砖砌体房屋构造柱设置要求

<table>
<tr><th>地震烈度</th><th>6</th><th>7</th><th>8</th><th>9</th><th colspan="2">设 置 部 位</th></tr>
<tr><td rowspan="3">房屋层数</td><td>四、五</td><td>三、四</td><td>二、三</td><td></td><td rowspan="3">楼、电梯间四角，楼梯斜梯段上下端对应的墙体处；外墙四角和对应转角；错层部位横墙与外纵墙交接处；大房间内外墙交接处；较大洞口两侧</td><td>隔12m或单元横墙与外纵墙交接处；楼梯间对应的另一侧内横墙与外纵墙交接处</td></tr>
<tr><td>六</td><td>五</td><td>四</td><td>二</td><td>隔开间横墙（轴线）与外墙交接处；山墙与内纵墙交接处</td></tr>
<tr><td>七</td><td>≥六</td><td>≥五</td><td>≥三</td><td>内墙（轴线）与外墙交接处；内墙的局部较小墙垛处；内纵墙与横墙（轴线）交接处</td></tr>
</table>

注　较大洞口，内墙指不小于2.1m的洞口；外墙在内外墙交接处已设置构造柱时允许适当放宽，但洞侧墙体应加强。

表 5.3-9　　多层砖砌体房屋现浇钢筋混凝土圈梁设置要求

<table>
<tr><th rowspan="2">墙　类</th><th colspan="3">地 震 烈 度</th></tr>
<tr><th>6、7</th><th>8</th><th>9</th></tr>
<tr><td>外墙和内纵墙</td><td>屋盖处及每层楼盖处</td><td>屋盖处及每层楼盖处</td><td>屋盖处及每层楼盖处</td></tr>
<tr><td>内横墙</td><td>屋盖处及每层楼盖处；屋盖处间距不应大于4.5m；楼盖处间距不应大于7.2m；构造柱对应部位</td><td>屋盖处及每层楼盖处；各层所有横墙，且间距不应大于4.5m；构造柱对应部位</td><td>屋盖处及每层楼盖处；各层所有横墙</td></tr>
</table>

参 考 文 献

[1]　GB 50003—2001 砌体结构设计规范 [S]．北京：中国计划出版社，2001.

[2]　GB 50011—2010 建筑抗震设计规范 [S]．北京：中国计划出版社，2010.

[3]　苑振芳．砌体结构设计手册 [M]．北京：中国建筑工业出版社，2002.

第6章

水 工 钢 结 构

本章共分7节，主要介绍钢结构的材料、设计指标与计算方法；钢结构的连接方式及计算；受弯构件（梁）的设计，包括钢梁和组合截面梁的设计计算；轴心受力和压（拉）弯构件的设计，包括压杆整体和局部稳定，轴心柱和压弯柱的设计，梁与柱的连接以及柱脚设计；普通型平面桁架设计，包括桁架的选型、桁架的杆件设计及节点设计；空间网架屋盖设计，重点介绍网架选型、计算方法和节点构造；钢结构防腐蚀措施等。其中6.7节钢结构的防腐蚀措施为本次修编增加的内容。

本章内容主要针对水电站建筑中除钢闸门以外的一般的钢结构设计，设计计算方法采用与《钢结构设计规范》（GB 50017—2003）相一致的方法，即概率极限状态法。对于水利水电工程钢闸门、升船机、船闸闸门、钢桥梁、压力钢管等结构，请遵照有关行业标准的规定。

章主编　杨怀德　朱召泉

章主审　赵进平　张清琼

本章各节编写及审稿人员

<table>
<tr><th>节次</th><th>编　写　人</th><th>审稿人</th></tr>
<tr><td>6.1</td><td>杨怀德　范卫国</td><td rowspan="7">赵进平
张清琼
魏运明</td></tr>
<tr><td>6.2</td><td>崔元山　杨怀德</td></tr>
<tr><td>6.3</td><td rowspan="4">朱召泉</td></tr>
<tr><td>6.4</td></tr>
<tr><td>6.5</td></tr>
<tr><td>6.6</td></tr>
<tr><td>6.7</td><td>朱锡昶　杨怀德</td></tr>
</table>

第6章 水工钢结构

6.1 钢结构的材料和计算方法

6.1.1 水工钢结构常用钢的分类与性能

水工钢结构常用的钢材有碳素结构钢和低合金高强度结构钢。碳素结构钢通常按含碳量分为低碳钢（碳含量为0.04%～0.25%）、中碳钢（碳含量为0.25%～0.6%）、高碳钢（碳含量为0.6%～1.35%）。碳素结构钢按质量分为普通碳素结构钢、优质碳素结构钢和高级优质碳素结构钢。普通碳素结构钢有害杂质P、S含量均小于0.05%，包括甲类钢（A类钢，保证力学性能）、乙类钢（B类钢，保证化学成分）和特类钢（C类钢，保证力学性能和化学成分）；优质碳素结构钢有害杂质P、S含量均小于0.04%；高级优质碳素结构钢有害杂质P、S含量小于0.03%。低合金高强度结构钢成分特点是：低碳、低合金，其碳含量小于0.20%，常加入合金元素Mn、Si、Ti、Nb、V等。低合金高强度结构钢是一类可焊接的低碳低合金工程结构用钢，具有较高的强度，良好的塑性、韧性，良好的焊接性、耐蚀性和冷成型性，低的韧脆转变温度，适于冷弯和焊接。

普通碳素结构钢牌号主要有Q195、Q215、Q235、Q275；低合金高强度结构钢牌号有Q295、Q345、Q390、Q420。

碳素结构钢和低合金高强度结构钢材料的力学（机械）性能参见第1章。

6.1.2 常用钢材及其规格

6.1.2.1 钢材的分类

钢材的分类见表6.1-1。

表6.1-1 钢材的分类

分类名称		说明
钢板	薄钢板	厚度不大于4mm
	中钢板	厚度大于4mm，不大于20mm
	厚钢板	厚度大于20mm，不大于60mm
	特厚板	厚度大于60mm
	钢带	长而窄并成卷供应的薄钢板，包括冷轧和热轧。
	电工硅钢薄板	又称为硅钢片
钢管	无缝钢管	用热轧、热轧—冷拔或挤压等方法生产的管壁无接缝的钢管
	焊接钢管	将钢板或钢带卷曲成型，然后焊接制成的钢管
型钢	圆钢、方钢、六角钢、八角钢	根据其直径或对边距离可分为：大型型钢≥81mm；中型型钢38～80mm；小型型钢10～37mm
	扁钢	根据其宽度可分为：大型型钢≥101mm；中型型钢60～100mm；小型型钢≤59mm
	槽钢、工字钢（包括I、U、T、Z型钢）	根据其高度可分为：大型型钢≥180mm；中型型钢<180mm
	等边角钢	根据其边宽可分为：大型型钢≥150mm；中型型钢50～149mm；小型型钢20～49mm
	不等边角钢	根据其边宽可分为：大型型钢≥100mm×150mm；中型型钢40mm×60mm～99mm×149mm；小型型钢20mm×30mm～39mm×59mm

续表

分类名称		说明
型钢	异型断面钢	每延米大于30kg的重轨（包括起重机轨），每延米不大于30kg的轻轨、窗框钢、钢板桩等
	线材	直径5～10mm的圆钢和盘条
	冷弯型钢	将钢材或钢带冷弯成型制成的型钢
	优质型材	优质钢圆钢、方钢、扁钢、六角钢等
	其他钢材	包括重轨配件、车轴坯、轮箍等
金属制品	金属制品	包括钢丝、钢丝绳、钢绞线等

6.1.2.2 常用钢材规格

钢结构所用钢材主要是热轧成型的钢板和型钢、冷加工（冷弯、冷压和冷轧）成型的型钢。

1. 热轧钢板

钢板分薄钢板（厚度不大于4mm）和厚钢板（厚度大于4mm）两种，钢板的标注符号是“一（钢板截面代号）宽度×厚度×长度”，单位为mm，亦可以用“一宽度×厚度”或“一宽度”来表示。例如—360×12×3600，亦可以表示为—360×12或—12。

2. 热轧型钢

常用热轧型钢有角钢、槽钢、工字钢、H型钢和钢管等（见图6.1-1），其规格和截面特性见本章附录。

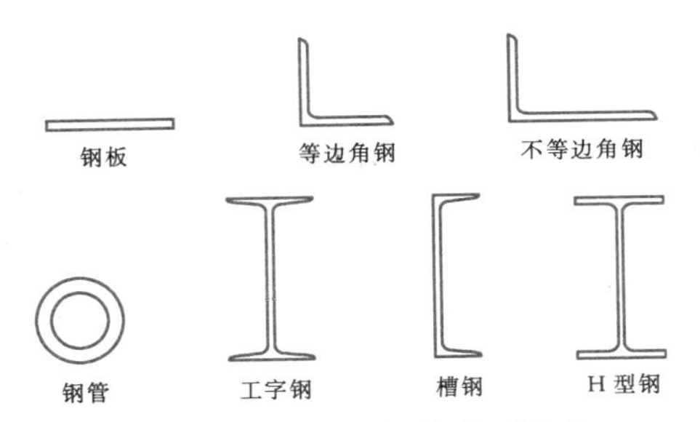

图6.1-1 常用热轧型钢截面形式

3. 冷加工型钢

薄壁型钢通常是用1.5～6mm厚的钢板经冷加工成型，其截面形式和尺寸可按工程要求合理设计（见图6.1-2）。与相同截面积的热轧型钢相比，其截面抵抗矩大，钢材用量可显著减少。但因板壁较薄，对锈蚀影响较为敏感。

6.1.2.3 钢筋

1. 热轧钢筋

热轧钢筋是经热轧成型并自然冷却的成品钢筋，由低碳钢和普通合金钢在高温状态下压制而成，分为热轧光圆钢筋和热轧带肋钢筋两种。

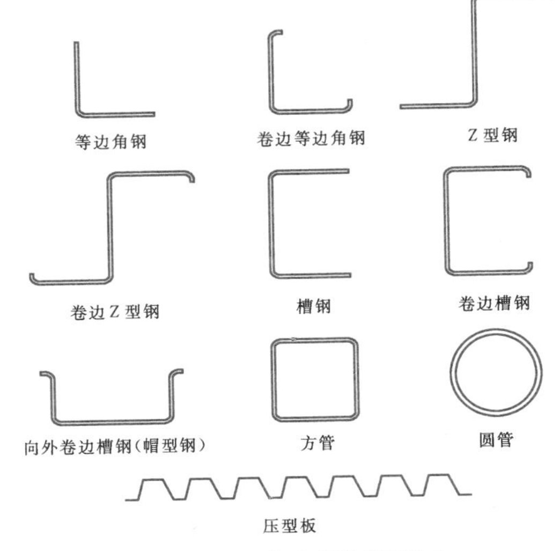

图6.1-2 薄壁型钢截面形式

2. 热处理钢筋

热处理钢筋是用氧气顶吹转炉钢或电炉钢轧制的螺丝钢钢筋，经淬火和回火后的调质热处理而制成。它不适用于焊接和点焊用的钢筋。

钢筋的力学性能参见第1章。

6.1.3 钢材的选用

6.1.3.1 选用原则

1. 安全性

（1）确保结构的安全性，所选用的钢材除需具备无辐射污染的基本要求外，其物理性能和化学性能、最小抗拉强度、屈服强度、延性、抗冲击性能以及最大碳当量等必须满足设计要求。

（2）一般结构用钢的强度大多会随温度的上升而降低，为确保结构钢在高温状态下的安全性，可以选用耐火钢，但仍须采取适当的防火措施。

2. 经济性

（1）钢结构的重量直接影响其造价，若在适当的位置采用高强度结构钢，可降低钢材重量，节省成本。

（2）热轧成型的H型钢（RH）比焊接成型的H型钢（BH）价格便宜，且其品质亦较为稳定。

3. 施工方便可操作性

（1）使用碳当量较低的结构钢，可以改善一般钢材的切割、钻孔及焊接等加工性能。

（2）设计时避免使用太多种类或不常用的截面尺寸，可以方便备料及组装作业的顺利进行，亦可以缩短工期。

4. 耐久性

外露结构钢必须考虑耐蚀性与保护问题，除一般的喷砂除锈、油漆或镀锌等表面处理方式外，也可选用有耐候性的钢材。

6.1.3.2 选用规定

钢结构材料应根据结构的重要性、荷载特征、结构形式、应力状态、连接方法、钢材厚度和工作环境等因素综合考虑，选用合适的钢材牌号和材料性能，以保证承重结构的承载能力和防止在一定条件下出现脆性破坏。

（1）承重结构钢材宜选用Q235、Q345、Q390和Q420钢，其质量应分别符合《碳素结构钢》（GB/T 700）和《低合金高强度结构钢》（GB/T 1591）的规定。

（2）下列情况的承重结构和构件不应采用Q235沸腾钢：

1）直接承受动力荷载或振动荷载且需要验算疲劳的焊接结构。

2）工作温度低于－20℃时的直接承受动力荷载或振动荷载但可不验算疲劳以及承受静力荷载的受弯及受拉的重要承重焊接结构。

3）工作温度低于等于－30℃时的所有承重焊接结构。

4）工作温度低于等于－20℃时的直接承受动力荷载且需要验算疲劳的非焊接结构。

（3）承重结构采用的钢材，应具有抗拉强度、伸长率、屈服强度和P、S含量的合格保证，对焊接结构尚应具有碳含量的合格保证；焊接承重结构以及重要的非焊接承重结构还应具有冷弯试验的合格保证。

（4）对于需要验算疲劳强度的结构钢材，应具有常温冲击韧性的合格保证。具体要求可查阅《钢结构设计规范》（GB 50017）。

（5）钢铸件采用的铸钢材质应符合《一般工程用铸造碳钢件》（GB/T 11352）的规定。

（6）对于抗震结构，还需满足下列要求：

1）钢材的屈服强度实测值与抗拉强度实测值的比值不应大于0.85。

2）钢材应有明显的屈服台阶，且伸长率不应小于20%。

3）钢材应有良好的可焊性和合格的冲击韧性。

承受地震作用钢结构的钢材，宜采用Q235等级B、C、D的碳素结构钢及Q345等级B、C、D、E的低合金高强度结构钢，当有可靠依据时，尚可采用其他钢种和钢号。

6.1.4 计算方法和设计指标

6.1.4.1 计算方法

钢结构计算的方法有传统的容许应力法和概率极限状态法。我国于1983年颁布的《建筑结构设计统一标准》（试行）已经采用以概率理论为基础的极限状态设计法。《钢结构设计规范》（GBJ 17—88）采用了极限状态法，根据《建筑结构可靠度设计统一标准》（GB 50068），《钢结构设计规范》（GB 50017—2003）继续沿用极限状态法，并以应力形式表达的分项系数设计表达式进行设计计算。对于水电站建筑物中的钢闸门、升船机、船闸闸门等，因统计资料不足，条件尚不成熟，仍采用容许应力法。如《水利水电工程钢闸门设计规范》（DL/T 5039—95）和《水利水电工程钢闸门设计规范》（SL 74—1995）仍采用容许应力法计算。

本章内容主要针对水电站建筑中除钢闸门以外的一般的钢结构设计，设计计算方法采用与《钢结构设计规范》（GB 50017—2003）相一致的方法，即概率极限状态法。

钢结构建筑物的抗震设计，请遵照《建筑抗震设计规范》（GB 50011—2010）的要求执行。

6.1.4.2 设计指标

1. 钢材的强度设计值

钢材的强度设计值，根据钢材厚度或直径，按表6.1-2采用。

表6.1-2 钢材的强度设计值 单位：N/mm²

钢材		抗拉、抗压和抗弯强度 f	抗剪强度 f_v	端面承压强度（刨平顶紧）f_{ce}
牌号	厚度或直径（mm）			
Q235钢	≤16	215	125	325
	>16～40	205	120	
	>40～60	200	115	
	>60～100	190	110	

续表

钢材		抗拉、抗压和抗弯强度 f	抗剪强度 f_v	端面承压强度（刨平顶紧）f_{ce}
牌号	厚度或直径（mm）			
Q345钢	≤16	310	180	400
	>16～35	295	170	
	>35～50	265	155	
	>50～100	250	145	
Q390钢	≤16	350	205	415
	>16～35	335	190	
	>35～50	315	180	
	>50～100	295	170	
Q420钢	≤16	380	220	440
	>16～35	360	210	
	>35～50	340	195	
	>50～100	325	185	

注 厚度系指计算点的钢材厚度，对轴心受拉和轴心受压构件系指截面中较厚板件的厚度。

2. 钢铸件的强度设计值

钢铸件的强度设计值见表6.1-3。

表6.1-3 钢铸件的强度设计值 单位：N/mm²

钢号	抗拉、抗压和抗弯强度 f	抗剪强度 f_v	端面承压强度（刨平顶紧）f_{ce}
ZG200～400	155	90	260
ZG230～450	180	105	290
ZG270～500	210	120	325
ZG310～570	240	140	370

3. 焊缝的强度设计值

焊缝的强度设计值见表6.1-4。

4. 螺栓连接的强度设计值

螺栓连接的强度设计值见表6.1-5。

5. 钢材和钢铸件的物理力学指标

钢材和钢铸件的物理力学指标见表6.1-6。

表6.1-4 焊缝的强度设计值

焊接方法和焊条型号	构件钢材		对接焊缝				角焊缝
	牌号	厚度或直径（mm）	抗压强度 f_c^w	焊缝质量为下列等级时，抗拉强度 f_t^w		抗剪强度 f_v^w	抗拉、抗压和抗剪强度 f_f^w
				一级、二级	三级		
自动焊、半自动焊和E43型焊条的手工焊	Q235钢	≤16	215	215	185	125	160
		16～40	205	205	175	120	
		40～60	200	200	170	115	
		60～100	190	190	160	110	
自动焊、半自动焊和E50型焊条的手工焊	Q345钢	≤16	310	310	265	180	200
		16～35	295	295	250	170	
		35～50	265	265	225	155	
		50～100	250	250	210	145	
自动焊、半自动焊和E55型焊条的手工焊	Q390钢	≤16	350	350	300	205	220
		16～35	335	335	285	190	
		35～50	315	315	270	180	
		50～100	295	295	250	170	
	Q420钢	≤16	380	380	320	220	220
		16～35	360	360	305	210	
		35～50	340	340	290	195	
		50～100	325	325	275	185	

注 1. 自动焊和半自动焊所采用的焊丝和焊剂，应保证其熔敷金属的力学性能不低于《埋弧焊用碳钢焊丝和焊剂》（GB/T 5293）和《低合金钢埋弧焊用焊剂》（GB/T 12470）中的相关规定。
2. 焊缝质量等级应符合《钢结构工程施工质量验收规范》（GB 50205）的规定，其中厚度小于8mm钢材的对接焊缝，不应采用超声波探伤确定焊缝等级质量。
3. 对接焊缝在受压区的抗弯强度设计值取 f_c^w，在受拉区的抗弯强度设计值取 f_t^w。
4. 厚度系指计算点的钢材厚度，对轴心受拉和轴心受压构件系指截面中较厚板件的厚度。

表 6.1-5 **螺栓连接的强度设计值**

螺栓的性能等级、锚栓和构件钢材的牌号		普通螺栓						锚栓	承压型连接高强度螺栓		
		C级螺栓			A级、B级螺栓						
		抗拉强度 f_t^b	抗剪强度 f_v^b	承压强度 f_c^b	抗拉强度 f_t^b	抗剪强度 f_v^b	承压强度 f_c^b	抗拉强度 f_t^b	抗拉强度 f_t^b	抗剪强度 f_v^b	承压强度 f_c^b
普通螺栓	4.6级、4.8级	170	140	—	—	—	—	—	—	—	—
	5.6级	—	—	—	210	190	—	—	—	—	—
	8.8级	—	—	—	400	320	—	—	—	—	—
锚栓	Q235钢	—	—	—	—	—	—	140	—	—	—
	Q345钢	—	—	—	—	—	—	180	—	—	—
承压型连接高强度螺栓	8.8级	—	—	—	—	—	—	—	400	250	—
	10.9级	—	—	—	—	—	—	—	500	310	—
构件	Q235钢	—	—	305	—	—	405	—	—	—	470
	Q345钢	—	—	385	—	—	510	—	—	—	590
	Q390钢	—	—	400	—	—	530	—	—	—	615
	Q420钢	—	—	425	—	—	560	—	—	—	655

注 1. A级螺栓用于 $d \leqslant 24$mm 和 $l \leqslant 10d$ 或 $l \leqslant 150$mm（按较小值）的螺栓；B级螺栓用于 $d > 24$mm 和 $l > 10d$ 或 $l > 150$mm（按较小值）的螺栓。d 为公称直径；l 为螺杆公称长度。

2. A、B级螺栓孔的精度和孔壁表面粗糙度，C级螺栓孔的允许偏差和孔壁表面粗糙度，均应符合《钢结构工程施工质量验收规范》（GB 50205）的要求。

表 6.1-6 **钢材和钢铸件的物理力学指标**

弹性模量 E（N/mm²）	剪变模量 G（N/mm²）	线膨胀系数 α（以每℃计）	质量密度 ρ（kg/m³）
206×10^3	79×10^3	12×10^{-6}	7850

6. 结构或构件变形的规定

为了不影响结构或构件的正常使用和观感，应对结构或构件的变形（挠度或侧移）规定相应的限值。一般情况下，受弯构件的挠度容许值见表 6.1-7。

表 6.1-7 **受弯构件的挠度容许值**

项次	构件类别		挠度容许值 $[\nu_T]$	挠度容许值 $[\nu_Q]$
1	吊车梁和吊车桁架（按自重和起重量最大的一台吊车计算挠度）	(1) 手动吊车和单梁吊车（含悬挂吊车）	$l/500$	—
		(2) 轻级工作制桥式吊车	$l/800$	—
		(3) 中级工作制桥式吊车	$l/1000$	—
		(4) 重级工作制桥式吊车	$l/1200$	—
2	手动或电动葫芦的轨道梁		$l/400$	—
3	有重轨（重量不小于 38kg/m）轨道的工作平台梁		$l/600$	—
	有轻轨（重量不大于 24kg/m）轨道的工作平台梁		$l/400$	—

续表

项次	构件类别			挠度容许值	
				$[\nu_T]$	$[\nu_Q]$
4	楼（屋）盖梁或桁架、工作平台梁［第(3)项除外］和平台板	(1) 主梁或桁架（包括设有悬臂起重设备的梁和桁架）		$l/400$	$l/500$
		(2) 抹灰顶棚的次梁		$l/250$	$l/350$
		(3) 除(1)、(2)款外的其他梁（包括楼梯梁）		$l/250$	$l/300$
		(4) 屋盖檩条	支承无积灰的瓦楞铁和石棉瓦屋面	$l/150$	—
			支承压型金属板、有积灰的瓦楞铁和石棉瓦等屋面	$l/200$	—
			支承其他屋面材料	$l/200$	—
		(5) 平台板		$l/150$	—
5	墙架构件（风荷载不考虑阵风系数）	(1) 支柱		—	$l/400$
		(2) 抗风桁架（作为连续支柱支撑时）		—	$l/1000$
		(3) 砌体墙的横梁（水平方向）		—	$l/300$
		(4) 支承压型金属板、瓦楞铁和石棉瓦墙面的横梁（水平方向）		—	$l/200$
		(5) 带有玻璃窗的横梁（竖直和水平方向）		$l/200$	$l/200$

注 l 为受弯构件的跨度（对悬臂梁和伸臂梁为悬臂长度的2倍）。$[\nu_T]$ 为永久和可变荷载标准值产生的挠度（如有起拱应减去拱度）的容许值；$[\nu_Q]$ 为可变荷载标准值产生的挠度的容许值。

在风荷载标准值作用下，框架结构的水平位移容许值见表6.1-8。

表6.1-8　框架结构的水平位移容许值

项次	位移的种类	相对位移
1	无桥式吊车的单层框架的柱顶位移	$H/150$
2	有桥式吊车的单层框架的柱顶位移	$H/400$
3	多层框架的柱顶位移	$H/500$
4	多层框架的层间相对位移	$h/400$

注 1. H 为自基础顶面至柱顶的总高度；h 为层高。
2. 对室内装修要求较高的民用建筑多层框架结构，层间相对位移宜适当减小；无墙壁的多层框架结构，层间相对位移可适当放宽。
3. 对轻型框架结构的柱顶水平位移和层间位移均可适当放宽。

在冶金工厂或类似车间中设有A7、A8级吊车的在厂房柱和设有中级和重级工作制吊车的露天栈桥柱，在吊车梁或吊车桁架的顶面标高处，由一台最大吊车水平荷载（按荷载规范取值）所产生的计算变形值，不宜超过表6.1-9所列的容许值。

表6.1-9　柱的水平位移（计算值）容许值

项次	位移的种类	按平面结构图形计算	按空间结构图形计算
1	厂房柱的横向位移	$H_c/1250$	$H_c/2000$
2	露天栈桥柱的横向位移	$H_c/2500$	—
3	厂房和露天栈桥柱的纵向位移	$H_c/4000$	—

注 1. H_c 为基础顶面至吊车梁或吊车桁架顶面的高度。
2. 计算厂房或露天栈桥柱的纵向位移时，可假定吊车的纵向水平制动力分配在温度区段内所有柱间支撑或纵向框架上。
3. 在设有A8级吊车的厂房中，厂房柱的水平位移容许值宜减少10%。
4. 在设有A6级吊车的厂房中，柱的纵向位移宜符合表中的要求。

6.2 钢结构的连接

钢结构常用的连接方法有焊缝连接和螺栓连接两种。

根据接头形式，焊缝连接可分为对接接头、T形接头、搭接接头三种。焊缝形式可分为对接焊缝和角焊缝两种。螺栓连接可分为普通螺栓连接和高强度螺栓连接两种。根据受力性能的不同阶段，高强度螺栓连接还可以分成摩擦型和承压型两类，目前国内多采用摩擦型高强度螺栓连接。

6.2.1 对接焊缝连接

6.2.1.1 对接焊缝的构造

对接焊缝主要用于板件、型钢的拼接或构件的连接。其传力直接、平顺，没有显著的应力集中现象，能较好地适应承受动荷载的构件连接。

对接焊缝常见的坡口形式有：不开坡口的 I 形，开坡口的 V 形、U 形、X 形和 K 形等。

在对接焊缝的拼接处：当焊件的宽度不同或厚度在一侧相差 4mm 以上时，应分别在宽度方向或厚度方向从一侧或两侧做成坡度不大于 1：2.5 的斜角，见图 6.2-1；当厚度不同时，焊缝坡口形式应根据较薄焊件厚度按前述要求取用，焊缝的计算厚度等于较薄板的厚度。对于直接承受动力荷载且需要进行疲劳计算的结构，斜角坡度不应大于 1：4。

当采用部分焊透的对接焊缝时，应在设计图中注

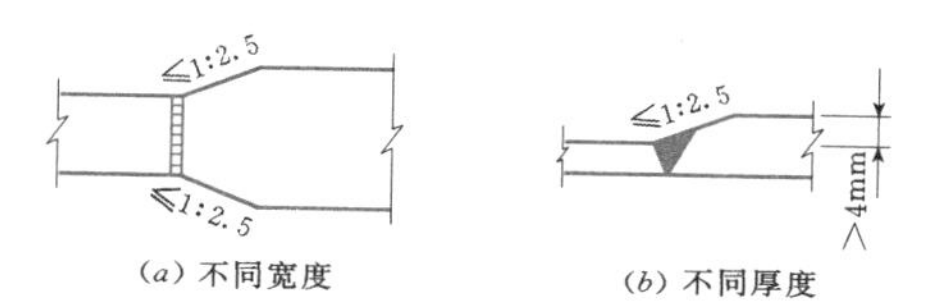

图 6.2-1 不同宽度或厚度钢板的拼接

明坡口的形式和尺寸，其计算厚度 h_e(mm) 不得小于 $1.5\sqrt{t}$（t 为焊件的较大厚度，mm）。

在直接承受动载的结构中，垂直于受力方向的焊缝不宜采用部分焊透的对接焊缝。

6.2.1.2 对接焊缝的计算

在对接接头和 T 形接头中，垂直于轴心拉力或轴心压力的对接焊缝或对接与角接组合焊缝，其强度应按下式计算：

$$\sigma = \frac{N}{l_w t} \leqslant f_t^w \text{或} f_c^w \tag{6.2-1}$$

式中 N——轴心拉力或压力；

l_w——焊缝长度；

t——在对接接头中为连接件的较小厚度，在 T 形接头中为腹板的厚度；

f_t^w、f_c^w——对接焊缝的抗拉、抗压强度设计值。

在对接接头和 T 形接头中，承受弯矩和剪力共同作用的对接焊缝或对接与角接组合焊缝，其正应力和剪应力应分别进行计算。但在同时受有较大正应力和剪应力处，应按下式计算折算应力：

$$\sqrt{\sigma^2 + 3\tau^2} \leqslant 1.1 f_t^w \tag{6.2-2}$$

当承受轴心力的板件用斜焊缝对接，焊缝与作用力间的夹角 θ 符合 $\tan\theta \leqslant 1.5$ 时，其强度可不计算。

当对接焊缝和 T 形对接与角接组合焊缝无法采用引弧板施焊时，每条焊缝在计算长度时应各减去 $2t$。

在对接焊缝连接中，几种简单情况的对接焊缝强度计算公式可按表 6.2-1 采用。

表 6.2-1 对接焊缝或对接与角接组合焊缝的强度计算公式

项次	连接形式及受力情况	计算内容	计算公式	备注
1		拉应力或压应力	$\sigma = \frac{N}{l_w t} \leqslant f_t^w$ 或 f_c^w	
2		正应力 剪应力	$\sigma = \frac{6M}{l_w^2 t} \leqslant f_t^w$ 或 f_c^w $\tau = \frac{1.5V}{l_w t} \leqslant f_v^w$	
3		正应力 剪应力 折算应力	$\sigma = \frac{N}{A_w} + \frac{M}{W_w} \leqslant f_t^w$ 或 f_c^w $\tau = \frac{VS_w}{I_w t} \leqslant f_c^w$ $\sqrt{\sigma_1^2 + 3\tau_1^2} = \sqrt{\left(\frac{N}{A_w} + \frac{My_1}{I_w}\right)^2 + 3\left(\frac{VS_{w1}}{I_w t}\right)^2} \leqslant 1.1 f_t^w$	在正应力和剪应力都较大的地方才需要计算折算应力，如图中的 1 点处

注 1. N、M、V 分别为作用于连接处的轴心力、弯矩和剪力；l_w 为焊缝的计算长度，当对接焊缝和 T 形对接与角接组合焊缝无法采用引弧板施焊时，每条焊缝在计算长度时应各减去 2t；A_w、W_w 为焊缝截面的面积和抵抗矩；S_w 为所求剪应力处以上的焊缝截面对中和轴的面积矩；I_w 为焊缝截面的惯性矩；y_1 为 1 点到中和轴的距离；S_{w1} 为计算 1 点剪应力所用的焊缝截面的面积矩。

2. I_w、W_w 及 A_w 计算时均应采用焊缝的计算长度 l_w。

6.2.2 角焊缝连接

6.2.2.1 角焊缝的构造

角焊缝按它与外力方向的不同，分为正面角焊缝（作用力垂直于焊缝长度方向）、侧面角焊缝（作用力平行于焊缝长度方向），以及由它们组合而成的围焊缝。

角焊缝两焊脚的夹角 α 一般为 90°（直角角焊缝）。夹角 $\alpha>135°$ 或 $\alpha<60°$ 的斜角角焊缝，不宜用作受力焊缝（钢管结构除外）。

角焊缝的尺寸应符合下列要求：

(1) 角焊缝的焊脚尺寸 h_f(mm) 不得小于 $1.5\sqrt{t}$（t 为较厚焊件的厚度，mm）（当采用低氢型碱性焊条施焊时，t 可采用较薄焊件的厚度）。但对埋弧自动焊，最小焊脚尺寸可减小 1mm；对 T 形连接的单面角焊缝，应增加 1mm。当焊件厚度不大于 4mm 时，则最小焊脚尺寸与焊件厚度相同。

(2) 角焊缝的焊脚尺寸不宜大于较薄焊件厚度的 1.2 倍（钢管结构除外），但板件（厚度为 t）边缘的角焊缝最大焊脚尺寸，尚应符合下列要求：

1) 当 $t\leqslant 6$mm 时，$h_f\leqslant t$。

2) 当 $t>6$mm 时，$h_f\leqslant t-(1\sim 2)$mm。

圆孔或槽孔内的角焊缝焊脚尺寸尚不宜大于圆孔直径或槽孔短径的 1/3。

(3) 角焊缝的两焊脚尺寸一般为相等。当焊件的厚度相差较大，且等焊脚尺寸不能符合本条第 (1)、(2) 项要求时，可采用不等焊脚尺寸；与较薄焊件接触的焊脚边应满足本条第 (2) 项的要求；与较厚焊件接触的焊脚边应满足本条第 (1) 项的要求。

(4) 侧面角焊缝或正面角焊缝的长度不得小于 $8h_f$ 和 40mm。

(5) 侧面角焊缝的计算长度不宜大于 $60h_f$，当大于 $60h_f$ 时，其超过部分在计算中不予考虑。若内力沿侧面角焊缝全长分布时，其计算长度不受此限。

(6) 在直接承受动力荷载的结构中，角焊缝表面应做成直线形或凹形。焊脚尺寸的比例：对正面角焊缝宜为 1∶1.5（长边顺内力方向）；对侧面角焊缝可为 1∶1。

(7) 在次要构件或次要焊缝连接中，可采用断续角焊缝。断续角焊缝焊段的长度不得小于 $10h_f$ 或 50mm，其净距不应大于 $15t$（对受压构件）或 $30t$（对受拉构件）（t 为较薄焊件的厚度）。

(8) 当板件的端部仅有两侧面角焊缝连接时，每条侧面角焊缝长度不宜小于两侧面角焊缝之间的距离；同时，两侧面角焊缝之间的距离不宜大于 $16t$（当 $t>12$mm）或 190mm（当 $t\leqslant 12$mm）（t 为较薄焊件的厚度）。

(9) 杆件与节点板的连接焊缝（见图 6.2-2），宜采用两面侧焊，也可用三面围焊，对角钢杆件可采用 L 形围焊，所有围焊的转角处必须连续施焊。

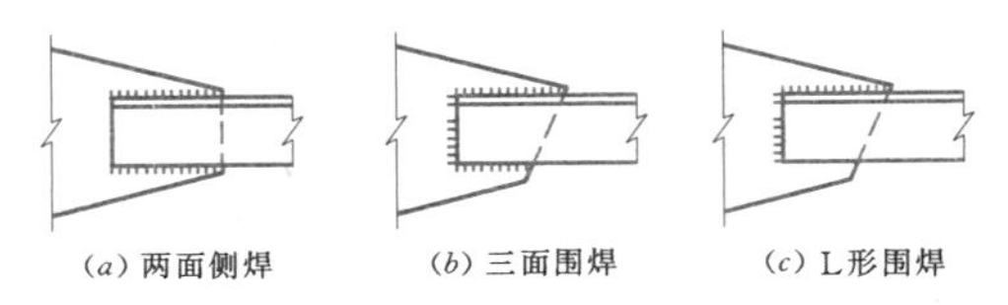

图 6.2-2 杆件与节点板的连接焊缝

(10) 当角焊缝的端部在构件转角处做长度为 $2h_f$ 的绕角焊时，转角处必须连续施焊。

(11) 在搭接连接中，搭接长度不得小于焊件较小厚度的 5 倍，并不得小于 25mm。

(12) 在设计时应考虑焊接所需的操作空间。

6.2.2.2 角焊缝的计算

1. 直角角焊缝的计算

当角焊缝的两焊角边夹角为 90°时，称为直角角焊缝，即一般所指的最常见的角焊缝（见图 6.2-3）。

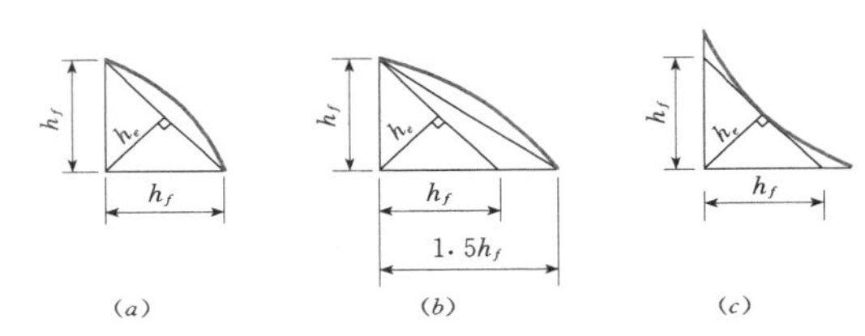

图 6.2-3 直角角焊缝截面

角焊缝的计算厚度 h_e 为焊缝横截面内接等腰三角形的最短距离（不考虑熔深和凸度），角焊缝的有效截面为焊缝有效厚度与计算长度的乘积。

直角角焊缝的强度按下列公式进行计算。

(1) 在通过焊缝形心的拉力、压力或剪力作用下：

1) 正面角焊缝（作用力垂直于焊缝长度方向）：

$$\sigma_f=\frac{N}{h_e l_w}\leqslant \beta_f f_f^w \tag{6.2-3}$$

2) 侧面角焊缝（作用力平行于焊缝长度方向）：

$$\tau_f=\frac{N}{h_e l_w}\leqslant f_f^w \tag{6.2-4}$$

3) 在其他力或各种力综合作用下，σ_f 和 τ_f 共同作用处：

$$\sqrt{\left(\frac{\sigma_f}{\beta_f}\right)^2+\tau_f^2}\leqslant f_f^w \tag{6.2-5}$$

式中 σ_f——按焊缝有效截面（$h_e l_w$）计算，垂直于焊缝长度方向的应力；

τ_f——按焊缝有效截面计算，沿焊缝长度方向的剪应力；

h_e——角焊缝的计算厚度，对直角角焊缝为 $0.7h_f$（h_f 为焊脚尺寸）；

l_w——角焊缝的计算长度，对每条焊缝取其实际长度减去 $2h_f$；

f_f^w——角焊缝的强度设计值；

β_f——正面角焊缝的强度设计值增大系数，对承受静力荷载和间接承受动力荷载的结构取 $\beta_f=1.22$，对直接承受动力荷载的结构取 $\beta_f=1.0$。

（2）在直角角焊缝连接中，几种简单情况的直角角焊缝强度计算公式可按表 6.2-2 采用。

表 6.2-2　直角角焊缝连接的强度计算公式

项次	连接形式及受力情况	计算公式
1	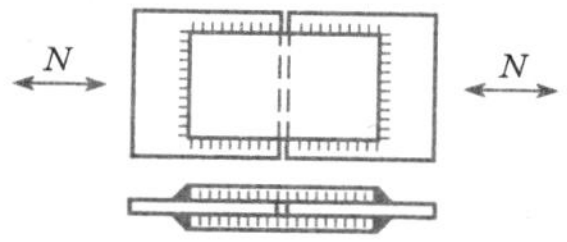 N　N	$\dfrac{N}{0.7h_f\sum l_w}\leqslant f_f^w$
2	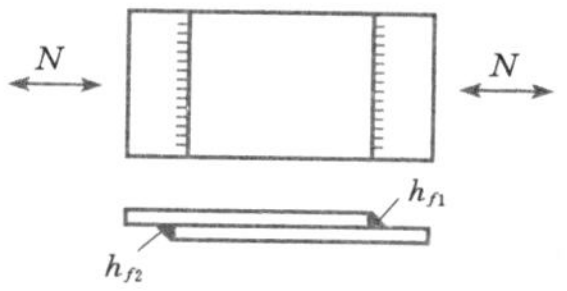 N　N　h_{f1}　h_{f2}	$\dfrac{N}{0.7\beta_f(h_{f1}+h_{f2})l_w}\leqslant f_f^w$
3	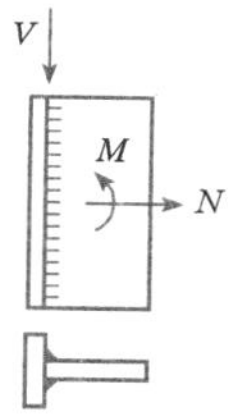 V　M　N	$\sqrt{\dfrac{1}{\beta_f^2}\left(\dfrac{N}{2\times0.7h_fl_w}+\dfrac{6M}{2\times0.7h_fl_w^2}\right)^2+\left(\dfrac{V}{2\times0.7h_fl_w}\right)^2}\leqslant f_f^w$
4	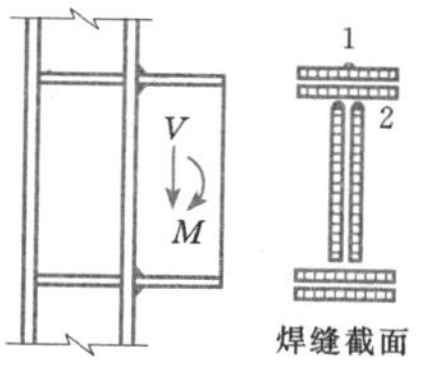 V　M　1　2　焊缝截面	焊缝 1 点处：$\dfrac{M}{W_{w1}}\leqslant\beta_ff_f^w$ 焊缝 2 点处：$\sqrt{\dfrac{1}{\beta_f^2}\left(\dfrac{M}{W_{w2}}\right)^2+\left(\dfrac{V}{A'_w}\right)^2}\leqslant f_f^w$
5	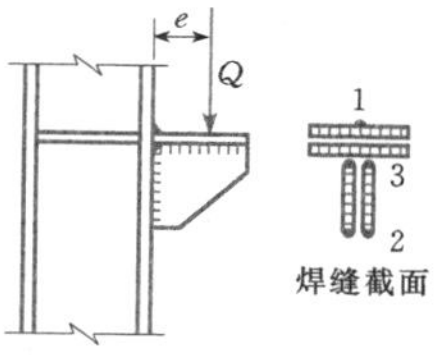 e　Q　1　3　2　焊缝截面	焊缝 1 点处：$\dfrac{Qe}{W_{w1}}\leqslant\beta_ff_f^w$ 焊缝 2 点处：$\sqrt{\dfrac{1}{\beta_f^2}\left(\dfrac{Qe}{W_{w2}}\right)^2+\left(\dfrac{Q}{A'_w}\right)^2}\leqslant f_f^w$ 焊缝 3 点处：$\sqrt{\dfrac{1}{\beta_f^2}\left(\dfrac{Qe}{W_{w3}}\right)^2+\left(\dfrac{Q}{A'_w}\right)^2}\leqslant f_f^w$
6	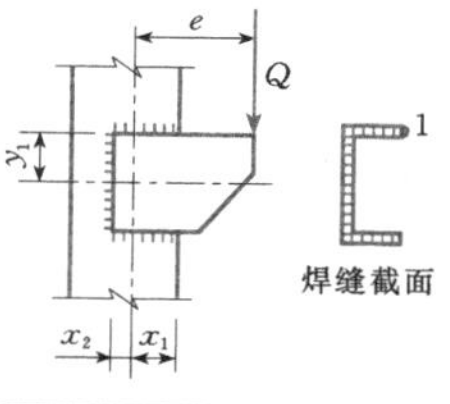 e　Q　y_1　x_2　x_1　1　焊缝截面	焊缝 1 点处：$\sqrt{\dfrac{1}{\beta_f^2}\left(\dfrac{Q}{A_w}+\dfrac{Qex_1}{I_{wp}}\right)^2+\left(\dfrac{Qey_1}{I_{wp}}\right)^2}\leqslant f_f^w$

注　h_f、h_{f1}、h_{f2} 为角焊缝的较小焊角尺寸（见图 6.2-3）；$\sum l_w$ 为连接一边的焊缝计算长度；W_{w1}、W_{w2}、W_{w3} 为焊缝有效截面对 1 点、2 点、3 点的抵抗矩；A'_w 为腹板连接焊缝（竖直焊缝）的有效截面面积；A_w 为焊缝有效截面面积；I_{wp} 为焊缝有效截面对其形心 O 的极惯矩，$I_{wp}=I_{wx}+I_{wy}$；I_{wx}、I_{wy} 为焊缝有效截面对其形心轴 x 轴、y 轴的惯性矩；β_f 为正面角焊缝的设计强度增大系数，对承受静力荷载和间接承受动力荷载的结构，$\beta_f=1.22$。

对于受轴心力 N 的角钢与钢板的连接（见图6.2-4），其中三面围焊或L形围焊，在被连接焊件上的应力分布较为均匀，对于承受动力荷载尤为适宜。围焊时，转角处必须连续施焊。

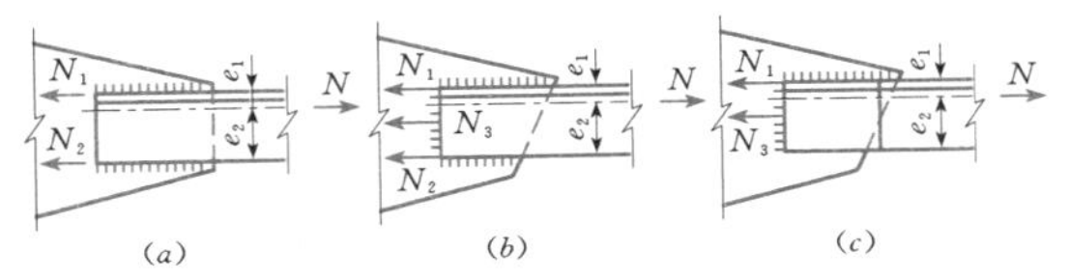

图6.2-4　受轴心力角钢与钢板的连接

为了避免连接处偏心受力，在图6.2-4（a）中，应使角钢两侧焊缝所受的 N_1 和 N_2 的合力与角钢的轴线相重合。利用 $N_1+N_2=N$ 及 $N_1e_1=N_2e_2$ 两个平衡条件，可解得

$$\left.\begin{aligned}N_1&=\frac{e_2}{e_1+e_2}N=k_1N\\N_2&=\frac{e_1}{e_1+e_2}N=k_2N\end{aligned}\right\}\qquad(6.2-6)$$

当采用三面围焊时［见图6.2-4（b）］，由于端焊缝的长度是一定的，可先选定端焊缝的焊脚尺寸 h_f，并算出它能承受的内力 $N_3=0.7h_{f3}l_{w3}\beta_f f_f^w$，再利用与上述类似的平衡条件，可解得

$$\left.\begin{aligned}N_1&=\frac{e_2}{e_1+e_2}N-\frac{N_3}{2}=k_1N-\frac{N_3}{2}\\N_2&=\frac{e_1}{e_1+e_2}N-\frac{N_3}{2}=k_2N-\frac{N_3}{2}\end{aligned}\right\}\qquad(6.2-7)$$

当轴心力 N 较小时，也可采用L形围焊［见图6.2-4（c）］，此时无须先选定端焊缝的焊脚尺寸 h_f，使式（6.2-7）中的 $N_2=0$，即可得 $N_3=2k_2N$，$N_1=(1-2k_2)N$。

上列各式中，k_1 与 k_2 为角钢肢背和肢尖的焊缝内力分配系数，可近似地按表6.2-3取值。为了方便，表6.2-4列出了角钢与钢板连接的角焊缝计算公式。

表6.2-3　焊缝内力分配系数 k_1 和 k_2

项次	角钢类型	连接形式	焊缝内力分配系数	
			k_1（肢背）	k_2（肢尖）
1	等边角钢	k_1 k_2	0.70	0.30
2	不等边角钢短边相连	k_1 k_2	0.75	0.25
3	不等边角钢长边相连	k_1 k_2	0.65	0.35

表6.2-4　角钢与钢板连接的角焊缝计算公式

项次	连接形式	计算公式	备注
1	"1" "2" N	$l_{w1}=\frac{k_1N}{2\times0.7h_{f1}f_f^w}$ $l_{w2}=\frac{k_2N}{2\times0.7h_{f2}f_f^w}$	两面侧焊
2	"1" "2" "3" N	$N_1=k_1N-\frac{N_3}{2}$ $N_2=k_2N-\frac{N_3}{2}$ $N_3=2\times0.7h_{f3}l_{w3}\beta_f f_f^w$ $l_{w1}=\frac{N_1}{2\times0.7h_{f1}f_f^w}$ $l_{w2}=\frac{N_2}{2\times0.7h_{f2}f_f^w}$	三面围焊 $N_3<2k_2N$
3	"1" "3" N	$N_3=2k_2N$ $h_{f3}=\frac{N_3}{2\times0.7l_{w3}f_f^w}$ $l_{w1}=\frac{N-N_3}{2\times0.7h_{f1}f_f^w}$	L形围焊，一般只宜用于内力较小的杆件，并使 $l_{w1}\geq l_{w3}$

注　h_{f1}、l_{w1} 为一个角钢肢背侧焊缝的焊脚尺寸和计算长度；h_{f2}、l_{w2} 为一个角钢肢尖侧焊缝的焊脚尺寸和计算长度；h_{f3}、l_{w3} 为一个角钢端焊缝的焊脚尺寸和计算长度；k_1、k_2 为角钢肢背和肢尖的焊缝内力分配系数，根据表6.2-3确定。

2. 斜角角焊缝的计算

两焊角边夹角不等于90°的角焊缝称为斜角角焊缝（见图6.2-5），这种焊缝一般用T形接头（见图6.2-6）。

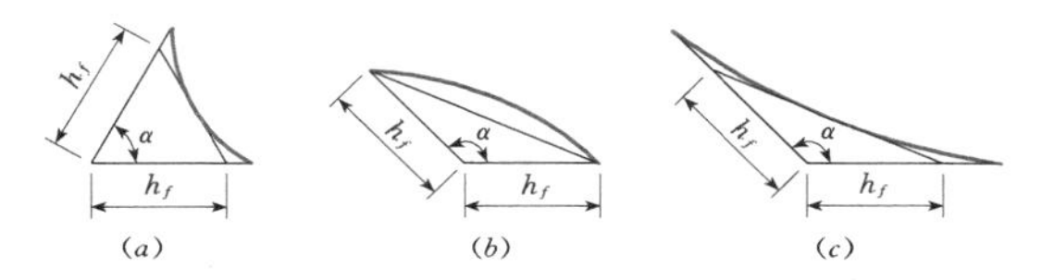

图6.2-5 T形接头的斜角角焊缝截面

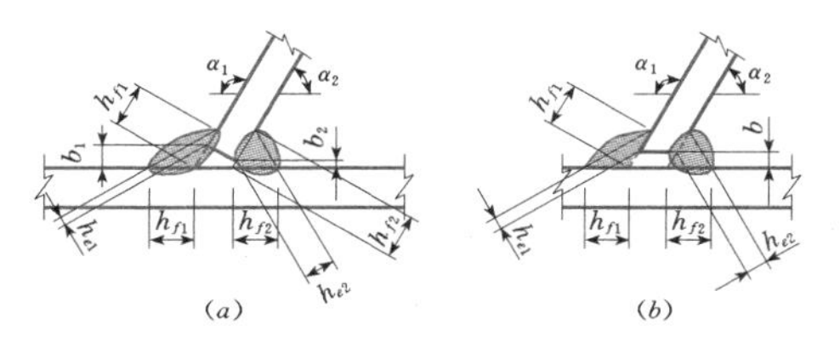

图6.2-6 T形接头的根部间隙和焊缝截面

两焊角边夹角 α 为 $60°\leqslant\alpha\leqslant135°$ 的T形接头，其斜角角焊缝（见图6.2-5、图6.2-6）的强度按式(6.2-3)～式(6.2-5)计算，但取 $\beta_f=1.0$，其计算厚度如下：

$$h_e = h_f \cos\frac{\alpha}{2} \quad (\text{根部间隙 } b、b_1 \text{ 或 } b_2 \leqslant 1.5\text{mm}) \tag{6.2-8}$$

或

$$h_e = \left[h_f - \frac{b(\text{或 } b_1、b_2)}{\sin\alpha}\right]\cos\frac{\alpha}{2}$$

$$(b、b_1 \text{ 或 } b_2 > 1.5\text{mm，但} \leqslant 5\text{mm}) \tag{6.2-9}$$

3. 部分焊透的对接焊缝和T形对接与角接组合焊缝的计算

当板件较厚而板件间连接受力较小时，可以采用部分焊透的对接焊缝[见图6.2-7(*a*)、(*b*)、(*d*)、(*e*)]和T形连接[见图6.2-7(*c*)]。由于它们未焊透，可以归入角焊缝的范畴，按角焊缝的计算公式(6.2-3)～式(6.2-5)计算。在垂直于焊缝长度方向的压力作用下取 $\beta_f=1.22$，其他受力情况取 $\beta_f=1.0$，其计算厚度应按如下情况采用：

V形坡口[见图6.2-7(*a*)]：当 $\alpha\geqslant60°$ 时，$h_e=s$；当 $\alpha<60°$ 时，$h_e=0.75s$。

单边V形和K形坡口[见图6.2-7(*b*)、(*c*)]：当 $\alpha=45°\pm5°$ 时，$h_e=s-3$。

U形和J形坡口[见图6.2-7(*d*)、(*e*)]：$h_e=s$。

s 为坡口深度，即根部至焊缝表面（不考虑余高）的最短距离(mm)；α 为V形、单边V形或K形坡口角度。

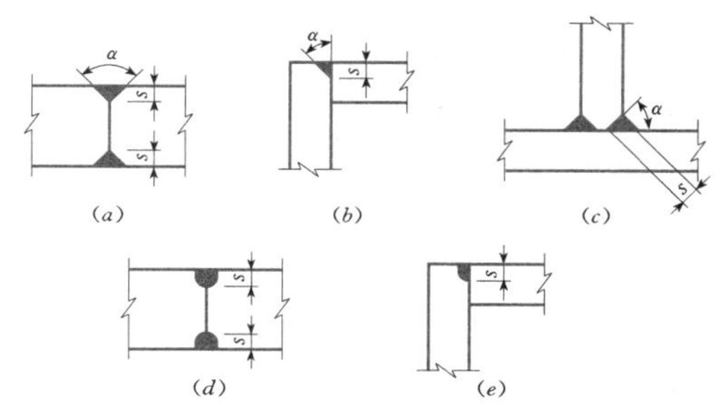

图6.2-7 部分焊透的对接焊缝和其与角焊缝的组合焊缝截面

当熔合线处焊缝截面边长等于或接近于最短距离 s 时[见图6.2-7(*b*)、(*c*)、(*e*)]，抗剪强度设计值应按角焊缝的强度设计值乘以0.9。

6.2.3 钢材的拼接

在设计布置焊缝时，除上述各种构造要求外，尚须尽量避免焊缝的立体交叉和在一处集中多条焊缝，并不得任意加厚焊缝，以减轻焊接残余应力和焊接变形。

当钢材的供应尺寸小于构件长度时，应在制造厂中进行拼接。拼接处的强度通常要求与构件等强，也可以根据构件拼接处的实际最大内力进行计算。

钢板的拼接一般都采用对接焊缝，拼接位置宜尽量设置在受力较小的部位。

角钢、工字钢与槽钢等型钢的拼接，一般都采用角焊缝，并区别情况配备足够的拼接角钢、盖板或顶板，以传递内力。

单角钢的拼接可以采用角钢或钢板，如图6.2-8所示。

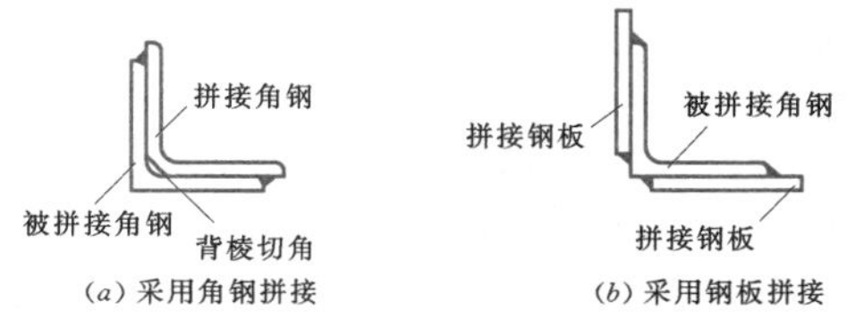

图6.2-8 单角钢的拼接

双角钢的拼接可以采用图6.2-9所示的形式。拼接角钢用同号角钢切割制成，切割后截面的削弱由垫板补偿。垫板长度由焊缝长度确定。焊缝则按与垫板等强的原则设计。

工字钢或槽钢的拼接可以采用图6.2-10的形式。拼接按下述原则进行计算：

(1) 翼缘的拼接按受轴向力 $N=A_{n1}f$ 计算（A_{n1} 为翼缘板的净截面面积）。

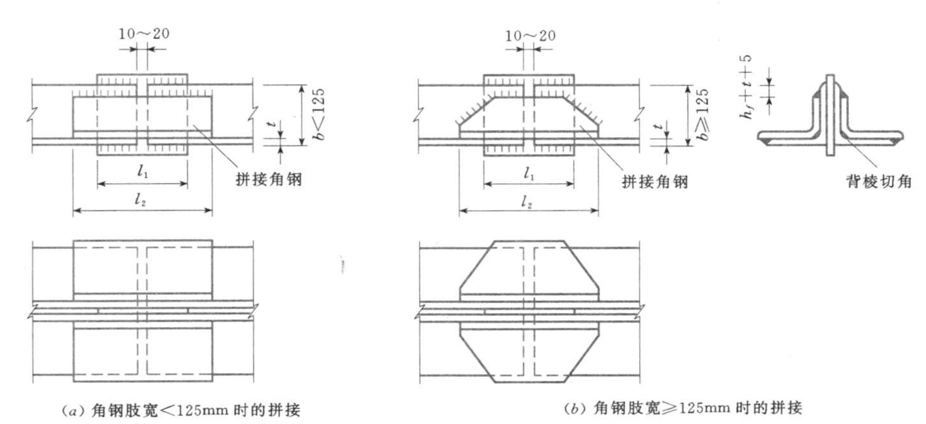

(a) 角钢肢宽＜125mm 时的拼接　　(b) 角钢肢宽≥125mm 时的拼接

图 6.2-9　双角钢的拼接（单位：mm）

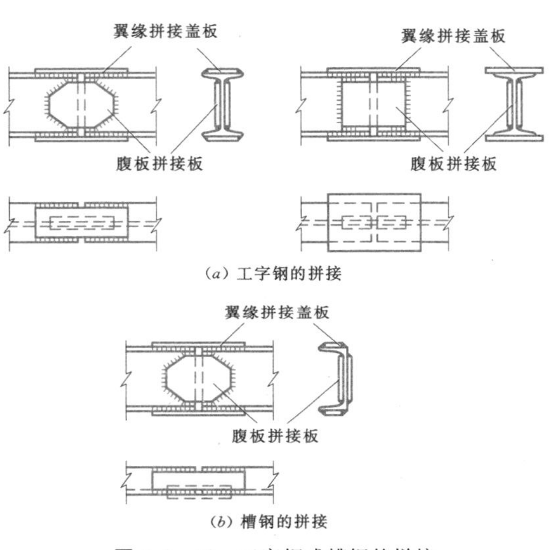

(a) 工字钢的拼接

(b) 槽钢的拼接

图 6.2-10　工字钢或槽钢的拼接

(2) 腹板的拼接按承受全部剪力及腹板上的弯矩 M_w 进行计算。M_w 按下式计算：

$$M_w=\frac{I_w}{I}M \tag{6.2-10}$$

式中　M——拼接处梁截面所受的弯矩；

I_w——工字钢或槽钢腹板的惯性矩；

I——工字钢或槽钢全截面的惯性矩。

6.2.4 普通螺栓连接

6.2.4.1 普通螺栓连接的构造

普通螺栓连接设计应合理确定螺栓布置及其构造，螺栓的排列应简单、紧凑、便于安装，并且要满足受力要求。螺栓布置的连接排列要求及容许距离应符合表 6.2-5 的规定。

每一杆件在节点上以及拼接接头的一端，永久性的螺栓数不宜少于 2 个。对组合构件的缀条，其端部连接可采用 1 个螺栓。

C 级螺栓宜用于沿其杆轴方向受拉的连接，对于承受静力荷载或间接承受动力荷载结构中的次要连接、承受静力荷载的可拆卸结构的连接、临时固定构件用的安装连接等情况，可用于受剪连接。

对直接承受动力荷载的普通螺栓受拉连接，应采用双螺母或采取其他能防止螺母松动的有效措施。

沿杆轴方向受拉的螺栓连接中的端板（法兰板），应适当增强其刚度（如加设加劲肋），以减少撬力对螺栓抗拉承载力的不利影响。

6.2.4.2 普通螺栓连接的计算

1. 普通螺栓受剪连接计算

普通螺栓受剪的连接中，每个普通螺栓的承载力设计值应取受剪承载力和承压承载力设计值中的较小者。

受剪承载力设计值：

$$N_v^b=n_v\frac{\pi d^2}{4}f_v^b \tag{6.2-11}$$

承压承载力设计值：

$$N_c^b=d\sum t\cdot f_c^b \tag{6.2-12}$$

式中　n_v——受剪面数目；

d——螺栓杆直径；

$\sum t$——在不同受力方向中一个受力方向承压构件总厚度的较小值；

f_v^b、f_c^b——螺栓抗剪、母材承压强度设计值。

2. 普通螺栓受拉连接计算

普通螺栓或锚栓杆轴方向受拉的连接中，每个普通螺栓或锚栓的承载力设计值应按下列公式计算：

普通螺栓
$$N_t^b=\frac{\pi d_e^2}{4}f_t^b \tag{6.2-13}$$

锚栓
$$N_t^a=\frac{\pi d_e^2}{4}f_t^a \tag{6.2-14}$$

式中　d_e——螺栓或锚栓在螺纹处的有效直径；

f_t^b、f_t^a——普通螺栓、锚栓的抗拉强度设计值。

表 6.2-5　　螺栓的最大、最小容许距离

<table>
<tr><th>名 称</th><th colspan="3">位 置 和 方 向</th><th>最大容许距离
（取两者的较小值）</th><th>最小容许
距离</th></tr>
<tr><td rowspan="5">中心间距</td><td colspan="3">外排（垂直或顺内力方向）</td><td>$8d_0$ 或 $12t$</td><td rowspan="5">$3d_0$</td></tr>
<tr><td rowspan="3">中间排</td><td colspan="2">垂直内力方向</td><td>$16d_0$ 或 $24t$</td></tr>
<tr><td rowspan="2">顺内力方向</td><td>构件受压力</td><td>$12d_0$ 或 $18t$</td></tr>
<tr><td>构件受拉力</td><td>$16d_0$ 或 $24t$</td></tr>
<tr><td colspan="3">沿对角线方向</td><td>—</td></tr>
<tr><td rowspan="4">中心至构件
边缘的距离</td><td colspan="3">顺内力方向</td><td rowspan="4">$4d_0$ 或 $8t$</td><td>$2d_0$</td></tr>
<tr><td rowspan="3">垂直内力方向</td><td colspan="2">剪切边或手工气割边</td><td rowspan="2"></td></tr>
<tr><td rowspan="2">轧制边、自动气割
或锯割边</td><td>高强度螺栓</td></tr>
<tr><td>普通螺栓</td><td>$1.2d_0$</td></tr>
</table>

注 1. d_0 为螺栓的孔径；t 为外层较薄板件的厚度。
2. 钢板边缘与刚性构件（如角钢、槽钢等）相连的螺栓的最大距离，可按中间排的数值采用。

3. 同时承受剪力和杆轴方向拉力的普通螺栓连接计算

应分别符合下列公式的要求：

$$\sqrt{\left(\frac{N_v}{N_v^b}\right)^2+\left(\frac{N_t}{N_t^b}\right)^2}\leqslant 1 \qquad (6.2-15)$$

$$N_v \leqslant N_c^b \qquad (6.2-16)$$

式中　N_v、N_t——一个普通螺栓所承受的剪力、拉力；

N_v^b、N_t^b、N_c^b——一个普通螺栓的受剪、受拉、承压承载力设计值。

普通螺栓或锚栓在螺纹处的有效直径、有效面积及相应的螺纹间距见表 6.2-6。

表 6.2-6　　普通螺栓或锚栓在螺纹处的有效直径和有效面积及相应的螺纹间距

螺栓直径 d(mm)	螺纹间距 p(mm)	螺栓有效直径 d_e(mm)	螺栓有效面积 A_e(mm^2)	螺栓直径 d(mm)	螺纹间距 p(mm)	螺栓有效直径 d_e(mm)	螺栓有效面积 A_e(mm^2)
10	1.5	8.59	58	45	4.5	40.78	1306
12	1.75	10.36	84	48	5.0	43.31	1473
14	2.0	12.12	115	52	5.0	47.31	1758
16	2.0	14.12	157	56	5.5	50.84	2030
18	2.5	15.65	193	60	5.5	54.84	2362
20	2.5	17.65	245	64	6.0	58.37	2676
22	2.5	19.65	303	68	6.0	62.37	3055
24	3.0	21.19	353	72	6.0	66.37	3460
27	3.0	24.19	459	76	6.0	70.37	3889
30	3.5	26.72	561	80	6.0	74.37	4344
33	3.5	29.72	694	85	6.0	79.37	4948
36	4.0	32.25	817	90	6.0	84.37	5591
39	4.0	35.25	976	95	6.0	89.37	6273
42	4.5	37.78	1121	100	6.0	94.37	6995

6.2.5 高强度螺栓连接

6.2.5.1 高强度螺栓连接的构造

按照传力方式的不同，高强度螺栓的连接可分为摩擦型连接和承压型连接两种。

摩擦型高强度螺栓连接只利用接触面间的摩擦阻力传递剪力，其整体性能好、抗疲劳能力强，适用于承受动力荷载和重要的连接。

承压型高强度螺栓连接允许外力超过构件接触面间的摩擦阻力，利用螺栓杆与孔壁直接接触传递剪力，承载能力比摩擦型提高较多，可用于不直接承受动力荷载且无反向内力的连接。

每一杆件在节点上及拼接接头的一端，永久性的高强度螺栓数目不宜少于2个。

高强度螺栓孔应采用钻成孔。摩擦型连接的高强度螺栓的孔径比螺栓公称直径 d 大 1.5～2mm；承压型连接的高强度螺栓的孔径比螺栓公称直径 d 大 1.0～1.5mm。

在高强度螺栓连接范围内，构件接触面的处理方法应在施工图中说明。

高强度螺栓布置的连接排列要求及容许距离应符合表6.2-5的规定。

当型钢构件拼接采用高强度螺栓连接时，其拼接件宜采用钢板。

在高强度螺栓连接处，设计时应考虑专用施工机具的操作空间。

结构在同一接头同一受力部件上，在改建、加固或有特殊需要时，允许采用侧面角焊缝与摩擦型高强度螺栓的混合连接，并考虑其共同工作，但两种连接承载力之比宜控制在1.0～1.5之内。

结构在同一接头中，允许按不同受力部位分别采用不同性质连接所组成的混合连接并考虑其共同工作。

采用栓焊混合连接时，宜在高强度螺栓初拧之后施焊，焊接完成之后再进行终拧。当采用先拧后焊的工序，高强度螺栓的承载力应降低10%。

大六角高强度螺栓的施工扭矩可由下式计算确定：

$$T_c = kP_c d \tag{6.2-17}$$

式中 T_c——施工扭矩，N·m；

k——高强度螺栓连接副的扭矩系数平均值，可取 $k=0.13$；

P_c——高强度螺栓施工预拉力，kN，见表6.2-7；

d——高强度螺栓螺杆直径，mm。

高强度螺栓施工时的初拧扭矩为施工扭矩的50%左右，10.9S级高强度螺栓的施工初拧扭矩可按表6.2-8选用。

表6.2-7　大六角头高强度螺栓施工预拉力

螺栓性能等级	螺栓公称直径（mm）					
	M16	M20	M22	M24	M27	M30
	施工预拉力（kN）					
8.8S	85	135	165	190	250	305
10.9S	110	170	210	250	320	390

表6.2-8　10.9S级高强度螺栓初拧扭矩值

螺栓公称直径（mm）	M16	M20	M22	M24	M27	M30
初拧扭矩（N·m）	115	220	300	390	560	760

高强度螺栓长度应保证拧紧以后螺栓露出长度不小于3倍的螺纹螺距。

6.2.5.2 高强度螺栓连接的计算

1. 高强度螺栓摩擦型连接计算

在抗剪连接中，每个高强度螺栓的承载力设计值应按下式计算：

$$N_v^b = 0.9 n_f \mu P \tag{6.2-18}$$

式中 n_f——传力摩擦面数目；

μ——摩擦面的抗滑移系数，应按表6.2-9采用；

P——单个高强度螺栓的预拉力，应按表6.2-10采用。

表6.2-9　摩擦面的抗滑移系数 μ

在连接处构件接触面的处理方法	构件的钢号		
	Q235钢	Q345钢、Q390钢	Q420钢
喷砂（丸）	0.45	0.50	0.50
喷砂（丸）后涂无机富锌漆	0.35	0.40	0.40
喷砂（丸）后生赤锈	0.45	0.50	0.50
钢丝刷清除浮锈或未经处理的干净轧制表面	0.30	0.35	0.40

表 6.2-10　**单个高强度螺栓的预拉力 P**

螺栓的性能等级	螺栓公称直径（mm）					
	M16	M20	M22	M24	M27	M30
	预拉力（kN）					
8.8级	80	125	150	175	230	280
10.9级	100	155	190	225	290	355

在螺栓杆轴方向受拉的连接中，每个高强度螺栓的承载力设计值应按下式计算：

$$N_t^b = 0.8P \tag{6.2-19}$$

当摩擦型高强度螺栓连接同时承受摩擦面间的剪力和螺栓杆轴方向的外拉力时，其承载力应按下式计算：

$$\frac{N_v}{N_v^b} + \frac{N_t}{N_t^b} \leqslant 1 \tag{6.2-20}$$

式中　N_v、N_t——每个高强度螺栓所承受的剪力和拉力；

N_v^b、N_t^b——每个高强度螺栓的受剪、受拉承载力设计值。

在摩擦型高强度螺栓连接中，每个10.9S级高强度螺栓一个摩擦面上的受剪承载力可按表6.2-11选用。

表 6.2-11　**摩擦型连接中每个10.9S级高强度螺栓一个摩擦面上的受剪承载力**

螺栓性能等级	螺栓公称直径（mm）	预拉力 P（kN）	摩擦面抗滑移系数 μ					
			0.25	0.30	0.35	0.40	0.45	0.50
			受剪承载力（kN）					
10.9S	M16	100	22.50	27.00	31.50	36.00	40.50	45.00
	M20	155	34.87	41.85	48.82	55.80	62.77	69.75
	M22	190	42.75	51.30	59.85	68.40	76.95	85.50
	M24	225	50.62	60.75	70.87	81.00	91.12	101.25
	M27	290	65.25	78.30	91.35	104.40	117.45	130.50
	M30	355	79.87	95.85	111.82	127.80	143.77	159.75

注　当高强度螺栓连接同时承受剪切和螺栓杆轴方向的外拉力时，其抗剪承载力设计值应按表中数值乘以 $(P-1.25N_t)/P$ 予以降低。

2. 高强度螺栓承压型连接计算

承压型连接的高强度螺栓的预拉力 P 应与摩擦型连接高强度螺栓相同。连接处构件接触面应清除油污及浮锈。

高强度螺栓承压型连接不应用于直接承受动力荷载的结构。

在抗剪连接中，每个承压型连接的高强度螺栓的承载力设计值应取受剪和承压承载力设计值中的较小者。

受剪承载力设计值：

$$N_v^b = n_v \frac{\pi d^2}{4} f_v^b \tag{6.2-21}$$

承压承载力设计值：

$$N_c^b = d\sum t \cdot f_c^b \tag{6.2-22}$$

式中　n_v——受剪面数目；

d——螺栓杆直径，在式（6.2-21）中，当剪切面在螺纹处时，应用螺纹有效直径 d_e 代替 d，但应尽量避免螺纹深入到剪切面；

$\sum t$——在不同受力方向中一个受力方向承压构件总厚度的较小值；

f_v^b、f_c^b——螺栓抗剪、母材承压强度设计值。

在杆轴方向受拉的连接中，每个承压型高强度螺栓连接的承载力设计值应按下列公式计算：

$$N_t^b = \frac{\pi d_e^2}{4} f_t^b \tag{6.2-23}$$

式中　d_e——螺栓在螺纹处的有效直径；

f_t^b——高强螺栓的抗拉强度设计值。

同时承受剪力和杆轴方向拉力的承压型连接的高强度螺栓，应符合下列公式的要求：

$$\sqrt{\left(\frac{N_v}{N_v^b}\right)^2 + \left(\frac{N_t}{N_t^b}\right)^2} \leqslant 1 \tag{6.2-24}$$

$$N_v \leqslant \frac{N_c^b}{1.2} \tag{6.2-25}$$

式中 N_v、N_t——每个高强度螺栓所承受的剪力、拉力；

N_v^b、N_t^b、N_c^b——每个高强度螺栓的受剪、受拉、承压承载力设计值。

在构件的节点处或拼接接头的一端，当高强度螺栓沿轴向受力方向的连接长度 $l_1>15d_0$ 时，应将高强度螺栓的承载力设计值乘以折减系数 $\left(1.1-\frac{l_1}{150d_0}\right)$。当 $l_1>60d_0$ 时，折减系数为0.7。其中，d_0 为孔径，l_1 为两端栓孔间距离。

在下列情况的连接中，高强度螺栓的数量或承载力应符合以下规定：

(1) 一个构件借助填板或其他中间板件与另一构件连接的承压型连接的高强度螺栓数量，应按计算增加10%。

(2) 当采用搭接或拼接板的单面连接传递轴心力，因偏心引起连接部位发生弯曲时，承压型连接的高强度螺栓数量应按计算增加10%。

(3) 在构件的端部连接中，当利用短角钢连接型钢（角钢或槽钢）的外伸肢以缩短连接长度时，在短角钢两肢中的一肢上，高强度螺栓数量应按计算增加50%。

(4) 摩擦型高强度螺栓连接的环境温度为100～150℃时，其设计承载力应降低10%。

(5) 摩擦型高强度螺栓连接采用加大孔时，其抗剪承载力应乘以折减系数0.85，此时孔径的限值为：当 $d\leqslant20$mm时，$d_0=d+4$ (mm)；当 $d=22$mm 或 $d=24$mm 时，$d_0=d+6$ (mm)；当 $d\geqslant27$mm 时，$d_0=d+8$ (mm)。

普通螺栓或高强度螺栓群的连接，可按表6.2-12所列公式计算。

普通螺栓或高强度螺栓连接的部件，可按表6.2-13所列公式计算。

表6.2-12　普通螺栓或高强度螺栓群连接的计算公式

项次	受力情况	简图	计算公式
1	承受轴心力作用的抗剪连接	N	所需的普通螺栓或高强度螺栓数目：$n=\frac{N}{[N_{min}]}$
2	承受轴心力和剪力作用连接	V, N, n_s, m_1 并列；V, N, n_s, m_1 错列	当并列布置时：$N_N=\frac{N}{m_1n_s}$，$N_v=\frac{V}{m_1n_s}$ 当错列布置且 m_1 为偶数时：$N_N=\frac{2N}{m_1(2n_s-1)}$，$N_v=\frac{2V}{m_1(2n_s-1)}$ 当错列布置且 m_1 为奇数时：$N_N=\frac{2N}{m_1(2n_s-1)+1}$，$N_v=\frac{2V}{m_1(2n_s-1)+1}$ $n_s=\sqrt{(N_N)^2+(N_v)^2}\leqslant[N_{min}]$
3	承受弯矩作用的抗剪连接	y, x, M, r_1, r_i, N_{M1}, N_{M2}, N_{Mi}, y_i, x_i	$N_{M1}=\frac{Mr_1}{\sum(x_i^2+y_i^2)}\leqslant[N_{min}]$
4	承受弯矩和剪力作用的抗剪连接	y, V, 1, x, M, r_1, r_i, N_{M1x}, N_{M1}, N_{s1}, N_{M1y}, N_V, N_{M2}, N_{Mi}, y_i, x_i	$N_{M1}=\frac{Mr_1}{\sum(x_i^2+y_i^2)}$ $N_{M1x}=\frac{My_1}{\sum(x_i^2+y_i^2)}$ $N_{M1y}=\frac{Mx_1}{\sum(x_i^2+y_i^2)}$ $N_v=\frac{V}{n}$ $N_{s1}=\sqrt{(N_{M1x})^2+(N_{M1y}+N_V)^2}\leqslant[N_{min}]$

续表

项次	受力情况	简图	计算公式
5	承受弯矩、剪力和轴心力作用的抗剪连接	y V 1 N_{M1x} N_N N_{M1} N_{s1} N_{M1y} N_V r_1 M x x N y_1 y x_i	$N_{M1}=\frac{Mr_1}{\sum(x_i^2+y_i^2)}$ $N_{M1x}=\frac{My_1}{\sum(x_i^2+y_i^2)}$ $N_{M1y}=\frac{Mx_1}{\sum(x_i^2+y_i^2)}$ $N_V=\frac{V}{n}$ $N_N=\frac{N}{n}$ $N_{s1}=\sqrt{(N_{M1x}+N_N)^2+(N_{M1y}+N_v)^2}\leqslant[N_{\min}]$
6	承受轴心力作用的抗拉连接	N	所需的普通螺栓或高强度螺栓数目（轴心力通过紧固群中心）： $n=\frac{N}{[N_t]}$
7	承受弯矩作用的抗拉连接	回转轴 M y_4 y_3 y_2 y_1 普通螺栓连接	$N_{M1}=\frac{My_1}{\sum y_i^2}\leqslant[N_t]$
8	承受弯矩作用的抗拉连接	回转轴 M y_1 y_2 y_1 高强度螺栓连接	$N_{M1}=\frac{My_1}{\sum y_i^2}\leqslant[N_t]$

注 $[N_{\min}]$ 为对普通螺栓取按式（6.2－11）和式（6.2－12）计算的抗剪和承压承载力设计值的较小者，对摩擦型高强度螺栓取按式（6.2－18）计算的抗剪承载力设计值，对承压型高强度螺栓取按式（6.2－21）和式（6.2－22）计算的抗剪和承压承载力设计值的较小者；m_1 为普通螺栓或高强度螺栓的列数；n_s 为一列普通螺栓或高强度螺栓的数目；r_1 为边行受力最大的一个普通螺栓或高强度螺栓至普通螺栓或高强度螺栓群中心的距离；x_1 为边行受力最大的一个普通螺栓或高强度螺栓至普通螺栓或高强度螺栓群中心的水平距离；y_1 为边行受力最大的一个普通螺栓或高强度螺栓至普通螺栓或高强度螺栓群中心（或回转轴）的垂直距离；x_i 为任一个普通螺栓或高强度螺栓至普通螺栓或高强度螺栓群中心的水平距离；y_i 为任一个普通螺栓或高强度螺栓至普通螺栓或高强度螺栓群中心（或回转轴）的垂直距离；$\sum x_i^2$、$\sum y_i^2$ 为连接中的所有普通螺栓或高强度螺栓的数目；$[N_t]$ 为对普通螺栓取按式（6.2－13）计算的抗拉承载力设计值，对高强度螺栓取按式（6.2－19）计算的抗拉承载力设计值。

表 6.2－13　用普通螺栓和高强度螺栓连接的部件净截面承载力计算公式

项次	受力情况	简图	计算公式
1	普通螺栓或承压型、受拉型高强度螺栓连接的轴心受拉构件	I N N I II I N N II I a b_1 b b b b b_1	（1）上图截面Ⅰ—Ⅰ处： $\sigma=\frac{N}{A_n}\leqslant f$ $A_n=A-n_1d_0t$ （2）下图截面Ⅰ—Ⅰ或Ⅱ—Ⅱ处： $\sigma=\frac{N}{A_n}\leqslant f$ $A_{n1}=A-n_1d_0t,$ $A_{n2}=[2b_1+(n_2-1)\sqrt{a^2+b^2}-n_2d_0]t$ $A_n=\min(A_{n1},A_{n2})$
2	摩擦型高强度螺栓连接的轴心受拉构件		$\sigma=\frac{N}{A}\leqslant f$ $\sigma=\left(1-0.5\frac{n_s}{n}\right)\frac{N}{A_n}$ $A_n=A-n_1d_0t$

注 A 为构件毛截面面积；A_n 为构件净截面面积；d_0 为螺栓孔直径；n_1 为第一列螺栓数目；t 为钢板厚度；b_1、b 为螺栓在垂直外力方向的边距或中距；a 为错列螺栓顺外列方向的中距；n_2 为齿形截面Ⅱ—Ⅱ中的螺栓数目；n_s 为所计算截面最外列螺栓处高强度螺栓数目；n 为在节点或拼接处构件一侧连接高强度螺栓数目。

6.3　受弯构件（梁）的设计

6.3.1　钢梁的计算公式

6.3.1.1　强度计算

钢梁强度计算所用的公式见表6.3-1所列。

6.3.1.2　刚度计算

单向弯曲的简支梁受均载时，其相对挠度可按下式计算：

等截面梁 $$\upsilon=\frac{5}{384}\frac{ql^4}{EI}\leqslant[\upsilon] \quad (6.3-1)$$

变截面梁 $$\upsilon=\frac{5}{384}\frac{ql^4}{EI}(1+K'\alpha)\leqslant[\upsilon] \quad (6.3-2)$$

其中 $$\alpha=(I_m-I_0)/I_0$$

式中　$[\upsilon]$——钢梁的挠度容许值，见GB 50017附录A表A.1.1所列；

K'——系数，与截面改变的方式及位置有关，见表6.3-2；

q——均布荷载的标准值；

l——梁的计算跨度；

E——钢材的弹性模量，可取为$2.06\times10^5\text{N/mm}^2$；

I——梁的毛截面抵抗惯性矩；

α——表示截面改变程度的系数；

I_m、I_0——跨中和支承端截面惯性矩。

钢梁受双向弯曲时：

$$\upsilon=\sqrt{\upsilon_x^2+\upsilon_y^2}\leqslant[\upsilon] \quad (6.3-3)$$

式中　υ_x、υ_y——钢梁在二主平面内的挠度。

表6.3-1　钢梁强度计算公式

项次	应力名称		计算公式	说明
1	正应力	单向弯曲	$\sigma=\frac{M_x}{\gamma_x W_{nx}}\leqslant f$	钢梁设计主要受弯应力强度条件控制
		双向弯曲	$\sigma=\frac{M_x}{\gamma_x W_{nx}}+\frac{M_y}{\gamma_y W_{ny}}\leqslant f$	
2	剪应力		$\tau=\frac{VS}{It_w}\leqslant f_v$	除H型钢外，普通型钢梁一般可不必验算剪应力
3	腹板边缘的局部压应力		$\sigma_c=\frac{\psi F}{l_z t_w}\leqslant f$	当梁的上翼缘受有沿腹板平面作用的集中荷载，且该荷载处的腹板未设置支承加劲肋时，才作此项计算 支座处当不设置支承加劲肋时，应作此项计算
4	折算应力		$\sigma_{zh}=\sqrt{\sigma^2+\sigma_c^2-\sigma\sigma_c+3\tau^2}\leqslant\beta_1 f$	组合梁的腹板计算高度边缘处，受较大σ与τ的位置（不论有无σ_c作用）应验算σ_{zh}

注　M_x、M_y为绕梁截面x轴、y轴的弯矩设计值；W_{nx}、W_{ny}为对x轴、y轴的净截面模量；γ_x、γ_y为截面的塑性发展系数，按GB 50017表5.2-1采用，当梁受压翼缘的自由外伸宽度与厚度之比$b_1/t>13\sqrt{235/f_y}$，且不超过$15\sqrt{235/f_y}$时，应取相应的$\gamma_x=1.0$；f_y为钢材的屈服强度标准值；V为计算截面沿腹板平面作用的剪力设计值；I为梁的毛截面抵抗惯性矩；S为计算剪应力处以上（下）毛截面对中和轴的面积矩；t_w为工字形截面腹板的厚度；F为集中荷载的设计值，动力荷载作用时应考虑动力系数（重级工作制吊车梁为1.1，其他梁为1.05）；ψ为系数，对于重级工作制吊车梁取1.35，其他梁取1.0；l_z为梁腹板高度计算边缘的承压应力分布长度，可按GB 50017—2003的公式（4.1.3-2）计算；β_1为计算折算应力的强度设计值增大系数，当σ与σ_c异号时取$\beta_1=1.2$，当σ与σ_c同号或$\sigma_c=0$时取$\beta_1=1.0$。

表6.3-2　梁挠度计算系数K'

截面改变方式	梁高在端部一次性分段改变			翼缘在端部一次性分段改变		
改变处离支承端距离	$l/6$	$l/5$	$l/4$	$l/6$	$l/5$	$l/4$
K'	0.00544	0.00922	0.0175	0.0519	0.0870	0.1625

6.3.1.3　整体稳定性计算

当钢梁符合下列情况之一时，可不计算其整体稳定性：

（1）有铺板（各种钢筋混凝土板和钢板）密铺在梁的受压翼缘上并与其牢固相连，能阻止梁的受压翼缘侧向位移时。

（2）H型钢或等截面工字形简支梁受压翼缘的自由长度 l_1 与其宽度 b_1 之比不超过表6.3-3所规定之值时。对跨中无侧向支承点的梁，l_1 即其跨度；对跨中有侧向支承点的梁，l_1 则为受压翼缘侧向支承点的间距（梁的支座处视为侧向支承点）。

表6.3-3　H型钢或等截面工字形简支梁不需计算整体稳定性的最大 l_1/b_1 值

截面形式	跨中无侧向支承点的梁		跨中有侧向支承点的梁，不论荷载作用于何处
	荷载作用于上翼缘	荷载作用于下翼缘	
工字形截面 l_1/b_1	$13\sqrt{235/f_y}$	$20\sqrt{235/f_y}$	$16\sqrt{235/f_y}$

（3）箱形截面简支梁，当其截面尺寸满足 $h/b_0\leqslant 6$ 和 $l_1/b_0\leqslant 95(235/f_y)$ 时，b_0 为单室箱形截面两腹板外包线间距离。

当不符合上列条件时，受弯构件应按下式验算整体稳定：

单向弯曲的梁　$$\frac{M_{max}}{\varphi_b W_x}\leqslant f \qquad (6.3-4a)$$

双向弯曲的梁　$$\frac{M_x}{\varphi_b W_{1x}}+\frac{M_y}{\gamma_y W_y}\leqslant f \qquad (6.3-4b)$$

式中　M_x、M_y——绕梁截面 x 轴、y 轴的弯矩设计值；

W_{1x}——梁对 x 轴受压最外边缘的毛截面模量；

W_y——对 y 轴的毛截面模量；

γ_y——截面的塑性发展系数；

φ_b——梁的整体稳定系数，可按GB 50017—2003附录B的规定计算或查表。

当计算或查表所得的 $\varphi_b>0.6$ 时，梁已进入弹塑性工作阶段，应按公式（6.3-5）算出与 φ_b 相应的 φ_b' 值，来代替梁整体稳定计算公式（6.3-4）中的 φ_b 值。

$$\varphi_b'=1.07-\frac{0.282}{\varphi_b}\leqslant 1 \qquad (6.3-5)$$

6.3.2　组合梁的截面选择和验算

6.3.2.1　梁高和腹板高度的选择

梁的截面高度根据下面三个参考高度确定。

1. 建筑容许最大梁高 h_{max}

应根据下层使用所要求的最小净空高度，确定建筑容许的最大梁高。

2. 刚度要求的最小梁高 h_{min}

对称截面简支梁受均布荷载时，其最小梁高如下：

等截面梁　$$h_{min}=\frac{fl}{1.225\times10^6[w/l]} \qquad (6.3-6)$$

变截面梁

$$h_{min}=\frac{fl}{1.225\times10^6[w/l]}(1+K'\alpha) \qquad (6.3-7)$$

当梁截面为上下不对称时，如利用钢面板兼作部分上翼缘的主梁截面，其最小梁高约为上述对称截面 h_{min} 的0.8～0.95倍。例如，当截面中和轴离开下翼缘的距离 $y_2=0.6h$ 时，该系数为0.83；K' 的计算见表6.3-2。

3. 梁的经济高度 h_{ec}

按自重最轻条件而定的经济梁高，可按下式计算：

$$h_{ec}\approx 2W_x^{0.4} \qquad (6.3-8)$$

其中　$$W_x=M_{max}/\gamma_x f$$

式中　W_x——梁所需的截面抵抗矩。

实际选用的梁高应满足 $h_{min}\leqslant h\leqslant h_{max}$，梁的高度应尽量接近经济高度 h_{ec}。

腹板高度 h_0 与梁高 h 颇为接近时，可直接按上述要求取为50mm的整倍数。

6.3.2.2　腹板厚度的选择

选择腹板厚度时，须满足抗剪强度的要求，一般可按下式估算：

$$t_w=\sqrt{h_0}/3.5\ (\mathrm{mm}) \qquad (6.3-9)$$

6.3.2.3　翼缘尺寸的选择

对称工字形截面梁每个翼缘所需的截面积 $A_f=bt$ 可由下式计算：

$$A_f\approx\frac{W_x}{h_0}-\frac{t_w h_0}{6} \qquad (6.3-10)$$

其中　$$W_x=M_{max}/\gamma_x f$$

式中　W_x——梁所需的截面抵抗矩。

通常 $b=h/3\sim h/5$，且不超过 $h/2.5$。对于受压翼缘还须考虑局部稳定的要求，其宽厚比须满足 $b/t\leqslant 26\sqrt{235/f_y}$。

6.3.2.4　截面验算

梁截面经初步选定后，须按所选的实际截面尺寸验算强度、刚度和整体稳定性。

6.3.3　组合梁腹板与翼缘间焊缝的计算

焊接组合梁翼缘与腹板之间角焊缝的焊脚尺寸可按下式计算：

$$h_f\geqslant\frac{V_{max}S_1}{1.4f_f^w I_x} \qquad (6.3-11)$$

式中 I_x——梁剪力最大截面的惯性矩；

S_1——整个上翼缘（或下冀缘）截面对梁中和轴的面积矩。

当梁的上翼缘上承受有移动集中荷载或固定集中荷载而未设置支承加劲肋时，即 $\sigma_c \neq 0$ 时（见图 6.3-1），则上翼缘与腹板的连接焊缝所需焊脚尺寸可按下式计算：

$$h_f \geqslant \frac{1}{1.4 f_f^w}\sqrt{\left(\frac{V_{\max}S_1}{I_x}\right)^2+\left(\frac{\psi F}{\beta_f l_z}\right)^2} \quad (6.3-12)$$

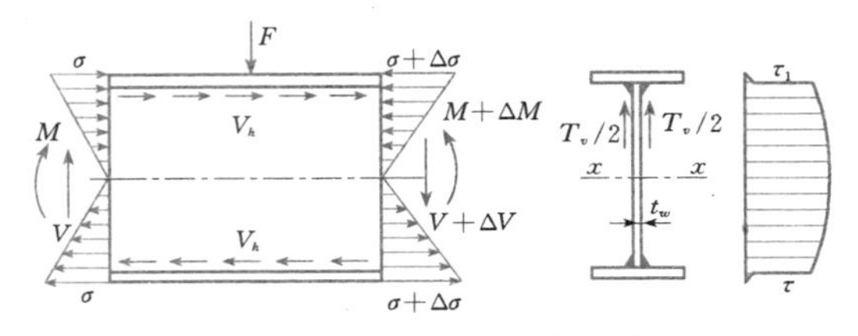

图 6.3-1 翼缘与腹板之间的剪力

对于直接承受动力荷载的梁，取式（6.3-12）中的 $\beta_f=1.0$；其他情况，取 $\beta_f=1.22$。

对于承受动力荷载作用很大的梁（如重级工作制吊车梁等），其上翼缘与腹板的连接应采用K形剖口焊缝并予焊透（见图 6.3-2）。这种焊缝可认为与主体金属等强，不必进行计算。

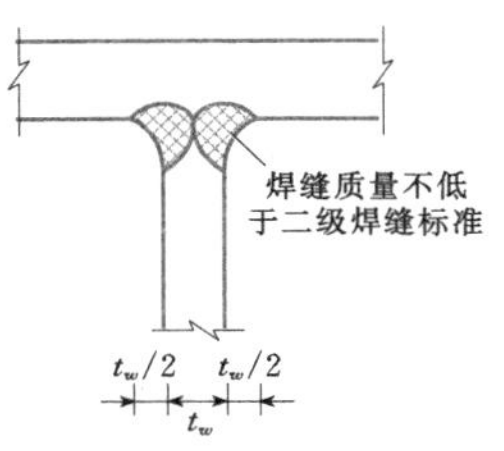

图 6.3-2 焊透的T形连接焊缝

6.3.4 组合梁的局部稳定性和腹板加劲肋的配置

6.3.4.1 梁受压翼缘的局部稳定性

为了保证焊接组合梁受压翼缘板的局部稳定性，工字形截面其受压翼缘外伸宽度不应超过 $13t\sqrt{235/f_y}$（t 为翼缘厚度）。箱形截面受压翼缘在两腹板之间的宽度不超过 $40t\sqrt{235/f_y}$ 时，可不设置纵向加劲肋。

6.3.4.2 梁腹板的局部稳定性

1. 梁腹板加劲肋的配置原则

为了保证组合梁腹板的局部稳定性，可根据腹板的高厚比 h_0/t_w 的大小，分下列几种情况配置加劲肋：

（1）当 $h_0/t_w \leqslant 80\sqrt{235/f_y}$ 时，对有局部压应力的梁（$\sigma_c \neq 0$），应按构造配置横向加劲肋，其间距不得大于 $2h_0$。但对无局部压应力的梁（$\sigma_c=0$），可不配置横向加劲肋。

（2）当 $h_0/t_w > 80\sqrt{235/f_y}$ 时，腹板主要将由于剪应力作用而失稳，应配置横向加劲肋［见图 6.3-3（a）］。其中，当 $h_0/t_w > 170\sqrt{235/f_y}$（受压翼缘扭转受到约束，如连有刚性铺板或焊有钢轨时）或 $h_0/t_w > 150\sqrt{235/f_y}$（受压翼缘扭转未受到约束时），或按计算需要时，应在弯应力较大区格的受压区增加配置纵向加劲肋。局部压应力很大的梁，必要时尚宜在受压区配置短加劲肋。

在任何情况下，h_0/t_w 均不应超过 250。

（3）在梁的支座处和上翼缘受有较大固定集中荷载处，宜设置支承加劲肋。

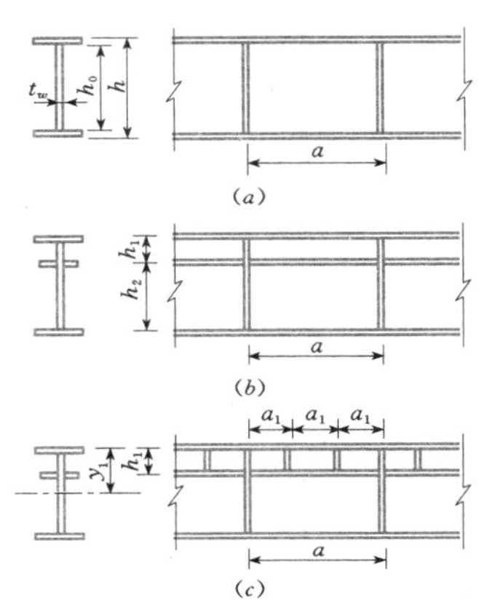

图 6.3-3 腹板加劲肋的配置

2. 梁腹板的局部稳定性计算

（1）仅配置横向加劲肋的腹板［见图 6.3-3（a）］，其各区格的局部稳定应按下式计算：

$$\left(\frac{\sigma}{\sigma_{cr}}\right)^2+\left(\frac{\tau}{\tau_{cr}}\right)^2+\frac{\sigma_c}{\sigma_{c,cr}} \leqslant 1 \quad (6.3-13)$$

式中 σ——所计算腹板区格内，由平均弯矩产生的腹板计算高度边缘的弯曲压应力；

τ——所计算腹板区格内，由平均剪力产生的腹板平均剪应力，按 $\tau=V/(h_w t_w)$ 计算，其中 h_w 为腹板高度；

σ_c——腹板计算高度边缘的局部压应力，应按表 6.3-1 计算，但取 $\psi=1.0$；

σ_{cr}、τ_{cr}、$\sigma_{c,cr}$——各种应力单独作用下的临界应力。

1）σ_{cr} 按下列公式计算。

当 $\lambda_b \leqslant 0.85$ 时：

$$\sigma_{cr}=f \quad (6.3-14a)$$

当 $0.85<\lambda_b \leqslant 1.25$ 时：

$$\sigma_{cr}=[1-0.75(\lambda_b-0.85)]f \quad (6.3-14b)$$

当 $\lambda_b>1.25$ 时：

$$\sigma_{cr} = 1.1f/\lambda_b^2 \qquad (6.3-14c)$$

式中 λ_b——用于腹板受弯计算时的通用高厚比。

当梁受压翼缘扭转受到约束时：

$$\lambda_b = \frac{2h_c/t_w}{177}\sqrt{\frac{f_y}{235}} \qquad (6.3-15a)$$

当梁受压翼缘扭转未受到约束时：

$$\lambda_b = \frac{2h_c/t_w}{153}\sqrt{\frac{f_y}{235}} \qquad (6.3-15b)$$

式中 h_c——梁腹板弯曲受压区高度，对双轴对称截面 $2h_c=h_0$。

2）τ_{cr} 按下列公式计算。

当 $\lambda_s\leqslant 0.8$ 时：

$$\tau_{cr} = f_v \qquad (6.3-16a)$$

当 $0.8<\lambda_s\leqslant 1.2$ 时：

$$\tau_{cr} = [1-0.59(\lambda_s-0.8)]f_v \qquad (6.3-16b)$$

当 $\lambda_s>1.2$ 时：

$$\tau_{cr} = 1.1f_v/\lambda_s^2 \qquad (6.3-16c)$$

式中 λ_s——用于腹板受剪计算时的通用高厚比。

当 $a/h_0\leqslant 1.0$ 时：

$$\lambda_s = \frac{h_0/t_w}{41\sqrt{4+5.34(h_0/a)^2}}\sqrt{\frac{f_y}{235}} \qquad (6.3-17a)$$

当 $a/h_0>1.0$ 时：

$$\lambda_s = \frac{h_0/t_w}{41\sqrt{5.34+4(h_0/a)^2}}\sqrt{\frac{f_y}{235}} \qquad (6.3-17b)$$

3）$\sigma_{c,cr}$ 按下列公式计算。

当 $\lambda_c\leqslant 0.9$ 时：

$$\sigma_{c,cr} = f \qquad (6.3-18a)$$

当 $0.9<\lambda_c\leqslant 1.2$ 时：

$$\sigma_{c,cr} = [1-0.79(\lambda_c-0.9)]f \qquad (6.3-18b)$$

当 $\lambda_c>1.2$ 时：

$$\sigma_{c,cr} = 1.1f/\lambda_c^2 \qquad (6.3-18c)$$

式中 λ_c——用于腹板受局部压应力计算时的通用高厚比。

当 $0.5\leqslant a/h_0\leqslant 1.0$ 时：

$$\lambda_c = \frac{h_0/t_w}{28\sqrt{10.9+13.4(1.83-a/h_0)^3}}\sqrt{\frac{f_y}{235}} \qquad (6.3-19a)$$

当 $1.5>a/h_0\leqslant 2.0$ 时：

$$\lambda_c = \frac{h_0/t_w}{28\sqrt{18.9-5a/h_0}}\sqrt{\frac{f_y}{235}} \qquad (6.3-19b)$$

（2）同时用横向加劲肋与纵向加劲肋加强的腹板［见图 6.3-3（*b*）］，其各区格的局部稳定应按下式计算：

1）受压翼缘与纵向加劲肋之间的区格：

$$\frac{\sigma}{\sigma_{cr1}}+\left(\frac{\tau}{\tau_{cr1}}\right)^2+\left(\frac{\sigma_c}{\sigma_{c,cr1}}\right)^2\leqslant 1.0 \qquad (6.3-20)$$

a. σ_{cr1} 可按式（6.3-15）计算，但式中的 λ_b 须改用下列 λ_{b1} 代替：

当梁受压翼缘扭转受到约束时：

$$\lambda_{b1} = \frac{h_1/t_w}{75}\sqrt{\frac{f_y}{235}} \qquad (6.3-21a)$$

当梁受压翼缘扭转未受到约束时：

$$\lambda_{b1} = \frac{h_1/t_w}{64}\sqrt{\frac{f_y}{235}} \qquad (6.3-21b)$$

式中 h_1——纵向加劲肋至腹板计算高度受压边缘的距离。

b. τ_{cr1} 可按式（6.3-16）计算，但式中的 h_0 须改为 h_1。

c. $\sigma_{c,cr1}$ 也可按式（6.3-15）计算，但式中的 λ_b 须改用下列 λ_{c1} 代替：

当梁受压翼缘扭转受到约束时：

$$\lambda_{c1} = \frac{h_1/t_w}{56}\sqrt{\frac{f_y}{235}} \qquad (6.3-22a)$$

当梁受压翼缘扭转未受到约束时：

$$\lambda_{c1} = \frac{h_1/t_w}{40}\sqrt{\frac{f_y}{235}} \qquad (6.3-22b)$$

2）受拉翼缘与纵向加劲肋之间的区格：

$$\left(\frac{\sigma_2}{\sigma_{cr2}}\right)^2+\left(\frac{\tau}{\tau_{cr2}}\right)^2+\frac{\sigma_{c2}}{\sigma_{c,cr2}}\leqslant 1.0 \qquad (6.3-23)$$

式中 σ_2——所计算区格内由平均弯矩产生的腹板在纵向加劲肋处的弯曲压应力；

σ_{c2}——腹板在纵向加劲肋处的横向压应力，$\sigma_{c2}=0.3\sigma_c$。

a. σ_{cr2} 按式（6.3-15）计算，但式中的 λ_b 须改用下列 λ_{b2} 代替：

$$\lambda_{b2} = \frac{h_2/t_w}{194}\sqrt{\frac{f_y}{235}} \qquad (6.3-24)$$

b. τ_{cr2} 按式（6.3-16）计算，但式中的 h_0 须改为 h_2。

c. σ_{cr2} 按式（6.3-18）计算，但式中的 h_0 须改为 h_2，且当 $a/h_2>2$ 时，取 $a/h_2=2$。

（3）在受压翼缘与纵向加劲肋之间设有短加劲肋的区格［见图 6.3-3（*c*）］，其局部稳定性按式（6.3-20）计算。该式中的 σ_{cr1} 仍按式（6.3-21）计算；τ_{cr1} 按式（6.3-16）、式（6.3-17）计算，但式中的 h_0、a 须改为图 6.3-3（*c*）中的 h_1、a_1；$\sigma_{c,cr1}$ 仍按式（6.3-14）、式（6.3-15）计算，但式中的 λ_b 须改用下列 λ_{c1} 代替。

当梁受压翼缘扭转受到约束时：

$$\lambda_{c1}=\frac{a_1/t_w}{87}\sqrt{\frac{f_y}{235}} \qquad (6.3-25a)$$

当梁受压翼缘扭转未受到约束时：

$$\lambda_{c1}=\frac{a_1/t_w}{73}\sqrt{\frac{f_y}{235}} \qquad (6.3-25b)$$

对于 $a_1/h_1>1.2$ 的区格，式（6.3－25）的右侧应乘以 $1/\left(0.4+0.5\frac{a_1}{h_1}\right)^{0.5}$。

3. 加劲肋的尺寸和构造

为了有效地提高腹板的局部稳定性，加劲肋必须有足够的刚度。加劲肋截面设计时应满足下列要求：

(1) 在腹板两侧成对配置的钢板横向加劲肋。其尺寸应符合下列公式要求，如图 6.3－4（a）所示。

$$\left.\begin{array}{ll}\text{外伸宽度} & b_s\geqslant\dfrac{h_0}{30}+40\text{mm}\\ \text{厚　　度} & t_s\geqslant b_s/15\end{array}\right\} \qquad (6.3-26)$$

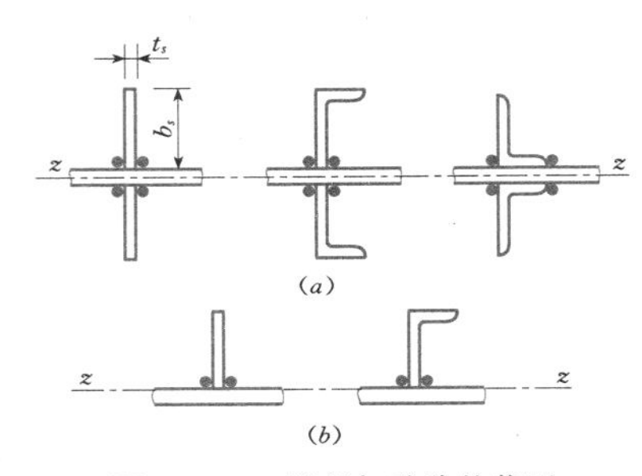

图 6.3－4 腹板加劲肋的截面

(2) 仅在腹板一侧配置的钢板横向加劲肋，其外伸宽度应大于按式（6.3－26）算得的外伸宽度的 1.2 倍，厚度应满足式（6.3－26）的厚度要求。

(3) 在同时用横向加劲肋和纵向加劲肋加强的腹板中，应在其相交处将纵向加劲肋断开，横向加劲肋保持连续（见图 6.3－5）。横向加劲肋的尺寸除应符合上述规定外，其截面绕 z 轴的惯性矩［见图 6.3－4（b）］，应满足下列要求：

$$I_z\geqslant 3h_0t_w^3 \qquad (6.3-27)$$

纵向加劲肋的截面绕 Y 轴的惯性矩，应满足下列要求：

当 $a/h_0\leqslant 0.85$ 时：

$$I_y\geqslant 1.5h_0t_w^3 \qquad (6.3-28a)$$

当 $a/h_0>0.85$ 时：

$$I_y\geqslant\left(2.5-0.45\frac{a}{h_0}\right)\frac{a^2}{h_0}t_w^3 \qquad (6.3-28b)$$

为了避免横向加劲肋与腹板相连接焊缝同梁的翼缘焊缝等汇集交叉，以减少焊接应力，在横向加劲肋端部应切去宽约 $b_s/3$、高约 $b_s/2$ 的斜角［见图 6.3－5（a）］。

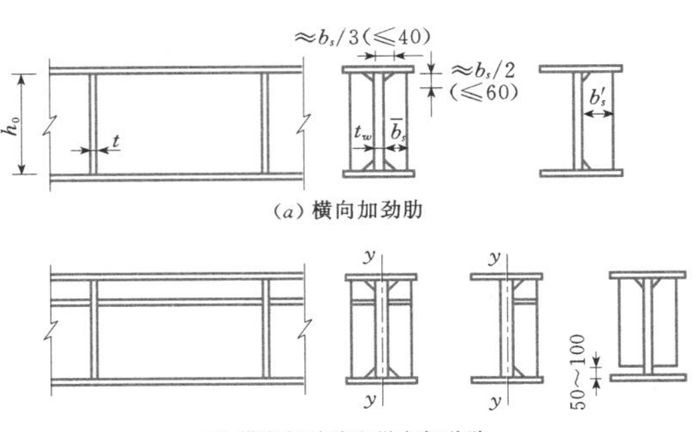

图 6.3－5 加劲肋构造（单位：mm）

4. 支承加劲肋的计算

支承加劲肋系指承受支座反力或翼缘固定集中荷载的横向加劲肋，其截面稍大，这种加劲肋应在腹板两侧成对配置，并应进行以下验算：

(1) 承压强度计算。支承加劲肋的端部应铣平顶紧于梁翼缘或柱顶上（见图 6.3－5），其端面承压应力按下式验算：

$$\sigma_{ce}=\frac{F}{A_{ce}}\leqslant f_{ce} \qquad (6.3-29)$$

式中 A_{ce}——端面承压面积，即支承加劲肋与翼缘或柱顶接触处的净面积；

f_{ce}——钢材端面承压强度设计值，见表 6.1－2。

对于梁端突缘式支座，当用式（6.3－29）计算时，支承加劲肋的伸出长度不得大于其厚度的 2 倍。

(2) 稳定性计算。支承加劲肋应按轴心压杆验算其在腹板平面外的稳定性，该压杆的截面包括加劲肋和加劲肋每侧 $15t_w\sqrt{235/f_y}$ 范围内的梁腹板截面积，其计算长度可取为 h_0。

(3) 连接计算。支承加劲肋与腹板的连接焊缝应按承受全部支座反力或集中荷载进行计算。通常采用角焊缝连接，并假定应力沿焊缝全长均匀分布，实际采用的焊脚尺寸 h_f 应满足构造要求并有一定富裕。

6.4 轴心受力和压（拉）弯构件的设计

6.4.1 轴心受力构件的验算公式

6.4.1.1 强度和刚度验算公式

轴心受力构件的强度和刚度验算公式如下：

$$\sigma=N/A_n\leqslant f \qquad (6.4-1)$$

$$\lambda_{\max}=(l_0/i)_{\max}\leqslant[\lambda] \qquad (6.4-2)$$

式中 A_n——构件的净截面面积；

l_0——构件的计算长度；

i——构件截面的回转半径，$i=\sqrt{I/A}$；

λ——构件的长细比；

[λ]——轴心受力构件的容许长细比，可由表6.4-1查得。

表 6.4-1　构件的容许长细比 [λ]

种类	构　件　名　称	[λ]
压杆	柱、桁架和天窗架中的压杆、柱的缀条、吊车梁（桁架）以下的柱间支撑	150
	支撑系统中的压杆	200
拉杆	直接受动载的拉杆	250
	受静载或间接受动载的拉杆	350
	支撑系统中的拉杆、系杆等	400

6.4.1.2 压杆整体稳定性验算公式

$$\frac{N}{\varphi A} \leqslant f \qquad (6.4-3)$$

式中　A——压杆的毛截面面积；

φ——轴心受压构件的整体稳定系数。

构件的长细比及轴心受压构件整体稳定系数 φ 的计算方法如下。

1. 构件的长细比 λ 确定

(1) 截面为双轴对称或极对称的构件，计算式为

$$\lambda_x = l_{0x}/i_x \qquad (6.4-4)$$

$$\lambda_y = l_{0y}/i_y \qquad (6.4-5)$$

式中　l_{0x}、l_{0y}——构件对主轴 x 轴、y 轴的计算长度；

i_x、i_y——构件截面对主轴 x 轴、y 轴的回转半径。

(2) 截面为单轴对称的构件，绕非对称轴 x 轴的长细比仍按式（6.4-4）计算，但绕对称轴 y 轴为弯扭屈曲形式，应计及扭转效应采用如下换算长细比 λ_{yz}。计算公式如下：

$$\lambda_{yz} = \frac{1}{\sqrt{2}}\left[(\lambda_y^2+\lambda_z^2)+\sqrt{(\lambda_y^2+\lambda_z^2)^2-4(1-e_0^2/i_0^2)\lambda_y^2\lambda_z^2}\right]^{1/2} \qquad (6.4-6)$$

$$\lambda_z^2 = i_0^2 A/(I_t/25.7+I_\omega/l_\omega^2) \qquad (6.4-7)$$

其中
$$i_0^2 = e_0^2 + i_x^2 + i_y^2$$

式中　λ_y——按式（6.4-5）计算；

λ_z——构件扭转屈曲的换算长细比；

e_0——截面形心至剪切中心的距离；

i_0——截面对剪切中心的极回转半径；

I_t——截面的抗扭惯性矩；

I_ω——截面的翘曲常数，也称扇性惯性矩；

l_ω——构件扭转屈曲的计算长度。

(3) 单角钢截面和双角钢组合 T 形截面绕对称轴的 λ_{yz} 可采用下列简化方法确定。

1) 等边单角钢截面［见图 6.4-1 (a)］的 λ_{yz} 的确定：

当 $b/t \leqslant 0.54 l_{0y}/b$ 时：

$$\lambda_{yz} = \lambda_y\left(1+\frac{0.85b^4}{l_{0y}^2 t^2}\right) \qquad (6.4-8a)$$

当 $b/t > 0.54 l_{0y}/b$ 时：

$$\lambda_{yz} = 4.78\frac{b}{t}\left(1+\frac{l_{0y}^2 t^2}{13.5b^4}\right) \qquad (6.4-8b)$$

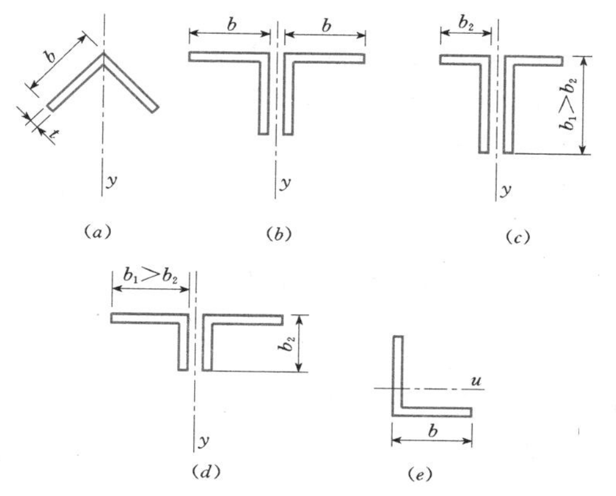

图 6.4-1　单角钢截面和双角钢组合 T 形截面

2) 等边双角钢组合 T 形截面［见图 6.4-1 (b)］的 λ_{yz} 的确定：

当 $b/t \leqslant 0.58 l_{0y}/b$ 时：

$$\lambda_{yz} = \lambda_y\left(1+\frac{0.475b^4}{l_{0y}^2 t^2}\right) \qquad (6.4-9a)$$

当 $b/t > 0.58 l_{0y}/b$ 时：

$$\lambda_{yz} = 3.9\frac{b}{t}\left(1+\frac{l_{0y}^2 t^2}{18.6b^4}\right) \qquad (6.4-9b)$$

3) 长肢相并的不等边双角钢截面［见图 6.4-1 (c)］的 λ_{yz} 的确定：

当 $b_2/t \leqslant 0.48 l_{0y}/b_2$ 时：

$$\lambda_{yz} = \lambda_y\left(1+\frac{1.09b_2^4}{l_{0y}^2 t^2}\right) \qquad (6.4-10a)$$

当 $b_2/t > 0.48 l_{0y}/b_2$ 时：

$$\lambda_{yz} = 5.1\frac{b_2}{t}\left(1+\frac{l_{0y}^2 t^2}{17.4b_2^4}\right) \qquad (6.4-10b)$$

4) 短肢相并的不等边双角钢截面［见图 6.4-1 (d)］的 λ_{yz} 的确定：

当 $b_1/t \leqslant 0.56 l_{0y}/b_1$ 时，可近似取 $\lambda_{yz}=\lambda_y$，否则应按下式确定：

$$\lambda_{yz} = 3.7\frac{b_1}{t}\left(1+\frac{l_{0y}^2 t^2}{52.7b_1^4}\right) \qquad (6.4-11)$$

(4) 单轴对称的轴心压杆在绕非对称主轴以外的任一轴失稳时，应按照弯扭屈曲计算其稳定性。当计

算等边单角钢构件绕平行轴［见图 6.4－1（*e*）中的 u 轴］的稳定性时，可用下式计算其换算长细比 λ_{uz}，并按 b 类截面确定 φ 值：

当 $b/t \leqslant 0.69 l_{0u}/b$ 时：

$$\lambda_{uz} = \lambda_u \left(1 + \frac{0.25b^4}{l_{0u}^2 t^2}\right) \tag{6.4-12a}$$

当 $b/t > 0.69 l_{0u}/b$ 时：

$$\lambda_{uz} = 5.4b/t \tag{6.4-12b}$$

其中 $$\lambda_u = l_{0u}/i_u$$

式中 l_{0u}——构件对 u 轴的计算长度；

i_u——构件对 u 轴的回转半径。

2. 轴心受压构件整体稳定系数 φ 的计算

根据上述计算所得的构件长细比，轴心受压构件的整体稳定系数 φ 可由 GB 50017—2003 附录 C 查得，也可按下列公式计算：

当 $\lambda_n = \dfrac{\lambda}{\pi}\sqrt{f_y/E} \leqslant 0.215$ 时

$$\varphi = 1 - \alpha_1 \lambda_n^2 \tag{6.4-13a}$$

当 $\lambda_n = \dfrac{\lambda}{\pi}\sqrt{f_y/E} > 0.215$ 时

$$\varphi = \frac{1}{2\lambda_n^2}\left[(\alpha_2 + \alpha_3\lambda_n + \lambda_n^2) - \sqrt{(\alpha_2 + \alpha_3\lambda_n + \lambda_n^2)^2 - 4\lambda_n^2}\right] \tag{6.4-13b}$$

式中 α_1、α_2、α_3——系数，可根据表 6.4－2、表 6.4－3 的截面分类，将表 6.4－4 中的数值代入式（6.4－13）计算受压构件整体稳定系数 φ。

6.4.1.3 轴心受压构件的局部稳定计算公式

GB 50017 中，当采用整体失稳前不发生局部失稳的设计准则时，采用限制板件宽厚比的方法来实现。如图 6.4－2 所示，不同截面形式的板件宽厚比限值公式如下：

工字形截面翼缘

$$b_1/t \leqslant (10 + 0.1\lambda_{max})\sqrt{235/f_y} \tag{6.4-14}$$

工字形截面腹板

$$h_0/t_w \leqslant (25 + 0.5\lambda_{max})\sqrt{235/f_y} \tag{6.4-15}$$

热轧剖分 T 型钢

$$h_0/t_w \leqslant (15 + 0.2\lambda_{max})\sqrt{235/f_y} \tag{6.4-16}$$

焊接 T 型钢

$$h_0/t_w \leqslant (13 + 0.17\lambda_{max})\sqrt{235/f_y} \tag{6.4-17}$$

箱形截面

$$b_0/t (\text{或}\ h_0/t_w) \leqslant 40\sqrt{235/f_y} \tag{6.4-18}$$

圆管截面

$$D/t \leqslant 100(235/f_y) \tag{6.4-19}$$

式中 λ_{max}——构件两方向长细比（扭转或弯扭失稳时为换算长细比）中的较大值，当 $\lambda_{max} < 30$ 时取 $\lambda_{max} = 30$，当 $\lambda_{max} > 100$ 时取 $\lambda_{max} = 100$；

其余尺寸符号如图 6.4－2 所示。

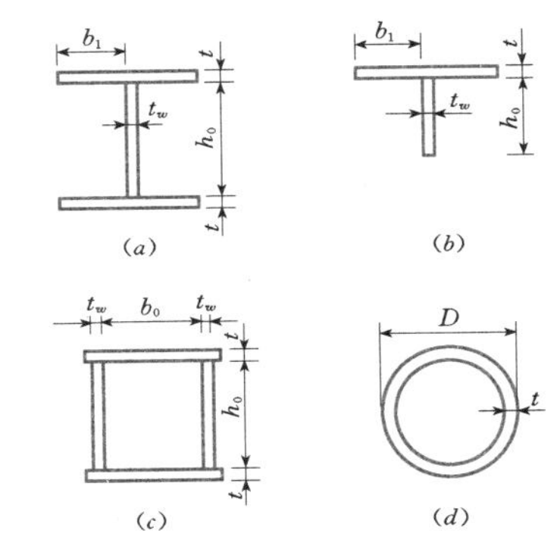

图 6.4－2 轴心受压构件板件宽厚比

表 6.4－2 轴心受压构件的截面分类（板厚 t<40mm）

截 面 形 式	对 x 轴	对 y 轴
轧制	a 类	a 类
轧制，$b/h \leqslant 0.8$	a 类	b 类
轧制，$b/h > 0.8$；焊接，翼缘为焰切边；焊接	b 类	b 类

续表

截面形式		对 x 轴	对 y 轴
轧制 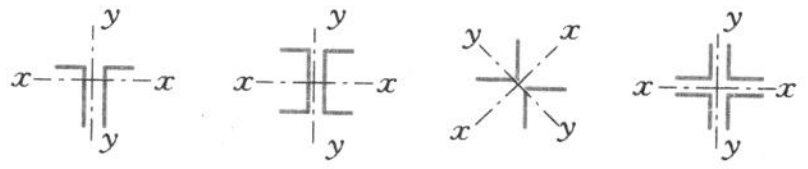	轧制，等边角钢 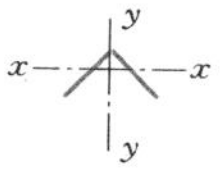	b类	b类
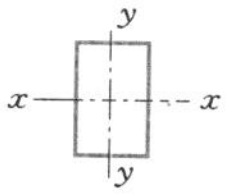 轧制，焊接（板件宽厚比＞20）	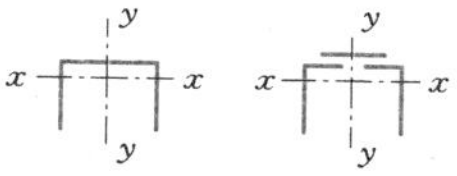 轧制或焊接	b类	b类
焊接 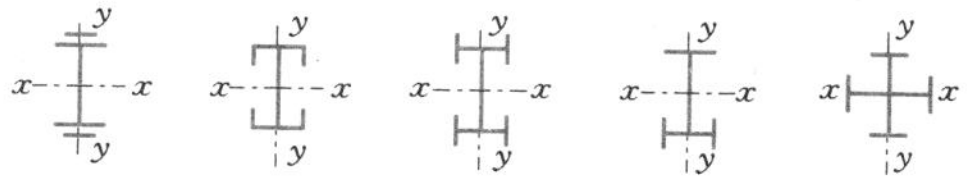	轧制截面和翼缘为焰切边的焊接截面 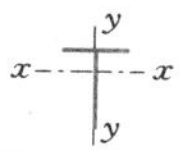	b类	b类
格构式 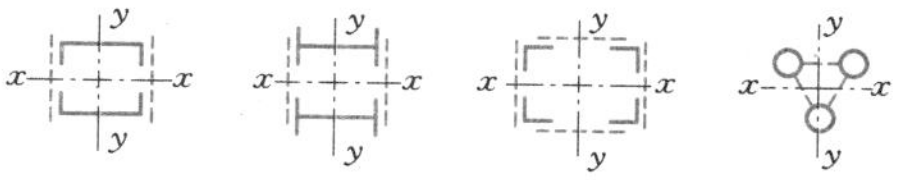	焊接，板件边缘焰切 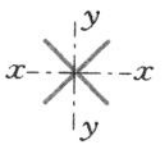	b类	b类
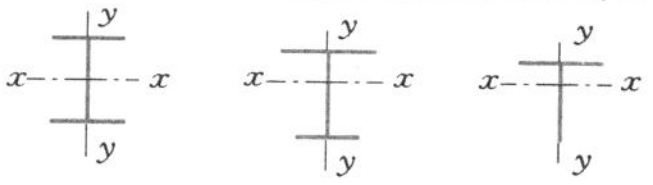 焊接，翼缘为轧制或剪切边		b类	c类
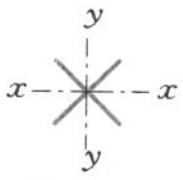 焊接，板件边缘轧制或剪切	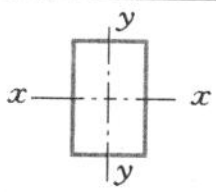 焊接，板件宽厚比≤20	c类	c类

表 6.4-3　　**轴心受压构件的截面分类（板厚 $t \geqslant 40$mm）**

截面形式		对 x 轴	对 y 轴
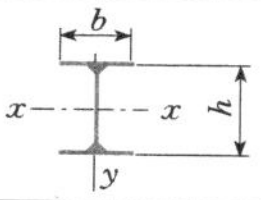 轧制工字形或H形截面	$t<80$mm	b类	c类
	$t \geqslant 80$mm	c类	d类
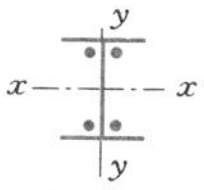 焊接工字形截面	翼缘为焰切边	b类	b类
	翼缘为轧制或剪切边	c类	d类
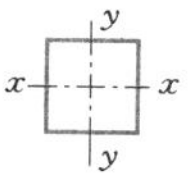 焊接箱形截面	板件宽厚比＞20	b类	b类
	板件宽厚比≤20	c类	c类

表 6.4-4　　**系数 α_1、α_2、α_3**

截面类型		α_1	α_2	α_3
a类		0.41	0.986	0.152
b类		0.65	0.965	0.300
c类	$\lambda_n \leqslant 1.05$	0.73	0.906	0.595
	$\lambda_n > 1.05$		1.216	0.302
d类	$\lambda_n \leqslant 1.05$	1.35	0.868	0.915
	$\lambda_n > 1.05$		1.375	0.432

6.4.2 实腹式轴心压杆（或柱）的设计

6.4.2.1 截面形式

实腹式轴心压杆的常用截面形式如图 6.4-3(*a*)、(*b*)、(*c*) 所示，设计时轴心压杆在截面两主轴方向的稳定性尽量接近相等，即要求两方向的长细比 $\lambda_x = \lambda_y$；同时使板件在保证局部稳定的条件下尽量薄些，做到肢宽壁薄，以提高稳定的承载能力。

6.4.2.2 截面设计

当轴心压杆的截面形式、对截面两主轴的计算长度 l_{ox}、l_{oy} 以及轴心力 N 和钢材标号确定以后，按下述步骤选择截面尺寸：

(1) 假设构件的长细比 λ。一般假定 $\lambda=50\sim100$，当 N 大而计算长度小时，λ 取较小值，反之取较大值。由式 (6.4-13) 计算或由 GB 50017—2003 附录C查得轴心受压构件的整体稳定系数 φ 后，所需截面面积为 $A=N/\varphi f$。

(2) 所需绕两个主轴的回转半径，计算公式为

$$i_x = l_{ox}/\lambda$$

$$i_y = l_{oy}/\lambda$$

常用截面的回转半径见表 6.4-5。

(3) 初选截面规格尺寸。可选型钢截面或组合截面，对于组合截面，应注意满足各部件局部稳定式 (6.4-19) ～式 (6.4-24) 的要求。

表 6.4-5 常用截面的回转半径

截面	回转半径	截面	回转半径	截面	回转半径
	$i_x=0.30h$ $i_y=0.30b$ $i_v=0.195h$		$i_x=0.21h$ $i_y=0.21b$		$i_x=0.43h$ $i_y=0.24b$
	等边 $i_x=0.30h$ $i_y=0.21b$		轧制工字钢 $i_x=0.39h$ $i_y=0.20b$		$i_x=0.39h$ $i_y=0.39b$
	长边相接 $i_x=0.32h$ $i_y=0.20b$		$i_x=0.38h$ $i_y=0.29b$		$i_x=0.26h$ $i_y=0.24b$
	短边相连 $i_x=0.28h$ $i_y=0.24b$		$i_x=0.38h$ $i_y=0.20b$		$i_x=0.29h$ $i_y=0.29b$
	$i_x=0.21h$ $i_y=0.21b$ $i_v=0.185h$		$i=0.235(d-t)$ $i=0.32d$，$\frac{d}{t}=10$ 时 $i=0.34d$，$\frac{d}{t}=30\sim40$		$i=0.25d$
	$i_x=0.43b$ $i_y=0.43h$		$i_x=0.44b$ $i_y=0.38h$		$i_x=0.50b$ $i_y=0.39h$

(4) 截面初步确定后，根据截面的实际尺寸计算其几何特性及最大长细比，然后验算其稳定性、强度和刚度。

(5) 当构件的内力不大时，只需按照压杆的容许长细比 [λ] 来选择截面尺寸。

6.4.3 格构式轴心压杆（或柱）的设计

6.4.3.1 截面形式

格构式轴心压杆有缀条式或缀板式，见图 6.4-3、图 6.4-4。

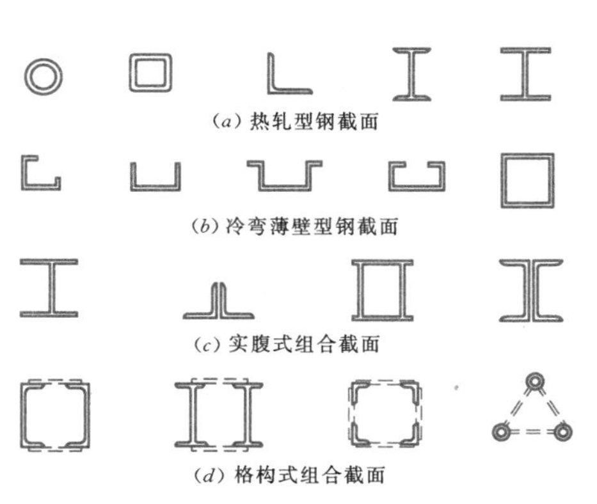

图 6.4-3 轴心受力构件的截面形式

6.4.3.2 格构式压杆的换算长细比

在格构式压杆的设计中，对其虚轴的稳定计算应考虑剪切变形的影响，应以换算长细比 λ_{ox} 计及剪切

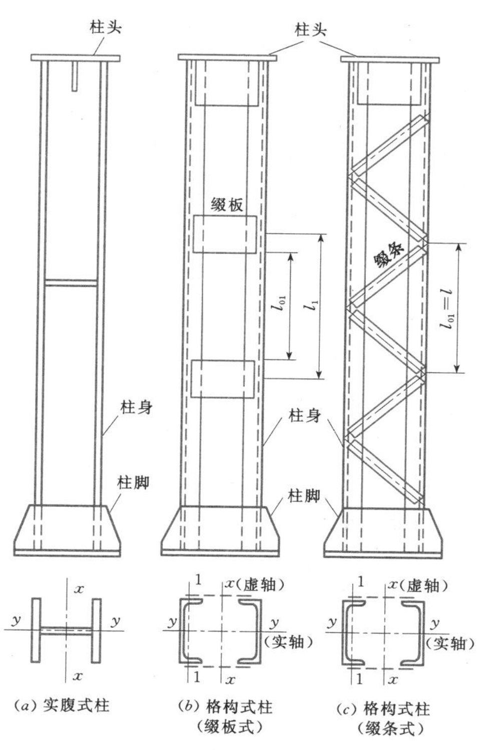

(a) 实腹式柱　(b) 格构式柱（缀板式）　(c) 格构式柱（缀条式）

图 6.4-4　柱的形式和组成部分

变形的影响。表 6.4-6 中列出了格构式构件对虚轴的换算长细比的计算公式，供设计时使用。

6.4.3.3　格构式压杆的截面选择

对于最常使用的由两个实腹单肢组成的格构式轴心压杆的截面尺寸，应先按实轴的稳定计算来确定单肢的型钢截面，然后使对虚、实轴的稳定性相等，即 $\lambda_{0x}=\lambda_y$，来确定两单肢的间距。

按对实轴的稳定计算确定两单肢型钢的尺寸后，构件的截面面积 A 和长细比 λ_y 即为已知，然后使换算长细比 $\lambda_{0x}=\lambda_y$ 来确定两单肢的间距。

对于缀条式压杆，由 $\lambda_{0x}=\sqrt{\lambda_x^2+27\ (A/A_{1x})}=\lambda_y$，得

$$\lambda_x=\sqrt{\lambda_y^2-27(A/A_{1x})}$$

对于缀板式压杆，由 $\lambda_{0x}=\sqrt{\lambda_x^2+\lambda_1^2}=\lambda_y$，得

$$\lambda_x=\sqrt{\lambda_y^2-\lambda_1^2}$$

若为缀条式压杆，应预先估计缀条的截面（角钢不宜小于 └45×4 或 └56×36×4）；若为缀板式压杆，单肢的长细比 λ_1 不应大于 40。由上式算得 λ_x 后，可求得 $i_x=l_{0x}/\lambda_x$，再利用回转半径的移轴公式，即可求得二单肢截面形心的间距 $b=2\sqrt{i_x^2-i_1^2}$（其中，i_1 为单肢截面对本身形心轴 1—1 的回转半径）。

表 6.4-6　**格构式构件换算长细比的计算公式**

项次	构件截面形式	缀材类别	计算公式	符号意义
1		缀板	$\lambda_{0x}=\sqrt{\lambda_x^2+\lambda_1^2}$	式中，λ_x 为整个构件对虚轴的长细比；λ_1 为单肢对 1—1 轴的长细比，其计算长度取缀板间的净距离
2		缀条	$\lambda_{0x}=\sqrt{\lambda_x^2+27\dfrac{A}{A_{1x}}}$	式中，A_{1x}为构件横截面所截各斜缀条的毛截面面积之和
3		缀板	$\lambda_{0x}=\sqrt{\lambda_x^2+\lambda_1^2}$ $\lambda_{0y}=\sqrt{\lambda_y^2+\lambda_1^2}$	式中，λ_1 为单肢对其自身最小刚度轴 1—1 的长细比，其计算长度取缀板间的距离
4		缀条	$\lambda_{0x}=\sqrt{\lambda_x^2+40\dfrac{A}{A_{1x}}}$ $\lambda_{0y}=\sqrt{\lambda_y^2+40\dfrac{A}{A_{1y}}}$	式中，A_{1x}、A_{1y}分别为构件横截面所截垂直 x—x 轴和垂直 y—y 轴的平面内各斜缀条的毛截面面积之和；
5		缀条	$\lambda_{0x}=\sqrt{\lambda_x^2+\dfrac{42A}{A_1\ (1.5-\cos^2\theta)}}$ $\lambda_{0y}=\sqrt{\lambda_y^2+\dfrac{42A}{A_1\cos^2\theta}}$	式中，θ 为缀条所在平面和 x 轴的夹角

注　1. 缀板组合构件的单肢长细比 λ_1 不应大于 40。
2. 斜缀条与构件轴线间倾角应保持在 40°～70°范围内。

对于截面有削弱的压杆，还应验算其强度。当单肢的长细比大于杆件的长细比时，还应验算单肢的稳定。

6.4.3.4 缀材设计

1. 格构式轴心受压构件的剪力

格构式压杆绕虚轴发生弯曲时，缀材承受的横向剪力可按 GB 50017—2003 给出的构件最大剪力的简化计算：

$$V = \frac{Af}{85}\sqrt{f_y/235} \qquad (6.4-20)$$

式中 A——构件的毛截面积。

剪力 V 值可认为沿构件全长不变，并由有关承受该剪力的缀材面分担。

2. 缀条的设计

缀条式格构式压杆的缀条内力可按桁架的腹杆计算，每根斜缀条的内力 N_t 为

$$N_t = V_1/n\cos\alpha \qquad (6.4-21)$$

其中 $$V_1 = V/2$$

式中 V_1——分配到一个缀材面上的剪力；

n——承受剪力 V_1 的斜缀条数，单斜缀条时 $n=1$，双斜缀条时 $n=2$。

斜缀条常采用单角钢，按轴心压杆设计。考虑单角钢斜缀条与构件单面连接所存在的偏心，计算时须将其容许应力按 GB 50017 规定乘以表 6.4-7 中的折减系数。

表 6.4-7 单面连接的单角钢杆件的容许应力折减系数

情况		折减系数
按轴心受力计算强度和连接		0.85
按轴心受压计算稳定	等边角钢	$0.6+0.0015\lambda\leqslant1.0$
	短边相连的不等边角钢	$0.5+0.0025\lambda\leqslant1.0$
	长边相连的不等边角钢	0.7

注 λ 为对中间无联系的单角钢压杆，按最小回转半径计算的长细比。

3. 缀板的设计

缀板须具有足够的刚度，沿构件纵向的宽度不应小于肢件轴线间距离 b 的 2/3，厚度不应小于 b 的 1/40，并且不小于 6mm。缀板之间的净距 l_{01} 可按单肢的长细比 λ_1 和回转半径 i_1 来计算，即 $l_{01}=\lambda_1 i_1$，然后即可确定缀板轴线间的距离 l_1。

缀板的内力可按下列公式计算：

$$\left.\begin{aligned}&\text{剪力} && T = V_1 l_1/b\\&\text{弯矩(与肢件连接处)} && M = Tb/2 = V_1 l_1/2\end{aligned}\right\} \qquad (6.4-22)$$

缀板与肢件间常用角焊缝连接，搭接长度一般为 20～30mm。应按式（6.4-27）求得共同作用的剪力和弯矩，验算该角焊缝的强度，如满足要求，缀板本身强度可不必验算。

此外，格构式柱和大型实腹式柱一样，须设置横隔，横隔可用钢板或角钢做成（见图 6.4-5）。

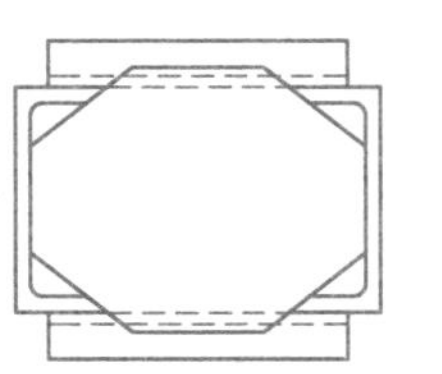
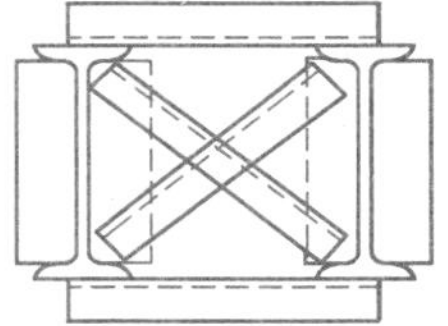

图 6.4-5 格构柱的横隔构造

6.4.4 拉弯和压弯构件的验算公式

6.4.4.1 强度和刚度计算公式

拉弯和压弯构件的强度按下列公式计算：

承受单向弯矩时：

$$\frac{N}{A_n} \pm \frac{M_x}{\gamma_x W_{nx}} \leqslant f \qquad (6.4-23)$$

承受双向弯矩时：

$$\frac{N}{A_n} \pm \frac{M_x}{\gamma_x W_{nx}} \pm \frac{M_y}{\gamma_y W_{ny}} \leqslant f \qquad (6.4-24)$$

拉弯和压弯构件的刚度计算公式与轴心受力构件相同，有关确定构件的计算长度系数、计算长度、长细比和容许长细比也与轴心受力构件相同。

6.4.4.2 压弯构件的整体稳定计算公式

1. 单向压弯构件弯矩作用平面内的稳定性计算

（1）双轴对称截面：

$$\frac{N}{\varphi_x A} + \frac{\beta_{mx} M_x}{\gamma_x W_{1x}(1-\varphi_x N/N'_{Ex})} \leqslant f \qquad (6.4-25)$$

其中 $$N'_{Ex} = \pi^2 EA/(1.1\lambda_x^2)$$

式中 N——压弯构件的轴心压力设计值；

φ_x——弯矩作用平面内的轴心受压构件稳定系数；

M_x——所计算构件段范围内的最大弯矩设计值；

N'_{Ex}——参数；

W_{1x}——弯矩作用平面内受压最大纤维的毛截面模量；

β_{mx}——等效弯矩系数。

β_{mx} 可按下列规定采用：

1）悬臂构件：取 1.0。

2）框架柱和两端支承的构件：无横向荷载作用

时，$\beta_{mx}=0.65+0.35M_2/M_1$，其中 M_1 和 M_2 为端弯矩，使构件产生同向曲率（无反弯点）时取同号，使构件产生反向曲率（有反弯点）时取异号，$|M_1|\geqslant|M_2|$。有端弯矩和横向荷载同时作用时，两者使构件产生同向曲率时，$\beta_{mx}=1$；使构件产生异反向曲率时，$\beta_{mx}=0.85$。无端弯矩但有横向荷载作用时，$\beta_{mx}=1$。

（2）单轴对称截面（如 T 形、双角钢 T 形、槽形等）。当弯矩作用于对称轴平面且使翼缘受压时，除按式（6.4-25）验算受压边缘外，还应按下式验算受拉边缘：

$$\left|\frac{N}{A}-\frac{\beta_{mx}M_x}{\gamma_x W_{2x}(1-1.25N/N'_{Ex})}\right|\leqslant f \tag{6.4-26}$$

2. 单向压弯构件弯矩作用平面外的稳定性计算

单向压弯构件弯矩作用平面外的稳定性计算公式为

$$\frac{N}{\varphi_y A}+\eta\frac{\beta_{tx}M_x}{\varphi_b W_{1x}}\leqslant f \tag{6.4-27}$$

式中 φ_y——弯矩作用平面外的轴心受压构件稳定系数，对单轴对称截面应按考虑扭转效应由 λ_{yz} 查得；

φ_b——均匀弯曲的受弯构件整体稳定系数，可按 GB 50017—2003 附录 B 的规定计算或查表，对闭口截面取 1.0；

η——截面影响系数，闭口截面取 0.7，其他截面取 1.0；

β_{tx}——等效弯矩系数，与 β_{mx} 的计算方法相同。

3. 双向压弯构件的稳定性计算

双向压弯构件的稳定性计算公式如下：

$$\frac{N}{\varphi_x A}+\frac{\beta_{mx}M_x}{\gamma_x W_{1x}(1-\varphi_x N/N'_{Ex})}+\eta\frac{\beta_{ty}M_y}{\varphi_{by}W_{1y}}\leqslant f \tag{6.4-28}$$

$$\frac{N}{\varphi_y A}+\eta\frac{\beta_{tx}M_x}{\varphi_{bx}W_{1x}}+\frac{\beta_{my}M_y}{\gamma_y W_{1y}(1-\varphi_y N/N'_{Ey})}\leqslant f \tag{6.4-29}$$

式中符号意义同前，但其下标 x 和 y 分别为关于截面强轴 x 和关于截面弱轴 y。

6.4.4.3 压弯构件的局部稳定计算公式

1. 压弯构件受压翼缘板的稳定性计算

为了保证焊接组合截面压弯构件受压翼缘板的局部稳定性，工字形截面其外伸宽度不应超过 $13t\sqrt{235/f_y}$（t 为翼缘厚度）。箱形截面受压翼缘在两腹板之间的宽度不超过 $40t\sqrt{235/f_y}$ 时。

2. 压弯构件腹板的稳定性计算

（1）工字形截面的腹板。工字形截面压弯构件腹板边缘的应力分布如图 6.4-6 所示。

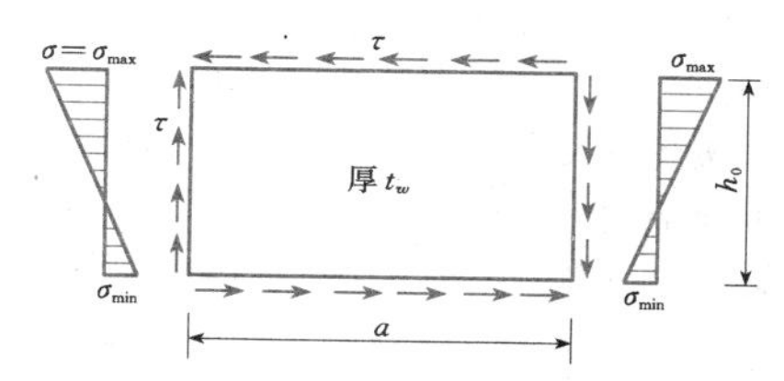

图 6.4-6 工字形截面压弯构件腹板边缘的应力分布

GB 50017—2003 对工字形截面压弯构件腹板高厚比限值规定如下：

当 $0\leqslant\alpha_0\leqslant1.6$ 时

$$h_0/t_w\leqslant(16\alpha_0+0.5\lambda+25)\sqrt{235/f_y} \tag{6.4-30}$$

当 $1.6<\alpha_0\leqslant2.0$ 时

$$h_0/t_w\leqslant(48\alpha_0+0.5\lambda-26.2)\sqrt{235/f_y} \tag{6.4-31}$$

其中 $$\alpha_0=(\sigma_{max}-\sigma_{min})/\sigma_{max}$$

式中 λ——构件在弯矩作用平面内的长细比，当 $\lambda<30$ 时取 $\lambda=30$，当 $\lambda>100$ 时取 $\lambda=100$；

α_0——应力梯度，应力以压为正，拉为负。

（2）箱形截面的腹板。箱形截面压弯构件腹板的稳定性验算也采用式（6.4-30）和式（6.4-31）形式，但在右侧乘以 0.8，当右侧的值小于 $40\sqrt{235/f_y}$ 时，应采用 $40\sqrt{235/f_y}$。

（3）T 形截面的腹板。

当 $\alpha_0\leqslant1.0$ 时：

$$h_0/t_w\leqslant15\sqrt{235/f_y} \tag{6.4-32}$$

当 $\alpha_0<1.0$ 时：

$$h_0/t_w\leqslant18\sqrt{235/f_y} \tag{6.4-33}$$

（4）圆管压弯构件。圆管压弯构件的局部稳定条件与轴心受压构件相同。

6.4.5 压弯构件（或柱）的设计

6.4.5.1 实腹式压弯构件的截面设计

实腹式压弯构件的截面设计可按下列步骤进行：

（1）确定构件承受的内力，即弯矩 $M_x(M_y)$、轴心压力 N 和剪力 V。

（2）选择截面形式。

（3）确定弯矩作用平面内和平面外的计算长度。

（4）根据经验或已有资料初选截面尺寸。

（5）对初选截面进行验算和修改：强度验算，刚度验算，弯矩作用平面内和平面外的整体稳定性验算，局部稳定性验算。

6.4.5.2　格构式压弯构件的截面设计

单向压弯缀条式格构式压弯构件的截面设计可按下列步骤进行：

（1）按构造要求或凭经验初选两分肢轴线间的距离或两肢背面间的距离。

（2）求两分肢所受轴力；按实腹式轴心受压构件确定两分肢的截面尺寸。在图 6.4－7 的左图中，两分肢所受轴力为

分肢 1　　$N_1 = (Ny_2 + M_x)/C$

分肢 2　　$N_2 = N - N_1$

在图 6.4－7 的右图中，两分肢所受轴力为

分肢 1　　$N_1 = N/2 + M_x/2y_0$

分肢 2　　$N_2 = N - N_1$

（3）缀条截面设计和缀条与分肢的连接设计；格构式压弯构件缀条的计算方法与格构式轴心受压构件相同，但剪力取构件的实际剪力和按式（6.4－20）计算得到的剪力中的较大值。

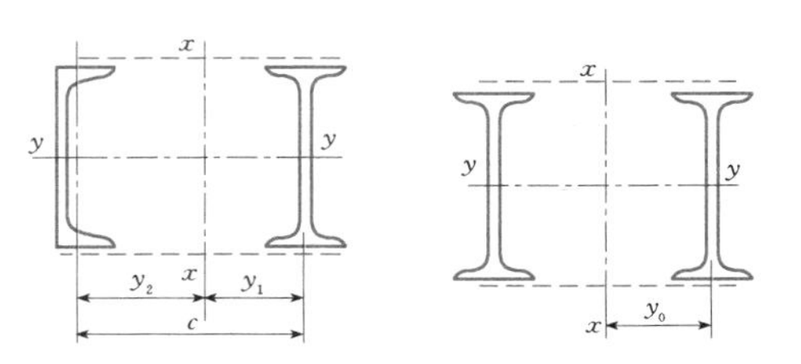

图 6.4－7　格构式压弯构件单肢的布置

（4）对整体格构式构件进行各项验算，直到满足各项要求为止。

6.4.6　梁与柱的连接

图 6.4－8 为梁与柱常用的柔性连接（又称为铰接）的构造形式。图 6.4－9 为梁与柱常用的刚性连接的构造形式。

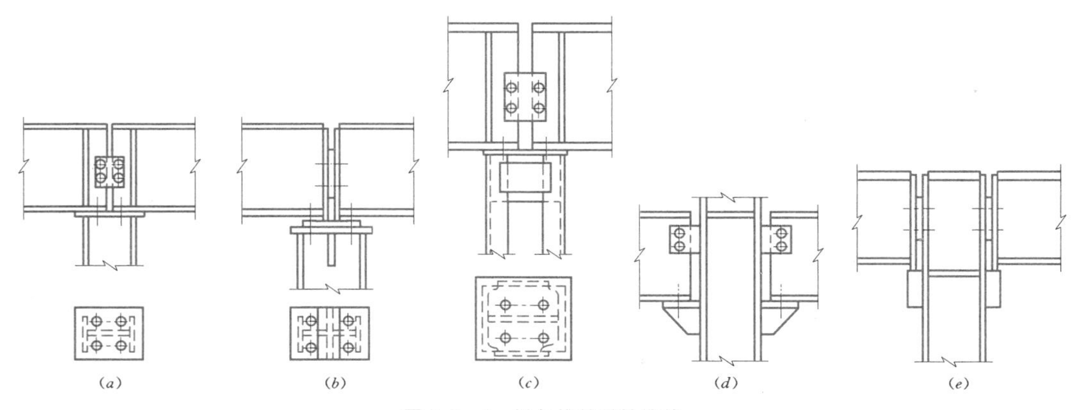

图 6.4－8　梁与柱的柔性连接

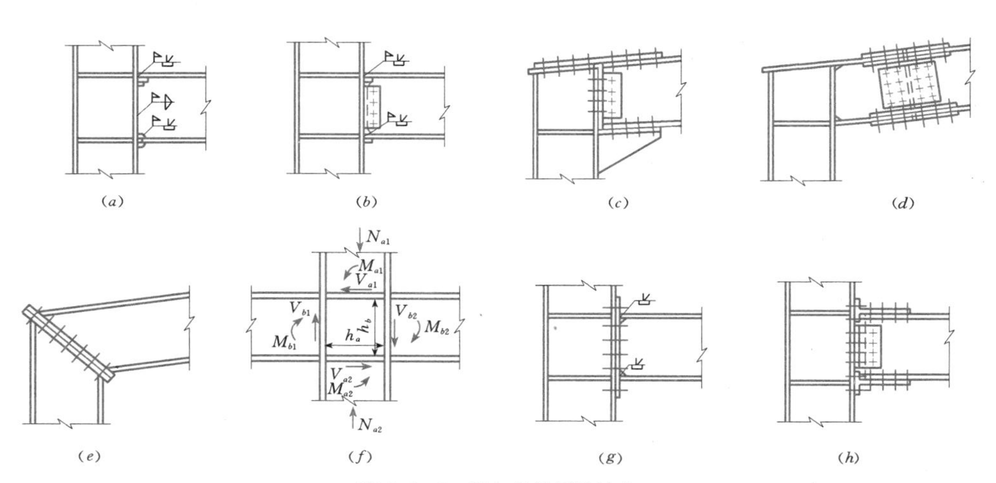

图 6.4－9　梁与柱的刚性连接

6.4.7 柱脚设计

6.4.7.1 铰接柱脚设计

1. 铰接柱脚的形式和构造

铰接柱角的形式和构造见图 6.4-10。

2. 铰接柱脚的计算

（1）底板的计算。

1）底板的长度 L 和宽度 B 的确定。假设底板与基础接触面上的应力为均匀分布，则底板的尺寸计算为

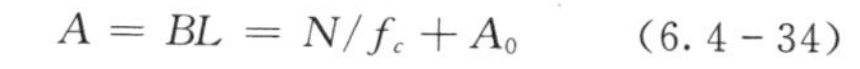

$$A = BL = N/f_c + A_0 \qquad (6.4-34)$$

式中 N——柱的轴心压力值；

f_c——基础混凝土抗压强度设计值，当基础上表面面积大于柱脚底板面积时，混凝土的抗压强度设计值应考虑局部承压引起的提高；

A_0——锚栓孔的面积。锚栓孔直径通常取锚栓直径的 1.5～2 倍。

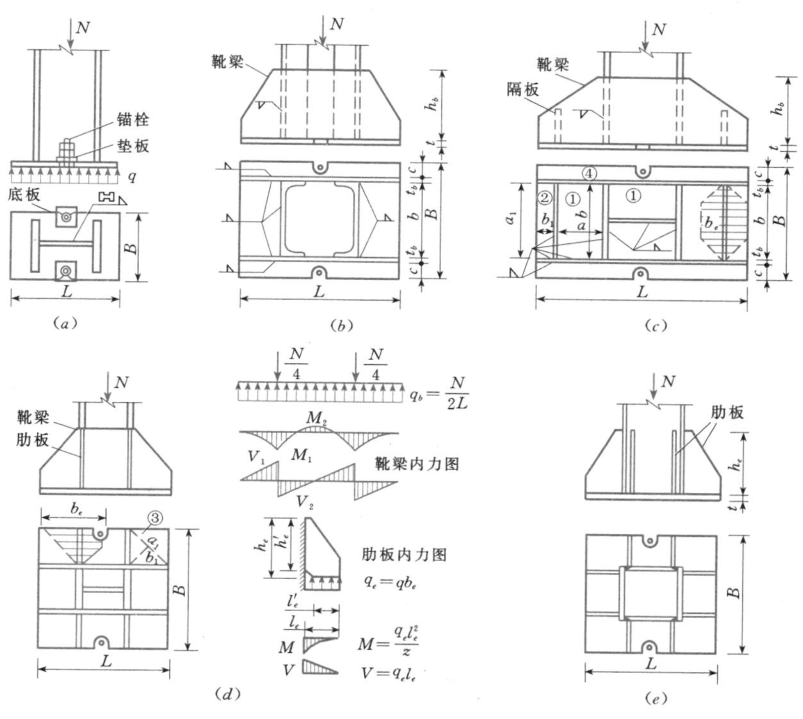

图 6.4-10 铰接柱脚

底板的长度 L 和宽度 B 确定后，底板下的压应力应满足下式：

$$q = N/(BL - A_0) \leqslant f_c \qquad (6.4-35)$$

2）底板厚度计算。根据底板承受的基础均布反力 $q = N/(BL - A_0)$ 作用，计算各底板区格的最大弯矩。

四边支承板［a 为短边长度，b 为长边长度，见图 6.4-10（c）中的①区格］：

$$M = \alpha q a^2 \qquad (6.4-36)$$

三边支承一边自由板［a_1 为自由边长度，b_1 为与自由边垂直的边长，见图 6.4-10（c）中的②区格］：

$$M = \beta q a_1^2 \qquad (6.4-37)$$

式中 α、β——最大弯矩系数，由表 6.4-8、表 6.4-9 查得。

表 6.4-8　α 值

b/a	1.0	1.1	1.2	1.3	1.4	1.5	1.6
α	0.048	0.055	0.063	0.069	0.075	0.081	0.086
b/a	1.7	1.8	1.9	2.0	3.0	≥4.0	
α	0.091	0.095	0.099	0.102	0.119	0.125	

表 6.4-9　β 值

b_1/a_1	0.3	0.4	0.5	0.6	0.7	0.8
β	0.027	0.044	0.060	0.075	0.087	0.097
b_1/a_1	0.9	1.0	1.1	1.2	1.3	≥1.4
β	0.105	0.112	0.117	0.121	0.124	0.125

当 $b_1/a_1 > 1.0$ 时，最好在该区格中加设隔板，使 $b_1/a_1 < 1.0$；如 $b_1/a_1 < 0.3$，可按悬臂长为 b_1 的

悬臂板计算。

悬臂板［c 为悬臂长度，见图 6.4－10（c）中的④区格］：

$$M = qc^2/2 \tag{6.4-38}$$

图 6.4－10（d）所示的两相邻边支承的底板部分，也可近似地按三边简支板计算，这时取 a_1 为对角线长度，b_1 为支承边交点到对角线的距离。

合理的设计，可通过调整底板各区格尺寸，使各区格的弯矩值接近，取其最大者按下式确定底板厚度：

$$t = \sqrt{6M_{\max}/f_c} \tag{6.4-39}$$

底板的厚度一般为 16～40mm，使底板具有必要的刚度，以满足基础均布反力的假定。

（2）靴梁计算。

1）靴梁与柱身间的连接焊缝计算。如图 6.4－10（b）所示，柱身与靴梁连接的贴角焊缝有四条，承受柱的全部压力 N。

$$4h_f l_w = N/f_f^w \tag{6.4-40}$$

可先选定焊脚尺寸 h_f，然后再确定焊缝计算长度 l_w，应注意每条焊缝的计算长度 l_w 不超过 $60h_f$。取靴梁高度 $h_b \geqslant l_w + 2h_f$。

2）靴梁与底板间的水平焊缝计算。靴梁与底板间的水平焊缝，按均匀传递柱轴向压力计算，焊脚尺寸为

$$h_f \geqslant N/(0.7f_f^w \sum l_w) \tag{6.4-41}$$

3）靴梁的强度验算。每个靴梁承受由底板传来的基础反力，按线均布荷载 $q_b = qB/2$ 计算。单跨双悬臂梁的弯矩图和剪力图如图 6.4－10（d）所示。根据该内力图计算弯矩和剪力后，靴梁应按双悬臂梁验算其抗弯和抗剪强度。

（3）隔板的计算。隔板按简支梁计算，把由底板传来的基础反力看作荷载。隔板的承载宽度和荷载分布如图 6.4－10（c）、（d）的阴影面积所示。根据计算简图求得最大弯矩和最大剪力后，进行隔板的截面设计和验算。

6.4.7.2　刚接柱脚设计

1. 刚接柱脚的形式和构造

刚接柱脚与混凝土基础的连接方式有外露式（支承式）、埋入式（插入式）和外包式三种。下面只介绍外露式（支承式）刚接柱脚（见图 6.4－11）。

2. 外露式整体式刚接柱脚的计算

（1）底板面积。以图 6.4－11（a）所示柱脚为例。首先应根据构造要求确定底板的宽度 B，然后假定基础与底板之间为能承受压应力和拉应力的弹性体，基础反力呈直线分布，根据底板边缘最大压应力不超过混凝土的抗压容许应力，确定底板在弯矩平面内的长度 L 的计算式为

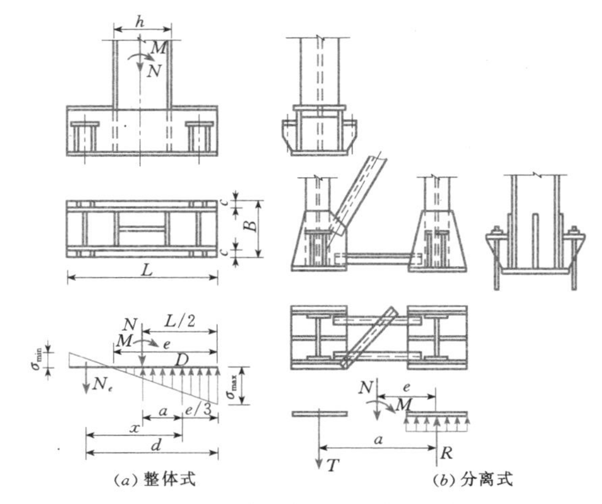

图 6.4－11　外露式（支承式）刚接柱脚

$$\sigma_{\max} = \frac{N}{BL} + \frac{6M}{BL^2} \leqslant f_c \tag{6.4-42}$$

（2）底板厚度。底板另一边缘的应力计算式为

$$\sigma_{\min} = \frac{N}{BL} - \frac{6M}{BL^2} \tag{6.4-43}$$

根据式（6.4－42）和式（6.4－43）可得底板下压应力的分布图形。采用与铰接柱脚相同的方法，计算各区格底板单位宽度上的最大弯矩，计算弯矩时可偏安全的取各区格中的最大压应力均匀作用于底板进行计算。根据底板的最大弯矩，来确定底板的厚度。

（3）靴梁和隔板的设计。可采用与铰接柱脚类似方法计算靴梁强度、靴梁与柱身以及与隔板等的连接焊缝，并根据所需焊缝长度确定各自的高度。在计算靴梁与柱身的连接的竖直焊缝时，应按可能承受的最大内力 N_1 计算：

$$N_1 = \frac{N}{2} + \frac{M}{h} \tag{6.4-44}$$

式中　h——柱的截面高度。

（4）锚栓的设计。当按式（6.4－43）计算出的 $\sigma_{\min} < 0$ 时，表明底板与基础间存在拉应力，需要锚栓承受柱脚底部由压力 N 和弯矩 M 组合作用而引起的拉力 N_t。根据图 6.4－11（a）所示底板下应力的分布图形，可假定拉应力的合力由锚栓承受，可得

$$N_t = (M - Na)/x \tag{6.4-45}$$

式中各符号的物理意义如图 6.4－11（a）所示。

根据 N_t 可计算出锚栓所需要的截面面积，从而选出锚栓的数量和规格。

6.5　普通型平面桁架设计

6.5.1　桁架的型式和尺寸

6.5.1.1　桁架的选型原则

桁架的外形有平行弦、梯形、多边形和三角形等（见图 6.5-1）。

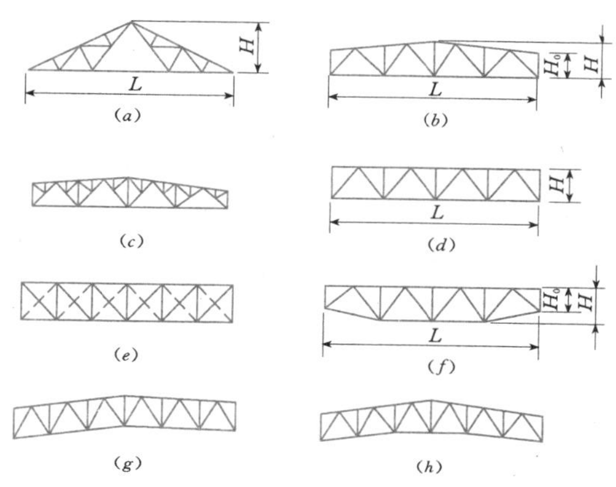

图 6.5-1　桁架形式

6.5.1.2　桁架的主要尺寸

桁架的主要尺寸是跨度 L 和高度 H。平行弦和梯形桁架的跨中高度一般取 $H=(1/6\sim1/10)L$；当梯形屋架与柱刚接时，其端部高度一般取 $H_0=(1/10\sim1/16)L$，钢屋架中常用 $H_0=1.8\sim2.2\text{m}$。三角形屋架的高度一般取 $H=(1/4\sim1/6)L$。

6.5.2　桁架的支承和桁架杆件的计算长度

6.5.2.1　桁架的支承

桁架的支承一般应首先布置在二桁架的上下弦平面内（见图 6.5-2），同时，还应在此二桁架两端和跨度中间隔一定距离布置垂直支承，或称横向（竖向）联结系，使其成为稳定的空间体系。当桁架较多时（如屋架），其余桁架可通过次梁或檩条等与此稳定体系相连，即能保证其稳定。

图 6.5-3 为具有交叉腹杆的支承桁架的计算简图，在节点荷载 W 作用下，由于交叉斜杆只能受拉，故图中的实线斜杆受拉（虚线斜杆不受力）。当 W 反向作用时，则只有虚线斜杆受拉。

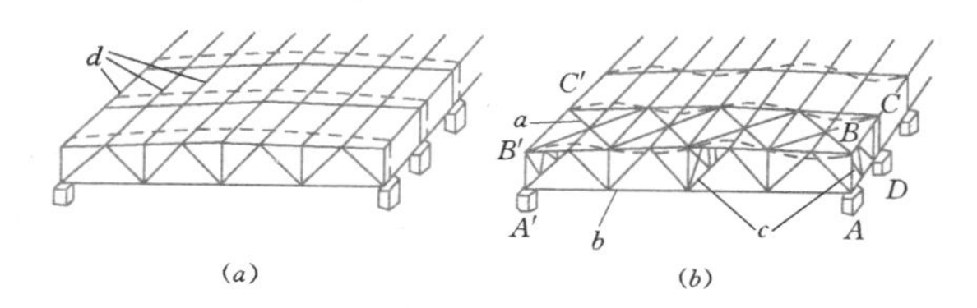

图 6.5-2　桁架的支承

a—上弦横向水平支承；b—下弦横向水平支承；c—垂直支承；d—檩条或大型屋面板

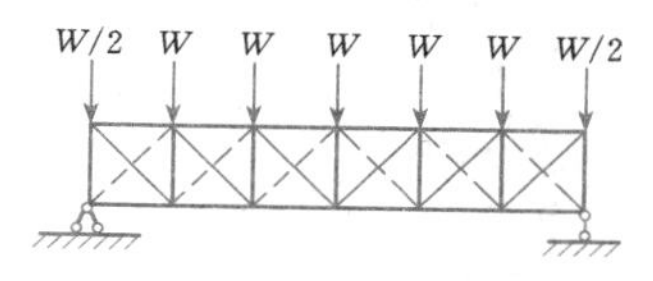

图 6.5-3　横向水平支承计算见图

6.5.2.2　桁架杆件的计算长度

1. 弦杆和单系腹杆的计算长度

确定桁架弦杆和单系腹杆的长细比时，其计算长度 l_0 应按表 6.5-1 采用。

表 6.5-1　桁架弦杆和单系腹杆的计算长度

项次	弯曲方向	弦杆	腹杆	
			支座斜杆和支座竖杆	其他腹杆
1	在桁架平面内	l	l	$0.8l$
2	在桁架平面外	l_1	l	l
3	斜平面	—	l	$0.9l$

注　1. l 为构件的几何长度（节点中心间的距离）；l_1 为桁架弦杆侧向支承点之间的距离，即支承的节点间距［见图 6.5-2（b）］。

2. 项次 3 适用于构件截面为单角钢或双角钢十字形截面腹杆，其两主轴都不在桁架平面内。

当桁架弦杆侧向支承点间的距离为节间长度的 2 倍，且侧向支承点之间杆件的压力有变化时［见图 6.5-4（a）］，则该弦杆桁架平面外的计算长度，应按式（6.5-1）确定，但不小于 $0.5l_1$：

$$l_0=l_1(0.75+0.25N_2/N_1) \tag{6.5-1}$$

式中　N_1——较大的压力，计算时取正值；

N_2——较小的压力或拉力，计算时压力取正值，拉力取负值。

桁架再分式腹杆体系的受压主斜杆［见图 6.5-4（b）］以及 K 形腹杆体系的竖杆等在桁架平面外的计算长度，也应按式（6.5-1）确定（受拉主斜杆的计算长度仍取 l_1），在桁架平面内则采用节点中心间距离。

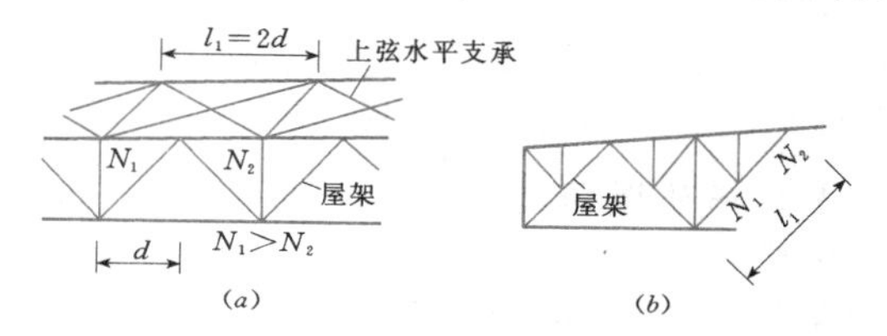

图 6.5-4　变内力杆件的计算长度

2. 交叉腹杆的计算长度

确定桁架交叉腹杆的长细比时，在桁架平面内的计算长度应取节点中心到交叉点间的距离；在桁架平面外的计算长度如下确定（见图6.5-5）。

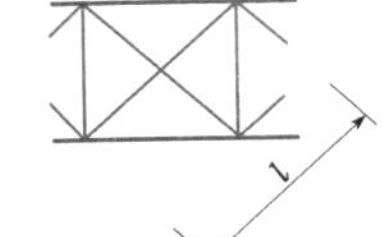

图6.5-5 交叉腹杆的计算长度

(1) 对于压杆：

1) 与它相交的另一斜杆受压，两杆截面相同并在交叉点均不中断时：

$$l_0 = l\sqrt{(1+N_0/N)/2}$$

式中 l——节点中心间距离，交叉点不作为节点考虑；

N、N_0——所计算杆和相交另一杆的内力，均为绝对值，两杆均受压时，$N_0 \leqslant N$。

2) 当相交另一斜杆受压，此杆在交叉点中断，但以节点板搭接时：

$$l_0 = l\sqrt{1+\pi^2 N_0/(12N)}$$

3) 当相交另一杆受拉，两杆截面相同并在交叉点均不中断时：

$$l_0 = l\sqrt{[1-3N_0/(4N)]/2} \geqslant 0.5l$$

4) 当相交另一斜杆受拉，此杆在交叉点中断但以节点板搭接时：

$$l_0 = l\sqrt{1-3N_0/(4N)} \geqslant 0.5l$$

5) 当相交另一斜杆受拉，此杆连续而压杆在交叉点中断但以节点板搭接，若 $N_0 \geqslant N$ 或拉杆在桁架平面外的抗弯刚度 $EI_y \geqslant \frac{3N_0 l^2}{4\pi^2}(N/N_0-1)$ 时，取 $l_0=0.5l$。

(2) 对于拉杆：由于压杆不作为它在平面外的支撑点，故为 $l_0=l$。

注：l 为节点中心间距离，但对于交叉点不作为节点考虑；当两交叉杆都受压时，不宜有一杆中断；当确定交叉腹杆中单角钢杆件斜平面内的长细比时，计算长度应取节点中心至交叉点的距离。

6.5.3 桁架的杆件设计

6.5.3.1 内力计算

在按有关建筑物的现行设计规范（或荷载规范）及实际情况确定了作用在桁架上的各种荷载及其组合后，可根据平面计算或有限元法计算各杆件的内力。

6.5.3.2 杆件截面形式

普通桁架的杆件，通常采用双角钢组成的T形、十字形截面或其他轧制截面形式（见图6.5-6）。普通桁架各杆件的角钢组合截面形式可按表6.5-2选用。

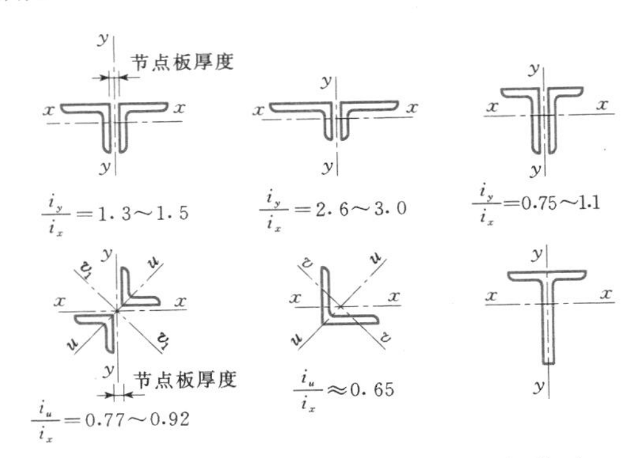

图6.5-6 角钢组合截面形式及T型钢截面

表6.5-2 普通桁架杆件的角钢组合截面形式

杆件种类	受力与支承情况		截面形式
上弦杆	轴心受压	$l_{0y}=2l_{0x}$	短肢拼合
		$l_{0y}=l_{0x}$	等肢拼合
	偏心受压（有节间荷载）		T型钢
下弦杆	轴心受拉		短肢拼合或等肢拼合
中间腹杆	轴心受压（或受拉）$l_{0x}=0.8l_{0y}$		等肢拼合
端腹杆	轴心受压 $l_{0x}=l_{0y}$		长肢拼合
竖杆	位于垂直支承处		十字形截面

注 1. 受力很小的腹杆，也可采用单角钢，其容许应力须按表6.4-7予以降低。
2. 钢闸门的桁架上弦杆，可考虑与其相连的部分钢面板兼作弦杆截面。

6.5.3.3 杆件截面选择

1. 一般要求

选择桁架杆件截面尺寸时，应尽量选用肢宽壁薄的角钢（但厚度不应小于4mm），以增加截面的回转半径。一般钢桁架所使用的角钢不宜小于∟45×4或∟56×36×4。有螺栓孔杆件的角钢，最小肢宽应按所用的螺栓直径查表6.5-3确定。

2. 节点板厚度

节点板的厚度一般可根据桁架腹杆中的最大内力（对三角形桁架则为端节间的弦杆内力）参照表6.5-4的经验数据来选定。支座节点板受力比中间节点大，厚度可增加2mm。

3. 杆件截面选择

在节点荷载作用下，桁架杆件承受轴心拉力和轴心压力，可按式（6.4-1）、式（6.4-2）、式（6.4-3）进行杆件截面选择。

在节间荷载作用下，弦杆承受偏心拉力或偏心压力，按6.4节的拉弯、压弯构件设计方法计算。桁架中内力很小的腹杆，可按容许长细比（见表6.4-1）。

表 6.5-3　角钢上的螺栓（铆钉）线位置和最大孔径（等边和不等边角钢）　单位：mm

单行排列 $b\leqslant125$			双行交错排列 $b\geqslant125$				双行并列 $b\geqslant140$			
角钢边长 b	线距 a	最大开孔直径	角钢边长 b	线距 a_1	线距 a_2	最大开孔直径	角钢边长 b	线距 a_1	线距 a_2	最大开孔直径
45	25	13	125	55	35	23.5	—	—	—	—
50	30	15	140	60	45	23.5	140	55	60	19.5
56	30	17	160	60	65	26.5	160	60	70	23.5
63	35	19.5	—	—	—	—	180	65	75	23.5
70	40	21.5	—	—	—	—	200	80	820	26.5
75	40	21.5								
80	45	23.5								
90	50	23.5								
100	55	23.5								
110	60	26.5								
125	70	26.5								

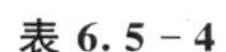

表 6.5-4　桁架节点板厚度参考表

桁架腹杆内力或三角形屋架弦杆端节间内力 N(kN)	$\leqslant170$	171～290	291～510	511～680	681～910	910～1290	1291～1770	1771～3090
中间节点板厚度 t（mm）	6	8	10	12	14	16	18	20

注　本表的使用范围：①节点板为 Q235 钢，当为其他牌号时，表中数字应乘以 $235/f_y$；②节点板边缘与腹杆轴线之间的夹角应大于 30°。

来选择截面；内力可能变号的腹杆，应按压杆的容许长细比来考虑。

4. 双角钢的缀合

双角钢所组成的杆件须每隔一定距离在两角钢之间设置填板（见图 6.5-7）。填板的间距 l_d 在压杆中不得超过 $40i_1$，在拉杆中不得超过 $80i_1$。对 T 形截面，i_1 为一个角钢对平行于填板的形心轴 1—1 的回转半径；对十字形截面，i_1 为一个角钢的最小回转半径。

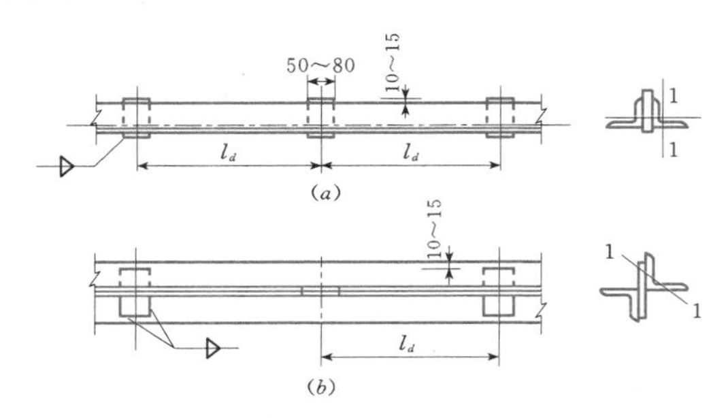

图 6.5-7　双角钢组合截面的填板

6.5.4　桁架的节点设计

（1）先画出交汇于节点上各杆的轴线，再画出各杆的轮廓线，使它们的重心线与轴线重合。但为了制造方便，在焊接桁架中通常把角钢肢背到重心线的距离取为 5mm 的整数倍。当弦杆的截面沿长度改变时，应使节点两边的角钢肢背齐平，而使两边角钢重心线之间的中线与弦杆轴线重合（见图 6.5-8），以减少偏心的影响。

（2）在节点中，各杆边缘之间应留出一定间隙 c（见图 6.5-8），以便施焊且避免焊缝过分密集，致使节点板材质变脆。在承受静力荷载或间接承受动力荷载的桁架中，一般取 $c\geqslant15\sim20$mm，在直接承受动力荷载的桁架中，则取 $c\geqslant30\sim40$mm。角钢端部的切割宜与杆件轴线垂直，需要时也可将角钢的一边切去一角，如图 6.5-9 所示。

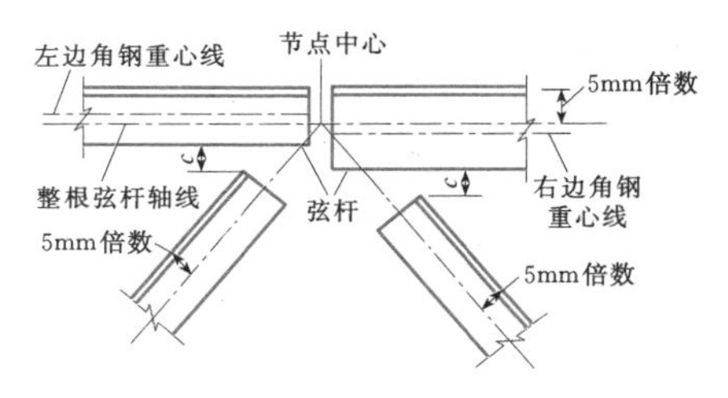

图 6.5-8　节点各杆件的轴线

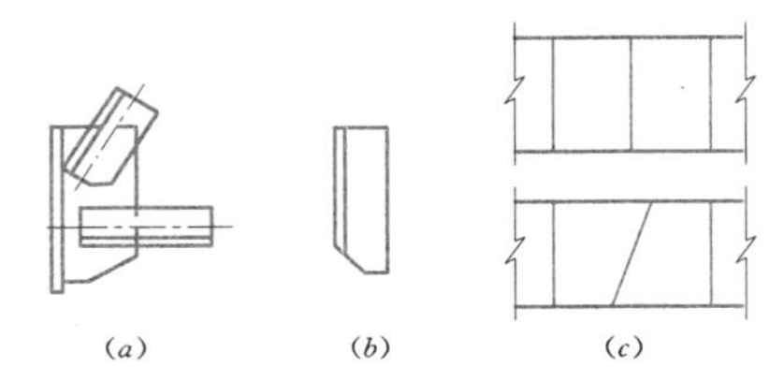

图 6.5-9 角钢及钢板的切割

(3) 按每一腹杆的设计轴向力，计算该杆与节点板的连接焊缝，确定沿角钢肢背和肢尖的焊缝尺寸并绘于图上。

(4) 根据腹杆与节点板的连接焊缝布置，可定出节点板的外形。节点板的长和宽宜取 10mm 的整数倍。确定节点板的外形时，还应注意节点板边缘与腹杆轴线间应具有不小于 15°～20°角［见图 6.5-10 (a)］，并应尽量采用矩形、梯形或平行四边形等简单的外形。

在每一节点施工图中应注明下列尺寸［见图 6.5-10 (b)］：各杆角钢肢背至轴线的距离 (e_2～e_5)；从节点中心至每一腹杆端部的距离 (l_1～l_3)，从而也确定了各腹杆的实际断料长度；节点板尺寸也应从节点中心分向各边注明 (l_4～l_7)，以便定位；每条焊缝的尺寸等。

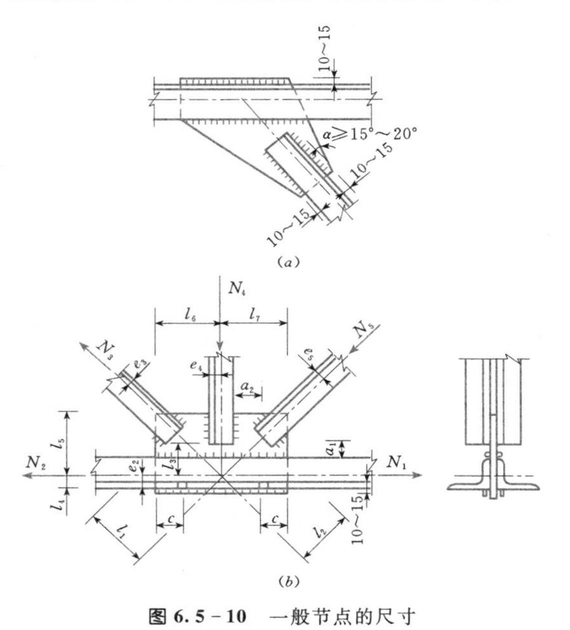

图 6.5-10 一般节点的尺寸

6.6 空间网架屋盖设计

6.6.1 网架的形式及选型原则

6.6.1.1 网架形式

1. 交叉桁架体系网架

交叉桁架体系网架主要有三种形式，即两向正交正放网架、两向正交斜放网架和三向网架，如图 6.6-1、图 6.6-2 所示。

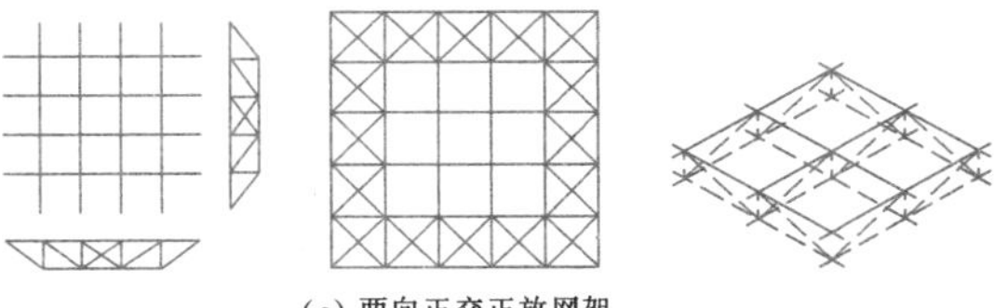

(a) 两向正交正放网架

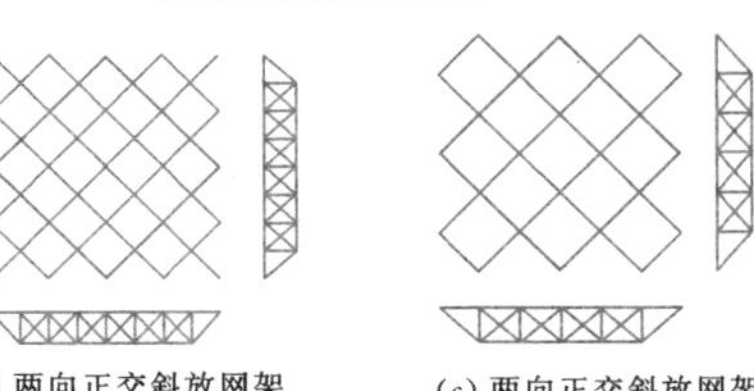

(b) 两向正交斜放网架（长桁架通过角柱） (c) 两向正交斜放网架（长桁架不通过角柱）

图 6.6-1 正方形平面的两向网架

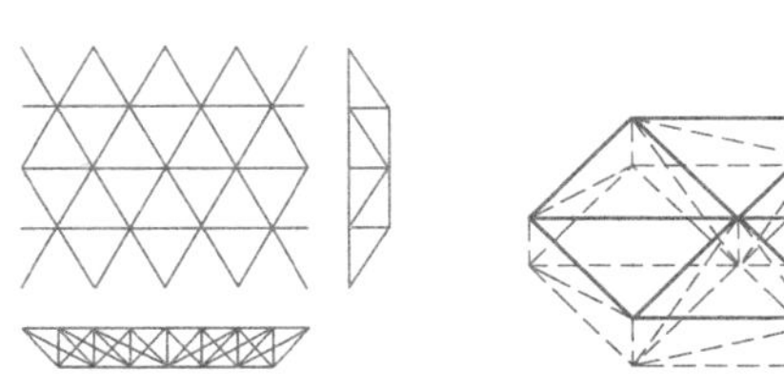

图 6.6-2 三向网架

2. 三角锥体系网架

三角锥体系网架主要有三种形式，即三角锥网架、抽空三角锥网架和蜂窝型三角锥网架，见图 6.6-3、图 6.6-4、图 6.6-5。

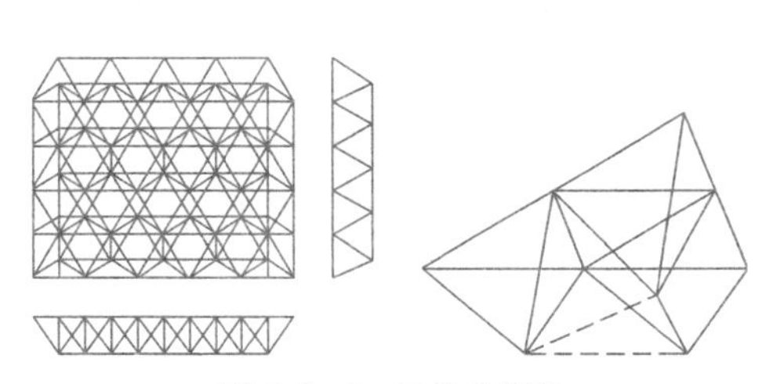

图 6.6-3 三角锥网架

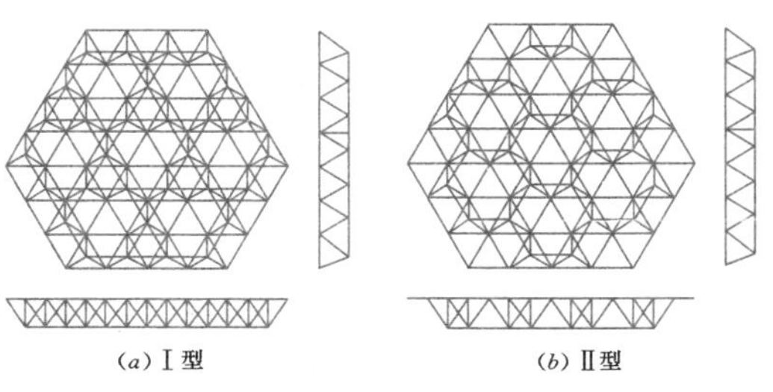

(a) Ⅰ型 (b) Ⅱ型

图 6.6-4 抽空三角锥网架

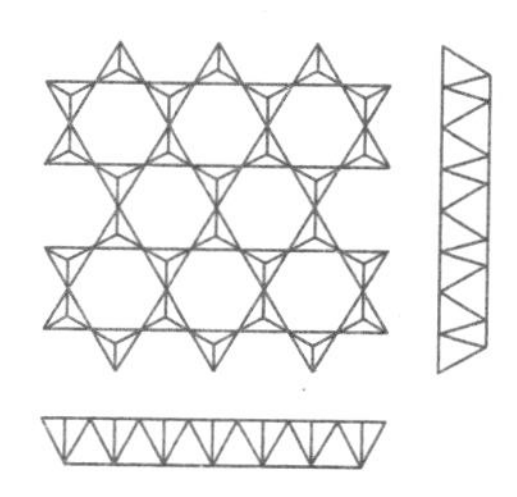

图 6.6－5 蜂窝型三角锥网架

3. 四角锥体系网架

四角锥体系网架主要有五种形式，即正放四角锥网架、正放抽空四角锥网架、斜放四角锥网架、棋盘形四角锥网架、星形四角锥网架，如图 6.6－6～图 6.6－10 所示。

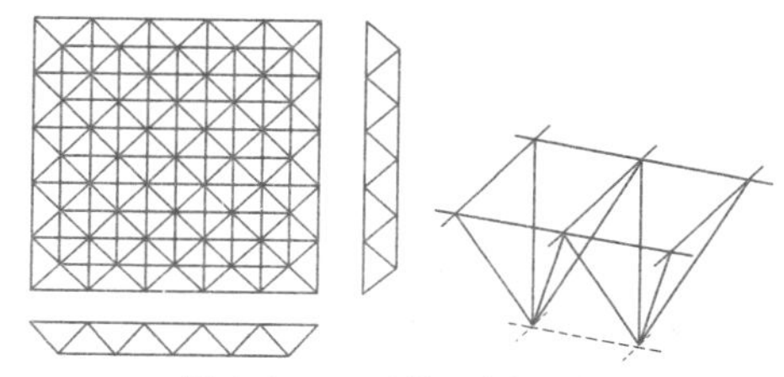

图 6.6－6 正放四角锥网架

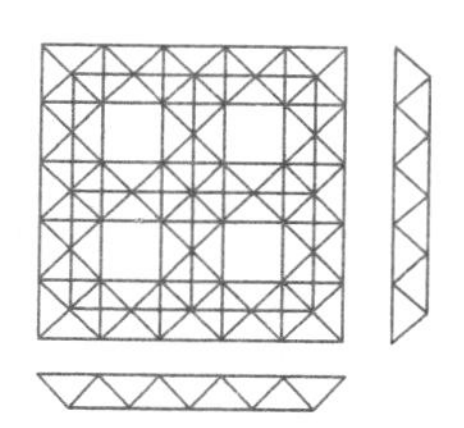

图 6.6－7 正放抽空四角锥网架

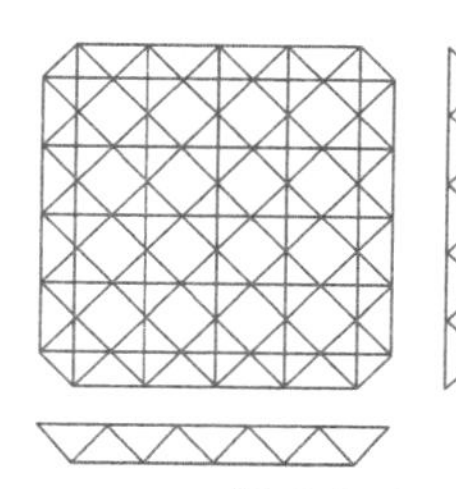

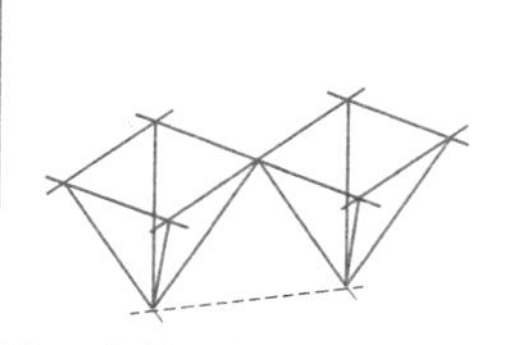

图 6.6－8 斜放四角锥网架

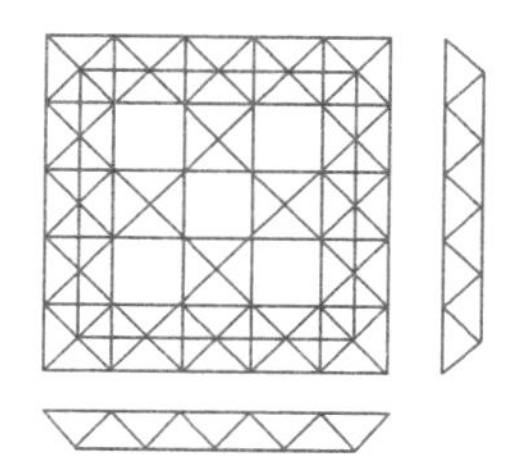

图 6.6－9 棋盘形四角锥网架

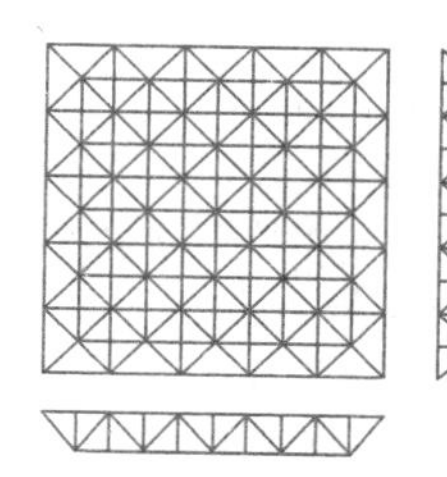

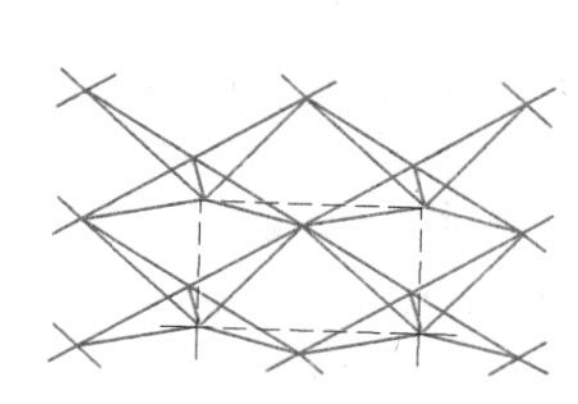

图 6.6－10 星形四角锥网架

4. 六角锥体系网架

六角锥网架杆件较多，节点构造复杂，屋面板为六角形或三角形，施工也较为困难，因此一般不宜采用，仅在建筑有特殊要求时才予采用，如图 6.6－11 所示。

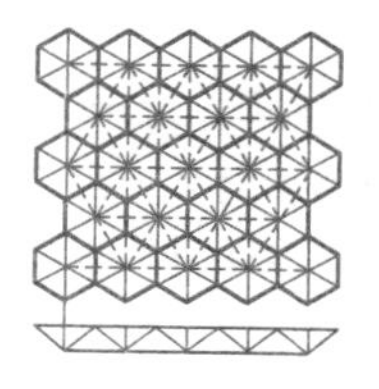

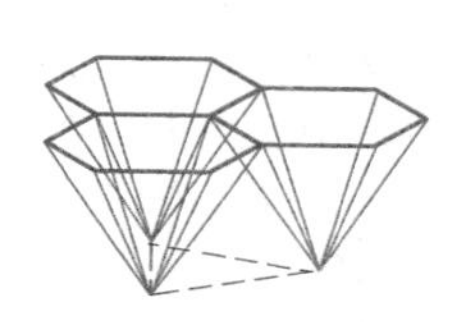

图 6.6－11 六角锥网架

按照网架的支承方式可将网架分为周边支承、四点支承、多点支承、三边支承、对边支承以及混合支承等形式，如图 6.6－12 所示。

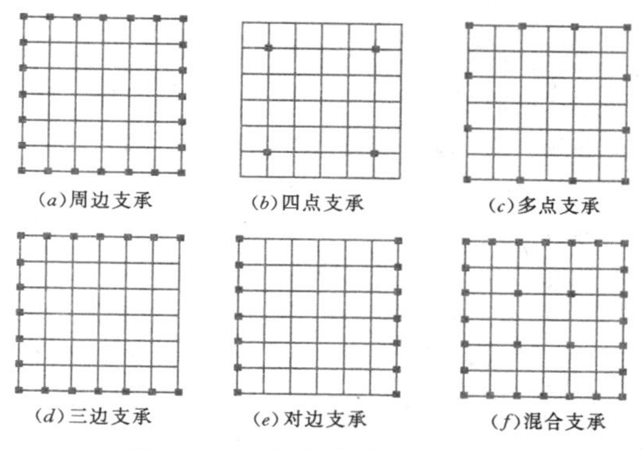

图 6.6－12 网架结构的支承形式

6.6.1.2 网架的选型

网架的选型应根据具体工程的平面形状和尺寸，网架的支承方式，荷载的种类和大小，屋面构造和材料，建筑功能要求，以及网架的制作、安装方法等因素，进行综合分析比较来确定。

1. 周边支承的方形或接近方形的网架

根据对常见的两向正交正放、两向正交斜放、正放四角锥、正放抽空四角锥、斜放四角锥、棋盘形四角锥、星形四角锥七种形式网架进行计算的分析对比表明，在荷载、网格尺寸和网架高度相同的条件下，单位面积的用钢量以斜放四角锥最少，棋盘形四角锥和星形四角锥网架次之，正放四角锥网架的用钢量最高。对上述七种网架的挠度计算表明，它们的挠度值相差不大，其中以斜放四角锥、星形四角锥和正放四角锥三种网架的刚度最好。综合起来，斜放四角锥、星形四角锥和棋盘四角锥的技术指标较好。

2. 周边支承的较狭长矩形平面网架

周边支承的较狭长矩形平面网架的长宽比一般大于1.5∶1，在工业中比较常见。计算表明，随着网架长宽比的增大，两向正交正放、正放四角锥，正放抽空四角锥等正放类型网架，无论是用钢量还是挠度的增长都比较缓慢，而其他斜放类型网架上述两项指标的增加速度较快。对于平面形状较为狭长的网架，应尽量选用正放类型网架。

3. 三边支承的矩形平面网架

计算表明，三边支承矩形平面网架中各类网架的用钢量和刚度指标，与周边支承网架同类型相应的指标基本相似，可参考上述周边支承网架进行选型。

4. 周边支承圆形及多边形网架

周边支承圆形及多边形网架一般适合选用三向网架、三角锥网架、抽空三角锥网架和蜂窝型三角锥网架四种形式，计算表明，以蜂窝型三角锥网架的用钢量最少，抽空三角锥网架次之。对一般中小跨度的圆形及多边形网架，应优先选用蜂窝型三角锥或抽空三角锥网架。对于大跨度网架来说，上述四种类型的用钢量都比较接近。当跨度接近100m时，三向网架和三角锥网架的用钢量反而比前两种要小，对于大跨度或荷载较大的网架，应选用刚度较好的三向网架或三角锥网架。

5. 四点支承或多点支承网架

四点支承或多点支承网架宜选用正放型网架，在多点支承情况下，正放型网架的刚度比斜放型要好些。尤其正放抽空四角锥网架，更可根据网架的内力分布情况，适当增减一些四角锥，以取得最佳的技术经济效果。

6.6.2 网架几何尺寸的确定

网架的几何尺寸应根据网架跨度的大小、支承点布置情况、屋面材料以及建筑功能要求等因素来确定。

6.6.2.1 上弦网格尺寸

对于矩形平面的网架，上弦网格一般应设计成正方形，上弦网格尺寸与网架短向跨度之间的关系见表6.6-1。

根据表6.6-1的规定及国内外已经建成的网架实际尺寸，设计时可以参考表6.6-2选用网架的网格数。

表6.6-1　上弦网格尺寸

网架短向跨度 L_2(m)	网格尺寸
<30	$\left(\frac{1}{6}\sim\frac{1}{12}\right)L_2$
30～60	$\left(\frac{1}{10}\sim\frac{1}{16}\right)L_2$
>60	$\left(\frac{1}{12}\sim\frac{1}{20}\right)L_2$

表6.6-2　上弦网格数

网架短边跨度(m)	网格数	网架短边跨度(m)	网格数
10	5～8	60	12～16
20	7～10	70	13～17
30	9～12	80	14～18
40	10～14	90	15～19
50	11～15	100	16～20

6.6.2.2 网架高度

网架高度与网架杆件内力及挠度大小关系很大，可按照表6.6-3选取。

根据表6.6-3的规定，并参考国内外已经建成的网架实际尺寸，对于不同跨度的网架，设计时可参考表6.6-4的网架高度选用。

表6.6-3　网架高度　单位：m

网架短向跨度 L_2	网格高度 h
<30	$\left(\frac{1}{10}\sim\frac{1}{14}\right)L_2$
30～60	$\left(\frac{1}{12}\sim\frac{1}{16}\right)L_2$
>60	$\left(\frac{1}{14}\sim\frac{1}{20}\right)L_2$

表6.6-4　不同跨度的网架高度　单位：m

网架短边跨度 L_2	网格高度 h	网架短边跨度 L_2	网格高度 h
10	0.8～1.8	60	3.3～5.1
20	1.4～2.6	70	3.8～5.8
30	1.8～3.2	80	4.3～6.4
40	2.5～3.8	90	4.8～7.0
50	2.8～4.5	100	5.5～7.5

对于周边支承的下列各类网架，可按表 6.6-5 选用。

表 6.6-5 网架的最优网格数与高跨比

网架类型	钢筋混凝土屋面体系		钢檩条屋面体系	
	网格数	高跨比	网格数	高跨比
两向正交正放网架、正放四角锥网架、正放抽空四角锥网架	$(2\sim4)+0.2L_2$	10～14	$(6\sim8)+0.07L_2$	$(13\sim17)-0.03L_2$
两向正交斜放网架、棋盘四角锥网架、斜放四角锥网架、星形四角锥网架	$(6\sim8)+0.08L_2$			

6.6.2.3 斜杆布置

一般来说，斜杆与上下弦平面的夹角以 45°左右为宜，由角锥组成的网架，一般将腹杆布置成拉杆，受力比较合理。当桁架节点间距离较大而腹杆过长，或上弦节点间有集中荷载时，可采用再分式腹杆，以减少腹杆的计算长度。

6.6.3 网架设计的一般规定

6.6.3.1 网架起拱

对于中小跨度网架，一般不起拱，对于大跨度网架及有特殊要求的中小跨度网架，其起拱坡度取不大于短向跨度的 1/300。

6.6.3.2 允许挠度

网架结构的允许挠度不宜超过短向跨度的 1/200。

6.6.3.3 网架的自重

网架自重 $g(\mathrm{kN/m^2})$ 可按下式估算：

$$g=\xi\sqrt{q_\omega}\frac{L_2}{2} \tag{6.6-1}$$

式中 q_ω——屋面荷载（不包括网架自重），$\mathrm{kN/m^2}$；

L_2——网架短向跨度，m；

ξ——系数，对于钢管网架取 $\xi=1.0$，对于型钢网架取 $\xi=1.2$。

6.6.3.4 杆件设计

1. 材料

杆件的钢材应按《钢结构设计规范》(GB 50017—2003) 的规定采用。

2. 截面形式

杆件常用的有角钢和钢管两种，钢管截面回转半径大，抗压承载能力较高，与球形节点连接方便，抗腐蚀性能较好，宜优先选用。

3. 杆件计算长度

确定杆件长细比时，其计算长度 l_0 按表 6.6-6 取。

表 6.6-6 网架杆件计算长度

节点杆件	螺栓球	焊接空心球	板节点
弦杆及支座腹杆	l	$0.9l$	l
腹杆	l	$0.8l$	$0.8l$

注 l 为杆件几何长度（节点中心之间的距离）。

4. 网架杆件的长细比

网架杆件的长细比不宜超过以下数值：受压杆件，不宜超过 180；受拉杆件，一般杆件不宜超过 400，支座附近处杆件不宜超过 300，直接承受动力荷载杆件不宜超过 250。

5. 杆件截面最小尺寸

网架杆件的截面应根据承载力和稳定性的计算和演算确定。普通型钢一边不宜小于∟50×3 或∟56×36×3，钢管不宜小于 $\phi48\times2$。

6.6.4 网架的计算原则和方法

6.6.4.1 计算方法

《网架结构设计与施工规程》(JGJ 7—91) 推荐的计算方法有交叉梁系差分法、拟夹层板法和假想弯矩法。网架结构应进行在外荷载作用下的内力、位移计算，并应根据具体情况，对地震、温度变化、支座沉降及施工安装荷载等作用下的内力、位移进行计算。

对非抗震设计，荷载及荷载效应组合应按《建筑结构荷载规范》(GB 5009—2001) 进行计算，在截面及节点设计中，应按照荷载的基本组合确定内力设计值；在位移计算中应按照短期效应组合确定其挠度。对抗震设计，荷载及荷载效应组合应按《建筑抗震设计规范》(GB 50011—2010) 确定内力设计值。

网架结构的外荷载按静力等效原则，将节点所辖区域内的荷载集中作用在该节点上。结构分析时可忽略节点刚度的影响，假定节点为铰接，杆件只承受轴向力。当杆件上作用有局部荷载时，应另考虑受弯的影响。网架结构的内力和位移可按弹性阶段进行计算。

网架结构静动力计算通常采用以下几点假设：

（1）忽略节点的刚度影响，假定网架节点为空间铰接节点，杆件只承受轴力，并按弹性阶段进行分析。

（2）网架结构的荷载均按静力等效原则化为作用于节点上的集中荷载。

（3）支座可根据实际情况假设为一向可侧移、两向可侧移、两向无侧移的铰接支座或弹性支承。

6.6.4.2 地震、温度作用下的内力计算原则

在抗震设防烈度为6度或7度的地区，网架屋盖结构可不进行竖向抗震验算；在抗震设防烈度为8度或9度的地区，网架屋盖结构应进行竖向抗震验算。对于周边支承网架屋盖及多点支承和周边支承相结合的网架屋盖，竖向地震作用标准值可按下式确定：

$$F_{Evki}=\pm\psi_v G_i \tag{6.6-2}$$

式中 F_{Evki}——作用在网架第i节点上竖向地震作用标准值；

G_i——网架第i节点的重力荷载代表值，其中恒荷载取100%，雪荷载及屋面积灰荷载取50%，不考虑屋面活荷载；

ψ_v——竖向地震作用系数，按表6.6-7取值。

表6.6-7 竖向地震作用系数

抗震设防烈度	场地类别		
	Ⅰ	Ⅱ	Ⅲ～Ⅳ
8	—	0.18	0.10
9	0.15	0.15	0.20

注 场地类别应按GB 50011确定。

对于周边支承的网架，竖向地震作用效应可按《网架结构设计与施工规程》（JGJ 7—91）计算。对于悬挑长度较大的网架屋盖结构以及用于楼层的网架结构，当抗震设防烈度为8度或9度时，其竖向地震作用标准值可分别取该结构重力荷载代表值的10%或20%。计算重力荷载代表值时，对一般民用建筑可取楼层活荷载的50%。

对于平面复杂或重要的大跨度网架结构，可采用振型分解反应谱法或时程分析法作专门的竖向抗震分析和验算。

在抗震设防烈度为7度的地区，可不进行网架结构水平抗震验算；在抗震设防烈度为8度的地区，对于周边支承的中小跨度网架可不进行水平抗震验算；在抗震设防烈度为9度的地震区，对各种网架结构均应进行水平抗震验算。水平地震作用下网架的内力，位移可采用空间桁架位移法计算。网架的支承结构应按有关规范的相应规定进行抗震验算。

网架结构如符合下列条件之一者，可不考虑由于温度变化而引起的内力：

（1）支座节点的构造允许网架侧移时，其侧移值应不小于式（6.6-3）的算值。

（2）当周边支承的网架、且网架验算方向跨度小于40m时，支承结构应为独立柱或砖壁柱。

（3）在单位力作用下，柱顶位移不小于下式的计算值：

$$u=\frac{L}{2\xi EA_m}\left(\frac{E\alpha\Delta t}{0.038f}-1\right) \tag{6.6-3}$$

式中 E——网架材料的弹性模量；

f——钢材的强度设计值；

L——网架在验算方向的跨度；

A_m——支承（上承或下承）平面弦杆截面积的算术平均值；

ξ——系数，支承平面弦杆为正交正放时$\xi=1.0$，正交斜放时$\xi=\sqrt{2}$，三向时$\xi=2$；

Δt——温度差。

如需考虑温度变化而引起的网架内力，可采用空间桁架位移法或其他近似方法计算。当网架支座节点构造沿边界法向不能相对位移时，由温度变化而引起的柱顶水平力可按下列公式计算：

$$H_e=\frac{\alpha\Delta tL}{\dfrac{L}{\xi EA_m}+\dfrac{2}{K_c}} \tag{6.6-4}$$

$$K_c=\frac{3E_cI_c}{H_c^3} \tag{6.6-5}$$

式中 K_c——悬臂柱的水平刚度；

E_c——柱子材料弹性模量；

I_c——柱子截面惯性矩，当为框架柱时取等代柱的折算截面惯性矩；

H_c——柱子高度；

α——网架材料的线胀系数。

6.6.5 典型节点构造

网架结构的节点设计与构造应做到以下几点：

（1）应保证节点构造与所采用的计算假定相符。

（2）应保证节点构造和连接具有足够的刚度和强度。

（3）节点构造应力求简单、受力合理、传力明确、易于制造安装和节省钢材。

网架节点形式很多。实际工程中，以焊接钢板节点、焊接空心球节点、螺栓球节点较为多见。

6.6.5.1 焊接钢板节点

1. 板节点的常用形式

焊接钢板节点主要适用于弦杆是两向布置的各类网架。这种板节点是由空间呈正交的十字节点板和设于底部或顶部的盖板组成。

板节点根据构造不同可分为下列两种形式。

(1) 拼装板节点［见图 6.6-13 (*a*)］。国内一些大型的两向正交正放角钢网架多采用这种节点。

(2) 焊接板节点［见图 6.6-13 (*b*)］。节点全部采用焊接。

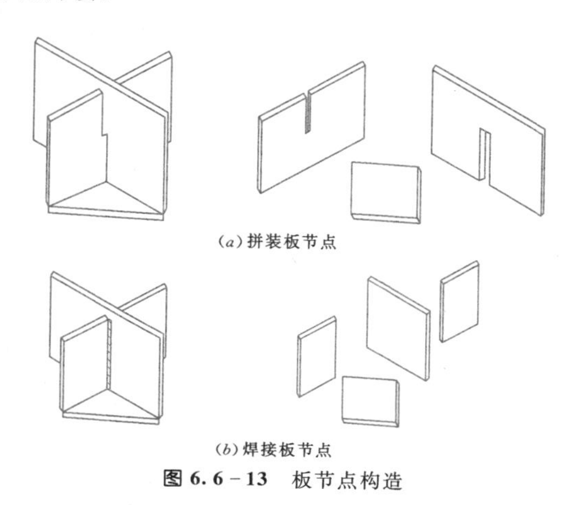

图 6.6-13 板节点构造

2. 板节点的设计与构造要求

(1) 杆件重心线在节点处宜交于一点，否则应考虑偏心影响。

(2) 杆件与节点连接焊缝的分布，应使焊缝截面的重心与杆件重心相重合，否则应考虑其偏心影响。

(3) 当网架杆件与节点板件采用高强度螺栓或角焊缝连接时，连接计算应根据连接杆件内力确定，且宜减少节点类型。如角焊缝强度不足，在施工质量确有保证时，可采用槽焊与角焊缝结合并以角焊缝为主的连接方案，见图 6.6-14。槽焊的强度由试验确定。

(4) 焊接钢板节点上，弦杆与腹杆、腹杆与腹杆之间以及弦杆端部与节点板中心线之间的间隙均不宜小于 20mm，见图 6.6-15。

(5) 十字节点板的竖向焊缝应具有足够的承载力，并采用 V 形或 K 形坡口的对接焊缝。

(6) 节点板的厚度可根据网架最大内力参考表 6.6-8 选取。对于中间节点可选表中较小厚度，对于支座节点可选用表中较大厚度，并应较连接杆件的厚度大 2mm，但不得小于 6mm。

表 6.6-8 节点板厚度

杆件内力 (kN)	<150	160～245	400～590	600～880	890～1275
节点板厚度 (mm)	8	8～10	12～14	14～16	16～18

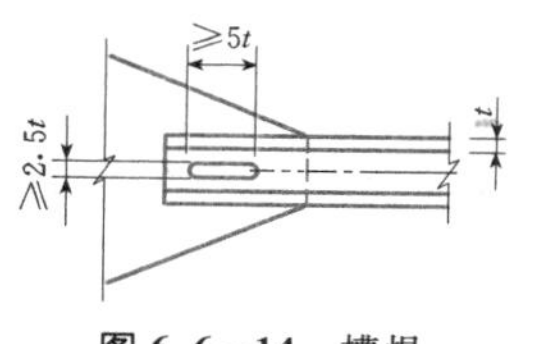

图 6.6-14 槽焊

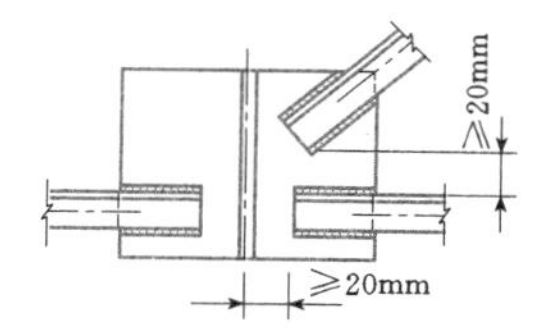

图 6.6-15 十字节点板与杆件的连接构造

6.6.5.2 焊接空心球节点

由两个半球焊接而成的空心球可分为不加肋（见图 6.6-16）和加肋（见图 6.6-17）两种，适用于连接钢管杆件。

加肋空心球的肋板可用平台或凸台，采用凸台时其高度不得大于 1mm。

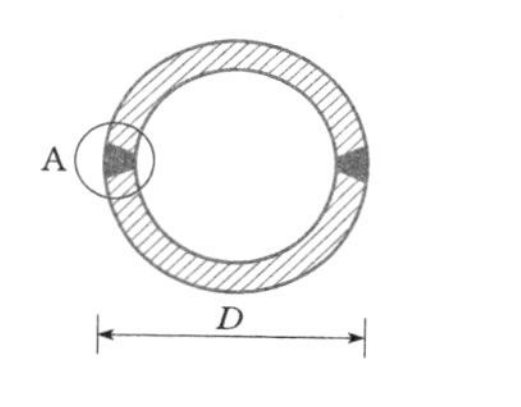

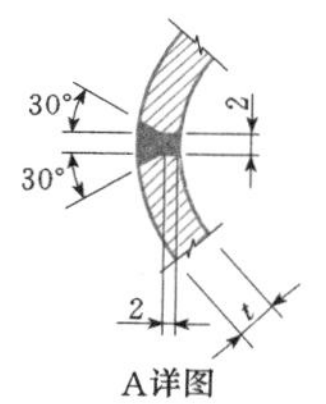

图 6.6-16 不加肋的空心球

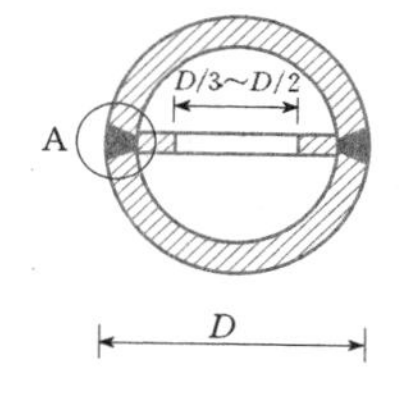

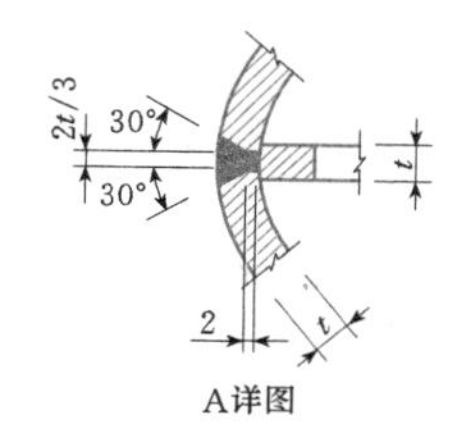

图 6.6-17 加肋的空心球

6.6.5.3 螺栓球节点

螺栓球节点由以下部件构成：球体、高强度螺栓、六角形套筒、销子（或紧固螺钉）、锥头或封板，如图 6.6-18 所示。

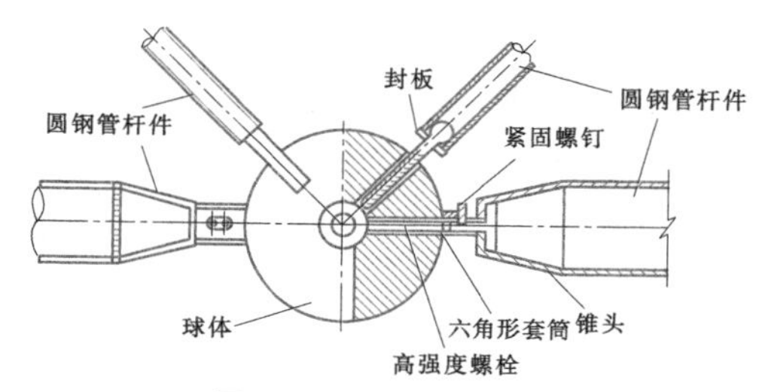

图 6.6-18 螺栓球节点

6.6.5.4 支座节点

网架结构的支座节点应能保证安全可靠地传递支座反力，因此它必须具有足够的强度和刚度。根据受力状态，支座节点一般分为压力支座节点和拉力支座节点两类。

1. 压力支座节点

(1) 平板支座节点。适用于较小跨度网架。图6.6-19 (*a*)、(*b*) 分别表示用于角钢杆件（板节点）网架、钢管杆件（球节点）网架的平板压力支座节点。

(2) 单面弧形压力支座。适用于中小跨度网架，见图6.6-20 (*a*)。当支座反力很大时需要4个锚栓，为使锚栓锚固后不影响支座的转动，可在锚栓上加弹簧，见图6.6-20 (*b*)。

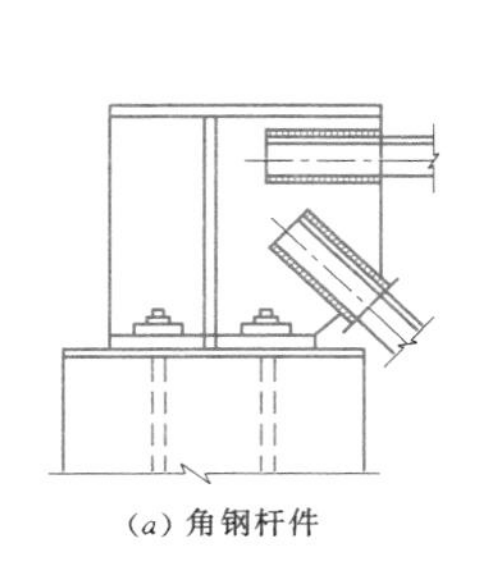
(*a*) 角钢杆件

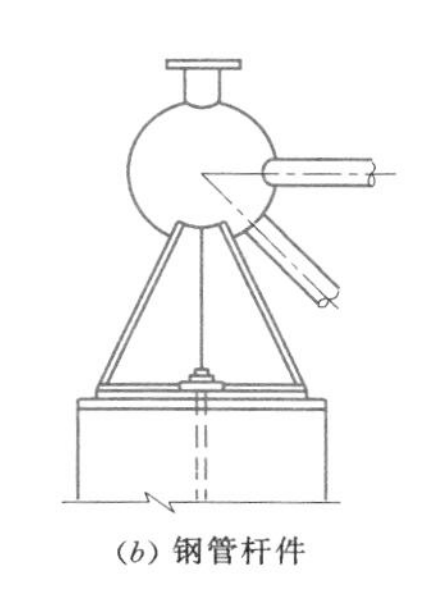
(*b*) 钢管杆件

图6.6-19 平板压力或拉力支座

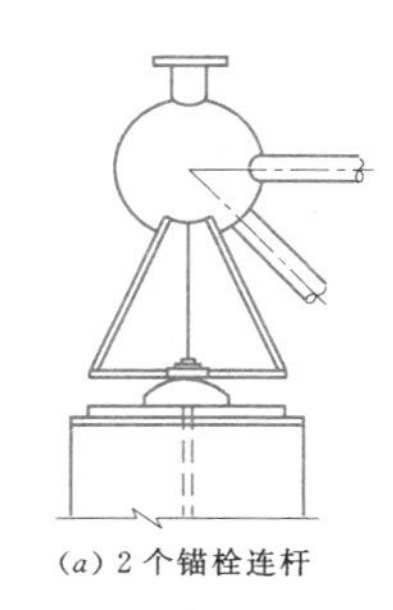
(*a*) 2个锚栓连杆

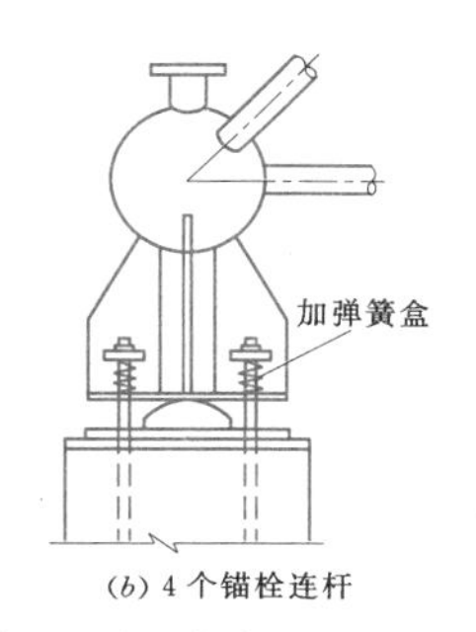

(*b*) 4个锚栓连杆

图6.6-20 单面弧形压力支座

(3) 双面弧形压力支座节点。适用于大跨度网架，如图6.6-21所示。

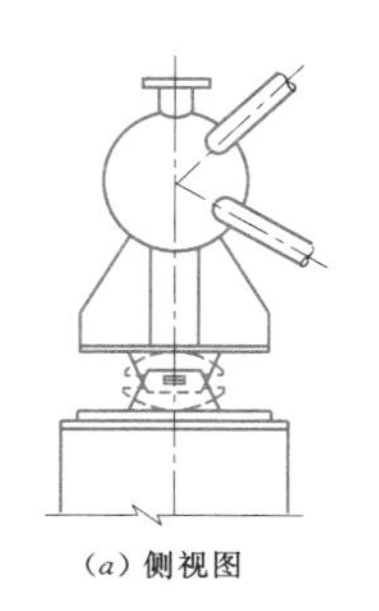
(*a*) 侧视图

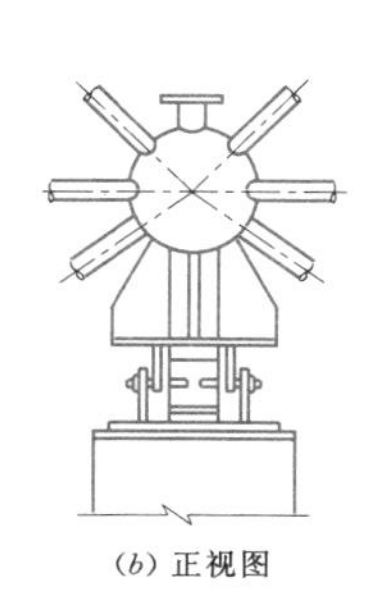
(*b*) 正视图

图6.6-21 双面弧形压力支座

(4) 球铰压力支座节点。适用于多点支承的大跨度网架。它能使网架适应各个方向的转动而不产生弯矩，如图6.6-22所示。

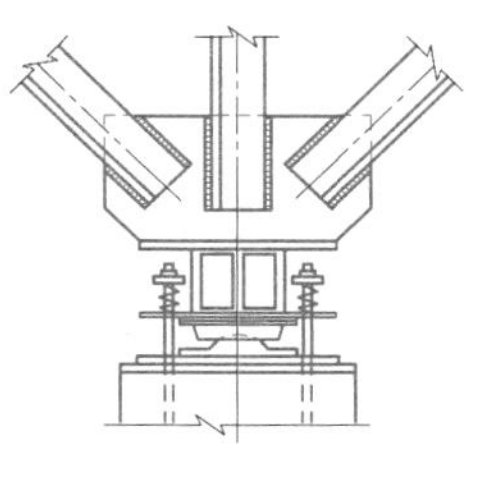
图6.6-22 球铰压力支座

(5) 板式橡胶支座节点。适用于大中跨度网架。它是在支座板与结构支承面间加设一块由多层橡胶片与薄钢板粘合、压制成型的矩形橡胶垫板，并以锚栓连成一体，如图6.6-23所示。

2. 拉力支座节点

(1) 平板拉力支座节点。适用于较小跨度网架。可采用与平板压力支座节点相同的构造，但此时锚栓承受拉力，如图6.6-19所示。

(2) 单面弧形拉力支座。适用于大、中跨度网架。当支座拉力较大且对支座节点有转动要求时，可在单面弧形压力支座基础上构成单面弧形拉力支座。由于此时锚栓拉力较大，为减轻支座板负担，应设置锚栓承力架，如图6.6-24所示。

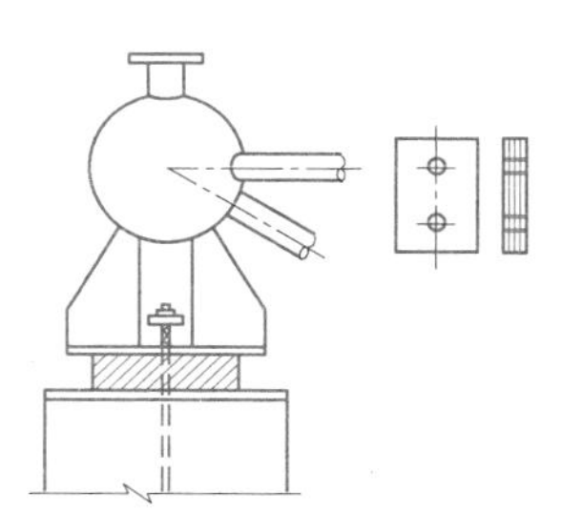
图6.6-23 板式橡胶支座

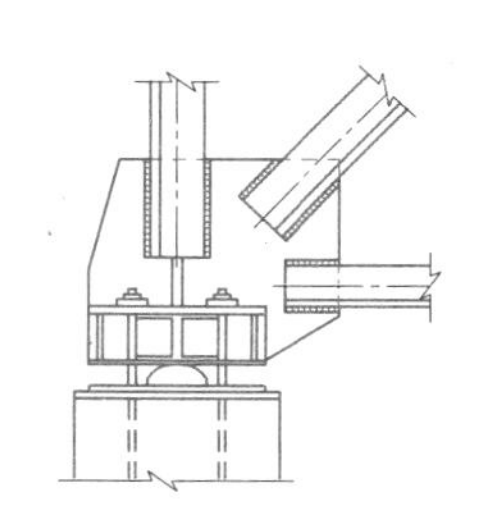
图6.6-24 单面弧形拉力支座

6.7 钢结构防腐蚀措施

大气区和水位变动区的钢结构一般采用涂料保护或热喷涂金属保护，水下区可采用涂料保护、热喷涂金属保护、阴极保护与涂层（涂料涂层或热喷涂金属层）联合保护。处于污染淡水或海水中的钢结构设备，应优先考虑采用阴极保护或联合保护。

6.7.1 表面预处理

钢结构设备在涂料涂装和热喷涂金属前都必须进行表面预处理。表面预处理主要包括脱脂净化和除锈两项内容。

6.7.1.1 脱脂净化

脱脂常采用以下方法：

(1) 溶剂法。采用汽油等溶剂擦洗处理结构的表面，溶剂和抹布要经常更换。

(2) 碱性清洗剂法。用氢氧化钠、磷酸钠、碳酸钠和钠的硅酸盐等溶液擦洗或喷射清洗，清洗后用洁净淡水充分冲洗。

(3) 乳液清洗法。采用混有强乳化液和湿润剂的有机溶液配制而成的乳化清洗液清洗，清洗后用洁净淡水冲洗。

6.7.1.2 除锈

1. 手工和动力工具除锈

手工和动力除锈一般不适用于对防腐蚀要求较高的水工钢结构表面的预处理，可作为辅助手段用于涂层的局部修理和无法进行喷射处理以及小型或预期使用寿命较短的钢结构设备的个别场合。

2. 喷射除锈

喷射除锈是以压缩空气为动力，将磨料以一定速度喷向被处理的钢表面，以除去氧化皮、锈蚀产物及其他污物的方法，主要有喷砂除锈和抛丸除锈。水利工程一般常采用喷砂除锈。

(1) 表面清洁度要求。《涂装前钢材表面锈蚀等级和除锈等级》(GB 8923) 中规定喷射除锈分为Sa1、Sa2、Sa2.5和Sa3四级。表面清洁度等级要求的内容见表6.7-1。对于便于维修或预期使用寿命较短的钢结构设备，可选择Sa2级。热喷涂锌、富锌涂料、环氧树脂类涂料选择Sa2.5级较为合适；热喷涂铝及铝合金宜选用Sa3级。

表6.7-1　钢材表面清洁度等级划分表

除锈方法	等级	表面清洁度等级要求内容
手工和动力工具除锈	St2	彻底的手工和动力工具除锈 钢材表面应无可见的油脂和污垢，并且没有附着不牢的氧化皮、铁锈和油漆涂层等附着物，参见GB 8923中照片BSt2、CSt2、DSt2
	St3	非常彻底的手工和动力工具除锈 钢材表面应无可见的油脂和污垢，并且没有附着不牢的氧化皮、铁锈和油漆涂层等附着物。除锈应比St2更彻底，底材显露部分的表面应具有金属光泽。参见GB 8923中照片BSt3、CSt3、DSt3
喷射除锈	Sa1	轻度的喷射或抛射除锈 钢材表面应无可见的油脂和污垢，并且没有附着不牢的氧化皮、铁锈和油漆涂层等附着物，参见GB 8923中照片BSa1、CSa1、DSa1
	Sa2	彻底的喷射或抛射除锈 钢材表面应无可见的油脂和污垢，并且氧化皮、铁锈和油漆涂层等附着物已基本清除，其残留物应是牢固附着的。参见GB 8923中照片BSa2、CSa2、DSa2
	Sa2 $\frac{1}{2}$	非常彻底的喷射或抛射除锈 钢材表面应无可见的油脂、污垢、氧化皮、铁锈和油漆涂层等附着物，任何残留的痕迹应仅是点状或条纹状的轻微色斑。参见GB 8923中照片ASa2 $\frac{1}{2}$、BSa2 $\frac{1}{2}$、CSa2 $\frac{1}{2}$、DSa2 $\frac{1}{2}$
	Sa3	使钢材表观洁净的喷射或抛射除锈 钢材表面应无可见的油脂、污垢、氧化皮、铁锈和油漆涂层等附着物，该表面应显示均匀的金属色泽。参见GB 8923中照片ASa3、BSa3、CSa3、DSa3

(2) 表面粗糙度要求。不同涂层系统的表面粗糙度值可按表6.7-2选择。

表6.7-2　不同涂层系统的表面粗糙度值要求

单位：μm

涂层系统	常用防腐蚀涂料	厚浆型重防腐涂料	热喷涂金属涂层
粗糙度 Rz	40～70	60～100	60～100

评定表面粗糙度时可按照《涂装前钢材表面粗糙度等级的评定（比较样块法）》(GB/T 13288) 用标准样块目视比较，以与基体表面外观最接近的样块所显示的粗糙度作为评定结果，标准比较样块的粗糙度值见表6.7-3；也可用表面粗糙度仪直接测定钢结构表面粗糙度值。

(3) 喷射除锈施工露点计算。喷射除锈应在相对湿度低于85%和钢结构表面温度高于露点至少3℃条件下施工。露点计算见式(6.7-1)：

表 6.7-3 标准比较样块的表面粗糙度值

单位：μm

各小样块编号	"S"样板表面粗糙度参数 Rz		"G"样板表面粗糙度参数 Rz	
	公称值	允许公差	公称值	允许公差
1	25	3	25	3
2	40	5	60	5
3	70	10	100	10
4	100	15	150	15

注 "S"样块用于评定采用丸状磨料或混合磨料喷射处理后获得的表面粗糙度。"G"样块用于评定采用棱角状磨料或混合磨料喷射处理后获得的表面粗糙度。

$$t_d = 234.175 \times \frac{(234.175 + t)(\ln 0.01 + \ln\varphi) + 17.08085t}{234.175 \times 17.08085 - (234.175 + t)(\ln 0.01 + \ln\varphi)} \tag{6.7-1}$$

式中 t_d——露点值；

t——空气温度（当 $t \geq 0$℃时有效）；

φ——相对湿度。

表 6.7-4 给出了部分空气温度 t 和相对湿度 φ 下的露点计算值。

6.7.2 涂料保护

涂料保护是利用涂料涂装在结构表面形成保护层，把钢铁基体与电解质溶液、空气隔离开来，以杜绝产生腐蚀的条件。涂料保护具有施工方便、造价相对较低的特点。

表 6.7-4 露点计算表

相对湿度（%） \ 空气温度（℃）	0	5	10	15	20	25	30	35	40	45
95	−0.7	4.3	9.2	14.2	19.2	24.1	29.1	34.1	39.0	44.0
90	−1.4	3.5	8.4	13.4	18.3	23.2	28.2	33.1	38.0	43.0
85	−2.2	2.7	7.6	12.5	17.4	22.3	27.2	32.1	37.0	41.9
80	−3.0	1.9	6.7	11.6	16.4	21.3	26.2	31.0	35.9	40.7
75	−3.9	1.0	5.8	10.6	15.4	20.3	25.1	29.9	34.7	39.5
70	−4.8	0.0	4.8	9.6	14.4	19.1	23.9	28.7	33.5	38.2
65	−5.8	−1.0	3.7	8.5	13.2	18.0	22.7	27.4	32.1	36.9
60	−6.8	−2.1	2.6	7.3	12.0	16.7	21.4	26.1	30.7	35.4
55	−7.9	−3.3	1.4	6.1	10.7	15.3	20.0	24.6	29.2	33.8
50	−9.1	−4.5	0.1	4.7	9.3	13.9	18.4	23.0	27.6	32.1
45	−10.5	−5.9	−1.3	3.2	7.7	12.3	16.8	21.3	25.8	30.3
40	−11.9	−7.4	−2.9	1.5	6.0	10.5	14.9	19.4	23.8	28.2
35	−13.6	−9.1	−4.7	−0.3	4.1	8.5	12.9	17.2	21.6	25.9
30	−15.4	−11.1	−6.7	−2.4	1.9	6.5	10.5	14.8	19.1	23.4

6.7.2.1 涂层设计的一般要求

（1）涂料保护涂层系统的设计应根据钢结构设备的用途、使用年限、所处环境条件和经济等因素综合考虑。

（2）涂层系统设计使用寿命应根据保护对象的使用年限、价值和维修难易程度确定。一般可设计为短期（5年以下）、中期（5～10年）和长期（10～20年）。

（3）涂层系统的设计应包括涂料品种选择、涂层配套、涂层厚度、涂装前表面预处理和涂装工艺等。

（4）尽量选用经过工程实践证明性能优良的涂料，也可选用经过试验比对或论证确认性能满足设计要求的新型涂料。

6.7.2.2 涂层配套及选择

1. 涂层配套

涂层之间（底层、中间层、面层）应具有良好的匹配性和层间结合强度。后道涂层对前道涂层应无咬底现象，各道涂层之间应有相同或相近的热膨胀系数。涂层之间的复涂适应性参见表 6.7-5。

2. 涂层系统的选择及推荐

（1）处于大气区的钢结构设备应根据耐久年限要求选择耐光老化、耐盐雾侵蚀、耐酸雨、耐湿热老化性能好的涂层体系。乡村大气中的涂层系统可参照表6.7－6选用，工业大气、城市大气和海洋大气中的涂层系统可参照表6.7－7选用。

（2）处于水位变动区的钢结构设备应根据耐久年限要求选择耐盐雾侵蚀、耐光老化、耐水冲刷、耐湿热老化和耐干湿交替性能好的涂层系统。可参照表6.7－8选用。

（3）处于水下区的钢结构设备应选用具有耐水性和耐生物侵蚀性好的涂层系统。可参照表6.7－9选用。

（4）有耐磨要求的钢结构设备，如压力钢管、泄洪洞的钢闸门等应选用耐磨性和耐水性良好的重防腐蚀涂层系统，可参照附录表6.7－10选用。

表6.7－5　　涂层之间的复涂适应性

涂于下层的涂料	涂于上层的涂料											
	长效磷化底漆	无机富锌底漆	有机富锌底漆	环氧云铁涂料	油性防锈涂料	醇酸树脂涂料	酚醛树脂涂料	氯化橡胶涂料	乙烯树脂类涂料	环氧树脂涂料	焦油环氧涂料	聚氨酯类涂料
长效磷化底漆	○	×	×	△	○	○	○	○	○	△	△	△
无机富锌底漆	○	○	○	○	×	△	△	○	○	○	○	○
有机富锌底漆	○	×	○	○	×	△	△	○	○	○	○	○
环氧云铁涂料	×	×	×	○	○	○	○	○	○	○	○	○
油性防锈涂料	×	×	×	×	○	○	○	×	×	×	×	×
醇酸树脂涂料	×	×	×	×	○	○	○	○	△	×	×	×
酚醛树脂涂料	×	×	×	×	○	○	○	○	△	△	△	△
氯化橡胶涂料	×	×	×	×	×	○	○	○	△	×	×	×
乙烯树脂类涂料	×	×	×	×	×	×	×	×	○	×	×	×
环氧树脂涂料	×	×	×	△	×	△	△	△	○	○	△	○
焦油环氧涂料	×	×	×	×	×	△	△	△	△	○	○	△
聚氨酯类涂料	×	×	×	×	×	△	△	△	○	○	△	○

注　○为可以；×为不可以；△为一定条件下可以。

表6.7－6　　乡村大气中的涂层系统

设计使用年限（年）	配套涂层名称			涂层道数	平均涂层厚度（μm）
10～20	1	底层	环氧防锈涂料	1～2	80
		中间层	环氧树脂涂料	1～2	80
		面层	聚氨酯涂料	1～2	80
	2	底层	厚浆型环氧树脂防锈涂料	1	160
		面层	丙烯酸树脂涂料	1	40
	3	底层	厚浆型环氧树脂防锈涂料	1	160
		面层	聚氨酯涂料	1	40
	4	底层	有机富锌涂料	1	40
		中间层	环氧树脂涂料	1～2	80
		面层	聚氨酯涂料	1～2	80
	5	底层	无机富锌涂料	1	80
		中间层	环氧树脂涂料	1	40
		面层	聚氨酯涂料	1～2	80

续表

设计使用年限（年）	配套涂层名称			涂层道数	平均涂层厚度（μm）
10～20	6	底层	有机富锌涂料	1	40
		中间层	环氧树脂涂料	1～2	80
		面层	丙烯酸树脂涂料、氯化橡胶涂料、高氯化聚乙烯树脂涂料	1～2	80
	7	底层	无机富锌涂料	1	80
		中间层	环氧树脂涂料	1	40
		面层	丙烯酸树脂涂料、氯化橡胶涂料、高氯化聚乙烯树脂涂料	1～2	80
5～10	1	底层	环氧防锈涂料	1～2	80
		面层	环氧树脂涂料	1～2	80
	2	底层	环氧防锈涂料	1～2	80
		面层	聚氨酯涂料	1～2	80
	3	底层	有机富锌涂料	1	40
		中间层	环氧树脂涂料	1	40
		面层	丙烯酸树脂涂料	1～2	80
	4	底层	有机富锌涂料	1	40
		中间层	环氧树脂涂料	1	40
		面层	氯化橡胶涂料	1～2	80
	5	底层	有机富锌涂料	1	40
		中间层	环氧树脂涂料	1	40
		面层	高氯化聚乙烯树脂涂料	1～2	80
	6	底层	无机富锌涂料	1～2	80
		中间层	环氧树脂涂料	1	40
		面层	丙烯酸树脂涂料	1～2	40
	7	底层	无机富锌涂料	1～2	80
		中间层	环氧树脂涂料	1	40
		面层	氯化橡胶涂料	1～2	40
	8	底层	无机富锌涂料	1～2	80
		中间层	环氧树脂涂料	1	40
		面层	高氯化聚乙烯树脂涂料	1～2	40
<5	1	底层	醇酸树脂防锈涂料	2	80
		面层	醇酸树脂涂料	1	40
	2	底层	丙烯酸树脂防锈涂料	2	80
		面层	丙烯酸树脂涂料	2	80
		底层	氯化橡胶防锈涂料	2	80
		面层	氯化橡胶涂料	2	80
	3	底层	氯磺化聚乙烯树脂防锈涂料	2	80
		面层	氯磺化聚乙烯树脂涂料	2	80
	4	底层	高氯化聚乙烯防锈涂料	2	80
		面层	高氯化聚乙烯涂料	2	80
	5	底层	环氧树脂防锈涂料	1～2	80
		面层	醇酸树脂涂料、丙烯酸树脂涂料、氯化橡胶涂料、氯磺化聚乙烯树脂涂料、高氯化聚乙烯涂料、环氧树脂涂料	1	40

表 6.7-7 工业大气、城市大气和海洋大气中的涂层系统

设计使用年限（年）	配套涂层名称			工业大气城市大气		海洋大气	
				涂层道数	平均涂层厚度（μm）	涂层道数	平均涂层厚度（μm）
10～20	1	底层	有机富锌涂料或无机富锌涂料	1～2	80	1～2	80
		中间层	环氧树脂涂料	1～2	120	1～2	120
		面层	聚氨酯涂料	1～2	80	2～3	120
	2	底层	有机富锌涂料或无机富锌涂料	1～2	80	1～2	80
		中间层	环氧树脂涂料	1～2	120	1～2	120
		面层	氟树脂涂料	1～2	80	2～3	120
	3	底层	有机富锌涂料或无机富锌涂料	1～2	80	1～2	80
		中间层	环氧树脂涂料	1～2	120	1～2	120
		面层	丙烯酸改性有机硅涂料	1～2	80	2～3	120
	4	底层	环氧树脂防锈涂料	2～3	120	2～3	120
		中间层	环氧树脂涂料	1～2	100	2～3	120
		面层	丙烯酸改性有机硅涂料、氟树脂涂料或聚氨酯涂料	1～2	80	2～3	120
5～10	1	底层	有机富锌涂料	1	40	1～2	80
		中间层	环氧树脂涂料	1～2	80	1～2	80
		面层	聚氨酯涂料	1～2	80	1～2	80
	2	底层	无机富锌涂料	1	80	1	80
		中间层	环氧树脂涂料	1	40	1～2	80
		面层	聚氨酯涂料	1～2	80	1～2	80
	3	底层	有机富锌涂料	1	40	1～2	80
		中间层	环氧树脂涂料	1～2	80	1～2	80
		面层	丙烯酸树脂涂料、氯化橡胶涂料、高氯化聚乙烯树脂涂料	1～2	80	1～2	80
	4	底层	无机富锌涂料	1～2	80	1～2	80
		中间层	环氧树脂涂料	1	40	1～2	80
		面层	丙烯酸树脂涂料、氯化橡胶涂料、高氯化聚乙烯树脂涂料	1～2	80	1～2	80
	5	底层	环氧树脂防锈涂料	1～2	80	2～3	120
		中间层	环氧树脂涂料	1～2	80	1～2	80
		面层	聚氨酯涂料	1～2	80	1～2	80
<5	1	底层	有机富锌涂料	1	40	1～2	80
		中间层	环氧树脂涂料	1	40	1	40
		面层	聚氨酯涂料	1～2	80	1～2	80

续表

设计使用年限（年）			配套涂层名称	工业大气城市大气		海洋大气	
				涂层道数	平均涂层厚度（μm）	涂层道数	平均涂层厚度（μm）
<5	2	底层	无机富锌涂料	1	80	1	80
		中间层	环氧树脂涂料	1	40	1～2	80
		面层	聚氨酯涂料	1	40	1	40
	3	底层	有机富锌涂料	1	40	1～2	80
		中间层	环氧树脂涂料	1	40	1	40
		面层	丙烯酸树脂涂料、氯化橡胶涂料、高氯化聚乙烯树脂涂料	1～2	80	1～2	80
	4	底层	无机富锌涂料	1	80	1	80
		中间层	环氧树脂涂料	1	40	1～2	80
		面层	丙烯酸树脂涂料、氯化橡胶涂料、高氯化聚乙烯树脂涂料	1	40	1	40
	5	底层	环氧树脂防锈涂料	1～2	80	1～2	80
		中间层	环氧树脂涂料	1	40	1～2	80
		面层	聚氨酯涂料	1～2	80	1～2	80
	6	底层	厚浆型环氧树脂防锈涂料	1	160	1	160
		面层	丙烯酸树脂涂料、氯化橡胶涂料、高氯化聚乙烯树脂涂料	1	40	1～2	80
	7	底层	醇酸树脂防锈涂料	1～2	80	1～2	80
		中间层	醇酸树脂涂料	1	40	1～2	80
		面层	醇酸树脂涂料	1～2	80	1～2	80
	8	底层	丙烯酸树脂防锈涂料、氯化橡胶防锈涂料、高氯化聚乙烯树脂防锈涂料	1～2	80	1～2	80
		中间层	丙烯酸树脂涂料、氯化橡胶涂料、高氯化聚乙烯树脂涂料	1	40	1～2	80
		面层	丙烯酸树脂涂料、氯化橡胶涂料、高氯化聚乙烯树脂涂料	1～2	80	1～2	80

表 6.7-8　　水位变动区的涂层系统

设计使用年限（年）			配套涂层名称	涂层道数	平均涂层厚度（μm）
10～20	1	底层	有机或无机富锌涂料	2～3	120
		中间层	环氧树脂类涂料	2～3	120
		面层	环氧树脂类涂料	3～4	160

续表

设计使用年限（年）	配套涂层名称			涂层道数	平均涂层厚度（μm）
10～20	2	底层	有机或无机富锌涂料	2～3	120
		中间层	环氧树脂类涂料	3～4	160
		面层	聚氨酯类涂料	2～3	120
	3	底层	厚浆型环氧树脂防锈涂料	1～2	360
		面层	氯化橡胶类涂料、环氧树脂类涂料、聚氨酯类涂料、有机硅丙烯酸树脂涂料	1～2	80
	4	底层	厚浆型环氧煤焦油沥青涂料	1	200
		面层	厚浆型环氧煤焦油沥青涂料或厚浆型聚氨酯煤焦油沥青涂料	1～2	240
5～10	1	底层	有机或无机富锌涂料	1～2	80
		中间层	环氧树脂类涂料	2～3	120
		面层	氯化橡胶类涂料、聚氨酯类涂料、丙烯酸树脂涂料	1～2	80
	2	底层	有机或无机富锌涂料	1～2	80
		中间层	聚氨酯类涂料	2～3	120
		面层	氯化橡胶类涂料、聚氨酯类涂料、丙烯酸树脂涂料	1～2	80
	3	底层	有机或无机富锌涂料	1～2	80
		中间层	氯化橡胶类涂料或高氯化聚乙烯涂料	2～3	120
		面层	氯化橡胶类涂料或高氯化聚乙烯涂料	1～2	80
	4	底层	厚浆型环氧树脂防锈涂料	1～2	240
		面层	氯化橡胶涂料、环氧树脂类涂料、聚氨酯类涂料、有机硅丙烯酸树脂涂料、丙烯酸树脂涂料	2～3	120
	5	底层	厚浆型氯化橡胶防锈涂料	1～2	240
		面层	氯化橡胶类涂料、高氯化聚乙烯涂料	2～3	120
	6	底层	厚浆型环氧煤焦油沥青涂料	1	200
		面层	厚浆型环氧煤焦油沥青涂料	1	200
	7	底层	厚浆型聚氨酯煤焦油沥青涂料	1	200
		面层	厚浆型聚氨酯煤焦油沥青涂料	1	200
＜5	1	底层	环氧树脂防锈涂料	1～2	80
		中间层	环氧树脂类涂料	1～2	80
		面层	环氧树脂类涂料、氯化橡胶类涂料、高氯化聚乙烯树脂涂料、聚氨酯树脂类涂料、丙烯酸树脂涂料	1～2	80
	2	底层	环氧树脂煤焦油沥青涂料	1～2	120
		面层	环氧树脂煤焦油沥青涂料	1～2	120
	3	底层	聚氨酯煤焦油沥青涂料	1～2	120
		面层	聚氨酯煤焦油沥青涂料	1～2	120
	4	底层	有机富锌涂料或无机富锌涂料	1	40
		中间层	环氧树脂类涂料	1	80
		面层	环氧树脂类涂料、氯化橡胶类涂料、高氯化聚乙烯树脂涂料、聚氨酯树脂类涂料、丙烯酸树脂涂料	1～2	80

表6.7-9 水下区的涂层系统

设计使用年限（年）	配套涂层名称			涂层道数	平均涂层厚度（μm）
10～20	1	底层	有机或无机富锌涂料	1～2	80
		面层	环氧树脂煤焦油沥青涂料	3～4	440
	2	底层	有机或无机富锌涂料	1～2	80
		面层	聚氨酯煤焦油沥青涂料	3～4	440
	3	底层	环氧树脂防锈涂料	1～2	80
		面层	无溶剂环氧树脂厚浆涂料	1	400
	4	底层	环氧煤焦油沥青防锈涂料	1	120
		面层	环氧煤焦油沥青涂料	3	360
	5	同品种底面层配套	无溶剂环氧树脂厚浆涂料	1～2	600
	6		厚浆型或无溶剂型环氧煤焦油沥青涂料	1	500～800
5～10	1	底层	有机或无机富锌涂料	1～2	80
		中间层	环氧树脂类涂料	1～2	80
		面层	环氧树脂类涂料、聚氨酯类涂料	2～4	200
	2	底层	环氧树脂防锈涂料	1～2	80
		面层	环氧煤焦油沥青涂料	3～4	280
	3	底层	环氧树脂防锈涂料	1～2	80
		中间层	环氧树脂类涂料	1～2	80
		面层	环氧树脂类涂料、聚氨酯类涂料	2～4	200
	4	底层	氯化橡胶防锈涂料	1～2	80
		面层	氯化橡胶类涂料	3～4	280
	5	底层	高氯化聚乙烯树脂防锈涂料	1～2	80
		面层	高氯化聚乙烯树脂涂料	3～4	280
	6	底层	环氧煤焦油沥青涂料	1	120
		面层	环氧煤焦油沥青涂料	2	240
	7	底层	聚氨酯煤焦油沥青涂料	1	200
		面层	聚氨酯煤焦油沥青涂料	1	200
<5	1	同品种底面层配套	氯化橡胶涂料	2～4	220
	2		高氯化聚乙烯树脂涂料	2～4	220
	3		环氧煤焦油沥青涂料	2～4	260
	4		聚氨酯煤焦油沥青涂料	2～4	260

6.7.3 热喷涂金属保护

热喷涂金属保护是利用热源将金属材料熔化、半熔化，并以一定速度喷射到钢铁基体表面形成涂层的方法，是水利水电钢结构目前最常用的防腐蚀措施。

6.7.3.1 热喷涂涂层设计的一般要求

热喷涂金属涂层使用寿命设计应考虑钢结构设备的使用年限和维修难易程度，可设计为长期（10～20年）和超长期（20年以上）。

表 6.7-10 耐磨的涂层系统

设计使用年限（年）	配套涂层名称			涂层道数	平均涂层厚度（μm）
5～10	1	同品种底面层配套	厚浆型环氧玻璃鳞片涂料	2～4	700
	2		厚浆型环氧金刚砂涂料	2～4	700
	3		厚浆型环氧树脂类耐磨涂料	2～4	700
	4		厚浆型聚氨酯类耐磨涂料	2～4	700
<5	1	同品种底面层配套	厚浆型环氧玻璃鳞片涂料	1～2	400
	2		厚浆型环氧金刚砂涂料	1～2	400
	3		厚浆型环氧煤焦油沥青涂料	1～2	400
	4		厚浆型聚氨酯煤焦油沥青涂料	1～2	400

热喷涂金属涂层表面应采用封孔剂进行封闭处理，封闭处理后宜采用涂料涂装。

6.7.3.2 热喷涂金属材料的选择

热喷涂金属材料可选用锌、铝、锌合金、铝合金等。热喷涂锌、热喷涂铝均能适用于大多数腐蚀环境，锌在 pH=5～12、铝在 pH=3～8 的介质中都有很好的耐腐蚀性。热喷涂锌涂层用于弱碱性条件下为好，热喷涂铝涂层用于中性或弱酸性条件下为好。

在海洋环境中宜选择铝及铝合金涂层。

6.7.3.3 封闭处理与涂装涂料的选择

1. 封闭处理

热喷涂金属涂层最常用的方法是用封孔剂对涂层进行封闭。封孔剂一般以环氧类、聚氨酯类树脂为成膜物质，以锌铬黄、磷酸锌为主颜料制作，对于小型工程考虑施工方便也可选用经稀释的环氧类、聚氨酯类清漆或罩面涂料作为封孔剂使用。

2. 涂料涂装

热喷涂金属表面有机涂层应根据构件所处位置和腐蚀环境选择涂料配套。

6.7.3.4 热喷涂金属涂层最小局部厚度推荐

在乡村大气、海洋大气（工业大气）、淡水、海水环境中热喷涂锌、铝涂层的最小局部厚度推荐值见表 6.7-11。

表 6.7-11 热喷涂金属涂层最小局部厚度推荐值

所处环境	首次维修寿命（年）	涂层类型	最小局部厚度（μm）
乡村大气	超长期（>20）	热喷涂锌	160
		热喷涂铝	160
	长期（10～20）	热喷涂锌	120
		热喷涂铝	120
海洋大气（工业大气）	超长期（>20）	热喷涂锌	200
		热喷涂铝	160
	长期（10～20）	热喷涂锌	160
		热喷涂铝	120
淡水	超长期（>20）	热喷涂锌	200
		热喷涂铝	160
	长期（10～20）	热喷涂锌	160
		热喷涂铝	120
海水	超长期（>20）	热喷涂锌	300
		热喷涂铝	200
	长期（10～20）	热喷涂锌	200
		热喷涂铝	160

附录　常用型钢规格表

普通工字钢

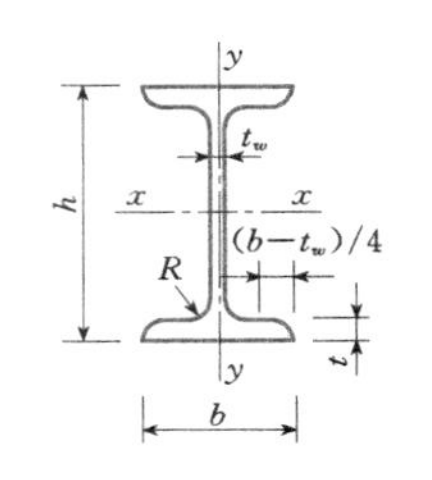

h—高度；
b—宽度；
t_w—腹板厚度；
t—翼缘平均厚度；
I—惯性矩；
W—截面模量；
i—回转半径；
S_x—半截面的面积矩

长度：型号 10～18，长 5～19m；
型号 20～63，长 6～19m。

型号	尺寸（mm）					截面面积（cm^2）	理论重量（kg/m）	x—x 轴				y—y 轴		
	h	b	t_w	t	R			I_x（cm^4）	W_x（cm^3）	i_x（cm）	I_x/S_x（cm）	I_y（cm^4）	W_y（cm^3）	i_y（cm）
10	100	68	4.5	7.6	6.5	14.3	11.2	245	49	4.14	8.69	33	9.6	1.51
12.6	126	74	5	8.4	7	18.1	14.2	488	77	5.19	11	47	12.7	1.61
14	140	80	5.5	9.1	7.5	21.5	16.9	712	102	5.75	12.2	64	16.1	1.73
16	160	88	6	9.9	8	26.1	20.5	1127	141	6.57	13.9	93	21.1	1.89
18	180	94	6.5	10.7	8.5	30.7	24.1	1699	185	7.37	15.4	123	26.2	2.00
20 a	200	100	7	11.4	9	35.5	27.9	2369	237	8.16	17.4	158	31.6	2.11
b		102	9			39.5	31.1	2502	250	7.95	17.1	169	33.1	2.07
22 a	220	110	7.5	12.3	9.5	42.1	33	3406	310	8.99	19.2	226	41.1	2.32
b		112	9.5			46.5	36.5	3583	326	8.78	18.9	240	42.9	2.27
25 a	250	116	8	13	10	48.5	38.1	5017	401	10.2	21.7	280	48.4	2.4
b		118	10			53.5	42	5278	422	9.93	21.4	297	50.4	2.36
28 a	280	122	8.5	13.7	10.5	55.4	43.5	7115	508	11.3	24.3	344	56.4	2.49
b		124	10.5			61	47.9	7481	534	11.1	24	364	58.7	2.44
32 a	320	130	9.5	15	11.5	67.1	52.7	11080	692	12.8	27.7	459	70.6	2.62
b		132	11.5			73.5	57.7	11626	727	12.6	27.3	484	73.3	2.57
c		134	13.5			79.9	62.7	12173	761	12.3	26.9	510	76.1	2.53
36 a	360	136	10	15.8	12	76.4	60	15796	878	14.4	31	555	81.6	2.69
b		138	12			83.6	65.6	16574	921	14.1	30.6	584	84.6	2.64
c		140	14			90.8	71.3	17351	964	13.8	30.2	614	87.7	2.6
40 a	400	142	10.5	16.5	12.5	86.1	67.6	21714	1086	15.9	34.4	660	92.9	2.77
b		144	12.5			94.1	73.8	22781	1139	15.6	33.9	693	96.2	2.71
c		146	14.5			102	80.1	23847	1192	15.3	33.5	727	99.7	2.67
45 a	450	150	11.5	18	13.5	102	80.4	32241	1433	17.7	38.5	855	114	2.89
b		152	13.5			111	87.4	33759	1500	17.4	38.1	895	118	2.84
c		154	15.5			120	94.5	35278	1568	17.1	37.6	938	122	2.79
50 a	500	158	12	20	14	119	93.6	46472	1859	19.7	42.9	1122	142	3.07
b		160	14			129	101	48556	1942	19.4	42.3	1171	146	3.01
c		162	16			139	109	50639	2026	19.1	41.9	1224	151	2.96
56 a	560	166	12.5	21	14.5	135	106	65576	2342	22	47.9	1366	165	3.18
b		168	14.5			147	115	68503	2447	21.6	47.3	1424	170	3.12
c		170	16.5			158	124	71430	2551	21.3	46.8	1485	175	3.07
63 a	630	176	13	22	15	155	122	94004	2984	24.7	53.8	1702	194	3.32
b		178	15			167	131	98171	3117	24.2	53.2	1771	199	3.25
c		780	17			180	141	102339	3249	23.9	52.6	1842	205	3.2

H 型 钢

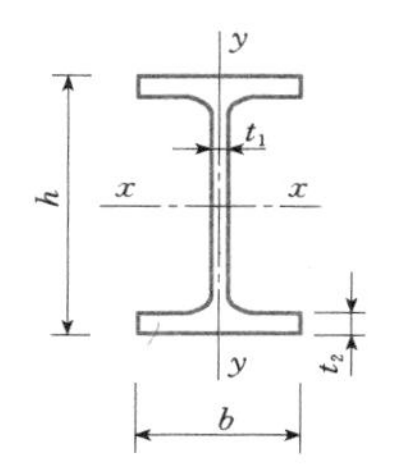

h—高度；

b—宽度；

t_1—腹板厚度；

t_2—翼缘厚度；

I—惯性矩；

W—截面模量；

i—回转半径

类别	H型钢规格 $h\times b\times t_1\times t_2$	截面面积 A (cm²)	理论质量 q (kg/m)	x—x 轴			y—y 轴		
				I_x (cm⁴)	W_x (cm³)	i_x (cm)	I_y (cm⁴)	W_y (cm³)	i_y (cm)
HW	100×100×6×8	21.9	17.22	383	76.5	4.18	134	26.7	2.47
	125×125×6.5×9	30.31	23.8	847	136	5.29	294	47	3.11
	150×150×7×10	40.55	31.9	1660	221	6.39	564	75.1	3.73
	175×175×7.5×11	51.43	40.3	2900	331	7.5	984	112	4.37
	200×200×8×12	64.28	50.5	4770	477	8.61	1600	160	4.99
	#200×204×12×12	72.28	56.7	5030	503	8.35	1700	167	4.85
	250×250×9×14	92.18	72.4	10800	867	10.8	3650	292	6.29
	#250×255×14×14	104.7	82.2	11500	919	10.5	3880	304	6.09
	#294×302×12×12	108.3	85	17000	1160	12.5	5520	365	7.14
	300×300×10×15	120.4	94.5	20500	1370	13.1	6760	450	7.49
	300×305×15×15	135.4	106	21600	1440	12.6	7100	466	7.24
	#344×348×10×16	146	115	33300	1940	15.1	11200	646	8.78
	350×350×12×19	173.9	137	40300	2300	15.2	13600	776	8.84
	#388×402×15×15	179.2	141	49200	2540	16.6	16300	809	9.52
	#394×398×11×18	187.6	147	56400	2860	17.3	18900	951	10
	400×400×13×21	219.5	172	66900	3340	17.5	22400	1120	10.1
	#400×408×21×21	251.5	197	71100	3560	16.8	23800	1170	9.73
	#414×405×18×28	296.2	233	93000	4490	17.7	31000	1530	10.2
	#428×407×20×35	361.4	284	119000	5580	18.2	39400	1930	10.4
HM	148×100×6×9	27.25	21.4	1040	140	6.17	151	30.2	2.35
	194×150×6×9	39.76	31.2	2740	283	8.3	508	67.7	3.57
	244×175×7×11	56.24	44.1	6120	502	10.4	985	113	4.18
	294×200×8×12	73.03	57.3	11400	779	12.5	1600	160	4.69
	340×250×9×14	101.5	79.7	21700	1280	14.6	3650	292	6
	390×300×10×16	136.7	107	38900	2000	16.9	7210	481	7.26
	440×300×11×18	157.4	124	56100	2550	18.9	8110	541	7.18
	482×300×11×15	146.4	115	60800	2520	20.4	6770	451	6.8
	488×300×11×18	164.4	129	71400	2930	20.8	8120	541	7.03
	582×300×12×17	174.5	137	103000	3530	24.3	7670	511	6.63
	588×300×12×20	192.5	151	118000	4020	24.8	9020	601	6.85
	#594×302×14×23	222.4	175	137000	4620	24.9	10600	701	6.9

续表

类别	H型钢规格 $h\times b\times t_1\times t_2$	截面面积 A (cm^2)	理论质量 q (kg/m)	x—x 轴 I_x (cm^4)	W_x (cm^3)	i_x (cm)	y—y 轴 I_y (cm^4)	W_y (cm^3)	i_y (cm)
HN	100×50×5×7	12.16	9.54	192	38.5	3.98	14.9	5.96	1.11
	125×60×6×8	17.01	13.3	417	66.8	4.95	29.3	9.75	1.31
	150×75×5×7	18.16	14.3	679	90.6	6.12	49.6	13.2	1.65
	175×90×5×8	23.21	18.2	1220	140	7.26	97.6	21.7	2.05
	198×99×4.5×7	23.59	18.5	1610	163	8.27	114	23	2.2
	200×100×5.5×8	27.57	21.7	1880	188	8.25	134	26.8	2.21
	248×124×5×8	32.89	25.8	3560	287	10.4	255	41.1	2.78
	250×125×6×9	37.87	29.7	4080	326	10.4	294	47	2.79
	298×149×5.5×8	41.55	32.6	6460	433	12.4	443	59.4	3.26
	300×150×6.5×9	47.53	37.3	7350	490	12.4	508	67.7	3.27
	346×174×6×9	53.19	41.8	11200	649	14.5	792	91	3.86
	350×175×7×11	63.66	50	13700	782	14.7	985	113	3.93
	#400×150×8×13	71.12	55.8	18800	942	16.3	734	97.9	3.21
	396×199×7×11	72.16	56.7	20000	1010	16.7	1450	145	4.48
	400×200×8×13	84.12	66	23700	1190	16.8	1740	174	4.54
	#450×150×9×14	83.41	65.5	27100	1200	18	793	106	3.08
	446×199×8×12	84.95	66.7	29000	1300	18.5	1580	159	4.31
	450×200×9×14	97.41	76.5	33700	1500	18.6	1870	187	4.38
	#500×150×10×16	98.23	77.1	38500	1540	19.8	907	121	3.04
	496×199×9×14	101.3	79.5	41900	1690	20.3	1840	185	4.27
	500×200×10×16	114.2	89.6	47800	1910	20.5	2140	214	4.33
	#506×201×11×19	131.3	103	56500	2230	20.8	2580	257	4.43
	596×199×10×15	121.2	95.1	69300	2330	23.9	1980	199	4.04
	600×200×11×17	135.2	106	78200	2610	24.1	2280	228	4.11
	#606×201×12×20	153.3	120	91000	3000	24.4	2720	271	4.21
	#692×300×13×20	211.5	166	172000	4980	28.6	9020	602	6.53
	700×300×13×24	235.5	185	201000	5760	29.3	10800	722	6.78

注　“#”表示的规格为非常用规格。

普　通　槽　钢

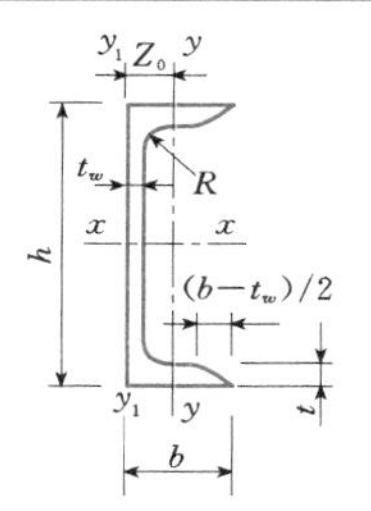

W_y—对应翼缘肢尖；
其他符号同普通工字钢

长度：型号 5～8，长 5～12m；
型号 10～18，长 5～19m；
型号 20～20，长 6～19m。

型号		尺寸（mm）					截面面积	理论重量	x—x 轴			y—y 轴			y—y_1 轴	Z_0
		h	b	t_w	t	R	（cm^2）	（kg/m）	I_x（cm^4）	W_x（cm^3）	i_x（cm）	I_y（cm^4）	W_y（cm^3）	i_y（cm）	I_{y1}（cm^4）	（cm）
5		50	37	4.5	7	7	6.92	5.44	26	10.4	1.94	8.3	3.5	1.1	20.9	1.35
6.3		63	40	4.8	7.5	7.5	8.45	6.63	51	16.3	2.46	11.9	4.6	1.19	28.3	1.39
8		80	43	5	8	8	10.24	8.04	101	25.3	3.14	16.6	5.8	1.27	37.4	1.42
10		100	48	5.3	8.5	8.5	12.74	10	198	39.7	3.94	25.6	7.8	1.42	54.9	1.52
12.6		126	53	5.5	9	9	15.69	12.31	389	61.7	4.98	38	10.3	1.56	77.8	1.59
14	a	140	58	6	9.5	9.5	18.51	14.53	564	80.5	5.52	53.2	13	1.7	107.2	1.71
	b		60	8	9.5	9.5	21.31	16.73	609	87.1	5.35	61.2	14.1	1.69	120.6	1.67
16	a	160	63	6.5	10	10	21.95	17.23	866	108.3	6.28	73.4	16.3	1.83	144.1	1.79
	b		65	8.5	10	10	25.15	19.75	935	116.8	6.1	83.4	17.6	1.82	160.8	1.75
18	a	180	68	7	10.5	10.5	25.69	20.17	1273	141.4	7.04	98.6	20	1.96	189.7	1.88
	b		70	9	10.5	10.5	29.29	22.99	1370	152.2	6.84	111	21.5	1.95	210.1	1.84
20	a	200	73	7	11	11	28.83	22.63	1780	178	7.86	128	24.2	2.11	244	2.01
	b		75	9	11	11	32.83	25.77	1914	191.4	7.64	143.6	25.9	2.09	268.4	1.95
22	a	220	77	7	11.5	11.5	31.84	24.99	2394	217.6	8.67	157.8	28.2	2.23	298.2	2.1
	b		79	9	11.5	11.5	36.24	28.45	2571	233.8	8.42	176.5	30.1	2.21	326.3	2.03
25	a	250	78	7	12	12	34.91	27.4	3359	268.7	9.81	175.9	30.7	2.24	324.8	2.07
	b		80	9	12	12	39.91	31.33	3619	289.6	9.52	196.4	32.7	2.22	355.1	1.99
	c		82	11	12	12	44.91	35.25	3880	310.4	9.3	215.9	34.6	2.19	388.6	1.96
28	a	280	82	7.5	12.5	12.5	40.02	31.42	4753	339.5	10.9	217.9	35.7	2.33	393.3	2.09
	b		84	9.5	12.5	12.5	45.62	35.81	5118	365.6	10.59	241.5	37.9	2.3	428.5	2.02
	c		86	11.5	12.5	12.5	51.22	40.21	5484	391.7	10.35	264.1	40	2.27	467.3	1.99
32	a	320	88	8	14	14	48.5	38.07	7511	469.4	12.44	304.7	46.4	2.51	547.5	2.24
	b		90	10	14	14	54.9	43.1	8057	503.5	12.11	335.6	49.1	2.47	592.9	2.16
	c		92	12	14	14	61.3	48.12	8603	537.7	11.85	365	51.6	2.44	642.7	2.13
36	a	360	96	9	16	16	60.89	47.8	11874	659.7	13.96	455	63.6	2.73	818.5	2.44
	b		98	11	16	16	68.09	53.45	12652	702.9	13.63	496.7	66.9	2.7	880.5	2.37
	c		100	13	16	16	75.29	59.1	13429	746.1	13.36	536.6	70	2.67	948	2.34
40	a	400	100	10.5	18	18	75.04	58.91	17578	878.9	15.3	592	78.8	2.81	1057.9	2.49
	b		102	12.5	18	18	83.04	65.19	18644	932.2	14.98	640.6	82.6	2.78	1135.8	2.44
	c		104	14.5	18	18	91.04	71.47	19711	985.6	14.71	687.8	86.2	2.75	1220.3	2.42

等 边 角 钢

型号		单角钢										双角钢				
		圆角 R (mm)	重心矩 Z_0 (mm)	截面面积 A (cm^2)	理论质量 (kg/m)	惯性矩 I_x (cm^4)	截面模量 (cm^3)		回转半径 (cm)			a(mm)				
							W_{xmax}	W_{xmin}	i_x	i_{x0}	i_{y0}	6	8	10	12	14
												i_y(cm)				
20×	3	3.5	6	1.13	0.89	0.40	0.66	0.29	0.59	0.75	0.39	1.08	1.17	1.25	1.34	1.43
	4		6.4	1.46	1.15	0.50	0.78	0.36	0.58	0.73	0.38	1.11	1.19	1.28	1.37	1.46
∟25×	3	3.5	7.3	1.43	1.12	0.82	1.12	0.46	0.76	0.95	0.49	1.27	1.36	1.44	1.53	1.61
	4		7.6	1.86	1.46	1.03	1.34	0.59	0.74	0.93	0.48	1.30	1.38	1.47	1.55	1.64
∟30×	3	4.5	8.5	1.75	1.37	1.46	1.72	0.68	0.91	1.15	0.59	1.47	1.55	1.63	1.71	1.8
	4		8.9	2.28	1.79	1.84	2.08	0.87	0.90	1.13	0.58	1.49	1.57	1.65	1.74	1.82
∟36×	3	4.5	10	2.11	1.66	2.58	2.59	0.99	1.11	1.39	0.71	1.70	1.78	1.86	1.94	2.03
	4		10.4	2.76	2.16	3.29	3.18	1.28	1.09	1.38	0.70	1.73	1.8	1.89	1.97	2.05
	5		10.7	2.38	2.65	3.95	3.68	1.56	1.08	1.36	0.70	1.75	1.83	1.91	1.99	2.08
∟40×	3	5	10.9	2.36	1.85	3.59	3.28	1.23	1.23	1.55	0.79	1.86	1.94	2.01	2.09	2.18
	4		11.3	3.09	2.42	4.60	4.05	1.60	1.22	1.54	0.79	1.88	1.96	2.04	2.12	2.2
	5		11.7	3.79	2.98	5.53	4.72	1.96	1.21	1.52	0.78	1.90	1.98	2.06	2.14	2.23
∟45×	3	5	12.2	2.66	2.09	5.17	4.25	1.58	1.39	1.76	0.90	2.06	2.14	2.21	2.29	2.37
	4		12.6	3.49	2.74	6.65	5.29	2.05	1.38	1.74	0.89	2.08	2.16	2.24	2.32	2.4
	5		13	4.29	3.37	8.04	6.20	2.51	1.37	1.72	0.88	2.10	2.18	2.26	2.34	2.42
	6		13.3	5.08	3.99	9.33	6.99	2.95	1.36	1.71	0.88	2.12	2.2	2.28	2.36	2.44
∟50×	3	5.5	13.4	2.97	2.33	7.18	5.36	1.96	1.55	1.96	1.00	2.26	2.33	2.41	2.48	2.56
	4		13.8	3.90	3.06	9.26	6.70	2.56	1.54	1.94	0.99	2.28	2.36	2.43	2.51	2.59
	5		14.2	4.80	3.77	11.21	7.90	3.13	1.53	1.92	0.98	2.30	2.38	2.45	2.53	2.61
	6		14.6	5.69	4.46	13.05	8.95	3.68	1.51	1.91	0.98	2.32	2.4	2.48	2.56	2.64
∟56×	3	6	14.8	3.34	2.62	10.19	6.86	2.48	1.75	2.2	1.13	2.50	2.57	2.64	2.72	2.8
	4		15.3	4.39	3.45	13.18	8.63	3.24	1.73	2.18	1.11	2.52	2.59	2.67	2.74	2.82
	5		15.7	5.42	4.25	16.02	10.22	3.97	1.72	2.17	1.10	2.54	2.61	2.69	2.77	2.85
	8		16.8	8.37	6.57	23.63	14.06	6.03	1.68	2.11	1.09	2.60	2.67	2.75	2.83	2.91
∟63×	4	7	17	4.98	3.91	19.03	11.22	4.13	1.96	2.46	1.26	2.79	2.87	2.94	3.02	3.09
	5		17.4	6.14	4.82	23.17	13.33	5.08	1.94	2.45	1.25	2.82	2.89	2.96	3.04	3.12
	6		17.8	7.29	5.72	27.12	15.26	6.00	1.93	2.43	1.24	2.83	2.91	2.98	3.06	3.14
	8		18.5	9.51	7.47	34.45	18.59	7.75	1.90	2.39	1.23	2.87	2.95	3.03	3.1	3.18
	10		19.3	11.66	9.15	41.09	21.34	9.39	1.88	2.36	1.22	2.91	2.99	3.07	3.15	3.23
∟70×	4	8	18.6	5.57	4.37	26.39	14.16	5.14	2.18	2.74	1.4	3.07	3.14	3.21	3.29	3.36
	5		19.1	6.88	5.40	32.21	16.89	6.32	2.16	2.73	1.39	3.09	3.16	3.24	3.31	3.39
	6		19.5	8.16	6.41	37.77	19.39	7.48	2.15	2.71	1.38	3.11	3.18	3.26	3.33	3.41
	7		19.9	9.42	7.40	43.09	21.68	8.59	2.14	2.69	1.38	3.13	3.2	3.28	3.36	3.43
	8		20.3	10.67	8.37	48.17	23.79	9.68	2.13	2.68	1.37	3.15	3.22	3.30	3.38	3.46
∟75×	5	9	20.3	7.41	5.82	39.96	19.73	7.30	2.32	2.92	1.5	3.29	3.36	3.43	3.5	3.58
	6		20.7	8.80	6.91	46.91	22.69	8.63	2.31	2.91	1.49	3.31	3.38	3.45	3.53	3.6
	7		21.1	10.16	7.98	53.57	25.42	9.93	2.30	2.89	1.48	3.33	3.4	3.47	3.55	3.63
	8		21.5	11.50	9.03	59.96	27.93	11.2	2.28	2.87	1.47	3.35	3.42	3.50	3.57	3.65
	10		22.2	14.13	11.09	71.98	32.40	13.64	2.26	2.84	1.46	3.38	3.46	3.54	3.61	3.69

续表

型号		圆角 R (mm)	重心矩 Z_0 (mm)	截面面积 A (cm^2)	理论质量 (kg/m)	惯性矩 I_x (cm^4)	截面模量 (cm^3)		回转半径 (cm)			a(mm)				
							W_{xmax}	W_{xmin}	i_x	i_{x0}	i_{y0}	6	8	10	12	14
												i_y(cm)				
	5		21.5	7.91	6.21	48.79	22.70	8.34	2.48	3.13	1.6	3.49	3.56	3.63	3.71	3.78
	6		21.9	9.40	7.38	57.35	26.16	9.87	2.47	3.11	1.59	3.51	3.58	3.65	3.73	3.8
∟80×	7	9	22.3	10.86	8.53	65.58	29.38	11.37	2.46	3.1	1.58	3.53	3.60	3.67	3.75	3.83
	8		22.7	12.30	9.66	73.50	32.36	12.83	2.44	3.08	1.57	3.55	3.62	3.70	3.77	3.85
	10		23.5	15.13	11.87	88.43	37.68	15.64	2.42	3.04	1.56	3.58	3.66	3.74	3.81	3.89
	6		24.4	10.64	8.35	82.77	33.99	12.61	2.79	3.51	1.8	3.91	3.98	4.05	4.12	4.2
	7		24.8	12.3	9.66	94.83	38.28	14.54	2.78	3.5	1.78	3.93	4	4.07	4.14	4.22
∟90×	8	10	25.2	13.94	10.95	106.5	42.3	16.42	2.76	3.48	1.78	3.95	4.02	4.09	4.17	4.24
	10		25.9	17.17	13.48	128.6	49.57	20.07	2.74	3.45	1.76	3.98	4.06	4.13	4.21	4.28
	12		26.7	20.31	15.94	149.2	55.93	23.57	2.71	3.41	1.75	4.02	4.09	4.17	4.25	4.32
	6		26.7	11.93	9.37	115	43.04	15.68	3.1	3.91	2	4.3	4.37	4.44	4.51	4.58
	7		27.1	13.8	10.83	131	48.57	18.1	3.09	3.89	1.99	4.32	4.39	4.46	4.53	4.61
	8		27.6	15.64	12.28	148.2	53.78	20.47	3.08	3.88	1.98	4.34	4.41	4.48	4.55	4.63
∟100×	10	12	28.4	19.26	15.12	179.5	63.29	25.06	3.05	3.84	1.96	4.38	4.45	4.52	4.6	4.67
	12		29.1	22.8	17.9	208.9	71.72	29.47	3.03	3.81	1.95	4.41	4.49	4.56	4.64	4.71
	14		29.9	26.26	20.61	236.5	79.19	33.73	3	3.77	1.94	4.45	4.53	4.6	4.68	4.75
	16		30.6	29.63	23.26	262.5	85.81	37.82	2.98	3.74	1.93	4.49	4.56	4.64	4.72	4.8
	7		29.6	15.2	11.93	177.2	59.78	22.05	3.41	4.3	2.2	4.72	4.79	4.86	4.94	5.01
	8		30.1	17.24	13.53	199.5	66.36	24.95	3.4	4.28	2.19	4.74	4.81	4.88	4.96	5.03
∟110×	10	12	30.9	21.26	16.69	242.2	78.48	30.6	3.38	4.25	2.17	4.78	4.85	4.92	5	5.07
	12		31.6	25.2	19.78	282.6	89.34	36.05	3.35	4.22	2.15	4.82	4.89	4.96	5.04	5.11
	14		32.4	29.06	22.81	320.7	99.07	41.31	3.32	4.18	2.14	4.85	4.93	5	5.08	5.15
	8		33.7	19.75	15.5	297	88.2	32.52	3.88	4.88	2.5	5.34	5.41	5.48	5.55	5.62
∟125×	10	14	34.5	24.37	19.13	361.7	104.8	39.97	3.85	4.85	2.48	5.38	5.45	5.52	5.59	5.66
	12		35.3	28.91	22.7	423.2	119.9	47.17	3.83	4.82	2.46	5.41	5.48	5.56	5.63	5.7
	14		36.1	33.37	26.19	481.7	133.6	54.16	3.8	4.78	2.45	5.45	5.52	5.59	5.67	5.74
	10		38.2	27.37	21.49	514.7	134.6	50.58	4.34	5.46	2.78	5.98	6.05	6.12	6.2	6.27
∟140×	12	14	39	32.51	25.52	603.7	154.6	59.8	4.31	5.43	2.77	6.02	6.09	6.16	6.23	6.31
	14		39.8	37.57	29.49	688.8	173	68.75	4.28	5.4	2.75	6.06	6.13	6.2	6.27	6.34
	16		40.6	42.54	33.39	770.2	189.9	77.46	4.26	5.36	2.74	6.09	6.16	6.23	6.31	6.38
	10		43.1	31.5	24.73	779.5	180.8	66.7	4.97	6.27	3.2	6.78	6.85	6.92	6.99	7.06
∟160×	12	16	43.9	37.44	29.39	916.6	208.6	78.98	4.95	6.24	3.18	6.82	6.89	6.96	7.03	7.1
	14		44.7	43.3	33.99	1048	234.4	90.95	4.92	6.2	3.16	6.86	6.93	7	7.07	7.14
	16		45.5	49.07	38.52	1175	258.3	102.6	4.89	6.17	3.14	6.89	6.96	7.03	7.1	7.18
	12		48.9	42.24	33.16	1321	270	100.8	5.59	7.05	3.58	7.63	7.7	7.77	7.84	7.91
∟180×	14	16	49.7	48.9	38.38	1514	304.6	116.3	5.57	7.02	3.57	7.67	7.74	7.81	7.88	7.95
	16		50.5	55.47	43.54	1701	336.9	131.4	5.54	6.98	3.55	7.7	7.77	7.84	7.91	7.98
	18		51.3	61.95	48.63	1881	367.1	146.1	5.51	6.94	3.53	7.73	7.8	7.87	7.95	8.02
	14		54.6	54.64	42.89	2104	385.1	144.7	6.2	7.82	3.98	8.47	8.54	8.61	8.67	8.75
	16		55.4	62.01	48.68	2366	427	163.7	6.18	7.79	3.96	8.5	8.57	8.64	8.71	8.78
∟200×	18	18	56.2	69.3	54.4	2621	466.5	182.2	6.15	7.75	3.94	8.53	8.6	8.67	8.75	8.82
	20		56.9	76.5	60.06	2867	503.6	200.4	6.12	7.72	3.93	8.57	8.64	8.71	8.78	8.85
	24		58.4	90.66	71.17	3338	571.5	235.8	6.07	7.64	3.9	8.63	8.71	8.78	8.85	8.92

不等边角钢

角钢型号 $B\times b\times t$		单角钢 圆角 R (mm)	重心矩(mm) Z_x	重心矩(mm) Z_y	截面面积 A (cm^2)	理论质量 (kg/m)	回转半径(cm) i_x	回转半径(cm) i_y	回转半径(cm) i_{y0}	双角钢 i_y(cm) a=6mm	a=8mm	a=10mm	a=12mm	双角钢 i_y(cm) a=6mm	a=8mm	a=10mm	a=12mm
∟25×16×	3	3.5	4.2	8.6	1.16	0.91	0.44	0.78	0.34	0.84	0.93	1.02	1.11	1.4	1.48	1.57	1.65
	4		4.6	9.0	1.50	1.18	0.43	0.77	0.34	0.87	0.96	1.05	1.14	1.42	1.51	1.6	1.68
∟32×20×	3	3.5	4.9	10.8	1.49	1.17	0.55	1.01	0.43	0.97	1.05	1.14	1.23	1.71	1.79	1.88	1.96
	4		5.3	11.2	1.94	1.52	0.54	1	0.43	0.99	1.08	1.16	1.25	1.74	1.82	1.9	1.99
∟40×25×	3	4	5.9	13.2	1.89	1.48	0.7	1.28	0.54	1.13	1.21	1.3	1.38	2.07	2.14	2.23	2.31
	4		6.3	13.7	2.47	1.94	0.69	1.26	0.54	1.16	1.24	1.32	1.41	2.09	2.17	2.25	2.34
∟45×28×	3	5	6.4	14.7	2.15	1.69	0.79	1.44	0.61	1.23	1.31	1.39	1.47	2.28	2.36	2.44	2.52
	4		6.8	15.1	2.81	2.2	0.78	1.43	0.6	1.25	1.33	1.41	1.5	2.31	2.39	2.47	2.55
∟50×32×	3	5.5	7.3	16	2.43	1.91	0.91	1.6	0.7	1.38	1.45	1.53	1.61	2.49	2.56	2.64	2.72
	4		7.7	16.5	3.18	2.49	0.9	1.59	0.69	1.4	1.47	1.55	1.64	2.51	2.59	2.67	2.75
∟56×36×	3	6	8.0	17.8	2.74	2.15	1.03	1.8	0.79	1.51	1.59	1.66	1.74	2.75	2.82	2.9	2.98
	4		8.5	18.2	3.59	2.82	1.02	1.79	0.78	1.53	1.61	1.69	1.77	2.77	2.85	2.93	3.01
	5		8.8	18.7	4.42	3.47	1.01	1.77	0.78	1.56	1.63	1.71	1.79	2.8	2.88	2.96	3.04
∟63×40×	4	7	9.2	20.4	4.06	3.19	1.14	2.02	0.88	1.66	1.74	1.81	1.89	3.09	3.16	3.24	3.32
	5		9.5	20.8	4.99	3.92	1.12	2	0.87	1.68	1.76	1.84	1.92	3.11	3.19	3.27	3.35
	6		9.9	21.2	5.91	4.64	1.11	1.99	0.86	1.71	1.78	1.86	1.94	3.13	3.21	3.29	3.37
	7		10.3	21.6	6.8	5.34	1.1	1.96	0.86	1.73	1.8	1.88	1.97	3.15	3.23	3.3	3.39
∟70×45×	4	7.5	10.2	22.3	4.55	3.57	1.29	2.25	0.99	1.84	1.91	1.99	2.07	3.39	3.46	3.54	3.62
	5		10.6	22.8	5.61	4.4	1.28	2.23	0.98	1.86	1.94	2.01	2.09	3.41	3.49	3.57	3.64
	6		11.0	23.2	6.64	5.22	1.26	2.22	0.97	1.88	1.96	2.04	2.11	3.44	3.51	3.59	3.67
	7		11.3	23.6	7.66	6.01	1.25	2.2	0.97	1.9	1.98	2.06	2.14	3.46	3.54	3.61	3.69
∟75×50×	5	8	11.7	24.0	6.13	4.81	1.43	2.39	1.09	2.06	2.13	2.2	2.28	3.6	3.68	3.76	3.83
	6		12.1	24.4	7.26	5.7	1.42	2.38	1.08	2.08	2.15	2.23	2.3	3.63	3.7	3.78	3.86
	8		12.9	25.2	9.47	7.43	1.4	2.35	1.07	2.12	2.19	2.27	2.35	3.67	3.75	3.83	3.91
	10		13.6	26.0	11.6	9.1	1.38	2.33	1.06	2.16	2.24	2.31	2.4	3.71	3.79	3.87	3.96
∟80×50×	5	8	11.4	26.0	6.38	5	1.42	2.57	1.1	2.02	2.09	2.17	2.24	3.88	3.95	4.03	4.1
	6		11.8	26.5	7.56	5.93	1.41	2.55	1.09	2.04	2.11	2.19	2.27	3.9	3.98	4.05	4.13
	7		12.1	26.9	8.72	6.85	1.39	2.54	1.08	2.06	2.13	2.21	2.29	3.92	4	4.08	4.16
	8		12.5	27.3	9.87	7.75	1.38	2.52	1.07	2.08	2.15	2.23	2.31	3.94	4.02	4.1	4.18
∟90×56×	5	9	12.5	29.1	7.21	5.66	1.59	2.9	1.23	2.22	2.29	2.36	2.44	4.32	4.39	4.47	4.55
	6		12.9	29.5	8.56	6.72	1.58	2.88	1.22	2.24	2.31	2.39	2.46	4.34	4.42	4.5	4.57
	7		13.3	30.0	9.88	7.76	1.57	2.87	1.22	2.26	2.33	2.41	2.49	4.37	4.44	4.52	4.6
	8		13.6	30.4	11.2	8.78	1.56	2.85	1.21	2.28	2.35	2.43	2.51	4.39	4.47	4.54	4.62
∟100×63×	6	10	14.3	32.4	9.62	7.55	1.79	3.21	1.38	2.49	2.56	2.63	2.71	4.77	4.85	4.92	5
	7		14.7	32.8	11.1	8.72	1.78	3.2	1.37	2.51	2.58	2.65	2.73	4.8	4.87	4.95	5.03
	8		15	33.2	12.6	9.88	1.77	3.18	1.37	2.53	2.6	2.67	2.75	4.82	4.9	4.97	5.05
	10		15.8	34	15.5	12.1	1.75	3.15	1.35	2.57	2.64	2.72	2.79	4.86	4.94	5.02	5.1

续表

角钢型号 $B\times b\times t$		圆角 R (mm)	重心矩(mm)		截面面积 A (cm^2)	理论质量 (kg/m)	回转半径 (cm)			a(mm)				a(mm)			
			Z_x	Z_y			i_x	i_y	i_{y0}	6	8	10	12	6	8	10	12
										i_y(cm)				i_y(cm)			
∟100×80×	6	10	19.7	29.5	10.6	8.35	2.4	3.17	1.73	3.31	3.38	3.45	3.52	4.54	4.62	4.69	4.76
	7		20.1	30	12.3	9.66	2.39	3.16	1.71	3.32	3.39	3.47	3.54	4.57	4.64	4.71	4.79
	8		20.5	30.4	13.9	10.9	2.37	3.15	1.71	3.34	3.41	3.49	3.56	4.59	4.66	4.73	4.81
	10		21.3	31.2	17.2	13.5	2.35	3.12	1.69	3.38	3.45	3.53	3.6	4.63	4.7	4.78	4.85
∟110×70×	6	10	15.7	35.3	10.6	8.35	2.01	3.54	1.54	2.74	2.81	2.88	2.96	5.21	5.29	5.36	5.44
	7		16.1	35.7	12.3	9.66	2	3.53	1.53	2.76	2.83	2.9	2.98	5.24	5.31	5.39	5.46
	8		16.5	36.2	13.9	10.9	1.98	3.51	1.53	2.78	2.85	2.92	3	5.26	5.34	5.41	5.49
	10		17.2	37	17.2	13.5	1.96	3.48	1.51	2.82	2.89	2.96	3.04	5.3	5.38	5.46	5.53
∟125×80×	7	11	18	40.1	14.1	11.1	2.3	4.02	1.76	3.11	3.18	3.25	3.33	5.9	5.97	6.04	6.12
	8		18.4	40.6	16	12.6	2.29	4.01	1.75	3.13	3.2	3.27	3.35	5.92	5.99	6.07	6.14
	10		19.2	41.4	19.7	15.5	2.26	3.98	1.74	3.17	3.24	3.31	3.39	5.96	6.04	6.11	6.19
	12		20	42.2	23.4	18.3	2.24	3.95	1.72	3.21	3.28	3.35	3.43	6	6.08	6.16	6.23
∟140×90×	8	12	20.4	45	18	14.2	2.59	4.5	1.98	3.49	3.56	3.63	3.7	6.58	6.65	6.73	6.8
	10		21.2	45.8	22.3	17.5	2.56	4.47	1.96	3.52	3.59	3.66	3.73	6.62	6.7	6.77	6.85
	12		21.9	46.6	26.4	20.7	2.54	4.44	1.95	3.56	3.63	3.7	3.77	6.66	6.74	6.81	6.89
	14		22.7	47.4	30.5	23.9	2.51	4.42	1.94	3.59	3.66	3.74	3.81	6.7	6.78	6.86	6.93
∟160×100×	10	13	22.8	52.4	25.3	19.9	2.85	5.14	2.19	3.84	3.91	3.98	4.05	7.55	7.63	7.7	7.78
	12		23.6	53.2	30.1	23.6	2.82	5.11	2.18	3.87	3.94	4.01	4.09	7.6	7.67	7.75	7.82
	14		24.3	54	34.7	27.2	2.8	5.08	2.16	3.91	3.98	4.05	4.12	7.64	7.71	7.79	7.86
	16		25.1	54.8	39.3	30.8	2.77	5.05	2.15	3.94	4.02	4.09	4.16	7.68	7.75	7.83	7.9
∟180×110×	10	14	24.4	58.9	28.4	22.3	3.13	8.56	5.78	2.42	4.16	4.23	4.3	4.36	8.49	8.72	8.71
	12		25.2	59.8	33.7	26.5	3.1	8.6	5.75	2.4	4.19	4.33	4.33	4.4	8.53	8.76	8.75
	14		25.9	60.6	39	30.6	3.08	8.64	5.72	2.39	4.23	4.26	4.37	4.44	8.57	8.63	8.79
	16		26.7	61.4	44.1	34.6	3.05	8.68	5.81	2.37	4.26	4.3	4.4	4.47	8.61	8.68	8.84
∟200×125×	12	14	28.3	65.4	37.9	29.8	3.57	6.44	2.75	4.75	4.82	4.88	4.95	9.39	9.47	9.54	9.62
	14		29.1	66.2	43.9	34.4	3.54	6.41	2.73	4.78	4.85	4.92	4.99	9.43	9.51	9.58	9.66
	16		29.9	67.8	49.7	39	3.52	6.38	2.71	4.81	4.88	4.95	5.02	9.47	9.55	9.62	9.7
	18		30.6	67	55.5	43.6	3.49	6.35	2.7	4.85	4.92	4.99	5.06	9.51	9.59	9.66	9.74

注　一个角钢的惯性矩 $I_x=Ai_x^2$，$I_y=Ai_y^2$；一个角钢的截面模量 $W_{x\max}=I_x/Z_x$，$W_{x\min}=I_x/(b-Z_x)$；$W_{y\max}=I_yZ_y$，$W_{x\min}=I_y(b-Z_y)$。

参 考 文 献

[1]　GB 50017—2003 钢结构设计规范［S］．北京：中国计划出版社，2003.

[2]　华东水利学院．水工设计手册：3 结构计算［M］．北京：水利电力出版社，1984.

[3]　GB/T 22395—2008 锅炉钢结构设计规范［S］．北京：中国标准出版社，2009.

[4]　罗邦富，魏明钟，沈祖炎，等．钢结构设计手册［M］．北京：中国建筑工业出版社，1989.

[5]　武汉水利电力大学，大连理工大学，河海大学．水工钢结构［M］．3 版，北京：中国水利水电出版社，1998.

[6]　范崇仁，等．水工钢结构［M］．4 版．北京：中国水利水电出版社，2008.

[7]　包头钢铁设计研究总院，中国钢结构协会房屋建筑钢结构协会．钢结构设计与计算［M］．2 版．北京：机械工业出版社，2006.

[8]　梁启智，王仕统，林道勤．钢结构［M］．广州：华南理工大学出版社，1996.

[9]　《钢结构设计规范》编制组．《钢结构设计规范》专题指南［M］．北京：中国计划出版社，2003.

[10]　崔佳，魏明钟，赵熙元，等．钢结构设计规范理解与应用［M］．北京：中国建筑工业出版社，2004.

[11]　曹平周，朱召泉．钢结构［M］．3 版，北京：中国电力出版社，2008.

[12] DL/T 5358—2006 水电水利金属结构设备防腐蚀技术规程．北京：中国电力出版社，2006.
[13] SL 105—2007 水工金属结构防腐蚀规范．北京：中国水利水电出版社，2007.
[14] 涂湘湘．实用防腐蚀施工手册 [M]．北京：化学工业出版社，2000.
[15] 朱锡昶，朱国贤，葛燕，等．挡潮闸热喷涂铝涂层早期失效原因分析及对策 [J]．水利水电科技进展，2009，29 (8)．

第7章

水工结构抗震

本章在第1版《水工设计手册》第3卷《结构计算》中第16章“抗震设计”的基础上，进一步补充、完善编写而成。

本章共分8节，包括基本规定和要求、场地和地基、地震作用和抗震计算原则、大坝筑坝材料动态性能、混凝土坝抗震设计、土石坝抗震设计、其他水工结构抗震设计和水工结构动力模型试验。

与第1版内容相比，本章内容有较大调整，包括以下五个方面：①编写中主要依据《水工建筑物抗震设计规范》（SL 203—97、DL 5073—2000），重点介绍各类水工结构抗震设计中应遵循的基本原则、设计步骤和设计计算及试验方法、抗震安全评价准则以及应采取的工程抗震措施；②适当简化、删减了部分基础理论方面的内容，增加了结构动力模型试验、进水塔、渡槽等结构抗震设计的内容；③适当纳入了近年来国内外水工抗震领域的最新研究成果及其在实际工程抗震设计中的应用；④介绍了2008年“5.12”汶川特大地震典型水工结构震害及抗震复核研究相关成果；⑤增加了实际工程抗震设计成果和经验总结。

章主编　陈厚群　李德玉　赵剑明　李同春　王仁坤

章主审　蒋国澄　程志华

本章各节编写及审稿人员

节次	编　写　人	审稿人
7.1	陈厚群	蒋国澄 程志华
7.2	陈厚群　刘小生　赵剑明	
7.3	陈厚群　李德玉	
7.4	刘小生　马怀发　赵剑明　周继凯　刘启旺	
7.5	李德玉　李同春　王仁坤　张伯艳　赵文光	
7.6	赵剑明　王钟宁　刘小生　刘启旺	
7.7	李德玉　张燎军　王海波　张伯艳　欧阳金惠	
7.8	王海波　刘小生　宫必宁	

第7章 水工结构抗震

7.1 基本规定和要求

7.1.1 水工建筑物抗震设计的基本概念和基本规定

结构抗震设计可以简要地概括为："在不同的特定地震设防水准下，使结构能满足相应的抗震性能目标要求。"工程结构的抗震设计及安全评价都应包括地震动输入、结构地震响应、结构抗力这三个要素。它们是不可或缺且相互配套的组成部分，对于如大坝等这类重大工程尤为重要。这是抗震设计应遵循的基本概念。

水工建筑物抗震设计的内涵决定了其应符合下列一些基本规定：

(1) 抗震设防水准应与性能目标相应。

(2) 采用多重性能目标及对重要水利水电工程采用分级设防。同一个抗震设防水准常需对应多个性能目标。例如，混凝土坝一般应有压、拉应力和抗滑稳定等不同的性能目标。

(3) 性能目标的具体量化。在抗震设计中，与抗震设防水准相应的性能目标的定量是通过承载能力或正常使用极限状态方程来体现的，其中包括选择表征地震作用效应的物理量、确定材料和结构的抗力及安全判据等，这些都必须与结构地震响应的分析方法、抗力和安全裕度的取值相互配套。

7.1.2 水工建筑物抗震设计的设防目标、设防水准和基本要求

目前多数国家的大坝抗震设计规范或导则中，虽然多采用最大设计地震和运行安全地震两级抗震设防水准，但一些国家如英国、瑞士等实际只按最大设计地震进行大坝抗震设计。

在我国，各类大坝按其重要性和万一失事可能导致的危害性，按专门的规范划分等级。《水工建筑物抗震设计规范》(SL 203—97、DL 5073—2000) 中，采用了最大设计地震的一级设防水准，其相应的性能目标为：按规范进行设计的水工建筑物能抵御设计烈度地震，如有局部损坏，经一般处理仍可正常运行。

SL 203、DL 5073 采用了"分类设防"的原则，即对于不同工程抗震设防类别的水工建筑物采用不同的设计地震动。工程抗震设防类别应按建筑物级别和场地基本地震烈度确定，见表 7.1-1。

表 7.1-1　工程抗震设防类别

工程抗震设防类别	建筑物级别	场地基本烈度
甲	1（壅水）	≥6
乙	1（非壅水）、2（壅水）	
丙	2（非壅水）、3	≥7
丁	4、5	

一般情况下，水工建筑物应以场地基本烈度作为设计烈度，或按基于重现期为 475 年（对应于基准期 50 年内超越概率为 0.1）的全国地震动参数区划图确定其设计峰值加速度。对于抗震设防类别为甲类的水工建筑物，其设计烈度可在基本烈度基础上提高 1 度。

对基本烈度为 6 度及 6 度以上地区的坝高超过 200m 或库容大于 100 亿 m^3 的大型工程，以及基本烈度为 7 度及 7 度以上地区的坝高超过 150m 的大（1）型工程，其设防依据应根据专门的地震危险性分析提供的基岩峰值加速度成果确定。对于这类工程，壅水建筑物的设计地震的重现期取为 4950 年，对应于基准期 100 年内超越概率为 0.02；非壅水建筑物的设计地震的重现期约为 975 年，对应于基准期 50 年内超越概率为 0.05。

SL 203、DL 5073 同时规定，除了规范规定的应采用高于基本烈度的设计烈度的情况外，对于其他特殊情况需采用高于基本烈度的烈度水准作为设计烈度时，应经主管部门批准。

水工建筑物施工期属短暂工况，期间发生设计水平地震的概率极低，此时可不考虑地震作用；空库情况在工程建成运行后出现的时间也很短，此时如需考虑地震作用，可将设计地震加速度代表值折半进行抗震设计。

应当指出，我国重要大坝设计地震的抗震设防水

准已接近国外多数国家最大可信地震的水平，而其性能目标又和安全运行地震的要求相近。对于抗震设防类别低于甲类的大坝，其设防水准的重现期也较一般安全运行地震的要求高。因此，SL 203、DL 5073 对重要大坝地震设防水准的要求是相当严格的。

考虑到近期我国将在西部高地震烈度区建设一系列国内外都少有先例的、设计地震加速度很高的300m级高坝，抗震工况已成为设计中的控制因素。对高烈度区的重要高坝，增加进行超设计概率的基准期100年内超越概率为0.01的地震动参数或最大可信地震作用下的抗震校核是非常必要的。

已有水库诱发地震震例的统计分析结果表明，坝高大于100m和库容大于5亿m^3的水库发生诱发地震的概率增大。因此，SL 203、DL 5073 规定对于满足上述条件的水库，如经分析认为有可能发生大于6度的水库诱发地震时，应在水库蓄水前进行地震前期监测。

现行规范依据国内外水工建筑物震害和工程抗震实践，提出了从总体概念上改善结构抗震性能的抗震设计基本要求如下：

（1）结合抗震要求选择有利的工程地段和场地。

（2）避免地基和邻近建筑物的岸坡失稳。

（3）选择安全、经济、合理的抗震结构方案和抗震措施。

（4）在设计中从抗震角度提出对施工质量的要求和措施。

（5）便于震后对遭受震害的建筑物进行检修。

7.2 场地和地基

7.2.1 场地

建筑物场地的地震影响包括场址地质构造、地形、地基等条件对建筑物地震响应和安全的影响。国内外的震害经验表明，有些是地震动作用引起的结构破坏，而有些是由于地震引起场地或地基变形破坏，从而引起或加剧建筑物破坏，如地震引起的地震断裂将建筑物错断，库水诱发水库地震，地震引起崩塌、滑坡，导致建筑物被砸毁或涌浪引起漫顶事故，大面积砂土液化和不均匀沉降引起建筑物倾斜或倒塌等。建筑物的场地选择，应在工程地质勘察和地震地质环境研究的基础上，按构造活动性、边坡稳定性和场地地基条件等进行综合评价，判别对建筑物抗震不利地段，选择对建筑物抗震有利地段。

7.2.1.1 地质构造的影响

对于水工建筑物，特别是大坝，其场址几乎很难避开所有断层。抗震设计中关心的是发震构造，即曾发生和可能发生破坏性地震的地质构造，主要是晚更新世以来有活动的活动断层。评定发震构造的明显标志包括以下几方面：

（1）具有区域性断裂规模。

（2）晚更新世以来有活动迹象（如地层错断，阶地、冲沟错开而形成断崖、断谷，较大的沉积厚度差异等）。

（3）目前仍处于明显变形过程中。

（4）历史上有 $M \geqslant 4\frac{3}{4}$ 级强震的震中分布。

（5）目前沿断裂带小震频繁。

发震断层带附近地表的错动取决于断层的规模，在强震时可达数米，往往使位于其上的建筑物遭受很大破坏。这类地震“抗断”问题，不属于抗御地震动振动的“抗震”问题，故在抗震设计中一般都难以考虑。原则上水工建筑物，特别是大坝工程的场址，应避开有发震断层的抗震不利地段。

需要指出的还有以下几点：

（1）在库坝区范围内存在发震断层，是可能触发构造型水库地震的前提条件。当库区处于规模大、倾角陡的活动性正断层或滑移断层的拐点、交点或断陷盆地垂直差异运动较大的地段，就可以认为具有产生水库诱发地震的构造背景。

（2）邻近坝址（小于10km）有震级高（大于7级）的发震断层时，基于传统的点源模型确定坝址输入地震动参数的方法的适用性需要进行专门研究。

（3）许多地震震害表明，位于逆断层上盘的建筑物，其震害较位于下盘的明显加重，存在所谓“上盘效应”。

（4）非发震断层并无加重震害的迹象。

7.2.1.2 场址地形的影响

对于高坝之类的水工建筑物场址，地形在地震场地影响中更为突出。主要体现在下列两个方面：

（1）地震对库区、坝肩及上、下游两岸边坡抗震稳定性影响。特别是对于拱坝，坝肩拱座岩体的抗震稳定是工程抗震安全的关键。因此，坝址边坡的抗震稳定性是判别抗震有利或不利地段的重要内容之一。

（2）坝址地形的宽窄和形状，对地震响应有显著影响。显著不对称的地形及局部突出和临空的山脊都对水工建筑结构的抗震不利。对于大坝的地震响应分析，应考虑结构与地基的相互作用。

7.2.1.3 地基条件的影响

地震时地基对建筑物的影响包括与建筑物动态相互作用的影响和地基失效导致的震害。地基与建筑物相互作用的影响又包括改变建筑物和输入地震动的动态特性。对体积庞大的大坝，地基与坝体相互作用的影响尤为突出。

1. 地基与建筑物的相互作用

邻近坝体近域地基本身的弹性及其不均匀性和存在的断裂带、软弱带等各类局部地质结构，都会对坝体结构的动态特性和地震响应有所影响。高坝坝基地震波能量向远域地基逸散导致的所谓“辐射阻尼效应”对坝体地震响应减弱的影响显著，在大坝抗震设计中已愈益受到重视。一般坝体规模越大，地基越软，坝体与地基相互作用的影响也越大。

2. 地基对坝址地震动输入的影响

目前国内外各类抗震设计规范中的设计反应谱都是针对一般中硬场地土给出的，地震危险性分析所给出的场地地震动参数都是对基岩地表而言的。基岩中地震波的频谱组成主要取决于震级 M 和震中距 R，震级和震中距对场地反应影响大致相当，一般震级的影响更大些，且大震和远震的低频分量较显著。

对于修建在覆盖层上的水工建筑物，需要确定与覆盖层相应的地震动参数，考虑覆盖层对地震动的影响。

由于覆盖层各土层的厚度和剪切模量、容重等的不同，覆盖层有其不同的固有频率和阻尼值。对经由下卧基岩中传来地震波中的高频分量，覆盖层起到削减的隔震垫作用；而对于传播的地震波中与其固有频率接近的低频分量，则覆盖层具有明显的动力放大效应。因此，经过覆盖层过滤后，覆盖层上地震动的峰值加速度以及反应谱都会有别于基岩上的地震动，从而影响到其归一化的地震动设计反应谱平台的最大值，以及作为平台起、迄拐点的特征周期值。一般表现为如下规律：基岩上反应谱值要低于中硬场地土的反应谱值；反应谱平台随场地变软加宽，特征周期增大；当输入地震波的卓越频率分量与覆盖层地基土和建筑物的固有频率接近时，建筑物的地震响应明显增大。

目前考虑覆盖层对地震动影响有以下两种方法：

（1）将覆盖层视为与上部建筑物结构相连的一个整体振动体系进行地震动力反应分析计算。

（2）确定与覆盖层相应的地震动参数和地震输入，对水工建筑物进行地震动力反应分析计算，这其中又主要有两种方法：

1）对地基划分为不同类别，不同的场地类别对应不同的场地地震反应谱，以考虑地基对坝址地震动输入的影响，这是目前国内外各种规范采用的方法，划分大多主要依据场地覆盖层厚度及场地土的剪切波速。

2）底部基岩输入地震波，进行地表局部场地地震反应分析，给出包括场地相关地震动反应谱及相应地震动时程在内的地震动参数。目前大都采用以层状半无限介质由底部基岩输入地震波的一维波动方法，在有土层非线性特性试验资料的情况下，以等效线性分析方法求解，确定覆盖层指定位置的地震动参数。

3. 地基失效

在水工建筑物抗震设计中考虑的地基失效主要是指大面积砂土液化、软弱土震陷等引起不均匀沉陷导致的建筑物震害。地基中的可液化土层不只限于饱和砂土，也包括粉土、少黏性土，以至颗粒级配不良的砂砾石料。目前可液化土层的初步判别主要根据其地质年代、地貌单元、黏粒含量、地下水位及剪切波速等条件进行；复判主要通过标准贯入击数、相对密度以及相对含水率等进行。这些指标均为直接或间接反映土层结构性、密实度、应力状态、应力历史及排水条件的经验判别方法，可能给出不一致的结果，需要综合判断。

7.2.1.4 场地类别划分

进行工程场地类别划分的目的是为确定场地地震动反应谱，主要依据地表覆盖层土层等效剪切波速和覆盖层厚度进行划分。目前的水工建筑物场地类别划分基本采用国家标准《建筑抗震设计规范》（GBJ 11—89）的厚度加权平均剪切波速分类方法，目前仍被 SL 203、DL 5073 采用。而《建筑抗震设计规范》（GB 50011—2010）采用了更具物理意义的土层等效剪切波速进行场地类别划分。

1. 土层等效剪切波速的确定

土层等效剪切波速按下列公式确定：

$$v_{se} = d_0 / t \qquad (7.2-1)$$

$$t = \sum_{i=1}^{n} (d_i / v_{si}) \qquad (7.2-2)$$

式中 v_{se}——土层等效剪切波速，m/s；

d_0——计算深度，m，取覆盖层厚度和 20m 两者的较小值；

t——剪切波在地面至计算深度之间的传播时间；

d_i——计算深度范围内第 i 土层的厚度，m；

v_{si}——计算深度范围内第 i 土层的剪切波速，m/s；

n——计算深度范围土层的分层数。

2. 覆盖层厚度的确定

建筑场地覆盖层厚度可按下列方法确定：

（1）一般情况下，应按地面至剪切波速大于

500m/s且其下卧各层岩土的剪切波速均不小于500m/s土层顶面的距离确定。

(2) 当地面5m以下存在剪切波速大于其上部各土层剪切波速2.5倍的土层，且该层及其下卧岩土的剪切波速均不小于400m/s时，可按地面至该土层顶面的距离确定。

(3) 剪切波速大于500m/s的孤石、透镜体，应视同周围土层。

(4) 土层中的火山岩硬夹层，应视为刚体，其厚度应从覆盖层土层中扣除。

3. 场地类别的划分

(1) 根据厚度加权平均剪切波速或土层等效剪切波速（以下简称为土层剪切波速），按表7.2-1或表7.2-2对场地覆盖层土层进行分类。

(2) 根据场地覆盖层土层类别和场地覆盖层厚度d_{ov}(m)，按表7.2-3或表7.2-4划分场地类别。

(3) 不同场地类别对应的覆盖层厚度见表7.2-5或表7.2-6。

表7.2-1　土的类型划分

[《水工建筑物抗震设计规范》(SL 203—97、DL 5073—2000)]

土的类型	土层剪切波速（m/s）	代表性岩土名称和性状
坚硬场地土	$v_s>500$	岩石及密实的砂卵石层
中硬场地土	$500\geqslant v_{sm}>250$	中密、稍密的砂砾石，粗中砂及坚硬黏土
中软场地土	$250\geqslant v_{sm}>140$	稍密的砾，粗、中砂，软黏土
软弱场地土	$v_{sm}\leqslant 140$	淤泥，淤泥质土，松散的砂，人工杂土

注　v_s为土层剪切波速；v_{sm}为土层平均剪切波速，取建基面下15m内且不深于场地覆盖层厚度的各土层剪切波速，按土层厚度加权的平均值。

表7.2-2　土的类型划分

[《建筑抗震设计规范》(GB 50011—2010)]

土的类型	岩土名称和性状	土层剪切波速范围(m/s)
岩石	坚硬、较硬且完整的岩石	$v_s>800$
坚硬土或软质岩石	破碎和较破碎的岩石或软和较软的岩石，密实的碎石土	$800\geqslant v_s>500$
中硬土	中密、稍密的碎石土，密实、中密的砾、粗、中砂，$f_{ak}>150$的黏性土和粉土，坚硬黄土	$500\geqslant v_s>250$
中软土	稍密的砾、粗、中砂，除松散外的细、粉砂，$f_{ak}\leqslant 150$的黏性土和粉土，$f_{ak}>130$的填土，可塑新黄土	$250\geqslant v_s>150$
软弱土	淤泥和淤泥质土，松散的砂，新近沉积的黏性土和粉土，$f_{ak}\leqslant 130$的填土，流塑黄土	$v_s\leqslant 150$

注　f_{ak}为由载荷试验等方法得到的地基承载力特征值，kPa；v_s为岩土剪切波速。

表7.2-3　场地的类别划分

[《水工建筑物抗震设计规范》(SL 203—97、DL 5073—2000)]

场地土类型	场地覆盖层厚度d_{ov}(m)				
	0	$0<d_{ov}\leqslant 3$	$3<d_{ov}\leqslant 9$	$9<d_{ov}\leqslant 80$	$d_{ov}>80$
坚硬场地土	Ⅰ	—			
中硬场地土	—	Ⅰ		Ⅱ	
中软场地土		Ⅰ	Ⅱ		Ⅲ
软弱场地土		Ⅰ	Ⅱ	Ⅲ	Ⅳ

表 7.2-4

场地类别划分

[《建筑抗震设计规范》(GB 50011—2010)]

场地类别	覆盖层厚度 (m)						
	0	$0<d_{ov}<3$	$3\leqslant d_{ov}<5$	$5\leqslant d_{ov}<15$	$15\leqslant d_{ov}\leqslant 50$	$50<d_{ov}\leqslant 80$	$d_{ov}>80$
岩石	Ⅰ$_0$	—					
坚硬土或软质岩石	Ⅰ$_1$	—					
中硬土	—	Ⅰ$_1$		Ⅱ			
中软土		Ⅰ$_1$	Ⅱ			Ⅲ	
软弱土		Ⅰ$_1$	Ⅱ		Ⅲ		Ⅳ

表 7.2-5

不同场地类别对应的覆盖层厚度

[《水工建筑物抗震设计规范》(SL 203—97、DL 5073—2000)]

等效剪切波速 (m/s)	场地类别			
	Ⅰ	Ⅱ	Ⅲ	Ⅳ
$v_s>500$	0			
$500\geqslant v_s>250$	$d_{ov}\leqslant 9$m	$d_{ov}>9$m		
$250\geqslant v_s>140$	$d_{ov}\leqslant 3$m	$3\text{m}<d_{ov}\leqslant 80$m	$d_{ov}>80$m	
$v_s\leqslant 140$	$d_{ov}\leqslant 3$m	$3\text{m}<d_{ov}\leqslant 9$m	$9\text{m}<d_{ov}\leqslant 80$m	$d_{ov}>80$m

表 7.2-6

不同场地类别对应的覆盖层厚度

[《建筑抗震设计规范》(GB 50011—2010)]

岩石的剪切波速或土的等效剪切波速 (m/s)	场地类别				
	Ⅰ$_0$	Ⅰ$_1$	Ⅱ	Ⅲ	Ⅳ
$v_s>800$	0				
$800\geqslant v_s>500$		0			
$500\geqslant v_{se}>250$		<5m	≥5m		
$250\geqslant v_{se}>150$		<3m	3～50m	>50m	
$v_{se}\leqslant 150$		<3m	3～15m	15～80m	>80m

注 v_s 为岩石的剪切波速。

(4) 当有可靠的剪切波速和覆盖层厚度且其值处场地类别的分界线附近时，可按插值方法确定地震作用计算所用的设计特征周期。

上述场地分类方法主要适用于剪切波速随深度呈递增趋势的一般场地，对于有较厚软夹层的场地土层，由于其对短周期地震具有抑制作用，可以根据分析结果适当调整场地类别和设计地震动参数。

7.2.1.5 水工建筑物的场地选择

水工建筑物场地的选择，需要在工程地质勘探和专门工程地质研究的基础上，按地质构造活动性、边坡稳定性和场地地基条件等进行综合评价，可按表 7.2-7 划分为对建筑物抗震有利、不利和危险地段。

宜选择对建筑物抗震相对有利的地段，避开不利地段。经验表明，等于或大于 7 级地震的极震区（相当于地震烈度 9 度及 9 度以上地震区）可能在地表或地表附近产生断裂错动和大规模崩塌、滑坡，难以采用工程措施进行处理。因此，SL 203—97、DL 5073—2000 规定未经充分论证不得在危险地段进行建设。

7.2.2 地基

7.2.2.1 地基抗震设计的一般原则

(1) 水工建筑物地基的抗震设计，应综合考虑上部建筑物的型式、荷载、水力条件、运行条件，以及地基和岸坡的工程地质、水文地质条件。

表 7.2-7 有利、不利和危险地段的划分

地段类型	构造活动性	边坡稳定性	场地地基条件
有利地段	距坝址8km范围内无活动断层；库区无大于等于5级的地震活动	岩体完整，边坡稳定	抗震稳定性好
不利地段	枢纽区内有长度小于10km的活动断层；库区有长度大于10km的活动断层，或有过大于等于5级但小于7级的地震活动，或有诱发强水库地震的可能	枢纽区、库区边坡稳定条件较差	抗震稳定性差
危险地段	枢纽区内有长度大于等于10km的活动断层；库区有过大于等于7级的地震活动，有伴随地震产生地震断裂的可能	枢纽区边坡稳定条件极差，可能产生大规模崩塌、滑坡	地基可能失稳

（2）对于坝、闸等壅水建筑物的地基和岸坡，应要求在设计烈度的地震作用下不发生强度失稳破坏（如砂土液化、软弱黏土震陷等）和渗透破坏，避免产生影响建筑物使用的有害变形。

（3）水工建筑物的地基和岸坡中的断裂、破碎带及层间错动等软弱结构面，特别是缓倾角夹泥层和可能发生泥化的岩层，应根据其产状、埋藏深度、边界条件、渗流情况、物理力学性质以及建筑物的设计烈度，论证其在设计烈度地震作用下不致发生失稳和超过允许的变形，必要时应采取抗震措施。

（4）水工建筑物地基和岸坡的防渗结构及其连接部位，以及排水反滤结构等，应采取有效措施防止地震时产生危害性裂缝引起渗流量增大，或发生管涌、流土等险情。

（5）岩土性质及厚度等在水平方向变化很大的不均匀地基，应采取措施防止地震时产生较大的不均匀沉降、滑移和集中渗漏，并采取提高上部建筑物适应地基不均匀沉陷能力的措施。

7.2.2.2 地基土地震液化和软弱黏土层的判别

评价砂土液化的可能性，是对比促使液化方面和抗液化方面的某种代表性物理量的相对大小而作出判断。Casagrande提出了临界孔隙比法，认为存在一个剪切破坏时体积不发生改变，即不压实又不膨胀的密度，其相应的孔隙比为临界孔隙比。Seed提出了抗液化剪应力法，是目前国内外应用最广泛的方法，它的关键在于正确确定出地震剪应力和抗液化剪应力。GB 50011为代表的各类规范采用临界标准贯入击数法，该方法基本上反映了影响饱和砂土振动液化的各个主要因素，且比较简单，可以与场地勘察同时进行。此外，还有波速法、静力触探法及少黏土液化判别方法。

地震时坝基饱和无黏性土和少黏性土的液化判别，应根据土层的天然结构、颗粒组成、松密程度、震前受力状态、边界条件和排水条件以及地震震级和历时等因素，综合现场勘察和室内试验分析判定。

地基中可液化土的判别按《水利水电工程地质勘察规范》（GB 50287—99）进行，分为初判和复判两个阶段。初判应排除不会发生液化的土层。对初判可能发生液化的土层，应进行液化复判。这些指标均直接或间接反映土层结构性、密实度、应力状态、应力历史及排水条件，是一种经验判别方法，可能给出不一致的结果，需要综合判断。

对于重要工程地基中的软弱黏土层，需要进行专门的抗震试验研究和分析。一般情况下，地基中的软弱黏土层可按以下指标评价：

（1）液性指数 $I_L \geqslant 0.75$。

（2）无侧限抗压强度 $q_u \leqslant 50\text{kPa}$。

（3）标准贯入锤击数 $N_{63.5} \leqslant 4$。

（4）灵敏度 $S_t \geqslant 4$。

7.2.2.3 地基液化和软弱黏土层处理措施

对于判断为可能液化的地基土层，一般应实施抗液化处理措施；对于重要工程还应按动力法作数值分析，确定其液化程度及处理范围，以保证水工建筑物的安全。随着工程要求的提高，以及科技的进步，有很多种抗液化措施可以比较和选择。选择的原则是既要安全可靠，又要较为经济，此外，施工技术的难易以及对工期的要求等，也都需要加以考虑。根据加固机理，可分为避开、置换、加密（包括预压加密）、增压、围封、排水和采用桩基础等。

地基中的软弱黏土层，可根据建筑物的类型和具体情况，选择采用以下抗震措施：

（1）挖除或置换地基中的软弱黏土。

（2）预压加固。

（3）压重和砂井排水。

（4）桩基或复合地基。

7.3 地震作用和抗震计算原则

7.3.1 工程地震基本概念

工程场址的地震动输入是各类工程抗震安全评价的首要前提。工程地震是工程场址的地震动输入的重要部分。地震动输入一般包括基于中、长期预报的场址周围潜在震源区的划分，潜在震源区地震活动性规律，地震动工程参数的估计等，基本都是属于地震学科中的问题，主要依据地震部门提供的有关资料。

7.3.1.1 地震分类和序列

地震是由于地壳在构造运动中长期积累的变形能，在岩体断裂瞬间释放并转换为动能的结果，其中的一部分能量被断裂过程中形成的地震波所辐射。我国大陆的地震主要是板内构造地震。在一定范围的地区、在一定时间内相继发生的一系列大小地震称为地震序列，其中最强的一次称为主震，主震前、后较小的地震分别称为前震和余震。常见的破坏性地震大多属于这类前震—主震—余震型，但也有的没有明显的前震。此外，还有没有突出主震的震群型地震和仅有单发主震的孤立型地震。

地震在地壳内一定深度发生处称为震源。震源距离地表的垂直距离称为震源深度，震源在地表的投影称为震中，场址离震中的距离称为震中距，场址离震源的距离称为震源距，场址离断层在地表投影的距离称为断层投影距离。在地壳内介质内传播的地震波包括：在地壳本体传播的压缩波（常称为纵波）和剪切波（常称为横波）两类体波，以及由体波经地层界面多次反射次生的、仅限于在地壳近地面表层传播的瑞雷波和乐甫波两类面波。在地震波中，纵波因波速高而最先到达场址，随后到达的是横波，最后出现次生的面波。

地震震源释放的总能量包括破裂能、地震波辐射能和摩擦产生的热能。地震的强度取决于通过地震波辐射的那部分能量，主要是根据在设定条件下，以地震仪记录的地震波中某个频率的幅值来衡量地震的相对大小，并据以划分为不同的震级。它是衡量地震本身能量大小的量。我国国家标准《地震震级的规定》（GB 17740—2008）中认定的震级 M 是面波震级 M_S。

7.3.1.2 地震烈度

工程抗震安全评价关心的是可能发生的地震对其场址的影响程度，通常以地震烈度表征地震引起的地面震动及其影响的强弱程度。

我国现行的是继 1958 年、1980 年和 1999 年后，于 2008 年修订颁布实施的《中国地震烈度表》（GB/T 17742—2008），见表 7.3-1。该表采用的 12 度烈度划分原则，与目前国际上多数地震烈度表是相应的。以往在工程抗震设计中，一般都根据地震部门在全国范围内以《中国地震烈度区划图》提供的坝址所在地区的地震基本烈度值，作为确定坝体承受的地震作用的依据。该区划图给出的地震烈度是对各地区在未来一定时期内可能遭受到的最大地震影响程度的中长期预报。由于地震的不确定性，区划图给出的是 50 年内超越概率为 0.1 的估计值。我国地震烈度表的划分大体上与目前国际上通用的修正的麦卡尼烈度表类同，但其中对应各烈度的定性描述根据我国国情而有所差异。

表 7.3-1　　中国地震烈度表

地震烈度	人的感觉	房屋震害			其他震害现象	水平向地震动参数	
		类型	震害程度	平均震害指数		峰值加速度 (m/s²)	峰值速度 (m/s)
Ⅰ	无感	—	—	—	—	—	—
Ⅱ	室内个别静止中的人有感觉	—	—	—	—	—	—
Ⅲ	室内少数静止中的人有感觉	—	门、窗轻微作响	—	悬挂物微动	—	—
Ⅳ	室内多数人、室外少数人有感觉，少数人梦中惊醒	—	门、窗作响	—	悬挂物明显摆动，器皿作响	—	—
Ⅴ	室内绝大多数、室外多数人有感觉，多数人梦中惊醒	—	门窗、屋顶、屋架颤动作响，灰土掉落，个别房屋墙体抹灰出现细微裂缝，个别屋顶烟囱掉砖	—	悬挂物大幅度晃动，不稳定器物摇动或翻倒	0.31 (0.22～0.44)	0.03 (0.02～0.04)

续表

地震烈度	人的感觉	房屋震害			其他震害现象	水平向地震动参数	
		类型	震害程度	平均震害指数		峰值加速度(m/s²)	峰值速度(m/s)
Ⅵ	多数人站立不稳，少数人惊逃户外	A	少数中等破坏，多数轻微破坏和/或基本完好	0.00～0.11	家具和物品移动；河岸和松软土出现裂缝，饱和砂层出现喷砂冒水；个别独立砖烟囱轻度裂缝	0.63(0.45～0.89)	0.06(0.05～0.09)
		B	个别中等破坏，少数轻微破坏，多数基本完好				
		C	个别轻微破坏，大多数基本完好	0.00～0.08			
Ⅶ	大多数人惊逃户外，骑自行车的人有感觉，行驶中的汽车驾乘人员有感觉	A	少数毁坏和/或严重破坏，多数中等和/或轻微破坏	0.09～0.31	物体从架子上掉落；河岸出现塌方，饱和砂层常见喷水冒砂，松软土地上地裂缝较多；大多数独立砖烟囱中等破坏	1.25(0.90～1.77)	0.13(0.10～0.18)
		B	少数中等破坏，多数轻微破坏和/或基本完好				
		C	少数中等和/或轻微破坏，多数基本完好	0.07～0.22			
Ⅷ	多数人摇晃颠簸，行走困难	A	少数毁坏，多数严重和/或中等破坏	0.29～0.51	干硬土上出现裂缝，饱和砂层绝大多数喷砂冒水；大多数独立砖烟囱严重破坏	2.50(1.78～3.53)	0.25(0.19～0.35)
		B	个别毁坏，少数严重破坏，多数中等和/或轻微破坏				
		C	少数严重和/或中等破坏，多数轻微破坏	0.20～0.40			
Ⅸ	行动的人摔倒	A	多数严重破坏或/和毁坏	0.49～0.71	干硬土上多处出现裂缝，可见基岩裂缝、错动，滑坡、塌方常见；独立砖烟囱多数倒塌	5.00(3.54～7.07)	0.50(0.36～0.71)
		B	少数毁坏，多数严重和/或中等破坏				
		C	少数毁坏和/或严重破坏，多数中等和/或轻微破坏	0.38～0.60			
Ⅹ	骑自行车的人会摔倒，处不稳状态的人会摔离原地，有抛起感	A	绝大多数毁坏	0.69～0.91	山崩和地震断裂出现，基岩上拱桥破坏；大多数独立砖烟囱从根部破坏或倒毁	10.00(7.08～14.14)	1.00(0.72～1.41)
		B	大多数毁坏				
		C	多数毁坏和/或严重破坏	0.58～0.80			
Ⅺ	—	A	绝大多数毁坏	0.89～1.00	地震断裂延续很大，大量山崩滑坡	—	—
		B					
		C		0.78～1.00			
Ⅻ	—	A	几乎全部毁坏	1.00	地面剧烈变化，山河改观	—	—
		B					
		C					

注 表中给出的“峰值加速度”和“峰值速度”是参考值，括弧内给出的是变动范围。

7.3.1.3 地震动影响参数和影响场

烈度是间接表征地震作用强度的定性标志，而工程设计中需要的是准确的定量参数，目前国内外普遍采用地震动峰值加速度作为表征地震动的主要参数。为此，2008年颁布实施的地震烈度表沿用了1980年地震烈度表中给出的地震动参数，对5～10度的地震烈度，给出了相应的水平峰值加速度和峰值速度的范围及其平均值。

从工程抗震角度看，地震波的幅值、频率组成和持续时间是地震作用的三个主要因素。目前在地震工程中，普遍以地震动峰值加速度和归一化的设计反应谱作为表征地震动输入的主要参数。地震动加速度反应谱是由具有一定阻尼比的多个不同自振周期的单自由度线弹性体系，在给定地震动加速度时程作用下，以各自绝对加速度响应时程中的最大值，相对于其相应的自振周期组成的曲线。将其除以输入的峰值加速度值后得出的无量纲值，称为归一化加速度反应谱或动力放大系数反应谱。基于反应谱的地震响应分析方法仅适用于线弹性结构的情况，且无法计入地震动持续时间对结构响应的影响。在抗震设计规范中给出的标准设计加速度反应谱是由选定的若干在给定类别场地上实测的地震动加速度时程求得的加速度反应谱的统计平均值，经平滑归整后得出的曲线。

为适应工程抗震设计的需要，我国在2001年颁布了《中国地震动参数区划图》（GB 18306—2001）。该区划图是根据按双参数标定标准设计加速度反应谱的原则编制的。区划图对应的是在平坦稳定的一般（中硬）场地条件下，50年超越概率为0.1的设防水准，分别以有效峰值加速度和反应谱拐点的特征周期给出。

特征周期与场地条件有关，地基越软弱，特征周期越大。场地类别划分为坚硬、中硬、中软、软弱，分别对应于GB 50011中的Ⅰ类、Ⅱ类、Ⅲ类、Ⅳ类场地。其中Ⅰ类场地的剪切波速为500m/s，而水利水电工程中的混凝土高坝的坝基大多要求为微风化坚硬岩体，其剪切波速都在1000～1500m/s以上，远高于Ⅰ类场地的相应值。区划图中的特征周期对各类场地又基于地震环境对反应谱形状的控制作用进行了分区调整（见表7.3-2），调整主要取决于震级的影响，震级越大，特征周期值越大。区划图在确定地震动峰值加速度值时，并不考虑不同场地上地震峰值加速度及其反应谱平台值的变化。

鉴于地震烈度仍是表征地震动的重要参数，在各类结构的抗震设计中被应用，区划图给出了地震动峰值加速度分区与地震基本烈度的对照（见表7.3-3）。

表7.3-2　中国地震动反应谱特征周期调整表

特征周期分区	场地土类型划分			
	坚硬	中硬	中软	软弱
1区	0.25	0.35	0.45	0.60
2区	0.30	0.40	0.55	0.75
3区	0.35	0.45	0.65	0.90

表7.3-3　地震动峰值加速度分区与地震基本烈度对照表

地震动峰值加速度分区（g）	<0.05	0.05	0.1	0.15	0.2	0.3	≥0.4
地震基本烈度值	<6	6	7	7	8	8	≥9

区划图适用于一般建设工程，对于可能发生严重次生灾害的重要大坝工程，对其抗震设防要求需要通过对工程场地的地震危险性分析做专门研究后确定。

SL 203、DL 5073规定：一般情况下，应基于区划图确定设计峰值加速度，但对基本烈度为6度或6度以上地区坝高超过200m或库容大于100亿m^3的大型工程，以及基本烈度为7度及7度以上地区坝高超过150m的大（1）型工程，其设防依据应根据工程场地专门的地震危险性分析提供的基岩峰值加速度成果评定。

7.3.2　地震动输入参数的选择

7.3.2.1　设计地震动峰值加速度

目前，水利水电工程一般均进行专门的地震危险性分析，给出不同超越概率水平的场址基岩水平向峰值加速度，根据枢纽中不同水工建筑的抗震设防类别确定其设防概率水平和相应的设计地震加速度。对于没有专门地震危险分析成果的工程，其水平向设计地震加速度应根据其设计烈度，按表7.3-4取值。对于需要计入竖向地震影响的，竖向地震加速度应取水平向的2/3。

表7.3-4　水平向设计地震加速度

设计烈度	7	8	9
a_h	0.1g	0.2g	0.4g

注　g=9.81m/s^2。

7.3.2.2　设计地震加速度反应谱

当前，包括SL 203、DL 5073在内的我国各行业的抗震设计规范中，设计反应谱主要基于美国西部强震加速度记录的归一化加速度反应谱均值，仅《核电厂抗震设计规范》（GB 50267—97）中取为均值加标准差。场地类别和地震远近仅以设计反应谱最大值和其平台终点的特征周期大小体现。

SL 203、DL 5073规定的设计反应谱如图7.3-1所示。图中设计反应谱最大值β_{max}、不同场地类别的场地特征周期T_g分别按表7.3-5和表7.3-6取值。设计反应谱最小值$\beta_{min} \geq \beta_{max} \times 20\%$。同时规定，对于设计烈度不高于8度且结构基本自振周期大于1.0s的结构，场地特征周期宜延长0.05s，以反映远震长周期分量对高度大、频率低的水工建筑物的影响。

表 7.3-5　设计反应谱最大值 β_{max}

建筑物类型	重力坝	拱坝	水闸、进水塔及其他混凝土建筑物
β_{max}	2.00	2.50	2.25

表 7.3-6　特征周期 T_g

场地类别	Ⅰ	Ⅱ	Ⅲ	Ⅳ
T_g(s)	0.20	0.30	0.40	0.65

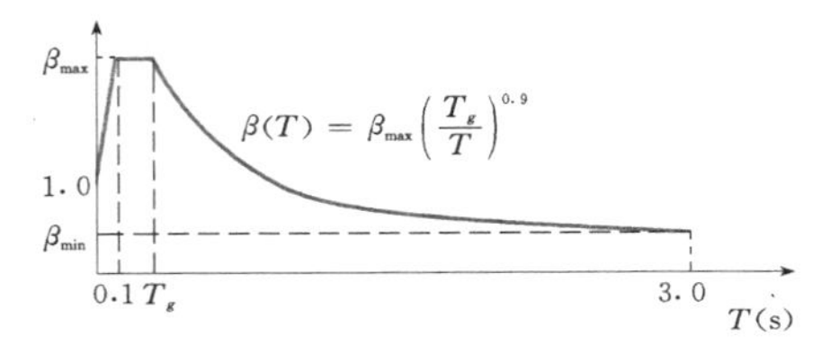

图 7.3-1　设计反应谱

对重大工程，通常要求在其按专门的场地地震危险性分析确定基岩峰值加速度的前提下，给出与工程场地相关的设计反应谱。目前地震部门提出的场地地震安全性评价报告中所给出的反应谱一般为一致概率反应谱。这是一种包络性的反应谱，不是实际地震的真实样本实现，往往过高估计了地震动中的中长周期成分的反应谱值，造成工程抗震设计上的困难，故此这类反应谱在大坝工程中实际并未推广应用。因此，为满足重大工程抗震设计中设计反应谱的要求，需要寻求与工程场地实际地震地质条件相关的更为合理的解决途径。

7.3.2.3　设计地震加速度时程

目前重要大坝工程的地震反应几乎都要进行非线性动力分析。因而基于叠加原理的反应谱法已不再适用，需要采用基于时间历程法的非线性分析。地震动加速度时间历程受地震类型及其震级和场址震中距及地形地质条件的控制。目前全球仅限于少数国家有较多实测的强震记录，高坝大库坝址岩基上的强震记录更少，因此，很难找到与设定场址有类似地震地质条件的实测强震记录作为设计地震动输入的加速度时间历程。为此，一般都采用拟合设计反应谱和峰值加速度的人工合成的方法。

鉴于地震动的随机性，通常采用以设计反应谱为目标的人工拟合随机地震动加速度时程。传统的合成方法为：用三角级数和 $0\sim2\pi$ 间均匀分布的随机相角构造平稳模型，引入随时间变化的强度包络函数后，按功率谱和反应谱的近似关系式，通过迭代调整幅值，以拟合目标反应谱和设计峰值加速度。

7.3.3　场址地震动输入机制

地震动输入机制包括场址设计地震动峰值加速度的基本概念和坝址地震动的输入方式两个方面。

7.3.3.1　场址设计地震动峰值加速度的基本概念

目前在大坝工程抗震设计中，作为表征坝址地震作用强度的主要参数，地震动峰值加速度无论是《中国地震动参数区划图》（GB 18306—2001）提供的，或者是由坝址专门的地震危险性分析中超越概率曲线所提供的，都是根据基于概率法的地震危险性分析成果确定的，只是前者是针对全国范围的更为宏观的分析，后者则是针对一定范围的工程场区的。

在工程场地地震危险性分析中，都是采用根据基岩上的实测地震加速度记录统计的衰减关系。它是根据设置在基岩地表台站的实测强震加速度记录样本群，统计得出基岩地表地震动峰值加速度与震级和震中距的衰减关系。已有的强震记录，只能提供其台站设置的地表场地土类别，而对其下部更深层基础的地质条件和周围的地形条件，一般都无法确知。更何况在一定范围的地区内，可以作为统计样本的实测强震加速度记录本来就不会很多，即使都是设置在基岩上的各记录台站的地表以下地基的地质条件也不可能都类同，因此，只能假定记录代表的是均质岩体沿水平向无限延伸的平坦地表的地震动，即理想弹性介质中满足标准波动方程的平面定型波。而工程场区地震危险性分析给出的是工程场地所在地区半无限空间均质岩体在平坦自由地表的最大水平向地震动峰值加速度。《中国地震动参数区划图》（GB 18306—2001）中的峰值加速度，虽然是对一般Ⅱ类中硬土场地的，但也是在不考虑不同场地上地震动峰值加速度变化的前提下给出的，故与基岩场地的地震动峰值加速度相同。因此，这里所谓平坦的自由场地表是一个笼统的概念，它既未考虑工程场地实际的地形条件和岩体具体的地质条件，也不涉及在该场址要建造的工程结构类型及整个工程场区地震作用强度的工程抗震设计指标。

因此，工程场区地震危险性分析中给出的是，在近地表半无限空间均质岩体中，由地壳深处沿垂直于水平地表的竖向传播到地表的最大水平分量的峰值加速度值。目前，在地震工程界较为普遍认同的是，从统计意义上可以认为，竖向分量峰值大体上相当于水平分量的 2/3，并且要求这三个相互正交的分量间是统计不相关的。

以上对工程场区设计地震动峰值加速度的基本概念，是目前在地震工程界被较为普遍接受的，可以将其称为工程场区自由场的设计地震动。上述工程场区设计地震动的自由场地震动特性与目前较普遍采用的地震危险性分析中的基本假定和依据是相应的。

7.3.3.2 坝址地震动输入方式

工程抗震设计中，工程结构体系的地震响应分析都是从动力方程出发，就地震动输入而言，方程的求解主要有作为封闭系统的振动问题和作为开放系统的波动问题两种方式。

作为振动问题求解时，一般都不计结构与地基的相互作用，方程中的质量、阻尼和刚度矩阵中都不包括地基在内，适用于结构刚度相对较小、输入波频率低、结构尺寸远较其需考虑的最短波长为小的情况。目前一般工业与民用建筑物和构筑物多采用这种方式。

对于重要的大坝工程，由于坝体尺寸和重量都很大，在其地震响应分析中，坝体结构和地基动态相互作用的重要性已愈益被认识到。这种动态相互作用包括地基对结构体系动态特性的影响，以及结构对地震动输入的影响，其中主要是地震波能量向远域地基的逸散。因此，需要把坝体结构和地基作为整个体系来分析其地震响应。在这个体系中，地基本身也要作为一个具有质量、阻尼和刚度的体系来考虑。动力方程中的质量、阻尼和刚度矩阵中都包括地基在内，求解的结构体系加速度、速度和位移响应都是包括地面运动在内的绝对值。

这样的坝体结构体系一般都作为开放系统的波动问题求解。给定的自由场地表设计地震动加速度是自由场地表对自由场入射地震波的响应。目前在工程地震界和地震工程界，考虑到入射地震波在无限半空间均质岩体中传播到地表时，要与由自由边界条件产生的反射波叠加，因此把在基岩中的自由场入射地震波幅值取为与给定的设计地震动幅值相应的设计地震动幅值之半。

7.3.3.3 自由场入射地震动输入机制

辐射阻尼效应是坝体结构和地基动态相互作用的主要内容。自由场入射地震动输入机制和坝体结构体系的动力分析数学模型中考虑振动能量向远域地基逸散的所谓辐射阻尼的处理方式密切关联。

作为坝体地基的山体，相对于坝体本身可视为无限域，它可以划分为邻近坝体的近域地基和其外围的远域地基。近域地基计入坝基两岸的地形和各类地质构造条件，包括两岸坝肩各潜在滑动岩块。坝体结构地震响应包括由地壳输入的自由场入射地震波及由于河谷地基及坝体存在产生的外行散射波。外行波在向山体传播过程中，由于几何扩散和地基内部阻尼耗能而使能量逐渐逸散。如果人工边界采用通常的固定或自由边界，则相当部分应在人工边界外的地基中耗散的外行波能量将从人工边界反射回坝体和近域地基内，从而显著影响其地震响应的结果。这部分逸散到远域地基中的能量，对坝体结构体系起到相当于阻尼的作用，因而被称为“辐射阻尼”，其物理概念是十分明确的。

对通常取较小的近域地基的情况，在强地震作用下对大坝进行地震响应动力分析时，辐射阻尼的影响是不容忽视的。已有不少的高拱坝工程抗震计算分析的实例表明，辐射阻尼效应对地震响应的影响可达20%～40%，并随坝体体积的增大和地基变形模量的降低而增长，是不能被忽略或仅作为附加安全因素考虑的。

目前已有不少考虑辐射阻尼及其相应输入机制的方式，但在大坝抗震分析的应用中，总起来可分为人工透射边界法和基于动态子结构的黏弹性边界法。

7.3.4 地震动分量及其组合

地震动可分解为三个互相垂直的分量。根据已有大量强震记录的统计分析，地震动的两个水平向峰值加速度大致相同，而竖向加速度峰值平均约为水平向的1/2～2/3。

根据水工建筑物的种类、设计烈度和工程级别，结合地震动不同分量对不同种类水工建筑物的影响，SL 203、DL 5073对抗震计算中应计入的地震动分量及其组合方式做出如下规定：

(1) 一般情况下，水工建筑物可只考虑水平向地震作用。

(2) 设计烈度为8度、9度的1级、2级下列水工建筑物，如土石坝、重力坝等壅水建筑物，长悬臂、大跨度或高耸的水工混凝土结构，应同时计入水平向和竖向地震作用。

(3) 严重不对称、空腹等特殊型式的拱坝，以及设计烈度为8度、9度的1级、2级双曲拱坝，宜对其竖向地震作用效应专门研究。

(4) 一般情况下土石坝、混凝土重力坝，在抗震设计中可只计入顺河流向的水平向地震作用。两岸陡峻的重力坝段，宜计入垂直河流向的水平向地震作用。

(5) 重要的土石坝，宜专门研究垂直河流向的水平向地震作用。

(6) 混凝土拱坝应同时考虑顺河流向和垂直河流向的水平地震作用。

(7) 闸墩、进水塔、闸顶机架和其他两个主轴方向刚度接近的水工混凝土结构，应考虑结构的两个主轴方向的水平向地震作用。

(8) 当同时计算相互正交方向地震的作用效应时，总的地震作用效应可取各方向地震作用效应平方和的方根值；当同时计算水平向和竖向地震作用效应时，总的地震作用效应也可将竖向地震作用效应乘以0.5的遇合系数后与水平向地震作用效应直接相加。

7.3.5　结构计算模式和地震作用效应计算

7.3.5.1　结构计算模式

采用合适的结构计算模式是抗震计算的基本前提。水工建筑物抗震设计应遵循作用、结构分析方法和安全评价准则相互配套的原则。偶然组合中的地震作用下的结构抗震设计必须与各类水工建筑物的基本设计规范相呼应并受其制约。因此，SL 203、DL 5073 规定，水工建筑物抗震计算采用的结构计算模式应与相应的基本设计规范的计算模式相同。

SL 203、DL 5073 中规定的各类水工建筑物应采用的结构抗震计算模式，是以当时实施的相应基本规范的规定为基础的。随着水工结构工程学科的显著进步，我国水工建筑物的设计水平不断提高，陆续完成了各类水工建筑物的基本设计规范的修编工作，其中所采用的结构计算模式也有所变化，例如对于混凝土重力坝和拱坝的结构分析，除规定以结构力学方法为基本分析方法外，也规定了目前应用广泛的有限单元法为基本分析方法。

7.3.5.2　地震作用效应计算

目前地震作用效应计算主要采用动力法和拟静力法两类计算方法。动力法考虑了地震作用运动特征和建筑物动态特性，按动力学理论求解结构的地震作用效应。拟静力法则将重力作用、设计地震加速度与重力加速度的比值、按结构类型和高度等归纳给出的动态分布系数三者乘积作为设计地震力作用于结构上进行静力分析求出地震作用效应。

结合水工建筑物类型及其抗震设防类别，SL 203、DL 5073 对于地震作用效应的计算方法做出了明确规定：除土石坝、水闸外，各工程抗震设防类别的水工建筑物的地震作用效应计算方法均应按表 7.3-7 采用，对于抗震设防类别为乙、丙类的水工建筑物，其地震作用效应计算方法根据具体的水工建筑物的有关条文规定采用。

表 7.3-7　地震作用效应的计算方法

工程抗震设防类别	地震作用效应的计算方法
甲	动力法
乙、丙	动力法或拟静力法
丁	拟静力法或着重采取抗震措施

对于土石坝，考虑到目前土石坝坝料的非线性特性、动态本构关系、非线性动力分析方法及相应的抗震安全评价准则诸方面尚不成熟，SL 203、DL 5073 规定应以拟静力法进行坝坡稳定计算，同时规定对于设计烈度 8 度、9 度的 70m 以上土石坝，或地基中存在可液化土时，应同时用有限单元法对坝体和坝基进行动力分析。至于水闸，则按照水闸级别和设计烈度（不是采用工程抗震设防类别）确定采用的地震作用效应计算方法，具体规定见 7.7 节。

1. *动力法*

采用动力法进行水工建筑物的地震作用效应计算时，应遵循以下原则性规定：

(1) 应考虑结构和地基的动力相互作用；与水体接触的建筑物，还应考虑结构和水体的动力相互作用，但可不计库水可压缩性及地震动输入的不均匀性。

(2) 作为线弹性结构的混凝土建筑物，可采用振型分解反应谱法或振型分解时程分析法，此时，拱坝的阻尼比可在 3%～5%范围内选取，重力坝的阻尼比可在 5%～10%范围内选取，其他建筑物可取 5%。

(3) 采用振型分解反应谱法计算地震作用效应时，可有各阶振型的地震作用效应按平方和方根法（SRSS）组合。当两个振型的频率差的绝对值与其中一个较小的频率之比小于 0.1 时，地震作用效应宜采用完全二次方根法（CQC）组合：

$$S_E = \sqrt{\sum_i^m \sum_j^m \rho_{ij} S_i S_j} \qquad (7.3-1)$$

$$\rho_{ij} = \frac{8\sqrt{\zeta_i \zeta_j}(\zeta_i + \gamma_\omega \zeta_j)\gamma_\omega^{3/2}}{(1-\gamma_\omega^2)^2 + 4\zeta_i\zeta_j\gamma_\omega(1+\gamma_\omega^2) + 4(\zeta_i^2+\zeta_j^2)\gamma_\omega^2} \qquad (7.3-2)$$

其中 $\gamma_\omega = \omega_j / \omega_i$

式中　S_E——地震作用效应；

S_i、S_j——第 i 阶、第 j 阶振型的地震作用效应；

m——计算采用的振型数；

ρ_{ij}——第 i 阶和第 j 阶的振型相关系数；

ζ_i、ζ_j——第 i 阶、第 j 阶振型的阻尼比；

γ_ω——圆频率比；

ω_i、ω_j——第 i 阶、第 j 阶振型的圆频率。

(4) 地震作用效应影响不超过 5%的高阶振型可略去不计。采用集中质量模型时，集中质量的个数不宜少于地震作用效应计算中采用的振型数的 4 倍。

(5) 采用时程分析法计算地震作用效应时，宜符合下列规定：

1) 应至少选择类似场地地震地质条件的 2 条实测加速度记录和 1 条以设计反应谱为目标谱的人工生成模拟地震加速度时程。

2) 地震加速度时程的峰值应按照设计基岩峰值加速度代表值进行峰值调整。

3) 不同地震加速度时程计算的结果应进行综合分析，以确定设计验算采用的地震作用效应。

2. *拟静力法*

当采用拟静力法计算地震作用效应时，沿建筑物高度作用于质点 i 的水平向地震惯性力代表值应按式

(7.3-3) 计算：

$$F_i = \alpha_h \xi G_{Ei} \alpha_i / g \qquad (7.3-3)$$

式中 F_i——作用在质点 i 的水平向地震惯性力代表值；

α_h——水平向设计地震加速度；

ξ——地震作用的效应折减系数，除另有规定外，取 $\xi=0.25$；

G_{Ei}——集中在质点 i 的重力作用标准值；

α_i——质点 i 的动态分布系数，应按本章中各类水工建筑物抗震计算的具体规定采用；

g——重力加速度。

7.3.6 承载能力分项系数极限状态抗震设计

SL 203、DL 5073 中各类水工建筑物的抗震设计，是在遵循 GB 50199 中的承载能力分项系数设计原则并保持规范连续性基础上，按照从确定性方法向可靠度方法“转轨”、从确定性方法规定的安全系数或容许强度向可靠度方法规定的分项系数及结构系数“套改”，统一给出了各类水工建筑物抗震强度和稳定验算的承载能力分项系数极限状态抗震设计表达式：

$$\gamma_0 \psi S(\gamma_G G_k, \gamma_Q Q_k, \gamma_E E_k) \leqslant \frac{1}{\gamma_d} R\left(\frac{f_k}{\gamma_m}, a_k\right) \qquad (7.3-4)$$

式中 γ_0——结构重要性系数，应按 GB 50199 的规定取值；

ψ——设计状况系数，地震时取 $\psi=0.85$；

$S(\cdot)$——结构的作用效应函数；

γ_G——永久作用的分项系数；

G_k——永久作用的标准值；

γ_Q——可变作用的分项系数；

Q_k——可变作用的标准值；

γ_E——地震作用的分项系数，$\gamma_E=1.0$；

E_k——地震作用的标准值；

a_k——几何参数的标准值；

γ_d——承载能力极限状态的结构系数；

$R(\cdot)$——结构的抗力函数；

f_k——材料性能的标准值；

γ_m——材料性能的分项系数。

对于与地震作用组合的各种静态作用的分项系数和标准值，应按各类水工建筑物相应的设计规范规定采用。凡在这些规范中未规定分项系数的作用和抗力，或在抗震计算中引入地震作用的效应折减系数时，分项系数均可取为 1.0。

对于钢筋混凝土结构构件的抗震设计，在按照 SL 203、DL 5073 的规定确定其地震作用效应后，应按《水工钢筋混凝土结构设计规范》(SL 191—2008、DL/T 5057—2009) 的相关规定进行抗震验算。当地震作用效应是按动力法求得时，应对地震作用效应乘以 $\xi=0.35$ 的折减系数。这是因为，建筑部门在核算钢筋混凝土构件的截面强度时，采用的是相应于“小震”的地震作用，其加速度代表值为相应于“中震”的设计地震加速度代表值的 35%，因此，在水工钢筋混凝土结构构件截面强度验算中，也相应折减至 35%，以求统一。

7.3.7 附属结构的抗震计算

(1) 在水工建筑物附属结构的地震作用效应计算中，当附属结构和主体结构的质量比值 λ_m 及基本频率比值 λ_f 符合下列条件之一时，附属结构与主体结构可不作耦联分析：

1) $\lambda_m < 0.01$。

2) $0.01 \leqslant \lambda_m \leqslant 0.1$，且 $\lambda_f \leqslant 0.8$ 或 $\lambda_f \geqslant 1.25$。

(2) 不作耦联分析的附属结构，可取主体结构连接处的加速度作为附属结构地震作用效应计算中的地震输入。

(3) 当不作耦联分析的附属结构和主体结构可视为刚性连接时，附属结构的质量应作为主体结构的质量。

7.4 大坝筑坝材料动态性能

7.4.1 大坝混凝土动态性能

7.4.1.1 细观力学数值分析研究

混凝土是由水、水泥和粗细骨料组成的复合材料。一般根据特征尺寸和研究方法的侧重点不同将混凝土内部结构分为三个层次，如图 7.4-1 所示。

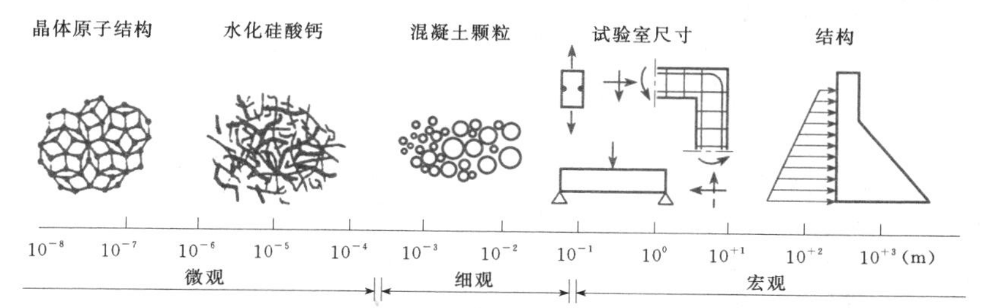

图 7.4-1 混凝土的层次结构示意图 (Van Mier, 1997)

(1) 微观层次 (Micro - level): 材料的结构单元尺度在原子、分子量级，即从小于 $10^{-7}\sim10^{-4}$cm，着眼于水泥水化物的微观结构分析。由晶体结构及分子结构组成，可用电子显微镜观察分析，是材料科学的研究对象。

(2) 细观层次 (Meso - level): 从分子尺度到宏观尺度，其结构单元尺度范围在 10^{-4}cm 至几厘米，或更大一些，着眼于粗细骨料、水泥水化物、孔隙、界面等细观结构，组成多相复合材料，可按各类计算模型进行数值分析。在这个层次上，混凝土被认为是一种由粗骨料、硬化水泥砂浆及两者之间的过渡区（粘结带/界面）组成的三相材料。砂浆中的孔隙很小而量多，且随机分布，水泥砂浆可以看做细观均质损伤体。相同配合比、相同条件的砂浆试件，通常其力学性能也比较稳定，可以由试验直接测定。泌水、干缩和温度变化在粗骨料和水泥砂浆之间将会产生初始粘结裂缝，而这些细观内部裂隙的发展将直接影响混凝土的宏观力学性能。

(3) 宏观层次 (Macro - level): 特征尺寸大于几厘米。混凝土作为非均质材料存在着一种特征体积，一般认为相当于3～4倍的最大骨料体积。当小于特征体积时，材料的非均质性质将会十分明显；当大于这个体积时，假定材料为均质。有限元计算结果反映了一定体积内的平均效应，这个特征体积的平均应力和平均应变的关系成为宏观的应力—应变关系。

混凝土材料力学特性具有应变率敏感特性，这种特性称为混凝土的动态特性。在不同性质的动态荷载作用下，混凝土表现出不同的特性。混凝土结构遭遇荷载作用所产生的应变率变化范围很大。蠕变的应变率低于 10^{-6}/s，地震作用下结构的响应约在 $10^{-3}\sim10^{-2}$/s 范围内变化，冲击荷载作用下应变率约为 $10^{0}\sim10^{1}$/s，爆炸荷载作用下应变率高达 10^{2}/s 以上。

混凝土材料在动态荷载作用下，其动态的拉压强度和弹性模量等力学性能与其静态值的比值，随加载速率而提高。对混凝土材料动态性能的研究表明（Eibl，1999）：应变率效应是固体材料的共性，也包括混凝土材料，可以认为其是一种基本的材料特性。

混凝土细观力学方法将混凝土看做由粗骨料、硬化水泥砂浆以及两者之间的界面粘结带组成的三相非均质复合材料。选择适当的混凝土细观结构模型，在细观层次上划分单元。考虑骨料单元、固化水泥砂浆单元及界面单元材料力学特性的不同，以较为简单的破坏准则或损伤模型反映单元刚度的退化，利用数值方法模拟混凝土试件的裂缝扩展过程及破坏形态，直观地反映出试件的损伤断裂破坏机理。

混凝土细观损伤力学理论的框架体系主要包括：①混凝土细观各相材料损伤演化规律及其应变率强化关系；②随机骨料模型及细观有限元剖分系统；③非线性静、动力学方程；④混凝土细观数值方法。

与一般混凝土损伤力学数值模拟不同的是，混凝土细观损伤力学数值方法需要建立混凝土细观随机骨料模型。其主要细观随机骨料模型有：①格构模型；②随机力学特性模型；③随机骨料模型。以下主要就随机骨料模型进行简要描述。

按照相应的混凝土骨料级配确定等效骨料颗粒数，用蒙特卡罗方法（Monte Carlo Method）在试件内随机生成骨料分布模型。将有限元网格投影到该骨料结构上，根据骨料在网格中的位置判定单元类型，包括骨料单元、固化水泥砂浆单元及界面单元，并依据单元类型赋予相应的材料特性。由于各相材料的弹性常数、强度不同，以及破坏单元刚度的变化，使得混凝土试件所受荷载与变形之间的关系表现为非线性。用有限元方法计算模拟混凝土试件的裂缝扩展过程及破坏形态，直观地反映试件的损伤断裂破坏机理。

随机骨料随机参数模型（RARPM）是在随机骨料模型的基础上，不仅考虑骨料按级配随机分布，而且混凝土及其细观各相单元的抗拉强度和弹性模量均为随机参数。

7.4.1.2 大坝混凝土动态性能试验研究

目前，国内外常用于混凝土材料动力研究的试验设备有分离式 Hopkinson 杆、电液伺服加载系统、落锤加载系统、轻气炮和板冲击加载系统等。

目前在大坝工程设计中，主要还限于依据其单轴应力状态下的拉、压强度来评价坝体强度承载力的安全裕度。其在复杂应力下的强度特性尚停留在研究探索阶段，近期难以在设计中实际应用。

混凝土动态抗拉强度试验有轴拉、弯拉和劈拉三种。其中，轴拉试验难度大而且结果离散性也大；弯拉试验方法简单，受力状态与高坝受拉状态相似；劈拉试验方法简单，但加载速率不易控制。

因此，大坝混凝土动态性能试验目前主要包括动态单轴压缩试验和动态弯拉试验。通过动态性能试验可分别获得大坝混凝土动态抗压性能和动态弯拉性能，包括强度、弹性模量、泊松比、极限拉应变等。

地震作用下混凝土大坝的应变率可在 $10^{-5}\sim10^{-2}$/s 范围内变化，属于中低应变率，试验机适用于中低应变率的有电液伺服试验机和落锤试验机。

大坝混凝土动态单轴压缩试验和动态弯拉试验所采用的试件尺寸规格均参照静态加载试验要求。

7.4.1.3 大坝混凝土动态参数取值原则与规定

大量动力分析结果表明，在混凝土的抗震强度验算中，拉应力值常起控制作用。因此，在混凝土水工建筑物的抗震计算中，应明确规定混凝土抗拉强度的标准值及其相应的安全准则。

目前国内外工程界较多采用的是美国垦务局根据试验结果确定的取混凝土抗压强度的10%作为其弯拉强度值。考虑到我国新的混凝土等级划分以及施工具体情况，混凝土动态抗拉强度的标准值取为动态抗压强度标准值的10%。

国内外已有的混凝土材料试验资料表明：干试件在相应于地震作用的快速加载下，其抗压强度增长30%以上，湿试件增长更多。多数资料表明，混凝土抗拉强度的增长甚至比抗压强度还多，达50%以上。因此，SL 203、DL 5073规定混凝土的动态抗压强度标准值可较静态标准值提高30%。

应该指出，上述动态强度提高的主要依据是国外湿筛混凝土试件的试验结果。由于湿筛试件剔除了粗骨料，其静态、动态强度特性与实际的全级配混凝土是有差异的。近年来，我国结合小湾高拱坝在此方面开展了试验和数值模拟研究，根据小湾三级配大坝混凝土的试验结果，在冲击加载条件下，三级配混凝土动态强度增长率仅为16%，而湿筛试件的动态强度增长率达38%。可见，大坝全级配混凝土强度动态增长率明显小于湿筛试件，应在大坝抗震安全评价中引起重视。

静态预载也是影响大坝混凝土动态强度的重要因素。在地震前，坝体各部位都已经存在不同程度的静态应力。混凝土坝作为整体结构，在强震作用下，坝体上部拱冠附近的拱向动态响应最为显著，但由于坝体横缝的反复开合使得坝体该部位的拱向应力大为减弱，而坝体沿坝基交接面附近成为抗震薄弱部位。这些部位，特别是其中下部，也大多是静态应力较高的部位，因而其受静态预载的影响是不容忽视的。

有关观测试验和理论分析表明，静态预载对动弯拉强度有强化作用，其机理可解释为，损伤使材料刚度弱化，应变率增大，而应变率效应使其强度和刚度提高；相反的，应变率的提高也加速了变形的增长，从而使材料进一步损伤劣化。当强化占优势时，动态强度提升；当损伤劣化占优势时，动态强度下降。这一相互作用使一定静态预载水平下的混凝土动弯拉强度有所增强。

如图7.4-2所示，在无静态预载时，相对于静态的动态提高率都小于SL 203、DL 5073中对湿筛小试件所采用的30%；静态预载并未对全级配混凝土动态极限弯拉强度产生不利影响，在静态预载达到80%以前，随着静态预载比例的提高，动态强度反而有所提高；在冲击型动载和变幅三角型循环动载作用下，不同静态预载对全级配混凝土极限弯拉强度影响的规律基本一致。

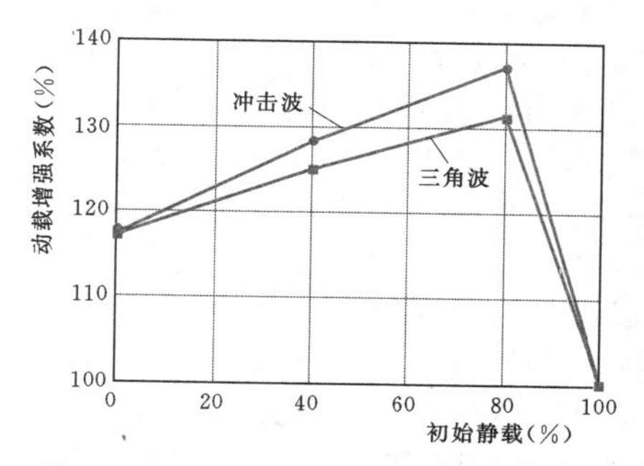

图7.4-2 静态预载对动弯拉强度的影响

综上所述，关于全级配大坝混凝土的动态强度特性研究表明，全级配大坝混凝土动态强度的增长与级配以及静态预载有着复杂而密切的关系，不同混凝土坝采用不同的混凝土配合比，具有不同的静态预载水平，其动态强度特性可能存在相当大的差异。对于重要的混凝土坝，有条件时可进行实际配合比的大坝混凝土动态强度试验，确定作为抗震设计依据的大坝混凝土动态强度。

有关大坝混凝土与地基岩体及有缝隙岩体的动态抗剪强度试验资料，目前国内外都很少见。从已有资料中尚难以判断其静态、动态抗剪强度的差异，因此规定在地震作用下的抗滑稳定计算中，动态抗剪强度参数的标准值可取其静态的标准值。迄今，在确定性方法中均取静态均值为标准值。

7.4.2 土石料的动态性能

土石料是由颗粒骨架、孔隙水及空气等组成的散粒料复合体，其动态性能受土性条件、环境条件及动荷载性质等三方面因素影响。土性条件包括土颗粒矿物成分、颗粒大小、颗粒形状、颗粒级配、密度、饱和度及结构性（由不同成因、地质时间、应力历史等原因引起）等。环境条件包括效固结应力状态和排水条件等。动荷载可分为冲击性和振动性两种荷载类型，主要表现为幅值、频率和持续时间等特性的不同。

在循环荷载作用下，土的动应力—应变关系主要表现为压硬性、非线性、应变滞后性和残余变形积累等特性，动强度则表现为由于动孔隙水压力累积上升而下降的特性，甚至发生液化的现象。

综合反映各项因素对土石料动应力—应变关系和

强度特性影响的数学关系称为土的动力本构模型。实际上，要建立考虑所有影响因素、适合所有土类及所有工程问题的统一本构模型是困难的，只能针对一定的土类及一定的工程问题，考虑主要影响因素，采用简单、实用的土体动力本构模型。更重要的是，对于选定的土体本构模型，应尽量采用符合实际情况的试验，合理地确定模型参数。

目前采用的土动力本构模型主要可分为黏弹性模型、真非线性模型及弹塑性模型等三大类。

采用黏弹性模型、真非线性模型和经典弹塑性模型进行动力有效应力分析时，往往还需建立动孔隙水压力发展的模型。动孔隙水压力模型主要分为应力模型、应变模型、内时模型、能量模型、有效应力路径模型以及瞬态模型等。为了计算动力残余变形，有时还需要建立包括残余剪应变和残余体积应变影响在内的动力残余变形模型。

一般认为，地震引起的土体振动和破坏，主要是由基岩向上传播的水平振动剪切地震波产生的惯性力和动剪应力所引起的，主要考虑土的动力剪切特性，即动剪应力与动剪应变关系和抗剪强度特性，等效黏弹线性模型在国内外得到了广泛应用。

为了确定等效黏弹线性模型所需要的参数，需分别进行动力变形特性试验、动力残余变形特性试验、动强度和液化特性试验。

有些真非线性模型所需参数也可以采用这些试验参数换算得到。

7.4.2.1　土的动力变形特性

土的动力变形特性和参数是进行大坝地震动力反应分析的基本资料。

土的动力变形特性主要需要反映土的动力应力—应变关系中的压硬性、非线性和应变滞后性等特性。对等效黏弹线性模型，主要模型参数包括等效动剪模量 G 和等效阻尼比 λ 等。

影响土的动剪模量和阻尼比的重要因素有孔隙比、平均有效固结应力、剪应变幅值和周期加荷次数，此外还有饱和度、超固结比、周期加荷频率、土粒特征、土的结构性等一些次要的因素。

土的动力变形特性参数一般采用振动三轴试验确定。有条件时，还可通过共振柱试验或扭剪试验测定。

7.4.2.2　土的动力残余变形特性参数

采用等效黏弹性模型时，为了计算地震动力残余变形，还需要建立考虑包括残余剪应变和残余体积应变等影响的动力残余变形模型。

影响土石料动力残余变形特性的重要因素有土的矿物成分、颗粒形状、颗粒级配、孔隙比、平均有效固结应力、固结应力比、动剪应力幅值和循环加荷次数等，此外还有饱和度、超固结比、周期加荷频率、土的结构等一些次要的因素。

在循环荷载作用下，一定试验条件的土石料，土颗粒矿物硬度越小，风化越强，孔隙比越大，级配不良，越容易破碎，残余剪应变和残余体积应变越大。有棱角的人工开采料比磨圆度好的天然砂卵石容易发生残余变形。

一定平均有效固结应力和固结应力比下，土的残余剪应变和残余体积应变随动剪应力幅值（或动剪应力比）和循环加荷次数的增大而增大。

一定动剪应力幅值和循环加荷次数下，平均有效固结应力和固结应力比越大，残余剪应变和残余体积应变越大。

为了使用上的方便，目前国内外所采用的残余变形模型，大都为根据不同试验条件下的试验结果分别对残余剪应变和残余体积应变建立的经验拟合公式。因此，模型和参数的应用不应超出其试验条件的范围。

研究动力残余变形特性，可采用振动三轴、振动单剪或振动扭剪等固结排水振动试验，但目前采用最多的还是振动三轴试验。

7.4.2.3　土的动孔压和动强度（或抗液化强度）特性

土的动强度特性参数是评价坝基和坝体地震动力稳定安全性的基本资料。

土的动强度是指在具有一定动荷载作用下达到某种破坏标准所需的动应力幅值。周期荷载作用时，动强度指的是砂土试样在某循环振动周次 N_f 下，使试样达到某破坏标准的等幅动剪应力值。

动强度受荷载频率和作用时间的影响，具有明显的速率效应和循环效应特性。动强度随加荷速率增大而增大，随振动次数的增大而减小。此外，合理地规定破坏标准是讨论动强度问题的基础。

在动三轴试验中，常用三种破坏标准：①初始液化，即动孔隙水压力（简称动孔压）最大值达有效侧向固结压力；②极限平衡标准，即动孔隙水压力增量，达到临界孔隙水压力值；③轴向应变（对于等压固结，应变值取为双幅轴向应变，对于不等压固结条件其应变值为弹性应变与塑性应变之和）达到某规定值，如2.5%、5%或10%。实际上，对于具有不同应力状态和密度状态的试样，这些破坏标准表示了不同的状态条件。在土石坝的抗震稳定分析中，通常以5%轴向应变规定为破坏标准。

动强度试验中，土的动强度特性以动剪应力比与破坏振动周次的关系曲线表示。影响土动强度的主要因素有土性条件、静应力状态和动应力特性三个方面，故土的动强度曲线除需标明破坏标准外，尚需标明试样土性条件（如颗粒级配特征、结构、密度和饱和度等）和试验前固结应力状态（以固结围应力和轴向主应力或固结应力比表示）。密度愈大，动强度愈高，粒度愈粗，动强度愈大，动强度随相对密度大致呈直线变化。

为了在抗震稳定分析中使用方便，可根据不同初始应力状态下的动剪应力比与破坏振动周次，以破坏周次和初始剪应力比参数，整理出不同初始法向应力下的潜在破坏面上的动剪强度和地震总应力抗剪强度关系。

当采用黏弹性模型、真非线性模型和经典弹塑性模型进行动力有效应力和地震安全性评价分析时，还需建立动孔压发展模型。

在实际应用中，一般直接采用利用动三轴试验得到的动孔压比与动剪应力比关系曲线进行内插的方法确定动孔压。

可采用振动三轴、振动单剪或振动扭剪等固结不排水振动试验研究土的动孔压和动强度特性，但最常采用的还是振动三轴试验。

7.4.2.4 土的液化特性

美国土木工程师协会岩土工程分部土动力学委员会对“液化”一词的定义是：“液化——任何物质转化为液体的行为或过程。就无黏性土而言，这种由固体状态变为液体状态的转化是孔隙压力增大和有效应力减小的结果。”汪闻韶将其分为三种典型的液化机理：

（1）砂沸。砂沸是由渗透压力引起的液化。当一个饱和无黏性土中的孔隙水压力由于地下水头变化而上升到等于或超过它的上覆有效压力时，土体就会发生上浮或“沸腾”现象，并且全部丧失承载能力。这个过程和无黏性土的密实程度和体积应变无关。

（2）流滑。流滑是饱和松砂的颗粒骨架在单程或往返剪切作用下，呈现出不可逆的体积压缩，在不排水条件下，引起孔隙水压力增大和有效应力减小，最后导致“无限度”的流动变形。

（3）循环活动性。循环活动性时指在循环荷载作用下，试件的剪缩和剪胀交替变化，从而形成了瞬态液化和有限度断续变形。循环活动性主要发现于相对密度较大（中密以上到紧密）的饱和无黏性土的固结不排水循环三轴或循环单剪和循环扭剪试验中。

特别的，饱和砂层在地震荷载作用下，土体有趋于振密，由于不能排水，引起动孔隙水压力升高，有效应力降低。当动孔隙水压力升高至初始上覆有效压力时，有效应力为零，土体失去抗剪强度。这种现象称为砂土地震液化。

判别砂土地震液化的可能性的基本思路，是对促使液化方面和阻抗液化方面的某种代表性物理量的大小进行对比，并作出判断。

Casagrande 提出了临界孔隙比法，认为存在一个剪切破坏时体积不发生改变，即不压实又不膨胀的密度，其相应的孔隙比为临界孔隙比。后来又提出“流动结构”及“稳态线”等概念，以考虑固结应力状态的影响。如果砂土的孔隙比小于临界孔隙比，液化不会引起无限制流动变形。

Seed 提出了抗液化剪应力法，是目前国内外应用广泛的方法。汪闻韶提出的地震总应力抗剪强度方法在我国土石坝工程中得到了广泛应用。它们的关键在于正确确定出地震剪应力和抗液化剪应力或地震总应力抗剪强度。

我国 GB 50011 为代表的各类规范采用临界标准贯入击数法，该方法基本上反映了土层密度、黏粒含量、埋深、地震烈度及近远震等影响饱和砂土液化的主要因素，且比较简单，可以和场地勘察同时进行。此外还有波速法、静力触探法。

此外，汪闻韶提出的少黏土液化判别方法在国内外得到了广泛应用。

7.5 混凝土坝抗震设计

7.5.1 基本规定和要求

混凝土坝抗震设计中，应遵循以下基本原则性要求：

（1）特殊组合下的抗震设计应与基本荷载组合的大坝设计相适应。目前作为混凝土坝的拱坝和重力坝，我国制定了《混凝土拱坝设计规范》（SL 282—2003）及《混凝土重力坝设计规范》（SL 319—2005）作为大坝基本荷载组合时的基本设计标准，相应的，大坝抗震设计在设计原则、设计计算分析的基本方法、安全控制标准的制定原则上必须与基本规范的相应规定相适应。

（2）大坝抗震设计应包括坝体强度和稳定分析评价两个方面。坝体强度安全评价包括大坝混凝土的抗压强度和抗拉强度。大坝稳定分析，对于拱坝主要计算评价两岸拱座的抗震稳定，对于重力坝则包括沿建基面和深层滑动面的抗震稳定，对于碾压混凝土重力坝还需复核沿水平层面的抗震稳定性。

（3）根据抗震设防类别和最大坝高确定设计计算应采用的地震作用效应的计算方法。目前，对于重要的重力坝或拱坝一般采取能考虑地震作用频谱影响和结构动力特性影响的、更为合理的动力法进行抗震计算，但考虑到我国坝工设计和建设的实际情况，对于工程抗震设防为乙类、丙类的设计烈度小于8度且坝高不大于70m的中小型重力坝和拱坝，可采用拟静力法计算大坝地震作用效应。

(4) 大坝抗震设计中结构应力分析，以材料力学法为基本分析方法。对于重力坝应以同时计入弯曲和剪切变形的悬臂梁法为基本分析方法，对于拱坝则应以拱梁分载法为基本分析方法。上述规定正是基于(1)中指出的大坝抗震设计规范应与相应的基本规范相适应。

(5) 对于工程设防类别为甲类，或结构复杂以及地基条件复杂的大坝，除采用基本分析方法进行分析外，还应采用有限单元法进行补充分析。

(6) 大坝动力分析应以振型分解反应谱法为基本分析方法。对于特殊重要的大坝还应补充进行时间历程法分析。时间历程法分析应至少选用三组地震波，包括一组按抗震规范标准设计反应谱生成的人工地震波以及两组与大坝场址地震地质条件类似的实测地震波。

(7) 设计烈度为8度、9度的1级、2级重力坝，应同时计入水平向和竖向地震作用；混凝土拱坝应同时计入顺河向和横河向地震作用，严重不对称、空腹等特殊型式的拱坝，以及设计烈度为8度、9度的1级、2级双曲拱坝，宜对其竖向地震作用效应做专门研究。

7.5.2 拱坝抗震设计

7.5.2.1 设计工况

一般情况下，地震作用与水库正常蓄水位组合的设计工况为拱坝抗震设计的主要工况，此时的温度荷载一般分别取设计温降和设计温升两种情况。

当水库水位较低时，由于静水压力产生的拱坝上部的拱向压应力会降低，地震时由于中上部明显的动力放大效应会产生较高水平的拱向拉应力。因此，对于拱坝一般情况下还应补充水库常遇低水位与地震作用组合工况的计算分析。常遇低水位一般可取水库死水位。此时的温度荷载也应考虑设计温降和设计温升两种情况。

7.5.2.2 抗震设计计算分析

拱坝地震动力反应计算是拱坝抗震设计的主要环节。从地震力的求解方法划分可分为拟静力分析方法和动力分析方法，从对拱坝结构的离散模拟方法划分可分为基于结构力学的拱梁分载法和基于弹性力学的有限单元法。

1. 拟静力分析方法

拟静力法计算包括坝体地震惯性力和作用于坝面的地震动水压力计算。

采用拟静力法计算时的各层拱圈各质点的水平向地震惯性力沿径向作用，其代表值应根据式(7.3-3)计算。

质点 i 的动态分布系数 α_i 按下述确定：坝顶取3.0，最低建基面取1.0，沿高程方向线性内插，沿拱圈均匀分布。

地震动水压力沿坝面径向作用，可按式(7.5-1)计算：

$$P(h)=\frac{7}{8}\rho_w\alpha_h\xi\alpha(h)\sqrt{H_0h} \qquad (7.5-1)$$

式中 $P(h)$——水深 h 处的动水压力；

ρ_w——水体密度；

$\alpha(h)$——水深 h 处的动态分布系数；

H_0——水深，应注意水深随建基面高程不同而变化。

求得坝体地震惯性力和动水压力后，可与静态荷载一起施加于坝体，根据具体情况，采用拱梁分载法或有限单元法求得静动综合的坝体反应。应注意的是，地震荷载是往复作用的，计算坝体动力反应时应分别沿上、下游施加地震荷载求解大坝静动综合应力，取其最不利情况进行大坝抗震验算。

2. 动力分析方法和关键技术问题

(1) 拱梁分载法。

1) 拱梁分载法求解拱坝自振特性。

应用拱梁分载法求解拱坝自振特性（自振频率和振型）的关键是求得其柔度矩阵和质量矩阵，然后根据其特点求解矩阵特征值问题。

在拱梁分载法中，求解拱坝柔度矩阵的步骤，首先根据任意拱梁交点的变位协调条件列出变位一致方程，组合所有内节点的变位一致方程后形成拱坝总的变位一致的矩阵方程，从而得出结构柔度矩阵的表达式。

拱梁分载法的质量矩阵可由各拱梁交点质量强度构成的对角矩阵表示。库水的动力影响采用忽略库水可压缩性的韦斯特伽德（Westegaard）附加质量法计入。拱坝与地基的动力相互作用是影响大坝动力特性和动力反应的另一重要因素。在拱梁分载法分析中，地基的影响通常用伏格特（Vogt）地基来体现。有关伏格特地基的相关内容，可参阅相关文献。

求得拱坝的柔度矩阵和质量矩阵后，根据体系的无阻尼自由振动方程，求出体系自振频率和振型。

2) 反应谱法求解拱坝地震反应。

求得拱坝的自振频率和振型后，应用反应谱法求解拱坝在给定设计基岩峰值加速度作用下的地震动力反应。

求得各振型的地震荷载后，便可将各振型荷载作用于拱坝上，进而求得相应于各振型的拱梁变形、内力和应力。对于工程抗震设计中重点关心的坝体位移和应力，结构的低阶振型贡献较大，在拱坝动力反应求解时可仅仅包括有限个低阶振型的贡献（一般小于15阶）。

根据求得的各振型的坝体位移和应力后，根据振型叠加法通常采用的平方和方根法（SRSS）和完全二次方根法（CQC）求得大坝的组合地震动力反应。实际计算中一般常用SRSS法。CQC法考虑了振型耦合的影响，对于频谱较密的高、薄拱坝更为适用。

不同方向地震作用下的大坝动力反应采用SRSS法进行组合。

求出大坝地震反应后，可根据最不利原则求得大坝上、下游坝面的静动叠加的最大主拉应力和最大主压应力，进而按照抗震规范承载能力极限状态的强度设计要求进行大坝抗震强度的安全评价。

采用拱梁分载法进行拱坝动力分析时，应注意以下几点：①拱梁划分尽量均匀；②在坝体上部，由于大坝动态放大效应明显，应力变化较大，宜采用较密的拱梁布置。

（2）有限单元法。

自有限单元法发明以来，由于其理论先进、功能强大以及对于复杂工程结构在结构形式、材料性质以及各类作用荷载的高度适应性，在工程结构的力学计算和设计中占有了越来越重要的地位。拱坝作为一种复杂的空间壳体结构，应用有限单元法进行其动力特性和地震动力反应分析一直是非常重要的手段。有限单元法的基本理论和数值分析方法见各类相关专业文献，不拟赘述。

作为大体积的水工建筑物，拱坝与一般建筑结构地震作用下动力反应表现出若干不同的特点，主要有以下3个方面：①大坝高度大（如锦屏一级拱坝达305m）、体积大（一般高拱坝的混凝土方量有数百万立方米）、与基岩接触的空间尺度大（高拱坝左右岸坝肩最大跨度可达上千米），因此坝体与地基间的动力相互作用十分显著；②大坝为挡水建筑物，水体与坝体的动力相互作用给大坝动力反应带来复杂影响；③拱坝坝段间设置的伸缩横缝强震时的反复开合显著影响坝体动力反应及其抗震性能。

近年来，围绕上述3个关键技术问题，应用有限单元法进行了深入研究，取得了丰富的研究成果，其对拱坝动力反应的影响有了更为深入的认识。下面作简要介绍。

1）拱坝—地基的动力相互作用。

在拱坝的静力分析中，坝体—地基的影响仅仅体现在地基岩体弹性对大坝的影响上，研究表明，只要地基范围取得足够大的，这种影响即可比较精确地得以体现。而在拱坝的地震动力反应分析中，由于涉及地震波在地基岩体传播过程中入射、反射以及散射等复杂问题，以及地基运动惯性对坝体的影响，问题变得更为复杂。从本质上讲，坝体—地基的动力相互作用问题，是一个如何合理描述和确定地震波输入方式的问题。针对这一问题，各国学者展开了大量深入的研究，提出了不同的分析模型。概括起来如下：①有质量地基均匀输入模型；②无质量地基均匀输入模型；③反演—正演输入模型；④自由场输入模型。上述几种地基模型均建立在有限地基基础之上，无法反映地震动能量向无限远域逸散的所谓“辐射阻尼”的影响。由于地震能量向无限远域逸散会降低结构的地震响应，类似一种阻尼效应，因此习惯上称为辐射阻尼。计入这种辐射阻尼影响的实质是在有限范围地基的人工边界处如何实现地震波无反射。计入无限地基辐射阻尼效应的方法，包括人工透射边界法、黏弹性边界等。

2）坝体—库水的动力相互作用。

拱坝作为挡水建筑物，水体与坝体间的动力相互作用是其地震动力反应分析中的一个主要特点。目前在水工建筑物抗震设计中，各类水工结构中的库水动力影响均是在韦斯特伽德提出的不考虑库水可压缩性的附加质量模型基础上，根据不同的结构特点加以适当修正后进行模拟。

3）拱坝横缝非线性地震动力反应分析。

混凝土拱坝在浇筑过程中，由于混凝土硬化时的散热及在使用过程中考虑温度变化效应，经常是分块浇筑的，即在坝中留有伸缩横缝。经过灌浆和蓄水后的静水压力的作用，伸缩横缝被相互压紧，这时坝体可视为一个整体。但在强烈地震作用下，坝体上部可能产生较高的动拉应力，当这一拉应力超过静水压力引起的压应力时，就可能使接缝张开。考虑地震荷载往复变化的特点，接缝不断处于张闭交替状态，其结果是降低拱坝整体性，降低拱坝刚度，延长自振周期，并引起应力重分布，具有明显的接触非线性特征，影响到拱坝的抗震安全。从局部来看，横缝张开过大也可能拉坏止水材料，影响拱坝的正常工作。因此，拱坝抗震设计中考虑横缝张开的非线性影响是十分必要的。

（3）坝体伸缩横缝对拱坝地震动力反应的影响。

对国内多座高拱坝采用动接触力模型模拟坝体横缝影响的非线性动力分析（同时考虑了无限地基辐射

阻尼影响）结果表明：

1）地震作用下拱坝横缝大部分出现张开现象。低水位运行时，上部高程静水压力对上部拱圈压紧作用的减弱，其横缝张开度显著大于正常蓄水位时。

2）横缝张开表现为上部高程横缝张开度最大，下部高程逐渐减小，至1/3～1/2坝高处逐渐尖灭。

3）计算得到的横缝张开度数值大小受横缝模拟数目及关键部位横缝间距影响较大。横缝模拟数目越多、横缝间距越小，计算出的横缝张开度就越小。实际计算中，在拱冠附近，左、右1/4拱圈附近，应适当增加横缝模拟条数并力求按实际横缝间距模拟以得到合理的横缝开度值用以评价横缝止水结构的安全性。

4）随着横缝的张开，大坝应力发生明显的应力重分布。大坝中上部拱向高拉应力得以释放，同时梁向应力有所增加但增幅并不显著。

5）坝体横缝张开度与横缝张开范围是工程设计上关注的另一个重要问题。横缝间一般设置柔性止水材料，如果横缝间相对变形过大，导致止水材料难以修复的破坏，将直接影响拱坝的正常运行和大坝安全。综合目前已有的研究成果看来，这样的担心应该可以消除。从国内几座高拱坝的计算结果看，在设计地震0.20g～0.56g作用下，横缝最大张开度介于5～15mm之间。而目前我国坝工实践中常用的止水材料的容许拉伸变形可达50mm以上。

（4）无限地基辐射阻尼对拱坝地震动力反应的影响。

国内多座高拱坝的计算结果表明，地震动能量向地基无限远域逸散（无限地基辐射阻尼）对大坝的动态影响比较显著，与传统的无质量地基计算结果比较，坝体地震动力反应普遍降低。顶拱动态拱应力在很大区域均有降低（上游面约下降20%～50%，下游面约下降10%～45%），上、下游面动态梁应力大幅下降30%～60%，尤以动梁应力反应最大的中上部高程为甚。

计算分析还表明，无限地基辐射阻尼的影响程度与坝体混凝土和基岩材料的相对刚度关系密切。一般规律是，地基变形模量越低，辐射阻尼对大坝动力反应的降低程度就越大。

（5）拱坝动力特性及动力反应一般规律和特点。

拱坝自振特性及其在地震作用下的动力反应受到拱坝体型、地基条件、坝前库水条件、地震输入等各种因素的综合影响，十分复杂。尽管如此，通过对国内数十座拱坝的抗震计算分析，仍可从中总结出一些带有普遍性的规律和特点：

1）高度较小或厚度较大的拱坝，其第一模态一般为正对称振型，且自振频率较高；高度较大或坝体较薄的双曲拱坝第一阶模态一般为反对称振型，且表现出频率较低、频谱较密的特点。

2）拱坝的振型形态主要与坝体拱向与梁向的相对刚度有关。对于梁向刚度较大的单曲或重力拱坝，拱坝振动以拱向振动为主，随着振型阶数的增加，振型曲线中拱向节点数（振型向量为零的点）增加而梁向一般无节点或只有一个节点。但对于坝体较薄的双曲拱坝或建于宽高比较小河谷中的拱坝，梁向刚度相对变弱，高阶振型梁向节点数增加。此外，无论是顺河向的正对称振型还是横河向的反对称振型，振型向量中都是以径向分量为主，切向分量次之。一般振型切向分量仅占径向分量的10%～30%。

3）库水深度对坝体自振频率有较为显著的影响，而对振型形状影响不大。与空库时相比，一般库水对于拱坝第一频率的降低幅度约为10%～20%，但当水库水深降至坝高的70%以后，水位下降时坝体频率几乎再无变化。这种现象与拱坝河谷形状有关，河谷上部宽阔而下部狭窄，水库水位下降导致坝前水体及坝面与水体交接面积的迅速减小，但水位降至一定程度时，作为附加质量的水体质量与拱坝坝体质量相比已经很小。

4）坝体动位移响应，顺河向位移一般远大于横河向位移，多出现在顶部拱冠处。

5）坝体动应力响应，拱向应力一般大于梁向应力。在拱向应力中，上游面应力最大值一般出现在顶部拱冠处，下游面应力最大值一般出现在顶部左、右1/4拱圈附近，拱梁分载法和有限单元法均表现出了相同的规律。在梁向应力中，拱梁分载法结果显示上、下游面应力最大值一般出现在坝体中上部拱冠处，下游面应力稍大于上游面应力，而有限单元法结果则稍有不同，一般会在坝体中上部拱冠处、左右1/4拱圈处以及坝踵、坝趾处出现最大值。有限单元法在大坝—地基交接的坝踵、坝趾处出现最大值缘于应力集中效应。水库水位对大坝动力反应的影响规律一般是随着水库水位的增加，地震引起的作用于坝面的动水压力增大，大坝的各项动力反应也随之增加。一般水库正常蓄水位的动力反应一般较低水位时（一般为水库死水位）增加10%～20%。

6）时间历程法一般给出与振型叠加反应谱法大致相同的地震动力反应及其分布规律。

7）拱坝动力反应受拱坝体型影响较大。从某些重力拱坝计算结果看，由于重力拱坝坝体断面沿高度变化较大，导致坝体刚度和质量分布均匀性较差，其振型参与系数较高，导致其动力放大效应相对更为明显，动力反应也随之增加。

8）按拱梁分载法以及线弹性有限单元法计算拱坝的静动综合应力反应，就对大坝抗震强度安全起控制性作用的主拉应力来讲，一般上游面出现于上部高程拱冠附近，主要有较大的拱向动态拉应力引起；下游面则多见于中上部拱冠以及左、右 1/4 拱圈附近，主要由较大的拱、梁向动态拉应力以及动剪应力引起，上述部位是拱坝抗震的薄弱部位。

9）当考虑了拱坝横缝张开影响后，上部高程由拱向动拉应力区引起的高拉应力将释放，从而引起坝体应力的重分布。在此基础上计入无限地基辐射阻尼影响后，大坝的静动综合拉应力进一步降低。总体上，当计入坝体伸缩横缝及无限地基辐射阻尼的综合影响后，拱坝出现高拉应力的抗震薄弱部位一般为位于强约束区的坝基交接面和由梁向拉应力引起的中部高程拱冠附近。

7.5.2.3 坝肩稳定的刚体极限平衡法

1. 主要特点和假定

刚体极限平衡方法是目前拱坝坝肩稳定分析的主要方法，SL 203、DL 5073 也推荐使用刚体极限平衡方法分析拱坝坝肩的抗震稳定。其主要假定如下：

(1) 在确定潜在滑动的岩块后，按坝体动、静力计算的最不利成果确定地震时的拱端的最大推力及方向。

(2) 在确定潜在滑动岩块本身的地震惯性力代表值时，未计其动力放大效应，并假定岩块的地震惯性力代表值按最不利方向作用，并且其最大值和拱端推力最大值同时发生。

(3) 根据潜在滑动岩块几何特性，选择不随时间改变的最不利滑动模式。

(4) 不计地震时岩体内渗透压力变化的影响。

2. 分析步骤

进行刚体极限平衡的坝肩稳定分析一般包括以下计算步骤：

(1) 合理确定可能滑动块体及其各滑面的倾向倾角、抗剪强度指标。

(2) 计算块体各滑面的面积、渗压、上游拉裂面水压力和块体重量。

(3) 用拱坝分析专用程序分析计算拱坝坝体的静、动力反应，并获得拱推力，一般情况下正常蓄水位和温降的组合会产生最不利的拱推力。作用于坝肩块体的拱推力合力是底滑面与坝基交界面的交点以上高程拱推力之和。

关于静、动力拱推力组合，应按对坝肩稳定最不利的原则进行。通常地震作用下给出的是各高程拱端截面的动态法向力和切向力，由于这些力是按振型分解反应谱法求得的，其作用方向是不确定的。从对坝肩稳定不利的角度出发，可以采用以下静、动拱推力的组合方式：动态法向力的作用方向指向河谷侧与静态法向力叠加、动态切向力的作用方向指向下游侧与静态切向力叠加，从而得到静、动组合的拱端推力。

(4) 计算块体地震作用惯性力，可由水平向和竖直向设计峰值加速度与块体质量的积求出。显然据此求出的横河向、顺河向和竖向地震惯性力同一时刻到达最大值。事实上地震时不同地震分量在滑动岩体产生的地震惯性力最大值不可能同时发生，一般可采用遇合系数进行折减。

(5) 用刚体极限平衡基本公式求滑动块体的抗滑稳定安全系数。

(6) 根据计算结果分析评价拱坝坝肩抗震稳定性。

7.5.2.4 拱坝—地基系统整体抗震稳定性分析

在衡量拱坝结构地震作用下的安全度时，目前工程上一般采用分别校核坝体强度安全和坝肩稳定安全，其方法概念简单、也有相应的反映其各自安全度的工程评价的安全系数。但这种方法无法真实反映坝肩岩体与坝体间的静动相互作用机理，因而也无法体现拱坝—地基系统的真实抗震潜力以及其破坏机理，而且也并不是在所有情况下总是偏于安全。

实际上，拱坝结构作为三维超静定结构，其坝肩岩体与坝体在静、动荷载作用下的耦合作用对结构体系的整体安全影响十分重要。近年来在这一方面进行了较多的研究工作，简要介绍如下。

拱坝—地基体系整体抗震稳定安全评价分析方法，将整个拱坝坝体、近域地基和库水系统作为一个整体结构体系来考虑。把整个系统划分为包括坝体和计入坝基各类主要地质构造的近域地基的内部区，及以人工边界替代的、能体现辐射阻尼影响的远域地基。在内部区中，将两岸坝肩按地质构造确定的可能滑动岩块的各个滑动面，都作为具有 Mohr - Coulomb 特性的、类似坝体横缝的接触面处理。同时在沿坝基交界面这一抗震薄弱部位设置双节点的动接触边界，但其初始抗拉强度在静、动荷载作用阶段分别取为混凝土的静、动态极限抗拉强度值。

由于计算中计入了地基可能滑动岩块的动接触边界，这些接触界面间由于地应力形成的初始应力状态对整个非线性动力分析问题的影响，在计算分析中必须合理计入。

通过计算可考虑两类安全系数：一类是考虑因地震本身存在很大的不确定性而实际可能发生超设计概率水平的地震动作用，将输入地震波乘以某一超载系数定义的坝体“超载安全系数”；另一类是考虑由于各种地质构造组成的坝肩岩块滑动面上的抗剪强度（摩擦系数 f 和黏着力 c）实际可能存在的不确定性（如由岩体内部的复杂性、获取数据的试验及数据处理中的偶然原因等诸多因素引起）而除以某一降强系数定义的“强储安全系数”。上述这两类安全系数的确定最终都归结为对拱坝体系整体安全性的极限状态，即在地震作用下，拱坝不致丧失承载能力导致库水不可控制地下泄，给出实际工程设计中可操作的定量指标。在地震作用下，拱坝坝体或坝肩岩块出现局部开裂或滑移是完全可能的，也是国内外抗震设计规范或导则所允许的，因为拱坝是高次超静定结构，可以通过自身应力重分布加以适当调整。因此，影响拱坝体系整体安全性的极限状态，是包括坝体和坝肩岩体在内的整个体系的失稳，可以取计入坝体和坝肩岩体动态变形耦合影响的坝体位移响应的突变和不断增长作为其相应的评价指标，而其具体实施则可以寻求坝体控制性位移或与位移相关的变量随超载倍数和降强倍数变化曲线的拐点为目标，进行数次大坝—地基体系的静、动综合反应分析来进行。

7.5.2.5 拱坝抗震安全评价

拱坝的抗震安全评价应采用承载能力极限状态设计原则，按式（7.3-3）进行。

当采用拟静力法计算地震作用效应时，SL 203、DL 5073 根据当时有效的《混凝土拱坝设计规范》（SD 145—85）中特殊组合情况下的混凝土抗压和坝肩稳定安全系数，以及混凝土容许拉应力值，取结构重要性系数、各项静态作用和材料性能的分项系数为1.0，坝体混凝土强度等级取为C30，按照承载能力极限状态设计式套改得出了相应的结构系数，对于坝体抗压、抗拉强度的结构系数分别为2.80、2.10，坝肩稳定的结构系数为2.70。

当采用动力法计算地震作用效应时，结构重要性系数应按照工程安全级别取值，混凝土的静态强度标准值和材料分项系数 γ_m 按照《混凝土重力坝设计规范》（DL 5108—1999）的相应规定取值，动态强度则在静态强度基础上提高30%，大坝混凝土抗压、抗拉强度的结构系数分别为1.30和0.70，按照拱梁分载法计算得到的大坝静动综合主应力校核大坝的抗压、抗拉强度安全。至于坝肩稳定，为避免过于繁琐地在设计中引入过多的结构系数值，SL 203、DL 5073 对结构及其功能函数类别相近的结构系数按偏于安全的原则适当予以归并，且以中等工程的重要性系数 $\gamma_0=1.0$ 的情况为准，经套改后坝肩动力稳定的结构系数取为1.4。

应该指出，高拱坝的地震动力反应受多种复杂因素的影响，设计规范只能反映目前我国水工抗震设计经验和较为成熟的科研成果，限于对地震作用下拱坝结构及其地震破坏机理的复杂性认识尚很不够，以及最新的一些科研成果尚待更多实践检验，因而在设计中尚难以普遍掌握和接受。SL 203、DL 5073 在地震作用效应和相应的结构抗力方面的规定仍然有相当的局限性，最为突出的是拱坝横缝张开和无限地基辐射阻尼的影响在 SL 203、DL 5073 规定的基于坝体线弹性、地基无质量的分析方法中无法体现，因而难以完全真实地反映拱坝强震时的动力反应。近年来，随着我国强震区拱坝建设和水工抗震研究的快速发展，在小湾、溪洛渡、龙羊峡、拉西瓦、大岗山等一批高拱坝的抗震设计中，除了采用 SL 203、DL 5073 规定的分析方法和评价准则进行初步评价外，还进行了计入横缝张开和无限地基辐射阻尼影响的大坝非线性有限元抗震分析研究，对坝体横缝张开度、坝体应力等进行综合评价，研究成果已应用于抗震设计中。

汶川地震后，水电水利规划设计总院颁布了《水电工程防震抗震研究设计专题报告编制规定》，要求对于1级挡水建筑物增加一级设防，即在校核地震作用下可达到“不溃坝”的性能目标，校核地震可取100年基准期超越概率为0.01的地震动参数或者最大可信地震（MCE）。对于特别重要的大坝，还要求进行极限抗震能力分析。上述规定对于确保重要大坝抗震安全、防止重大灾变是十分必要的，但关键在于如何实现“不溃坝”性能目标的具体量化。

对于拱坝，前面介绍的坝体—坝肩整体抗震稳定分析的方法，以计入坝体和坝肩岩体动态变形耦合影响的坝体位移响应的突变和不断增长作为其相应的“不溃坝”的定量评价指标是较为合理的途径，建议目前阶段采用。该方法已在小湾、溪洛渡、大岗山、龙盘等高拱坝的抗震设计中得到应用。但在坝肩滑裂体的合理确定、坝体位移典型量的选取以及坝体混凝土动态材料非线性的合理描述等方面仍需进一步深入研究。

7.5.2.6 拱坝抗震措施

SL 203、DL 5073 将工程抗震措施作为拱坝抗震设计的重要内容之一，强调其在保证拱坝抗震安全设计中的重要性，并作出如下规定：

（1）应合理选择坝体体型，改善拱座推力方向，减小在地震作用下坝体中上部及接近坝基部分的拉应力区。双曲拱坝宜校核向上游的倒悬，其顶部拱冠部宜适当倾向下游。

（2）应加强拱坝两岸坝头岸坡的抗震稳定性，避免两岸岩性和岩体结构相差太大或坐落在比较单薄的山头上。对地基内软弱部位可采用灌浆、混凝土塞、局部锚固、支护等措施加固。应严格控制顶部拱座与岸坡接触面的施工质量，必要时采取加厚拱座、深嵌锚固等措施。应做好坝基、坝肩防渗帷幕及采取排水措施，并避免压力隧洞离坝肩过近，力求降低岩体内渗透压力。

(3) 应加强坝体分缝的构造设计，尤其是分缝的止水、灌浆温度控制及键槽设计，改进止水片的形状及材料以适应地震时接缝多次张开的特点。

(4) 拱坝中上部拱冠附近受拉区及局部压应力较大的部位，宜适当布置拱向及梁向抗震钢筋。可采取适当提高坝体局部混凝土强度等级，减轻顶部重量并加强其刚度等措施。

(5) 坝顶宜采用轻型、简单、整体性好的附属结构并减小其突出于坝体的尺寸。溢流坝段闸墩间宜设置传递拱向推力的结构，应加强顶部交通桥等结构的连接部位，采取防止受压脱落的措施。

除采取上述常规抗震措施外，近年来对于拱坝而言，人们在如何提高坝体抗震性能上采用合理的工程抗震措施等方面进行了不少的研究，取得了比较丰富的研究成果。简要归纳如下：

(1) 在大坝—地基交界面附近设置底缝和周边缝。在"九五"期间结合小湾拱坝的研究成果表明，尽管设置底缝可局部降低坝踵的拉应力，但对坝体其他部位的动应力及横缝张开度的影响很小，尤其是在常遇低水位工况下。

(2) 坝体上部布设抗震钢筋。"九五"期间结合小湾工程，中国水利水电科学研究院、清华大学、大连理工大学等单位在配筋目的、影响配筋效果的主要因素（数量、配筋数学模型、钢筋本构关系、跨缝自由段长度）、配筋效果检验等方面展开了深入研究。

(3) 坝体顶部布设减振阻尼器。穿越横缝的抗震钢筋对大坝施工有较大干扰，其强度的40%被温度应力所占用。考虑到上述不利因素，国内学者提出采用坝顶布设阻尼器的工程抗震措施，并结合小湾拱坝工程，在阻尼器型式、布设原则、减振效果以及安装方法等方面进行了深入研究。

除上述工程抗震措施外，一些研究者还提出了坝体上部布设预应力钢索或者做成钢筋混凝土的柔性圈梁等工程抗震措施。从这些抗震措施效果和目的来看，仍然是减小接缝张开度，而且在施工方法、经济性等方面需进行更深入的研究。

7.5.2.7 拱坝抗震设计实例——大岗山双曲拱坝

1. 基本设计资料

(1) 大坝抗震设防标准。

大岗山工程挡水建筑物抗震设防类别为甲类。混凝土双曲拱坝抗震设防标准为100年为基准期，超越概率为0.02确定设计地震加速度代表值的概率水准，相应的基岩水平峰值加速度为557.5Gal；校核地震取100年超越概率0.01的基岩水平峰值加速度为662.2gal。

(2) 拱坝体型及混凝土分区。

拱坝最大坝高210m，坝顶中心线弧长622.42m，拱冠断面最大厚度52m，弧高比2.964，厚高比0.248。采用"一刀切"形式的垂直平面分缝，在拱坝中设置28条横缝，将大坝分为29个坝段，每条横缝间距约为22m。

根据拱坝应力分布和坝体结构布置的特点，对坝体混凝土按强度等级进行分区，分成A、B、C三个区，拱坝混凝土分区图如图7.5-1所示。

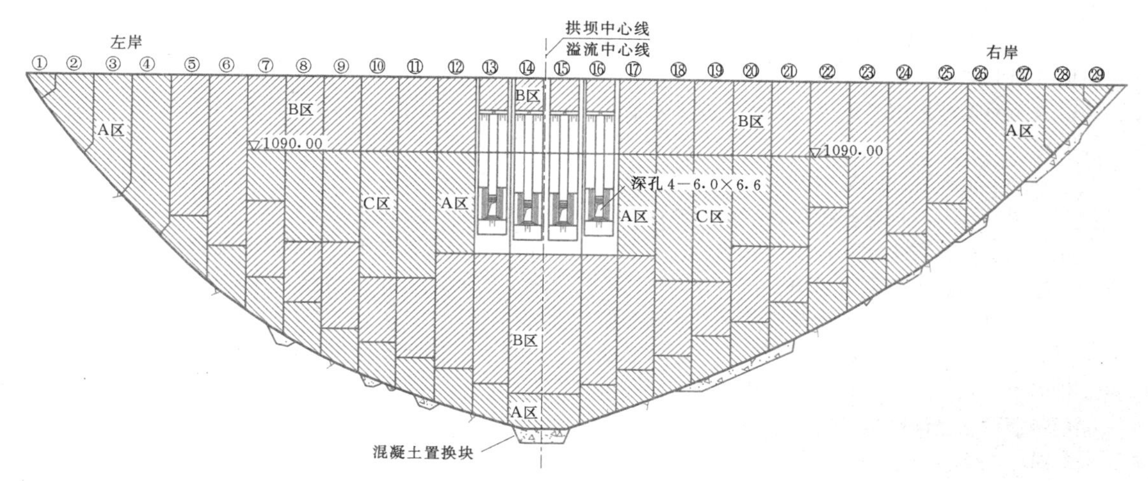

图7.5-1 大岗山拱坝混凝土分区（单位：m）

（3）坝体混凝土和基岩力学参数。

坝体混凝土静弹性模量为 2.40×10^4MPa，根据SL 203、DL 5073规定，动弹性模量为静弹性模量的1.3倍。泊松比0.167，容重$2.4t/m^3$，线胀系数1.0×10^{-5}/℃。

各拱圈高程基岩的动变形模量参照坝体混凝土的取值原则，同样取静态变形模量的1.3倍。基岩泊松比为0.26。坝区岩体及结构面抗剪断力学指标直接采用拱坝静力分析的指标。

（4）特征水位及淤沙高程。

水库正常蓄水位　1130.00m

死水位　1120.00m

坝前淤沙高程　1090.00m

2. 大坝抗震设计工作及主要成果

由于大岗山水电站工程区域地质条件复杂，为强地震区，地震动参数较高，设计难度大，大坝的抗震安全直接影响着工程的安全性，工程的抗震安全是该工程设计的难点和重点，因此在开始设计时就重视了抗震设计。

首先，在正常蓄水位的选择、坝型选择、泄洪建筑物的布置、拱坝体型等方面设计都优先考虑大坝抗震，尽量提高工程的抗震安全性。

其次，在拱坝体型设计和不断优化的过程中，借鉴以往工程的设计经验，主要考虑了以下几个方面：① 增加拱端厚度，减小坝顶区域的拉应力，同时，在不降低坝顶刚度的同时，使坝体的上部质量最小化；②在满足坝肩抗滑稳定的情况下，适当加大中心角，增加拱的作用以承担大部分地震力；③控制上游倒悬，改善施工期应力条件，使体型尽量简单，方便施工，利于抗震；④在拱坝嵌深上，多利用微新岩体和弱风化下段岩体，尽量控制拱坝基础的综合变形模量在10GPa左右。

在与坝体相关的结构设计方面，除了取消了表孔、增加拱坝上部的完整性以外，还在拱坝上、下游设置贴角，并加强坝肩防渗帷幕和排水措施以降低岩体内的渗透压力。

在考虑以上工程设计的基础上，联合国内科研院校，进行了大量专门的抗震分析研究工作，进行结构抗震设计和工程抗震措施设计，以提高坝体抗御地震的能力。已开展的主要研究内容如下：

（1）按照规范要求进行拱梁分载法、线弹性有限单元法的大坝动力分析，并将成果与国内在建、已建高拱坝相同条件计算成果进行工程类比。

（2）考虑拱坝横缝、地基辐射阻尼、地震输入不均匀、不同地震波等的影响，进行大坝抗震分析，并将成果进行工程类比分析。

（3）进行拱坝—地基整体抗震安全分析，其中考虑大坝横缝的影响，地基分为线性地基、非线性地基两种模型分别进行计算，并进行超载和降强分析。

（4）大坝坝肩动力抗滑稳定分析，分别采用拟静力法、时程分析法进行。

（5）在考虑拱坝横缝、地基辐射阻尼、地震输入不均匀等的影响下，分析研究不同大坝抗震措施的抗震效果，其中主要包括拱向横缝跨缝钢筋、跨缝阻尼器、梁向抗震钢筋这三种抗震措施。在以上研究基础上确定采用的综合抗震措施，并对该综合措施进行抗震效果分析。

（6）进行大坝—地基整体动力模型试验研究，对坝体横缝、地基、库水及无限地基的辐射阻尼效应等影响拱坝系统地震响应的主要因素进行模拟，并加载不同地震荷载进行研究。

（7）在汶川地震后进行了地震复核。采用与前述设计地震分析相同的计算条件进行了校核地震作用下大坝、大坝一地基整体的非线性动力分析、坝肩抗滑动力稳定分析。

（8）为了深入研究和评价拱坝的整体稳定性，采用了三维非线性有限单元法计算分析静力条件下大坝—地基的整体安全，并在静力条件下进行超载和降强的计算分析，还采用超载法和综合法两种不同的地质力学模型试验方法进行静力模型试验研究，对拱坝整体的抗震性能评价辅以参考。

综合上述针对大岗山拱坝抗震设计进行研究的主要成果，可以得出以下结论：

（1）设计地震荷载下大坝动力反应，按常规动力分析最大主拉应力高于小湾、溪洛渡、白鹤滩拱坝，而与上虎跳峡拱坝相比则大致相当。按非线性动力反应分析考虑无限地基辐射阻尼效应后，横缝开度最大值为5.2mm，横缝的张开范围自坝顶向下扩展约1/3左右坝高；最大压应力约为8～12MPa，最大拉应力约为2～5MPa，与小湾相比较互有大小。

（2）设计地震荷载下坝肩稳定基本满足规范要求。

（3）在设计地震荷载作用下，考虑地基辐射阻尼和地震动非均匀输入的影响，计算表明尽管坝基交接面出现了局部的开裂和滑移，但范围不大，且坝体与基岩间的最大相对滑移很小，坝体横缝最大张开度为4.5mm。

（4）在基准期100年超越概率为0.01的校核地震作用下，坝体应力较设计地震作用时有所增长，但增幅不大。横缝最大张开度较设计地震作用时无明显变化，其最大张开度的数值完全在横缝止水材料的允许范围内。大坝—地基系统的非线性反应较设计地震作用时有所发展，但并无转折性的变化，且尚未到达其抗震能力的极限状态，能够保证大坝的整体稳定性。

(5) 大岗山拱坝坝体具有较好的地震超载安全裕度，极限抗震超载能力约为设计地震作用的 2.0 倍。振动台模型试验成果表明，坝体开始出现开裂的超载倍数在 1.5 倍左右。

综上所述，大岗山拱坝的抗震设计，采取合理的抗震措施后，在设计地震作用下大坝整体稳定。校核地震作用下，大坝—地基系统工作状态并无转折性的变化，能够保证大坝的整体稳定性。拱坝极限抗震超载能力约为 2.0 倍，坝体具有一定的地震超载安全裕度，抗震安全是有保证的。

7.5.2.8 沙牌拱坝抗震设计和汶川地震对大坝的影响

沙牌碾压混凝土拱坝是四川省岷江支流草坡河梯级的龙头电站，于 2001 年建成，是当时最高的碾压混凝土拱坝。坝高 130m（包括 14.5m 垫座），坝顶长 250.2m，坝顶和坝基厚度分别为 9.5m 和 28m，为三心圆拱的重力拱坝。坝顶高程 1867.50m，正常蓄水位 1866.00m，死水位 1825.00m，总库容仅 0.18 亿 m^3。坝体设置 2 条横缝和 2 条诱导缝，径向纵缝间距 45m。坝底设有 14.5m 的混凝土垫座。坝体采用 90d 龄期 200 号混凝土。坝基为花岗岩和花岗闪长岩及后期侵入的闪长岩脉地层。

坝址区的地质构造复杂、地震活动频繁。距坝址最近距离仅 8km 的龙门山后山断裂带，其茂县—草坡段为强活动段，1657 年曾发生 6.5 级地震，坝址影响烈度为 7 度。按地震部门对工程场地所作专门的地震危险性分析结果，坝址 50 年超越概率为 0.10 的地震基本烈度为 7 度，其地表基岩水平向峰值加速度为 0.138g。根据 SL 203、DL 5073 规定，沙牌拱坝按水平向 0.138g 和竖向 0.92g 的设计峰值加速度和标准设计反应谱，采用了拱梁分载法和无质量地基的有限单元法两种动力分析方法，分别对正常蓄水位和运行低水位两种工况进行了抗震设计，复核了坝体强度和基于传统的刚体极限平衡法的坝肩抗滑稳定。沙牌拱坝采用的混凝土，按 90d 龄期 20cm^3 立方体强度、考虑了动态强度较静态强度提高 30%后的抗拉强度容许值为 2.60MPa，局部小范围内的最大主拉应力为 2.76MPa。

汶川地震中沙牌拱坝距震中约 30km。根据震后地震部门给出的初步分析结果，沙牌拱坝位于东西向基岩峰值加速度等值线图 177～286Gal 的区间。震时的库水位在正常蓄水位以下 6m。中国水电顾问集团成都勘测设计研究院的震后查勘结果表明：震后坝体结构整体基本完好，大坝右岸 1810.00m 高程诱导缝肉眼可见开裂。左岸坝顶以上的下游天然边坡有局部坍滑，但经锚固的邻近坝体的两岸抗力体边坡整体稳定。

从沙牌拱坝震害实例中，下列两点是十分值得关注的：

(1) 据震后地震部门公布的汶川地震烈度等值线图和基岩峰值加速度 PGA 等值线图，汶川地震对沙牌拱坝场址的影响烈度介于 8～9 度间，东西向 PGA 则介于 177～286Gal，可见，汶川地震对大坝的影响烈度及其峰值加速度均已超过相应设计值。按上限值 286Gal 的基岩峰值加速度和震时水位，采用目前拱坝设计中主要依据的拱梁分载法计算的最大主拉应力，将由原设计的 2.57MPa 增加到 3.86MPa，远超出混凝土设计动态抗拉强度容许值。上述情况说明，目前拱坝抗震设计中沿用的传统的、基于以往工程经验和类比的抗震安全评价方法，不能较好反映坝体地震响应的真实性态和解释震害实际。采用计入地基辐射阻尼和坝体横缝及诱导缝影响的非线性有限元动力分析的初步成果表明，除建基面局部区域受应力集中影响出现较大拉应力外，坝体绝大部分区域拉应力水平低于混凝土设计动态抗拉强度容许值。大坝横缝和诱导缝均出现张开，最大开度约为 10mm。

(2) 以我国沙牌拱坝和美国帕柯依玛拱坝比较，前者的坝高、经受的地震强度、地震时的库水位都超过后者，且碾压混凝土拱坝受温度的影响要比常规混凝土拱坝大，但前者坝体基本完好，后者震害较重。分析表明：帕柯依玛拱坝的震害主要由于左坝肩重力坝下卧基岩的失稳导致，而沙牌拱坝两岸坝肩抗力体未见损坏，两者在强震中的性态差异突显了坝肩岩体稳定对拱坝抗震安全的重要性。

此外，沙牌拱坝经受强震的震例也对碾压混凝土拱坝这类新坝型的抗震安全性有重要参考价值。

7.5.3 重力坝抗震设计

7.5.3.1 设计工况

一般情况下，大坝正常蓄水位与设计地震的组合为大坝抗震强度和稳定的控制工况。对于需按照《水电工程防震抗震设计专题报告编制暂行规定》（水电规计〔2008〕24 号）进行校核地震下抗震安全评价以及极限抗震能力分析的重要大坝，需补充相应的计算分析。

7.5.3.2 大坝地震反应分析

1. 拟静力分析方法

采用拟静力法计算重力坝地震作用效应时，各质点水平向地震惯性力应根据式（7.3-2）计算，其中的动态分布系数应按下式计算：

$$\alpha_i = 1.4\frac{1+4(h_i/H)^4}{1+4\sum_{j=1}^{n}\frac{G_{Ej}}{G_E}(h_j/H)^4} \quad (7.5-2)$$

式中　n——坝体计算质点总数；

H——坝高，溢流坝的 H 应算至闸墩顶；

h_i、h_j——质点 i、j 的高度；

G_E——产生地震惯性力的建筑物的总重量。

地震动水压力应按式（7.5-3）计算：

$$P_w(h) = a_h\xi\psi(h)\rho_w H_0 \quad (7.5-3)$$

式中　$P_w(h)$——作用于直立迎水坝面水深 h 处的地震动水压力；

a_h、ξ——符号意义同式（7.3-2）；

$\psi(h)$——水深 h 处的地震动水压力分布系数，按表7.5-1取值；

ρ_w——水体密度；

H_0——水深。

表7.5-1　地震动水压力分布系数

h/H_0	$\psi(h)$	h/H_0	$\psi(h)$
0.0	0.00	0.6	0.76
0.1	0.43	0.7	0.75
0.2	0.58	0.8	0.71
0.3	0.68	0.9	0.68
0.4	0.74	1.0	0.67
0.5	0.76		

单位宽度坝面的总地震动水压力作用在水面以下 $0.54H_0$ 处，其代表值 F_0 按式（7.5-4）计算：

$$F_0 = 0.65a_h\xi\rho_w H_0^2 \quad (7.5-4)$$

当上游坝面为非直立时，地震动水压力应乘以折减系数 $\eta=\theta/90$[θ 为坝面与水平面的夹角，(°)]。

当上游坝面有折坡时，若水面以下直立部分高度不小于 $H_0/2$，可近似取为直立坝面；否则，应取水面与坝面交点和坡脚点连线的坡度进行计算。

计算得到大坝地震惯性力和地震动水压力后，与静态作用一起施加于坝体，按照材料力学法（或有限单元法）求得坝体静动综合的应力、内力反应，验算坝体材料强度安全和沿建基面及水平层面的抗滑稳定安全。计算时，应注意地震惯性力和地震动水压力分别向上游和下游方向施加，以求得上、下游坝面静动综合的控制性坝面应力。

2. 动力分析方法

（1）材料力学法。

在重力坝的材料力学法地震动力分析中，通常只考虑坝体在水平向地震作用下由弯曲变形和剪切变形产生的水平振动，忽略坝体的竖向振动，也忽略转动惯量的影响。由于地震时的地面运动以水平方向为主，在地震力的作用下结构的振动也以水平振动为主，因而采取上述假定所带来的误差并不大。

将重力坝作为沿高度分成若干水平截面的悬臂杆件，根据材料力学中求解单位水平力作用下截面的变形基本公式，可求得杆系的柔度矩阵。

质量矩阵可以采用集中质量法的对角矩阵，将每一分段中半个高度内的质量分别集中于其顶部和底部。

关于库水的影响，与拱坝拱梁分载法类似，重力坝抗震设计中仍主要略去库水可压缩性的、不计自由度间耦合影响的韦斯特伽德附加质量。

采用悬臂梁法时，总的自由度数不多，一般仅几十阶，采用简单迭代法就能方便地求得其自振频率最小的前几个自振频率和振型。

求得大坝自振特性后，便可依据振型分解反应谱法求解大坝各项动力反应，包括大坝加速度放大倍数，坝体位移，截面内力，上、下游坝面应力等，限于篇幅，不作赘述。

求得大坝动态反应后，便可依据最不利原则将动力反应与静力反应进行组合，根据SL 203、DL 5073的相关规定验算大坝的强度安全、沿建基面、水平层面（对于碾压混凝土坝）的抗滑稳定安全。

（2）平面有限单元法。

材料力学法的基本假定是平截面变形，对于均匀整体浇筑的重力坝的中上部，可给出相当精确的应力结果，对受地基刚度影响较大的坝体下部以及断面突变、应力集中等问题则难以完全反映。因此，SL 203、DL 5073规定，“对于抗震设防等级为甲类（1级壅水建筑物），及结构复杂或地基条件复杂的重力坝，宜补充作有限元动力分析”。

取单个坝段作为平面问题是重力坝有限元动力分析的主要做法。根据平面有限单元法分析成果，在大坝自振特性和动力反应方面与材料力学法成果进行对比校验，并对坝体某些局部复杂结构的抗震安全进行更为精细合理的评价。

（3）重力坝全坝段整体三维非线性分析。

重力坝一般修建于宽高比很大的河谷，其在横河向尺寸远远大于顺河向尺寸。对于修建于强震区的重力坝，常常要求坝段间横缝进行灌浆使其成为整体（称为整体式重力坝）从而提高其抗震性能。

地震作用可分解为沿顺河向、横河向和竖向的三个分量，对于整体式重力坝，由于其横河向刚度远远大于顺河向及竖向，横河向地震作用产生的大坝变形和应力较其他两个方向地震作用要小很多，因此在大坝抗震设计计算与安全评价中常常忽略横河向地震作用，仅仅计入顺河向和竖向地震作用，选取典型坝段采用简便实用且偏于安全的一维悬臂梁法和二维有限单元法进行。对于结构型式较为复杂的溢流、厂房坝段等，为了准确反映闸墩、孔口及管道附近结构的局部应力状态，有时需要补充进行针对一个坝段的“坝段三维”有限元计算（此时同样不考虑横河向地震影响）。

然而，对于横缝未采取灌浆或设置键槽的重力坝，大坝的整体性将会有所削弱，在横河向地震作用下，这种整体性的削弱将会对大坝在强震作用下的动力反应带来影响。如何合理分析论证这一影响，确保大坝的抗震安全，成为强震区重力坝工程设计者十分关心和迫切需要解决的关键技术问题。

为在更为合理的基础上论证接缝处理方式对重力坝动力反应和抗震安全的影响，应采用大坝全坝段整体计算分析。对大坝—地基系统进行全坝段整体三维有限元网格剖分，按设计拟定的坝段间横缝状态（不同的横缝灌浆高程），考虑坝体横缝的非线性接触作用及坝基交接面非线性开裂的影响，输入三方向地震波，进行非线性地震波动反应分析。研究坝体静、动态位移、应力响应、横缝张合情况、坝基交接面开裂情况，揭示大坝抗震的薄弱部位，分析评价大坝抗震安全性。

（4）重力坝动力特性及地震反应的一般规律和特点。

1）重力坝作为悬臂式结构，其各阶自振频率分布较为稀疏。一般来说，大坝第一振型以顺河向振动为主，第二振型一般以竖向振动为主。反映振型对大坝动力反应贡献的振型参与系数，第一振型顺河向约在1.9～2.3之间，第二振型竖向在1.0～1.3之间。对于一般断面坡比接近的重力坝，振型参与系数随大坝高度的变化不敏感。

2）当坝体断面坡比接近时，坝体高度越大，其自振频率越低。对于高度为100～180m的重力坝，其第一阶自振频率（基频）一般介于1.50～2.30Hz之间。

3）已有研究成果表明，库水和地基会显著降低大坝自振频率。地基和库水的综合影响一般使重力坝较刚性地基、空库时的自振频率有显著降低，其影响程度根据地基岩体变形模量和坝前水深变化，最大降幅可达50%以上。因此，在重力坝动力分析和抗震设计中必须计入地基和库水的影响。

4）重力坝动应力以头部折坡高程附近出现最大值（一般约为自坝顶向下1/5～1/4坝高处）。一般情况下，挡水坝段比溢流坝段头部单薄，动应力响应更大，且下游面要大于上游面。

5）有限单元法计算结果往往在坝踵和坝趾部位出现高应力集中。一般情况下，坝踵部位的应力集中程度高于坝趾区域。这种应力集中随地震加速度增大而显著增加。

6）由于在静态荷载作用下大坝头部折坡部位处于低压应力状态，且动应力较大，静、动综合后往往出现控制性的最大坝面拉应力，且表现出挡水坝段一般高于溢流坝段的规律。因此，重力坝头部折坡部位往往成为控制大坝抗震强度安全的薄弱部位。这也被我国新丰江、印度柯依那等重力坝实际震害所证实。因此，在重力坝抗震设计中，应特别重视该部位的抗震强度安全。

SL 203、DL 5073建议在折坡处可做成圆弧形，以降低其应力集中影响。此外，还有针对该部位采取坝面配置钢筋的建议，以期限制强震时该部位混凝土开裂深度和开裂范围。但这样会给施工带来较大难度，尤其对于目前重力坝设计中采用的越来越多的碾压混凝土坝。实际工程计算结果表明，尽管强震时一些高重力坝头部折坡部位混凝土材料的抗震强度安全超出了抗震规范的要求，当设计基岩水平峰值加速度不超过0.4g时，其超出的程度并不大，因此采用局部提高混凝土强度等级提高材料抗力（一般提高一个等级即可）来保证其抗震安全的做法更为简便和有效。

7.5.3.3 沿建基面和水平层面的抗滑稳定分析

1. 刚体极限平衡法

地震作用下重力坝沿建基面或水平层面的刚体极限平法的基本原则和步骤与静力情况下相同，唯一不同的是地震作用下坝体建基面上的水平力要在上、下游面静水压力和淤沙压力基础上叠加上按照振型叠加反应谱法或者时间历程法分析得到的坝体水平惯性力，而竖向力则要在坝体自重和建基面扬压力基础上叠加竖向惯性力。当按照反应谱法计算时，要根据最不利原则组合坝体静动水平力和竖向力。

还须指出，分析坝基动力抗滑稳定时，不计地震引起的坝基扬压力的变化和建基面抗剪断参数的变化。

根据求得的大坝沿建基面的作用效应（滑动力）和抗力（抗滑力），按照承载能力极限状态设计式核算大坝沿建基面的动力抗滑稳定安全。

2. 有限单元法

与静力状态下有限元分析抗滑稳定问题内容完全一致，这里不再赘述。

7.5.3.4 深层抗滑稳定分析

SL 203、DL 5073规定，当坝体有软弱夹层、缓倾角结构面及不利的地形时，应核算坝体带动部分坝基的抗滑稳定性。

软弱夹层上混凝土重力坝的抗滑稳定分析，目前采用的方法，从广义上来说有两种，即刚体极限平衡法和有限单元法。

1. 刚体极限平衡法

刚体极限平衡法是核算坝基深层抗滑稳定的基本方法。地震作用下深层抗滑稳定的刚体极限平衡法的基本原理和方法与静态荷载作用下基本相同，只是要在静态荷载在滑动岩体产生的作用力基础上，按最不利组合方式叠加地震荷载产生、由振型分解反应谱法求得的坝体传至岩体的坝体惯性力、动水压力和岩体本身的地震惯性力。

目前一般采用潘家铮院士建议的基于刚体极限平衡法的“等安全系数法”，按照抗剪断公式计算大坝基岩的深层抗滑稳定安全系数。由于等安全系数法为确定性方法，分析中不计各类作用及抗力的变异性，亦即各分项系数均取1.0。

关于地震作用下重力坝深层抗滑稳定安全度的评价标准，由于问题复杂和不确定因素较多，SL 203、DL 5073并未作出明确规定。现行抗震规范对于地震时的拱坝坝肩动力稳定校核，规定其在设计地震作用下的抗滑稳定安全系数应不小于1.2。尽管重力坝的深层抗滑稳定与拱坝坝肩动力稳定有所区别，但本质上讲均为岩体内软弱构造面切割岩体可能形成大坝的整体失稳问题，有一定可比性。因此，地震作用下重力坝坝基深层抗滑稳定安全系数控制标准可取为1.2。

2. 有限单元法

(1) 考虑地震作用的有限元强度折减法。

对于已知滑动面的深层抗滑问题，可以采用非线性有限元迭代解法结合滑动面上抗滑力与下滑力相等的失稳判据进行抗滑稳定系数的求解。对于滑动面未知的深层抗滑问题，可以采用有限元强度折减法。有限元强度折减法和非线性有限元迭代解法都属于强度储备法的范畴，两者在具体的非线性计算处理，非线性材料的应用范围，失稳判据上也有不同。

(2) 时程分析方法。

虽然规范明确规定，重力坝动力分析方法应采用振型分解反应谱法，但基于反应谱法动力深层抗滑稳定分析无论是悬臂梁法还是有限单元法，地震力只是作为一种水平地震剪力作用于滑体上，不能模拟地震的整个真实过程。并且从理论上来分析，这种做法也有不完善之处：应用振型分解反应谱法的前提条件是结构为线弹性体系，满足叠加原理，而采用降强法进行深层抗滑稳定计算时，结构体系是非线性系统，两者存在不配套之处。因此，可以利用时程分析法，通过模拟地震作用过程来进行抗滑稳定分析。

对地震作用下重力坝进行时程稳定分析时，由于地震发生过程较短，在稳定分析时可以不考虑地震发生时段内抗剪参数的变化。

7.5.3.5 重力坝抗震安全评价

重力坝的抗震安全评价应采用承载能力极限状态设计原则，按式(7.3-4)进行。

采用拟静力法计算重力坝地震作用效应进而验算坝体强度和建基面抗滑稳定时，在工程重要性系数以及各项作用及材料抗力的分项系数均为1.0的基础上，考虑了SL 203、DL 5073与《水工建筑物抗震设计规范》(SDJ 10—78)在混凝土抗拉强度与抗压强度比值的差异后（SL 203、DL 5073为10%，SDJ 10—78为8%），经套改后，规定大坝沿建基面抗滑稳定及坝体抗拉、抗压强度结构系数分别为2.70、2.10、2.80。

采用动力法计算重力坝地震作用效应进而验算坝体强度和建基面抗滑稳定时，SL 203、DL 5073经过大量工程的可靠指标校准，在计入地震作用及材料性能的不确定影响后，确定了承载能力极限状态结构系数γ_d，对于大坝沿建基面抗滑稳定及坝体抗拉、抗压强度结构系数分别规定为0.65、0.70、1.30。

对于碾压混凝土坝沿水平层面的动力抗滑稳定验算，SL 203、DL 5073并无规定。当前的重力坝抗震设计实践中，通常参照沿建基面的抗滑稳定结构系数0.65进行验算。

汶川地震后，根据《水电工程防震抗震设计专题报告编制暂行规定》（水电规计〔2008〕24号）的要求，对于1级挡水建筑物的重力坝需验算其在校核地震下的整体稳定性，以达到“不溃坝”的性能目标，对其中特别重要的重力坝还需研究其极限抗震能力。与拱坝情况类似，问题的关键仍然是如何实现“不溃坝”设防目标的具体量化。结合国内外重力坝震害及影响重力坝抗震安全的主要因素以及在这方面的初步研究成果，建议采用以下指标，进行重力坝极限抗震能力的初步评价：①大坝沿建基面（或深层滑动面）的开裂已超过灌浆帷幕。如果帷幕被拉裂，扬压力将迅速增大，极有可能导致大坝在震后静力作用及强余震时的整体滑动失稳；②大坝头部水平缝出现贯穿性开裂，一旦出现贯穿性开裂，大坝头部稳定将遭受严重威胁，且难以修复；③动力求解过程不收敛。当然，由于问题的复杂性，还需进一步深入研究。

7.5.3.6 重力坝抗震措施

SL 203、DL 5073对于重力坝抗震措施有以下原则性要求：

（1）国内外重力坝震害以及大量研究成果均表明，重力坝头部折坡部位是其抗震的薄弱部位，因此应特别重视该部位的抗震设计。应力求体型简单，坝顶折坡宜取弧形，坝顶不宜过于偏向上游。宜减轻坝体上部重量、增大刚度，并提高上部混凝土强度等级或适当配筋。

（2）地基中的断裂带、破碎带、软弱夹层等薄弱部位应采取工程处理措施，并适当提高底部混凝土强度等级。

（3）坝顶宜采用轻型、简单、整体性好的附属结构，应力求降低高度，不宜设置笨重的桥梁和高耸的塔式结构。宜加强溢流坝段顶部交通桥的连接，并增加闸墩侧向刚度。

（4）重力坝坝体的断面沿坝轴线有突变，或纵向地形、地质条件突变的部位，应设置横缝，宜选用变形能力大的接缝止水型式及止水材料。当前，对于重力坝抗震措施研究主要集中于在高应力区配置钢筋上，一些工程也采取了类似抗震工程措施。研究成果表明，虽然配筋不能阻止大坝局部混凝土在强震时的开裂，但可有效限制裂缝的扩展，对于提高大坝抗震性能和安全性有利。

7.5.3.7 重力坝抗震设计实例——官地碾压混凝土重力坝

1. 基本设计资料

（1）大坝抗震设防标准。

根据《水工建筑物抗震设计规范》（DL 5073—2000）规定，该工程壅水建筑物抗震设防类别为甲类，其设计地震的基岩水平峰值加速度取100年内超越概率为0.02的值，即0.352g。校核地震取100年内超越概率为0.01动参数的基岩水平峰值加速度0.415g。

（2）大坝体型。

雅砻江官地水电站拦河大坝为碾压混凝土重力坝。大坝坝顶高程1334.00m，最低建基面高程1166.00m，最大坝高168m，坝顶长度516m，最大坝底宽度153.2m。

根据大坝结构特点，在溢流坝段、中孔坝段及挡水坝段中分别选取相应最大坝高的三个坝段（12号、15号、9号坝段）为典型剖面进行计算分析，分析剖面如图7.5-2～图7.5-4所示。

大坝抗震设计计算对应的水位为正常蓄水位1330.00m。

2. 大坝抗震设计工作及主要成果

（1）大坝材料力学动力法抗震分析。

采用材料力学动力法验算坝体强度和抗滑稳定

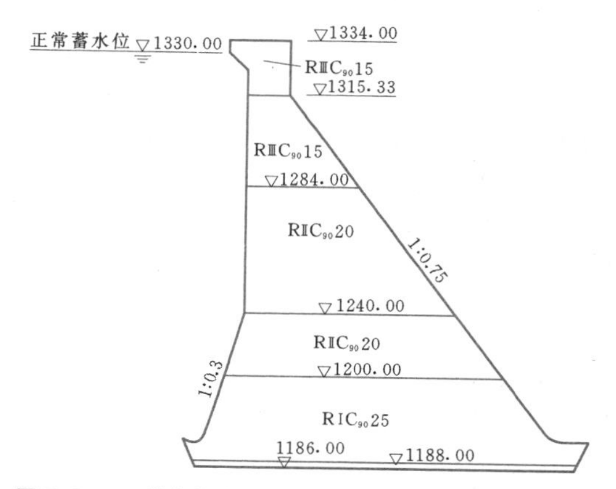

图7.5-2 最高挡水坝段剖面（9号坝段）（单位：m）

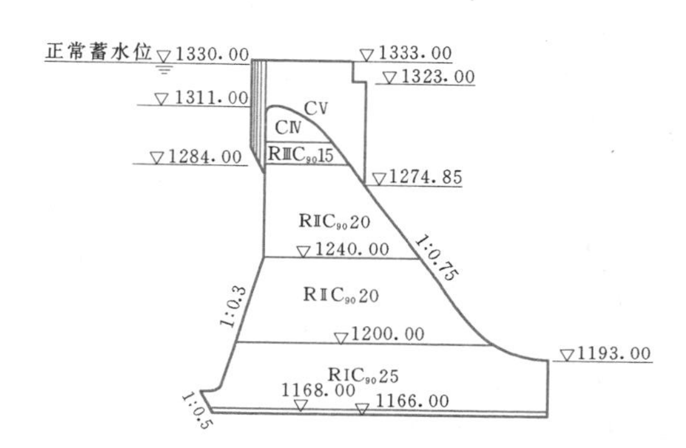

图7.5-3 最高溢流坝段剖面（12号坝段）（单位：m）

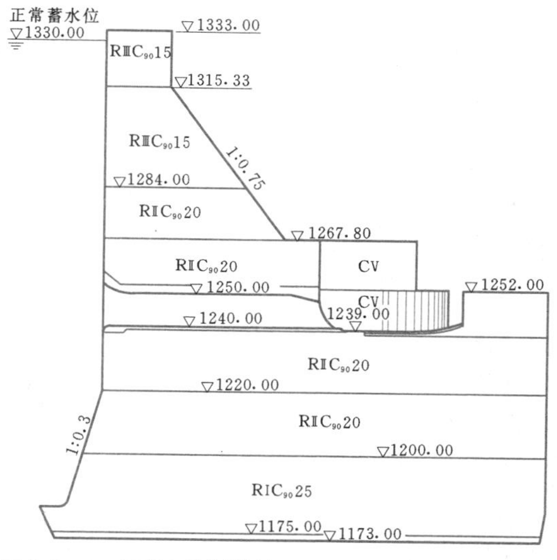

图7.5-4 最高中孔坝段剖面（15号坝段）（单位：m）

时，抗压、抗拉强度的结构系数分别取1.30、0.70，抗滑稳定的结构系数取0.65。

1）大坝动力反应特性。

大坝自振特性分析结果表明：大坝顺河向地震响应主要是基本振型的贡献，竖向地震响应主要为第一阶振型的贡献；同时，大坝第一阶振型以顺河向振动为主，第二阶振型以竖向振动为主，符合重力坝作为悬臂式结构的振动特性规律。

2）坝体抗压强度在设计地震工况规范谱下满足规范要求。

3）坝体与坝基接触面抗滑稳定承载能力极限状态计算。对建基面抗滑稳定不满足要求的坝段采取深挖方案后，在设计地震工况规范谱作用下，建基面抗滑稳定承载能力极限状态满足要求。

4）在设计地震工况规范谱作用下，坝体层面抗滑稳定满足规范要求。

5）在设计地震工况规范谱作用下，上游面混凝土抗拉强度有较大高程范围内不满足规范要求，分析表明，增大坝体剖面其效果不显著，也不能完全解决问题，且增加的工程量较大。较为可行的措施是在抗拉安全裕度不满足要求的部位增设抗拉钢筋、提高混凝土强度等级等。结合线弹性有限元和非线性有限元塑性区范围和层面稳定情况进一步论证大坝运行安全性。

6）坝基深层抗滑稳定分析方面，对逐个坝段进行了滑移模式分析，对设计地震工况规范谱作用下深层抗滑稳定不满足规范要求的坝段，采取挖齿槽措施后满足要求。

（2）大坝有限单元法抗震分析。

1）线弹性有限元抗震分析。

a. 挡水坝段第一阶频率 1.996Hz，溢流坝段第一阶频率 1.985Hz；挡水坝段和溢流坝段第一阶振型均为顺河向振型。

b. 对挡水坝段，标准谱和标准谱时程作用，设计地震工况下坝踵和上、下游折坡点静动综合最小主应力大多在 2～5MPa 之间。

c. 对溢流坝段，标准谱和标准谱时程作用，设计地震工况下坝踵和上、下游折坡点静动综合最小主应力大多在 2～5MPa 之间。

d. 设计地震工况下挡水坝段高程 1307.00m 层面抗滑稳定安全系数小于 1，不满足规范要求；其余高程层面在设计地震工况下抗滑稳定安全系数均大于 1.0。

线弹性有限单元法计算结果表明，在上、下游折坡点，坝踵，坝趾等部位存在拉应力超过混凝土抗拉强度的问题，局部层面抗滑稳定也存在问题。

2）非线性有限单元法抗震分析。

a. 在标准谱设计地震作用下，典型挡水坝段、溢流坝段在上、下游折坡附近没有开裂。

b. 在标准谱设计地震作用下，大坝坝踵开裂深度未接近灌浆帷幕位置。

c. 考虑无限地基辐射阻尼的影响，静动综合主应力较线性有限元计算结果有明显的减小。

d. 考虑缝面和无限地基辐射阻尼效应非线性有限元计算得出，典型挡水坝段以及溢流坝段的层面在设计地震作用下，抗滑稳定安全系数最小值均大于 1.0，可认为抗滑稳定满足安全要求。

综上所述，综合考虑坝体应力分布、混凝土开裂情况及建基面以及层面抗滑稳定等因素，可以认为官地重力坝在计入无限地基辐射阻尼效应后，在设计地震情况下官地大坝的抗震有一定的安全裕度。大坝在坝踵，上、下游折坡点附近区域发生受拉损伤，损伤区域有限，且不会贯通。坝踵有一定的开裂，但是区域不大，不会危及大坝的安全。

（3）校核地震工况下大坝安全评价。

主要根据校核地震工况下材料力学动力法与拟静力法计算结果，结合有限元动力分析成果，研究大坝遇校核地震情况下大坝整体稳定安全性。

1）建基面稳定。根据材料力学动力法计算结论：各坝段的建基面抗滑稳定在校核地震工况下，仍然利用抗震规范极限状态表达式，但所有的分项系数、结构系数、设计状态系数等均取 1。结果表明，所有坝段的“抗力/作用效应”大于 1，即大坝是稳定的。

根据拟静力法的计算结论：校核地震工况下，通过基础处理，所有坝段建基面抗滑稳定结构系数均大于 2.70，增加工程量较小。

2）层面稳定。根据材料力学动力法计算结论：典型剖面在校核地震工况下，假定计算模式同建基面稳定。结果表明，所有坝段“抗力/作用效应”大于 1，即大坝层面是稳定的。

根据拟静力法的计算结论：典型剖面在校核地震工况下，各层面抗滑稳定结构系数均大于 2.70。

3）深层稳定。深层稳定采用了材料力学动力法、拟静力法［DL 5073 被动抗力法、SL 203 等 K 法（双滑面、多滑面）］等多种方法计算，其中等 K 法计算结果稳定安全性最低。对等 K 法，采取措施确保结构“抗力/作用效应”大于 2.3，较设计地震工况增加工程量不大。以上表明，在采取措施后大坝在校核地震工况下是稳定的。

4）大坝局部开裂后整体稳定研究。“考虑辐射阻尼后的”大坝非线性有限元计算表明，校核地震工况坝踵开裂深度已接近帷幕灌浆的位置。简化计算表明，即便在最不利的情况下［防渗帷幕破坏、坝前正常蓄水位（水位无法降低）、连续发生 100 年内超越概率为 0.01 的地震］，大坝建基面“抗力/作用效应”

的比值大于1，大坝深层抗滑稳定在校核地震情况下"抗力/作用效应"的比值大于1，故认为即便大坝在遭遇校核地震后坝踵开裂至帷幕灌浆位置，大坝仍然是稳定的，仍然满足"不溃坝"的要求。考虑到帷幕破坏后仍然有修补条件，因此不需要在坝踵部位采取限制裂缝开展措施。

综上所述，在校核地震工况下，大坝整体稳定满足安全要求，不会发生溃坝。

（4）大坝极限抗震能力分析。

计算模型：地基D-P非线性模式＋坝体混凝土非线性模式，通过增大地震动的峰值，分析坝体应力、损伤开裂以及抗滑稳定的变化规律。结果表明，大坝超载能力约为1.5倍设计地震动峰值加速度。

（5）大坝抗震措施。

大坝设防目标首先要确保在遭遇设计烈度的地震时，允许产生有可修复的轻微损坏，经一般处理后仍可正常运行；在遭遇校核地震时，不发生溃决破坏。按照上述原则结合官地大坝各种计算分析结果，对官地大坝进行抗震措施设计，采用的抗震措施及其设计原则如下：

1）材料力学动力法和拟静力法计算表明，设计地震工况下层面抗滑稳定满足规范要求，校核地震工况下层面抗滑稳定也具有较大的安全系数，线弹性和非线性有限元分析表明，层面抗滑稳定也具有较大的安全系数。材料力学动力法和拟静力法计算表明，设计地震工况下部分坝段基础深层和基面抗滑稳定不满足规范要求，因此，大坝稳定措施研究主要针对基础深层和建基面稳定进行。

2）材料力学动力法和拟静力法计算表明，设计地震工况下坝体抗压承载力满足规范要求；坝体抗拉承载力材料力学动力法计算结果表明部分高程不满足规范要求，研究表明采用增加坝体断面的方式其改善拉应力效果不显著，也不能完全解决问题，且增加工程量较大。拟静力法计算结果表明，坝体抗拉承载力满足规范要求。考虑到材料力学动力法计算模型与实际情况相比做了简化，拉应力控制标准依然可能存在不合理情况，因此解决坝体拉应力较大问题拟按以下原则进行：合理设计重力坝的体型，适当减轻坝体上部重量，对坝体计算拉应力较大区域和变截面部位适当配筋，限制裂缝发展范围，局部提高混凝土强度等级。

3）重视和加强坝体混凝土的温控与养护，切实保证大坝混凝土的浇筑质量，特别是上游防渗层施工质量。对坝内孔口和廊道拉应力区适当加强布筋，防止裂缝发生。

4）坝顶采用轻型、简单、整体性好的附属结构，尽量降低高度。加强溢流坝段顶部桥梁的连接，提高桥梁的抗滑移能力。

5）加强坝缝止水设计，选用变形能力大的接缝止水型式及止水材料，在坝体迎水面布置3道铜片止水，尽量避免地震时止水发生破坏。综合材料力学动力法、拟静力法的大坝建基面、深层抗震稳定分析成果，对不满足抗震要求的坝段采取的抗震措施见表7.5-2。

表7.5-2　大坝基础稳定抗震措施汇总

坝段编号	建基面高程（m）	基础处理措施
3	1277.00	坝趾处混凝土平台厚5m，坝趾剪出面设5m混凝土塞
4	1254.00	向下挖5m，即建基面由高程1259.00m降低至高程1254.00m
5	1240.00	主滑面f_{x108}加10m混凝土塞
9	1186.00	坝趾后14m后平台，齿槽底长10m，深5m
11	1166.00	齿槽顶面长17.58m，最大深度8m
12	1166.00	主滑面f_{xh05}设70m混凝土塞，齿槽底长70m，深13m
13	1166.00	主滑面在坝底中部挖除部分f_{xh05}错动带设45m混凝土塞，齿槽底长45m，深20m；护坦末端挖除f_{xh07}设混凝土齿槽长25m
14	1173.00	齿槽底长30m，深3m
16	1180.00	齿槽底长15m，深10m
17	1190.00	齿槽底长12m，深8m
21	1250.00	齿槽底长7.5m，深5m

在限制大坝混凝土裂缝开展的措施设计方面，主要有局部提高混凝土强度等级、在抗拉安全裕度较小的部位增设抗拉钢筋以及对上、下游折坡点局部圆滑处理等方式来解决混凝土抗拉问题。具体措施如下：

1）拟针对坝高超过80m的坝段设置抗拉钢筋，具体为：在高程1220.00～1260.00m之间（上游折坡点附近）大坝上游表面设置φ32@200的钢筋，在高程1280.00～1330.00m之间（下游折坡点附近）大坝下游表面设置φ32@200的钢筋。

2）对局部尖角位置、折坡点进行圆滑处理；

3）在技施阶段根据上部结构情况，进行结构优化，如减轻大坝上部自重等。

4）局部提高抗拉安全裕度较小部位的混凝土强度等级。

7.5.3.8　宝珠寺重力坝抗震设计和汶川地震对大坝的影响

宝珠寺水电站位于我国四川省嘉陵江水系白龙江干流下游，以发电为主，兼有防洪、灌溉等综合效益。正常蓄水位588.00m，水库总库容25.5亿m^3，于2000年建成。工程地质条件复杂，坝基岩体主要为厚层块状钙质粉砂岩，强度高，裂隙胶结良好。存在软弱层、带组合的块体，透水性不均匀，且有强渗透带，经处理有改善。坝址基本烈度为6度。

大坝为折线型混凝土实体重力坝，坝顶高程595.00m，最大坝高132m，最大坝底宽92m，水库正常蓄水位588.00m，死水位558.00m，电站装机容量为700MW。为适应地质条件的变化，大坝轴线在平面上呈折线形，两侧向上游偏转。从右岸至左岸分别为1～27号坝段。各坝段间横缝设垂直向梯形键槽，并在高程550.00m以下埋设灌浆系统进行灌浆。各坝段坝体按柱状块施工，平行于坝轴线方向设4条纵缝，纵缝面设水平三角形键槽和灌浆系统，蓄水前进行灌浆以形成整体。枢纽采用河床段坝后式厂房，其两侧为泄水建筑的布置方案。采用厂坝联合作用结构，在厂坝结合处高程481.00m以下，结合面接缝设有键槽，并埋设灌浆系统，在水库蓄水位达到初期发电水位550.00m时进行接缝灌浆，厂坝形成整体结构。

大坝设计烈度定为6度，原设计未作抗震核算，后按竣工安全鉴定要求，按设计烈度7度进行了抗震复核。坝体混凝土的90d抗压强度在上下游坝面为20MPa、内部为15MPa、基础部位及上游死水位以上坝面为25MPa。

在汶川地震中坝址地震烈度初步核定为8度，地震时水库水位558.50m，接近死水位558.00m。坝址虽然离震中汶川较远，但在青川发生的6.4级最大余震距坝址仅约20km。震后不久中国水电顾问集团西北勘测设计研究院的初步检查表明：

河床坝段横缝有挤压现象，坝段结构相差较大的横缝尤为明显，坝顶路面层在坝体横缝处上翘。上游防浪墙及下游栏杆也在横缝处开裂，局部表面修饰层脱落。但各横缝间无明显错动迹象。左、右岸坝段横缝未见挤压、张开、错动现象。各坝段坝体纵缝震后均未见异常，坝体结构表面未见明显裂缝。震前少数在廊道处有渗水的横缝，震后渗水量略有增大。坝体无砂排水管均无大的渗水，多数为干孔，说明坝体上游面死水位以下部分没有贯穿性裂缝。

震后大坝基础未发生变位，各坝段坝基扬压力无明显变化，趋势平稳；基础廊道无错动，左、右岸灌浆排水隧洞的围岩、衬砌无明显损坏。

震前坝基渗水主要在右岸与F4断层分布有关的坝段。震后渗水量增幅明显，由220L/min增加到1650L/min，以后稳定在1000～1100L/min，仍远小于设计的12000L/min；其中个别坝段排水孔曾出现渗水变浑，但两天后变清。左岸排水洞及坝基渗水量均很小。

震后两岸近坝边坡均完好；主要泄洪闸门基本能正常启闭。

宝珠寺重力坝在设计中未考虑地震作用，但经受了8度地震而基本完好，没有发现通常重力坝在强震中头部易开裂的现象。初步分析认为，可能是由于存在下列对抗震有利的因素：其各个坝段间的横缝设有梯形键槽，而且在高程550.00m以下都进行了灌浆；最高的河床坝段采用了厂坝间下部灌浆连接成一体的结构；地震时，库水位接近死水位；此外，从坝顶平板闸门的抓梁被沿坝轴线方向平移了20cm多的现象判断，这次地震主要分量是沿坝轴线方向等。

7.6　土石坝抗震设计

7.6.1　基本原则和要求

（1）土石坝的抗震能力及其安全性，主要与地基和坝体土石料的特性与密实程度、坝体与地基的防渗结构以及连接部分的牢固与否密切相关。因此土石坝的抗震设计，应使地基、坝体构造和工程质量满足抗震要求，须进行适当的抗震计算，并必须从工程措施和施工质量上加以保证。

（2）土石坝抗震设计包括抗震计算和抗震措施。在地震烈度6度及以上的地区内修建土石坝时，应考虑地震作用的影响。对于设计烈度为6度的土石坝，可不进行抗震计算，但应采取适当的抗震措施。

（3）抗震计算应包括稳定、变形、防渗体安全、液化可能性等方面，依据相关标准对土石坝的抗震安全进行综合分析和评价。

（4）土石坝一般采用拟静力法进行抗震稳定计算。设计烈度7度及以上的1级、2级土石坝，设计烈度8度、9度的70m以上土石坝，或地基中存在可液化的土时，应同时用有限单元法对坝体和坝基进行动力分析，综合判断其抗震安全性。

（5）土石坝动力分析宜满足以下要求：

1）按材料的非线性应力—应变关系计算地震前的初始应力状态。

2）采用试验确定的材料动力特性。

3）采用等效线性化的或非线性时程分析法求解地震应力和加速度反应。

4）根据地震作用效应计算沿可能滑裂面的抗震稳定性，以及计算由地震引起的坝体永久变形。

5）根据地震反应分析成果，从稳定、变形、防渗体安全、液化可能性等方面，对抗震安全性进行综合分析和评价。

6）抗震措施应从坝址选择、地基条件、坝型选择、细部设计、坝料及施工质量等环节和因素综合考虑。

7）对于高烈度区、特别重要的土石坝，应结合材料试验、动力分析和模型试验，研究在采取抗震措施之后，大坝的破坏模式，分析评价大坝的极限抗震能力。

7.6.2 设计工况

（1）一般情况下，抗震计算的上游水位可采用正常蓄水位。多年调节水库经论证后可采用低于正常蓄水位的上游水位。

（2）土石坝的上游坝坡抗震稳定计算，应根据运用条件选用对坝坡抗震稳定最不利的常遇水位进行抗震计算。

（3）土石坝的上游坝坡抗震稳定计算，需要时，应将地震作用和常遇的水位降落幅值组合。

7.6.3 动力反应分析方法

土石坝的地震反应分析对于土石坝的抗震设计和动力稳定性判断（包括液化可能性评价）等具有重要意义。土石坝抗震动力分析的常用主要方法有包括剪切楔法、集中质量法、有限单元法等，其中有限单元法应用最为广泛。

土石坝地震反应分析方法从基于的土体动力本构模型来划分可分为两大类：一类是基于等价黏弹性模型的等效线性分析方法；另一类是基于（黏）弹塑性模型的真非线性分析方法。从地震过程中孔隙水压力影响的考虑方式来划分，地震反应分析方法又可分为总应力法和有效应力法，而有效应力法又可按考虑孔隙水压力消散和扩散与否，分为排水有效应力法和不排水有效应力法两种。

由于土石坝工程的快速发展，许多土石坝修建在狭谷之中，具有明显的三维效应，仅进行二维分析是不够的，按平面应变分析会造成较大误差，因此土石坝地震反应的三维动力分析成为必要。此外，随着计算技术和计算机的快速发展，也使得三维分析成为可能。

在动力反应分析的基础上进行液化可能性判断、坝体永久变形和稳定性分析，并进行综合安全评价，也是土石坝抗震分析的重要内容。

7.6.3.1 等效线性动力分析方法与真非线性动力分析方法

1. 土体动应力—应变关系及本构模型

（1）土的动应力应变关系。

土是由土颗粒所构成的土骨架和孔隙中的水及空气组成的。由于土颗粒之间连接较弱，土骨架结构具有不稳定性，故只有当动荷载及变形很小，土颗粒之间的连接几乎没有遭到破坏，而土骨架的变形能够恢复，并且土颗粒之间相互移动所损耗的能量也很小时，才可以忽略塑性变形，认为土处于理想的黏弹性力学状态。随着动荷载的增大，土颗粒之间的连接逐渐破坏，土骨架将产生不可恢复的变形，并且土颗粒之间相互移动所损耗的能量也将增大，土越来越明显的表现出塑性性能。当动荷载增大到一定程度时，土颗粒之间的连接几乎完全破坏，土处于流动或破坏状态。在动荷载作用下，土颗粒趋向新的较稳定的位置移动，土体因而产生变形。对于饱和土，当土骨架变形而孔隙减小时，其中多余的水被挤出。对于非饱和土，先是孔隙间的气体被压缩，随后是多余的气体和孔隙水被挤出。由于摩擦作用，使得孔隙水和气体的排出受到阻碍，从而使变形延迟，故土的应力变化及变形均是时间的函数。土不仅具有弹塑性的特点，而且还有黏性的特点，可将土视为具有弹性、塑性和黏滞性的黏弹塑性体。此外，还由于土具有明显的各向异性（结构各向异性、应力历史的各向异性），加上土中水的影响，使土的动应力—应变关系表现得极为复杂。描述土的动应力—应变关系，必须对土的非线性、滞后性、变形积累三方面的特性进行描述。土的动应力—应变关系也并不是简单表现为这三个特性的组合，土的各种特性之间有着特定的依赖关系。就简单问题而言，可将这三者分别加以考虑得到土体的动本构关系，在一定范围内可取得足够精确的结果。对复杂问题而言，应将这三者联合考虑，才能得到满意的结果。

(2) 土体动力本构模型。

从土体受力后的表现可以抽象出以下三个基本力学元件，即弹性元件、黏性元件和塑性元件，并可以用这三个元件的组合来近似描述土的力学性能。采用弹性元件、塑性元件和黏性元件的不同组合就可以得到不同的力学模型。弹性元件和塑性元件的应力—应变关系组合可得到理想弹塑性模型。对于黏弹性模型，在土动力学中，多只考虑滞后模型。此外，还可以组合成双线性模型、黏塑性模型、黏弹塑性模型等。

土的动力本构关系模型主要可分为三类：①黏弹性模型，包括双直线模型、等效黏弹线性模型等；②真非线性模型，如以 Meising 准则为基础发展的非线性模型等；③弹塑性模型，又可分为经典弹塑性模型、套叠屈服面模型、边界模型、广义弹塑性模型和多机构塑性模型等。

当采用黏弹性模型、真非线性模型和经典弹塑性模型进行动力有效应力分析时，往往还需建立动孔隙水压力发展模型。动孔隙水压力发展模型主要分为应力模型、应变模型、内时模型、能量模型、有效应力路径模型以及瞬态模型等。为了计算动力残余变形，还需要建立包括残余剪应变和残余体积应变在内的动力残余变形模型。

2. 等效线性动力分析方法

等效线性方法是土石坝地震反应分析中应用较广泛的一种动力分析方法，其基于的土体本构模型是等价黏弹性模型，即等效线性模型。

(1) 土体等效线性模型。

等效线性模型是把土看做黏弹性体，采用等效剪切模量 G 和等效阻尼比 λ 这两个参数来反映土的动应力—应变关系的两个基本特征：非线性和滞后性，并表示出剪切模量和阻尼比与动剪应变幅的关系。这种模型的关键是要确定动剪切模量和动阻尼比随动剪应变幅的变化关系以及最大动剪切模量等。等价黏弹性模型尽管存在一些缺点，但概念明确，应用方便，补充一些相关的计算模式后能够全面分析地震反应，而且在参数的确定和应用方面积累了较丰富的试验资料和工程经验，能为工程界所接受，实用性强，应用较为广泛。

(2) 等效线性动力分析方法。

等效线性动力分析方法的基本性质是线性分析方法，但是采用迭代的方法使计算最终采用的剪切模量和阻尼比较好地符合土体非线性特性。为了得到土石坝单元的初始应力状态，需首先对土石坝进行静力计算。可采用静力有限单元法计算每一单元地震前的初始静应力。计算中应考虑坝料的静力非线性，可采用邓肯非线性模型等。在静力计算基础上进行动力分析，得到坝体的地震反应，以给出坝体的反应加速度、动剪应变和动剪应力等。

动力方程可以采用逐步积分法（如 Wilson - θ 法、Newmark 法等）求解。因为剪切模量和阻尼比与剪应变有关，所以它们在开始计算时是未知的，需要采用迭代法，循环迭代到剪切模量和阻尼比与每一单元的计算应变相适应为止。

动力反应分析得到相对准确的坝体单元和结点的地震反应情况，包括加速度、动应变和应力等。在此基础上，根据有关准则和要求，可进一步进行坝体液化可能性分析及坝体稳定性分析等。

由于等效线性方法是基于土体等价黏弹性模型进行的，其局限性和缺陷也是明显的，不能考虑影响土体动力变形特性的一些重要因素。其缺点主要有：

1) 不能直接计算残余变形。等价黏弹性模型在加荷与卸荷时模量相同，因而不能计算土体在周期荷载连续作用下发生的残余变形。

2) 不能考虑应力路径的影响。阻尼的大小与应力路径有关，在不同应力时加荷与卸荷的滞回圈所消耗的能量大小不同。

3) 不能考虑土的各向异性。土的固有各向异性反映过去的应力历史对土的性质的影响，而等效线性模型不包括这种影响。

4) 较大应变时误差大，等价黏弹性模型所用的割线模量在小应变时与非线性的切线模量很接近，但在大应变时两者相差很大，偏于不安全。

由此可见，基于等价黏弹性模型的等效线性分析方法得到的地震响应并不是真实的地震响应，要想得到土体更接近真实的地震反应，宜采用基于（黏）弹塑性模型的真非线性分析方法。

3. 真非线性动力分析方法

土工动力分析方法中，有别于等效线性分析方法的另外一种方法是真非线性动力分析方法。这种方法基于土体真非线性本构模型，即采用（黏）弹塑性模型。真非线性分析方法用切线剪切模量代替等效线性中的割线模量进行计算，切线剪切模量在滞回圈中的每一段都是不同的。由于真非线性动力分析比较真实地采用了地震动过程中各时刻土体的切线剪切模量，较好地模拟了土体的非线性特性，可计算出土体单元接近真实的反应过程，是一种比较精确的计算方法，而且可以直接计算出土体地震残余变形（永久变形）。

目前应用较多的有：基于 Masing 准则的真非线性模型与方法，中国水科院改进的黏弹塑性模型与真非线性方法，大连理工大学发展的量化记忆模型与真非线性方法等。

与等效线性方法相比，真非线性方法得到的应变和位移地震反应有着明显的区别：等效线性分析得出的动应变和位移围绕零点振动，没有偏移，无残余变形产生；真非线性分析得出的动应变和位移在振动过程中偏离零点，产生残余变形，并且地震过程中残余变形不断积累和增长。真非线性动力分析方法和等效非线性方法在概念上有着本质的区别，在计算结果上存在差异，真非线性方法较真实地反映了结构的地震反应，而且能够直接计算出坝体的残余变形，在理论上更为合理。

7.6.3.2 总应力法与有效应力法

从地震过程中孔隙水压力的考虑方式来分，地震反应分析方法又可分为总应力法和有效应力法。

总应力法中土体的应力—应变关系和强度参数等都是根据总应力确定的，采用的剪切模量和阻尼比只取决于震前的静力有效应力，即在振动孔隙水压力为零时的“总应力”，不考虑地震过程中孔隙水压力上升对土体性质的影响。

有效应力法则在分析中考虑孔隙水压力升高、有效应力降低、剪切模量和阻尼比变化的影响。有效应力分析方法的优点在于：提高了计算精度，更加合理地考虑了震动过程中土动力性质的变化，而且能够得出地震过程中孔隙水压力的积累增长过程、土的液化及其发展过程等。

有效应力法中又有不考虑孔隙水压力消散和扩散及考虑孔隙水压力消散和扩散两种，即不排水有效应力法和排水有效应力法。不排水有效应力法假定地震过程中的孔隙水不向外排出，而是封闭在土体骨架中。分析中考虑地震过程中震动孔隙水压力的逐渐增长、有效应力不断降低、土体剪切模量随着有效应力的降低而减小，但不考虑孔隙水压力在地震期间消散和扩散的影响。排水有效应力法与不排水有效应力法的不同之处在于，排水有效应力法考虑孔隙水压力的消散和扩散作用。

目前在多数地震反应分析中，一般只考虑孔隙水压力的产生增长过程，而没有考虑孔隙水压力的消散和扩散，即是不排水有效应力法。如果土层较厚、地震时间短、渗透系数较小的情况下，这种处理是可以接受的。但当前相当多土石坝的坝料和地基砂砾料属中等透水性，则在有效应力方法中不仅要考虑孔隙水压力的产生增长，而且应考虑孔隙水压力的消散和扩散，即应采用排水有效应力法。

振动孔隙水压力的计算是有效应力地震反应分析的一个关键环节，同时能否正确计算孔隙水压力上升量是评价地基液化的关键问题之一，是液化分析的基础。目前已提出了多种孔隙水压力模型，如应力模型、应变模型、内时模型能量模型、有效应力路径模型及瞬态模型等。实际计算中，也可采用直接利用试验曲线的孔隙水压力计算方法。

为了考虑孔隙水压力的消散和扩散，可采用相应的固结理论与孔隙水压力增长计算模式相结合的方法。在这方面可采用两种理论：一种是基于 Terzaghi 固结理论；另一种是基于 Biot 固结理论。Biot 固结理论从较严格的固结机理出发，能够很好地反映三维情况下孔隙水压力与土骨架变形的相互制约，孔隙水压力和土骨架变形可以耦合求解，从而能够同时得到孔隙水压力和土骨架应力与变形。目前较为成熟和应用广泛的是基于 Biot 固结理论的排水有效应力法。

7.6.4 土石坝抗震稳定分析

《水工建筑物抗震设计规范》(SDJ 10—78) 中规定，应采用拟静力法进行抗震稳定计算。《水工建筑物抗震设计规范》(SL 203—97、DL 5073—2000) 规定，土石坝应采用拟静力法进行抗震稳定计算。同时规定，设计烈度为 8 度、9 度的 70m 以上土石坝，或地基中存在可液化土时，应同时用有限单元法对坝体和坝基进行动力分析，综合判断其抗震安全性。在 SL 203、DL 5073 中，依照“积极慎重、转轨套改”的原则，在拟静力法中采用了以分项系数表达的承载能力极限状态设计方法。在具体计算中，采用以不计条块间作用力的瑞典圆弧法为主，并辅以计及条块间作用力的简化毕肖普 (Simplified Bishop) 法。

对《碾压式土石坝设计规范》(SDJ 218—84) 修编后，颁布了《碾压式土石坝设计规范》(SL 274—2001、DL/T 5395—2007)。在 SL 274、DL/T 5395 中规定仍以传统的安全系数法为坝坡抗滑稳定计算的方法，在具体计算中采用以计及条块间作用力的方法为主。即对于均质坝、厚斜墙和厚心墙坝宜采用计及条块间作用力的简化毕肖普 (Simplified Bishop) 法；对于有软弱夹层、薄斜墙、薄心墙坝的坝坡稳定分析及任何坝型，可采用满足力和力矩平衡的摩根斯顿-普赖斯 (Morgenstern - Price) 等方法。

多年来，拟静力法在我国土石坝的抗震设计中发挥了很大的作用，积累了丰富的经验。日本大坝委员会 1978 年发布了《坝工设计规范》。日本建设省河川局开发科 1991 年颁发《土石坝抗震设计指南》，其中土石坝的抗震设计与我国 SDJ 10 类似。自从提堂 (Teton) 垮坝及圣费尔南多 (San Fernando) 坝遭受震害以来，美国垦务局已不再采用拟静力法进行土石坝的抗震稳定分析。美国陆军工程兵团仅对地震作用较小（地面峰值加速度≤0.05g）的密实地基上填筑质量很好的土石坝采用拟静力法。目前在美国，土石坝抗震计算主要采用动力法，其内容包括建立在有限元动力基础上的滑动稳定计算和变形计算。

近年来我国在高烈度区设计及建造的一些高土石坝，对工程设计提出了更多的要求，除了进行传统的稳定计算外，还可能需要坝体和坝基内的动应力分布、地震引起的孔隙水压力变化、地震引起的坝体变形，以及防渗体的可靠性、坝体与坝肩结合部位的应力分布、变形状况和裂缝等，这些工作都需要采用动力分析来解决。此外，1971年美国圣费尔南多地震中下圣费尔南多坝的液化，1976年我国唐山地震中密云水库白河主坝因保护层液化而引起的滑坡均表明，当坝体和坝基中存在可液化土类时，采用拟静力法不能得出正确的安全评价。特别是“5.12”汶川地震中紫坪铺大坝的震害与地震前的动力计算结果有较强的可比性，用震害实例证实了动力分析方法的可靠性与先进性。

鉴于拟静力法在我国土石坝抗震设计中的实际作用，针对我国大量的中小型水库绝大多数为土石坝，无法广泛采用动力分析这一国情，根据国内外土石坝抗震设计的水平，并考虑到在动力分析中的计算参数选择及工程安全判据方面资料尚不够充分，我国目前仍以拟静力法作为土石坝抗震设计（稳定分析）的主要方法，但设计烈度7度及以上的1级、2级土石坝，设计烈度8度、9度的70m以上土石坝，或地基中存在可液化的土时，应同时用有限单元法对坝体和坝基进行动力分析，综合判断其抗震安全性。

7.6.4.1 拟静力法

拟静力法是把坝体各质点的地震惯性力当做静力作用在该质点处，用以计算坝坡的抗滑稳定安全系数。在拟静力法中，采用一般的坝坡稳定分析方法即刚体极限平衡法进行计算，求出抗震稳定的结构系数 γ_d 或安全系数 K，使其不小于规范中规定的数值。

地震作用对土石坝及其地基稳定性的影响，主要考虑土石料的动力有效抗剪强度指标及地震荷载。其他方面与土石坝的静力稳定分析方法基本相同。

根据土石坝的不同断面结构型式（如均质坝、心墙坝、斜墙坝等）和不同筑坝材料，可分别采用圆弧滑动分析、折线滑动分析、坡面滑动分析等不同方法。

按SL 203、DL 5073，拟静力法进行抗震稳定计算时，对于均质坝、厚斜墙坝和厚心墙坝，可采用瑞典滑弧法按规定进行验算；对于1级、2级及70m以上土石坝，宜同时采用简化毕肖普法。对于夹有薄层软黏土的地基，以及薄斜墙坝和薄心墙坝，可采用滑楔法计算。

在拟静力法抗震计算中，土石坝坝体质点的动态分布系数应按表7.6-1取值。

表7.6-1　土石坝坝体动态分布系数 α_i

坝高 $H\leqslant40$m	坝高 $H>40$m
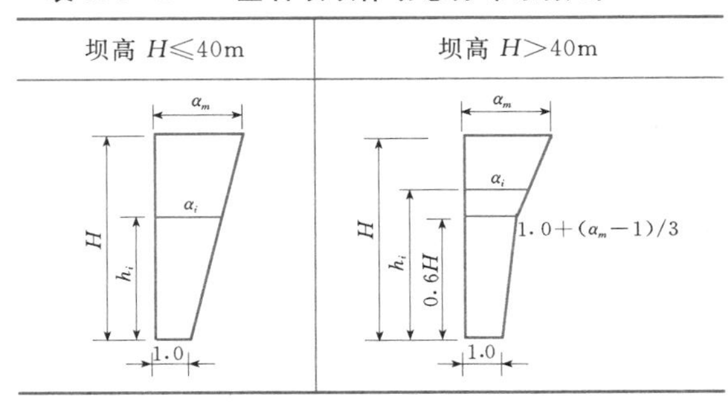	

对于1级、2级坝，宜通过动力试验测定土体的动态抗剪强度。当动力试验给出的动态强度高于相应的静态强度时，应取静态强度值。黏性土和紧密砂砾等非液化土在无动力试验资料时，宜采用静态有效抗剪强度指标，其中对堆石、砂砾石等粗粒无黏性土，可采用对数函数或指数函数表达的非线性静态抗剪强度指标。

影响土的动态强度的因素很多，包括土的密实程度、颗粒级配、形状、定向排列、稠度以及振动应力和应变的大小，振动频率和历时，振动前土的应力状态等。因此，原则上应通过动力试验测定抗震稳定分析中土体的抗剪强度指标。SDJ 10颁布30年来的实践也表明，对于地震区的大中型工程有必要也有条件进行动力试验。

对于混凝土面板堆石坝，动水压力对坝体地震作用效应影响不宜忽略，其动水压力可按重力坝动水压力的确定方法确定。

1. 瑞典圆弧法

在SL 203、DL 5073中，给出了按用瑞典圆弧法确定坝坡抗震稳定的作用效应和抗力的代表值，见图7.6-1和式（7.6-1）、式（7.6-2）。

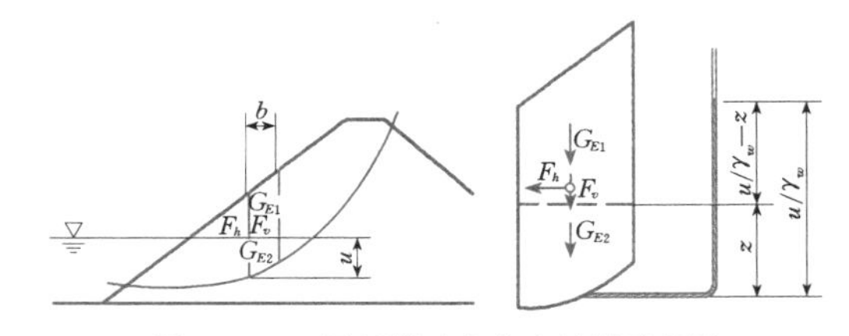

图7.6-1　圆弧滑动条分法计算示意图

$$S=\sum[(G_{E1}+G_{E2}\pm F_v)\sin\theta_t+M_h/r] \quad (7.6-1)$$

$$R=\sum\{cb\sec\theta_t+[(G_{E1}+G_{E2}\pm F_v)\cos\theta_t-F_h\sin\theta_t-(u-\gamma_w z)b\sec\theta_t]\tan\varphi\} \quad (7.6-2)$$

其中

$$G_{E1}=\sum(\gamma b\Delta h)_1 \quad (7.6-3)$$

$$G_{E2}=\sum(\gamma' b\Delta h)_2 \quad (7.6-4)$$

$$F_h=a_h\xi\alpha_i/g \quad (7.6-5)$$

$$F_v=a_h\xi\alpha_i/3g \quad (7.6-6)$$

式中 G_{E1}——条块在坝坡外水位以上部分的实重标准值；

G_{E2}——条块在坝坡外水位以下部分的浮重标准值；

F_v——作用在条块重心处的垂直向地震惯性力代表值，其作用方向可向上（+）或向下（-），以不利于稳定的方向为准；

F_h——作用在条块重心处的水平向地震惯性力代表值；

θ_t——通过条块底面中点的滑弧半径与通过滑动圆弧圆心铅直线间的夹角，当半径由铅直线偏向坝轴线时取正号，反之取负号；

M_h——F_h 对圆心的力矩；

r——圆弧半径；

c——土石料在地震作用下的黏聚力；

b——滑动体条块宽度；

u——条块底面中点在稳定渗流情况下的孔隙水压力，可由流网确定，或由有限元渗流计算确定；

z——坝坡外水位高出条块底面中点的垂直距离；

φ——土石料在地震作用下的摩擦角。

γ_w——水的容重；

γ——相应于各分段土石材料的实际容重（包括孔隙水重）；

γ'——条块在坝坡外水位以下部分的浮容重；

Δh——各条块在坝坡外水位以上部分的铅直分段高度；

a_h——水平向设计地震加速度代表值，按表7.3-4取值；

ξ——地震作用效应的折减系数，拟静力法计算地震作用效应时一般取0.25；

α_i——质点 i 的动态分布系数；

g——重力加速度，$g=9.81\text{m/s}^2$；

式（7.6-6）中，“1/3”考虑了两个因素：

（1）竖向设计地震加速度的代表值 a_v 应取水平向设计地震加速度代表值 a_h 的2/3。

（2）同时计算水平向和竖向地震作用效应时，总的地震效应将竖向地震作用效应乘以0.5的遇合系数后与水平向地震作用效应直接相加。

土石坝坝体动态分布系数 α_i 见表7.6-1。表中 α_m 在设计烈度为7度、8度、9度时，分别取3.0、2.5、2.0。

采用安全系数 K 的计算公式为

$$K=\frac{\sum\{cb\sec\theta_t+[(G_{E1}+G_{E2}\pm F_v)\cos\theta_t-F_h\sin\theta_t-(u-\gamma_w z)b\sec\theta_t]\tan\varphi\}}{\sum[(G_{E1}+G_{E2}\pm F_v)\sin\theta_t+M_h/r]} \quad (7.6-7)$$

2. 简化毕肖普法

采用简化毕肖普法，确定土石坝坝坡稳定安全系数 K 的计算公式如下：

$$K=\frac{\sum\{cb+[(G_{E1}+G_{E2}\pm F_v)\tan\varphi-(u-\gamma_w z)b\tan\varphi]\sec\theta_t/(1+\tan\varphi\tan\theta_t/K)\}}{\sum[(G_{E1}+G_{E2}\pm F_v)\sin\theta_t+M_h/r]} \quad (7.6-8)$$

式中各符号意义与瑞典圆弧法相同。

摩根斯顿-普赖斯法、折线滑动法、滑楔法以及无黏性土坡面滑动分析等可参考有关土力学书籍。

7.6.4.2 动力法

由于基于极限平衡理论的拟静力法不能很好地考虑土体的内部应力—应变关系和实际工作状态，求出的安全系数只是所假定的潜在滑裂面上的平均安全度，所得到的条间内力和滑裂面底部反力并不能代表土体在产生滑移变形时的实际内力分布，无法确定土体变形，也不能考虑变形对稳定性的影响。当坝体和坝基中存在可液化土类时，采用拟静力法不能做出正确的安全评价。对于高土石坝，用拟静力法计算坝体抗滑稳定的问题更为突出。因此，采用拟静力法进行土石坝及地基的抗震稳定性分析的缺点和局限性是明显的，基于地震反应分析的动力法逐渐受到重视和发展，应用也越来越广泛。

设计烈度7度及以上的1级、2级土石坝，设计烈度8度、9度的70m以上土石坝，或地基中存在可液化的土时，应同时用有限单元法对坝体和坝基进行动力分析，综合判断其抗震安全性。土石坝动力分析的具体要求见“7.6.1基本原则和要求”。

运用动力法评价坝体的动力抗滑稳定性，首先要对大坝进行地震反应分析，具体动力分析方法见“7.6.3动力反应分析方法”。

在运用有限单元法计算出土石坝单元的静应力和地震作用下的动应力后，则可以用来进一步分析土石坝坝坡的抗震稳定性。

可采用基于应力法的动力法，亦可采用基于强度折减等途径的动力稳定分析方法。

基于应力法的动力法定义的安全系数是潜在滑动面上土体能提供的最大抗剪强度同潜在滑动面上土体由外荷载产生的实际剪应力的比值。

在动力计算中，假定滑动面形状，给定搜索范围，由程序自动寻找最危险滑动面的位置，并计算相应的稳定安全系数。

在整个地震过程中，土体各单元的动应力及动孔压随震动时间不同而不同，因此其动力抗滑稳定安全系数 F_s 也是时间的函数。如果考虑地震过程中反应应力的时程变化，计算出每一瞬时的坝坡抗滑稳定安全系数，则称为动力时程线法。如果不考虑地震过程中反应应力的时程变化，滑动面上的法向应力取为震前有效法向应力，剪应力取为震前剪应力与等效动剪应力（即0.65倍的最大动剪应力）之和，则得到按地震作用等效平均算得的最小安全系数，则称为动力等效值法。

动力时程线法算得的安全系数是地震过程中每一时刻（瞬时）的安全系数，反映了地震过程中坝坡抗滑稳定安全系数随时间的动态变化过程。而动力等效值法得到的安全系数是地震作用下坝坡一个总的安全系数，是整体平均等效的概念，不反映地震过程中安全度的动态变化。综合两种方法分别算出的安全系数，便可对坝坡的抗震安全性进行判断。

7.6.5　土石坝地震永久变形

作为大坝设计和抗震安全性评价的重要指标，土石坝的地震永久变形计算是土石坝抗震分析中一个重要课题。土石坝地震永久变形的计算方法除了利用（黏）弹塑性模型直接计算残余变形的真非线性分析方法外，主要有两大类：一类是滑动体位移分析法；另一类是整体变形分析法。

7.6.5.1　滑动体位移分析法

滑动体位移分析法的基本出发点是假定土石坝的残余变形主要是由地震时坝坡及地基发生瞬态失稳时滑移体产生位移造成的，该方法较适合于填筑密实的土石坝。土石坝在地震作用下，当稳定安全系数小于1时，即滑动力大于抗滑力时，坝坡及地基发生滑动。但是由于地震运动方向和幅度是随时间而变化的，而且最终趋于停止，因此滑动亦随之改变方向或停止，这样产生的滑动位移是有限度的，与土石坝的静力失稳不同。

滑动体位移法的关键步骤为：①确定屈服加速度；②计算有效加速度；③计算滑移体残余位移。在求得屈服加速度和有效加速度的时程曲线后，由超过屈服加速度部分积分求出滑动体残余位移。对某一预期滑动土体，当地震引起的有效加速度超过其屈服加速度时，就认为有滑动位移产生，其大小由加速度差值的两次积分求得到。

滑动体位移法简单方便，早期工程上应用较多。需要注意的是，如何确定土石坝在地震作用下的滑移面是个很关键的问题，此外，如何考虑地震过程中抗剪强度降低、剪胀现象等也是值得探究的。

7.6.5.2　整体变形分析法

整体变形分析法的基本假定是把坝体及地基作为连续介质来处理。这类方法一般是先进行地震反应分析，求出坝体及地基的反应，然后利用材料动力残余变形特性的试验结果，加以简化求出坝体残余变形。

整体变形分析法又可分为两种。

第一种是修正模量法（即软化模量法），该方法认为地震前后坝体及地基的初始应力不变，残余变形是由于材料的模量降低而引起的，按照地震前后两个不同的模量分别计算坝体及地基的变形，则所得变形量之差即为地震引起的残余变形，这种方法又有线性法和非线性法之分。

第二种是等效节点力法，通过地震动力反应分析和循环三轴试验可以确定土石坝断面中各有限元的应变势，但由于相邻单元间的相互作用，这种应变势不能满足变形的相容条件，并不是各有限元的实际应变。为了使各有限元能够产生与应变势引起的应变相同的实际应变，就设法在有限元网格节点上施加一种等效静节点力，然后以此等效静节点力作为荷载按静力法来计算坝体的地震残余应变。

等效节点力法在工程中得到了广泛应用。采用这种方法确定土石坝地震残余应变，除了对土石坝进行地震反应分析外，基于试验研究确定土石料动力作用下的残余应变模式也非常关键。

7.6.5.3　真非线性分析法

真非线性动力分析基于土体真非线性本构模型，

较好地模拟了土体的非线性特性，而且能够较好地模拟残余应变，可以直接计算出土体地震永久变形。见“7.6.3 动力反应分析方法”。

早期发展的残余应变计算方法中多数只考虑了残余剪切应变引起的残余应变，没有考虑残余体应变引起的残余变形，而土体残余应变中，既包括残余剪切应变，也包括残余体积应变，残余体积应变是不宜忽略的，尤其是对堆石坝。因此，应采用包括残余体应变和剪切应变的残余应变计算方法。

7.6.6 土石坝抗震安全评价

土石坝抗震设计的重点首先是工程质量。地基必须坚固和不漏水，坝体必须填筑密实，以及坝体与岸坡或混凝土等刚性建筑物的连接结合部位必须牢靠等。否则，土体可能由于孔隙水压力的上升引起失稳或液化，或由于严重变形导致漏水或溃决。需要结合工程经验和抗震安全评价进行合理设计和科学预测与防范，必须从工程措施和施工质量上加以保证。

鉴于稳定、变形和防渗体安全等是决定土石坝抗震安全的关键因素，应分别从稳定、变形、防渗体安全、液化可能性等方面，对土石坝的抗震安全进行综合分析和评价。

7.6.6.1 抗震稳定性评价

1. 动力抗滑稳定性评价

动力抗滑稳定性评价是指在地震作用下土石坝坝坡及其覆盖层地基的抗滑稳定性评价。评价方法见“7.6.4 土石坝抗震稳定分析”。

在拟静力法中，采用一般的坝坡稳定分析方法即刚体极限平衡法进行计算，求出抗震稳定的结构系数 γ_d 或安全系数 K，使其不小于规范中规定的数值。

根据 SDJ 10 的规定，DL 203、DL 5073 套改得出结构系数 γ_d，考虑到土石坝等级已在结构的重要性系数 γ_0 中计入，故对各级土石坝的结构系数 γ_d 可予归并，采用瑞典圆弧法进行抗震稳定计算时，其结构系数 γ_d 取 1.25。

简化毕肖普法，是一个求 K 的迭代计算公式，无法给出用显式表达的结构抗力和结构系数 γ_d。故表 7.6-2 中对于不同的重要性系数 γ_0，给出了 γ_d 与 K 的换算关系，表中 γ_0 按 GB 50199 的规定，对 1 级建筑物取 1.1，对 2 级、3 级建筑物取 1.0。

表 7.6-2　γ_d 与 γ_0、K 的关系

γ_0 \ K	1.25	1.20	1.15	1.10	1.05	1.00
1.1	1.34	1.28	1.23	1.18	1.12	—
1.0	—	—	1.35	1.29	1.23	1.18

采用安全系数法，当采用考虑条间力的简化毕肖普法时，计算出坝坡抗震稳定最小安全系数 K 应满足表 7.6-3 的要求。当采用不计条间力的瑞典圆弧法时，安全系数的数值较表 7.6-3 减小 8%。

表 7.6-3　简化毕肖普法的安全系数 K

工程等级	1	2、3	4、5
安全系数	1.20	1.15	1.10

采用滑楔法进行稳定计算时，若假定滑楔之间作用力平行于坡面和滑底斜面的平均坡度，安全系数应满足表 7.6-3 的规定；若假定滑楔之间作用力为水平方向，安全系数的数值较表 7.6-3 减小 8%。

当采用动力法时，鉴于目前动力法处在逐步成熟的发展阶段，尚不宜给出严格的定量标准，应根据滑动面位置、滑动范围、动力时程线法中安全系数小于 1 的持时和程度，以及具体分析方法的特点等，参考拟静力法标准，结合动力反应结果，综合评判坝坡的抗滑稳定性及其对大坝整体安全性的影响。

2. 局部动力稳定性评价

在地震作用下土石坝及地基有可能发生局部的动力破坏，而局部破坏存在引发整体破坏的可能性，因此，对土石坝，尤其是关键区域和关键部位的局部动力稳定性进行评价，有利于分析土石坝抗震中的薄弱部位和环节，以采取合理工程措施，确保工程安全。

对于土石坝局部动力稳定性评价可采取坝体单元抗震安全性评价方法。

为了对地震作用下坝体单元的抗震安全性进行评价，在运用有限单元法计算出坝坡单元的静应力和地震作用下的动应力后，可按下式计算坝体单元的抗震安全系数 F_e：

$$F_e = \tau_f / \tau_e \qquad (7.6-9)$$

式中　τ_f——单元潜在破坏面的抗剪强度；

τ_e——单元潜在破坏面上的总剪应力。

如果单元抗震安全系数小于 1，则表明该区域存在动力剪切破坏的可能性，应进一步根据局部破坏范围、破坏程度等，结合其他评价结果，综合评价局部破坏对整体稳定的影响。

7.6.6.2 土体液化可能性评价

土体在地震作用下发生液化，严重时喷沙冒水，会造成建筑物的严重破坏。因而坝体及地基中土体液化可能性分析是土石坝抗震分析和安全评价的重要内容。

土体液化是一种相当复杂的现象，它的产生和发展存在着许多影响因素，如土的密度、结构、饱和度、级配、透水性能以及初始应力状态和动荷载特征等。对于土石坝及地基的土体液化可能性的判别方法，目前主要有以下几类：

（1）经验法：主要是根据过去地震时土体液化的表现和相关资料，长期经验积累形成的方法，包括规范法。

（2）地震总应力抗剪强度法：根据试验室测定的土体地震总应力抗剪强度进行分析，就是将计算得到的现场地震总剪应力与实验室测定的地震总应力抗剪强度相对比的方法。

（3）动剪应力对比法：就是将计算得到的现场地震剪应力与实验室测定的抗液化剪应力相对比的方法，包括Seed简化法等。

（4）孔压比法：根据地震过程中的孔压比进行判断的方法。

1. 经验法

经验法参见场地与地基一节。

2. 地震总应力抗剪强度法

（1）计算土体中不同位置处由地震引起的平均地震剪应力 τ_{av}，再根据静应力状态，求出地震总剪应力 τ_{fa}。

（2）根据动力试验测定的土在不同固结应力条件下的动强度（或抗液化强度）（即达到初始液化，或达到某种应变，例如5%、10%所需的剪应力）试验成果，整理出地震总应力抗剪强度曲线，计算原位应力状态下土体的地震总应力抗剪强度 τ_{fs}。

（3）将每一点的地震总剪应力 τ_{fa} 与地震总应力抗剪强度 τ_{fs} 进行比较。如果 $\tau_{fa} \geqslant \tau_{fs}$，则该点就发生液化；如果 $\tau_{fa} < \tau_{fs}$，则就不发生液化。将各不同位置的 τ_{fa} 与 τ_{fs} 的比值画成等值线，即可求出土体内 $\tau_{fa} \geqslant \tau_{fs}$ 的范围，即定出液化区的范围。

地震总应力抗剪强度法已在我国土石坝工程中得到广泛应用。

3. 动剪应力对比法

（1）计算土体中各不同位置处由地震引起的平均地震剪应力 τ_{av}。

（2）在实验室内用代表性砂样在原位限制压力作用下测定土的液化（或达到某种应变，例如5%、10%）所需的剪应力，即所谓抗液化剪应力 τ_L。

（3）将每一点的平均的地震剪应力 τ_{av} 与抗液化剪应力 τ_L 进行比较。如果 $\tau_{av} \geqslant \tau_L$，则该点发生液化；如果 $\tau_{av} < \tau_L$，则不发生液化。将各不同位置的 τ_{av} 与 τ_L 的比值绘成等值线，即可求出土体内 $\tau_{av} > \tau_L$ 的范围，即定出液化区的范围。

工程应用中常采用估计地震剪应力和土体的液化特性的Seed简化方法。

4. 孔压比法

如果能够进行考虑孔压消散和扩散的排水有效应力动力反应分析，则可以根据孔压比来判断是否液化，理论上更加合理、可靠。

鉴于问题的复杂性，在实际评价中，可根据工程的重要程度，取孔压比大于0.9～1.0作为初始液化的判别标准。

7.6.6.3 地震永久变形评价

土石坝的地震永久变形是大坝设计和抗震安全性评价的重要指标。土石坝的地震永久变形的常用计算方法见“7.6.5 土石坝地震永久变形”。

土石坝的地震永久变形是确定地震区土石坝坝顶超高的重要因素。现行碾压土石坝设计规范规定，土石坝坝顶超高包括波浪在坝坡上的爬高、风壅水面高度和安全加高。而地震区的安全加高应增加地震作用下的地震坝顶沉陷和地震涌浪高度。从现有资料来看，地震作用下碾压土石坝坝顶的竖向地震永久变形，即坝顶震陷，一般不超过坝高的1%。

土石坝地震永久变形的量值、分布规律以及地震变形的不均匀性等对大坝设计和抗震安全性评价具有重要意义。鉴于地震永久变形产生机理和影响因素的复杂性等，目前很难进行精确计算，基于地震永久变形的定量的安全评价标准尚在研究之中。美国曾规定，当采用Newmark滑动体位移分析法计算填筑良好的坝体地震沉陷时，沿破坏面计算的变形不超过2ft（英寸）。

利用（黏）弹塑性模型直接计算残余变形的真非线性分析方法与滑动体位移分析法和整体变形分析法相比，可以在一定程度上体现地震过程中地震永久变形对坝体地震反应的影响，如何建立地震永久变形与抗震稳定和整体安全性的关系尚需进一步综合分析和完善。

根据现有的震害资料分析，最大震陷超过坝高的0.6%～0.8%时土石坝可产生明显震害，并可能导致严重后果。现行碾压土石坝设计规范规定，当计算的竣工后坝顶沉降量与坝高的比值大于1%时，应在分析计算成果的基础上，论证选择的坝料填筑标准的合理性和采取工程措施的必要性。与静力类似，当计算得到的最大震陷超过坝高的0.6%～0.8%时，应慎重论证坝体的抗震设计和抗震措施。

7.6.6.4 防渗体安全评价

大坝防渗体系的抗震安全对于土石坝的抗震安全性非常重要。应在土石坝动力分析的基础上，做好土石坝防渗体的抗震安全评价，做好抗震设计和抗震措施。

土石坝坝型不同，关注的防渗体也不同。

(1) 对于土质心墙坝，应重点关注地震作用下心墙以及心墙与坝壳接触部位的抗震安全性问题，包括地震作用下反滤层及心墙振动孔隙水压力升高引起的强度问题、心墙与坝壳接触部位的局部剪切破坏问题、心墙内部的拉应力问题、水力劈裂问题、心墙上部的局部动力剪切破坏问题等。可在考虑动孔隙水压力影响的基础上，采用单元抗震安全性评价方法等方法评价局部动力破坏的可能性，并根据破坏区域的范围、分布和破坏程度，结合通过破坏区域的抗滑稳定分析、永久变形分析以及液化可能性评价等，必要时结合渗流分析，综合评价防渗体的局部破坏、抗震安全性及其对大坝整体安全性的影响。

(2) 对于面板坝，则应重点关注面板及接缝止水的抗震安全性。包括地震作用下面板脱空的可能性和范围，面板的应力、变形、挠度以及局部开裂，周边缝和垂直缝的变位及止水安全性等。面板的最大动应力一般在面板的中上部，还应重视静动力叠加后面板的拉压应力的量值和分布情况，关注面板河床中部区域的压应力和岸坡部位的拉应力问题，等等。并根据拉压应力的量值和范围，可能破坏区域的范围、分布和破坏程度，结合动力反应分析、永久变形分析等，必要时结合渗流分析，综合评价其抗震安全性及其对大坝整体安全性的影响。上述要点亦适用于防渗墙的抗震安全评价。

(3) 对于强震区特别重要的高土石坝工程，需要时可对其极限抗震能力进行研究。鉴于目前对土石坝极限抗震能力没有统一的评价标准，需要进行多种工况、多种角度的综合分析，考虑到变形、稳定和防渗体安全等是决定高土石坝抗震安全的关键因素，因此可以从稳定、变形、防渗体安全等方面对高土石坝的极限抗震能力进行研究和分析。可以分析不同等级强震作用下的坝坡稳定、坝体永久变形、防渗体安全(包括面板、心墙、防渗墙等)、液化可能性、局部动力稳定性等，分析各关键因素对整体安全的影响，研究可引发溃坝的失稳状态和破坏形式，综合分析大坝的极限抗震能力。除采用动力数值分析外，必要时可进行动力模型试验进行研究和验证。

(4) 此外，还应关注坝顶防浪墙的抗震安全性等。

土石坝抗震动力分析是一个非常复杂的问题，随着科技发展和工程建设的需要，有许多问题还需要进行更深入细致的研究。例如，在试验研究基础上，建立更合理实用的动力本构模型；发展和完善多耦合三维非线性地震反应分析的理论和方法；地震动输入机制的研究；深厚覆盖层上建造土石坝的抗震问题研究，包括覆盖层地基与坝体上部结构的动力相互作用分析等；建立基于坝体地震永久变形的安全评价方法；以及如何综合运用滑动破坏准则、永久变形破坏准则、液化破坏准则以及断裂破坏准则等全面定量判断土石坝抗震安全度等。

7.6.7 土石坝抗震措施

抗震措施应从坝址选择、地基条件、坝型选择、细部设计、坝料及施工质量等环节和因素综合考虑。

(1) 在场地选择上应尽量避免活动断层。若实在不能避开，则要根据断层的性状、规模，用工程类比法或进行工程在未来运行期内可能发生最大位错量的研究，据此再确定设计采用的最大位错量。如苏联罗贡电站大坝基础存在F35断层，其设计采用水平最大位错量为35cm；美国上晶泉坝坝址有活断层通过，设计考虑最大垂直位错量为0.9～1.5m；我国澜沧江小湾电站土石坝方案坝基下通过F7断层，设计考虑水平位错量15cm；美国柯约特坝坝基下伏卡拉凡拉斯断层的主分支，假定断层水平位移6m，垂直错动1m进行设计；美国帕尔姆达尔坝设计时考虑水平错动不超过6m，垂直错动不超过0.6～1.0m。

(2) 由于地震而产生的崩塌、新滑坡、老滑坡复活或泥石流等，都对土石坝枢纽的安全产生不利的影响，因此在库区及枢纽区必须查清是否会产生上述情况，并提出处理措施。如果难以处理或者所需经费很多，则应避开。

(3) 应选择坚实地基作为土石坝坝基。地基中如有可能发生液化破坏的土层，或淤泥、淤泥质土，软黏土等土层，应尽量避开或挖除。若因分布广、埋藏深、厚度大，不易避开和挖除时，应采取工程措施。

在地震作用下，还有可能发生沿岩石地基软弱结构面失稳的情况。这些软弱结构面包括泥化夹层、缓倾角断层、层间错动面、接触风化面等。因此要在正确选择这些软弱面抗剪指标的基础上进行稳定计算，如果计算结果是不安全的，则要挖除或采取相应的工程措施。

(4) 要做好坝基防渗工程。对坝基强透水层应尽可能采用垂直防渗措施，当采用水平防渗措施时应仔细论证其抗震安全性。当坝基会出现有害承压水时，应采取排水减压措施。

(5) 在地震区建坝，坝轴线一般宜采用直线，或向上游弯曲。在强震区不宜采用向下游弯曲的、折线形的、S形的坝轴线。

(6) 设计烈度为8度、9度时，宜选用堆石坝，防渗体不宜选用刚性心墙的型式。选用均质坝时，应设置内部排水系统，降低浸润线。

经震害调查，堆石坝比均质土坝的震害几率小，损失程度较低。日本宫城近海地震发生后，调查83座有震害的坝中，仅有一座是堆石坝。我国海城地震、唐山地震的震害调查，也反映出同一现象。“5.12”汶川地震震害调查表明，2000多座震损水库中绝大多数为小型工程，且多数坝高低于30m，10m以下的均质土坝最多，主要震害包括坝体裂缝、滑坡、渗漏、坝顶沉陷及坝体变形，放水设施损坏、防浪墙断裂倒塌等。均质土坝较分区坝震害重是由于其坝型决定的，均质坝体积大，浸润线高，尤其当高水位坝体土料饱和时，震害较严重。

“5.12”汶川地震中，与众多中小型均质坝对应的实例是紫坪铺面板堆石坝和碧口心墙堆石坝。尤其是紫坪铺大坝原按8度设计，这次汶川地震中遭受地震作用初估烈度在9～10度，已远超过原设计标准。从大坝震害情况看，坝主体的堆石体震后多趋于更加密实，整体稳定、安全。震后的损害主要是面板、坝顶结构及下游护坡等浅表部位，面板混凝土及接缝止水的局部破坏对大坝防渗系统的止水性能有一定影响。渗流量较之震前有所增加，但总量不大。总体上，紫坪铺大坝经受住了9～10度强震的考验，表明堆石坝是一种抗震性能良好的坝型。

在从抗震设计的坝型选择上，应优先选用堆石坝，只有在当地有丰富的合适的土料而又缺乏石料的中小型工程中，才选用均质坝。为改善均质坝的抗震性能，宜设内部排水，如竖向排水或水平排水系统，以降低浸润线。

(7) 应加强土石坝防渗体，特别是在地震中容易发生裂缝的坝体顶部、坝与岸坡或混凝土等刚性建筑物的连接部位。应在防渗体上、下游面设置反滤层和过渡层，且必须压实并适当加厚。

震害调查表明，土石坝震害的主要表现是裂缝，在设计中要适当采取防止裂缝的措施。在强震区要适当加厚防渗体和过渡层，以防止出现贯通性裂缝或减少裂缝所产生的渗漏破坏。土石坝坝顶是产生裂缝的主要部位，防渗体与岸坡基岩或其他混凝土刚性建筑物的连接部位，由于其刚度的差别，最易在地震时产生裂缝，因此要特别注意这些部位防渗体的设计与施工。裂缝自愈式土石坝是一种良好的抗震坝型，宜优先考虑选用。

(8) 防渗体与岸坡的结合面不宜过陡，不允许有反坡和突然变坡；与岩坡的结合面应不陡于70°，变坡角应小于20°。

土石坝与混凝土坝的连接，可采用插入式、侧墙式或经过论证的其他连接方式。插入式连接，应保持混凝土齿墙顶部插入心墙内的长度不小于连接段坝上、下游最大水位差的1/2。侧墙式连接，应保持土石坝与侧墙接合面的坡度不陡于1：0.5～1：0.7。适当加大防渗体和反滤层的断面，以延长渗径。

土石坝与岸坡或混凝土等刚性建筑物接合处应仔细夯实。防渗体在距接合面一定宽度范围内（厚约15～20cm），应选用黏性较大、含水量较高的塑性黏土铺填压密。

(9) 应选用抗震性能和渗透稳定性好且级配良好的土石料筑坝。均匀的中砂、细砂、粉砂和粉土等，不宜作为强震区的筑坝材料。

震害实践表明，土石料抗震性能的好坏直接影响土石坝震害的程度。国内近年来几次大地震中，大量土石坝经受了7～10度强震的考验，没有发生垮坝事故。但有一些坝，坝壳砂料和砂砾石料碾压不密实，在较低的烈度时，上游坝壳或保护层的水下部分反而发生滑坡事故。例如，渤海湾地震中，冶原、王屋、黄山三座宽心墙坝，处于6度地震区，上游均发生滑坡；海城地震中，处于7度区的石门心墙坝，上游坝坡滑动；唐山地震中，处于6度区的密云水库白河主坝，上游斜墙保护层的砂砾料液化引起滑坡（当时施工中砂砾料只用拖拉机碾压，其相对密度仅为0.36），滑坡方量约15万m^3，而附近的潮河主坝和一些副坝均未发生问题。由此可见，提高土石坝抗震性能的重要措施之一就是选用抗震性能和渗透稳定性好且级配良好的土石料筑坝，并对坝料压实。

均匀的中砂、细砂、粉砂和粉土等，不易压实，饱和后易于液化，抗冲刷性能差，不宜作为强震区的筑坝材料。若必须采用上述材料时，应只限于低烈度区（7度以下）不重要的小型土石坝的干燥部位（浸润线以上）。防渗体应采用抗震性能和渗透稳定性较好的土料。

在强震区不应采用水力冲填坝、水中倒土坝，以及未经压实的土石坝。

(10) 对于黏性土的填筑密度以及堆石的压实功能和设计孔隙率，应按照《碾压式土石坝设计规范》(SL 274—2001) 的规定执行。设计烈度为8度、9度时，宜采用其规定范围值的高限。随着近年来施工技术的发展，这种要求可以达到。考虑到坝体的动力放大作用，尤其要注意坝体上部的压实要求。

(11) 对于无黏性土压实，要求浸润线以上材料的相对密度不低于0.75，浸润线以下材料的相对密度则根据设计烈度大小选用0.75～0.85；对于砂砾料，当大于5mm的粗料含量小于50%时，应保证细料的相对密度满足上述对无黏性土压实的要求，并按此要求分别提出不同含砾量的压实干密度作为填筑控制标准。

(12) 不宜在土石坝下埋设输水管，以免地震时管道断裂，危及坝体安全。若必须在坝下埋管（包括廊道）时，应将管道建在基岩或坚硬的土层上，或将有压管建在坝下的廊道中。土基上一定要做管座，以减少地基的不均匀沉陷。坝下埋管宜用抗震性能好的现浇钢筋混凝土管或金属管。钢筋混凝土管分段，以5～10m一段为宜，管道接头处要做好止水和外包反滤层，在管道出口处包裹反滤层保护。在穿过防渗体范围内，应设置足够的截流环。管道周围的填土，应仔细压实。输水管的控制闸门应尽量位于进水口或防渗体前端。不要采用浆砌石管道。

(13) 坝顶超高应考虑包括坝体和坝基在地震作用下的附加沉陷量和水库地震涌浪高度的影响。

表7.6-4列出部分土石坝在地震时坝体和坝基所产生的附加沉陷。从国内外的资料看，如果坝基与坝体质量良好，在地震烈度7度、8度区，地震引起的坝顶沉陷并不明显，一般不超过坝高的1%。表中产生较大地震沉陷的西克尔、陡河、喀什、下圣费尔南多和海勃根等坝的沉陷都与坝基与坝体的液化、坝体的滑坡有关。由于产生的机理不同，地震的附加沉陷很难计算，特别是覆盖层较厚和有液化土层的情况。目前，美国采用纽马克（Newmark）法计算填筑良好的坝体顶部的地震沉陷，规定采用该方法沿破坏面计算的变形不超过2ft（约61cm）。

表7.6-4　部分土石坝地震产生的附加沉陷

坝　名	坝高（m）	坝顶沉陷（cm）	沉陷量/坝高（%）	地震烈度	备　注
西克尔	7.1	>100	>14	9	坝基液化
陡河	22	164	7.5	9	覆盖层>80m
密云白河	66	5.9	0.09	6	覆盖层44m
喀什	16	150	9.4	8	覆盖层5m
上村山	27	20	0.7	7	
石邑	26	15	0.6	8	
大野	37	30	0.8	9	
曹家堡	15	20	1.3	9	覆盖层4m
王家坎	17	24	1.4	9	
新安哨	10	40	4	9	覆盖层10m
照明	10	20～30	2～3	10	覆盖层3m
三道岭	17	22	1.29	8	
紫坪铺	156	70～80	约0.5	9	
下圣费尔南多	24	90	3.7	8	
南海威弗	27	2.5	0.1	10	
哈斯伍斯2号	10.5	0.075	0.7	7	
英菲尔尼罗	148	13	0.09		坝顶加速度0.13g
戈高蒂（Cogoti）	83	38	0.47	8	
海勃根（Hebgen）	27	200	7.4	10	

地震涌浪高度与地震机制、震级、水库到对岸距离、水库面积、岸坡和坝坡坡度等因素有关，还不能准确估计，实测资料也很缺乏。我国规范认为，一般可根据设计烈度和坝前水深采用0.5～1.5m。日本地震涌浪按坝高的1%计算。设计时应校核正常蓄水位加地震涌浪高度后不致漫溢地震沉陷后的坝顶高程。此外，对库区内可能因大体积坍岸和滑坡而形成的涌浪，应进行专门研究。

(14) 设计烈度为8度、9度时，宜加宽坝顶；放缓上部坝坡。坝坡可采用大块石压重，或土体内加筋。

由于坝体的动力放大作用，坝体上部的地震加速度较下部大，在坝顶附近地震加速度最大，致使土石坝顶部是抗震的薄弱部位，强地震时该部位出现拉应力，产生横、纵裂缝，易产生过大变形甚至局部滑坡，所以设计上应强化坝顶部位的设计，并考虑采取结构措施。可采取的做法是：设计烈度为8度、9度时，宜加宽坝顶；放缓上部坝坡，以防止坝顶附近的局部滑坡；尽量避免在坝顶上修建不必要的建筑物；宜用较低的防浪墙，并采取措施增加防浪墙的稳定性；坡面顶部宜用大块石护坡，堆石体内加筋、表面用钢筋网加固等。上游护坡应从坝脚铺起，以防止坝脚被淘刷，从而在地震时发生滑坡。

（15）对于分期施工的土石坝，新旧填料应有同样的填筑质量，避免突变，并做好新旧坝体间的结合。

（16）对于地基中抗剪强度低和灵敏度高的软弱黏性土层，在抗震设计时宜进行专门试验研究和分析。

由于软弱黏性土层的微弱结构在地震动力作用下很易被扰动，故土颗粒间的结构强度随之削减，孔隙水压力亦会增大，从而抗剪强度大幅度降低，甚至变为流动状态；同时压缩亦会增大，可造成建筑物地基失稳或产生较大变形，在抗震设计时宜进行专门试验研究和分析。

（17）对于面板堆石坝，除了上述抗震措施外，可采用如下针对性的工程抗震措施：

1）应加大垫层区的宽度，加强和地基及岸坡的连接，当岸坡较陡时，宜适当延长垫层料与基岩接触的长度，并采用更细的垫层料。

2）宜在面板中间部分选择几条垂直缝，缝内填塞沥青浸渍木板或其他有一定强度的填充板。

3）宜增加河谷中间顶部面板的配筋率，特别是顺坡向的配筋率。

4）宜增加坝体堆石料的压实密度，特别是在地形突变处的压实密度。

5）坝体用砂砾石料填筑时，应增加排水区的排水能力。下游坝坡以内一定区域宜采用堆石填筑。

7.6.8 土石坝抗震设计实例

本小节以“5.12”汶川地震中经受了强震考验的紫坪铺面板堆石坝作为土石坝抗震设计实例，重点介绍紫坪铺土石坝的抗震设计、典型震害以及有关启示、震后抗震安全复核与极限抗震能力分析等。

7.6.8.1 紫坪铺面板堆石坝工程概况

紫坪铺水利枢纽工程位于四川省成都市西北60km的都江堰市麻溪乡境内的岷江上游，下游距都江堰市9km。水库正常蓄水位877.00m，水库总库容11.12亿m^3。工程于2005年蓄水并开始发电。拦河大坝为混凝土面板堆石坝。最大坝高156m，坝顶高程884.00m，坝顶全长663.77m，坝顶宽度12.0m。上游坝坡1∶1.4，下游坝坡在840.00m马道以上为1∶1.5，其下和796.00m马道以下为1∶1.4，两级马道宽5m。

紫坪铺大坝当时按地震烈度8度设防，原设计采用100年内超越概率为0.02的基岩水平峰值加速度为0.26g。

紫坪铺工程距离“5.12”汶川地震震中仅17km，根据目前的地震资料，这次遭受的地震烈度在9～10度。大坝经受住了这次超常地震的考验，但大坝还是产生了明显的震害。

7.6.8.2 紫坪铺面板堆石坝主要抗震设计工作

在紫坪铺面板堆石坝的设计阶段，按照水工建筑物抗震规范的要求进行了抗震设计，包括抗震计算和抗震措施。

1. 抗震计算

通过室内大型动、静三轴试验，详细研究筑坝材料和覆盖层地基的动、静力工程特性，并在试验研究的基础上，采用非线性邓肯-张E—B模型对大坝进行了三维静力分析，采用三维真非线性模型进行了8度地震情况下的动力反应分析和安全评价，包括加速度反应、动应力反应、面板应力反应及变形、接缝位移、坝体及地基地震残余变形、单元抗震安全性、覆盖层地基液化可能性评价、面板及坝坡的抗震稳定性、总体安全评价等。

紫坪铺大坝当时是按8度设防，结合紫坪铺面板堆石坝设计进行的地震反应分析与评价研究工作在2001年完成，根据目前的地震资料，2008年“5.12”汶川地震时，大坝遭受的地震作用在9度以上，地震反应量值显著增大；从大坝震后资料来看，大部分反应与原来抗震分析的规律一致。根据当时的计算结果，坝体垂直震陷和水平变位矢量叠加后均指向坝内，轮廓图显示坝体在强震作用下整体是收缩的，与“5.12”汶川地震震害现象一致。根据当时计算的加速度反应、单元抗震安全性以及坝坡抗震稳定性分析成果，大坝坝顶和坝顶附近下游坡上部1/4～1/3区域抗震的薄弱部位，这与“5.12”汶川地震震害中坝顶和下游坡破坏区域吻合。当时的计算分析表明，河床中部以及坝顶附近动力反应最为强烈，坝顶及坝顶附近下游坡区域的加速度反应是比较大的，存在地震作用下上述区域堆石松动、滑落的可能性，也在这次大地震中得到验证。

设计阶段的抗震计算成果与“5.12”汶川地震震害的良好可比性表明，当时设计阶段采用的非线性地震反应分析及抗震安全性评价方法是适用和可靠的，也表明了抗震计算的必要性和工程意义。

2. 抗震措施

（1）重视地基处理工作。在计算分析的基础上，论证优化了覆盖层处理方案。

(2) 提高填筑密度，控制坝体变形。坝料选择和坝料分区合理，有效控制碾压质量，适当提高填筑密度，选择模量与主堆石相同量级材料用于次堆石区，以协调坝体变形。

(3) 采用了放缓上部坝坡、坝顶附近下游浆砌石护坡、加宽坝顶等抗震措施。

紫坪铺抗震设计阶段，结合抗震计算所采取的抗震措施在大坝遭受“5.12”汶川地震时发挥了良好效果，抗震措施的有效性得到了良好验证，见下面分析。

7.6.8.3 紫坪铺面板堆石坝主要震害及分析

“5.12”汶川地震中，紫坪铺大坝的主要震害包括大坝地震变形、面板的挤压破坏和错台与脱空、下游坝面部分区域块石松动翻起、防浪墙等坝顶结构及周边缝震损等。

1. 大坝地震变形

“5.12”汶川地震使大坝产生了明显地震变形。坝顶中部防浪墙测点（Y7）最大沉降值为683.9mm，由于余震和大坝应力变形重分布，5月17日沉降量增大到744.3mm，45d后沉降变形最大值760.0mm，后趋于稳定。坝体内部水管式沉降仪观测到的震陷量随坝高而增大，5月17日测得高程850.00m处坝体中部最大沉降量为810.3mm，余震影响略有波动，后趋于稳定。由于中坝段坝顶与路面存在约150～200mm脱空现象，按对应部位坝顶沉降量推算堆石填筑体顶部最大沉降量可达900mm。右岸坝顶路面与岸坡（开敞式溢洪道边墙）出现150～200mm错台沉降。图7.6-2为大坝坝顶中部震后变形情况。图7.6-3为震后坝体与右坝肩溢洪道沉降差及破坏情况。

图7.6-4为大坝坝顶震陷分布情况。图7.6-5为大坝0+251.0断面地震后坝体内部沉降量沿高程分布。

地震产生的坝体河流向水平位移总体上是指向下游侧。从防浪墙顶变形标点测得坝中部地震水平位移最大值为200.0mm。由于河谷形状的影响，左右坝段高程840.00m以上的坝轴向位移均指向河床坝段，岸坡较陡的左坝段位移较右坝段大，最大值为264.0mm。坝内水平位移计测得下游坝坡水平位移较上游防浪墙顶大，并随坝高增加而增大；下游坝坡高程854.00m处的水平位移为270.8mm；后期余震坝顶水平变位增加约100mm，后趋于稳定。

图7.6-2 大坝坝顶中部震后变形

图7.6-3 坝体与右坝肩溢洪道沉降差

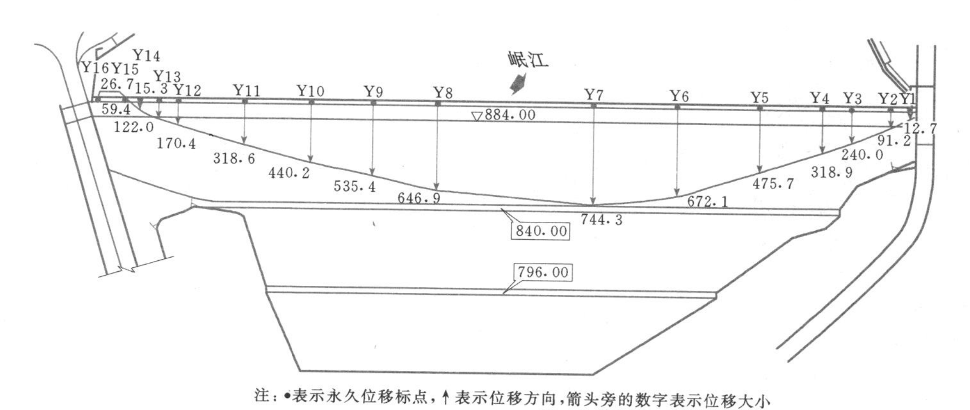

注：•表示永久位移标点，↑表示位移方向，箭头旁的数字表示位移大小

图7.6-4 大坝坝顶震陷分布（单位：mm）

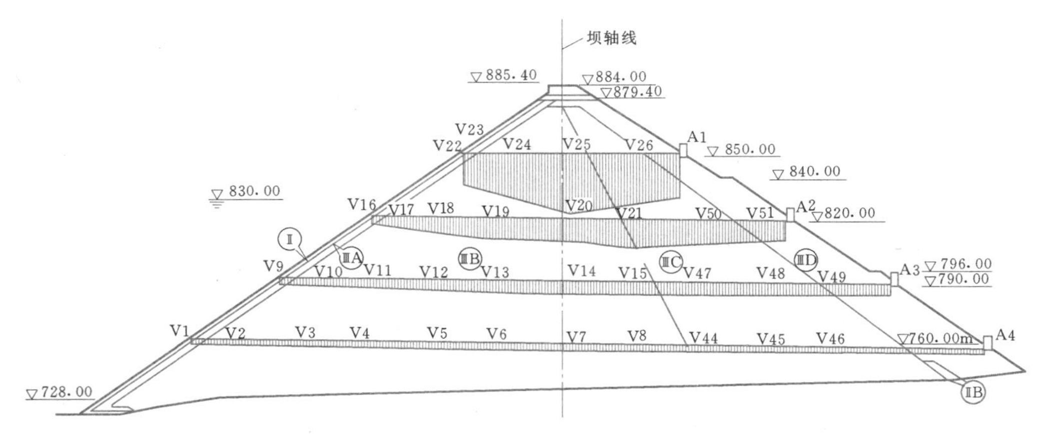

图7.6-5 大坝0+251.0断面地震后坝体内部沉降量沿高程分布（单位：mm）

现有观测结果表明，地震使得坝体断面缩小，坝体边坡向内部收缩，尤以最大断面附近收缩较为明显，随着坝体高程降低收缩量减小。

2. 面板的挤压破坏和错台与脱空

面板间的垂直缝发生挤压破坏。其中，23～24号面板之间垂直缝两侧混凝土挤碎，23～24号缝位于河床中部，坝体顺坝轴线方向由两岸向河床中间变形而受到挤压最严重的部位。5～6号面板间接缝也有挤碎，但破损程度较轻。另有9条发生局部挤压破坏。

高程845.00m二、三期混凝土面板水平施工缝错开，最大错台达17cm。部分混凝土面板与垫层间有脱空现象，最大脱空23cm。图7.6-6为高程845.00m二、三期混凝土面板水平施工缝错开现象。

图7.6-6 二、三期混凝土面板水平施工缝错台与脱空

3. 周边缝的震损

面板周边缝是混凝土面板堆石坝防渗系统重要组成部分，地震造成周边缝产生了明显变位。现有监测结果表明，部分周边缝三向测缝计变位较大，有的已超出周边缝可承受的范围。其中，Z2测点（左坝肩高程833.00m）周边缝沉降量达到92.85mm、张开57.85mm、剪切位移为13.42mm；Z9测点（右坝肩高程745.00m）周边缝沉降量达到53.65mm、张开26.97mm、剪切位移为103.77mm。

4. 下游坝坡的震损

强震下坝坡整体是稳定的。靠近坝顶附近的下游坡面砌石松动、翻起，并伴有向下的滑移，仅个别滚落；靠近坝顶浆砌石护坡完好。图7.6-7为下游坡面砌石松动和翻起现象。

图7.6-7 下游坡面砌石松动和翻起

5. 防浪墙等坝顶结构震损

坝顶防浪墙基本完好，个别部位发生挤压破坏和拉开现象，防浪墙接缝破坏在两岸是拉开，而河床中部的是挤压破坏；坝顶下游侧交通护栏大部分遭到破坏；坝顶下游路缘与坝上交通道路最大脱开超过60cm，坝顶路面与下游堆石脱开严重；防浪墙与上游面板顶部间的水平缝有破坏。

6. 渗漏量有所增大

渗漏量也较地震前有所增加，但总量不大。渗流水质在震后的1～2d较震前浑浊，并夹带泥沙，以后水质变清，至今未出现再次混浊。震后2条泄洪洞、1条排沙洞闸门井结构尚完整，启闭机房等上部结构损坏，泄洪洞闸门震后不能启闭，经过数天的紧急抢修已修复；排沙洞能开启泄水。电站厂房受损不严重，震后停机，但很快恢复发电泄水。

7.6.8.4　紫坪铺面板堆石坝抗震设计的总结

（1）紫坪铺面板堆石坝经受了超设计标准的地震考验，表明混凝土面板堆石坝本身是一种抗震性能良好的坝型，大坝设计和施工质量较好，使坝具有较强的抗震能力。紫坪铺大坝原按8度设计，100年内超越概率为0.02的基岩地震加速度0.26g，这次汶川地震震级为8级，震中烈度为11度。紫坪铺大坝离震中仅17km，初估烈度在9～10度，已远超过原设计标准。从坝体震陷看，如此强烈地震作用震陷仅80～90cm，占坝高的0.5%～0.6%，也表明紫坪铺坝料选择和坝料分区合理，碾压质量得到有效控制。从坝坡稳定看，除了坝中上部下游坝面部分区域块石松动、沿坡面向下稍有滑移外，没有发生明显的块石滚落现象，坝体整体是稳定的。从面板防渗功能看，尽管出现有面板周边缝拉开、水平施工缝错台、面板挤压破坏现象，但渗流量监测结果来看，地震中面板所承担的防渗功能并没有被明显破坏。从现有大坝抗震设防原则看，在遭遇设计地震时，要求大坝不发生严重破坏导致次生灾害；在强震时允许有局部损坏，可修复使用。这次汶川地震大坝的表现符合这一原则。

（2）这次紫坪铺大坝的震害体现了很多高面板坝地震反应的一般规律，包括：河床中部（最大坝高附近）以及坝顶附近动力反应最为强烈；坝体垂直震陷和水平变位矢量叠加后均指向坝内，说明坝体在强震作用下整体是收缩的，沿高程上是高程越高，震陷量越大，水平变形具有从上游向下游、两岸向中间的趋势；整体上河床部分受压而近岸坡部分受拉趋势明显；下游坡上部坡面堆石易于松动及滑塌；混凝土面板主要是挤压和剪切破损等。相关规律在之前的研究中已得到一定的总结和体现。同时，紫坪铺大坝遭受地震时，正处于低水位（826.00m），且地震方向与坝轴线交角较小，这次震害有其自身的一些特点，也提出了一些原先未予充分注意的问题，如地震作用方向的影响、上游水位的影响及其与面板脱空的关系、地震永久变形与面板各种震害间的规律与关系等，在今后的研究工作中应予深入研究和足够重视。场地地震危险性评价及地震动参数的确定工作也非常关键。

（3）总结紫坪铺面板堆石坝的抗震设计经验，可以得出以下有益经验和借鉴。

1）做好大坝基础处理工作。紫坪铺大坝工程在严格论证的基础上，对覆盖层地基进行了合理的处理，成功抗御强震的结果表明，处理措施是合理的。

2）采用较高的碾压参数，以提高堆石密度。提高堆石的压实密度与压缩模量，可以减小堆石的地震永久变形。紫坪铺坝料选择、材料分区及碾压参数选择都是成功的。

3）加强面板堆石坝渗控设计。严格控制垫层料级配、堆石施工顺序，紫坪铺在这方面的设计和施工控制都是很好的经验。

4）加强坝顶及坝体上部的抗震防护。紫坪铺大坝放缓了上部坝坡，采取了合理的坝坡防护措施。在下游坝坡采取了大块石护坡，并在坝顶附近下游采用了浆砌石护坡等抗震措施。离坝顶一定范围内的护坡需加强，紫坪铺大坝采用浆砌块石是成功的，但范围偏小，宜加大到坝高的1/4。

5）重视垂直缝的抗震设计。全部面板坝垂直缝的设计要尽量减小对面板厚度的削弱；紫坪铺式挤压钢筋布置是成功经验，还可考虑进一步加强抗震能力。垂直缝间填塞沥青浸渍木板、橡胶片或其他有一定强度的填充板以减轻面板间的挤压破坏。鉴于紫坪铺大坝面板垂直缝的挤压破坏不仅仅发生在面板中部，强震区垂直缝的填充防护范围宜适当扩大。

6）做好面板水平施工缝的抗震设计和施工。强震作用下，分期面板水平施工缝很可能成为面板抗震的薄弱环节，接缝结构型式对其抗御破坏能力有重要影响。紫坪铺面板堆石坝二、三期面板的施工缝做成了水平向，在强震作用下产生了严重错台，如果做成垂直面板的施工缝，其发生错台的可能性将降低。因此，分期面板水平施工缝宜做成垂直面板的施工缝，并适当布置挤压钢筋。

7）重视防浪墙等结构的抗震设计。改进细部结构、提高面板抗震性能，对于面板坝来说显得十分重要。

7.6.8.5　紫坪铺面板堆石坝震后抗震复核与极限抗震能力分析

“5.12”汶川地震后，为做好紫坪铺大坝工程的灾后除险加固，按照国家相关规范和规定，进行了紫坪铺大坝震后除险加固安全评价和抗震复核研究，为确保大坝达到“设计地震下可修复、校核地震下不溃坝”的要求，以及震后除险加固提供技术依据。

主要的工作内容包括：在对计算参数和方法进行复核的基础上，根据“5.12”汶川地震后核定的地震动参数，采用三维真非线性动力反应分析方法进行了紫坪铺面板堆石坝在设计地震和校核地震下的抗震计算与评价，并研究了大坝的极限抗震能力。

根据地震部门“5.12”汶川地震后最新核定的地震危险性分析成果和有关资料，该工程50年内超越概率为0.01基岩水平峰值加速度为185Gal；100年内超越概率为0.02的值为392Gal；100年超越概率1%的值为485Gal。结合工程特点及委托方要求，这次计算时，设计地震取100年内超越概率为0.02的值，即392Gal；校核地震取100年内超越概率为0.01的值，即485Gal。同时输入水平向（顺河向和横河向）和竖向地震，竖向地震输入加速度峰值取为水平向的2/3。

1. 设计地震工况下的抗震计算分析与评价

取100年内超越概率为0.02的地震动参数作为设计地震，基岩水平峰值加速度为392Gal，以设计地震的规范谱人工波、场地谱人工波及2条类似场地实测波为输入，进行了大坝的三维地震反应分析和抗震安全评价。主要结论如下：

(1) 在给定的三类地震波（场地波、规范波和实测波）作用下，整体效果而言，场地波作用下大坝的动力反应最大，以场地波输入整理地震反应结果。

(2) 在设计地震作用下，坝体顺河向加速度反应在河床中部最为强烈。坝体顺河向最大加速度为$10.43m/s^2$，最大加速度放大倍数为2.66，发生在坝顶；坝体横河向（坝轴向）最大加速度为$9.96m/s^2$，最大加速度放大倍数为2.54；坝体最大竖向加速度为$6.85m/s^2$，最大加速度放大倍数为2.62。从计算结果来看，大坝的表层放大效应明显，坝顶及坝顶附近坝坡区域的加速度反应是比较大的，瞬间的最大反应加速度超过了1g，应考虑在上述区域采取适当的抗震加固措施。

(3) 所得坝体中最大动剪应力为588.4kPa。坝体中单元抗震安全系数大部分大于1，但坝顶附近坡面出现单元抗震安全系数小于1的区域。

(4) 面板地震动应力中，坡向和坝轴向动应力较大，法向动应力比较小。坡向最大动应力出现在面板中上部，面板坡向最大动压应力为5.44MPa，坡向最大动拉应力为5.16MPa；坝轴向最大动压应力为5.82MPa，坝轴向最大动拉应力为5.41MPa。静、动力作用叠加后，面板坡向最大压应力为17.27MPa，坡向最大拉应力为2.65MPa；坝轴向最大压应力为19.88MPa，坝轴向最大拉应力为2.65MPa。

(5) 地震引起的周边缝最大位移为：张开13.1mm，沉降14.2mm，剪切11.3mm。地震引起的垂直缝最大位移为：张开7.5mm，沉降6.7mm，剪切8.5mm。

(6) 在不考虑孔隙水压力的消散时，算得的覆盖层中最大孔压比为0.51；在考虑孔隙水压力的消散时，算得的覆盖层中最大孔压比为0.12。可见，在给定地震作用下坝基覆盖层不会发生液化。

(7) 在给定地震作用下，坝体最大顺河向残余位移中，向下游最大，为30.3cm，向上游的最大水平残余位移13.5cm；最大坝轴向残余位移中，左岸22.3cm，右岸13.1cm，左岸大于右岸；最大竖向残余位移（沉降）为74.2cm，发生在坝顶处。大坝最大震陷值约为最大坝高的0.48%。

(8) 按动力时程线法算得的空库时面板抗震稳定安全系数时程曲线的最小值为1.08，按动力等效值法算得的最小安全系数为1.19。可见，面板是满足抗震稳定性要求的。

(9) 按动力时程线法算得的下游坝坡抗震稳定安全系数时程曲线的最小值为1.05。按动力等效值法算得的最小安全系数为1.17。可见，在地震过程中下游坝坡是稳定的。

综上所述，可以得出以下结论：

(1) 从大坝的动力计算分析结果看，该坝能够满足新核定的设计地震工况下的抗震安全性要求。

(2) 从计算结果来看，大坝的表层放大效应较为明显，坝顶及坝顶附近坝坡区域的加速度反应是比较大的，按动力时程线法算得大坝上、下游坝坡抗震稳定安全系数时程曲线最小值比较接近1，而且坝顶附近坡面出现单元抗震安全系数小于1的区域，存在地震作用下坝顶附近坡面局部动力剪切破坏和出现浅层局部瞬间滑移的可能性，但不会影响整体稳定。为确保工程安全，建议在上述区域采取适当的抗震加固措施。

(3) 地震作用下，面板动应力较大；静、动力叠加后，面板在河谷中部出现了较大压应力，在面板周边部位出现了较大拉应力，而且拉应力区范围较广，周边缝位移较大，因此应考虑在相应部位采取合理措施，以防止挤压破坏和因裂缝而形成的危害。

2. 校核地震工况下的抗震计算分析与评价

取100年内超越概率为0.01的地震动参数作为校核地震，基岩水平峰值加速度为485Gal，以校核地震的规范谱人工波、场地谱人工波及2条类似场地实测波为输入，进行了大坝的三维地震反应分析和抗震安全评价。

在校核地震作用下，大坝的地震反应性状和规律与设计地震下类似，在数值上更大一些。典型结果如下：

(1) 在校核地震作用下，坝体顺河向加速度反应在河床中部最为强烈。坝体顺河向最大加速度为$12.17m/s^2$，最大加速度放大倍数为2.51，发生在坝顶；坝体横河向（坝轴向）最大加速度为 11.60m/s^2，最大加速度放大倍数为 2.39；坝体最大竖向加速度为 7.92m/s^2，最大加速度放大倍数为 2.45。

（2）静动力作用叠加后，面板坡向最大压应力为 19.72MPa，坡向最大拉应力为 3.18MPa；坝轴向最大压应力为 22.43MPa，坝轴向最大拉应力为 3.31MPa。

（3）坝体最大顺河向残余位移中，向下游最大，为 36.5cm，向上游的最大水平残余位移 15.6cm；最大坝轴向残余位移中，左岸 26.3cm，右岸 16.2cm，左岸大于右岸；最大竖向残余位移（沉降）为 90.4cm，发生在坝顶处。大坝最大震陷值约为最大坝高的 0.58%。

（4）按动力时程线法算得的下游坝坡抗震稳定安全系数时程曲线最小值为 0.94。按动力等效值法算得的最小安全系数为 1.09。需要指出的是，尽管下游坡抗震稳定安全系数时程曲线中出现了小于 1 的值，不过持续时间很短，是瞬时的滑动，会造成地震残余变形的一定程度的积累，但并不意味着一定会发生坝体的破坏性滑坡；而且动力等效值法算得的最小安全系数是大于 1 的，综合来看，如能采取适当的工程措施，在校核地震作用下，坝体的整体稳定性是能够满足的。

综上所述，可以得出如下结论：

（1）从大坝的动力计算分析结果看，在新核定的地震工况下，该坝能够满足“校核地震下不溃坝”的抗震安全性要求。

（2）从计算结果来看，大坝的表层放大效应较为明显，坝顶及坝顶附近坝坡区域的加速度反应是比较大的，瞬间的最大反应加速度超过了 1g；在校核地震作用下，按动力时程线法算得大坝上、下游坝坡抗震稳定安全系数时程曲线最小值小于 1，而且坝顶附近坡面出现单元抗震安全系数小于 1 的区域，存在地震作用下坝顶附近坡面局部动力剪切破坏和出现浅层局部瞬间滑移的可能性，但不会影响整体稳定。为确保工程安全，建议在坝顶及坝顶附近坝坡区域（第一级马道以上）采取适当的抗震加固措施。

（3）地震作用下，面板动应力较大；静动力叠加后，面板在河谷中部出现了较大压应力，在面板周边部位出现了较大拉应力，而且拉应力区范围较广，周边缝位移较大，因此应考虑在相应部位采取合理措施，以防止挤压破坏和因裂缝而形成的危害。

3. 先期震动影响研究

与一般的土石坝的抗震安全评价不同，紫坪铺大坝是经历了“5.12”汶川地震强震的，在进行震后的抗震计算和抗震安全性评价时，应充分考虑先期震动的影响。为此，“5.12”汶川地震后，对紫坪铺面板堆石坝的坝料进行了大型动三轴试验结果，研究了先期振动对材料动应力—应变关系，尤其是对地震残余变形特性的影响等，在此基础上，采用三维真非线性动力反应方法，进行了考虑先期震动影响的地震反应分析。

根据计算结果，如果考虑前期已遭受强震作用影响，大坝的加速度反应虽然有所增大，但大坝的地震残余变形明显减小，相应面板的受力和接缝变形情况均有所改善。对于已经经受了“5.12”汶川地震的紫坪铺大坝而言，进行大坝的震后抗震能力评价时，考虑已遭受强震作用影响的分析结果具有重要参考价值。

4. 大坝极限抗震能力研究

大坝的极限抗震能力，尤其是高土石坝的极限抗震能力，目前没有统一的标准可参照，需要进行探索性的研究工作，也需要进行多种工况、多种角度的综合分析，考虑到变形、稳定和防渗体安全等是决定高土石坝抗震安全的关键因素，分别从稳定、变形、防渗体安全等方面，对大坝的极限抗震能力进行研究和分析。

为了研究大坝的极限抗震能力，在前述设计地震（392Gal）和校核地震（485Gal）分析基础上，又分别计算了基岩水平峰值加速度分别为 0.55g、0.60g、0.65g 和 0.70g 时的大坝地震反应情况，并分别从稳定、变形、防渗体安全等方面，对大坝的极限抗震能力进行研究和分析。

输入地震加速度时程曲线采用校核地震场地波地震加速度时程曲线，按不同强震等级调整输入加速度峰值。同时输入水平向（顺河向和横河向）和竖向地震，竖向地震输入加速度峰值取为水平向的 2/3。考虑到问题的复杂性，在进行极限抗震能力分析时，暂未考虑前期已遭受强震作用影响。

主要分析成果如下：

（1）从坝坡稳定的角度分析大坝的极限抗震能力。

在动力反应分析的基础上，采用动力法（包括动力时程线法和动力等效值法）分析了不同等级强震作用下坝坡的地震稳定性。

输入基岩峰值加速度大于 0.60g 时，按动力时程线法算得大坝上下游坝坡抗震稳定安全系数时程曲线最小值远小于 1，按动力等效值法算得的最小安全系数也小于 1，此地震作用下，大坝的整体安全性得不到保证。

从坝坡稳定的角度来看，初步认为大坝的极限抗震能力为 0.55g～0.60g。

(2) 从地震残余变形的角度分析大坝的极限抗震能力。

在动力反应分析的基础上，计算了不同等级强震作用下大坝的地震残余变形。

当输入基岩峰值加速度为 $0.70g$ 时，大坝产生了很大的地震残余变形，最大震陷达 162cm，为坝高的 1.04%，占坝高比例超过了规范建议取的坝高的 1%。这种显著的地震残余变形下，抗震分析和抗震设计的不确定因素很多，难以确保大坝的整体安全性。结合相关震害资料分析，最大震陷超过坝高的 0.7%～0.8%时可产生明显震害，并可能导致严重后果。

综上分析，从地震残余变形的角度来看，初步认为大坝的极限抗震能力为 $0.60g$～$0.65g$。

(3) 从防渗体安全的角度分析大坝的极限抗震能力。

对该工程而言，防渗体安全主要是面板系统的安全。在动力反应分析的基础上，计算了不同等级强震作用下面板的应力和变形、脱空可能性、接缝位移等。

根据计算结果，当输入基岩峰值加速度为 $0.60g$ 时，静动力叠加后，面板在河谷中部出现了较大压应力，在面板周边部位出现了较大拉应力，拉、压应力值接近或超过混凝土限值。周边缝位移较大，局部大于 3cm，超出允许变位值。一旦防渗系统出现问题，则可能导致严重后果。

综上分析，从防渗体安全的角度来看，初步认为大坝的极限抗震能力为 $0.55g$～$0.60g$。

(4) 从液化可能性和单元抗震安全性的角度分析大坝的极限抗震能力。

根据计算结果，随着输入基岩峰值加速度的加大，覆盖层地基中振动孔压和最大孔压比也在增大，但在上述各级强震作用下，根据有效应力液化判别的孔压比标准，均不会产生液化。需要指出的是，不液化并不意味着不破坏，对该工程而言，不宜用单一的是否液化来衡量大坝的整体安全性。

根据不同等级强震作用下大坝的单元抗震安全系数结果来看，当输入基岩峰值加速度大于 $0.60g$ 时，坝顶及坝顶附近 1/4 坝高范围内出现了较多单元抗震安全系数小于 1 的区域，有严重的剪切破坏区，坝坡内的剪切破坏区可引发坝坡的失稳和滑动，剪切破坏区可造成局部较大变形，影响面板与垫层的接触安全，可能导致面板脱空等，存在引发影响大坝整体安全的可能。

从单元抗震安全性的角度来看，初步认为大坝的极限抗震能力为 $0.55g$～$0.60g$。

基于上述计算结果，综合稳定、变形、防渗体安全等，初步认为大坝的极限抗震能力为 $0.55g$～$0.60g$。

需要指出的是，大坝的极限抗震能力，尤其是高土石坝的极限抗震能力，现阶段没有统一的标准可参照，需要进行探索性的研究工作。鉴于问题的复杂性，宜在试验研究和动力分析基础上，结合实际震害资料和模型试验等进行深入探讨和研究。

7.6.8.6 碧口心墙堆石坝工程震害

"5.12"汶川地震中，另一个土石坝震害的典型实例是碧口水电站工程。碧口水电站位于甘肃省文县碧口镇上游 3km 处的白龙江干流上，总库容 5.21 亿 m^3。工程等别为二等工程，枢纽主要由大坝、泄水、引水发电等永久建筑物组成。主要建筑物为 2 级，电站装机 300MW，正常蓄水位 704.00m。枢纽建筑物主要有心墙堆石坝、右岸岸边溢洪道、左右岸泄洪洞、左岸排沙洞、左岸引水洞发电系统。碧口壤土心墙堆石坝最大坝高 101.80m，坝顶长 297.36m，坝顶宽 11.5m，坝顶设 L 形混凝土防浪墙。上游坝坡 1∶1.8～1∶2.3，水位变幅区采用现浇混凝土板护坡；下游坝坡 1∶1.7～1∶2.2，采用混凝土预制块护坡及卵石填筑混凝土框格梁护坡。防渗心墙顶宽 5.0m，最大底宽 49.0m，河床心墙基础建基于砂砾石覆盖层上，心墙下部设两道混凝土防渗墙。按原设计，坝址区地震基本烈度为 6 度强，设防烈度为 7.5 度。该工程于 1969 年 10 月动工，1975 年下闸蓄水，1976 年 3 月竣工，1983 年工程竣工总体验收。

2008 年"5.12"汶川地震发生时，坝前水位为 691.41m，较正常蓄水位 704.00m 低 12.59m，下游水位 617.13m。初估碧口工程当时遭受的地震烈度为 8 度。大坝的主要震害有：坝体地震残余变形，以沉降为主，并有水平残余变形。坝顶防浪墙墙底纵向裂缝和两坝肩局部张裂缝。下游坝坡局部轻微震损。地震后渗流量变化很小。总体上，其震害远较紫坪铺大坝为轻，大坝整体结构是安全的。

(1) 大坝残余变形：大坝地震残余变形以沉降为主，最大沉降发生在河床左侧坝顶处，为 24.2cm。坝轴线方向河床中部沉降大于两岸。坝顶水平位移方向总体向上游，最大位移发生在河床坝顶偏左岸，最大位移量为 15.4cm；下游坝坡各测点位移方向均向下游，最大变形发生在 1/2 坝高处，最大位移量为 7.1cm。

(2) 坝顶防浪墙墙底与上、下游坝坡的混凝土护面接缝处出现贯穿两岸的张开裂缝，裂缝宽度 5～10cm，最大宽度位于坝体中部。左岸与岸坡衔接处（过坝洞口）坝顶混凝土面出现贯穿上下游的裂缝。

坝顶下游砖砌挡墙大部分坍塌，倒向坝顶公路。下游坝坡的混凝土格删护坡整体基本完好，局部有断裂变形，坡面无拱起和塌陷现象，坝坡坡脚处格框局部拱起，坡脚处的排水沟变形明显，排水沟上游侧混凝土被挤压变形。

碧口心墙坝的震害情况表明心墙堆石坝具有良好的抗震性能。

7.7 其他水工结构抗震设计

7.7.1 进水塔

7.7.1.1 概述

水利水电工程中的引水和泄水系统中通常包括进口、输水等部分。进水口建筑物类型取决于整个系统的结构形式。从结构抗震的角度看，竖井式或岸坡斜卧式的进水口建筑物具有较好的结构抗震性能，但在很多情况下，常需要采用直立进水塔的结构型式。随着我国水工建设中坝高逐渐增大，进水塔的高度已有达100m以上的。这类高耸塔形结构具有孤立细高特点，遭受地震作用时，动力反应复杂，抗震性能相对较差。进水塔结构一旦产生严重震害，虽然其本身损坏所造成的经济损失较大坝轻得多，但会影响整个枢纽的发电、供水、泄洪等功能，特别在汛前或因工程遭受较大震害需要降低或限制水位时，可能影响整个工程安全，特别对土石坝，更可能导致危及坝体安全的严重后果。因此，对其抗震性能应予足够重视。

7.7.1.2 进水塔结构的一般特点

进水塔结构一般分为上、下两部分，上部为板梁空间塔架结构，下部则为大体积块体结构。多具矩形轮廓，上部塔架部分一般接近方形，下部则为矩形，长边一般约为短边2倍。重要工程的进水塔多为高耸结构，其迎水面宽度 a 和最大水深比多在0.6以下。进水塔结构上下两部分结构形态差异很大，且多较复杂，内部不仅设有工作、检修、事故闸门的闸墩、门槽，且上部塔架沿高程截面和壁厚常有变化，下部块体中多设有多孔进水口。岸边或进水塔下部常和塔背山坡岩体相连和回填石渣。一些利用导流洞泄水的进水塔塔基包括导流洞堵塞段。更重要的是塔体四周和内外都与库水相连，内水又根据不同工况改变。对比较单薄的塔体结构而言，地震时的动水压力对塔体反应影响很大。因此，进水塔抗震计算中的动力分析是相当复杂的。

7.7.1.3 结构地震反应分析基本原则和方法

中小型工程的进水塔一般采用拟静力法进行抗震计算。拟静力法中的动力放大系数是在把进水塔作为悬臂梁结构作动力分析的基础上经归纳后给出的。在变截面悬臂梁动力分析中，应同时考虑弯曲和剪切变形，但转动惯性的影响可以忽略。塔底地基变形影响可以采用坝工中常用的伏格特（Vogt）地基系数或其他半无限平面的集中参数法。对于重大工程或结构复杂的进水塔都需要用有限单元法进行动力分析。在进水塔的抗震计算中需要考虑以下特点：

（1）塔内外的动水压力在进水塔的地震作用中占有重要比例。以小浪底工程孔板泄洪洞进水塔为例，塔体地震惯性力为9600t，而塔内外动水压力为8278t，两者几乎相当，两者相应的倾覆力矩分别为459216t·m和432653t·m，而考虑库水和塔体动力相互作用的分析又十分复杂。因此，对进水塔的动水压力应予足够重视。

（2）作为高耸结构的进水塔，不仅要对塔体局部强度进行抗震校核，而且要对整个塔体作抗滑和抗倾覆校核，后者还涉及地基极限承载力以及允许零应力区的问题。

（3）目前对进水塔结构强度的抗震计算仍限于线弹性分析方法，实际上，在相应于设计烈度的地震作用下，钢筋混凝土结构已进入弹塑性阶段。在作抗滑和抗倾覆校核时，都采用拟静力法，抗滑稳定采用只计摩擦系数的抗剪强度公式。而实际上，地震动是瞬间往复运动，塔体倾覆更需要有一个发展过程，因此，现行的抗滑和抗倾覆校核方法以及根据工程经验制定的相应安全准则都只是一种设计标准，并不完全反映地震时塔体真实的工作性态。

国内外对高耸塔体的抗震稳定计算，都采用与上述方法和准则相配套的作用效应折减系数。我国建筑和构筑物抗震规范中都针对“小震”确定地震作用，其结果等效于将针对设计烈度的地震作用效应折减1/3。为力求一致，当前在水利水电工程的进水塔抗震的动力分析中也采用1/3的系数值。对用拟静力法进行抗震计算的水工结构，根据震害和工程实践经验，引入统一的综合影响系数，相当于取1/4为作用效应折减系数。考虑到拟静力法中归纳的动力放大系数一般稍偏于安全，可以认为，对进水塔也是可行的。应当指出，在需要对重要进水塔作非线性动力稳定分析时，由于是按实际地震动时程逐步积分求解非线性运动方程，不应再对相应设计烈度的地震动进行折减。

（4）对进水塔下部和塔背山坡岩体连接的情况，目前一般只能采用设置弹簧的近似方法，虽然这在受拉时并不能很好反映实际情况。回填石渣部分，有将第二破裂面内的回填料作为附加质量计入其影响的。虽然这些近似处理方法尚有待改进，但小浪底工程进水塔的动力分析结果表明，其影响不大。

7.7.1.4　结构抗震设计计算基本要求

根据进水塔结构特点及地震反应基本原则和方法，SL 203、DL 5073对进水塔抗震计算提出了以下要求：

（1）进水塔的抗震计算应包括塔体应力或内力、整体抗滑和抗倾覆稳定以及塔底地基的承载力验算。

（2）进水塔地震作用效应计算应根据其抗震设防类别、设计烈度、塔高及结构类别等综合确定。除设防类别为乙、丙类的设计烈度小于8度且塔高小于等于40m的非钢筋混凝土结构的进水塔可采用拟静力法计算外，其他进水塔结构均应采用动力法计算。

（3）进水塔地震作用效应的动力分析应考虑塔内外水体及地基的影响，宜采用振型分解反应谱法。

（4）进水塔塔体结构计算模式可以作为变截面悬臂梁采用材料力学方法，或作为连续体采用有限单元法，但应与基本荷载组合分析时所采用的相同。

（5）采用拟静力法计算进水塔地震作用效应时，各质点水平向地震惯性力代表值应根据式（7.3-3）计算。其中，G_{Ei}为集中在质点i的塔体、排架及其附属设备的重力作用代表值，动态分布系数α_i应按表7.7-1的规定采用。当建筑物高度$H=10\sim30$m时，$\alpha_m=3.0$；当$H>30$m时，$\alpha_m=2.0$。

表7.7-1　进水塔动态分布系数α_i

塔　体	塔顶排架

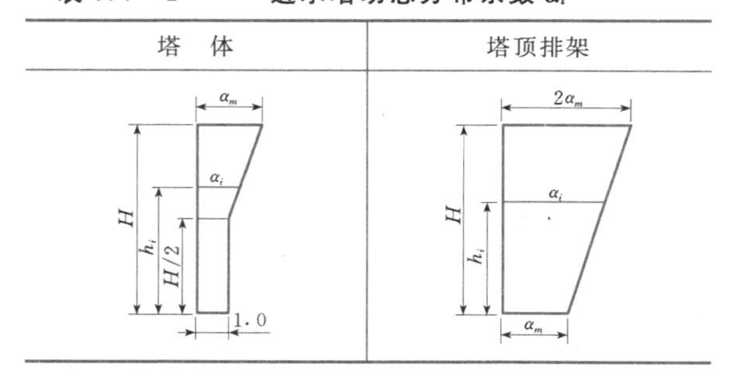

7.7.1.5　进水塔的动水压力

通常在进水塔的动水压力分析中可不计水体可压缩性影响，因而动水压力体现了惯性作用，可以作为附加质量处理。研究表明，对于工程中常遇体型的进水塔，如果取刚性动水压力附加质量，所求得的塔体—库水体系的作用于各高程水平截面的剪力和弯矩的地震反应与精确解结果十分接近，完全满足工程抗震设计的精度要求。图7.7-1分别给出了对均匀圆柱形塔体内、外动水压力归一化的附加质量。图中$m_0(h)$是水深h处单位高度的塔水交线包络的水体质量。附加质量和以a/H_0表征的塔体形态有关，其中a为塔体在垂直地震作用方向的迎水面最大宽度，对

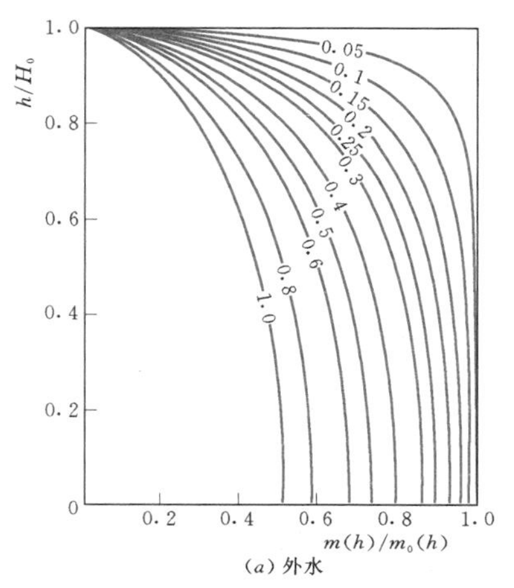

(a) 外水

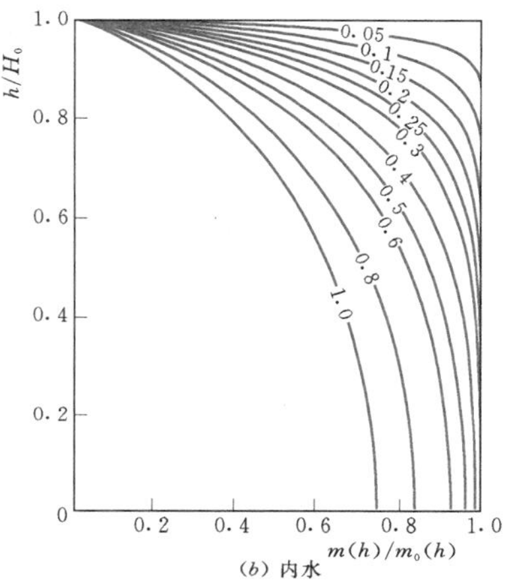

(b) 内水

图7.7-1　均匀圆柱形塔体内、外水动水压力归一化附加质量分布

圆柱体即为柱体直径，H_0为塔前最大水深。

实际工程的进水塔体型远非均匀圆柱体而以矩形为多，如前所述其截面沿高程也非均匀。对这类复杂结构即使用数值计算方法也难精确求解。鉴于除下部进水口外的上部结构沿高程截面变化一般不大，因此，在工程实用中，通常都按沿高程平均截面的规则柱体近似求解。图7.7-2给出了在常遇的a/H_0比值在0.2～0.6间的圆形和不同长宽比的矩形柱体进水塔塔内、外动水压力归一化附加质量，但其中用以规一的$m_0(h)$乘上表7.7-2形状系数加以修正。

根据对上述研究结果的分析，对进水塔动水压力的规律性，可以归纳以下几点认识：

（1）塔内、外动水压力的归一化附加质量沿高程分布规律相似，都随a/H_0比值的减小而增大，大体上可取按$(a/2H_0)^{-0.2}$的规律变化，高柔细长结构的动水压力要大，此外，在各种a/H_0比值下，内水附加质量的值都显然要比相应外水的要大。

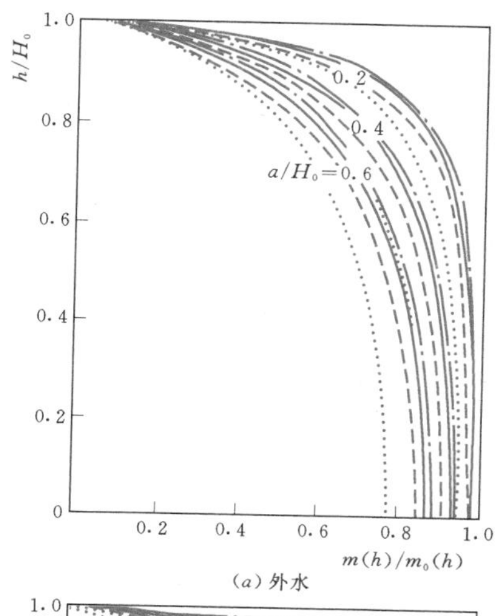

(a) 外水

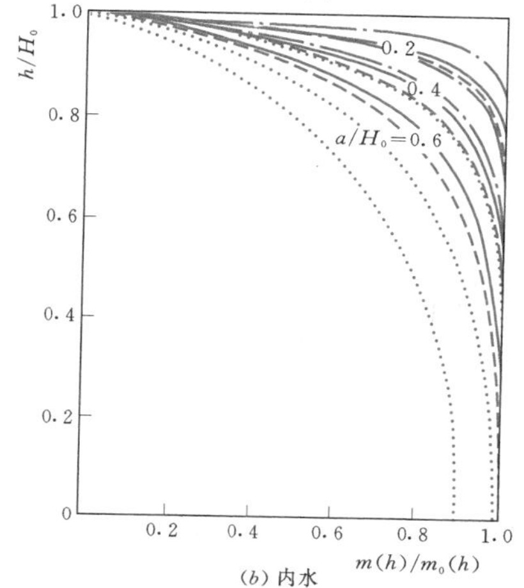

(b) 内水

图 7.7-2 圆形和矩形进水塔内、外动水压力归一化附加质量分布比较

——圆形 ---方形 $a/b=1$ —·-矩形 $a/b=2$ ……矩形 $a/b=1/2$

（2）圆形和矩形截面这两种不同体型的进水塔比较表明，塔内、外动水压力归一化附加质量的分布基本一致，在垂直于地震方向塔体迎水面最大宽度 a 相同时，对以 a 为短边的矩形进水塔，其动水压力比圆形的要小，两者差值随 a/H_0 比值而增大，而对长边垂直地震方向的矩形，则比圆形的稍大，但十分接近，在工程中多遇的 a/H_0 比值在 0.2～0.6 范围内，矩形垂直和平行地震方向的两边比值 $a/b=0.5$ 和 1.0 时，矩形和圆形动水压力归一化附加质量比值分别为 0.92 和 0.97。

表 7.7-2　　形状修正系数

形状			修正系数
圆形			1.0
矩形	a/b	1/5	0.31
		1/4	0.38
		1/3	0.48
		1/2	0.67
		2/3	0.85
		1.0	1.19
		3/2	1.66
		2.0	2.14
		3.0	3.04
		4.0	3.90
		5.0	4.75

注　b 为平行地震作用方向的塔宽。

基于以上规律，考虑到实际工程中的进水塔结构复杂，体型也并非柱体，因而在抗震设计中，其动水压力计算可以适当简化，以便于实际应用。为此建议在进水塔的动力分析中，其附加质量可按下式计算：

$$m_w(h) = f_m(h)\rho_0 S_w A(a/2H_0)^{-0.2} \tag{7.7-1}$$

式中　$m_w(h)$——水深 h 处单位高度动水压力附加质量；

$f_m(h)$——附加质量分布系数，见表 7.7-3；

ρ_0——水体质量密度；

S_w——形状系数，其建议值见表 7.7-4；

A——塔体平均截面与水体交线包络的面积。

表 7.7-3　　附加质量分布系数 $f_m(h)$

h/H_0	0.0	0.1	0.2	0.3	0.4	0.5	0.6	0.7	0.8	0.9	1.0
$f_m(h)$	0.0	0.33	0.44	0.51	0.54	0.57	0.59	0.59	0.60	0.60	0.60

式（7.7-1）中 $f_m(h)$ 的取值，对塔外动水压力，系取图 7.7-1 中 $a/H_0=0.4$ 的圆形进水塔的分布曲线作为基准，而其底部最大值 $f_m(H_0)$ 则根据 $f_m(H_0)(a/2H_0)^{-0.2}$ 的值大致等于图 7.1-1 中相应值的原则确定。

形状系数 S_w 基本根据表 7.7-1 得出，但对 $a/b<1$ 的矩形进水塔，对表中 $a/b=0.5$ 和 1.0 的值分别乘以 0.92 和 0.97 的修正系数，当 $a/b<0.5$ 时，修正系数按线性外插求得。

塔内动水压力沿高程分布更接近矩形，考虑到塔内水平截面形状复杂，其 a/H_0 值一般不会很大，通常可以近似取沿高程均布的塔内水体质量作为其动水

表 7.7-4　形状系数 S_w

形状			S_w
圆形			1.0
矩形	a/b	1/5	0.28
		1/4	0.34
		1/3	0.43
		1/2	0.61
		2/3	0.81
		1.0	1.15
		3/2	1.66
		2.0	2.14
		3.0	3.04
		4.0	3.90
		5.0	4.75

压力附加质量。据此，仍可以 $a/H_0=0.4$ 为代表，取 $f_m=0.72$，则 $f_m(a/2H_0)^{-0.2}$ 的乘积为1.0。这对 $(a/H_0)<0.4$ 的高柔塔体是稍偏于安全的。

对于中小型工程的进水塔，可按拟静力法进行设计，塔体地震惯性力和动水压力分别计算。而塔体地震加速度分布是在对不同进水塔进行动力分析的基础上归纳的简化图形，近似可取顶部为2.0、底部为1.0的倒梯形分布，这是较偏于保守的。如果以该加速度乘以式（7.7-1）中的附加质量，将使动水压力过大。因此，在拟静力法中，计入了塔体截面形状和 a/H_0 比值的影响，使结果更为合理。具体建议的动水压力计算式如下：

$$p(h)=K_H C_z \gamma_0 f(h) S_w A (a/2H_0)^{-0.2} \tag{7.7-2}$$

式中　$p(h)$——水深 h 处单位高度塔面动水压力合力；

$f(h)$——水深 h 处动水压力分布系数，对塔内动水压力取为0.72，对塔外动水压力可按表7.7-5取值。

表 7.7-5　动水压力分布系数

h/H_0	0.0	0.1	0.2	0.3	0.4	0.5	0.6	0.7	0.8	0.9	1.0
$f(h)$	0.0	0.68	0.82	0.79	0.70	0.60	0.48	0.37	0.28	0.20	0.17

进水塔动水压力或其附加质量在水平截面的分布，对矩形柱状塔体可取为沿垂直地震作用方向的两个相对迎水面均匀分布，对圆柱形塔体则可取为沿前后迎水面都按 $\cos\theta_i$ 规律分布，其中 θ_i 为迎水面 i 点法线和地震作用方向所交锐角。动水压力或附加质量最大分布强度可分别按下式计算：

$$p_{\bar{p}}(h)=\frac{2}{\pi}\frac{1}{a}p(h) \tag{7.7-3}$$

$$p_m(h)=\frac{2}{\pi}\frac{1}{a}m(h) \tag{7.7-4}$$

式中　$p_{\bar{p}}(h)$、$p_m(h)$——动水压力、附加质量在水深 h 处平均截面的最大分布强度，在塔体前后迎水面的 $p_{\bar{p}}(h)$ 取相同方向。

7.7.1.6　进水塔的抗震稳定分析

作为高耸结构的进水塔，其抗震稳定分析是工程抗震设计中关心的首要问题，它包括塔体沿塔基的整体抗滑和抗倾覆稳定校核以及塔底地基承载能力的检验。

1. 拟静力法抗震稳定分析

在目前国内外的抗震设计规范中，对于进水塔这类高耸结构，即使塔体的地震反应按动力分析求得，其抗滑和抗倾覆的校核计算都仍按拟静力法计算。在计算中塔基假定为刚性平面，抗滑稳定按只计摩擦力的抗剪强度公式计算。在考虑地震的偶然状况中，抗滑和抗倾覆稳定的安全系数一般分别取为1.0和1.2。

塔底地基承载力的校核一般要求塔基边缘最大压力不超过1.2倍的地基动态承载力。地基的地震动态承载力一般可较静态时增大50%。此外，设计中还有要求塔基的平均压应力不大于地基动态承载力。

对于进水塔这类高耸结构，在强震作用下常难以避免在塔基边缘出现拉应力。特别是进水塔在枢纽布置中有时难以避免位于岸边灌浆帷幕线以外，因而塔底要承受全水头扬压力作用，基底总会有拉应力。目前国内外抗震设计规范中都允许在塔底面与地基表面间出现零应力区，但控制其范围一般不超过基底面积的1/4。

2. 考虑基础变形的拟静力法抗倾覆稳定分析

常规拟静力法抗倾覆稳定分析假定地基是刚性的，实际地基是柔性可变形的。在强震倾覆力矩作用下，塔基受拉部分会出现和地基脱离的所谓“翘离”现象，而受压部分压力逐步增大至屈服强度时，结构仍不致倾覆，只有抗倾覆力矩到达极限状态结构才倾覆。

在塔基为平截面和文克尔弹性地基这两个假定下，塔基岩体的应力分布可能有图7.7-3所示几种状态。引入符号：$\sigma_0 = N/bl$，$\theta_c = [\sigma]/KB$，$\alpha = \sigma_0/[\sigma]$，$\beta = \theta/\theta_c$ 及 $M_c = [\sigma]B^2L/12$，可导出图中四种状态的关系式：

状态 a

$$M_d = \beta M_c$$

界限 $[a-b]$

$$M_d = 2\alpha M_c,\ \beta = 2\alpha$$

状态 b

$$M_d = 6\alpha\left(1-\frac{2}{3}\sqrt{\frac{2\alpha}{\beta}}\right)M_c$$

界限 $[b-c]$

$$M_d = 2\alpha(3-4\alpha)M_c,\ \beta = \frac{1}{2\alpha}$$

状态 c

$$M_d = 6\left[\alpha-(1-\alpha)-\frac{1}{12\beta^2}\right]M_c$$

界限 $[a-b']$

$$M_d = 2(1-\alpha)M_c,\ \beta = 2(1-\alpha)$$

状态 b'

$$M_d = 6(1-\alpha)\left[1-\frac{2}{3}\sqrt{\frac{2(1-\alpha)}{\beta}}\right]M_c$$

界限 $[b'-c]$

$$M_d = 2(1-\alpha)(4\alpha-1)M_c,\ \beta = \frac{1}{2(1-\alpha)}$$

极限状态

$$M_{\max} = 6\alpha(1-\alpha)M_c,\ \beta = 0,\ \theta = \infty$$

(7.7-5)

式中 N——作用于基岩上的竖向力；

B——塔基长度；

L——塔基宽度；

θ——塔基转角；

$[\sigma]$——基岩极限承载强度；

K——文克尔地基弹簧刚度系数；

M_d——基岩反力的抗倾覆力矩。

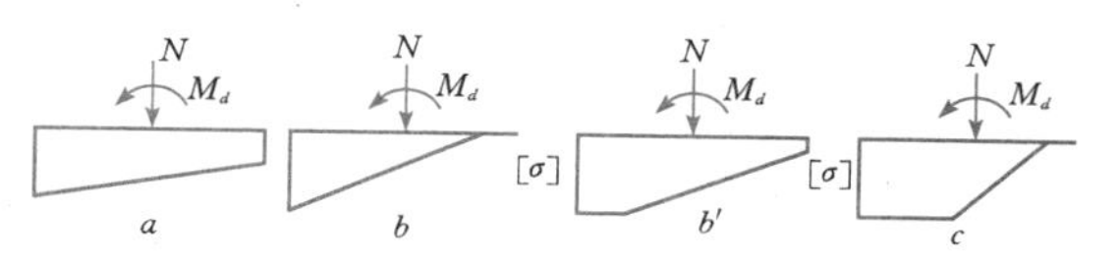

图7.7-3 进水塔基底应力变化图

显然，当 $\alpha<0.5$ 时，基底应力分布历经 a、b、c 状态，而以 $\alpha>0.5$ 时，则将历经 a、b'、c 状态，直至倾覆（见图7.7-4）。

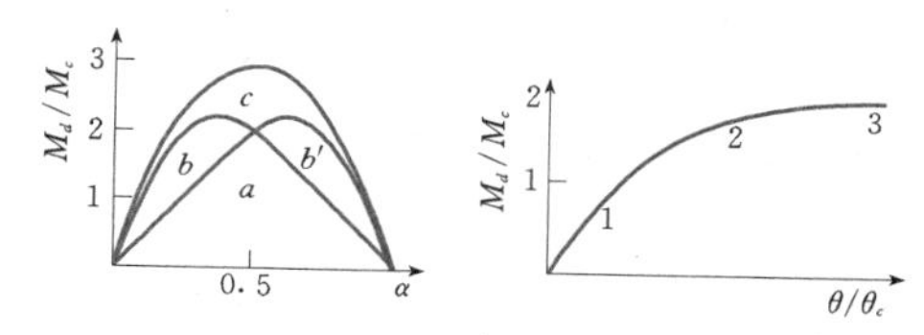

图7.7-4 M_d/M_c—α，M_d/M_c—θ/θ_c 关系图

1—翘离；2—屈服；3—极限

这样求出的塔底"翘离"区，即塔基零应力区较之在刚性地基假定下的更为合理。

7.7.1.7 进水塔的抗震安全评价

进水塔抗震安全评价按承载能力极限状态设计式（7.3-3）进行，分别验算进水塔塔体应力或内力、整体抗滑和抗倾覆稳定以及塔底地基的承载力验算。对此，SL 203、DL 5073作出以下规定：

（1）验算进水塔在地震作用下的抗滑和抗倾覆稳定以及塔体地基承载力时，如地震作用效应是用动力法求得的，应乘以地震作用的效应折减系数0.35。

（2）钢筋混凝土结构进水塔的截面承载力应按DL/T 5057验算。非钢筋混凝土结构的进水塔截面承载力可采用拟静力法进行抗震验算，其抗压、抗拉强度结构系数应分别取2.80、2.10。

（3）验算进水塔抗滑稳定时应按抗剪断强度公式计算，抗剪强度参数取静态均值，抗滑稳定结构系数应取2.70。

（4）进水塔抗倾覆稳定的结构系数应取1.40。

（5）验算进水塔的地基承载力时，塔基面的垂直正应力应按材料力学方法计算。塔基岩石材料性能分项系数可取静态作用下的值，动态承载力的标准值可取静态标准值的1.50倍。塔基面上平均垂直正应力和边缘最大垂直正应力的地基承载力结构系数分别取1.20和1.00。

7.7.1.8 进水塔抗震措施

根据已有少量震害及我国进水塔工程抗震设计经验，对照其他部门类似的塔架结构抗震设计经验，可采取以下工程抗震措施：

（1）在进水塔结构型式的选择中，箱筒式结构多用于高水头、引泄大流量的工程，其刚度、抗侧移能力及承载能力均较大，整体性好，对抗震有利。框架式结构的连接点和支撑为抗震薄弱部位，应有足够的强度和刚度，以保证结构的整体性。

（2）进水塔塔身结构，在满足运行要求的前提下，应力求简单、对称，质量、刚度和强度的变化要平缓，以减少应力集中。沿塔高应适当设置有足够刚度的横向支撑，在截面刚度突变处，宜加强支撑刚度。

(3) 一般情况下，地震区的进水塔不宜采用砌体结构。

(4) 塔体应修建在有足够承载能力的岩基上，并有适当埋置深度。

(5) 对岸边式进水塔，应使塔体下部大体积部分尽量贴近岩体，并且填至适当高度，以增加下部顺水流向刚度和改善其在地震时的抗滑和抗倾覆稳定性。

(6) 应减轻塔顶启闭机房重量。塔顶与交通桥连接部位及桥墩是抗震薄弱部位，应采取增加桥面和塔顶搭接面积及能适应相对变位的柔性连接等措施，并加强桥墩的抗震能力。

(7) 排列成行相互连接的进水塔群可增加横向刚度，对抗震有利。

(8) 对1级、2级进水塔，必须设置事故闸门。进口门槽顶部应设置不影响通风的挡板，防止地震时零星碎物掉入门槽影响闸门启闭。

(9) 混凝土进水塔的细部构造、材料及配筋要求等方面的抗震构造措施应符合《水工混凝土结构设计规范》(SL 191—2008) 的要求。

7.7.2 水闸

7.7.2.1 概述

水闸既是挡水建筑物，又是泄水建筑物，一般情况下，水头不高，但流量较大，是一种低水头大流量水工建筑物。水利水电工程枢纽中，水闸及附属的泄水设施如果遭受地震破坏，将会导致库水位上升，进而威胁工程的安全。

据对1976年7月唐山大地震唐山地区震害的调查统计，流量在10m³/s以上的166座水闸中，有73%遭受了不同程度的损害。其中，规模在100m³/s以上的大中型水闸有48座，震害率达86%，震后不能正常运行的约占50%，震后有10座重建，10座局部拆除重建，21座经一般维修后恢复运行。“5.12”汶川地震后，对四川省绵竹市官宋硼水闸以及紫坪铺水库闸室等10座水闸进行了实地震害调查，其中9座水闸为钢筋混凝土结构，设计地震烈度为6度。汶川地震时，官宋硼水闸严重震毁，岷江各水闸启闭机排架柱出现多处裂缝，其余水闸的混凝土主体结构基本正常；启闭设备多处出现损坏，房屋震裂。

水闸震害调查资料表明，闸身底板的震害形式主要有顺水流方向裂缝、倾斜和不均匀沉陷，严重的局部破碎，甚至有的桩基闸底板与基土脱离造成渗流通道。钢筋混凝土闸墩一般震害较轻，在7度地震区没有明显震害，8度以上地区闸墩出现下沉、倾斜。闸墩也有受顺河向地震力破坏的情况，其特点是闸墩上游面沿根部半环形开裂，裂缝向下游尖灭。紫坪铺水库进水口闸室由于塔柱顶部的“边梢效应”，震害十分严重。岸、翼墙及护坡的震害主要是断裂、倾斜和滑移，这也是7度以上地震区域最常见的水闸震害形式，其震害一般随岸坡高度及砂体液化变态程度的加大而加重。

统计资料表明，地震时水闸遭受破坏的主要原因是：①地震造成水闸地基失稳，从而引起水闸结构位移、裂缝甚至陷落或隆起；②地震力作用使水闸结构的强度和稳定性破坏，从而产生裂缝、倾斜甚至倒塌等。因此，抗震安全已经成为水闸设计中一个不容忽视的问题。

7.7.2.2 抗震设计方法

DL 5073第8.1.2条规定水闸地震作用效应计算可采用动力法或拟静力法。设计烈度为8度、9度的1级、2级水闸或地基为可液化土的1级、2级水闸，应采用动力法进行抗震计算。

1. 拟静力分析方法

(1) 地震惯性力计算。

当采用拟静力法计算地震作用效应时，沿建筑物高度作用于质点i的水平向地震惯性力代表值应按式(7.3-3)计算，其中α_i为质点i的动态分布系数，见表7.7-6。

(2) 动水压力计算。

采用拟静力法计算水闸地震作用效应时，水深h处的地震动水压力代表值按重力坝坝面动水压力计算公式(7.5-3)计算。

2. 动力分析方法

(1) 计算模型。

考虑到实际水闸结构顺河流方向和垂直河流方向基本上均为对称结构，空间振动的耦联影响较小，因此，可以将水闸结构分别简化为顺河流向和垂直河流向的平面体系进行抗震动力分析。在动力分析方法中可采用以下三种计算模型：①多质点体系；②多跨多层框架平面体系；③二维杆块结合体系。

SL 203、DL 5073对嶂山闸、上桥闸、桃浦闸和北单庄闸进行了大量动力分析，包括基于规范反应谱的振型分解反应谱法和输入地震波的时程分析法，规定采用动力法计算水闸作用效应时，宜采用振型分解反应谱法。

采用动力法计算时，应把闸室段作为一个整体三维体系，可按多质点体系或多跨多层平面刚架或二维杆块结合体系进行计算。顺河流方向的地震作用，可取前三阶振型；垂直河流方向的地震作用，一般也取前三阶振型，但对于横向支撑系统较复杂的结构，宜取前五阶振型。

表 7.7-6　　**水闸动态分布系数 α_i**

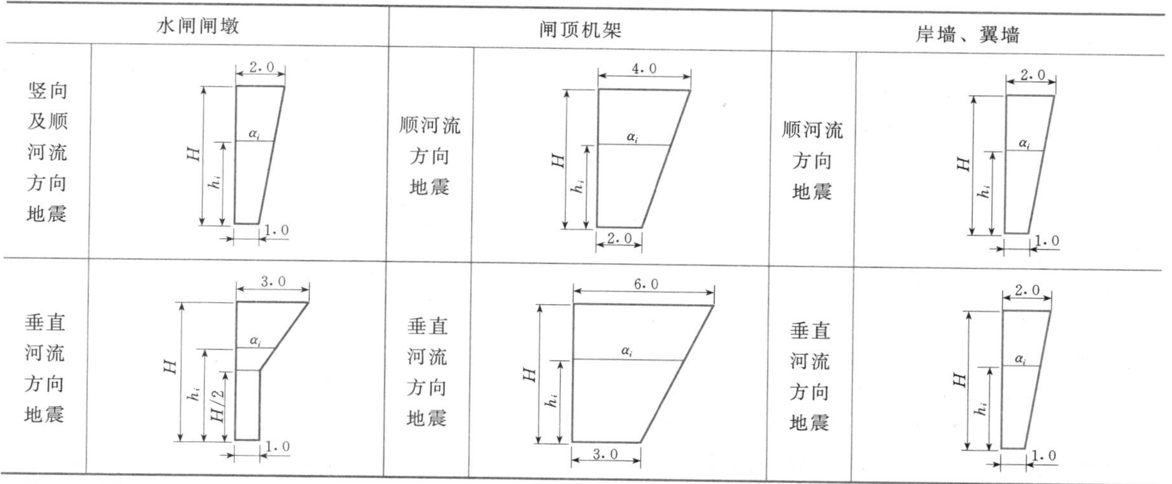

水闸闸墩
闸顶机架
岸墙、翼墙
竖向及顺河流方向地震
顺河流方向地震
顺河流方向地震
垂直河流方向地震
垂直河流方向地震
垂直河流方向地震
2.0
1.0
4.0
2.0
3.0
H/2
6.0
3.0
H
h_i
α_i

注　1. 水闸墩底以下 α_i 取 1.0。
　　2. H 为建筑物高度。

(2) 自振特性分析。

根据水闸分析模型及附加质量计算方法，可得到体系的无阻尼自由振动方程，进而求解结构自振特性。

在水闸抗震分析中，如前所述一般只需少数几个低阶频率和相应的振型（3～5 阶），因此可采用直接迭代法、滤频法、子空间迭代法等解法求解水闸的结构动力特性。

(3) 振型分解反应谱法。

反应谱法取标准加速度反应谱，对应于阻尼比 $\zeta=0.05$ 的情况。利用已求得的结构自振特性（自振周期、振型），按照反应谱曲线及不同地震烈度的地震加速度代表值 a_h，便可求得作用在水闸上的地震荷载，进而求得各振型的振型反应最大值，并按“平方和开方”的组合方式组合各振型反应最大值进而求得结构动力反应的最大值。

7.7.2.3　水闸抗震安全评价

水闸的抗震强度和稳定验算应按承载能力极限状态设计公式（7.3-4）进行。

水闸各部件的结构强度，在确定地震作用效应后，应按《建筑抗震设计规范》（GB 50011—2011）进行截面承载力抗震验算。当采用动力法计算地震作用效应时，应对地震作用效应进行折减，折减系数 ξ 可取为 0.35。

水闸沿基础底面的抗滑稳定，在确定地震作用效应后，应按式（7.3-4）进行抗震验算，并符合《水闸设计规范》（SL 265—2001）其他有关规定。当采用动力法作地震作用效应计算时，应采用与强度验算相一致的地震作用效应。

验算土基上水闸沿基础底面的抗滑稳定时，抗剪强度参数取静态均值，结构系数应取 1.20。

7.7.2.4　水闸抗震措施

(1) 水闸的地基要尽可能选择紧密、坚实的土层。修建在软弱地基上的水闸，首先必须认真进行地基处理。水闸地基采用桩基时，应做好地基与闸底板的连接及防渗措施，底板可置齿墙、尾坎等措施，防止因地震作用使地基与闸底板脱离而产生管涌或集中渗流。

(2) 闸室结构的布置宜力求匀称，增强整体性。水闸的闸室宜采用钢筋混凝土整体结构。分缝应设在闸墩上，止水应选用耐久性好并能适应较大变形的型式和材料，关键部位止水缝应采取加强措施。

(3) 宜从闸门、启闭机的选型和布置方面设法降低机架桥高度，减轻机架顶部的重量。

(4) 机架桥宜做成框架式结构，并加强机架桥柱与闸墩和桥面结构的连接，在连接部位应增大截面及增加钢筋；当机架桥纵梁为预制活动支座时，桥梁支座应采取挡块、螺栓连接或刚夹板连接等防止落梁的措施。机架柱上、下端范围内箍筋应加密。设计烈度为 9 度时，应在机架柱全柱范围内加密箍筋。

(5) 宜提高边墩及岸坡的稳定性，防止地震产生河岸变形及附加侧向荷载而引起的闸孔变形，适当降低墩后填土高度，避免在边墩附近建造房屋或堆放荷重，并做好墩后的排水措施。

(6) 1 级、2 级、3 级水闸的上游防渗铺盖宜采用混凝土结构，并适当布筋，做好分缝止水及水闸闸底和两岸渗流的排水措施。

(7) 护坦、消力池、海漫等结构都比较单薄，并且大都建在土基上，受地基的影响较大。因此，对建在易液化土层上的护坦等结构，必须注意做好反滤层和沉陷缝，必要时可以扩大反滤层的铺设范围，增加反滤层的厚度。

7.7.3 地下结构

7.7.3.1 概述

水利水电工程中的地下结构主要包括隧洞、地下厂房及地下洞室等。根据国内外震害调查，岩基中的地下结构震害比地面结构轻，因此，可只对设计烈度9度的地下结构或设计烈度8度的1级地下结构进行抗震验算。而对于软土中的地下结构，设计烈度大于7度应进行抗震验算，主要考虑到地下结构震损后的可修复性较差。

与地面结构主要受地震惯性力作用不同，地下结构受地震的影响主要来自结构周围岩土介质在地震波传播经过时及经过后的变形，作用于结构上的地震惯性力可直接传递到结构周围岩土介质上，岩土体的均匀位移也不会在结构上引起变形而产生内力。因此，区别于地面结构的抗震响应分析中主要关注结构自身，地下结构的抗震响应分析中不仅关注结构还必须关注结构周围介质的地震响应，无论是分开计算还是在同一数模中计算。

由于地下结构地震响应的特点，其地震响应的分析方法与地面结构的分析方法有很大差异。

当地下结构的尺度相比地震波长较小的情况下(一般岩基中的结构)，地下结构的存在对地震波动场的影响可以忽略不计，结构上的地震波形与自由场几乎一致。而在较低波速的软土中，大型地下结构的存在会改变结构附近地震波动场，因此，地下结构的地震响应分析必须计入结构与土体介质的动力相互作用。

均匀完好的岩石在地震结束后通常不会有永久性残余变形存在，遭遇强烈地震动的断层或破碎带地震结束后可能伴有永久性残余错动，而软弱土层在强地震之后会产生永久性沉陷，如果地下结构周围的岩土体永久性变形差异很大，将对结构的安全产生严重威胁。对于轴向距离很长的隧洞结构，可能穿过不同的岩土介质、断层等复杂地质地层，震害多发生于地质条件差异较大的接合部位，已有的隧洞结构震害已经证明了这一点。因此，地下结构的抗震措施主要是赋予其足够的适应周围介质变形的能力。结构刚度越大、在强迫变形作用下产生的内力越大。

7.7.3.2 计算分析方法

确定地下结构的地震响应，不仅需要地面结构抗震分析所需的峰值加速度和加速度响应谱，还需要地下结构周围地震波动场的时空分布。

目前地震观测的地震记录绝大多数只是地表一点的地震响应，无法确定同一时刻地下结构周围地震动的空间分布，也难以确定地震波传播过程中岩土介质的变形。因此，地震波动场的空间分布主要是依据弹性动力学理论及一些工程判断做出的假定为前提而确定。

地下结构周围的地震波动场是由体波和面波多种不同类型的波动组成的复杂运动。然而如何确定实际波动场中各种类型波的组成及波的传播方向却非易事。根据目前对地壳内弹性波速结构的认知，地壳内的弹性波速随深度增加，地下10～20km处的弹性波速是地表层的数倍。因此，如果将地壳的波速结构假定为基本水平成层分布，则震源传出的波动在接近地表面数十米范围时基本是垂直于水平地表面传播。与地壳厚度相比，绝大多数地下结构的埋深仍很接近地表面。在水平成层介质中均匀垂直传播的竖向运动不会引起介质剪切变形故只能以P波传播，而垂直均匀传播的水平向运动只引起介质剪切变形故只能以S波传播，这就是一般假定水平向震动由S波引起，竖向震动由P波引起的依据。此外，还有按对地下结构最不利原则假定地震波动场的空间分布。例如，对均匀半无限介质中均匀埋深的隧洞假定地震波沿隧洞轴向传播，P波将产生隧洞轴向拉压变形，S波将产生弯曲变形和剪应变。由于任何非隧洞轴向传播的运动在隧洞轴向的视波速大于介质弹性波速，而震动幅值变小，因此，其在隧洞结构上产生的应变变小。

对应不同的地下结构地震响应分析方法，地下结构周围的地震波动场的计算方法也不同。

1. 简易计算方法

对于较均匀的岩石或坚硬场地中的断面尺寸中等以下的隧洞结构，其存在对原地震波动场影响很小，则可以按地震波沿隧洞轴向传播的假定，对直线段隧洞进行验算，计算公式如下：

$$
\left.\begin{aligned}
&\text{P波入射}\quad \varepsilon_N=\partial u_g(x,t)/\partial x=\frac{1}{v_P}\dot{u}_g(t-x/v_P)\\
&\text{S波入射}\quad \varepsilon_b=R_0\partial^2 u_g(x,t)/\partial x^2=\frac{R_0}{v_S^2}\ddot{u}_g(t-x/v_S)\\
&\text{S波入射}\quad \varepsilon_s=\partial u_g(x,t)/\partial x=\frac{1}{v_S}\dot{u}_g(t-x/v_S)
\end{aligned}\right\}
\tag{7.7-6}
$$

式中 ε_N、ε_b、ε_s——轴向应变、弯曲应变、剪应变；

v_P、v_S——P波、S波波速；

u_g、$\dot{u}_g$、$\ddot{u}_g$——地面波动位移、速度、加速度；

R_0——圆形隧洞的半径或非圆隧洞距中性轴的最大距离。

根据地震动加速度时程通过积分即可得到地震动速度时程，找到最大加速度和最大速度即可估算上述三个最大响应应变值。使用式（7.7－6）时需要注意的是隧洞轴线位置与地表的地震动加速度有显著差异，通常随距地表的深度增加地震动逐渐减小。如果用地表地震动直接估算隧洞应变值则会夸大隧洞的地震响应。

对于均匀土体内的深埋隧洞结构也可采用式（7.7－6）估算直线隧洞结构的最大应力。考虑到隧洞结构刚度较大，可以引入一定的折减系数。一般可按静力 Winkler 地基上的梁假定导出：

$$EI\frac{\mathrm{d}^4v}{\mathrm{d}x^4}=K_v(v-v_0) \qquad (7.7-7)$$

$$EA\frac{\mathrm{d}^2u}{\mathrm{d}x^2}=K_u(u-u_0) \qquad (7.7-8)$$

式中　E——隧洞结构的材料弹性模量；

I——隧洞的断面惯性矩；

A——隧洞的断面面积；

K_v——垂直隧洞轴向单位长度地基刚度系数；

K_u——隧洞轴向单位长度地基刚度系数；

x——隧洞轴向坐标；

u_0、v_0——地基轴向、垂直轴向的位移；

u、v——隧洞轴向、垂直轴向的位移。

假定地震波长为 L，则由式（7.7－9）和式（7.7－10）解出轴向和垂直轴向位移的折减系数：

$$\beta_1=\frac{u}{u_0}=\frac{1}{1+\left(\frac{EA}{K_u}\right)\left(\frac{2\pi}{L}\right)^2} \qquad (7.7-9)$$

$$\beta_2=\frac{v}{v_0}=\frac{1}{1+\left(\frac{EI}{K_v}\right)\left(\frac{2\pi}{L}\right)^4} \qquad (7.7-10)$$

2．反应位移法

分析复杂地下结构及大型隧洞横断面的地震响应时，采用反应位移法可以得到更为准确的结果。该方法首先求解地下结构附近地基（无结构条件下）的地震位移响应沿深度的分布，可以采用动力方法或采用其他近似方法得到的结果。然后，将最不利位移分布施加于含地下结构及部分地基模型的边界，采用按静力问题求解得到地下结构的变形及内力。也可以将地下结构与地基的相互作用以地基弹簧近似模拟替代，将地基位移施加于弹簧外端求解得到地下结构的变形及内力。图 7.7－5 为应用反应位移法分析地下结构的实例。

其中地震时的地层变形为根据数值计算方法得出的地层反应位移，可由对自然地层进行有限元计算来求得，对分布均匀的地层也可用简易方法如一维等价线性法。一般取结构物的上下层之间相对位移最大时

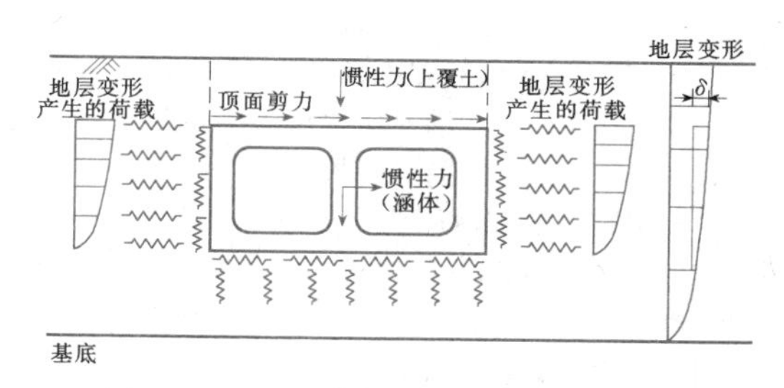

图 7.7－5　地下结构横断面反应位移法计算

刻的位移分布。

结构顶部的剪切力主要考虑结构顶板与地层接触的相互作用，其值可由下式确定：

$$\tau=\frac{G}{\pi H}S_vT_s \qquad (7.7-11)$$

式中　τ——顶板上表面单位面积上作用的剪力；

S_v——基底上的速度响应谱；

G——地层的剪切弹性模量；

T_s——顶板以上地层的固有周期；

H——顶板上方地层的厚度。

惯性力可按结构物的质量乘以最大加速度来计算，作为集中力作用在结构形心。

3．有限单元法

对于复杂的地下结构，如洞群、地下竖井、水工隧洞的转弯段和分岔段、地下厂房，进出口等浅埋洞室，以及地质地形条件变化复杂的地下结构，确定结构周围地震波动场的空间分布需要借助有限元等数值分析手段，规范中划分为专门研究。

软土场地或大规模地下结构，即结构的断面尺寸与地震波的波长在可比范围，地下结构的存在将明显改变原地震波动场的空间分布，此时确定地下结构周边的地震波动场分布或者直接计算结构的地震响应，就必须计入结构与周围介质的动力相互作用。

采用有限单元法进行地下结构地震响应分析主要是根据动力相互作用原理建立基本运动方程。求解地下结构动力反应时假定周围介质为半无限空间。最为经典的动力相互作用方程如下：

$$\begin{bmatrix}K_{ss} & K_{si}\\ K_{is} & K_{ii}+K_{ii}^g\end{bmatrix}\begin{Bmatrix}u_s\\ u_i\end{Bmatrix}=\begin{Bmatrix}0\\ K_{ii}^g u_i^g\end{Bmatrix}=\begin{Bmatrix}0\\ K_{ii}^f u_i^f\end{Bmatrix} \qquad (7.7-12)$$

式中　$[K]$、$\{u\}$——动力阻抗矩阵、位移向量；

脚标 s、脚标 i——结构内部非交接面、交接面节点自由度；

K_{ii}^g、u_i^g——地下结构被移走（形成孔洞）条件下的结构周围介质的动力阻抗矩阵、地震波位移场；

K_{ii}^{f}、u_{i}^{f}——地下结构空间被周围介质替换（即无孔洞）条件下的结构周围介质的动力阻抗矩阵、地震波位移场。

动力阻抗矩阵和地震波位移场是求解动力相互作用问题的关键，有许多学者研究出各种各样的方法，动力阻抗矩阵通常是频率的函数，有兴趣者可参考相关文献，这里不做深入讨论。

动力阻抗矩阵和地震波位移场是针对半无限空间求出的，因此通常假定半无限空间介质构造均匀简单，以线弹性水平成层居多。而地下结构附近复杂的地质地形、介质材料非线性、地质构造面或结构与基础交接面的接触非线性等均通过有限单元法模拟计算，即动力相互作用方程中的结构部分是一个广义的结构，更严格讲是指一个有限域。有限域与无限域的交界是人为设定的，故称为人工边界。

严格的动力阻抗矩阵需要满足在人工边界处的位移和应力连续条件，以及由有限域传播出的波动在无限远处运动为零的条件，这个条件常称之为能量辐射条件。阻尼边界是实现能量辐射条件较为简单实用的方法，最早应用于一维场地地震响应分析中，将一定深度以下的基岩用一个阻尼器替代，阻尼系数由基岩的波速和质量密度确定，与地震波动频率无关。对于一维波动问题，阻尼边界完全满足人工边界处的位移和应力连续条件，以及向下传播出的波动在无限远处为零的辐射条件，因此，是一个精确的替代。随后，阻尼边界的应用被扩大到既有底部边界又有侧向边界的二维和三维动力问题当中，边界的法线和切向分别设置相互独立的法向、切向阻尼器。这些阻尼器组成了一个对角动力阻抗矩阵。对于垂直入射波动通过合理确定底、侧面阻尼器外端的运动，即可精确满足位移和应力连续条件。如果域内的波动垂直于边界向外传播，辐射条件也可满足。但是对与人工边界非垂直向传播的波动，一部分能量就会被反射回来，辐射条件不能完全满足。然而，在计算结构地震响应问题时，有限域内结构振动辐射出的能量比起自由表面反射的能量要小很多，同时若计入材料阻尼的能量耗散作用，并考虑到实际地质条件的诸多复杂性和不确定性，这样的近似在工程上仍可以接受。

伴随目前隧洞施工技术的发展，软土场地中的隧洞多为采用盾构法施工的管片拼装结构，在大型输水工程中经常采用，例如南水北调中线的穿黄隧洞外衬即为盾构法施工的管片拼装结构。隧洞外衬由7块预制管片拼装而成，连接缝处有螺栓连接，接缝处设有止水密封条。隧洞外衬安装完成后还需壁后注浆，最终直接承受外部土水压力达到长期稳定使用状态。隧洞的每一环内，管片接缝处刚度较低，静力条件下这些接缝基本处于受压状态，但地震时在周围土体变形的作用下，顶部与底部的接缝容易张开。在与竖井连接部位因结构刚度的差异，轴向接缝也容易被拉开。此外，隧洞穿越复杂地质地形条件，沿隧洞轴线的非均匀场地运动也会导致轴向接缝张开。因此成为抗震校核的重点。

软土场地中的地下结构地震响应计算的另一个问题是场地自身的非线性响应。众所周知，在地震作用下，土体的刚度会显著下降，滞回阻尼增大。当变形较大时土体与地下结构可能发生局部相对甚至脱离。因此，要准确计算隧洞的地震响应，在计算分析模型中就需要计入这些复杂的非线性因素。

7.7.3.3 提高地下结构抗震性能的主要措施

由于地下结构的地震作用主要来自周围介质的强迫变形，因此在满足静力工况承载力要求的前提下，增加地下结构对强迫变形的适应能力可以有效提高地下结构的抗震性能。主要措施有以下几方面。

（1）将地下结构建于均匀稳定的地基中，远离断层，避免过分靠近山坡坡面和不稳定地段，尽量避免饱和砂土地基。

（2）在相同条件下，尽量选取埋深较大的线路，远离风化岩层区。

（3）区间隧洞转交处的交角不宜太小，应加强出入口处的抗震性能。

（4）在施工条件允许的条件下，尽量采取暗挖法施工。

（5）在结构中柱和梁或顶板的节点处，应尽量采用弹性节点，避免采用刚性节点。

（6）防止地下结构外部局部空洞出现。

7.7.4 升船机

7.7.4.1 概述

升船机为通航建筑物，一般为塔楼结构，其上设置大型机房，其中布置有承船厢的提升、传动、导向、锁定等机电设备。对这类结构进行分析计算，首先应明确研究内容和目的，了解工程场地地震基本烈度。因升船机塔楼一般为非壅水建筑物，其设计烈度一般取工程场地地震基本烈度即可。塔楼结构承受荷载大，运行要求高，对塔楼顶部的静、动相对位移有严格限制。因此，对塔楼结构进行包括抗震分析在内的静力分析、温度效应分析，确保塔楼结构的安全使用是十分必要的。

静力分析是对升船机结构基本作用组合和偶然作用组合下的应力、变位进行计算和分析；温度效应分析是根据升船机所在地区的气温资料，对升船机结构在使用期、温度骤降（寒潮）及日照三种温度作用情况下进行计算，以分析塔楼结构在温度作用下的应力、变位；抗震分析主要包括：①塔楼结构自振特性计算；②塔楼结构的动力反应分析。由上述静动力分析结果，计算和分析静动作用最不利组合情况下塔楼结构的静、动力综合反应，并对结构抗震安全性进行评估。

7.7.4.2 升船机结构的抗震特点

从工程抗震角度，升船机主要有以下特点：

（1）塔柱一般为高耸薄壁筒体的悬臂式钢筋混凝土结构，沿高度的质量分布比较均匀。

（2）塔柱结构各方向自振频率比较稀疏，地震反应主要受低阶振型影响，其动力反应用振型分解反应谱法具有足够精度。

（3）一般塔柱属高柔的结构，其基本自振周期有可能大于1s，因此低频分量丰富的远震地震动对其动力反应影响较大。

（4）承船厢对塔柱结构及其运行电气设备的抗震安全有重要影响。由于承船厢重量很大，一般情况下，承船厢位于上加紧工况时对结构动力特性及地震动力反应影响较大，是塔柱结构抗震设计的控制工况。

（5）承船厢厢内水体在地震作用下与厢体的流固耦合效应对塔柱结构及运行设备也有较大影响。

7.7.4.3 升船机结构动力分析

升船机的抗震计算主要作用荷载有永久荷载，可变荷载和地震荷载。

（1）永久荷载：包括结构自重，机房屋顶重和机房墙自重。永久荷载的分项系数取1.0。

（2）可变荷载：包括水压力、风荷载和滑轮组荷载等。

1）水压力，分项系数取1.0。

2）风荷载（分项系数取1.3）：塔楼在顺水流方向的弯曲刚度很大，而该方向迎风面积较小，故计算时只考虑横河向的风荷载对塔楼的影响。

风荷载按《水工建筑物荷载设计规范》（DL 5077—1997）计算，地震作用时，风荷载乘以0.2折减系数。

3）滑轮组荷载，该荷载为承船厢结构本身加水重与平衡重通过滑轮作用于塔楼结构上，其中包括承船厢结构自重，正常运行时水重，平衡重，单个滑轮组自重。

4）温度作用（分项系数取1.1）：考虑运行期塔楼结构在使用期（月平均最高气温、月平均最低气温与混凝土稳定温度之间的温差）、日照和气温骤降情况下的影响。

（3）地震作用：在上述永久荷载和可变荷载作用的基础上，应根据相关标准、规范的要求，结合升船机场址的地震地质条件进行综合分析论证，确定地震作用参数，包括设计地震的基岩水平峰值加速度以及采用的设计加速度反应谱。

结构的自振特性分析一般采用有限单元法进行，由于塔柱结构的特点，可主要计算低阶振型，给出结构自振频率、振型以及振型参与系数等。

结构地震反应分析可采用振型分解反应谱法。通过和静态荷载作用下的塔柱反应进行做最不利组合和获得静、动力综合反应，进而评价升船机塔楼结构的抗震安全度。

对于重要的大型升船机，可应用非线性有限元方法进行船厢、船厢内水体、塔楼结构的动力相互作用的时程分析。船厢内水体对船厢的动水压力作用可使用附加质量方法计算，船厢与塔楼的动力作用可按接触非线性有限元方法计算。

7.7.4.4 升船机结构抗震安全评价

塔柱结构为钢筋混凝土结构，应根据现行抗震规范要求，其地震动应力响应应乘以0.35折减系数后，与静态反应做最不利叠加后，根据SL 191、DL 5057以及本节框架结构中的有关钢筋混凝土构件抗震设计的要求，核算结构配筋是否满足抗震安全要求。

塔柱结构地震位移反应，应根据GB 50011的相关要求，计入钢筋混凝土结构的延性影响，计入弹塑性位移增大系数1.5。

7.7.5 渡槽

7.7.5.1 渡槽结构特点

1. 支承结构和基础

渡槽支承结构将上部槽身荷载传递到基础。在渡槽的设计中，采用的支承结构有梁式、拱式、桁架式、组合式等多种型式，其中，梁式渡槽和拱式渡槽比较常用。如南水北调工程中采用的大都是梁式渡槽。

梁式渡槽的支承结构可为重力墩、空心重力墩、排架等，其上设置支座（如普通盆式支座，高烈度地震区可选择采用隔减震支座），渡槽槽身搁置在支座上。

大型渡槽的延绵距离长、单跨跨度大。地震作用下结构与地基的动力相互作用问题，沿不同槽墩的地震多点输入问题，槽墩下的钢筋混凝土桩体和周围砂土的非线性接触问题等均给设计带来不少难度。

2. 槽身

槽身的作用是输水，断面形式有矩形、U形或梯形等。渡槽运行方式可为单槽过水、双槽过水或三槽过水。渡槽槽身多为混凝土薄壁结构，一般由较薄的板和壳组成，有些渡槽槽身底部还设有横梁、纵梁、横肋等，槽身上部设置拉杆。

渡槽内有大量的水体，水体的质量一般大于槽体结构自身的质量。在地震作用下，水体与槽身之间产生动力相互作用，这一相互作用对整体渡槽的振动特性、渡槽结构的地震反应也将产生重要的影响。

7.7.5.2 渡槽抗震设计现状

从抗震角度看，渡槽与桥梁的主要差别是上部槽身内巨大水体形成了“头重脚轻”现象，是对抗震不利的结构形式，因此，渡槽的抗震设计具有重要的实际意义。

目前，我国渡槽抗震设计尚无制定专门规范，SL 203、DL 5073 也未覆盖渡槽抗震设计，有关的文献也较少，我国渡槽抗震设计尚无规可循。对渡槽进行抗震分析时，主要是依据地震加速度图，并对照国家质量技术监督局《中国地震动参数区划图》（GB 18306—2001）确定场地的特征周期 T_g，地震动的其他参数则结合 SL 203、DL 5073 确定。

7.7.5.3 渡槽动力分析

渡槽中的水体在地震激励下会产生晃动，这种晃动影响到渡槽的动力特性和地震响应，其中考虑水体动力效应的常用分析方法为 Housner 弹簧模型。

渡槽的动力分析方法主要包括拟静力法、反应谱法和时程分析法等。拟静力法是将地震荷载简化为与结构质量成正比的一种静态荷载，与其他静力荷载组合起来一起计算。该方法计算简便，适合于工程技术人员使用。由于 SL 203、DL 5073 中没有标明渡槽的动态分布系数，因此可按水闸动态分布系数取值。反应谱法是根据单自由度体系在地震时体系各量值的最大反应与体系自振周期之间的函数关系即反应谱求出作用于结构上的地震荷载。时程分析法是对地震过程中结构反应随时间变化过程的一种积分分析，它直接由结构的运动方程出发，对结构输入其所在场地的地震波，从初始状态开始逐步积分直至地震作用结束，从而得到结构在地震作用下由静止到振动，直至达到最终状态的全过程。

7.7.5.4 渡槽隔震

由地震反应谱曲线可以知道，加速度反应谱的平台位于高频段，位移反应谱的平台位于低频段，速度反应谱的平台位于中间频段，并且，反应谱曲线受阻尼影响很大，即阻尼越大，谱值越小。隔震技术的基本原理就是利用地震反应谱曲线的这些特征来减少结构的地震反应。隔震的本质如下：

(1) 通过降低结构的刚度，延长结构的基本周期，避开地震能量集中的范围，从而降低结构的地震反应。

(2) 为了控制结构变柔而导致的过大变形，常引入阻尼装置。结构阻尼的增加一方面可降低结构的位移反应，另一方面还可降低结构的动力加速度反应。

1. *渡槽减隔震途径*

传统的抗震设计是通过增强结构强度与延性来抗御地震的作用。在给定的地震动荷载条件下，抗震设计要求结构提供抵抗这种地震力的能力。而减隔震的抗震设计思想则是通过结构适当部位设置隔震装置，改变结构的动力反应特性，从而减少地震动的输入，并引入耗能机构，组成抗震构件，其基本途径就是通过延长结构周期，增大能耗来控制结构的振动。对于水工渡槽，其最大特征是槽体承载水体比槽体自重还大，地震动时槽体产生很大的惯性力，使支承它的槽墩与桩基础产生很大的应力与变形。按常规抗震设计的思路，难以满足设防地震结构的抗震安全性要求。

2. *渡槽减隔震装置及其布设部位的选择*

根据水工渡槽结构工作特性与地震动力反应的特征，以减隔震方法来保证抗震安全性。减隔震装置布设有几个部位可供选择：①在渡槽与墩顶设置隔震装置，这是桥梁上普遍使用的；②在槽墩与地基承台之间设置隔震装置；③在桩基设置减隔震装置。后两种属于基础隔震，能够使槽墩、槽体均减小地震的作用，但在实际安装上存在较大难度，而且保证正常运用也存在很大问题。采取在槽体与槽墩之间设置隔震装置是一种可行的方案，能够有效地削减槽墩与槽体的地震效应，其优点有：①能够较好满足正常运行的要求；②可以借鉴桥梁的隔震设计经验；③安装布置比较容易；④能够有效地起到隔震减震的效果。

目前渡槽的减隔震技术还处于研究阶段。类似渡槽结构，桥梁与建筑结构减隔震方面较有效的隔震支座装置有：叠层橡胶钢板支座、铅芯橡胶支座（LRB）、阻尼器装置（橡胶支座、钢阻尼器、油阻尼器等）。

7.7.6 框架结构

7.7.6.1 一般规定

对钢筋混凝土框架结构进行抗震设计时，应根据建筑物的设计烈度提出相应的抗震验算要求、抗震措施和配筋构造要求。基本烈度为 8 度地区的框架结构，当高度不大于 12m 且体型规则时，可按 7 度设计烈度。基本烈度为 6 度以上的地区的次要建筑物可按本地区基本烈度降低一度采取抗震措施。基本烈度为 6 度地区的钢筋混凝土框架结构，可不进行截面抗震验算，但应符合有关的抗震措施及配筋构造要求。

对于钢筋混凝土框架结构，当设计烈度为 9 度时，混凝土强度等级宜为C30～C60；设计烈度为7度、8度时，混凝土强度等级不应低于C25。纵向受力钢筋宜优先选用HRB335级、HRB400级钢筋；箍筋宜选用HRB335级、HPB235级钢筋。

钢筋混凝土框架结构按8度、9度设计烈度设防时，纵向受力钢筋不宜采用余热处理钢筋；纵向受力钢筋宜选用抗震性能好的钢筋，即其实测的抗拉强度与屈服强度的比值不应小于1.25；屈服强度实测值与标准值的比值不应大于1.3。

不宜以强度较高的钢筋代替原设计中的强度较低的纵向受力钢筋，如需要代换时，应按照钢筋受拉承载力相等的原则进行代换。

抗震验算时，钢筋混凝土构件截面承载力的设计表达式为

$$\gamma_0 \psi S \leqslant \frac{1}{\gamma_d} R \tag{7.7-13}$$

$$S = \gamma_G S_{Gk} + \gamma_{Q1} S_{Q1k} + \gamma_{Q2} S_{Q2k} + \gamma_A S_{Ak} \tag{7.7-14}$$

式中 S——偶然组合下的荷载效应组合值（即考虑地震作用组合的内力设计值）；

R——结构构件抗震承载力；

ψ——设计状况系数，对持久状况、短暂状况、偶然状况，ψ应分别取为1.0、0.95、0.85；

γ_0——结构重要性系数，应按表7.7-7采用；

γ_d——结构系数，应按表7.7-8采用；

S_{Gk}——永久作用效应的标准值；

S_{Q1k}——一般可变作用效应标准值；

S_{Q2k}——可控制的可变作用效应的标准值；

S_{Ak}——偶然荷载标准值产生的荷载效应；

γ_G、γ_{Q1}、γ_{Q2}、γ_A——永久作用、一般可变作用、可控制的可变作用、偶然作用的分项系数，应按表7.7-9采用。

表7.7-7 水工建筑物结构安全级别及结构重要性系数 γ_0

水工建筑物级别	水工建筑物结构安全级别	结构重要性系数 γ_0
1	Ⅰ	1.1
2、3	Ⅱ	1.0
4、5	Ⅲ	0.9

在式（7.7-14）中，由地震作用产生的荷载效应S_{Ak}可按SL 203、DL 5073和DL 5077规定确定。

表7.7-8 承载能力极限状态计算时的结构系数 γ_d

素混凝土结构		钢筋混凝土及预应力混凝土结构
受拉破坏	受压破坏	
2.0	1.3	1.2

注 1. 承受永久作用（荷载）为主的构件，结构系数γ_d应按表中数值增加0.05。
2. 对于新型结构或荷载不能准确估计，结构系数γ_d应适当提高。

表7.7-9 作用（荷载）分项系数

作用类型	永久作用	一般可变作用	可控制的可变作用	偶然作用
作用分项系数	γ_G	γ_{Q1}	γ_{Q2}	γ_A
	1.05（0.95）	1.2	1.1	1.0

注 1. 当永久作用效应对结构有利时，γ_G应按括号内数值取用。
2. 可控制的可变作用是指可以严格控制使其不超出规定限值，如在水电站厂房设计中，由制造厂家提供的吊车最大轮压值，设备重量按实际铭牌、堆放位置有严格规定并加设垫木的安装间楼面堆放设备荷载等。

7.7.6.2 框架梁

1. 框架梁受弯承载力计算

计算考虑地震作用组合的钢筋混凝土框架梁受弯承载力时，可按静载作用下的受弯承载力计算公式计算。计入纵向受压钢筋的梁端混凝土受压区计算高度x应符合下列要求：

设计烈度为9度时，$x \leqslant 0.25h_0$；设计烈度为7度、8度时，$x \leqslant 0.35h_0$。其中，h_0为截面有效高度，mm。

2. 框架梁梁端剪力设计值

设计烈度为8度、9度的框架，框架梁梁端的剪力设计值V_b应按下式计算：

$$V_b = \frac{\eta_v (M_b^l + M_b^r)}{l_n} + V_{Gb} \tag{7.7-15}$$

式中 M_b^l、M_b^r——框架梁在地震作用组合下的左、右端弯矩设计值，N·mm；

V_{Gb}——考虑地震作用组合时的重力荷载产生的剪力设计值，可按简支梁计算，N；

l_n——梁的净跨，mm；

η_v——剪力增大系数，设计烈度为7

度、8度、9度时，η_v 分别取为 1.05、1.10、1.25。

式（7.7-15）中，弯矩设计值之和（$M_b^l+M_b^r$）应分别按顺时针方向和逆时针方向计算，并取其较大值。

3. 框架梁的斜截面受剪承载力计算

考虑地震作用组合的矩形、T形和I形截面的框架梁，其斜截面受剪承载力应按《水工混凝土结构设计规范》（DL/T 5057—2009）9.5.3条计算，其中 $V_c=0.42f_tbh_0$；对集中荷载作用为主的独立梁，$V_c=0.3f_tbh_0$。

设计烈度为7度、8度、9度的框架梁，其截面尺寸应符合下式规定：

$$V_b \leqslant \frac{1}{\gamma_d}(0.2f_cbh_0) \qquad (7.7-16)$$

式中 V_b——考虑地震作用组合时框架梁梁端的剪力设计值，N，按式（7.7-15）计算。

其他符号意义及取值可参见《水工混凝土结构设计规范》（DL/T 5057—2009）9.5.3条。

4. 框架梁的抗震构造要求

考虑地震作用组合的框架梁，其纵向受拉钢筋的配筋率不应大于2.5%，也不应小于表7.7-10规定的数值。纵向钢筋的直径不宜小于14mm。梁的截面上部和下部至少各配置两根贯通全梁的纵向钢筋，其截面面积应分别不小于梁两端上、下部纵向受力钢筋中较大截面面积的1/4。

表7.7-10 框架梁纵向受拉钢筋最小配筋率

设计烈度	截面位置（%）	
	支座	跨中
9	0.40	0.30
8	0.30	0.25
6、7	0.25	0.20

在框架梁两端的箍筋加密区范围内，纵向受压钢筋和纵向受拉钢筋的截面面积比值 A_s'/A_s 不应小于0.5（9度设防）或0.3（7度、8度设防）。

考虑地震作用效应组合的框架梁，在梁端应加密箍筋，加密区长度及加密区内箍筋的间距和直径应按表7.7-11的规定采用。对承受地震作用为主的框架梁，非加密区的箍筋间距不应大于加密区箍筋的2倍。沿梁全长的箍筋配筋率 ρ_{sv} 应符合表7.7-12的规定。

表7.7-11 框架梁梁端箍筋加密区的构造要求

设计烈度	箍筋加密区长度	箍筋间距	箍筋直径
9	≥2h；≥500mm	≤6d；≤h/4；≤100mm	≥10mm；≥d/4
8	≥1.5h；≥500mm	≤8d；≤h/4；≤100mm	≥8mm；≥d/4
7		≤8d；≤h/4；≤150mm	≥8mm；≥d/4
6			≥6mm；≥d/4

注 1. h 为梁高；d 为纵向钢筋直径。
2. 梁端纵向钢筋配筋率大于2%时，箍筋直径应增大2mm。

表7.7-12 沿梁全长的箍筋最小配筋率 ρ_{sv}

设计烈度		9	8	7	6
钢筋种类（%）	HPB235级	0.20	0.18	0.17	0.16
	HPB300级	0.18	0.15	0.13	0.12
	HRB335级	0.15	0.13	0.12	0.11

7.7.6.3 框架柱

1. 框架柱正截面受拉（压）承载力计算

考虑地震作用组合的框架柱，其正截面受压承载力或受拉承载力应按DL/T 5057第9.3节或第9.4节计算。

2. 框架柱弯矩设计值计算

考虑地震作用组合的框架，除顶层柱和轴压比 $\frac{KN}{f_cA}$ 小于0.15外，框架节点的上、下柱端的弯矩设计值总和应按下式计算：

$$\sum M_c = \eta_c \sum M_b \qquad (7.7-17)$$

式中 $\sum M_c$——考虑地震作用组合的节点上、下柱端的弯矩设计值之和，柱端弯矩设计值的确定，在一般情况下，可将式（7.7-17）计算的弯矩之和，按上、下柱端弹性分析所得的考虑地震作用组合的弯矩比进行分配；

ΣM_b——同一节点左、右梁端，按顺时针和逆时针方向计算的两端考虑地震作用组合的弯矩设计值之和的较大值，设计烈度为9度时，当两端弯矩均为负弯矩时，绝对值较小的弯矩值应取为零；

η_c——柱端弯矩增大系数，设计烈度为7度、8度、9度时，η_c 分别取为1.05、1.15、1.30。

设计烈度为6度和轴压比 $\frac{KN}{f_cA}<0.15$ 者，柱端弯矩设计值取地震作用组合下的弯矩设计值。

设计烈度为7度、8度、9度的框架结构底层柱下端截面的弯矩设计值，应分别按考虑地震作用组合的弯矩设计值的1.15、1.25、1.50倍进行配筋设计。

3. 框架柱剪力设计值计算

设计烈度为7度、8度、9度时，框架柱考虑地震作用组合的剪力设计值 V_c 应按下式计算：

$$V_c = \eta_{vc}(M_c^b + M_c^t)/H_h \qquad (7.7-18)$$

式中 H_n——柱的净高，mm；

M_c^t、M_c^b——考虑地震作用组合，且经上述“2. 框架柱弯矩设计值计算”中调整后的柱上、下端截面的弯矩设计值，N·mm；

η_{vc}——剪力增大系数，设计烈度为7度、8度、9度时，η_{vc} 分别取为1.05、1.15和1.30。

设计烈度为6度时，取地震作用组合下的剪力设计值。

在式（7.7-18）中，M_c^t 和 M_c^b 之和应分别按顺时针和逆时针方向进行计算，并取最大值。M_c^t 和 M_c^b 的取值应符合上述“2. 框架柱弯矩设计值计算”中的规定。

设计烈度为7度、8度、9度的框架角柱的弯矩、剪力设计值应按上述“2. 框架柱弯矩设计值计算”、“3. 框架柱剪力设计值计算”经调整后的弯矩、剪力设计值再乘以不小于1.1的增大系数。

4. 框架柱斜截面受剪承载力

考虑地震作用组合的框架柱，其斜截面受剪承载力应按DL/T 5057第9.5.9条计算；当框架顶层柱出现拉力时，应按9.5.10条计算，但混凝土的受剪承载力均取 $V_c=0.3f_tbh_0$。

5. 框架柱轴压比

考虑地震作用组合的框架柱，设计烈度为9度、8度、7度时，其轴压比分别不宜大于0.7、0.8和0.9。

6. 框架柱配筋

（1）考虑地震作用组合的框架柱中，全部纵向受力钢筋的配筋率不应小于表7.7-13规定的数值。同时，每一侧的配筋率不应小于0.2%。截面边长大于400mm的柱，纵向受力钢筋的间距不应大于200mm。

表7.7-13 框架柱纵向钢筋最小配筋率

柱类型	设计烈度			
	9	8	7	6
中柱、边柱（%）	1.0	0.8	0.7	0.6
角柱、框支架（%）	1.2	1.0	0.9	0.8

注 当采用HRB400、HRB500级钢筋时，柱全部纵向受力钢筋最小配筋率应按表中数值减小0.1。

（2）考虑地震作用组合的框架柱中，箍筋的配置应符合下列规定：

1）各层框架柱的上、下两端的箍筋应加密，加密区的高度取柱截面的长边尺寸 h（或圆形截面直径 D）、层间柱净高 H_n 的1/6或500mm三者中的最大值。柱根加密区高度应取不小于该层净高的1/3；剪跨比 $\lambda\leqslant2$ 的框架柱应沿柱全高加密箍筋，且箍筋间距不应大于100mm；设计烈度为8度、9度的角柱应沿柱全高加密箍筋。底层柱在刚性地坪上、下500mm范围内也应加密箍筋。

2）在箍筋加密区内，箍筋的间距和直径应按表7.7-14的规定采用。

表7.7-14 框架柱柱端箍筋加密区的构造要求

设计烈度	箍筋间距	箍筋直径
9	≤6d；≤100mm	≥10mm
8	≤8d；≤100mm	≥8mm
7	≤8d；≤150mm（柱根≤100mm）	≥8mm
6		≥6mm（柱根≥8mm）

注 d 为纵向受力钢筋直径。

3）设计烈度为8度的框架柱中，当箍筋直径不小于10mm，肢距不大于200mm时，除柱根外，箍筋间距可增至150mm；设计烈度为7度的框架柱，当截面边长不大于400mm时，箍筋直径可采用6mm；设计烈度为6度的框架柱，当剪跨比 $\lambda\leqslant2$ 时，箍筋直径不应小于8mm。

4）在箍筋加密区内，箍筋的体积配筋率 ρ_v 不宜小于表7.7-15的规定。体积配筋率计算时应扣除重叠部分的箍筋体积。

表 7.7-15 框架柱加密区内的箍筋最小体积配筋率 ρ_v

设计烈度	箍筋形式	轴压比						
		≤0.3	0.4	0.5	0.6	0.7	0.8	0.9
9	普通、复合箍（%）	0.80	0.90	1.05	1.20	1.35	—	—
8	普通、复合箍（%）	0.65	0.70	0.90	1.05	1.20	1.35	—
7	普通、复合箍（%）	0.50	0.55	0.70	0.90	1.05	1.20	1.35

注 1. 表列数值用于混凝土强度等级不高于C35，钢筋为HPB235级、HPB300级；当为HPB335级时，表列数值应乘以0.7，但对设计烈度为9度、8度、7度、6度的柱，其箍筋加密区的配筋率分别不应小于0.8%、0.6%、0.4%、0.4%；当混凝土强度等级高于C35时，应按强度等级适当提高配筋率。

2. 普通箍指单个矩形箍筋或单个圆形箍筋；复合箍指由矩形、多边形、圆形箍筋或拉筋组成的箍筋。

5）在箍筋加密区内，箍筋的肢距不宜大于200mm（设计烈度为9度）、250mm和20倍箍筋直径的较小值（设计烈度为8度、7度）、300mm（设计烈度为6度）。

6）在箍筋加密区外，箍筋体积配筋率不宜小于加密区配筋率的一半。箍筋间距不应大于10倍纵向受力钢筋直径（设计烈度为9度、8度）或15倍纵向受力钢筋直径（设计烈度为7度、6度）。

7）当剪跨比λ≤2时，设计烈度为7度、8度、9度的柱宜采用复合螺旋箍或井字复合箍。设计烈度为7度、8度时，其箍筋体积配筋率不应小于1.2%；设计烈度为9度时，不应小于1.5%。

8）当柱中全部纵向钢筋的配筋率超过3%时，箍筋应焊成封闭环式。

7.7.6.4 框架梁柱节点

（1）考虑地震作用组合的框架，梁柱节点中的水平箍筋最大间距和最小直径宜按表7.7-14取用，水平箍筋的体积配筋率不宜小于1.0%（设计烈度为9度）、0.8%（设计烈度为8度）和0.6%（设计烈度为7度）。但当轴压比不大于0.4时，可仍按表7.7-13的规定取值。

（2）框架梁和框架柱的纵向受力钢筋在框架节点的锚固和搭接应符合下列要求：

1）框架中间层的中间节点处，框架梁的上部纵向受力钢筋应贯穿中间节点；梁的下部纵向受力钢筋伸入中间节点的锚固长度不应小于 l_{aE}，且伸过中心线不应小于5d［见图7.7-6（a）］。梁内贯穿中柱的每根纵向钢筋直径，设计烈度为9度、8度时，不宜大于柱在该方向截面尺寸的1/20；对圆柱截面，不宜大于纵向受力钢筋所在位置柱截面弦长的1/20。

2）框架中间层的端节点处，当框架梁上部纵向受力钢筋用直线锚固方式锚入端节点时，其锚固长度除不应小于 l_{aE} 外，尚应伸过柱中心线不小于5d（d 为梁上部纵向受力钢筋的直径）。当水平直线段锚固长度不足时，梁上部纵向受力钢筋应伸至柱外边并向下弯折。弯折前的水平投影长度不应小于0.4l_{aE}，弯折后的竖直投影长度等于15d［见图7.7-6（b）］。梁下部纵向受力钢筋在中间层端点中的锚固措施与梁上部纵向受力钢筋相同，但竖直段应向上弯入节点。

3）框架顶层中间节点处，柱纵向受力钢筋应伸至柱顶。当采用直线锚固方式时，其自梁底边算起的锚固长度不应小于 l_{aE}，当直线段锚固方式不足时，该纵向受力钢筋伸到柱顶后可向内弯折，弯折前的锚固段竖直投影长度不应小于0.5l_{aE}，弯折后的水平投影长度不小于12d；当楼板为现浇混凝土，且板的混凝土强度不低于C20、板厚度不小于80mm时，也可向外弯折，弯折后的水平投影长度不小于12d［见图7.7-6（c）］。设计烈度为9度、8度时，贯穿顶层中间节点的梁上部纵向受力钢筋的直径，不宜大于柱在该方向截面尺寸的1/25。梁下部纵向受力钢筋在顶层中间节点中的锚固措施与梁下部纵向受力钢筋在中间层中间节点处的锚固措施相同。

4）框架顶层端节点处，柱外侧纵向受力钢筋可沿节点外边和梁上边与梁上部纵向受力钢筋搭接连接［见图7.7-6（d）］，搭接长度不应小于1.5l_{aE}，且伸入梁内的柱外侧纵向受力钢筋截面面积不宜少于柱外侧全部纵向受力钢筋截面面积的65%，其中不能伸入梁内的柱外侧纵向受力钢筋，宜沿柱顶伸至柱内边；当该柱筋位于顶部第一层时，伸至柱内边后，宜向下弯折不小于8d后截断（d 为柱外侧纵向受力钢筋直径）；当该柱筋位于顶部第二层时，可伸至柱内边后截断；当有现浇板，且现浇板混凝土强度不低于C20、板厚不小于80mm时，梁宽范围内的柱纵向受力钢筋可伸入板内，其伸入长度与伸入梁内的柱纵向受力钢筋可伸入板内，其伸入长度与伸入梁内的柱纵向受力钢筋相同。梁上部纵向受力钢筋应伸至柱外边并向下弯折到梁底标高。当柱外侧纵向受力钢筋配筋率大于1.2%时，伸入梁内的柱纵向受力钢筋应满足以上规定，且宜分两批截断，其截断点之间的距离不宜小于 $20d$。

当梁、板配筋率较高时，顶层端节点处的梁上部纵向受力钢筋和柱外侧纵向受力钢筋的搭接连接也可沿柱外边设置［见图 7.7-6 (e)］，搭接长度不应小于 $1.7l_{aE}$，其中，柱外侧纵向受力钢筋应伸至柱顶，并向内弯折，弯折段的水平投影长度不宜小于 $12d$。

梁上部纵向受力钢筋及柱外侧纵向受力钢筋在顶层端节点上角处的弯弧内半径，当钢筋直径 $d \leqslant$ 25mm 时，不宜小于 $6d$；当钢筋直径 $d>$25mm 时，不宜小于 $8d$。

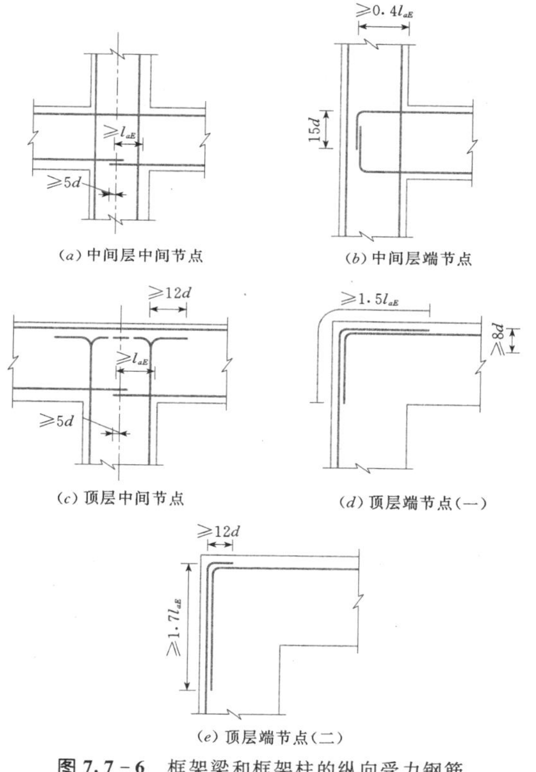

图 7.7-6 框架梁和框架柱的纵向受力钢筋在节点区的锚固和搭接

当梁上部纵向受力钢筋配筋率大于 1.2%时，弯入柱内侧的梁上部纵向受力钢筋除应满足以上搭接长度外，且宜分两批截断，其截断点之间的距离不宜小于 $20d$（d 为梁上部纵向受力钢筋直径）。

梁下部纵向受力钢筋在顶层端节点中的锚固措施与中间层端节点处梁上部纵向受力钢筋的锚固措施相同。柱内侧纵向受力钢筋在顶层端节点中的锚固措施与顶层中间节点处柱纵向钢筋的锚固措施相同。当柱为对称配筋时，柱内侧纵向受力钢筋在顶层端节点中的锚固要求可恰当放宽，但柱内侧纵向受力钢筋应伸至柱顶。

5）柱纵向受力钢筋不应在中间各层节点内截断。

（3）抗震设计时，构件节点的承载力不应低于其连接构件的承载力。预埋件的锚固钢筋实配截面面积应比静力计算时所需截面面积增大 25%，且应相应调整锚板厚度。在靠近锚板处，宜设置一根直径不小于 10mm 的封闭箍筋。

7.8 水工结构动力模型试验

水工结构动力模型试验是水工结构抗震设计研究的重要手段之一。因此在水工建筑物抗震设计规范中明确规定，对设计烈度为 8 度、9 度的甲类水工建筑物应进行动力模型试验。

7.8.1 动力模型试验原理

动力模型试验主要通过物理模型观测结构的动态特性如固有频率、振型，特定动荷载作用下的动态响应及特定地震动作用下的地震响应。结构动力模型试验一般通过地震模拟振动台模拟各类地震动及其他多种类型的动态基底激励。振动台动力模型试验是对十分稀少的实际强震条件下结构响应原型观测资料的重要补充。振动台还可以控制地震动输入强度，用于研究在不同强度地震动作用下结构的地震响应，最终确定结构的抗震能力或极限抗震能力，确定结构抗震薄弱部位。

由于水工结构规模巨大，水工动力模型试验通常只能在缩尺模型上进行。对模型不仅要求几何形状相似，而且要求试验模型的力学特性及对模型所施加的外荷载均满足模型相似率。各种物理参数的模型相似比尺可以通过量纲分析得到。

在缩尺模型上所有物理量都满足模型相似率要求几乎是不可能的，模型试验结果的可用性取决于关键物理量在多大程度上满足了模型相似率，这对试验结果的实际应用十分重要。根据试验目的不同，需要满足的相似比尺种类有所不同，模型制备的难度差异也很大。线弹性模型主要反映被测模型结构线弹性范围的响应，因此模型材料强度可以取得较高，各类不同的外荷载也可分别施加，最后将不同荷载下模型响应的结果进行线性叠加。在水工结构动力模型试验中，除几何比尺外，由于需要模拟自重和水压力这些与重力场和材料质量相关的荷载条件，而目前又很难找到密度大、黏度低、经济实用的液体替代试验中的水，故在常重力场动力模型试验中，加速度比尺及质量密度比尺取为 1。

设模型几何比尺为 R_L，模型质量密度比尺为 R_ρ

=1，模型加速度比尺为 $R_a=1$，而无量纲物理量应变比尺 $R_\varepsilon=1$，则可以得到其他物理量的模型比尺如下：

位移比尺 $R_\Delta=R_LR_\varepsilon=R_L$ (7.8-1)

时间比尺 $R_T=\sqrt{\dfrac{R_\Delta}{R_a}}=\sqrt{R_L}$ (7.8-2)

速度比尺

$$R_v=\frac{R_\Delta}{R_T}=\frac{R_\Delta}{\sqrt{R_L}}=\sqrt{R_L} \quad (7.8-3)$$

力比尺 $R_F=R_L^3R_\rho R_a=R_L^3$ (7.8-4)

应力比尺

$$R_\sigma=\frac{R_F}{R_L^2}=\frac{R_L^3R_\rho R_a}{R_L^2}=R_LR_\rho R_a=R_L \quad (7.8-5)$$

弹性模量比尺

$$R_E=R_\sigma R_\varepsilon=R_\sigma=R_L \quad (7.8-6)$$

由此可以看出，所有导出模型相似率均由几何相似率确定。

前面提到由于无法采用其他液体替代原型中的水，试验模型质量密度比尺 $R_\rho=1$。但是在缩尺动力模型中模型结构的弹性模量比尺小于1，一般只有几十分之一或上百分之一，这意味着试验中的水体代表着一种比实际原型水体压缩模量大几十甚至上百倍的液体。对于实际问题这代表一种不可压缩的水体，也就是试验中已经忽略了原型水体的可压缩性。已有许多研究表明，库水水体的可压缩性对结构的地震响应影响很小，可以忽略不计，在大坝地震响应的数值分析中也基本上采用不可压缩液体的假定，使得分析过程大为简化。

由式（7.8-6）可知，当模型试验的几何比尺很大时，模型材料的弹性模量非常低。寻找严格满足弹性模量相似率的模型材料会有一定困难。$R_\varepsilon=1$ 的物理意义是几何相似的模型在变形后仍保持完全几何相似。如果试验对象的响应满足小变形假定，也可采用应变比尺 $R\neq1$ 的模型相似条件，对变形后的几何相似影响不大。这样，尽管位移和几何尺度都是长度量纲，两者的模型相似率是不一样的，或者说两者是独立的，在前面的三个基本相似率上增加了第四个基本相似率。相关的导出模型比尺也随之发生变化：

位移比尺 $R_\Delta=R_LR_\varepsilon$ (7.8-7)

时间比尺 $R_T=\sqrt{\dfrac{R_\Delta}{R_a}}=\sqrt{R_\Delta}$ (7.8-8)

速度比尺 $R_v=\dfrac{R_\Delta}{R_T}=\dfrac{R_\Delta}{\sqrt{R_\Delta}}=\sqrt{R_\Delta}$ (7.8-9)

弹性模量比尺 $R_E=R_\sigma R_\varepsilon$ (7.8-10)

材料的弹性模量是较易测量的物理量，因此也可以把弹性模量相似率作为基本相似条件，导出应变、位移、时间和速度的相似比尺如下：

应变比尺 $R_\varepsilon=\dfrac{R_\sigma}{R_E}=\dfrac{R_L}{R_E}$ (7.8-11)

位移比尺 $R_\Delta=R_LR_\varepsilon=\dfrac{R_L^2}{R_E}$ (7.8-12)

时间比尺

$$R_T=\sqrt{\frac{R_\Delta}{R_a}}=\sqrt{R_\Delta}=\frac{R_L}{\sqrt{R_E}} \quad (7.8-13)$$

速度比尺

$$R_v=\frac{R_\Delta}{R_T}=\frac{R_\Delta}{\sqrt{R_\Delta}}=\sqrt{R_\Delta}=\frac{R_L}{\sqrt{R_E}} \quad (7.8-14)$$

为了区别，满足应变比尺 $R_\varepsilon=1$ 条件的模型相似率称为全相似条件，不满足的称为非全相似条件。考虑到模型试验的其他制约条件，如振动台的工作频段、应变测量的刚化效应等，采用非全相似条件会有一些有利之处。即使应变比尺不等于1，试验结果与全相似条件的结果一般也相差不大。

在水工结构动力非线性模型试验中，试验目的之一是模拟原型结构损伤破坏后的响应。除前述线弹性模型的相似率要求外，模型材料应力应变关系及材料强度都应满足相似要求，并且各种外荷载须按模型比尺及原型上的作用顺序施加。对大多数工程材料，在屈服之前应力—应变关系常可以简单的直线关系表示，但是屈服后的关系要复杂得多，通常情况下要找到屈服后与原型材料应力—应变关系依然相似的模型材料是相当困难的。这是进行缩尺非线性模型试验的最大障碍之一。但是，如果原型材料是脆性材料，即拉应力一旦超过材料强度应力迅速降为零，则对应的模型材料还是可以找到的。因为超过强度后的应力应变仍可用直线关系表示，此时材料的弹性模量为零。只要模型材料同为脆性材料且强度满足相似比尺，应力—应变关系就相似了。在结构设计中一般将混凝土的受拉破坏被视为脆性破坏，而且混凝土的抗压强度较抗拉强度大很多，一般情况下结构受拉破坏发生较早。因此，在结构受拉开裂之后，到达抗压强度之前的非线性响应，模型相似率是可以近似满足。这一条件是进行水工混凝土结构破坏试验的重要前提。

从严格意义上讲，脆性材料破坏过程同样有能量的释放，材料强度因子也是一个重要的力学特征。对于混凝土材料的开裂，有相当多的研究成果。但是，由于混凝土材料在细观上非常不均匀，基于金属等均质材料建立起来的断裂力学理论仍很难应用于混凝土的开裂问题。目前，在分析混凝土结构的裂缝扩展时仍多采用裂缝沿最大主拉应力垂直方向扩展的假定。

在分析网格足够精细的条件下，理论结果与试验结果吻合较好。因此，可以推断，在采用脆性材料的模型中可以反映原型的开裂损伤发展过程。

土石体的应力应变关系十分复杂，特别是其压硬性及在剪应变很小（$\gamma \leqslant 1.0 \times 10^{-5}$）即表现出的非线性，加上土石体骨架不稳定，在剪切作用下，将出现胀（缩）性及变形的滞变性。这些性质随土石料的矿物成分、颗粒形状、粒径、密度、饱和状态、应力状态、加荷水平和荷载频率、历时和历史等的不同而变化。目前还缺乏能全面考虑这些特性和影响因素的土石料本构关系模式，特别是土石料的动力本构关系研究更不成熟。因此，要研制出一种能考虑上述土石料力学特性相率的模型材料，目前还十分困难。因此，宜对原型土石坝的堆石材料，采用土工试验规程缩尺方法，配制模拟材料制作土石坝模型。

进行土石坝振动台模型试验有重要意义：①通过大型振动台土石模型坝试验，定性研究模型坝的动力特性、地震动力反应性状和破坏机理，并探讨土石坝抗震工程措施；②土石坝振动台模型试验所得有关模型坝的不同幅值输入下的动力特性和动力反应性状等资料，可以作为验证和改进土石坝地震动力反应计算模式、分析方法和计算程序的基本资料；③探讨土石坝振动台模型试验相似率，研究土石坝的动力特性、地震反应性状和抗震性能。

土石坝模型试验包括离心机振动台模型试验和一般重力场下大型振动台模型试验。离心机振动台模型试验可以满足重力相似的要求，是进行土石坝动力模型试验的理想手段，但目前已有设备由于尺寸和性能的限制，只能适应于较低坝高的工程，特别是对于以粗粒料为主的堆石坝，试验材料的过度缩尺，还可能改变原型材料的性质。这里仅介绍一般重力场下土石坝振动台模型试验。

土石材料是不同级配散粒体的组合，其初始弹性模量与有效固结应力 σ_0' 及相对密度密切相关，而且应力应变关系具有显著的非线性。因此，土石料振动台动力试验模型相似率，是建立在应变较小时（如破坏前），高、低应力状态下的土石料应力应变关系存在相似性的假定基础之上而推导的。

首先，原型与模型的加速度相似率 $R_a=1$，几何相似率 R_L 由振动台设备参数和原型坝确定。然后基于确强度相似要求，摩擦角 φ 相似率 $R_\varphi=1$，根据三轴剪切试验确定的模型坝料的密度与摩擦角 φ 的关系确定对应围压范围的下模型坝料密度 ρ，从而确定密度 ρ 相似率 R_ρ。土石材料密度确定后，可按土石料最大剪切模量 G_{max} 与平均有效固结应力 σ_0' 的经验关系 $G_{max}=CP_a\left(\dfrac{\sigma_0'}{P_a}\right)^{0.5}$ 确定最大剪切模量 G_{max}，因此需要引入模量系数 C 的相似率 R_c，即这时应变相似率不为 1，即模型是非全相似的。主要导出比尺如下：

弹性模量比尺

$$R_E = R_\rho^{1/2} R_L^{1/2} R_c \qquad (7.8-15)$$

力比尺

$$R_F = R_L^3 R_\rho R_a = R_L^3 R_\rho \qquad (7.8-16)$$

应力比尺

$$R_\sigma = \frac{R_F}{R_L^2} = \frac{R_L^3 R_\rho R_a}{R_L^2} = R_L R_\rho \qquad (7.8-17)$$

应变比尺

$$R_\varepsilon = \frac{R_\sigma}{R_E} = R_\rho^{1/2} R_L^{1/2} R_c^{-1} \qquad (7.8-18)$$

位移比尺

$$R_\Delta = R_L R_\varepsilon = R_\rho^{1/2} R_L^{3/2} R_c^{-1} \qquad (7.8-19)$$

时间比尺

$$R_T = \sqrt{\frac{R_\Delta}{R_a}} = R_\rho^{1/4} R_L^{3/4} R_c^{-1/2} \qquad (7.8-20)$$

速度比尺

$$R_v = \frac{R_\Delta}{R_T} = R_\rho^{1/4} R_L^{3/4} R_c^{-1/2} \qquad (7.8-21)$$

动力模型试验中经常测量的物理量有加速度、位移、应变、动水压力等。加速度包括振动台输入和模型的响应。位移包括模型的绝对位移和相对位移，相对位移较易测量。结构动态特性，如固有频率、模态等是根据上述量测的物理量经一定的分析计算得到的。

动力试验的测量与静力试验测量有很大不同，动力试验的测量必须与动力加载过程同步完成，因此，动力试验量测系统必须满足动力试验的特殊要求。

动态测量系统的一个重要指标是动态工作范围。其与传感器、放大器、模数转换装置、采样频率等多方面因素相关。动态工作范围主要根据试验对象的频率范围确定，对于大型结构试验通常数百至 1000Hz 即可满足要求。如果考虑冲击荷载则需要数千赫兹的动态工作范围。

在完整的动力模型试验报告中必须给出所用量测系统的技术参数、数据采集处理过程的各种参数选择。

7.8.2 拱坝

为了最大限度地使模型试验的条件与拱坝的实际状态接近，影响拱坝地震响应的主要因素都必须在模型中模拟。在试验当中，必须包括适当范围的两岸山体，并模拟山体的构造及力学特征。库水除长期以静水压力作用于坝体之外，在地震时因坝体以及库水的振动还会产生动水压力作用于坝体。因此，拱坝动力模型的组成既包括拱坝坝体，还包括适当范围的山体和水库。采用刚性基础的弹性动力模型试验，其结果仅用于与相同条件的数值计算结果相比较，无法直接应用试验结果对实际工程的安全性进行判断。

从模拟的精度考虑基础的范围需要足够大，但这一条件始终受到试验设备制约，必须根据具体试验对象合理确定。根据数值分析的经验，基础范围在各个方向应该大于1倍最大坝高。即便如此，振动能量在人为设定的边界也会被反射并在模型中积蓄，导致模型基础过大的地震响应。因此，在包含弹性基础的模型中需要考虑设计能够体现能量辐射的边界条件，模型中这一条件的实现比数值模型中要困难得多。有关研究在溪洛渡及小湾拱坝等试验中采用了剪切阻尼边界，模拟能量辐射的边界条件。该方法的基本原理是数值分析中常用的阻尼边界，而阻尼边界的推导过程中假定振动的传播方向与人工边界的法线方向一致。因此，从理论上阻尼边界对能量辐射的模拟精度并不太高，但从能量观点看尚可接受，其主要优势是在试验模型中较易实现。

另一个试验中较难处理的是拱坝坝肩的地质条件与力学特性的模拟。实际工程坝肩岩体存在着许多裂隙、节理及软弱夹层，在动力试验模型中详细模拟这些实际地质条件极其困难，目前还未见进行类似试验的报道。通常的做法是：根据设计资料和分析计算确定的一组或两组控制性滑裂面在动力试验模型中进行模拟。

从宏观上看，试验模型中只要能够确定潜在滑裂面的力学参数，通常包括摩擦系数 f 和黏聚力系数 c 以及渗透压力即可确定坝肩岩体的安全稳定性。摩擦系数是一个无量纲量，它的相似比尺为1，而黏聚力系数和渗透压力与应力具有相同相似比尺。试验模型中摩擦系数 f 和黏聚力系数 c 的调整方法在地质力学模型试验中积累了较多的经验。设计中给出的摩擦系数 f 常为工程上的剪切摩擦，而非光滑平面间的纯摩擦系数。因此在试验室中需要对模型的滑裂面表面进行处理，以获得符合设计条件，通常是较高的摩擦系数。表面喷砂是提高摩擦系数的有效方法之一。通过选择不同的粒径的砂以及控制砂粒密度可以获得不同的摩擦系数，但必须通过反复尝试。因为黏聚力系数 c 与应力具有相同比尺，在大坝模型中的 c 往往很小，控制起来有较大难度。实际中多采用控制接触面黏接面积比例达到总体黏滞力满足相似的要求。

在大缩尺条件下满足模型相似率的试验模型材料是模型试验的关键难题之一。在弹性范围模型材料需具有较好的线弹性，弹性模量容易调整，且性能稳定，经济实用。石膏材料弹性模量范围在800～4000MPa之间，但其抗拉强度较高。采用硫酸钡为主的加压成型材料弹性模量可以控制在数十至数百兆帕之间，抗拉强度可以低到10kPa。但是，过低的弹性模量会给应变测量带来很大困难，主要是目前应变片测量的刚化问题难以解决。

在设计条件下，拱坝通常仍有足够的安全裕度。实施拱坝破坏试验，其一是增加外荷载使结构发生破坏，亦称为超载破坏试验；其二是在外部作用相同的条件下降低结构抗力使其发生破坏，亦称为降强破坏试验。动力超载试验主要是增大输入地震动达到结构破坏。与静力的单调增加外力不同，地震输入本身是一个复杂的往复运动过程，输入地震动强度难以在同一连续输入的时程内调整。一般只能在完成一次完整的加振后，再增加下一次加振的幅值，期间存在完全静止（无动荷载）的状态。并且，在同一模型上进行多次动力超载加振，模型的初始状态是上一次加振结束时的状态，可能已经是处于损伤状态。这种条件下发生的损伤程度应较动力加振前初始状态下同样地震输入加振发生的损伤程度严重。如果进行降强破坏试验，无论静力还是动力都很难在同一模型上完成，因此试验成本高、周期长，同时还存在不同模型间差异的影响。

振动台试验中，通过测量记录和分析加速度响应可以得到结构的动力特性（如固有频率、模态、阻尼比等参数），也可以通过对加速度的积分得到测点的绝对速度和绝对位移响应。对于实际土木工程结构，加速度计自身的体积和重量的影响都是可以忽略的。然而，对于较大缩尺的动力试验模型，过大的传感器重量会对被测物体被测点的实际响应产生影响，因此，应尽量采用质量较小的加速度传感器。目前压电式加速度传感器质量较小。但是，压电式加速度计和其他压电式传感器一样不适合测量零频信号，使用上需要注意。应变式加速度计可以测量零频信号，但体积相对较大。

测量内容还包括应变、位移、横缝开度及动水压力等，测点布置及数量应能满足观测坝体整体和关键部位响应的最小需要。应变测量需考虑刚化影响，位移测量需考虑被测体较大变形时对其响应的干扰。测试系统必须具有良好的信噪比。

受可用资源所限，在试验模型上应变位移测点总是有限，伴随着高速数码图像技术和图像分析软件的发展，高速图像测量技术在结构动力模型试验中的应用也在不断普及，在未来的破坏试验中将发挥重要作用。

拱坝动力模型试验报告需提供以下相关内容。

(1) 模型设计资料。

(2) 模型相似率。

(3) 模型材料特性测试资料。

(4) 模型制作、安装过程照片。

(5) 动力加载过程表。

(6) 振动台设备技术性能参数、控制精度。

(7) 传感器布置设计与测试方案。

(8) 测试系统技术性能参数。

(9) 实测各次振动台面输入地震波。

(10) 模型基本动力特性及测试方法。

(11) 各次地震加载前、后的模型基本动力特性及变化。

(12) 各次加载坝体地震响应记录(如加速度、位移、应变、缝开度等)。

(13) 模型损伤破坏记录、照片。

(14) 根据试验结果推导出的原型地震响应。

7.8.3 重力坝

根据重力坝的工作特点,较多的重力坝动力模型试验采用典型坝段作为研究对象,与拱坝的三维空间模型相比要简单得多。但是,对河谷宽度不大、坝段间动力反应影响较为显著的工程,也应采用多坝段或全坝段模型进行试验研究,试验需要模拟的重要因素与拱坝动力模型基本相同,此处不再赘述。

因为同属混凝土坝,重力坝动力模型的材料与拱坝动力模型试验的要求基本一致,依据试验目的需满足有关的相似率。

大坝—地基—库水间的动力相互作用在重力坝动力模型试验中十分关键。采用单坝段进行包含基础、库水的动力试验需要对基础模拟特别小心。单坝段通常被视为平面应力状态或平面应变状态,基础则与平面应变状态最接近,因此既要约束基础部分侧向运动,又要保证另外两方向自由运动,非简单方法能够实现。此外,与单坝段对应的上游库水也是狭长形状,上游模型安装、传感器布置等操作空间过于狭小。如果采用加宽水库,临坝端边界处理不好就无法反映真实的坝体—库水动力相互作用。此外,实际大坝建基面与水库底部都受到基本相同的地震动激励,因此,试验模型的坝体和库水部分均应置于振动台上,将库水置于振动台之外同样不能正确反映坝体—库水动力相互作用。

一般重力坝建基面高程变化较少,因此,沿建基面的输入地震动一致性较好,在模型试验中也可与数值分析相类似,采用无质量基础近似模拟大坝—地基间动力相互作用。实际中不存在无质量材料,较易采用的是硬质泡沫塑料类材料,弹性模量有较宽的选择范围,质量密度一般小于 $0.5kg/m^3$,仅为一般岩石的 1/5。泡沫材料的弹性模量与质量密度是相关的。

重力坝全坝段模型试验可以近似模拟相邻坝体间的动力相互作用,特别对建基面高程差异显著的相邻坝段,有必要开展全坝段模型试验。配合全坝段坝体试验模型,模型基础部分也需要像拱坝模型那样模拟河谷地形条件,如果采用实际密度的基础材料,同样需要在试验模型中模拟基础辐射阻尼效应的影响,否则基础自振特性对坝体模型的动力反应影响很大。由于重力坝轴线方向较长,决定了整个模型的几何比尺,受振动台设备所限,全坝段试验模型的坝体尺寸比单坝段的坝体尺寸小很多。同时试验模型的加工量、测量工作以及试验数据都将大大增加。因此,需要根据实际工程条件判断整体坝与典型坝段的地震动力反应存在多少差异,全坝段试验模型能够提供多少与典型坝段不同的信息。同时,还应考虑如何确保两种不同比尺试验模型的一致性。

与拱坝超静定结构不同,重力坝开裂后对大坝整体的稳定安全及挡水功能影响显著。在重力坝破坏试验中,裂缝多始于下游坝面折坡变化位置附近,裂缝继续扩展最终将头部切断。开裂后的坝体地震响应更为复杂,特别对进入大坝裂缝中水体的影响研究得更少,而这对确定开裂后坝体的稳定至关重要,是重力坝抗震研究的难点。

重力坝振动台试验中,通过测量记录和分析加速度响应可以得到坝体动力特性,如固有频率、模态、阻尼比等参数。也可以通过对加速度的积分得到测点的绝对速度和绝对位移响应。为减少加速度计自身的体积和重量对较大缩尺的动力试验模型的影响,应尽量采用质量较小的加速度传感器。目前压电式加速度传感器质量较小。但是,压电式加速度计和其他压电式传感器一样不适合测量零频信号,使用上需要注意。应变式加速度计可以测量零频信号,但体积相对较大。

测量内容还包括应变、位移、横缝开度及动水压力等,测点布置及数量应能满足观测坝体整体和关键部位响应的最小需要。应变测量需考虑刚化影响,位移测量考虑被测体较大变形时其响应的干扰。测试系统必须具有良好的信噪比。

重力坝动力模型试验报告需提供以下相关内容。

(1) 模型设计资料。

(2) 模型相似率。

(3) 模型材料特性测试资料。

(4) 模型制作、安装过程照片。

(5) 动力加载过程表。

（6）振动台设备技术性能参数、控制精度。

（7）传感器布置设计与测试方案。

（8）测试系统技术性能参数。

（9）实测各次振动台面输入地震波。

（10）模型基本动力特性及测试方法。

（11）各次地震加载前、后的模型基本动力特性及变化。

（12）各次加载坝体地震响应记录（如加速度、位移、应变等）。

（13）模型损伤破坏记录、照片。

（14）根据试验结果推导出的原型地震响应。

7.8.4 土石坝

土石坝振动台模型试验与混凝土坝模型试验有较大差异。土石坝振动台模型试验所得有关动力特性，动力反应性状等资料，主要作为验证和改进土石坝地震动力反应计算模式、分析方法和计算程序的基本资料。同时，通过土石坝大型振动台模型试验，研究土石坝的动力特性、地震动力反应性状和破坏机理，探讨土石坝的抗震性能。

土石坝振动台模型设计过程包括以下几个步骤：

（1）原型坝料与模型坝料的动力特性试验。

（2）根据振动台的性能参数与大坝规模确定模型的几何相似率 C_l。

（3）根据原型坝内坝料摩擦角，进行模型坝料做低应力状态下的静力三轴剪切试验确定密度，进而确定密度相似率 C_ρ。

（4）通过原型坝料与模型坝料动力变形特性试验，确定模量系数相似率 C_C。

（5）确定其余相似常数。

土石坝振动台试验基本测试项目包括以下几个方面：

（1）坝体加速度反应。

（2）坝体沉陷和滑坡深度。

（3）坝体反应和破坏过程观察。

混凝土面板堆石坝还需要包括混凝土面板的应变及面板挠度等位移的量测；沥青混凝土心墙坝需要包括沥青混凝土心墙的应变，沥青混凝土心墙的位移测试。

测点布置及数量应能满足观测坝体整体和关键部位响应的最小需要。应变测量需考虑刚化影响，位移测量需考虑被测体较大变形时其响应的干扰。测试系统必须具有良好的信噪比。

坝段模型的加速度传感器布置主要集中于坝段中心剖面线及上、下游坝坡布置，整体模型，通常以河床中心的最大坝高断面作为加速度测试的控制断面，同时选取两个靠近河床和岸坡变化剧烈处的断面作为辅助测试控制断面，还可沿坝顶轴线在各控制断面处布置加速度传感器。

混凝土面板和沥青心墙的应变可通过单向应变片或应变片组成的三向应变花量测。坝段模型试验，应变量测点在坝段中心断面沿顺坝坡线布置；整体模型试验中，应变测点主要布置在控制主断面上，并可选择控制断面两侧的辅助断面进行适当布置。

位移测量用于测量坝体的残余变形，通常在坝顶和坝坡表面布置简易的位移测点。滑坡深度的监测，通过埋设于不同深度的标志在振动加载后进行开挖检查。对坝体反应和破坏过程的观察，主要通过振动过程的图像记录和振动后人工检查相结合进行。

动力加载包括微幅正弦波扫频试验或白噪声微振试验、逐级进行预定的地震动输入振动试验。根据模型具体情况，确定同时加载地震波的输入方向。输入地震波通常包括如下几类：① 按场地设计反应谱构造的场地地震波；② 天然地震波；③压缩场地地震波；④ 压缩天然地震波。压缩地震波是通过对地震波原波按照时间相似常数进行压缩得到的。

土石坝动力模型试验报告需提供以下相关内容。

（1）模型设计资料。

（2）模型相似率。

（3）模型材料特性测试资料。

（4）模型制作、安装过程照片。

（5）动力加载过程表。

（6）振动台设备技术性能参数、控制精度。

（7）传感器布置设计与测试方案。

（8）测试系统技术性能参数。

（9）实测各次振动台面输入地震波。

（10）模型基本动力特性及测试方法。

（11）各次地震加载前、后的模型基本动力特性及变化。

（12）各次加载坝体地震响应记录（如加速度、位移、应变等）。

（13）模型损伤破坏记录、照片。

7.8.5 其他水工结构

以下简述大坝之外其他水工结构的振动台试验。其他水工结构的振动台试验成果可以用于判断其地震作用下的安全性，也可用于研究其地震作用下的破坏机理，为验证数值分析方法提供重要参考。

地下结构的主要特点是岩土与结构间的动力相互作用。试验模型设计不仅需要模拟地下结构的主要特征，还应模拟岩体内所存在的不同形式、规模的不连续性，如断层、节理、裂隙、层理等。为减少试验模型的加工难度，可依据其他方法判定控制性关键构造面进行模拟。在地震作用下，岩层的错动等直接影响到地下结构的安全，因此应考虑模拟天然地应力场。对于软基内地下结构振动台试验，需要采用剪切试验箱，以减少人工边界的影响。

对水工隧洞而言，由于一般无法模拟其全部的长度，因此取其中的某些典型段来进行振动台试验是较常规的方法，一般是取隧洞的进口段、中间段和出口段，对于水工隧洞的大的转弯段也应要考虑。

渡槽类结构动力模型试验时，应注意高重心、在地震作用下流体的非线性晃动及其对槽身产生的水平力和翻转力矩等特点，模型试验的振动频率应能涵盖水平弯曲振型和扭转振型模态，因此，要根据相似要求和试验设备及量测仪器综合进行模型设计。此外，渡槽材料的非线性模拟与选择以及槽—水的相互作用需要慎重考虑。

高耸薄壁结构如升船机塔楼、进水塔和高耸框架结构，振动性态非常复杂，不仅要考虑其一般的平动性态，还要考虑扭转作用、P-Δ效应、鞭梢效应的影响，这些需要在测试系统和试验过程中予以关注。

其他水工结构，种类较多，结构形式差异较大，模型材料的选取应根据动力模型试验目的、结构特点、满足试验目的的相似条件以及模型材料加工的难易程度选择或研配模型材料。一般可以分为三类模型材料。

第一类为不考虑结构与水相互作用的常用线弹性材料，主要在常规升船机塔柱、坝上框架等结构动力模型试验中使用。可以选用石膏等脆性材料，以及胶木、塑料、有机玻璃等。

第二类为需要考虑结构与水相互作用的模型试验，此时选择模型材料时需要考虑水体和结构、岩体材料等应满足相同的相似率要求，通常水体在模型中的模拟是制约因素。可以选择由胶凝剂、加重材料、改性材料组成的复合模型材料；也可以采用加重橡胶、加重塑料等，但需要注意其非线性和温度稳定性影响；有单位在渡槽试验中采用专门配置的由水泥、砂石料、镀锌铁丝等构成的仿真混凝土。

第三类为岩体、土体的模拟，这在地下结构、边坡等试验中至关重要，往往需要不同岩层、软弱夹层以及结构物的物理力学指标满足相同的相似要求。此外，由于这些材料的非线性特性对体系动力性态影响很大，因此原型材料的弹性、塑性以及破坏特性都需要在模型材料得到模拟和反映。如何分析、判断、简化和实现，是研制模型材料的关键，各研究单位和研究者也多有各自方法和习惯，多采用复合材料的思路。复合材料的构成一般为胶凝剂、填料、改性材料等。有选择石膏、水、砂、硅藻土等的拌和物，还有使用水泥、铁粉、水、机油等，各有特定的配方和制作工艺，不一而足。模型材料的变形性能与强度性能均应满足相似要求。常选择薄膜、橡胶、滑石粉及其组合物模拟软弱夹层。

水工振动台模型试验报告需提供以下相关内容：

（1）模型设计资料。

（2）模型相似率。

（3）模型材料特性测试资料。

（4）模型制作、安装过程照片。

（5）动力加载过程表。

（6）振动台设备技术性能参数、控制精度。

（7）传感器布置设计与测试方案。

（8）测试系统技术性能参数。

（9）实测各次振动台面输入地震波。

（10）模型基本动力特性及测试方法。

（11）各次地震加载前、后的模型基本动力特性及变化。

（12）各次加载坝体地震响应记录（如加速度、位移、应变等）。

（13）模型损伤破坏记录、照片。

（14）根据试验结果推导出的原型地震响应。

参考文献

[1] 潘家铮，等. 中国大坝50年［M］. 北京：中国水利水电出版社，2000.

[2] 《地震工程概论》编写组. 地震工程概论［M］. 2版. 北京：科学出版社，1985.

[3] 胡聿贤.《中国地震动参数区划图》宣贯教材［M］. 北京：中国标准出版社，2001.

[4] 胡聿贤. 地震工程学［M］. 2版. 北京：地震出版社，2006.

[5] GB 17741—2005 工程场地地震安全性评价技术规范［S］. 北京：中国标准出版社，2005.

[6] DL 5073—2000 水工建筑物抗震设计规范［S］. 北京：中国电力出版社，2000.

[7] SL 203—97 水工建筑物抗震设计规范［S］. 北京：中国水利水电出版社，1997.

[8] SL 228—98 混凝土面板堆石坝设计规范［S］. 北京：中国水利水电出版社，1999.

[9] SL 274—2001 碾压式土石坝设计规范［S］. 北京：中国水利水电出版社，2001.

[10] DL/T 5057—1996 水工混凝土结构设计规范［S］. 北京：中国电力出版社，1996.

[11] DL 5108—1999 混凝土重力坝设计规范［S］. 北京：中国电力出版社，1999.

[12] 陈厚群. 大坝的抗震设防水准及相应性能目标［J］.

工程抗震与加固改造，2005. 12（增刊）：1-6.

[13] 陈厚群，郭明珠. 重大工程场地设计地震动参数选择［M］//王亚勇，李爱群，崔杰. 现代地震工程进展. 南京：东南大学出版社，2002：25-39.

[14] 陈厚群，李敏，石玉成. 基于设定地震的重大工程场地设计反应谱的确定方法［J］. 水利学报，2005，36（12）：1399-1404.

[15] 陈厚群. 水工混凝土结构抗震研究进展的回顾和展望［J］. 中国水利水电科学研究院学报，2008，6（4）：245-257.

[16] DL/T 5150—2001 水工混凝土试验规程［S］. 北京：中国电力出版社，2001.

[17] 林皋，陈健云. 混凝土大坝的抗震安全评价［J］. 水利学报，2001（2）：8-15.

[18] 张楚汉. 高坝——水电站工程建设中的关键科学技术问题［J］. 贵州水力发电，2005，19（2）：1-4.

[19] 王海波，李德玉. 拱坝抗震设计理论与实践［M］. 北京：中国水利水电出版社，2005.

[20] 汪闻韶. 土的动力强度和液化特性［M］. 北京：中国电力出版社，1997.

[21] 汪闻韶. 汪闻韶院士土工问题论文选集［M］. 北京：中国建筑工业出版社，1999.

[22] 顾淦臣. 土石坝地震工程［M］. 南京：河海大学出版社，1989.

[23] 谢定义. 土动力学［M］. 西安：西安交通大学出版社. 1988.

[24] 钱家欢，殷宗泽. 土工原理与计算［M］. 北京：中国水利水电出版社. 1996.

[25] 沈珠江. 理论土力学［M］. 北京：中国水利水电出版社，2000.

[26] 刘小生，王钟宁，汪小刚，等. 面板坝大型振动台模型试验与动力分析［M］. 北京：中国水利水电出版社，2005.

[27] 赵剑明，刘小生，温彦锋，等. 紫坪铺大坝汶川地震震害分析及高土石坝抗震减灾研究设想［J］. 水力发电，2009，35（5）：11-14.

[28] 张艳红. 大型渡槽抗震概论［M］. 北京：地震出版社，2004.

[29] 殷祥超. 振动理论与测试技术［M］. 北京：中国矿业大学出版社，2007.

[30] 左东启，王世夏. 模型试验的理论与方法［M］. 北京：水利电力出版社，1984.

[31] 陈厚群. 进水塔的抗震设计［R］. 北京：中国水利水电科学研究院，1994.

[32] 胡晓. 水闸震害调查与分析［J］. 水力发电，2009，35（5）.

《水工设计手册》（第2版）编辑出版人员名单

总 责 任 编 辑　王国仪

副总责任编辑　穆励生　王春学　黄会明　孙春亮

阳　森　王志媛　王照瑜

第4卷 《材料、结构》

责任编辑　马爱梅　陈　昊

文字编辑　陈　昊

封面设计　王　鹏　芦　博

版式设计　王　鹏　王国华

描图设计　王　鹏　樊啟玲

责任校对　张　莉　黄淑娜　梁晓静　陈春嫚

出版印刷　焦　岩　孙长福　刘　萍

排　　版　中国水利水电出版社微机排版中心